Compendio de

Atención Primaria

Conceptos, organización y práctica clínica

Segunda Edición

Compendio de

Atención Primaria

Conceptos, organización y práctica clínica

Segunda Edición

A. Martín Zurro
Coordinador General del Programa Docente de la especialidad de Medicina de Familia y Comunitaria de Cataluña.

J.F. Cano Pérez
Ex Coordinador del Programa de Medicina de Familia y Comunitaria del Ayuntamiento de Barcelona.
Tutor Hospitalario del Programa de Medicina de Familia y Comunitaria de la Unidad Docente de Barcelona ciudad.

ELSEVIER

Madrid - Barcelona - Amsterdam - Boston - Filadelfia
Londres - Orlando - París - Roma - Sídney - Tokio - Toronto

Es una publicación

ELSEVIER

Génova, 17, 3.º
28004 Madrid. España

An Elsevier Imprint

Primera edición, 2000

Coordinación y producción editorial: EDIDE, S.L.
ISBN: 84-8174-816-1
Depósito legal: M-27.847-2005
Impreso en España por Gráficas Hermanos Gómez, S.L.L.

ADVERTENCIA

La medicina es un área en constante evolución. Aunque deben seguirse unas precauciones de seguridad estándar, a medida que aumenten nuestros conocimientos gracias a la investigación básica y clínica habrá que introducir cambios en los tratamientos y en los fármacos. En consecuencia, se recomienda a los lectores que analicen los últimos datos aportados por los fabricantes sobre cada fármaco para comprobar la dosis recomendada, la vía y duración de la administración y las contraindicaciones. Es responsabilidad ineludible del médico determinar las dosis y el tratamiento más indicado para cada paciente, en función de su experiencia y del conocimiento de cada caso concreto. Ni los editores ni los directores asumen responsabilidad alguna por los daños que pudieran generarse a personas o propiedades como consecuencia del contenido de esta obra.

EL EDITOR

REDACTORES

Ramón Ciurana Misol
Médico de familia. Tutor de Atención Primaria de la Unidad Docente de Medicina de Familia y Comunitaria de Barcelona ciudad.
Centro de Atención Primaria La Mina.

Manel Mata Cases
Médico de familia. Tutor de Atención Primaria de la Unidad Docente de Medicina de Familia y Comunitaria de Barcelona ciudad.
Centro de Atención Primaria La Mina.

Xavier Mundet Tuduri
Médico de familia. Tutor de Atención Primaria de la Unidad Docente de Medicina de Familia y Comunitaria de Barcelona ciudad.
Centro de Atención Primaria El Carmel.

Pedro Tomás Santos
Médico de familia. Tutor de Atención Primaria de la Unidad Docente de Medicina de Familia y Comunitaria de Barcelona ciudad.
Centro de Atención Primaria El Carmel.

ÍNDICE DE AUTORES

Antonio Agudo Trigueros
Mireia Alberny Iglesias
Serafina Alcántara Bumbiedro
Rogelio Altisent Trota
Carlos Aníbal Rodríguez
Josep Maria Argimon Pallàs
Rosa Ana Arribas García
Núria Assens Mampel
Àngels Avecilla Palau
Xavier Badia Llach
Emilia Bailón Muñoz
Miguel Ángel Barajas Gutiérrez
Carmen Barrio Ruiz
Carme Batalla Martínez
Juan Ángel Bellón Saameño
Miguel Ángel Benítez del Rosario
Francesc Borrell i Carrió
Josep Maria Bosch i Fontcuberta
Josep Bras i Marquillas
Carles Brotons Cuixart
Francisco Buitrago Ramírez
Fernando Caballero Martínez
Carmen Cabezas Peña
Carlos Calderón Gómez
Juan Francisco Cano Pérez
Jordi Casabona i Barbarà
Josep Casajuana Brunet
Jordi Casals Fransí
Josep Maria Casanova Seuma
Arantxa Catalán Ramos
Marina Caterina Bargall
Jordi Cebrià i Andreu
Julio Ceitlin
Ramon Ciurana Misol
Jaume Clapés Estapà
Thaïs Clusa Gironella
Joaquín Coll Daroca
Eva Comín Bertrán
Rodrigo Córdoba García
José María Cots Yago
Antoni Dalfó i Baqué
Josep Davins Miralles
Mariano de la Figuera
Luis de la Revilla Ahumada
Esteban de Manuel Keenoy
José Ignacio de Oleaga Usategui
José Luis de Peray Baiges
Jaume Durán Navarro
Joan Escarrabill Sanglas
Asunción Espluga Capdevila
José Falgás Franco
María José Fernández
Maria Lluïsa Fernández Ferré
Carles Ferrándiz Foraster
Juan Ferrándiz Santos
Lorenzo Fleitas Cochoy
Maria Dolors Forés García
Gonçal Foz Gil
Joan Gené Badia
Rosa M. Gimbert Ràfols
Jaime Gofin
Tomás Gómez Gascón
Óscar Gómez Martín
Carlos Alberto González Svatetz
Antoni Gual Solé
Alejandro Guarga Rojas
Ana Consuelo Hernández Moreno
Pedro Herrera Municio
José Jiménez Villa
Albert Jovell Fernández
Xavier Juanola Roura
Enric Juncadella García
Jacinta Landa Goñi
Albert Ledesma Castelltort
Luis Lizán Tudela
Luis Andrés López Fernández
Antonio Maiques Galán
Roser Marquet Palomer
María Nieves Martín Espíldora
Andreu Martín Sánchez
Amando Martín Zurro
Mercè Marzo Castillejo

Rosa Maria Masvidal i Aliberch
Manuel Mata Cases
Jordi Matamoros Iraola
Isabel Montaner Gomis
Jaume Morató Griera
Karlos Javier Naberán Toña
Luis Javier Negredo Bravo
Ricardo Ortega Sánchez-Pinilla
Jordi Pallarés Robles
Judit Pertiñez Mena
Montserrat Plana Fernández
Josep Porta Sales
Ramon Prats i Coll
María Pilar Prellezo Darsa
Jaume Puig de Dou
Ángeles Ramírez Hidalgo
Maria Antònia Ribas Batllori
Miquel Ribera Pibernat
Jordi Roca Casas
Francesc Roca-Ribas Serda
Juan José Rodríguez Alonso
Jaume Roquer González
Ricardo Ruiz de Adana Pérez
Manuel Sáez Pomares
Dolores Serrat Moré
María Dolores Siles Román
Jesús Silveira de la Torre
Pedro Subías Loren
Carmen Tamayo Ojeda
Pedro Tomás Santos
Elisenda Trias i Folch
Maria Concepción Trilla Soler
José Luis Turabián Fernández
Miquel Vilardell Tarrés
Jordi Vilaseca Canals

ÍNDICE DE CAPÍTULOS

Parte I. Principios de la Atención Primaria de salud

Capítulo 1

ATENCIÓN PRIMARIA DE SALUD

INTRODUCCIÓN

La salud es un derecho fundamental de la persona que, para su consecución, necesita la colaboración y coordinación de distintos sectores técnicos y sociales. Entre ellos, el sistema de salud tiene un papel relevante, pero ha de contar siempre con las aportaciones de otros como, por ejemplo, la educación, la vivienda, las comunicaciones y la agricultura.

Para continuar progresando en la consecución de un nivel de salud cada vez mejor no basta con reorientar el sistema sanitario y propiciar la colaboración intersectorial e internacional. Es preciso que los gobiernos eleven la prioridad del gasto en salud, lo que, en un contexto de recursos limitados y en ocasiones escasos, significa disminuir los que se dedican a otros campos socialmente menos justificables.

CONSIDERACIONES SOBRE LA EVOLUCIÓN DE LOS SISTEMAS SANITARIOS Y SUS PROFESIONALES

El desarrollo tecnológico creciente, la subespecialización y el hospitalocentrismo son tres de los elementos fundamentales que caracterizan a la medicina de la segunda mitad del siglo XX, la cual, enfocada como ciencia que estudia los mecanismos por los que se producen las enfermedades y su diagnóstico y tratamiento, ha alcanzado niveles elevados de sofisticación científico-técnica. La rapidez en la introducción de nuevos conocimientos y tecnologías, y la imposibilidad de dominarlos todos, están en el origen de la subespecialización creciente de los profesionales sanitarios. El hospital es la institución donde se desarrollan y aplican los últimos avances tecnológicos.

Existen múltiples evidencias científicas de que el incremento de la complejidad y de los costes de los sistemas sanitarios tradicionales no se ha visto reflejado en otro paralelo: el del nivel de salud de la población atendida.

Algunos de los progresos en la disminución de la morbimortalidad de diversas enfermedades, que inicialmente podrían ser atribuidos a las acciones del sistema sanitario, están fundamentalmente en relación con otros factores medioambientales y de condiciones de vida ajenos a aquel.

Las consideraciones anteriores han de llevarnos a reflexionar sobre tres puntos esenciales: *a*) la eficacia y eficiencia de un sistema sanitario dirigido exclusivamente al diagnóstico y tratamiento de las enfermedades pueden ser bajas en términos de nivel de salud colectiva alcanzado; *b*) la consecución y el mantenimiento de una determinada situación de salud no es un problema que hayan de resolver exclusivamente los profesionales sanitarios y sus tecnologías; también desempeñan un papel fundamental otros sectores de la actividad social y económica, relacionados con la calidad de vida general, y *c*) las medidas de prevención y promoción de la salud pueden contribuir de forma efectiva a modificar los hábitos de vida que están en la base causal de las enfermedades crónicas, de importancia creciente en las sociedades desarrolladas.

Para que el sistema sanitario responda de forma precisa a las necesidades de salud de la población es importante que ésta participe activamente en su planificación y control, participación que es consustancial al concepto de Atención Primaria de Salud (APS).

DEFINICIÓN DE ATENCIÓN PRIMARIA DE SALUD

La Conferencia de la OMS-Unicef de Alma-Ata definió la APS como «la asistencia esencial, basada en métodos y tecnologías prácticos, científicamente fundados y socialmente aceptables, puesta al alcance de todos los individuos y familias de la comunidad, mediante su plena participación, y a un coste que la comunidad y el país puedan soportar, en todas y cada una de las etapas de su desarrollo, con un espíritu de autorresponsabilidad y autodeterminación. La APS es parte integrante tanto del Sistema Nacional de Salud, del que constituye la función central y el núcleo principal, como del desarrollo social y económico global de la comunidad. Representa el primer nivel de contacto de los individuos, la familia y la comunidad con el Sistema Nacional de Salud, llevando lo más cerca posible la atención de salud al lugar donde residen y trabajan las personas, y constituye el primer elemento de un proceso permanente de asistencia sanitaria».

EL EQUIPO DE SALUD

El Equipo de Salud (de Atención Primaria) es la estructura organizativa y funcional constituida por el conjunto de profesionales sanitarios y no sanitarios que desarrollan de forma continuada y compartida las funciones y actividades de la APS en el seno de una comunidad determinada.

EL CENTRO DE SALUD

El Centro de Salud (de Atención Primaria) es la estructura física y funcional en la que se desarrolla una parte importante de las actividades de la APS.

ELEMENTOS CONCEPTUALES DE LA ATENCIÓN PRIMARIA DE SALUD

La APS debe ser:

- *Integral*: considera al ser humano desde una perspectiva biopsicosocial.
- *Integrada*: interrelaciona los elementos de promoción, prevención, tratamiento y rehabilitación y reinserción social que han de formar parte de las actuaciones desarrolladas.
- *Continuada y permanente*: a lo largo de la vida de las personas, en sus distintos ámbitos (domicilio, escuela, trabajo, etc.) y en cualquier circunstancia (consulta en el Centro de Salud, urgencias, seguimiento hospitalario).
- *Activa*: los profesionales de los equipos no pueden actuar como meros receptores pasivos de las demandas sino que han de trabajar activamente en

los distintos aspectos de la atención, resolviendo las necesidades de salud, aunque las mismas no sean expresadas, con referencia especial a los campos de la promoción y prevención.

- *Accesible*: los ciudadanos no deben tener dificultades importantes para poder tomar contacto y utilizar los recursos sanitarios. La accesibilidad no debe ser entendida exclusivamente con un criterio geográfico, ya que éste muchas veces tiene menor relevancia que los económicos, burocráticos y discriminativos (p. ej., raciales).
- *Basada en el trabajo en equipo*: Equipos de Salud o de Atención Primaria integrados por profesionales sanitarios y no sanitarios.
- *Comunitaria y participativa*: proporciona atención a los problemas de salud tanto desde la perspectiva individual como desde la colectiva, mediante la utilización de las técnicas propias de la salud pública y la medicina comunitaria.
- *Programada y evaluable*: con actuaciones basadas en programas de salud con objetivos, metas, actividades, recursos y mecanismos de control y evaluación claramente establecidos.
- *Docente e investigadora*: desarrolla actividades de docencia pregraduada y posgraduada, así como de formación continuada de los profesionales del sistema, y de investigación básica y aplicada en las materias propias de su ámbito.

CAMINANDO HACIA LA ATENCIÓN PRIMARIA DE SALUD

La transformación de un sistema sanitario en la línea de la APS implica una serie de cambios profundos en sus objetivos, contenidos y organización que no pueden ser introducidos súbitamente sino de forma gradual, aunque no por ello necesariamente lenta. Alcanzar un desarrollo adecuado de la APS es un objetivo a medio y largo plazo hacia el que hay que dirigirse mediante la introducción de modificaciones progresivas en los actuales servicios sanitarios, y poniendo especial cuidado en que las mismas no nos alejen de dicho objetivo en lugar de aproximarnos a él. También es necesario considerar que los cambios que se deben introducir no permitirán redefinir el sistema en la línea de la APS si no van acompañados de otros más generales y que incluyan el nivel hospitalario.

LA REFORMA DE LA ATENCIÓN PRIMARIA EN ESPAÑA

En 1984 se inició legislativamente la reforma de la asistencia médica ambulatoria en España con la promulgación de un Real Decreto sobre «Estructuras Básicas de Salud», dos años antes de la aprobación de la Ley General de Sanidad. En el momento actual el proceso está a punto de finalizar en todo el Estado español. Al comienzo del año 2002 se ha finalizado el proceso de transferencia de la gestión de los servicios sanitarios a todas las Comunidades Autónomas y se han constituido los correspondientes Servicios de Salud en cada una de ellas.

El proceso de reforma de la Asistencia Primaria en España ha introducido una serie de elementos organizativos nuevos entre los que, siguiendo lo señalado en el informe de la Subcomisión de Asistencia Primaria de la Comisión de Análisis y Evaluación del Sistema Nacional de Salud (1991), resaltaremos los siguientes:

1. Médicos de familia y pediatras con dedicación completa (40 horas semanales, además de guardias).
2. Una enfermera titulada por cada 1.250-2.000 habitantes, con dedicación completa y reponsabilidad sobre los cuidados globales de atención de enfermería.
3. Actividades preventivas y curativas proporcionadas por los mismos proveedores (unificación de redes).
4. Distribución de los recursos según la ordenación del territorio en zonas de salud (5.000-25.000 habitantes).
5. Organización en Equipos de Atención Primaria (uno por cada Zona o Área Básica de Salud) con una ordenación del trabajo y horario que facilita la interrelación entre los profesionales.
6. Desarrollo de servicios de apoyo mixtos (atención primaria-asistencia especializada) en el Área de Salud y para determinadas actividades (orientación familiar, salud mental, fisioterapia, trabajo sociosanitario).
7. Pago por salario, o mixto, a todos los profesionales, con diferentes complementos. Existen diferencias significativas en la cantidad global y los componentes de los sueldos entre las distintas Comunidades Autónomas del Estado.
8. Tarjeta sanitaria individual en sustitución de la anterior cartilla familiar.

Capítulo 2

SISTEMAS DE SALUD EN LOS PAÍSES DESARROLLADOS

INTRODUCCIÓN

Los cambios en la estructura y en las relaciones de los sistemas sanitarios son continuos. A menudo, el debate sobre los sistemas de salud se ha reducido a una polémica entre los partidarios de un sistema sanitario público y los que abogan por un mayor protagonismo del sector privado.

MODELO DE ANÁLISIS

Las comparaciones entre sistemas sanitarios pueden ser engañosas, ya que el sistema de cada país es el resultado de una larga evolución histórica y de sus propios valores y factores culturales, sociales, políticos y económicos.

Resulta clarificador centrarse en los principales actores que intervienen en el sistema sanitario y en las relaciones entre ellos. Para ello, se utilizará un modelo sobre el que puedan realizarse las descripciones, las comparaciones y los análisis que permitan entender mejor las realidades de cada país. Este modelo incluye tres componentes: los elementos estructurales, las relaciones funcionales y los resultados alcanzados. Los valores sociales y las tendencias del entorno completan el modelo.

VALORES

La salud es un bien con gran trascendencia social. Los valores se visualizan a través de tres perspectivas diferentes: la cultura, la ideología y la preferencia relativa de servicios.

OBJETIVOS Y RESULTADOS DE LAS POLÍTICAS SANITARIAS

Hay que diferenciar entre políticas de salud y políticas sanitarias. Las primeras buscan mejorar los estados de salud y bienestar de los ciudadanos a través de medidas multisectoriales que incluyen desde la política fiscal hasta las obras públicas, pasando por la educación, las políticas agrícolas y medioambientales y la vivienda. La política sanitaria aborda exclusivamente los objetivos y las relaciones con los servicios sanitarios.

La aportación de los servicios sanitarios a la mejora del estado de salud de la población ha sido muy cuestionada. Las relaciones entre las características del sistema sanitario y sus resultados son complejas y no siempre claras.

Cabe identificar cinco grandes objetivos: la equidad, la eficiencia macroeconómica, la eficiencia microeconómica, la satisfacción de los ciudadanos y los resultados sobre el estado de salud.

Equidad

La capacidad de acceder a los cuidados sanitarios varía entre los diferentes países y, dentro de ellos, en función de características geográficas, culturales, económicas o de los servicios de salud.

Eficiencia macroeconómica

El gasto sanitario rivaliza con otros gastos para la utilización de recursos, en el caso del sector público, educación o defensa; y, a su vez, el gasto público rivaliza con el total de los recursos disponibles en la economía.

Eficiencia microeconómica

La eficiencia de los sistemas no es igual en todos ellos. Algunos países logran mayores resultados con iguales recursos mientras que otros, con menos recursos, consiguen los mismos indicadores.

Satisfacción de los ciudadanos con sus servicios sanitarios

Las encuestas muestran un elevado índice de satisfacción en la mayoría de países desarrollados.

Resultados sobre el estado de salud

No hay grandes diferencias en los indicadores de salud entre los países desarrollados. La situación de salud en estos países ha mejorado continuamente en los últimos años.

Persisten problemas, como la alta prevalencia de enfermedades cardiovasculares, el cáncer y otras enfermedades crónicas, agravados por el envejecimiento progresivo de la población.

ELEMENTOS ESTRUCTURALES DE LOS SISTEMAS DE SALUD

Población

La población de cada país condiciona el modelo de sistema sanitario y la demanda de servicios de salud. La demanda de servicios es mucho mayor en las poblaciones envejecidas y con alto poder adquisitivo.

Prestadores de servicios

La oferta es el conjunto de servicios de que dispone un sistema para responder a las demandas de atención de sus ciudadanos. Las diferencias de la oferta entre los sistemas se observan en seis dimensiones: los recursos, la tecnología disponible, la producción, el gasto sanitario, la organización de los servicios y el nivel científico-técnico del país.

Agencias aseguradoras

Pueden ser públicas o privadas, en función del grupo de población al que cubren de riesgos y del tipo de financiación, y comparten con los gobiernos la responsabilidad principal de regular el sistema.

Gobierno

La responsabilidad última de la regulación y del funcionamiento del sistema sanitario recae en el gobierno.

La acción del gobierno se realiza mediante cinco tipos de instrumentos administrativos, que son los siguientes:

1. Normas de mandato y de prohibición cuyo cumplimiento hay que controlar y cuya transgresión hay que sancionar, como las normas de seguridad e higiene, los estándares de calidad medioambiental o la certificación de determinados sucesos.
2. Autorizaciones sujetas a determinadas condiciones para actividades privadas que están prohibidas sin tal autorización, como los títulos y las licencias profesionales o el permiso para construir un centro sanitario.
3. Transferencias financieras a los que tienen derecho a ellas, como el reembolso de los gastos médicos o de otras prestaciones.
4. Estímulos positivos y negativos, sobre todo subvenciones y gravámenes que se conceden o imponen para una determinada acción u omisión, como la desgravación de las primas pagadas por seguros médicos privados.
5. La prestación directa de bienes y la prestación de servicios de salud pública o de asistencia sanitaria a través de las administraciones o agencias públicas.

RELACIONES FUNCIONALES

Los elementos estructurales del sistema se comportan y están relacionados entre sí de forma estrecha, mediante pautas y acciones que definen su funcionamiento. Se pueden agrupar en cuatro: la regulación, la financiación, la gestión y la prestación de servicios.

Regulación

La regulación es el conjunto de normas que marcan las reglas del juego del funcionamiento del sistema.

Financiación

La cantidad de recursos económicos (el gasto sanitario) ha aumentado en los países desarrollados de forma continuada.

El porcentaje de gasto público sobre el total define la equidad en el acceso. A mayor gasto público, menos diferencias sociales.

Gestión

La prestación de cuidados médicos y sanitarios en los países occidentales ha pasado de ser proporcionada por profesionales individuales a serlo por organizaciones más complejas.

Las organizaciones se mueven entre dos extremos: por un lado, aquellas que forman parte no diferenciada de la tradicional Administración Pública; por otro lado, las independientes, de titularidad privada, que dependen de la venta de sus servicios en el mercado para alcanzar sus fines.

Prestación de servicios

Las prestaciones de los sistemas sanitarios son bastante similares, aunque hay diferencias en la distribución y en aspectos cualitativos de la oferta (tipo de técnicas utilizadas, innovación, etc.).

TIPOS DE SISTEMAS SANITARIOS

A efectos de estudio, se pueden agrupar en cuatro grandes subsistemas:

1. Liberal.
2. Seguros voluntarios.
3. Seguros sociales obligatorios (modelo *Bismarck*).
4. Servicio Nacional de Salud (modelo *Beveridge*).

Las diferencias entre ellos dependen de la cobertura, la financiación, la prestación, la vinculación entre los actores y la organización.

Liberal

En el modelo liberal el pago es cubierto de forma directa y voluntaria del usuario al prestador.

Seguros voluntarios

En el modelo basado en los seguros voluntarios los usuarios suscriben una póliza con una compañía privada de su libre elección, con o sin ánimo de lucro, para cubrir la asistencia sanitaria.

Seguros sociales obligatorios

En el sistema de seguros sociales obligatorios (modelo *Bismarck*), un grupo o toda la población está obligado por ley a suscribir un seguro.

Servicio Nacional de Salud

En el Servicio Nacional de Salud (modelo *Beveridge*) existe normalmente una red integrada de servicios de salud que cubre a toda la población o a una parte específica de ella (como los veteranos de guerra o los indios en Estados Unidos), financiada mediante el Presupuesto General del Estado.

Modelos por países

Los modelos predominantes son: en Reino Unido, Suecia y España, el Servicio Nacional de Salud; en Canadá, Países Bajos y Francia, el tipo *Bismarck*, y en Estados Unidos, el predominante es el del seguro voluntario.

SISTEMA SANITARIO EN ESPAÑA

El sistema sanitario español se ha caracterizado, hasta la Ley General de Sanidad de 1986, por su fragmentación, manteniendo una estructura fundamentada en la Ley de Bases de Sanidad Nacional de 1944, ley inspirada en un modelo de sanidad liberal, con un Estado benefactor.

En 1977 se estimaba que el sistema de Seguridad Social daba cobertura sanitaria al 77% de la población. Este porcentaje ha crecido hasta llegar a la práctica universalización. Casi el 8% de la población adulta protegida por la Seguridad Social tiene, además, otra cobertura sanitaria, básicamente seguros médicos privados. A su vez, el 98% de la población con seguros privados está cubierta por la Seguridad Social. Sólo el 1,8% puede ser considerado como cubierto exclusivamente por alguna modalidad privada.

Los servicios de Atención Primaria constituyen la puerta de entrada al sistema sanitario. A partir de 1984 se produce la reforma de la estructura de asistencia sanitaria heredada del Instituto Nacional de Previsión.

La actividad desarrollada en Atención Primaria es muy importante. En 1994, el número de consultas de medicina general y pediatría fue de 212.782.000, con una frecuentación de 5,4 consultas/habitante/año.

La asistencia especializada ha sufrido también una serie de cambios en los últimos años.

ESTRATEGIAS DE REFORMA DE LOS SISTEMAS SANITARIOS

Las medidas adoptadas en diversos países para mejorar la accesibilidad, garantizar el nivel de renta, contener los costes, mejorar la eficiencia del sistema y aumentar la satisfacción de la población son muy variadas:

- *Reformas en la demanda.* Desde el punto de vista de la demanda, las reformas han intentado atender las necesidades de salud de la población, modificar las condiciones de aseguramiento y reformar los esquemas de financiación.
- *Necesidades de salud.* Desde el punto de vista de las necesidades, se han planteado medidas como fijar objetivos de salud en el ámbito nacional, mejorar los programas de prevención y salud pública y desarrollar campañas de información, ya sean para la salud general o para enfermedades específicas.
- *Aseguramiento.* En general, se ha tendido a un incremento de la cobertura de los seguros obligatorios (caso de España con la universalización de la atención).
- *Financiación.* Las medidas de reforma de la financiación han intentado, en general, establecer topes presupuestarios y conseguir más fondos para negociar el imparable gasto sanitario.
- *Reformas en la oferta.* Desde el punto de vista de la oferta, las estrategias de reforma han abordado el tipo de servicios y su implantación, la financiación y la gestión.
- *Tipos de servicios.* A partir de la Conferencia de Alma-Ata, se potenció sobre todo el sector de Atención Primaria (creación de Centros de Salud, dotación de equipamiento, incorporación de nuevos profesionales y métodos de trabajo, asignación de responsabilidades de prevención y de promoción de la salud, etc.).
- *Vinculación entre los actores.* En una primera fase, en la década de 1980, el énfasis de las reformas sanitarias sobre todo en los países mediterrá-

neos (Portugal, Italia, España y Grecia) se basó en integrar a todos los prestadores de servicios en una sola red organizada regionalmente, y financiando el sistema a través de los Presupuestos Generales del Estado. Se crearon Servicios Nacionales de Salud.
En una segunda fase, se intentó aumentar la capacidad de gestión, estableciendo medidas dirigidas a aumentar la competencia (competencia dirigida y mercados internos) y a separar la financiación de la prestación de servicios.
- *Gestión.* Se ha producido un acercamiento de los modelos clásico, burocrático y mercantil a modelos medios («organización contratada»), donde la autonomía de gestión no es tan extrema como en las organizaciones mercantiles ni tan jerárquica como en las burocráticas.

TENDENCIAS DEL ENTORNO

- *Cambios demográficos.* La población española está envejeciendo; se espera que el número de personas mayores de 65 años habrá aumentado en más de 2 millones en los próximos 25 años.
- *Tendencias económicas.* La evolución de los indicadores macroeconómicos marcará la disponibilidad del país para financiar el sistema sanitario.
- *Cambios tecnológicos.* Los avances en la tecnología están modificando sustancialmente los sistemas a diferentes escalas.
- *Sistemas de información y comunicación.* El desarrollo de Internet y de la cibermedicina está originando la creación de portales de salud que permiten el acceso a información sobre enfermedades y problemas médicos.
- *Electromedicina y robótica.* El desarrollo de la electromedicina y la robótica, en cuanto a tecnología de imagen, los sensores en pacientes y la microcirugía, serán significativos.
- *Biotecnología.* El avance de la biotecnología está siendo espectacular. La integración de la tecnología informática con las bases de datos del genoma y la biotecnología celular está permitiendo el desarrollo de nuevos fármacos.
- *Genética.* El desarrollo en el estudio del genoma humano y de la genética en general permitirá avances importantes en el diagnóstico genético, en la producción de vacunas y en la terapia genética.
- *Cambios sociopolíticos.* Los cambios sociológicos y políticos que se están produciendo en las sociedades desarrolladas influirán significativamente en los sistemas sanitarios.

REALIDADES E INTERROGANTES

Los sistemas sanitarios de los distintos países son realidades complejas y dinámicas, compuestas por multitud de elementos relacionados de tal forma que un cambio en el estado de uno de ellos induce cambios en los estados de los demás.

¿Cuáles serán las cuestiones en el debate político-sanitario en los países desarrollados? Las más relevantes son las siguientes:

1. El papel del Estado en el sistema sanitario; ¿cuál es su responsabilidad? La equidad dista mucho de haberse conseguido. ¿Hasta dónde debe regular la prestación o cubrir o compensar los gastos que la atención sanitaria ocasione a aquellos que la necesitan?
2. ¿Cuál debe ser la naturaleza de las relaciones entre las instituciones que forman parte del sistema sanitario? ¿Qué clase de competencia o cooperación debe establecerse entre los prestadores de servicios de salud dentro del sector sanitario?
3. ¿Cómo influirán los destinatarios de los sistemas sanitarios? ¿Cuánto decidirán en los flujos monetarios en el sistema? ¿Se extenderá el uso del copago como mecanismo racionalizador de la oferta y la demanda?
4. La calidad de la asistencia será una de las máximas prioridades. ¿Cómo garantizarán la calidad científico-técnica de la atención médica, la confortabilidad y la personalización?
5. Los continuos avances tecnológicos introducen la controversia sobre su adecuación. ¿Cuál debe ser su disponibilidad y con qué prioridad? ¿Cómo se financiarán?
6. Se proponen modificaciones de las fórmulas de financiación de los servicios y de los prestadores para buscar una mayor eficiencia en los servicios. En algunos países se pretende introducir sistemas de seguros; en otros, introducir formas de copago (*ticket* moderador) o retribuciones según el rendimiento.
7. ¿Cómo se dará respuesta a las mayores demandas que suponen los cambios demográficos y los nuevos patrones epidemiológicos con el aumento de algunas enfermedades crónicas o la aparición de otras nuevas?

Las respuestas que se den a estos interrogantes marcarán los sistemas de salud en los que los profesionales sanitarios ejerzan su trabajo para ayudar a prevenir y resolver los problemas de salud de la población.

Capítulo 3

ORGANIZACIÓN DE LAS ACTIVIDADES EN ATENCIÓN PRIMARIA

TIPOS DE ACTIVIDADES EN ATENCIÓN PRIMARIA

El análisis de las necesidades y situaciones con las que ha de enfrentarse actualmente la Atención Primaria de Salud (APS) permite identificar los grupos de funciones y actividades básicas que debe desarrollar: diagnosticar y tratar las enfermedades de los pacientes que demandan asistencia, actividades de prevención y promoción de la salud en las consultas y en la comunidad, atención continuada y domiciliaria, vigilancia epidemiológica, derivaciones de los pacientes a otros niveles asistenciales y otras prestaciones sanitarias.

TIPOS DE ESTRUCTURAS ORGANIZATIVAS: EL CENTRO DE SALUD

El Centro de Salud Integral es la estructura funcional y física en la que se desarrollan las actividades propias de la APS en los terrenos de la promoción, prevención, asistencia curativa y rehabilitación y reinserción social, así como en el de la participación comunitaria. Las funciones del Centro de Salud han de permitir la plasmación programada en la práctica diaria de las grandes líneas de actividad descritas (véase Capítulo 1) y de aquellas otras necesarias para el análisis inicial y la vigilancia posterior de la situación de salud de la comunidad atendida. Las actividades del Centro de Salud en los terrenos de la *promoción y prevención* tienen características distintas en razón de cuál sea la naturaleza del problema, su extensión o amplitud y el ámbito geográfico (rural o urbano) que se considere. En los países desarrollados, en general, existe la tendencia creciente a separar organizativa y técnicamente las actividades de prevención dirigidas *al medio* de las que van destinadas *a las personas*; en el primer caso, las responsabilidades no son asumidas primordialmente por los servicios sanitarios asistenciales, mientras que en el segundo sí lo son. En razón de lo expuesto, el Centro de Salud ha de asumir primordialmente las funciones de promoción y prevención que hacen referencia a actuaciones sanitarias programadas sobre individuos o grupos de población específicos o de riesgo (cribados, vacunaciones, salud dental, etc.), integrándolas con las de carácter puramente asistencial.

Las funciones y actividades *asistenciales curativas y de rehabilitación y reinserción social* forman el núcleo básico sobre el que se asientan las restantes del Centro de Salud, y han de estar fundamentadas en actuaciones programadas y protocolizadas que impliquen la colaboración constante de los distintos individuos que componen los equipos de la APS y sus servicios de apoyo. Han de desarrollarse tanto en las consultas como en el domicilio de los enfermos, y abarcar también la asistencia urgente y continuada. La continuidad de la asistencia debe producirse tanto en el tiempo como en el espacio; en el primer caso, extendiendo el horario de las actividades del centro para garantizar la máxima accesibilidad posible y razonable de los usuarios; y en el segundo, mediante el seguimiento y, siempre que sea factible, la participación de los profesionales del Centro de Salud en las actividades asistenciales realizadas sobre los pacientes adscritos al mismo en otros niveles, como el hospitalario.

Las funciones y actividades de *docencia e investigación* propias de la APS han de desarrollarse en el Centro de Salud, y responder a programas preestablecidos que contemplen aspectos de formación continuada y de pregrado y posgrado, así como otros de investigación clínica y epidemiológica. Para la puesta en marcha de las actividades docentes en general, y particularmente las dirigidas a pregraduados, es necesaria la existencia de mecanismos de coordinación funcional con las correspondientes instituciones académicas. En este sentido, y de forma similar a lo que sucede en los hospitales, es preciso considerar la incorporación de los Centros de Salud a la estructura docente universitaria.

El Centro de Salud ha de tener una *estructura funcional* acorde con sus características físicas y recursos concretos, lo que hace imprescindible que las directrices que se establezcan al respecto desde niveles centrales de decisión sean lo suficientemente flexibles para permitir esta adaptabilidad, sin la cual será difícil conseguir que el centro funcione de forma adecuada.

CONSULTAS DE ATENCIÓN PRIMARIA: TIPOS DE ACTIVIDADES

Las consultas de APS son el ámbito principal donde ha de producirse la integración real de las actividades de promoción, de prevención, asistenciales y de rehabilitación y reinserción social que se desarrollan en el Centro de Salud.

La demanda asistencial en las consultas puede responder a tres tipos principales de mecanismos generadores: cita previa, visita urgente y visita programada. Esta estructuración de las actividades no debe entenderse ni aplicarse de forma rígida y estanca; por el contrario, hay que diseñar agendas flexibles (F. Borrell) que permitan integrar desde una perspectiva temporoespacial estos distintos tipos de visitas.

Una parte significativa de las demandas asistenciales pueden ser resueltas, o al menos orientadas, mediante la utilización de la *comunicación telefónica* con los pacientes.

Los servicios de laboratorio o de radiología que prestan apoyo especializado a la APS deben ser planificados después de un análisis cuidadoso de los recursos de este tipo que puedan haber funcionando previamente en el Área de Salud, independientemente de que estén radicados en estructuras hospitalarias o de APS, y analizar su grado de utilización, la posible rentabilidad del envío a los mismos de los pacientes o las muestras, la calidad de sus datos, etc.

ATENCIÓN DOMICILIARIA

La atención en el domicilio constituye una de las actividades básicas que deben realizar los equipos de APS y en cuyo desarrollo intervienen de forma diferenciada todos sus componentes, para dar respuesta a necesidades de asistencia creadas por personas que, de forma temporal o permanente, se encuentran incapacitadas para desplazarse al Centro de Salud.

Aunque en el ámbito de la atención domiciliaria se presta asistencia a cualquier tipo de enfermo, ya sean niños, adultos o ancianos, las prioridades se dirigen a los grupos de población más vulnerables y necesitados, los cuales suelen presentar una serie de características comunes, como edad avanzada, enfermedades crónicas y evolutivas enfermodependencia física y/o psíquica o situaciones terminales.

En los últimos años se han puesto en marcha programas de atención domiciliaria bajo la denominación de *hospitalización a domicilio*. En este caso, los pacientes provienen del hospital, y son dados de alta para que pasen en el domicilio el período de convalecencia, en muchos casos después de intervenciones quirúrgicas realizadas, en ocasiones, sin haber sido ingresados (cirugía ambulatoria).

ATENCIÓN A LA COMUNIDAD

La orientación comunitaria de la APS es uno de sus elementos definitorios clásicos, y supone un cambio cualitativo esencial en los objetivos, funciones y organización de los Equipos de Salud. La atención individual y la comunitaria no son contradictorias ni excluyentes sino complementarias. La orientación comunitaria de la atención de salud es deudora de este desarrollo científico pero, a su vez, también ha contribuido de forma decisiva a abrir diversas vías de investigación que han arrojado nueva luz sobre muchos aspectos de las interrelaciones clínico-epidemiológicas presentes en muchos de los problemas de salud más relevantes en APS.

INTEGRACIÓN DE ACTIVIDADES EN LAS CONSULTAS DE ATENCIÓN PRIMARIA

Un aspecto clave para la integración de las actividades en las consultas es el que hace referencia a la atención de pacientes con patologías crónicas y a los grupos de riesgo. La creación de dispensarios o consultas específicas para los mismos en el seno de los equipos podría ser el origen de un proceso de fragmentación especializada de éstos, y no contribuir positivamente a la integración de la asistencia y a la participación de todos sus componentes. Estas consideraciones no se contradicen con la asignación de días y horarios concretos para el seguimiento de determinados grupos de pacientes. Es necesario introducir de forma progresiva elementos estructurales y organizativos que posibiliten la *programación de las consultas*, reduciendo razonablemente el porcentaje de la demanda espontánea. Los sistemas de *cita previa* requieren, para funcionar correctamente, la existencia de una infraestructura telefónica y de admisión adecuada, y nunca deben convertirse en instrumentos que dificulten la accesibilidad a los servicios de APS.

Uno de los problemas más graves con los que se enfrentan muchos Equipos de Salud es el del gran volumen de *trabajo burocrático* originado por la dispensación repetida de medicamentos y por los trámites administrativos de carácter diverso (laborales, citaciones, etc.). Es evidente que una parte importante de estas actividades burocráticas ha de ser asumida por los componentes no sanitarios del Equipo de Salud, que deben contar con una infraestructura administrativa suficiente y que cubra también los aspectos de información, recepción y distribución de pacientes, así como el manejo de los archivos de documentación clínica. Respecto al problema concreto de la dispensación repetida de fármacos, puede ser conveniente la puesta en marcha de un sistema de «recetas autorizadas y cartillas de largo tratamiento» que, con la organización y control pertinentes y mediante una documentación de manejo sencillo, permita realizar esta actividad fuera del ámbito propio de la consulta.

Capítulo 4

EQUIPO DE ATENCIÓN PRIMARIA

DEFINICIONES Y ELEMENTOS FUNDAMENTALES

Es necesario advertir sobre la necesidad de no confundir la agrupación médica con el equipo de Atención Primaria de Salud (APS). Así, mientras que el grupo médico tiene generalmente como objetivo principal el de la atención a los enfermos desde un punto de vista clínico e individual, mediante actividades exclusiva o fundamentalmente médicas, el equipo de APS ha de asumir los objetivos y actividades propios de ésta, y hacerlo desde una perspectiva multidisciplinar, con un enfoque individual y comunitario, con unos contenidos relevantes preventivos y de promoción de la salud, y otros relacionados con aspectos sociales, económicos y culturales propios de la población atendida.

Para realizar el amplio abanico de actividades que son propias del equipo de APS es necesario el concurso de profesionales expertos en distintas áreas, con un marco común de objetivos y una organización del trabajo basada en su división funcional, de acuerdo con las capacidades técnicas y disponibilidades de cada uno de ellos, y no con una rígida y simple asignación estamental.

FACTORES QUE INFLUYEN EN LA COMPOSICIÓN DEL EQUIPO DE APS

La situación política, económica y de la infraestructura sanitaria de cada país es el primer factor que se debe considerar, ya que es el que delimita las características globales del mismo y, a partir de ellas, las de todos los elementos del sistema de salud.

Las necesidades de salud marcan la composición y funciones de los equipos de APS. En los países subdesarrollados, los problemas fundamentales pueden ser de saneamiento básico y suministro de agua y alimentos, mientras que en los industrializados lo serán, por ejemplo, la contaminación ambiental y los hábitos de vida nocivos.

Respecto a la composición del equipo, *la disponibilidad de profesionales sanitarios con titulación de grado superior*, que suele ser escasa en los países subdesarrollados, puede hacer necesario recurrir a profesionales de carácter intermedio y a agentes comunitarios de salud.

La estructura poblacional (pirámide de edad, distribución geográfica, organización comunitaria, rural o urbana) es también un factor determinante en la composición de los equipos de APS.

Los objetivos y organización general del sistema de salud de un país y las funciones que en el mismo se atribuyen a los distintos profesionales de APS condicionan también la composición de los Equipos de Salud. En España, la estructura elemental en APS es la Zona o Área Básica (con un volumen poblacional entre 5.000 y 25.000 personas), y ésta se corresponde con el ámbito de actuación de un Equipo de Salud.

FUNCIONES Y ACTIVIDADES

Las funciones y actividades de los Equipos de Salud se detallan a continuación en la tabla 4-1.

Tabla 4-1. Funciones y actividades del Equipo de Atención Primaria

Funciones	Actividades
Asistencia	*Visita en el centro y en el domicilio* – Espontánea – Programada – Urgente
Promoción de la salud	*Educación sanitaria individual y colectiva* – En el Centro de Salud – En escuelas y otras instituciones – Campañas educativas (hábitos)
Prevención de la enfermedad	*En grupos de riesgo* – Vacunaciones – Cribados
Rehabilitación	*En procesos agudos y crónicos* – Reinserción social
Funcionamiento interno y soporte	– Docencia e investigación – Formación continuada – Organización interna – Política de calidad y evaluación – Gestión

EL PROFESIONAL DE ENFERMERÍA EN EL EQUIPO DE SALUD

El profesional de enfermería de APS ha de ser capaz de asumir funciones y actividades en todos los campos propios de aquella, con amplios niveles de responsabilidad y autonomía, en la medida en que tenga la preparación técnica necesaria y no como resultado de una simple delegación por parte del médico.

En el terreno de la asistencia curativa, los profesionales de enfermería participan en la prestación de cuidados de salud, con especial referencia al seguimiento y control de pacientes crónicos y a la instrumentación de técnicas diagnósticas y terapéuticas. En la atención domiciliaria programada de pacientes crónicos, el profesional de enfermería debería ser habitualmente el responsable del mayor porcentaje de las actividades desarrolladas, quedando el médico prácticamente como elemento consultor puntual.

En el ámbito de la promoción de la salud desempeñan un papel central, sobre todo en la dirección y puesta en práctica de las actividades de educación sanitaria, dirigidas tanto a individuos sanos como a enfermos o en situación de riesgo, e impartidas a nivel individual o colectivo. En las actividades preventivas, los profesionales de enfermería también desempeñan un papel relevante al actuar como verdaderos consejeros de salud y realizar actividades de programas, como el de vacunaciones, que dependen esencialmente de ellos.

EL TRABAJADOR SOCIAL EN EL EQUIPO DE SALUD

La incorporación de los trabajadores sociales a los nuevos equipos de APS ha sido uno de los elementos de cambio cualitativo de la asistencia prestada a la población, al mismo tiempo que ha posibilitado su desarrollo bajo la perspectiva social, junto con la biológica y la psicológica.

Las funciones y actividades de los trabajadores sociales en el seno de la APS giran esencialmente alrededor de las características de la comunidad atendida, y tienen su base en un conocimiento profundo de las mismas. La estructura socioeconómica, la cultura, los equipamientos y servicios, la estructura urbanística y de las viviendas, y las instituciones y asociaciones son, entre otros, los elementos marco que van a definir sus actuaciones comunitarias.

Las personas y los grupos en situación de riesgo social (alcoholismo, inadaptación, inmigración, paro, ancianos, etc.) son su población diana, y hacia ellos tendrán que dirigir la mayor parte de sus esfuerzos, siempre dentro de las líneas de prioridad marcadas por el conjunto del equipo. En este sentido, han de desempeñar un papel protagonista en la coordinación y desarrollo de los programas sociosanitarios y, dentro de ellos, de la atención domiciliaria a pacientes crónicos y a los ancianos.

ORGANIZACIÓN

La organización del equipo ha de gravitar sobre tres premisas esenciales:

1. *El trabajo coordinado y no jerarquizado de los distintos profesionales.* Este concepto implica la rotura de la idea de que la propia titulación lleva consigo un grado de jerarquía.
2. *El trabajo programado.* Con independencia de las actividades individuales inherentes a la APS, el establecimiento de actuaciones programadas es la metodología idónea para el cumplimiento de los objetivos marcados.
3. *La participación de todos los componentes del equipo* en la planificación, ejecución y evaluación de las actividades que se van a desarrollar.

COORDINACIÓN

La figura del coordinador del Equipo de Salud ha sido y es objeto de controversia en nuestro medio. Algunos opinan que debe actuar principalmente como portavoz o representante del equipo ante la administración, con mínimas competencias ejecutivas personales. Otros, por el contrario, piensan que debe ser un verdadero director del equipo, con amplias facultades de decisión en la planificación y gestión de los recursos y, por tanto, con un perfil profesional diferenciado en estos aspectos del de los otros miembros.

En cualquier caso, el coordinador del equipo debe ser capaz de asumir funciones de liderazgo, y ha de ser considerado por sus componentes como un profesional clínico competente. Debe ser nombrado por la administración entre aquellos profesionales, propios o ajenos al equipo, con un perfil en el que se combinen una amplia experiencia clínica y una capacitación suficiente en los terrenos de la organización y gestión propios de la APS.

La elaboración conjunta de los objetivos del equipo en un clima de participación abierta es, posiblemente, el punto de referencia más importante para valorar en la práctica el estilo de dirección del coordinador.

DEPENDENCIA

El sistema público de APS ha de tener una organización administrativa coherente que garantice la adecuada interrelación de todas sus estructuras, y de éstas con las del nivel de atención especializada. Un buen modelo de organización ha de marcar de forma clara una línea de interconexión clara y objetiva: en nuestro país, los equipos de APS forman el primer escalón del servicio de salud, y del buen funcionamiento de ellos depende en gran medida el del conjunto del sistema. La agrupación de los equipos (Zona o Área Básica de Salud) de un territorio geográfico determinado delimita el segundo escalón del sistema, que contiene ya los elementos de atención especializada, relacionados funcionalmente con el hospital. Estamos refiriéndonos al Área de Salud como estructura organizativa capacitada para la planificación, programación y gestión de los recursos de los dos niveles del sistema.

ÁREA URBANA Y ÁREA RURAL

La organización del equipo es también diferente para los ámbitos urbano y rural. En el primero, el espacio físico suele ser único (Centro de Salud o de Atención Primaria), y en él se realizarán la mayoría de las actividades, debiendo disponer de una estructura arquitectónica y funcional en la que se incluyan, como mínimo, las consultas de los distintos miembros del equipo y áreas para las acciones de educación sanitaria y para el desarrollo de programas de atención colectiva y rehabilitación. Asimismo, ha de contar con servicios de administración, recepción e información, archivo de historias clínicas y espacios para el trabajo interno de los profesionales (sala de reuniones y sesiones, biblioteca, despachos para la coordinación del equipo). Algunos centros no disponen de estos elementos y padecen una escasez notoria de espacio físico, lo que condiciona muy negativamente el desarrollo de sus actividades.

En el ámbito rural, el factor común y delimitante es la dispersión de los núcleos de población en un territorio no siempre homogéneo. Los miembros del equipo de APS deberán realizar una parte de sus actividades asistenciales de forma dispersa o separada, en los distintos núcleos de población que componen la zona. Este hecho condiciona cuantitativa y cualitativamente los espacios físicos, obligando a disponer de varios consultorios locales y de un Centro de Salud, generalmente ubicado en la población principal o central de la región o comarca. La estructura del Centro de Salud, que habitualmente también sirve como consultorio local de la población donde está ubicado, contendrá menos consultorios y espacios para administración que otro equivalente del ámbito urbano. En esta situación, el Centro de Salud actúa como elemento aglutinador para la realización de las tareas no estrictamente asistenciales de la totalidad del equipo.

Capítulo 5

GESTIÓN EN ATENCIÓN PRIMARIA

INTRODUCCIÓN

Los profesionales tienden a perder capacidad de influencia sobre el sistema sanitario, a expensas de las empresas gestoras de servicios y de los pacientes.

SERVICIOS DE ATENCIÓN PRIMARIA DENTRO DEL SISTEMA SANITARIO

Los países europeos que disponen de sistemas más eficientes gozan de buenos servicios de Atención Primaria de Salud (APS), en los que el médico de familia regula las derivaciones al sector especializado (acción que en inglés se denomina *gatekeeping*).

ACTORES DEL SISTEMA SANITARIO

Existe una tendencia generalizada a diferenciar las funciones de cada una de las organizaciones que componen los servicios de salud: financiación, compra, prestación y propiedad.

CIUDADANOS Y USUARIOS

El objetivo de las empresas de servicios es cumplir con su misión, que se centra en cubrir las necesidades de ciudadanos y usuarios a un coste competitivo.

RELACIÓN ENTRE COMPRADORES Y PRESTADORES ASISTENCIALES

La separación de funciones ha llevado a generalizar el uso de contratos para establecer las relaciones entre las partes.

Mercado de servicios

Los mercados de servicios existen cuando el comprador favorece que los prestadores compitan entre sí para ofrecer sus servicios. A finales de la década de 1980 aparecieron en los entornos de los servicios de salud de financiación pública.

Mercado vertical

A finales de la década de 1980, en el Reino Unido, se inició una interesante experiencia en la que se otorgaba a los médicos de familia la capacidad de compra de servicios especializados.

Integración vertical de servicios y capitación

En países que cuentan con un verdadero mercado de servicios (Estados Unidos), se están generando modelos de integración vertical de prestadores de servicios que favorecen la alianza estratégica entre proveedores para aumentar la eficiencia.

GOBIERNO CLÍNICO

El gobierno clínico (*Clinical Governance*) se define como un marco a través del cual las organizaciones del (NHS) National Health Service se responsabilizan de mejorar de forma continuada la calidad de sus servicios y de garantizar unos elevados estándares de atención, mediante la creación de un entorno en el que florezca la excelencia de la práctica clínica.

ATENCIÓN GESTIONADA

La atención gestionada (*Managed Care*), desarrollada en Estados Unidos, es un conjunto de actuaciones encaminadas a contener el incremento de los costes sanitarios sin comprometer la calidad asistencial.

ORGANIZACIÓN DE LAS ACTIVIDADES EN EL CENTRO DE SALUD

La organización de los centros debe evolucionar en la medida en que cambian las necesidades de los usuarios y los recursos disponibles.

CONTINUIDAD DE LA ASISTENCIA

Se ha definido clásicamente como la atención médica personalizada a través del tiempo, ofrecida por un profesional de la salud, con independencia del tipo de proceso patológico por el que consulte el paciente. Barbara Starfield introduce el concepto de *longitudinalidad,* que sería justamente cuando existe una situación contractual explícita o implícita por la que el paciente reconoce a un determinado profesional, o grupo de profesionales, como su prestador regular de servicios de salud. Los breves contactos repetidos que establece el médico de familia con su paciente a lo largo de los años contribuyen a que el profesional acumule información sobre la persona y su entorno, así como a que incremente paulatinamente su sensación de responsabilidad sobre el paciente. Esto facilita que se establezca una relación de confianza y responsabilidad mutuas.

ORGANIZACIÓN DE LA LABOR DE ENFERMERÍA

La labor de los diplomados se organiza en tres tendencias generales: por actividades, por grupos de pacientes y por sectorización. La *organización por actividades* es aquella en la que cada diplomado asume unas tareas específicas de un programa de intervención. En la *distribución por pacientes* un equipo compuesto por un médico y un diplomado de enfermería atiende a un grupo de población. La *sectorización* consiste en prestar todos los servicios de enfermería de la población que vive en una zona determinada.

DISEÑO DE PROCESOS

La gestión de procesos se basa en reconducir la organización, orientándola hacia el cliente externo. Esencialmente, significa otorgar la responsabilidad de cada proceso a un componente del equipo, indicando quién es el cliente de su servicio y facilitando que entre ambos se pacten las especificaciones y los requerimientos del producto final, pero otorgando plena libertad para decidir sobre la forma de realizarlo.

ESTILOS DE GESTIÓN

La dirección adecuada del equipo permite conseguir los objetivos asistenciales. Las claves del éxito son adoptar la estrategia adecuada, aplicar el liderazgo correcto y conseguir una buena relación interprofesional.

DE LA GESTIÓN AL LIDERAZGO

Actualmente, se tiende hacia el líder organizativo, con una clara orientación hacia el cliente y que desea superar los objetivos más que alcanzarlos. Tiene un comportamiento proactivo basado en la experimentación, el aprendizaje continuado y la asunción de riesgos. Trabaja en equipo y transfiere poder a los suyos. Los profesionales del centro son sus propios clientes y, a través de una excelente perspectiva organizativa, orienta al equipo con optimismo, proyectándolo con cuotas nuevas y desconocidas. El impacto del liderazgo sobre el clima laboral se muestra en la tabla 5-1.

Habilidades directivas

- *Diferenciación*: pone énfasis en el diálogo y la comunicación.
- *Integridad*: hace converger intereses individuales, grupales y de la organización.
- *Competencia personal*: determina cómo se comporta el directivo y, tradicionalmente, incluye la autoconciencia, como autoestima precisa, confianza en uno mismo y conciencia emocional.
- *Competencia social*: determina cómo se comporta el directivo en las relaciones con el entorno y, tradicionalmente, incluye la empatía, el desarrollo de los miembros del equipo y el aprovechamiento de la diversidad.
- *Orientación a las personas*: el desarrollo de los individuos en la organización está por encima del resultado.
- *Dirección situacional*: dirige según la situación del entorno y el grado de madurez del equipo.

Motivación

La relación entre aquellos elementos del trabajo que motivan-satisfacen o desmotivan-insatisfacen está explicada por la relación entre factores higiénicos y motivacionales. Los factores higiénicos del trabajo están relacionados con las condiciones físicas del puesto de trabajo y de la tarea (horario, salario, comodidad física, desplazamiento). Las modificaciones de los factores motivacionales, en cambio, generan motivación y coinciden con las necesidades superiores de la pirámide de Maslow. La motivación se gestiona a partir de instrumentos de realización personal, reconocimiento, autoestima y relación.

Tabla 5-1. Estilos de liderazgo y su impacto en el clima laboral

	Coercitivo	Orientativo	Afiliativo	Participativo	Imitativo	Capacitador
Características	Exige obediencia o cumplimiento inmediato	Moviliza a las personas hacia una visión	Crea armonía en las relaciones	Facilita el consenso a través de la participación	Establece estándares de excelencia exigentes	El líder desarrolla los individuos a largo plazo
Lema del estilo	Haga lo que yo le diga	Venga conmigo	Los individuos primero	¿Qué piensas?	Hágalo como yo	Inténtelo
Competencias de la inteligencia emocional	Orientación al logro, iniciativa y autocontrol	Autoconfianza, empatía y catalización de cambios	Autoconfianza, fomento de las relaciones y comunicación	Colaboración, liderazgo y comunicación	Concienciación, constancia, orientación al logro e iniciativa	Empatía, desarrollo de otros y conciencia emocional
¿Cuándo funciona mejor el estilo?	En momentos de crisis, en situación de cambio	Cuando los cambios requieren una nueva visión o cuando se precisa una dirección clara	En situaciones de estrés, para motivar a los individuos en momentos de presión o cuando es necesario mejorar las relaciones en el equipo	Para facilitar el consenso o compromiso, o bien para conseguir las aportaciones de empleados con talento	Para conseguir rápidos resultados de un equipo experimentado y motivado	Para ayudar a los empleados a mejorar su rendimiento y capacitación o a desarrollar su potencial a largo plazo
Impacto global sobre el clima	Negativo	Casi siempre positivo	Positivo	Positivo	Negativo	Positivo

Fuente: Goleman, 2000.

GRUPO DE TRABAJO: EL TRABAJO EN EQUIPO

Las características esenciales del trabajo en equipo efectivo son las siguientes:

- Tener un objetivo común.
- Compartir responsabilidades.
- Relación y comunicación.
- Flexibilidad.
- Óptimos resultados.
- Reconocimiento y aprecio.
- Orgullo de pertenencia.

RETRIBUCIÓN DE LOS PROFESIONALES

Actualmente, se están popularizando los sistemas basados en la incentivación económica de los profesionales relacionada con la consecución de objetivos asistenciales de calidad, habitualmente vinculados al consumo de recursos (prescripción, derivaciones o cumplimiento de guías de práctica clínica).

Capítulo 6

GESTIÓN DE LA CONSULTA EN ATENCIÓN PRIMARIA

INTRODUCCIÓN

De una forma simplista, pero operativa, podría decirse que una consulta médica o de enfermería es la interacción entre un individuo (cliente) que demanda un servicio y otro individuo o individuos (profesionales) que dan respuesta a esa demanda, en un marco organizativo determinado. La gestión de la consulta debe tener en cuenta los tres elementos que intervienen: el paciente, el profesional y la organización. En general, sólo las actuaciones sobre la organización pueden conseguir a corto plazo resultados cuantitativamente considerables.

FACTORES QUE INFLUYEN EN LA DEMANDA DE SERVICIOS: USUARIO, PROFESIONAL Y ORGANIZACIÓN

En general, los factores del usuario explican alrededor del 50% de la variabilidad de la utilización, y los factores del profesional y la organización, el otro 50%.

FACTORES DEL USUARIO

Factores de necesidad

La *morbilidad crónica* se relaciona más estrechamente con la hiperutilización que la aguda, pero son los problemas de *salud mental* los que explican la mayor variabilidad. La *morbilidad subjetiva* y el *peor estado funcional de salud* son variables que se deben tener en cuenta.

Factores predisponentes

Tienen una mayor predisposición los pacientes de *mayor edad*, las *mujeres*, algunas *etnias*, las *amas de casa*, los *pensionistas* y los pacientes con un *nivel socioeconómico y educacional bajo*. De todos estos marcadores, una vez que se controlan por la morbilidad, sólo la edad permanece como buen predictor de la hiperutilización.

Los problemas de *salud mental* no sólo se pueden catalogar como factores de necesidad sino que también son factores predisponentes. El menor *tamaño familiar*, la *familia monoparental* y el *divorcio*, la *viudedad*, la *soledad*, el *déficit de apoyo social* y la *disfunción familiar* se relacionan con la hiperutilización. De todas estas variables, cuando se miden en conjunto y controlando la confusión, la que mejor predice la hiperutilización (después de la salud mental) es la disfunción familiar.

Factores facilitadores

En general, se puede afirmar que los pacientes que perciben menos barreras (económicas, tiempo, distancia, disponibilidad, económicas, etc.) utilizan con más frecuencia los servicios de salud.

FACTORES DEL PROFESIONAL

Más de la mitad de las visitas que recibe el médico de familia son generadas por los propios médicos. Los médicos con una *formación menos resolutiva* generan más visitas, entre otras cosas, para tratar de reducir la incertidumbre profesional.

Cuando *se cobra por cada visita,* el médico, obviamente, genera más demanda para obtener más beneficios económicos. La práctica de *la medicina defensiva* también puede generar muchas visitas por iniciativa del profesional.

La *insatisfacción profesional* y el *burnout* (desgaste emocional) se relacionan con una mayor presión asistencial y un mayor consumo de pruebas complementarias.

Los diferentes *estilos de práctica clínica* tienen cierta relación con la utilización de los servicios de salud.

FACTORES DE LA ORGANIZACIÓN

El aumento de la *accesibilidad*, la mayor *disponibilidad* y los *incentivos* profesionales incrementan la utilización.

El *tamaño del cupo* predice poco la utilización de las consultas, mientras que la *estructura del cupo* (porcentaje de mayores de 65 años y menores de un año, porcentaje de mujeres o de población de nivel socioeconómico bajo) es mejor predictor.

El *trabajo en equipo* disminuye la utilización.

La *gestión de la burocracia* es uno de los factores del profesional y de la organización que más influye en la utilización.

La *organización de la agenda* y los *sistemas de citas* pueden influir en la utilización.

Otros factores como los *programas de salud* o las *relaciones con el sector secundario* pueden influir en la utilización.

El *copago* de las visitas puede disminuir la utilización.

ORGANIZACIÓN DE LA CONSULTA

Para adentrarse con una perspectiva práctica y operativa en la gestión de la consulta se deben considerar sus dos elementos organizativos básicos: los circuitos por los que discurre la demanda en el interior del Equipo de Atención Primaria (EAP) y de la propia consulta, y la forma cómo se distribuye el tiempo; es decir, la agenda diaria.

GESTIÓN DE LA DEMANDA

Se entiende por gestión de la demanda la actuación dirigida a regular y adecuar la demanda que se produce en la consulta a partir del rediseño de circuitos y la redistribución y racionalización de actividades.

El elemento conceptual más importante es intentar que los servicios al cliente en el Centro de Salud se realicen en el lugar más idóneo y por el profesional que resulte más eficiente.

Aparte de un acercamiento cuantitativo (mediante la frecuentación y presión asistencial), es imprescindible realizar un análisis cualitativo para poder saber realmente qué es lo que estamos viendo en la consulta.

Cuando un individuo acude al Centro de Salud lo hace básicamente por dos posibles motivos: para resolver una necesidad asistencial o para resolver una necesidad administrativa.

Mediante estos dos conceptos se establecen cuatro tipos de visitas: administrativas previsibles, asistenciales previsibles, administrativas imprevisibles y asistenciales imprevisibles. Cada uno de estos cuatro tipos de consulta representa elementos conceptuales distintos que implican un tratamiento distinto.

La distribución de visitas en cada EAP o en cada cupo presentará una variabilidad importante en función de cómo esté organizada la circulación de los distintos procesos (tabla 6-1).

En general, las visitas administrativas deberían realizarse al margen de la consulta y resolverse, en su mayoría, en el área administrativa, mientras que las visitas asistenciales deberían ser realizadas, lógicamente, por los profesionales sanitarios.

Observando los datos de la tabla 6-1 queda claro que, a priori, el punto de máximo impacto de la actuación será, por su mayor volumen, el de las visitas administrativas previsibles, y posteriormente, el de las visitas asistenciales previsibles. La actuación sobre las primeras tiene efectos inmediatos sobre el volumen de la demanda en la consulta médica, y la actuación sobre las asistenciales previsibles, aunque no de efecto inmediato, presenta sus primeros efectos a corto plazo (primer trimestre).

ADECUACIÓN DE LA DEMANDA: CIRCUITOS ORGANIZATIVOS

Debe tenerse en cuenta que, siempre, antes de definir o estructurar cualquier circuito o mecanismo organizativo, es necesario conceptualizarlo, es decir, definir claramente cuál es la situación sobre la que se va a actuar, cuál es su origen y qué estructura organizativa se podría poner en marcha en condiciones ideales.

Visitas administrativas previsibles: circuitos administrativos

El gran volumen de la actividad burocrática (visitas administrativas previsibles) en la consulta del médico de APS lo constituyen las recetas de crónicos y los partes de confirmación. Todo ello es, en su gran mayoría, consecuencia, como es bien conocido, de la existencia de unos documentos (tanto la receta como los volantes de IT) absolutamente inadecuados.

Dedicar parte del tiempo del médico (o del tiempo de enfermería) a realizar actividades puramente administrativas es ineficiente y va en detrimento del tiempo de dedicación asistencial. Es una actividad que debe realizarse fuera de la consulta.

Tabla 6-1. Contenido específico de los cuatro tipos básicos de visita*

	Necesidad asistencial	Necesidad administrativa
Motivo previsible	Controles de crónicos y programas Recogida de resultados de pruebas Seguimiento de procesos	Recetas «crónicas» Partes de confirmación de IT Volantes repetidos de ambulancias
Motivo imprevisible	Patologías agudas Reagudizaciones o complicaciones de patologías previas	Informes y certificados Volantes para servicios no ofertados (optometría, obstetricia, etc.)*

*El contenido de algunos cuadros puede variar en determinados entornos en función de los circuitos de funcionamiento existentes.

Ejemplo de distribución aproximada del número y tipos de visita en función del grado de organización

	Mínima organización			*Circuitos organizativos implantados*	
	Necesidad asistencial	**Necesidad administrativa**		**Necesidad asistencial**	**Necesidad administrativa**
Motivo previsible	30%	48%	Motivo previsible	35%	13%
Motivo imprevisible	20%	2%	Motivo imprevisible	50%	2%

Fuente: Casajuana, 2001.

Visitas asistenciales previsibles

El segundo gran núcleo de actuación para adecuar la demanda lo constituyen las visitas asistenciales previsibles, cuya mayor parte la constituye el seguimiento de patologías crónicas que, en general, forman parte de programas de salud en los que se protocolizan las diferentes actividades que se deben realizar, y la recogida de resultados de pruebas complementarias, en su mayor parte analíticas y de radiología.

La propuesta que se hace en este tipo de visitas sería doble: por una parte, la racionalización de los protocolos, y, por otra, el redireccionamiento de muchas de estas actividades hacia la consulta de enfermería.

Un aspecto fundamental que se debe tener siempre en consideración es que cualquier visita previsible debe haber sido citada por los propios profesionales, no por el paciente. Es decir, cualquier paciente que se haya visitado y al que se le indica que debe volver por cualquier motivo (control, receta, técnica, resultados, etc.) debe salir del centro con la cita ya dada. De este modo, es el médico quien toma la decisión de cuándo debe volver y a la consulta de qué profesional, con lo que es el médico quien gestiona estas visitas y no el propio paciente. Además, se ahorran un buen número de llamadas telefónicas al centro, que suele provocar uno de los atascos habituales.

Visitas asistenciales imprevisibles

Una vez optimizados los dos grandes bloques constituidos por las visitas previsibles, un paso más avanzado es la actuación sobre las visitas asistenciales imprevisibles.

La opción que se propone implica que parte de esta actividad puede ser desarrollada por enfermería, que puede participar activamente en la atención a este tipo de problemas de salud, siguiendo el modelo de trabajo que se ha propuesto en el apartado referente a la UBS.

Visitas administrativas imprevisibles

Aunque representan un escaso volumen, algunas pueden resolverse sin necesidad de la visita del paciente. Así, por ejemplo, para la mayoría de los informes médicos (certificados, balnearios, etc.) el usuario puede hacer la solicitud al personal administrativo y pasar a recogerla a las 24 horas.

Gestión del tiempo: agenda

Las agendas deben ajustarse a la realidad de cada ámbito, no al *desideratum*. La cita previa no sirve para disminuir la demanda sino para ordenarla. Si se quiere disminuir la demanda, las acciones que se deben emprender son las que se han comentado en el apartado de gestión de la demanda, no la simple y equivocada limitación del número de citas.

Agenda y personal administrativo

En principio, la cita previa en su funcionamiento óptimo debe realizarse en la mayoría de los casos telefónicamente (Internet será una forma frecuente a medio plazo). Sin embargo, es conocido que la accesibilidad telefónica en los centros de salud es, a menudo, difícil.

Hay que priorizar la atención telefónica porque implica un beneficio para todos. Para ello, es preciso que los puestos de atención telefónica estén físicamente aislados de la atención al público.

Cuando las agendas no están bien diseñadas y se genera lista de espera hay pacientes que no quieren esperar y quieren ser atendidos el mismo día. Para estos casos, se establecen circuitos de pacientes sin cita o urgencias. El administrativo no puede, en ningún caso, «filtrar» a un paciente que asegura que su visita debe hacerse de forma urgente o no puede diferirse para otro día.

Informatización en la gestión de la demanda

La informatización puede facilitar el desarrollo e implantación de algunos circuitos organizativos o de modelos de agenda más fáciles y potentes, pero no resuelve los problemas de centros mal organizados.

El primer punto que se debe informatizar es el de los circuitos burocráticos (sobre todo, la prescripción crónica).

GESTIÓN DE ALGUNOS ASPECTOS ESPECÍFICOS

Paciente hiperfrecuentador

Los pacientes hiperfrecuentadores (HF) son aquellos pocos que realizan muchas visitas. Aproximadamente, el 20% de los pacientes consumen el 80% del total de las visitas. Actualmente, se piensa que la intervención sobre el HF debe ser individualizada, puesto que existen perfiles de HF diferentes. Sus objetivos son dos: *a*) reducir la incertidumbre clínica desde un enfoque biopsicosocial, y *b*) plantearse la hipótesis de relación médico-paciente.

Se adscribe al HF a una o varias de las siguientes hipótesis: clínica, psicológica, social, familiar, cultural o administrativa. El siguiente paso será realizar las indagaciones y pruebas pertinentes para admitir o rechazar las hipótesis. Las herramientas de que se dispone para refutar las hipótesis son fundamentalmente tres: entrevista programada con el paciente, pruebas complementarias biológicas y psicosociales, y consultar la opinión de especialistas. Finalmente, se define un plan de intervención, que pasa por la aceptación negociada del paciente.

Consulta telefónica

Las consultas telefónicas en APS están aumentando en todas sus facetas, aunque su frecuencia presenta una gran variabilidad geográfica. Quizá la mayor desconfianza de los médicos radique en la inseguridad para hacer diagnósticos sin ver al paciente y sin explorarlo. Se trata de un temor comprensible, y faltan estudios que pongan al descubierto si la atención telefónica se asocia a un aumento de los errores clínicos y complicaciones, aunque las primeras investigaciones apuntan a lo contrario.

Desde otro punto de vista, la consulta telefónica del médico de APS con el especialista podría disminuir las derivaciones al sector secundario y mejorar su calidad.

EDUCACIÓN SANITARIA Y DEMANDA DE SERVICIOS

Mejorar la práctica de los autocuidados mediante educación sanitaria podría reducir la demanda asistencial.

La *educación sanitaria* podría ser muy eficiente aplicada *sobre problemas menores de salud*, por ejemplo, sobre los resfriados.

La *educación sanitaria de pacientes con enfermedades crónicas* puede mejorar su estado de salud física y psíquica, y disminuir la utilización de las consultas, las visitas a urgencias y los ingresos hospitalarios. En general, la intervención educativa realizada en grupo supera los resultados de salud y es más coste-efectiva que la realizada individualmente.

Capítulo 7

RELACIÓN ASISTENCIAL Y MODELO BIOPSICOSOCIAL

RELACIÓN ASISTENCIAL

La relación asistencial en la Atención Primaria de Salud (APS) se configura en una temporalidad (los distintos encuentros profesional-paciente), unos continentes (los protagonistas de la relación) y unos contenidos (las necesidades y demandas de salud) (tabla 7-1).

Tabla 7-1. Complejidad de la relación asistencial

Temporalidad de la relación
– Momento sincrónico
– Momento diacrónico
Continentes de la relación
– Variables internas
• Personalidad, modales, nivel educativo
• Tipo de relación, clima emocional
– Variables externas
• Entorno comunitario, familiar e institucional
Contenidos de la relación
– Paciente: demanda, necesidad de salud y expectativas
– Profesional: capacidad técnica y humana

TEMPORALIDAD DE LA RELACIÓN ASISTENCIAL

Momento diacrónico de la relación

Establece la memoria histórica de la relación. Weyrauch (1995) puntualiza que este conocimiento personalizado tiene muchos aspectos positivos, pero algunos negativos: puede interferir en el reconocimiento de nuevas enfermedades, en la obtención de datos y en peticiones inapropiadas de los pacientes, más difíciles de sortear.

Momento sincrónico de la relación

Se plantea un problema que debe ser resuelto, y la relación gravita sobre dicho problema y sobre la relación interpersonal. Llamamos *situación* a estimular la demanda que surge dirigida al profesional, a lo que se le pide y en el momento en que se le pide. El clínico realiza un primer encuadre de la entrevista en el que responde a las preguntas: ¿a qué tipo de problema me enfrento?, ¿qué se supone que debo hacer? Puede haber dos planos en esta demanda: un efecto relacional (p. ej., «doctor, ¡apóyeme!») y un efecto técnico («quiero algo para este dolor»).

SATISFACCIÓN Y EXPECTATIVAS

Al elaborar su demanda, normalmente el paciente habrá consultado a familiares o amigos y habrá establecido cierto diálogo interior para deslindar lo «nuevo» de lo «viejo», lo ideal (encontrarse perfectamente) de lo posible (aliviar este dolor). Aquí reside la diferencia entre demanda y queja: la demanda, como petición de algo plausible, que le puede ser dado; y la queja, como canción de fondo de un proceso de envejecimiento o achaques crónicos de imposible resolución.

Los pacientes jóvenes y con un nivel de renta mayor son los más difíciles de complacer, no porque tengan un perfil distinto de expectativas sino porque su umbral es más elevado. Inversamente, los ancianos son los más entusiastas y satisfechos con el sistema sanitario. Es posible que en ello influya el fenómeno de consonancia/disonancia cognitiva según el cual el individuo se conforma con lo que tiene cuando no puede imaginar u obtener algo distinto o mejor.

NECESIDADES Y DEMANDAS

El buen médico y la enfermera se distinguen porque van más allá de la demanda aparente. Donde otro ve un «control habitual», él ve una microhematuria no explicada; donde otro ve un paciente somatizador, él ve un paciente maltratado psicológicamente por su pareja.

RELACIÓN ASISTENCIAL Y AGENCIAS SANITARIAS

El Servicio Nacional de Salud ha condicionado lo siguiente:

- Una atenuación de las desigualdades en la prestación de la atención sanitaria.
- Un fortalecimiento de la relación de agencia para el conjunto de la sociedad.
- Una acción sanitaria de tipo preventivo.

La relación de agencia conlleva una triple lealtad del clínico: debe ser agente defensor del cliente, y también de la agencia contratante, y, finalmente, de los intereses sociales en su conjunto.

En el lado negativo cabe destacar que la relación de agencia y, notoriamente, los Sistemas Nacionales de Salud, limitan al usuario sus posibilidades de elección de médico y dan a éste un gran poder en la relación: el profesional puede negar prestaciones que juzgue incorrectas, y los médicos más solicitados reciben una sobrecarga asistencial por el mismo salario, lo que, sin duda, incentiva que el médico se escude en un estilo frío y distante.

MODELOS RELACIONALES

Hay un rasgo que sobresale en cuanto a estilo del profesional: si éste es o no es capaz de adaptarse al paciente. Ello queda expresado en la tabla 7-2. Según esta clasificación, hay tres maneras básicas de comportarse en una relación asistencial: *a*) aplicando un estilo participativo adaptado a las ne-

Tabla 7-2. Estilos de comportamiento en la relación asistencial

Heterocentrado (orientado al consultante)
- Metas asistenciales compartidas entre clínico y paciente
- Basado en necesidades de salud
- La propia relación es un elemento terapéutico
- El paciente es invitado repetidamente a participar en las decisiones y a expresar creencias o expectativas

Autocentrado (orientado al clínico)
- Metas asistenciales orientadas a resolver problemas
- Basado en la demanda recibida
- La relación establecida es un elemento técnico de soporte
- Las decisiones son tomadas por el clínico, con escasa o nula participación

Adaptado a las necesidades del paciente
- El profesional adopta un estilo auto o heterocentrado según el paciente, la situación clínica y la complejidad de la demanda atendida

cesidades del paciente; *b*) considerando solamente nuestros objetivos, y *c*) actuando de una u otra manera en función de la situación clínica.

En el ámbito español, Torío y García (1997) estudiaron 248 entrevistas de 16 médicos, y encontraron que, en la fase exploratoria, el 32,4% de las entrevistas podían considerarse orientadas al paciente, y el 29,7% en la parte resolutiva. Los pacientes hablaban una media de 2,10 minutos (29,2% del tiempo total) por entrevista. Curiosamente, la mitad de los médicos percibía como muy importantes las características «centradas en el paciente», pero no ejecutaba las tareas propias de dicho enfoque. Esta discrepancia –común a toda la literatura sobre el tema, sea cual fuere el país– se debe a que en las consultas por procesos agudos el médico automáticamente adopta un estilo directivo (autocentrado) porque es el más adecuado (Winefield), e incluso es el más apreciado por el paciente en este contexto (Torío), mientras que reserva un estilo centrado en el paciente para consultas psicosociales o complejas. Por este motivo, se prefiere hablar de «orientación al consultante», expresión formulada por Tizón (1988) para expresar: *a*) capacidad para contener la ansiedad del consultante; *b*) capacidad para entenderlo de manera global y ayudarle a entenderse desde esta perspectiva integradora, y *c*) capacidad del profesional para observar y observarse observando, esto es, capacidad para «verse actuar», y reflexionar sobre su práctica.

La pregunta clave es: ¿sería el médico capaz de narrar cómo se siente este paciente, cuáles son sus preocupaciones y qué es lo que desea?

INFLUENCIA DE LA RELACIÓN ASISTENCIAL

Tres son las cualidades de una relación que, según los autores, configuran la tarea madurativa en la APS: la confianza, la contención del profesional y la capacidad de promover la autoestima en sus pacientes.

La confianza se gana, sobre todo, ofreciendo un espacio para la escucha, el cuidado y la cordialidad, pero también demostrando competencia técnica. Confianza significa crédito. La contención también es más fácil de ejercitar cuando hay este sustrato de confianza. Tizón (1989) ha definido la contención como aquella capacidad del profesional por la que «puede percibir la ansiedad, propia o ajena, notar que remueve en él estratos, capas o conflictos más o menos profundos, pero pudiendo, a su vez, contener, no pasar inmediatamente a la acción esa presión de la ansiedad».

El profesional no da respuestas inmediatas; por el contrario, pregunta y escucha, mostrándose confiado en sus propias fuerzas, en su capacidad para encontrar una salida positiva a la situación. El interés mostrado por el paciente es la variable de mayor relevancia; no en vano la estima que los seres humanos reciben de los demás determina, en gran medida, la estima que sienten por ellos mismos. Dos son las tareas que pertenecen genuinamente a la APS: *a*) mostrar al paciente de manera integrada y global sus problemas de salud, enmarcándolos en su evolución biográfica, y *b*) acercarlo a sus propias emociones.

Maduración del clínico

En la relación asistencial el clínico también madura, entendiendo por tal proceso la capacidad del profesional: *a*) para ampliar su abanico diagnóstico; *b*) para entender al paciente en su entorno social y en su realidad biológica y psíquica; *c*) para adecuar los recursos diagnósticos y terapéuticos a las necesidades de sus pacientes, con una clara sensibilidad social (recursos disponibles); *d*) para ir más allá de la demanda aparente que le formulan sus pacientes, y entender sus necesidades de salud; *e*) para hacerse autónomo de alabanzas o sanciones venidas de los pacientes o de la organización sanitaria, y sentirse por el contrario esencialmente premiado por la convicción interna de realizar bien el trabajo, y *f*) finalmente –pero tal vez lo más importante–, para pulir de manera permanente sus propios rasgos de carácter –y emociones– para adecuarlos a las características de una relación de ayuda.

Definida así la maduración clínica, hay que convenir que el simple paso del tiempo no asegura de ninguna manera este proceso.

RELACIÓN ASISTENCIAL EN UN MUNDO MULTICULTURAL

Se avanza hacia una sociedad configurada por razas y culturas diferentes que conviven en sociedades democráticas. El profesional expresa con su capacidad de empatía y solidaridad hasta qué punto una sociedad es capaz de cuidarse a sí misma y proporcionar estima al más necesitado. En el caso del emigrante o de las minorías culturales y étnicas, el clínico pasa a ser el referente de una sociedad multicultural que otorga a cada persona todos los derechos y toda la dignidad por el simple hecho de ser persona.

MODELO BIOPSICOSOCIAL

¿En qué aspectos se distingue un profesional orientado biopsicosocialmente?

- El clínico considera como objetivo lograr un componente emocional intrínsecamente terapéutico en la relación establecida.
- El clínico legitima cualquier motivo de consulta, no sólo los biomédicos (Dowrick) o los problemas psicosociales que logran carta de autenticidad (depresión, bulimia, insomnio, etc.).
- El clínico distingue entre demanda de salud y necesidad de salud.
- El clínico aplica frente a un problema diagnóstico de cierta complejidad una metodología que evita inicialmente tomar posición hacia hipótesis diagnósticas exclusivamente biológicas o psicosociales.
- El clínico dispondrá cuando sea posible de una perspectiva sociofamiliar de sus pacientes y, sobre todo, del soporte que pueda recibir (red de apoyo social).
- El clínico aplicará técnicas de decisión racionales, basadas en evidencias, pero también en el conocimiento de los sesgos que introducen sus propias emociones. Los riesgos de equivocarse ante pacientes que «caen mal» son enormes, por lo que educará sus propias emociones.
- La máxima que reza «primero descartar lo orgánico» sigue siendo esencialmente válida, a condición de añadir: «pero con diagnósticos positivos (no simplemente de exclusión), en la esfera psicológica y social».
- El clínico debe acostumbrarse a períodos de incertidumbre en los cuales no ceda a la tentación de dar significado a los síntomas a partir de datos no definitivos.
- El clínico tiene que saber ir más allá de la demanda aparente del paciente para adivinar las necesidades de salud.
- No hay «caso cerrado». Cada paciente es una realidad en constante evolución.

Capítulo 8

INFLUENCIAS SOCIOCULTURALES EN LOS CUIDADOS DE SALUD. ENFOQUE FAMILIAR EN ATENCIÓN PRIMARIA

ENFOQUE FAMILIAR EN ATENCIÓN PRIMARIA

Se entiende por familia la unidad biopsicosocial integrada por un número variable de personas, ligadas por vínculos de consanguinidad, matrimonio y/o unión estable, y que viven en el mismo hogar. Sin embargo, la concepción de la familia debe ir más allá de esta definición tradicional y fenomenológica y entenderla como una forma de organización grupal intermedia entre la sociedad y el individuo, pero que responde a la clase social a la que pertenece, lo cual significa que la participación de sus miembros en el proceso productivo responde a la forma de organización social. La concepción sistémica de la institución familiar la representa como un subsistema social abierto, en constante interacción con el medio natural, cultural y social, y en el que cada uno de sus integrantes interactúa como microgrupo con un entorno familiar donde existen factores biológicos, psicológicos y sociales de alta relevancia en la determinación del estado de salud.

BASE TEÓRICA DEL MODELO: TEORÍA SISTÉMICA

ELEMENTOS Y SUBSISTEMAS

La familia está constituida por una serie de elementos que interactúan entre sí, se organizan en subsistemas y se relacionan con su entorno. Cada uno de ellos asume el rol que le corresponde, realiza sus funciones, se comunica y facilita el contacto con su entorno.

La familia desempeña sus funciones a través de subsistemas, que pueden formarse por intereses, funciones, género o generaciones, si bien son tres los subsistemas con una significación especial: *a*) el conyugal, formado por el marido y la mujer; *b*) el parental, que se constituye para cumplir la función de crianza y socialización de los hijos, suele estar formado por los padres, pero también pueden formar parte de él otros miembros de la familia, y *c*) el subsistema fraternal, constituido por el grupo de hermanos.

LÍMITES O FRONTERAS

Las fronteras representan la interfaz entre la familia y el entorno social; su función consiste en proteger a los elementos propios y diferenciarlos del sistema. Deberá ser, a la vez, limitante y permeable, facilitando los cambios que necesita para su supervivencia. Si los límites son demasiado permeables se corre el riesgo de que la familia pierda su integridad, pero si, por el contrario, son muy rígidos, se empobrece el sistema. Se habla de familias abiertas cuando sus fronteras facilitan el flujo de información y comunicación entre el sistema y su entorno, y de familias cerradas cuando, por el contrario, la permeabilización de los límites hace difícil la llegada de aportaciones (*imput*) del exterior.

Homeostasis y cambio familiar

La familia regula sus funciones, mantiene su equilibrio o se transforma, a través de la retroalimentación. Para mantener la homeostasis, la familia utiliza dos mecanismos: la retroalimentación negativa y el cierre de las fronteras familiares. Así, frente a comportamientos conflictivos de algún miembro de la familia o ante estímulos externos que tengan un efecto desestabilizador se ponen en juego *feedback* negativos para salvaguardar la homeostasis familiar.

Cambio familiar

El sistema familiar no puede mantenerse de forma indefinida en una misma posición, ya que ello conllevaría alteraciones en su dinámica, convirtiéndose en algo anormal e incluso patógeno para sus miembros.

La familia tiene que estar preparada para cambiar, adaptarse y transformarse, unas veces por necesidades de sus miembros y otras por exigencias de su entorno.

Para facilitar el cambio, las familias recurren a dos mecanismos: uno, responder con *feedback* positivos ante las nuevas demandas, y otro, permeabilizar las fronteras, permitiendo un buen flujo de comunicación entre el entorno y la familia.

Circularidad

Las interacciones en la familia nunca son unilaterales sino circulares; así, la relación y la conducta de A afecta a B, pero en éste se producen cambios conductuales que, a su vez, afectan a A; y así sucesivamente. En esta cadena circular pueden participar todos los componentes de la familia.

PROBLEMAS CLÍNICOS RELACIONADOS CON LA ATENCIÓN FAMILIAR

Problemas psicosociales

Se definen los *problemas psicosociales* como aquellas situaciones de estrés social que producen o facilitan la aparición de manifestaciones clínicas, físicas, psíquicas o psicosomáticas, así como crisis y/o disfunción familiar.

Una parte importante de la demanda del médico de familia está motivada por problemas psicosociales, y en un porcentaje elevado de casos el origen de estos problemas se encuentra en la familia. Las familias que Christie-Seelly denominaba con la expresión «familias propensas a enfermar», así como aquellas otras que cuentan con miembros hiperutilizadores de servicios, son familias disfuncionales como consecuencia de la acción de factores psicosociales.

Tanto por la elevada prevalencia como por las dificultades existentes para descubrirla, se comprende que una de las actividades más relevantes del médico de familia deberá ser la de detectar, diagnosticar e intervenir sobre problemas psicosociales.

CRISIS DE DESARROLLO

La secuencia de estadios que atraviesa la familia desde su creación hasta su disolución se conoce como *ciclo vital familiar.* Cada fase del ciclo representa una amenaza potencial para su organización, y requerirá la realización de múltiples ajustes.

En cada uno de los estadios del ciclo se producen cambios conductuales y emocionales bien definidos, que dan lugar a problemas predecibles, lo que permitirá al médico de familia, si es conocedor de estos cambios, establecer acciones preventivas de asesoramiento familiar anticipado.

El paso de una fase a otra del ciclo vital se conoce como *transición, rito de paso* o *crisis de desarrollo,* y supone siempre una verdadera transformación del sistema familiar, a la vez que constituye un momento privilegiado para la intervención terapéutica.

Las crisis de desarrollo coinciden con el tránsito de una etapa a otra del ciclo vital, son universales y, por tanto, previsibles, y pueden dar lugar a cambios permanentes en la condición y la función de los miembros de la familia. En estos períodos de tránsito, en las crisis de desarrollo, algún miembro de la familia enferma. El médico de familia, gracias al carácter longitudinal de la atención que presta, tiene la oportunidad de observar a todos los miembros de la familia, conocer el estadio en el que se encuentra en cada momento esa familia y los recursos con los que cuenta; todo esto le sitúa en una posición muy ventajosa para poder realizar asesoramiento o intervención familiar.

ENFOQUE FAMILIAR EN PACIENTES CON PATOLOGÍAS CRÓNICAS, DISCAPACITADOS, INMOVILIZADOS Y TERMINALES

La enfermedad crónica, por su frecuencia y por las necesidades de ayuda que demanda, supone una notable carga de trabajo para los profesionales de APS. En los últimos años, esta carga de trabajo se ha elevado debido a que el aumento de la esperanza de vida ha dado lugar a un envejecimiento progresivo de la población y, en consecuencia, a un incremento de las enfermedades crónicas.

Esta situación se agrava porque la discapacidad complica, con frecuencia, el curso de las afecciones crónicas; pero el panorama asistencial se ensombrece aún más, si se tiene en cuenta que algunos de los pacientes incapacitados tienen dificultades para acudir a los centros sanitarios y requieren una atención domiciliaria.

Puesto que la enfermedad crónica, la discapacidad y la muerte son experiencias universales que ponen a las familias frente a uno de los mayores desafíos de la vida, es necesario un nuevo enfoque que permita y facilite la relación del proceso crónico con su entorno social y familiar. La atención familiar, considerada como un modelo orientado hacia un enfoque holístico y ecosistémico de la medicina, puede aportar el soporte conceptual y tecnológico necesario para enfocar de manera distinta y nueva a los enfermos crónicos, inmovilizados y terminales, capacitándolos para resolver sus problemas físicos y capacitando a la familia para resolver los problemas psicosociales a los que está sometida cuando uno de sus miembros sufre una enfermedad crónica.

Parte de lo que les ocurre a estos enfermos se dirime en el escenario del hogar; así, a través de la atención domiciliaria, se intenta una asistencia clínica, que incluye aspectos sociofamiliares, orientada a conseguir en los pacientes y la familia el mayor grado de independencia, la potenciación del autocuidado y una mejora de la calidad de vida en relación con los problemas de salud que les afectan.

Capítulo 9

MIGRACIÓN Y ATENCIÓN PRIMARIA

CARACTERÍSTICAS DEL DUELO MIGRATORIO

La migración comporta una serie de pérdidas y tensiones a las que se denominará «duelo migratorio». La fantasía de «poder volver al país» puede ayudar a soportar la migración. El duelo se ve influenciado por la *recurrencia*: el emigrante puede volver a su país o contactar con su cultura a través de amigos, familiares, etc. El duelo migratorio comporta un *cambio en la identidad*.

Durante el proceso de duelo los inmigrantes pueden sufrir cierta *regresión*; la persona que se encuentra fuera de su medio habitual, como respuesta a las dificultades que tiene, puede ser más dependiente, débil o incluso infantil. El duelo migratorio depende del *contexto social e histórico*.

El alejamiento de los seres queridos da lugar a profundas repercusiones psicológicas. *El duelo por la lengua materna* comporta toda una serie de esfuerzos para adquirir una nueva forma de expresión. *El duelo por la cultura* surge porque el inmigrante tiene unas actitudes y concepciones respecto al mundo, y de cómo una persona debe comportarse en él, que difieren generalmente de las concepciones de las personas del país de acogida. *El duelo por la pérdida del paisaje y la tierra* suele conllevar a sobrevalorizaciones e idealizaciones acerca de ella.

El duelo por la pérdida del estado social es uno de los que más influye en el proceso migratorio. La mayoría de inmigrantes retrocede en su estado social con respecto a la sociedad de origen, y esto da lugar a fracasos en el proyecto migratorio. *El duelo por la pérdida de contacto con el grupo étnico* se refiere a la distancia del grupo humano que posee unas características comunes de cultura, historia, lengua, etc. Existe un último duelo, el de *la pérdida de la seguridad física*, ya que los inmigrantes, con frecuencia, se ven expuestos a riesgos para la salud y para su integridad física.

GRUPOS MIGRATORIOS Y SUS DIFERENCIAS SOCIOCULTURALES

Las diferencias socioculturales que se observan en los grupos migratorios suelen hacer referencia al lenguaje, la familia, la religión, los modelos propios de salud y enfermedad y la actitud ante la vida y la muerte.

Lenguaje

En la cultura española el lenguaje verbal es claro y explícito, pero en otras culturas la comprensión se basa más en el lenguaje no verbal.

Familia

En muchas culturas tradicionales se conservan ciertos roles familiares en los que cada individuo desempeña una función y tiene un poder específico. La familia compuesta se encuentra jerarquizada en función de la edad y el sexo. La mujer casada adquirirá mayor posición social cuantos más hijos tenga. La alta mortalidad maternoinfantil que existe en sus países de origen condiciona un gran número de matrimonios en edad precoz, de embarazos y nacimientos, lo cual origina cierta desconfianza hacia la planificación familiar y el control de la natalidad.

Religión

Los hábitos dietéticos varían según las creencias religiosas. Los musulmanes comen carne *halal,* sacrificada según un rito, y tienen prohibida la ingestión de cerdo y alcohol. Asimismo, durante un mes al año, el noveno mes lunar del calendario mahometano, celebran el *Ramadán* que consiste en realizar ayuno durante las horas de luz solar. Los judíos ortodoxos comen *alimentos kosher,* y los hindúes siguen una dieta vegetariana. En culturas del este de India los alimentos son clasificados como *calientes* (estimulantes y afrodisíacos), que deben ser moderados, y *fríos,* que son más seguros.

Salud y enfermedad

Cada cultura puede tener sus propios modelos para explicar el funcionamiento corporal y los conceptos de salud y enfermedad.

En la mayoría de países se practica en mayor o menor proporción la medicina tradicional y la moderna según la accesibilidad que tiene la población a cada una de ellas y los problemas de salud que se presenten. En las culturas africanas predominan los médicos cirujanos, quiroprácticos y curanderos. En algunas regiones con creencias preislámicas se practican intervenciones mutilantes, como la circuncisión femenina. Otras intervenciones se practican en la cultura judía, como la circuncisión masculina.

Vida y muerte

En muchas religiones, el destino y la muerte están depositados en las manos de un ser superior y es mayor la aceptación del sufrimiento y el óbito.

ASISTENCIA AL INMIGRANTE EN ATENCIÓN PRIMARIA

Problemática social

La migración implica casi siempre descender en la escala social con pérdidas importantes en el bienestar y en la seguridad del individuo y de su familia. En muchas ocasiones, los inmigrantes se ven obligados a alojarse en viviendas precarias, y pueden encontrarse en situaciones de gran precariedad laboral. La falta de una red de apoyo social puede desembocar en una grave exclusión social en conflicto con el medio, con repercusiones como la formación de guetos y el aislamiento, la marginación, la discriminación y la delincuencia.

Problemática sanitaria

Dificultades de acceso al sistema sanitario

- *Restricciones internas*: se llama *autorrestricción primaria* a una serie de factores internos, como la autopercepción de salud y la falta de información sobre los recursos.
- *Restricciones externas*: son las dificultades administrativas, socioeconómicas, culturales y comunicativas que se presentan para acceder a los equipos sanitarios. Éstas favorecen la *autorrestricción secundaria,* ya que el individuo con una experiencia previa negativa decidirá no acudir a los centros sanitarios.

Atención inadecuada

Cuando el individuo carece de una red de apoyo social y un soporte psíquico adecuado a sus necesidades intenta recurrir a su médico de familia, al pediatra o al servicio de urgencias para expresar su malestar psicológico que, muchas veces, se expresa en forma de *somatizaciones.*

El duelo mal elaborado y somatizado del inmigrante puede llegar a lo que se llama la *medicalización cronificada*.

Consecuencias en el ámbito de la salud pública

El inmigrante acostumbra ser un individuo joven, sano y con gran iniciativa y capacidad para adaptarse a los cambios. Son las condiciones de vida y las experiencias en el país de acogida lo que le convertirán en un sujeto con riesgo de enfermar.

Las enfermedades reactivas o de adaptación son las más frecuentes. Gran parte de las consultas de éstos son *por cuadros banales* o *síntomas inespecíficos*. Existe una mayor duración de las bajas laborales y de los ingresos hospitalarios, y un aumento de los accidentes laborales.

En cuanto a los *trastornos mentales*, se ha descrito una mayor prevalencia de trastornos de ansiedad y depresión. El alcohol, el tabaquismo y el abuso de drogas pueden ser problemas crecientes en el contexto de la inmigración.

Cabe mencionar la importancia de algunas *enfermedades infecciosas* por su elevada incidencia. El inmigrante, a los 2-3 años de la migración puede perder la inmunidad que adquirió en el país de origen frente a algunos patógenos. Las infecciones más prevalentes son las parasitosis intestinales, las enfermedades de transmisión sexual, las hepatitis víricas y la tuberculosis. La tasa de tuberculosis atribuible a la población inmigrante ha crecido, debido probablemente a una reactivación de una infección contraída en el país de origen. Se ha evidenciado que esta mayor incidencia de tuberculosis y demás enfermedades infecciosas en la población inmigrante no modifica la de la población autóctona.

Salud reproductiva

Son frecuentes los partos prematuros, el bajo peso al nacer, las complicaciones en el parto y las demandas de interrupción del embarazo. Hay que tener en cuenta la escasa cobertura vacunal existente en algunos países, las enfermedades importadas, síndromes anémicos y talasemias, y más raramente, enfermedades tropicales como esquistosomiasis, paludismo y dengue.

ENFOQUE MULTIDISCIPLINARIO DESDE LA ATENCIÓN PRIMARIA

Los primeros recursos empleados de forma espontánea por parte de los pacientes y los profesionales para mejorar la comunicación en las consultas puntuales son el uso de lenguas puente como el inglés o el francés, a menudo mal hablados por ambas partes, el uso de diccionarios, y la intervención de *intérpretes informales* que puede tratarse de familiares o amigos de los pacientes.

El *mediador intercultural* ejercerá una función de apoyo a los equipos asistenciales con tareas de interpretación, traducción y formación específica sobre cada comunidad y dentro de un plan de acción individual.

El *agente comunitario de salud*, además de las tareas de mediación, ampliará su plan de acción a la comunidad con el objetivo más amplio de promocionar la salud y aumentar la autonomía y la capacidad de decisión de los inmigrantes en los temas relacionados con su salud.

PREVENCIÓN Y ENFERMEDAD: PROTOCOLOS DE ACTUACIÓN

Es conveniente distinguir entre los conceptos de inmigrante, emigrante y viajero.

El *inmigrante* (recién llegado) es aquella persona natural y residente en un país de renta baja que llega a España, independientemente de la razón del viaje o de la duración prevista de éste. Podrá convertirse en un emigrante o en un viajero. El *emigrante* es aquel que, residiendo en España, va a un país de renta baja por un período superior a 3 meses, y luego regresa. Y el *viajero* es aquel que, residiendo en España, viaja a un país de renta baja por un período inferior a 3 meses, y luego regresa, independientemente de los motivos del viaje.

Protocolo en inmigrantes y emigrantes asintomáticos

Este protocolo tiene sentido si se aplica al individuo recién llegado o que no lleve más de 2-3 años residiendo en España.

1. *Anamnesis.*
   - *Antecedentes personales.*
   - *Antecedentes patológicos.*
   - *Enfermedad actual*: estado psicológico.
2. *Exploración física.*
   Después de realizar una correcta anamnesis y exploración, se pedirán las siguientes *exploraciones complementarias*:
   a) *Hemograma, VSG, bioquímica básica.*
   b) *Hierro y ferritina*: sobre todo en niños y embarazadas.

c) *Calcio, fósforo y fosfatasas alcalinas*: valorar en niños, adolescentes y embarazadas según procedencia y alimentación.
d) *Perfil de orina y sedimento.*
e) *Serologías* (lúes, VHB, VHC, VIH).
f) *PPD*: en menores de 35 años.
g) *Radiografía de tórax* en adultos.
h) *Análisis coproparasitológico* en inmigrantes de Asia, África del Norte y Latinoamérica. Es preferible realizarlos en laboratorios de centros especializados en parasitosis, por la alta frecuencia de falsos negativos.

PROTOCOLO EN INMIGRANTES Y EMIGRANTES SINTOMÁTICOS

Los síndromes más frecuentes son el diarreico-disentérico, el cutáneo y la eosinofilia.

1. *Síndrome diarreico-disentérico.*
   - Diarrea actual o reciente:
     - Coproparasitológico seriado.
     - Coprocultivos.
   - Disentería:
     - Serología amebas.
     - Si son positivas, pedir ecografía hepática.
   - Diarrea prolongada:
     - Estudio *Cryptosporidium.*
2. *Síndrome cutáneo.*
   - Biopsia y pruebas cutáneas.
3. *Eosinofilia* (valor absoluto > 500 eosinófilos/ml).
   - Coproparasitológico
   - Cultivo *Strongyloides.*

   Añadir según la zona:
   - Guinea ecuatorial: biopsia cutánea.
   - África Subsahariana, Sudeste asiático, Asia Oriental y Pacífico: concentración de filarias diurnas y nocturnas.
   - África del Norte, Asia Occidental, África Subsahariana: uroparasitológico seriado. Serologías parasitarias: esquistosoma, quiste hidatídico, cisticercosis, toxocara, fasciola.

PROTOCOLO EN VIAJEROS ASINTOMÁTICOS

Los viajeros asintomáticos deben ser visitados y valorados a los 3 meses de su llegada.

Protocolo general:
1. Hemograma, VSG, bioquímica básica.
2. Perfil de orina y sedimento.
3. Coproparasitológico.

Protocolo según conductas de riesgo:

1. Relaciones sexuales no protegidas: serologías lúes, VHB, VHC, VIH.
2. Baños en ríos o lagos, si proceden de África del Norte, África Subsahariana y Oriente Medio (incluyendo Egipto): uroparasitológico.
3. Sospecha de contacto con tuberculosis: PPD en menores de 35 años. Radiografía de tórax en menores de 35 años, si PPD es positivo, y en todos los mayores de 35 años.

Protocolo en emigrantes antes del viaje:

1. Hemograma, VSG, bioquímica básica.
2. Perfil de orina y sedimento.
3. Serologías VHB y VIH, según factores de riesgo.
   - Aconsejar vacunación VHB si es negativo. Desaconsejar el viaje si es VIH positivo y si hay signos de inmunodepresión.
4. PPD en menores de 35 años.
   - Si es negativo, a la vuelta del viaje y si ha hecho conversión se aconsejará iniciar quimioprofilaxis.
   - Radiografía de tórax, si PPD es positivo.
5. ECG.

Capítulo 10

ENFOQUE FAMILIAR DE LOS PROBLEMAS PSICOSOCIALES. ATENCIÓN LONGITUDINAL: CICLO VITAL FAMILIAR

INSTRUMENTOS PARA EVALUAR PROBLEMAS PSICOSOCIALES: EL GENOGRAMA

En las figuras 10-1 y 10-2 se exponen los diferentes signos utilizados.

En el genograma deben representarse otros datos demográficos: la edad se colocará dentro del símbolo de cada miembro, la fecha de nacimiento y la muerte se situarán encima del símbolo correspondiente, y las ocupaciones o la profesión se situarán a la derecha de cada símbolo.

Los problemas de salud deben anotarse en el genograma colocando la patología o el problema referido a la derecha del símbolo de que se trate. Hay que utilizar las categorías establecidas en el DSM-IV o en la Organización Mundial de Médicos de Familia (WONCA).

Algunos acontecimientos vitales (AV), como nacimientos y muertes, aparecen incluidos en la información demográfica; otros, como separaciones y divorcios, quedan reflejados al anotar las relaciones de pareja. Los restantes sucesos familiares críticos, como paro, cambio de trabajo, migraciones, problemas legales, etc., deberán reflejarse igualmente en el genograma. Para ello, se colocarán encima del símbolo correspondiente las siglas AV seguidas del número de orden cuando se trate de más de un acontecimiento vital.

EVALUACIONES

EVALUACIÓN DE LOS ACONTECIMIENTOS VITALES ESTRESANTES

Al hablar de acontecimientos vitales estresantes (AVE) se pretende aislar un aspecto específico, definible, dentro del conjunto de inputs estresantes a los que permanentemente está sometido cualquier organismo.

La escala de reajuste social de Holmes y Rahe es un cuestionario autoadministrado constituido por 43 ítems. A cada uno de los episodios le corresponden unos valores denominados unidades de cambio vital (UCV). La escala se inicia con el acontecimiento de máxima puntuación, que es la muerte del cónyuge, con 100 UCV, y termina con el menos relevante, leves transgresiones de la ley, al que se le atribuyen 11 UCV.

Para evaluar los cambios vitales medidos por la escala se sumarán las UCV que correspondan al acontecimiento señalado por el paciente. Cuando la suma sea de 150 UCV o superior se considerará que estos AVE pueden afectar a la familia o al estado de salud de alguno de sus miembros. En la ex-

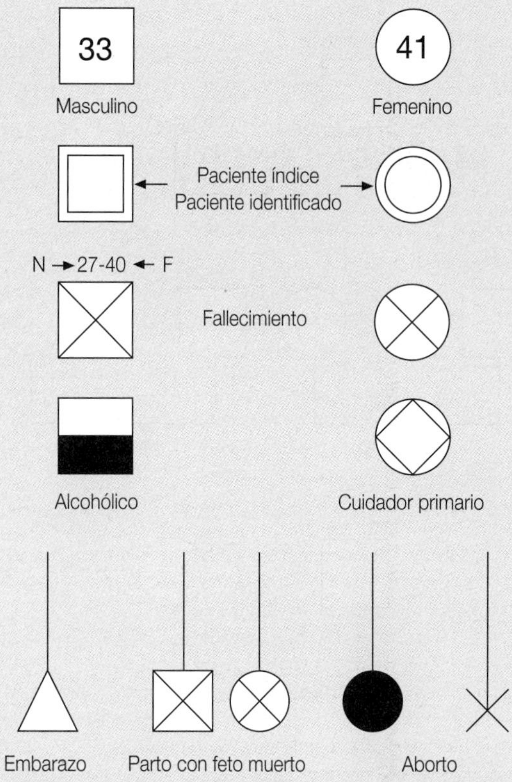

Figura 10-1. Distintos símbolos utilizados en la construcciòn del genograma.

periencia de los autores, los valores superiores a 150 UCV se asocian, casi constantemente, a manifestaciones de tipo psicosocial.

EVALUACIÓN DEL APOYO SOCIAL

El apoyo social es un proceso interactivo por el que el individuo obtiene ayuda emocional, instrumental o afectiva de su red social. El apoyo social tiene dos componentes claramente diferenciados; por un lado, los cuantitativos o estructurales, entendidos como cantidad de apoyo que efectivamente se percibe; y, por otro, los cualitativos o funcionales, es decir, la percepción de la calidad del apoyo que se percibe y la sensación de tener apoyo cuando se precisa. Estos últimos parecen ser los que influyen más decisivamente sobre el estado de salud: no tanto el hecho de disponer de recursos, como el saber que se puede disponer de ellos.

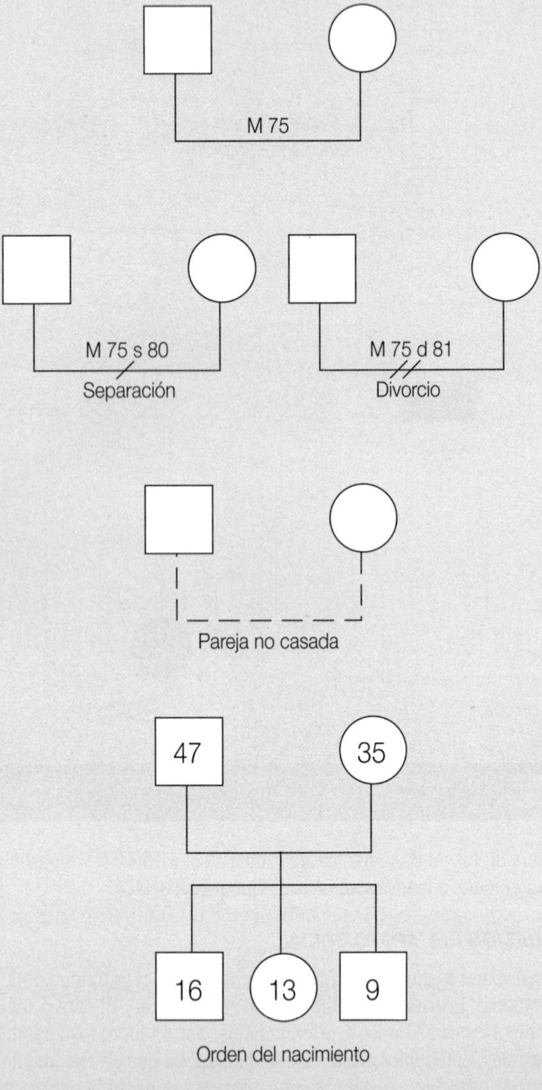

Figura 10-2. Representación gráfica del subsistema parental y del hogar.

(*Continúa*)

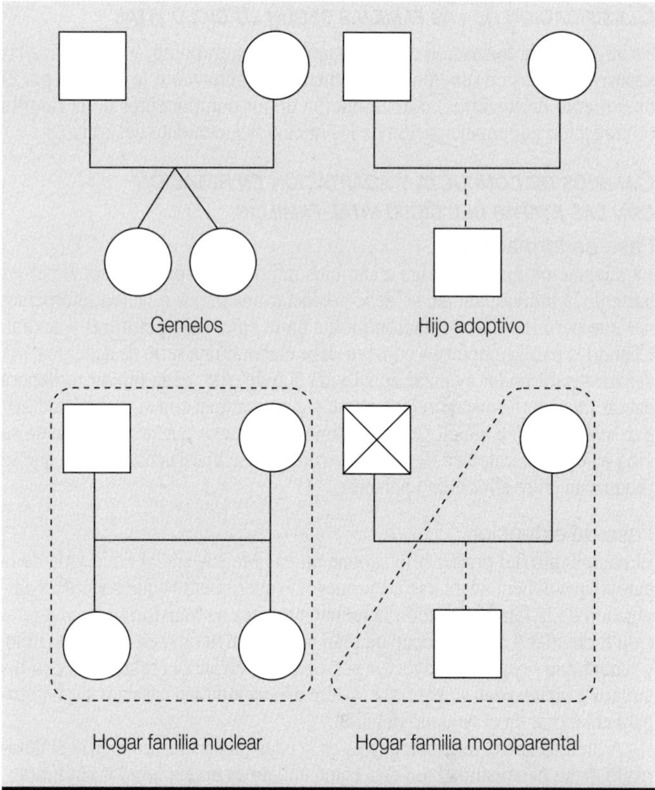

Figura 10-2 (*Cont.*). Representación gráfica del subsistema parental y del hogar.

EVALUACIÓN DE LA FUNCIÓN FAMILIAR

El modelo circunflejo de Olson y el Apgar familiar son dos de los instrumentos más empleados para evaluar la función familiar en el espacio de la Atención Primaria.

ATENCIÓN LONGITUDINAL: CICLO VITAL FAMILIAR

La familia tiene una historia natural que le hace caminar por sucesivas etapas, durante las cuales sus miembros experimentan cambios y adoptan comportamientos que, de alguna manera, son previsibles por atenerse a normas conductuales y sociales preestablecidas.

Estas etapas conforman el denominado *ciclo vital familiar* (CVF), que se ha concebido como la secuencia de estadios que atraviesa la familia desde su establecimiento hasta su disolución.

Clasificación de las familias según su ciclo vital

Se inicia con la formación en el momento del matrimonio, y caracteriza las sucesivas etapas en función de fenómenos de incremento (extensión por el nacimiento de los hijos) o disminución de los componentes de la familia (contracción por emancipación de los hijos o fallecimiento del cónyuge).

Cambios de conducta y adaptación en relación con las etapas del ciclo vital familiar

Fase de formación

La adaptación marital obliga a cambios importantes, puesto que, al perder parte de la individualidad, se debe potenciar una mejor relación interpersonal que permita una aceptación mutua en lo emocional, cultural y sexual. Cuando la pareja empieza a convivir debe elaborar una serie de acuerdos, necesarios para poder avanzar en su vida común. Así, cada miembro deberá pactar nuevas formas de relacionarse y comunicarse con su familia de origen, regulará las condiciones y los cambios prácticos que se producen en su vida en común, y deberá llegar a acuerdos para zanjar las diferencias que se produzcan entre ellos como personas.

Fase de extensión

El nacimiento del primer hijo supone un cambio sustancial en la vida de la pareja, que deberá adaptarse a los nuevos requerimientos que supone la ampliación de la familia, cuando la relación diádica se transforma en una relación triangular. La madre ocupará gran parte de su tiempo en atender al niño, y tendrá que posponer proyectos personales y variar sus relaciones con los amigos e incluso con su pareja. El padre deberá también cambiar sus hábitos para colaborar en el cuidado del niño.

A medida que el niño crece, y ya en la edad preescolar, comienza el desarrollo de su personalidad; en esta etapa el niño es un explorador sin límites. Más tarde, con la entrada del niño en la escuela aumentan las influencias externas en la familia, que se expone a nuevos y diferentes sistemas de valores.

Cuando el hijo llega a la adolescencia surgen en la familia problemas derivados del desarrollo emocional del adolescente.

Fase de contracción

Se inicia esta etapa con la salida del primer hijo del hogar paterno; por ello, se la conoce también con el nombre de «familia lanzadera» o «plataforma de colocación». El inicio de la contracción ocasionará modificaciones de roles y tareas en los miembros que se mantienen en el hogar, y cambios de relaciones con los que se marchan.

Los problemas más frecuentes son: una nueva relación adulto-adulto entre padres e hijos; ampliación de los límites de la familia con la llegada de yernos, nueras y nietos; cambios en la relación de la pareja, y la necesidad de proporcionar atención a los padres ancianos.

Fases finales de contracción y disolución

La etapa de «nido vacío» centra sus problemas en dos estadios. Uno corresponde a la adaptación de la pareja a su nueva situación en la que vuelven a estar solos, como en sus comienzos, pero sin los estímulos de lucha de aquella época y con un progresivo oscurecimiento de sus expectativas futuras. El otro está relacionado con los problemas de la senectud. La jubilación, que suele presentarse en esta etapa, conlleva pérdidas importantes, como disminución de ingresos, de nivel de renta, de compañeros y de ocupación. Los fenómenos de envejecimiento con entorpecimiento de los sentidos y disminución de la capacidad física producen «barreras» que dificultan la vida en el propio hogar, en los medios de transporte, en el comercio, etc.

Capítulo 11

PARTICIPACIÓN E INTERVENCIÓN COMUNITARIAS

CONCEPTO DE COMUNIDAD

El término *comunidad* hace referencia a un grupo de individuos que tiene algo en común: comparten un espacio social, cultural y geográfico determinado, y una serie de valores e intereses. El concepto, tal y como se está utilizando, supone también que esos individuos tienen una determinada articulación social, que va edificándose linealmente mediante una serie de líderes representativos e inidentificables.

MARCO CONCEPTUAL

La participación comunitaria en los servicios de salud se produce cuando se puede detectar alguna influencia de los actores del medio social en el trabajo que se realiza en los servicios sanitarios. En el medio social también existen grupos de autoayuda (Robinson) y otras asociaciones que tienen como función específica temas explícitamente relacionados con la salud. Además, hay otras asociaciones con otros fines, pero que tienen repercusiones en la salud de la colectividad, como pueden ser las de padres de alumnos, de amas de casa y deportivas, entre muchas otras, que varían mucho de una comunidad a otra.

Otro tipo de asociaciones formales, como las de vecinos, los grupos locales de los partidos políticos, los sindicatos, las de carácter religioso y otras, pueden tener preocupaciones globales por la comunidad en su conjunto, por lo que a veces desean influir legítimamente sobre la atención a la salud de la población.

Asimismo, como ya se ha señalado, cada comunidad concreta está relacionada estrechamente con el resto del sistema social; hay que pensar en la influencia del sistema político supralocal o en la de los medios de comunicación social, que sólo en algunos casos tienen órganos específicos en las localidades concretas que se atienden.

Estos «mecanismos» son instrumentos concretos que posibilitan la participación comunitaria en el trabajo de los Centros de Salud: un sistema de quejas y sugerencias, un consejo de salud o una cultura de orientación al usuario entre los trabajadores del centro son ejemplos de lo que se denomina «mecanismos» de participación.

MECANISMOS DE PARTICIPACIÓN COMUNITARIA

CONSEJO DE SALUD

Un Consejo de Salud es un órgano donde se reúnen un grupo de individuos que suelen representar a diferentes colectivos sociales y a varios sectores con repercusión sobre la salud, y también a los profesionales que trabajan en los sistemas sanitarios. Se reúnen para hablar de la salud de una colectividad. En general, los integrantes habituales de estos Consejos han sido: *a*) miembros de la Administración Sanitaria, sobre todo en los Consejos regulados por normativas oficiales; *b*) miembros de los equipos de Atención Primaria, en especial, el director, el trabajador social y, a veces, otros miembros del equipo, y *c*) miembros de asociaciones formales del territorio atendido por el centro, líderes de algunos colectivos sociales y otro tipo de instituciones y asociaciones, como ayuntamientos, colegios o sindicatos.

Contacto con asociaciones y otras organizaciones

Es uno de los instrumentos de participación utilizado con más frecuencia en España. Este mecanismo participativo se realiza, en algunas ocasiones, mediante la incorporación de algunas asociaciones u órganos formales al Consejo de Salud y, en otros casos, estableciendo contactos directos con asociaciones para llevar a cabo alguna acción concreta o en el marco de una sistemática de relaciones con asociaciones.

Relación con otros sectores sociales

Se trata de trabajar conjuntamente con otros sectores político-administrativos, como ayuntamientos, educación, medio ambiente, servicios sociales, etc.

Contacto con las redes sociales y líderes comunitarios

Algunos individuos ocupan lugares especialmente bien comunicados en el conjunto de redes sociales, lo que los hace muy útiles como fuentes de información y como difusores de mensajes. Estos individuos son los líderes comunitarios.

Creación de grupos de apoyo

Consiste, básicamente, en agrupar a individuos (sanos o enfermos) vinculados por un problema similar, con la expectativa de que las dinámicas grupales generadas ayuden a mejorar determinados aspectos de la evolución de los pacientes.

Recursos individuales de la comunidad

Agentes comunitarios de salud

Los «agentes de salud» son individuos de la comunidad que realizan determinado tipo de actividades benéficas para la salud de la colectividad. Se engloban aquí los cuidados que prestan las madres a sus hijos, los que prestan a los ancianos, el apoyo que reciben algunas personas de sus vecinos o conocidos y todo el conjunto de atenciones sanitarias que se prestan unas personas a otras sin recibir remuneración económica.

Personal no sanitario como informadores clave

El personal no sanitario es una pieza clave en la política de orientación al usuario de una institución sanitaria. El trabajo de estos individuos consiste, fundamentalmente, en recibir al paciente, darle información y facilitarle el acceso a los distintos servicios que se prestan en el centro.

MÉTODOS DE PARTICIPACIÓN DE LOS USUARIOS

ENCUESTA DE SATISFACCIÓN

La satisfacción de los pacientes es uno de los resultados de la atención sanitaria y, además, está claramente relacionada con algunos aspectos relevantes desde el punto de vista clínico, como la adherencia al tratamiento y las recomendaciones preventivas.

SISTEMA DE SUGERENCIAS Y RECLAMACIONES

Son mecanismos de participación individual de los usuarios, susceptibles de ser utilizados con una doble función: obtener información directa de los pacientes sobre el funcionamiento de los servicios y mejorar la gestión a partir de dicha información.

CULTURA DE ORIENTACIÓN AL USUARIO

Orientar el Centro de Salud al usuario significa tener en cuenta, para cualquier decisión que afecte a los pacientes, que éstos deben ser el centro en torno al cual se articule dicha decisión.

MÁXIMA CAPACIDAD DE ELECCIÓN POR PARTE DE LOS PACIENTES

Quizá la manifestación más genuina de la influencia de los ciudadanos en los servicios es dotar a los usuarios de la máxima capacidad para elegir entre opciones alternativas de tratamiento, formato de programas o servicios, horarios y, naturalmente, entre los propios profesionales que los atenderán.

MARKETING Y RELACIONES PÚBLICAS

Algunas de las aplicaciones del *marketing* en los servicios sanitarios son las siguientes: el *marketing social*, aprendiendo distintos medios para «vender» salud; el *marketing de servicios y/o programas,* utilizando técnicas de segmentación de mercado para implementar programas o poner en marcha una estrategia de riesgo desde el Centro de Salud, y el *marketing interno*, como estrategia para implicar a todos los profesionales en los objetivos de la institución.

Otro instrumento muy útil son las *relaciones públicas*, entendidas como un conjunto de técnicas de comunicación que pueden ayudar a desarrollar líneas de actuación en materia informativa y de comunicación institucional con el medio social.

EDUCACIÓN PARA LA SALUD Y PARTICIPACIÓN

Las tareas de educación para la salud como mecanismo de participación han tenido distintos enfoques, con el denominador común de que las iniciativas, por lo general, parten de los profesionales sanitarios de los Centros de Salud y están dirigidas a distintos segmentos de la población.

PARTICIPACIÓN SOCIAL Y RELACIÓN MÉDICO-PACIENTE

No está claro cómo influye el medio comunitario global sobre la relación médico-paciente, aunque es evidente que la «imagen» o el prestigio de un profesional en la localidad o el barrio donde trabaja es determinante para la efectividad de su trabajo clínico o comunitario.

Capítulo 12

DOCENCIA EN ATENCIÓN PRIMARIA Y MEDICINA DE FAMILIA

DOCENCIA PREGRADUADA

La Atención Primaria de Salud (APS) no debe ser una asignatura, al menos en el sentido clásico que se da a la palabra, sino una base formativa que ha de impregnar los objetivos y contenidos de toda la formación pregraduada, permitiendo reorientar el aprendizaje del alumno hacia las nuevas metas que se pretende que caractericen a los sistemas sanitarios.

En la tabla 12-1 se exponen esquemáticamente los contenidos y situación en el *currículum* de la licenciatura de Medicina de una propuesta inicial para la incorporación de algunos elementos básicos de la APS, propuesta en la que se hace énfasis especial en las rotaciones de los estudiantes por los Centros de Salud, que deben iniciarse en los primeros años de la licenciatura, y cuyos objetivos y contenidos de aprendizaje deben comprender también áreas de muchas de las materias, distintas de la APS, incluidas en el pregrado y en las que es preciso que el estudiante adquiera una perspectiva diferente de la hospitalaria.

Tabla 12-1. Propuesta inicial de transición para la enseñanza médica pregraduada en Atención Primaria de Salud en España

Materias	Situación en el *curriculum*
– Contribución a la orientación de los estudios médicos	1.er año
– Bases conceptuales de la Atención Primaria de Salud	2.º-3.er año
– Desarrollo conjunto con el temario de otras disciplinas de los problemas de salud de mayor prevalencia en Atención Primaria	4.º-5.º año
– Prevención y promoción de la salud en Atención Primaria	4.º-5.º año
– Bases para la medicina comunitaria	5.º-6.º año
– Rotación en centros de Atención Primaria	5.º-6.º año
– Análisis de la organización asistencial	

DOCENCIA POSGRADUADA

En la actualidad, existen programas de formación posgraduada en medicina familiar en muchos países americanos y europeos. La Medicina de Familia ha sido reconocida como especialidad en España en 1978 con la denominación de Medicina de Familia y Comunitaria (MFyC) e incluida como tal en el conjunto de las ofertadas en el programa estatal de formación posgraduada.

El objetivo fundamental del programa de la especialidad de MFyC en España es formar unos profesionales con amplios conocimientos en los aspectos clínicos más relevantes de la APS y con los necesarios para dar una orientación comunitaria a la asistencia prestada a la población. Hace hincapié en la necesidad de priorizar adecuadamente las medidas preventivas y de promoción de la salud, y proporcionar los elementos metodológicos necesarios para conseguir su integración con las actividades curativas. Actualmente, se encuentra en fase de revisión el programa español de formación en MFyC, y el grupo de trabajo encargado de este tema propone incrementar su duración total a 4 años, con un mayor énfasis en los períodos formativos realizados en el ámbito de la Atención Primaria.

En España el programa formativo se desarrolla con base en estructuras denominadas Unidades Docentes, con un ámbito territorial de competencias determinado y dirigidas por un coordinador. La Unidad Docente es la encargada de planificar, organizar, aplicar y evaluar la enseñanza impartida a todos los médicos residentes adscritos a los hospitales y Centros de Salud acreditados comprendidos en su territorio. Cada Unidad Docente cuenta con la infraestructura física y administrativa imprescindible para el desarrollo de sus funciones.

En España existen unas normas oficiales de acreditación para la docencia médica posgraduada que han de cumplir tanto los hospitales como los Centros de Salud que quieran participar en las convocatorias estatales. El programa de la especialidad de MFyC delimita los requisitos que han de cumplir para poder ser acreditados los Centros de Salud y hospitales, así como los coordinadores y tutores.

FORMACIÓN CONTINUADA

La formación continuada es un instrumento primordial del *desarrollo profesional continuo*, que incluye, además de la mejora de la competencia técnica, la capacidad de adaptación del profesional a los cambios del entorno estratégico y organizativo del sistema o de la empresa proveedora de servicios de salud.

La irrupción de las nuevas tecnologías de la información y las comunicaciones está ocasionando una verdadera revolución conceptual y metodológica en la formación continuada de los profesionales sanitarios. La docencia a distancia y a través de la red de Internet va ganando progresivamente terreno a la presencial, ofrece nuevas posibilidades de combinación de soportes formativos (multimedia) y flexibiliza las dinámicas de aprendizaje individual.

Formación continuada y desarrollo profesional continuo

De manera tradicional, la formación continuada se ha centrado en el ámbito de la competencia técnica directamente relacionada con la aplicación de la especialidad correspondiente, olvidando la creciente importancia de las necesidades de información y formación del profesional sobre las características conceptuales y organizativas del sistema para el que trabaja. Cuando la formación continuada contempla estos aspectos, se transforma en lo que se conoce como *desarrollo profesional continuo*. En esta perspectiva, la formación continuada no sería más que una parte, importante, del desarrollo profesional continuo, en el que los médicos y restantes profesionales de APS tienen un volumen importante de necesidades y oportunidades.

EVALUACIÓN DE LOS PROGRAMAS DOCENTES

Todo programa de docencia debe estar sometido a un proceso continuo de perfeccionamiento, concebido como un sistema de *feedback* en el que la principal fuente de información la constituya la evaluación de sus resultados a tres niveles: *a*) la repercusión del programa sobre el estado de salud de la población; *b*) la calidad final de los técnicos formados (evaluación institucional en concursos públicos y otros tipos de pruebas o exámenes), y *c*) la calidad del aprendizaje proporcionado por el sistema docente (evaluación formativa). Aunque esta diferenciación pudiera parecer gratuita a primera vista, basta considerar tres cuestiones (¿qué técnica?, ¿para qué? y ¿cómo se forman?) para captar las profundas diferencias que pueden separar cada tipo de evaluación, e insistir en la necesidad de una íntima imbricación entre ellos con el fin de que su objetivo inicial no sea otro que la mejora del nivel de salud de la comunidad.

Lo que indudablemente presenta más dificultades es la evaluación del impacto del programa sobre la calidad de la atención prestada a la población y su posible repercusión sobre la situación de salud. Para la evaluación de la efectividad de los planes y programas de formación pueden realizarse múltiples aproximaciones metodológicas, pero, idealmente, hay que intentar acercarse lo más posible a la valoración de la práctica real y cotidiana del profesional. A los exámenes de preguntas con respuestas de elección múltiple se han ido añadiendo las pruebas tipo OSCE (*objective structured clinical examination*), las videograbaciones de consultas u otras actividades, los *selfaudits*, los *portfolios* y las comprobaciones directas de la práctica por otros profesionales. Cada método de evaluación de la competencia adquirida tras un programa docente tiene sus indicaciones precisas, ventajas e inconvenientes.

Capítulo 13

INVESTIGACIÓN EN ATENCIÓN PRIMARIA

INTRODUCCIÓN

La investigación ha de formar parte de las actividades de los profesionales de Atención Primaria de Salud (APS). Sin investigación de calidad que proporcione información sobre la mejor manera de enfocar los problemas que se presentan en la práctica diaria, difícilmente los médicos de familia pueden tomar las decisiones adecuadas para proporcionar la mejor atención posible.

La APS tiene un enorme potencial investigador en áreas como las relacionadas con la epidemiología, la historia natural y las características clínicas y terapéuticas de los problemas de salud más prevalentes, las medidas de actuación comunitaria y la organización de actividades.

PRINCIPIOS GENERALES DE UNA INVESTIGACIÓN

Una investigación es un proceso sistemático, organizado y objetivo, destinado a responder a una pregunta, aplicando el método científico con la finalidad de ampliar los conocimientos existentes sobre la salud, la enfermedad o el proceso de atención sanitaria (*investigación descriptiva*) o de evaluar las intervenciones realizadas para fomentar la salud, prevenir la enfermedad o mejorar los procesos de atención sanitaria (*investigación analítica*).

TIPOS DE ERROR

El *error aleatorio* ocurre por azar y se debe a la variabilidad biológica propia del fenómeno que se estudia y a la inherente al proceso de medición. Está relacionado con el concepto de *precisión.*

Un *error sistemático* o *sesgo* es un error en el diseño del estudio, que conduce a una estimación incorrecta o no válida del efecto o parámetro que se estudia.

El *sesgo de selección* puede aparecer cuando la muestra no representa adecuadamente a la población en estudio, cuando se elige un grupo de comparación inadecuado, cuando el proceso de formación de los grupos se realiza de manera que éstos difieren en algunas características relevantes, o cuando los sujetos que finalizan el estudio difieren de los que lo iniciaron.

El *sesgo de información* se produce cuando las mediciones son de mala calidad o sistemáticamente desiguales entre los grupos, por el uso de instrumentos poco sensibles y/o específicos, o de criterios diagnósticos incorrectos o distintos en cada grupo, y cuando existen imprecisiones u omisiones en la recogida de datos.

GRUPO CONTROL

En los estudios analíticos, es necesario utilizar un grupo control que sirva de referencia.

Sin un grupo control, es difícil saber si los resultados obtenidos son debidos al factor en estudio o a otros efectos que no se han controlado, como el *hawthorne* (respuesta inducida por el conocimiento de los participantes de que están siendo estudiados), el placebo (respuesta que se produce como consecuencia de la administración de un tratamiento, pero que no puede considerarse como un efecto específico de éste), la regresión a la media (tendencia de los individuos que tienen un valor extremo de una variable a obtener valores más cercanos a la media de la distribución cuando la misma variable es medida por segunda vez) o la evolución natural de la enfermedad.

A veces, los grupos difieren por alguna característica que puede influir sobre los resultados, produciendo un fenómeno de confusión que aparece cuando la asociación observada entre un factor de estudio y la variable de respuesta puede ser total o parcialmente explicada por una tercera variable (factor de confusión), o por el contrario, cuando una asociación real queda enmascarada por este factor.

VALIDEZ INTERNA Y VALIDEZ EXTERNA

La *validez interna* se refiere al grado en que los resultados de un estudio son válidos (libres de errores sistemáticos y de factores de confusión) para la población que ha sido estudiada.

La *validez externa* se refiere al grado en que los resultados de un estudio pueden ser generalizados o extrapolados a otras poblaciones distintas de la estudiada.

ÉTICA E INVESTIGACIÓN

Debe asegurarse que los participantes en un estudio estén protegidos, y que la investigación se conduzca de manera que sirva tanto a las necesidades de dichos participantes como a la sociedad en su conjunto. La primera premisa implica que lo que no es científicamente correcto es éticamente inaceptable.

Los principales documentos de referencia son el *Código de Nuremberg*, la *Declaración de Helsinki* (última revisión en 2000) y el *Informe Belmont*.

Existen tres principios éticos básicos:

1. *Respeto por las personas o autonomía.* El procedimiento formal para asegurarlo es el consentimiento informado.
2. *Beneficencia*, según el cual se debe tratar a las personas protegiéndolas de daños y asegurando su bienestar. Algunos autores prefieren distinguir el de *no maleficencia,* que obliga a no hacer daño.
3. *Justicia*, según el cual se debe tratar a todos los seres humanos con consideración y respeto, sin establecer otras diferencias entre ellos que las que redunden en beneficio de todos y, en especial, de los menos favorecidos.

FASES DE UNA INVESTIGACIÓN

Todos los aspectos que tengan relación con el estudio deben ser meditados y debatidos por el equipo investigador, y anotarse en un documento denominado *protocolo de estudio* (tabla 13-1). Los aspectos más importantes para llevar a cabo una investigación son los que se exponen a continuación.

DEFINIR LA PREGUNTA CON CLARIDAD

Un estudio se inicia cuando se percibe un problema o incertidumbre que se desea resolver. Debe realizarse una valoración adecuada, revisar el conocimiento existente y delimitar un objetivo susceptible de investigación.

La formulación del objetivo específico de un estudio descriptivo debe incluir el fenómeno que se desea describir, el problema de salud y la población objeto de estudio.

ELEGIR EL DISEÑO IDÓNEO

Son ejemplos de estudios descriptivos los diseñados para estimar la frecuencia de un problema de salud, la descripción de una serie de casos o de la opinión de un grupo de usuarios o de profesionales respecto a un determinado tema, o los estudios descriptivos de morbilidad y mortalidad.

En los diseños analíticos, cuando el factor de estudio puede controlarse (puede decidirse quién va a recibirlo y con qué dosis o intensidad), es preferible realizar un estudio experimental. El diseño idóneo para evaluar la eficacia de una intervención de cualquier tipo es el *estudio clínico aleatorio*. Si no puede manipularse el factor de estudio, por motivos éticos o prácticos, se recurre a los diseños observacionales, como los *estudios de cohortes* y los de *casos y controles*. Estos últimos son más útiles para evaluar hipótesis etiológicas en enfermedades poco frecuentes o con largos períodos de latencia.

SELECCIONAR LA POBLACIÓN DE ESTUDIO ADECUADA

En una investigación pueden considerarse tres tipos de población: la *población diana,* que es aquella a la que se refiere el objetivo del estudio y, por tanto, a la que se desearía generalizar los resultados; la *población de estudio,* definida por los criterios de selección que se establecen en el protocolo, y que es accesible para los investigadores; y la *muestra* o conjunto de sujetos realmente estudiados, que se pretende que sea representativa de la población de estudio.

La formación de los grupos que van a compararse debe realizarse de forma que no difieran significativamente en la distribución de las variables pronósticas, excepto en la del factor en estudio. En los estudios clínicos aleatorios, la asignación al azar de los sujetos tiende a asegurar esta comparabilidad. En cambio, en los diseños observacionales, los grupos se forman en función de la existencia o no de la enfermedad de interés (estudios de casos y controles) o de la presencia o no de la exposición (estudios de cohortes). Dado que el investigador no decide a qué grupos serán asignados los sujetos, pueden aparecer limitaciones importantes en la comparabilidad, por lo que siempre es posible la existencia de factores de confusión.

Tabla 13-1. Esquema general de un protocolo de estudio

1. *Introducción*
   - Finalidad del estudio: problema que intenta resolver y preguntas que se formulan
   - Antecedentes del tema: breve revisión bibliográfica
   - Razones por las que la investigación propuesta es importante
2. *Objetivos específicos del estudio*
3. *Aplicabilidad y utilidad de los resultados*
4. *Diseño y métodos*
   a) Tipo de diseño
   b) Población de estudio
      - Población diana o de referencia
      - Criterios de inclusión y exclusión
      - Método de muestreo
      - Cálculo del tamaño de la muestra
      - Procedencia de los sujetos
   c) Descripción y definición de la/s intervención/es (o factor/es de estudio)
   d) Definición y medida de la/s variable/s de respuesta
      - Esquema del estudio y seguimiento de los pacientes (si lo hay)
   e) Recogida de los datos
      - Definición y medida del resto de variables
      - Fuentes de información y métodos de recogida de datos: entrevista, examen físico, procedimientos de laboratorio y otras pruebas complementarias, etc.
      - Registro de los valores de las variables (formularios)
   f) Entrada y gestión informática de los datos
   g) Estrategia de análisis
5. *Calendario previsto*
6. *Limitaciones y posibles sesgos del estudio*
7. *Problemas éticos*
   a) Información para los participantes y método que se utilizará para obtener el consentimiento informado
   b) Riesgos físicos, sociales o legales a los que pueden verse sometidos los pacientes y métodos previstos para minimizarlos
   c) Beneficios potenciales que pueden obtener los participantes
   d) Aprobación por un Comité Ético de Investigación Clínica
8. *Plan de ejecución. Estudio piloto*
9. *Organización del estudio*
   a) Personal que interviene y su responsabilidad
   b) Instalaciones, instrumentación y técnicas necesarias
10. *Presupuesto y financiación*
11. *Bibliografía*

 Adaptada de Argimon y Jiménez, 2000.

Calcular el número de sujetos necesarios

Se trata de definir qué se busca para poder determinar el número de sujetos necesario para detectarlo con el grado de precisión o la potencia estadística suficientes.

Medir las variables con precisión y exactitud

La *precisión*, *fiabilidad* o *reproducibilidad* se refiere al grado en que una medición proporciona resultados similares cuando se lleva a cabo en más de una ocasión en condiciones similares. Tiene diferentes aspectos: *repetibilidad* (*fiabilidad test-retest*), *concordancia intraobservador* y *concordancia interobservador*.

La *exactitud* o *validez* expresa el grado en que una medición calibra realmente aquello para lo que está destinada. Se evalúa comparando sus valores con los obtenidos con una medida de referencia objetiva, fiable y ampliamente aceptada como una buena medida del fenómeno de interés (*validez de criterio*). Si no existe un criterio adecuado, puede evaluarse la *validez de constructo* o *de concepto*, que analiza la correlación de la medida con otras variables que se cree que están relacionadas con ella (*validez convergente*) y la correlación con otras que se sospecha que no tienen relación alguna (*validez divergente*).

Planear la estrategia del análisis

La finalidad del análisis es extraer la información necesaria a partir de las observaciones realizadas en el estudio para responder a la pregunta planteada en el objetivo.

En los *estudios descriptivos*, el análisis consistirá, ante todo, en describir la muestra de sujetos estudiados y evaluar su representatividad. Posteriormente, se estimará el parámetro de interés (prevalencia, incidencia, etc.), con su correspondiente intervalo de confianza, y se describirán las no respuestas, evaluando su potencial impacto sobre la estimación. Finalmente, si es de interés, podrán determinarse los resultados por subgrupos de sujetos.

En los *estudios analíticos*, la estrategia es más compleja. En primer lugar, se describirá la muestra de sujetos estudiados y se evaluará la comparabilidad inicial entre los grupos. A continuación, se estimará el efecto o asociación con la medida que se considere más adecuada, ya sea relativa (p. ej., el riesgo relativo o la *odds ratio*) o absoluta (p. ej., la diferencia de incidencias). Para el cálculo deberá tenerse en cuenta la posible existencia de modificación de efecto, y ajustarse por los potenciales factores de confusión. Por último, se procederá a analizar los subgrupos definidos previamente y a responder a las preguntas secundarias.

La exclusión de sujetos u observaciones del análisis disminuye la precisión de la estimación o la potencia estadística. Además, si los motivos por los que son excluidos están relacionados con los factores que se estudian o son diferentes entre los grupos, puede introducirse un sesgo en el resultado y comprometer la validez interna.

Organizar el estudio cuidadosamente

Una investigación es un proceso complejo que implica personas, equipamiento y tiempo. Es conveniente que el protocolo incluya también los elementos logísticos de planificación, organización y presupuesto de que se dispone, así como los aspectos de coordinación, especialmente en los estudios multicéntricos.

Ejecutar el estudio con minuciosidad

En términos generales, existen cuatro áreas que deben ser monitorizadas: confirmación de que los recursos siguen siendo adecuados, que el estudio se realiza de acuerdo con el protocolo, que los investigadores y resto de personas siguen el plan previsto y cumplen con sus responsabilidades, y que los datos recogidos lo son de forma completa y fiable.

Interpretar los resultados con precaución

Cuando se encuentra un resultado positivo, debe tenerse en cuenta, en primer lugar, la posibilidad de que pueda ser debido a un sesgo o a un error aleatorio.

Si el resultado es negativo, también debe descartarse la existencia de un sesgo que haya podido enmascarar un efecto verdadero. También hay que valorar la probabilidad de que sea debida a un error aleatorio (error beta).

Comunicar los resultados con rigor

Para que una investigación sea verdaderamente útil, es necesario que sus resultados sean presentados a la comunidad científica de forma que puedan ser juzgados de manera independiente en el ámbito en que pueda ser de interés.

Habitualmente, la estructura de un artículo original sigue el formato IMRD: *Introducción* (valoración del problema, justificación del estudio y definición de los objetivos); *Material y métodos* (descripción de lo que se ha hecho en el estudio: diseño utilizado, criterios de selección, determinación del número de sujetos necesarios, definiciones de las variables, pauta de seguimiento, etc.); *Resultados* (presentación de los principales hallazgos, apoyándose en tablas y gráficos), y *Discusión* (interpretación de los resultados, valoración de las limitaciones del estudio, consistencia con otros estudios, etc.).

Capítulo 14

INVESTIGACIÓN CUALITATIVA EN ATENCIÓN PRIMARIA

FASES DE UNA INVESTIGACIÓN CUALITATIVA

PREGUNTA DE LA INVESTIGACIÓN

Inicialmente, tiene que producirse un proceso que, partiendo de la idea del investigador, de sus preguntas iniciales, dé lugar a una concreción y conceptualización del problema en estudio de forma que transforme la idea inicial en un problema investigable.

MUESTREO Y SELECCIÓN DE FUENTES DE INFORMACIÓN

El muestreo no se realiza de forma probabilística, ni la muestra ha de ser representativa según criterios estadísticos, sino que ha de ser intencionado y razonado. Las unidades de muestreo no se buscan con criterios de representatividad estadística sino con criterios de representatividad del discurso. El poder de la muestra no depende del tamaño sino de la medida en que las unidades de muestreo aportan una información rica, profunda y completa.

Estrategia y tamaño de la muestra

- *Conveniencia de la muestra.* Es un criterio que hace referencia a la calidad de la información. Teniendo en cuenta los aspectos de factibilidad, ¿el muestreo se ha realizado de la forma más apropiada posible para los objetivos del estudio?, ¿se han seleccionado aquellos contextos y/o participantes que mejor puedan explicar el fenómeno estudiado en su diversidad y en las diferentes perspectivas?
- *Suficiencia de la muestra.* Cuando el conjunto de información obtenida es completo para los objetivos del estudio se dice que la muestra es suficiente.

Tipos de muestreo

Existen diferentes tipos de muestreo que pueden resumirse en dos: el intencionado o teórico y el opinático.

En el *muestreo teórico* el diseño de la muestra se realiza según un esquema conceptual teórico que acompaña al cuerpo del estudio, y se lleva a cabo una selección estratégica de los contextos y/o participantes siguiendo las tipologías o perfiles definidos conceptualmente (diferentes grupos de personas con características o circunstancias determinadas que el investigador teoriza pueden influir en el fenómeno estudiado).

En el *muestreo opinático* la selección de contextos y/o informantes se realiza siguiendo criterios más pragmáticos, como la facilidad de los contactos y la accesibilidad; el constructo teórico previo es inexistente o débil.

Flexibilidad del muestreo

La muestra puede evolucionar y cambiar, una vez iniciado el trabajo de campo, debido a múltiples causas: porque los informantes elegidos no están aportando datos al conocimiento del problema; porque surgen nuevos informantes que aparecen como mejores; porque emergen unos informantes o contextos que podrían aportar mayor profundidad en uno o varios aspectos concretos del objetivo del estudio, etc. Y esto lleva necesariamente a una reformulación muestral en las primeras etapas del trabajo de campo.

TÉCNICAS DE RECOGIDA DE DATOS

TÉCNICAS CONVERSACIONALES: LAS ENTREVISTAS

El objetivo de la entrevista es que, mediante preguntas abiertas, el entrevistado traslade al entrevistador «dentro» de su mundo, y le permita a éste entender la perspectiva-visión de la persona entrevistada.

Tipos de entrevista

Según el grado de flexibilidad de la entrevista se pueden distinguir tres tipos:

- *Conversacional*: las preguntas surgen espontáneamente en el contexto normal de la entrevista. Los temas y las preguntas no están predeterminados.
- *Semiestructurada*: los temas y las preguntas están decididos antes del inicio de ésta, y para ello se elabora una guía de la entrevista que se utiliza para asegurar que los aspectos más relevantes sean abordados.
- *Estructurada*: la secuencia y formulación exacta de las preguntas está preestablecida. A todos los entrevistados se les formulan las mismas preguntas y en el mismo orden.

Los métodos cualitativos se adscriben preferentemente a las entrevistas conversacionales y semiestructuradas, mientras que la estructurada está más próxima al cuestionario y, por tanto, a los métodos cuantitativos.

Aspectos metodológicos

Las preguntas: han de ser abiertas y formuladas de manera que permitan a los entrevistados responder en sus propios términos. Deben ser neutrales, sencillas y claras.

Secuencia de las preguntas: no existen criterios normativos, pero algunos consejos pueden ser útiles. Así, conviene comenzar por las menos controvertidas, con menor carga afectiva y fáciles de contestar: de comportamientos, de experiencias, etc. Cuando se describe alguna experiencia, es conveniente preguntar por las opiniones y los sentimientos del entrevistado.

Guía de la entrevista: en las entrevistas semiestructuradas y estructuradas se ha de elaborar una guía: un *checklist* o guión cuyo objetivo es servir como recordatorio de todos los temas que deben ser abordados en la sesión.

Desarrollo de la entrevista: es conveniente destacar los siguientes puntos:

- La toma de contacto con el entrevistable y la presentación es un momento muy importante, porque es cuando se inicia la interacción entre el entrevistador y el entrevistado, por lo que debe ser planificada y cuidada.

- La sesión de la entrevista no ha de representar excesivos problemas si todo ha estado bien planificado y se han realizado entrenamientos previos. Tanto la recepción del entrevistado, las presentaciones, las preguntas de arranque y las temáticas, como la clausura de la entrevista, han de estar previamente planificadas.
- El *setting*, el tiempo y los registros: el lugar donde se realiza una entrevista ha de ser cómodo, accesible para el entrevistado y de acuerdo con sus necesidades y preferencias. No son recomendables sesiones de duración superior a 2 horas. Los registros también deben planificarse. Es aconsejable realizar la grabación con magnetófono, que ha de ser transcrita de la forma más literal posible, haciendo constar las expresiones y matices utilizados por el entrevistado.

El entrevistador anotará también, al final, sus impresiones sobre el desarrollo de la entrevista. *Papel y habilidades del entrevistador*: con su actitud, el entrevistador ha de crear un ambiente que comunique neutralidad, interés y comprensión, y conseguir la cooperación del entrevistado. Ha de lograr que éste se encuentre cómodo, y perciba que puede expresar lo que él quiera y que todo es importante. Ha de saber combinar esta flexibilidad con el enfoque y el control permanente de la entrevista.

Lo ideal es que el entrevistador sea visto como neutral y no posea ningún tipo de ascendencia sobre el entrevistado.

TÉCNICAS GRUPALES

Se trata de obtener información sobre un tema focalizado en un contexto social, donde las personas puedan considerar sus opiniones en interacción con los demás participantes. Los participantes son estimulados a hablar libremente entre ellos, responderse, apoyarse, discrepar unos de otros, etc.; la idea básica es que el proceso de grupo enriquece las aportaciones individuales y ayuda a los participantes a explorar y clarificar sus ideas. Es un método más eficiente que las entrevistas individuales porque en una hora y media se puede obtener información de 5 a 10 personas.

Tipos de grupos

Grupos focales (*focus group*), grupos de discusión, entrevista de grupo focalizada, son diferentes nombres utilizados para denominar las técnicas conversacionales grupales de recogida de información con fines investigadores.

Aspectos metodológicos

En general, son similares a los que se han descrito en el apartado de las entrevistas en profundidad; únicamente cabe señalar aquí algunos aspectos específicos.

Composición y número de grupos: el total de los grupos han de representar la diversidad del fenómeno que se estudia, el conjunto de las opiniones que se cree que existen en la población estudiada. No obstante, cada grupo ha de ser relativamente homogéneo (dado que la homogeneidad favorece la interacción) y recoger uno de los posibles discursos previsibles del fenómeno.

Tamaño y duración de los grupos: existe bastante consenso en que el número de informantes por grupo no debe ser inferior a 5 ni superior a 10; los grupos más pequeños reducen la interacción, y grupos mayores dificultan la conducción del grupo y la participación de todos los informantes. La duración de la reunión debe ser conocida de antemano por los participantes, y hay acuerdo entre investigadores en que una hora y media es una duración adecuada.

El setting: además de cómodo, tranquilo y accesible, el lugar donde se realiza la sesión debe favorecer la interacción del grupo, por lo que se cuidará la disposición de los asientos en este sentido.

Papel del moderador: el moderador de un grupo focal ha de disponer de habilidades para la conducción de grupos.

Registro y transcripción: las sesiones grupales se han de grabar y transcribir identificando a los informantes. La transcripción ha de ser literal y reflejar de forma fidedigna las expresiones y matices utilizados por los participantes.

El moderador del grupo y el observador, al finalizar la sesión, han de realizar una revisión del proceso grupal, así como un informe con la descripción de los participantes, la actitud, la participación y la interacción entre ellos, y sus impresiones sobre el desarrollo de la sesión.

TÉCNICAS OBSERVACIONALES

Recogen la información mediante la observación del contexto estudiado. Los datos son obtenidos desde dentro del lugar en que ocurren, mediante la observación directa del fenómeno. Son técnicas de recogida de información dirigidas a captar no tanto la opinión sobre lo que ocurre sino lo que ocurre sobre el terreno a los ojos del observador.

- *Aspectos éticos*: toda observación ha de tener muy en cuenta y planificados los aspectos éticos. Se señalarán dos que se consideran claves: *a*) se ha de garantizar la confidencialidad y el anonimato de los observados, y *b*) el proceso de la observación, el rol del observador y el propósito deben ser conocidos y estar claros para los observados.
- *Registro y análisis*: la observación debe ser sistemáticamente registrada mediante un cuaderno de campo, y también se pueden utilizar métodos más sofisticados, como la cámara de vídeo.

Los cuadernos de campo y/o los vídeos constituyen la base textual para el análisis. El producto del análisis ha de permitir al lector «visualizar» los ámbitos y contextos observados, y para ello debe contar con una parte de relato de lo que pasa, y otra de interpretación de por qué pasa.

TÉCNICAS DOCUMENTALES

Aspectos metodológicos

El acceso a las fuentes documentales ha de estar orientado y planificado por el objetivo del estudio: qué documentos se analizarán, qué se buscará en los documentos, cómo se analizarán, y cuántos documentos se estudiarán para conseguir la conveniencia y la suficiencia de los datos, son aspectos que han de ser diseñados.

Análisis: el *corpus* textual que se ha de preparar para el análisis son las producciones escritas, y la metodología analítica no difiere de la utilizada en otras técnicas de recogida de información.

ANÁLISIS E INTERPRETACIÓN DE LOS RESULTADOS

TIPOS DE ANÁLISIS

Existen dos tipos de análisis: el descriptivo y el de contenido o de discurso:

1. *Análisis descriptivo*. Es un análisis que únicamente describe lo que se dice, quién lo dice, cómo se dice y por qué y para qué se dice. Aborda simplemente lo que se ha denominado momento analítico.
2. *Análisis de contenido y análisis de discurso*. Ambos tienen una orientación interpretativa, pero con diferentes grados de profundidad y con orientaciones metodológicas diferenciadas.

   a) El análisis de contenido se centra en describir e interpretar el contenido de los datos, mientras que el carácter interpretativo es más débil, como también lo es el marco teórico previo con el que el analista se acerca a los datos.

   b) El análisis de discurso se orienta más a identificar y entender el proceso de comunicación que el contenido de los discursos; es el análisis lingüístico de los discursos y no el contenido de éstos lo que conduce a los significados.

FASES DEL ANÁLISIS DE CONTENIDO

1. *Primera fase: preparar el texto para trabajar*. El objetivo de esta primera fase es ordenar y simplificar los textos para hacerlos digeribles-manejables para el trabajo de análisis. Para ello, una vez transcritos todos los textos hay que:

   a) Elaborar un catálogo de temas y segmentar el texto por temas.

   b) Confeccionar una sinopsis de los datos individuales y elaborar un texto único.

2. *Segunda fase: creación de categorías de análisis*. Una vez realizada la lectura del texto por segmentos, se procede a crear categorías en cada segmento o unidad temática.
   Las categorías son significados o elementos interpretativos conceptuales que están presentes y se extraen de los relatos, y que comienzan a dar respuesta a las preguntas de la investigación y a dar un significado teórico al análisis. Pueden hacer referencia a opiniones, comportamientos, sentimientos o perspectivas sobre el tema. Pueden ser también propiedades, como tipos de actores, condiciones de variación de la acción, consecuencias o interacciones de los actores, etc.

Las categorías pueden estar definidas *a priori* por el investigador (a partir de otros estudios sobre el tema, del marco teórico elegido para el análisis, etc.) o bien la categorización puede estar abierta e ir creándose a partir de la lectura de los textos, o realizar una categorización mixta (categorías *a priori* que van modificándose con el análisis).
De forma práctica, las categorías se han de codificar (ponerles un número, un color, unas letras, etc.), y colocar el código en el texto de forma que permita clasificar conceptualmente el discurso en diferentes unidades, mediante la asignación de segmentos del texto a las categorías creadas.
El proceso de codificación puede ser manual o utilizar programas de codificación informáticos.

3. *Tercera fase: creación de un marco explicativo o mapa de significados.* Análisis minucioso de las diferentes categorías, propiedades de éstas, tendencias y relaciones entre ellas, creación de hipótesis y agrupación de los hallazgos en un mapa de significados. En otras palabras, en esta fase se trata de descubrir e interpretar los significados y los aspectos subyacentes, y construir un marco teórico que, desde lo narrado, explique el fenómeno estudiado.
4. *Cuarta fase: verificación y contraste de los hallazgos, y marco explicativo definitivo.* En esta fase se trata de volver al texto, a la luz del marco explicativo construido, para contrastar los hallazgos con los datos; es decir, verificar las hipótesis y comprobar si el marco teórico que se ha construido tiene el valor explicativo que el analista le ha atribuido; y en función del resultado, reformular y reelaborar la teoría.

EVALUACIÓN Y RIGOR EN LAS INVESTIGACIONES CUALITATIVAS

La calidad es una exigencia en toda investigación que adquiere una importancia fundamental en las investigaciones cualitativas, en las que la naturaleza intrínsecamente abierta y dinámica de su método, la presencia de un muestreo intencionado y la influencia del investigador en el proceso investigativo obliga a cuidar especialmente el rigor y a huir del eclecticismo del «todo vale».

Ahora bien, la investigación cualitativa dispone de unos instrumentos propios de evaluación de la calidad, diferenciados de aquellos que son válidos para la investigación cuantitativa. Puesto que los métodos cualitativos no pretenden la objetividad, en cuanto separación investigador-objeto de la investigación, ni la universalización del conocimiento, los conceptos de validez interna y externa, fiabilidad y objetividad no son adecuados para evaluar la calidad en los estudios cualitativos.

Capítulo 15

ESTUDIOS DE CALIDAD DE VIDA

INTRODUCCIÓN

Durante la última década, la calidad de vida relacionada con la salud (CVRS) se ha ido transformando en una importante medida del impacto de los cuidados médicos.

El propósito fundamental de la utilización y medición de la CVRS consiste en proporcionar una evaluación más comprensiva, integral y válida del estado de salud de un individuo o grupo, y una valoración más precisa de los posibles beneficios y riesgos que pueden derivarse de la atención médica. Este concepto está directamente relacionado con el modelo biopsicosocial que se propugna desde la Atención Primaria, y de hecho, en la consulta, suelen hacerse preguntas que, de una u otra forma, enfocan este aspecto: ¿cómo se encuentra usted de salud? Se espera también que la información estandarizada sobre la CVRS de los pacientes pueda ayudar a mejorar la calidad de la asistencia sanitaria.

MEDIDA DE LA CALIDAD DE VIDA RELACIONADA CON LA SALUD

Salud percibida: estado de salud, estado funcional, calidad de vida y CVRS.

El concepto de *calidad de vida relacionada con la salud* incluye todos aquellos elementos que forman parte integral de la persona, y excluye los que existen de manera independiente de ella, aunque puedan interaccionar. Así, la salud se puede definir en cinco dimensiones: las características genéticas o hereditarias, que forman la estructura básica y donde se fundamentan todos los demás aspectos de la salud del individuo; las características bioquímicas, fisiológicas o anatómicas, incluyendo la enfermedad, la disminución, la incapacidad y el *handicap*; el estado funcional, que incluye el desarrollo de las actividades de la vida diaria, como trabajar, caminar o relacionarse; el estado mental, que incluye la autopercepción del estado de ánimo y la emoción, y, finalmente, el potencial de salud individual, que incluye la longevidad, el potencial funcional del individuo y el pronóstico de la enfermedad y de la incapacidad.

ESTRUCTURA DE LAS MEDIDAS DE LA CALIDAD DE VIDA RELACIONADA CON LA SALUD

En la mayoría de instrumentos de medida de la CVRS destacan tres aspectos: *a*) la importancia del estado funcional (físico, social y mental) en la multidimensionalidad del concepto; *b*) la subjetividad de la aproximación a la medición del estado de salud mediante preguntas a los pacientes, y *c*) la obtención de un número que representa un valor de la preferencia del paciente por el estado de salud.

Las dimensiones más comunes de la CVRS se muestran en la tabla 15-1.

REQUISITOS DE LAS MEDIDAS DE LA CALIDAD DE VIDA RELACIONADA CON LA SALUD

Propiedades de evaluación de las medidas de la calidad de vida relacionada con la salud

Los instrumentos de medida de la CVRS se utilizan para tres propósitos principales: como instrumentos *discriminantes* pretenden diferenciar entre los pacientes que tienen mejor y peor CVRS en un momento determinado del tiempo; como instrumentos *evaluativos* pretenden medir cuánto ha cambiado la calidad de vida de los pacientes en dos momentos del tiempo distintos, y como instrumentos *predictivos* intentan predecir la CVRS futura a partir de una medición única actual. Además del propósito para el que se elabore el instrumento, la demostración de su viabilidad y de las propiedades de evaluación de las medidas de la CVRS es fundamental para obtener datos clínicos *válidos y fiables* para su uso en la práctica y la investigación clínicas.

VIABILIDAD

Algunos de los aspectos relacionados con la viabilidad de su aplicación en la asistencia clínica son características, como el tiempo empleado en la cumplimentación del cuestionario, la sencillez y la amenidad del formato y el interés, la brevedad y la claridad de las preguntas, así como la facilidad de corrección, la interpretación y la presentación de los resultados para el médico.

FIABILIDAD

El término *fiabilidad* es sinónimo de precisión o estabilidad, y se refiere al grado en que pueden reproducirse los resultados obtenidos por un procedimiento de medición en las mismas condiciones. Se emplean comúnmente tres métodos para evaluar la fiabilidad:

1. *Fiabilidad test-retest.* Hace referencia a la estabilidad temporal o reproducibilidad, y tiene como objetivo determinar si una prueba dará los mismos resultados o similares (generalmente mediante una correlación) cuando se aplique a una misma persona en más de una ocasión. Normalmente, los estándares de fiabilidad aceptados con el uso de correlaciones están por encima de 0,70.
2. *Fiabilidad intra e interobservador.* El término *consistencia intraobservador* se refiere al grado de concordancia de un observador consigo mismo. Por *consistencia interobservador* se entiende la concordancia entre dos observadores independientes sobre una medida practicada en el mismo individuo.
   Hace referencia a la estabilidad de las mediciones en los cuestionarios administrados por el entrevistador.

Tabla 15-1. Dimensiones más comunes de la calidad de vida relacionada con la salud

Dimensiones más importantes	Descripción
1. Función física	– Capacidad de realizar las actividades físicas diarias, desplazamiento y cuidado personal
2. Función psicológica	– Sensación de bienestar: sufrimiento psicológico, como bienestar emocional, afecto, ansiedad y depresión
3. Función social	– Participación en actividades y relaciones sociales. Funcionamiento en las actividades sociales habituales con la familia, los amigos y los vecinos
4. Rol	– Participación y realización de los roles sociales habituales, como trabajar, llevar a cabo tareas domésticas, cuidar de los niños, ir a la escuela y/o participar en actividades comunitarias
5. Síntomas	– Experiencia subjetiva, sensación o apariencia de funcionalismo anormal, que generalmente es indicativo de una afección o enfermedad
6. Función cognitiva	– Habilidad y capacidad para razonar, pensar, concentrarse y recordar
7. Percepción de la salud	– Impresión subjetiva del estado de salud actual o previo, resistencia a la enfermedad y preocupación por la salud futura
Otras dimensiones específicas Hay algunas dimensiones específicas de la CVRS que a veces están incluidas en las siete dimensiones descritas anteriormente. A continuación se dan algunos ejemplos para proporcionar una idea de la amplitud del concepto de la CVRS	
8. Alteración del sueño	– Problemas y conductas relacionadas con el sueño como insomnio, despertarse durante el sueño y dificultades para conciliar el sueño
9. Función sexual	– La medida en que la salud u otros problemas interfieren con el interés por el sexo y las relaciones sexuales
10. Energía/vitalidad	– Cantidad de energía, fatiga o cansancio
11. Dolor	– Sensación subjetiva de malestar y sufrimiento experimentado en distintas partes del cuerpo, incluyendo el dolor de cabeza, el dolor de espalda, el dolor muscular y articular
12. Satisfacción con la vida	– Valoración de uno mismo, comparado con estándares de referencia externos o las aspiraciones personales
13. Imagen corporal	– Sentimiento de atractivo personal, masculinidad/feminidad y sentido de integridad corporal

3. *Fiabilidad interna.* Hace referencia a la estabilidad de las puntuaciones entre los diferentes elementos que componen el instrumento de medición. También se denomina consistencia interna.

Validez

La validez expresa el grado en que una medición mide aquello para lo que está destinada.

Cada pieza de la evidencia para la validez de una medida proporciona un respaldo añadido para la validación global del instrumento.

1. *Validez de contenido.* Es una evaluación fundamentalmente cualitativa que consiste en determinar si el cuestionario abarca todas las dimensiones del fenómeno que se quiere medir. La *validez aparente* es una forma de validez de contenido que se centra en el grado en que los ítems parecen medir lo que se proponen.
2. *Validez de constructo.* Representa el grado en que una medida particular se relaciona con otras, de manera consistente, en la línea de las hipótesis teóricas que definen el fenómeno o constructo que se quiere medir.
3. *Validez de criterio.* La validez de criterio consiste en la correlación del cuestionario con alguna otra medida de la variable a estudio que se considera estándar o regla de oro, normalmente utilizada y aceptada en el campo de estudio.

Sensibilidad al cambio

La sensibilidad al cambio es la capacidad del instrumento de detectar cambios en la salud de los pacientes cuando mejora o empeora su CVRS después de un tratamiento o intervención sanitaria. La sensibilidad al cambio está relacionada con la magnitud de la diferencia en la puntuación del paciente que ha mejorado o empeorado, y las puntuaciones de los pacientes que no han cambiado su salud en la medida de CVRS empleada.

Significación clínica

Para un instrumento discriminante se debe conocer qué puntuación de él corresponde a una afectación de la CVRS leve, moderada o grave. Para un instrumento evaluativo, por ejemplo, en una escala que va de 0 (ausencia de dolor) a 100 (extremo dolor), pasar de una puntuación basal de 40 en el pretratamiento a una puntuación postratamiento de 50, ¿qué significado tiene?, ¿es una mejoría clínicamente significativa?

Una manera de conocer la significación de la magnitud del efecto de un tratamiento consiste en preguntar al paciente directamente por el cambio que percibe. Así, en instrumentos de medida de la CVRS que contienen ítems con escalas de respuesta con siete opciones se ha comprobado que un efecto pequeño, mediano y grande clínicamente relevantes corresponden a cambios pretratamiento-postratamiento, de 0,5, 1 y mayor que 1, respectivamente, en la escala. Por ejemplo, en un ensayo clínico con broncodilatadores en pacientes con obstrucción crónica de las vías aéreas en la dimensión física, emocional y disnea con 6 ítems cada una, los cambios en las puntuaciones de 3 o 4 representaron un efecto pequeño, los de 5 o 6, moderado, y los de 7 o más, grande.

CLASIFICACIÓN DE LOS INSTRUMENTOS DE MEDIDA DE LA CALIDAD DE VIDA RELACIONADA CON LA SALUD

INSTRUMENTOS GENÉRICOS

Los instrumentos genéricos son aplicables a una gran variedad de afecciones dado que cubren un amplio espectro de dimensiones de la CVRS. Se dividen en *perfiles de salud* y *medidas de utilidad.*

Perfiles de salud

Estos instrumentos incluyen dimensiones genéricas, como el estado físico, mental o social de la CVRS. Por su condición de genéricos, los perfiles de salud pueden aplicarse a una gran variedad de afecciones, permiten la comparación de las puntuaciones entre las diferentes afecciones y permiten determinar los efectos del tratamiento en diferentes aspectos de la CVRS sin necesidad de utilizar múltiples instrumentos. Sin embargo, como no incluyen aspectos específicos para la evaluación de una determinada afección pueden ser poco sensibles a los cambios. Los más utilizados son el *Sickness Impact Profile*, el *Nottingham Health Profile*, el SF-36, el EuroQol-5D y las láminas COOP/WONCA.

Medidas de utilidad

Estos instrumentos se derivan de la economía y la teoría de las decisiones. Se basan en las preferencias reveladas o utilidades que los individuos asignan a diferentes estados de salud. Las utilidades se obtienen por medio de diferentes técnicas de medida, como la escala visual analógica, la equivalencia temporal o el juego estándar.

INSTRUMENTOS ESPECÍFICOS

Incluyen sólo aquellos aspectos importantes de una determinada enfermedad (p. ej., acné), de una población (p. ej., los niños), para valorar ciertas funciones (p. ej., la actividad sexual), o un determinado síntoma clínico (p. ej., el dolor). Las medidas específicas se centran en áreas más conocidas por los clínicos a través de la entrevista clínica y la exploración física. Tienen la ventaja de presentar una mayor sensibilidad a los cambios antes y después del tratamiento que los genéricos ante el problema específico de salud que se está evaluando. Su mayor desventaja está en que no permiten comparaciones entre diferentes afecciones.

SITUACIÓN ACTUAL DE LA CALIDAD DE VIDA RELACIONADA CON LA SALUD EN ATENCIÓN PRIMARIA

INSTRUMENTOS DE CALIDAD DE VIDA RELACIONADA CON LA SALUD DISPONIBLES EN ESPAÑA PARA SU USO EN ATENCIÓN PRIMARIA

En una revisión sistemática se identificaron 61 cuestionarios de CVRS, de los cuales el 78,7% (48) había sido desarrollado originariamente en otros países. Más de la mitad de los instrumentos identificados (52,5%) eran cuestionarios de CVRS específicos para enfermedades respiratorias, osteoarticulares, neurológicas, cáncer u otras. El resto lo constituyeron instrumentos genéricos de CVRS (18%) de bienestar psicológico (9,8%), de incapacidad funcional (8,2%), de salud social (6,6%) y de dolor (4,9%).

Elección de un instrumento de calidad de vida relacionada con la salud en Atención Primaria

La elección de los instrumentos depende del propósito del estudio; por ejemplo, en una encuesta de salud se utilizará un instrumento preferentemente discriminante, y en un ensayo clínico se utilizará un instrumento evaluativo. La cobertura de las dimensiones del instrumento para la afección que se quiere evaluar y el conocimiento de sus propiedades de medición (validez, fiabilidad y sensibilidad al cambio) son elementos de decisión básicos en la elección de un instrumento de CVRS previamente a su aplicación. Factores adicionales que se deben tener en cuenta son: la longitud del cuestionario, la vía de administración (entrevistado, autoadministrado o administrado por teléfono al paciente frente a cumplimentado por el investigador), el entrenamiento y el coste de los entrevistadores o el tipo de pacientes a los que va dirigido (geriátrico, pediátrico, rehabilitación u otros).

Capítulo 16

MEDICINA BASADA EN LA EVIDENCIA

INTRODUCCIÓN

En su práctica diaria, el profesional sanitario debe tomar múltiples decisiones sobre la atención de sus pacientes (figura 16-1). La expresión *medicina basada en la evidencia* (MBE) se refiere al proceso sistemático de búsqueda, evaluación y uso de los hallazgos de la investigación biomédica como base esencial para esta toma de decisiones. La práctica de la MBE consiste en los cuatro pasos siguientes:

1. Reconocer las necesidades de información y convertirlas en preguntas clínicas.
2. Localizar de forma eficiente las mejores evidencias científicas disponibles.
3. Evaluar críticamente la validez y utilidad de estas evidencias.
4. Aplicar los resultados a la práctica clínica.

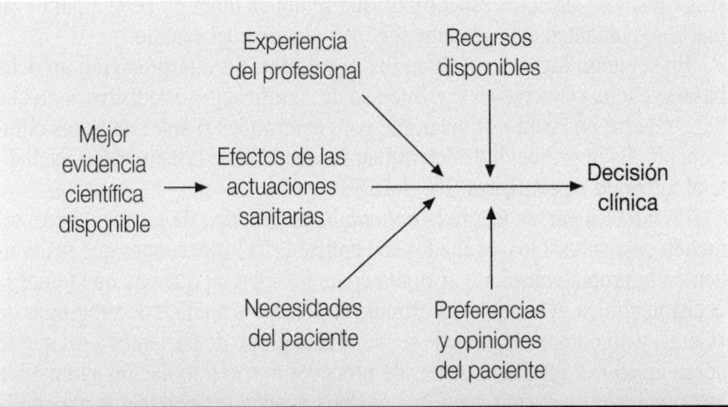

Figura 16-1. Papel de la evidencia científica sobre el efecto de las actuaciones sanitarias en el proceso de toma de decisiones.

BÚSQUEDA DE EVIDENCIAS

Para buscar las evidencias, el profesional debe decidir el tipo de información que necesita y la fuente más adecuada para localizarla, desarrollar una estrategia de búsqueda eficiente, y valorar críticamente la calidad y la utilidad de la información que obtenga.

MEDLINE es la base de datos bibliográficos más utilizada, pero existen otras como *EMBASE, SCISEARCH* o la *Cochrane Library*. Existen otras fuentes de datos que van adquiriendo mayor importancia, como *Bandolier* (o su versión española *Bandolera*), *Best Evidence, Clinical Evidence* o recursos que permiten acceder a guías de práctica clínica (GPC).

Una búsqueda bibliográfica debe prepararse adecuadamente, trasladando los elementos de la pregunta clínica al lenguaje de la base de datos. Puede optarse por realizar la búsqueda con los descriptores del tesauro, con lenguaje natural o con una combinación de ambos. La última opción suele ser la más recomendable. Suele ser conveniente utilizar otros campos, como el tipo de publicación, o bien filtros metodológicos que permiten recuperar estudios de metodología adecuada al tipo de cuestión de la que se quiere información.

LECTURA CRÍTICA

La valoración crítica de un artículo suele comenzar con la lectura del resumen para evaluar si la información que contiene sobre el diseño del estudio permite suponer que es metodológicamente adecuado y si, en el supuesto de que la conclusión del estudio sea válida, tiene relevancia clínica y es aplicable a la situación concreta. Si pasa este filtro, se procede a la lectura del artículo para realizar un análisis más detallado del estudio.

En primer lugar, se evalúa la *validez interna* o grado de solidez y rigor del estudio, en el sentido de que el modo en que ha sido diseñado y realizado permite estar razonablemente convencido de que sus resultados no están sesgados. Los aspectos específicos que se deben tener en cuenta para evaluarla se comentan más adelante según el objetivo del estudio.

En segundo lugar, se evalúan los *resultados*. Su interpretación no debe basarse exclusivamente en la existencia de significación estadística, sino que debe tenerse en cuenta su magnitud para determinar si son relevantes clínicamente. Es imprescindible determinar la precisión de la estimación mediante el intervalo de confianza (IC) del 95%.

En tercer lugar, se valora la *aplicabilidad práctica* de los resultados, teniendo en cuenta si los resultados son aplicables a los pacientes que se atienden en la propia consulta o al sujeto concreto sobre el que hay que tomar la decisión clínica. A veces, en el artículo se presentan análisis de subgrupos de sujetos, y alguno de ellos puede ser similar al grupo de pacientes a los que se desea aplicar el resultado. Antes de proceder a la extrapolación automática hay que tener en cuenta que estos análisis pueden ser peligrosos, ya que la realización de múltiples comparaciones aumenta la probabilidad de encontrar un resultado estadísticamente significativo simplemente por azar; además, si los subgrupos son de pequeño tamaño, el análisis puede ser incapaz de detectar diferencias relevantes.

ESTUDIOS SOBRE LA EFICACIA DE UNA INTERVENCIÓN SANITARIA

El diseño que proporciona las mejores pruebas es el ensayo clínico aleatorio (ECA). Es importante comprobar si los grupos eran comparables al inicio del estudio, y si esta comparabilidad se ha mantenido a lo largo del mismo. Para ello, debe valorarse:

1. Si la asignación de los sujetos ha sido aleatoria.
2. Si la decisión de incluir a los sujetos se ha tomado desconociendo el grupo al que serían asignados.
3. Si los grupos eran comparables, y, si en el caso de que existiera alguna diferencia relevante, si ello se ha controlado en el análisis.
4. Si los sujetos se han analizado en el grupo al que han sido asignados (estrategia de análisis por intención de tratar o según asignación aleatoria), independientemente de la intervención recibida realmente.
5. Si se han utilizado técnicas de enmascaramiento o ciego, y si la persona que ha medido la respuesta desconocía el grupo al que pertenecía cada sujeto.
6. Si se ha efectuado un seguimiento de todos los pacientes, y si todos ellos se han tenido en cuenta. Aunque es difícil establecer un umbral en el porcentaje de abandonos a partir del cual el estudio se considera no evaluable, algunos autores lo fijan en el 20%.

Algunos ECA utilizan una variable *intermedia* o *subrogada* como sustituto de un resultado clínicamente importante. Para que esta variable sea válida, debe existir suficiente evidencia de una fuerte asociación entre cambios en dicha variable y en el resultado clínicamente importante, y de que la mejoría en el resultado intermedio conduce a una mejoría en el resultado clínico.

Los resultados de un ECA pueden expresarse de diferentes maneras: *reducción absoluta de riesgo* (RAR) o diferencia de incidencias, *reducción relativa de riesgo* (RRR) o proporción que la RAR supone en relación al riesgo del grupo control, o el *número de casos que es necesario tratar para prevenir un episodio* (NNT), que equivale al inverso de la RAR. Todas ellas deben acompañarse de su correspondiente IC del 95%. La expresión de los resultados exclusivamente como medidas relativas puede resultar engañosa y hacer que se sobreestime el efecto beneficioso real de un tratamiento, ya que el valor del NNT varía enormemente en función del riesgo basal de los sujetos a los que se aplica.

Para evaluar la aplicabilidad de los resultados, el primer aspecto debe ser valorar si existen diferencias relevantes entre los sujetos incluidos en el estudio y nuestro paciente y, en caso negativo, intentar determinar cuál es el beneficio potencial en dicho sujeto.

Para que un profesional decida aplicar una determinada intervención, debe estar convencido de que producirá un beneficio para el paciente, para lo que deben haberse evaluado todas las posibles respuestas o efectos que puede producir el tratamiento, y realizar un balance entre los beneficios esperados y los efectos secundarios potenciales e incluso el coste asociado. Finalmente, para decidir si se aplica la intervención deben tenerse en cuenta también los valores, las preferencias y las expectativas del paciente, y la experiencia del profesional.

ESTUDIOS SOBRE LOS EFECTOS PERJUDICIALES DE UNA EXPOSICIÓN

Estos estudios suelen utilizar diseños observacionales, y para su lectura crítica debe valorarse:

1. Si los grupos que se comparan tenían un pronóstico inicial similar. Los autores deben haber evaluado la comparabilidad de los grupos y ajustar el análisis por las diferencias observadas.
2. Los estudios de casos y controles son más sensibles a la introducción de sesgos. El lector debe buscar si se ha utilizado alguna estrategia destinada a evitarlos.
3. En los estudios de cohortes y en los ensayos clínicos, es fundamental la valoración del efecto, por lo que debe prestarse atención a las estrategias seguidas para asegurar que su aparición se midió de la misma forma y con la misma intensidad en todos los grupos.
4. Si el seguimiento ha sido lo más completo posible.

La medida más utilizada de la magnitud del riesgo asociado a una exposición es el *riesgo relativo* (RR). En los estudios de casos y controles se utiliza la *odds ratio* (OR). Otra medida que puede utilizarse en los ensayos clínicos y estudios de cohortes es la *diferencia de riesgos* o de incidencias (DR), que cuantifica en términos absolutos el exceso de riesgo de los expuestos en relación a los no expuestos. Su inverso indica el *número de personas que es necesario que estén expuestas para que se produzca un daño* o resultado adverso (NND).

Para evaluar la aplicabilidad de los resultados, la primera cuestión es si pueden ser extrapolados a la propia práctica, valorando si los pacientes son diferentes de los estudiados. También es importante comprobar si el seguimiento ha sido lo suficientemente prolongado para permitir detectar la mayor parte de los resultados que se produzcan.

Un segundo aspecto es determinar el riesgo del paciente concreto de presentar el resultado negativo, y decidir cuál es la actuación que debe seguirse, considerando la fuerza de la inferencia, la magnitud del riesgo si la exposición continúa, la existencia de alternativas y, obviamente, los valores y las preferencias del propio paciente.

ESTUDIOS SOBRE LA UTILIDAD DE UNA PRUEBA DIAGNÓSTICA

Se considera que el mejor diseño es la comparación prospectiva y a ciegas, con un estándar de referencia adecuada en una serie de pacientes. En estos estudios debe valorarse:

1. Si la nueva prueba es relevante para su práctica; es decir, si sería de utilidad en el caso de que fuera válida y fiable.
2. Si el estándar o patrón de referencia con el que se compara es el más apropiado.
3. Si los resultados de ambas pruebas fueron interpretados independientemente y a ciegas; es decir, sin conocer los resultados de la otra.
4. Dado que la utilidad de una prueba debe medirse por su capacidad para discriminar entre situaciones que, de otra manera, podrían ser confundidas, es importante comprobar que la muestra de sujetos que se ha estudiado incluye un espectro adecuado de pacientes con diferentes estadios

de la enfermedad y con otras condiciones que plantean problemas de diagnóstico diferencial, representativa de aquellos a los que se aplicaría la prueba en la práctica.

5. Si todos los sujetos estudiados han sido sometidos a ambas pruebas, y si los resultados de la prueba no han influido en la decisión de aplicar la de referencia (sesgo de verificación o confirmación diagnóstica, o *work-up bias*).

La finalidad del análisis es cuantificar la capacidad de la prueba para clasificar correcta o incorrectamente a una persona según la presencia o ausencia de una enfermedad. Las medidas más utilizadas son la sensibilidad, la especificidad y los valores predictivos.

El *cociente de probabilidad de una prueba positiva* (CPP) se calcula dividiendo la sensibilidad por el complementario de la especificidad. El *cociente de probabilidad de una prueba negativa* (CPN) se calcula dividiendo el complementario de la sensibilidad por la especificidad.

Un primer criterio para evaluar la aplicabilidad es la disponibilidad de la prueba en el propio entorno, así como su reproducibilidad, de la que depende en gran medida su utilidad. También es importante evaluar si puede esperarse que la prueba tenga la misma validez en los propios pacientes que en los del estudio. Sus propiedades pueden cambiar según se aplique a grupos de sujetos con una distribución diferente de estadios de la enfermedad o con otras enfermedades concomitantes que puedan interferir en el diagnóstico.

El CPP también puede utilizarse para determinar la probabilidad de que un sujeto concreto tenga la enfermedad si obtiene un resultado positivo en la prueba (*probabilidad posprueba* o VPP) a partir de una estimación de la probabilidad de que la tenga antes de aplicarle la prueba (*probabilidad preprueba*), y de esta forma evaluar cuánto puede ganarse si se realiza.

También debe evaluarse si la probabilidad posprueba resultante modificaría la actitud clínica ante el paciente, así como si la aplicación de la prueba será beneficiosa para el paciente y mejorará su pronóstico. Además, deben tenerse en cuenta los valores y las preferencias del paciente, ya que muchas pruebas implican una cierta invasión de la privacidad, e incluso pueden resultar embarazosas o dolorosas.

VALORACIÓN CRÍTICA DE UNA REVISIÓN SISTEMÁTICA

Por *revisión sistemática* (RS) se entiende la síntesis de la mejor evidencia disponible dirigida a responder una pregunta concreta, realizada mediante una metodología explícita y rigurosa destinada a identificar, valorar críticamente y sintetizar los estudios más relevantes. Se reserva el término *metaanálisis* para el procedimiento estadístico que integra los resultados de varios estudios independientes.

Cuando el artículo corresponde a una RS debe valorarse:

1. Si la pregunta clínica que enfoca es concreta e importante, si ha incluido el tipo de estudios adecuado (p. ej., ECA si el objetivo es evaluar la eficacia de un tratamiento) y si se han utilizado criterios de selección claramente definidos.

2. Si la estrategia de búsqueda se considera apropiada y se ha realizado el suficiente esfuerzo para identificar todos los estudios relevantes, incluso los no publicados, con la finalidad de evitar o reducir un posible sesgo de publicación.
3. Si los estudios incluidos tenían la calidad suficiente de acuerdo con criterios explícitos.
4. Si en la valoración de la validez y calidad de los estudios ha participado más de un observador de forma independiente, y si existe buena concordancia entre ellos.

Para poder obtener una estimación global del efecto, debe poderse asumir que los estudios son homogéneos. Si esta asunción no se cumple, la agregación de resultados es desaconsejable, y debe asumirse la existencia de heterogeneidad y analizarse sus posibles causas.

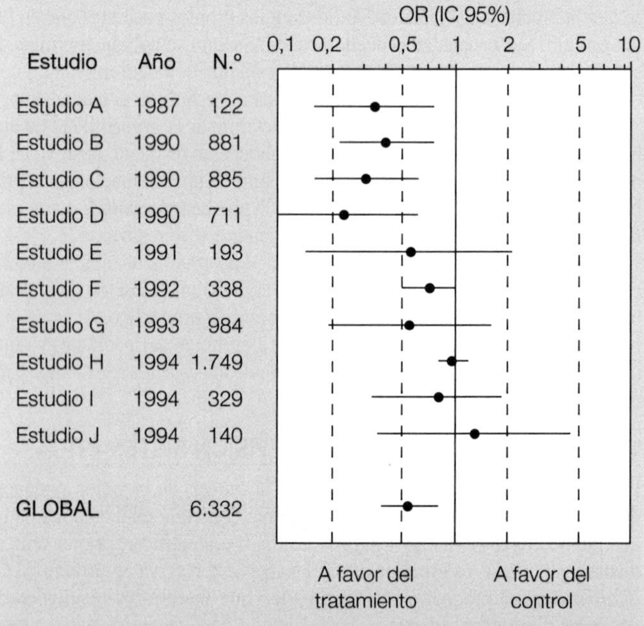

Figura 16-2. Presentación gráfica de los resultados de una revisión sistemática. La figura presenta los resultados de los estudios individuales y la estimación conjunta al efecto. La figura de la página siguiente corresponde a un metaanálisis acumulativo, en el que cada resultado incluye también a los anteriores.

Si existe homogeneidad, la estimación global corresponde a un promedio ponderado de los resultados de los estudios individuales, y debe presentarse con su correspondiente IC. Para facilitar su comprensión, los resultados suelen presentarse gráficamente (figura 16-2).

También es importante realizar análisis de sensibilidad, que consisten en repetir el análisis en varias ocasiones, modificando algunos de los criterios de la revisión, con la finalidad de evaluar si los resultados se mantienen consistentes.

Además de los comentarios generales sobre la aplicabilidad comunes a todos los estudios presentados anteriormente, en una RS adquiere una especial relevancia el análisis de subgrupos.

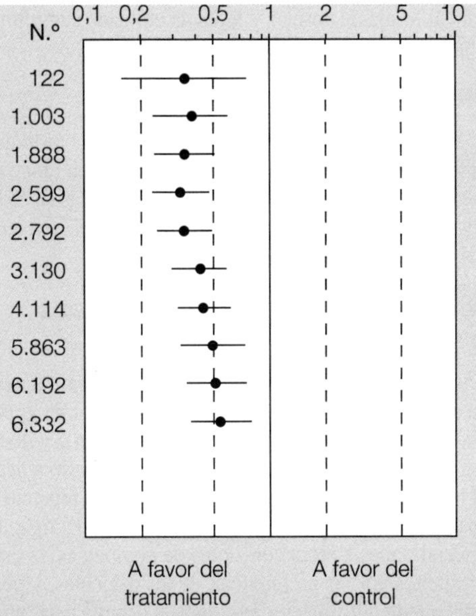

Figura 16-2 (*Cont.*). Presentación gráfica de los resultados de una revisión sistemática. La figura presenta los resultados de los estudios individuales y la estimación conjunta al efecto. La figura de la página siguiente corresponde a un metaanálisis acumulativo, en el que cada resultado incluye también a los anteriores.

Capítulo 17

ÉTICA Y MEDICINA DE FAMILIA

INTRODUCCIÓN

La actividad del médico de familia está sembrada de cuestiones éticas que es preciso aprender a descubrir y a analizar con prudencia. Conviene disponer también de procedimientos para la toma de decisiones ante dilemas éticos complejos. Es importante conocer que la ética tiene unas exigencias básicas que cristalizan en forma de normas y leyes de obligado cumplimiento, aplicables al ámbito de la Atención Primaria de Salud (APS).

ÉTICA CLÍNICA EN MEDICINA DE FAMILIA

La Medicina de Familia cuenta actualmente con un área propia de conocimientos, investigación y docencia, y su consolidación con rango de especialidad médica es un hecho a estas alturas indiscutible en las sociedades avanzadas. Es conveniente, por tanto, sistematizar una ética clínica que se adapte a sus aspectos más específicos.

PRIMER SECTOR DE ATENCIÓN Y PUERTA DE ENTRADA AL SISTEMA SANITARIO

La implantación de la APS como estrategia es decisiva para los servicios de salud, y sitúa a sus profesionales en un papel modulador de gran responsabilidad a la hora de decidir el sector de especialización donde el paciente debe ser asistido. El médico de familia se enfrenta a diario a decisiones de derivación al hospital o a otros especialistas, que tienen repercusiones en la equidad global del sistema sanitario. El solapamiento de algunas materias con otras especialidades genera conflictos de competencias que, al final, deberán ser resueltos por las preferencias de los pacientes, y por la misma sociedad, debidamente informados. Este debate debería estar presidido por una ética de servicio al paciente y no por intereses particulares de grupos profesionales.

ATENCIÓN CENTRADA EN LA SALUD

Uno de los cambios conceptuales más importantes de la medicina en las últimas décadas ha sido que el centro de gravedad se ha desplazado desde la enfermedad hacia la salud. Esto ha implicado directamente al médico de familia que, al atender a un grupo poblacional, ya no se puede limitar a asistir a los enfermos, pues se espera que también preste atención a los sanos, lo cual incorpora a sus responsabilidades profesionales la práctica clínica preventiva y la promoción de la salud, planteando interesantes y a veces complejas cuestiones éticas.

Compromiso con la persona

Cualquier médico clínico debe atender a personas por encima de otras consideraciones científicas, pero al médico de familia se le exige que sea un experto en este punto: un auténtico especialista en personas, que además de poseer habilidades para la relación clínica, sea capaz de respetar sinceramente su autonomía y sus valores, cultivando la confianza como requisito para una relación terapéutica eficaz. Esto implica adquirir un hábito intelectual integrador que va más allá de la acumulación de conocimientos. El médico de familia debería distinguirse por su modo de dar vida a lo que sabe de medicina, traducido en una mentalidad o actitud de compromiso moral con el paciente, cuyo alcance es materia de estudio de la ética clínica. Ejercer este compromiso puede llevarle a actuar, en ocasiones, como abogado del paciente dentro del sistema sanitario.

Función educadora

La evidencia disponible sobre la influencia de los estilos de vida en la salud justifica la intervención médica. Es indudable el protagonismo de la APS en esta tarea educativa, que exige conjugar la obligación de procurar el máximo beneficio de la población con un exquisito respeto a la autonomía de las personas, lo cual no es nada sencillo y, en ocasiones, es una fuente de conflictos. La educación para la salud entendida como deber profesional incluye el correcto uso de los sistemas sanitarios, la automedicación y el aprendizaje de autocuidados. El conocimiento psicosocial que el médico de familia tiene de sus pacientes es importante para ejercer adecuadamente esta tarea. El reparto de responsabilidades en el equipo de APS tiene el riesgo de diluirse, y es una cuestión que merece más estudio del que se le ha prestado hasta ahora. Conviene recordar, sin embargo, que aun siendo la educación para la salud una función muy característica de la APS, la responsabilidad se comparte con la familia, la escuela y los medios de comunicación.

Atención familiar

La propia denominación americana y española del médico de familia como especialista en APS toma como referencia el microcosmos comunitario por excelencia que es la familia: lugar natural para nacer, vivir y morir. La familia desempeña un papel decisivo en el proceso salud-enfermedad, tanto en la génesis de los problemas como en su resolución. La familia puede y debe ser un magnífico aliado en los cuidados de salud, y el médico de familia ha de conocer su dinámica. Muchas decisiones importantes, con implicaciones éticas, se toman consultando a familiares próximos cuando el paciente no está capacitado para hacerlo de manera responsable. El domicilio familiar es, muchas veces, el lugar preferido por el enfermo frente al hospital y, en ocasiones, esto puede plantear serios dilemas por discrepacias familiares o por el volumen de trabajo que supone para un médico de familia muy sobrecargado.

Atención comunitaria

La sociedad deposita un caudal de confianza en el médico de familia como experto en cuestiones de salud. La intervención comunitaria del médico de familia tiene una especial relevancia en el medio rural. Cada vez más se espera del médico de familia una actitud de cooperación en iniciativas ciudadanas, aunque igualmente debería exigirse rigor y una razonable eficiencia en el tiempo y otros recursos invertidos. En los últimos años se está propugnando la necesidad de intervenir comunitariamente en algunos problemas de salud donde la actuación individualizada es escandalosamente ineficiente, como ocurre con los hábitos tóxicos en la adolescencia o con la obesidad en los adultos. La intervención de los médicos de APS a través de sus organizaciones profesionales, mediante la realización de estudios e informes dirigidos a las autoridades sanitarias y otras instituciones, puede ser en el futuro una buena vía de actuación, lo cual también tiene algunos riesgos que las sociedades científicas deben prevenir mediante la supervisión de los aspectos éticos.

CONTINUIDAD BIOGRÁFICA EN LA ATENCIÓN

El médico de APS atiende a las personas desde la infancia hasta la muerte. Durante el ciclo vital asistirá a procesos agudos, enfermedades crónicas y, con frecuencia, a enfermedades incurables. Esta continuidad le lleva a presenciar y conocer acontecimientos vitales que pueden tener una gran influencia en la salud. Con frecuencia, el médico de familia accede a cuestiones confidenciales cuyo conocimiento es relevante para prestar una buena atención sanitaria. Es evidente la responsabilidad de cualquier profesional en estos temas, pero el grado de sensibilidad que se espera del médico de familia en este terreno es quizás más exigente si cabe. Muchos pacientes confían a su médico de cabecera cuestiones que sólo él va a conocer. El médico de familia necesita ofrecer manifestaciones externas, en su manera de trabajar, de que es celoso de la confianza de sus pacientes (estilo personal de discreción, condiciones para la intimidad en las consultas, orden en la documentación clínica).

La medicina de familia tiene, como se acaba de describir, una serie de características que son específicas y que son decisivas a la hora de hacer valoraciones sobre lo que es y se puede esperar de una práctica clínica con criterios de calidad ética. Esto supone cultivar una auténtica filosofía de la medicina de familia que, en este caso, tendría un enfoque humanístico en contraste con el enfoque biomédico-preventivo (tabla 17-1). Parece, por tanto, que está suficientemente justificada la necesidad de desarrollar una bioética propia de la

Tabla 17-1. Breve esquema para el análisis de dilemas en bioética
1. Detección de problemas
2. Búsqueda de experiencias semejantes
3. Estudio de las circunstancias
4. Examen de posibles cursos de la acción
5. Toma de decisión y justificación
6. Ejecución (dificultades)

medicina de familia y no precisamente como un anexo o apéndice de la bioética primitiva de marcado acento hospitalario.

CUESTIONES ÉTICAS EN LA PRÁCTICA DE LA MEDICINA FAMILIAR

ACTITUDES, PROBLEMAS ÉTICOS Y CUESTIONES OPERATIVAS

Las cuestiones éticas que surgen en APS ofrecen matices muy ricos y diversos si se saben descubrir. Con el objeto de facilitar su análisis, se pueden sistematizar tres tipos de cuestiones: las actitudes, los dilemas y las cuestiones operativas. Unos ejemplos facilitarán la explicación.

Cuestiones de actitud (tipo I)

La experiencia demuestra que, con una misma carga asistencial, hay profesionales que no realizan actividades preventivas, mientras que otros aplican un programa, aunque sea a ritmo lento y en función del volumen de demanda asistencial, impulsados por el convencimiento de que un buen médico de familia también debe sentirse responsable de atender a la población sana y a las personas con factores de riesgo. No es difícil captar el carácter ético que marca la diferencia entre estas diversas actitudes. Introducir la actividad preventiva de manera científica en la práctica asistencial, ¿es una afición o una obligación? Es evidente que la detección de factores de riesgo cardiovascular o el consejo antitabaco no se pueden catalogar como un *hobby* de un destacamento de médicos especialmente motivados, y así se les debe explicar a los jóvenes médicos de familia en formación. Esto supone formar en las actitudes y los compromisos que configuran el perfil del tipo de profesional que la sociedad demanda y la comunidad médica debe ofrecer a la luz del estado actual de la ciencia. La práctica del médico de familia está plagada de situaciones en las que la actitud es decisiva para definir la calidad ética y, en consecuencia, la competencia profesional.

Cuestiones de decisión o problemas éticos (tipo II)

El profesional se plantea dudas cuando parece que entran en conflicto dos o más principios éticos, encontrándose en la encrucijada de varios cursos de acción posibles. Siguiendo el ejemplo de las actividades preventivas, con relativa frecuencia se presentan casos, tanto en la consulta médica como en la de enfermería, donde surge la duda acerca de si se debe seguir dedicando tiempo al control de la obesidad de un paciente que no parece tomarse en serio las recomendaciones dietéticas que recibe, entrando en conflicto el principio de beneficencia que obliga con este paciente y el de equidad que lleva a pensar en el beneficio que se deja de obtener dedicando este tiempo a otros pacientes con mejor pronóstico. En algunos casos de fumadores o bebedores, se presentan dilemas sobre el grado de presión que se debe ejercer cuando el paciente rechaza la ayuda, entrando en conflicto el principio de beneficencia con el de autonomía. Estos dilemas pueden resolverse muchas veces reflexionando con sensatez o sentido común, que es una manera de denominar a la prudencia; cuando la reflexión personal no logra resolver un caso de estas características, se puede recurrir a consultar con otros miembros del equipo, y cuando el dilema es realmente complejo se dispone de procedimientos que sistematizan la toma de decisiones, como se expondrá más adelante.

Cuestiones operativas (tipo III)

Se hace referencia ahora a las cuestiones que surgen cuando se trata de poner en práctica algo que no plantea un problema de actitud ni dudas en la toma de decisión, sino en cuanto a su ejecución. El origen del problema puede ser interno o externo, pero la respuesta estará mediatizada por las cualidades personales del propio profesional, que se pueden expresar de manera individual o también colectivamente como miembro de un equipo. Por ejemplo, un médico descuidado que habitualmente no escribe en los registros del programa las actividades preventivas que está realizando, o un equipo de APS que, por problemas organizativos internos, no favorece la realización de actividades preventivas en la consulta de enfermería. En el primer caso, la responsabilidad está bien definida y, en el segundo, parece que se diluye en el equipo, lo cual no significa que dejen de existir responsabilidades individuales.

En la práctica, las cuestiones de actitud, los problemas éticos de decisión y las cuestiones operativas no se dan en estado puro sino mezcladas, aunque suele predominar alguna de ellas. El interés de esta clasificación es su utilidad para clarificar dónde están las posibles soluciones. Las actitudes tienen mucho que ver con las opciones personales, que también pueden ser enseñadas y aprendidas. Cuando un perfil profesional exige determinadas actitudes es importante que esto se haga explícito ante los posibles candidatos.

PRINCIPIOS ÉTICOS

Son guías generales de actuación, que aquí se interpretan dentro del personalismo ontológico. Para llevarlos a la práctica se deducen normas de comportamiento, puesto que la ética es una ciencia normativa, no sólo descriptiva; en esta derivación o en su aplicación posterior pueden surgir discrepancias. Estas normas incluyen derechos y deberes que afectan al médico y al paciente, como son el consentimiento informado, la confidencialidad, la veracidad, etc. Se sigue la mencionada subordinación de los principios particulares de beneficencia y autonomía a los universales de no maleficencia y justicia.

El *principio de no maleficencia* se refiere a la inocuidad de la Medicina (*Primum non nocere*): hay que respetar la vida física de cada persona, no porque agote toda su riqueza sino porque es el fundamento en que se realiza. Este principio se identifica con el concepto de contraindicación médica, pero no sólo obliga a no hacer daño, sino también a procurar que la vida y la salud de cualquier ser humano sean tratadas con atención y cuidado. Supone la terminación natural de la vida, sin prolongarla a cualquier precio; la inocuidad del acto médico no sólo incluye el no agredir sino, además, el evitar la futilidad y la utilización de medios desproporcionados (obstinación diagnóstica o terapéutica).

El *principio de justicia* exige tratar a todas las personas con la misma consideración, sin hacer discriminaciones. Tiene en cuenta que la vida y la salud son bienes no sólo personales sino también sociales. Este principio pretende conseguir el bien social, refiriéndose a la sociedad en general y a las personas que se sitúan en torno al médico y al paciente. Esto no se logra de modo matemático, sino con *equidad*, que lleva a favorecer más a quien más lo necesita, no sólo en la distribución de los recursos económicos sino también del tiempo de consulta.

El *ámbito universal* en el que se encuentran los principios de no maleficencia y justicia indica que son presupuestos de la relación médico-paciente y, por tanto, previos a ella e independientes de su voluntad. Deben respetarse siempre, y el profesional no puede ser obligado a causar daño a las personas o a la sociedad. Los otros dos principios se encuentran en un *ámbito particular*, y son los elementos éticos que constituyen la relación médico-paciente.

El *principio de beneficencia* pretende que la actuación del médico sea beneficiosa para su paciente. El bien del paciente no se agota en la mera corrección técnica del comportamiento profesional, sino que supone también el respeto a la persona, lo cual no consiste sólo en llegar a un acuerdo o elegir lo que más se adapte a la situación. En ocasiones, el profesional considera que algo es un bien objetivo para el paciente, aunque éste puede no aceptarlo o rechazarlo.

El *principio de autonomía* conlleva el respeto a la libertad y la responsabilidad del paciente, que decide lo que considera bueno para él. Presupone la capacidad de decisión y, entre otros factores, influye el sistema de valores del paciente –lo que para él es importante en la vida– y el modo en que es informado de su situación por el profesional. El médico debe evitar el paternalismo –lo que sería decidir en lugar del enfermo– y ser respetuoso con la voluntad del paciente, buscando honestamente su consentimiento tras una adecuada información.

En caso de conflicto, un profesional no puede hacer un bien al paciente en contra de los deseos de éste, pero tampoco es posible obligar al médico a hacerle un mal (o lo que éste considera como tal), pudiendo llegar a romperse la relación profesional en situaciones límite, que deben valorarse con enorme prudencia al ser el paciente la parte más débil. Además del desacuerdo con pacientes que tienen capacidad de decisión, pueden surgir problemas cuando falta la plena autonomía, como ocurre en los niños, los pacientes mentalmente incapaces, en coma, etc. Hay que procurar respetar hasta donde sea factible esa capacidad reducida, y buscar la persona más adecuada de su entorno para colaborar en la decisión.

Capítulo 18

MEDICINA DE FAMILIA EN ESPAÑA Y OTROS PAÍSES

CONCEPTOS Y DEFINICIONES

MEDICINA DE FAMILIA

Fue bautizada con ese nombre, en 1966, en Estados Unidos, cuando el *Informe Willard* lo utilizó para denominar una forma de atención médica que debía ser creada por exigencias de la sociedad americana. Los fundamentos para la creación de esta nueva especialidad, que daba origen a un tipo diferente de profesional, fueron la necesidad de *humanizar* e *integrar* la atención a las personas.

La Medicina de Familia es una especialidad de tipo clínico que, a diferencia de las especialidades tradicionales, que son específicas y limitadas a un órgano, sistema, patología, tecnología utilizada, grupo de edad o sexo, se caracteriza por ser generalista y abarcativa.

La disciplina es la medicina científica que sirve como fundamento de la especialidad de Medicina de Familia. Las razones por las que la Medicina de Familia está considerada como una disciplina fueron bien definidas por McWhinney: tiene un cuerpo de conocimientos propio, es un campo de investigación, requiere un programa de formación o entrenamiento riguroso y posee un perfil de práctica definido.

MÉDICO DE FAMILIA

Es el médico que presta cuidados de salud continuados e integrales en el contexto de la familia, sin limitaciones por edad o sexo del paciente o por el tipo de problemas que presenta, sean éstos biológicos, psicosociales o del comportamiento, o cualquier combinación de ellos.

La continuidad de la atención es uno de los aspectos esenciales de la práctica de la Medicina de Familia. Como propone el Documento de la OMS/WONCA (1994): «Cada persona debe conocer el nombre del profesional que le presta cuidados primarios de salud y cada persona debe ser conocida por su nombre por un profesional de cuidados primarios.»

MODELO BIOPSICOSOCIAL

En 1977, Engel propuso un nuevo paradigma, el *modelo biopsicosocial* (MBPS), capaz de incluir científicamente el dominio humano en la experiencia de la enfermedad. Derivado de la teoría general de sistemas, parte de la biología y corresponde a los cambios que la ciencia contemporánea ha hecho en su cuerpo teórico. Los puntos esenciales de esta nueva epistemología son los siguientes:

- No existe el observador objetivo y que no se implica. El operador es siempre parcial y comprometido.
- La presencia del observador y sus instrumentos perturban al fenómeno de una manera no determinable.
- No hay nada que pueda considerarse un fenómeno en sí mismo.
- La causalidad de todo fenómeno es múltiple.
- Es imposible conocer el momento en que comienza un fenómeno y determinar con exactitud las secuencias causales.
- No es posible fragmentar un fenómeno para su estudio.
- Siempre debe tenerse en cuenta el contexto.
- La subjetividad del observador es parte del proceso.

Características del modelo biopsicosocial

Apoyados en el anterior paradigma científico, pueden establecerse algunas de las características del MBPS:

a) Salud y enfermedad constituyen un *continuum.*
b) Enfermedad y enfermo son conceptos diferentes.
c) Diagnóstico contextualizado.

Para definir o establecer el contexto familiar se tiene en cuenta, además del ciclo vital de la familia, el ciclo vital del individuo. La enfermedad, entonces, se inserta en el acontecer de la vida. Se considera que los períodos de transición en las familias pueden ser fuente de estrés intenso y dar lugar a la aparición de manifestaciones somáticas.

En el MBPS, el médico participa junto con el paciente en la definición del problema. Aporta sus propios elementos culturales en la manera de interrogarlo, cómo habla con el paciente o cómo lo escucha, y cómo construye un síntoma. Siempre modifica el campo de observación al darle un sentido a lo que el paciente trae, sea un síntoma o una molestia, y juntos organizan una determinada entidad o patología.

El médico tiene en cuenta a la familia. Al hacerlo, se modifica el modelo clásico de la relación médico-paciente. Doherty y Baird han llamado a esta relación dual «la ilusión de la díada», y proponen pensar la relación en términos triangulares: médico-paciente-familia y sus interacciones recíprocas.

El rol del médico se amplía cuando su tarea también implica la promoción activa de la salud a lo largo de la vida de las familias. El médico se convierte en educador y facilita que las personas asuman la responsabilidad que les corresponde en el cuidado y preservación de su propia salud.

MEDICINA CENTRADA EN EL PACIENTE: UNA NUEVA CONCEPCIÓN

El más reciente de los paradigmas producido por los médicos de familia es la medicina centrada en el paciente. Se pretende pasar de una medicina centrada en la enfermedad a otra centrada en el paciente y su particular forma de vida, y en el contexto familiar y social. El diagnóstico en este modelo incluye tanto los aspectos biológicos como los emocionales, culturales y, más ampliamente, psicosociales.

Ciclo vital familiar

El ciclo vital familiar (CVF) es un concepto ordenador que permite entender la evolución secuencial de las familias y las crisis transicionales que atraviesan, en función del crecimiento y desarrollo de sus miembros. Pueden observarse ejemplos de aplicación del CVF en: *a*) la prevención; *b*) el diagnóstico precoz de riesgos psicosociales, y *c*) el diseño de programas de atención de salud integrales.

DESARROLLO HISTÓRICO DE LA MEDICINA DE FAMILIA

La Medicina de Familia en el mundo

La Medicina de Familia es la única especialidad médica, hasta el momento, que no ha surgido por los mecanismos habituales por los que surgen las especialidades tradicionales (el progreso de la investigación biomédica o el desarrollo tecnológico), sino por la presión de atender imperiosas necesidades sociales, tanto de las comunidades como del Estado.

El siglo XIX, en Europa y Norteamérica, fue *la era del médico general.* En esa época, una sola persona era capaz de abarcar todo el conocimiento médico existente, ya que éste era relativamente pequeño.

El gran avance en el campo de las especialidades se realizó en detrimento de la medicina general y de la visión holística de la práctica médica.

Después de la Segunda Guerra Mundial, el auge de la investigación biomédica aceleró el proceso de especialización, con la explosión tecnológica, que adquiere su mayor esplendor en las décadas de 1960 y 1970.

Dos informes de la comunidad médica redactados en 1966 fueron determinantes para que la medicina de familia se constituyera en especialidad, sobre todo en Estados Unidos: *The Graduate Education of Physicians* y *Meeting the Challenge of Family Practice.*

Estas reformulaciones de la medicina general comienzan de forma coincidente en Estados Unidos, Canadá, Australia y Gran Bretaña, durante la década de 1960, con fuertes críticas a la predominancia de la especialización.

Otro acontecimiento decisivo fue la Conferencia de Alma-Ata, celebrada en 1978, que impulsó la Atención Primaria de Salud (APS) y, aunque indirectamente, contribuyó al desarrollo de la Medicina de Familia.

La Directiva de la Comunidad Económica Europea 86/457 estableció la necesidad de una formación específica en medicina general de al menos 2 años de duración, en todos los países miembros, y se hizo obligatoria a partir del 1/1/1995 para ejercer en los sistemas públicos de todos los países de la Unión Europea.

La medicina de familia en España

La especialidad de Medicina de Familia y Comunitaria (MFyC) ha surgido en España, como en otros países industrializados, para dar una mejor calidad de atención a la población y para racionalizar el sistema sanitario en su conjunto.

La especialidad de la MFyC en España aparece por primera vez en el Real Decreto 2015 de 1978, que reguló las especialidades médicas.

El nacimiento de la especialidad en España estuvo muy vinculado a las recomendaciones de la Conferencia de Alma-Ata (1978) y patrocinada por la OMS y la UNICEF.

La especialidad de MFyC se desarrolla en el Real Decreto 3303/78, en el que se dispone: «el médico de familia constituye la figura fundamental del sistema sanitario y tiene como misión realizar una atención médica integrada y completa a los miembros de la comunidad».

Con el comienzo de la Reforma Sanitaria se publicó el Real Decreto 137 de 1984 sobre «Estructuras Básicas de Salud», lo que vino a suponer un cambio importante. Desde entonces, el tercer año de la especialidad se realiza en equipos de APS.

En enero de 1984 se aprueba el Real Decreto 127/84, por el que se regula la formación médica posgrado y la obtención del título de especialista. A partir de ese momento la única forma de obtener una especialidad médica en España es la vía MIR. En 1986 se publica la Ley General de Sanidad, que establece el marco normativo de la Reforma Sanitaria.

La normativa 86/457 de la Comunidad Económica Europea establecía la necesidad de una formación específica en medicina general de al menos 2 años a tiempo completo, para trabajar en el ámbito de la APS en todos los países integrantes de la Unión Europea, dentro del marco de los diferentes sistemas sanitarios públicos, y que sería obligatoria a partir de 1995.

La entrada en vigor de la directiva comunitaria ha sido un hito para la especialidad, en tanto que reconoce la formación en MFyC (vía MIR) como la adecuada y exigible para el trabajo en APS.

En 1998 se publicó el Real Decreto 1753/98, conocido como de homologación, con la intención de empezar a realizar las pruebas objetivas para acceso al título de MFyC en el año 2002.

El camino de la Medicina de Familia ha sido muy complicado y difícil desde el principio. Tras más de 20 años de creación de la especialidad en España, la Medicina de Familia se ha consolidado y ha revalorizado la APS.

La necesaria homologación del colectivo de médicos que trabajan en APS, junto con la recuperación del perfil profesional y las mejoras de las condiciones laborales, contribuirá a su despegue definitivo. Falta alcanzar la fase académica para llegar a ser una especialidad con el mismo calificativo académico, profesional y social que la mayoría de las especialidades médicas.

PERFIL PROFESIONAL Y COMPETENCIAS DEL MÉDICO DE FAMILIA

El perfil profesional no es el mismo en cada país, ya que depende de las características del sistema sanitario, el grado de desarrollo, la cultura médica, las necesidades de la población y el prestigio social y profesional de la APS. Hay unos elementos comunes y diferenciadores que le dan identidad como especialidad y que hacen que se pueda afirmar que la Medicina de Familia es válida para cualquier país y tipo de sistema sanitario.

La definición de la WONCA en 1991 señala claramente qué es un médico de familia: «El médico de familia es el profesional que, ante todo, es responsable de proporcionar atención integral y continuada a todo individuo que solicite asistencia médica, y puede implicar para ello a otros profesionales de la salud, que prestarán sus servicios cuando sea necesario.

El médico de familia es un generalista en tanto que acepta a toda persona que solicita atención.

El médico de familia atiende al individuo en el contexto de la familia y a la familia en el contexto de la comunidad de la que forma parte, sin tener en cuenta raza, religión, cultura o clase social. Es competente clínicamente para proporcionar la mayor parte de la atención que necesita el individuo, después de considerar su situación cultural, socioeconómica y psicológica. En definitiva, se responsabiliza personalmente de prestar una atención integral y continuada a sus pacientes.

El médico de familia ejerce su rol profesional proporcionando atención directamente o a través de los servicios de otros profesionales en función de las necesidades de salud y de los recursos disponibles en la comunidad en la que trabaja.»

Capítulo 19

ANÁLISIS DE LA SITUACIÓN DE SALUD

INTRODUCCIÓN

El análisis de la situación es una parte imprescindible de cualquier proceso de planificación y programación sanitaria, sea cual fuere el ámbito organizativo desde el que se plantee, cuyo desarrollo ha de permitir mejorar el estado de salud de la población mediante acciones programadas dirigidas a solucionar los problemas detectados. La justificación de caracterizar la población e identificar los principales problemas puede resumirse en cuatro puntos:

1. Reconocer el ámbito sociodemográfico y de salud de un territorio definido.
2. Identificar los principales problemas de salud existentes en un territorio.
3. Fundamentar la priorización de los problemas de salud.
4. Facilitar la toma de decisiones sobre el desarrollo de uno o varios programas de salud comunitaria.

SITUACIÓN SOCIODEMOGRÁFICA

Definición de la Zona Básica de Salud y características geográficas

La definición de una Zona Básica de Salud (ZBS) obedece a criterios geográficos, demográficos y sociales. Las características geográficas hacen referencia a todos aquellos condicionantes del medio físico relevantes para la salud y el uso de los servicios. Incluyen la descripción geográfica y la climatológica, especialmente la información relacionada con las temperaturas y la pluviometría.

Información medioambiental

La información medioambiental está estrechamente unida a la del medio físico, de la que muchas veces es determinante, y su influencia sobre la salud y la calidad de vida de los habitantes está ampliamente documentada.

Información demográfica

La información demográfica es útil para conocer la estructura de la población como determinante del estado de salud, para hacer previsiones sobre las necesidades futuras y elaborar muchos de los indicadores utilizados en el análisis. Los indicadores demográficos que permiten caracterizar la estructura de la población se presentan en la tabla 19-1.

Información socioeconómica

Los aspectos socioeconómicos repercuten sobre el estado de salud y el uso de los servicios. La clase social es predictora del grado de salud a través de

Tabla 19-1. Principales indicadores demográficos

Pirámide de edad y sexo	Distribución por grupos de edad (generalmente quinquenales) y sexo
Distribución por grandes grupos de edad	Población de ambos sexos < 15, 15-64 y > 64 años
Índice de envejecimiento	(Número de habitantes > 64 años/número de habitantes < 15 años) × 100
Índice de dependencia	[(Número de habitantes < 15 años + número de habitantes > 64 años)/número de habitantes de 15-64 años] × 100
Índice de dependencia juvenil	(Número de habitantes < 15 años/número de habitantes de 15-64 años) × 100
Índice de dependencia senil	(Número de habitantes > 64 años/número de habitantes de 15-64 años) × 100
Tasa de natalidad	(Número de nacimientos anuales/población) × 1.000
Tasa bruta de mortalidad	(Número de muertes anuales/población) × 1.000
Tasa de fecundidad	(Número de nacimientos anuales/número de mujeres de 15-49 años) × 1.000
Tasa de crecimiento natural	[(Número de nacimientos anuales – número de muertes anuales)/población] × 1.000
Tasa de crecimiento migratorio	[(Número de inmigrantes anuales – número de emigrantes anuales)/población] × 1.000
Tasa de crecimiento demográfico	Tasa de crecimiento natural + tasa de crecimiento migratorio

Las tasas son anuales, aunque dependiendo del período estudiado pueden hacer referencia a otros períodos de tiempo.

su influencia en las características somáticas, psicológicas, incidencia de determinadas enfermedades, riesgos para la salud y esperanza de vida.

Los resultados de las encuestas de salud han mostrado diferencias en la morbilidad percibida y en el uso de servicios de salud según la clase social.

SITUACIÓN DE SALUD

Mortalidad

Los indicadores de mortalidad son, tradicionalmente, los más utilizados para medir el estado de salud de una población, probablemente porque son los más disponibles. Hay diferentes indicadores de mortalidad. Los más conocidos son la *tasa de mortalidad bruta* y las *tasas de mortalidad específica*. Entre estas últimas, las más útiles son las tasas específicas por edad, principalmente la mortalidad infantil y la perinatal.

Una medida de mortalidad no influida por la estructura de edad es la *esperanza de vida al nacer.* La comparación de la esperanza de vida entre diversas zonas geográficas permite detectar desigualdades en salud.

Otra medida de interés, especialmente para valorar el impacto de la mortalidad prematura, son los *años potenciales de vida perdidos* (APVP). Este indicador mide el valor, en años de vida, de las repercusiones de las muertes producidas después del primer año de vida.

Finalmente interesa conocer las muertes potencialmente evitables.

Morbilidad

La morbilidad se define como cualquier separación subjetiva u objetiva del estado de bienestar psicológico o fisiológico. Los datos de morbilidad son mucho más difíciles de obtener que los de mortalidad, puesto que no existe un único sistema de información.

La información más asequible es la que corresponde a la morbilidad diagnosticada, pero refleja sólo la punta del iceberg de la morbilidad real. Se obtiene principalmente del registro de las enfermedades de declaración obligatoria (EDO) y de los registros hospitalarios. La morbilidad diagnosticada en la APS es la menos conocida, puesto que no hay registros sistemáticos. Los registros de incapacidades laborales transitorias (ILT) aportan, con sus limitaciones, otra medida de la morbilidad diagnosticada.

Altas hospitalarias

En general, los registros de las altas hospitalarias proporcionan un diagnóstico principal y otros tres (y hasta cuatro) procedimientos utilizados. Los diagnósticos pueden ser episodios de atención y no necesariamente personas diferentes que habitan en un territorio definido.

Las hospitalizaciones por *ambulatory care sensitive conditions* (ACSC) miden la utilización de los servicios sanitarios por problemas de salud que podrían haberse prevenido y controlado en la APS.

Enfermedades de declaración obligatoria

Las enfermedades de declaración obligatoria (EDO) constituyen un conjunto de problemas de salud, enfermedades infecciosas, tributarias de vigilancia epidemiológica y de acciones específicas en el campo de la prevención.

Registros del Centro de Salud

Los problemas de salud pueden recogerse como consulta, visita y episodio. Se entiende por *consulta* la atención puntual de un problema de salud de un paciente. El problema de salud de la visita puede ser diferente, ya que en una misma visita se puede consultar más de un problema de salud. Se entiende por *episodio de atención* (EA) al proceso de atención de un individuo en relación a un problema de salud concreto. El EA es actualmente la unidad de análisis de los datos más empleada, ya que es la forma natural de estructurar la información de la atención a un problema de salud.

Encuestas de salud

La morbilidad percibida o sentida, aquella que la persona siente independientemente de las demandas que pueda hacer al servicio de salud, sólo es posible conocerla a través de las encuestas de salud.

Hábitos y estilos de vida

Los hábitos y estilos de vida están muy relacionados con el estado de salud. Entre éstos destacan el consumo de tabaco, el consumo excesivo de alcohol, el sedentarismo, la obesidad, el consumo de sustancias adictivas y las prácticas sexuales de riesgo.

Indicadores positivos de salud y calidad de vida

Los indicadores de salud positivos no son muy frecuentes, pero de algunos se recoge información sistemática y periódica. Entre éstos destacan el estado vacunal de la población infantil y adulta, el estado nutricional, el desarrollo pondoestatural, la salud bucodental, el peso de los recién nacidos, el número de exfumadores, y el grado de control de parámetros de determinadas enfermedades crónicas.

Tabla 19-2. Criterios para la identificación de problemas o necesidades de salud
– Problemas que tienen una magnitud o gravedad más alta que los del entorno – Problemas que tienen una tendencia al incremento, pese a no presentar valores superiores a los del entorno – Problemas que afectan a grupos de población jóvenes, especialmente aquellos que pueden alterar los grupos familiares – Problemas que afectan a grupos de población vulnerables – Problemas frente a los que las intervenciones tienen un bajo nivel de complejidad y de coste – Problemas frente a los cuales se están desarrollando intervenciones de salud y que su cese o la disminución de su intensidad acarrearía graves consecuencias – Problemas susceptibles de ser mejorados, aunque su magnitud sea inferior a la media o no tengan tendencia al aumento, pero que su importancia en cuanto a la mortalidad o invalidez lo justifique – Problemas de salud sentidos como tales por la comunidad – Problemas de salud que comportan importantes consecuencias económicas – Problemas de salud que comportan importantes consecuencias sociales – Problemas importantes en ausencia de las anteriores consideraciones

INFORMACIÓN DEL ESTADO DE SALUD OBTENIDA MEDIANTE MÉTODOS CUALITATIVOS

La ausencia de información cuantitativa puede ser suplida mediante el empleo de procedimientos cualitativos. Aun con su presencia, la aplicación de estas técnicas ayudará a la mejor comprensión y a la matización de la información obtenida mediante técnicas cuantitativas.

Las impresiones del equipo de salud, de la comunidad y de otros profesionales, recogidas por separado o conjuntamente, sobre los problemas de salud más importantes, tanto por su número como por su trascendencia y su distribución en los diferentes grupos y subgrupos de la población, pueden ser una forma de recoger la información oportuna en esta fase del estudio.

ANÁLISIS DE LA INFORMACIÓN PARA LA IDENTIFICACIÓN DE PROBLEMAS DE SALUD

En este apartado se mencionan los criterios para que los datos recogidos se traduzcan en información sobre problemas o necesidades de salud presentes en un determinado ámbito territorial. Los criterios que se proponen aparecen en la tabla 19-2.

Capítulo 20

ATENCIÓN PRIMARIA ORIENTADA A LA COMUNIDAD

MARCO CONCEPTUAL

Se define la Atención Primaria orientada a la comunidad (APOC) como la práctica unificada de la Atención Primaria individual y familiar con la atención comunitaria, dirigida a mejorar la salud de la comunidad como un todo. Implica la existencia de los siguientes requisitos:

- Debe existir un *Servicio de Atención Primaria* con las características de accesibilidad, globalidad, continuidad de la asistencia, coordinación con otros servicios y responsabilidad sobre la salud de los individuos y de la comunidad.
- Los profesionales de dicho servicio deben tener *interés en ampliar su ejercicio* clínico a la práctica de la salud comunitaria.
- Debe existir una focalización de la *atención sobre toda la comunidad*, que identifique sus necesidades, planifique los servicios y realice una evaluación de los efectos de la atención prestada.

BASES METODOLÓGICAS

El desarrollo de la APOC requiere la síntesis de los elementos conceptuales citados anteriormente con los siguientes elementos metodológicos:

- *Definición y caracterización de la población*: es esencial para la práctica de la APOC, dado que delimita la población a la que el equipo dedica su responsabilidad sobre el estado de salud; por tanto, es la *población diana* para la intervención y la *población denominador* para la evaluación tanto de las necesidades de salud como de la efectividad de la intervención.
- *Uso del método epidemiológico*: conjuntamente con las habilidades clínicas para la definición de las necesidades de salud comunitarias y para la evaluación de las acciones.
- *Programas comunitarios*: para abordar de forma sistemática los problemas de salud identificados como prioritarios.
- *Acciones encaminadas a lograr la participación de la comunidad*: en todas las etapas del proceso.

La APOC sigue un ciclo de planificación basado en las necesidades de la población, que se asemeja al procedimiento diagnóstico individual, pero con una aproximación comunitaria:

- *Examen preliminar de la comunidad*, que permita reconocer la comunidad para identificar y *priorizar* los principales problemas de salud que la afectan.

- *Diagnóstico comunitario* de uno o varios problemas prioritarios.
- *Decisión de intervenir* sobre este problema de salud y sobre la intervención más adecuada.
- *Planificación del programa de intervención* para tratar el problema de salud priorizado.
- *Ejecución* de dicho programa.
- *Vigilancia* (seguimiento) del programa.
- *Evaluación* del programa para decidir la introducción de modificaciones, y seguir o suspender el programa.
- *Reexamen* de la nueva situación de salud en la comunidad y, de esta manera, reiniciar el proceso cíclico (figura 20-1).

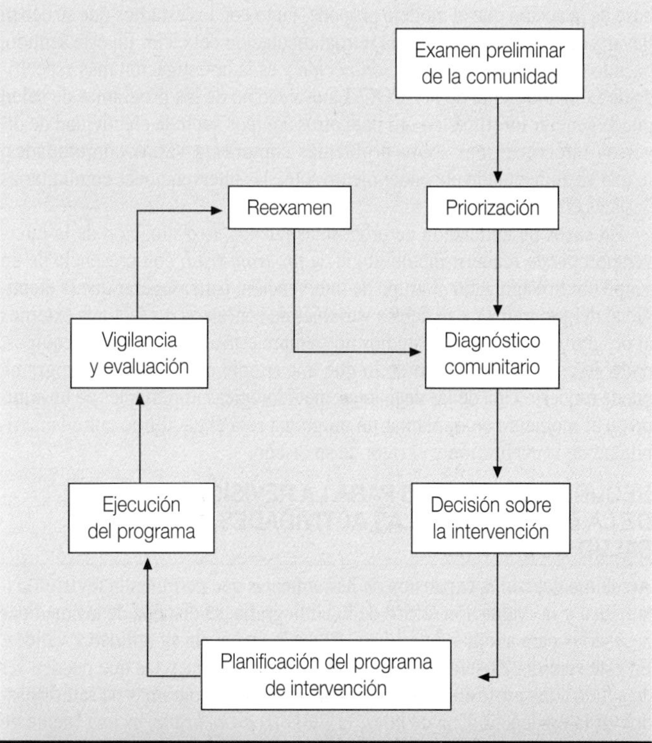

Figura 20-1. Pasos metodológicos del ciclo de la Atención Primaria orientada a la comunidad. Modificada de Abramson, 1990.

EPIDEMIOLOGÍA E INVESTIGACIÓN EN LA ATENCIÓN PRIMARIA ORIENTADA A LA COMUNIDAD

Una de las características principales de la metodología de la APOC es el uso de la epidemiología por parte de los profesionales de la Atención Primaria, conjuntamente con sus habilidades clínicas. El soporte epidemiológico que el equipo puede obtener por parte de profesionales que tienen la competencia adecuada y que pueden actuar de forma simultánea en varias Áreas de Salud no elimina la necesidad de una *formación epidemiológica* por parte de los miembros del equipo.

A diferencia de la epidemiología clásica, la epidemiología en APOC se interesa por la información que se genera en el ámbito de la población local, los resultados se analizan en el propio servicio de Atención Primaria y se aplican de una forma directa en esa misma población a través de las acciones realizadas por el propio Equipo de Atención Primaria (EAP). Es una epidemiología local, específica, pragmática y de *feedback* corto.

La investigación se considera parte de la APOC en tanto constituye la base de la acción que el modelo propone, junto con los estudios que se deben llevar a cabo para la continuada retroalimentación del ciclo. En este sentido, ha sido denominada *investigación-acción* y es la investigación más específica de la metodología de la APOC. La evaluación de los programas de salud puede generar información útil para otros equipos sobre la efectividad de diversas intervenciones sobre problemas comunes a varias comunidades, lo que va aumentando el conocimiento sobre las intervenciones comunitarias basadas en la evidencia.

En casos de aplicación de programas nuevos, la evaluación de la intervención puede requerir metodología de *program-trial*, con presencia de un grupo control agregado al grupo de intervención, para asegurar que la efectividad del programa no se deba a variables de confusión o a factores externos al programa. Este tipo de estudios no siempre está al alcance de los equipos, dado su coste más elevado de lo que una simple evaluación de programa puede requerir. Una de las decisiones metodológicas importantes de un equipo en el momento de implantar un programa será el equilibrio entre la factibilidad de la evaluación y el rigor de su diseño.

RECURSOS ACTUALES PARA LA REVISIÓN DE LA EVIDENCIA DE LAS ACTIVIDADES DE SALUD COMUNITARIA

Actualmente, con la expansión de herramientas que permiten la revisión sistemática y la evaluación crítica de la bibliografía, se dispone de las medidas necesarias para adoptar decisiones, teniendo en cuenta su utilidad y validez. En este sentido, existen actualmente dos opciones concretas que pueden ser de ayuda a los profesionales que desean planificar programas de salud basados en la evidencia. Una de ellas, la *Biblioteca Cochrane,* es una fuente de información electrónica creada por una red internacional de voluntarios cualificados (www.cochrane.org). Si bien esta base de datos no está especializada en la revisión de la evidencia de las intervenciones comunitarias, es posible encontrar información sobre alguna de ellas. La otra opción es la guía de servicios comunitarios preventivos de Estados Unidos (*US Preventive Task Force*). Sus autores iniciaron hace unos pocos años la revisión de las diferentes evidencias respecto a conductas de riesgo y problemas de salud desde el punto de vista del enfoque comunitario, basándose en su percepción de que las guías existentes sobre las actividades preventivas hacen referencia al enfoque individual pero no sobre su eficacia respecto a la aplicación a la población en su conjunto (www.health.gov/communityguide).

EQUIPO DE SALUD

El principio de que la APS y en mayor medida la APOC, constituyen un *proceso continuado* requiere la presencia permanente de un núcleo básico del equipo que asegure la sostenibilidad del programa y del servicio.

PAPEL DEL MÉDICO

La responsabilidad del médico en la práctica de la APOC supera la responsabilidad clínica tradicional sobre los pacientes que demandan atención, para extenderse a toda su población asignada. Como clínico, sus capacidades diagnósticas y terapéuticas deben complementarse con sus conocimientos y habilidades en el enfoque psicosocial y en establecer una relación continuada de confianza con participación de los pacientes en las decisiones que afectan a su salud y en el desarrollo de su autorresponsabilidad. Como médico comunitario, centrará su atención en grupos particulares de su población, o en toda la comunidad en su conjunto, para desarrollar funciones de captación de la población objeto de una determinada intervención, de vigilancia y control de factores de riesgo, de educación para cambios de hábitos o para el refuerzo de dimensiones positivas de salud, e intervenciones sobre determinados subgrupos para cambiar las condiciones sociales o ambientales que sean modificables. Para desarrollar esta nueva responsabilidad se requiere una formación adicional en las herramientas básicas de la epidemiología y en técnicas educativas y de apoyo psicosocial. El uso de la epidemiología, conjuntamente con las habilidades clínicas, forma parte de lo que se ha llamado *trabajo clínico de alta calidad* en el que los conocimientos epidemiológicos se integran en la práctica clínica diaria y permiten reconocer los posibles determinantes de los problemas de salud, mejorar el conocimiento sobre el pronóstico de dichos problemas e integrar todas las posibles intervenciones que permitan su resolución o control.

El rol del médico en un equipo de APOC incluye, además de su práctica clínica con orientación comunitaria, otras funciones que se sitúan en la misma escala de importancia, como la participación en los sistemas de información, el liderazgo de los programas de intervención, la participación en las actividades grupales y comunitarias, así como en las de implicación y dinamización de la propia comunidad. Es importante reconocer, no obstante, que así como la práctica clínica individual y familiar suele ser de responsabilidad personal, y además es deseable la continuidad de esta relación personal, las actividades comunitarias serán desarrolladas por todo el equipo, y debe establecerse una división de tareas que mejore la eficacia del trabajo y destine para cada función al profesional más preparado para ella.

PAPEL DE LA ENFERMERA

Los profesionales de enfermería que forman parte de un equipo de APOC, al igual que los médicos, deben integrar en su práctica las funciones curativas, preventivas y de promoción de salud. Sus actividades se extienden también al individuo, la familia y la comunidad. La experiencia en varios países muestra a la enfermera con un papel de iniciativa y liderazgo que favorece el desarrollo de la orientación comunitaria.

En la APOC, los profesionales de enfermería ejercen ciertos roles que, en general, en los sistemas sanitarios son atribuidos a la enfermería de los servicios de salud pública, pero que deberían integrarse en las funciones del Equipo de Atención Primaria, como, por ejemplo, las vacunaciones sistemáticas con cobertura poblacional, la salud escolar o las encuestas epidemiológicas o estudios de contactos en enfermedades infecciosas. Para poder desarrollar estas funciones se requiere, obviamente, la formación adecuada, pero también un acuerdo sobre esta distribución de roles con los diversos servicios implicados en la salud comunitaria.

Papel del trabajador social

El rol del trabajador social en APOC incluye establecer los contactos con la comunidad, la identificación de líderes comunitarios, el inventario de recursos propios de la comunidad y la captación de recursos externos; puede tener también un papel importante en la coordinación intersectorial. Sin subestimar su trabajo individual, el trabajador social en APOC puede destacarse en el trabajo de desarrollo comunitario a través del establecimiento de los contactos con otros servicios comunitarios y con la propia comunidad. Es un profesional del equipo sanitario que aporta una visión de otras disciplinas, lo que puede permitir ampliar la visión de los profesionales sanitarios hacia los aspectos psicosociales, con lo que puede ayudar, como parte de su función, a que el equipo pueda abrirse a un trabajo interdisciplinario.

Otros profesionales

El epidemiólogo o técnico de salud pública no suele estar disponible a tiempo completo para un único equipo, sino que es un profesional de apoyo para varios equipos de una misma área o distrito. Su función de asesoramiento –a tiempo completo o a tiempo parcial– es considerada esencial para el equipo de APOC.

PARTICIPACIÓN COMUNITARIA

La participación de la comunidad y de los individuos que la forman es un derecho democrático y también una necesidad. Es un hecho conocido que los determinantes de la salud están íntimamente relacionados con las decisiones de los individuos insertos en su medio social. Ello condiciona que la implicación de la comunidad sea necesaria para mejorar las intervenciones, ya que son los individuos que la conforman los que tienen la mayor capacidad de realizar cambios en sus comportamientos. Así como la participación activa de un individuo en el tratamiento de su enfermedad mejora los resultados de éste, la participación de la comunidad incrementa los efectos positivos de las acciones emprendidas para mejorar su estado de salud.

Las distintas realidades y características organizativas de los EAP, así como la estructura, la organización y las características culturales y sociales de la población a la que dicho EAP presta los servicios de salud, condicionarán el grado de implicación de dicha comunidad en el proceso de atención a la salud. En algunas ocasiones, existirá ya una acción social en salud y será el EAP quien deba integrarse en ella. En otras, la iniciativa deberá partir del propio EAP emprendiendo acciones dirigidas a fomentar la implicación de la comunidad.

En el contexto de la APOC, la participación comunitaria se considera un requisito básico para su desarrollo completo. En la práctica, sin embargo, no siempre es posible conseguirla. Aunque el objetivo final sea la implicación completa y en todas las fases, su ausencia no debe bloquear el inicio del proceso de APOC. El EAP debe conocer la situación de partida, aceptando y adaptándose a la realidad social y cultural, y estimulando una implicación progresiva de la comunidad. Las diferencias entre los individuos que componen una comunidad comporta el uso de distintos mecanismos que aseguren una representación completa de ésta, haciendo especial hincapié en aquellos grupos marginales, difíciles de integrar.

COORDINACIÓN INTERSECTORIAL

Desde la Conferencia de Alma-Ata se preconiza la necesidad de una coordinación intersectorial de los diferentes servicios comunitarios, basándose en que los factores políticos, económicos, socioculturales y medioambientales intervienen a favor o en detrimento de la salud, además de los propiamente conductuales y biológicos.

Como concepto básico para que su desarrollo pueda plantearse, la OMS propone la comprensión de las relaciones entre el sector salud y los demás sectores de desarrollo, así como no reducir la comprensión de estas relaciones a los países o regiones en vías de desarrollo, como si no existieran en zonas desarrolladas. Estas relaciones deben comprenderse de forma bidireccional: las actividades de desarrollo socioeconómico pueden influir positiva o negativamente en el estado de salud y, a su vez, la situación de salud de una comunidad influye en su desarrollo. Como ejemplos cercanos se pueden citar la influencia del cambio de actividad económica principal de una comunidad en la salud de los trabajadores y sus familias, el desarrollo de vías de comunicación y sus efectos en la prevención de accidentes o la repercusión comunitaria de la prevención de los trastornos crónicos e invalidantes en la disminución de la población pasiva.

En general, es más recomendable plantear la coordinación a escala local, de municipio o comarca en el ámbito rural, y de distrito en el ámbito urbano, que a un ámbito institucional más centralizado, en el que las cuestiones de poder y competencias por los recursos suelen interferir en su realización. De forma local, en cambio, la necesidad de coordinación y el inicio de acciones concretas se ve como algo natural. Se debe tratar de incorporar siempre a aquellos servicios con funciones complementarias a las sanitarias, en cuyo desempeño tienen mayores destrezas y experiencias que el sector sanitario y, por tanto, mayores posibilidades de una acción eficaz.

EFECTIVIDAD

En los resultados de la aplicación del modelo APOC sobre el estado de salud de la población, destacan las publicaciones iniciales de Kark et al y las publicaciones aparecidas en Israel y Estados Unidos hasta la década de 1980. En la etapa inicial de desarrollo de la APOC, en Pholela, Kark et al documentaron una reducción marcada de la mortalidad infantil, observando la evolución de este indicador en la zona de intervención y comparándolo con el de áreas recientemente incorporadas al servicio. El mismo resultado se observó en un área india de Durban, comparando la evolución de sus tasas con las estadísticas del resto de la ciudad. Posteriormente, en Estados Unidos se documentaron también mejoras en las tasas de mortalidad infantil y de la muerte súbita del lactante.

La efectividad de aplicación de la APOC hasta fines de la década de 1980 ha sido exhaustivamente documentada por Abramson en cuanto a enfermedades transmisibles y no transmisibles (anemia en el embarazo y en la infancia, control de la hipertensión arterial y otros factores de riesgo cardiovasculares), a cambios en los comportamientos relevantes para la salud (incremento de la lactancia materna, de las prácticas anticonceptivas, cambios en los hábitos dietéticos, reducción del tabaquismo, incremento de cribado de cáncer de cuello uterino, reducción de embarazos en adolescentes), al crecimiento y desarrollo infantil (prematuridad, peso al nacer, crecimiento ponderal y desarrollo psicomotor) y a la participación comunitaria. El programa CHAD del centro de salud de Kiryat Yovel de Jerusalén, durante más de 25 años, ha demostrado efectos significativos sobre la prevalencia de factores de riesgo coronarios. También en Estados Unidos se han documentado mejoras significativas en el control de la hipertensión arterial.

Publicaciones recientes destacan la efectividad de APOC como argumento positivo para un aumento de la práctica y la enseñanza del modelo.

No existen todavía publicaciones sobre la efectividad de las aplicaciones de APOC en países europeos como Gran Bretaña y España. Tampoco se conocen estudios de eficiencia de prácticas de APOC, de los que existe una urgente necesidad para documentar las necesidades de recursos y la justificación de ellos con relación a los resultados de mejora en la situación de salud. Estos estudios deberían producirse en el contexto de diferentes sistemas sanitarios en el mundo para generar un impulso en la extensión de las experiencias de APOC.

FACTIBILIDAD

La metodología de la APOC implica un desarrollo sistemático que debe ir adecuando los servicios prestados por la Atención Primaria a las necesidades de salud prioritarias de la comunidad. Si se plantea la APOC como actividades superpuestas a las habituales será imposible su implementación, dado que la agenda de los profesionales de Atención Primaria está siempre desbordada. Por tanto, se trata de conseguir que las actividades habituales estén orientadas tanto a la mejora de la salud de los individuos y las familias como a la mejora de la salud de la comunidad. Por supuesto que la práctica de la

APOC requerirá nuevas actividades del EAP distintas de las de la práctica clínica individual, como recopilación de datos para el examen preliminar o la evaluación, reuniones con otros servicios, reuniones con la comunidad, intervenciones fuera del Centro de Salud, etc.; pero en muchas de ellas se debe conseguir apoyo de otras instancias, y lo que es fundamental es que las intervenciones individuales de los programas de salud se incardinen en la práctica clínica diaria para ir cambiando sus prioridades y la orientación con que se llevan a cabo. La atención prestada debe irse centrando en las intervenciones de demostrada eficacia (basadas en la evidencia según la nueva terminología), efectivas y factibles, e ir reduciendo los recursos destinados a la atención que no cumple los criterios de prioridad.

Los principales recursos necesarios para la APOC son los recursos humanos, el tiempo de personal disponible. Con frecuencia, la puesta en marcha de una estrategia de APOC requiere más tiempo de personal. ¿Cómo obtenerlo? Cabe recordar e insistir que existen formas de conseguir recursos de personal incluso cuando no se puede disponer de nuevos contratos, de «recursos extra». Será esencial en la APOC la mejora en la organización y la utilización del tiempo, lo que se ha llamado obtención de *recursos potenciales*: existe en todos los equipos personal que dedica demasiada parte de su tiempo a actividades improductivas o del que no se obtiene todo su potencial, y también es frecuente la realización de actividades repetitivas cuya supresión puede liberar tiempo y, además, mejorar la satisfacción en el trabajo. Está repetidamente documentada la «ley de atención inversa», según la cual se destinan muchos recursos a una parte de la población que no los necesita en un grado tan elevado. También se ha hablado de «recursos alternativos» a través de la coordinación con los recursos de otros servicios sanitarios, e incluso con servicios no sanitarios a través de la coordinación intersectorial. Por último, cada vez se están movilizando en mayor grado recursos de la propia comunidad y del voluntariado social. Se considera que es esencial incorporar esta visión amplia de la utilización de recursos para poder asegurar la factibilidad de la APOC y la sostenibilidad en el tiempo de los programas de intervención comunitaria.

Capítulo 21

EPIDEMIOLOGÍA

INTRODUCCIÓN

La epidemiología se ha definido, tradicionalmente, como la ciencia que estudia la frecuencia, la distribución y las causas de una enfermedad.

MEDIDAS DE FRECUENCIA DE UNA ENFERMEDAD

La forma más sencilla de expresar la frecuencia de una enfermedad es el número de personas que la padecen. La expresión de la frecuencia a través de un número es de gran utilidad en la planificación de las actividades sanitarias, ya que permite distribuir mejor los recursos y adecuarlos a las necesidades de la población.

Una *proporción* es un cociente en el que el numerador está incluido en el denominador. Generalmente, se expresa en forma de porcentaje.

Una *razón* es un cociente en el que el numerador no está incluido en el denominador.

Una *tasa* es una forma especial de proporción que tiene en cuenta el tiempo.

Las medidas de frecuencia de una enfermedad más comúnmente utilizadas se encuadran en dos grandes categorías: la incidencia y la prevalencia.

La *prevalencia* es la proporción de individuos de una población que padece una enfermedad. Se estima a partir de los estudios transversales.

La *incidencia* se define como el número de nuevos casos de una enfermedad que se desarrollan en una población de riesgo durante un período de tiempo. La incidencia acumulada estima el riesgo, o la probabilidad, de que un individuo desarrolle la enfermedad.

La prevalencia depende de la incidencia y de la duración de la enfermedad. Para las enfermedades cuya densidad de incidencia es relativamente estable, la prevalencia se puede expresar como el producto de la incidencia por la duración.

TIPOS DE ESTUDIOS EPIDEMIOLÓGICOS DESCRIPTIVOS

ESTUDIOS DE PREVALENCIA

Los estudios de prevalencia son diseños transversales que, como su nombre indica, tienen como finalidad principal la estimación de la prevalencia de una enfermedad en una población determinada. Los estudios transversales son útiles en el ámbito de la planificación de sistemas sanitarios. Cuando se instaura un programa con el objetivo de disminuir la prevalencia de una enfermedad o factor de riesgo, es útil medirla antes de iniciar el programa y un tiempo después de su implantación, con el fin de observar si ha existido algún cambio.

Seguimiento de una cohorte

Los estudios descriptivos longitudinales tienen como objetivo conocer la evolución de un fenómeno a lo largo del tiempo. Están orientados a investigar problemas que no pueden enfocarse con estudios transversales, como:

- Estudiar la evolución natural de una enfermedad para conocer la estabilidad o el cambio de ciertas características.
- Describir los resultados observados en pacientes que ha recibido un tratamiento o una intervención dentro del proceso habitual de atención, y que no ha sido administrado deliberadamente para la realización del estudio.
- Estimar la incidencia de una enfermedad en un grupo de sujetos, o bien la supervivencia de un grupo de pacientes.

ESTUDIOS ECOLÓGICOS

En los estudios ecológicos, la unidad de análisis no es el individuo sino una agregación de ellos, habitualmente basada en un área geográfica. Son estudios rápidos, económicos y de fácil realización. Estos estudios son útiles cuando no se dispone de información individual, y para generar hipótesis que han de ser estudiadas posteriormente con mayor profundidad. Una asociación encontrada en este caso no garantiza que exista de forma individual.

INVESTIGACIÓN ETIOLÓGICA

La investigación etiológica se lleva a cabo mediante los estudios epidemiológicos analíticos. A grandes rasgos, estos diseños se clasifican en experimentales y observacionales (figura 21-1).

Medidas de asociación e impacto

Para analizar si una determinada característica, o factor, está asociada con el riesgo de una enfermedad, los datos suelen presentarse en una tabla de 2×2.

Riesgo relativo

El riesgo relativo (RR) estima la magnitud de la asociación entre una exposición y una enfermedad, e indica la probabilidad de que una enfermedad se desarrolle en el grupo expuesto, con relación al grupo no expuesto. Es la razón entre la incidencia en el grupo expuesto (Ie) y la incidencia en el grupo no expuesto (Io) (tabla 21-1).

Diferencia de incidencias

El riesgo relativo no tiene en cuenta la magnitud de las incidencias que se están comparando. Cuando se comparan incidencias acumuladas del 90 y el 30%, se obtiene un RR de 3,0, al igual que si se comparan riesgos del 3 y el 1%. Por esta razón, conviene calcular, además del RR, la diferencia de incidencias, que informa sobre el exceso de riesgo en los individuos expuestos en comparación con los no expuestos.

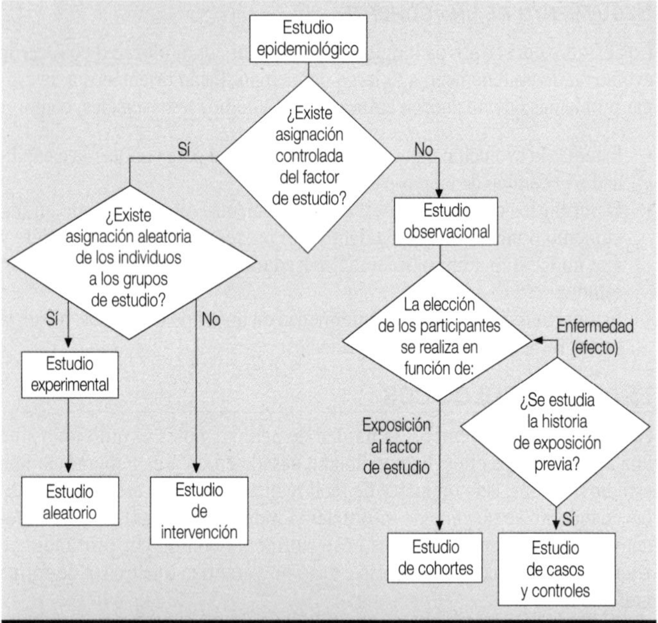

Figura 21-1. Algoritmo de clasificación de los principales diseños de investigación etiológica. El ensayo clínico aleatorio es la forma más habitual de estudio experimental. Existen otros diseños experimentales en los que la unidad de asignación está constituida por grupos en lugar de individuos.

ESTUDIO DE COHORTES

Los individuos que componen los grupos de un estudio de cohortes se seleccionan en función de la presencia o ausencia de una determinada característica o exposición. Estos sujetos no padecen la enfermedad de interés, y se realiza un seguimiento durante cierto período de tiempo para observar la frecuencia con que ésta aparece en cada uno de los grupos.

Las ventajas y los inconvenientes de este tipo de estudios de cohortes se exponen en la tabla 21-2.

ESTUDIO DE CASOS Y CONTROLES

En los estudios de casos y controles se elige un grupo de individuos que sufren una enfermedad determinada (casos) y otro grupo en el que ésta se halla ausente (controles). Ambos grupos se comparan respecto a una exposición que se sospecha que está asociada a dicha enfermedad. Presenta la ventaja de su eficiencia, ya que se realizan en mucho menos tiempo y con un coste

Tabla 21-1. Presentación de una tabla 2 × 2 para el cálculo de las medidas de asociación

	Enfermos	No enfermos	Total
Expuestos	a	b	a + b
No expuestos	c	d	c + d
Total	a + c	b + d	a + d + c + d

Las casillas a, b, c y d representan diferentes combinaciones entre la enfermedad y la exposición.
a: número de personas expuestas que tienen enfermedad.
b: número de personas expuestas que no tienen enfermedad.
c: número de personas no expuestas que tienen enfermedad.
d: número de personas no expuestas que no tienen enfermedad.
a + b = número total de expuestos.
c + d = número total de no expuestos.
a + c = número total de personas enfermas.
b + d = número total de personas no enfermas.
La suma de las cuatro casillas, a + b + c + d, representa el número total de participantes en el estudio.

menor que los estudios de cohortes, al no tener que efectuar un seguimiento de los pacientes durante el período de latencia de la enfermedad.

Por último, permiten estudiar exposiciones que son raras en la población general, siempre y cuando estén fuertemente asociadas a la enfermedad en estudio.

Su limitación más importante es la facilidad con que se introducen sesgos, tanto en la selección de los participantes como en la información sobre los factores de riesgo. Los estudios de cohortes, al escoger la población a partir de la exposición, están menos sujetos a la introducción de errores sistemáticos, y permiten conocer los cambios que se producen en los individuos en su exposición durante el seguimiento, por lo que la información sobre los factores de riesgo es más precisa. Las ventajas y los inconvenientes se resumen en la tabla 21-2.

Odds ratio

En los estudios de casos y controles no se puede calcular la incidencia, porque la población sometida a estudio se selecciona a partir de individuos que ya han desarrollado la enfermedad. La razón a/(a + b), por ejemplo, no estima el riesgo de contraer la enfermedad en aquellos que se hallan expuestos al factor de riesgo sino que refleja, en parte, decisiones como el número de controles que se eligen por caso.

La medida de asociación que se utiliza en los estudios de casos y controles es la *odds ratio* (OR). Por *odds* se entiende la razón entre la probabilidad de que un suceso ocurra y la probabilidad de que no ocurra. Así pues, la OR refleja la probabilidad de que los casos estén expuestos al factor de estudio, comparada con la probabilidad de que los controles estén expuestos (tabla 21-3).

Tabla 21-2. Ventajas y limitaciones de los principales tipos de estudio

Estudios de prevalencia	Estudios de cohorte	Estudios de casos y controles	Estudios experimentales
Ventajas			
Permiten estudiar varias enfermedades o factores de riesgo a la vez	Existe una correcta secuencia temporal causa-efecto	Son útiles para estudiar enfermedades poco frecuentes	Proporcionan un mayor control de la intervención
Se realizan en un corto período de tiempo	Se pueden estudiar varios efectos (enfermedades) de una exposición	Son útiles para estudiar enfermedades con largos períodos de latencia	La asignación aleatoria tiende a constituir grupos comparables
Permiten estudiar la frecuencia de una enfermedad	Si son prospectivos, se minimizan los errores en la medición de la exposición	Permiten estudiar exposiciones poco frecuentes pero que estén estrechamente asociadas a la enfermedad	Son los que proporcionan la mejor evidencia de una relación causa-efecto
Ayudan a la planificación sanitaria		Permiten evaluar múltiples factores de riesgo para una sola enfermedad La duración es relativamente corta Permiten estimar el riesgo de padecer una enfermedad en relación con la exposición	

Limitaciones			
Falta de secuencia temporal	No son útiles para estudiar enfermedades poco frecuentes	Se introducen errores sistemáticos fácilmente	Razones éticas impiden evaluar muchas intervenciones
No son útiles para enfermedades poco frecuentes	Si son prospectivos, tienen una larga duración	En ocasiones es difícil establecer la secuencia temporal entre la causa y la enfermedad	Si se estudian muestras muy seleccionadas se dificulta la generalización
Posibilidad de que exista sesgo de supervivencia	Requieren un elevado número de participantes	No son útiles para estudiar varias enfermedades simultáneamente	Habitualmente sólo se puede estudiar el efecto de una intervención sobre una enfermedad
Posibilidad de sesgo debida a las no respuestas	Tienen un coste elevado Presentan la posibilidad de pérdidas de seguimiento	No permiten calcular la incidencia o la prevalencia de la enfermedad	

Tabla 21-3. Relación entre el riesgo relativo y la *odds ratio*

Estudio de cohortes que evalúa el riesgo asociado a una exposición

	Enfermedad	No enfermedad	Total
Exposición	175	2.825	3.000
No exposición	207	6.793	7.000
		RR = 1,97	

Estudio de casos y controles que evalúa la misma exposición. Los casos son todos los individuos que tienen la enfermedad y los controles una muestra (10%) de los enfermos

	Casos	Controles	Total
Exposición	175	282	457
No exposición	207	679	886
		OR = 2,03	

RR: riesgo relativo; OR: *odds ratio.*

EVALUACIÓN DE PRUEBAS DIAGNÓSTICAS

La validez de una prueba diagnóstica se calcula partiendo de la información contenida en una tabla de 2 × 2, como la que se muestra en la tabla 21-4.

SENSIBILIDAD Y ESPECIFICIDAD

La *sensibilidad* responde a la pregunta: si un individuo tiene una enfermedad o factor de riesgo, ¿qué probabilidad existe de que el resultado de la medida que se le aplica sea positivo? La *especificidad* responde a la pregunta: si un individuo no tiene la enfermedad o el factor de riesgo, ¿qué probabilidad existe de que el resultado obtenido sea negativo? Indica la probabilidad de que una medida clasifique correctamente a una persona en no enferma.

VALOR PREDICTIVO

Otros índices de gran utilidad son la probabilidad de que un individuo con un resultado positivo padezca la enfermedad en estudio, o si el resultado es negativo, la probabilidad de que no la sufra. Los índices que contestan a estas cuestiones son el *valor predictivo positivo* (VPP) y el *valor predictivo negativo* (VPN), respectivamente.

La *prevalencia* es el factor más determinante de los valores predictivos. La sensibilidad y la especificidad, al ser características intrínsecas de una medida, no sufrirán grandes variaciones según el lugar donde se apliquen, siempre y cuando se realice en condiciones similares. Sin embargo, la prevalencia de la enfermedad será muy distinta si la población la componen pacientes ingresados en un hospital o que acuden a un centro de Atención Primaria, o si son individuos asintomáticos sometidos a un cribado de la enfermedad. Por esta razón, la predictividad de una medida no se puede evaluar sin considerar la prevalencia de la enfermedad; si es alta, un resultado posi-

Tabla 21-4. Valoración de una prueba diagnóstica

Resultados de la prueba	Clasificación de los individuos según criterios de referencia		
	Enfermedad	**No enfermedad**	**Total**
Positivo	a	b	a + b
Negativo	c	d	c + d
Total	a + c	b + d	

a (verdaderos positivos): número de individuos con la enfermedad y cuyo resultado de la prueba es positivo.
b (falsos positivos): número de individuos sin la enfermedad y cuyo resultado de la prueba es positivo.
c (falsos negativos): número de individuos con la enfermedad y cuyo resultado de la prueba es negativo.
Sensibilidad: probabilidad de obtener un resultado positivo en los individuos que tienen la enfermedad [a/(a + c)].
Especificidad: probabilidad de obtener un resultado negativo en los individuos que no tienen la enfermedad [d/(b + d)].
Valor predictivo positivo: probabilidad de que un individuo con resultado positivo tenga la enfermedad [a/(a + b)].
Valor predictivo negativo: probabilidad de que un individuo con resultado negativo no tenga la enfermedad [d/(c + d)].

tivo tiende a confirmar su presencia, mientras que si es negativo, no ayudará a excluirlo. Contrariamente, cuando la prevalencia es baja, un resultado negativo permitirá descartar la enfermedad con un elevado margen de confianza, pero si es positivo no permitirá afirmar su existencia.

Cociente de probabilidad

El *cociente de probabilidad de una prueba positiva* (CPP) se calcula dividiendo la proporción de casos que tienen un resultado de la prueba positivo (sensibilidad) por la proporción de personas que no padecen la enfermedad, pero en los que la prueba también ha dado un resultado positivo (100% – especificidad).

El *cociente de probabilidad de una prueba negativa* (CPN) se calcula dividiendo la proporción de casos que tienen un resultado de la prueba negativo (100% – sensibilidad) por la proporción de personas que no padecen la enfermedad y el resultado de la prueba es negativo (especificidad).

Capítulo 22

CONCEPTOS DE ESTADÍSTICA

INTRODUCCIÓN

La estadística es la disciplina que se ocupa del tratamiento de los datos numéricos obtenidos en grupos de individuos. Constituye un método de razonamiento que permite interpretar un tipo de datos muy particular que ofrecen fundamentalmente las ciencias de la vida y cuyo carácter esencial es la variabilidad.

Se distingue entre la *estadística descriptiva,* que comprende la organización, la presentación y la síntesis de los datos numéricos de una manera científica, y la *estadística inferencial*, que comprende las bases lógicas mediante las cuales se establecen conclusiones relacionadas con poblaciones a partir de los resultados obtenidos en muestras.

Las *variables cualitativas* son aquellas cuyos valores se clasifican en categorías. Cuando sólo existen dos posibilidades, se llaman variables *dicotómicas* o *binarias.* Si hay más categorías, se denominan *nominales* o *categóricas,* mientras que cuando estas categorías pueden ordenarse lógicamente se conocen como *ordinales*.

Las *variables cuantitativas* son las que toman valores numéricos. Se denominan *discretas* cuando sólo pueden adoptar determinados valores, y *continuas* cuando sus valores no están restringidos salvo por las características del instrumento que se ha utilizado para medirlas.

INFERENCIA ESTADÍSTICA

El término *población* se utiliza para referirse a un conjunto de sujetos con una característica en común. Una *muestra* es un subconjunto de la población, seleccionado para hacerla representativa de la misma, y en la que se llevan a cabo las mediciones.

Las cantidades que permiten caracterizar la distribución de una variable en una población se denominan *parámetros*. Las cantidades que se calculan a partir de las observaciones realizadas en muestras se denominan *estadísticos*. La finalidad de la estadística inferencial es *estimar* el parámetro de la población mediante el estadístico apropiado, obtenido en una muestra.

ESTIMACIÓN DE PARÁMETROS

Si se seleccionaran todas las muestras posibles de un determinado tamaño de una población, no se obtendría el mismo resultado exacto en todas ellas sino que existirían diferencias, simplemente por la variabilidad inherente al proceso de muestreo y debido al azar. La distribución de las medias de todas las muestras posibles del mismo tamaño sigue la ley normal siempre que la variable siga la distribución normal en la población, e incluso aunque no lo haga si las muestras son grandes (a partir de 30 sujetos). Además, la media de la distribución de medias muestrales corresponde a la media poblacional (μ), y su DE, denominada ahora *error estándar de la media* (EEM) tiene el valor $\sigma/\sqrt{n}$. Por tanto, el intervalo comprendido entre dos EEM alrededor de la media poblacional incluye aproximadamente el 95% de las medias que se obtendrían a partir de muestras del mismo tamaño.

Es frecuente confundir la DE con el EEM. La primera corresponde a la desviación estándar de la distribución de valores individuales observados en los sujetos de una muestra, y, por tanto, es útil con finalidades descriptivas. En cambio, el EEM es una medida de la dispersión de las medias de las muestras de un determinado tamaño, y no de sujetos individuales, por lo que es útil con finalidades inferenciales.

El valor observado en una muestra es la mejor estimación disponible del parámetro poblacional (*estimación puntual*). El intervalo de 2 EEM alrededor de esta estimación define los límites entre los que puede suponerse que está situada la verdadera media poblacional, con un nivel de confianza del 95%, y se denomina *intervalo de confianza* (IC) del 95%. La amplitud del IC refleja la precisión con que se ha estimado el parámetro poblacional.

Siempre que se desee estimar un parámetro poblacional a partir de una muestra, el resultado no debe expresarse únicamente como una estimación puntual mediante el valor observado en la muestra sino que debe acompañarse del correspondiente IC.

CONTRASTE DE HIPÓTESIS

Cuando se comparan dos muestras de sujetos, se trata de determinar si las diferencias entre los valores observados en cada una de ellas pueden ser debidas a las variaciones del muestreo o si reflejan una diferencia real. La estadística enfoca este problema partiendo de la hipótesis de que no existen diferencias entre ambos grupos (*hipótesis nula, Ho*) y calcula la probabilidad de que, si realmente no existieran diferencias y *Ho* fuera cierta, pudiera obtenerse la diferencia observada simplemente por azar (por la variación del muestreo). Este cálculo se hace mediante una prueba de significación estadística, cuyo resultado se traduce en un grado de *significación estadística*, que suele representarse con la letra p. Un valor de p muy bajo ($< 0{,}05$) indica que, si no existieran diferencias, sería poco probable observar este hallazgo por azar, por lo que se concluye que existe una diferencia estadísticamente significativa. Si el valor de p es superior a 0,05, la probabilidad de que el resultado pueda deberse a las variaciones del muestreo se considera elevada, por lo que no puede descartarse esta posibilidad, y se concluiría que no se ha observado una diferencia estadísticamente significativa entre los grupos, es decir, que no puede rechazarse *Ho*. Ello no debe interpretarse como indicativo de que no exista una diferencia, sino de que no se ha podido encontrar la suficiente evidencia para decir que existe.

El valor de p no es una medida de la fuerza de la asociación. Si en un estudio se obtiene una $p < 0{,}001$, la asociación encontrada no es necesariamente más fuerte (o la diferencia más importante) que la observada en otro estudio en el que el valor de *p* sea de 0,05. Sólo indica que es más improbable que el resultado sea debido al azar.

En estadística no puede hablarse de certeza absoluta (figura 22-1). Puede concluirse que existe una diferencia cuando en realidad no la hay, es decir, puede rechazarse la *Ho* cuando es cierta. Si esto ocurre, se comete un error, conocido como *error tipo I* o *error α.* La probabilidad de cometer este tipo de error viene cuantificada por el valor de *p*. Es un concepto similar al de probabilidad de un resultado falso positivo en una prueba diagnóstica. Si se concluye que no existe una diferencia estadísticamente significativa y no se rechaza la *Ho*, puede ocurrir que en realidad ésta sea falsa, en cuyo caso se está cometiendo un *error tipo II* o *error* β, concepto similar al de probabilidad de un resultado falso negativo en una prueba diagnóstica. El valor (1 – β) se denomina *potencia* o *poder estadístico*, e indica la capacidad de la prueba para detectar una diferencia determinada cuando ésta existe. La potencia está muy relacionada con el tamaño de la muestra y con la magnitud de la diferencia que se busca.

Resultado de la prueba	Realidad: Existe diferencia (Ho falsa)	Realidad: No existe diferencia (Ho falsa)
Diferencia significativa (rechazo de Ho)	No error 1 – β	Error tipo I α
Diferencia no significativa (no rechazo de Ho)	Error tipo II β	No error 1 – α

Ho: hipótesis nula.
Ha: hipótesis alternativa.

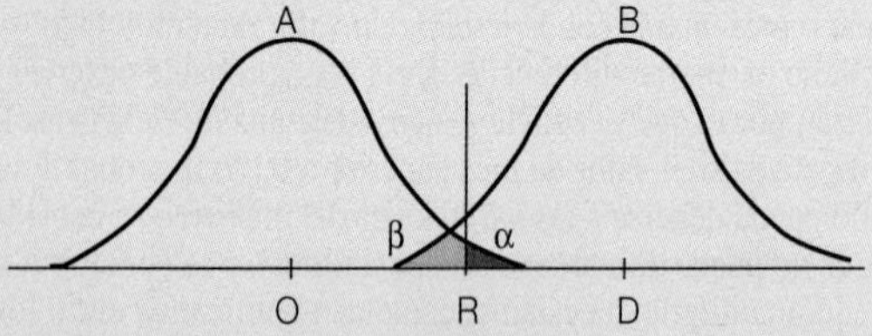

Distribución de la diferencia entre dos porcentajes Pa – Pb
A: cuando la Ho es cierta (media de la diferencia = O)
B: cuando la Ha es cierta (media de la diferencia = D)
R: diferencia Pa – Pb observada en el estudio

Figura 22-1. Tipos de error en una prueba de significación estadística.

Un resultado estadísticamente significativo no es necesariamente relevante desde el punto de vista clínico. Por tanto, la interpretación de los resultados de un estudio no debe basarse únicamente en el valor de p, ya que un valor muy pequeño puede deberse tanto a la existencia de una diferencia importante como al hecho de haber estudiado un elevado número de sujetos. En realidad, la diferencia observada en el estudio puede considerarse la mejor estimación puntual de la verdadera diferencia existente en la población, por lo que debe complementarse con su correspondiente IC, que permite conocer la precisión de la estimación y proporciona información adicional importante para evaluar la relevancia clínica.

ELECCIÓN DE LA PRUEBA ESTADÍSTICA

La elección de la prueba estadística más adecuada para cada situación depende del tipo de variables implicadas, del número de grupos que se comparan, de si los datos son independientes (proceden de muestras formadas por sujetos diferentes) o apareados (proceden de los mismos individuos), y de las condiciones de aplicación específicas de cada prueba.

COMPARACIÓN DE PROPORCIONES

Cuando se comparan dos proporciones independientes, pueden utilizarse las pruebas de la Z de comparación de proporciones y la de χ^2. Cuando no se cumplen las condiciones de aplicación, debe recurrirse a la prueba exacta de Fisher. Cuando se comparan dos proporciones con datos apareados se utiliza la *prueba de McNemar.*

La χ^2 también puede utilizarse para comparar más de dos proporciones.

COMPARACIÓN DE MEDIAS

Cuando se comparan dos medias independientes, la prueba más adecuada es la *t de Student-Fisher*. Existe una variante de esta prueba para comparar dos medias apareadas.

Cuando se comparan tres o más medias, se utiliza el *análisis de la varianza* (ANOVA), que determina globalmente si existen diferencias entre todas las medias. En caso afirmativo, para determinar qué grupo o grupos son los que difieren, se requiere utilizar posteriormente algún procedimiento de comparaciones múltiples (Tukey, Scheffe, Newman-Keuls, etc.). En el caso de que las observaciones correspondan a datos apareados, se utiliza un ANOVA para medidas repetidas.

Cuando no se cumplen las condiciones de aplicación de estas pruebas, se recurre a las mismas pruebas que en la situación de datos ordinales.

COMPARACIÓN DE DATOS ORDINALES

Las pruebas aplicables en esta situación se denominan *no paramétricas,* ya que no realizan ninguna asunción sobre la distribución de los parámetros poblacionales. Estas pruebas suelen estar basadas en la comparación de medianas o de los rangos de los valores de las variables previamente ordenados, y son, en general, menos potentes que las paramétricas.

Cuando se comparan dos grupos independientes, la prueba más utilizada es la *U de Mann-Whitney,* mientras que, si son apareados, se recurre a la de los *rangos con signo de Wilcoxon.*

Cuando se comparan más de dos grupos, se utiliza habitualmente la prueba de *Kruskal-Wallis* cuando los datos son independientes, y la de *Friedman* si son apareados.

ASOCIACIÓN ENTRE DOS VARIABLES

Cuando se trata de evaluar la asociación entre variables categóricas, suelen utilizarse medidas epidemiológicas, como el riesgo relativo o la *odds ratio.* Cuando se comparan dos métodos diagnósticos y uno de ellos puede ser considerado como de referencia, es preferible utilizar otras medidas, como la sensibilidad, la especificidad, los cocientes de probabilidad o los valores predictivos. Si ninguno de los dos métodos diagnósticos puede considerarse de referencia, es preferible utilizar el *índice kappa de Cohen*, que resume la concordancia entre dos medidas de una misma variable cualitativa, eliminando la fracción de la concordancia debida al azar.

Para medir la asociación entre dos variables cuantitativas, se usa el *coeficiente de correlación r de Pearson*, que mide el grado de relación lineal entre ellas. Otra forma útil de medir la fuerza de la asociación es el *coeficiente de determinación* r^2, que corresponde al cuadrado del de correlación, e indica el porcentaje de variabilidad conjunta de ambas variables. Correlación no es sinónimo de concordancia, por lo que si se desea evaluar ésta, debe utilizarse el coeficiente de correlación intraclase.

Cuando no se cumplen las condiciones de aplicación, se utiliza un coeficiente de correlación no paramétrico; el más utilizado es la *rho de Spearman.*

ANÁLISIS DE SUPERVIVENCIA

Cuando en el análisis interesa tener en cuenta el tiempo de seguimiento transcurrido hasta que se presenta un suceso, se utilizan las técnicas de *análisis de supervivencia.* Una de sus limitaciones está en que no permite analizar episodios múltiples.

La *función de supervivencia* sintetiza la probabilidad de que ocurra el suceso de interés en función del tiempo transcurrido, y con frecuencia se representa gráficamente. Para calcular esta probabilidad suele utilizarse el método de Kaplan-Meier.

Cuando se trata de comparar curvas de supervivencia observadas en grupos independientes, se utiliza una prueba no paramétrica conocida como *log-rank test* o *prueba de Mantel-Cox.*

REGRESIÓN LINEAL SIMPLE

Cuando la finalidad del análisis es evaluar la capacidad para poder predecir los valores de una variable a partir de los de otra, siendo ambas continuas, se utiliza la regresión lineal. La variable cuyos valores se desea predecir se denomina *dependiente* (habitualmente representada por Y), e *independiente* aquella cuyos valores se utilizarán para predecirlos (habitualmente representada por X), y debe poder asumirse la existencia de una relación de dependencia entre ellas.

La ecuación general de una recta de regresión es Y = a + b X, donde *b* es la pendiente de la recta y *a* es una constante que representa el valor de Y predicho por la recta cuando cruza el eje de ordenadas (cuando X = 0). En medicina, en la mayoría de casos el valor de *a* carece de significado práctico, ya que la variable X no suele tomar valor cero. En cambio, la pendiente es el parámetro de mayor interés, ya que indica en cuánto se modifica el valor de Y por cada unidad de incremento de X. La bondad de ajuste de la recta puede expresarse como la proporción de la variación total que es explicada por el modelo de regresión, denominada *coeficiente de determinación* R_2.

ANÁLISIS MULTIVARIANTE

Con frecuencia interesa que el análisis tenga en cuenta las relaciones simultáneas entre más de dos variables. Para ello se utilizan técnicas estadísticas basadas en modelos matemáticos, en su mayoría derivados del análisis de regresión múltiple, que se agrupan con la denominación genérica de *análisis multivariante*.

La situación más frecuente es el análisis de la relación entre una variable dependiente y un conjunto de variables independientes. Cuando la variable dependiente es cuantitativa, se utiliza la *regresión lineal múltiple*, mientras que cuando es dicotómica se aplica la *regresión logística*. También existe una técnica multivariante de análisis de supervivencia, conocida como *modelo de riesgos proporcionales de Cox*.

Las principales aplicaciones de las técnicas multivariantes son: *a*) construir, a partir de un conjunto de variables independientes (predictoras), un índice predictivo de los valores de una variable dependiente; *b*) explorar, de entre un conjunto de variables potencialmente explicativas, cuáles están asociadas a una variable dependiente, y *c*) estimar el efecto de una variable independiente principal sobre una variable dependiente, controlando los efectos de un conjunto de variables, lo que se denomina *ajuste estadístico*.

Existen otras técnicas multivariantes aplicables cuando no puede identificarse una variable dependiente. Son técnicas que permiten, por ejemplo, identificar factores subyacentes en un conjunto de variables (*análisis factorial*) o clasificar las unidades de análisis en función de las proximidades que presentan en relación a un conjunto de variables (*análisis de cluster*).

Capítulo 23

BASES PARA LA PROGRAMACIÓN EN ATENCIÓN PRIMARIA

PLANIFICACIÓN DE SALUD

La planificación puede situarse en la perspectiva de la estructura necesaria, de los procesos que se deben realizar o de los resultados que se quieren obtener. La planificación sanitaria tiene dos funciones principales: por un lado, ejecutar las políticas de salud nacionales, y, por el otro, facilitar el trabajo de los centros que prestan atención directa a las personas y a las comunidades.

IDENTIFICACIÓN DE PROBLEMAS Y NECESIDADES

Las informaciones más destacables que se han de obtener son la población total a cargo de los servicios de salud, la estructura demográfica y su distribución de acuerdo con las variables socioeconómicas, la distribución geográfica y la información referente a su estado de salud, que incluye la natalidad, la mortalidad, la incidencia y la prevalencia de enfermedades específicas, el uso de los servicios de salud, las creencias y los comportamientos de la población relacionados con la salud, y los problemas medioambientales.

DEFINICIÓN DE PRIORIDADES

La determinación de prioridades se dirige a seleccionar, por un lado, los problemas que serán objeto de intervención, y, por el otro, aquellos para los cuales es necesario conocer primero las causas y las soluciones, es decir, las prioridades de investigación.

Existen muchos métodos para priorizar. Los criterios normalmente empleados son la magnitud del problema, su gravedad, la vulnerabilidad, la existencia de programas previos, la efectividad/eficiencia de las intervenciones y la factibilidad, que incluye la disponibilidad de recursos. Otros criterios son el impacto social y económico del problema en la población. También han de ser tomados en consideración otros criterios más subjetivos, relacionados con el valor concedido por la comunidad al problema y las repercusiones sobre la necesidad de su enfoque.

EXTENSIÓN Y GRAVEDAD DE LOS PROBLEMAS DE SALUD

Los dos criterios principales para valorar la importancia de los problemas son la *extensión* o *magnitud*, es decir, el número de personas afectadas, y su *gravedad*, es decir, los años de vida perdidos, la incapacidad que produce, etc.

Los datos de mortalidad y de morbilidad proporcionan la mejor aproximación a la extensión de los problemas. La gravedad es mucho más difícil de valorar. Los indicadores como los años de vida perdidos ajustados por la calidad de vida hacen que la mortalidad y la incapacidad se modulen por juicios de valor, criterios sociales y otros aspectos subjetivos que resultan inevitables si no se quieren subestimar muchos problemas crónicos.

EFICACIA DE LAS INTERVENCIONES

Para valorar las intervenciones propuestas hay que recurrir a la literatura científica, y optar por aquellas en las que su eficacia se ha constatado principalmente mediante ensayos clínicos controlados.

FACTIBILIDAD DE LAS INTERVENCIONES

El hecho de saber que existen posibilidades teóricas de intervención no es suficiente para que una intervención sea aplicable. Su factibilidad está en relación con la capacidad de que resulte operativa en una comunidad concreta. Esta es la diferencia entre eficacia y efectividad.

EFICIENCIA DE LAS INTERVENCIONES

Es la valoración del coste de los diferentes programas que se están considerando, y de los posibles beneficios de cada uno de ellos, con lo que se podrá conocer la relación coste-oportunidad de cada una de las alternativas, y decidir dónde invertir los recursos disponibles.

PLANIFICACIÓN DEL PROGRAMA

La planificación de un programa de salud comprende escribir todas sus fases y componentes, e incluye los apartados que se muestran en la tabla 23-1.

FORMULACIÓN DE OBJETIVOS

Clásicamente, los objetivos se dividen en objetivos de salud (o resultado) y objetivos de proceso. También se distingue entre objetivos generales y específicos. Los *objetivos generales* se definen como los cambios en el estado de salud que se pretenden alcanzar, en la población a la que se aplica el programa. Los *objetivos específicos* expresan cuantitativamente el resultado que un programa trata de alcanzar, especificando el tiempo en que se quiere lograr y la población diana. Los *objetivos de proceso* se definen como el grado de cumplimiento de las actividades previstas para conseguir los objetivos de salud.

En relación con el enunciado del objetivo, se han de especificar los siguientes aspectos:

- La *naturaleza de la situación* deseada (reducir la incidencia de la tuberculosis).
- Los *criterios de éxito o de fracaso* son el objetivo que debe precisar las normas y los criterios que permitirán estimar su grado de éxito (reducir la incidencia de nuevos casos, la prevalencia de personas con un PPD positivo, reducir el riesgo anual de infección, etc.).
- El *plazo de tiempo* para la obtención del objetivo, precisando el momento en que el objetivo debería ser alcanzado.

Tabla 23-1. Aspectos a detallar en el plan del programa

- Objetivos generales y operativos
- Población a la que se dirige la intervención
- Mecanismos de acceso al programa
- Actividades a realizar
  - Técnicas a emplear y sus normas de utilización
  - Secuencia de las actividades y su cronograma
  - Lugar donde se desarrollarán
- Personas integradas en el programa
  - Número y función en cada una de las intervenciones
  - Conocimientos y habilidades necesarias
  - Formación continuada
  - Grados de responsabilidad
  - Mecanismos de relación y coordinación entre los distintos estamentos participantes y los otros ámbitos asistenciales
- Recursos necesarios, mecanismos para su consecución y utilización
- Información requerida, su mecanismo de recogida y registro
- Indicadores y responsables de la monitorización y la evaluación de resultados
- Difusión de resultados

- La *población diana* es la de interés para el programa.
- El *ámbito de aplicación* es la zona geográfica (localidad, barrio, Centro de Salud, escuela, etc.).

Actividades

Un programa puede incluir actividades de distintos tipos:

- De promoción de la salud y prevención de la enfermedad.
- De curación y rehabilitación.
- De participación comunitaria.
- De formación, docencia e investigación.

Una vez decidida la intervención habrá que diseñarla teniendo en cuenta un modelo integrado en el trabajo habitual de la Atención Primaria de Salud (APS).

Recursos

Debe evaluarse el tiempo que se tarda en realizar una actividad, que depende de su complejidad y del número de veces que se repite en el programa, en función de los objetivos de proceso que se hayan definido. A continuación, debe evaluarse la disponibilidad de tiempo del personal. Este análisis puede poner de manifiesto la imposibilidad de realizar el programa del modo como está diseñado. En tal caso, debe plantearse la posibilidad de reducir el número de actividades, rebajar los objetivos o la cobertura del programa o aumentar los recursos existentes, si es posible y el objetivo lo justifica.

Sistemas de información

La preparación del programa debe incluir la cuidadosa planificación de los registros que nutren el sistema de información. Cada programa exige un sistema específico de información con sus registros. Los registros han de ser simples y sencillos, de fácil cumplimentación, comprensión y lectura.

EJECUCIÓN DEL PROGRAMA DE SALUD

La fase de ejecución es aquella en la que se realiza lo anteriormente planificado. En esta fase, especialmente en los momentos iniciales, es muy importante crear y mantener una estrecha comunicación entre los planificadores y las personas que participan en la ejecución del programa. Se deben crear mecanismos que permitan incorporar con facilidad las modificaciones en las actividades previstas. Las acciones de vigilancia del programa ayudarán a facilitar estos aspectos.

EVALUACIÓN DEL PROGRAMA

La evaluación contempla dos áreas de interés: la evaluación de las actividades, que también recibe la denominación de *vigilancia* o *monitorización*, y la evaluación de los resultados.

La evaluación *de resultados* suele realizarse al final del período establecido en los objetivos de salud, mientras que la *de las actividades* es más frecuente, tiene por objetivo analizar si el programa se desarrolla adecuadamente y debe permitir realizar modificaciones si se detectan problemas relevantes durante su ejecución. La evaluación de los resultados del programa consiste en comparar los objetivos de salud formulados con los resultados obtenidos.

Para identificar y analizar la eficiencia de los programas de salud, se utilizan preferentemente dos técnicas evaluativas: el análisis coste-beneficio (ACB) y el análisis coste-efectividad (ACE). La principal diferencia entre ellos reside en la valoración de los beneficios. En el ACB éstos se valoran en términos monetarios, mientras que en el ACE se expresan por el coste del resultado de salud (por diagnóstico, por año de vida ganado, por días de incapacidad evitados, etc.).

La aplicación del concepto de utilidad permite ajustar, por ejemplo, los años de vida ganados por su calidad (QALY) y tener así un indicador común para comparar los resultados de diferentes programas. Los estudios que efectúan la valoración de los beneficios de esta manera se denominan *análisis coste-utilidad*.

Por último, cabe señalar que en los sistemas sanitarios existen otros objetivos aparte de la eficiencia económica, como la equidad. En ocasiones, ambos objetivos se yuxtaponen, pero en otras pueden entrar en conflicto.

Capítulo 24

HISTORIA CLÍNICA Y SISTEMAS DE INFORMACIÓN

INTRODUCCIÓN

Una utilización eficiente de los datos es esencial tanto para tomar decisiones clínicas, de atención comunitaria o de organización, como para la planificación y la gestión del centro.

HISTORIA CLÍNICA

La historia clínica asegura personalización y continuidad en la asistencia y se considera como una parte de los sistemas de registro que tiene como misión fundamental ordenar la información para facilitar y mejorar la atención al individuo y a la familia, así como para contribuir a la atención comunitaria, la investigación y la evaluación de los servicios. Ha de ser capaz de presentar los datos de cada paciente de forma que estimulen la reflexión para la toma de decisiones, permitan aprender de la propia práctica asistencial y actúen de canal de comunicación entre los distintos profesionales que atienden al paciente (médicos de familia, especialistas, profesionales de enfermería, trabajadores sociales y administrativos). Sus funciones principales se agrupan en los siguientes apartados:

- Atención al individuo y a la familia.
- Garantizar la continuidad.
- Asegurar la calidad de la asistencia.
- Base de datos sanitarios.

Evolución de los modelos

El deterioro de la aplicación del modelo clásico cronológico de historia clínica llevó a que se realizaran tres aportaciones básicas, que han marcado de forma decisiva el tipo de historias clínicas que se emplean actualmente en hospitales y en Atención Primaria de Salud (APS):

- Una única historia clínica para cada paciente.
- Método estandarizado de registro de datos.
- La historia clínica orientada a los problemas.

Este modelo enfoca la atención al paciente a partir de una lista de problemas para resolver. El médico extrae una lista de datos básicos de cada paciente, y registra sus conclusiones sobre la biografía sanitaria, la exploración y las pruebas diagnósticas. A partir de estos datos, construye una lista de problemas médicos y sociales, contemplando tanto los diagnósticos plenamente establecidos como la información referente a síntomas que, posiblemente, en un futuro se perfilarán como enfermedades. De cada uno de estos problemas elabora un plan diagnóstico y terapéutico, que va desarrollando en cada uno de los encuentros con el paciente. Sus avances en el seguimiento se anotan en el progreso clínico, relacionándolo directamente con la lista de problemas.

El modelo de historia clínica familiar, a pesar de encajar conceptualmente con la especialidad, no ha conseguido implantarse.

ESTRUCTURA

La mayoría de los modelos existentes en España son historias clínicas orientadas a los problemas, que estructuran la información en cuatro partes:

- *Datos básicos del paciente.*
  Los datos básicos del paciente se refieren a un momento determinado; por tanto, deben asociarse a la fecha de recogida. La historia está diseñada para que, de forma periódica, se reinterrogue al paciente y se sustituya toda la hoja de datos básicos.
- *Lista de problemas.* Se clasifican en activos e inactivos, según estén o no resueltos. Es posible agrupar síntomas y/o transiciones psicosociales para llegar a una conclusión diagnóstica.
- *Planes iniciales.* El método clásico de historia clínica orientada a problemas recomienda realizar planes iniciales diagnósticos, terapéuticos y de educación sanitaria de cada uno de los problemas registrados como activos.
- *Notas de evolución.* A lo largo de las visitas sucesivas se hace un seguimiento sistematizado de cada uno de los problemas. Se estructura en cuatro apartados que forman las siglas SOAP (*jabón* en inglés). S de *subjective*: datos aportados por el paciente; O de *objective*: impresión del profesional formada a través de la entrevista, exploración clínica o pruebas complementarias; A de *assessment*: pronóstico y valoración actualizada del problema, y P de *plan*: la actualización de los planes diagnósticos, terapéuticos o de educación sanitaria.
  Para facilitar el seguimiento de variables como medicación crónica, datos de exploración física o de pruebas complementarias, la práctica de determinadas actividades preventivas, etc., se utilizan las denominadas *hojas de monitorización.*

INFORMATIZACIÓN DE LA ATENCIÓN PRIMARIA

La historia clínica electrónica puede definirse como la información de la atención de salud almacenada de forma digital durante toda la vida de un individuo, con el propósito de ayudar a la continuidad de la atención y los cuidados, la educación, la formación y la investigación, poniendo un énfasis especial en asegurar la confidencialidad. Ha de permitir la reingeniería de procesos asistenciales para aprovechar al máximo sus potencialidades, la transformación de datos en información y la utilización de la inversión tecnológica como motor de desarrollo.

Hay que asegurar una protección adecuada frente a los riesgos de manipulación o mal uso de la información, la debilidad de los circuitos de confidencialidad o la supeditación de determinadas actuaciones de la propia práctica clínica a la forma en que serán registradas y, por tanto, evaluadas.

SISTEMAS DE INFORMACIÓN

El reto está en conseguir un sistema de información integral que sea válido, fiable, factible, aceptable por los profesionales implicados en la atención clínica y que sea de utilidad para la toma de decisiones en todos los sectores del sistema.

UTILIDADES

Los sistemas de información en APS tienen tres grandes objetivos: administrativos, de atención (individual y poblacional) y de generación de conocimiento.

La atención clínica individual precisa la información sobre las necesidades de salud de los ciudadanos y de los procedimientos que se les aplican. La gestión sanitaria basada en una perspectiva comunitaria requiere el conocimiento y la integración de aspectos como la distribución geográfica de la población adscrita, las características relacionadas con la distribución de los problemas de salud y los datos socioeconómicos y culturales. Su gestión es importante para poder rendir cuentas a la ciudadanía del impacto de las intervenciones diagnósticas y terapéuticas que se han realizado.

CARACTERÍSTICAS

Los sistemas de información tienen dos misiones fundamentales. La primera es *convertir los datos en información*. Por datos se entiende la contabilización de hechos o sucesos. La información, en cambio, es el resultado de su procesamiento y de la construcción de indicadores válidos y fiables que los hagan inteligibles y con significado para propósitos específicos. La segunda misión fundamental es la de *posibilitar la adecuada utilización* de esta información. El sistema debe ponerla a disposición de las personas que la necesitan, en el momento oportuno y en la forma adecuada. Ha de estar dirigida a la acción.

El concepto y la utilidad del sistema de información varían en función del ámbito asistencial que lo precise. Su diseño es un proceso complejo; comienza por definir qué se desea conocer y para qué; es decir, por establecer claramente sus objetivos, las necesidades de información y sus utilidades. En esta etapa se debe valorar tanto la relación entre la utilidad de la información deseada y lo que cuesta conseguirla, como su oportunidad y pertinencia según el tipo de decisión a la que debe servir. Deben tenerse en cuenta las siguientes características de los datos: relevancia, cantidad, tipo, fiabilidad, actualidad, flexibilidad, capacidad de respuesta a demandas específicas, compatibilidad entre diferentes bases de datos, consistencia, confidencialidad, seguridad y coste.

FUNCIONES

Esquemáticamente, se pueden identificar las siguientes funciones:

- *Recogida de datos*. Orientada a registrar toda la información necesaria, minimizando la posibilidad de introducir errores. La principal fuente de información es la relacionada con el encuentro profesional-paciente, que proporciona múltiples datos, agrupables en cuatro apartados: del paciente, del proveedor, del motivo de consulta o de los problemas de salud atendidos y otros como lugar de la consulta o forma de pago. Se precisa conocer también aspectos como las características demográficas, socioeconómicas y culturales, el estado de salud y los recursos disponibles. Estos datos proceden habitualmente de fuentes secundarias. Los estudios cualitativos también son fuentes de información relevante.
- *Validación*. Se desarrolla mediante actuaciones dirigidas a detectar y corregir los errores, idealmente antes de introducirlos en el sistema.
- *Almacenamiento*. Los datos deben conservarse de forma segura y accesible hasta que sean utilizados.
- *Elaboración de indicadores*. El paso siguiente es convertir los datos en información, y desarrollar respuestas a preguntas específicas. Implica definir los indicadores teniendo en cuenta los siguientes criterios de aceptabilidad:

  - *Aplicabilidad*: grado en que el contenido de la medida es adecuado para el objetivo que se persigue.
  - *Facilidad de elaboración*: se refiere a aspectos prácticos de los métodos de recogida de información, la factibilidad y el coste.
  - *Sensibilidad*: capacidad del indicador para detectar diferencias entre grupos de individuos o zonas geográficas.
  - *Fiabilidad*: la proporción de información que contiene el indicador más allá del error debido al azar.
  - *Validez*: el grado que mide realmente lo que pretende medir.
  - *Capacidad de agregación*: con otros indicadores, para formar índices compuestos o sintéticos que permitan obtener un resultado global, facilitando así las comparaciones.

En su definición deben tenerse en cuenta, entre otros aspectos, la unidad de análisis (visita, episodio, problema de salud, paciente, etc.), el grado de agregación (profesional, Centro de Salud, etc.) o la distinción entre razón de consulta (motivo que, según el paciente, genere el contacto con el profesional), el problema atendido (aquello que requiere una acción, o cualquier queja, observación o hecho que el paciente y/o el médico perciben como una desviación de la normalidad, y que ha afectado, afecta o puede afectar a la capacidad funcional del paciente), especificando si se refiere solamente al principal o también a los secundarios, y al proceso de atención (todo lo que se hace o se manda hacer en el curso de la valoración de una razón de consulta o de problemas identificados por el profesional).

En APS, existen dificultades adicionales para la elección de los denominadores poblacionales para el cálculo de los indicadores. Así, por ejemplo, puede utilizarse la población residente en la Zona Básica de Salud de la población asignada a un Centro de Salud, la población atendida en dicho centro

(p. ej., en el último año, o que haya acudido al menos en tres ocasiones en los últimos 2 años), el número de historias clínicas abiertas en el centro, etc.

El último paso es la *presentación de la información*, utilizando un formato comprensible para quien vaya a utilizarla. Una alternativa atractiva consiste en mantener almacenados los datos hasta que se presente un problema o una pregunta específica, y entonces extraer el material relevante, y procesarlo de la manera más adecuada para resolverlo.

Códigos y clasificaciones

Uno de los principales retos de los sistemas de información es la estandarización de las definiciones de las variables, especialmente de los diagnósticos y problemas de salud, y de los procedimientos y actuaciones de los profesionales.

La *Clasificación Internacional de Enfermedades* (CIE) es la más utilizada en el conjunto de los sistemas sanitarios. Sin embargo, dado que la CIE compendia todos los diagnósticos posibles, muchos de ellos poco frecuentes, su uso puede ser poco útil en el ámbito de la APS.

La *Clasificación Internacional de la Atención Primaria* (CIAP) permite la integración completa del proceso asistencial (razón de consulta, diagnóstico del problema de salud, proceso clínico y proceso administrativo) y es compatible con la CIE-9 y la CIE-10.

Medida del producto sanitario en Atención Primaria

Se han desarrollado diferentes aproximaciones a la medición operativa del producto sanitario. Los grupos de isoconsumo (*case-mix*) son sistemas de clasificación de pacientes que tienen por objeto la creación de grupos de pacientes homogéneos respecto a determinadas características. La mayoría de los sistemas de clasificación desarrollados se basan en el proceso de atención, como los Ambulatory Visit Groups (AVG), los Ambulatory Patient Groups (APG) o los Products of Ambulatory Care (PAC). Estos sistemas tienen el inconveniente de que son muy sensibles a las variaciones en el estilo de la práctica profesional. Los sistemas de clasificación centrados en el paciente son los más coherentes. Entre estos sistemas destacan los «grupos de atención ambulatoria» o «grupos clínicos ajustados» (Ambulatory Care Groups, Adjusted Clinical Groups, ACG), que caracterizan a las personas según los problemas de salud que presentan durante un período determinado, y agrupan los diagnósticos en categorías relativamente homogéneas en la utilización de recursos durante dicho período.

Conjunto mínimo básico de datos de Atención Primaria

Para disponer de un sistema de medición del producto útil para la planificación, gestión y evaluación en APS, sería necesario consensuar un conjunto mínimo básico de datos (CMBD) de Atención Primaria (CMBDAP) que se recogiera sistemáticamente y que aportara la información imprescindible necesaria para dicha medición, y que permitiera la uniformidad entre los diferentes prestadores de servicios. En la tabla 24-1 se resumen las ventajas e inconvenientes de diferentes opciones. En el documento sobre informatiza-

Tabla 24-1. Ventajas e inconvenientes de las diferentes opciones de unidades de registro para un CMBDAP

Unidad	Ventajas	Inconvenientes
Paciente atendido	– Volumen de registros más reducido – Sencillez – Permite obtener datos epidemiológicos y una visión directa de la complejidad del paciente y de las poblaciones – Permite relacionar la utilización de recursos con la complejidad mórbida del paciente	– No permite relacionar los episodios concretos con los recursos, ya que todos los datos están agregados en el paciente
Episodio de atención	– Visión coherente de la historia y gestión del problema de salud – Permite la obtención directa de datos epidemiológicos – Relaciona directamente episodios y recursos – Permite analizar las diferencias de actuación clínica o la aplicación de protocolos para la atención a problemas de salud	– No permite obtener directamente el número de visitas – Dificultad para relacionar los recursos con los episodios cuando no son independientes – Requiere la definición de criterios para acotar los episodios y para clasificar la comorbilidad y las complicaciones
Visita	– Sencillez, adaptada a la mentalidad tradicional del registro de actividad – Permite obtener información sobre los motivos de consulta atendidos – Permite obtener información sobre los recursos relacionados con la visita y su agregación por paciente	– No permite relacionar los recursos con los motivos de consulta – No permite obtener datos epidemiológicos – Dependencia de la frecuentación (información sesgada de morbilidad) – Falta de sentido clínico (fragmentación del proceso)

(*Continúa*)

Tabla 24-1. Ventajas e inconvenientes de las diferentes opciones de unidades de registro para un CMBDAP (*Cont.*)

Unidad	Ventajas	Inconvenientes
Razón de la consulta	– Permite obtener información sobre los motivos de consulta atendidos y la relación con los recursos	– Volumen de registros mayor – Incremento de la carga de trabajo (posibilidad de varios registros por visita) – Dificultad para relacionar los recursos con un solo motivo de consulta de forma exclusiva – No permite obtener datos epidemiológicos – Dificultad para clasificar la comorbilidad – Falta de sentido clínico de la información (fragmentación del proceso)

ción, el grupo de trabajo de la semFYC opta por el contacto como unidad de registro, diferenciando este concepto del de visita, al considerar que, aunque en la mayoría de ocasiones coinciden, existen circunstancias en las que se producen varios contactos muy próximos en el tiempo por un mismo motivo y que podrían unificarse en una sola visita. Como unidad de análisis, opta por el episodio de atención, entendido como el conjunto de consultas y su relación con el curso de tiempo, que se define por las razones de consulta, problemas de salud/diagnóstico y proceso de atención/intervenciones o procedimientos; es decir, la atención prestada a un problema concreto de un paciente. En la tabla 24-2 se recogen los principales datos susceptibles de incluir en un CMBDAP.

Tabla 24-2. Variables propuestas para un CMBDAP

Tipo de datos	Variables
Datos del paciente	– Identificación del paciente (código de identificación personal) – Edad – Sexo – Municipio de residencia
Datos de los servicios sanitarios informantes	– Identificación del centro o EAP y de la Comunidad Autónoma – Categoría del profesional informante – Comunidad Autónoma financiadora – Entidad financiadora de la atención
Datos del encuentro	– Lugar – Fecha – En caso de que la unidad sea el episodio de atención: • Fecha de la primera visita relacionada con el episodio (durante el período de estudio) • Episodio nuevo o antiguo (iniciado antes del período de estudio) • Fecha de la última visita relacionada con el episodio (dentro del período de estudio) • Número de visitas relacionadas con el episodio durante el período de estudio – Diagnósticos, problemas de salud o episodios – Procedimientos diagnósticos, preventivos y terapéuticos realizados o solicitados por el EAP – Derivaciones a otro centro

Adaptada de Brugos (2000) y Fusté et al (2002). EAP: Equipo de Atención Primaria.

Capítulo 25

ENTREVISTA CLÍNICA

INTRODUCCIÓN

La entrevista clínica es un espacio en el que se establecen tres funciones: llegar a una percepción clara de los problemas del paciente, prescribir o recomendar una pauta de conducta (función educadora y de influencia) y establecer una relación asistencial.

LA ENTREVISTA CLÍNICA EN SU DIMENSIÓN TÉCNICA

INTENCIONALIDAD DE LA ENTREVISTA

A partir de una situación concreta (*situación estimular*). Por ejemplo: en el pasillo de urgencias, una persona reclama atención para un familiar que está en una camilla; el profesional se pregunta: «¿cuál es mi responsabilidad aquí?, ¿qué puedo o debo hacer?». Hasta cierto punto, se desdobla en un «organizador» y un «ejecutor» de actos.

ACTITUD Y CONDICIONANTES DE LA ACTITUD

El profesional analiza la situación estimular (o situación-estímulo) de una manera muy veloz, aplicando conductas ya aprendidas o que ha visto realizar. Para bien y para mal, el ejemplo de los maestros acaba siendo «la manera más normal de actuar». Configura una actitud. También influye, qué duda cabe, lo que se planifica como *lex artis* o «conducta más racional». Pero, otras veces, se actúa a causa del cansancio.

Los condicionantes de la actitud, tanto activadores como desactivadores, pueden, por consiguiente, dividirse en *condicionantes de fondo*, esto es, que actúan de manera persistente durante toda la vida profesional, y *de superficie*, que actúan sólo en el contexto concreto de una entrevista. Entre los primeros, el tratar de ser buenos clínicos, incluso «ser orgullosamente» buenos profesionales, pone el listón del esfuerzo muy alto. Pero cuando este orgullo deviene petulancia, y la autoestima del profesional se independiza del aprecio de los pacientes o de su entorno, este rasgo de personalidad se gira en contra suyo, y cuando el profesional no está físicamente bien puede tener una caída en su rendimiento cognitivo. Las consecuencias son variopintas: puede que se pelee con un «paciente difícil» (que no hubiera sido tan difícil en un «buen» momento), o que se salte pasos importantes de la anamnesis o de la exploración física. En el peor de los casos, recetará algún fármaco sin preguntarse: «¿es correcto lo que acabo de prescribir?, ¿son correctas la dosis y la posología?, ¿es un medicamento seguro en este contexto?». Estas preguntas, llamadas de «supervisión cognitiva», indican que el profesional tiene una activación suficiente.

DIFICULTADES PARA PLANIFICAR LAS METAS DE LA ENTREVISTA. REENCUADRES

Uno de los entrenamientos más útiles para el clínico es percatarse de cuándo se hace necesario un reencuadre, y estar alerta a las resistencias que se acostumbran a experimentar. He aquí algunas situaciones que piden reencuadres: *a*) el paciente aporta datos nuevos que no encajan fácilmente en los diagnósticos que hasta la fecha se gestionaban; *b*) el paciente tiene diagnósticos en el área psiquiátrica que pueden oscurecer datos del área orgánica, y *c*) el paciente persiste en la idea de que no mejora, de que va a peor o de que su problema no ha sido correctamente orientado.

Gestión del tiempo

La gestión del tiempo influye en la satisfacción del paciente y en los resultados del acto clínico. Los profesionales que se perciben como «los mejores» son aquellos que permiten explayarse a sus pacientes e interpretar sus silencios. La adquisición de datos por parte del clínico se ve influida, en primer lugar, por el tiempo disponible, y la falta de tiempo repercute en el incumplimiento de protocolos preventivos. Los pacientes difíciles son aún más difíciles cuando no se dispone de tiempo (p. ej., emigrantes que no hablan la propia lengua), y la satisfacción e incriminación del profesional en los aspectos psicosociales están completamente relacionadas con la disponibilidad de tiempo.

El sistema de cita previa que se usa en los Centros de Salud adolece de graves defectos técnicos y sobrevalora la capacidad del clínico para resolver las demandas del paciente en apenas 7 minutos de media; *cuanto más retraso lleva, menos puede dinamizar la consulta*. En conclusión: lograr una media de 10 minutos por visita es un factor mínimo de calidad. Cuando no se dispone de este tiempo, el profesional sufre un mayor desgaste (*burn out*).

LA ENTREVISTA CLÍNICA EN SU DIMENSIÓN SOCIAL Y HUMANA

Cuando el paciente no puede expresar sus preferencias, se origina un escenario de baja satisfacción, a menos que el profesional verbalice la expectativa como una posibilidad que puede tomar en consideración más adelante (p. ej., «si no mejora, podemos considerar darle un antibiótico»). Otros aspectos relevantes:

- El profesional debería visualizar al acompañante en términos de cooperación, no de barrera.
- El paciente se sitúa en un teórico plano de inferioridad frente al profesional (busca respuestas a su malestar, tiene miedo), pero dispone de algunos instrumentos: *a*) dejar de pagar la visita (si se tratara de una visita a un profesional liberal); *b*) amenazar con reclamaciones o denuncias, y *c*) desprestigiar al profesional.
- Elementos como la sala de espera, la limpieza o abandono de las instalaciones, la decoración personalizada, etc., influyen en la imagen del profesional.

Aspectos cualitativos de una relación asistencial

- *Calidez*. El contacto visual-facial, una sonrisa en un momento clave, recibir de manera personalizada y dando a entender que «usted es bienvenido» son rasgos que, en conjunto, confieren calidez.
- *Empatía*. Capacidad para solidarizarse y comprender los pensamientos y emociones del paciente. Demasiadas veces se ha asimilado empatía al «comprendo cómo se siente». No hay que mitificar esta faceta verbal. Se puede ser perfectamente empático con una mirada que dé a entender al paciente un reconocimiento de su dolor.
- *Respeto*. Ser respetuosos no orilla la capacidad de ser beligerantes. Una discusión clásica a este nivel es la de defender la libertad del paciente como algo sagrado, y negar la necesidad de influirle. Esta perspectiva ignora que la libertad del paciente se construye cada día en la interacción social, en la tarea de tomar partido entre diversas fuentes de persuasión e información, y que nosotros somos una fuente más de influencia.
- *Concreción*. Lograr que la entrevista se desarrolle en términos comprensibles para ambos, y de forma bidireccional, con disposición para compartir la información.
- *Asertividad*. El concepto está vinculado al conflicto: la persona asertiva es aquella capaz de evitar por igual respuestas agresivas o pasivas, frente a conductas hiperdemandantes, demandas injustificadas o acusaciones gratuitas.

ANÁLISIS TÉCNICO DE LA ENTREVISTA: TAREAS EN LA PARTE EXPLORATORIA

En la tabla 25-1 se exponen unas indicaciones sencillas para familiarizarse con la entrevista semiestructurada.

Delimitar la demanda

«¿En qué puedo atenderle/servirle?», «¿qué le trae por aquí?», «¿cuál es el motivo de su consulta?», «de todos estos problemas, ¿cuál es el que deseaba tratar hoy?».

Errores:

- Iniciar la consulta con el típico «¿cómo está usted?», sin que luego se clarifique de modo suficiente el motivo de la consulta con un «¿y hoy qué le trae a verme?».
- «Debe usted venir para tomarse la tensión, ¿me equivoco?».
- Centrar la entrevista en uno de los motivos periféricos demandados o bien en una queja que no constituye parte de la demanda.

Información suficiente

Obtener los datos necesarios para establecer la naturaleza del problema, las creencias y las expectativas del paciente. Para ello existen dos estrategias: de bajo control y de alto control. Con la estrategia de bajo control el profesional facilita la narrativa libre del paciente. Con la de alto control pregunta de ma-

Tabla 25-1. Entrevista semiestructurada, adaptada a demandas psicosociales en el marco de la Atención Primaria

- Salutación cordial
- Acomodar al paciente
- Delimitar la demanda: expectativas del paciente
  «¿En qué aspecto cree que puedo ayudarle?»
- Apoyo narrativo: «Explíqueme más del problema»
- Obtención de datos específicos:
  • Cómo, cuándo y dónde
  • Factores que agravan, desencadenan o se asocian
  • Factores que alivian
  • Elementos familiares, ambientales y personales
  • Impacto biográfico
- Exploración física
- Resolución entrevista
- Propuesta de acuerdo
  • Información/interpretación del problema
  • Medidas a tomar
- Aproximación negociada (si hay resistencia por parte del paciente)
- Toma de precauciones:
  «Si estas pastillas no le sentaran bien no dude en llamarnos/acudir»
- Despedida

nera más o menos cerrada para establecer aspectos puntuales y precisos. Ambas estrategias deben complementarse.

Son habilidades propias de la estrategia de bajo control: «continúe, le escucho», «me interesaría que me ampliara este punto», «¿qué entiende usted por... (y aquí repite una frase o palabra que acaba de pronunciar el paciente)?».

Errores:

- El error más habitual es la desorganización de los materiales. Algo tan elemental como la tríada del «cómo, cuándo y dónde» suele ser obviada o intuida, más que preguntada y establecida con rigor.
- En ocasiones, el clínico pasa por alto el hecho de que el paciente tiene ya muchos datos elaborados con parientes y amigos. Es la llamada «información preelaborada». Constituye un error no aprovecharse de ella.
- Otro error frecuente es el llamado «entrevistador estímulo-dependiente». Consiste en un entrevistador que carece de plan de entrevista, y va constituyéndolo a partir de los estímulos que recibe del paciente.
- Focalizaciones: se entiende por tales la tendencia de un entrevistador a rechazar o minusvalorar los materiales de tipo biológico o bien los de tipo psicosocial, según sean sus inclinaciones.

ORIENTAR Y ACOMPAÑAR EN LA EXPLORACIÓN FÍSICA

Integrar la exploración física con los datos de la anamnesis supone: *a*) continuar la anamnesis mientras se explora (véase el concepto de «Anamnesis integrada en la exploración física»; Borrell); *b*) estructurar «unidades semiológicas» que combinan datos de anamnesis con datos exploratorios, y cuya finalidad es verificar una hipótesis diagnóstica, y *c*) dar a los datos exploratorios la misma importancia que a los verbales.

ELABORAR Y SINTETIZAR LA INFORMACIÓN

El clínico debería proceder a ordenar los datos obtenidos en el plano psicosocial y biológico del paciente, apuntándolos en la lista de problemas o en la «evaluación» del curso clínico.

ANÁLISIS TÉCNICO DE LA ENTREVISTA: TAREAS EN LA PARTE RESOLUTIVA

Las tareas fundamentales en la parte resolutiva se exponen en la tabla 25-2.

Tabla 25-2. Tareas a cumplimentar en la parte resolutiva de la entrevista
– Transmitir al paciente una información derivada de la anamnesis y/o exploración realizadas, logrando que esta información sea recibida con el impacto emocional idóneo
– Compartir con el paciente un plan de actuación, ya sea diagnóstico, terapéutico o en ambos aspectos
– Lograr el cumplimiento de las medidas propuestas
– Negociar y persuadir
– Verificar la comprensión de las instrucciones proporcionadas
– Tomar precauciones

TRANSMITIR LA OPINIÓN SOBRE LO QUE DEBE HACERSE

Objetivo: orientar al paciente sobre lo que debe hacerse o sobre la naturaleza del problema, y lograr que esta información sea recibida de manera positiva.

COMPARTIR CON EL PACIENTE UN PLAN DE ACTUACIÓN

Objetivo: entender las expectativas del paciente y crear una atmósfera propicia para que participe en su proceso diagnóstico, terapéutico o en ambos aspectos.

La información debe darse en un estilo bidireccional que posibilite al paciente intervenir en cualquier momento, evitando la retórica. Otras veces, sin embargo, hay que verificar la comprensión de algún término.

La información debe ser escueta, mediante frases cortas y ejemplos.

Errores:
- Jerga médica.
- Información abrumadora por su extensión y rapidez.
- Utilizar palabras de alto contenido emocional.
- Seguridades prematuras y falsas esperanzas.

LOGRAR EL CUMPLIMIENTO DE LAS MEDIDAS PROPUESTAS

Objetivo: lograr el clima necesario para estimular a la adherencia del tratamiento o, en todo caso, para saber con exactitud en qué punto se halla dicha observancia.

Cuando las propuestas terapéuticas exijan un cambio en los hábitos del paciente se impone utilizar las técnicas de motivación. En todo caso, frases como «a veces las personas tienen dificultades para tomarse las pastillas cada día, ¿es ese su caso?» tienen una alta sensibilidad a efectos de descubrir malos cumplidores.

MOTIVAR, PERSUADIR Y NEGOCIAR

Objetivo: conseguir que el profesional sea capaz de admitir ideas del paciente valoradas por su significado intrínseco, y no como una afrenta a la autoridad del profesional, a la vez que es capaz de desarrollar habilidades de motivación, persuasión y pacto.

El médico *motiva* al paciente cuando mueve su voluntad hacia una meta de salud. Le *influye* cuando adopta una conducta sin que el médico se lo haya propuesto directamente. Cuando existe esta propuesta directa, y el paciente acepta cambiar una creencia o conducta, se ha *persuadido*. Se *negocia* cuando, partiendo de dos posiciones no idénticas, se logra un acuerdo.

Cuando el paciente se atreve a mostrar sus dudas, la primera respuesta del profesional es justificativa: «¿cómo duda usted de la necesidad de dejar de fumar?, ¿sabe a lo que se arriesga?». Sólo los entrevistadores entrenados en comunicación efectúan la llamada *respuesta evaluativa*, consistente en reclamarle su opinión: «observo que hace un gesto de disgusto, posiblemente porque debe tener usted otra manera de ver las cosas, ¿me equivoco?».

Proschaska y DiClemente (1983) desarrollaron un modelo de estadios de cambio que, en esencia, consiste en lo siguiente: una persona en *etapa precontemplativa* es una persona instalada en una creencia «fuerte», una creencia que, en general, no va a moverse por una sola conversación, o si se mueve puede dar lugar a una conformidad simulada (cede aparentemente para que disminuya la presión). Una persona en *estado contemplativo* es, por contra, una persona abierta al cambio, y esta abertura hay que aprovecharla para consolidar creencias favorables y conductas distintas (más saludables o apropiadas).

Errores:
- El profesional debe asumir que «va a ser pesado» y que el paciente «ya sabe que tiene que dejar de fumar». Por el contrario, la inclusión sistemática de un consejo antitabaco aumenta la satisfacción.

- Dar por supuesto que el paciente «no tiene opiniones propias o, si las tiene, no deberían interferir de ninguna manera con las opciones del técnico».
- Caer en el error contrario: pensar que los pacientes tienen buenas razones para no cumplir un tratamiento, sin percatarse de que a veces no lo cumplen sencillamente por desorganización, falta de disciplina o pereza.
- Ir demasiado deprisa, sin percatarse de que el paciente está en una etapa «precontemplativa». Olvidarse de que motivar es un proceso continuado: se puede y podemos alcanzar el éxito tras varios años de repetir «usted debería dejar de fumar».

Verificar la comprensión de las instrucciones

Objetivo: detectar aquellos pacientes que, pese a que confirman «entenderlo todo», en realidad no han asimilado prácticamente nada.

Errores:
- No percatarse de que el paciente dice cosas distintas a las explicadas por el médico.
- No darse cuenta de un déficit cognitivo que hace inútil un esfuerzo basado en aumentar conocimientos y que, en cambio, indica la necesidad de aplicar técnicas basadas en la familia y en habilidades de motivación externa.

Tomar precauciones

Objetivo: dejar una puerta abierta a la incertidumbre y, por consiguiente, admitir la conveniencia de una nueva consulta ante tal eventualidad.

Utilizar frases adecuadas, como: «en unos 5 días véngase por aquí para comprobar cómo le sientan estas medicinas».

Capítulo 26

PRUEBAS DIAGNÓSTICAS

INTRODUCCIÓN

Las pruebas diagnósticas en Atención Primaria de Salud (APS) así como las que son solicitadas directamente por el médico de Atención Primaria, aunque se realicen fuera de la consulta, no suponen una transferencia en la responsabilidad clínica sobre el paciente.

En la tabla 26-1 se detallan las pruebas que deben ser accesibles al médico de familia.

Tabla 26-1. Pruebas diagnósticas que deben estar disponibles para el médico de familia

Hematometría	– Hemograma e índices corpusculares* – Fórmula y recuento leucocitario* – Plaquetas y VSG* – Reticulocitos – Grupo y RH, Coombs – Tiempo de hemorragia y coagulación*
Endocrinología	– TSH, T3, T4 – Hbac – Perfil y curva de glucemia*
Reumatología	– PCR, ASLO, látex
Orina	– Sistemática de orina* (densidad, glucosa, proteínas, sedimento) – Prueba de embarazo*
Heces	– Sangre oculta en heces* – Bioquímica general – Urea* – Creatinina – Glucemia* – Ácido úrico – Iones (Na, K, Cl, P, Ca) – Hierro, ferritina
Hepatología	– Fosfatasa ácida – Bilirrubina* – Fosfatasa

(Continúa)

Tabla 26-1. Pruebas diagnósticas que deben estar disponibles para el médico de familia (*Cont.*)

	– Proteinograma*
	– GOT, GPT, gamma-GT
	– Protrombina
Lípidos	– Colesterol
	– Triglicéridos*
	– HDL
Valores plasmáticos	– Teofilinemia, digoxinemia
Microbiología	– Examen directo en piel, exudados, heces y orina
	– Gram
	– RPR, TAMB, rosa de Bengala
	– PPD (Mantoux)
Electrocardiografía	
Espirometría	
Radiología	– Tórax, simple de abdomen
	– Esqueleto (columna, pelvis, extremidades, cráneo)
	– Tomografías simples
	– Estudio gastroduodenal
	– Tránsito intestinal, enema opaco
	– Urografía intravenosa
Ecografía (cualquier indicación aceptada)	
Mamografía	
Endoscopia digestiva	

*Recomendadas en el petitorio de la OMS.

PRUEBAS DE LABORATORIO

SELECCIÓN DE LAS PRUEBAS

1. *Perfiles bioquímicos*: la automatización de las técnicas de análisis clínicos permite obtener, con economía de tiempo y coste, un amplio número de pruebas, que puede oscilar entre 15 y 25, con el analizador múltiple secuencial (SMA), Coulter y similares.
2. *Perfiles secuenciales*: la decisión de practicar cada prueba se basa en los resultados de la anterior, y el diagnóstico se determina de forma lógica. Las pruebas muy sensibles utilizadas para detectar una enfermedad se siguen de otras más específicas para eliminar los resultados falsos positivos.
3. *Perfiles semiológicos*: agrupan un conjunto de pruebas relacionadas con el órgano o problema sometido a estudio (tabla 26-2).

Tabla 26-2. Perfiles semiológicos para petición de pruebas de laboratorio

Denominación	Determinaciones que agrupa
Bioquímica básica	– Glucosa, urea, creatinina, ácido úrico, colesterol, triglicéridos y proteínas totales
Bioquímica hematología básica	– Las mismas que la bioquímica básica más hemograma y VSG
Hepatobiliar	– Glucosa, colesterol, GOT, GPT, gamma-GT, fosfatasa alcalina, triglicéridos, bilirrubina total, LDH, proteinograma
Embarazo, 1.ª visita	– Glucosa, urea, creatinina, ácido úrico, colesterol, HDL, LDL, triglicéridos, proteínas totales
Urológico	– Glucosa, urea, creatinina, ácido úrico, fosfatasa alcalina, proteínas totales, elemental de orina
Urolitiásico	– Glucosa, urea, creatinina, ácido úrico, fosfatasa alcalina, proteínas totales, calcio, fósforo e ionograma, elemental de orina
Cardiológico	– Glucosa, urea, creatinina, ácido úrico, colesterol, HDL; LDL, triglicéridos, GOT, GPT, LDH, gamma-GT
Lipídico	– Glucosa, urea, ácido úrico, colesterol, HDL, LDL, triglicéridos, aspecto microscópico del suero
Reumatológico	– Glucosa, urea, creatinina, ácido úrico, látex, proteína C reactiva, ASLO
Anticoncepción hormonal	– Glucosa, urea, colesterol, ácido úrico, GOT, GPT, HDL-colesterol y LDH

Fuente: Dirección de Atención Primaria, Zaragoza.

Pruebas como sistema de detección

La detección se refiere a la aplicación de la prueba a una población que se supone que está sana (actividad de prevención secundaria). El objetivo es identificar a los pacientes afectados por una enfermedad subclínica o con riesgo de presentar una enfermedad determinada en el futuro.

La utilización del perfil bioquímico como sistema de detección multifásico ha sido ampliamente cuestionada.

Los perfiles semiológicos tampoco están indicados como prueba de detección. La petición selectiva y los perfiles secuenciales constituyen la estrategia idónea para la detección de problemas de salud o factores de riesgo en la población asintomática, seleccionando la prueba o la secuencia de pruebas que ofrezcan un mejor equilibrio entre sensibilidad y especificidad.

Pruebas como sistema de diagnóstico

El perfil semiológico es una alternativa razonable cuando deban realizarse a la vez todas las pruebas necesarias en el paciente sintomático. Estos perfiles (tabla 26-2) están orientados hacia un órgano, una función o un problema, e incluyen sólo las pruebas adecuadas a lo que se quiere estudiar, mejorando así el rendimiento de las pruebas y su relación coste-beneficio.

Pruebas como sistema de control

En comparación con las pruebas de detección y de diagnóstico, las pruebas utilizadas para el control tienen más posibilidades de presentar resultados anormales, de mostrar un cambio respecto a la prueba anterior y de provocar modificaciones en el plan de actuación con el paciente.

PRUEBAS DE MICROBIOLOGÍA

Algunas de las pruebas microbiológicas e histológicas más comunes pueden incorporarse a la actividad clínica de la APS en sus fases de recogida, procesado, análisis e interpretación. La colaboración con el personal de enfermería es siempre fundamental. Bien empleadas, contribuyen a la contención de costes y al incremento de la calidad asistencial.

Los exámenes directos recomendados son: *a*) piel; *b*) tracto genital femenino; *c*) prueba de Graham para oxiurasis, y *d*) sedimento de orina.

COAGULÓMETRO

En los últimos años han aumentado las indicaciones de anticoagulación oral como consecuencia de la mayor seguridad por los márgenes terapéuticos recomendados actualmente y por la estandarización de la medición del tiempo de protrombina, entre otras razones. El seguimiento y control de estos pacientes en APS tiene, entre otras ventajas: evitar desplazamientos del paciente al hospital, reducir el traumatismo por la venopunción y las extracciones múltiples (cuando se precisa nueva muestra por invalidarse durante el transporte), resolución del control en una sola visita, así como el mejor conocimiento por el médico de familia de las situaciones que pueden interferir en los resultados, como fármacos o procesos intercurrentes, entre otros.

Los inconvenientes son el riesgo de hemorragia, la gran variabilidad individual, la escasa separación entre dosis suficiente y excesiva, las interacciones medicamentosas y la necesidad de controles periódicos que aumentan el número de consultas.

El coagulómetro portátil (*Coaguchek*) es el aparato que permite medir el INR (razón normalizada internacional en sangre capilar) del tiempo de protrombina. Se precisa una gota de sangre gruesa obtenida del dedo del paciente sin que la piel roce la tira ni el aparato. La sangre asciende por capilaridad y en unos segundos se obtiene el INR. Las tiras reactivas deben conservarse entre 0 y 6 °C hasta 15 minutos antes de la prueba.

Existe un rango terapéutico del INR que permite minimizar los riesgos frente a los beneficios del tratamiento con anticoagulación oral (ACO). Este rango será diferente en los distintos procesos, una vez establecida la indicación del tratamiento. Cuando el paciente se encuentre en este rango, se mantendrá la misma dosis de ACO, estableciendo el siguiente control entre 4 y 6 semanas.

Radiología

Las radiografías son las principales pruebas de diagnóstico por imagen utilizadas en APS. Alrededor del 70% de las radiografías solicitadas son de tórax y óseas, seguidas de la radiografía abdominal. En el 43-67% de las pruebas solicitadas en APS se obtienen hallazgos patológicos, lo que supone, según un estudio en este ámbito, una modificación en la orientación terapéutica tan sólo en el 19% de los casos, lo cual supone un bajo rendimiento.

- *Radiografía de tórax*: es una técnica de simple realización, que requiere poco tiempo, es accesible y económica, el soporte de la información ocupa poco espacio y la dosis de radiación recibida por cada paciente es mínima. Está indicada en situaciones en las que hay que descartar complicaciones o patología asociada en pacientes asmáticos o con enfermedad pulmonar obstructiva crónica (EPOC). Se solicitará de forma urgente en los casos de sospecha de neumonía, antes de la instauración del tratamiento; el estudio radiológico de control está justificado en caso de evolución desfavorable de la neumonía. Se realizará una radiografía de tórax en los casos de sospecha clínica de tuberculosis, en caso de viraje de la prueba de la tuberculina o en los controles de un paciente ya diagnosticado.
- *Radiografía de abdomen*: suele constituir el inicio del estudio radiológico en los pacientes con patología abdominal, en los que a veces proporciona el diagnóstico u orienta sobre las pruebas que se deben realizar posteriormente. La presencia de infección del tracto urinario no justifica el estudio radiológico sistemático del abdomen. No está indicada en casos de patología biliar, hemorragias digestivas, estudio de masas abdominales, hipertensión arterial, ni en casos de sospecha de apendicitis aguda.
- *Radiografía de cráneo*: en casos de traumatismo leve la radiografía de cráneo sólo está indicada en lactantes y niños menores de 2 años, así como en adultos en los que el abuso del alcohol haya sido la causa desencadenante del traumatismo. También está indicada en los casos de cefalea postraumática con sintomatología neurológica u otros signos que hagan sospechar fractura, y en los casos de cefalea sospechosa de patología sinusal, para confirmar su origen.
- *Radiografía de columna vertebral*: las proyecciones que proporcionan más información son las laterales de columna cervical, la anteroposterior de columna dorsolumbar y la lateral de columna lumbosacra.
- *Radiografía de extremidades*: ante un traumatismo, se realizará una radiografía en caso de signos evidentes de fractura, contusión o gran hinchazón, sensibilidad anormal en un punto, dolor entre moderado y agudo al soportar un peso, cualquier signo positivo en las rodillas o lesión de un tendón, vaso o nervio.
- *Estudio radiológico de la artrosis*: ante la sospecha de una artrosis generalizada, no debe recurrirse a la realización de series amplias, ya que a

partir de cierta edad aparecen alteraciones articulares que no tienen repercusión clínica, y si la tienen, pueden no ser coincidentes en intensidad.

- *Estudio radiológico de la osteoporosis*: la radiología es capaz de detectar osteoporosis cuando se ha perdido el 30-50% de la masa ósea.

Ecografía diagnóstica

Las indicaciones de esta técnica son las siguientes:

- *Hígado*: enfermedades del parénquima hepático y lesiones focales hepáticas. La ecografía es la técnica inicial de estudio en todos los pacientes con sospecha de enfermedad hepatobiliar, ya que permite diferenciar la patología del árbol biliar de la enfermedad parenquimatosa, y en el caso de detectar una masa hepática, aproximarse a su naturaleza. Es importante señalar que la hepatitis aguda es un cuadro de diagnóstico clínico y analítico, y sólo cuando curse con un importante componente de colestasis estaría indicado el estudio ecográfico del hígado para descartar la obstrucción asociada al árbol biliar.
- *Vesícula y vías biliares*: colecistopatías e ictericia obstructiva. La ecografía es la técnica de elección para la valoración inicial de la vesícula y las vías biliares.
- *Páncreas*: en la actualidad, puede estudiarse correctamente el páncreas mediante ecografía en la mayoría de los pacientes, excepto cuando se interpone gas del estómago. Cuando la ecografía es dudosa o no se ha podido visualizar toda la glándula, debe practicarse una tomografía computarizada (TC).
- *Bazo*: la afectación del bazo suele producirse en el contexto general de una enfermedad sistémica. La mayoría de las enfermedades que afectan al bazo producen esplenomegalia, que puede ser clínicamente no palpable. La ecografía es un buen método en la evaluación tanto del tamaño del bazo como de su estructura.
- *Sistema genitourinario*: las indicaciones generales de la *ecografía renal* son: cólico nefrítico, masa renal palpable o sospechada (el 50% de los tumores renales son clínicamente silentes), hematuria, anuria, patología infecciosa de origen urológico, riñón mudo en la urografía intravenosa y estudio de la hipertensión de origen vasculorrenal. Las indicaciones de la *ecografía prostática* son: estudio del síndrome prostático, valoración preoperatoria del volumen de la glándula, cuantificación del residuo posmiccional y la repercusión sobre vías urinarias y riñones, control de la ecoestructura de adenomas diagnosticados por tacto rectal, por ecografía anterior o por urografía intravenosa, sospecha clínica o radiológica de cáncer en la zona y como complemento de la ecografía renal en la hidronefrosis bilateral.
- *Masa abdominal*: la ecografía es la técnica de imagen de elección en el estudio inicial de toda masa palpable abdominal, ya que informa si la masa palpada es una visceromegalia, un riñón normal (frecuente en niños y en adultos delgados), una masa que depende de una víscera sólida, una vesícula agrandada, con litiasis o sin ella, un aneurisma de aorta (5% de

prevalencia en los hombres), una masa de origen en el tubo digestivo (tumoral o inflamatoria), una masa de origen retroperitoneal o ganglionar, una masa de partes blandas y, en la mujer, una masa de origen ginecológico o un embarazo. Además de su origen, puede estudiarse su naturaleza sólida, líquida o mixta.

ELECTROCARDIOGRAFÍA

- *Electrocardiografía en la hipertensión arterial*: el diagnóstico por ECG de la hipertrofia ventricular izquierda (HVI) debida a HTA es muy importante en el seguimiento de estos pacientes ya que es un buen indicador de la gravedad de la enfermedad y un buen elemento de pronóstico vascular. Se han empleado diversos criterios para valorar la presencia de HVI en el ECG. Todos ellos presentan el problema de baja sensibilidad, aunque aceptable especificidad, en comparación con la ecocardiografía. La sensibilidad de los criterios electrocardiográficos de HVI mejora al tener en cuenta otros factores: la obesidad y el tabaquismo se relacionan inversamente con la sensibilidad, mientras que ésta aumenta con la edad. El uso de la radiografía de tórax junto con el ECG para valorar el crecimiento del ventrículo izquierdo puede aumentar la sensibilidad, pero actualmente el ecocardiograma es la prueba de elección para valorar el estado del corazón del paciente hipertenso.
- *Pacientes con clínica sugestiva de cardiopatía isquémica* (CPI): los signos electrocardiográficos deben interpretarse en relación con las manifestaciones clínicas del paciente. El diagnóstico de la angina de pecho es clínico, y el ECG sólo es un elemento de apoyo. Un ECG normal no descarta la presencia de CPI. Cuando se realiza fuera del episodio del dolor, el ECG es normal en el 50% de los pacientes con CPI.
- *Pacientes con alteraciones del ritmo cardíaco*: en los pacientes con síntomas como palpitaciones, mareos, disnea o síncopes hay que sospechar su origen cardíaco si son transitorios, sin pródromos y con recuperación inmediata. En estos pacientes es útil realizar, además de un ECG completo con las 12 derivaciones, una tira de aproximadamente 3 minutos en D_2 y V_1, así como un ECG continuo (Holter). El ECG basal en los casos de síncope resulta diagnóstico en el 5% de los casos. Los síntomas que presenta un paciente no se pueden atribuir a una arritmia ocurrida fuera del episodio, ya que las arritmias asintomáticas son frecuentes en la población general (en un amplio estudio se encontró el 92,6% de alteraciones electrocardiográficas del ritmo en períodos asintomáticos).
  - Después de un infarto agudo de miocardio, la presencia de 10 o más extrasístoles ventriculares es un factor independiente del riesgo de mortalidad cardíaca. Por todo esto, las contracciones ventriculares prematuras deben valorarse en el contexto clínico global del paciente, y descartar la presencia de una cardiopatía subyacente, hipoxemia, trastornos electrolíticos o fármacos arritmogénicos, para conocer el pronóstico.
  - En cuanto a los defectos de conducción, el hallazgo de un intervalo PR > 0,20 seg o un bloqueo auriculoventricular (AV) de primer grado en

un sujeto con síncopes puede sugerir la existencia de bloqueos AV de grados superiores en otros momentos. Debe hacerse un seguimiento para comprobar que dicha alteración permanece estable.

PRUEBAS FUNCIONALES RESPIRATORIAS Y PULSIOXIMETRÍA

ESPIROMETRÍA

Los principales parámetros que es posible obtener mediante la espirometría son los siguientes:

- *Capacidad vital* (VC): volumen espirado lentamente después de una inspiración máxima.
- *Capacidad vital forzada* (FVC): volumen máximo de aire espirado con un esfuerzo máximo desde la posición de inspiración máxima y prolongando la exhalación al menos durante 6 segundos. Es la maniobra más utilizada en APS.
- *Volumen espiratorio forzado en el primer segundo* (FEV_1 o VEMS): volumen de aire espirado durante el primer segundo de la maniobra FVC. Es el que mejor relaciona la presencia de enfermedad pulmonar, y el mejor índice pronóstico y de mortalidad, además de ser el más reproducible.
- *Índice de Tiffeneau* (FEV_1/VC): expresa la proporción del volumen de la capacidad vital expulsada en el primer segundo.
- *Cociente FEV_1/FVC*: más utilizado que el anterior (aunque menos sensible) porque puede obtenerse de la misma maniobra que el FEV_1. Se encuentra disminuido en la obstrucción, mientras que en la restricción es superior al 80%.
- *Flujo espiratorio forzado entre el 25 y el 75% de la FVC* ($FEF_{25-75\%}$): flujo espiratorio forzado medido durante el 50% central de la FVC. Es un flujo independiente del esfuerzo, y se ha relacionado específicamente con los cambios de dimensión de las vías finas. La principal dificultad de su interpretación reside en su variabilidad, que es muy superior a la del FEV_1 y a la de la FVC. Representa la parte de la curva más afectada por la obstrucción de la vía respiratoria.
- *Flujo espiratorio máximo* (FEM) *o flujo máximo en pico* (PEF): el mayor flujo alcanzado mediante la espiración forzada. Se puede obtener utilizando un simple medidor de mano, «medidor de máximo flujo» (*peak flow meter*).

Prueba broncodilatadora

Debe acompañar siempre a la espirometría ante un patrón obstructivo. Determina el grado de reversibilidad bronquial tras la aplicación de un broncodilatador. Después de realizar una espirometría basal, se utiliza un agente β-adrenérgico, generalmente salbutamol (2-3 inhalaciones en un intervalo de 30 segundos). Pasados 15-20 minutos, se realiza la segunda maniobra de espirometría forzada.

El FEV_1 debe aumentar al menos 200 ml en valores absolutos y con un porcentaje de incremento mayor al 12% para ser considerado significativo.

Los patrones de anormalidad de la espirometría son los siguientes:

- *Alteración ventilatoria de tipo obstructivo*: el FEV_1 es inferior al 80% del valor de referencia, y el FEV_1/FVC es inferior al 70%. Los flujos mesoespiratorios están notablemente descendidos. La VC y la FVC pueden ser normales, pero descienden si hay una enfermedad grave.
- *Obstrucción de las pequeñas vías aéreas*: se caracteriza por la reducción de los flujos mesoespiratorios. Cuando la FVC y el FEV_1 son normales, las causas más frecuentes son: fumadores de cigarrillos, asmáticos en remisión, pacientes con fallo ventricular izquierdo reciente o con infección respiratoria aguda, y personas expuestas a humos, gases irritantes, etc.
- *Alteración ventilatoria restrictiva*: se caracteriza por un descenso del volumen pulmonar total o capacidad pulmonar total (CPT). La CPT es la suma de la CV y del volumen residual. La FVC es inferior al 80% del valor de referencia y el FEV_1 es normal o puede estar descendido, pero siempre proporcionalmente menos que la FVC, por lo que el índice de Tiffeneau es igual o superior al 85%.

Peek flow meter

El flujo espiratorio máximo (FEM) se mide con el *peek flow meter*, método de uso sencillo que presenta una buena correlación con las mediciones efectuadas en los laboratorios de fisiología pulmonar. El FEM o PEF es el mayor flujo que se alcanza durante la espiración forzada, representa un índice de obstrucción de las vías aéreas y tiene una buena correlación con el FEV_1.

Las indicaciones del flujo espiratorio máximo son:

- *Diagnóstico de asma*: asma inducida por el ejercicio, tos nocturna como única manifestación del asma, asma ocupacional o profesional, asma asociada a reflujo gastroesofágico. Para ello se utiliza la variabilidad interindividual del FEM anteriormente explicada.
- *Valoración de la respuesta al tratamiento*: grado de eficacia de la medicación utilizada y grado de respuesta a la terapéutica empleada. En caso de asma, es muy útil para establecer la cronología del plan terapéutico, teniendo en cuenta los momentos de máxima obstrucción.

PULSIOXIMETRÍA

Es un método no invasivo para monitorizar la saturación arterial de oxígeno (SaO_2). La SaO_2 se expresa como porcentaje, y es la relación entre la oxihemoglobina y la cantidad de hemoglobina total. Una SaO_2 del 95% indica que el 95% de los sitios de fijación de oxígeno de la hemoglobina están ocupados por oxígeno. Es una aproximación bastante exacta a la saturación de O_2 obtenida mediante gasometría arterial, lo que haría de ella una prueba muy útil en APS, incluso en el domicilio del paciente.

Podría estar indicada principalmente en la atención del paciente con patología respiratoria (aguda o crónica), como ayuda en la toma de decisiones, tanto en la atención urgente como en el seguimiento (p. ej., para evaluar la respuesta al tratamiento), en el transporte de los pacientes inestables por su situación respiratoria y/o hemodinámica, en el seguimiento de pacientes con oxigenoterapia domiciliaria, y en pacientes con sospecha de síndrome de apnea del sueño, donde unas desaturaciones nocturnas frecuentes por debajo del 90% tienen una especificidad del 100%. El diagnóstico debe ser posteriormente corroborado por polisomnografía.

Sin embargo, la pulsioximetría tiene sus limitaciones. Es una técnica muy fiable en saturaciones superiores al 80%, pero existen situaciones que pueden interferir en su lectura, como la anemia grave, el movimiento, la luz ambiental intensa, la mala perfusión periférica, la ictericia, la laca de uñas, la pigmentación de la piel, la fístula arteriovenosa o las dishemoglobinemias.

Capítulo 27

UTILIZACIÓN DE MEDICAMENTOS EN ATENCIÓN PRIMARIA

PECULIARIDADES DE LA UTILIZACIÓN DE MEDICAMENTOS EN ATENCIÓN PRIMARIA

La variabilidad en el consumo de medicamentos entre países y regiones, que no queda justificada por diferencias en la morbimortalidad, confirma que existen múltiples factores que influyen en la prescripción.

La oferta actual de la Seguridad Social es de 5.096 especialidades comercializadas. Están separadas las tareas científicas y de autorización de medicamentos, competencia de la Agencia Española del Medicamento, de aquellas otras ligadas a la gestión del Sistema Nacional de Salud, como son las condiciones de financiación y el precio de los medicamentos, que son competencia de la Dirección General de Farmacia y Productos Sanitarios.

Gran parte de la variabilidad de la práctica clínica desaparecería si se corrigiesen los factores determinantes que influyen negativamente en el patrón de uso de medicamentos en la práctica médica. Algunos de ellos son: la prescripción realizada en situaciones de incertidumbre, la falta de actualización de conocimientos de los médicos, la falta de herramientas de soporte a la prescripción, la inducción de los especialistas para la incorporación indiscriminada de los nuevos fármacos, el insuficiente análisis de los datos de prescripción en un entorno compartido con otros colegas, la falta de reconocimiento institucional por los esfuerzos realizados y la influencia de la industria farmacéutica (Carthy, 2000).

SISTEMAS DE MEDICIÓN DEL EMPLEO DE MEDICAMENTOS

Las principales fuentes de información empleadas para el estudio del empleo de medicamentos son las siguientes:

- *Facturación a los servicios de salud*: son bases de datos institucionales que acumulan y procesan la información que genera la facturación de recetas por parte de los Colegios de farmacéuticos al Sistema Nacional de Salud.
- *Registros específicos*: se generan normalmente en el ámbito de las Comunidades Autónomas que establecen consejos asesores de expertos para el control de determinados medicamentos y/o patologías.
- *Registros asistenciales*: la historia clínica es el registro asistencial por excelencia.
- *Bases de datos privadas*: la base de datos privada más conocida en España es la Intercontinental Marketing Services.

Clasificación de medicamentos

La clasificación de fármacos más conocida y utilizada en el ámbito internacional es la anatómico-químico-terapéutica o ATC (Anatomical Therapeutic Classification) basada en la clasificación anatómica de la European Market Research Association (EPhMRA) y en la del International Pharmaceutical Market Research Group (IPMRG).

ANÁLISIS DEL EMPLEO DE MEDICAMENTOS

Análisis cuantitativo

Las variables de los estudios cuantitativos se miden habitualmente en unidades o en valores. La dosis diaria definida (DDD) es una unidad que permite la comparación de las dosis prescritas o dispensadas de un fármaco o grupo de fármacos. La DDD de una sustancia es la dosis media de mantenimiento asumida cuando se utiliza en adultos para su principal indicación (Anónimo, 1991). A través de la DDD se obtiene la DDD/1.000 habitantes/día, unidad que permite una aproximación a la prevalencia del consumo o al grado de exposición a fármacos en una comunidad. Se calcula mediante la fórmula siguiente:

$$\text{DDD/1.000 habitantes/día} = \frac{\text{NE} \times \text{NSU} \times \text{MSGU} \times 1.000}{\text{DDD} \times 365 \times \text{n.º de habitantes}}$$

donde NE es el número de envases vendidos por año de cada especialidad, NSU es el número de subunidades (comprimidos, inyectables, etc.) que contiene cada envase, y MSGU son los miligramos de sustancia activa de cada subunidad.

Análisis cualitativo

Se considera una prescripción de calidad la que se realiza cuando se abordan los problemas de salud con las medidas farmacológicas y/o no farmacológicas que están avaladas por la mayor evidencia científica posible. Contempla, por tanto, la selección para cada paciente de una estrategia terapéutica de eficacia contrastada y adecuado perfil de seguridad, y que genere un coste económico asumible por el sistema sanitario. Los indicadores más empleados son los siguientes:

- *Valor farmacológico intrínseco o valor terapéutico potencial* (VIF): el indicador se construye mediante el cálculo del porcentaje de las prescripciones que incluyen fármacos de este tipo.
- *Indicadores de sobreprescripción o de infraprescripción*: permiten conocer la cantidad de personas que están siendo tratadas con un medicamento determinado.
- *Indicadores de «uso relativo»*: la proporción relativa en que se emplean los diferentes grupos de medicamentos que comparten una indicación.
- *Estándares de calidad*: dibujan el patrón de uso de medicamentos que se genera en el ámbito de la Atención Primaria, cuando se utiliza la opción

terapéutica con más evidencia científica disponible en el enfoque de los problemas de salud, teniendo en cuenta su prevalencia dentro de la demanda asistencial.

ANÁLISIS DEL RESULTADO DE LOS PROCEDIMIENTOS FARMACOTERAPÉUTICOS

El efecto de la terapia farmacológica ha de hacer referencia también a aspectos económicos y humanos. Los *resultados clínicos* se centran en la determinación de la eficacia y el perfil de seguridad de los medicamentos. Los *resultados económicos* son medidos por la farmacoeconomía, que se define como la determinación de la eficiencia de un tratamiento farmacológico y su comparación con la de otras opciones, con el fin de identificar el tratamiento que tenga la relación coste/eficacia más favorable.

Los *resultados humanos* incluyen la medida del impacto de diferentes tratamientos sobre la calidad de vida del paciente.

ENSAYOS CLÍNICOS

Se considera ensayo clínico (EC) (art. 59 de la Ley 25/1990 del Medicamento) toda evaluación experimental de una sustancia o un medicamento.

En Atención Primaria se realizan fundamentalmente EC en fase IV. Su interés radica en valorar la efectividad real de un tratamiento en subgrupos de población.

ESTUDIOS DE FARMACOVIGILANCIA

La farmacovigilancia (FCVG) tiene por objeto identificar y estudiar las sospechas de reacciones adversas a medicamentos (RAM) previamente desconocidas, cuantificar y valorar el riesgo de RAM conocidas y determinar los efectos producidos por el uso agudo y crónico de los tratamientos farmacológicos en el conjunto de la población o en subgrupos de pacientes expuestos a tratamientos específicos.

Entre los métodos de detección de RAM, el más conocido es la notificación voluntaria (*Programa de Tarjeta Amarilla*).

ESTUDIOS FARMACOECONÓMICOS

En los estudios farmacoeconómicos, los efectos de las distintas opciones terapéuticas que se comparan suelen medirse a partir de los resultados de los estudios clínicos, aunque también puede utilizarse otro tipo de fuentes. Los costes se estiman incluyendo todos los que afectan al tratamiento, y se clasifican en directos, indirectos e intangibles.

MEDIDAS DE CALIDAD DE VIDA RELACIONADAS CON LA SALUD

Representan, desde la perspectiva del paciente, el punto final donde convergen todas las influencias tanto sociales como psicológicas y fisiológicas del proceso terapéutico o farmacoterapéutico.

MEJORA DE LA UTILIZACIÓN DE MEDICAMENTOS

Las especialidades farmacéuticas genéricas, que aparecen en España en 1997, se definen legalmente (Ley 13/1996) como «especialidades con la misma forma farmacéutica e igual composición cualitativa y cuantitativa en sustancias medicinales que otras especialidades de referencia, cuyo perfil de eficacia y seguridad esté suficientemente establecido por su continuado uso clínico». Los medicamentos genéricos se denominan igual que el principio activo de que están compuestos, y se identifican en el envase con las siglas EFG. Su comercialización se produce cuando ha finalizado la protección de la patente (6 años en Europa y 10 en España). El precio es inferior al de los productos con nombre comercial.

Los precios de referencia de los medicamentos son el importe máximo que paga la sanidad pública por las especialidades farmacéuticas incluidas en una serie de agrupaciones que comparten una misma composición, vía de administración, dosificación y presentación. Estas agrupaciones se conocen como *conjuntos homogéneos*. Cada uno consta de medicamentos de marca y de, al menos, un genérico.

Estrategias para mejorar la prescripción

En general, se considera que casi ninguna medida es suficientemente efectiva por sí misma, o que su efecto se agota con el tiempo. Toda intervención tiene mayor impacto cuando se practica una combinación de acciones a distintas escalas y se dirige a modificar conocimientos, actitudes y habilidades, al mismo tiempo que prácticas y conductas.

La clasificación de las medidas para optimizar la prescripción farmacológica se recoge en la tabla 27-1.

Formación

- *Difusión de material escrito*: se conoce que el efecto de la información farmacológica facilitada a través de material escrito, como artículos en revistas, cartas o publicaciones específicas, aunque sean remitidas individualmente a los profesionales, tiene escasa o muy poca influencia sobre los hábitos de prescripción, especialmente si no va acompañada de otra intervención (Soumerai, 1987).
- *Educación grupal*: tampoco existe ningún método educativo grupal que sea efectivo aplicado de forma aislada, especialmente si se basa en lecciones magistrales, o se dirige a personas sometidas a un exceso de trabajo o que asisten al curso por obligación.
- *Cara a cara*: el método basado en entrevistas cortas, realizadas por consejeros debidamente entrenados, es el sistema educativo más efectivo para mejorar la calidad de la prescripción (Avorn, 1983; Ray, 1986; Font, 1990). Un estudio experimental controlado sobre este método, realizado en España, también ha ofrecido resultados positivos, especialmente sobre los grandes prescriptores (Font, 1990). Es más efectivo si se complementa con material escrito e intervenciones periódicas de recordatorio, y si se dirige especialmente a los grandes prescriptores.

Tabla 27-1. Técnicas para influir sobre los hábitos de prescripción

Técnicas	Eficacia
Medidas educativas	
– Difusión de material escrito	–
– Lección magistral	–
– Educación en pequeños grupos	+
– Educación cara a cara	+
– Guías clínicas y formularios	+
Control de la actuación	
– Retroalimentación de la información sola o acompañada de intervenciones educativas, en ocasiones de tipo participativo	+
– Recordatorios	+
– Barreras	+/–
– Restricción del ámbito de prescripción	
– Requerimiento de consulta o visado	
– Variaciones del tiquet moderador	
– Retirada del formulario	
– Limitación en el número de prescripciones cubiertas	
Presión de los compañeros	
Autoauditorías	+
Protocolos/guías clínicas	+
Formularios	+
Incentivos	?
Medidas coercitivas	?

+ Existen publicados estudios en los que el grupo de intervención mejora respecto a un grupo control.

– Existen publicaciones con evidencias de la ineficacia de la medida aislada.

? No se han hallado publicaciones sobre la eficacia de la medida.

Guías de práctica clínica y formularios

Tanto las guías de práctica clínica GPC como los formularios de medicamentos se consideran importantes instrumentos para mejorar la práctica asistencial. Se han desarrollado instrumentos (*check-list*) orientados a medir la calidad de las GPC, como la Colaboración Agree (www.agrecollaboration.org).

La tabla 27-2 clasifica las guías en relación con su efectividad.

Control de la actuación

- *Retroalimentación de la información*: los mecanismos basados en devolver a los prescriptores la información sobre las recetas que han realizado pueden modificar y mejorar la práctica clínica.
- *Recordatorios*: se ha ensayado con éxito la introducción de formularios específicos para mejorar la prescripción de algunos tipos de fármacos.

Tabla 27-2. Clasificación de las guías clínicas según su efectividad

Probabilidad de modificar la práctica asistencial	Desarrollo de la estrategia de elaboración y aplicación de la guía	Estrategia de diseminación de la guía clínica	Implementación de la estrategia
– Altas	– Interna del equipo	– Intervención educativa específica	– Utilizar recordatorios al paciente durante la consulta
– Por encima de la media	– Mixta, el equipo trabaja y recibe ayuda externa	– Formación continuada clásica	– Aplicar retroalimentación específica al paciente
– Por debajo de la media	– Externa, local o de distrito	– Distribución por correo a grupos determinados	– Hacer una retroalimentación general
– Bajas	– Externa, de ámbito nacional	– Publicación en una revista científica	– Aplicar un recordatorio general

Barreras
Son medidas administrativas de contención simples. La mayoría de estas medidas producen drásticas reducciones de la prescripción, pero a menudo a costa de múltiples efectos adversos.

Presión de los compañeros
La mayoría de profesionales son muy sensibles a las valoraciones de sus compañeros, especialmente cuando éstos son líderes de opinión. Éste suele ser el motor fundamental del cambio en el ámbito sanitario.

Incentivos
Los incentivos económicos influyen directamente sobre la actividad, pero raramente consiguen aumentar la calidad sanitaria de la acción propuesta.

CONTRIBUCIÓN DEL PACIENTE

Cumplimiento, adherencia, observancia, cooperación o concordancia indican el grado en que la conducta del paciente, en términos de seguimiento de dietas o cambios del estilo de vida, coincide con la prescripción terapéutica.

Evaluación del cumplimiento
No existe ninguna técnica que permita identificar, de forma sencilla durante la consulta, a los pacientes cumplidores de los que no lo son. Clásicamente, los métodos se dividen en directos e indirectos. En general, los primeros tienden a ser más sensibles y específicos, pero al mismo tiempo más invasivos y, por tanto, menos aceptables.

- *Métodos indirectos*: algunos fármacos permiten que determinados marcadores fisiológicos informen del grado de cumplimiento de la medicación. La entrevista clínica estructurada es muy específica cuando se admite el incumplimiento; no obstante, tiende a sobrestimar el cumplimiento. Seguramente, la frase que puede aportar más información durante la consulta es, simplemente, preguntar: ¿ha estado usted tomando alguna medicación? El recuento de tabletas es un método válido, pero también tiende a sobrestimar el cumplimiento cuando el paciente supone que será controlado o si el fármaco se administra también a otros miembros de la familia.
- *Métodos directos*: es la detección del fármaco o de algún marcador añadido al medicamento en algún líquido o tejido corporal. Dado que estas técnicas son muy costosas, quizá la forma más práctica de estimar el cumplimiento sea la entrevista estructurada.

¿Por qué los pacientes no siguen las recomendaciones?
Menos del 50% de los individuos con patologías crónicas sigue las recomendaciones médicas, con independencia de su enfermedad, tipo de tratamiento o edad (Dunbar Jacob, 2000). Es importante recordar que muchas veces lo que el profesional denomina «incumplimiento» no es más que un ejercicio de libertad del paciente que, voluntariamente, hace lo que considera más beneficioso para su propia salud.

Estrategias para mejorar el cumplimiento

Algunas medidas simples han mostrado su capacidad para mejorar la observancia de la terapéutica:

- Educar al paciente sobre su enfermedad y sobre el tratamiento.
- Simplificar los regímenes terapéuticos, reduciendo el número de fármacos y de dosis.
- Utilizar fármacos de liberación retardada.
- Informar sobre los efectos adversos más frecuentes sobre los que desarrollarán tolerancia.
- En los pacientes ancianos, implicar a sus cuidadores y familiares.
- Utilizar calendarios o diarios.
- Emplear ayudas para el cumplimiento, como recordatorios de dosis para las tabletas e instrumentos para facilitar la administración de inhaladores o gotas oculares.

Capítulo 28

RECOMENDACIONES PARA LA PRÁCTICA CLÍNICA. GUÍAS Y PROTOCOLOS

INTRODUCCIÓN

Una de las estrategias que permite reducir la variabilidad en la práctica profesional es la formulación de recomendaciones que guíen la decisión médica ante problemas específicos.

GUÍAS DE PRÁCTICA CLÍNICA

DISEÑO Y ELABORACIÓN DE LAS GUÍAS

La *fase de diseño y elaboración* de una guía de práctica clínica (GPC) consta de dos etapas complementarias. La primera supone la planificación del diseño de la guía, y la segunda está estructurada en las diferentes fases que permiten poner en práctica dicho diseño y elaborar la GPC. En la fase de planificación se requiere la selección de la condición clínica objetivo, que debe cumplir un conjunto de criterios específicos.

La composición de los miembros del grupo que diseñará la guía ha de ser multidisciplinaria, tanto en lo que respecta al número de profesionales como a la representación de las diferentes disciplinas implicadas en la condición clínica seleccionada. En este sentido, destacan los profesionales que utilizarán la guía en su práctica clínica habitual y los metodólogos que se encargarán de analizar la evidencia y de formar a los profesionales. Se seguirá un plan de trabajo y un calendario específico, donde las tareas y las funciones de cada uno de los profesionales implicados en el proceso debe estar previamente determinada. El rol de líder es importante, en cuanto que representará la imagen pública de la guía y, en esa función, deberá dar credibilidad al proceso de elaboración de la GPC frente a los profesionales. Además, debe facilitar la disponibilidad de los recursos suficientes para la realización de la GPC en sus distintas fases, y promover la cohesión del grupo de trabajo que la elabora.

Es conveniente que una GPC esté avalada por una o varias sociedades profesionales e instituciones sanitarias, lo que podría facilitar los procesos de diseminación e implantación.

El período de desarrollo de una GPC desde que se compone el grupo hasta su publicación suele ser de unos 24 meses (Sign, 2002). Este tiempo se divide en composición del grupo (6 meses), realización de las revisiones sistemáticas y formulación de recomendaciones (12 meses), revisión de la GPC (9 meses) y publicación (3 meses).

Selección del problema objeto de la guía

El primer criterio de prioridad, y que constituye una condición necesaria, pero no suficiente, es la disponibilidad de evidencia científica con respecto a las diferentes opciones existentes para el enfoque diagnóstico y/o terapéutico de la condición clínica seleccionada. Otros criterios adicionales para seleccionar la condición clínica motivo de estudio son: *a*) la valoración de la magnitud de un problema de salud y la medida de su impacto en el sistema sanitario; *b*) la posibilidad de identificar las intervenciones sanitarias que se utilizan en su enfoque clínico; *c*) la falta de consenso entre los profesionales; *d*) la presencia de variabilidad en los estilos de práctica clínica, y *f*) la introducción de nuevas tecnologías que compiten con las ya adoptadas.

- La *revisión sistemática de la evidencia científica* (RSEC) es una metodología explícita, estructurada, exhaustiva y multidisciplinaria, aplicada al enfoque de un problema de salud, ya sea éste una condición clínica, una tecnología sanitaria, o un binomio tecnología-condición.
- La fase de *búsqueda de la evidencia* precisa una estrategia de documentación específica. Estas especificaciones se han de traducir en un lenguaje documental que permita establecer la estrategia de búsqueda necesaria para realizar la RSEC. La búsqueda de la evidencia y de las guías que se deben adaptar puede realizarse en bibliotecas virtuales y en bases de datos específicas de guías.
- La *presentación de la evidencia* requiere que las diferentes recomendaciones que contiene la guía estén asociadas a un grado específico de evidencia científica identificable por los usuarios.
- La *síntesis de la evidencia* o metaanálisis permite aplicar técnicas estadísticas específicas para combinar los resultados de estudios con el mismo diseño.

ATRIBUTOS DE LAS GUÍAS

- *Validez*: su aplicación en el contexto clínico para el que fueron diseñadas produce los resultados clínicos y los costes esperados, y sus recomendaciones surgen de un análisis detallado de la evidencia científica.
- *Fiabilidad*: utilizando la misma metodología de elaboración, otro grupo distinto de profesionales llega a las mismas conclusiones.
- *Reproductibilidad*: si diferentes profesionales sanitarios las aplican de igual forma en contextos sanitarios similares.
- *Aplicabilidad clínica*: adecuada a los contextos clínicos y a las poblaciones definidas en la evidencia científica analizada.
- *Flexibilidad clínica*: citación explícita en las GPC de las situaciones o excepciones en las que no se pueden aplicar total o parcialmente sus recomendaciones.
- *Claridad*: escritas en un lenguaje asequible para todos los potenciales usuarios.
- *Proceso de elaboracion multidisciplinario*: inclusión en los grupos de elaboración de las guías de representantes de diferentes disciplinas: espe-

cialidades clínicas, epidemiología clínica, estadística, investigadores en servicios de salud, economistas de la salud y otros usuarios.

- *Revisión planificada*: inclusión en el contenido de la GPC de un calendario que garantiza la evaluación periódica de las recomendaciones con el objetivo.
- *Coste-efectiva.*
- *Documentacion*: inclusión de una documentación que describe las características del proceso y la metodología de elaboración de la guía, las personas que han participado en el proceso y la evidencia científica analizada.

DISEMINACIÓN, IMPLANTACIÓN Y EVALUACIÓN DEL IMPACTO

Para tener impacto, una estrategia de implantación debe incidir, básicamente, sobre cuatro factores:

1. Aumentar los conocimientos que tienen los profesionales sobre la condición clínica tratada.
2. Modificar las actitudes de los profesionales para conseguir que acepten las recomendaciones, y éstas pasen a ser consideradas como el mejor estándar de calidad en el tratamiento de la enfermedad.
3. Cambiar prácticas y conductas acorde con las recomendaciones de la guía.
4. Mejorar los resultados de salud y la satisfacción de los pacientes.

PROTOCOLIZACIÓN

TIPOS DE PROTOCOLOS CLÍNICOS

A efectos pedagógicos, se pueden distinguir dos grandes tipos de protocolos clínicos:

1. *Protocolos de proceso diagnóstico (symptom-related).*
   Este tipo de protocolos establece de forma escalonada la actitud y conducta profesional, así como las exploraciones que se deben realizar frente a un síntoma o un síndrome determinado.
2. *Protocolos de tratamiento y control (problem-oriented).*
   Estos protocolos establecen pautas terapéuticas y de seguimiento de determinadas enfermedades ya diagnosticadas.

DISEÑO DE LOS PROTOCOLOS

Fase de planificación

Esta fase se inicia con la selección del tema que será objetivo de protocolización. Para ello se pueden tener en cuenta criterios de prevalencia de enfermedad, variaciones inexplicables de la práctica clínica, y las controversias o los problemas en la disponibilidad de recursos, en el grado de calidad o en la gestión de riesgos. En esta fase hay que considerar a qué especialidades afectará el protocolo, cuál es el grado de formación de los profesionales que lo utilizarán y el lugar de aplicación. Esto permitirá decidir el consenso que se debe plantear: *a*) *central*, cuando afecta a muchas especialidades y ámbitos o bien está relacionado con políticas sanitarias, como vacunaciones o campañas de prevención, o *b*) *local*, si la necesidad se plantea en un centro o por un grupo de profesionales. El objetivo y la localización del protocolo determinará el grado de multidisciplinariedad del grupo de trabajo. Es necesario que los integrantes del grupo tengan un mínimo de experiencia y conocimientos metodológicos.

Fase de consenso

Es la fase central de construcción del protocolo. Se inicia con el análisis crítico y la selección de las evidencias publicadas en la literatura científica por los miembros del grupo. Las conclusiones del consenso pueden expresarse gráficamente en forma de algoritmos, que se caracterizan por especificar y estructurar de forma ordenada el conjunto de decisiones lógicas que se deben seguir ante un problema de salud.

Fase de revisión

Una vez finalizada la construcción del protocolo, debe procederse a su revisión con el fin de identificar los puntos clave o nudos principales para, sobre ellos, construir las medidas que permitirán monitorizar su implementación y resultados en términos de indicadores de calidad asistencial.

Fase de implementación

El puro proceso de difusión no es suficiente para asegurar la implantación del protocolo. Es necesario establecer toda una cadena de soporte y seguimiento para reforzar su utilización: explicar su contenido; incorporarlo en la práctica clínica habitual; seguir las recomendaciones (en este caso es importante el papel de los profesionales líderes de opinión); proporcionar los medios suficientes para implementar las recomendaciones; establecer un sistema de monitorización del proceso; vincular el protocolo a los procesos de mejora de la calidad asistencial; revisar la secuencia de implantación y, periódicamente, analizar los resultados, identificando los puntos de mejora o los conflictos subyacentes, si los hubiere.

EVALUACIÓN

La evaluación más importante está orientada a conocer las mejoras en el estado de salud de la población a la cual van dirigidas las recomendaciones del protocolo. Permite medir la validez del protocolo y, por tanto, la efectividad de tales intervenciones.

GUÍAS, PROTOCOLOS Y PRÁCTICA PROFESIONAL

Los factores de motivación individual y colectiva para el cambio son cruciales para el seguimiento de las recomendaciones de una GPC y supone, casi siempre, adoptar una serie de cambios en la conducta individual o colectiva de los profesionales. La estrategia de implantación más adecuada para cada tipo de obstáculo para el cambio identificado en un individuo o en un equipo se muestran en las tablas 28-1 y 28-2.

Tabla 28-1. Estrategias con mayor o menor probabilidad de ser efectivas, según el tipo de barrera para el cambio individual y la teoría psicológica en la que se basan

Barrera para el cambio	Teoría psicológica	Estrategia más probablemente efectiva	Estrategia menos probablemente efectiva
– Percepción de falta de conocimientos o habilidades	Autoeficacia	– Implicación en la construcción – Apoyo y formación prácticos	– Difusión aislada – *Feedback* mostrando baja calidad de la práctica
– Percepción de práctica de suficiente calidad	Preparación para el cambio	– *Feedback* mostrando baja calidad de la práctica	– Apoyo y formación prácticos
– Percepción de falta de prestigio de la fuente de la guía	Influencia social	– Apoyo de un líder de opinión sin intereses ni ganancias personales	– Apoyo de un grupo con intereses comerciales o políticos
– Negación de deficiencias en la práctica	Reacción de duelo	– Crear un entorno seguro y facilitador para admitir deficiencias en la práctica	– Publicar datos relacionados con la práctica

Tabla 28-2. Estrategias con mayor o menor probabilidad de ser efectivas, según el tipo de barrera para el cambio grupal y la teoría psicológica en la que se basan

Barrera para el cambio	Teoría psicológica	Estrategia más probablemente efectiva	Estrategia menos probablemente efectiva
– Cada miembro del equipo cree que el cambio lo harán los demás	Facilitación social inversa	– Asignar responsabilidades individuales concretas	– Formación general acerca de cómo hacer cambios
– Una minoría influyente del equipo está en contra del cambio	Comparación social	– Introducir personas con experiencia y nivel que se alíen con los miembros menos influyentes	– Responsabilizar del cambio a un miembro joven del equipo
– El equipo cree que su práctica es de alta calidad	Pensamiento de grupo	– Utilizar personas externas de prestigio para desafiar las ideas del equipo	– Exhortar al equipo para que cambie de práctica

Capítulo 29

MEJORA CONTINUADA DE LA CALIDAD

GESTIÓN GLOBAL COMO MODELO DE LA CALIDAD: PRINCIPIOS DE LA EXCELENCIA

La excelencia se alcanza mediante una filosofía de la organización orientada a obtener los mejores resultados posibles que satisfagan los intereses y las necesidades de todos los que intervienen en ella: pacientes y sociedad, profesionales, administración, suministradores y otras organizaciones.

ORIENTACIÓN HACIA LOS RESULTADOS

El objetivo de toda organización es obtener buenos resultados, y su éxito obedecerá a que éstos sean satisfactorios para todos los grupos que tienen intereses en la organización sanitaria: los pacientes, los profesionales, la administración sanitaria (o los accionistas en el caso de empresas privadas), los suministradores, los profesionales de otros centros, etc. Los resultados pueden clasificarse en dos grandes apartados:

1. Los *resultados clave*, que valoran lo que una organización ha conseguido en los aspectos clave relacionados con su misión.
2. Los *resultados económicos*, que valoran el rendimiento a que han dado lugar los recursos financieros invertidos.

ORIENTACIÓN HACIA EL CLIENTE

El cliente es el árbitro final de la calidad de un servicio, además de su razón de ser: sin cliente, no hay servicio.

LIDERAZGO Y PLANIFICACIÓN ESTRATÉGICA

El comportamiento de los directivos de una organización es lo que consigue claridad y unidad de metas y valores, así como un entorno que permite el desarrollo de las personas que la integran. La planificación se inicia en la definición de la misión y la visión de una organización, que se traducen en líneas estratégicas, las cuales se materializan en actividades concretas relacionadas con objetivos medibles mediante indicadores.

Los directivos son una pieza clave en la planificación, el diseño y la comunicación de los objetivos. Su comportamiento consigue dar coherencia y unidad a los objetivos y valores.

GESTIÓN POR PROCESOS Y HECHOS

Las organizaciones no son más que personas haciendo cosas para servir a las necesidades de otras personas. Identificar los procesos, analizarlos y mejorarlos debe formar parte de las actividades habituales de todos los individuos de la organización.

Un proceso es una cadena de actividades dirigida a conseguir un resultado capaz de satisfacer las necesidades o demandas del cliente. La gestión por procesos constituye un elemento estratégico de la excelencia, genera sistematización y disminuye la variabilidad, y profundiza en el conocimiento del proceso mediante una metodología que permite su mejora continuada.

Desarrollo e implicación de las personas

En las empresas orientadas al servicio, las personas son el principal activo, y el único elemento capaz de generar una ventaja sostenible en el tiempo.

La calidad de vida profesional tiene que ver con valores como la comunicación, la autonomía, la creatividad, la flexibilidad, la amabilidad, la confianza y el *empowerment* (cesión del poder). Los resultados referentes a la satisfacción de las personas pueden obtenerse mediante encuestas sobre opinión, satisfacción o calidad de vida profesional.

Alianzas con otras organizaciones

La organización trabaja de forma más efectiva cuando establece relaciones beneficiosas con instituciones que trabajan con la misma población. En los Centros de Salud deben establecerse múltiples asociaciones con la atención especializada, los hospitales, el Ayuntamiento y las escuelas, que son fundamentales para llegar a la excelencia.

Responsabilidad social

Una organización sanitaria debe actuar siempre siguiendo las normas de ética profesional. La mejor forma de obtener a largo plazo buenos resultados para la organización y las personas es adoptar un enfoque basado en la ética, superando las expectativas y las normativas legales de la comunidad.

La responsabilidad social ligada a la ética empresarial obliga a la organización a ser eficiente para la sociedad. Los sistemas sanitarios públicos tienen la obligación de obtener la máxima optimización de los recursos de que disponen.

Finalmente, destaca la responsabilidad social frente a la comunidad de referencia. La orientación a la comunidad es, además de un deber ético, una consecuencia del desarrollo social.

Aprendizaje, innovación y mejora continuada

La organización debe evolucionar y adaptar su producto o servicio al entorno y a sus nuevas necesidades. Para que esta evolución se realice de forma adecuada es necesario que las personas actualicen sus conocimientos y habilidades, la organización, su tecnología, y que juntos trabajen para la innovación y la mejora.

La innovación necesita personas con una mente creativa y personas que la lleven a cabo y que asuman su coste y el riesgo que comporta. A través de la mejora continuada, basándonos en los servicios que prestamos y en los recursos existentes, se trata de mejorar la calidad o de reducir el coste de los servicios.

PLAN DE MEJORA CONTINUADA

El plan de mejora continuada es un proceso estructurado y sistemático dirigido a obtener un rendimiento mayor de un proceso, aumentar la calidad de un servicio o disminuir el coste de obtención de actividades que ya se desarrollan de forma habitual.

ORGANIZACIÓN Y RESPONSABILIDADES

Un plan de mejora continuada se orienta a identificar problemas y seleccionar algunas oportunidades para su mejora de una forma sistemática, organizada, continuada y formando parte de los objetivos estratégicos de la organización.

La identificación de los aspectos que se deben mejorar, su priorización y la selección de las personas que formarán los equipos de mejora forma parte del papel de la dirección del Centro de Salud, que también deberá proporcionar los recursos necesarios, especialmente, el tiempo, realizar el seguimiento de los progresos de los equipos de mejora y asumir la responsabilidad de los cambios que implicará cualquier proyecto de mejora.

DEFINICIÓN Y SELECCIÓN DE LOS ASPECTOS QUE SE DEBEN MEJORAR

Un aspecto que se debe mejorar es una oportunidad, seleccionada por el equipo directivo, que los equipos de mejora transforman en acciones, aplicando la metodología de la mejora continuada.

Para formular temas de mejora hay que pensar en aspectos en los que se podría reducir el tiempo total del proceso («plazo de entrega de los resultados de las pruebas», «diagnóstico en un día»), la frecuencia o gravedad de los fallos o los errores («pérdida de historias clínicas», «errores de programación de visitas») o el volumen de recursos utilizados («medicamentos de valor intrínseco no elevado», «caducidad de material sanitario»).

METODOLOGÍA DE LA MEJORA CONTINUADA

DEFINICIÓN DEL ASPECTO QUE SE DEBE MEJORAR

Un aspecto que se debe mejorar es la expresión de una insatisfacción y de una oportunidad («perdemos muchos resultados de análisis» o «podríamos disminuir el coste por receta»).

Para poder aplicar correctamente las siguientes fases, se debe disponer de una definición operativa y precisa del área de mejora. Así pues, el objetivo de este primer paso es clarificar el objetivo del equipo, cuantificar y valorar la situación actual y seleccionar el proceso sobre el que se concentrarán los esfuerzos.

Un buen primer paso se logra siguiendo las recomendaciones siguientes:

- Dedicar tiempo a valorar el tema y a clarificar la comprensión por parte de todos los miembros del equipo de mejora.
- Definir el aspecto que se debe mejorar de forma clara: «pacientes fuera de hora» es menos claro que «el 8% de los pacientes acuden sin cita previa».
- Cuantificar siempre que sea posible: «el 25% de los pacientes encuestados está insatisfecho con la puntualidad de las consultas».
- Evitar definir una solución en lugar de definir un problema: «falta motivación» no es un problema para enfocar con la metodología de la mejora continuada, sino con un proyecto de innovación.
- Seleccionar siempre aspectos que estén disponibles para mejorar: «demora para primera visita de oftalmología» sólo se puede enfocar desde un Centro de Salud si se define como «eliminar las derivaciones innecesarias a oftalmología», dado que ésta es la parte del proceso que está en nuestras manos.

DEFINICIÓN DEL PROBLEMA CLAVE

Una vez definido el proceso que se debe mejorar, hay que identificar el problema clave en el cual se centrarán los esfuerzos. El primer y el segundo pasos están orientados a centrar y enfocar el ámbito de actuación para la mejora. Por ejemplo, «perdemos resultados de pruebas» se habrá transformado en «errores en la distribución de los resultados de las pruebas de laboratorio».

El objetivo de este paso es determinar qué problema, de los que el profesional puede resolver, tiene una mayor influencia en la deficiencia que se quiere superar o en la oportunidad que se quiere aprovechar.

Para un buen segundo paso es recomendable:

- Dividir el proceso en sus grandes subprocesos: habitualmente, cada subproceso se realiza en un lugar o momento distintos y/o por personas distintas.
- Hay que dejar de lado los subprocesos que no están en manos del profesional. Por ejemplo, todo el subproceso de laboratorio.
- Utilizar datos cuantitativos, no intuiciones ni métodos subjetivos, para determinar los pesos relativos de los errores de cada parte del proceso.
- Enfocar un problema cada vez, pues si no se procede de este modo, lo único que se conseguirá será no resolver ninguno.
- Registrar todos los problemas que parecen importantes y dejar a un lado el proceso de enfoque. Comunicar a quien proceda los que no están en disposición de ser resueltos, y reservar para otra ocasión los que sí lo están.

DETERMINACIÓN DE LAS CAUSAS DEL PROBLEMA

Una vez definido el problema que se analizará hay que buscar las causas que lo están provocando. Un problema casi nunca está producido por una sola causa sino por muchas. Además, algunas causas no se pueden eliminar porque no están en manos del profesional o porque no se dispone del recurso para hacerlo.

El objetivo de este tercer paso es descubrir cuáles son las causas del problema que se puede eliminar.

Para un buen tercer paso hay que:

- Utilizar datos cuantitativos (no intuiciones ni métodos subjetivos como la priorización por criterios) para determinar los pesos relativos de las causas.
- Ser realistas acerca de las causas que pueden eliminarse, pero no timoratos. Hay causas que es posible resolver, pero no se afrontan (p. ej., los horarios inadecuados).
- No atribuir a los pacientes causas que, en realidad, se deben al sistema organizativo.
- Revisar las causas profundas; no quedarse en las intermedias. Por ejemplo, «los pacientes no cumplen el tratamiento» es una causa intermedia; en cambio, «los pacientes no reciben instrucciones comprensibles de cómo hacer el tratamiento» puede ser una causa profunda.

Después de este tercer paso, es recomendable presentar el estado del proyecto a quien ha encargado la tarea.

DISEÑO DE LAS SOLUCIONES PARA LAS CAUSAS

Una vez determinadas las causas que es posible eliminar, se pasa a proponer soluciones para cada una de ellas que, en realidad, serán soluciones al problema planteado.

Un buen planteamiento de soluciones requiere un equilibrio entre creatividad y realismo, algo difícil de conseguir para la mayoría de los equipos. Se debe recordar que es muy recomendable que el tiempo de aplicación de las soluciones sea inferior a 6 meses.

El objetivo del cuarto paso es decidir qué cambios se van a poner en marcha.

Las recomendaciones para un buen cuarto paso son:

- Proponer soluciones realistas, sin caer en el pesimismo o en el «carril mental».
- Para generar soluciones, es una buena alternativa utilizar técnicas de creatividad. Otra buena alternativa es «hacer *bench*», es decir, investigar qué equipos obtienen los mejores resultados con respecto al problema, y aprender de sus sistemas de trabajo.
- Una buena matriz de alternativas para cada una de las causas, que incluya las acciones generales que requerirá cada solución propuesta, es de gran ayuda para decidir cuál es la mejor opción.
- Es muy conveniente realizar un análisis de «averías» para cada solución propuesta, y preguntarse: «¿qué fallos puede tener esta solución?».

Después de este paso también es recomendable presentar el estado del trabajo a quien ha encargado la tarea, para que conozca las soluciones propuestas, dado que, con toda seguridad, deberá responsabilizarse de aplicar los cambios.

Esquema del plan de acción

En este paso hay que realizar una gran labor de comunicación, puesto que la realización de muchas tareas dependerá de la colaboración de personas que no están en el equipo de mejora y, por tanto, habrá que acordar con ellas la factibilidad de la tarea y los plazos.

El objetivo final de este paso es disponer de un plan factible de aplicación de los cambios y de los indicadores para su control.

Un buen quinto paso depende de:

- Ser estrictos y cuidadosos en la elaboración del plan de acción, dejando muy claras las responsabilidades de cada persona.
- La participación en este paso de las personas que no están en el grupo y tendrán una gran relevancia en la realización de algunas tareas, para pactar los plazos. Por ejemplo, el informático, el responsable de los suministros o de las compras, etc.
- La comunicación de los cambios a los implicados y, mejor aún, a todo el equipo, con la debida antelación y razonándolos. En ocasiones, habrá que negociarlos, pues no hacerlo así es causa de resistencias que pueden hacer fracasar el proyecto.
- La implicación de la dirección en la comunicación de los cambios, como muestra de apoyo a las decisiones que ha tomado el equipo y de su compromiso con la mejora.

Control del seguimiento

A partir del establecimiento del plan de acción, hay que asegurarse de que las tareas se realizan en los plazos acordados, solucionar los problemas puntuales que puedan presentarse en la puesta en marcha de algunas tareas y medir el efecto que tienen las soluciones en el problema, mediante el indicador que se ha escogido.

Para acabar con buen pie, las recomendaciones son:

- Un miembro del equipo de mejora debe hacer un seguimiento sistemático del cumplimiento de tareas en los plazos, y resolver los problemas que se presenten durante este período.
- La implicación directiva en este paso es fundamental. Aquí es donde se deben realizar los cambios y, por tanto, es donde el compromiso directivo se hace visible: si no hay compromiso, no hay cambio.
- Es recomendable que entre el inicio y el final del proyecto de mejora no transcurran más de 6 meses.

En la tabla 29-1 se resumen los pasos del proyecto, los objetivos de cada paso y las acciones que se deben realizar.

Tabla 29-1. Pasos de un proyecto de mejora continuada

Paso	Cuestiones que se deben plantear	Acciones que se deben realizar
Definición del problema u oportunidad de mejora	¿Cuál es el tema que se debe mejorar? ¿En qué situación se está ahora? ¿Qué procesos están involucrados? Estimar o cuantificar la influencia relativa de cada proceso ¿Cuál es el proceso más relevante sobre el que se puede intervenir? Escoger un indicador	Clarificar el tema Definirlo de forma operativa Cuantificar la situación actua Analizar los procesos y subprocesos involucrados Escoger un proceso según las posibilidades de actuar sobre él Cuantificar su situación actual
Definición del problema clave	¿Cuál es el proceso escogido? ¿De cuántas partes se compone el problema? ¿Cuál es el peso relativo de cada parte?	Analizar el proceso actual Definir el objetivo de cambio Identificar el tipo de defectos, fallos, errores, etc. Recoger información suficiente Analizar los datos recogidos Determinar qué problemas están en manos del profesional Decidir qué problema se debe resolver
Determinación de las causas	¿Cuáles son las causas posibles? ¿Cuáles son las más probables? ¿Seguro que esta causa produce el problema? ¿Qué causas se pueden eliminar?	Listar mediante un *brainstorming* Ordenar en un diagrama causa-efecto Comprobar mediante datos y/o realizando pruebas Analizar la información Priorizar en función de su contribución al problema y a la facilidad de solución

(*Continúa*)

Tabla 29-1. Pasos de un proyecto de mejora continuada (*Cont.*)

Paso	Cuestiones que se deben plantear	Acciones que se deben realizar
Determinación de las soluciones para las causas	¿Cuáles son las soluciones posibles? ¿Cuáles son las mejores? ¿Cuáles se van a aplicar?	Listar mediante un *brainstorming* Evaluar las soluciones en función de su coste-efectividad y factibilidad Valorar el tiempo de aplicación requerido Realizar una matriz de alternativas Decidir qué soluciones se van a aplicar para cada causa
Definición del plan de acción	¿Qué hay que hacer? ¿Cómo se hará el seguimiento?	Listar las tareas necesarias Determinar quién llevará a cabo cada tarea Determinar el plazo para cada tarea Establecer el indicador de control Averiguar la situación actual Decidir el responsable de su obtención
Control del seguimiento	¿Se está aplicando el plan de acción? ¿Cuál ha sido el resultado?	Comprobar el cumplimiento de las tareas en los plazos Resolver los problemas que surjan Analizar la evolución del indicador de control

Capítulo 30

ACTIVIDADES PREVENTIVAS Y DE PROMOCIÓN DE LA SALUD

ACTIVIDADES PREVENTIVAS: TERMINOLOGÍA

En la *historia natural de las enfermedades* suelen distinguirse tres períodos: prepatogénico, patogénico y de resultados. El primero comienza con la exposición a los factores etiológicos o de riesgo, y en él desempeñan un papel importante los elementos que favorecen la susceptibilidad del huésped para padecer la enfermedad. Los *factores de riesgo*, definidos como «cualquier exposición, condición o característica que está asociada a una mayor probabilidad de desarrollar la enfermedad», pueden ser no modificables (edad, sexo) o, por el contrario, pueden ser susceptibles de cambios inducidos por actuaciones de prevención primaria, que pueden llegar a eliminarlos o, al menos, conseguir un descenso significativo de la exposición del sujeto a los mismos.

En el período patogénico se distinguen habitualmente dos estadios o fases: la presintomática (sin síntomas ni signos de enfermedad) y la clínica. Durante la primera de ellas ya se han iniciado los cambios anatomopatológicos inducidos por el agente causal; en la segunda, estas alteraciones orgánicas ya son lo suficientemente importantes como para dar lugar a manifestaciones clínicas en el paciente.

La historia natural de las enfermedades finaliza en un período de resultados, consecuencia del avance, detención o retroceso de las alteraciones orgánicas inducidas por los agentes causales (muerte, incapacidad, situación de enfermedad crónica o curación).

Los distintos *niveles de actuación preventiva* se hallan en íntima relación con estas fases de la historia natural de las enfermedades.

Las actividades de *prevención primaria* son el conjunto de actuaciones dirigidas a impedir la aparición o disminuir la probabilidad de padecer una enfermedad determinada. Su objetivo es disminuir su incidencia. Este grupo de actividades se desarrolla en el período prepatogénico, antes del inicio de los estímulos inducidos por los factores etiológicos que provocarán la enfermedad. Dentro de las actividades de prevención primaria se incluyen, generalmente, las de *promoción de la salud* (dirigidas a las personas) y las de *protección de la salud* (realizadas sobre el medio ambiente).

Las actividades de *prevención secundaria* pretenden detener la evolución de la enfermedad mediante actuaciones desarrolladas en la fase preclínica, cuando los síntomas y signos todavía no son aparentes pero existen en estado embrionario o subclínico y, por ello, permiten detectar precozmente el proceso patológico y poner en práctica las medidas necesarias para impedir su progresión. La prevención secundaria pretende reducir la prevalencia de la enfermedad. El núcleo fundamental de las actividades de prevención secundaria está formado por los programas de cribado o *screening*.

Las actividades de *prevención terciaria* se definen como aquellas que están dirigidas al tratamiento y rehabilitación de una enfermedad ya previamente establecida.

Otra manera de clasificar las actividades preventivas y de promoción de la salud es a partir de la consideración del tipo de acción que se debe desarrollar (*US Task Force*): *cribado* (*screening*), *consejo e inmunización/quimioprofilaxis*.

ESTRATEGIAS EN PROMOCIÓN Y PREVENCIÓN

La efectividad y la eficiencia de las estrategias poblacionales (cribados masivos) para la detección de patologías crónicas no parecen ser suficientes como para recomendarlas de forma global, sobre todo si, además, se tiene en cuenta que en este tipo de cribados es frecuente el incumplimiento, por parte de los individuos presuntamente enfermos, de las recomendaciones para confirmar o descartar el diagnóstico, ya que en la mayoría de los casos no intervienen en el programa los profesionales que se encargan de la asistencia habitual del sujeto. Con referencia más concreta a las pruebas de cribado (prevención secundaria), la estrategia más empleada habitualmente en Atención Primaria es la detección oportunista o búsqueda activa de casos (*case finding*), en la que se realizan una serie de tests en razón de la edad, sexo y posibles factores de riesgo presentes en la persona que consulta por cualquier motivo.

La estrategia basada en el abordaje preventivo de la población de alto riesgo puede desarrollarse, bien mediante el cribado de la población asignada o registrada, o mediante la técnica de detección de casos que ya se ha mencionado.

También pueden desarrollarse estrategias de intervención *unifactoriales* o *multifactoriales* que permitan abordar de forma simultánea uno o varios factores de riesgo.

CONDICIONES Y CRITERIOS PARA LA PREVENCIÓN

La puesta en marcha de programas y actividades de prevención y promoción de la salud requiere la consideración de múltiples factores que delimitan, en definitiva, su pertinencia y viabilidad con vistas a su priorización por los responsables de la política sanitaria y de los servicios asistenciales, esencialmente de la Atención Primaria de Salud (APS).

Para recomendar la puesta en marcha de un programa de prevención secundaria respecto a determinado problema de salud o a un grupo de ellos, hay que tener en cuenta tres grupos principales de factores:

1. Relativos al problema de salud.
2. Relativos a la aplicación del programa.
3. Relativos a la prueba o pruebas que se deben realizar.

Los relativos al problema de salud fueron fijados por Wilson y Jounger en 1969:

- El problema o enfermedad ha de tener una frecuencia y una importancia elevadas, a nivel individual y/o comunitario.
- La prevalencia ha de ser significativa.
- La historia natural ha de ser conocida, y en ella debe existir una fase latente o presintomática identificable.
- Los criterios diagnósticos del proceso deben estar claramente establecidos.
- El tratamiento y el control del proceso se debe poder realizar con medios habituales y aceptables.

Los relativos a la aplicación del programa se basan en la valoración de los siguientes criterios:

- *Eficacia*: es el grado en el que un determinado programa origina un resultado beneficioso en condiciones experimentales, generalmente medido como una disminución en la mortalidad.
- *Efectividad*: es el grado en el que un programa puesto en práctica logra lo que se pretende conseguir para una población determinada.
- *Factibilidad*: es el factor relacionado con la aceptación del programa por la población y los profesionales que han de aplicarlo, así como con la disponibilidad de los recursos.
- *Eficiencia*: se entiende ésta como la relación entre los resultados producidos por el programa y los costes generados por su aplicación.

Los relativos a la prueba o pruebas que se deben realizar tienen su base en la consideración de diferentes características de la misma:

- *Validez* o capacidad de las pruebas utilizadas para medir realmente un fenómeno determinado, es decir, la ausencia de error sistemático (sesgo). La validez tiene dos componentes: sensibilidad y especificidad. Se entiende por *sensibilidad* la capacidad de la prueba para clasificar como positivos a los individuos que realmente sufren la enfermedad (probabilidad de obtener un resultado positivo cuando el sujeto padece la enfermedad), y por *especificidad*, la capacidad para clasificar como negativos a los que no la padecen (probabilidad de obtener un resultado negativo cuando el individuo no tiene la enfermedad). Por tanto, una prueba sensible es la que origina pocos falsos negativos, y una prueba específica es la que proporciona escasos falsos positivos. Una elevada sensibilidad es importante cuando los falsos negativos pueden tener repercusiones graves sobre los resultados individuales y de conjunto; y una especificidad alta tiene mayor relevancia cuando también la tiene la aparición de falsos positivos, bien porque causan ansiedad y molestias a los individuos o bien porque originan costosas investigaciones adicionales. Cuando se intenta elevar la especificidad de una prueba, subiendo el umbral para un caso positivo, suele influirse negativamente sobre la sensibilidad; por ello, es necesario buscar el equilibrio adecuado para cada caso entre estos dos factores. Es de especial importancia que una prueba sea muy sensible cuando se desea encontrar el máximo número de casos en la población general (sobre todo si son pacientes de pronóstico fatal, como sucede en el cáncer). De la misma manera, es importante que una prueba sea muy específica cuando se quieren detectar casos en los que, en principio, las ventajas de un diagnóstico precoz son inciertas (como puede suceder en un cribado para diabetes mellitus).

- *Aceptabilidad* de la prueba por parte de las personas en las que se pretende realizar, y también por parte de los profesionales sanitarios que han de practicarla.
- *Reproductibilidad* o ausencia de dispersión en una serie de mediciones.
- *Valor predictivo*, que hace referencia a la probabilidad de padecer la enfermedad cuando el resultado del test es positivo (valor predictivo positivo) o de no tenerla cuando el resultado del test es negativo (valor predictivo negativo).

INTEGRACIÓN DE LA PREVENCIÓN EN LAS CONSULTAS

Uno de los elementos cualitativos del cambio de la APS radica en la integración de las actividades preventivas y de promoción de la salud junto con las restantes que deben desarrollar habitualmente sus profesionales. Es evidente que este proceso de integración plantea una serie de dificultades y hace imprescindible la introducción de cambios organizativos en el seno del Equipo de Atención Primaria (EAP).

OBSTÁCULOS Y RESTRICCIONES PARA EL DESARROLLO DE LAS ACTIVIDADES PREVENTIVAS Y DE PROMOCIÓN DE LA SALUD EN ATENCIÓN PRIMARIA

La introducción de las actividades preventivas y de promoción de la salud en el seno de las habituales de la APS tropieza todavía con diversas dificultades, que es necesario analizar para poder vencerlas mediante acciones desarrolladas en los distintos niveles del sistema sanitario:

1. Una relación médico-paciente inadecuada y sin continuidad temporal.
2. El trabajo aislado de los profesionales.
3. La falta de tiempo.
4. Deficiencias importantes en los sistemas de registro y citaciones.
5. La falta de instrumental y de otros materiales.
6. La falta de valoración por los profesionales y la población de la importancia del problema que se intenta prevenir.
7. La ausencia de colaboración o coordinación con otros sectores relacionados con la salud y con los medios de comunicación social.
8. La existencia de recomendaciones diversas acerca de la pertinencia, periodicidad o forma de realización de determinadas actividades preventivas.
9. Las lagunas formativas de los profesionales sanitarios en el campo de la prevención y promoción de la salud.
10. La ausencia o escasez de incentivos personales y colectivos.

Estos obstáculos y restricciones deben ser vencidos mediante la puesta en marcha de medidas positivas o de incentivación que incidan de forma directa sobre los distintos componentes del problema: el sistema, los profesionales y la población.

PROGRAMA DE ACTIVIDADES PREVENTIVAS Y DE PROMOCIÓN DE LA SALUD DE LA SOCIEDAD ESPAÑOLA DE MEDICINA DE FAMILIA Y COMUNITARIA (PAPPS)

Desde su inicio en diciembre de 1988, el PAPPS ha contribuido decisivamente a la implantación de este tipo de actividades, y ha venido actuando como un elemento dinamizador y sensibilizador de las administraciones sanitarias respecto a la importancia y necesidad de facilitar los medios precisos para su realización.

La parte técnica que elabora las recomendaciones del PAPPS, diseña la evaluación y analiza sus datos está basada en grupos de expertos, formados por 7-10 miembros, que se reúnen una o dos veces al año y que abordan los siguientes ámbitos:

- Enfermedades cardiovasculares.
- Cáncer.
- Enfermedades transmisibles.
- Educación sanitaria y promoción de la salud.
- Salud mental.
- Infancia y adolescencia.
- Prevención y promoción en el anciano.
- Prevención y promoción en la mujer.
- Evaluación.

El PAPPS, a diferencia de los *Task Force* de Estados Unidos y Canadá, no se limita a difundir las recomendaciones que cuentan con una evidencia científica suficiente para aconsejar su puesta en práctica en el ámbito de la Atención Primaria. Sus objetivos incluyen una estrategia de implantación de las actividades (a través de *paquetes de medidas*) y unos mecanismos de evaluación periódica, bienal, del grado de cumplimiento de las mismas por los centros y equipos adscritos al programa. Los *paquetes mínimos* (del adulto, infantil-juvenil y de salud mental) están formados por las actividades que debe llevar a cabo un centro o equipo para poder adscribirse al programa. Los centros pueden comprometerse a realizar uno o varios *paquetes mínimos*, así como una o varias de las restantes actividades recomendadas por el PAPPS (tabla 30-1).

El PAPPS se evalúa bienalmente desde 1990, lo que significa que hasta hoy se han realizado siete procesos informatizados de evaluación, basados en la realización de auditorías internas sobre las actividades registradas en las historias clínicas de la población consultante de los Centros de Salud adscritos.

El programa PAPPS proporciona información sobre la efectividad de las intervenciones preventivas, basada en estudios descriptivos; el más reciente de ellos recoge información de las historias clínicas de los Centros de Salud adscritos. En el período de estudio, de 2 años, el 6,3% de los fumadores había abandonado el hábito, y el 19,5% de los bebedores problema habían disminuido la ingesta de alcohol a niveles de consumo moderado. En tan sólo el 19% de los hipertensos el control de sus cifras tensionales era deficiente. Alrededor de la mitad de los pacientes hipercolesterolémicos presentaban un control adecuado.

Tabla 30-1. Actividades recomendadas por el PAPPS (1993)

Paquete mínimo	Otras actividades
Subprograma del adulto	
– Tabaquismo	– Hipercolesterolemia
– Hipertensión arterial	– Obesidad
– Alcoholismo	– Sedentarismo
	– Cáncer de mama, cérvix y endometrio
	– Vacunaciones: rubéola, tétanos, gripe, hepatitis B
	– Anticoncepción
	– Atención prenatal
Subprograma infantil	
– Cribado de metabolopatías	– Detección ecográfica
– Supervisión crecimiento	– Promoción de la lactancia materna, displasia de caderas y supervisión de la alimentación
– Control desarrollo psicomotor	
– Cribado de cardiopatías congénitas	– Detección objetiva de la profilaxis antirraquítica hipoacusia
– Detección luxación congénita de cadera	– Prevención de malos tratos
– Detección hipertensión arterial niños de alto riesgo	– Detección de ferropenia
– Cribado tuberculínico	– Detección de dislipemias
– Detección escoliosis	– Detección hipertensión arterial niños de alto riesgo
– Detección trastornos genitales y de la criptorquidia	– Prevención de alergias

- Promoción de la salud bucodental
- Detección de déficit sensoriales: oculares y auditivos
- Vacunaciones
- Prevención de accidentes e intoxicaciones
- Prevención del tabaquismo activo y pasivo
- Prevención del alcoholismo
- Prevención del cáncer de piel
- Consejo nutricional
- Vacunaciones especiales

Subprograma de salud mental

- Atención de la mujer y del niño durante el caso de embarazo de adolescentes
- Pérdida de funciones físicas
- Cuidado del paciente terminal y su familia
- Pérdida de un familiar o allegado
- Diagnóstico precoz del embarazo y puerperio, sobre todo en la depresión
- Prevención del suicidio
- Retraso escolar y trastorno en el desarrollo monoparentales del lenguaje
- Jubilación
- Hijos de familias monoparentales
- Patología psiquiátrica de los padres
- Cambios frecuentes de domicilio en los ancianos

Capítulo 31

ACTIVIDADES DE PREVENCIÓN Y PROMOCIÓN DE LA SALUD EN LA INFANCIA Y LA ADOLESCENCIA

CONTEXTO EPIDEMIOLÓGICO E IMPLICACIONES PREVENTIVAS

MORTALIDAD

Las primeras causas de mortalidad entre 0-19 años (accidentes, tumores y problemas congénitos) son básicamente tributarias de prevención primaria y detección precoz.

Las medidas encaminadas a mejorar la salud desde la infancia tienen un enorme potencial en años-calidad de vida, ya que sus efectos se prolongan a lo largo de toda la vida.

MORBILIDAD

Las cifras de morbilidad en España son escasas, predominantemente hospitalarias, y su interés es limitado, meramente orientativo, al no responder a cifras poblacionales reales: el denominador nunca es la población real sino la atendida o estimada.

PREVENCIÓN EN EL ÁMBITO MATERNOINFANTIL Y EN LA ADOLESCENCIA

Ante el marco epidemiológico descrito, las actividades preventivas básicas que se deben desarrollar en el ámbito maternoinfantil y del adolescente se esquematizan, según el grado de prevención, en la tabla 31-1.

ETAPA PREGESTACIONAL

EDUCACIÓN SANITARIA

La reducción de embarazos en adolescentes es una medida preventiva importante, teniendo en cuenta que el 6,4% de embarazos se produce en mujeres menores de 19 años.

Una medida tendente a aumentar los conocimientos, las actitudes y los hábitos saludables en este terreno es la educación sexual en el ámbito escolar.

PLANIFICACIÓN FAMILIAR

La planificación familiar en un sentido global ayuda a la mejora de la salud maternoinfantil al reducir la tasa de embarazos no deseados y su problemática asociada.

Tabla 31-1. Esquema de actividades preventivas en salud maternoinfantil y del adolescente

	Prevención primaria	Prevención secundaria
Etapa pregestacional	Educación sanitaria Vacunación de la rubéola Consejo genético Planificación familiar	
Etapa gestacional	*Educación sanitaria* – Preparación para el parto (escuela de madres) – Consejos de salud gestacional – Promoción de la lactancia materna *Seguimiento del embarazo* – Carnet de la embarazada – Clasificación del embarazo de riesgo	Atención al parto de acuerdo con el nivel de riesgo
Etapa perinatal	Atención al parto de acuerdo con el nivel de riesgo	Controles periódicos de la embarazada Diagnóstico prenatal de alteraciones congénitas fetales (cromosomopatías, malformaciones, etc.)
Etapa infantil	Vacunas sistemáticas Educación para la salud en la escuela *Consejo de salud en Asistencia Primaria pediátrica* – Alimentación – Estimulación psicoafectiva	*Detección precoz neonatal* – Control clínico – Cribado de metabolopatías (hipotiroidismo congénito, fenilcetonuria, etc.) – Cribado de hipoacusia

(*Continúa*)

Tabla 31-1. Esquema de actividades preventivas en salud maternoinfantil y del adolescente *(Cont.)*

	Prevención primaria	Prevención secundaria
Etapa infantil	– Prevención de accidentes – Atención e higiene – Control de situaciones de enfermedad (seguimiento del niño y del adolescente sanos)	
Etapa adolescente	Actualización vacunal *Consejo de salud* – Alimentación – Apoyo psicoafectivo familiar – Sexualidad, embarazo, ETS – Prevención de accidentes – Autocuidado e higiene – Uso de sustancias tóxicas y medicamentos – Utilización de los recursos sanitarios y confidencialidad	Protocolos de pediatría clínica preventiva

ETAPA GESTACIONAL

Control y seguimiento precoz de la embarazada

Es importante determinar los embarazos de riesgo a fin de hacer un seguimiento especializado.

Diagnóstico prenatal de anomalías congénitas fetales

Actualmente, en España no se dispone de un protocolo unificado de todas las Comunidades Autónomas, y se utilizan diferentes estrategias o grados de intervención.

Cribado de cromosomopatías fetales

Se están siguiendo, básicamente, dos estrategias:

1. *Estrategia de riesgo por edad*, en embarazadas mayores de 35 años, a las cuales se les ofrece un procedimiento invasivo para el estudio cromosómico fetal.
2. *Estrategia de cribado bioquímico* (α-fetoproteína y β-HCG) mediante cálculo de riesgo en el segundo trimestre de gestación. De acuerdo con el resultado, se ofrece la realización de una prueba invasiva (amniocentesis) y el posterior estudio cromosómico fetal.

Detección de alteraciones congénitas con expresión morfológica

Mediante el estudio de la ecografía fetal realizado a partir de la semana 18 a la 20 de gestación.

ETAPA PERINATAL

Exploración inicial del recién nacido

Permite detectar anomalías funcionales o alteraciones congénitas.

Cribado analítico neonatal

Dicho cribado permite detectar alteraciones cuyo tratamiento precoz puede evitar las minusvalías psíquicas que conlleva su evolución espontánea.

El cribado más extendido, en la actualidad, abarca hipotiroidismo y fenilcetonuria, cuya validez está absolutamente determinada.

En las poblaciones de origen subsahariano, afroamericano y del Sudeste asiático, por su alta prevalencia de drepanocitosis o anemia de células falciformes (alrededor de 250 por 100.000), está indicado el cribado neonatal de hemoglobina mediante electroforesis en sangre de cordón o de talón.

ETAPA INFANTIL

El control preventivo estandarizado del niño (comúnmente denominado *Programa del Niño Sano*) pretende la detección precoz de las posibles alteraciones físicas, psíquicas y sociales en su etapa presintomática, y la promoción de la salud mediante la introducción del consejo de salud adecuado a cada edad.

En España, el programa de Actividades Preventivas y de Promoción de la Salud en Atención Primaria (PAPPS), tanto en su vertiente infantil como adulta, lleva más de una década de experiencia en evaluación, y constituye la principal fuente española de datos sobre la aplicación de dichas actividades.

SÍNDROME DE LA MUERTE SÚBITA DEL LACTANTE (SMSL)

Se define como «la muerte súbita de un niño menor de un año de edad a la cual no se encuentra explicación después de una investigación minuciosa del caso, incluyendo la realización de una autopsia completa, el examen de la escena del fallecimiento y la revisión de la historia clínica».

La única actividad preventiva con efectividad demostrada es el consejo anticipado:

- Evitar la posición en prono durante el sueño hasta los 6 meses de edad.
- Evitar el arropamiento excesivo, especialmente si el niño tiene fiebre.
- Desaconsejar el tabaquismo, muy especialmente a la madre, durante la gestación y también después del nacimiento.
- Usar un colchón duro y evitar todo lo que pueda asfixiarle durante el sueño, como almohadones blandos, colgantes al cuello, cintas o cordones.
- Promover la lactancia materna.

PROBLEMAS DEL CRECIMIENTO Y DEL DESARROLLO

La monitorización del crecimiento (peso, talla y perímetro cefálico) y del desarrollo (psicomotor, lingüístico, afectivo, psicosocial y sexual) en el período de su máxima variación constituye una medida efectiva de prevención secundaria específica de problemas del área de la nutrición, el crecimiento y la maduración.

La *medición* del peso, la longitud (en decúbito supino) y el perímetro cefálico se debe realizar en todas las visitas de promoción de la salud hasta los 2 años de edad. En las posteriores, se medirá sólo el peso y la talla (de pie).

Para su *valoración* deberán situarse los datos en las curvas de crecimiento, observando tres aspectos:

1. La normalidad actual de cada variable.
2. Su evolución longitudinal o velocidad de crecimiento.
3. Lo más importante: la correlación entre las magnitudes; para descartar una posible patología se observa la distancia (en percentiles o desviaciones estándar) entre el peso y la talla; se considera anormal si es superior a dos carriles.

En los casos patológicos se establecerá la relación del peso-talla del niño y la de sus padres, para valorar el factor genético.

Un retraso pondoestatural en el *primer año* de vida suele ser un síntoma inespecífico de diversas patologías.

En los *años siguientes* la patología antes descrita se supone ya diagnosticada, y las desviaciones del crecimiento a partir de los 3 años se asocian generalmente o bien a una alteración en la secreción de hormona de crecimiento, o bien a retrasos benignos (retraso constitucional, talla baja familiar).

Desarrollo psicomotor

Los trastornos del desarrollo psicomotor constituyen la disfunción neurológica más prevalente en la infancia: el retraso mental afecta alrededor del 3% de la población infantil, la parálisis cerebral al 1,5%, y los déficit de atención tienen una incidencia aún mayor.

Los *estudios Haizea-Llevant* validaron y definieron para la población española los límites de normalidad en los parámetros del desarrollo psicomotor del niño hasta los 5 años: desarrollo postural, manipulación, lenguaje, lógica-matemática y socialización.

Función visual

La función visual experimenta una rápida maduración en los primeros años de vida del niño, y llega al 100% entre los 5 y los 6 años de edad.

La ambliopía puede considerarse recuperable hasta los 5 años, no se recupera totalmente a partir de esta edad, y es irrecuperable a partir de los 9-11 años. La *agudeza visual* debe explorarse a la edad de 3-4 años con *optotipos* o bien mediante el sistema de *controlvisión*. En los preescolares se aconsejan optotipos de dibujos (Allen, Pigassou); en los escolares pueden utilizarse las E de Snellen o los signos alfabéticos. Cada ojo se debe explorar por separado. Puede considerarse normal una agudeza visual de hasta un 20/40 a los 4 años, o de 20/20 a partir de los 6 años. Deben derivarse las asimetrías (anormales desde el 10%) y los déficit (30% a los 4 años y 10% a partir de los 6 años).

Estrabismo

Es la no alineación de los ejes visuales en dirección al objeto. Hasta los 6 meses de edad puede considerarse normal la aparición transitoria (nunca permanente) de una desviación de los ejes visuales. Padecen estrabismo del 2 al 5% de los niños.

El estrabismo puede objetivarse mediante el test de Hirschberg y el *Cover-Uncover Test*, que se intentará aplicar en todos los controles hasta la edad de 6 años. Se interrogará a la familia sobre sospecha de problema visual a partir de los 5 meses.

Miopía

Se explora, igual que la agudeza visual, mediante optotipos.

Hipermetropía

Se puede explorar con optotipos mediante la colocación de una lente de +1,25 a 2 dioptrías: mientras el niño hipermétrope sigue acomodado y los ve igual, el niño normal no se acomodará con tanta rapidez y los verá borrosos.

FUNCIÓN AUDITIVA

El 5% de la población infantil y juvenil presenta algún tipo de déficit auditivo: el 50% son de origen congénito, y la otra mitad, por problemas adquiridos.

La mayor parte de hipoacusias presentes en el período neonatal son congénitas: se asocian a malformaciones congénitas un 35-50% de los casos.

Otros factores gestacionales son las infecciones (toxoplasma, rubéola, citomegalovirus, herpes y sífilis, fundamentalmente) y los productos ototóxicos.

Durante el parto pueden producirse accidentes obstétricos que causen anoxia neonatal, prematuridad y bajo peso al nacer.

En los primeros días de vida: tratamientos con ototóxicos, infecciones y traumatismos.

Dado lo variado de estas etiologías, resulta difícil prevenir la aparición del déficit (prevención primaria), y debe intentarse la prevención secundaria mediante cribado.

El cribado universal perinatal debería evitar el desarrollo de trastornos en el lenguaje; la HNSC constituye un problema con importantes repercusiones sobre el desarrollo emocional, cognitivo y relacional del niño, que afecta también a la familia y a la sociedad en general. Si no se interviene precozmente puede alterarse la adquisición del lenguaje, así como la ulterior adaptación social y escolar.

Programa de cribado dirigido a la población de alto riesgo

Este sistema se basa en cribar aquellos niños que presenten factores de riesgo de hipoacusia.

Se considera un niño de alto riesgo de hipoacusia a todo niño ingresado en una unidad de cuidados intensivos neonatal o que cumpla uno de los criterios específicos. Según esta formulación, hasta el 10% de los neonatos serían considerados de riesgo.

Siguiendo este protocolo, se diagnostican entre el 50 y el 66% de las hipoacusias congénitas, perdiéndose entre el 33 y el 50% de casos.

Programa de cribado universal

Es más efectivo para la detección de la HNSC que el de alto riesgo, ya que permite identificar un mayor número de neonatos con HNSC (estudio realizado por la Agencia de Evaluación de Tecnología Sanitaria de Galicia: Ministerio de Sanidad, 2000).

En la actualidad, se dispone de dos técnicas objetivas para el cribado perinatal de la HNSC: el estudio de potenciales evocados auditivos del tronco cerebral (PEATC) y el estudio de otoemisiones acústicas. Ninguna de las dos presenta en este momento una clara ventaja en criterios de validez (sensibilidad, especificidad, valor predictivo positivo [VPP] o negativo [VPN]) y economía (técnica, personal), por lo que aún se debate sobre su uso masivo en las maternidades.

Pruebas objetivas

Su realización perinatal a todos los niños con alto riesgo de hipoacusia (los criterios de alto riesgo de hipoacusia se describen en la tabla 31-2) se considera imprescindible.

Tabla 31-2. Criterios de alto riesgo de hipoacusia

Recién nacidos (0-28 días)

1. Historia familiar de sordera neurosensorial infantil hereditaria
2. Infección prenatal por toxoplasmosis, sífilis, rubéola, citomegalovirus o herpes
3. Anomalías craneofaciales, del pabellón auricular y del conducto auditivo
4. Peso al nacer inferior a 1.500 g
5. Exanguinotransfundidos por hiperbilirrubinemia neonatal
6. Medicaciones ototóxicas (aminoglucósidos, diuréticos)
7. Meningitis bacteriana
8. Anoxia connatal: Apgar entre 0-4 al minuto, 0-6 a los 5 minutos, no instauración de respiración espontánea a los 10 minutos, hipotonía persistente a las 2 horas
9. Ventilación mecánica prolongada más de 5 días
10. Estigmas u otros hallazgos asociados a un síndrome que incluya hipoacusia neurosensorial o de conducción

Niños (29 días-3 años)

1. Sospecha de hipoacusia por parte de los padres
   Retraso en la adquisición del lenguaje y/o en el desarrollo
2. Meningitis bacteriana
3. Existencia de factores de riesgo neonatal que se asocien a hipoacusia neurosensorial progresiva (citomegalovirus, ventilación mecánica prolongada, sordera genética)
4. Traumatismo craneal con pérdida de conocimiento o fractura
5. Estigmas u otros hallazgos asociados a un síndrome que incluya hipoacusia neurosensorial
6. Medicaciones ototóxicas (aminoglucósidos, diuréticos)
7. Otitis media recidivante o persistente con derrame al menos durante tres meses
8. Alteraciones neurodegenerativas (neurofibromatosis, epilepsia mioclónica, Werdnig-Hoffman, Tay-Sachs, Gaucher, Niemann-Pick, leucodistrofias metacromáticas, neuropatías desmielinizantes)
9. Anomalías que afectan a la función de la trompa de Eustaquio

Pruebas subjetivas sencillas

Después del período perinatal, la aplicación de pruebas subjetivas sencillas hacia los 7-9 meses, aunque menos precisas, ayuda a mantener sensibilizado al profesional sobre este aspecto, y le alerta respecto al 10-20% de casos de inicio tardío en el segundo semestre.

- *En lactantes*: durante el primer semestre, lo más importante es preguntar a los padres si observan en el niño un correcto contacto auditivo. En la consulta se explorará realizando sonidos (palmeos o chasquidos) fuera de su campo visual. Hacia los 8 meses de edad se puede hacer sonar una campanita, buscando las expresiones de contacto acústico. Es importante el interrogatorio familiar sobre sospecha de déficit auditivo ya desde los primeros meses.

- *En preescolares*: se frotarán los dedos pulgares, sin chasquear, detrás de la oreja del niño.
- *En escolares*: preguntas en voz baja con la boca tapada o de espaldas al niño.
- *A cualquier edad*: zumbadores o diapasones de distintas frecuencias.

CÁNCER DE PIEL Y PROTECCIÓN SOLAR

En las últimas décadas se ha producido un incremento de proporciones epidémicas en la incidencia de melanoma en la raza blanca. Debe recomendarse la moderación en la exposición solar estival, sobre todo en los países soleados, como España. El protector debe aplicarse unos 30 minutos antes de la exposición solar.

APARATO LOCOMOTOR

La gran mayoría de los problemas ortopédicos de la infancia se resuelve espontáneamente con el crecimiento. Muchas «deformidades» no deben considerarse patologías, ya que corresponden a fases del desarrollo musculosquelético del niño: la inmensa mayoría de pies planos, tibias varas, *genu varum*, e incluso *genu valgus* desaparecerán con el tiempo. Pero algunas de estas alteraciones pueden persistir en mayor o menor grado hasta la pubertad y tener su repercusión funcional en el futuro.

Displasia evolutiva de cadera (DEC)

Entre el 1,7 y el 17/1.000 recién nacidos presentan una displasia de cadera. Cuanto antes se detecta una cadera displásica el tratamiento resulta más sencillo y eficaz, por lo que mejora su pronóstico: al año de edad, por evolución natural, sin tratamiento, el 1,5/1.000 tendrían luxación persistente de cadera, con incapacidad grave.

- *Grupos de alto riesgo*. La DEC es más frecuente en niñas que en niños (el doble), en partos de nalgas (4,5 veces más), en hijos de padres con DEC, prematuros, oligoamnios, y nacidos por cesárea electiva.
- *Método de cribado*. En período neonatal precoz deben realizarse sistemáticamente las maniobras de Ortolani y Barlow (en todas las niñas deberá repetirse al 15.º día de vida).

  La ecografía de cadera entre las 4.ª y 8.ª semanas de vida está indicada ante cualquier duda clínica que haga sospechar DEC, y sistemáticamente en la población de alto riesgo de DEC, es decir, aquella en la que están presentes al menos dos de los siguientes factores:

  – Historia familiar positiva en primer grado.
  – Presentación de nalgas.
  – Sexo femenino.

Hasta los 3 meses la ecografía tiene mayor fiabilidad que la radiografía simple. Entre los 4 y los 6 meses, la radiografía puede confirmar una luxación, pero su negatividad no la descarta (ni siquiera en la clásica proyección de Von Rosen, en abducción de 90°).

Si no se trata con antelación un niño afectado de DEC, hacia los 12-15 meses presentará, además de la limitación a la abducción, un acortamiento de la extremidad inferior afectada: se puede comprobar midiendo desde la espina ilíaca anterosuperior al maléolo interno, con una cinta métrica inextensible.

A los 18 meses habrá, además, retraso en la marcha, presencia de cojera, marcha inestable o claudicación.

Metatarso varo

Es la malposición fetal más frecuente: el antepié se desvía en varo, los metatarsianos se hallan en abducción respecto al retropié y suele existir un pliegue plantar interno en la articulación astragaloescafoidea.

Se aconseja que los propios padres practiquen manipulaciones suaves y, en caso de no mejorar, hay que derivarlo hacia los 3 meses de edad para tratarlo con férulas desrotatorias.

Genu varum

Es el aumento del ángulo femorotibial con vértice externo, que se traduce en un aumento de la distancia entre cóndilos femorales.

Es común en el lactante, suele notarse más cuando inicia sus primeros pasos y entonces es motivo frecuente de consulta.

El *genu varum* fisiológico tiende a la resolución espontánea, desapareciendo completamente hacia los 2 años y medio o los 3 años, y suele combinarse con una marcha en rotación interna por torsión tibial interna y pie valgo.

Cuando no desaparezca o aumente la separación intercondílea por encima de 3 cm, se sospechará la existencia de una patología: enfermedad de Blount, raquitismo renal, alteraciones generalizadas (acondroplasia u otras displasias óseas).

El diagnóstico debe ser radiológico.

Genu valgus

Es la disminución del ángulo femorotibial con vértice interno, que se traduce en un aumento de la distancia entre maléolos internos. Puede asociarse a pie plano valgo.

Existe un *genu valgus* fisiológico entre los 3 y los 6 años.

Pie plano

En el momento del nacimiento no existe arco interno del pie, que se va desarrollando paralelamente a la musculatura plantar. La detección del pie plano debe realizarse a los 3 años, nunca antes.

Pie cavo

El pie cavo familiar es el más frecuente, y se acentúa en torno a la pubertad. No responde al tratamiento con plantillas, pero éstas pueden estar indicadas cuando se asocia a cansancio, dolor o callosidades.

El pie cavo con retracción de la musculatura corta plantar, las alteraciones en la marcha y quizá los dedos en garra y retropié en varo pueden ser indicativos de una neuropatía periférica evolutiva.

Dismetrías de las extremidades inferiores

Una dismetría de 0,5 a 1 cm suele ser normal (1 cm de dismetría en un niño menor de 1 año de edad debe ser investigada).

Cuando la dismetría es superior a 1,5 cm es aconsejable compensarla mediante un alza en el zapato.

Se plantea una igualación quirúrgica a partir de los 3 cm de dismetría, y cuando sea posible deberá realizarse antes de la pubertad.

Tortícolis

La exploración del tortícolis congénito forma parte del control sistemático en recién nacidos y lactantes hasta los 3 meses de edad.

Escoliosis

La escoliosis es una desviación de la columna vertebral que se observa en el plano frontal. El 80% son idiopáticas.

- *Escoliosis posturales o funcionales (actitud escoliótica).* Se trata de una posición de la columna, no de una deformidad, que nunca progresa. El ángulo de curvatura o de Cobb, medible mediante radiografía simple, es menor de 10°.
- *Escoliosis estructuradas.* La columna vertebral presenta una curva rígida, siempre mayor de 10°, que casi no se modifica con el decúbito, la tracción o la inclinación lateral. La más grave es la *infantil* (menores de 3 años), ya que en caso de progresar, además de provocar una gran deformidad, puede afectar la función pulmonar.
- *Escoliosis del adolescente.* Constituye el grupo más numeroso. Su prevalencia entre la población de 10 a 16 años varía del 2 al 10%, según ángulos de curvatura y según autores; la prevalencia de curvas superiores a 20° es del 0,3 al 0,5%, y sólo el 0,1% requiere tratamiento quirúrgico. Se reconoce un factor hereditario, así como una predilección por el sexo femenino.
- *Pronóstico y tratamiento.* A partir de los 3 años la escoliosis ya puede detectarse mediante la inspección de frente, de perfil y posterior. Si el ángulo de Cobb supera los 10°, se recomienda derivar al ortopeda para un mejor seguimiento, control y eventual tratamiento ortésico. Si el ángulo es inferior a 10°, se recomienda un control clínico anual por el pediatra en Atención Primaria.

MALTRATO INFANTIL

Se define el maltrato infantil como la acción, omisión o el trato negligente, no accidental, que priva al niño de sus derechos y de su bienestar, que amenaza y/o interfiere su ordenado desarrollo físico, psíquico o social y cuyos autores pueden ser individuos, instituciones o la propia sociedad (Centro Internacional de la Infancia, París).

En España la incidencia anual declarada es de 15 casos por cada mil niños, estimándose que solamente se detecta el 10-20% del maltrato existente.

- El maltrato «se transmite» o continúa de una generación a la siguiente: un niño maltratado tiene alto riesgo de ser maltratador en la etapa adulta (15 veces más frecuente).
- En el 30-70% de las familias en las que se abusa de un adulto (p. ej., de la madre) habrá abuso en menores.
- Se asocia a padres con adicción a alcohol, drogas y/o trastornos psiquiátricos.

Prevención primaria

Dado lo complejo del tema, se recomienda una intervención multifactorial:

- Promoción en las «escuelas de padres» de la estima hacia la infancia, la mujer y la paternidad.
- Prevención del embarazo no deseado.
- Intervención empática en la consulta respecto a las prácticas de castigo corporal, exponiendo métodos alternativos de disciplina.
- En el Programa del Niño Sano utilizar la *Guía anticipadora* para comentar para cada edad específica las características y requerimientos del niño.
- Identificación de los puntos valiosos y positivos de los padres.

Actuación ante la sospecha o detección de situaciones de riesgo de maltrato infantil

- Ante la sospecha se realizará una primera entrevista con los padres o cuidadores, procurando tener en cuenta los siguientes aspectos:
  - Aceptar inicialmente las explicaciones familiares y evitar la confrontación dialéctica.
  - Actitud no punitiva o juzgadora.
  - Utilizar un lenguaje comprensible, en tono suave y normal.
  - No insistir en preguntas que no quieran responder.
  - Asegurar la confidencialidad.
- Si fuera necesario *entrevistar al niño*, se valorará la posible repercusión sobre el menor, procurando que no se sienta culpable. La actitud será de escucha.
- La *notificación del caso* es una condición necesaria para posibilitar la intervención y, además, es una obligación legal y profesional (Ley de Enjuiciamiento Criminal, artículo 13; Código de Deontología y Ética Médica, artículo 30.2).
- Actuación según factores de riesgo:
  - Maltrato con alto riesgo inmediato para el niño: ingreso hospitalario y denuncia judicial.
  - Maltrato con riesgo no inmediato para el niño. Intervención de los servicios sociales y/o de salud mental, y apoyar positivamente a la familia.
  - Situación de riesgo de maltrato: contacto con los servicios sociales y/o de salud mental y apoyo positivo a la familia. Favorecer la coordina-

ción con los servicios sociales, de salud mental y la escuela, y realizar controles más frecuentes.

Tratamiento del maltrato

Conlleva:

- Tratar las lesiones y sus secuelas físicas.
- Asegurar tratamiento emocional y psicológico por centros de salud mental infantil-juvenil.
- Coordinarse con los servicios sociales de la zona.
- Seguimiento de la familia y del niño tras las crisis (evaluando secuelas, repetición del maltrato, problemas de salud asociados).
- Terapia del grupo familiar sobre alcoholismo, toxicomanías, trastornos psiquiátricos, planificación familiar, etc.
- Promover la atención del menor en su propia familia, siempre que sea posible, valorando remitir a las familias a grupos de ayuda mutua, educadores familiares o psicoterapeutas de familia.

APARATO GENITOURINARIO

Hipospadias

Es una anomalía relativamente frecuente (del 0,5 al 1% de niños). El meato uretral está desplazado hacia la cara ventral del pene. Generalmente, va asociada a la incurvación ventral del pene.

Los hipospadias anteriores (glandulares y peneanos) se derivarán si provocan dificultades de micción. En caso de que el meato sea amplio y el niño pueda orinar sin problemas, se derivará hacia el año de edad, ya que el tratamiento quirúrgico se realiza habitualmente entre el primer y el segundo año de vida.

Los hipospadias posteriores (escrotales y perineales) pueden estar asociados a ambigüedad sexual y, por tanto, se deben derivar de manera inmediata al especialista.

Criptorquidia

No debe confundirse con el *teste en ascensor*, simple exageración del reflejo cremastérico. El teste en ascensor no precisa control, ni tratamiento médico ni quirúrgico.

En la criptorquidia verdadera se recomienda la orquidopexia quirúrgica entre el año y los 2 años de edad (más precozmente los bilaterales), para reducir el riesgo de atrofia y de torsión.

Fimosis

Es la existencia de una estrechez del orificio prepucial que impide o dificulta la exteriorización del glande por retracción del prepucio.

Además de la posibilidad de circuncisión, puede intentarse el tratamiento tópico de la fimosis mediante la simple aplicación en el glande de crema de beclometasona al 0,1% o betametasona al 0,05% una vez al día durante 15 días, continuando luego otros 15 días con retracción prepucial tras la aplicación de la crema.

Hipertensión arterial

La determinación de la presión arterial (PA) en los niños tiene un bajo rendimiento como predictor de la presión arterial del adulto. En los menores de 14 años se considera oportuna sólo para realizar la detección precoz de hipertensiones malignas antes de los 6 años.

En la edad infantil y juvenil se consideran los tres grupos clásicos de hipertensión arterial (HTA):

1. *HTA límite*: PA entre 1 y 10 mmHg por encima del percentil 97,5.
2. *HTA confirmada*: PA entre 11 y 30 mmHg por encima del percentil 97,5.
3. *HTA amenazante*: PA superior a 30 mmHg por encima del percentil 97,5.

EDUCACIÓN DEL ENTORNO FAMILIAR Y DEL NIÑO

ALIMENTACIÓN

Lactancia humana o materna

Se pueden aducir varias razones para aconsejarla como opción prioritaria frente a sucedáneos:

- La mejor inmunidad local digestiva y respiratoria del niño.
- La ausencia de alergias homólogas.
- La relación afectiva: el intenso contacto físico y visual favorecen la protectora satisfacción materna.
- La involución uterina posparto es más rápida.
- La reducción de la tasa de neoplasia mamaria en madres lactantes.
- La temperatura e higiene están mejor garantizadas.
- Las razones económicas.

Sin embargo, la motivación positiva, apoyada en la información sobre las ventajas nutricionales, inmunitarias, afectivas y económicas, en ningún momento debe llevar a culpabilizar la opción por la lactancia mixta o sucedánea.

En 1989, la OMS y la UNICEF proclamaron el derecho de todos los recién nacidos y de sus madres a que se hagan todos los esfuerzos posibles para promover y asegurar la iniciación y matenimiento de la lactancia materna desde el momento del nacimiento (tabla 31-3).

Lactancia sucedánea

Existen tres tipos de fórmulas lácteas «normales» en el mercado:

1. Las fórmulas adaptadas para todo el primer año de vida, que están enriquecidas con hierro.
2. Las fórmulas adaptadas de inicio, que cubren las necesidades del lactante para los primeros 5-6 meses de vida.
3. Las fórmulas de continuación, a partir del 5.º-6.º mes de vida, más ricas en calcio, hierro y proteínas.

Errores comunes con la lactancia artificial

- Biberones hiperconcentrados, que pueden producir deshidrataciones por sobrecarga renal y/o diarreas.

Tabla 31-3. Declaración conjunta OMS/UNICEF (1989) de protección, promoción y apoyo de la lactancia natural

Todos los servicios de maternidad y atención a los recién nacidos deberán:
1. Disponer de una política por escrito relativa a la lactancia natural que sistemáticamente se ponga en conocimiento de todo el personal de salud
2. Capacitar a todo el personal de salud de forma que esté en condiciones de poner en práctica esa política
3. Informar a todas las embarazadas de los beneficios que ofrece la lactancia natural y la forma de ponerla en práctica
4. Ayudar a las madres a iniciar la lactancia natural durante la media hora siguiente al parto
5. Mostrar a las madres cómo se debe dar de mamar al niño y cómo mantener la lactación incluso si han de separarse de sus hijos
6. No dar a los recién nacidos más que leche materna, sin ningún otro alimento o bebida, a no ser que estén médicamente indicados
7. Facilitar la cohabitación de las madres y los niños las 24 horas del día
8. Fomentar la lactancia natural cada vez que se solicite
9. No dar a los niños alimentados al pecho chupadores o chupetes artificiales
10. Fomentar el establecimiento de grupos de apoyo a la lactancia natural, y procurar que las madres se pongan en contacto con ellos a su salida del hospital o clínica

- Sobrealimentación por un gran volumen de leche, que puede producir vómitos, diarreas, malestar, cólicos abdominales y obesidad.

Alimentación complementaria o *beikost*

La palabra alemana *beikost* significa «alimento adicional», y se usa para designar cualquier alimento distinto de la leche.

Los niños amamantados al pecho no necesitan papillas, suplementos ni agua. Hacia los 5-6 meses se pueden introducir otros alimentos que complementen la leche, sin sustituirla.

Conviene introducir los alimentos uno a uno, no en mezclas, y con intervalos de 10-15 días, para detectar posibles intolerancias (tabla 31-4).

ACCIDENTES

Las lesiones por accidentes (no intencionadas) constituyen la primera causa de muerte entre el año y los 40 años, y destacan como primera causa en años potenciales de vida perdidos (mayor que la suma de cáncer, cardiopatías y accidentes vasculares cerebrales) y en costes médicos y sociales (especialmente, las invalideces).

Tabla 31-4. Ejemplo orientativo de calendario de la alimentación del lactante sano

0-6 meses	Leche materna o fórmula adaptada al 13%
4 meses	Fruta
5 meses	Cereales sin gluten
6 meses	Verduras, carnes
7 meses	Gluten
8 meses	Yogur
10 meses	Yema de huevo
10-12 meses	Alimentos troceados que se lleva a la boca
12 meses	Leche entera de vaca, huevo entero, pescado

Prevención de accidentes

La prevención de accidentes se basa en tres pilares: las *medidas técnicas*, la *legislación* y la *educación.* Todo ello es muy importante en la infancia y adolescencia, edades en las que se forjan los comportamientos.

Accidentes de tráfico

El incremento del número de vehículos y su velocidad ha introducido riesgos a los cuales los niños están más expuestos.

Caídas accidentales

Las caídas son los accidentes más frecuentes en la infancia. La mayoría tienen consecuencia leves, pero en ciertos casos pueden dar lugar a lesiones graves.

Ahogamiento. Accidentes por inmersión

Aunque este tipo de accidente sea numéricamente poco importante, su gravedad sí lo es. Constituyen la segunda o tercera causa de mortalidad por accidente.

Quemaduras

Son accidentes muy frecuentes y graves. En la infancia, suelen producirse en la cara (en niños menores de 4 años).

La mayoría de las quemaduras en niños pequeños se produce por medio de líquidos calientes. El lugar más peligroso es la cocina.

Intoxicaciones

La introducción en el hogar de multitud de productos químicos para la limpieza y de múltiples fármacos hace que, a menudo, estén al alcance de los niños.

Electrocución

Son accidentes poco frecuentes pero a menudo mortales. Las causas más frecuentes son:

- La curiosidad infantil.
- El uso de aparatos eléctricos con aislamiento defectuoso.

- La utilización de aparatos eléctricos en el baño, en contacto con el agua.
- Defectos en las instalaciones eléctricas.

Cuerpos extraños

Se da preferentemente en niños menores de 2 años, al no estar aún bien establecida la coordinación motora entre masticación y deglución.

HIGIENE

Higiene corporal

Convendrá garantizar unos mínimos.

Higiene bucodental

La caries es la patología de mayor prevalencia en la edad preescolar y escolar.

Para la disminución de placa bacteriana:

- Evitar el hábito de azucarar los chupetes.
- Reducir el consumo de disacáridos.
- Promocionar la higiene bucodental mediante el hábito del cepillado post-ingesta a partir de los 2-3 años.

Para el aumento de la resistencia a la placa bacteriana es conveniente la fluoración.

Equilibrio entre el riesgo de caries y el de fluorosis: según el grado local de fluoración del agua se puede suplementar con flúor sistémico (medicamentoso por vía general, o bien dietético [sal yodada]), o localmente mediante colutorios y dentífricos fluorados. Es necesario que cada sanitario conozca los grados de fluoración de las aguas de suministro de los municipios de sus pacientes.

Algunos consejos respecto a la higiene bucodental:

- En el *lactante* se evitará añadir al chupete sustancias como azúcar, miel, aromatizantes, saborizantes, etc.
- La etapa *preescolar* es la óptima para reforzar el hábito del cepillado dental después de las comidas.
  En la edad *escolar* este hábito y la práctica de la fluoración deberán consolidarse entre la escuela, la familia y el pediatra.
- En la *adolescencia* los hábitos ya están consolidados, en positivo o en negativo, y la efectividad para cambiarlos es menor.

Higiene digestiva

En la edad *preescolar* deberá iniciarse el hábito del lavado de manos sistemático antes de las comidas.

HÁBITOS TÓXICOS Y DEPENDENCIAS

Tabaquismo pasivo y activo

Es conveniente aprovechar la realización de la historia clínica para interrogar sobre los hábitos tóxicos de los familiares convivientes, informando en su caso de los riesgos para los niños fumadores pasivos.

Al *escolar* y al *adolescente* la información sobre los efectos nocivos del tabaco le llegará a través de la escuela.

Alcohol

Su abuso constituye en España el principal problema de consumo de sustancias en la población joven.

La problemática alcohólica más grave en pediatría es el síndrome alcohólico fetal, y la deprivación afectiva y social de los hijos de los alcohólicos.

El alcohol se asocia a accidentes de tráfico de adolescentes en fines de semana.

Otras drogas

La educación sobre drogas minoritarias no se hará sistemáticamente a toda la población sino sólo como respuesta a las cuestiones planteadas por padres o niños.

GUÍA ANTICIPATORIA: RASGOS DE LAS SUCESIVAS EDADES, PROBLEMAS Y SITUACIONES COMUNES

ETAPA DEL RECIÉN NACIDO Y EL LACTANTE

Es conveniente descartar indicios de patologías orgánicas, e informar convenientemente a los padres del resultado de la exploración.

Los temores de esta etapa, sobre todo en el primer hijo, suelen asociarse a las dificultades de:

- *Lactancia.*
- *Crecimiento.*
- *Maduración.*
- *Infecciones.*
- *Dificultades al conciliar el sueño.*

ETAPA PREESCOLAR

Los motivos de temor en esta etapa se sitúan en:

- *Actitud alimentaria.*
- *Esfínteres.*
- *Personalidad y conducta.*
- *Lenguaje.*

ETAPA ESCOLAR

Se inician la acumulación de información, el pensamiento lógico y los esquemas morales. Es una etapa básicamente movida («no paran»), pero afectivamente tranquila: es la llamada por Freud fase de «latencia». Dura hasta la aparición de la pubertad.

La disponibilidad personal y el apoyo afectivo de los padres son necesarios como principal punto de referencia del niño.

También es muy importante la supervisión familiar de los aprendizajes y trabajos escolares, y el fomento de las actividades de deporte y ocio.

ETAPA ADOLESCENTE

Como características específicas cabe señalar que la maduración física y psíquica sigue ritmos diferentes según el sexo. Se trata de una etapa inestable, de «transfiguración», con el surgimiento de la personalidad adulta a partir de los elementos infantiles previos, con múltiples facetas aparentemente contradictorias:

- La dependencia de los padres y la ruptura con la autoridad paterna.
- El duelo por la pérdida de la seguridad infantil.
- La exigencia de autonomía de decisión, junto a la dificultad de responsabilización real.
- La introversión con la familia y la extroversión gregaria con su grupo de amigos.
- Las dificultades de autoestima, junto a una sensación de omnipotencia o inmortalidad.

El profesional sanitario constituye un servicio de ayuda a los adolescentes, nunca un aliado de los padres «contra ellos». Debe protegerse el clima de privacidad y empatía. Es muy aconsejable evitar interrupciones de cualquier tipo, y escribir lo mínimo delante de ellos durante la consulta.

En ningún caso hay que juzgarles, y con sentido del humor se debe intentar implicarlos en el mantenimiento de su salud mediante prácticas efectivas de protección.

Hay que formalizar muy bien el final de la consulta (la parte resolutiva), resumiendo de forma muy breve y clara las conclusiones diagnósticas y la información relevante.

Ámbitos específicos de la prevención en la adolescencia con respecto a las conductas de riesgo

- *Prevención del embarazo y de las enfermedades de transmisión sexual* (ETS). Se recomendará el uso de preservativo para las relaciones esporádicas, y se informará de los métodos anticonceptivos disponibles.
- *Prevención de accidentes*. Se recomienda consejo o reflexión respecto a tres aspectos básicos:

  – La seguridad en el tráfico de vehículos, y su relación con la ingestión de alcohol.
  – La apetencia por el riesgo y la posibilidad de daños irreversibles.
  – El gregarismo y la falta de decisión personal: la presión del grupo y la responsabilidad personal.

- *Prevención del tabaquismo activo*. El consejo antitabaco debe ser una intervención breve y sistemática, realizada de forma oportunista; consta de:

  – Evaluar el consumo y las situaciones que se le asocian.
  – Informar de forma clara y ajustada a la situación.
  – Ofrecer alternativas.

- Pactar el calendario para dejar el tabaco.
- Dar refuerzos positivos a cada visita de seguimiento para valorar los progresos realizados.

La efectividad del consejo antitabaco en los adolescentes no está evaluada.

- *Prevención del alcoholismo*. La efectividad del consejo antialcohólico en los adolescentes no está evaluada. Por ello, se recomienda dirigirlo a los adolescentes con marcadores de riesgo:

  - Antecedentes familiares de alcoholismo.
  - Consumo de tabaco o drogas.
  - Padres en paro.
  - Baja cohesión familiar (independencia total de la familia, familia no interesada por los valores éticos, no convivencia de los padres).
  - Calificaciones escolares malas.
  - No practicar deporte de forma regular.
  - Disponer de mucho dinero.

En ellos, puede resultar más efectivo investigar el consumo de alcohol, e informarles de las consecuencias negativas de forma clara y concisa.

Capítulo 32

ACTIVIDADES DE PREVENCIÓN Y PROMOCIÓN DE LA SALUD EN EL ADULTO

INSTRUMENTOS PARA LA PREVENCIÓN Y LA PROMOCIÓN DE LA SALUD EN ATENCIÓN PRIMARIA

Tradicionalmente, y hasta bien entrada la década de 1970, los exámenes preventivos se realizaban con periodicidad fija, en general anualmente. A medida que los estudios epidemiológicos y clínicos aportaron datos más precisos acerca de la historia natural de las enfermedades se fue modificando esta visión en favor del examen periódico de salud. En él se tienen en cuenta como variables fundamentales el sexo y la edad de la persona a la que van dirigidas las iniciativas preventivas.

EDUCACIÓN SANITARIA

La tarea educativa de los profesionales de la salud, sobre todo en Atención Primaria, consiste en confortar, clarificar, explicar, instruir y recomendar a los pacientes para convencerlos de la bondad de una determinada conducta, con el propósito de mejorar su estado de salud y su bienestar.

COUNSELING O CONSEJO

El consejo sanitario desde las consultas de Atención Primaria se debe considerar como una intervención que incluye una amplia variedad de actividades, como evaluar el conocimiento y la motivación de los pacientes, proveer información, modificar hábitos nocivos, reforzar determinados comportamientos y monitorizar el progreso de los pacientes a largo plazo.

Un reciente trabajo, basado en argumentos de evidencia científica, señala en qué circunstancias los profesionales pueden esperar los mayores beneficios mediante el consejo y en cuáles no, proporcionando las bases para incluir en un examen periódico de salud aquellas actividades que se han demostrado efectivas (ICSI, 2001) (tabla 32-1).

Tabaco

El consumo de tabaco es la primera causa de mortalidad prevenible en los países desarrollados. En España se ha estimado que alrededor de 56.000 muertes son atribuibles al consumo de tabaco, y representa una de cada 4 muertes en hombres, y una de cada 40 en mujeres (Banegas, 2002). El consumo de tabaco se asocia a múltiples enfermedades, entre las que cabe destacar el cáncer broncopulmonar, la cardiopatía isquémica y la enfermedad vascular periférica.

Tabla 32-1. Condiciones de salud susceptibles de la realización de medidas de consejo y de educación sanitaria en los adolescentes y en los adultos

	Grupos de edad (años)			
	13-18	19-39	40-64	≥ 65
Nutrición				
– Desayunos y meriendas saludables	•			
– Ingestión de calcio	•	•	•	•
– Suplementos de ácido fólico	•	•		
– Limitar la grasa saturada	•	•	•	•
– Dieta rica en frutas y vegetales (5 raciones al día)	•	•	•	•
– Equilibrio calórico y nutricional	•	•	•	•
Actividad física	•	•	•	•
Uso y abuso de sustancias				
– Tabaco (incluye la exposición pasiva)	•	•	•	•
– Problemas relacionados con el alcohol	•	•	•	•
– Alcohol y otras drogas	•	•	•	•
– Conducir vehículos habiendo consumido alcohol	•	•	•	•
Prevención de lesiones				
– Caídas				•
– Posesión de armas de fuego	•	•	•	•
– Seguridad ante el fuego	•	•	•	•
– Uso del casco en los motoristas	•	•	•	•
– Vehículos de motor/bicicletas	•	•	•	•
– Uso del cinturón de seguridad	•	•	•	•
– Uso del casco en situaciones de riesgo	•	•	•	•
– Control de seguridad del agua caliente				•
Violencia y abuso				
– Promoción de las conductas no violentas y cribado de la violencia familiar	•	•	•	•
Prácticas sexuales				
– Prevención del embarazo no deseado	•	•		
– Enfermedades de transmisión sexual	•	•	•	•
Salud mental				
– Detección de depresión/ansiedad	•	•	•	•
– Habilidades para enfrentarse a los conflictos/reducción del estrés	•	•	•	•
Documento de voluntades anticipadas		•	•	•
Profilaxis hormonal en la posmenopausia			•	

(*Continúa*)

Tabla 32-1. Condiciones de salud susceptibles de la realización de medidas de consejo y de educación sanitaria en los adolescentes y en los adultos (*Cont.*)

	Grupos de edad (años) 13-18	19-39	40-64	≥ 65
Cáncer de piel				
– Protección de la luz UV	•	•	•	•
*Cuidados preventivos**	•	•	•	•
Consejo preconcepcional	•	•	•	
Enfermedad dental y periodontal	•	•	•	•

*Informar a los usuarios de la pertinencia de realizar reconocimientos preventivos periódicos.

Existe *buena evidencia* para hacer la recomendación
Debe incluirse en un examen periódico de salud
Existe *mediana evidencia* para hacer la recomendación
Debe incluirse en un examen periódico de salud
Existe *insuficiente evidencia* directa de que el consejo conlleva un cambio específico en la conducta. Sin embargo, existe un *vínculo claro entre estas situaciones/conductas y la salud*

Adaptada de ICSI Health Care Guideline: Preventive Counseling and Education. Bloomington, Minnesota: Institute for Clinical Systems Improvement; 2001. Disponible en Internet: www.icsi.org.

ABUSO DE ALCOHOL Y DE OTRAS DROGAS

Existe acuerdo en que los profesionales de Atención Primaria de Salud (APS) deben estar alerta ante cualquier signo o síntoma de abuso de alcohol o de otras drogas.

EJERCICIO FÍSICO

Se ha demostrado que el ejercicio físico es especialmente efectivo para mejorar seis afecciones concretas: enfermedad coronaria, hipertensión, obesidad, diabetes no insulinodependiente, osteoporosis y ciertas patologías psicológicas.

Además, la mayoría de grupos concluyen que muchos de los beneficios observados con el ejercicio físico pueden conseguirse incluso con grados de intensidad y frecuencia bajos (a diferencia de lo que se creía antes), como, por ejemplo, caminar, subir escaleras o practicar actividades de jardinería.

DIETA

Las dietas inadecuadas a los requerimientos deseables, por deficitarias en determinados componentes o porque contienen una proporción excesiva de otros, se han vinculado a determinadas enfermedades, sobre todo a afecciones cardiovasculares, algunos tipos de cáncer, osteoporosis, anemia ferropénica, defectos del tubo neural y todas las complicaciones asociadas a la obesidad (diabetes, artropatía degenerativa, litiasis biliar, cardiopatía, etc.), por citar las más relevantes.

Los principales factores de riesgo de una dieta deficitaria o inadecuada se encuentran en el subgrupo de mujeres de grado de instrucción y nivel socioeconómico bajos y en los hombres o mujeres viudos o que viven solos.

ANTICONCEPCIÓN

A pesar de la existencia de otros organismos que prestan este tipo de servicio, se considera que la iniciativa de la anticoncepción corresponde a los equipos de APS, que, además, pueden asumir la mayor parte de indicaciones de anticonceptivos orales, algunos métodos de barrera y, en algunas circunstancias, otras actividades. Los aspectos específicos relativos a esta cuestión pueden consultarse en el capítulo dedicado a la planificación familiar.

ACTIVIDADES DE CRIBADO

CÁNCER

Consideraciones generales. Importancia del tabaco como principal factor de riesgo

Las neoplasias malignas, en su conjunto, constituyen la segunda causa de muerte en España, después de las enfermedades del aparato circulatorio. En el año 1997 se produjeron, en los hombres, 89.133 casos de cáncer y 60.607 muertes (tasa bruta de mortalidad/100.000 habitantes: 315,08; tasa ajustada/100.000 habitantes: 186,24), y en las mujeres, 61.236 casos y 37.970 muertes (tasa bruta: 189,02; tasa ajustada: 88,15).

Las primeras causas de muerte por cáncer en España son el cáncer broncopulmonar en el hombre y el cáncer de mama en la mujer. Actualmente, puede afirmarse con rotundidad que ambas neoplasias pueden ser evitables en un alto porcentaje de casos.

Los profesionales de APS deben prestar una especial atención a tres aspectos fundamentales: la promoción de estilos de vida saludables, la valoración inmediata de los signos o síntomas clínicos de sospecha (después de asesorar previamente a los usuarios para que puedan reconocerlos) y la recomendación de aquellas pocas actividades de cribado que se han mostrado efectivas.

Cáncer de mama

En España, el cáncer de mama es la neoplasia más frecuente en la mujer, y la primera causa de muerte en el grupo de edad de 35 a 64 años. En 1997, la tasa bruta de mortalidad fue de 28,70 por 100.000 mujeres, y la tasa ajustada, de 15,94 por 100.000 mujeres; fallecieron por la enfermedad 5.766 mujeres, lo que representa el 15,2% del total de muertes por cáncer.

Los procedimientos de cribado más utilizados para la detección precoz del cáncer de mama son el examen clínico mamario, la mamografía y la autoexploración mamaria.

El único instrumento que se ha demostrado efectivo para disminuir la mortalidad por la enfermedad es la mamografía.

En la mayoría de los estudios controlados aleatorios en los que se incluye la práctica de la mamografía se ha observado un efecto beneficioso del cribado, capaz de reducir la mortalidad por la enfermedad. Otro metaanálisis, también publicado en el año 2002 por los investigadores de los ensayos suecos, confirma los efectos beneficiosos del cribado tras un seguimiento medio de 15,8 años desde el cribado con mamografías. Concluyen que en el conjunto de los ensayos la reducción de la mortalidad por cáncer de mama era del 21% (RR: 0,79; IC: 0,70-0,89). Hasta el momento actual no existe ningún estudio que haya podido demostrar de forma indiscutible que la mamografía reduzca la mortalidad en las mujeres de menos de 50 años. La pertinencia de recomendar la práctica de mamografías periódicas a la población de mujeres de 40 a 49 años, a pesar de carecer de evidencia científica suficiente, sigue siendo objeto de un intenso debate.

Una cuestión crucial es la periodicidad adecuada de la exploración. Tabar et al, que analizan los casos que se diagnostican entre dos cribados consecutivos (casos de intervalo), deducen que, en mujeres a partir de los 50 años de edad, la práctica de una mamografía cada 2 años es una periodicidad adecuada para diagnosticar la gran mayoría de los casos.

En la mayor parte de las Comunidades Autónomas del Estado español se van implementando, de forma progresiva, programas organizados de cribado.

A pesar de que en la mayoría de ensayos clínicos no se han incluido mujeres de más de 70 años, parece claro que no existen motivos de peso para no poder seguir practicando una mamografía bienal desde la consulta.

Allí donde ya existen programas poblacionales de cribado, el médico debe incentivar que las mujeres acudan a realizarse la mamografía.

En el ámbito de la consulta, cuando no existan tales programas, siempre que se considere factible se recomienda la práctica de una mamografía cada 2 años a partir de los 50 años.

La pertinencia de realizar mamografías de los 40 a los 49 años de edad debe discutirse individualmente con la mujer que la solicita.

Cáncer de cérvix, endometrio, colorrectal y de próstata

Cáncer de cérvix

En España, la prevalencia de esta enfermedad se sitúa entre las más bajas del mundo, con una incidencia (tasa ajustada a la población mundial) de 5,96 por 100.000 mujeres, en 1997. En este mismo año se produjeron 742 muertes en España por la enfermedad, lo que se corresponde con una tasa de mortalidad ajustada de 2,30 por 100.000 mujeres, y representa el 1,95% de las muertes totales por cáncer. La probabilidad de que una mujer desarrolle la enfermedad antes de los 75 años de edad es del 0,5 al 1%.

Existe controversia en cuanto a la frecuencia del cribado. La Agencia Internacional de Investigación del Cáncer (IARC) llega a la conclusión de que realizar la exploración cada 3 o 5 años no ofrece una protección significativamente menor que hacerlo anualmente.

Para valorar la pertinencia de un programa de detección precoz en España también hay que tener en cuenta algunos aspectos positivos de éste, como la buena aceptación por parte de la población, el excelente pronóstico del carcinoma *in situ* tratado adecuadamente y la protección que supone haberse sometido al test al menos en una ocasión en algun momento de la vida.

Teniendo en cuenta todas estas reflexiones, parece razonable, en España, recomendar lo siguiente: realizar cribado a las mujeres de 35 a 65 años de edad sexualmente activas o que han mantenido relaciones sexuales completas en el pasado. Se recomienda la realización inicial de dos citologías de Papanicolaou con un intervalo de un año entre ambas (básicamente, con la finalidad de detectar los eventuales falsos negativos). Posteriormente, repetirlo cada 5 años. A las mujeres de más de 65 años que no se hayan practicado ninguna citología en los últimos 5 años, se les deberían practicar dos citologías con un año de intervalo entre ambas y, si resultan negativas, no proseguir con el cribado.

CÁNCER DE ENDOMETRIO

El cáncer de endometrio es el tumor ginecológico más frecuente (si se excluye el de mama); representa el 5,9% de los tumores malignos en la mujer.

La tasa de incidencia ajustada de la enfermedad se situó en 1997 en 10,74 por 100.000 mujeres. La tasa de mortalidad ajustada por 100.000 habitantes en España, en el año 1997, fue de 2,21, lo que equivale a 1.023 fallecimientos.

Cuando se detecta la hemorragia posmenopáusica, el médico está obligado a investigar la causa que la ha producido. Se estima que la probabilidad de presentar cáncer de endometrio después de una hemorragia posmenopáusica es del 10 al 70%, según los autores.

En la actualidad, se considera que la detección precoz de la enfermedad depende de una evaluación adecuada y sin demora de toda hemorragia posmenopáusica.

CÁNCER COLORRECTAL

El cáncer colorrectal es la segunda neoplasia maligna más frecuente en Occidente. Según los datos del IARC correspondientes al año 1997, en España se produjeron 11.329 casos en hombres y 9.359 en mujeres (tasas ajustadas, respectivamente, 35,54 y 22,79/100.000). En este mismo año, las tasas ajustadas de mortalidad fueron de 16,46/100.000 en hombres y 10,20/100.000 en mujeres.

El cáncer de colon y recto tiene como precursor histológico, en la inmensa mayoría de los casos, el pólipo adenomatoso. Se considera que los de histología vellosa o tubulovellosa o los adenomatosotubulares de tamaño superior a 1 cm de diámetro o de presentación múltiple son los que presentan un mayor riesgo de malignización. Se han podido delimitar determinados grupos de riesgo elevado de sufrir la enfermedad, entre los que cabe destacar los siguientes:

- Pacientes con cáncer colorrectal en familiares de primer grado, sobre todo si se ha presentado en más de un familiar o antes de los 45 años de edad.

- Cáncer colorrectal hereditario, que incluye:
  - Cáncer colorrectal hereditario no polipoideo (síndrome de Lynch), que representa el 6-10% del total de los casos de cáncer colorrectal.
  - Poliposis múltiple familiar: poliposis adenomatosa familiar y sus variantes: síndrome de Gardner y síndrome del adenoma plano hereditario, la forma hereditaria de la poliposis juvenil y el síndrome de Peutz-Jeghers.
  - Colitis ulcerosa con pancolitis de más de 10 años de evolución, o colitis izquierda de más de 15 años de evolución.
  - Historia personal de cáncer de endometrio, ovario o mama.

Prevención primaria

No se dispone en la actualidad de evidencias directas, emanadas de ensayos clínicos aleatorios controlados, que hayan mostrado ninguna medida de prevención primaria capaz de reducir la incidencia de la enfermedad.

Prevención secundaria

Se han realizado diversos ensayos clínicos aleatorios, desde la década de 1970, mediante la determinación de la sangre oculta en heces. Dichos estudios mostraron que si se realizaba una determinación bienal de la sangre oculta en heces se observaba una disminución de la mortalidad del 15 al 33%.

Las principales limitaciones del cribado están relacionadas fundamentalmente con el escaso valor predictivo del test de determinación de sangre oculta, que varía del 2 al 7% (en España se estima del 5%), lo que supone un importantísimo porcentaje de exploraciones endoscópicas ulteriores con resultado negativo, con el riesgo no despreciable de la exploración y la ansiedad inherente, el escaso cumplimiento, la escasez de infraestructura y los defectos en los circuitos de derivación sistemática desde los Centros de Salud.

Hoy por hoy, resulta complejo practicar activamente el cribado del cáncer colorrectal desde la consulta de APS.

El médico de familia debe derivar a los pacientes con riesgo elevado a los servicios especializados en aparato digestivo, para que se les practiquen controles endoscópicos periódicos.

CÁNCER DE PRÓSTATA

En el año 1997 se produjeron 10.421 casos, lo que corresponde a una tasa ajustada para la población mundial de 28,25/100.000 hombres y 5.471 muertes (tasa ajustada de 13,39/100.000).

La edad es el principal factor de riesgo. Solamente el 1% de los casos se presentan antes de los 50 años de edad, el 16% entre los 50 y los 64 años, y el 83% en mayores de 64 años.

Pruebas de detección precoz

El antígeno prostático específico (*prostatic specific antigen*) aumenta sus valores plasmáticos en presencia de una patología prostática, y en mayor medida, en el cáncer.

La *ecografía transrectal* debe ser considerada más como un test diagnóstico que como un test de detección precoz sistemática.

Polémica sobre la utilidad de la detección precoz del cáncer de próstata

Hoy por hoy no se dispone de ningún estudio aleatorio controlado, adecuadamente diseñado, que haya mostrado la capacidad del cribado para disminuir la mortalidad por cáncer de próstata, y toda confianza en su bondad proviene de evidencias indirectas y teóricas.

Los argumentos que en la actualidad desaconsejan el cribado son los siguientes:

- No existe evidencia científica, avalada por estudios controlados, que muestre una reducción de la mortalidad por cáncer de próstata mediante el cribado.
- El sobrediagnóstico generado por el cribado conlleva un importante número de biopsias y tratamientos no exentos de riesgo y, en muchos casos, de eficacia no probada.
- No se dispone de marcadores capaces de discriminar los casos de cáncer latente de aquellos que evolucionarán clínicamente y reducirán la supervivencia.
- Los aspectos éticos del cribado, habida cuenta de la incertidumbre existente hoy en día en torno al tema, son discutibles.

La práctica del tacto rectal y la determinación del PSA debería quedar limitada a los individuos que acuden a la consulta con síntomas de patología prostática. Si un usuario solicita el cribado, el médico debería explicarle el estado actual de la cuestión para que decidieran conjuntamente la actitud a seguir.

Otras neoplasias

Respecto a otras neoplasias, la evidencia de los procedimientos preventivos es variable. En muchos tipos de cáncer, las medidas de prevención primaria constituyen la estrategia fundamental para evitarlas, sobre todo las que se hallan asociadas al consumo de tabaco y alcohol, y a la dieta, mientras que en otros esta evidencia es escasa. Aparte de las neoplasias ya mencionadas, la evidencia de un efecto positivo del cribado es prácticamente inexistente.

ENFERMEDADES CARDIOVASCULARES

Hipertensión

La hipertensión arterial (HTA) es un factor de riesgo cardiovascular de primer orden que se relaciona, por orden de importancia, con el accidente vascular cerebral (AVC), con la insuficiencia cardíaca y con la cardiopatía isquémica. Según un estudio realizado en la población española de 35 a 64 años de edad, el 19,5% (21,6% de los hombres y 18,1% de las mujeres) tienen HTA (cifras iguales o superiores a 160 mmHg y/o 95 mmHg).

El Programa de Actividades Preventivas y de Promoción de la Salud (PAPPS) recomienda tomar la presión arterial al menos una vez hasta los

14 años de edad, cada 4 o 5 años desde los 14 hasta los 40 años de edad y cada 2 años a partir de los 40 años, sin límite superior de edad.

Hipercolesterolemia

La reducción de la colesterolemia produce una disminución de la incidencia y mortalidad por cardiopatía isquémica y enfermedad cardiovascular, en general. El 18% (18,6% de los hombres y 17,6% de las mujeres) de la población española de 35 a 64 años presenta una colesterolemia igual o superior a 250 mg/dl, y el 57,8% (56,7% de los hombres y 58,6% de las mujeres), igual o superior a 200 mg/dl.

El PAPPS recomienda el cribado de la hipercolesterolemia en los hombres en la edad media de la vida, y también como medida prudente en adultos jóvenes y en mujeres. Por esta razón, en los individuos sin antecedentes personales de cardiopatía isquémica u otra enfermedad cardiovascular, recomienda practicar una determinación de colesterol en alguna ocasión antes de los 35 años en los hombres y de los 45 en las mujeres, y posteriormente, cada 5-6 años hasta los 75 años.

En los individuos mayores de 75 años se debe realizar una determinación si no se les había practicado ninguna anteriormente.

Obesidad

En distintos estudios se ha observado que un índice de masa corporal (IMC) elevado (indicador de obesidad) tiene un marcado efecto sobre la presión arterial. Además, la obesidad va acompañada con frecuencia de otros factores de riesgo cardiovascular, como la dislipemia (valores elevados de lipoproteínas cíclicas de baja intensidad [cLDL] y bajos de lipoproteínas cíclicas de alta densidad [cHDL]), hiperglucemia y sedentarismo. La prevalencia de obesidad en España es alta. El 24% de los españoles entre 35 y 64 años son obesos (IMC o índice de Quetelet igual o superior a 30 kg/m^2). La prevalencia de obesidad es mayor en las mujeres (27%) que en los hombres (18%).

Es fundamental disponer de una medición de la talla al acabar el crecimiento, que sirva de referencia para el resto de la vida. Para ello puede considerarse la talla correspondiente a los 20 años.

Para la detección de la obesidad, y para centrarse más en la obesidad de alto riesgo (obesidad abdominal), también se recomienda la medición del perímetro abdominal. Recientemente, se ha propugnado su utilización (perímetro superior a 102 cm en hombres y 88 cm en mujeres) para discriminar aquellos pacientes con gran probabilidad de presentar el síndrome metabólico aterogénico.

En España, el PAPPS recomienda, en el subprograma de los adultos, una primera medición del peso a los 20 años y repetirla después cada 4 años, con una medición de la talla de referencia también a los 20 años, o bien en la primera visita en la que se registre el peso. Con estos datos se debe calcular el IMC, y a partir de él se consideran, independientemente del sexo, individuos obesos los que superen los 30 kg/m^2, y con sobrepeso, aquellos que tengan un IMC entre 25 y 30 kg/m^2.

Cálculo del riesgo cardiovascular

El riesgo cardiovascular establece la probabilidad de sufrir un episodio cardiovascular en un determinado espacio de tiempo, generalmente 5 o 10 años. Como episodio cardiovascular se entiende la cardiopatía isquémica o la enfermedad vascular cerebral.

Los conceptos de riesgo cardiovascular y riesgo coronario engloban distintas enfermedades ateroscleróticas. El riesgo coronario estima la probabilidad de padecer una cardiopatía isquémica, y el riesgo cardiovascular, además, la de una enfermedad vascular cerebral.

Aproximadamente, se pueden establecer las siguientes relaciones: el riesgo coronario restringido multiplicado por 1,5 obtiene una aproximación del riesgo coronario total, y éste multiplicado por 1,3 estimaría el riesgo cardiovascular.

Las dos utilidades más importantes del riesgo cardiovascular son la de establecer las prioridades de prevención cardiovascular y la de decidir la intensidad de la intervención con la introducción o no de los fármacos antihipertensivos o hipolipemiantes.

Para catalogar a un paciente de riesgo alto se requiere una intervención sanitaria más intensa, caracterizada, en la mayoría de las ocasiones, por la introducción del tratamiento farmacológico, tanto hipolipemiante como antihipertensivo. Un riesgo cardiovascular igual o superior al 20% a los 10 años establece un límite entre los pacientes con riesgo cardiovascular alto y moderado.

El PAPPS recomienda continuar con el uso de la tabla de Anderson de 1991 para calcular el riesgo coronario total.

Esta tabla sólo se puede emplear en la prevención primaria de la enfermedad cardiovascular. Un paciente tributario de prevención secundaria ya tiene un riesgo alto por el hecho de sufrir una cardiopatía isquémica, una enfermedad vascular cerebral o una arteriopatía periférica. Generalmente, en estos casos, el riesgo ya supera el 20% a los 10 años.

Los valores más altos de los factores de riesgo, como una hipercolesterolemia superior a 300 mg/dl de colesterol total o una HTA con valores iguales o superiores a 160/100 mmHg, requieren una evaluación particular y específica, independientemente del riesgo coronario. Estos valores más extremos del factor de riesgo coronario tienen menos capacidad predictora.

En la tabla 32-2 se exponen las diferentes variables que intervienen en el modelo de Framingham, la puntuación correspondiente y el cálculo del riesgo a los 10 años.

Prevención multifactorial de las enfermedades cardiovasculares

Los estudios de intervención dirigidos a un único factor de riesgo (la presión arterial, los lípidos, el tabaco) han aportado información valiosa sobre la asociación entre el factor de riesgo en concreto y la enfermedad cardiovascular, y algunos de ellos incluso han aportado información sobre intervenciones farmacológicas eficaces para controlar el factor de riesgo y reducir la incidencia de la enfermedad. Sin embargo, dada la propia naturaleza de la enfermedad cardiovascular y siguiendo un enfoque más comunitario, es preferible realizar intervenciones multifactoriales dirigidas a poblaciones no tan seleccionadas para conseguir la reducción sustancial de la incidencia de la enfermedad cardiovascular. Es lo que

Tabla 32-2. Tabla de predicción del riesgo cardiovascular del estudio de Framingham

Mujeres (edad)	Puntos	Hombres edad	Puntos	cHDL (mg/dl)	Puntos	Colesterol (mg/dl)	Puntos	PAS (mmHg)	Puntos	Otros factores	Puntos
30	–12	30	–2	25-26	7	139-151	–3	98-104	–2	Tabaquismo	4
31	–11	31	–1	27-29	6	152-166	–2	105-112	–1	Diabetes	
32	–9	32-33	0	30-32	5	167-182	–1	113-120	0	Hombres	3
33	–8	34	1	33-35	4	183-199	0	121-129	1	Mujeres	6
34	–6	35-36	2	36-38	3	200-219	1	130-139	2	VIH	9
35	–5	37-38	3	39-42	2	220-239	2	140-149	3		
36	–4	39	4	43-46	1	240-262	3	150-160	4		
37	–3	40-41	5	47-50	0	263-288	4	161-172	5		
38	–2	42-43	6	51-55	–1	289-315	5	173-185	6		
39	–1	44-45	7	56-60	–2	316-330	6				
40	0	46-47	8	61-66	–3						
41	1	48-49	9	67-73	–4						
42-43	2	50-51	10	74-80	–5						
44	3	52-54	11	81-87	–6						
45-46	4	55-56	12	88-96	–7						
47-48	5	57-59	13								
49-50	6	60-61	14								
51-52	7	62-64	15								
53-55	8	65-67	16								
56-60	9	68-70	17								
61-67	10	71-73	18								
68-74	11	74	19								

Puntos y riesgo coronario a los 10 años

Puntos	Riesgo	Puntos	Riesgo	Puntos	Riesgo	Puntos	Riesgo
≤ 1	< 2	9	5	17	13	25	27
2	2	10	6	18	14	26	29
3	2	11	6	19	16	27	31
4	2	12	7	20	18	28	33
5	3	13	8	21	19	29	36
6	3	14	9	22	21	30	38
7	4	15	10	23	23	31	40
8	4	16	12	24	25	32	42

En caso de desconocer el cHDL se emplearán valores de 39 mg/dl en hombres y 43 mg/dl en mujeres. Si no se tiene constancia de las cifras de glucemia o no se dispone de un trazado electrocardiográfico, los valores de la tabla correspondientes a la diabetes mellitus e hipertrofia ventricular izquierda se asumirán como no presentes.

Rose definía como estrategia poblacional, a diferencia de la estrategia de alto riesgo. Desde un punto de vista clínico, tiene sentido actuar preferentemente sobre aquellos pacientes de muy alto riesgo, pero desde un punto de vista de salud pública, las actuaciones comunitarias sobre toda la población son las que pueden tener más impacto sobre la morbimortalidad cardiovascular.

ENFERMEDADES INFECCIOSAS

Siguen existiendo problemas cuando se trata de implementar programas de inmunización sistemática en la población adulta. En general, los médicos de adultos, a diferencia de los pediatras, siempre han considerado como una actividad no prioritaria la promoción de la salud y la prevención de la enfermedad, incluyendo la vacunación, especialmente la de los adultos de bajo riesgo. Esto ha conducido a que la población adulta esté relativamente desprotegida, no sólo por la falta de vacunación sino también por la menor circulación comunitaria de determinados gérmenes y, por tanto, menor posibilidad de haber adquirido de forma natural la inmunidad. Los aspectos relacionados con las vacunas específicas pueden consultarse en el capítulo sobre inmunizaciones.

ENFERMEDADES DE TRANSMISIÓN SEXUAL

Los profesionales de la Atención Primaria desempeñan un importante papel en la información a sus pacientes sobre aspectos relacionados con los mecanismos de transmisión y las medidas preventivas que se deben adoptar para evitar la infección, y también en la detección precoz de los casos. Los aspectos de prevención y tratamiento de estas enfermedades se tratan en un capítulo específico.

PREVENCIÓN DE LOS TRASTORNOS DE LA SALUD MENTAL EN ATENCIÓN PRIMARIA

Una parte importante de los pacientes que utilizan los servicios de Atención Primaria, sea cual fuere el motivo de consulta, padecen problemas o conflictos psicosociales. En España, se ha establecido reiteradamente que el porcentaje de pacientes diagnosticables de trastorno mental en la consulta «normal» es del orden del 25-29%, y alcanza el 68% cuando sólo se consideran los pacientes «habituales» (aquellos que acuden repetidamente a la consulta).

Los factores de riesgo o vulnerabilidad de trastorno mental pueden detectarse, en la mayoría de los casos, a partir de las denominadas *transiciones* o *crisis psicosociales*: el conjunto de acontecimientos vitales particulares que generan reacciones psicológicas y trastornos por los que se consulta al médico de familia o al pediatra, o que se detectan a partir de la entrevista clínica cuando el paciente acude por otro motivo.

Propuesta de prevención de la salud mental del Programa de Actividades Preventivas y de Promoción de la Salud (PAPPS)

INFANCIA-ADOLESCENCIA

Atención de la mujer y el niño durante el embarazo y el puerperio

Fundamento:

– Importancia del vínculo madre-hijo para el posterior desarrollo psicofísico del niño.

Recomendaciones:
Durante el embarazo:

– Promoción del contacto precoz madre-hijo.
– Ayudar a la normalización de los temores maternos.
– Promocionar una lactancia satisfactoria.

Después del parto:

– Detección, por entrevista, del estado emocional de la madre, y exploración de la relación madre-hijo.

Recomendación a la Administración:

– Eliminar trabas al contacto precoz madre-hijo, mediante cambios en la organización asistencial.

Embarazo en la adolescencia

Fundamento:
– Elevado riesgo de complicaciones somáticas y psicológicas durante el embarazo en la adolescente. Dificultades para una vinculación familiar adecuada.

Recomendaciones:
– Atención especial sobre las recomendaciones de planificación familiar (anticoncepción) en las adolescentes (dentro del programa del adulto).

En caso de embarazo:

– Considerarlo embarazo de alto riesgo (también psicológico y psicosocial).
– Atención especial durante el embarazo y el puerperio.
– Reforzar el apoyo familiar y social mediante entrevista familiar.
– Seguimiento de las relaciones padres-hijo en la infancia y en la adolescencia.

Hijos de familias monoparentales

Fundamento:
– Los progenitores solos son más proclives a descompensaciones psicopatológicas y a proporcionar a sus hijos un trato inadecuado.

Recomendaciones:
– Entrevista familiar para explicar la importancia del rol masculino y femenino en el desarrollo del niño.
– Facilitar la búsqueda de una figura heterosexual de apoyo para el progenitor solo.
– Derivación, si procede, al equipo de salud mental, en caso de que se detecten trastornos psicológicos.

Retraso escolar/trastorno en el desarrollo del lenguaje

Fundamento:
– A menudo los retrasos escolares y/o los trastornos del desarrollo del lenguaje son expresiones de dificultades de desarrollo emocional del niño, que pueden tener relación con las relaciones familiares.

Recomendaciones:
– Entrevista para determinar la situación escolar.

Si se detecta retraso escolar:

– Investigar posibles déficit sensoriales.
– Atención prudente para determinar dificultades relacionales en la familia. Si existen trastornos del lenguaje: valorar con el equipo de salud mental programas para su rehabilitación.
– Valorar la derivación a salud mental del niño, el padre o la madre.

Antecedentes de patología psiquiátrica en los padres

Fundamento:
– Clara relación entre el tratamiento dado por los padres y el desarrollo (emocional y cognitivo) del hijo.

Recomendaciones:
– Anotar tales trastornos de forma clara en la historia clínica de los padres y del niño.
– Seguimiento cuidadoso y prudente del «*Programa del Niño Sano*».
– Facilitar una entrevista familiar en relación con dicho programa, para valorar los cuidados cotidianos recibidos por el niño.
– Si es preciso, contactar con los servicios sociales, psicopedagógicos o de salud mental.

Adultos

Pérdida de un familiar o allegado

Fundamento:
– Los *procesos de duelo* pueden dar lugar a trastornos adaptativos (DSM-IV; CIE-10).
– El Equipo de Atención Primaria puede ayudar a elaborar el proceso de duelo y detectar la necesidad de una eventual derivación al equipo de salud mental.

Recomendaciones:
– Entrevista, lo más próxima posible al suceso, para ayudar a elaborar la pérdida.
– Seguimiento periódico con entrevistas (al menos 2 o 3 en 6 meses).
– Puede estar indicada la entrevista familiar.
– En caso de cronificación o riesgo psicopatológico grave, se debe derivar al paciente al equipo de salud mental.

Pérdida de funciones psicofísicas importantes (atención al paciente y a sus familiares)

Fundamento:
– Esta situación pone en marcha múltiples «procesos adaptativos», con riesgos psicopatológicos propios de los *procesos de duelo*. Su cronicidad facilita la descompensación tanto del paciente como de su familia.

Recomendaciones:
- Entrevista familiar y enfoque de la situación con los miembros de la familia que llevarán el peso de la situación.
- Pueden ser útiles: grupos abiertos de ayuda mutua, contacto con la red asistencial «profana» (no profesionalizada) y con las asociaciones de enfermedades crónicas.

Recomendación específica a la Administración:
- Fomentar servicios de ayuda a domicilio y residencias asistidas.

Cuidado del paciente terminal y de su familia

Fundamento:
- Esta situación provoca importantes tensiones familiares y personales. Su «resolución» con la muerte del paciente supone casi siempre un *proceso de duelo* de difícil elaboración.

Recomendaciones:
- Entrevista familiar previa a la pérdida para evaluar las capacidades de la familia, y del paciente para conocer *conscientemente* la realidad de la enfermedad.
- Evitar apriorismos ideológicos («decírselo siempre» o «no decírselo nunca»).
- Detectar las personas del entorno más susceptibles de deterioro psicológico.
- Seguimiento de los familiares según el programa de «Pérdida de un familiar o allegado».

Jubilación
(preparación de la «red social» tras la jubilación)

Fundamento:
- Las descompensaciones biopsicosociales vinculadas a la jubilación son frecuentes.
- Una red familiar o afectiva y de relaciones y actividades sociales puede ayudar a evitarlas.

Recomendaciones:
- Atención previa, por entrevista familiar o no, a ser posible dentro del año previo a la jubilación.
- Recomendar el mantenimiento de una vida mental, física y social *activa*. Dependiendo de las características del paciente, clasificarlo como de:
  - *Riesgo alto*: visita a los 2 y 6-12 meses de la jubilación.
  - *Riesgo bajo*: seguimiento del estado del paciente en las visitas habituales.

Cambios frecuentes de domicilio en los ancianos

Fundamento:
- Los cambios de ubicación frecuentes tienden a promover desorientación psicosocial, facilitando la aparición de los síntomas demenciales u otros trastornos psicopatológicos o empeorándolos.

Recomendaciones:
- Entrevista familiar para explicar los riesgos que conllevan los cambios frecuentes de domicilio (deterioro cognitivo, somático, etc.), valorando la dinámica familiar general.
- Ayudar a los familiares a encontrar las alternativas menos nocivas para el cuidado del anciano.
- Seguimiento periódico del anciano.

Diagnóstico precoz de los trastornos de ansiedad y depresión

Criterios de definición:
Una importante proporción de la morbilidad psíquica no es detectada por los médicos de cabecera (morbilidad psiquiátrica oculta).

La entrevista clínica constituye, sin duda, el mejor método para la detección de los trastornos psicopatológicos, si bien requiere una serie de habilidades por parte del entrevistador. Por ello, para facilitar la detección de estos trastornos por el médico general se han diseñado algunos cuestionarios que pueden integrarse en el contenido de esta entrevista clínica para facilitar su estructuración y mejorar la habilidad en la detección de psicopatología.

De los diferentes instrumentos existentes en la actualidad, se propone la utilización de la escala de ansiedad-depresión de Goldberg (EADG) (tabla 32-3). Esta escala está diseñada para facilitar la detección de los trastornos que más frecuentemente debe afrontar el médico no psiquiatra.

Recomendaciones para la detección:
- Valorar los «factores de vulnerabilidad para la depresión» más comunes y reconocibles, así como en la siguiente «población diana»:
  - Pacientes con manifestaciones psicopatológicas.
  - Pacientes con síntomas somáticos inespecíficos (mareos, cefaleas, parestesias, dolor torácico, etc.).
  - Pacientes consumidores habituales de psicofármacos o de sustancias psicoactivas.
  - Pacientes pluriconsultantes y/o frecuentadores.
  - Transiciones psicosociales con factores que dificultan su elaboración.
- Valorar la posibilidad de interconsulta y derivación al centro de salud mental (p. ej., en los casos de depresión grave y/o recurrente, con o sin intentos de suicidio).

Prevención del suicidio

El principal factor de riesgo para el suicidio es el trastorno psiquiátrico. La gran mayoría de personas que se suicidan sufren trastornos afectivos (depresión en el 30-70% de los suicidas), abuso de alcohol u otras drogas o esquizofrenia. Otros factores de riesgo para el suicidio incluyen: divorcio, separación, desempleo, enfermedad física grave, vivir solo y duelo reciente.

La mayoría de autores no recomiendan la búsqueda sistemática de la ideación suicida en los individuos asintomáticos de la población general.

Recomendaciones:
Atender especialmente al bienestar emocional y a la ideación suicida en los individuos con los factores de riesgo siguientes:

Tabla 32-3. Escala de ansiedad-depresión de Goldberg (EADG)

Escala A (ansiedad)

1. ¿Se ha sentido muy excitado, nervioso o en tensión?
2. ¿Ha estado muy preocupado por algo?
3. ¿Se ha sentido muy irritable?
4. ¿Ha tenido dificultad para relajarse?

   (Continuar si 2 o más respuestas son afirmativas)
5. ¿Ha dormido mal, ha tenido dificultades para dormir?
6. ¿Ha tenido dolores de cabeza o nuca?
7. ¿Ha tenido alguno de los siguientes síntomas: temblores, hormigueos, mareos, sudores, diarrea?
8. ¿Ha estado usted preocupado por su salud?
9. ¿Ha tenido alguna dificultad para conciliar el sueño, para quedarse dormido?

Escala D (depresión)

1. ¿Se ha sentido con poca energía?
2. ¿Ha perdido usted su interés por las cosas?
3. ¿Ha perdido la confianza en sí mismo?
4. ¿Se ha sentido usted desesperado, sin esperanza?

   (Continuar si hay respuestas afirmativas a cualquiera de las preguntas anteriores)
5. ¿Ha tenido dificultades para concentrarse?
6. ¿Ha perdido peso? (a causa de su falta de apetito)
7. ¿Se ha estado despertando demasiado temprano?
8. ¿Se ha sentido usted enlentecido?
9. ¿Cree usted que ha tenido tendencia a encontrarse peor por las mañanas?

- Sólo se deben puntuar los síntomas que duren más de 2 semanas. Las 4 primeras preguntas de las subescalas de ansiedad y depresión son obligatorias, y sólo en caso de contestar afirmativamente a 2 o más preguntas de ansiedad o al menos 1 de depresión, se proseguirá con las 5 restantes (5 a 9)
- La puntuación es independiente para cada escala
- El punto de corte para «probable ansiedad» es ≥ 4. Para «probable depresión» es ≥ 2

- Trastornos psicopatológicos de tipo afectivo, abuso de drogas o esquizofrenia.
- Situaciones psicosociales relevantes para el problema, como divorcio, separación, desempleo, enfermedad física grave, soledad o duelo reciente.
- Pacientes que han sobrevivido a un intento suicida.
- Pacientes que padecen repetidos traumatismos y accidentes (hay que realizar el diagnóstico diferencial con el consumo de drogas).
- Pacientes que acuden al equipo quejándose de ideación suicida.

- Pacientes que consultan por otros motivos, pero que admiten una ideación suicida.
- Pacientes que, a pesar de negar su ideación suicida, muestran un potencial para el suicidio.

Cuando el profesional detecta riesgo de suicidio, debe derivar el paciente a la unidad de salud mental o indicar su ingreso urgente en un hospital.

MEDIDAS PREVENTIVAS CONTROVERTIDAS O QUE NO SON RECOMENDADAS SISTEMÁTICAMENTE EN LA POBLACIÓN GENERAL

Para poder recomendar, de forma sistematizada, la práctica de cualquier actividad preventiva, debe existir una evidencia científica suficiente; de lo contrario, los efectos negativos de la intervención pueden ser mayores que los efectos positivos esperados.

La primera cuestión que debe plantearse cuando una medida de prevención se presenta como polémica es: ¿existen estudios controlados que avalen su eficacia?; la segunda cuestión: ¿es factible, con los medios disponibles y con la presumible aceptabilidad por parte de los usuarios, llevarla a la práctica? Si la respuesta a alguna de estas preguntas es «no», probablemente la medida no deba practicarse. Solamente estaría justificado en maniobras sencillas, no iatrógenas, y en las que el sentido común indica, aun sin disponer de evidencia científica suficiente, que muy probablemente los efectos positivos superan a los eventuales efectos secundarios. Si algún mérito tienen las recomendaciones en grados de evidencia es que ayudan a tomar decisiones y se desmarcan de la especulación científica.

AGRADECIMIENTOS

Agradecemos la inestimable colaboración del doctor Jorge L. Tizón García, psiquiatra de Atención Primaria-psicoanalista, Director de las Unidades de Salud Mental de Sant Martí Nord (Barcelona), por su contribución fundamental en la redacción de la parte de este capítulo relativa a la prevención de los trastornos de la salud mental en Atención Primaria.

Capítulo 33

INMUNIZACIONES

INTRODUCCIÓN

El descenso de la morbilidad y la mortalidad atribuible a las enfermedades infecciosas se encuentra, sin duda, entre las principales mejoras de la salud en los países desarrollados. Las vacunas han desempeñado un papel capital en el descenso de la incidencia de determinadas infecciones, al actuar básicamente en las personas susceptibles.

El objetivo de la inmunización es aumentar la inmunidad o resistencia individual y colectiva, y esto puede hacerse mediante la administración de antígenos (inmunización activa) o bien mediante la administración de anticuerpos (inmunización pasiva).

TIPOS DE VACUNAS

Monovalentes: contienen un solo tipo antigénico.

Polivalentes: contienen diversos tipos antigénicos de un mismo germen.

Combinadas: contienen varios tipos antigénicos procedentes de distintos gérmenes.

- *Vacunas de gérmenes vivos atenuados*: están constituidas por bacterias o virus que han perdido su poder patógeno, pero que son capaces de reproducirse en el organismo y de estimular la inmunidad tanto humoral como celular.
- *Vacunas de virus vivos híbridos*: emplean una cepa de un virus no patógeno como vector de antígenos de un virus patógeno de la misma familia, pero de serotipo distinto.
- *Vacunas de virus vivos termosensibles o adaptados al frío*: se consigue la atenuación seleccionando virus mutantes, en función de sus características de crecimiento a distintas temperaturas.
- *Vacunas de gérmenes vivos recombinantes o de vectores*: se emplean algunas bacterias y virus como vectores de fragmentos exógenos de ADN, que codifican proteínas antigénicas de interés vacunal.
- *Vacunas de gérmenes muertos o inactivados*: están compuestas por gérmenes completos, toxoides o fracciones antigénicas purificadas.
- *Vacunas de gérmenes enteros*: están compuestas por microorganismos inactivados mediante procesos físicos o químicos. Contienen todos los serotipos con poder patógeno del germen.
- *Vacunas de proteínas purificadas*:
  - *Vacunas de proteínas naturales*: están compuestas por proteínas purificadas de los gérmenes patógenos.
  - *Vacunas de toxoides*: se utilizan toxinas moleculares purificadas a partir de cultivos celulares, inactivándolas con calor o formol (tétanos, difteria).

- *Vacunas recombinantes de subunidades*: se identifica el gen que codifica las proteínas de interés para obtener una respuesta inmunológica, y se produce su clonación insertándolo en un vector, que es introducido en un huésped que la reproduce.
- *Vacunas de polisacáridos*: reproducen fragmentos de la cápsula de algunos gérmenes, para inducir la formación de anticuerpos.
- *Vacunas de polisacáridos conjugadas*: son vacunas de polisacáridos que se conjugan a antígenos proteicos, como los del tétanos y la difteria, para aumentar su inmunogenicidad.

EFICACIA DE LAS VACUNAS

La eficacia de una vacuna está condicionada por múltiples factores, entre ellos:

- *El estado fisicoquímico del antígeno*: cuanto mayor y más compleja es la molécula, mayor es su inmunogenicidad.
- *La reacción del huésped*: la edad y el estado inmunitario son dos factores individuales que influyen en la respuesta. Algunas enfermedades y tratamientos inmunosupresores también pueden ocasionar una respuesta inmunitaria deficiente.

CADENA DE FRÍO

Es el sistema de conservación, control y transporte de las vacunas que asegura el mantenimiento de unos límites de temperatura para garantizar su estabilidad y, por tanto, su eficacia, desde la producción hasta la administración.

VÍAS DE ADMINISTRACIÓN

La mayoría de vacunas se administran por vía parenteral, especialmente intramuscular o subcutánea. La administración intramuscular se recomienda en la cara anterolateral del muslo en los niños menores de un año, y en el deltoides a partir de esta edad. La inyección intramuscular ha de ser lo suficientemente profunda para atravesar el tejido subcutáneo y alcanzar la masa muscular, sin dañar sobre todo estructuras vasculares, nerviosas u óseas.

CONTRAINDICACIONES GENERALES

Las vacunas, en general, son eficaces y muy seguras. Sin embargo, es preciso mantener determinadas precauciones y valorar las posibles contraindicaciones antes de administrarlas.

CONTRAINDICACIONES ABSOLUTAS

- Reacción anafiláctica a dosis previas de una vacuna.
- Reacción anafiláctica previa a alguno de los componentes de la vacuna.
- Embarazo. En general, no deben administrarse vacunas de gérmenes vivos atenuados.
- Trastornos neurológicos evolutivos en que está contraindicada la administración de la vacuna de la tos ferina.
- En general, las vacunas atenuadas en inmunodeprimidos.

Contraindicaciones relativas

Se debe considerar individualmente cada caso, y valorar si los beneficios pueden o no superar los riesgos:

- Afectación del estado general, acompañado de enfermedad aguda moderada o grave, con o sin fiebre, y fiebre superior a 38 °C.
- Inmunodeficiencia primaria o secundaria, y pacientes inmunodeprimidos por tratamientos inmunosupresores o corticoides en dosis elevadas (2 mg/kg peso en niños si pesan más de 10 kg, o ≥ 20 mg/día de prednisona durante más de 2 semanas).

Se recomienda consultar en otras fuentes las contraindicaciones y efectos secundarios específicos de cada vacuna.

En la tabla 33-1 se describen las falsas contraindicaciones para administrar vacunas.

Tabla 33-1. Situaciones que no contraindican la vacunación
– Antecedentes familiares de convulsiones, reacciones alérgicas o reacciones adversas a vacunas o muerte súbita del lactante
– Antecedentes personales de alergias inespecíficas
– Reacciones locales leves a dosis previas de la vacuna, con o sin reacción febril y temperatura < 40,5 °C
– Enfermedades agudas leves con o sin fiebre o autolimitadas, diarreas, dermatosis, eccemas o infecciones localizadas de la piel
– Historia previa de sarampión, tos ferina o rubéola
– Procesos neurológicos estables
– Períodos de convalecencia
– Tratamiento con antibióticos
– Lactancia materna
– Bajo peso al nacer o prematuridad

CONSIDERACIONES GENERALES SOBRE LA ADMINISTRACIÓN DE VACUNAS

En caso de interrupción de una pauta de vacunación, ésta se ha de completar sin administrar dosis suplementarias, ya que los intervalos superiores a los recomendados no producen un descenso de la respuesta inmunitaria.

Véanse las tablas 33-2 y 33-3.

VACUNAS EN LA INFANCIA

En la tabla 33-4 se muestra el último calendario de vacunación infantil del Consejo Interterritorial del Sistema Nacional de Salud (2001).

Vacunaciones sistemáticas

Difteria

En España sigue sin declararse ningún caso de difteria desde 1986. En una encuesta seroepidemiológica realizada en 1996 por el Centro Nacional de

Tabla 33-2. Administración simultánea de vacunas

Vacuna	Intervalo entre ellas
2 o más inactivadas inactivada + atenuada 2 o más atenuadas orales	Se pueden administrar simultáneamente o separadas por cualquier intervalo de tiempo
2 atenuadas parenterales*	Espaciadas con un intervalo de 4 semanas, si no se administran simultáneamente

*A excepción de la fiebre amarilla (parenteral), polio oral y antitifoidea oral, que se pueden administrar simultáneamente o con cualquier intervalo antes o después de una vacuna atenuada parenteral.

Tabla 33-3. Edad mínima para vacunar e intervalos entre vacunas

Vacuna	Edad mínima 1.ª dosis	Intervalo mínimo entre 1.ª y 2.ª dosis	Intervalo mínimo entre 2 y 3.ª dosis
DTP/DTPa	6 sem	4 sem	4 sem
Hib HbOC PRP-T	6 sem	4 sem	4 sem
POLIO INACTIVADA	6 sem	4 sem	4 sem
TRIPLE VÍRICA	12 meses	4 sem	
HEPATITIS B	Nacimiento	4 sem	8 sem
HEPATITIS A	2 años	6 meses	
VARICELA	12 meses	4 sem	
NEUMOCOCO CONJ.	6 sem	4 sem	4 sem
NEUMOCOCO POLIS.	2 años	5 años	
GRIPE	6 meses	4 sem	

CONJ.: conjugada; POLIS.: polisacáridos.

Epidemiología y el Centro Nacional de Microbiología, la cobertura vacunal con 4 dosis de vacuna era del 88% en niños de 2 a 5 años, y del 86% en niños de 10-12 años. Haber padecido la enfermedad no confiere inmunidad.

Composición: toxoide diftérico inactivado adsorbido en fosfato de aluminio. Se dispone combinada con la del tétanos y la de la tos ferina, en alguna de las cuatro presentaciones posibles: DT, Td, DTP y DTPa.

Indicaciones: vacunación sistemática en la infancia, según el calendario vacunal.

Eficacia: es muy elevada; una pauta completa de vacunación confiere protección en el 95% de los casos. Es necesaria una dosis de recuerdo cada 10 años.

Tabla 33-4. Calendario del Consejo Interterritorial del Sistema Nacional de Salud 2001. Aprobado por el pleno del Consejo Interterritorial del Sistema Nacional de Salud el 18-12-2000

	2 meses	4 meses	6 meses	12 meses	15 meses	18 meses	3 años	4 años	6 años	10 años	11 años	13 años	14 años	16 años
Polio	VPO 1	VPO 2	VPO 3			VPO 4			VPO 5					
DTP	DTP 1	DTP 2	DTP 3			DTP 4			DTP o DT					Td[c]
HiB	HiB 1	HiB 2	HiB 3			HiB 4								
Triple vírica					TV 1[a]			TV 2				TV[d]		
Hepatitis B												HB 3 dosis[b]		
Meningococo C	1	2	3											

[a] En situación de especial riesgo, una dosis a los 9 meses o antes.

[b] También se vacunarán los recién nacidos cuando las autoridades sanitarias lo estimen oportuno, así como los recién nacidos hijos de madre portadora y los grupos de riesgo.

[c] Se aconseja proceder a la revacunación cada 10 años.

[d] Niños que no hayan recibido la segunda dosis antes de los 6 años.

Vía de administración: intramuscular, en la cara anterolateral del muslo en los lactantes, y en el deltoides en los niños mayores de 1 año.

Pauta: según el calendario vigente.

Tétanos

La cobertura vacunal es muy elevada en la infancia. En la encuesta de 1996 se detectó el 96% de niños entre 2-5 años con 3 dosis administradas, y el 80% de niños entre 10-12 años con 5 dosis recibidas.

Composición: toxoide tetánico adsorbido en hidróxido o fosfato de aluminio. Además de las presentaciones combinadas con el toxoide diftérico y el componente pertussis (DT, Td, DTP, DTPa), existen preparados monovalentes de vacuna antitetánica (T). Todas ellas contienen 10 Lf de toxoide tetánico.

Indicaciones: vacunación sistemática en niños, según el calendario establecido.

Eficacia: después de la inmunización primaria, se obtienen valores protectores de anticuerpos en más del 99% de los casos, y la inmunidad persiste durante al menos 10 años.

Vía de administración: intramuscular, en la cara anterolateral del muslo en los lactantes, y en el deltoides en niños mayores de 1 año.

Pauta: la descrita para la difteria.

Tos ferina

Puede ocasionar secuelas respiratorias y neurológicas en los lactantes, con una frecuencia relativamente alta, del 10 por 1.000, y en niños menores de 3 años su mortalidad se sitúa en el 1 por 1.000.

En España se ha detectado en la población infantil una cobertura vacunal en niños de 2-5 años del 95%, y en niños de 10-12 años, del 88%, todos ellos con 3 dosis administradas.

- Inactivada celular o completa.

  Composición: se comercializa conjuntamente con las vacunas antitetánica y antidiftérica (DTP). Suspensión de 4 UI de bacilos pertussis completos químicamente inactivados.

  Indicaciones: vacunación sistemática de la población infantil.

  Eficacia: tras la administración de 3-4 dosis, superior al 80%; pero la inmunidad disminuye rápidamente con el tiempo, situándose por debajo del 50% en niños de 4-6 años, e incluso del 35% a los 11-12 años.

  Vía de administración: intramuscular en la cara anterolateral del muslo en los lactantes, y en el deltoides en los niños mayores de 1 año.

  Pauta: según el calendario vigente.

- Vacuna acelular.

  Composición: componentes proteicos antigénicos específicos de *Bordetella pertussis*: toxina pertúsica inactivada u obtenida genéticamente (PT), hemaglutinina filamentosa (FHA), pertactina (PRN), y uno o dos aglutinógenos (Agt). En combinación con las vacunas antidiftérica y antitetánica (DTPa).

Las indicaciones, la eficacia y la vía de administración son las mismas que las de la DTP.

Pauta: esta vacuna puede ser administrada como 4.ª o 5.ª dosis exclusivamente (a los 18 meses y a los 4-6 años), siguiendo a las 3 dosis previas de DTP, o desde la primera dosis (5 en total).

- Vacuna combinada.

Recientemente se ha comercializado una vacuna combinada difteria, tétanos, tos ferina acelular (dTpa), que contiene cantidades inferiores de todos los antígenos, y que está indicada como dosis de recuerdo de difteria, tétanos y tos ferina, en personas mayores de 10 años. No puede usarse para la vacunación primaria.

Poliomielitis

Europa ha sido declarada libre de esta enfermedad.

Existen dos tipos de vacuna:

- Vacuna de virus vivos atenuados (VPO) (tipo Sabin).

Composición: cepas de poliovirus atenuados de Sabin.

Indicaciones: vacunación sistemática de la población infantil sana. Vacunación masiva de la población, en caso de brote.

Eficacia: después de 2-3 dosis, en el 86-97%, y después de la cuarta dosis, en el 97-100% de los casos; es muy probable que persista durante toda la vida.

Vía de administración: oral.

Pauta: 3 dosis, con un intervalo de 2 meses entre ellas.

- Vacuna de virus inactivados (VPI) (tipo Salk).

Composición: tres poliovirus inactivados con formol.

Indicaciones: niños con alguna de las contraindicaciones para recibir la VPO, o que conviven con personas que presentan alguna deficiencia inmunitaria.

Eficacia: alrededor del 98%; parece descender algo con el paso del tiempo.

Vía de administración: subcutánea profunda o intramuscular.

Pauta: la misma pauta que la oral.

Probablemente en un futuro cercano se utilizará para la vacunación sistemática de todos los niños en sustitución de la vacuna oral.

Sarampión

En España, en función de la situación epidemiológica, las autoridades sanitarias han marcado como objetivo general la eliminación del sarampión autóctono en el año 2005.

Composición: vacuna combinada con la de la rubéola y la de la parotiditis, constituyendo la triple vírica (SRP). Vacuna de células de embrión de pollo con virus del sarampión (cepa de Enders), virus de la rubéola (cepa Wistar 27/3) y virus de la parotiditis (cepa Jeryl Lynn). Es la más utilizada y también la recomendada, concretamente por su mayor efectividad en lo que respecta al componente para la parotiditis.

Indicaciones: vacunación sistemática de la población infantil. Ante la aparición de un caso, se aconseja vacunar a los contactos en las primeras 72 horas tras la exposición.

Eficacia: alrededor del 95% en niños mayores de 15 meses. La revacunación permite alcanzar hasta el 98% de seroconversión.

Vía de administración: inyección subcutánea.

Pauta: según el calendario vigente.

Rubéola

La infección clínica o subclínica en una mujer embarazada susceptible puede originar la rubéola congénita, que es una afección grave.

Composición: descrita anteriormente (sarampión).

Indicaciones: vacunación sistemática según el calendario establecido.

Eficacia: seroconversión en más del 95% de los casos. En el 90% de vacunados, es posible que se mantenga de por vida.

Vía de administración: inyección subcutánea profunda.

Pauta: igual que en el sarampión.

Parotiditis

Composición: combinada (SRP). Descrita en el apartado del sarampión.

Indicaciones: vacunación sistemática de la población infantil.

Eficacia: 97-98% de la población infantil; la inmunidad persiste probablemente durante toda la vida.

Vía de administración: inyección subcutánea.

Pauta: ya descrita.

Hepatitis B

El virus de la hepatitis B (VHB) puede provocar, además de hepatitis aguda, hepatitis crónica, cirrosis y hepatocarcinoma. El riesgo de convertirse en portador crónico disminuye con la edad. Se estima hasta el 90% en lactantes, el 25-50% en menores de 5 años, y el 6-10% a partir de esta edad.

Composición: partículas de antígeno de superficie del VHB (HBsAg) adsorbido en hidróxido de aluminio, con técnicas de recombinación genética.

Eficacia: 95-98%. La inmunidad persiste al menos durante 13 años o incluso más. No se ha definido la necesidad de revacunación.

Vía de administración: intramuscular.

Pauta: 3 dosis, según el calendario vacunal o siguiendo la pauta: 0, 1 y 6 meses. A los recién nacidos de madre portadora, antes de las primeras 12-24 horas de vida, se debe administrar simultáneamente la inmunoglobulina específica (IGHB) y la vacuna.

Contraindicaciones: las generales de todas las vacunas.

Haemophilus influenzae tipo b

La incidencia de la enfermedad invasiva y/o meningitis por Hib en España es variable. Según las diferentes fuentes, oscila de 7 hasta 33 por 100.000 menores de 5 años.

Composición:

- Vacuna de oligosacáridos de Hib (10 µg), conjugada con proteína mutante atóxica de toxoide diftérico (HbOC).
- Vacuna de polisacáridos de Hib (10 µg), conjugada con proteína de toxoide tetánico (PRP-T).

Se dispone también de presentaciones combinadas con varias vacunas.
Indicaciones: vacunación sistemática según el calendario vigente.

- Niños mayores de 5 años no vacunados, con asplenia, infección por VIH, déficit de IgG_2, trasplante de médula o neoplasia.
- Ante un caso de enfermedad invasiva por Hib, se vacunarán los contactos domésticos y escolares menores de 4 años, no vacunados. Además, también se realizará quimioprofilaxis con rifampicina.

Eficacia: superior al 90%.
Vía de administración: intramuscular o subcutánea (sólo en la PRP-T).
Pauta: según el calendario vacunal vigente. Cuando se inicia la pauta con una determinada vacuna, debe completarse la primovacunación con ésta.

Meningocócica

Existen trece serogrupos diferentes de meningococo. Sin embargo, las cepas pertenecientes a los serogrupos A, B y C son las responsables del 90% de los casos de enfermedad meningocócica en el ámbito mundial. Las vacunas disponibles sólo incluyen el A y el C en la vacuna polisacárida, y el C en la vacuna conjugada. No se dispone por el momento de una vacuna efectiva frente al serogrupo B.

- Vacuna de polisacáridos A-C.

Composición: contiene polisacáridos capsulares de los serogrupos A y C en estado liofilizado.
Indicaciones: niños de más de 18 meses de edad, y adultos con:

- Asplenia anatómica o funcional.
- Inmunodeficiencias primarias de tipo humoral o combinadas.
- Déficit de properdina y fracciones terminales del complemento.
- Linfomas y otras neoplasias hematológicas.
- Contactos íntimos de un caso índice causado por un meningococo de alguno de los serogrupos contenidos en la vacuna, añadida a la quimioprofilaxis.
- Vacunación masiva en caso de epidemia, si está producida por un serogrupo incluido en la vacuna, según indicación de las autoridades sanitarias.
- Viajeros a zonas de epidemia o de alta endemia, si está producida por alguno de los serotipos incluidos en la vacuna.

Eficacia: 75-90% en niños mayores de 5 años. La inmunidad aparece a partir de 7-10 días de la vacunación, y su duración se estima en 3-4 años en individuos inmunocompetentes.

Vía de administración: intramuscular.
Pauta: dosis única.

- Vacuna conjugada del serogrupo C.

Composición: contiene antígeno capsular de *Neisseria meningitidis* serogrupo C conjugado con la proteína CRM de *Corinebacterium diphtheriae* adsorbido en fosfato de aluminio.

Indicaciones: vacunación sistemática de los niños a partir de los 2 meses, según calendario vacunal vigente, y en los grupos de riesgo por:

- Déficit de properdina o de los componentes terminales del complemento.
- Asplenia anatómica o funcional.
- Viajeros a zonas endémicas de meningitis causada por el serogrupo C.
- Contactos de casos esporádicos causados por el serogrupo C, además de la quimioprofilaxis.

Eficacia: prácticamente, en el 100%. En los niños vacunados previamente con la vacuna polisacárida, la respuesta es inferior, aunque no se altera la efectividad.

Vía de administración: intramuscular.

Pauta: 3 dosis administradas a los 2, 4 y 6 meses de edad; niños de 6-12 meses de edad: 2 dosis separadas entre ellas por 2 meses; niños mayores de 1 año, adolescentes y adultos, una dosis única.

OTRAS VACUNAS

Tuberculosis (BCG)

La vacuna BCG se administró ampliamente en España desde 1965 hasta 1973, a todos los recién nacidos y a los niños y adolescentes tuberculín-negativos. Actualmente, sólo permanece en el calendario vacunal del País Vasco.

Composición: cepa mutante atenuada no patógena de *Mycobacterium bovis* (cepa de Calmette-Guerin).

Indicaciones:

- Personas tuberculín-negativas que vayan a vivir de forma prolongada en zonas de alta endemia tuberculosa.
- El Consenso Nacional para el control de la Tuberculosis en España únicamente recomienda la BCG a niños y jóvenes en contacto íntimo y prolongado con pacientes bacilíferos que no responden al tratamiento o que no lo siguen adecuadamente.
- Otras indicaciones, como personal sanitario, empleados de centros penitenciarios y grupos con tasas de infección elevadas deben ser valorados individualmente.

Eficacia: existe gran controversia. Las tasas de protección son tan variables como del 0 al 80%. La prueba tuberculínica se positiviza a las 8-14 semanas de administrar la vacuna y tiende a negativizarse con el paso del tiempo. No supera los 10 mm a los 3-5 años. En general, a los 10 años, en ausencia de exposición es negativa.

Vía de administración: intradérmica en la zona de inserción deltoidea. Entre 15 y 20 días después de la inoculación, aparece un nódulo que puede ulcerarse, y que tiende a persistir durante 2 o 3 meses. Deja una cicatriz deprimida y despigmentada, que permite identificar al vacunado.

Pauta: una dosis de 0,05 ml en menores de 1 año, y de 0,10 ml a partir de esta edad.

Varicela

El virus de la varicela-zóster (VVZ) ocasiona tanto la varicela como el herpes zóster. La varicela es la infección primaria, y afecta a la mayoría de los individuos, y en el 95% de los casos la infección se produce antes de los 10 años. El herpes zóster es la reactivación del VVZ latente, que aparece generalmente en la edad adulta y se produce en el 15% de los infectados. En España, la incidencia de varicela es muy elevada. La encuesta epidemiológica de 1996 (Bes, 1998) indica que en el grupo de edad de 2-5 años, la prevalencia de anticuerpos es del 47,2%, en el de 6-9 años, del 79,3%, y a partir de los 10 años ya supera el 90%.

Composición: virus vivos atenuados, cultivados en células diploides humanas.

Indicaciones: varían de unos países a otros. Las razones sanitarias para incluirla como vacuna sistemática son:

- Prevenir la varicela y sus complicaciones.
- Disminuir la propagación (circulación) del virus.
- Disminuir la incidencia de herpes zóster en el futuro.

En España, la vacuna antivaricela es un preparado de uso restringido. Actualmente, sólo está indicada en los siguientes casos:

- Niños inmunodeprimidos con alteraciones de la inmunidad humoral.
- Niños VIH positivos con linfocitos CD4 > 25% del total.
- Niños con tumores sólidos malignos.
- Niños en programa de trasplante de órganos sólidos (riñón).
- Niños con enfermedades crónicas (trastornos metabólicos y endocrinos, afecciones renales, pulmonares, cardiovasculares) que no estén inmunodeprimidos ni reciban corticoides en dosis altas.
- Individuos seronegativos en contacto con niños inmunodeprimidos (familiares y personal sanitario que atiende a estos pacientes).

En la tabla 33-5 se muestra el resto de las indicaciones vigentes en otros países.

Cuando se incluye en el calendario vacunal entre los 12 y 18 meses, o a los 12 años, puede administrarse conjuntamente con la triple vírica.

La vacuna puede ser útil para la profilaxis postexposición si se administra antes de los 3 días siguientes al contacto. Puede evitar o atenuar la enfermedad, en niños en el 99-100%, y en adultos alrededor del 78%.

Eficacia: en niños sanos parece ser superior al 95%, y los títulos protectores persisten a los 5-10 años. En adolescentes y adultos se estima en el 78% la primera dosis, y el 99% la segunda dosis.

Tabla 33-5. Otras indicaciones de la vacuna de la varicela
– Niños sanos entre 12-18 meses de edad – Adolescentes a los 12 años de edad, si no han tenido la varicela (detectados por anamnesis) – Niños sanos entre los 12 meses y los 12 años, en cualquier momento si no la recibieron antes – Adultos susceptibles, sin historia de varicela o con serología negativa – Personal sanitario – Contactos familiares susceptibles de inmunodeprimidos – Personas que viven o trabajan en ámbitos donde existe gran facilidad de transmisión (guarderías, escuelas) – Mujeres en edad fértil susceptibles, no embarazadas – Profilaxis postexposición

Vía de administración: inyección subcutánea.

Pauta: niños de 12 meses a 12 años, una dosis; mayores de 12 años y adultos, dos dosis, separadas de 4 a 8 semanas.

Neumocócica conjugada

Composición: polisacáridos y oligosacáridos de 7 serotipos de *Streptococcus pneumoniae*, conjugados con la proteína transportadora (CRM), variante atóxica de toxina diftérica.

Indicaciones: el Ministerio de Sanidad ha establecido las siguientes para niños entre 2 meses y 2 años de edad:

- Enfermedades crónicas cardiovasculares o respiratorias, diabetes y fístulas de líquido cefalorraquídeo.
- Inmunocomprometidos por asplenia anatómica o funcional, enfermedad de Hodgkin, leucemias, linfomas, insuficiencia renal, síndrome nefrótico y anemia de células falciformes.
- Infectados por el VIH.
- Situaciones que determinen las autoridades sanitarias.

También se recomienda que a los niños mayores de 2 años y con condiciones de riesgo, que fueron vacunados inicialmente con vacuna conjugada, se les administre una dosis de vacuna de polisacáridos a partir de los 2 años de edad, y con un intervalo de al menos 2 meses después de la última dosis de vacuna conjugada.

Eficacia: en Estados Unidos, alrededor del 97% para la enfermedad invasiva. En Europa, de acuerdo a la cobertura de los serogrupos causantes de enfermedad invasiva, se estima en el 65-79%.

Para las otitis medias agudas, la eficacia es mucho menor: alrededor del 50% para serotipos incluidos en la vacuna, y del 6% para el total de otitis medias agudas. La duración de la inmunidad se desconoce por el momento.

Vía de administración: intramuscular.

Pauta:

- Inicio entre 2-6 meses de edad: tres dosis con un intervalo de al menos 1 mes entre ellas. Se recomienda una cuarta dosis a los 2 años de edad.
- Inicio entre 7-11 meses: dos dosis separadas al menos 1 mes, y una tercera dosis a los 2 años de edad.
- Inicio entre 12-23 meses: dos dosis separadas al menos 2 meses.

VACUNAS EN EL ADULTO

VACUNAS SISTEMÁTICAS

La administración sistemática de vacunas en el adulto es una práctica que conviene generalizar. En las tablas 33-6 y 33-7, se incluye el calendario vacunal del adulto propuesto por el grupo de enfermedades infecciosas del PAPPS (semFYC).

Difteria

La encuesta seroepidemiológica de 1996 muestra un bajo porcentaje de adultos jóvenes protegidos en España a partir de los 30 años. En el grupo de 30-39 años es sólo del 32,3%.

Composición: contiene toxoide tetánico y diftérico (Td) en concentración adecuada para adultos.

Indicaciones: todos los adultos no inmunizados previamente, y que precisen también vacunación antitetánica. Personas que vayan a viajar a países con endemia o epidemia de difteria. Personas que hayan estado en contacto con un enfermo de difteria.

Eficacia: 90-95%, y la duración de la inmunidad es de al menos 10 años.

Vía de administración: intramuscular en el deltoides.

Pauta: en caso de vacunación correcta en la infancia, una dosis cada 10 años durante toda la vida. Primovacunación: tres dosis a los 0, 1 y 6 y 12 meses. Seguir con una dosis de recuerdo cada 10 años.

Tétanos

El estudio de 1996 (Bes, 1998) detecta un descenso del título de anticuerpos protectores a partir de los 30 años (54,6% en el grupo de 30 a 39 años).

Composición: está disponible como toxoide tetánico aislado (T), o en combinación con toxoide diftérico a concentración adecuada para adultos (Td). Se recomienda administrar la Td.

Indicaciones: todos los adultos no inmunizados previamente.

Eficacia: superior al 99%, y la duración es de al menos 10 años.

Vía de administración: intramuscular.

Pauta: si hay una primovacunación correcta durante la infancia y dosis de recuerdo a los 14-16 años, una dosis cada 10 años durante toda la vida. Primovacunación: tres dosis a los 0, 1 y 6-12 meses, y una dosis de recuerdo cada 10 años durante toda la vida. En caso de duda sobre si está o no vacunada una persona, es preferible considerarla no vacunada y proceder a la administración de las dosis correspondientes. La conducta que se debe seguir en caso de una herida se describe en la tabla 33-8.

Tabla 33-6. Calendario vacunal del adulto. Grupo de enfermedades infecciosas del PAPPS (semFYC) (I)

	Tétanos Difteria	Gripe	Neumococo	Triple vírica	Hepatitis A	Hepatitis B	*Haemophilus influenzae* meningococo A + C
Adultos < 65 años*	X	R (1)	R (2)				
> 65 años	X	X	X				
Mujer en edad fértil	X			X			
Embarazo 2.º-3.er trimestre	X	X					
Inmunodeprimidos grupo A**	X	X	X				
Inmunodeprimidos grupo B**	X	X	X		R (3)	R (4)	
Inmunodeprimidos grupo C	X	X	X				R (5)

Grupo A: VIH; grupo B: inmunosupresión grave, no VIH; grupo C: déficit inmunológicos limitados.
*Comprobar calendario vacunal en < 18 años.
**Usar polio parenteral en convivientes.

Tabla 33-7. Calendario vacunal del adulto del grupo de enfermedades infecciosas del PAPPS (semFYC) (II)

R (1) Riesgo de gripe
- Patología cardiovascular, pulmonar o metabólica de evolución crónica
- Personal de servicios públicos
- Personal sanitario, de residencias de ancianos y de hospitales de pacientes crónicos
- Cuidadores o convivientes de personas de riesgo

R (2) Riesgo de neumococo
- Patología cardiovascular, pulmonar o metabólica de evolución crónica
- Insuficiencia renal
- Cirrosis hepática
- Diabetes mellitus
- Alcoholismo
- Fístulas de líquido cefalorraquídeo

R (3) Riesgo de hepatitis A
- Viajeros a zonas endémicas
- Homosexuales y heterosexuales con prácticas de alto riesgo (oral-anal)
- Usuarios de drogas por vía parenteral (UDVP)
- Receptores de transfusiones o hemoderivados de manera repetida
- Trabajadores en contacto con aguas residuales no tratadas

R (4) Riesgo de hepatitis B
- Contactos íntimos o convivientes de portadores de HbsAg
- Residentes y trabajadores en instituciones para disminuidos mentales
- Reclusos y personal de instituciones penitenciarias
- Homosexuales y heterosexuales con múltiples contactos
- Personas con ETS de repetición y sus parejas
- Personas que viajan a países endémicos por más de 6 meses, o por menos tiempo si prevén tener relaciones sexuales
- Receptores de transfusiones o hemoderivados de manera repetida
- Insuficiencia renal en fases iniciales
- Trabajadores de la salud y servicios relacionados
- Personas que practican punciones percutáneas (UDVP, tatuajes, acupuntura)
- Grupos étnicos con elevada prevalencia

R (5) Riesgo de Haemophilus influenzae *y meningococo A + C*
- Asplenia anatómica o funcional

Gripe

Afecta anualmente al 20-30% de la población mundial. La gran variabilidad y mutabilidad de los virus obliga a que deba prepararse anualmente una vacuna distinta que contenga las cepas que determina la OMS para la temporada.

Composición: virus inactivados del tipo A y B de las cepas recomendadas, cultivados en células de embrión de pollo, inactivados con formol.

- *Virus enteros*: no está indicada en niños menores de 12 años.

Tabla 33-8. Recomendaciones para la prevención del tétanos en caso de herida

Estado de la vacunación	Tipo de herida: Heridas pequeñas y limpias	Otras heridas*
Bien vacunado Última dosis < 10 años	Nada	T/Td Si última dosis < 5 años
Bien vacunado Última dosis > 10 años	T/Td	T/Td
Mal vacunado o desconocido	T/Td (completar y/o 3 dosis)	T/Td (completar y/o 3 dosis) + IGT

*Heridas extensas, infectadas, profundas (> 1 cm), contaminadas (con tierra, polvo, saliva o heces), con pérdida de tejido, mordeduras, quemaduras, aplastamientos, isquémicas, abscesos o congelación. Heridas que han tardado más de 6 horas en ser atendidas.
T/Td: vacuna antitetánica/tétanos-difteria tipo adulto.
IGT: inmunoglobulina antitetánica específica.

- *Virus fraccionados*: a cualquier edad a partir de los 6 meses.
- *Subunidades del antígeno de superficie purificado*: a cualquier edad a partir de los 6 meses.

Indicaciones: se describen en la tabla 33-9.

Eficacia: en personas sanas y menores de 65 años, 70-90% de los vacunados; mayores de 65 años y residentes en instituciones cerradas, el 30-40%; sin embargo, en estos casos se muestra muy efectiva para evitar complicaciones como la neumonía, la hospitalización y la muerte.

Vía de administración: intramuscular.

Pauta: una dosis de 0,5 ml anual, preferentemente en octubre y noviembre. Niños entre 6 y 35 meses, una dosis de 0,25 ml. En menores de 9 años, dos dosis separadas entre sí 1 mes, cuando sea la primera vez que reciben la vacuna antigripal.

Neumocócica de polisacáridos

Es la indicada para los adultos que precisen ser vacunados frente al neumococo.

Composición: contiene polisacáridos capsulares purificados de 23 serotipos.

Indicaciones: se describen en la tabla 33-10.

Eficacia: moderada, alrededor del 60%; útil para prevenir la neumonía y las formas invasivas de la enfermedad, pero no para evitar los cuadros de vías altas. No es eficaz en menores de 2 años. La inmunidad persiste al menos durante 9 años. Los valores de anticuerpos descienden después de 5-10 años.

Vía de administración: intramuscular o subcutánea.

Tabla 33-9. Indicaciones de la vacuna de la gripe

- Personas mayores de 65 años de edad
- Grupos de alto riesgo médico:
  - Patología cardiovascular crónica
  - Enfermedades respiratorias crónicas (incluida asma)
  - Trastornos metabólicos
  - Síndrome nefrótico y glomerulonefritis crónica
  - Patología neuromuscular grave (Werdning-Hoffman, Duchenne, miastenia gravis, etc.)
- Niños de 6 meses a 18 años en tratamiento crónico con salicilatos en épocas de epidemia
- Infectados por VIH
- Otras causas de inmunodepresión
- Colectivos dedicados a servicios públicos necesarios para la comunidad, como personal sanitario, policía, bomberos, maestros, etc.
- Grupos que puedan transmitir la gripe a grupos de alto riesgo, como personal sanitario, personal de residencias de ancianos y hospitales de crónicos
- Cuidadores o convivientes con personas de riesgo
- Embarazadas de más de 14 semanas de gestación en la temporada de gripe; si tienen alguna condición de riesgo, se administrará en cualquier momento del embarazo
- Población general: para todo aquel que lo desee

En Estados Unidos también se recomienda a:
- Personas entre 50 y 64 años
- Niños sanos entre 6 meses y 2 años

Pauta: una dosis. Una segunda dosis o revacunación está indicada en pacientes inmunodeprimidos, a partir de 3 años después de la primera dosis, cuando sean niños menores de 10 años en el momento de revacunar, y a partir de los 5 años de la primera dosis en los mayores de 10 años. En los mayores de 65 años está indicada una segunda dosis, si recibieron la primera hace más de 5 años y tenían entonces menos de 65 años.

Rubéola

Cuando la rubéola afecta a una mujer embarazada, puede producir un aborto o muerte fetal, malformaciones congénitas diversas o retraso psicomotor. Si el contagio es anterior a la semana 20 de la gestación (especialmente, antes de la semana 11), puede provocar la muerte fetal o neonatal precoz en el 15-20% de los casos. La afectación fetal es muy rara si el contagio es posterior a la semana 20.

Composición: existen varias preparaciones con virus vivos atenuados. La más inmunógena es la cepa RA 27/3 cultivada en células diploides humanas. En general, cuando esté indicado administrar la vacuna de la rubéola, es aconsejable usar la triple vírica.

Tabla 33-10. Indicaciones de la vacuna polisacárida del neumococo
– Adultos con alto riesgo de morbimortalidad por neumococo • Mayores de 65 años – Niños mayores de 2 años y adultos con alto riesgo de morbimortalidad por neumococo: • Asplenia anatómica o funcional • Insuficiencia renal o síndrome nefrótico • Anemia de células falciformes • Infectados por VIH • Inmunodeprimidos • Fibrosis quística • Broncodisplasia pulmonar • Portadores de fístula de LCR • Diabetes mellitus • Tumores sólidos o hematológicos • Trasplantados • Enfermedades cardiovasculares • Neumopatías crónicas • Alcoholismo • Cirrosis hepática

Indicaciones: mujeres en edad fértil y que no estén inmunizadas.

Eficacia: se producen valores protectores de anticuerpos del 90% de las vacunadas; esta inmunidad es de larga duración, al menos 20 años y, posiblemente, toda la vida.

Vía de administración: subcutánea.

Pauta: una única dosis.

Debe evitarse el embarazo durante los 3 meses siguientes a la administración de la vacuna.

Hepatitis B

Además de las estrategias universales actualmente en vigor en el calendario vacunal infantil, la administración de la vacuna de la hepatitis B está indicada en adultos que presentan determinadas condiciones de riesgo (tabla 33-7).

Composición: partículas de antígeno de superficie del VHB (HBsAg) adsorbido en hidróxido de aluminio, obtenido a partir de técnicas de recombinación genética. Existen diversas presentaciones equivalentes según el laboratorio (10 μg para una preparación y 20 μg para la otra). Se dispone de una preparación de 40 μg para pacientes inmunodeprimidos.

Indicaciones: se describen en la tabla 33-7 las que corresponden a la preexposición.

Eficacia: en personas jóvenes, se obtienen valores de anti-HBs > 10 mlU/l) en el 90-95%. En pacientes inmunodeprimidos, alrededor del 50-70%.

A las personas que no responden a una vacunación inicial con 3 dosis, se les debe determinar el HBsAg y, si es negativo, revacunarlas. Con una segunda serie de 3 dosis se produce la seroconversión en el 30 a 50% de los casos. La duración de la inmunidad es de al menos 13 años.

Vía de administración: intramuscular en el deltoides.

Pauta: se administran 3 dosis a los 0, 1 y 6 meses. La detección de marcadores (anti-HBc) antes de iniciar la vacunación sólo está indicada en grupos con prevalencia superior al 20% (hombres homosexuales, UDVP, convivientes con portadores del HBsAg, inmigrantes de zonas de alta endemicidad, etc.).

Se recomienda determinar el anti-HBs entre 1 y 3 meses después de la pauta completa en hijos de madre HBsAg+, en personas vacunadas tras exposición al VHB, personal sanitario en contacto con pacientes o sangre, y en hemodializados e inmunodeprimidos. Si no hay respuesta, se pueden administrar hasta 3 dosis adicionales. Únicamente en inmunodeprimidos hemodializados deberían determinarse anualmente los valores de anti-HBs y administrar una dosis de recuerdo si fueran < 10 mlU/l.

La «pauta rápida» consiste en 3 dosis a los 0, 1 y 2 meses, con una dosis adicional a los 12 meses. Es útil para obtener rápidamente un valor protector de anticuerpos (UDVP, reclusos, viajeros a zonas endémicas).

Hepatitis A

El patrón epidemiológico de la hepatitis A en España ha variado considerablemente en los últimos años, y gran parte de la población adulta joven es susceptible a la infección. Las formas clínicas sintomáticas, graves y fulminantes de la hepatitis A son mucho más frecuentes en los adultos. Se dispone de una vacuna eficaz y con buena tolerancia, disponible con un uso restringido, ya que se trata de una especialidad en la que la receta del Servicio Nacional de Salud precisa de visado.

Composición: existen tres vacunas que contienen una suspensión de virus (cepa HM175) cultivados en células diploides humanas, inactivados con formaldehído y adsorbidos en hidróxido de aluminio, con distintas presentaciones y contenidos.

Indicaciones (tabla 33-7): la detección prevacunal del anti-VHA sólo está indicada en grupos de población como UDVP u hombres homosexuales, y en personas de más de 30 años.

Eficacia: al mes de la primera dosis, en el 99-100%, y tras la segunda dosis, son persistentes durante muchos años. No se ha establecido la necesidad de administrar dosis de recuerdo.

Vía de administración: intramuscular.

Pauta: 2 dosis, a los 0 y 6-12 meses.

Fiebre tifoidea

La principal medida de prevención es el saneamiento ambiental, tanto en el tratamiento de las aguas residuales como en el de la red de suministro de agua.

Composición:

- *Vacuna oral*: gérmenes atenuados de la cepa Ty21, preparados en forma liofilizada y contenidos en cápsulas con cubierta entérica.

- *Vacuna de polisacáridos Vi*: polisacáridos capsulares purificados del antígeno Vi; puede usarse en niños a partir de 2 años.

Indicaciones: sólo en aquellos casos en los que no se pueda evitar la exposición. Viajeros a zonas con elevada endemia de la enfermedad. Trabajadores de laboratorios microbiológicos en contacto frecuente y repetido con el germen. Convivientes de portadores crónicos de *Salmonella typhi*.

Eficacia:

- *Oral*: con 3 dosis, alrededor del 51% y para unos 3 años. Con 4 dosis la eficacia es superior y la duración de unos 5 años. En caso de necesitar dosis de recuerdo, se recomienda repetir la pauta completa de 4 dosis a los 5 años.
- *Polisacáridos Vi*: con una dosis, el 55%. En caso de persistir la exposición, una dosis de recuerdo cada 2 años.

Vía de administración: *oral*, una hora antes de la ingestión de alimento y acompañadas por un líquido frío; *polisacáridos Vi*, intramuscular.

Pauta: *oral*, 3-4 dosis de una cápsula, a días alternos; *polisacáridos Vi*, una dosis.

Actualmente, la más recomendable es la vacuna de polisacáridos Vi.

Cólera

La OMS, en la edición de 1997 de su publicación *International Travel and Health Vaccination Requirements and Health*, señala que ningún país requiere la vacunación del cólera como condición para entrar en él. Tampoco ha realizado recomendaciones respecto al uso de las vacunas; por tanto, en el momento actual no hay indicaciones concretas de las vacunas del cólera.

Rabia

En España no se ha declarado ningún caso de rabia humana desde finales de la década de 1970, pero sí de rabia animal. Los animales que con mayor frecuencia actúan como reservorios son: perros, gatos, zorros, mapaches, mofetas, mangostas, monos y murciélagos. Se ha descrito algún caso de transmisión de persona a persona a través de trasplantes de córnea.

Existe una vacuna, disponible sólo en los centros autorizados, para los casos de alto riesgo de exposición.

Composición: contiene virus rábicos inactivados.

Indicaciones:

- *Profilaxis preexposición*: veterinarios, cuidadores de animales, trabajadores de zoológicos; trabajadores de laboratorios en contacto con el virus; viajeros a países con alta endemia que, por el tiempo de estancia o por las actividades a llevar a cabo, estén en riesgo de contraer la rabia.
- *Profilaxis postexposición*: en los casos en los que se haya producido el contacto con el animal rabioso o sospechoso de serlo. Se derivará al paciente al centro autorizado para que se le administre la vacuna y se proceda al control o sacrificio del animal sospechoso. En el momento de la

mordedura, se debe lavar la herida con agua y jabón con amonio cuaternario, desinfectarla con povidona yodada o alcohol de 70°, no suturarla y aplicar profilaxis antibiótica y antitetánica.

Eficacia: tras 2 dosis, la práctica totalidad de vacunados desarrollan títulos de anticuerpos protectores a partir de 7-10 días.

Vía de administración: vía intramuscular, dosis de 1 ml, o vía intradérmica, dosis de 0,1 ml. La vía intradérmica no se utiliza para la profilaxis postexposición.

Pauta: *preexposición*, 3 dosis a los 0, 7 y 21-28 días, por vía intramuscular o intradérmica; *postexposición*, 5 dosis los días 0, 3, 7, 14 y 28, por vía intramuscular. Se administrará, además de la vacuna, gammaglobulina humana específica antirrábica.

Triple vírica

Forma parte del calendario vacunal infantil sistemático, y se administra una dosis a los niños entre 12-15 meses de edad, y una segunda dosis a los 3-6 años. Se sigue administrando a los niños de 6-11 años que aún no hayan recibido la segunda dosis. De acuerdo al Plan de acción para eliminar el sarampión en España, podría estar indicada para vacunar a los contactos no inmunizados de un caso índice de sarampión antes de que transcurran 72 horas de la exposición. Dosis, vía de administración, eficacia, contraindicaciones y efectos secundarios, son, para los adultos, prácticamente los mismos que para los niños.

Poliomielitis

La vacunación habitual de los adultos en España no se considera indicada. Sólo algunas circunstancias en grupos de alto riesgo podrían recomendarla.

Indicaciones: vacuna parenteral. Adultos de más de 18 años no inmunizados y con riesgo de exposición (personal sanitario, viajeros a zonas endémicas, personal de laboratorio), personal sanitario en estrecho contacto con pacientes inmunodeprimidos, personas inmunodeprimidas no vacunadas, primovacunación en niños que conviven con pacientes inmunodeprimidos.

Pauta: vacuna parenteral, 3 dosis por vía subcutánea, las dos primeras dosis separadas entre 4-8 semanas y la tercera por un mínimo de 4 semanas, y preferiblemente entre 6-12 meses. Las personas que recibieron una primovacunación completa hace más de 10 años con vacuna oral o parenteral, y deben viajar a zonas endémicas por un largo período de tiempo o estar en contacto con el virus, deberían recibir una dosis de VPI. En caso de que una persona no inmunizada requiera protección al cabo de 8 semanas o más, se administrarán 3 dosis de VPI separadas entre sí por un intervalo de 4 semanas. Si la protección se requiere entre 4 y 8 semanas, se administrarán 2 dosis de VPI separadas 4 semanas. En el caso de requerir protección antes de 4 semanas, se recomienda una dosis de VPI.

Vacunas combinadas

Contienen varios antígenos a la vez, ya sea del mismo tipo de germen con distintos serotipos o de gérmenes distintos, lo cual permite simplificar la vacunación sistemática. Es necesario demostrar que su efectividad es similar a la de sus componentes por separado, y que su seguridad es igual o superior.

La vacuna combinada de la hepatitis A y B tiene algunas indicaciones en la población adulta.

Vacuna antihepatitis A y B

Composición: existen dos presentaciones.

- *Niños y adolescentes* (1-18 años). Contiene 360 UE de virus de la hepatitis A inactivados y 10 µg de proteína recombinante del HBsAg del virus de la hepatitis B.
- *Mayores de 18 años y adultos*. Contiene 720 UE de virus de la hepatitis A inactivados y 20 µg de proteína recombinante del HBsAg del virus de la hepatitis B.

Indicaciones: según el Ministerio de Sanidad y Consumo (1997):

- Viajeros a zonas endémicas de hepatitis A y de hepatitis B (OMS, Ministerio de Sanidad y Consumo): África, Sudamérica, Mediterráneo Oriental, Sudeste asiático, China, islas del Pacífico, excepto Australia, Nueva Zelanda y Japón.
- Hombres homosexuales con múltiples parejas.
- Usuarios de fármacos por vía parenteral.
- Pacientes hemofílicos o con alteraciones de la coagulación, que precisan la administración de hemoderivados.
- Personal sanitario de hospitales.

Otras indicaciones son la hepatopatía crónica y aquellos viajeros que se desplacen a zonas de endemicidad alta o intermedia tanto para la hepatitis A como la B, y que cumplan los requisitos descritos en los apartados anteriores.

Eficacia: la seroconversión al mes de finalizar la pauta completa de vacunación es del 99,9% para la hepatitis A, y del 98,5% para la hepatitis B.

Vía de administración: intramuscular en el deltoides.

Pauta: 3 dosis a los 0, 1 y 6 meses.

VACUNAS EN SITUACIONES ESPECIALES

Embarazo

La decisión de vacunar debe basarse en la valoración de la probabilidad real de infección, del riesgo que supone la enfermedad para la madre y el feto, y de los efectos de la vacuna sobre ellos (tabla 33-11). En general, están contraindicadas las vacunas de gérmenes vivos, aunque algunas de ellas, como la vacuna de la fiebre amarilla, puede administrarse, valorando el riesgo-beneficio, si la exposición es inevitable. Las vacunas de gérmenes muertos o inactivados, toxinas o polisacáridos en general, pueden administrarse durante el embarazo, preferentemente durante el segundo y el tercer trimestre.

Durante el período de lactancia materna puede administrarse cualquier tipo de vacuna tanto a la madre como al niño.

Tabla 33-11. Vacunación durante el embarazo
Vacunas contraindicadas
– Triple vírica
– Rubéola
– Fiebre tifoidea oral
– Varicela
– BCG
– Polio oral
Vacunas no recomendadas en las que se debe valorar el riesgo-beneficio
– Fiebre amarilla
– Polio parenteral
– Cólera inactivada oral
– Tifoidea parenteral de polisacáridos
Vacunas sin contraindicaciones
– Tétanos
– Difteria*
– Gripe
– Rabia
– Hepatitis B
– Neumococo
– Hepatitis A**
– Meningococo A y C
– *Haemophilus influenzae* b***

*El laboratorio que comercializa la vacuna en España recomienda no administrarla a embarazadas o mujeres que estén lactando, por la escasa experiencia en España; sin embargo, parece ser que la vacuna no difiere de la comercializada en Estados Unidos, donde se aconseja administrarla de forma sistemática a embarazadas y sin especial precaución a mujeres lactantes.
**No se ha determinado la seguridad de la vacuna de la hepatitis A, pero por tratarse de una vacuna inactivada, posiblemente el riesgo sea muy bajo.
***También se precisan más estudios sobre la seguridad de la administración de la vacuna contra *H. influenzae*, sin embargo, distintos autores recomiendan su administración en caso de estar indicada, e incluso se ha utilizado para conferir inmunidad al lactante.

Se deben administrar de forma sistemática las del tétanos y la gripe. Las mujeres no vacunadas del tétanos deben recibir las dosis adecuadas para completar una serie de primovacunación antes del parto.

La vacuna antigripal, durante el período epidémico de la gripe, a partir de la semana 14. En las embarazadas con una condición de riesgo, debe administrarse en cualquier momento del embarazo.

Inmunodeprimidos

Suelen tener una respuesta inmunitaria a las vacunas inferior a la de las personas inmunocompetentes; sin embargo, su vacunación puede ser beneficiosa para prevenir algunas infecciones que, en ellos, revisten mayor gravedad. Se deben distinguir tres grupos de pacientes:

A. *Individuos infectados por el VIH*. Se vacunarán lo antes posible después del diagnóstico. No se ha establecido el límite de linfocitos CD4 a partir del cual no son efectivas o pueden provocar graves efectos secundarios. Algunos autores lo sitúan en 100, mientras que otros en 200 o incluso en 300. En el caso de la triple vírica, se han establecido criterios concretos.
B. *Individuos con inmunosupresión grave no relacionada con el VIH*. Déficit inmunitarios congénitos, leucemias, linfomas, neoplasias y tratamientos con quimioterapia y radioterapia o corticoides en dosis altas.
C. *Individuos con déficit inmunológicos limitados*, como asplenia, insuficiencia renal, cirrosis hepática, diabetes o alcoholismo.

Las vacunas con gérmenes inactivados, toxoides y vacunas de polisacáridos no implican ningún riesgo para los inmunodeprimidos. Las de gérmenes vivos atenuados están contraindicadas en algunos pacientes del grupo A, en todos los del grupo B, y pueden administrarse a todos los del grupo C.

Pautas y dosis de las vacunas más frecuentes:

- Los niños VIH+ asintomáticos o hijos de mujeres infectadas por el VIH deben seguir el calendario vacunal, evitando la polio oral.
- *Tétanos y difteria* (*Td*): pautas y dosis habituales.
- *Triple vírica*: contraindicada en los grupos B y A, según criterios específicos. El Advisory Committee on Immunization Practices de Norteamérica recomienda *no administrar la vacuna triple vírica ni la del sarampión a aquellas personas que tengan una de las siguientes condiciones*:
  - Una cifra de linfocitos TCD4 inferior a 750 en los niños menores de 12 meses, inferior a 500 en los niños de 1 a 5 años, o inferior a 200 en los mayores de 5 años.
  - Si los linfocitos TCD4 constituyen un porcentaje inferior al 15% del total de linfocitos en niños menores de 13 años, o inferior al 14% a partir de los 13 años.
- *Sarampión*. Los pacientes inmunodeprimidos expuestos al virus del sarampión, deben ser tratados con inmunoglobulina inespecífica 0,5 ml/kg de peso IM (máximo: 15 ml) antes de los 6 días posteriores a la exposición, incluso si están vacunados.
- *Polio*. De elección, la inactivada de uso parenteral. Está indicada solamente en aquellas personas en las que exista un riesgo elevado de contagio.
- *Hepatitis B*. Se precisan dosis mayores (el doble de la habitual) y de recuerdo más frecuentes en los pacientes afectados de insuficiencia renal o inmunodeprimidos. La necesidad de dosis de recuerdo en los pacientes dializados se determina cada 12 meses, y se administra una dosis si descienden por debajo de 10 UI.
- *Gripe*. Administración anual a las dosis habituales.
- *Neumococo*. A todos los pacientes inmunodeprimidos y una única dosis de recuerdo a los 3-5 años de la primera.
- *Varicela*. Se puede considerar en pacientes VIH+ con un porcentaje de CD4 > 25% del total de linfocitos.

- *Otras vacunas*. Están contraindicadas en los grupos A y B: BCG, polio oral, fiebre tifoidea oral, fiebre amarilla y cólera oral atenuada. Pueden administrarse, si están indicadas, las vacunas de la polio parenteral, el cólera inactivado, la fiebre tifoidea parenteral de polisacáridos Vi, la rabia, la hepatitis A, y el meningococo A y C y conjugada C.
- *Inmunoglobulinas*. En general, sus indicaciones son las mismas que en los inmunocompetentes.

Viajeros

En los últimos años el incremento de viajeros procedentes de países industrializados hacia zonas exóticas y tropicales, ya sea por turismo, comercio o por las campañas de cooperación humanitaria entre los diversos países a través de entidades públicas o de organizaciones no gubernamentales (ONG), han provocado un aumento en el riesgo de contagio de «enfermedades importadas».

- Riesgo para el viajero de contagio de enfermedades propias del país visitado.
- Posibilidad de introducir enfermedades que puedan ocasionar brotes epidémicos, tanto en el país de origen como en el país de destino.
- Necesidad de educación sanitaria, prevención mediante quimioprofilaxis o administración de vacunas al viajero antes de partir.
- Precauciones que se deben tomar con viajeros de riesgo elevado: niños, ancianos, embarazadas, personas afectadas de enfermedades crónicas o inmunodeprimidos.

El Reglamento Sanitario Internacional (RSI) publicado por la OMS recoge las normativas internacionales respecto a la vacunación.

En la tabla 33-12 se describen algunas recomendaciones generales para los viajeros.

El tipo de inmunizaciones que se debe recomendar depende de las características del viaje (destino, itinerario, duración, tipo urbano o rural, alojamiento, actividades, etc.), y del viajero (edad, estado inmunitario previo, embarazo, estado de salud, etc.).

Se pueden consultar las indicaciones en función del país en URL: http://www.cdc.gov/travel/travel.htlm o http://www.who.ch.

Diarrea del viajero: es la enfermedad más frecuente en los viajeros (20-70% en viajes de 2 semanas). No se recomienda la profilaxis con antibióticos.

INMUNOGLOBULINAS

La inmunización pasiva se basa en la administración de anticuerpos a un receptor. Las inmunoglobulinas *polivalentes* o *inespecíficas* contienen anticuerpos contra enfermedades infecciosas prevalentes y de amplia difusión en la población general (hepatitis A, parotiditis, rubéola, varicela, sarampión, etc.), mientras que las inmunoglobulinas *hiperinmunes* o *específicas* contienen una cantidad definida de un anticuerpo concreto.

La inmunización pasiva ofrece protección inmediata, mediada por anticuerpos, su duración es limitada a 17-28 días, y no altera la efectividad de las

Tabla 33-12. Consejos generales aplicables a todo tipo de viajes y de viajeros
– Protegerse de las picaduras de mosquitos (uso de repelentes, vestimenta clara y de manga larga, pantalón largo y sombrero, mosquitera, etc.). Utilizar preferentemente insecticidas que contengan N,N dietilmetatoluamida (DEET) en concentración < 35% para adultos, y en niños hasta el 10%. No se debe aplicar en menores de 2 años. También se puede emplear el ftalato de dimetilo, repitiendo las aplicaciones cada 3-4 horas, sobre todo en climas cálidos y húmedos. Utilizar también pulverizadores o insecticidas ambientales, o para impregnar las mosquiteras, que contengan piretrinas (permetrina)
– Evitar alimentos crudos (ensaladas, frutas que no se puedan pelar, etc.) alimentos cocinados que no se acaben de preparar, leche no pasteurizada, helados, cubitos y bebidas no embotelladas
– Empleo de preservativos en las relaciones sexuales
– Los pacientes que tomen habitualmente medicamentos para enfermedades crónicas, conviene que lleven suficiente cantidad de medicación incluso para un período algo superior al previsto

vacunas inactivadas ni de la polio oral, la fiebre tifoidea oral ni la fiebre amarilla, pero sí de la vacuna triple vírica y de la varicela.

Si se administra primero una vacuna atenuada, se deberá posponer, si es posible, la administración de inmunoglobulinas al menos 2 semanas.

La inmunización pasiva está indicada en las siguientes situaciones:

- Pacientes inmunocompetentes, para cubrir el período en que tardan en aparecer los anticuerpos tras la vacunación, en situaciones de riesgo elevado (heridas, punciones percutáneas, transmisión vertical del VHB, etc.).
- Enfermedades para las que no existe una vacunación eficaz.
- Inmunodeficiencias (hipogammaglobulinemia o agammaglobulinemia).

Vías de administración: intramuscular profunda en la región glútea.

INMUNOGLOBULINAS POLIVALENTES O INESPECÍFICAS

Se emplean esencialmente para la prevención de la hepatitis A y del sarampión, ya sea preexposición o postexposición.

Sarampión: convivientes de un caso índice que no hayan padecido la enfermedad, en menores de un año, en embarazadas y en inmunodeprimidos aunque estén vacunados. Dosis: 0,25 ml/kg (máx.: 15 ml) por vía intramuscular, en los 6 días postexposición, y en inmunodeprimidos, de 0,5 ml/kg (máx.: 15 ml).

Hepatitis A: *profilaxis preexposición*, viajeros a zonas endémicas no vacunados, en personas que no se pueden vacunar y en contactos sexuales o cuidadores de personas infectadas. Confiere una protección de unos 3 meses. Dosis: 0,02 ml/kg (máx.: 2 ml). Las indicaciones de la *profilaxis postexposi-*

ción se describen en la tabla 33-13. La dosis es de 0,02 ml/kg (máx.: 2 ml), por vía intramuscular, en el glúteo, lo antes posible, siempre antes de transcurridas 2 semanas de la exposición, consiguiendo una eficacia superior al 85%.

Tabla 33-13. Indicaciones de la inmunoglobulina inespecífica para la profilaxis postexposición de la hepatitis A
– Contactos domésticos o sexuales de pacientes infectados – Personas no vacunadas de centros de día, guarderías, prisiones o centros para discapacitados – Manipuladores de alimentos del mismo establecimiento donde otro trabajador haya presentado hepatitis A, y que no estuviesen previamente vacunados – Brotes epidémicos – Personas que comparten el consumo de drogas

INMUNOGLOBULINAS HIPERINMUNES O ESPECÍFICAS

Inmunoglobulina antitetánica (*IGT*): heridas potencialmente tetanígenas en mal vacunados (no inmunizados o sólo con 1-2 dosis), y en personas cuya historia vacunal es desconocida. Dosis: 250 UI en niños, y 500 UI en adultos, por vía intramuscular (tabla 33-8). También está indicada en el tratamiento del tétanos en el ámbito hospitalario.

Inmunoglobulina antihepatitis B (*IGHB*): profilaxis postexposición al VHB tanto perinatal, percutánea accidental (tabla 33-14) o por relaciones sexuales, lo antes posible, y su efectividad pasados 7 días desde la exposición no está demostrada; recién nacidos de madre portadora crónica o con infección reciente en dosis de 0,5 ml o 200 UI por vía intramuscular, antes de 12 horas del parto, asociada a la primera dosis de vacuna; niños menores de 12 meses cuando su cuidador principal padece una hepatitis B aguda, en dosis de 0,5 ml intramuscular, junto con la vacuna. Su efectividad para prevenir la enfermedad aguda y crónica es del 95%.

En caso de exposición percutánea a sangre con riesgo o certeza de portar VHB, debe administrarse una primera dosis de IGHB de 0,06 ml/kg de peso, por vía intramuscular, en las primeras 24 horas (máximo 48 horas) tras la exposición, a los no vacunados, los mal vacunados, y a aquellos vacunados en los que se sabe que la respuesta de anticuerpos ha sido deficiente.

Inmunoglobulina antirrábica (*IGR*): 20 UI/kg simultáneamente con la primera dosis de la vacuna. Es un producto de prescripción hospitalaria.

Inmunoglobulina antivaricela (*IGVZ*): es un producto de prescripción hospitalaria.

- Pacientes inmunodeprimidos, especialmente en casos de leucemia o infección por VIH, que hayan tenido contacto cercano con un caso de varicela o de herpes zóster.
- Recién nacidos cuya madre desarrolle una enfermedad clínica 5 días antes del nacimiento hasta 2 días después. Está indicada también en neo-

Tabla 33-14. Profilaxis postexposición permucosa o percutánea al VHB. Tratamiento

Vacunación y valor de anticuerpos en pacientes expuestos	Fuente HBsAg+	Fuente HBsAg–	Fuente desconocida o no disponible
No vacunados	IGHB antes de 24 h + Iniciar serie 3VHB	Iniciar serie 3 VHB	Iniciar serie 3 VHB
Vacunados			
Respondedor conocido*	No tratamiento	No tratamiento	No tratamiento
No respondedor conocido**	IGHB e iniciar revacunación con 3 dosis o IGHB 2 dosis separadas 1 mes***	No tratamiento	Si la fuente se considera de alto riesgo, tratar como HBsAg+
Respuesta desconocida	Investigar anti-HBs de persona expuesta: Si > 10 mIU/ml = no tratamiento Si < 10 mIU/ml administrar IGHB y dosis recuerdo VHB	No tratamiento	Investigar anti-HBs de persona expuesta: Si > 10 mIU/ml = no tratamiento Si < 10 mIU/ml administrar dosis recuerdo VHB y determinar títulos en 1-2 meses

Modificada de MMWR 2001/50 (RR11): 1-42.
*Respondedor conocido: título de anticuerpos posvacunales anti-HBs > 10 mIU/ml.
**No respondedor conocido: título de anticuerpos posvacunal < 10 mIU/ml.
***La opción de dosis de inmunoglobulina y reinicio de 3 dosis de revacunación en aquellos que no han recibido previamente una segunda serie de 3 VHB es de elección. Aquellos no respondedores que ya han recibido 2 series de 3 VHB con anterioridad y no respondieron, es preferible administrar 2 IGHB.
IGHB: 0,06 ml/kg antes de 24 h.
VHB: vacuna de la HB. Se debe administrar lo antes posible y antes de 8 días.

natos y recién nacidos menores de 28 días que tengan contacto con un enfermo de varicela.
- Embarazadas. No previene la posible embriopatía, pero puede modificar la gravedad de la enfermedad en la madre. Debe administrarse antes de transcurridos 4 días desde el contacto.

Inmunoglobulinas durante el embarazo

Se pueden administrar inmunoglobulinas, cuando estén indicadas, para prevenir el sarampión, la hepatitis A y B, la rabia y el tétanos. No se ha demostrado su efectividad para prevenir la parotiditis, la rubéola ni la embriopatía por varicela.

Capítulo 34

EDUCACIÓN PARA LA SALUD

INTRODUCCIÓN

Las actividades educativas en Atención Primaria de Salud (APS) deben dirigirse a «aumentar la capacidad de los individuos y la comunidad para participar en la acción sanitaria y la corresponsabilidad en materia de salud, y a fomentar un comportamiento higiénico, en particular en materia de salud de la familia y nutrición, higiene del medio, estilos de vida sanos, y prevención y lucha contra las enfermedades».

MODELOS DE INTERVENCIÓN

MODELO BIOMÉDICO, ASISTENCIAL O TRADICIONAL

La educación sanitaria utiliza estrategias clínicas, y se basa en la prescripción del «tratamiento educativo». La población diana es exclusivamente la demandante, y la información es básicamente unidireccional.

MODELO PREVENTIVO O CRÍTICO

Incorpora nuevos conceptos: la prevención en los grupos de riesgo y la influencia de factores sociales, ambientales, biológicos y de estilos de vida. La población diana es la comunidad.

La comunicación es bidireccional, no equilibrada, ya que los programas se realizan sin la participación de la comunidad y el usuario continúa en un papel pasivo.

MODELO COMUNITARIO

Este modelo fomenta el autocuidado, pretende la participación activa y responsable de los usuarios y promueve la implicación de diferentes tipos de profesionales, así como de grupos o colectivos no sanitarios de la comunidad.

La población diana está constituida por la comunidad, y el sistema es comunicativo, equilibrado y bidireccional.

ELEMENTOS ESENCIALES DE LA COMUNICACIÓN

El objetivo final de la educación sanitaria es el cambio o modificación de los comportamientos nocivos, y el refuerzo de los saludables, y su eje fundamental es la comunicación y la motivación.

- *Comunicación general*: la comunicación es un proceso de transmisión e intercambio de ideas, opiniones y conocimientos entre dos o más personas en el que intervienen tres elementos:

- *Emisor*: debe tener una formación adecuada en el tema, técnicas y recursos pedagógicos, y debe tener en cuenta las características de los receptores.
- *Mensaje*: debe ser claro, sencillo, breve y orientado a un objetivo bien definido, introduciendo ejemplos asociados a la vida cotidiana.
- *Receptor*: debe tener interés por el tema, para lo cual tiene que haber recibido previamente información dirigida a promover la motivación por él mismo, y ha de estar en un momento favorable y con una actitud positiva.

- *Comunicación oral*: la educación sanitaria en APS se basa en la comunicación oral, cuya principal ventaja es la posibilidad de utilizar la retroalimentación y adecuar el mensaje a medida que va captando esta información.
- *Comunicación escrita*: puede servir de refuerzo, ya que la no verbal determina la eficacia del mensaje.
- *Motivación*: es la clave para conseguir y mantener los objetivos establecidos. Las motivaciones inmediatas o pequeñas «recompensas» son útiles para mantener el grado de interés; pero, además, existen otras que tienen que ver con los propios valores del individuo (familia, religión, trabajo) y que son las únicas que pueden facilitar un cambio de conducta. La motivación debe basarse en aspectos positivos.

METODOLOGÍA DE LA PROGRAMACIÓN

La programación en educación sanitaria puede ir desde un proceso concreto cerrado, donde la finalidad es la adquisición de conocimientos y habilidades, hasta trabajar en un proceso abierto, donde la finalidad es el cambio de comportamiento.

El concepto *educación sanitaria* tiene distintos significados que, operativamente, se dividen en:

- Cuando los objetivos están centrados en el saber (*conocimientos*).
- Cuando los objetivos están centrados en el saber hacer (*habilidades*).
- Cuando los objetivos están centrados en el saber ser (*conductas*).

En esencia, la educación sanitaria tiene que trabajar el «saber ser».

ELABORACIÓN DE UN PROGRAMA

Las etapas del proceso de planificación son las siguientes:

- *Análisis de la situación*: conocimientos y creencias sobre el tema; capacidad de aprendizaje; entorno sociofamiliar; hábitos y aspectos psicológicos; grado de cumplimiento; dimensión del problema.
- *Objetivos*: han de especificarse previamente de forma clara.
- *Metodología y actividades*: el programa debe incluir los contenidos teóricos y prácticos que se van a desarrollar, y la forma adecuada y eficaz de hacerlo.

- *Recursos materiales y humanos*: debe disponerse de local, material docente y personal sanitario formado.
- *Coordinación*: es conveniente que haya un equipo responsable del seguimiento y de la evaluación.
- *Documentación*: la documentación utilizada tiene que posibilitar y facilitar el registro de los datos clínicos, las intervenciones educativas, las observaciones y los indicadores para la evaluación.
- *Evaluación*: debe realizarse la evaluación de los resultados o el impacto del programa.

RANGOS DE INTERVENCIÓN EDUCATIVA

En la práctica clínica habitual, existe una vertiente de información/educación que puede ser programada o producirse espontáneamente.

El impacto de un mensaje educativo será más eficaz cuando se produzca en el momento oportuno.

Cita previa

El *mensaje educativo* debe ser breve, claro, relacionado con el motivo de consulta y con el problema que plantea el paciente, evitando el «bombardeo» de consejos.

Se exponen ejemplos de mensajes educativos relacionados con motivos de consulta frecuentes:

- *Infecciones respiratorias de vías altas*: consejo antitabaco; uso inadecuado de antibióticos; hidratación.
- *Afecciones gastrointestinales*: dieta equilibrada; consumo excesivo de alcohol.
- *Alteraciones cutáneas*: precauciones en la exposición excesiva al sol.
- *Algias osteoarticulares*: efectos del sobrepeso; riesgos en el consumo de antiinflamatorios no esteroideos (AINE); reeducación funcional.
- *Resultado de la analítica*: relación de los trastornos metabólicos con la dieta; beneficios del ejercicio físico.

En cualquier proceso agudo, la intervención educativa debe comprender información sobre el diagnóstico, medidas terapéuticas, cumplimiento correcto, aspectos que se deben controlar, signos de agravamiento y criterios de curación.

Actividades preventivas

El objetivo no es sólo recoger información sino promover actitudes preventivas y saludables en los pacientes; por tanto, además de cumplimentar la información solicitada debe comentarse cada apartado.

Consulta programada

El proceso educativo será gradual, en función de la capacidad de aprendizaje y de las necesidades que se detecten. Es conveniente establecer un orden de prioridades y, paso a paso, consolidar conocimientos y modificar hábitos y actitudes.

CONSULTA DE ENFERMERÍA

El aspecto más propio de enfermería, y que realmente incide en el buen control y en la calidad de vida de los pacientes, es la educación sanitaria. Puede decirse que la enfermera dedica la mayor parte de su tiempo asistencial a educar y a acompañar al paciente en el proceso de aprendizaje y de cambio de actitudes.

RENOVACIÓN DE RECETAS DE MEDICACIÓN AUTORIZADA

Podrían darse mensajes sobre automedicación, abuso de fármacos, cumplimiento de las dosis, así como detección de aquellos pacientes que no acuden a las visitas de control.

ATENCIÓN DOMICILIARIA

Las visitas domiciliarias por cuadros agudos requieren mensajes educativos relacionados con el proceso, haciendo más hincapié en los aspectos de cuidado, como control de temperatura, hidratación, dieta, etc.

Las visitas periódicas a pacientes encamados o que no pueden desplazarse de su domicilio requieren un proceso educativo gradual y progresivo, especialmente dirigido al familiar o familiares que cuidan al enfermo.

SITUACIONES ESPECIALES

Ancianos

Hay que dar mensajes cortos y claros, en voz alta y mirando al paciente a los ojos para comprobar si los entiende. Es conveniente dar soporte escrito, especialmente los nombres, las dosis y los horarios de los fármacos prescritos. Si el anciano acude solo a la consulta, puede redactarse una nota para los familiares.

Independientemente de la patología que presenten, deben enfocarse los siguientes temas: alimentación, cumplimiento y automedicación, prevención de caídas y accidentes, mantenimiento de las actividades de la vida diaria y promoción de las aficiones personales.

Analfabetos

Se utilizará, si es necesario, soporte gráfico, con dibujos, etiquetas de los fármacos y números.

Adolescentes

Un clima de confianza y tranquilidad permitirá enfocar los principales factores de riesgo en esta etapa: consumo de alcohol y drogas, habituación tabáquica, conductas sexuales de riesgo, trastornos psíquicos y riesgo de accidentes.

Pacientes con pluripatología

En el aspecto educativo, el paciente debe conocer la conveniencia de que su médico de cabecera evalúe el conjunto de la medicación que toma.

EDUCACIÓN SANITARIA GRUPAL

En los grupos se fomenta el autocuidado del paciente, favoreciendo un cambio activo.

Para el inicio de las actividades grupales es preciso que el Centro de Salud tenga cierto tiempo de funcionamiento y que se hayan cubierto las necesidades más inmediatas: puesta en marcha de protocolos, programas de educación individual y organización de la demanda.

Para que la eficacia de un grupo sea óptima deben cumplirse las condiciones de configuración y características que se desarrollan a continuación.

CONFIGURACIÓN DE UN GRUPO

El tema debe ser de interés para los educandos.

Criterios de inclusión. Se debe definir la característica que configura el grupo y otros criterios adicionales como edad, sexo o grado cultural.

Se precisa cierta capacidad de comprensión y de razonamiento.

Objetivos. El grupo ha de tener objetivos de proceso (comunicar, pensar, criticar) y de resultados (recordar, memorizar), que se deben hacer partícipes entre los asistentes.

CARACTERÍSTICAS DEL GRUPO

Es necesario definir previamente el número de participantes, el de sesiones y el contenido de las mismas.

La evaluación se efectuará desde la perspectiva del conductor y la de los participantes.

Rol del conductor. Las cualidades que caracterizan a un buen animador o conductor de grupo de discusión, segun Carriere, son las siguientes: clarificación, estimulación, control y mantenimiento de un clima favorable.

Los tipos de grupos en Atención Primaria se muestran en la tabla 34-1.

INVESTIGACIÓN

Los estudios publicados en los últimos años en relación con la educación sanitaria en APS muestran una gran implicación del personal de enfermería en este campo. Los temas en los que existe mayor tradición y experiencia educativa son los relacionados con las patologías crónicas.

Tabla 34-1. Principales características de los grupos que se pueden formar en Atención Primaria

Grupo	Objetivos	Duración (sesiones)	Número de participantes	Conducción	Metodología	Técnicas	Coordinación	Evaluación
Informativo	Conocimientos y habilidades	1-4	10-15	Enfermería	Centrada en el docente	Expositivas o de demostración: charla, vídeo, ejercicios	Entre las UBAS y otros servicios especializados	Predomina la evaluación sumativa: verificar resultados esperados
Educativo	Descubrir el significado de las conductas	4-8	10-12	Enfermería	A partir de la información de los participantes	Simulaciones	Entre las UBAS y otros servicios especializados	Predomina la evaluación sumativa: verificar resultados esperados
Socialización	Promover relaciones interpersonales	6-12	8-10	Trabajador social/ enfermería	Contención y dinamización del grupo	Combinar la comunicación libre con actividades como charlas o relajación	Entre las UBAS y la colaboración de los centros sociales del barrio	Predomina la evaluación formativa: encontrar nuevos significados e hipótesis

(Continúa)

Tabla 34-1. Principales características de los grupos que se pueden formar en Atención Primaria (*Cont.*)

Grupo	Objetivos	Duración (sesiones)	Número de participantes	Conducción	Metodología	Técnicas	Coordinación	Evaluación
Contención	Elaboración de ansiedades y soporte emocional	12-16	8-10	Médico/ enfermería	Contención y comprensión en el «aquí y ahora»	Comunicación libre de los participantes	Entre las UBAS y la supervisión de las unidades de salud mental	Predomina la evaluación formativa: encontrar nuevos significados e hipótesis

Capítulo 35

PLANIFICACIÓN FAMILIAR. ESTERILIDAD

INTRODUCCIÓN

Cada individuo ha de conservar su capacidad de reproducirse o de regular su fertilidad con métodos a su alcance seguros, eficaces, económicos y aceptables, y ha de disfrutar de las relaciones sexuales sin prácticas de alto riesgo.

PLANIFICACIÓN FAMILIAR

La planificación familiar (PF) es un término que concierne a la fecundidad controlada mediante la adopción voluntaria de alguna forma de anticoncepción.

Promover la PF en el marco de la salud reproductiva significa promover el derecho a tomar decisiones que conciernen a la reproducción, libres de discriminación, coerción o violencia. Significa otorgar atención no sólo al espacio intergenésico sino también al cuidado de los niños, a la prevención y control de la esterilidad y de las enfermedades de transmisión sexual (ETS), a la prevención de los cánceres genitales, de las enfermedades que resultan como consecuencia de múltiples embarazos o partos y de los períodos premenopausia y posmenopausia.

SELECCIÓN DE UN MÉTODO ANTICONCEPTIVO Y DINÁMICA ASISTENCIAL

En la entrevista clínica del servicio de PF, previa a la selección de un método anticonceptivo, deben incluirse los antecedentes ginecoobstétricos, hábitos sexuales (edad al inicio de las relaciones coitales, número de parejas actuales o en el pasado, frecuencia y tipo de prácticas sexuales, etc.), así como posibles contraindicaciones para un determinado método anticonceptivo.

En la tabla 35-1 se relacionan los métodos anticonceptivos, su protección anticonceptiva y su protección potencial frente a las ETS. Los índices de fallo de los distintos métodos anticonceptivos dependen de diversos factores, como la edad de la mujer, la frecuencia del coito y el uso correcto y consistente de dichos métodos.

En los adolescentes, hay que valorar muy específicamente su madurez física y emocional. Teniendo en cuenta el concepto legal de menor maduro y sus derechos, el profesional debe respetar sus decisiones y garantizar la confidencialidad.

Cuando cesa la menstruación, la mujer de menos de 50 años ha de usar anticoncepción durante un año, y la de 50 años o mayor, durante 6 meses.

Durante el asesoramiento en anticoncepción, el profesional siempre ha de contemplar, en cuanto al método: su eficacia, las instrucciones de uso, la

Tabla 35-1. Métodos anticonceptivos, protección potencial que brindan frente a infecciones de transmisión sexual y embarazos por 100 mujeres en los primeros 12 meses de uso

	Protección frente a enfermedades de transmisión sexual				Embarazos por 100 mujeres en los primeros 12 meses de uso	
Método anticonceptivo	Bacterianas	Víricas	Sida	EPI	Uso tópico	Uso correcto y consistente
– Ninguno	No	No	No	No	85	85
– *Coitus interruptus*	No	No	No	No	19	4
– Métodos de conocimiento de la fertilidad	No	No	No	No	20	1-9
– Amenorrea de la lactancia	No	No	No	No	2	0,5
– Diafragma con espermicida	Sí	– Sí CIN, resto desconocido	#	#	20	6
– Preservativo masculino	Sí	Sí	Sí (no en caso de usarlos con nonoxinol-9)	Posible	14	3

– Preservativo femenino	Posible	Posible	Posible	Posible	21	5
– Espermicidas	Sí	#	#	#	26	6
– DIU Cu alta carga	No	No	No	Aumenta su riesgo – El primer mes postinserción y con sexo de riesgo	0,8	0,6
– DIU-LNG	No	– No y sospecha de que aumente la progresión de CIN a enfermedad invasiva	No	Aumenta su riesgo – El primer mes postinserción y con sexo de riesgo	0,1-0,3	0,1
– Anticonceptivos orales combinados	No	– No y sospecha de que aumente la progresión de CIN a enfermedad invasiva	No	#	6-8	0,1

(*Continúa*)

Tabla 35-1. Métodos anticonceptivos, protección potencial que brindan frente a infecciones de transmisión sexual y embarazos por 100 mujeres en los primeros 12 meses de uso (*Cont.*)

Método anticonceptivo	Protección frente a enfermedades de transmisión sexual				Embarazos por 100 mujeres en los primeros 12 meses de uso	
	Bacterianas	Víricas	Sida	EPI	Uso tópico	Uso correcto y consistente
– Anticonceptivos orales de gestágeno solo	No	– No y sospecha de que aumente la progresión de CIN a enfermedad invasiva	No	#	#	0,5
– Anticonceptivos inyectables	No	No	#	#	0,3	0,3
– Ligadura tubárica	No	No	No	Posible	0,5	0,5
– Vasectomía	No	No	No	#	0,2	0,1

EPI: enfermedad inflamatoria pélvica; CIU: neoplasia intraepitelial cervical; DIU: dispositivo intrauterino: desconocido o en discusión; efectividad anticonceptiva: muy efectivo: 0-1; efectivo: 2-9; algo efectivo: 10-30.

resolución de problemas más frecuentes, los efectos secundarios beneficiosos o de riesgo, el retorno a la fertilidad tras la suspensión del método, el grado de protección frente a las ETS, los signos o síntomas que motivan la consulta y el consejo antitabaco en caso de anticoncepción hormonal.

No existe el anticonceptivo ideal. Se recomienda consultar los criterios médicos de elegibilidad para uso de anticonceptivos de la OMS. Puede obtenerse el documento (WHO/RHR/00.2) en http://www.who.org/.

ANTICONCEPCIÓN REVERSIBLE

COITUS INTERRUPTUS

Es un método de baja eficacia: la mayor parte de los embarazos no deseados se relacionan con fallos en su utilización. El profesional deberá ofrecer información sobre otros métodos.

MÉTODOS DE CONOCIMIENTO DE LA FERTILIDAD O DE ABSTINENCIA PERIÓDICA

Los métodos naturales se basan en adquirir conciencia de la fertilidad a través del reconocimiento, la observación y el registro de los signos y los síntomas de la fase fértil del ciclo menstrual de la mujer. La abstinencia de penetración durante ese período, de 7 a 18 días según el método, es lo que evita el embarazo.

Método del calendario

También conocido como método del ritmo o de Ogino-Knaus. Se calcula el primer día en que la mujer puede ser fecunda restando 18 días a la duración de su ciclo más corto. El último día fértil se determina restando 11 días a la duración del ciclo más largo. No debe usarse en caso de ciclos irregulares.

Método de la temperatura basal

El fundamento de este método es la elevación de la temperatura debida a la secreción de progesterona por el cuerpo lúteo.

Con fines anticonceptivos, se requiere abstinencia sexual desde el primer día de la regla hasta el tercer día de temperatura elevada, pues éstos son los días fértiles.

Método del moco cervical

Para poder utilizar el método del moco cervical, o de Billings, hay que aprender a reconocer las modificaciones características que se suceden en el moco cervical. Es un método válido tanto para ciclos regulares como para ciclos largos, irregulares, lactancia materna o premenopausia.

El período de abstinencia va desde el día de la aparición del moco cervical fluido y abundante hasta después del tercer día completo tras el día pico del moco. Durante la fase seca no es conveniente el coito en días sucesivos, pues el semen residual dentro de la vagina puede ser confundido con moco. No debe usarse este método si se siguen tratamientos vaginales o sistémicos que afecten al moco.

Método de la cristalización del moco cervical y de la saliva

Se trata de reconocer la cristalización en forma de hojas de helecho del moco cervical o de la saliva en los 3 días periovulatorios. Cualquier alteración del moco contraindica su uso.

Método sintotérmico

El método sintotérmico compagina la observación simultánea de varios indicadores de la ovulación; utiliza, para señalar el comienzo del período fértil, la aparición de moco cervical y el método del calendario; y para calcular el final del período fértil, el ascenso de la temperatura basal y los cambios del moco.

AMENORREA DE LA LACTANCIA

Es un método anticonceptivo natural, pero no un método de abstinencia periódica, al no haber ciclo menstrual.

Las condiciones de uso son: estar dentro de los 6 primeros meses que siguen al parto, en amenorrea y realizando lactancia materna exclusiva a libre demanda. Si no se cumplen, se deberá usar otro método de PF.

MÉTODOS DE BARRERA

Los métodos de barrera ejercen su mecanismo de acción por la interposición de una barrera física, química o fisicoquímica. Son los únicos que evitan el contacto con el semen, las lesiones genitales y las secreciones, ya sean éstas normales o infecciosas. Requieren un uso correcto y continuado, y buena lubricación; deben colocarse previamente a la introducción del pene en la vagina, y se ha de comprobar su integridad después del coito, pues si no están íntegros hay que valorar la pertinencia de usar un tratamiento poscoital.

Estos métodos, en mayor o menor medida, ofrecen protección frente al cáncer de cérvix y las ETS, incluido el sida. Por ello, en casos de cambios frecuentes de pareja y, en general, en cualquier situación que entrañe riesgo de ETS, han de ser la primera opción anticonceptiva.

Preservativos

Son fundas que se adaptan al pene o la vagina. Los preservativos de látex masculinos son los más ampliamente usados y conocidos. En caso de alergia, los preservativos de poliuretano (masculinos o femeninos) son una alternativa aceptable. El uso simultáneo de preservativo masculino y preservativo femenino potencia su rotura.

PRESERVATIVO MASCULINO

Se debe comprobar su buen estado y la fecha de caducidad. Al ponerlo, hay que pinzar su extremo cerrado, para que no quede aire. El preservativo de látex, en determinadas condiciones ambientales, como calor, humedad o lubricantes liposolubles (vaselina, aceites) puede perder sus propiedades aislantes. Con baja lubricidad, se puede desgarrar.

Preservativo femenino

No se conocen contraindicaciones, y se supone que es una buena protección frente a las ETS.

Diafragma

Consiste en una semiesfera de látex, de uso vaginal, de borde circular, en cuyo interior hay un fino aro metálico flexible. Siempre debe usarse con un espermicida.

Su correcta utilización requiere entrenamiento por parte de un profesional competente.

Espermicidas

Son sustancias químicas (óvulos, cremas, tabletas o espumas) compuestas de una base inerte y un agente tensioactivo que actúa como barrera química al inactivar a los espermatozoides en la vagina.

Están indicados en aquellas mujeres que deseen utilizarlos durante los ciclos vitales de baja fertilidad, como la premenopausia o la lactancia materna estricta. Conviene señalar su menor eficacia comparativa y su condición de refuerzo de otros métodos anticonceptivos en el resto de las situaciones.

Anticoncepción intrauterina

Hay distintos dispositivos e implantes intrauterinos liberadores de cobre (DIU-Cu, IIU-Cu) y de sistemas intrauterinos de liberación de levonorgestrel (SIL-LNG o DIU-LNG). El principal mecanismo de acción es preconceptivo.

- *Dispositivo intrauterino de cobre.* Suele ser de polietileno radioopaco, con un filamento de cobre o de cobre y plata. Existen en diferentes formas y medidas. Los que contienen más de 300 mm^2 de cobre duran 5 años o más.
- *Implante intrauterino de cobre.* Sin armazón rígido, se fija por anclaje. Está constituido por polipropileno y cobre, con una superficie total de cobre de 330 mm^2.
- *Dispositivo intrauterino de levonorgestrel* (DIU-LNG). Es un sistema intrauterino liberador de levonorgestrel (SIL-LNG), con estructura de polietileno en forma de T y con un depósito de LNG. La duración de uso es de 5 años. Puede ser útil en caso de hipermenorra y/o dismenorrea.

Deberán descartarse las contraindicaciones para el uso de cualquier tipo de DIU (tabla 35-2). En caso de existir vaginitis, ésta deberá tratarse previamente.

La usuaria ha de estar ampliamente informada del tipo de DIU que se le insertará, de los posibles efectos inmediatos a la postinserción y de los efectos secundarios más comunes que pudieran requerir consulta médica: retraso menstrual, sangrado anormal o algias pelvianas, especialmente si van acompañadas de fiebre, dispareunia, exudado vaginal anormal, y siempre que se presenten problemas o preocupaciones relacionadas con el DIU.

Tabla 35-2. Contraindicaciones del dispositivo intrauterino

Contraindicaciones absolutas (categoría 4 según clasificación de la OMS)	Contraindicaciones relativas (categoría 3 según clasificación de la OMS)
- Embarazo o sospecha de embarazo - ETS no resuelta - EPI actual o reciente (últimos 3 meses) - Sepsis postaborto o posparto - Hemorragia vaginal sin diagnosticar - Distorsión de la cavidad uterina - Tuberculosis genital - Cáncer de cérvix, endometrio sin tratar - Enfermedad trofoblástica maligna - Cáncer de mama***	- Alto riesgo de ETS - Sida - Hipermenorrea con anemia* - Posparto (entre las 48 h y las 4 semanas**) - Enfermedad trofoblástica benigna - Hepatitis vírica activa*** - Cáncer de ovario sin tratar

Categoría 4: no debe utilizarse; categoría 3: no se recomienda, caso de usarse se requiere un estricto seguimiento; ETS: enfermedades de transmisión sexual; EPI: enfermedad pélvica inflamatoria.

*Para DIU-Cu.

**Para DIU-levonorgestrel: 6 semanas si lactancia materna.

***Para DIU-levonorgestrel.

Efectos secundarios y criterios de derivación

Tras la inserción, pueden producirse molestias o ligero dolor en el abdomen bajo, que mejorarán con calor local o con un analgésico habitual o un antiinflamatorio. Pueden aparecer también pérdidas vaginales moderadas, generalmente en forma de manchado o secreción serosanguinolenta, incluso durante varios días. Pero, en caso de aparecer dolor intenso en el abdomen bajo o en el resto del abdomen, fiebre, hemorragia vaginal anómala o flujo anómalo, es esencial examinar a la mujer, para descartar una *enfermedad pélvica inflamatoria* (EPI). La inserción del DIU supone un riesgo de EPI que abarca los 20 primeros días siguientes.

Posteriormente, en caso de *sangrado intermenstrual*, *hipermenorrea* o *menorragia* pasados los primeros meses en que es más frecuente, habrá que descartar anemia ferropénica, y en caso de persistencia del sangrado, valorar la extracción del DIU. Se recomiendan, como posibles tratamientos, antiinflamatorios no esteroideos (AINE), como el ácido mefenámico (500 mg/8 h/5 d), o antifibrinolíticos, como el ácido tranexámico (1 g/8 h/5 d).

Aparece *amenorrea* en el 20% de las usuarias del DIU-LNG, al cabo de 12 meses de uso.

Frente a un retraso o alteración menstrual, habrá que descartar siempre un *embarazo*, ya sea eutópico o ectópico.

La EPI se presenta con mayor frecuencia en las portadoras del DIU con riesgo para ETS. Si hay sospecha clínica de EPI, hay que tratar o remitir inmediatamente para tratamiento, que deberá cubrir gonococos, *Chlamydia* y anaerobios.

ANTICONCEPCIÓN HORMONAL

Con este tipo de anticoncepción se actúa modificando el moco cervical y, en la mayoría de casos, impidiendo la ovulación. Los anticonceptivos hormonales constituyen un método reversible, basado en esteroides de síntesis compuestos por la combinación de un estrógeno y de un gestágeno, o por un gestágeno sólo.

Anticonceptivos orales combinados de estrógeno y gestágeno

Los anticonceptivos orales combinados (AOC) ofrecen protección frente al embarazo no deseado, de forma temporal, eficazmente y con un elevado grado de aceptación entre las usuarias; para su buen uso es esencial valorar el índice riesgo/beneficio que para cada mujer significa su utilización.

CONTRAINDICACIONES

Además de contar con el acuerdo de la futura usuaria, se debe descartar la presencia de cualquier contraindicación absoluta antes de prescribir un AOC (tabla 35-3).

CONDICIONES PARA UN BUEN USO

1. Realizar una anamnesis rigurosa, atendiendo especialmente a antecedentes personales y familiares de enfermedad cardiovascular y a la presencia de factores de riesgo personal cardiovascular. Realizar una toma correcta de la presión arterial, y valorar el índice de masa corporal en caso de sobrepeso manifiesto.
2. Prescribir el preparado de menor dosis eficaz que permita un buen control del ciclo (tabla 35-4). Evitar la prescripción de AOC con gestágenos de tercera generación (gestodene, desogestrel) en las mujeres que presenten factores de riesgo de tromboembolismo venoso (TEV).
3. *Normas del tratamiento*: según la presentación, se prescriben en ciclos de toma de 21 o 22 días consecutivos o en pauta continua (tabla 35-4). Deben tomarse a la misma hora. Aunque suele iniciarse la toma durante la menstruación, también se puede iniciar en cualquier momento del ciclo, siempre que haya una certeza razonable de que no existe embarazo. Si no se inician el primer día de la menstruación, se requieren medidas adicionales de refuerzo anticonceptivo durante los 7 primeros días. Este refuerzo también se debe aplicar en los casos de: olvidos superiores a 12 horas, vómitos dentro de las 2 horas siguientes a la toma, diarrea o medicación concomitante que interfiera en la acción de los AOC; ello puede implicar la renuncia a la pausa mensual o a las píldoras inactivas. En los preparados de toma cíclica, se efectúa una pausa de 6-7 días entre los ciclos, durante la cual aparece un sangrado de privación. En los AOC de toma continuada, el sangrado aparece durante la toma de píldoras inactivas o al

Tabla 35-3. Contraindicaciones absolutas y relativas a la contracepción hormonal combinada

Contraindicaciones absolutas (categoría 4 según clasificación de la OMS)	Contraindicaciones relativas (categoría 3 según clasificación de la OMS)	Contraindicaciones relativas (categoría 2 según clasificación de la OMS)
– Mujer > 35 años y fumadora > 15 cigarrillos/día – Lactancia materna y < 6 semanas posparto – Múltiples factores de riesgo para enfermedad cardiovascular arterial: edad, tabaquismo, diabetes e hipertensión – Hipertensión arterial: PAS > 160 y/o PAD > 100 – Enfermedad vascular – Trombosis venosa profunda o embolismo pulmonar (historia actual o antecedentes) – Cirugía mayor con inmovilización prolongada – Cardiopatía isquémica (historia actual o antecedentes) – Accidente cerebrovascular (antecedentes)	– Lactancia exclusiva o casi exclusiva y entre 6 semanas y 6 meses posparto – Posparto < 21 días en mujer sin lactancia – Múltiples factores de riesgo para enfermedad cardiovascular arterial: edad, tabaquismo, diabetes e hipertensión – Hipertensión arterial: PAS 140-159 y/o PAD 90-99 – Dislipemia (valorar tipo y otros factores de riesgo cardiovascular) – Migraña en mujer > 35 años – Antecedente de cáncer de mama y período libre de enfermedad > 5 años – Diabetes con afectación vascular o de > 20 años de duración – Colecistopatía actual o bajo tratamiento médico	– Más de 6 meses posparto – Mujer < 35 años y fumadora – Obesidad (IMC > 30) – Antecedente de hipertensión arterial durante embarazo – Historia de enfermedad tromboembólica en familiar de primer grado – Cirugía mayor sin inmovilización prolongada – Tromboflebitis superficial – Migraña en mujer < 35 años – Dislipemia – Valvulopatía no complicada – Hemorragia genital no diagnosticada – Neoplasia cervical intraepitelial (CIN) – Diabetes tipo I sin afectación vascular o tipo II

– Valvulopatía complicada (hipertensión pulmonar, fibrilación auricular, antecedentes de endocarditis bacteriana) – Migraña focal – Cáncer de mama actual – Diabetes con afectación vascular o de > 20 años de duración – Cirrosis descompensada – Tumores hepáticos (adenoma, hepatoma) – Hepatitis vírica activa	– Colestasis relacionada con anticonceptivos orales combinados – Cirrosis compensada – Uso de fármacos inductores de enzimas hepáticas: • Antibióticos: rifampicina • Anticonvulsivantes: fenitoína, carbamacepina, barbitúricos, primidona • Antifúngicos: griseofulvina • Antirretrovirales	– Colecistopatía asintomática o colecistectomía – Colestasis relacionada con embarazo – Anemia de células falciformes

Categoría 4: no debe utilizarse; categoría 3: no se recomienda, caso de usarse se requiere un estricto seguimiento; categoría 2: puede usarse, pero puede ser necesario un cuidadoso seguimiento.
Fuente: Medical eligibility criteria for contraceptive use. WHO, 2000.

Tabla 35-4. Preparados anticonceptivos hormonales disponibles en España. Tipo, nombre comercial, contenido en estrógenos y/o gestágenos, dosis total por ciclo de estrógenos y/o gestágenos, n.º de grageas por ciclo e intervalo libre de medicación

Tipo anticonceptivo hormonal	Nombre comercial (n.º de blisters por caja en que se dispensa)	Estrógeno (mg)	Gestágeno (mg)	Dosis total por ciclo. Estrógeno (mg)/gestágeno (mg)	Número total de grageas por ciclo (activas/ inactivas)	Días de intervalo libre de medicación entre envases sucesivos
ORALES COMBINADOS						
Etinilestradiol/levonorgestrel	Neogynona (1 y 3)	0,050	0,250	1,05/5,25	21	7
	Ovoplex* (1 y 3)					
	Microgynon (1 y 3)	0,030	0,150	0,63/3,15	21	7
	Ovoplex 30/150* (1)					
	Triagynon (1)	0,030	0,050	0,68/1,92	21	7
	Triciclor* (1)	0,040	(6 comp.)			
		0,030	0,075			
	Loette (1)	0,020	(5 comp.)			
Etinilestradiol/desogestrel	Gracial (1)	0,040	0,125			
		0,030	(10 comp.)			
	Microdiol (1)	0,030	0,100	0,42/2,1	21	7
	Suavuret (1 y 3)	0,020	0,025	0,73/2,05	22	6
			(7 comp.)			

Etinilestradiol/gestodeno	Gynovin (1 y 3)	0,030	0,125			
	Minulet (1 y 3)		(15 comp.)			
	Trigynovin (1 y 3)	0,030	0,150	0,63/3,15	21	7
	Triminulet (1 y 3)	0,040	0,150	0,42/3,15	21	7
		0,030				
	Harmonet (1 y 3)	0,020	0,075	0,63/1,57	21	7
	Meliane (1 y 3)					
	Melodene 15 (1 y 3)	0,015	0,05	0,68/1,65	21	7
	Minesse (1 y 3)		(6 comp.)			
	Diane 35 (1)	0,035	0,07			
Etinilestradiol/acetato	Diane 35 diario* (1)	0,035	(5 comp.)			
de ciproterona	Yasmin (1)	0,030	0,1			
			(10 comp.)			
			0,075	0,42/1,57	21	7
ORALES DE GESTÁGENO SOLO						
Desogestrel	Cerazet* (1 y 3)	–	0,060	0,36/1,44	28 (24/4)	Sin intervalo
ANILLOS VAGINALES			2	0,73/42	21	7
Etinil-estradiol/etonogestrel	Nuvaring (1)	2,7	2	0,73/42	28 (21/7)	Sin intervalo
			3	0,63/63	21	7

(*Continúa*)

Tabla 35-4. Preparados anticonceptivos hormonales disponibles en España. Tipo, nombre comercial, contenido en estrógenos y/o gestágenos, dosis total por ciclo de estrógenos y/o gestágenos, n.º de grageas por ciclo e intervalo libre de medicación (*Cont.*)

Tipo anticonceptivo hormonal	Nombre comercial (n.º de blisters por caja en que se dispensa)	Estrógeno (mg)	Gestágeno (mg)	Dosis total por ciclo. Estrógeno (mg)/gestágeno (mg)	Número total de grageas por ciclo (activas/inactivas)	Días de intervalo libre de medicación entre envases sucesivos
INYECTABLES *Mensual combinado*: enantato-estradiol/dihidroxiprogesterona	Topasel* (1 y 3)	10	0,075	2,1	28	Sin intervalo
Trimestral gestágeno solo Acetato de medroxiprogesterona	Depo-progevera* (1)	–	11,7	Tasa media de liberación 0,015 mg de EE y 0,120 ENG/24 h	21	7 (= 168 h)

IMPLANTES/DIU/SIL					
Trienal: gestágeno solo	Implanon	–	150	10/150	Sin intervalo
Etomogestrel			150	–/50	Sin intervalo
Quincenal: gestágeno solo	Mirena* (1)	–	68	Tasa media de liberación 0,03 mg/24 h**	
Levonorgestrel					
			52	Tasa media de liberación 0,02 mg/24 h**	Sin intervalo

*Preparado financiable por la Seguridad Social en España.
**Tasa media de liberación 20 µg/24h.

inicio del siguiente blister. Conviene insistir en la importancia del cumplimiento correcto.

4. El seguimiento posterior se debe realizar a los 2-3 meses del inicio del tratamiento y siempre que la mujer presente dudas o efectos secundarios, valorando tolerancia, toma correcta y aceptabilidad. Se debe llevar un registro de la presión arterial, y descartar la existencia de contraindicaciones o de factores de riesgo. Se desaconsejan los descansos periódicos de la toma, ya que no aportan ninguna ventaja a la mujer.

EFECTOS SECUNDARIOS Y COMPLICACIONES

Los efectos secundarios más habituales no comportan ningún riesgo clínico, pero pueden ser una causa de abandono del método. Muchos de ellos remiten a los pocos meses del inicio del tratamiento.

La aparición de náuseas, vómitos, cloasma, mastodinia, retención hídrica y cefalea durante la toma de AHO se relacionan con el componente estrogénico. La disminución de la libido, la depresión, el acné, la bulimia y la cefalea durante la pausa mensual se relacionan con el gestágeno.

Puede aparecer *sangrado intermenstrual,* que, si persiste más allá del tercer ciclo, hará considerar el cambio a un AOC de mayor dosis o bien a un AOC bifásico o trifásico, una vez descartadas otras causas.

Si se produce *amenorrea* durante la toma de AOC, una vez descartada la posibilidad de embarazo, se tranquilizará a la mujer y se esperará otro ciclo.

Los AOC implican un aumento del riesgo para el *infarto de miocardio* y el *infarto cerebral*, especialmente en las mujeres de 35 años o de mayor edad, que sean fumadoras o que presenten otros factores de riesgo cardiovascular.

Todos los AOC aumentan el riesgo de TEV, especialmente durante el primer año de uso, y es mayor para los AOC con gestágenos de tercera generación. El riesgo global es bajo, y siempre menor al riesgo de TEV asociado al embarazo.

Algunas mujeres pueden desarrollar hipertensión durante la toma de AOC.

Los últimos estudios han hallado un ligero aumento del riesgo relativo de diagnosticar un cáncer de mama en las usuarias actuales de AOC o en las que los abandonaron recientemente, riesgo que desaparece a los 10 años del último consumo.

El uso prolongado de AOC se asocia a un incremento del riesgo de *cáncer cervical invasor*, especialmente en mujeres con infección por papilomavirus y/o fumadoras.

El riesgo de *adenoma hepático* aumenta con la dosis, el tiempo de uso y la edad de la mujer.

Anillo mensual combinado de estrógeno y gestágeno

Se trata de un anillo de material flexible y transparente, de 54 mm de diámetro exterior y 4 mm de diámetro de sección. Se lo inserta la propia mujer, y ha de permanecer en la vagina, de forma continuada, 21 días; el día 21 se ha de retirar a la misma hora en que fue insertado. Pasados 7 días, se introduce un nuevo anillo. Si durante los 21 días, el anillo permanece fuera de la vagina más de 3 horas, la mujer deberá usar un refuerzo anticonceptivo los 7 días siguientes. Presenta las mismas contraindicaciones que los AOC. Facilita el cumplimiento.

Inyectable mensual combinado de estrógeno y gestágeno

En España, se dispone de un único preparado, compuesto por 150 mg de acetofénido de dihidroprogesterona y 10 mg de enantato de estradiol (tabla 35-4). Se administra mensualmente, por vía intramuscular profunda, entre el 7.° y el 10.° día de cada ciclo. Presenta las mismas contraindicaciones que los AOC. Facilita el cumplimiento. No se debe friccionar después de inyectar.

Beneficios secundarios de la anticoncepción hormonal combinada

La anticoncepción hormonal combinada presenta, además del anticonceptivo, otros beneficios para la salud: confieren protección frente al embarazo ectópico, la EPI, la anemia ferropénica, la enfermedad benigna de mama, los quistes de ovario funcionales, la endometriosis, el cáncer de endometrio y el cáncer de ovario. También mejora las alteraciones del ciclo menstrual, como la hipermenorrea, la polimenorrea, la dismenorrea y el acné.

Anticoncepción hormonal de gestágeno solo

La anticoncepción hormonal con gestágeno solo (AHGS) está constituida por diferentes métodos hormonales libres de estrógenos: píldoras, inyectables, implantes y DIU (tabla 35-4). Son métodos altamente eficaces. Dada la ausencia de efectos estrogénicos, la AHGS puede ser una buena alternativa cuando está contraindicada la anticoncepción hormonal combinada.

Píldora de gestágeno solo (PGS) o minipíldora

La toma de esta píldora se realiza sin intervalos de descanso, en pauta de toma continuada y ciclos de 28 días; es imprescindible mantener un horario estricto de tomas para garantizar la máxima efectividad. Deberá utilizarse un método anticonceptivo de barrera adicional durante los 7 días siguientes si el olvido de una pastilla supera las 3 horas.

Inyectable trimestral de gestágeno solo

Acetato de medroxiprogesterona (AMDP), 150 mg, administrado por vía intramuscular profunda durante los primeros 7 días del ciclo y, posteriormente, cada 3 meses ± 14 días, independientemente de que se produzca o no sangrado por deprivación. Al tratarse de un preparado de depósito, la ovulación puede tardar en reaparecer hasta 6 o 9 meses.

Implante subdérmico de gestágeno solo

Se trata de una varilla de acetato de etilenvinilo, de 40 mm de longitud y 2 mm de diámetro. Se presenta provisto de un aplicador estéril para su inserción subdérmica en la cara interna del antebrazo no dominante. La duración de uso es de 3 años. Una vez extraído, la fertilidad se recupera dentro del primer mes.

Dispositivos o sistemas intrauterinos de levonorgestrel (DIU-LNG)
Véase el apartado de anticoncepción intrauterina.

Contraindicaciones
Cáncer de mama, enfermedad venosa o arterial actual, hepatopatía, hemorragia vaginal sin diagnóstico y posparto inferior a 6 semanas en caso de lactancia materna. En el caso de DIU-LNG, se contemplarán, además, las contraindicaciones propias del DIU.

Los fármacos inductores de enzimas hepáticas, como algunos antibióticos (rifampicina y griseofulvina), y los anticonvulsivantes disminuyen la eficacia de las PGS y de los implantes.

Efectos secundarios
El más frecuente, y causa principal de abandono del método, es la modificación del patrón de sangrado menstrual, irregular e impredecible, y la amenorrea. Con la PGS, el implante y el DIU-LNG pueden aparecer quistes ováricos funcionales, que se resuelven espontáneamente y no requieren retirar el método. Es imprescindible un correcto asesoramiento para la buena aceptación de la AHGS. Otros efectos, de escasa frecuencia, y en general transitorios, son congestión mamaria, acné, cambios de humor y aumento discreto de peso.

ESTERILIZACIÓN QUIRÚRGICA

Ligadura tubárica y vasectomía

Estos métodos deben considerarse como técnicas irreversibles. Hay que descartar cualquier contraindicación importante de carácter general para la intervención quirúrgica, así como la existencia de patología en la esfera de la sexualidad, valorando a la persona o la pareja en su conjunto, con objeto de prevenir secuelas.

La ligadura tubárica (LT) no predispone a tener alteraciones menstruales. Se ha observado la asociación de la LT con la reducción del riesgo de cáncer de ovario en portadoras de mutación del gen BRCA1.

No hay evidencia de que se produzca un aumento del riesgo de cáncer de próstata después de una vasectomía (VS).

La LT es efectiva desde su realización. La VS, por el contrario, requiere unos 2 meses tras la intervención para que pueda considerarse efectiva, y nunca se considerará como tal sin haber realizado un espermiograma de control que no contenga espermatozoides.

Las contraindicaciones absolutas de la LT son el embarazo y la EPI. Y para la VS, las infecciones del tracto genitourinario.

ANTICONCEPCIÓN DE EMERGENCIA

La anticoncepción de emergencia (AE) representa la posibilidad de evitar un embarazo después de un coito sin protección.

- *Anticoncepción de emergencia hormonal.* Es un método efectivo más allá del 96%. Conforme pasan las horas, su eficacia va disminuyendo, y su uso es posible hasta las 120 horas (5 días).

- *Anticoncepción de emergencia hormonal con gestágeno solo.* Se administrará en cualquier momento dentro de las primeras 72 horas (3 días): 0,75 mg LNG/12 horas/un solo día; es decir, 2 grageas de *Norlevo*® o *Postinor*®, 1 día, repartidas en 2 tomas.
- *Anticoncepción de emergencia con inserción del DIU.* Para el DIU se considera una efectividad del 99,9%. Dentro de las 120 primeras horas (5 días) se insertará un DIU con alta carga de cobre. Una vez insertado puede seguir utilizándose en adelante como anticonceptivo.
- Para la AE hormonal no hay contraindicaciones. Para la AE-DIU, constituye una contraindicación la enfermedad inflamatoria pélvica.

CONDICIONES PARA UN BUEN USO

- Deben descartarse otros coitos no protegidos en el mismo ciclo.
- Cabe plantear la toma de un antiemético en mujeres proclives al vómito.
- La mujer debe comunicar cualquier sensación que juzgue anómala o en caso de retraso menstrual.

INTERRUPCIÓN VOLUNTARIA DEL EMBARAZO

La interrupción voluntaria del embarazo (IVE) es una opción que puede formar parte de lo que es un derecho fundamental de la persona.

Ante la solicitud de información acerca de la IVE se debe realizar un análisis individualizado para facilitar que cada mujer o pareja, pueda tomar su propia decisión: ya sea la de seguir adelante con el embarazo, entregar la criatura en adopción o interrumpir el embarazo.

La mayor parte de IVE se realizan durante el primer trimestre. Se utilizan, con anestesia local o general, métodos quirúrgicos (aspiración, legrado o inducción) en los embarazos de 2.° trimestre. En mucha menor proporción, se utilizan métodos farmacológicos con mifepristone o misoprostol.

ESTERILIDAD

La esterilidad es la incapacidad de una pareja para concebir. Se considera oportuno iniciar un proceso diagnóstico cuando una pareja consulta por no haber obtenido un embarazo después de 12 meses de relaciones sexuales coitales sin protección anticonceptiva; pero no hay razón para posponer el estudio si la historia revela alteraciones que pudieran ser factor causal, o cuando la mujer tiene más de 36 años, tras 6 meses de intento.

La prevalencia de esterilidad en Europa se halla en el 10-15% de parejas.

El origen de la esterilidad es de causa femenina en el 45%, la mayoría por patología tubárica; la de causa masculina es del 35%; el 10% es de causa inexplicable, y el 5%, por problemas poco frecuentes.

Se propone un modelo de dinámica asistencial (tabla 35-5) para el estudio básico de la pareja estéril. Desde la consulta de Atención Primaria, y en función de los recursos disponibles, se podrá abordar la detección del factor masculino y algunos parámetros del factor ovárico. Los estudios más complejos requieren la derivación a los especialistas.

Tabla 35-5. Dinámica asistencial para el estudio básico de la pareja estéril en Atención Primaria

Asegurarse de que la pareja posee un conocimiento adecuado de cómo concebir y además

- Realizar anamnesis enfocada a la esterilidad y tener en cuenta si su resultado aconseja estudio genético y si asegura un correcto conocimiento de enfermedades y tratamientos crónicos
- Promover hábitos saludables
- Evitar uso/abuso de drogas psicotropas, tabaco, alcohol, café
- Realizar ejercicio físico
- Dieta equilibrada
- Prácticas sexuales seguras
- Evitar exposición a teratógenos farmacológicos o ambientales
- Informar de la importancia de la consulta prenatal precoz
- Actualizar la citología cervical
- Confirmar la existencia de inmunidad frente a la rubéola. Confirmar la existencia de inmunidad frente a la tuberculosis, en pacientes procedentes de países o medios con alta prevalencia de la enfermedad. Solicitar serologías: lúes, toxoplasma, VIH, VHB y VHC en mujeres de riesgo
- Aconsejar la toma de ácido fólico (según ausencia o presencia de defectos del tubo neural)
- Si bajo riesgo (ausencia): 0,4-0,8 mg/día, un mes antes de la concepción hasta el tercer mes de embarazo
- Si alto riesgo (presencia): 4 mg/día, 3 meses antes de la concepción hasta el tercer mes de embarazo

Antes de proceder a la derivación al especialista

- Esperar a que la pareja lleve 12 meses intentando el embarazo
- Realizar seminograma (repitiéndolo si el resultado es anormal)
- Determinar la concentración de progesterona sérica a mitad de la fase lútea* (si no hay evidencia de ovulación en la primera determinación, repetirla)
- Si los ciclos son de menos de 21 o de más de 35 días, solicitar determinaciones hormonales adicionales (FSH, LH, TSH, testosterona, prolactina, estradiol)

Derivar sin demora al especialista

- A mujeres mayores de 36 años si llevan 6 meses intentando el embarazo
- A mujeres con ciclos menstruales de menos de 21 o de más de 35 días
- A mujeres cuya concentración de progesterona sérica a mitad de la fase lútea sea baja*
- A mujeres con historia de embarazo ectópico, EPI, endometriosis o anomalías anatómicas
- A hombres con dos resultados anómalos en el seminograma

(Continúa)

Tabla 35-5. Dinámica asistencial para el estudio básico de la pareja estéril en Atención Primaria (*Cont.*)
– Tras la derivación seguir ofreciendo soporte e información si son requeridos

*Se acepta que una de ≥ 5 ng/ml (16 nmol/l) en un ciclo natural es prueba de que hubo ovulación, aunque la cifra exacta de progesterona que se considera diagnóstica de ovulación sigue siendo controvertida.

En la primera visita se realiza la anamnesis (tabla 35-6) que, si es cuidadosa, siempre aporta datos clarificadores.

Hay que descartar anomalías en el *seminograma*. Si se obtienen datos que se valoran como negativos con respecto a la normalidad, conviene repetir otro a los 2-3 meses.

Tabla 35-6. Anamnesis de la pareja estéril	
Ambos	– Antecedentes familiares. Historia familiar: enfermedades hereditarias (mucoviscidosis, etc.), problemas reproductivos, enfermedades endocrinas (hipotiroidismo, diabetes mellitus, etc.) – Enfermedades sistémicas, vasculares, metabólicas o infecciosas – Infecciones de transmisión sexual – Historia del uso o ausencia de uso de métodos anticonceptivos – Duración de la esterilidad – Frecuencia coital – Existencia o inexistencia de embarazos, y su curso, en el seno de esa pareja o de parejas anteriores – Situación psicológica con respecto al entorno y en el seno de la pareja
Mujer	– Historia menstrual • Presentación de la menarquia • Características menstruales: flujo, dismenorrea primaria y secundaria • Características del ciclo: duración, sangrado intermenstrual, cambios de patrón – Existencia de patología ginecológica: síndrome del ovario poliquístico, endometriosis – Abortos previos o cirugía cervical o pélvica anteriores con posibles secuelas – Cefaleas o alteraciones de la visión – IMC. Alteraciones alimentarias. Ejercicio intenso – Uso/abuso de drogas

(*Continúa*)

Tabla 35-6. Anamnesis de la pareja estéril (*Cont.*)

	• Medicamentosas (hiperprolactinemia iatrógena, etc.) • Recreativas: tabaco, alcohol, drogas psicoactivas – Condiciones ambientales del medio laboral. Ritmo. Tóxicos – Historia familiar de menarquias tardías o menopausias precoces
Hombre	– Traumatismos en región inguinoscrotal o medular • Accidentales • Quirúrgicos: hernia, criptorquidia, tumor – Orquitis secundarias a enfermedades pre o pospuberales: parotiditis, difteria, tifus, malaria, hepatopatía – Enfermedades recientes: sarampión, hepatitis, fiebres altas – Exposición a altas temperaturas – Agentes del entorno: radiaciones, anestésicos, disolventes orgánicos, monómeros plásticos; metales pesados: mercurio, plomo, cadmio – Uso/abuso de drogas • Medicamentosas: antihipertensivos, antibióticos, citostáticos, hormonales, tranquilizantes, antiepilépticos • Recreativas: tabaco, alcohol, drogas psicoactivas

La investigación de la esterilidad femenina se basa en el diagnóstico de la función ovárica y uterina, junto a la evaluación del tracto genital para los mecanismos de transporte.

Algunas enfermedades sistémicas pueden afectar a la fertilidad de manera directa o indirecta. Si se trata de un proceso grave, sobre todo en la mujer, cabe plantear el balance riesgo/beneficio, teniendo en cuenta: *a*) si la esterilidad se relaciona con la enfermedad, con su tratamiento o si es ajena a ella; *b*) en qué forma se seguirá el tratamiento desde el momento en que se produzca la concepción; *c*) si es evaluable el impacto de la enfermedad sobre la gestación; *d*) si la enfermedad puede verse comprometida por el embarazo, y *e*) si se debe producir un embarazo a pesar de todo. Teniendo en cuenta los deseos de la mujer y de su pareja, probablemente sólo después de realizar interconsultas con los especialistas adecuados se estará en disposición de responder.

En el caso de una mujer con amenorrea primaria –ausencia de menarquia, a partir de los 16 años– es aconsejable la derivación a los especialistas en ginecología para que se establezca un diagnóstico.

A las mujeres mayores de 35 años, aunque tengan ciclos regulares, se les determina el valor de hormona foliculoestimulante (FSH) entre los días 3.°-5.° del ciclo para descartar un fallo ovárico incipiente, lo que sugiere encontrar concentraciones séricas por encima de 10-15 UI/l.

Para los casos de esterilidad inexplicada, y para solventar el problema planteado por la alteración de algunos factores masculinos o femeninos, se puede recurrir a centros especializados en técnicas de reproducción asistida.

Las técnicas de reproducción asistida (TRA) logran salvar los obstáculos aparentes para que se produzca una fecundación.

La inseminación artificial puede realizarse con esperma del cónyuge (IAC). La realizada con semen de donante (IAD) puede generar cuestiones de orden médico o ético.

La fertilización *in vitro* (FIV) se utiliza para el tratamiento de mujeres con lesión tubárica, en casos de factor masculino grave y de esterilidad por causa desconocida. Para la FIV, las controversias son, sobre todo, de carácter ético y económico, por sus altísimos costes.

Otras alternativas son la inyección de espermatozoides en el espacio perivitelino o en el citoplasma del óvulo (inseminación subzona, inyección intracitoplasmática de espermatozoide).

Debido al uso de las TRA y de la búsqueda de seguridad, surge la necesidad de plantear el diagnóstico, ya sea preimplantatorio o prenatal, para excluir enfermedades cromosómicas ligadas al sexo o autosómicas.

Son técnicas de uso poco frecuente la transferencia intratubárica de gametos (GIFT), la transferencia intratubárica de zigotos, la transferencia intratubárica de embriones y la inseminación vaginal intratubal.

La donación de óvulos de una mujer a otra y la donación de embriones se equiparan, en cierto sentido, a la IAD. Se trata de recursos que pueden emplearse en mujeres que tienen útero pero carecen de ovarios.

El alquiler del útero no se contempla legalmente en España.

Capítulo 36

EMBARAZO

INTRODUCCIÓN

El seguimiento de embarazos de bajo riesgo obstétrico, la atención preconcepcional, la educación maternal y la visita puerperal son parte de las actividades que conforman el Programa de la Mujer. Los contenidos de estas actividades son, básicamente, intervenciones de promoción y prevención, competencia de los Equipos de Atención Primaria (EAP) en la mayoría de países desarrollados de nuestro entorno.

Si en el curso del embarazo surge algún factor de riesgo (tablas 36-1 a 36-3), debe derivarse la gestante al servicio especializado, aunque derivar no significa perder el contacto con la gestante.

Tabla 36-1. Derivación al obstetra en la primera visita
– Cardiopatía*
– Insuficiencia renal*
– Hipertiroidismo*, hipotiroidismo*
– Insuficiencia suprarrenal*
– Discrasias sanguíneas graves*
– Insuficiencia respiratoria*
– Trastorno psiquiátrico grave*
– Insuficiencia hepatocelular*
– Uso de drogas*
– Hipertensión arterial
– Antecedente de tromboembolismo
– Diabetes mellitus tipo 1
– Esterilidad, aborto de repetición (> 2)
– Muerte perinatal (no filiada)
– Malformación y/o tumoración uterina
– Incompetencia cervical

*Conveniencia de que la gestante acuda al ginecólogo con informe del especialista respectivo (cardiólogo, nefrólogo, endocrino, hematólogo), siempre que no suponga demora en la derivación.

ATENCIÓN PRECONCEPCIONAL

Lo ideal sería que la mujer acudiese a su MF cuando decide una gestación; es el momento de valorar su historia clínica, identificar riesgos de exposición laborales o ambientales, promocionar estilos de vida saludables en ella y en su pareja, y recomendar la profilaxis de los defectos del tubo neural (DTN)

Tabla 36-2. Derivación urgente
– Fiebre elevada sin foco evidente
– Sospecha de embarazo ectópico
– Hiperemesis gravídica
– Infecciones de transmisión vertical
– Neumonía, pielonefritis
– Abdomen agudo
– Isoinmunización Rh
– Preeclampsia
– Metrorragia
– Ausencia de latido fetal
– Rotura de membranas
– Amenaza de parto prematuro
– Contracciones: dolor intermitente e intenso
– Cambio brusco del tamaño uterino
– Trastornos psiquiátricos graves
– Patología subsidiaria de ingreso hospitalario

Tabla 36-3. Motivos de derivación en el curso del embarazo
– Fecha incierta de la edad gestacional
– Embarazo múltiple
– Sospecha de malformaciones
– Sospecha de CIR (crecimiento intraútero retardado)
– Oligohidramnios y polihidramnios
– VIH (+) o sida
– Colestasis
– Diabetes gestacional
– HTA inducida por el embarazo
– Anemia grave (Hb < 7,5)
– Embarazo prolongado
– Descompensación de patología crónica, previamente estable (epilepsia, enfermedad inflamatoria intestinal, situaciones clínicas dudosas para el médico de familia)

con ácido fólico. La ingestión de ácido fólico en dosis adecuadas reduce las recurrencias en mujeres que han presentado un DTN en un embarazo previo, y reduce la incidencia de DTN en las embarazadas sin antecedentes o de bajo riesgo.

Se debe informar a las mujeres que padecen enfermedades crónicas sobre la necesidad del control de su enfermedad hasta lograr un grado de compensación adecuado en el período preconcepcional.

Debe evitarse la realización de radiografías a la mujer en la etapa periconcepcional.

Es necesario evitar la automedicación. Sin embargo, se ha de advertir que no deben abandonarse determinadas medicaciones (antiepilépticos, antiasmáticos, etc.), ya que las consecuencias de una crisis superan el posible riesgo de la medicación. Existen fármacos totalmente contraindicados en la gestación. Ante la duda de posibles riesgos teratógenos de exposición, se puede consultar telefónicamente al Servicio de Información Telefónica de la Embarazada (SITE), número 913 941 594.

SEGUIMIENTO DEL EMBARAZO NORMAL

La atención prenatal en Atención Primaria está dirigida a todas las gestantes que presentan un embarazo de bajo riesgo obstétrico.

PRIMERA VISITA

Debe realizarse lo antes posible; la evidencia ha mostrado que se obtienen mejores resultados obstétricos cuando la primera visita se realiza antes de la semana 12. Si la gestante no había iniciado la profilaxis con ácido fólico, se recomendará (CDC, CTF, USPSTF) su ingestión durante el primer trimestre de gestación.

La *anamnesis* debe recoger: grado de aceptación, molestias, ingestión previa de fármacos y antecedentes patológicos familiares y personales de interés. Registrar la fórmula obstétrica (FO), fórmula menstrual (FM), fecha de la última regla (FUR), presencia de hábitos tóxicos (tabaco, alcohol, drogas, etc.) y fecha del primer test de embarazo positivo. Se calculará la fecha probable del parto (FPP) según la fórmula de Nägele (FUR + 1 año – 3 meses + 7 días), y se anotará la semana de embarazo en la que se realiza la visita.

La *exploración física* debe incluir el peso y la talla, y la presión arterial (PA), siempre en sedestación. No es imprescindible la exploración ginecológica en las gestantes asintomáticas. Se realizará una exploración mamaria.

Aunque los latidos fetales pueden detectarse con Doppler a partir de la semana 10, se recomienda esperar hasta la 12 para evitar generar ansiedad a la gestante si no se detectaran.

Se realizará una auscultación cardiorrespiratoria.

La *analítica* que se debe solicitar incluye *hemoglobina* y *hematócrito.* Para el cribado de diabetes gestacional (ADA, 2000) se utiliza el *test de O'Sullivan.* Se debe realizar una determinación de *uricemia***.** En caso de hipertensión arterial (HTA) inducida por el embarazo, la hiperuricemia precede a la aparición de proteinuria; su incremento asociado a HTA en el curso del embarazo tiene valor pronóstico para la presentación de preeclampsia.

Grupo sanguíneo, factor Rh y *test de Coombs indirecto*. En las mujeres Rh negativo debe repetirse el test de Coombs indirecto entre las semanas 24-28.

La *serología toxoplasma* debe solicitarse a todas las gestantes (CDC), si no existe inmunidad previa documentada. Respecto a la *serología VIH* no existen evidencias suficientes para recomendar o rechazar el cribado prenatal universal en comunidades con baja prevalencia; sin embargo, algunos organismos (Plan Nacional del Sida, US Public Health Service) aconsejan la realización a todas las gestantes, previo consentimiento oral informado, ya que se puede reducir la transmisión vertical tratando a las portadoras con fármacos antivíricos y con una cesárea electiva.

La *serología rubéola* sólo se solicitará si no existe inmunidad previa documentada. La *serología lúes* se debe realizar a todas las gestantes.

Conviene revisar si es precisa la vacunación del tétanos o de la gripe. No está recomendado realizar sedimento y urocultivo de orina en la primera visita para detección de bacteriuria asintomática (BA).

Una vez completada la anamnesis y la exploración, y revisados los resultados de la analítica, se hará una valoración minuciosa de los factores de riesgo para decidir si la gestante puede ser controlada desde el EAP o si debe ser derivada.

En caso de que la mujer realice una actividad laboral, ya sea en el domicilio o fuera de él, deberán analizarse cuidadosamente las condiciones del trabajo, así como la posibilidad de que esté en contacto con tóxicos y/o radiaciones, para valorar si puede o no seguir con la misma actividad sin perjuicio para ella o el hijo.

Se solicitará cita para la ecografía en la semana 12, si la mujer acepta realizar el diagnóstico prenatal.

Diagnóstico prenatal

Es un tema de relevante actualidad, debido a los recientes avances que se han producido en este campo. El MF debe saber informar sobre el riesgo de cromosomopatía, defectos del tubo neural y otros riesgos, realizar parte de las pruebas para detectarlos y derivar para las técnicas que él no controla. El cribado de los defectos del tubo neural se hace mediante determinación de la alfafetoproteína (AFP) en suero materno y ecografía.

Técnicas no invasivas

Marcadores bioquímicos

El riesgo se estima a partir del que existe para la edad materna, combinado con el que se obtiene con los marcadores bioquímicos, en el primer trimestre y siempre con el consentimiento de la gestante. Las determinaciones de betagonadotropina coriónica libre (BHCG) y proteína A plasmática asociada al embarazo (PAPPA), a las que se puede añadir las de AFP y de estriol no conjugado (ENC), permiten, en la semana 10, detectar al menos el 77% de los casos de síndrome de Down. En el segundo trimestre, entre las semanas 15-19, la AFP y la BHCG llegan al 63% de detección, que puede mejorarse hasta el 72% añadiendo ENC e inhibina A. Los marcadores del segundo trimestre deben reservarse para los casos en los que no se pudo realizar marcadores en la semana 10. Como la concentración de los distintos marcadores en el suero materno varía con el tiempo de gestación, el riesgo se define por modelos estadísticos, según tablas del laboratorio. Una ecografía antes de la semana 12, mediante la medición de la longitud craneocaudal (LCC), permite precisar mejor la semana de gestación; un error en el cálculo de la edad gestacional podría alterar la interpretación de los resultados, igual que la gemelaridad, la diabetes, el tabaquismo y los errores en el peso.

Ecografía

En el primer trimestre hay un marcador ecográfico muy potente, la translucencia nucal (TN), que, junto con los marcadores bioquímicos, permite alcanzar tasas de detección del 91%, y cuya implantación está consolidándose.

Técnicas invasivas

En las gestantes de 35 años o más en el momento del parto, deberían recomendarse siempre técnicas invasivas. Los falsos negativos de los marcadores bioquímicos impiden detectar el 10-15% de los embarazos afectados por la trisomía 21, más frecuentes a esas edades.

Biopsia corial

Consiste en la obtención de una muestra de vellosidades coriales, mediante punción transabdominal guiada por ecografía, entre las semanas 9-12. Los resultados de la biopsia corial (BC) están disponibles antes de una semana. En la actualidad, hay que decantarse inicialmente por la BC, y reservar la amniocentesis para las mujeres que acuden a la consulta después de la semana 14.

Amniocentesis

Es la extracción de líquido amniótico de la cavidad uterina, mediante punción transabdominal bajo control ecográfico. Suele realizarse entre las semanas 15-17. El estudio cromosómico se realiza sobre un cultivo de las pocas células fetales viables presentes en el líquido. Aunque los resultados con las técnicas convencionales tardan casi 4 semanas, existe la posibilidad de obtener un cariotipo en 24-48 h con técnicas de proteína C reactiva (PCR) en líquido amniótico.

Funiculocentesis (cordocentesis)

Consiste en la punción de un vaso umbilical, guiada por ecografía, para la obtención de sangre fetal. Se reserva para los embarazos más avanzados (semana 20), y situaciones especiales.

Visitas sucesivas

Se realizará una visita cada 4 semanas, de forma coordinada con el servicio de ginecología.

A partir de la semana 12, en todas las visitas se debe medir la altura uterina, tomar la PA, valorar la presencia de edemas en las extremidades inferiores y auscultar con Doppler los latidos fetales.

Se debe realizar un *urocultivo* entre las semanas 12-16, y repetirlo en la semana 28. Al final del segundo trimestre, se debe repetir la hemoglobina y el hematócrito, y solicitar *serología para hepatitis B* (HbsAg).

Entre las semanas 24 y 28 se debe realizar un cribado para diabetes gestacional con el test de O'Sullivan.

Se recomienda la realización sistemática de un *cultivo rectovaginal* para la detección de estreptococos del grupo B (EGB) entre las semanas 35-37. No hay que tratar a las portadoras hasta el momento del parto.

A partir de la semana 32, se debe explorar la estática fetal mediante las maniobras de Leopold.

Ecografía

Una ecografía al final del primer trimestre o al comienzo del segundo ha demostrado ser útil para datar la gestación, para la detección precoz de embarazo múltiple y de grandes malformaciones congénitas. En España, además de las ecografías sistemáticas de las semanas 12 y 20, muy orientadas al diagnóstico prenatal, es frecuente hacer una más en la semana 32-34 para valorar el crecimiento fetal, y otra en la semana 39 para valorar la posición fetal, la placenta y el líquido amniótico.

Última visita

El MF atiende la última visita de la gestante en el Centro de Salud, en la semana 38. En la semana 39 se atiende a la embarazada en el servicio de obstetricia, donde se realiza un test de bienestar fetal, consistente en un registro cardiotocográfico y ecografía. La gestante es revisada semanalmente en la consulta de obstetricia, hasta considerar un embarazo prolongado y/o la indicación de inducir el parto.

Recomendaciones en todas las visitas

- Dieta equilibrada, con una adecuada ingestión de calcio: lácteos equivalentes a 1 litro de leche/día.
- Incluir frutas y verduras ricas en vitaminas y oligoelementos, así como en fibra.
- Realizar comidas poco abundantes y repartidas durante el día.
- No fumar. Evitar el alcohol, las dosis altas de café y las drogas.
- Insistir en que debe evitar por completo la automedicación con cualquier tipo de fármaco.
- Evitar el sedentarismo y utilizar ropa cómoda.
- Asistir a las sesiones de educación maternal del centro.
- Cambiar de trabajo si se realizan tareas pesadas o grandes esfuerzos físicos.

La nutrición durante el embarazo y la lactancia

El aumento de peso que se asocia a un mejor embarazo oscila entre 9 y 11 kg en las mujeres de peso normal, hasta 12 kg en las delgadas, y no debe sobrepasar los 7 kg en las mujeres obesas.

Una dieta adecuada en el embarazo y la lactancia debe ser variada y fraccionada. Incluye diariamente de medio litro a un litro de leche o equivalentes, dos o tres raciones de verduras u hortalizas (en especial, de hoja verde y tomates), fruta fresca dos veces al día (con cítricos), una ración de pescado o carne, un huevo, una ración de cereales o legumbres, tres rebanadas de pan (mejor integral), una o dos cucharadas de aceite de oliva y más de un litro de agua.

Aspectos psicológicos del embarazo

La ansiedad es el síntoma más característico y frecuente desde el punto de vista psicológico en la mujer gestante.

Disminuirá su ansiedad si se le ofrece información con un lenguaje sencillo, si es atendida siempre por los mismos profesionales y si se le brinda una relación de apoyo y confianza. Siempre se le explicará para qué se solicitan las analíticas o las exploraciones complementarias.

EMBARAZO EN LA ADOLESCENTE

La mayoría de las gestaciones en estos grupos de edad, salvo en determinadas etnias o culturas minoritarias, son accidentales, y la joven debe tomar en un breve plazo de tiempo una decisión trascendental: tener el hijo o interrumpir el embarazo.

La morbilidad materna y perinatal es significativamente más elevada, esencialmente en las jóvenes de clases sociales más bajas o con otros factores de riesgo sobreañadidos. Son problemas frecuentes: la anemia, la toxemia, la prematuridad y el bajo peso para la edad gestacional.

FÁRMACOS EN EL EMBARAZO Y LA LACTANCIA

Durante el embarazo sólo deben recetarse fármacos cuando exista una indicación médica que lo justifique, ya que de la mayoría de ellos no se conoce con exactitud el riesgo potencial para el feto. En caso de ser necesario su uso, se administrará la dosis mínima necesaria y durante el mínimo tiempo preciso.

Las categorías del riesgo del uso de medicamentos en el embarazo según la Food and Drugs Administration (FDA) son las siguientes:

Categoría A: los estudios controlados en mujeres no han demostrado riesgo fetal en el primer trimestre, no hay evidencia de riesgo en el tercer trimestre, y son remotas las posibilidades de lesión fetal.

Categoría B: los estudios en animales gestantes no han demostrado riesgo fetal, pero no hay estudios controlados en mujeres embarazadas, o bien los estudios en animales han mostrado efectos adversos (distintos a la disminución de la fertilidad) que no se han confirmado en estudios controlados en mujeres en el primer trimestre del embarazo (y no hay evidencia de riesgo en los restantes trimestres).

Categoría C: los estudios en animales gestantes han demostrado efectos adversos fetales (teratógenos, embriocidas u otros), pero no hay estudios controlados en embarazadas, o no se dispone de estudios en animales ni en mujeres. Estos fármacos sólo deben emplearse cuando el beneficio potencial justifique el riesgo potencial para el feto.

Categoría D: hay evidencia de riesgo fetal humano, pero los beneficios de su uso en embarazadas pueden ser aceptables a pesar del riesgo (p. ej., para el tratamiento de una enfermedad que amenaza la vida de la mujer, o de una enfermedad grave para la que no hay mejores alternativas).

Categoría X: los estudios en animales o en seres humanos han demostrado anomalías fetales, o hay evidencia de riesgo fetal basada en la experiencia en personas, o ambos, y el riesgo de su uso en embarazadas sobrepasa claramente el posible beneficio. Estos fármacos están contraindicados en las mujeres embarazadas o que puedan estarlo.

SITUACIONES ESPECIALES DE RIESGO DURANTE LA GESTACIÓN

Diabetes

La mortalidad materna puede ser hasta 10 veces superior, ya que además de las complicaciones metabólicas (acidosis y coma), presentan con mayor frecuencia procesos patológicos propios del embarazo (preeclampsia, hidramnios, HTA). En cuanto a la morbilidad, son mucho más frecuentes las malformaciones congénitas, el distrés respiratorio, la macrosomía, las hipoglucemias y las hipocalcemias.

GESTANTE DIAGNOSTICADA DE DIABETES ANTES DEL EMBARAZO

Estas pacientes deben ser derivadas a consultas externas hospitalarias desde el diagnóstico del embarazo.

DIABETES GESTACIONAL

La prevalencia es muy variable, y oscila en las distintas series en el 2-14%. Se recomienda realizar un test de O'Sullivan entre las semanas 24-28.

Un test de cribado se considera positivo si hay valores en plasma venoso superiores a 140 mg/dl, 1 hora después de la ingestión de glucosa. En los casos positivos, se practicará una sobrecarga oral (SOG) con 100 g de glucosa, y determinaciones al cabo de 1, 2 y 3 horas.

Estados hipertensivos del embarazo

La incidencia global de los trastornos hipertensivos del embarazo varía, según los estudios, entre el 2 y el 18% de los embarazos, y causa el 40% de la mortalidad materna en los países desarrollados. Las complicaciones fetales (retraso del crecimiento intrauterino, parto prematuro y muerte) se deben a la insuficiencia uteroplacentaria aguda o crónica provocada por la HTA; ningún tratamiento ha demostrado mejorar la función de la placenta ni el crecimiento fetal.

Se debe distinguir entre mujeres con HTA crónica (diagnosticada antes del embarazo o antes de la semana 20 de la gestación), y las mujeres con HTA inducida por el embarazo, diagnosticada después de la semana 20.

Se define la HTA inducida por el embarazo como la presión arterial superior a > 140/85 mmHg durante el embarazo o en las 24 horas siguientes al parto. La aparición de proteinuria favorece el diagnóstico.

La hiperuricemia se relaciona con un aumento del riesgo de complicaciones maternas y fetales.

Las mujeres con mayor riesgo de desarrollar HTA inducida por el embarazo son: aquellas con HTA previa, obesas, diabéticas, primigestas añosas o adolescentes muy jóvenes, embarazo múltiple, enfermedad renal subyacente, estrés sociolaboral (sobre todo durante el primer trimestre) y antecedentes personales o familiares de HTA inducida por el embarazo.

No está claro el beneficio de tratar la HTA crónica leve o moderada con fármacos durante el embarazo en todos los casos, si no hay signos y síntomas de gravedad.

Sífilis

Treponema pallidum atraviesa la barrera placentaria a partir de la semana 16 de la gestación, y puede afectar al feto causándole una sífilis congénita. El grado de afectación fetal depende, fundamentalmente, del momento en que la madre haya contraído la enfermedad.

El riesgo de infección fetal en la sífilis materna precoz no tratada es del 85-90%.

Toxoplasmosis

La frecuencia de transmisión aumenta a medida que avanza la gestación. En el primer trimestre es aproximadamente del 10%, y llega al 50-60% en el tercero. El diagnóstico de la infección es serológico, mediante la determinación de inmunoglobulinas (IgG e IgM) específicas para *T. gondii*. La dificultad estriba en la interpretación de los resultados, que pueden plantear diversas situaciones y que han llegado a poner en duda, según algunos autores, la utilidad del cribado sistemático a todas las gestantes; sin embargo, en España, en general, se recomienda hacerlo.

Se distinguen los siguientes casos:

- *Población seropositiva.* IgG positiva con IgM negativa. Se trata de mujeres protegidas, por lo que no es preciso realizar nuevos controles serológicos.
- *Población seronegativa.* IgG e IgM negativas. Se trata de mujeres susceptibles a la infección, a las que deberán explicarse las medidas preventivas pertinentes. Es conveniente solicitar nuevas serologías cada 2 meses durante toda la gestación.
- *Población con IgM positiva.* En estos casos es donde estriba la dificultad diagnóstica. Ante la sospecha de toxoplasmosis aguda, si se puede, se solicitarán también IgA e IgE. Asimismo, se debería intentar detectar si el feto está infectado. Existen algunas técnicas que pueden detectar *T. gondii* en el líquido amniótico o en la sangre del cordón. Ante un caso de afectación fetal, puede plantearse la interrupción voluntaria del embarazo (IVE) si la edad gestacional lo permite. Si la gestación sigue adelante, debe administrarse tratamiento.

La administración de tratamiento disminuye el porcentaje de fetos con toxoplasmosis grave, por lo que debe iniciarse lo antes posible.

Rubéola

La incidencia y gravedad de la afectación fetal es variable y está en relación con la edad gestacional. Contraer la rubéola antes de la semana 20 de la gestación (y especialmente en las primeras 11 semanas) puede provocar la muerte fetal o neonatal precoz en el 15-20% de casos. Cuando el contagio es posterior a la semana 20 la afectación fetal es muy rara.

Se distinguen los siguientes casos:

- *Serología previa a la gestación, con un valor protector de anticuerpos*: no es preciso volver a solicitarla, pues la mujer es inmune a la rubéola.

- *Estado de inmunidad previo desconocido*: se debe solicitar serología en la primera visita:
  - *Resultado negativo*: existe desprotección, por lo que hay que estar muy atento a un contacto o supuesto contacto durante toda la gestación.
  - *IgG positiva*: deberá repetirse a los 15-20 días, junto con una determinación de IgM.
- Segunda determinación de IgG con título inferior a 4 veces el inicial y con IgM negativa: la inmunidad es adecuada y no será necesario repetirla.
- Segunda determinación de IgG con título superior a 4 veces el inicial, y/o IgM positiva: la enfermedad se encuentra en fase activa, con riesgo de afectación fetal, por lo que puede plantearse la IVE.
- *Contacto o supuesto contacto de la embarazada con un paciente de rubéola.* Se debe solicitar una serología en este momento, y otra a los 15-20 días. La interpretación de los resultados es la misma que en el apartado anterior, y si se demuestra infección activa, se planteará la IVE. Si la mujer decide seguir adelante con la gestación, se puede administrar una dosis de gammaglobulina inespecífica de 320 mg/10 kg de peso, por vía intramuscular, en el momento del contacto y al practicar la segunda serología. No se ha demostrado que la administración de inmunoglobulina sea efectiva para prevenir la rubéola congénita.

Infecciones urinarias

Si la bacteriuria asintomática no se trata, el 25-30% de estas mujeres desarrollará una pielonefritis durante el segundo o tercer trimestre. También se ha observado que las infecciones urinarias incrementan la morbimortalidad materna y fetal, y que pueden aumentar la incidencia de parto prematuro.

Se debe practicar sedimento y urinocultivo en la semana 12-16, y si resulta positivo, se aplicará un tratamiento, de acuerdo con el antibiograma y con los fármacos permitidos. La duración del tratamiento ha de ser de 7 días.

Posteriormente, se hará siempre sedimento y urinocultivo para comprobar la curación, y se repetirán cada 6 semanas. En caso de pielonefritis aguda, la mujer debe ser derivada para ingreso hospitalario.

Varicela

Alrededor del 95% de las gestantes son inmunes a la varicela.

Ante una embarazada con un posible contacto de varicela, el MF debe investigar lo antes posible su estado inmunitario. Si la mujer no ha padecido la varicela o no lo recuerda, se determinarán los anticuerpos específicos IgG varicela-zóster, y antes de que transcurran 96 horas después de la exposición, debe derivarse inmediatamente la gestante al hospital, para valorar qué actitud se ha de tomar.

ACTIVIDADES DE ENFERMERÍA

Todas las visitas deberían hacerse conjuntamente por el equipo médico-enfermera-matrona.

La constante tarea de educación sanitaria durante el embarazo y tras el parto, tan importante para la mujer y su familia, es una actividad que corresponde básicamente al personal de enfermería-matrona, así como los cursos de preparación para el parto, recomendables para todas las embarazadas en su vertiente de educación sanitaria, y para la mayoría de ellas en su vertiente de ejercicios físicos.

EDUCACIÓN MATERNAL

La educación maternal (EM) es una de las actividades de promoción y prevención de la salud que se realizan en los Centros de Salud, y que es muy bien valorada por las gestantes. Su principal objetivo es posibilitar una vivencia positiva de la gestación, facilitar el trabajo del parto y una adecuada adaptación en el puerperio tanto física como emocional.

La gran mayoría de los grupos de EM se basan en tres componentes: información sobre el embarazo, el parto y los cuidados del recién nacido; técnicas de respiración y relajación, y ejercicio físico orientado al embarazo y al parto.

ATENCIÓN DEL PARTO

En España es posible y deseable que toda mujer acuda al hospital en el momento del parto, donde podrá detectarse y tratarse rápidamente cualquier eventualidad.

ATENCIÓN DEL PUERPERIO

El puerperio es el período comprendido entre el final del parto y la aparición de la primera menstruación. Tiene una duración aproximada de 40 días, y es una etapa de grandes cambios biológicos, psicológicos, familiares, sociales y laborales.

La visita puerperal debe realizarse en un plazo no superior a los 10 días después del parto, por profesionales de enfermería del Centro de Salud. En la visita domiciliaria puerperal se debe contemplar:

- *Anamnesis*: recoger los datos del parto.
- *Exploración de la puérpera*: valoración del estado general (fiebre), mamas, episiotomía o cicatriz de cesárea, involución uterina y loquios.
- *Exploración del recién nacido*: se tomarán las muestras para el cribado de metabolopatías (hipotiroidismo y fenilcetonuria).
- *Educación para la salud.*
- *Valoración del entorno domiciliario.*

Las situaciones más frecuentes que requieren la atención del MF en el puerperio son las siguientes:

- *Grietas en el pezón.*
- *Mastitis puerperal.*
- *Interrupción de la lactancia.*
- *Trastornos afectivos en el puerperio.*
- *Anticoncepción en la lactancia.*

Capítulo 37

ALIMENTACIÓN Y SUS ALTERACIONES

INTRODUCCIÓN

El organismo humano consume energía continuamente para mantener los procesos fisicoquímicos de la vida. Este consumo, calculado en condiciones definidas como basales (reposo y ayuno, esencialmente), es de unas 24 kcal/kg de peso/día para una persona adulta y sana. El metabolismo energético real es más elevado debido, principalmente, a la actividad física, la edad y ciertas situaciones fisiológicas (embarazo, lactancia). En la tabla 37-1 se han reproducido las fórmulas de la FAO-OMS-UNU de 1985 para calcular los requerimientos energéticos de un individuo.

Tabla 37-1. Recomendaciones energéticas diarias del adulto (en kcal)

Cálculo de recomendaciones basales (metabolismo basal, MB)		
– Hombres: 11,6 × peso (kg) + 879		
– Mujeres: 8,7 × peso (kg) + 829		
Cálculo de recomendaciones en función de la actividad física		
– Hombres:	MB × 1,55 (actividad ligera)	
	MB × 1,78 (actividad moderada)	
	MB × 2,1 (actividad intensa)	
– Mujeres:	MB × 1,56 (actividad ligera)	
	MB × 1,64 (actividad moderada)	
	MB × 1,82 (actividad intensa)	

PRINCIPIOS PARA EL EQUILIBRIO NUTRICIONAL Y ALIMENTARIO

Las siguientes recomendaciones nutricionales son la base de toda alimentación equilibrada y saludable:

- Ingerir la energía suficiente, sin excesos ni déficit.
- Del 50 al 60% de ella debe proceder de los glúcidos. El azúcar de endulzar no ha de sobrepasar el 10% del total energético diario (TED).
- Deben ingerirse 0,8-1 g de proteínas/kg/día, con una proporción 1:1 entre las de origen animal y las de origen vegetal.
- Los lípidos deben proporcionar del 30 al 35% del TED, y el colesterol alimentario no ha de exceder de 400-500 mg/día.
- Se aportarán vitaminas, elementos químicos esenciales y agua suficientes.

- Deben ingerirse alimentos con fibra vegetal de modo habitual.

Alimentación del adulto

Se establecen las siguientes recomendaciones:

Leche: medio litro de leche al día o equivalentes en *yogur* o *queso*.

Cereales y derivados, patatas y legumbres: deberían proporcionar cerca de la mitad del TED.

Carnes y pescados: dos raciones al día; una ración de carne puede ser un filete de unos 100 g de parte comestible, y de pescado, unos 125 g.

Huevos: si no existen contraindicaciones, pueden tomarse hasta cinco huevos por semana (una yema contiene unos 250 mg de colesterol).

Frutas, verduras y hortalizas: consumo diario; la fruta cruda debería ser el postre habitual; las verduras (cocidas) y las ensaladas (crudas) deberían tomarse como mínimo una vez al día cada una de ellas.

Alimentos grasos: moderación en su consumo; limitar las grasas de origen animal y mantener las de origen vegetal.

Alimentos superfluos: en cantidades pequeñas, y raramente deberían sustituir alimentos básicos.

Alimentación del anciano

El organismo del anciano es muy sensible a las deficiencias o a los excesos nutricionales.

Después de los 40 años de edad, los requerimientos energéticos disminuyen ligera y progresivamente, y a partir de los 65 años, las necesidades energéticas se han reducido un 15% respecto a la edad adulta.

Las recomendaciones para los *glúcidos* son las mismas que para los adultos y, si acaso, hay que destacar la conveniencia de limitar la ingestión de sacarosa. Las *grasas*, por su valor energético en general, y las de origen animal por su patrón de ácidos grasos (AG), deben limitarse; se aconsejan carnes no grasas, no más de 3 a 4 huevos por semana y no comer a menudo embutidos, así como tampoco platos claramente grasos. Se alentará, en cambio, a seguir con el consumo de aceite de oliva en crudo.

Las necesidades *cálcicas*, probablemente, están algo aumentadas debido a la dificultad absortiva.

En cuanto al *agua*, hay que resaltar la hipodipsia frecuente que conduce, no raramente, a situaciones con riesgo de deshidratación en el curso de infecciones febriles, por lo demás banales. El médico debe insistir ante los familiares y cuidadores en la necesidad de controlar la ingestión hídrica, así como la diuresis.

DIETAS TERAPÉUTICAS

Pasos que se deben seguir en la prescripción de una dieta terapéutica

1. Prescripción de la dieta describiendo los parámetros nutricionales básicos.

2. Paso a nutrientes concretos (g/día de hidratos de carbono, proteínas/día, etc.).
3. Transformación en alimentos adecuados, raciones o gramos permitidos, etc.
4. Previamente, se habrá efectuado un interrogatorio de los hábitos alimentarios, en los que se basará al máximo la dieta prescrita.

Es conveniente que los pasos 2, 3 y 4 sean efectuados por el dietista o el profesional de enfermería preparado en este campo.

DIETAS SIN SAL

Tipos de dietas hiposódicas

Según la cuantía de la restricción sódica, puede ser:

- Dieta hiposódica estándar, con 2.000 a 2.500 mg/día. Es la que se indica en la hipertensión arterial y en la insuficiencia cardíaca sin gran retención hidrosalina.
- Dieta hiposódica rigurosa, con 1.000 mg de Na/día o algo menos. Se indica en la ascitis de la cirrosis hepática o en la asistolia con edemas importantes.

Instrucciones para seguir una dieta sin sal de tipo estándar

- Prohibir la sal de mesa.
- Prohibir los alimentos manufacturados que han sido salados durante su procesado.
- Limitar a cantidades muy pequeñas los alimentos que contienen concentraciones bajas de sal añadida (margarina, galletas simples o queso rallado).
- Adiestrar al paciente para que aprenda a eliminar la sal añadida a alimentos como espárragos en lata, pescado blanco o azul, sepia o calamar: se lavan o sumergen en abundante agua, que se desecha después.
- Indicar al paciente qué alimentos y presentaciones puede tomar libremente.
- Facilitarle una lista con los condimentos y aderezos con los que puede preparar sus platos. Existen sales potásicas para sustituir el cloruro sódico, pero están contraindicadas en caso de insuficiencia renal.

DIETA EN LAS ENFERMEDADES DIGESTIVAS

Dieta en la úlcera gastroduodenal

Durante las primeras fases de un brote ulceroso, se debe seguir un plan de alimentación progresivo, con alimentos hervidos, poco condimentados, de digestión sencilla, seguido al remitir los síntomas de una dieta más amplia, con alimentos a la plancha, guisos sencillos, y que sea del agrado del paciente, al mismo tiempo que bien tolerada.

Dieta en las esofagitis por reflujo

Su objetivo es evitar la pirosis. Las normas son: *a*) evitar las comidas copiosas; *b*) no adoptar el decúbito después de las comidas, y *c*) evitar la ingestión de irritantes fisicoquímicos.

Conviene recordar que el tabaco aumenta la secreción ácida del estómago, y que algunos alimentos disminuyen el tono del esfínter esofágico inferior (chocolate, café, bebidas alcohólicas, alimentos grasos), al igual que algunos fármacos (teofilina, progesterona, barbitúricos, bloqueadores de los canales del Ca, morfina).

Dieta en las diarreas

Las diarreas provocadas por una enterocolitis aguda suelen ser autolimitadas, y con unas sencillas normas de dieta astringente se solucionan en poco tiempo. Ciertas enfermedades crónicas o con tendencia a recidivar exigen el seguimiento de una dieta astringente, sin residuo, durante mucho tiempo.

Dieta en el estreñimiento

Es fundamental, en la mayor parte de casos, prescribir un aumento de alimentos ricos en fibra vegetal, como pan integral, otros cereales de grano entero o sus derivados, frutas, verduras, hortalizas, legumbres y una ingesta abundante de agua.

Dieta en las enfermedades biliares

El objetivo es evitar o aminorar las molestias, sobre todo el cólico hepático.

En la tabla 37-2 se presentan los alimentos desaconsejados, limitados y permitidos.

DIETA EN LAS HEPATOPATÍAS

Dieta en las hepatitis agudas

Durante la hepatitis, debe evitarse el alcohol, así como los platos o alimentos de reconocida dificultad digestiva.

En la primera fase, que suele cursar con anorexia, puede intentarse una dieta blanda a base de sopas, purés, carnes y pescado blanco hervido.

En la fase de estado, en caso de que exista ictericia intensa con acolia, se prescribirá una dieta de tipo biliar, con alta restricción de grasas. Posteriormente, la alimentación será lo más normal posible dentro de las buenas normas del equilibrio alimentario.

Dieta en la cirrosis hepática

El cirrótico no complicado tiende al meteorismo, a un ritmo irregular de deposiciones y presenta cierta dificultad digestiva. La dieta deberá adaptarse a estos problemas: *a*) evitar los alimentos flatulentos, así como los guisos de larga digestión; *b*) seguir una dieta astringente durante los días en que aparezcan diarreas, y *c*) la base será seguir una alimentación saludable, normoproteica, adaptada a la disminuida actividad física que realice el paciente.

Complicaciones

Las complicaciones con traducción dietética son la ascitis y la encefalopatía hepática.

Durante una *ascitis*, el cirrótico seguirá una dieta hiposódica bastante estricta (de unos 1.000 mg de sodio al día), así como una limitación en la in-

Tabla 37-2. Normas dietéticas en patología biliar

Alimentos prohibidos
- Leche entera, yogur de leche entera
- Quesos corrientes
- Mantequilla y margarina mixta, nata, flan
- Carne de cerdo, grasa animal
- Embutidos y conservas cárnicas
- Carne de cordero
- Partes grasas de otras carnes (costillas, etc.)
- Pescado azul, marisco
- Huevos
- Frutos secos grasos (almendras, cacahuetes, etc.)
- Pasteles, chocolate, coco, bollería
- Fritos, guisos, salsas grasas, condimentos
- Prohibidos (o muy limitados) los flatulentos: legumbres, coles de Bruselas, alcachofas

Alimentos limitados
- Aceite de oliva o de semillas (girasol, etc.) para aliñar (los fritos están prohibidos)
- Margarina vegetal
- Aceitunas, aguacate
- Café, colas, bebidas alcohólicas
- Jamón cocido (ración de 25 g, permitida)
- Guisos muy sencillos, con poco aceite

Alimentos permitidos
- Leche desnatada (o semidesnatada, si se tolera)
- Quesos desnatados, yogur desnatado
- Ternera, pollo, conejo, caballo
- Pescado blanco (merluza, lenguado, etc.)
- Arroz, pastas de alimentación (en formas culinarias poco grasas), pan, galletas *María* bajas en grasa
- Patatas (hervidas o en puré)
- Verduras, frutas, hortalizas (salvo las flatulentas)

Cocciones: hervidos, a la plancha, al horno con muy poco aceite

gestión hídrica. A menudo se indican diuréticos y sales de potasio. Se impone el control periódico del ionograma.

La *encefalopatía hepática* del cirrótico, con anastomosis portocava o sin ella, requiere una dieta hipoproteica. La cantidad máxima de proteínas que se deben administrar oscila entre 25 y 50 g al día, según la tolerancia. El resultado clínico suele ser bueno a corto plazo, pero provoca una disminución aún mayor de la albúmina plasmática. Muchos autores recomiendan suplementar estas dietas hipoproteicas con aminoácidos especiales, los ramificados (isoleucina, leucina y valina), que contribuyen a la nutrición proteica sin provocar encefalopatía.

Intolerancia a la lactosa

El tratamiento es simple: se deben suprimir los alimentos con lactosa (leche, queso fresco y quizá el yogur). Puede ensayarse la cantidad de leche que se tolera sin que aparezcan los síntomas, y repetirla varias veces al día.

Téngase en cuenta que los comprimidos de algunos fármacos pueden contener lactosa como excipiente.

Intolerancia al gluten

La gliadina es la fracción del gluten responsable del cuadro clínico. Otros cereales distintos del trigo también lo contienen: cebada, centeno y avena, pero no el arroz ni el maíz.

El tratamiento es, aparentemente, simple: suprimir los alimentos con base de harina de trigo, como pan, pastas alimentarias, bollería, galletas, etc. El problema estriba en el hecho de que la harina de trigo se añade a diversos alimentos industrializados, y puede encontrarse incluso en embutidos, jamones, sopas de sobre, salsas comerciales, espárragos en lata y cubitos para el caldo.

Dieta del diabético

Todo diabético debe tener prescrita una dieta que le permita mantener un buen estado nutritivo, alcanzar y mantenerse en un peso adecuado, evitar las oscilaciones glucémicas y prevenir o tratar otros factores de riesgo.

Los glúcidos deben proporcionar alrededor del 50% del total energético. Se deben desaconsejar el azúcar y los pasteles.

La repartición a lo largo del día de los alimentos glucídicos es de gran importancia. Los diabéticos controlados con insulina deben fraccionarlos en 6 ingestas diarias: primer y segundo desayunos, almuerzo, merienda, cena y resopón. En los demás casos, suelen bastar 4 o, mejor, 5 comidas al día. Las fibras hidrosolubles –pectinas, galactomananos (guar), glucomananos (konjac)– enlentecen la absorción intestinal de glucosa, mientras que la celulosa, la hemicelulosa y la lignina no poseen esta acción.

Las recomendaciones en relación a los lípidos y proteínas son las mismas que para la población sana.

Dieta en las hiperlipoproteinemias

La dieta no siempre consigue normalizar los parámetros bioquímicos alterados, por lo que a veces debe coexistir con un fármaco hipolipemiante.

Debe prescribirse una dieta que permita alcanzar y/o mantenerse en el peso adecuado.

Hipercolesterolemias

Debe indicarse una dieta equilibrada, con las siguientes particularidades nutricionales: *a*) la energía de la dieta debe permitir mantenerse en el peso adecuado; *b*) el colesterol alimentario será inferior a 300 mg/día (deben prohibirse o limitarse mucho las vísceras, yemas de huevo, queso, mantequilla); *c*) las grasas totales no han de sobrepasar el 35% del total energético diario, y *d*) es importante que la relación entre los ácidos grasos saturados (AGS) y los insaturados (AGI) sea claramente a favor de estos últimos.

En la tabla 37-3 se esquematizan los parámetros nutricionales básicos que deben orientar la confección de la dieta reductora del colesterol.

Tabla 37-3. Parámetros nutricionales en las dietas de los hipercolesterolémicos

	Grados de gravedad		
Parámetros	**Grado I**	**Grado II**	**Grado III**
Energía	PT*	PT*	PT*
Lípidos totales	30-35%	20-25%	20-25%
AGS	Máximo 10%	6-8%	< 6%
AGI/AGS	–2	–2,8	> 3
Colesterol exógeno (mg/día)	< 300	150-200	0-50
Fibra vegetal	++	++	++
Bebidas alcohólicas	Limitar	Limitar	Limitar

*PT: para llegar/mantener el peso teórico.
Adaptada de JAMA 1993; 269, 23: 3015-3023.

HIPERTRIGLICERIDEMIAS

Las hipertrigliceridemias (HTG) exógenas suelen responder bien a una dieta adecuada. Éstos son sus parámetros: *a*) dieta de adelgazamiento en caso de peso excesivo; *b*) prohibición de bebidas alcohólicas; *c*) reducir el porcentaje de glúcidos en la dieta habitual (alrededor del 40% del valor energético), y *d*) reducir al máximo el azúcar y limitar la fructosa. Del resto de parámetros nutricionales sólo es destacable que los lípidos alimentarios estarán lógicamente elevados, lo que se llevará a cabo aumentando el ácido oleico y los AG ω-3. Estos últimos tienen una destacable capacidad reductora de la HTG.

DIETA TRAS ALGUNAS RESECCIONES QUIRÚRGICAS

Dieta del gastrectomizado

Las normas de alimentación son: *a*) repartir la ingestión diaria en 5 a 6 pequeñas comidas; *b*) prohibir la leche, salvo en las gastrectomías parciales; *c*) beber líquido (agua, caldo, infusiones) fuera de las comidas; *d*) limitar mucho la sacarosa, a causa de su capacidad para provocar hipoglucemias reactivas; *e*) en caso de diarreas persistentes, puede ensayarse la toma de fibra hidrosoluble antes de las ingestiones, por su acción enlentecedora del tránsito, y *f*) administrar vitamina B_{12} por vía parenteral (bastan 100 gammas al mes), ya que no podrá absorberse por vía digestiva.

Dieta del colecistectomizado

En los 6 a 12 meses posteriores a la resección de la vesícula biliar, existe una tendencia a que se sigan presentando las molestias típicas de la dispepsia biliar, así como diarreas. Se debe indicar una dieta con restricción de grasas, aunque, progresivamente, su tolerancia aumenta.

Dietas por sonda a domicilio

Una vez elegida la fórmula, la administración se hace en 5 volúmenes iguales al día: una toma cada 3-4 horas, respetando el descanso nocturno. Cada toma será de 400 a 500 ml, y puede administrarse por mediación de una jeringa de 100 ml, por medio de una bolsa de nutrición enteral, o directamente a partir del envase comercial en algunos casos. El paciente permanecerá incorporado, se comprobará que no exista retención gástrica, y antes y después de cada toma se harán pasar unos 20 ml de agua por la sonda. Deben seguirse unas estrictas normas de higiene para evitar la contaminación bacteriana. Es fundamental aportar el agua necesaria (en general, unos 2.500 ml al día), sobre todo en pacientes con trastornos de conciencia o con aumento de las necesidades hídricas, por ejemplo, por fiebre elevada.

TRASTORNOS DE LA CONDUCTA ALIMENTARIA

ANOREXIA NERVIOSA

El tratamiento es largo, y la enfermedad puede cursar con recaídas, por lo que siempre es problemático hablar de curación definitiva. Existen formas graves; el 5% fallece de verdadera inanición. Algo más del 50% recuperan el peso teórico al cabo de 2 a 10 años de tratamiento, aunque requieren mantener un interés y una relación especial, en particular con el tema de la alimentación en general.

Es habitual que intenten eliminar la ingestión a la que son obligados, mediante el vómito autoprovocado, a menudo con un disimulo inteligente, laxantes y diuréticos, y ejercicios físicos intensos «para eliminar grasas».

Los pacientes suelen pertenecer a un ámbito sociocultural medio o alto, y pueden seguir los estudios y mantener una vida social bastante normal hasta que la desnutrición y el rechazo a comer en grupo lo impiden. Las relaciones familiares son difíciles.

El diagnóstico se basa en cuatro puntos:

1. Las pacientes (el 90% son mujeres) rechazan aumentar de peso; no aceptan superar el 85% del peso teórico.
2. Sufren un miedo intenso a la ganancia de peso. Creen que se convertirán en obesas, aun estando por debajo del peso teórico.
3. No se reconocen como delgadas; sufren una alteración en la percepción del propio tamaño corporal.
4. En las mujeres pospuberales hay una amenorrea de al menos tres ciclos consecutivos.

El tratamiento debe ser dirigido por un equipo de psiquiatría experto en este tema, que en una fase inicial deberá contar con el concurso del endocrinólogo o el internista para descartar patologías orgánicas, y del dietista cuando se juzgue conveniente su intervención.

Bulimia

Se observa especialmente en mujeres adultas, y puede coexistir o no con obesidad.

El atracón compulsivo o *binge eating disorders* (BED) es el síntoma más representativo de estos pacientes. Luego, sigue un profundo sentimiento de culpabilidad y de impotencia, llegando a provocarse el vómito o a utilizar laxantes y diuréticos. Pueden pasar días de ayuno o de dieta muy hipocalórica, aunque poco tiempo después sufren otros episodios de BED.

Los criterios diagnósticos son:

1. Episodios recurrentes de BED de, por lo menos, dos veces por semana, durante tres meses o más.
2. Sentimiento de pérdida del control durante estos episodios.
3. Episodios de autoinducción al vómito, toma de laxantes y diuréticos, práctica de ejercicio físico extenuante, períodos de dieta estricta o incluso ayuno.
4. Un persistente interés excesivo acerca del peso y tamaño corporales.

El tratamiento debe ser dirigido por un equipo de psiquiatría experto en el tema.

Capítulo 38

FACTORES DE RIESGO: ASPECTOS GENERALES

EL RIESGO COMO PROBABILIDAD. CONCEPTOS GENERALES

El riesgo es la probabilidad de que un hecho, en general adverso, se produzca. En epidemiología, el riesgo se define como la probabilidad de que una persona libre de una enfermedad concreta desarrolle la enfermedad durante un período determinado.

Como cualquier probabilidad, carece de dimensiones y varía entre cero y uno. El concepto de riesgo requiere un período de referencia para su correcta interpretación: decir que una persona de 50 años tiene un riesgo del 15% de morir por una enfermedad cardiovascular supone que, en promedio, 15 de cada 100 individuos de esa edad morirán de una afección cardiovascular; sin embargo, esta cifra no tiene sentido si no se añade durante cuánto tiempo se considera ese riesgo, por ejemplo, durante los próximos 20 años.

FACTORES DE RIESGO: DEFINICIÓN, CARACTERÍSTICAS Y TIPOS

En epidemiología se ha incorporado el término *factor de riesgo* para indicar cualquier variable asociada a la probabilidad de desarrollar una enfermedad determinada. Tradicionalmente, se reserva este término para aquellos factores que aumentan la probabilidad de enfermar, mientras que los factores que la disminuyen son conocidos como *factores protectores*.

MEDIDAS RELACIONADAS CON EL RIESGO

ESTIMACIÓN DEL RIESGO

En una cohorte de individuos seguidos durante un período de tiempo, puede estimarse el riesgo a partir de la proporción de personas que desarrollan la enfermedad durante el período, conocida como *proporción de incidencia* (Rothman, 1998).

MEDIDAS DE EFECTO E IMPACTO: RIESGO RELATIVO Y RIESGO ATRIBUIBLE

El *riesgo relativo* responde a la pregunta: «¿cuántas veces es más probable que los expuestos al factor desarrollen la enfermedad, en relación con los no expuestos?». Se calcula dividiendo las dos medidas utilizadas como estimadores del riesgo en cada grupo, generalmente la densidad de incidencia. Por ejemplo, si la incidencia anual de cáncer de pulmón en los fumadores es de 150/100.000

y en los no fumadores es de 15/100.000, el riesgo relativo del hábito de fumar en relación con el cáncer de pulmón es 10. Puede interpretarse como que la probabilidad de desarrollar un cáncer de pulmón en los fumadores es 10 veces la probabilidad de desarrollar un cáncer de pulmón en los no fumadores.

En salud públicas quizá es más útil conocer la proporción de nuevos casos de enfermedad en una población debidos al factor, o en otras palabras, la proporción de casos que podrían prevenirse si el factor se eliminase. Dicha medida se conoce como *proporción de riesgo atribuible en la población* (o fracción etiológica en la población), y puede estimarse mediante la fórmula $Pf\,(RR - 1)/[Pf\,(RR - 1) + 1)]$, donde RR es el riesgo relativo y *Pf* la proporción de la población expuesta al factor estudiado. En el ejemplo anterior, aceptando que el riesgo relativo asociado al tabaco es 10, en una población con una tercera parte de fumadores (Pf = 0,33), podrían prevenirse el 75% de los casos de cáncer de pulmón si se eliminase el hábito de fumar.

UTILIDAD DEL CONOCIMIENTO DEL RIESGO

CAUSALIDAD

La utilización básica de las medidas del riesgo es la evaluación de la causalidad. Sin embargo, la conclusión respecto a que el factor sea o no causa de la enfermedad supone incorporar una serie de criterios y razonamientos adicionales (inferencia causal), que serán considerados más adelante.

PREDICCIÓN Y DIAGNÓSTICO

El conocimiento de la frecuencia de factores de riesgo de una enfermedad en una población permite tener una noción del riesgo de desarrollar la enfermedad en las personas de dicha población. Se trata de usar los factores de riesgo como si fueran el resultado de una prueba diagnóstica. Sin embargo, en los pacientes individuales los factores de riesgo no son, en general, grandes predictores de enfermedad. Por ejemplo, un fumador de un paquete de cigarrillos al día puede tener un riesgo más de 10 veces superior al de un no fumador de desarrollar cáncer de pulmón; sin embargo, su probabilidad de desarrollar un cáncer de pulmón durante 10 años puede ser, aproximadamente, de entre el 1,5 y el 2%.

PREVENCIÓN

Si un factor es una causa de enfermedad, su disminución o eliminación puede utilizarse como un elemento clave en la prevención primaria de esa enfermedad.

EJEMPLOS DE UTILIZACIÓN DE LAS MEDIDAS DE RIESGO

Cálculo del riesgo cardiovascular

La elaboración de un perfil de riesgo cardiovascular se basa, en general, en resultados de estudios de cohorte.

Se han realizado numerosos estudios del tipo descrito sobre patología cardiovascular, pero el más conocido y utilizado es el estudio de Framingham.

Basándose en estos modelos, se han elaborado diversos sistemas de puntuación que permiten una estimación simple del perfil de riesgo, aunque de forma aproximada.

ASOCIACIÓN Y CAUSALIDAD

IMPORTANCIA DEL CONOCIMIENTO E IDENTIFICACIÓN DE LAS CAUSAS

La identificación de las causas determinantes de la incidencia de las enfermedades en una población es la base para su prevención.

Frente a los postulados de la unicausalidad ha surgido la teoría de la multicausalidad, en la que se interpreta la enfermedad como el resultado de la acción de múltiples factores biológicos, psicológicos y sociales de los que depende el riesgo de enfermedad.

La teoría de la multicausalidad se complementa con la multiplicidad de efectos, que explica la asociación de un mismo factor de riesgo a múltiples enfermedades.

CRITERIOS DE CAUSALIDAD

En el estudio de la causalidad en poblaciones humanas, la epidemiología formula criterios para identificar si una asociación es o no causal.

Los principales criterios epidemiológicos son los siguientes:

- *Fuerza de la asociación*: indica que las asociaciones (con un riesgo relativo alto son más probablemente causales).
- *Gradiente biológico*: depende de la existencia de una relación de dosis-respuesta entre el factor y la enfermedad.
- *Relación temporal*: la presunta causa debe preceder al efecto.
- *Consistencia de los resultados*: debe existir una repetición de las observaciones o concordancia de los resultados obtenidos en los estudios.
- *Ausencia de distorsiones metodológicas*: lo cual depende de la validez del diseño, de la recogida de información y del análisis.
- *Ausencia de explicaciones alternativas*: no existen otras hipótesis alternativas.
- *Plausibilidad biológica*: los resultados son compatibles con los conocimientos sobre los mecanismos de enfermedad.
- *Evidencia experimental*: el riesgo disminuye después de la reducción de la exposición.

DIFERENTES TIPOS DE CAUSAS

Se pueden distinguir entre causas *suficientes*, *necesarias* y *componentes* (Rothman & Greenland, 1998).

La *causa suficiente* es el conjunto mínimo de episodios y condiciones que, inevitablemente, produce una enfermedad. La *causa necesaria* es la condición que debe estar presente para que se produzca el efecto, pero que, para que esto ocurra, requiere, además, la presencia de otra u otras causas concomitantes. Es decir, que la causa necesaria no es por sí sola suficiente. Una causa suficiente puede ser el resultado de una única causa (sólo excepcionalmente ocurre en medicina) o, con mayor frecuencia, de la suma de varias *causas componentes*.

INTERACCIÓN DE MÚLTIPLES CAUSAS

Las causas componentes pueden sumarse y/o potenciarse cuando actúan simultáneamente, por lo que el impacto puede no ser lineal.

La acción simultánea de varios factores puede producir un proceso de interacción entre ellos (en términos biológicos y/o estadísticos) que se relaciona con los conceptos de modificación del efecto o heterogeneidad de efectos. Se dice que hay *interacción entre dos factores de riesgo* o causas cuando «la frecuencia de enfermedad observada por la presencia de los dos factores de riesgo difiere de la esperada por la combinación de sus efectos individuales» (MacMahon, 1983).

Se considera que hay interacción positiva o sinergismo cuando la frecuencia observada por la acción simultánea es mayor que la suma de sus efectos individuales. Hay interacción negativa o antagonismo cuando la frecuencia observada es menor que la suma de sus efectos individuales.

Los efectos antagónicos en la causalidad se producen por la acción de los denominados *factores protectores*.

La producción del efecto depende, además, de otros factores, como la susceptibilidad individual, la dosis y la duración de la exposición.

El conocimiento de las asociaciones de causa-efecto tiene importancia en la práctica clínica, porque en ciertas situaciones orienta al médico asistencial en su labor, y condiciona objetivamente el proceso diagnóstico y terapéutico.

En el momento de precisar un diagnóstico, considerando alternativas de diagnósticos diferenciales, el médico tendrá en cuenta los distintos factores causales.

Capítulo 39

HIPERTENSIÓN ARTERIAL

INTRODUCCIÓN

La hipertensión arterial (HTA), en la población adulta, es el factor de riesgo cardiovascular más prevalente y uno de los que motiva un mayor número de consultas. Desde hace más de 30 años, los grandes ensayos clínicos han demostrado que, con los fármacos actualmente disponibles, es posible reducir, de forma muy significativa, las complicaciones cardiovasculares asociadas a la HTA. A pesar de ello, el grado de control de la HTA sigue siendo inaceptablemente bajo. El proceso asistencial relacionado con la HTA es complejo, si bien la mayor parte puede realizarse desde la Atención Primaria, y comprende la detección precoz y el diagnóstico correcto, la evaluación clínica con un enfoque cardiovascular global, el tratamiento más adecuado y la garantía de un seguimiento indefinido basado, fundamentalmente, en la corresponsabilidad de los pacientes con su tratamiento.

EPIDEMIOLOGÍA

La HTA es el principal factor de riesgo de la enfermedad vascular cerebral (EVC), una de las primeras causas de muerte del adulto y la primera de discapacidad en muchos otros países desarrollados. En España, la EVC supone el 30% de las muertes cardiovasculares en los hombres y el 35% de las de las mujeres. Aunque en los últimos 20 años la tasa de mortalidad vascular cerebral, ajustada por edad, ha disminuido en un promedio anual del 3%, las cifras siguen siendo importantes. Probablemente, el amplio uso de fármacos antihipertensivos y el mejor control de la HTA son algunas de las razones de este descenso. Tanto la presión arterial sistólica (PAS) como la diastólica (PAD) se han identificado, de forma consistente, como factores de riesgo independientes, a pesar de lo cual una proporción importante de los grandes estudios de intervención farmacológica han utilizado como criterios de inclusión y objetivos de control, de forma exclusiva, la PAD. Sin embargo, estudios epidemiológicos como el de Framingham y el Study of the Multiple Risk Factor Intervention Trial (MRFIT) han demostrado que la elevación de la PAS comporta un incremento del riesgo relativo (RR) de enfermedades cardiovasculares superior al de la PAD. Un aspecto interesante es el hecho de que los individuos con mayores cifras de PA son, sin duda, los de mayor riesgo de sufrir episodios cardiovasculares graves. Sin embargo, si la distribución de la PA en la población se representa en forma de pirámide, el mayor número de complicaciones atribuibles a la HTA, en términos absolutos, se producen en la base de ella, es decir, donde la prevalencia de formas más ligeras de PA es superior. Esta observación obliga a plantear como objetivos en el control de la HTA no únicamente identificar y tratar enérgicamente a los hipertensos más graves, sino tener una visión más amplia que contemple a toda la población de hipertensos.

La prevalencia de HTA (PA ≥ 140/90 mmHg) en la población de más de 20 años de edad oscila del 20 al 30%. La prevalencia aumenta con la edad, y se calcula que alrededor del 50% de los adultos de más de 60 años padecen HTA.

FACTORES DETERMINANTES DE LA PREVALENCIA DE HIPERTENSIÓN ARTERIAL

Criterios diagnósticos de HTA. En los pacientes diabéticos empieza a considerarse un límite inferior (PA ≥ 130/85 mmHg).

Edad. La PAS y la prevalencia de HTA aislada tienden a aumentar hasta la octava década de la vida.

Sexo. En términos absolutos, la prevalencia de HTA es superior en las mujeres.

Raza. La prevalencia y la gravedad de la HTA es mayor entre los individuos de raza negra.

Factores socioeconómicos. En los países en vías de desarrollo se observa una mayor prevalencia de HTA en los grupos socioeconómicamente más elevados.

Obesidad. Existe una estrecha asociación entre la prevalencia de obesidad y HTA.

Número de pacientes sometidos a tratamiento. Algunos estudios, especialmente los basados en encuestas poblacionales, consideran hipertensos a los individuos que reciben tratamiento antihipertensivo.

El único estudio representativo de la población española de 35 a 64 años mostró una prevalencia de HTA (PAS ≥ 140 mmHg o PAD ≥ 90 mmHg, o en tratamiento farmacológico) del 45%. Por encima de 159/94 mmHg (o en tratamiento) hubo el 30% de individuos (Banegas, 1998).

CRIBADO DE LA HIPERTENSIÓN ARTERIAL

Cribado masivo: supone medir sistemáticamente la PA al mayor número de personas.

Búsqueda oportunística de casos en Atención Primaria: esta estrategia es la propuesta en el Programa de Actividades Preventivas y de Promoción de la Salud (PAPPS) en Atención Primaria y consiste en medir la PA a los usuarios de los Centros de Atención Primaria a medida que entran en contacto con los diferentes dispositivos asistenciales.

DEFINICIÓN Y CLASIFICACIÓN DE LA HIPERTENSIÓN ARTERIAL

DEFINICIÓN SEGÚN EL RIESGO-BENEFICIO DEL TRATAMIENTO

La PA es una variable continuada en la que no existe un umbral crítico que separe la normotensión de la hipertensión. La definición de hipertensión se basa, por tanto, en criterios básicamente epidemiológicos y en los resultados de los diferentes estudios.

DEFINICIÓN OPERATIVA DE HIPERTENSIÓN ARTERIAL

- *Según cifras de PA*. Para la población de edad superior a los 18 años, se considera el diagnóstico de hipertensión cuando la media de dos o más determinaciones de PAS/PAD en dos visitas sucesivas es igual o superior a 140 y/o 90 mmHg. La HTA sistólica aislada se define por PAS igual o superior a 140 mmHg con PAD en límites normales.
- *Según estabilidad de la presión arterial*. Cuando la detección de HTA se observa exclusivamente en la consulta, se habla de *HTA de bata blanca* o, según la propuesta de la OMS (*HTA clínica aislada*).

HIPERTENSIÓN ARTERIAL EN EL EMBARAZO

Cuando una mujer gestante presenta HTA, deben considerarse varias situaciones diferenciadas: la HTA crónica en pacientes previamente hipertensas, la HTA gestacional y la preeclampsia.

Hipertensión arterial refractaria

Se define por la observación de cifras elevadas de PA a pesar de seguir correctamente un tratamiento con tres o más fármacos, incluyendo un diurético.

FACTORES PREDICTORES Y PATOGÉNESIS DE LA HIPERTENSIÓN ARTERIAL ESENCIAL

HERENCIA Y FACTORES GENÉTICOS

El 40% de la variación interindividual de las cifras tensionales en la población está determinada por la carga genética. La mayoría de estudios genéticos se han centrado en el sistema renina-angiotensina, en especial en el gen del angiotensinógeno.

FACTORES GESTACIONALES Y PERINATALES

- *Obesidad*: existe una relación directa y lineal entre el índice de masa corporal (IMC) y la PA. Además, la coexistencia de obesidad central, resistencia a la insulina, hiperinsulinemia, intolerancia a la glucosa, hiperlipidemia y HTA (conocido como síndrome metabólico) ha sido ampliamente estudiada.
- *Sedentarismo y factores ambientales*: el sedentarismo incrementa el riesgo de padecer HTA y, en sentido contrario, la práctica regular de ejercicio físico va acompañada de una reducción de la PA. Los condicionantes externos o internos de naturaleza estresante son más frecuentes en los hipertensos. El ruido ambiental y el ocupacional también han sido implicados en determinados casos de HTA.
- *Consumo de alcohol*: el alcohol es responsable de un aumento de la PA, como consecuencia de un incremento de la actividad simpática y del eje renina-angiotensina-aldosterona. El consumo excesivo de alcohol puede contribuir al 25-30% de los casos de HTA.
- *Sal*: de forma general, se admite que existen grupos de hipertensos «sal sensibles» en los que la PA se eleva con altas ingestiones de sodio, y

«sal resistentes», que no solamente no presentan este efecto sino que, además, no responden a una dieta pobre en sodio.

- *Calcio*: una de las teorías unificadoras de la patogenia de la HTA implica al calcio.
- *Síndrome de apneas durante el sueño*: los hipertensos tienen una prevalencia de apneas del 22 al 47%.

DIAGNÓSTICO Y EVALUACIÓN DEL HIPERTENSO

La HTA se diagnostica mediante la medida correcta de la PA. Un esquema de diagnóstico factible en Atención Primaria se presenta en la figura 39-1.

MEDIDA DE LA PRESIÓN ARTERIAL

Esfigmomanómetro de mercurio

Este instrumento todavía sigue siendo el más utilizado en el diagnóstico de la HTA, así como en la evaluación de la eficacia de la terapia antihipertensiva.

Sin embargo, la creciente utilización de aparatos automáticos o semiautomáticos, dotados con sistemas de registro oscilométrico de la PA de gran fiabilidad, está suponiendo la desaparición, no exenta de grandes ventajas prácticas, de los clásicos esfigmomanómetros de mercurio. Una de las mayores ventajas de los nuevos aparatos es que evitan algunos importantes sesgos debido al observador.

Automedición y registro ambulatorio

Monitorización ambulatoria de la presión arterial (MAPA). La MAPA permite analizar, mediante la intervención de un sistema informático, el comportamiento de la PA durante las 24 horas.

Las indicaciones clínicas de la MAPA en Atención Primaria son:

- *Confirmación de los pacientes con sospecha de «HTA de bata blanca».*
- *HTA ligera o límite en ausencia de otros factores de riesgo o de afectación de órganos diana.*
- *Evaluación del tratamiento farmacológico.*
- *Evaluación de posibles episodios de hipotensión arterial.*

Automedida de la presión arterial

Las indicaciones clínicas de la automedida de la presión arterial (AMPA) son similares a las de la MAPA, con el inconveniente de no poder realizar tantas medidas de PA, ni tampoco usarse durante el sueño, pero con la ventaja de su menor precio. En relación al número de medidas de PA domiciliarias, existen varias propuestas, como realizar un mínimo de 6 tomas (3 matutinas y 3 vespertinas) en 3 días laborables.

EVALUACIÓN DEL PACIENTE HIPERTENSO

La evaluación debe alcanzar los siguientes objetivos:

1. Descartar razonablemente la HTA secundaria.
2. Comprobar la existencia de complicaciones de órganos diana.

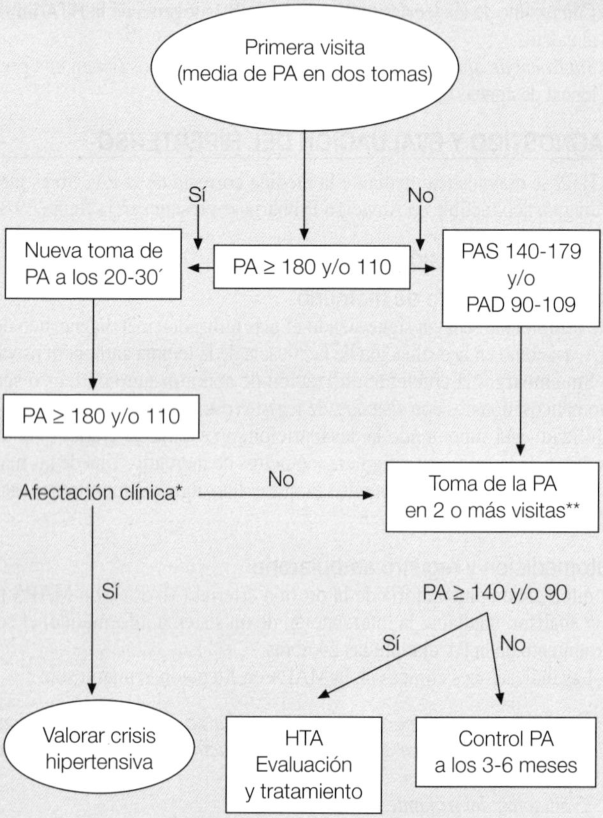

*Dependiendo de la situación clínica puede demorarse la evaluación, pero no más de una semana (repetir la medida de PA).
**Intervalo para una nueva toma de PA: entre 1 semana y 2 meses, dependiendo de las cifras iniciales.

Figura 39-1. Algoritmo de diagnóstico y control inicial.

3. Conocer la presencia de otras patologías asociadas que puedan influir en el pronóstico y tratamiento de la HTA.
4. Establecer el riesgo cardiovascular global o absoluto del paciente.

En el apartado sobre la clasificación de la HTA se ha mencionado la clasificación de la PA y de la HTA del JNC-VII y la de la OMS-1999, que estratifica al paciente en función de su riesgo cardiovascular (tabla 39-1).

Tabla 39-1. Estimación del riesgo cardiovascular individual OMS/SIH, 1999

	Presión arterial (mmHg)		
	Grado 1	**Grado 2**	**Grado 3**
– Otros FRC y antecedentes patológicos	– (HTA ligera) PA: 140-159/ 90-99	– (HTA moderada) PA: 160-179/ 100-109	– (HTA grave) – PA ≥ 180 y/o PA ≥ 100
– Ausencia de otros FRCV	– Riesgo bajo	– Riesgo medio	– Riesgo alto
– 1-2 FRCV	– Riesgo medio	– Riesgo medio	– Riesgo muy alto
– 3 o más FRCV o diabetes o MOD	– Riesgo alto	– Riesgo alto	– Riesgo muy alto
– TCA	– Riesgo muy alto	– Riesgo muy alto	– Riesgo muy alto

FRCV: factor de riesgo cardiovascular; MOD: manifestación en órganos diana; TCA: trastorno clínico asociado que incluye enfermedad cardiovascular o enfermedad renal. Equivalencias de los grupos de riesgo respecto al riesgo absoluto de sufrir un episodio cardiovascular durante 10 años: riesgo bajo (< 15%); riesgo medio (15-20%); riesgo alto (20-30%); riesgo muy alto (> 30%).

ANAMNESIS

Deberá interrogarse específicamente sobre: antecedentes familiares de HTA y otros factores de riesgo cardiovascular (FRC), enfermedad cardiovascular en familiares (hombres menores de 55 años y mujeres menores de 65 años). Es importante incidir sobre la ingestión de sustancias presoras.

EXAMEN FÍSICO

Deberá incluir siempre: peso, talla y cálculo del índice de masa corporal (IMC = peso [kg]/talla^2 [m]); exploración de tiroides y pulsos carotídeos; examen cardiopulmonar, exploración abdominal para la búsqueda de posibles masas y soplos abdominales; exploración de pulsos periféricos.

EXPLORACIONES COMPLEMENTARIAS

Analítica

Los datos analíticos imprescindibles para tratar de alcanzar los objetivos antes mencionados son: glucemia, creatinina plasmática, uricemia, potasemia, colesterolemia total y la investigación de proteinuria y microhematuria. La determinación sérica de triglicéridos y de HDL-colesterol dependerá de la detección previa de cifras elevadas de colesterol total.

La investigación sistemática de la presencia de excreción urinaria de albúmina (EUA) es obligatoria en los diabéticos.

Electrocardiograma

Se valorará especialmente la presencia de alteraciones del ritmo, de la conducción, anomalías en la repolarización y la presencia o ausencia de hipertrofia ventricular izquierda (HVI). Para realizar el diagnóstico de HVI por ECG, los criterios más utilizados habitualmente son los criterios de voltaje. El ECG es una exploración complementaria con una muy alta especificidad, pero con baja sensibilidad para el diagnóstico de la HVI.

Ecocardiograma

En la HTA, el ecocardiograma está indicado en las siguientes situaciones:

1. Presencia de enfermedad cardíaca concomitante que requiera este tipo de estudio.
2. ECG negativo para la HVI o positivo para la HVI, con un criterio de baja especificidad, que plantee dudas sobre la instauración o modificación del tratamiento farmacológico (HTA ligera sin afectación de órganos diana, HTA resistente sin afectación de órganos diana).
3. ECG con signos graves de HVI y sobrecarga ventricular izquierda (sospecha de miocardiopatía hipertrófica).

Ecografía abdominal

Está indicada en casos de sospecha de HTA de origen renal o vasculorrenal, patología nefrourológica asociada, auscultación de soplos abdominales o lumbares y HTA grave de aparición brusca.

Pruebas radiológicas

La solicitud habitual de radiografías de tórax o abdomen no está justificada.

Evaluación del riesgo cardiovascular

En este capítulo se propone la utilización de la tabla de riesgo (mixta: cuantitativa y cualitativa) incluida en la guía de la OMS/SIH del año 1999 (tabla 39-1).

TRATAMIENTO DE LA HIPERTENSIÓN ARTERIAL

Beneficios y riesgos del tratamiento

El control de las cifras de PA elevadas reduce el riesgo de accidente vascular cerebral, infarto de miocardio, insuficiencia cardíaca y muerte.

Objetivos del tratamiento

En el paciente hipertenso deben conseguirse reducciones mantenidas de la PA por debajo de 140/90 mmHg, incluso inferiores a estos valores en el caso de asociación con diabetes mellitus o comorbilidad asociada (insuficiencia renal o insuficiencia cardíaca). El enfoque del paciente hipertenso debe ser necesariamente multifactorial, intentando disminuir el perfil de riesgo global.

MODIFICACIONES DEL ESTILO DE VIDA

Medidas de eficacia incuestionable

Las cuatro medidas o cambios del estilo de vida de mayor eficacia para obtener un descenso tensional son: reducción de peso en caso de sobrepeso u obesidad, disminución del consumo de alcohol, reducción de la ingesta de sodio y realización de ejercicio físico. La corrección de estos factores puede controlar un porcentaje importante de los hipertensos esenciales.

- *Reducción de peso*: la simple reducción de unos 4 kg es eficaz incluso en individuos con un IMC muy por encima de los valores óptimos.
- *Consumo de alcohol*: la ingestión de alcohol va acompañada de un aumento de la PA, más importante a partir de las 2-3 unidades al día, y puede inducir un empeoramiento o limitar la respuesta al tratamiento farmacológico.
- *Reducción de la ingesta de sodio*: la reducción del consumo de sal permite controlar al menos al 20% de los hipertensos esenciales. La dieta hiposódica es más efectiva en las personas mayores de 45 años y en las de raza negra.
- *Ejercicio físico aeróbico e isotónico*: moderado y realizado de forma regular, por ejemplo, paseos de unos 45 minutos, al menos tres veces a la semana.

Otras medidas útiles

- Una dieta rica en frutas y verduras, y pobre en grasas (dieta mediterránea).
- La adición de suplementos de potasio a la dieta (frutas y verduras).
- El consumo de café produce elevación transitoria de la PA, especialmente si se asocia al consumo de tabaco.

TRATAMIENTO FARMACOLÓGICO DE LA HIPERTENSIÓN ARTERIAL

Estrategias generales de tratamiento

A finales de la década de 1990 se propusieron dos tipos de estrategias para el tratamiento farmacológico inicial de la HTA: la primera (el JNC-VI y la British Hypertension Society, entre otros) recomendaron iniciar el tratamiento con diuréticos o bloqueadores betaadrenérgicos, a no ser que estuvieran contraindicados o que existiera alguna indicación especial para utilizar otro fármaco. La segunda (OMS y Sociedad Internacional de Hipertensión) especificaron que cualquiera de los cinco grupos principales de fármacos (diuréticos, bloqueadores betaadrenérgicos, bloqueadores de los canales del calcio, inhibidores de la enzima conversora de la angiotensina y bloqueadores alfa-1 adrenérgicos) eran útiles para el tratamiento inicial de la HTA y que, en algunas situaciones especiales, podrían utilizarse otros grupos farmacológicos. Este último informe señalaba que los estudios fueron realizados para demostrar el beneficio de reducir la PA, más que los beneficios de un determinado fármaco.

En la actualidad, tras la publicación de diversos ensayos clínicos se ha determinado un posicionamiento más uniforme que contempla cuatro principales grupos farmacológicos: diuréticos, bloqueadores betaadrenérgicos, inhibidores de la enzima conversora de la angiotensina (IECA) y bloqueadores de los canales del calcio, que se recomiendan como agentes de primera línea. En todos los estudios se recuerda que es necesario, generalmente, una combinación de distintos agentes antihipertensivos para conseguir los descensos necesarios de PA.

Factores determinantes de la individualización del tratamiento

1. *Características del paciente*: *a*) factores constitucionales (raza, edad); *b*) factores patológicos: factores de riesgo asociados, repercusión orgánica, enfermedades concomitantes; *c*) grado de actividad física, y *d*) otros aspectos relacionados con la calidad de vida.
2. *Características de la HTA*: *a*) su gravedad; *b*) dependencia de la sal; *c*) HTA sistólica aislada; *d*) relación con el esfuerzo, y *e*) presión del pulso.
3. *Características del fármaco*: *a*) eficacia en la prevención de las enfermedades cardiovasculares; *b*) farmacocinética y biodisponibilidad; *c*) farmacodinámica (índice T/P, índice de «suavidad» *smoothness index*); *d*) mecanismo de actuación; *e*) seguridad y efectos secundarios; *f*) necesidad de monitorización analítica; *g*) interacciones con otros fármacos, y *h*) valoración del coste/efectividad.

La reducción de la PA debe ser gradual, sobre todo en pacientes con coronariopatía y en ancianos. Es preferible utilizar fármacos de curva dosis-respuesta aplanada, de fácil titulación y, preferiblemente, con una farmacocinética que permita la monodosis.

Las principales asociaciones recomendadas de dos fármacos son:

1. Diurético + bloqueador betaadrenérgico.
2. Diurético (no ahorrador de potasio) + IECA.
3. IECA + bloqueador de los canales del calcio.
4. Bloqueador betaadrenérgico + bloqueador de los canales del calcio (dihidropiridínico).
5. Diurético (no ahorrador de potasio) + antagonista de los receptores de la angiotensina II.
6. Bloqueador $alfa_1$ + diurético.

Además, las combinaciones de tres fármacos más utilizadas son:

1. Diurético + bloqueador betaadrenérgico + bloqueador de los canales del calcio (dihidropiridínico).
2. Diurético + IECA + bloqueador de los canales del calcio.

En general, es preferible iniciar el tratamiento con un solo fármaco y seguir el esquema anteriormente descrito. Sin embargo, en HTA grave o con lesiones en órganos diana puede ser aconsejable acelerar el proceso efectuando las modificaciones en intervalos más cortos, o incluso iniciar el tratamiento con dos fármacos al mismo tiempo.

Descripción, indicaciones y contraindicaciones de los fármacos hipotensores (tabla 39-2)

Antagonistas de los receptores de la angiotensina II (ARA-II)

Actúan bloqueando de forma competitiva y selectiva los receptores AT1. Presentan una mejor tolerancia que los IECA. En pacientes con HTA y diabetes mellitus tipo 2 algunos ARA-II han evidenciado un enlentecimiento del deterioro renal, expresado en la progresión de la microalbuminuria a proteinuria o en la evolución de la insuficiencia renal (estudios IDNT, IRMA-2 y RENAAL).

El reciente estudio LIFE, realizado en pacientes hipertensos con HVI electrocardiográfica, ha demostrado que el ARA-II-losartán consigue mayores beneficios sobre la morbimortalidad cardiovascular que el bloqueador-beta atenolol, a igualdad de reducción de la PA.

Contraindicaciones absolutas: estenosis bilateral de las arterias renales, estenosis unilateral en paciente monorreno, insuficiencia renal grave y embarazadas.

Bloqueadores alfaadrenérgicos

Bloquean de forma selectiva y competitiva los receptores $alfa_1$-adrenérgicos postsinápticos. Son efectivos en el descenso tensional, pero faltan estudios que demuestren su eficacia en la reducción de la morbimortalitad cardiovascular. Parece prudente aconsejar su utilización en terapia combinada, y valorar su indicación en hipertensos con hiperplasia benigna de próstata, una vez descartada la existencia de insuficiencia cardíaca manifiesta o latente.

Bloqueadores alfaadrenérgicos + betaadrenérgicos

Son bloqueadores betaadrenérgicos no selectivos con características vasodilatadoras a consecuencia de su acción bloqueadora de los receptores $alfa_1$-adrenérgicos. Son útiles en el tratamiento de hipertensos con cardiopatía isquémica y en el embarazo.

Bloqueadores betaadrenérgicos

Inhiben la estimulación de los receptores betaadrenérgicos Están especialmente indicados en el tratamiento inicial de los pacientes con HTA con situación circulatoria hiperdinámica betaadrenérgica, ansiedad, cardiopatía isquémica, angina de pecho y antecedente de infarto de miocardio (evitar los ASI+), taquicardias y extrasistolia (evitar los ASI+), cefalea migrañosa y temblor esencial.

Contraindicaciones absolutas: asma o enfermedad pulmonar obstructiva crónica (EPOC), enfermedad del seno, bloqueos auriculoventriculares de primer y tercer grado y bradicardia sintomática.

Bloqueadores de los canales del calcio

Constituyen un grupo de fármacos química, farmacológica y terapéuticamente heterogéneos. Actúan inhibiendo el flujo de entrada de los iones del calcio dentro de las células musculares lisas vasculares y de las células cardíacas. Estos fármacos están indicados en HTA sistólica aislada, vasculopa-

Tabla 39-2. Grupos farmacológicos antihipertensivos y sus indicaciones específicas

Diuréticos	– Insuficiencia cardíaca* – HTA sistólica aislada en mayores de 60 años* – Insuficiencia renal (diuréticos de asa) – Osteoporosis (tiazidas) – Retención de líquidos
Bloqueadores betaadrenérgicos	– Postinfarto de miocardio* (evitar ASI+) – Ángor* (evitar ASI+) – Taquicardia sinusal y extrasistolia (evitar ASI+) – Hipertensos jóvenes – Ansiedad – Cefaleas vasculares – Hipertiroidismo (no cardioselectivos) – Hipertensión portal (no cardioselectivos) – Temblor esencial (no cardioselectivos) – Insuficiencia cardíaca (carvedilol, bisoprolol, metoprolol) siempre con valoración cardiológica previa – Glaucoma
Bloqueadores de los canales del calcio	– HTA sistólica aislada en mayores de 60 años* (DHP acción prolongada) – Ángor (no DHP) – Taquicardia sinusal (no DHP) – Fibrilación auricular (verapamilo SR)

	– Postinfarto con función sistólica conservada (no DHP) – Disfunción diastólica ventrículo izquierdo – Insuficiencia renal crónica – Arteriopatía periférica
IECA	– Insuficiencia cardíaca* (con disfunción sistólica) – Diabetes tipo 1 con proteinuria* – Postinfarto de miocardio* – Diabetes – Proteinuria de origen renal – Insuficiencia renal (creatinina < 3 mg/dl)
Bloqueadores alfa$_1$adrenérgicos	– Prostatismo* – Insuficiencia renal
ARA-II	– Diabetes tipo 2 con proteinuria e insuficiencia renal (Cr: 1,3-3 mg/dl)* – Diabetes tipos 2 y microalbuminuria* – En caso de contraindicaciones o efectos secundarios a los IECA – Insuficiencia cardíaca – HTA esencial con hipertrofia ventricular izquierda

*Indicaciones de elección según las siguientes guías: JNC-VI. Arch Intern Med 1997; 157: 2413-2446/OMS-1999. J Hypertens 1999; 17: 151-183/1999. Canadian recommendations for the management of hypertension. CMAJ 1999; 161 (S12): S1-S22/American Diabetes Association. Diabetic Nefropathy. Diabetes Care 2002; 25 (Supl 1): S85-S89.

ARA-II: antagonistas de los receptores de la angiotensina; ASI: actividad simpaticomimética intrínseca; DHP: dihidropiridínicos; IECA: inhibidores de la enzima conversora de la angiotensina.

tías periféricas, migraña, insuficiencia renal crónica (aclaramiento de creatinina superior a 15 ml/min), arteriopatías periféricas, cardiopatía isquémica (excepto las dihidropiridinas de acción corta y en dosis altas) y taquicardia sinusal o fibrilación auricular (excepto dihidropiridínicos).

Contraindicaciones absolutas: bloqueo auriculoventricular de segundo y tercer grado (verapamilo y diltiazem), síndrome de excitación previa (verapamilo), insuficiencia cardíaca por disfunción sistólica, bradicardia (verapamilo y diltiazem), embarazo e insuficiencia venosa grave.

Diuréticos

Son fármacos que actúan en la zona renal provocando una pérdida de sodio y agua del organismo. Están indicados especialmente en el tratamiento inicial de la HTA en mayores de 65 años, insuficiencia cardíaca (diuréticos de asa), HTA sistólica aislada, insuficiencia renal (diuréticos de asa) y osteoporosis.

Existen diversos tipos con características diferenciadas.

Las tiazidas clásicas (hidroclorotiazida, clortalidona) son diuréticos de potencia intermedia.

El reciente ensayo clínico ALLHAT, efectuado en más de 33.000 hipertensos, ha demostrado que el tratamiento con clortalidona obtiene los mismos beneficios sobre el objetivo principal (incidencia de enfermedad coronaria mortal o infarto de miocardio no mortal), que el amlodipino (un bloqueador de los canales del calcio) o el IECA lisinopril, con el menor coste que este hecho representa.

Contraindicaciones: *a*) hipersensibilidad a las tiazidas y sulfamidas; *b*) insuficiencia renal grave (creatinina > 2,5 mg/dl); *c*) embarazo y lactancia; *d*) pacientes tratados con litio, y *e*) algunas situaciones en la cardiopatía isquémica y arritmias.

Inhibidores de la enzima conversora de la angiotensina

Los IECA producen un bloqueo de la enzima conversora de la angiotensina II, impidiendo la subsiguiente vasoconstricción. Son especialmente eficaces en pacientes con angina de pecho, en el postinfarto y en la insuficiencia cardíaca congestiva. Son también útiles en la diabetes mellitus, especialmente si existe nefropatía diabética en fase inicial. Asimismo, se ha comprobado su eficacia para enlentecer la progresión de la insuficiencia renal (creatinina < 3 mg/dl).

Contraindicaciones absolutas: estenosis bilateral de las arterias renales, estenosis unilateral en paciente monorreno, insuficiencia renal grave y embarazo.

Simpaticolíticos de acción central

Activan los receptores alfa$_2$-adrenérgicos en los centros de control cardiovascular del cerebro, suprimiendo el flujo simpático. No son fármacos de primera elección en Atención Primaria.

Vasodilatadores directos

Al igual que el grupo anterior, no son fármacos de primera elección.

Tratamiento en situaciones especiales

Pacientes mayores de 60 años

Los diuréticos tiazídicos en dosis bajas son el tratamiento de primera línea, ya que han demostrado, en un mayor número de ensayos clínicos aleatorizados, su utilidad en la reducción de la morbimortalidad.

Los bloqueadores de los canales del calcio y los IECA, cuando han sido comparados con los diuréticos y con los bloqueadores betaadrenérgicos, han demostrado beneficios similares.

Existen diversas consideraciones que se deben tener en cuenta en el momento de tratar y seleccionar el tratamiento antihipertensivo en el anciano: *a*) los pacientes presentan con mayor frecuencia afectación en los órganos diana; *b*) la metabolización de los fármacos es distinta y, por tanto, la dosis inicial y la dosis máxima que se recomiendan son menores, así como la duración del efecto del fármaco; también es más frecuente la aparición de posibles efectos secundarios, y *c*) no existe evidencia científica respecto al beneficio del tratamiento farmacológico en el anciano con cifras iniciales de PA entre 140 y 150 mmHg.

Hipertensión sistólica aislada

En mayores de 60 años, las pautas recomendadas son las mismas que en la HTA en el anciano.

Embarazo

Su tratamiento y seguimiento corresponde a unidades especializadas, dado el riesgo elevado que existe para el feto y la madre.

Hipertensión arterial y diabetes mellitus

El objetivo del tratamiento antihipertensivo debe ser la obtención de PA inferiores a 130/85 mmHg.

Los IECA reúnen las características más deseables entre los distintos tipos de fármacos disponibles (ARA-II, si no se toleran). También son útiles los diuréticos tiazídicos en dosis bajas, los bloqueadores de los canales del calcio, los bloqueadores betaadrenérgicos (diabetes mellitus tipo 2) y los alfa$_1$-bloqueadores.

Recientemente, algunos ARA-II (losartán e irbesartán) han demostrado, en pacientes con HTA y diabetes mellitus tipo 2, un efecto nefroprotector, frenando tanto la progresión de microalbuminuria (nefropatía incipiente) hacia la proteinuria (nefropatía establecida) como retardando la aparición de insuficiencia renal terminal, aunque sin afectar a la mortalidad.

El descenso tensional más exigente que requieren los pacientes diabéticos precisa, generalmente, la asociación de dos o más fármacos.

Hipertensión arterial e hipertrofia ventricular izquierda

La HVI constituye un reconocido factor de riesgo cardiovascular independiente. En los pacientes afectados de HTA e HVI, una estrategia terapéutica basada en el tratamiento inicial con un ARA-II (losartán) ha demostrado un beneficio superior a la de un betabloqueador (atenolol) en términos de disminución de la morbimortalidad cardiovascular (estudio LIFE).

Hipertensión arterial e insuficiencia renal

Es fundamental un buen control de la PA para prevenir o retrasar la progresión a insuficiencia renal terminal. Cuando el paciente presente una creatinina superior a 2 mg/dl, es conveniente su remisión programada al hospital.

La mayoría de agentes antihipertensivos son efectivos y, frecuentemente, será precisa una politerapia. Diferentes estudios demuestran que los IECA (excepto si están contraindicados) enlentecen el deterioro de la función renal, sobre todo en diabetes mellitus tipo 1 y si hay proteinuria.

Frecuentemente, será preciso asociar un diurético. Son útiles los diuréticos de asa tipo furosemida o torasemida. También se puede utilizar indapamida. Deben evitarse diuréticos tiazídicos y ahorradores de potasio. Los bloqueadores de los canales del calcio se pueden emplear sin limitación de dosis. Los inhibidores de los receptores alfa$_1$-adrenérgicos, como la doxazosina, también son de utilidad en este tipo de pacientes.

SEGUIMIENTO Y CONTROL DEL PACIENTE HIPERTENSO

Objetivos

El principal objetivo del seguimiento es comprobar que la PA se mantiene en cifras óptimas de control. Las revisiones periódicas deben cumplir, además, otros objetivos:

1. Comprobar que el tratamiento se efectúa de forma correcta, y que los fármacos prescritos no producen efectos adversos.
2. Analizar la repercusión visceral de la HTA, si no existía previamente, con el objetivo de intervenir precozmente en estadios aún reversibles.
3. Verificar la persistencia o aparición de nuevos factores de riesgo cardiovascular que, a su vez, podrán ser objeto de una intervención terapéutica.
4. Plantear la posibilidad de reducir la dosis o suprimir el tratamiento farmacológico.
5. Derivar al paciente al sector especializado cuando se den las circunstancias que así lo aconsejen.

Periodicidad de los controles

Los pacientes con una HTA inicial de grado 1-2 (PA 140-159/90-99 mmHg), una vez alcanzado el objetivo de control de la PA, si toleran bien el tratamiento y no presentan una repercusión visceral significativa, pueden ser visitados cada 3-6 meses, por el profesional de enfermería, y una vez al año en la consulta del médico.

La frecuencia de los controles podrá incrementarse, individualmente, en determinadas ocasiones.

Evaluación periódica del hipertenso

En las exploraciones complementarias periódicas, si el paciente no presenta ninguna circunstancia que justifique la necesidad de realizar otras exploraciones, deberán solicitarse las siguientes pruebas:

1. Creatinina sérica anual.
2. ECG cada 2-3 años si el previo es normal.
3. Glucemia, perfil lipídico y uricemia, anualmente en los pacientes tratados con diuréticos o betabloquedores, o con mayor frecuencia si a la HTA se asocia diabetes, hiperuricemia o hiperlipidemia.
4. K^+ al cabo de un mes y anualmente en pacientes tratados con diuréticos, IECA y ARA-II.

CUMPLIMIENTO TERAPÉUTICO

El incumplimiento terapéutico es una de las causas más importantes de las dificultades de control de la HTA. La prevalencia de incumplimiento en España oscila entre el 7,1 y el 66,2%.

Las principales barreras que dificultan el cumplimiento terapéutico (Márquez, 2002) son: *a*) los conocimientos y actitudes que tiene el paciente sobre la enfermedad padecida y su tratamiento; *b*) el olvido del horario de toma de la medicación; *c*) los posibles efectos adversos de la medicación antihipertensiva o el miedo a su aparición; *d*) el soporte social, familiar y sanitario, y *e*) el paciente como *decisor razonado* que, de forma voluntaria, deja de tomar la medicación por algún motivo.

Los métodos indirectos, basados en la entrevista clínica, son aquellos en los cuales el paciente es interrogado sobre la toma de la medicación. Estos métodos identifican un 25-50% de los incumplidores, aunque si el paciente manifiesta que no cumplió con la medicación son muy específicos. El recuento de comprimidos se considera el método estándar para la medición del cumplimiento, y el resto de métodos indirectos son comparados con dicho método. Actualmente, se recomienda un método basado en la entrevista clínica, ya sea el cumplimiento autocomunicado (test de Haynes-Sackett: «la mayoría de los pacientes tienen dificultad en tomar sus comprimidos, ¿tiene usted dificultad en tomar todos los suyos?»). Los estudios de intervención para mejorar el cumplimiento han puesto de manifiesto que las medidas más efectivas son fórmulas mixtas, como la educación sanitaria en sesiones grupales, junto con envíos postales y medidas aplicadas directamente en consultas programadas.

URGENCIAS HIPERTENSIVAS

URGENCIA HIPERTENSIVA (URGENCIA HIPERTENSIVA RELATIVA)

Es la elevación tensional que motiva una consulta médica urgente, pero sin compromiso vital inmediato. En este grupo se incluye la HTA con elevaciones muy graves de la PA (≥ 200/120 mmHg), la HTA grave con presencia de lesiones retinianas (exudados, hemorragias o edema de papila) y la crisis hipertensiva por supresión del tratamiento. El accidente vascular cerebral con HTA grave se incluye en este apartado, aunque en realidad, se considera una urgencia neurológica en la que es importante no actuar, al menos en el ámbito extrahospitalario, sobre la PA.

El tratamiento farmacológico de las formas más frecuentes de urgencia hipertensiva puede realizarse en el ámbito de la Atención Primaria mediante la administración de captopril (25 mg) por vía oral.

Emergencia hipertensiva (urgencia hipertensiva verdadera)

Es la elevación tensional que va acompañada de afectación de los órganos diana y que comporta una afección vital inmediata. En este apartado se incluye la HTA con epistaxis grave, el edema agudo de pulmón, la encefalopatía hipertensiva, la HTA grave con angina, etc. En estos casos, se requiere un descenso de las cifras tensionales en un plazo muy breve (máximo de una hora). La emergencia hipertensiva y algunas urgencias hipertensivas requieren derivación urgente inmediata al hospital, con el paciente adecuadamente monitorizado e instauración de tratamiento.

Capítulo 40

DISLIPEMIAS. RIESGO CARDIOVASCULAR

CRIBADO DE LA HIPERCOLESTEROLEMIA. DEFINICIÓN, CLASIFICACIÓN Y DIAGNÓSTICO DE LAS DISLIPEMIAS

CRIBADO

En Atención Primaria, la única dislipemia para la que se recomienda el cribado sistemático es la hipercolesterolemia. En este sentido, las recomendaciones que efectúa la Sociedad Española de Medicina de Familia y Comunitaria (tabla 40-1) aconsejan el cribado sistemático de la hipercolesterolemia mediante la determinación de la concentración plasmática del colesterol total (CT). Esta determinación no precisa el ayuno. Si el resultado obtenido es inferior a 200 mg/dl, se recomienda repetir su determinación al cabo de 5 años. En los pacientes que han manifestado una enfermedad vascular isquémica se aconseja la detección precoz de las dislipemias mediante la determinación del perfil lipídico

Tabla 40-1. Detección de la hipercolesterolemia. Recomendación PAPPS/semFYC
Prevención primaria
Población diana:
Hombres de 35 a 75 años
Mujeres de 45 a 75 años
Método de cribado: determinación del CT
Periodicidad: cada 5 años, hasta los 75 años
Prevención secundaria
Población diana:
Pacientes con enfermedad vascular isquémica de origen aterotrombótico en cualquier localización
Método de cribado: perfil lipídico
Periodicidad: anual

PAPPS: Programa de Actividades Preventivas y de Promoción de la Salud.
semFYC: Sociedad Española de Medicina de Familia y Comunitaria.

DIAGNÓSTICO

En prevención primaria, cuando en el cribado se obtiene un valor de CT superior a 250 mg/dl (6,5 mmol/l), se recomienda efectuar una segunda determinación junto con la determinación del colesterol de las lipoproteínas de alta densidad (cHDL) y de triglicéridos (TRG). Esta determinación precisa el ayuno del paciente. En los pacientes que en la muestra del cribado presentan un valor de CT situado entre 200 a 249 mg/dl (5,2-6,4 mmol/l) debe hacerse una actuación individualizada. Así, se plantean tres propuestas:

1. Recomendar medidas higiénico-dietéticas y establecer una periodicidad del cribado de entre 1-5 años en función de las características del paciente y del valor de CT obtenido.
2. Determinar el riesgo coronario del paciente utilizando los valores poblacionales del cHDL en España: media de cHDL en hombres de 49 mg/dl y, en mujeres, de 58 mg/dl (estudio DRECE). Este método permite determinar, en la misma visita, el riesgo individual, de manera que el perfil lipídico para determinar el riesgo coronario real sólo se solicitará si se obtiene un riesgo coronario muy elevado, igual o superior al 30%. La actitud terapéutica y el seguimiento vendrían determinados por este valor de riesgo.
3. *Determinar un perfil lipídico*. La actitud terapéutica y el seguimiento también están determinados por este grado de riesgo.

Determinación del colesterol de las lipoproteínas de baja densidad

En todos los pacientes debe calcularse la concentración del colesterol de las lipoproteínas de baja densidad (cLDL) de forma indirecta mediante la fórmula de Friedewald (válida si los TRG son inferiores a 400 mg/dl): cLDL = CT – cHDL – (TRG/5). Si las unidades utilizadas son mmol/l, los TRG se dividirán por 2,21 en lugar de por 5.

En los pacientes con hipertrigliceridemia, el cLDL puede determinarse mediante ultracentrifugación, un método no asequible de manera habitual en Atención Primaria. En estos casos, existe la opción de calcular el denominado *colesterol no HDL* (colesterol no HDL = CT – cHDL). El colesterol no HDL informa de la cantidad de colesterol transportado por lipoproteínas que contienen apoproteína B, que son las que poseen potencial aterogénico. Sin embargo, esta recomendación, realizada por el Adult Treatment Panel III del National Cholesterol Education Program, no está bien establecida.

Clasificación

El conocimiento de si una hipercolesterolemia se asocia o no a una alteración de los triglicéridos tiene implicaciones diagnósticas y terapéuticas. A efectos diagnósticos, es útil la norma de suponer que ante la presencia de una hipertrigliceridemia puede haber una causa secundaria subyacente. Si se sospecha que una hipertrigliceridemia es de origen primario, puede ser aconsejable derivar al paciente a una unidad de lípidos.

RIESGO CORONARIO

Por riesgo coronario se entiende la probabilidad de desarrollar una enfermedad coronaria en un determinado período de tiempo. Generalmente, el período de tiempo considerado es de 10 años. Esta probabilidad también se denomina *riesgo coronario absoluto*.

El concepto de dislipemia y riesgo coronario se encuentran íntimamente unidos, por lo que el análisis del perfil lipídico debe hacerse simultáneamente con el del riesgo coronario. El riesgo coronario tiene dos aplicaciones clínicas fundamentales:

1. Delimitar un umbral de riesgo por encima del cual estaría justificado un tratamiento muy intervencionista, es decir, con fármacos hipolipemiantes. El riesgo coronario determina el beneficio absoluto de la intervención, y permite introducir el concepto de coste-efectividad dentro de las indicaciones del tratamiento con fármacos hipolipemiantes.
2. Ayuda a establecer un orden de prioridades en la prevención de las enfermedades cardiovasculares, que es de utilidad para organizar la intervención sobre los factores de riesgo cardiovascular en la consulta de Atención Primaria.

En términos generales, el riesgo coronario total se considera como una aproximación razonable del riesgo cardiovascular, y es el que se utiliza habitualmente para determinar el tratamiento con fármacos en la hipercolesterolemia y en la hipertensión arterial. Para calcular el riesgo coronario se recomienda la tabla de Anderson.

La aplicación del riesgo coronario tiene algunas limitaciones:

1. Los métodos cuantitativos mencionados son de aplicación sólo en prevención primaria.
2. Los pacientes con diabetes mellitus tipo 2 con microalbuminuria o nefropatía manifiesta tienen un riesgo superior al precedido por las tablas, por lo que en ellos es preferible no aplicarlas.
3. La ecuación de Framingham está basada en una población norteamericana en la que las tasas de mortalidad por enfermedad isquémica cardíaca son superiores a las españolas. Por tanto, debe tenerse en cuenta que el riesgo calculado con estas tablas proporciona una sobrestimación del riesgo.

Las elevaciones graves de los factores de riesgo, como una hipercolesterolemia mayor o igual a 300 mg/dl o una hipertensión arterial con valores de presión arterial iguales o superiores a 160/100 mmHg, requieren una evaluación particular y específica, independientemente del riesgo cardiovascular.

Se acepta que el riesgo coronario es elevado cuando la probabilidad de manifestar la enfermedad isquémica cardíaca, a los 10 años, es igual o superior al 20%.

TRATAMIENTO

TRATAMIENTO HIGIÉNICO-DIETÉTICO

La base del tratamiento de las dislipemias es la instauración de medidas dietéticas y de cambios en el estilo de vida. Las recomendaciones dietéticas han de corregir aquellos aspectos que influyen en la colesterolemia plasmática;

Tabla 40-2. Recomendaciones dietéticas generales para prevenir la arteriosclerosis

Alimentos (frescos o congelados)	Recomendables (todos los días)	Limitados (máximo 2-3 veces por semana)	Desaconsejables (excepcionalmente)
Cereales	Pan*, arroz*, pastas*, maíz, harinas, cereales y galletas (de preferencia integrales)	Pastas italianas con huevo; bollería y galletas preparadas con aceite de oliva o de semillas*	Bollería industrial (cruasanes, ensaimadas, madalena, donuts), ganchitos, galletas
Frutas, hortalizas y legumbres	Todas	Aguacate*, aceitunas*, patatas fritas en un aceite adecuado*	Patatas chips, patatas o verduras fritas en grasa o aceites no recomendados, coco
Huevos, leche y derivados	Leche y yogur desnatados, productos comerciales elaborados con leche descremada, clara de huevo	Queso fresco o con bajo contenido en grasa, leche y yogur semidescremados, huevo entero (3 por sem)	Leche entera, nata, cremas y flanes, quesos duros o muy grasos
Pescado y marisco	Pescado blanco, pescado azul, atún en lata*, almejas, chirlas y ostras	Bacalao salado, sardinas y caballa en lata*, mejillones, calamares, gambas, langostinos, cangrejos	Huevas, mojama, pescado frito en aceites o grasas no recomendados
Carnes y aves	Pollo y pavo sin piel, conejo	Vaca, buey, ternera, cordero, cerdo y jamón (partes magras), salchichas de pollo o ternera	Embutidos, beicon, hamburguesas, salchichas, vísceras, pato, ganso, patés
Aceites y grasas*	Aceite de oliva, girasol y maíz	Aceites de semillas y margarinas vegetales sin ácidos grasos trans	Mantequilla, margarinas sólidas, manteca de cerdo, tocino, sebo, aceite de palma y coco

Postres	Mermelada*, miel*, azúcar*, repostería casera hecha con leche descremada, sorbetes, frutos en almíbar*	Flan sin huevo, caramelos*, turrón*, mazapán*, dulces caseros hechos con una grasa adecuada*	Chocolates y pasteles, postres que contienen leche entera, huevo, nata o mantequilla, tartas comerciales
Frutos secos*	Almendras, avellanas, castañas, nueces, dátiles, pipas de girasol sin sal, ciruelas pasas	Cacahuetes	Cacahuetes salados, coco y pipas de girasol saladas
Especias y salsas	Sofritos, pimienta, mostaza, hierbas, vinagreta, all i oli	Mahonesa, besamel	Salsas hechas con mantequilla, margarina, leche entera y grasas animales
Bebidas	Agua mineral, zumos naturales, infusiones, café, té (3 x día), refrescos sin azúcar	Refrescos azucarados*	

*Limitar en obesos e hipertrigliceridémicos.
Modificada de Mata P et al. En: Control de la colesterolemia en España, 2000. Un instrumento para la prevención cardiovascular.

el más fundamental de todos ellos es la ingestión inadecuada de grasas. Debe realizarse una anamnesis adecuada para conocer la alimentación que realiza el paciente.

La dieta ha de ser equilibrada en calorías, y se han de evitar los consumos elevados de grasa, especialmente la de origen animal (excepto la del pescado). Se aconseja la dieta propuesta por la Sociedad Española de Arteriosclerosis (tabla 40-2).

Es aconsejable que la duración de la dieta se prolongue unos 6 meses, antes de considerar el tratamiento farmacológico. En prevención secundaria, si la elevación de cLDL es importante, puede ser aconsejable indicar un fármaco hipolipemiante a la vez que se introduce la dieta. Debe estimularse la práctica de ejercicio físico en el tiempo libre.

Tratamiento farmacológico: fármacos hipolipemiantes

La prescripción de un tratamiento hipolipemiante, ya sea dietético o farmacológico, debe basarse en el análisis del riesgo coronario y de los valores basales del CT. Para iniciar el tratamiento con fármacos hipolipemiantes en prevención primaria, debe coexistir un CT igual o superior a 250 mg/dl y un riesgo coronario igual o superior al 20% a los 10 años. En prevención secundaria, un CT superior a 200 mg/dl o un cLDL superior a 130 mg/dl.

Estatinas

Indicaciones

Las estatinas constituyen los fármacos de primera elección en el tratamiento de la hipercolesterolemia, tanto en prevención primaria como secundaria, por su mayor eficacia en la reducción del colesterol y por el beneficio demostrado a largo plazo sobre la morbilidad y la mortalidad coronaria y total. Son los únicos fármacos hipolipemiantes que han demostrado una reducción de la mortalidad total (tabla 40-3).

Elección y dosis

Es primordial conocer la eficacia de cada estatina para reducir el colesterol, y por tanto el fármaco y la dosis se elegirán teniendo en cuenta el grado de exceso de cLDL y el objetivo terapéutico, es decir, el porcentaje de descenso que se desee alcanzar. Debe evitarse el uso de dosis infraterapéuticas.

Fibratos

Indicaciones

Las dislipemias mixtas con hipertrigliceridemia predominante y las hipertrigliceridemias que tienen potencial aterogénico (hiperlipidemia familiar combinada) o que por ser muy elevadas (por encima de 500 mg/dl) tienen riesgo de producir pancreatitis. También cuando las estatinas están contraindicadas o no se toleran.

En prevención secundaria también se consideran de elección en aquellos pacientes que presentan un cHDL disminuido, inferior a 40 mg/dl, cuando éste se asocia a una escasa elevación del cLDL (cLDL < 130 mg/dl).

Tabla 40-3. Características de los ensayos y efecto estimado a los 10 años del tratamiento con fármacos hipolipemiantes en la reducción del infarto de miocardio fatal y no fatal

Ensayo clínico	LRC	HHS	WOS	AFCAPS	4S	CARE	LIPID	VAHIT	BIP
Prevención	Primaria	Primaria	Primaria	Primaria	Secundaria	Secundaria	Secundaria	Secundaria	Secundaria
Fármaco	Colestiramina	Gemfibrozilo	Pravastatina	Lovastatina	Simvastatina	Pravastatina	Pravastatina	Gemfibrozilo	Bezafibrato
Dosis (mg/día)	4.000	1.200	40	20-40	20-40	40	40	1.200	400
Duración (años)	7,4	5	4,9	5	5,4	5	6,1	5,1	6,2
Edad media (años)	48	47	55	58	57	59	62	64	60
Hombres (%)	100	100	100	85	81	86	83	100	91
CT									
CT placebo (mg/dl)	277,3	269,6	272	228	261	209	218	175	212
CT intervención (mg/dl)	257,1	246,9	217,6	184	195	167	178,8	168	201,5
RR CT (%)	7,3	8,4	20,0	19,3	25,3	20,1	18,0	4,0	5,0
cLDL placebo (mg/dl)	197,6	197,6	192	156	188	139	150	113	148
cLDL intervención (mg/dl)	174,9	174,9	142,1	115	122	101	112,5	113	138,4
RR cLDL (%)	11,5	11,5	26,0	26,3	35,1	27,3	25,0	0,0	6,5
cHDL placebo (mg/dl)	45,5	47,6	44	38	45,9	39	36	32	34,5
cHDL intervención (mg/dl)	46,6	51,2	46,2	39	49,5	41	37,8	34	41,6
RR cHDL (%)	–2,4	–7,6	–5,0	–2,6	–7,8	–5,1	–5,0	–6,3	–20,6
TG placebo (mg/dl)	173,5	176,7	164	163	151	155	138	166	145
TG intervención (mg/dl)	182,9	114,8	144,32	143	135,9	122,8	122,8	115	115,1
RR TG (%)	–5,4	35,0	12,0	12,3	10,0	20,8	11,0	30,7	20,6
Infarto de miocardio*									
Casos placebo	187	84	248	95	622	274	715	275	232
Total placebo	1.900	2.030	3.293	3.301	2.223	2.078	4.502	1.267	1.542

(Continúa)

Tabla 40-3. Características de los ensayos y efecto estimado a los 10 años del tratamiento con fármacos hipolipemiantes en la reducción del infarto de miocardio fatal y no fatal (*Cont.*)

Ensayo clínico	LRC	HHS	WOS	AFCAPS	4S	CARE	LIPID	VAHIT	BIP
Casos de intervención	155	56	174	57	431	212	557	219	211
Total intervención	1.906	2.051	3.302	3.304	2.221	2.085	4.512	1.264	1.548
Riesgo placebo	9,8	4,1	7,5	2,9	28,0	13,2	15,9	21,7	15,0
Riesgo de intervención	8,1	2,7	5,3	1,7	19,4	10,2	12,3	17,3	13,6
RRR	17,4	34,0	30,0	40,1	30,6	22,9	22,3	20,2	9,4
RAR	1,7	1,4	2,3	1,2	8,6	3,0	3,5	4,4	1,4
NNT	58	71	44	87	12	33	28	23	71
Infarto de miocardio (10 años)**									
Riesgo placebo	14,1	8,3	15,1	5,8	56,0	26,4	26,5	43,4	25,1
Riesgo de intervención	11,6	5,5	10,5	3,5	38,8	20,3	20,6	34,7	22,7
RRR	17,4	34,0	30,0	40,1	30,6	22,9	22,3	20,2	9,4
RAR	2,4	2,8	4,5	2,3	17,1	6,0	5,9	8,8	2,4
NNT	41	36	22	43	6	17	17	11	42

LRC: Lipid Research Clinics; HHS: Helsinki Heart Study; WOSCOPS: West of Scotland Coronary Prevention Study; AFCAPS/TexCAPS: Air Force/Texas Coronary Atherosclerosis Prevention Study; 4S: Scandinavian Simvastatin Survival Study; CARE: Cholesterol and Recurrent Events; LIPID: Long-Term Intervention with Pravastatin in Ischaemic Disease; VAHIT: Veterans Affairs Cooperative Studies Program High-Density Lipoprotein Cholesterol Intervention Trial; BIP: The Bezafibrate Infarction Prevention Study; RRR: reducción relativa del riesgo; RAR: reducción absoluta del riesgo; NNT: número necesario de personas a tratar; CT: colesterol total; cLDL: colesterol de las lipoproteínas de baja densidad; cHDL: colesterol de las lipoproteínas de alta densidad; TG: triglicéridos.

* Riesgo de desarrollar un infarto de miocardio fatal o no fatal según la duración de cada estudio.

** Riesgo de desarrollar un infarto de miocardio fatal o no fatal a los 10 años (riesgo placebo o riesgo intervención/duración del estudio) x 10; la duración del estudio corresponde a los años completados y se le añade uno más si constan más de 6 meses de seguimiento del último año.

Elección y dosis

La elección del fibrato y la dosis que se debe administrar, al igual que con cualquier otro fármaco, debe estar avalada por ensayos clínicos que hayan demostrado su eficacia hipolipemiante, su capacidad para prevenir la enfermedad coronaria y su perfil de efectos secundarios.

La combinación de un fibrato con una estatina no está recomendada. Cuando sea necesario asociarlo a una estatina, deberá realizarse un estrecho seguimiento de los efectos adversos que pueda producir esta combinación (elevado riesgo de miopatía).

Resinas secuestradoras de ácidos biliares

Indicaciones

Son los fármacos de elección en el tratamiento de la hipercolesterolemia grave en la infancia y en las mujeres en edad fértil que deseen iniciar una gestación.

Su indicación más frecuente es como tratamiento combinado con las estatinas en las elevaciones graves del cLDL. Su asociación muestra un efecto sinérgico que puede ayudar a alcanzar el objetivo terapéutico previsto.

EVALUACIÓN INICIAL Y SEGUIMIENTO DEL PACIENTE DISLIPÉMICO

La evaluación inicial y el seguimiento dependen de los valores basales de CT, de la presencia o ausencia de enfermedad cardiovascular y, si la hubiera, del riesgo coronario. Deben buscarse de manera sistemática otros factores de riesgo cardiovascular.

En el paciente asintomático con hipercolesterolemia moderada (CT < 300 mg/dl), la realización sistemática de exploraciones complementarias orientadas a detectar las formas secundarias de dislipemia no está indicada, y sólo se harán de manera individualizada, en función de la sospecha clínica que exista.

En la evaluación inicial, se debe determinar el riesgo coronario mediante la tabla de Anderson, para decidir el tipo de intervención y la periodicidad del seguimiento. En pacientes no hipertensos, no es necesaria la realización de ECG, ya que se asume que no existe hipertrofia ventricular izquierda. Si se trata de un paciente con hipertensión arterial, entonces debe determinarse si ésta existe mediante el ECG (como ya se comentó anteriormente, el valor predictivo de la hipertrofia ventricular izquierda cuando se detecta mediante el ecocardiograma no es equivalente al del electrocardiograma).

Una vez iniciado el tratamiento hipolipemiante, puede establecerse un seguimiento con periodicidad trimestral hasta alcanzar el objetivo terapéutico. Una vez alcanzado, los controles pueden hacerse de manera semestral o anual. En los pacientes con riesgo no elevado, no tratados con fármacos hipolipemiantes, la visita puede realizarse con una periodicidad anual.

SITUACIONES ESPECIALES

Dislipemias familiares

Debe sospecharse la existencia de una dislipemia familiar ante una elevación grave del CT (por encima de 300 mg/dl) o de antecedentes, en familiares de primer grado, de dislipemia, cardiopatía isquémica precoz o muerte súbita. También debe suponerse una dislipemia familiar ante un paciente con hipertrigliceridemia sin causa aparente o ante una elevación conjunta del CT y TRG, aunque sea de forma moderada (hiperlipemia familiar combinada o la disbetalipoproteinemia).

La cardiopatía isquémica es de aparición precoz cuando ocurre antes de los 65 años en mujeres y antes de los 55 en hombres. Este hecho aislado, aunque no sea en un paciente con antecedentes de dislipemia familiar, se considera como un factor de riesgo coronario. La presencia de xantomas o xantelasmas también es una manifestación clínica que sugiere una dislipemia familiar. Las características clínicas pueden orientar hacia una u otra forma de dislipemia familiar, pero para el diagnóstico de certeza son necesarias técnicas que se realizan en unidades especializadas.

Elevación del colesterol total

Los tipos más frecuentes de dislipemia familiar que pueden ocasionar una elevación del CT superior a 300 mg/dl son la hipercolesterolemia familiar, de transmisión autosómica dominante, y la hipercolesterolemia poligénica.

La prevalencia de la hipercolesterolemia familiar, la enfermedad monogénica más frecuente, es de aproximadamente el 0,2%.

La hipercolesterolemia familiar, por comportar un mayor riesgo coronario independientemente de la presencia de otros factores de riesgo cardiovascular, constituye una excepción para la aplicación de la tabla de Anderson. El tratamiento suele requerir, además de las medidas higiénico-dietéticas, terapia farmacológica hipolipemiante.

Cuando se desee precisar la orientación diagnóstica o no se alcance el objetivo terapéutico, puede ser aconsejable derivar al paciente a la atención especializada.

Elevación del colesterol total o triglicéridos

La elevación conjunta o aislada del CT o de los TRG se produce en la hiperlipemia familiar combinada, y la elevación conjunta de ambos lípidos es característica de la disbetalipoproteinemia familiar, dos entidades en las que la cardiopatía isquémica se presenta precozmente.

La hiperlipidemia familiar combinada se asocia a alteraciones lipídicas que cambian en el tiempo y que puede cursar con aumento del CT, de los TRG o de ambos, en la persona afectada o en sus familiares de primer grado. Los valores de CT oscilan entre 250 y 300 mg/dl, y los de TRG, entre 200 y 500 mg/dl. La alteración lipídica se presenta a partir de los 20 años, y es frecuente la asociación con obesidad, hiperuricemia o diabetes.

La disbetalipoproteinemia muestra una elevación simultánea de los TRG (valores generalmente superiores a 400 mg/dl) y del CT (valores superiores a 300 mg/dl). Se manifiesta a partir de los 20 años de edad y, en ocasiones, cursa con xantomas palmares en los pliegues de la palma de la mano y de los dedos.

Elevación de los triglicéridos

La hipertrigliceridemia familiar se caracteriza por una elevación de los TRG, con normalidad de los valores del CT. Es frecuente su asociación con obesidad, diabetes o hiperuricemia. No comporta un mayor riesgo de arteriosclerosis. Se expresa a partir de los 20 años, y la transmisión es autosómica dominante.

GRUPOS DE EDAD: MUJERES Y PACIENTES MENORES DE 35 AÑOS O MAYORES DE 75 AÑOS

Aunque hay poca evidencia, la aplicación de los mismos criterios de tratamiento en el hombre y en la mujer puede ser una actitud razonable.

En los pacientes menores de 35 años es difícil alcanzar un riesgo coronario igual o superior al 20% a los 10 años, por lo que es poco probable que se cumpla la indicación de tratamiento farmacológico por riesgo coronario elevado. Sin embargo, ante elevaciones graves del CT, superiores a los 300 mg/dl en un paciente joven, cabe plantear la introducción de la terapia hipolipemiante, siempre con cautela y comprobando previamente que las medidas higiénico-dietéticas no hayan sido suficientes.

En las personas mayores de 75 años, con una misma reducción del CT, se obtiene una mayor reducción del riesgo, es decir, un mayor beneficio individual. Sin embargo, la tabla de Anderson para calcular el riesgo permite estimar el riesgo coronario en pacientes de sólo hasta los 74 años. La duda se puede plantear en iniciar el tratamiento en los mayores de 75 años. Una recomendación razonable puede ser la de mantener los criterios ya mencionados si estas personas han padecido una enfermedad cardiovascular, y actuar con más cautela e individualizar el tratamiento basado en el riesgo coronario obtenido a los 74 años, y teniendo en cuenta la calidad de vida en los casos de prevención primaria.

DIABETES MELLITUS TIPO 2

El riesgo coronario en el diabético es de 2 a 4 veces superior al del no diabético.

La evidencia disponible sobre la efectividad de la intervención hipolipemiante en pacientes diabéticos es menor. La actitud más adecuada, por ahora, en prevención primaria, es calcular el riesgo coronario con la tabla de Anderson, y proceder según el resultado obtenido. En prevención secundaria, el enfoque debe ser el mismo que en los pacientes no diabéticos.

Capítulo 41

OBESIDAD

CONCEPTO Y MÉTODOS DE VALORACIÓN

El criterio diagnóstico más exacto y fiable de la obesidad está proporcionado por los métodos que determinan el porcentaje de grasa que contiene un organismo. Sin embargo, estos métodos son complejos, caros, no son asequibles y no permiten la obtención de valores de corte universales. Por ello, y a pesar de las limitaciones teóricas, clásicamente se han utilizado parámetros antropométricos, como las tablas de peso y la relación del peso con la talla. La normalidad no se basa sólo en un concepto estadístico sino en el punto a partir del cual un peso se puede considerar asociado a una repercusión negativa sobre la salud.

ÍNDICE DE MASA CORPORAL

El índice de masa corporal (IMC) se calcula dividiendo el peso de la persona en kilos por su talla en metros elevada al cuadrado. En 1983, fue recomendado por el Royal College británico como parámetro de elección para evaluar el grado de obesidad, y desde 1988 la OMS lo ha adoptado.

En 1987, Bray a partir de los datos de cinco estudios prospectivos (8.000 hombres de raza blanca), observó que la mortalidad se incrementaba levemente a partir de un IMC de 25, y que a partir de 30, el exceso de mortalidad era mucho más acusado.

ÍNDICE CINTURA-CADERA

Las personas que presentaban un predominio de la grasa en tórax y abdomen superior (obesidad central o de tipo androide) tenían una morbimortalidad cardiovascular mayor, especialmente por cardiopatía isquémica, que aquellas en las que la grasa se acumulaba por debajo de la cintura. El índice cintura-cadera (ICC) (*Wais/Hip Ratio* [WHR]) se obtiene dividiendo el perímetro abdominal, medido en un punto equidistante del borde inferior de la última costilla y de la cresta ilíaca por el perímetro de las caderas en los trocánteres mayores femorales (o 4 cm por debajo de la espina ilíaca superior). El punto de corte a partir del cual aumenta el riesgo cardiovascular es > 1 en los hombres y > 0,85 en las mujeres.

CIRCUNFERENCIA ABDOMINAL: UN NUEVO MARCADOR

El aumento de grasa abdominal es un predictor independiente de riesgo cardiovascular y mortalidad. Se ha comprobado que la medida de la circunferencia abdominal se relaciona, mejor que el ICC, con el contenido de grasa abdominal visceral, medido por tomografía computarizada (TC). El riesgo es elevado cuando la circunferencia abdominal es ≥ 102 cm en el hombre y ≥ 88 cm en la mujer (Han, 1995).

Métodos específicos de medida de la grasa corporal

En las exploraciones mediante TC o mediante resonancia magnética (RM), la grasa tiene un comportamiento específico, lo que permite calcular el área y volumen de masa grasa regionales. Puede valorarse de forma independiente el volumen de grasa visceral y subcutánea de la pared abdominal. La TC parece superior y con mejor reproductibilidad que la RM. También pueden utilizarse otros métodos, como la antropometría de pliegues adiposocutáneos, la bioimpedancia eléctrica y las técnicas de estimación de la grasa total.

TIPOS DE OBESIDAD

Clasificación según el índice de masa corporal

Garrow, en 1988, propuso la clasificación que distingue varios puntos de corte del IMC, sin distinción por sexos, a partir de los cuales definió al individuo como afectado de sobrepeso (IMC > 25) u obesidad (IMC > 30), y a partir de valores de IMC superiores a 40, denominó a la obesidad como de grado III o mórbida, debido al incremento exponencial que experimentaba la mortalidad en los individuos con dichos valores.

Obesidad abdominal o central (androide)

La masa grasa se acumula en la región cervical, tronco, abdomen superior y facies, y la circunferencia abdominal (CA) es superior a 102 cm en hombres y a 88 cm en mujeres. En la obesidad abdominal se distinguen dos subtipos: *obesidad abdominal subcutánea* (OAS), en la que el depósito de grasa se encuentra en el tejido celular subcutáneo, y *obesidad abdominal visceral* (OAV) si predomina profundamente, con disposición perivisceral en el área mesentérica.

La obesidad abdominal visceral (OAV) se relaciona con el síndrome plurimetabólico, con mayor riesgo cardiovascular, diabetes e intolerancia a la glucosa, mientras que en la obesidad abdominal subcutánea los riesgos no están significativamente aumentados y la respuesta a la sobrecarga con glucosa es similar a la del grupo control de personas con normopeso.

Obesidad secundaria

- *Síndrome del ovario poliquístico*: es la causa más frecuente de obesidad secundaria. Las características clínicas del síndrome incluyen la anovulación y el hiperandrogenismo (e hirsutismo).
- *Hiperfunción suprarrenal*: no causa un aumento excesivo de peso, pero se produce una redistribución de la grasa de tipo central o androide.
- *Hipotiroidismo*: el incremento de peso se produce fundamentalmente con la disminución de la termogénesis. A pesar de la idea de que el hipotiroidismo franco cursa con obesidad, el aumento de peso no es exagerado; en parte, es debido a retención hidrosalina.

- *Insulinoma*: es una causa excepcional de obesidad, de corta-media evolución, debida al hiperinsulinismo y al aumento de ingestión para evitar las hipoglucemias.
- *Lesiones hipotalámicas*: puede producirse después de traumatismo craneal, tumores (región pineal, craneofaringioma) o enfermedades inflamatorias.

EPIDEMIOLOGÍA DE LA OBESIDAD

La obesidad en el adulto, definida por un IMC superior a 30, afecta del 7 al 23% de la población de los países desarrollados. Presenta un franco predominio en el sexo femenino y una tendencia a aumentar paralelamente con la edad, desde los 25 años hasta la sexta década, con un pico máximo en el grupo etario de 40 a 50 años.

En Estados Unidos, la prevalencia ha aumentado del 12,8%, en 1960, al 22,3% en 1998. En el último estudio de salud (NHANES III) el porcentaje de adultos con obesidad fue del 20% en los hombres y del 25% en las mujeres.

En Europa, el estudio realizado en los 15 países de la UE por el Institute of European Food Studies muestra tasas de obesidad muy variables según los países, con un grupo con cifras del 10% o superiores, entre los que se halla España (11%). La Sociedad Española para el Estudio de la Obesidad (SEEDO) ha analizado el conjunto de datos obtenidos por medición directa en muestras poblacionales de las Comunidades Autónomas de Cataluña, País Vasco, Madrid y Valencia. Los resultados estiman una prevalencia de obesidad (IMC > 30) del 13,4% (15,2% en mujeres y 11,5% en hombres). El porcentaje de población con un IMC entre 25 y 30 años fue del 47,4% en hombres y 31,6% en mujeres.

También se observa una fuerte tendencia al aumento de las tasas de sobrepeso y obesidad en la infancia y la adolescencia, y así, en Estados Unidos afecta al 13,7 y al 11,5%, respectivamente.

MORTALIDAD Y PESO CORPORAL

Los estudios que relacionan el exceso de peso y su intensidad con el incremento de mortalidad son múltiples. La mortalidad más baja (RR = 1) corresponde a la población no fumadora con un IMC entre 23,5 y 24,9 en los hombres y entre 22 y 23,4 en las mujeres. Para un IMC de 30, el riesgo de muerte es excesivo en el 30%, y para un IMC superior a 40, el RR es de 2,58 en los hombres y de 2 en las mujeres. El aumento de mortalidad lo fue para cualquier causa, cáncer o enfermedad cardiovascular. La disminución de la esperanza de vida de la persona obesa se sitúa en 9,3 años, y la muerte súbita es 13 veces más frecuente (21 casos frente 1,6/100.000/año).

El clásico estudio de Framingham, además, detectó que la mortalidad en 26 años se incrementaba con los aumentos de peso respecto al inicial, siendo mayor si éstos se producían después de los 50 años.

MORBILIDAD DE LA OBESIDAD

Un IMC elevado se halla asociado a hipertensión arterial (HTA), a diabetes tipo 2, incrementa la enfermedad coronaria, repercute sobre el sistema hepatobiliar y respiratorio, y favorece la aparición de algunos tipos de cáncer. También la topografía de la grasa corporal es determinante de muchos de estos riesgos.

Hipertensión arterial

Se ha comprobado que por cada 10 kg de exceso de peso, la presión sistólica aumenta 3 mmHg y la diastólica 2 mmHg. El análisis de la escuesta de salud norteamericana (NHANES III) demuestra que la prevalencia de HTA, ajustada por edad, aumenta paralelamente al incremento del IMC. El riesgo relativo de HTA es de 2,1 en hombres y 1,9 en mujeres, cuando el IMC es ≥ a 30 kg/m^2 en comparación con un IMC inferior a 25.

Diabetes

La obesidad es el factor de riesgo más importante para presentar una diabetes tipo 2 e intolerancia a la glucosa. El riesgo global de diabetes de la población obesa (IMC > 30) es de 2,9, pero alcanza el 3,8 en el grupo etario de 20 a 45 años.

Este riesgo que presenta el obeso no sólo depende del valor del IMC sino que está claramente influido por la historia natural del exceso de peso. El riesgo para un mismo IMC aumenta con el tiempo de duración del sobrepeso, la edad del inicio y la historia de la ganancia ponderal. La obesidad abdominal visceral es un factor de riesgo independiente del IMC para el desarrollo de diabetes tipo 2.

Obesidad y riesgo cardiovascular

Desde el estudio de Framingham se sabe que la obesidad es un factor de riesgo independiente de morbimortalidad coronaria.

Obesidad abdominal visceral y síndrome plurimetabólico

El destacado protagonismo de la OAV se explica por las singulares características del tejido adiposo visceral y su localización en el territorio portal.

La grasa perivisceral mesentérica tiene una actividad lipolítica espontánea más intensa que la grasa subcutánea. Esta diferencia provoca un predominio de la actividad lipolítica, por lo que al aumentar el depósito de grasa en este territorio se produce un fuerte aumento del flujo de ácidos grasos libres (AGL) hacia el sistema portal y el hígado. Este aporte aumentado de AGL al metabolismo hepático es el origen de las alteraciones bioquímicas asociadas al denominado *síndrome plurimetabólico,* así como un punto clave en la patogenia de la resistencia a la insulina.

Otras patologías

La obesidad condiciona un mayor riesgo a sufrir numerosos trastornos en distintos órganos y sistemas (tabla 41-1). La litiasis biliar, hiperuricemia y gota, osteoartritis en las articulaciones de carga, proteinuria y síndrome nefrótico están fuertemente relacionadas con el IMC. Presentan mayor inci-

Tabla 41-1. Repercusión de la obesidad sobre órganos y sistemas

Órgano/sistema	Patología
Respiratorio	– Hipoventilación alveolar (síndrome de Pickwick) – Síndrome de apnea del sueño
Cardiovascular	– Enfermedad coronaria – Hipertensión arterial – Hipertrofia ventricular izquierda – Insuficiencia cardíaca congestiva – Muerte súbita (arritmia ventricular) – Isquemia cerebral – Insuficiencia venosa – Tromboembolismo pulmonar
Endocrino/metabólico	– Diabetes mellitus tipo 2 – Gota (hiperuricemia) – Dislipemia – Aumento de cortisol
Musculoesquelético	– Artrosis – Gota
Gastrointestinal	– Esteatosis hepática – Litiasis biliar – Cáncer biliar
Sistema urinario	– Proteinuria – Síndrome nefrótico – Trombosis vena renal – Cáncer de próstata
Gónadas	– Oligoamenorrea – Complicaciones obstétricas – Toxemia del embarazo – Cáncer de endometrio

dencia la diabetes gestacional, la HTA, la toxemia gravídica y la distocia en el momento del parto.

La obesidad representa un mayor riesgo para la salud, y resulta también importante la disminución de la calidad de vida cotidiana, la incapacidad laboral y la dificultad para conseguir un empleo.

Se reconoce como un factor independiente para insuficiencia cardíaca. El síndrome de las apneas del sueño, con la hipoxemia que ocasionan, puede ser otro contribuyente a la disfunción cardíaca.

La obesidad central o androide es la responsable de un elevado porcentaje de síndrome de apnea obstructiva del sueño (SAOS). Alrededor del 70% de los pacientes con SAOS tienen un IMC superior a 30.

La obesidad es la causa más frecuente de esteatohepatitis no alcohólica (EHNA). Su prevalencia en los obesos alcanza el 50,7% en algunas series, predominando en individuos de menos de 60 años, en mujeres y cuando existe diabetes/intolerancia a la glucosa. Es una situación benigna, aunque en algunos casos puede progresar a cirrosis. La pérdida de peso se asocia a la normalización de las transaminasas y al cambio del patrón ecográfico. La disminución de peso debe ser paulatina, pues una pérdida muy rápida puede provocar un empeoramiento biológico.

FACTORES PREDISPONENTES A LA OBESIDAD

Factor hereditario

Existen datos que apoyan que el mayor riesgo de obesidad podría tener una base genética. Son clásicas las siguientes constataciones: *a*) existe una buena relación entre el peso de los padres y el de los hijos; *b*) sólo el 10% de los niños serán obesos si no lo es ninguno de los padres, frente a casi el 50% cuando lo es uno de los progenitores, y el 80% cuando ambos son obesos, y *c*) los estudios en gemelos homocigotos y heterocigotos han demostrado que la correlación ponderal es mucho más estrecha en los primeros que en los segundos.

Factores socioeconómicos y culturales

Un factor ambiental que parece favorecer el desarrollo del exceso de peso es el *nivel socioeconómico*. Los análisis multivariados de los estudios transversales apuntan a que el factor socioeconómico tendría un mayor peso que el cultural, y así, en la mujer, a igual nivel de educación, la obesidad es menos prevalente cuando aumenta el poder adquisitivo; mientras que en el caso de los hombres la relación es inversa.

Factores psicológicos

La relevancia de las alteraciones emocionales y psicológicas en la génesis de la obesidad es controvertida y desempeñan, en muchas ocasiones, un papel fundamental en la cronificación de la enfermedad.

ENFOQUE TERAPÉUTICO

- Debería centrarse en la población obesa con una distribución central o abdominal de la grasa corporal, valorada mediante la medida de la circunferencia abdominal, o en la que coexisten otros factores de riesgo cardiovascular.
- Antes de incluir en el protocolo a una persona obesa se deberá promover una adecuada motivación. En muchas ocasiones, los pacientes no son

conscientes de su riesgo y, por ello, no están motivados para someterse a restricciones dietéticas y ejercicio físico, que les resultan difíciles y desagradables.

- Los resultados obtenidos en el tratamiento del obeso pueden ser mejores si se plantean reducciones de peso modestas, con unos objetivos flexibles, adecuados patrones culturales y sociales, y pactados con el paciente.

Beneficios de la pérdida de peso

Existen claras evidencias de que la pérdida de peso en personas con sobrepeso y obesidad reduce los factores de riesgo cardiovascular y la incidencia de diabetes tipo 2.

Mortalidad y pérdida de peso. Aunque no existen estudios prospectivos que demuestren cambios en la mortalidad con la pérdida de peso, los cambios en el perfil de factores de riesgo sugiere que, probablemente, ésta pueda estar influida.

Valoración del paciente

La historia clínica y la exploración física deben recoger los siguientes datos de interés:

- Conducta alimentaria y hábitos dietéticos. Encuesta alimentaria.
- Ejercicio físico habitual.
- Grado de motivación para perder peso. Intentos previos (métodos, resultados).
- Factores psicológicos, sociales y económicos.
- Antropometría: índice de masa corporal y circunferencia abdominal.
- Factores asociados de riesgo cardiovascular.

Exploración clínica

Además de una exploración general, debe efectuarse la medida de *peso* y *talla*, para calcular el IMC y de la *circunferencia abdominal* (CA).

Exploraciones complementarias

La frecuencia de asociación de la obesidad con la diabetes mellitus, la dislipemia y la gota obliga a la determinación habitual de glucemia, colesterol (total, HDL, LDL), triglicéridos y ácido úrico. La baja incidencia de la obesidad de causa endocrinológica no justifica la realización de determinaciones hormonales, salvo en los casos en que exista una razonable sospecha clínica basada en datos de la historia y/o la exploración.

PROGRAMA TERAPÉUTICO

Los objetivos generales del programa son: *a*) reducir el peso y la circunferencia abdominal; *b*) mantener a largo plazo las pérdidas, y *c*) como mínimo, prevenir la ganancia de peso. El esquema del plan de tratamiento y las etapas se resumen en la figura 41-1.

Mención aparte merecen los obesos con síndrome de apnea del sueño, en los que el riesgo «inmediato» obliga a una intervención intensa por parte del

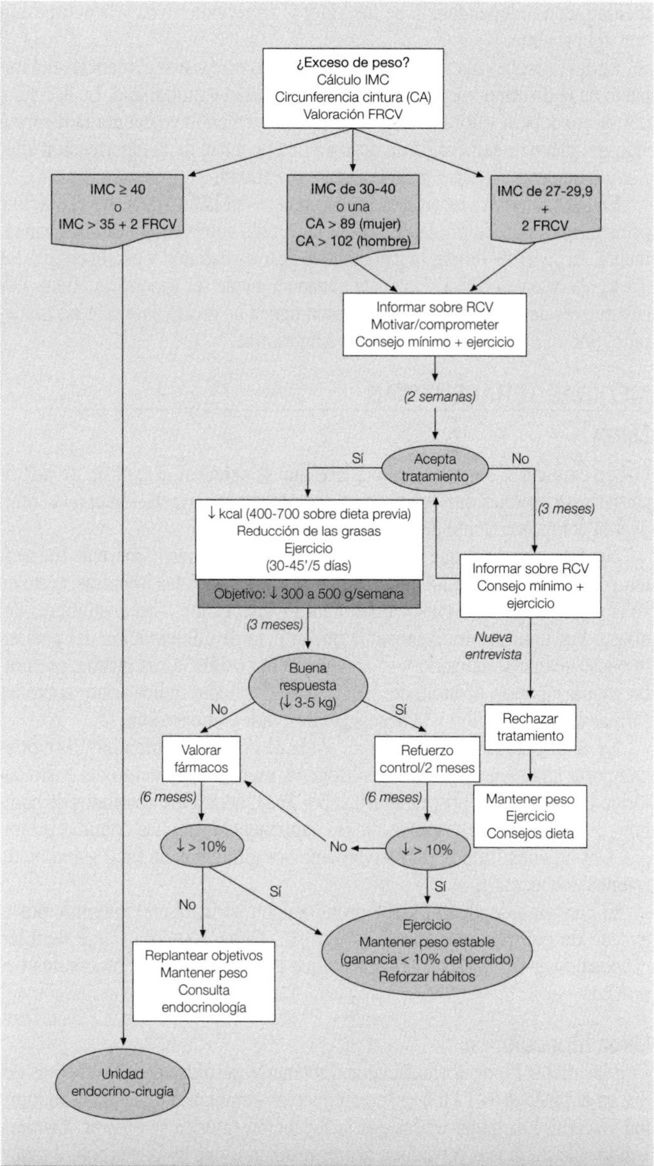

Figura 41-1. Aproximación al tratamiento del paciente con exceso de peso. ERCV: factores del riesgo cardiovascular.
Basada en la guía NIH, 2000.

médico, con independencia de los valores antropométricos y la actitud inicial del paciente.

En las personas obesas mayores de 65 años no existen evidencias del impacto de la disminución de peso sobre morbilidad y mortalidad. La decisión, por tanto, deberá valorarse individualmente, teniendo en cuenta la repercusión del plazo de la pérdida de peso sobre el control de la hipertensión arterial y/o diabetes, la esperanza de vida y su calidad.

En los pacientes *obesos fumadores*, el cese del hábito debe ser el objetivo prioritario, y parece prudente no iniciar ambas intervenciones simultáneamente. Al cesar de fumar, la ganancia de peso es habitual y oscila entre 1,5 a 3,5 kg, pero en el 10% de casos la ganancia puede ser superior a 10 kg. Los sustitutivos de la nicotina y el bupropión tienen un efecto anorexígeno moderado, por un mecanismo similar a la sibutramina.

MEDIDAS TERAPÉUTICAS

DIETA

Deben explicarse los errores dietéticos que se detecten, con el fin de justificar las restricciones que se imponen, y dar consejos en relación con la comida y el comportamiento alimentario.

No debe olvidarse que un factor que produce un buen número de fracasos terapéuticos es la dificultad que comportan muchas dietas impresas, tanto en su comprensión como en su seguimiento y adaptación a las costumbres del obeso. Por tanto, es indispensable que el plan de alimentación del paciente obeso sea personalizado y se adapte, en lo posible, a sus gustos, costumbres y presupuesto económico. No hay que descuidar indicaciones sobre las formas de presentación y la necesidad de evitar la monotonía.

Es aconsejable una mayor frecuencia de comidas (cinco por día), pues comporta una menor pérdida de nitrógeno, un leve incremento del gasto calórico (termogénesis posprandial), y, por ende, acorta los «períodos de hambre» del obeso. Se debe evitar que los suplementos entre las comidas principales estén constituidos exclusivamente por alimentos de fácil asimilación (zumos, leche, etc.).

El consumo de alcohol debe prohibirse o restringirse al máximo, por el exceso de calorías que aporta (7 kcal/g). Debe desaconsejarse también el consumo de bebidas con cafeína, porque estimulan la secreción gástrica y el apetito.

Dieta hipocalórica

Con las dietas hipocalóricas pueden obtenerse pérdidas de peso medias del 8% en el plazo de 6-12 meses, con reducción simultánea de la grasa abdominal visceral. Las dietas en las que la reducción calórica se obtiene disminuyendo sólo las grasas consiguen peores resultados que las dietas equilibradas.

Por tanto, el modelo recomendable es la *dieta equilibrada hipocalórica*. El total de calorías se calculará sobre la base de un peso que, con relación a la talla, presente una cifra de IMC de 25 kg/m^2. Sobre estas calorías calculadas, se efectúan las reducciones pertinentes en función de la actividad física y de la edad. Sobre este total, se efectúa una reducción del 30 al 40%, y se reparte de la siguiente manera: 20-25% de las proteínas, 45-50% de hidratos de carbono y un máximo de 30% de grasas.

Esta restricción calórica suele ser bien aceptada por los pacientes, y la pérdida de peso se sitúa alrededor de 0,5 kg/semana.

Dietas muy bajas en calorías (very low caloric diets [VLCD], microdietas)

Los preparados disponibles consisten en diversas combinaciones de proteínas de alto valor nutritivo, procedentes de la leche o el huevo, con un mínimo de hidratos de carbono, oligoelementos, minerales y vitaminas, que proporcionan un contenido energético que oscila entre 600-800 kcal/día. El aporte proteico diario es elevado de 1 a 1,5 g/kg. La ventaja de este tipo de dietas es que pueden sustituir las comidas normales por un período limitado de tiempo, produciendo un considerable déficit de energía que permite lograr importantes y rápidas pérdidas de peso (de 1-2,5 kg/semana).

El principal problema que comportan es la pérdida de masa muscular, por lo que se recomienda no prescribirlas por un período superior a 2-3 meses, y deben complementarse con un programa intensivo de ejercicio. Requieren control médico, y no deben emplearse en pacientes con nefropatía, gota, hepatopatía crónica, insuficiencia cardíaca congestiva, con antecedentes de infarto agudo de miocardio, arritmias graves, accidente vascular cerebral reciente o diabetes con tendencia a la cetosis.

Fármacos

La *sibutramina*, utilizada inicialmente como antidepresivo, tiene acción anorexígena mediante un efecto combinado de inhibición de la recaptación de noradrenalina y serotonina. Ha sido aprobado su uso para el tratamiento de la obesidad en Estados Unidos y Europa. Puede producir cefalea, estreñimiento, sequedad de boca e insomnio, que son causa de suspensión del tratamiento en el 5% de pacientes.

La absorción intestinal de las grasas precisa la acción de las diversas lipasas, que hidrolizan los triglicéridos y cuya inhibición reduce el total de calorías asimiladas por el organismo.

El *orlistat* inhibe las lipasas gástrica y pancreática en dosis de 120 mg una hora antes de cada ingestión consigue la reducción del 30-40% de la absorción de la grasa de la dieta. No debe prescribirse en caso de colostasis o malabsorción. Sus efectos secundarios incluyen flatulencia, tenesmo rectal, esteatorrea y, más raramente, incontinencia rectal, que causan la suspensión del tratamiento en el 9% de pacientes. Debido a la malabsorción de grasas puede ser aconsejable administrar suplementos, en especial de vitamina D, separados de la toma de orlistat en al menos 2 horas.

Cirugía bariátrica

La cirugía de la obesidad es una opción terapéutica para un limitado número de casos con obesidad mórbida (IMC > 40) o con IMC > 35 y comorbilidad, en los que han fracasado todas las medidas terapéuticas, a pesar de su intensificación.

La indicación, en cualquier caso, debe sopesarse cuidadosamente y requiere una valoración multidisciplinaria del candidato y un estricto control dietético, clínico y psicológico, especialmente durante el primer año post-intervención. La mortalidad operatoria no es despreciable (1-2%).

Gastroplastias verticales. Las técnicas basadas en la reducción del volumen gástrico parecen bien toleradas, tienen menor morbimortalidad y el porcentaje de éxitos es importante.

Bandas por laparoscopia. Se coloca una banda con un balón inflable alrededor del estómago, por debajo de la unión gastroesofágica. El balón queda accesible desde el exterior por medio de un pequeño tubo sujeto al tejido subcutáneo. La banda es llenada gradualmente mediante la inyección de líquido a través del tubo subcutáneo. Esto permite ir variando la capacidad del estómago. Se comporta como una gastroplastia, es regulable, poco invasivo e incluye las ventajas de la cirugía laparoscópica, pero es preciso ser prudente, y sigue estando reservado a grandes obesos, tras cuidadosa valoración, y en manos de equipos quirúrgicos experimentados.

Capítulo 42

DIABETES MELLITUS

INTRODUCCIÓN

La diabetes mellitus (DM) es una enfermedad producida por un déficit absoluto o relativo en la secreción de insulina, a la que, en el caso de la diabetes en el adulto, se le añaden grados variables de resistencia a la acción de la insulina en los tejidos periféricos.

CRITERIOS DIAGNÓSTICOS (tabla 42-1)

En 1997, un comité de expertos modificó los criterios diagnósticos, vigentes desde 1980, pero persisten divergencias en la utilización de la sobrecarga de glucosa (TTOG o SOG).

DETECCION DE LA DIABETES

No hay estudios que apoyen el cribado universal. La detección oportunista por el médico de familia en grupos de riesgo (tabla 42-2) tiene una aceptable relación coste-efectividad.

Métodos de detección

Glucemia basal (GB): en sangre venosa, es el método de elección. Su coste es bajo, su sensibilidad es aceptable (56-59%) y la especificidad, alta (96-98%). Debe realizarse tras ayuno y reposo nocturno de 8 horas. Un valor elevado debe confirmarse.

Glucemia al azar en sangre capilar: no se acepta como método de diagnóstico. Un valor elevado se debe confirmar con una glucemia en plasma venoso, excepto si es superior a 200 mg/dl y existen síntomas.

Test de tolerancia oral a la glucosa (TTOG) *o sobrecarga de glucosa* (SOG): la sensibilidad y la especificidad son del 100%, pero tiene limitaciones: *a*) elevada variabilidad intraindividual (16,7%); *b*) baja reproducibilidad; *c*) varias extracciones, y *d*) dificultad para asegurar las condiciones para su correcta práctica. No debe practicarse el TTOG si la glucemia basal es diagnóstica o si existe: *a*) enfermedad intercurrente o convalecencia; *b*) encamamiento prolongado; *c*) tratamiento con fármacos que no pueda ser suspendido 3 días antes, y *d*) malnutrición calórica. Es imprescindible, durante los 3 días previos, una dieta libre, rica en hidratos de carbono (> 150 g/día), y ayuno de 10-12 horas. Se practicará entre las 8 y las 10 de la mañana, y el paciente debe permanecer en reposo y sin fumar.

Test de O'Sullivan: prueba de cribado de la diabetes gestacional. Administración de 50 g de glucosa v.o. Una hora después se realiza una única determinación de glucemia. No precisa preparación ni ayuno previo.

Tabla 42-1. Criterios diagnósticos

Diabetes mellitus (DM)	1. Glucemia basal ≥ 126 mg/dl 2. Síntomas clásicos y glucemia al azar ≥ 200 mg/dl 3. Glucemia a 2 h TTOG ≥ 200 mg/dl
Glucemia basal alterada (GBA)	Glucemia basal: 110-125 mg/dl
Intolerancia a la glucosa (ITG)	Glucemia 140-199 mg/dl (2 h tras TTOG)

Los valores de glucemia basal son en plasma venoso.
Un valor alterado debe confirmarse, salvo presencia de síntomas intensos y glucemia ≥ 200.

Tabla 42-2. Detección precoz de la diabetes

Personas mayores de 45 años (repetir cada 3 años)

Anualmente, y a cualquier edad, en personas con algún factor de riesgo de diabetes
- Índice de masa corporal (IMC) > 27
- Antecedente de diabetes en familiares de primer grado
- Etnias de alto riesgo
- Macrosomía y/o diabetes gestacional previa
- Colesterol 2HDL ≤ 35 mg/dl y/o triglicéridos ≥ 250 mg/dl
- Hipertensión arterial
- Diagnóstico previo de IG o GBA

Embarazadas entre las 24-48 semanas
- Edad > 25 años
- Menores de 25 años si existe:
  a) Obesidad
  b) Antecedentes familiares de diabetes
  c) Etnias de alto riesgo

Hemoglobina glicada: método con alta especificidad (89-98%), pero menor sensibilidad, elevado precio y falta de estandarización de la técnica. No está aceptada como método de diagnóstico. Puede ser un enfoque razonable para el seguimiento de la intolerancia a la glucosa (ITG) y de la glucemia basal alterada (GBA).

CLASIFICACIÓN Y CARACTERÍSTICAS CLÍNICAS (tabla 42-3)

La actual clasificación agrupa a los pacientes por sus características clínicas; el tipo de tratamiento, por sí solo, no es un criterio para la clasificación. Se elimina el término diabetes mellitus insulinodependiente (DMID) y no insulinodependiente (DMNID); en su lugar, se propone utilizar *diabetes mellitus tipo 1 y tipo 2*. Se propone un nuevo grupo: glucemia basal alterada (glucemia > 110, pero < 126), que comporta mayor riesgo de diabetes y de enfermedad cardiovascular.

Tabla 42-3. Clasificación de la diabetes mellitus y de los trastornos de la regulación de la glucosa

Diabetes mellitus

1. Diabetes tipo 1
   - De causa inmunológica
   - De causa idiopática

2. Diabetes tipo 2

3. Otros tipos específicos
   - Defectos genéticos de la función beta
   - Defectos genéticos en la acción de la insulina
   - Enfermedades del páncreas exocrino
   - Endocrinopatias
   - Inducidas por fármacos
   - Infecciones
   - Formas infrecuentes de origen inmune
   - Otros síndromes genéticos

4. Diabetes gestacional

Trastornos de la regulación de la glucosa

1. Intolerancia a la glucosa (IG)
   - Método: test tolerancia oral a la glucosa (75 g)
   - Criterio: glucemia a las 2 horas ≥ 140 e < 200
   - Riesgo: diabetes mellitus y macroangiopatía

2. Glucemia basal alterada (GBA)
   - Método: glucemia basal (plasma venoso)
   - Criterio: glucemia > 110 e < 126 mg/dl
   - Riesgo: diabetes mellitus y macroangiopatía

DIABETES MELLITUS TIPO 1

Son pacientes generalmente delgados, que inician la enfermedad de modo agudo o subagudo, presentan tendencia a la cetosis y fuerte pérdida de peso.

Precisan (dependen) de por vida de la administración de insulina para impedir la cetosis y la muerte, aunque pueden existir fases en las que puedan no necesitarla. Su inicio es juvenil, antes de los 30 años, pero puede aparecer a cualquier edad. La mayoría (90%) presentan marcadores de autoinmunidad: anticuerpos frente a la descarboxilasa del ácido glutámico (GAD), antiislotes pancreáticos (ICA) o antiinsulina (IAA). El déficit de insulina es grave (C-péptido < 0,8 ng/ml, tras glucagón). Se calcula que afecta a un 0,01-0,35% de la población. En España, la incidencia es de 10 a 17 casos/100.000 habitantes.

DIABETES MELLITUS TIPO 2

Es el resultado de la interacción entre un déficit en la secreción de insulina y una resistencia de los tejidos periféricos a su acción. La importancia de cada una de estas alteraciones es variable: domina la insulinopenia en las personas con normopeso, y la resistencia en los obesos, que durante años pueden mantener una secreción de insulina normal o elevada, pero inadecuada al grado de hiperglucemia. Es la forma más común de diabetes, y su prevalencia aumenta a partir de la tercera década de la vida. En España, los estudios en la población adulta, mediante TTOG detectan una prevalencia del 6 al 10%.

Se caracteriza por ausencia de cetosis, inicio insidioso o silente y presencia de antecedentes familiares. Suele asociarse a obesidad o sobrepeso (60-80%). Son pacientes que no precisan insulina, aunque puedan requerirla para conseguir un adecuado control metabólico o en determinados períodos.

OTROS TIPOS ESPECÍFICOS DE DIABETES

En este grupo se incluyen casos en los que existe una clara etiología y/o relación con otros procesos patológicos, administración de ciertos medicamentos y distintos síndromes genéticos. Entre éstos se incluyen la diabetes tipo MODY (*maturity onset diabetes of young*), de inicio en la juventud en personas con intensos antecedentes familiares de diabetes (dos o más miembros diagnosticados antes de los 25 años).

DIABETES GESTACIONAL

Trastorno de la regulación de la glucosa que aparece durante el embarazo en una mujer no diagnosticada previamente de diabetes. Se detecta en un 2-12% de los embarazos. Ocasiona un aumento del riesgo de sufrimiento fetal, muerte intrauterina, macrosomía y problemas neonatales. Todas las mujeres deben revaluarse mediante TTOG, tras el puerperio. En la mayoría, la curva se normaliza, pero es preciso mantener controles anuales, pues el 29% desarrollan una DM en los 5-10 años siguientes al parto, y hasta el 60% a los 15 años.

GLUCOSA BASAL ALTERADA E INTOLERANCIA A LA GLUCOSA

Son una alteración intermedia entre la normalidad y la diabetes. Ambas pueden ser, al igual que la diabetes, secundarias a otras enfermedades.Tanto la ITG como la GBA son un factor de riesgo para desarrollar diabetes tipo 2 (tasa de conversión de 23-25%). También son factores de riesgo para macroangiopatía, pero no favorecen las complicaciones microvasculares. En la progresión a diabetes, desempeñan un papel fundamental los cambios en el estilo de vida (sedentarismo, alimentación con elevado contenido calórico y grasas saturadas) que favorecen la obesidad, en especial la central. Dos ensayos clínicos han aportado la evidencia de que la pérdida sostenida de peso (5 al 7% del inicial, de 4 a 5 kg) reduce en un 58% el riesgo de diabetes.

VALORACIÓN Y CRITERIOS DE CONTROL

Los autoanálisis en sangre capilar son útiles para el ajuste de las dosis de insulina, detectar momentos en que predomine la hiperglucemia y plantear cambios de tratamiento, pero no para ponderar el grado de control glucémico que se mantiene durante períodos prolongados.

Hemoglobina glicada (HbA_{1c} o A_{1c}): una pequeña fracción de la hemoglobina circulante se halla en forma glicada: la hemoglobina A1. La determinación de la HbA_{1c} refleja de forma integrada el grado de control, mantenido en los 120 días previos. Es el mejor parámetro para valorar el control y decidir cambios terapéuticos, y se relaciona estrechamente con la aparición de complicaciones de la diabetes. Es suficiente su realización dos veces al año.

Fructosamina: mide la concentración de proteínas glicadas. Tiene moderada correlación con la Hb glicada pero no se correlaciona con las complicaciones microvasculares. Refleja el control de glucemia sólo de las 2-3 semanas previas.

CRITERIOS DE CONTROL

El buen control del diabético tipo 2 no debe limitarse a la normalización de las cifras de glucemia sino que se deben corregir todos los factores de riesgo (hipertensión arterial [HTA], dislipemia, hábito de fumar y sedentarismo). En la tabla 42-4 se exponen los criterios de control propuestos por el GedapS, basados en las evidencias disponibles y en las recomendaciones de la American Diabetes Association (ADA).

INTERVENCIÓN SOBRE LOS FACTORES DE RIESGO DEL DIABÉTICO

BENEFICIOS DEL CONTROL ESTRICTO DE LA HIPERGLUCEMIA

El estudio UKPDS, un ensayo clínico aleatorizado (seguimiento medio: 10 años) sobre 5.102 diabéticos tipo 2, constató una clara relación entre incidencia/progresión de las complicaciones y el control glucémico, observándose que descensos de 1 en la HbA_{1c} reducían el riesgo en 2,4 el de complicaciones cardiovasculares, 9,5 el de las microvasculares y 3,7 el de muerte. Además, el tratamiento intensivo produjo una disminución de la retinopatía (21%) y la nefropatía (33%) y una reducción relevante (16%), aunque no significativa, del infarto. En los obesos, tratados con metformina, se obtuvo una espectacular reducción del riesgo de infarto (39%), accidente vascular cerebral (AVC) (41%) y mortalidad (36%). Esto convierte a la metformina en el tratamiento obligado en los diabéticos obesos, tras el fracaso de la dieta.

Tabla 42-4. Criterios de control en la diabetes tipo 2

	Objetivo de control	Precisa intervención
HbA_{1c}* (%)	< 7	> 8
Colesterol total (mg/dl)	200	230
(mmol/l)	*< 5,2*	*> 6*
LDL (mg/dl)	< 100	>130
(mmol/l)	*< 2,6*	*> 3,35*
HDL (mg/dl)	> 40	< 35
(mmol/l)	*> 1,1*	*< 0,9*
Triglicéridos (mg/dl)	< 150	> 200
(mmol/l)	*< 1,7*	*> 2,3*
Presión arterial (mmHg)	< 130/80	> 140/90
Consumo de tabaco	No	Sí

*Los valores de HbA_{1c} corresponden a una normalidad entre 4-6% (DCCT). Los valores de referencia del laboratorio pueden variar según el método utilizado. Se considera objetivo de control cifras hasta 4 DS por encima de la media del laboratorio y precisan intervención los valores superiores a 6 DS.

Intervención sobre el hábito de fumar

Debido al efecto negativo en las complicaciones, el consejo para dejar de fumar ha de ser la primera intervención desde el momento del diagnóstico de la diabetes. El abandono de su consumo mejora el control glucémico, reduce la presión arterial (PA) y aumenta HDL-colesterol. El 85% de los fumadores diabéticos no han recibido nunca consejo sobre el tabaco. Pero, para que el consejo sea efectivo, sería preferible realizar una intervención específica y evitar que quede diluido entre otros temas (alimentación, fármacos, ejercicio, etc.). La diabetes no es una contraindicación para el uso de los sustitutos de la nicotina ni del bupropión.

Intervención sobre la hipertensión arterial

Para su detección temprana, se debe tomar la PA a todos los diabéticos en el momento del diagnóstico y, si es normal, anualmente.

El *objetivo de control* es mantener una PA sistólica inferior o igual a 130 (evidencia B), y una PA diastólica inferior o igual a 80 (evidencia A). Con todo, los descensos de 10 mmHg, cualquiera que sea la PA, suponen una disminucion significativa de la mortalidad y de las complicaciones macrovasculares y microvasculares.

Plan terapéutico

Promover una pauta de alimentación equilibrada, pobre en sal (< 2,4 g de sodio/día) y con reducción de grasas saturadas. En caso de sobrepeso, se reducirán las calorías totales. Se recomendará un plan de ejercicio físico aeróbico.

Tratamiento farmacológico

Se iniciará si las cifras de PA iniciales son superiores a 160/100, o si tras 3 meses de medidas higiénicas, persisten valores superiores o iguales a 140/90.

No hay ningún hipotensor con contraindicación absoluta en el diabético. El beneficio del tratamiento de la HTA se debe al descenso de las cifras de PA, con independencia del fármaco utilizado. Los diuréticos (en dosis bajas), los betabloqueadores cardioselectivos, los inhibidores de la enzima conversora de la angiotensina (IECA), los antagonistas de los receptores de la angiotensina II (ARA-II) y los antagonistas de los canales del calcio (no dihidropiridínicos) son útiles, y todos han demostrado ser eficaces para controlar la PA, disminuir la mortalidad cardiovascular y, algunos de ellos, para reducir las cifras de microalbuminuria. No obstante, un ensayo clínico, apoya la utilización de los IECA como fármacos de elección o incluidos en la pauta de tratamiento combinado en los diabéticos con alto riesgo de AVC. En el estudio MicroHOPE se produjeron reducciones significativas del infarto (22%), AVC (33%) y de nefropatía diabética (24%).

Dos situaciones clínicas precisan fármacos específicos: betabloqueadores en el infarto de miocardio reciente; y ARA-II en la nefropatía franca con albuminuria (> 300 mg). Cuando se prescriban IECA o ARA-II se deben controlar los valores de K y creatinina, debido a la mayor frecuencia de estenosis renal e hipoaldosteronismo hiporreninémico en los diabéticos.

INTERVENCIÓN SOBRE LA DISLIPEMIA

En el momento del diagnóstico y anualmente, si la primera determinación fuera normal, debe practicarse: colesterol total, HDL-colesterol y triglicéridos, tras 12 horas de ayuno, y se calculará el LDL-colesterol.

Plan terapéutico

El control estricto (HbA_{1c} < 7%) disminuye los triglicéridos (TRG) y las LDL en el 10-15%, pero no modifica las HDL. El tratamiento mediante dieta es una medida obvia. Se reducirán las grasas (< 30% del total kcal/día) y el colesterol a menos de 200 mg/día, y se sustituirán los ácidos grasos saturados por monoinsaturados y poliinsaturados. Cuando los TRG estén elevados, la abstención del consumo de alcohol debe ser estricta. El ejercicio físico y el cese del hábito de fumar son las dos únicas medidas que aumentan las HDL.

Tratamiento farmacológico

En los diabéticos con enfermedad cardiovascular, se debe iniciar tratamiento con hipolipemiantes si las LDL son superiores a 100 mg/dl o los TRG superan los 150 mg/dl.

Cuando no exista enfermedad vascular cerebral (EVC) manifiesta se debe iniciar el tratamiento con fármacos cuando el riesgo cardiovascular, según las tablas de Framingham, sea elevado.

Prevención con ácido acetilsalicílico

La recomendación sería tratar con ácido acetilsalicílico (AAS) a todos los diabéticos con EVC, y en prevención primaria a los diabéticos con alto riesgo cardiovascular, según tablas de Framingham.

TRATAMIENTO DE LA HIPERGLUCEMIA

Alimentación

Es fundamental para el control de la hiperglucemia y para mejorar el perfil lipídico, e imprescindible en la prevención de las hipoglucemias. Además, la alimentación es importante en el control del exceso de peso (80% de los diabéticos). El aumento de la masa grasa contribuye a agravar la resistencia a la insulina en la patogenia de la DM tipo 2, y dificulta el control de la hiperglucemia. La pérdida del 5 al 10% del peso, y su mantenimiento, aunque no se alcance el normopeso, es suficiente para que mejore la resistencia a la insulina.

Características

La alimentación del diabético debe ajustarse al concepto de dieta equilibrada, que contiene las siguientes proporciones: 50-60% de hidratos de carbono (HC), 25-30% de grasas y 15% de proteínas. Estos porcentajes deben conseguirse consumiendo distintas «porciones» o raciones de todos los grupos de alimentos.

Los puntos que diferencian la alimentación equilibrada de la población general y la aconsejada al diabético son: *a*) la restricción de HC de absorción rápida; *b*) la distribución de HC de absorción lenta en varias ingestas para mitigar la intensidad de las hiperglucemias posprandiales, y *c*) la regularidad en el horario de comidas.

La dieta se debe fraccionar en varias comidas diarias. La distribución en seis ingestas es imprescindible en el diabético insulinizado o tratado con dosis máximas de sulfonilureas; en los demás casos, es recomendable, aunque puede flexibilizarse.

Hidratos de carbono

Los de absorción rápida deben restringirse y los de absorción lenta deben constituir el 50-60% del total de la ingestión calórica. Las dietas con alta proporción de HC previenen la cetosis y estabilizan el control glucémico. La fruta se debe ingerir siempre acompañada de otros alimentos, y evitar los zumos, ya que se absorben rápidamente.

Proteínas

Las proteínas no deben aportar más del 15% del total de calorías diarias (60-120 g/día), porcentaje muy inferior al contenido en las dietas del mundo occidental. Las necesidades del adulto son de 0,8-1 g/kg/día, y en la gestante, 1,5-2,5 g/kg/día. En caso de nefropatía se reducirán a menos de 0,8 g/kg/día.

Grasas

Las grasas constituirán menos del 30% del total de calorías diarias, y se reducirá el colesterol (< 200 mg/día). Deben reducirse los alimentos ricos en ácidos grasos saturados, sustituyéndolos por alimentos ricos en insaturados (pescado y vegetales).

Alcohol

El alcohol puede favorecer la aparición de hipoglucemias, al inhibir la glucogénesis hepática. Se debe prohibir en presencia de hipertrigliceridemia y neuropatía.

Edulcorantes

Los edulcorantes pueden aportar calorías (fructosa, sorbitol, xiliol) o ser acalóricos (sacarina, aspartamo, ciclamato); los primeros deberán restringirse en las dietas hipocalóricas, y usarse con mesura en los demás casos; los no calóricos pueden usarse libremente.

Ejercicio físico

El ejercicio físico provoca un aumento de captación de glucosa por el músculo, debido al incremento del número de transportadores de glucosa en la célula muscular y al aumento de la sensibilidad y afinidad de los receptores insulínicos para la hormona. Ello contribuye a disminuir la glucemia y a reducir las necesidades de hipoglucemiantes. El efecto se mantiene con posterioridad a la finalización del ejercicio, lo que puede causar la aparición tardía de hipoglucemia.

Además, la práctica de ejercicio físico contribuye a mantener el peso y a mejorar el perfil de riesgo cardiovascular, aumentando HDL y disminuyendo LDL y triglicéridos. Todos estos cambios se ponen de manifiesto en unos 15 días, pero desaparecen rápidamente (2-3 días); de ahí la conveniencia de insistir en un programa de ejercicio regular.

Educación diabetológica

El paciente diabético, desde el momento del diagnóstico y durante toda su vida, tiene que realizar una tarea compleja y laboriosa de autocuidado de su enfermedad, que precisa de unos conocimientos y adiestramiento específicos.

La educación diabetológica debe proporcionar los conocimientos, las habilidades y la motivación necesarios para generar una actitud de autorresponsabilidad y autocuidado de la diabetes, y debe proporcionarse a todos los diabéticos, con independencia del tratamiento. Educar no es sólo transmitir conocimientos, sino intentar modificar actitudes y estilos de vida. Las actividades de educación diabetológica deben iniciarse en el mismo momento del diagnóstico, aprovechando la mayor receptividad y la necesidad del paciente.

Tratamiento farmacológico de la hiperglucemia

La introducción de fármacos debe considerarse cuando, tras un período razonable (de 3 a 6 meses) de tratamiento no farmacológico, persiste un grado de control no aceptable ($HbA_{1c} > 8\%$).

Salvo que existan criterios de insulinización inmediata, los fármacos orales son el tratamiento de primera elección.

Los autoanálisis de glucemia capilar permiten realizar ajustes de dosis, pero será la persistencia de una HbA_{1c} elevada (> 8%) el indicador que marcará la necesidad de un cambio de escalón terapéutico.

Fármacos orales (tabla 42-5)

SULFONILUREAS

Las sulfonilureas (SU) han sido, desde 1950, fármacos ampliamente utilizados en el tratamiento de la diabetes tipo 2. Los resultados del UKPDS y dos metaanálisis han demostrado que se trata de un grupo potente, coste-eficaz y carente de riesgos cardiovasculares y microvasculares. Todas las SU tienen una estructura química similar.

Tabla 42-5. Fármacos orales

	Dosis (mg/día)		Duración	Presentación
	Inicial	Máxima	(horas)	(mg)
Sulfonilureas				
Tolbutamida	1.000	3.000	6-8	500
Glibenclamida	2,5-5	15	20-24	5
Gliclacida	40-80	320	12-15	80
Glipentida	2,5-5	20	12-15	5
Glipicida	2,5-5	20	10-12	5
Gliquidona	15	120	> 24	30
Glimepirida	1	8-16	> 24	2 y 4
Glinidas				
Repaglinida	0,5-1	16	4	0,5, 1 y 2
Nateglinida	30-60	540	4	60, 120 y 180
Biguanidas				
Metformina	850	2.550	12-24	850
I. glucosidasas				
Acarbosa	150	600	2-4	50 y 100
Miglitol	150	300	2-4	50 y 100
Glitazonas				
Rosiglitazona	4	8-12	12-24	4 y 8
Pioglitazona	15	45	12-24	15 y 30

El mecanismo de acción no está totalmente aclarado, pero parece ser que se produciría a un doble nivel:

1. *Efecto pancreático*. El mecanismo principal; favorecen la secreción de insulina formada.

2. *Efecto extrapancreático*. En los tejidos periféricos (muscular y adiposo) favorecen la captación de glucosa, disminuyendo de esta forma discretamente la resistencia a la insulina.

Disminuyen la HbA_{1c} en un 1-2%. La eficacia de los distintos compuestos disponibles es similar, y sus diferencias radican en su metabolismo y en la duración de su acción. El efecto hipoglucemiante va disminuyendo a lo largo de los años de tratamiento. En el estudio UKPDS, a los 10 años los pacientes que mantienen un buen control (HbA_{1c} < 7) es inferior al 30%. Además, en el 10-20% de los diabéticos pueden presentar un fracaso primario (inicial).

Las SU están contraindicadas en la diabetes tipo 1, en la diabetes secundaria a enfermedad pancreática, en el embarazo y la lactancia, cuando exista alergia a las sulfamidas, así como en situaciones con alto riesgo de hipoglucemias graves: creatinina superior a 1,5, insuficiencia hepática grave, alcoholismo o aislamiento social. Son contraindicaciones temporales la anestesia general, la fase aguda del infarto de miocardio y las enfermedades intercurrentes con cetosis.

Se recomienda iniciar el tratamiento con la dosis mínima, y aumentarla cada 5-7 días. En general, el efecto hipoglucemiante se alcanza con dosis de la mitad de la máxima recomendada, e incrementos posteriores sólo aportan un modesto beneficio hipoglucemiante. Su vida media farmacológica no guarda relación directa, como ocurre con la insulina, con el efecto hipoglucemiante, el cual se prolonga durante más tiempo.

En los ancianos, se preferirán SU con menor incidencia y gravedad de hipoglucemias (gliclacida, glimepirida).

Efectos adversos. Los más comunes son el aumento de peso y las hipoglucemias. Las hipoglucemias graves ocurren con mayor frecuencia con SU de acción prolongada, en personas con alcoholismo, nutrición deficiente, ancianos, o con alteración de la función renal o hepática. La clínica es insidiosa, con predominio de síntomas neurológicos y trastornos del comportamiento. Las hipoglucemias graves o por dosis máximas de SU son criterio de derivación hospitalaria.

Otros efectos secundarios pueden ocurrir en el 3-6% de los pacientes y suelen producirse en los primeros meses del tratamiento. Leves: anorexia, náuseas, vómitos, diarrea, malestar general, fiebre, reacciones cutáneas y fatiga muscular. Esporádicamente, pueden aparecer otros cuadros graves: fiebre medicamentosa, síndrome de Lyell, anemia hemolítica, trombopenia y agranulocitosis, ictericia colostática y hepatitis granulomatosa.

Debe prestarse atención a las interacciones farmacológicas, pues buen número de medicamentos puede aumentar o disminuir el efecto hipoglucemiante de las SU. A su vez, las SU potencian el efecto de los dicumarínicos y los barbitúricos.

Metformina

La metformina es la única biguanida actualmente utilizada. Tiene efectos favorables sobre el perfil lipídico, y el estudio UKPDS ha constatado que reduce de forma significativa la mortalidad y los episodios cardiovasculares.

Su mecanismo de acción no se conoce con precisión; parece ser que el efecto principal se ejercería a través de la disminución de la producción hepática de glucosa, inhibiendo la neoglucogénesis y, en menor grado, la glucogenólisis. Pero también se ha observado que promueven un aumento de la captación de glucosa por el músculo.

Otros efectos favorables son el descenso de los valores de LDL y TRG, así como del PAI-1, un inhibidor de la fibrinólisis implicado en la ateromatosis y la trombosis.

La metformina en monoterapia reduce HbA_{1c} en un 1,5-2%. En los ensayos clínicos frente a las SU han demostrado que su potencia hipoglucemiante es igual a la de éstas. Al igual que ocurre con las SU, la efectividad a largo plazo de la metformina en monoterapia va disminuyendo.

Tras el estudio UKPDS resulta inexcusable su prescripción en el diabético tipo 2 con sobrepeso/obesidad, salvo contraindicación. La edad cronológica no es una contraindicación absoluta, pero la función renal debe valorarse mediante el aclaramiento de creatinina (> 60 ml/min/1,73 m^2).

Se deben respetar escrupulosamente sus contraindicaciones: alcoholismo (> 50 g/día), insuficiencia renal (creatinina > 1,5 mg/dl en hombres y 1,4 en mujeres), insuficiencia hepática, enfermedad cardiovascular o respiratoria grave y, en general, en cualquier situación que entrañe riesgo de hipoperfusión e hipoxia tisular (arteriopatía extensa, insuficiencia respiratoria).

Se administran antes de las comidas principales, con supresión de la ingestión de alcohol. Debe suspenderse, durante 24-48 horas, en caso de cirugía general o estudios radiológicos con contraste intravenoso. También, en caso de enfermedad febril.

Efectos adversos. El principal riesgo de las biguanidas es la producción de acidosis láctica, que conlleva una mortalidad superior al 50%. La frecuencia de acidosis láctica por metformina es de 0,5-1 caso/30.000 pacientes/año, y hasta el momento, los casos corresponden a ingestiones masivas suicidas y a prescripciones inadecuadas por existir una patología contraindicada.

Los efectos secundarios más frecuentes (20-30%) son los síntomas gastrointestinales: náuseas, dolor abdominal, anorexia, sabor metálico (frecuente) y diarrea. Son dosis-dependientes, transitorios, y suelen ocurrir al inicio del tratamiento. Otros excepcionales son la malabsorción de vitamina B_{12} y folatos, y reacciones cutáneas.

Secretagogos No-SU (glinidas)

La repaglinida y nateglinida son estimulantes de la secreción insulínica. Estimulan la primera fase de secreción de insulina, que en el individuo sano se produce y de forma inmediata al iniciar la ingesta de alimentos. Este pico precoz frena la producción hepática de glucosa, y de esta forma reducen los picos posprandiales. Comparados con la SU, tienen un inicio de acción más rápido y un efecto hipoglucemiante más corto (2-4 horas).

Los descensos de la hemoglobina glicada A_{1c} son del orden del 0,8-1,7%. No existen datos sobre su eficacia a largo plazo, ni sobre su efecto sobre las complicaciones de la diabetes.

Indicaciones. Similares a las SU, pero no están contraindicadas en caso de alergia a las sulfamidas. Se metabolizan en el hígado, por lo que pueden utilizarse en casos leves de insuficiencia renal (creatinina < 2 mg/dl). El aumento de peso es menor que con SU, al igual que el riesgo de hipoglucemia. No existen datos sobre su efecto a largo plazo sobre las complicaciones de la diabetes.

Inhibidores de las α-glucosidasas

La acarbosa y el miglitol son fármacos con acción sólo entérica y sin riesgo de hipoglucemia cuando se utilizan en monoterapia. No producen aumento de peso. Inhiben de forma competitiva y reversible las α-glucosidasas, localizadas en las vellosidades intestinales, encargadas de dividir los HC complejos en monosacáridos.

Debido a su mecanismo de acción, se enlentece la absorción de HC, y son útiles cuando predomina la hiperglucemia posprandial o en combinación con otros farmacos. Disminuyen la HbA_{1c} en 0,5-1%.

Es una opción terapéutica, tras el fracaso de la dieta, en los diabéticos tipo 2 obesos y en ancianos. La dosis inicial es de 50 mg/3 veces al día durante 2 semanas, dosis poco eficaz, pero que limita la intensidad de los efectos secundarios.

Están contraindicados en las enfermedades intestinales crónicas. Se deben emplear con precaución en casos de úlcera, estenosis intestinal y hernias, pues la mayor formación de gas puede exacerbar la sintomatología. En monoterapia no producen hipoglucemias, pero las que ocurran cuando se asocia a SU o insulina se deben tratar con glucosa pura (bebidas tipo cola). En el 60% de los pacientes aparecen flatulencia, meteorismo y borborigmos al inicio del tratamiento. Su intensidad está en relación con la dosis, y se acentúan por el consumo de azúcar, legumbres y algunas verduras (coles, coliflor, etc.).

Tiazolidindionas o glitazonas

La rosiglitazona y la pioglitazona actúan disminuyendo la resistencia a la insulina y mejorando la captación y utilización de glucosa en los tejidos periféricos (músculo y tejido graso). No estimulan la secreción de insulina, pero requieren insulina para ejercer su acción. No causan hipoglucemias.

En monoterapia, el descenso de la HbA_{1c} es de 0,8-1,4%. No existen datos sobre su eficacia a largo plazo ni sobre su efecto sobre las complicaciones de la diabetes.

Se iniciará con dosis bajas, que se aumentarán cada 3-4 semanas. Las glitazonas pueden utilizarse en la insuficiencia renal moderada, debido a su metabolismo hepático y excreción por las heces.

Están contraindicadas en la diabetes tipo 1, en la diabetes secundaria a enfermedad pancreática, en el embarazo y la lactancia, y cuando exista enfermedad hepática o si las transaminasas son superiores a tres veces la normalidad. Para detectar toxicidad hepática se deben realizar cada mes controles de transaminasas durante el primer año de tratamiento. Están contraindicadas en la insuficiencia cardíaca avanzada (clases III y IV).

Efectos adversos. El primer preparado disponible, la troglitazona, fue retirado, al haberse comunicado casos de insuficiencia hepatocelular (6 mortales). Los ensayos clínicos con rosiglitazona y pioglitazona no han detectado hepatotoxicidad, y la aparición de transaminasas elevadas es del 1,9%. Pueden producir aumento de peso como consecuencia de la inhibición de la lipólisis, y en un 5-7% de casos pueden aparecer edemas por retención hidrosalina.

Tratamiento combinado

En el estudio UKPDS se observó una disminución progresiva de la eficacia del tratamiento en monoterapia, y así, tras 9 años de tratamiento, el 75% de los pacientes requerían más de un fármaco para mantener una HbA_{1c} inferior a 7%. Por tanto, si no se mantiene un adecuado control (HbA_{1c} < 8%) con dosis adecuadas de un solo fármaco, parece lógico utilizar la combinación de fármacos. Existen básicamente dos posibilidades: *a*) combinar dos fármacos de administración oral; *b*) combinar un fármaco oral con insulina. La efectividad a largo plazo es desconocida. El tratamiento con tres fármacos (orales o insulina) es una modalidad con escasa experiencia.

Combinación de fármacos orales

No hay que olvidar que el tratamiento combinado sólo será eficaz mientras la secreción endógena de insulina se mantenga en valores suficientes. La combinación de dos sulfonilureas no se ha demostrado que aporte ninguna mejora en el control glucémico.

Metformina y sulfonilureas. Es la combinación con mayor efectividad y de la que se dispone de mayor experiencia (UKPDS, 1998). La supresión de la producción hepática de glucosa (metformina), junto al incremento de la secreción de insulina (SU), aporta una reducción adicional de la HbA_{1c} de 1,7 a 2,5 puntos. El incremento de peso es pequeño y tienen un efecto beneficioso sobre el perfil lipídico.

La asociación de *metformina y glinidas* tiene cierta efectividad, disminuye 1,4 puntos la HbA_{1c}, pero se dispone de menor experiencia.

SU o metformina con un inhibidor de las α-glucosidasas. Puede ser útil cuando predomina la hiperglucemia posprandial o cuando estén contraindicados otros fármacos. La reducción de la HbA_{1c} es algo menor (0,5-1%).

SU y glitazona. Combina la mejora en la secreción insulínica con la disminución de la resistencia en los tejidos periféricos (glitazona). Produce una reducción adicional de la HbA_{1c} de 1-1,5%. Causa aumento de peso, y debe controlarse la función hepática.

Metformina y glitazona. Esta combinación requiere la existencia de una buena secreción de insulina, pues ninguno de los dos la promueve. Disminuye la HbA_{1c} de 0,97-1,7%. Va acompañada de leve aumento de peso.

Combinación de fármacos orales e insulina

Con el paso de los años todos los diabéticos tipo 2 presentan un progresivo deterioro de la secreción insulínica, relacionado con el tiempo de evolución de la diabetes. Debido a ello, será necesario el tratamiento con insulina en un alto porcentaje de diabéticos, tras 10 años de enfermedad. La adición de insulina al fármaco oral que el paciente estuviese tomando pretende mejorar el control glucémico con menores requerimientos de insulina.

La mejor opción es la adición de una dosis de insulina nocturna. La dosis se administra al acostarse (*bedtime*) con lo que se reduce la producción hepática nocturna de glucosa, disminuyendo la glucemia basal, y durante el día se facilita la acción de los fármacos orales. Esta modalidad tiene un mínimo riesgo de hipoglucemia nocturna, y el aumento de peso es menor que con otras pautas.

En los pacientes obesos ya tratados con insulina y mal control, puede añadirse metformina de forma progresiva. Ello reduce las dosis de insulina, con descenso de la HbA_{1c} del 1 al 2%.

Insulina

Los denominados análogos de la insulina son derivados modificados de la molécula de insulina en la cual se han sustituido diferentes aminoácidos, sin modificar su actividad hipoglucemiante. Así, se consigue una absorción más rápida y, por tanto, con un inicio de acción más precoz y una duración algo más corta. O bien, se obtiene el retraso de su absorción subcutánea, una insulina «extralenta», sin picos, que mantiene unas concentraciones homogéneas durante 24 horas.

Indicaciones definitivas: en todos los casos de diabetes tipo 1. En la diabetes tipo 2, cuando el paciente debute con cetonurias positivas (> 2+) y/o pérdida de peso importante o cuando los fármacos orales, en dosis máximas (solos o en asociación), no consigan mantener un buen control metabólico (HbA_{1c} < 8%).

Indicaciones transitorias: en la diabetes tipo 2 existen, además, una serie de situaciones en las que la insulina es el tratamiento de elección: embarazo, lactancia, cirugía, traumatismos graves, infarto agudo de miocardio, accidente vascular cerebral agudo, tratamiento esteroideo o enfermedades intercurrentes graves.

Efectos adversos

Hipoglucemia: es la reacción adversa más frecuente (58% moderadas y 10% graves). Otro efecto clásico, pero indeseable en la mayoría de los diabéticos tipo 2, es el aumento de peso, que se produce en los primeros años de tratamiento para, luego, estabilizarse; en el estudio UKPDS no fue mayor que el causado por las sulfonilureas. *Lipodistrofia*: se manifiesta por áreas de atrofia o hipertrofia del tejido adiposo subcutáneo, que aparecen en el lugar de la inyección. Suele ocurrir por no variar el sitio de la inyección. Otros efectos secundarios más infrecuentes son el edema insulínico y la presbiopía, que ocurren en los primeros días de inicio del tratamiento. Se caracterizan por un aumento de peso desproporcionado (> 500 g/día), edema maleolar o trastorno de la visión. Remiten espontáneamente. La *alergia insulínica* (prurito, dolor, induración eritematosa en el sitio de la inyección) suele aparecer en las primeras semanas de tratamiento, y mejora en el 90% de los casos.

Inicio del tratamiento

La instauración del tratamiento con insulina requiere siempre instrucción previa sobre la técnica de autoinyección y de análisis de glucemia capilar, y el reconocimiento y el tratamiento de la hipoglucemia y el refuerzo educativo sobre la dieta, insistiendo en la necesidad de mantener una regularidad en el horario y las cantidades de HC de las comidas y suplementos.

Diabetes tipo 1: la dosis inicial será de 0,5-0,7 UI/kg/día repartidas en 3 o mejor 4 inyecciones, combinando rápida durante el día y NPH en la dosis nocturna (al acostarse). Las necesidades habituales se sitúan alrededor de 1-1,5 UI/kg/día.

Diabetes tipo 2: para la insulinización en monoterapia se prescribirá una insulina de acción intermedia, con dosis iniciales de 0,3 UI/kg/día (0,2 en el anciano). La dosis diaria oscila entre 0,3-0,7 UI/kg/día, pero en obesos pueden ser necesarias hasta 1,5 UI/kg/día. Cuando se utilice en monoterapia, se deben prescribir sistemáticamente pautas de insulina en dos dosis diarias (2/3 dosis total antes del desayuno y 1/3 antes de la cena).

En las pautas nocturnas de insulina combinada con fármacos orales, se prescribirá de 0,1-0,2 UI/kg de insulina NPH, administrada al acostarse. No es necesario pautar suplementos dietéticos o autoanálisis nocturnos, pues el riesgo de hipoglucemia nocturna es mínimo.

Cada 2-3 días, y según los resultados de la glucemia capilar, se aumentará 2-4 UI hasta alcanzar un control glucémico estable. En pacientes tratados con insulina nocturna, el ajuste se realizará en función de los resultados de la glucemia capilar matinal. Muchos pacientes son capaces de modificar por sí mismos las dosis de insulina, por lo que se les debe entregar unas pautas de actuación en función de los autoanálisis de glucemia capilar.

PROBLEMAS EN EL CONTROL GLUCÉMICO

Enfermedad intercurrente

En el transcurso de cualquier enfermedad intercurrente febril, se produce un catabolismo aumentado y una situación de resistencia insulínica transitoria. Las necesidades de insulina suelen aumentar, y puede aparecer cetonuria incluso en el diabético tipo 2.

La ingestión de líquidos no debe ser inferior a los 2 l/día, cuidando también el aporte de electrólitos (caldos con sal, zumos). Se prescribirán antitérmicos en dosis plenas.

En caso de anorexia, debe asegurarse la toma de todos los HC, aunque se prescinda de proteínas y verduras. Puede recurrirse a dietas semisólidas, y repartir en pequeñas tomas cada 3 horas, respetando el sueño. Se debe asegurar un aporte mínimo diario de 100-150 g de HC. Si aparecen vómitos, se administrarán antieméticos por vía parenteral y se asegurará la toma de 1 litro y medio de zumo de fruta, repartido durante el día. Si existen diarreas, se eliminarán las verduras y los productos lácteos.

En los pacientes tratados con fármacos orales, debe realizarse monitorización de la glucemia capilar y cetonurias. En los diabéticos tratados con metformina, se suspenderá ésta hasta la resolución de la enfermedad intercurrente. Estos diabéticos y los que estén en tratamiento con acarbosa deberán recibir insulina si presentan cetonurias claras (2+) o hiperglucemia mantenida superior a 300 mg/dl, administrando entre 6-4 UI de insulina rápida antes de las comidas principales.

Los pacientes tratados con sulfonilureas, si hasta entonces estaban bien controlados y no presentan cetonurias, pueden mantener el tratamiento habitual y añadir suplementos de insulina rápida (4-6 UI) antes de las tres comidas. Si presentan cetonuria intensa (2+ o más) o el control glucémico previo es malo, se derivarán al hospital.

En los tratados con insulina, no se debe suspender nunca su administración. Si la glucemia capilar es superior a 240 mg/dl y la cetonuria positiva fuerte (2+), además de la dosis habitual de insulina intermedia se administrarán suplementos de insulina rápida antes de las tres comidas y al acostarse, mientras las cetonurias sean positivas y la glucemia superior a 240 mg/dl. Si la glucemia disminuye, pero persiste la cetonuria, se mantendrán los suplementos de insulina rápida, pero se aumentará en dos raciones de 10 g el aporte de HC en cada comida.

Criterios de hospitalización urgente: *a*) vómitos incoercibles o imposibilidad de asegurar la ingestión líquida; *b*) glucemia superior a 500 mg/dl o cetonuria extremas (3+); *c*) evolución de la descompensación superior a 24 horas; *d*) respiración batipneica y/o trastorno de la conciencia de cualquier tipo, y *e*) ausencia de mejoría en los controles tras 12-24 horas de aplicar la pauta descrita.

HIPOGLUCEMIA

Es la complicación más frecuente del tratamiento con insulina, sulfonilureas y glinidas. La metformina, las glitazonas o los inhibidores de las α-glucosidasas en monoterapia no provocan hipoglucemia cuando se utilizan como monoterapia. La hipoglucemia ocurre cuando la concentración de glucosa en plasma es inferior a 60 mg/dl (3,3 mmol/l) o a 50 mg/dl (2,8 mmol/l) en sangre capilar.

Se clasifica como: *a*) bioquímica (sin síntomas); *b*) moderada (el paciente puede autotratarla); *c*) grave (precisa la intervención de otra persona), y *d*) coma hipoglucémico (DCCT 1993).

Los síntomas iniciales son de tipo adrenérgico, y si no se corrige, el cuadro progresa apareciendo síntomas neuroglucopénicos. Los diabéticos de larga evolución con neuropatía autonómica (siempre acompañada de neuropatía distal y retinopatía) pueden presentar graves hipoglucemias asintomáticas.

Hipoglucemia por sulfonilureas (SU). La frecuencia de hipoglucemias graves es de 1,9-2,4 casos/10.000 diabéticos/año. El riesgo es mayor con SU potentes y de acción prolongada, y en personas de más de 65 años.

Hipoglucemia por insulina. La hipoglucemia bioquímica (sin síntomas) es muy frecuente, y se puede considerar como inevitable cuando se persigue un control estricto. En general, ocurre antes de la comida y cena, y hacia las tres de la madrugada. No causa lesión cerebral. La frecuencia de la hipoglucemia moderada es del 58%, y del 10% una hipoglucemia grave/año. Puede ser resultado de un exceso en la dosis de insulina, aunque con mayor frecuencia es consecuencia de: *a*) disminución o retraso de una ingesta; *b*) omisión de algún suplemento; *c*) práctica de ejercicio físico inhabitual; *d*) error en la dosificación de insulina y/o confusión; *e*) error en la técnica de inyección; *f*) ingestión excesiva de alcohol; *g*) fármacos asociados, y *h*) existencia de otra enfermedad que disminuya las necesidades insulínicas (insuficiencia renal, hepática, suprarrenal, panhipopituitarismo).

Tratamiento

Dependerá del estado de conciencia del paciente y del fármaco causante. Los diabéticos y sus familiares deben conocer los síntomas y la actuación terapéutica.

En el paciente consciente

Toma de hidratos de carbono (HC) de absorción rápida (1 ración de 10 g, 1 vaso de leche o zumo, 2 terrones o cucharaditas de azúcar, 100 ml de una cola); en los pacientes tratados con acarbosa/miglitol asociados a SU y/o insulina se aconsejará glucosa o una bebida de cola. Según el aumento de la hipoglucemia: *a*) si la hipoglucemia ocurre 30 minutos antes de las comidas principales, bastará con adelantar la comida y comenzar tomando la fruta; *b*) si sucede 30-60 minutos antes, una ración de HC que se repetirá a los 15 minutos si no ha cedido la clínica; *c*) si ocurre antes de 1 hora, se administrarán 1-2 raciones de HC, y cuando hayan cedido los síntomas, un suplemento extra de 10 g de HC.

Los pacientes tratados con SU, cuando ceda la clínica se suspenderán durante 12-24 horas. Se practicarán glucemias capilares, y se advertirá a la familia la posibilidad de nuevas recaídas. En los pacientes tratados con insulina, la siguiente dosis no debe suspenderse; puede reducirse el 20%.

En el paciente inconsciente

Se debe evitar la glucosa oral, y se administrará glucagón (1 mg i.m.) que puede repetirse cada 10 minutos hasta la total recuperación. El glucagón debe utilizarse con precaución en los pacientes con cardiopatía isquémica clínicamente activa, pues puede desencadenar ángor. En estos casos, se preferirá el uso de glucosa hipertónica por vía intravenosa o, alternativamente, por vía rectal en enema.

Una vez resuelto el episodio, se administrará un suplemento de 20 g de HC. Por lo general, nunca debe suprimirse la toma de insulina pautada. Los pacientes tratados con sulfonilureas, aunque se recuperen, deberán ser derivados al hospital.

COMPLICACIONES CRÓNICAS

Retinopatía diabética

En la retinopatía diabética (RD) se distinguen tres estadios evolutivos: de fondo o no proliferativa (microaneurismas, microhemorragias y exudados duros); preproliferativa (además, exudados blandos y alteraciones del calibre de los vasos); proliferativa (neovasos y riesgo de hemorragia vítrea, desprendimiento). Esta evolución longitudinal, por razones no bien conocidas, no ocurre tan exactamente en la diabetes tipo 2; la ceguera puede sobrevenir por edema macular o maculopatía diabética en cualquier estadio de afectación retiniana.

La exploración anual permite detectar lesiones en fases precoces cuyo tratamiento evita pérdidas de visión. Debe ser realizada por un oftalmólogo.

Tratamiento

Optimizar el control glucémico y de la PA son objetivos prioritarios. El UKPDS demuestra que con el control estricto (HbA_{1c}: 7%) se obtienen reducciones en la progresión de la RD del 21%, y de las cataratas, del 24%. La mejora del control de la PA (144/82) tiene también un fuerte impacto en la RD, disminuyendo el 34%.

El tratamiento precoz con fotocoagulación detiene la progresión de la afectación en el 60-70% de los casos, aunque no se recupera la visión perdida.

NEFROPATÍA

La aparición de microalbuminuria también es un indicador del riesgo de desarrollar retinopatía proliferativa y enfermedad cardiovascular. La excreción urinaria de pequeñas cantidades de albúmina (microalbuminuria) es el primer signo de nefropatía (ND). En este estadio, la evolución de la afectación renal puede ser aún detenida, pero si no se intensifican las intervenciones, del 20 al 35% de los diabéticos tipo 2 progresarán a macroalbuminuria (> 300 mg/día). Por razones desconocidas, los pacientes que, tras 20 años de diabetes, no tienen microalbuminuria es improbable que presenten una ND. La última fase será la insuficiencia renal terminal (IRT). Sólo el 10% de los diabéticos tipo 2 con macroalbuminuria llegarán a presentar una IRT.

La determinación del cociente albúmina/creatinina en muestra de orina al azar o matinal (índice albúmina/creatinina) es el método de diagnóstico de elección, por ser preciso, obviar algunas falsas microalbuminurias, y su sencillez para el paciente, evitándole la recogida de orina de 24 horas En todos los diabéticos se determinará en el momento del diagnóstico, cualquiera que sea la edad, y anualmente hasta los 70 años. La determinación sólo de albuminuria en una muestra al azar no se acepta para el diagnóstico.

La excreción puede aumentar por causas no debidas a nefropatía: ejercicio intenso, infección urinaria, hematuria, fiebre, HTA mal controlada, descompensación hiperglucémica aguda, enfermedades agudas, insuficiencia cardíaca congestiva, dieta hiperproteica. Existe elevada variabilidad (30-50%) en un mismo individuo, por lo cual una sola muestra es insuficiente para el diagnóstico. Se requiere detectar el aumento en el cociente en 2 de 3 determinaciones.

Tratamiento

En la fase de microalbuminuria debe optimizarse el control de la glucemia (HbA_{1c} < 7) y de la PA (< 130/80) (evidencia A). En cuanto al tratamiento de la HTA con fármacos, las evidencias de grado A son:

1. En los diabéticos tipo 1 con micro o macroalbuminuria, sean hipertensos o normotensos, los IECA son de elección.

2. En los de tipo 2 con HTA y microalbuminuria son de elección los IECA, que han demostrado, además, una reducción significativa del infarto, ACV y mortalidad.
3. En los de tipo 2 con macroalbuminuria, los ARA-II (estudios IDNT y RENAAL) enlentecen la progresión hacia la insuficiencia renal, sin disminuir la mortalidad en los eventos CV.

No existen ensayos que demuestren el beneficio de tratar los diabéticos tipo 2 sin HTA y con microalbuminuria con IECA, si bien algún autor propone su utilización en pacientes jóvenes o con progresión rápida de la microalbuminuria. Tampoco hay estudios que comparen la eficacia de los ARA-II frente a los IECA.

NEUROPATÍA DIABÉTICA

Incluye distintos cuadros, con distribución anatómica y características clínicas diferentes: neuropatías de pares craneales, por atrapamiento, proximales, y polineuritis distal.

La polineuritis distal simétrica diabética (PND) es la forma clínica más frecuente. La frecuencia es del 7,5% en el momento del diagnóstico de la diabetes, y tras 25 años de evolución afecta a más del 50%. Es una polineuropatía simétrica sensitivo-motora que afecta al territorio distal de las extremidades inferiores de inicio insidioso y curso progresivo, con parestesias, disestesias, hipoestesia y dolor nocturno (mejora al caminar). Existe debilidad muscular que afecta a los pequeños músculos del pie, lo que ocasiona cambios en la estática del pie. Las formas de predominio motor son raras, y más sugestivas de daño por alcohol. Los criterios diagnósticos utilizados por el DCCT son: PND clínicamente definida cuando existen síntomas y signos; si existe sólo uno de ellos, la PND se definirá como posible. La PND confirmada precisa demostrar alteraciones en los estudios electrofisiológicos.

El cribado anual se justifica por el gran aumento de riesgo de lesiones en el pie y la posibilidad de intervenciones preventivas. La prueba clásica es la exploración de la sensibilidad vibratoria con diapasón, que debería realizarse más distalmente en el primer dedo del pie. El monofilamento 5.07 evalúa las modalidades sensoriales de presión y tacto protopático, componentes de la sensibilidad profunda. La pérdida de la sensibilidad al monofilamento es un factor de riesgo independiente para lesiones en el pie.

Tratamiento

Optimizar el control glucémico, la abstención absoluta del consumo de alcohol y la supresión del tabaco.

PIE DIABÉTICO

Se define como la presencia de úlceras o amputaciones en el pie del paciente diabético. Es la primera causa de amputación no traumática. Se produce por la pérdida de sensibilidad debida a neuropatía, con falta de percepción de presión y tacto, lo que provoca cambios en las áreas de apoyo del pie. La coexistencia de deformidades, intensificará este mal apoyo, y los microtraumatismos por el calzado ocasionarán pequeñas lesiones en el pie. La falta de higiene y de autocuidado facilitará la infección. La arteriopatía es sólo responsable del 5-7% de las úlceras, pero la isquemia empeora el pronóstico, y es determinante del 50% de las amputaciones.

La intervención preventiva puede cambiar este pronóstico; así, en los centros de salud adscritos al programa GedapS se ha conseguido una reducción del 74% de úlceras y del 76% de las amputaciones.

Las condiciones pie de riesgo son antecedentes de úlceras previas, la presencia de alteraciones biomecánicas, anomalías en el estado de la piel y uñas, y pérdida de la sensibilidad al monofilamento.

Protocolo de detección

En todos los diabéticos, desde el momento del diagnóstico y anualmente: inspección ocular del pie y calzado, exploración de la sensibilidad al monofilamento (predictor independiente de úlceras) y palpación de pulsos.

Si no existe isquemia, sólo se tratarán en Atención Primaria las úlceras infectadas en fases iniciales: poca profundidad, un halo de celulitis menor de 2 cm, ausencia de signos de afectación sistémica, si no afectan al hueso (osteítis) y si el aspecto de la secreción no sugiere gérmenes anaerobios. El tratamiento se basa en el uso de antibióticos, el desbridamiento frecuente del tejido necrótico, la limpieza diaria con jabón y agua, y la descarga de la zona afectada, reposo (muletas) o procedimientos ortopédicos.

MACROANGIOPATÍA

La macroangiopatía es la afectación arteriosclerótica de los medianos y grandes vasos, y es responsable del 60-80% de las muertes en personas con diabetes tipo 2. La arteriosclerosis en el diabético tiene un inicio más precoz, una evolución más agresiva, y afecta por igual a ambos sexos. Las personas con intolerancia a la glucosa o glucemia basal alterada tienen un mayor riesgo que el resto de la población.

Rasgos clínicos

La cardiopatía isquémica del diabético se caracteriza por una mayor frecuencia de enfermedad silente y presentación atípica del ángor.

Protocolo de detección

La arteriosclerosis es una enfermedad generalizada, y la presencia de alteraciones en un territorio arterial obliga a buscar patologías en otros. Cada año se debe realizar: *a*) anamnesis dirigida; *b*) ECG; *c*) palpación de pulsos (pedios y tibiales posteriores), y *d*) auscultación de carótidas y abdominal.

Plan terapéutico

Es básico insistir en mantener una alimentación equilibrada con reducción estricta de grasas saturadas y realizar ejercicio físico suave y regular, según la tolerancia. Además, deberá conseguirse: *a*) abandono del hábito de fumar; *b*) control estricto de la glucemia (HbA_{1c} < 7%) y de la PA (< 130/80); *c*) control estricto de la dislipemia (LDL < 100), y *d*) prescripción de AAS (100 mg/día).

Capítulo 43

TABAQUISMO, ALCOHOLISMO Y OTRAS DROGODEPENDENCIAS

TABAQUISMO

EPIDEMIOLOGÍA

El consumo de tabaco mata en la actualidad a alrededor de 4 millones de personas cada año en todo el mundo (aproximadamente, el 7% del total de muertes); se estima que en el año 2020 causará el 18% de todas las muertes en países industrializados y el 11% de las muertes en países en vías de desarrollo. Si las tendencias actuales con relación a su consumo continúan, se estima que en el año 2030 serán 10 millones de personas las que morirán anualmente a causa de su consumo.

El consumo de tabaco es una causa conocida o probable de más de 25 enfermedades, incluyendo cánceres de pulmón y de otras localizaciones, enfermedad coronaria, accidente vascular cerebral, enfisema y otras enfermedades pulmonares crónicas. El tabaco es la primera causa prevenible de enfermedad e incapacidad en las sociedades industrializadas.

PREVENCIÓN Y DETECCIÓN DEL TABAQUISMO

En la Atención Primaria es rara la ocasión en la que el propio paciente fumador solicita ayuda para dejar de fumar; en la mayoría de los casos, por el contrario, los sujetos consultan por diversos problemas de salud, y no se han planteado en ese momento el tema del tabaquismo o no piensan que desde allí se les pueda ayudar a dejar de fumar. Por eso, es muy importante preguntar sobre el consumo a todas las personas que acuden a la consulta, integrando esta actividad en la práctica asistencial diaria, y registrando los datos que se obtengan en la historia clínica. El registro del consumo de tabaco debe hacerse en un apartado de la historia que permita el seguimiento evolutivo.

No existe un acuerdo unánime sobre cuándo se considera que una persona es fumadora. No hay ningún valor de consumo que sea seguro, ni tampoco ningún tipo de consumo.

Ahora bien, el riesgo asociado está en relación con el número de cigarrillos fumados y el tiempo que se lleva fumando.

También debe registrarse si el paciente ha dejado de fumar, así como el tiempo que lleva sin consumir tabaco; en el caso de que lleve más de un año sin fumar, se considera que es un exfumador.

PROCESO DE DEJAR DE FUMAR

Dejar de fumar es un proceso con varias etapas que requiere un tiempo generalmente dilatado:

1. *Precontemplación*: la persona sabe que fumar es un problema, pero no es consciente de él y no ha pensado en cambiar.
2. *Contemplación*: se toma conciencia del problema y aparece el fenómeno de ambivalencia; al mismo tiempo se quiere cambiar, pero se rechaza el cambio, y se va oscilando entre unas razones y otras.
3. *Determinación o preparación*: se está preparado para cambiar, y se ha pensado cómo (plan de cambio) y cuándo se cambiará.
4. *Acción*: la persona está intentando dejar de fumar, y se implica en acciones que le llevarán a un cambio.
5. *Mantenimiento*: la persona que ha dejado de fumar se mantiene sin volver a fumar.
6. *Recaída*: una recaída es la regresión a un estadio anterior. Constituye una parte normal de este proceso, y la mayor parte de las personas que consiguen dejar de fumar definitivamente ha necesitado pasar varias veces por todos o algunos de estos estadios antes de conseguirlo.

INTERVENCIÓN

Las intervenciones adecuadas a cada una de las etapas son diferentes: en las primeras fases, se promueve un cambio de actitudes, mediante una escucha activa de lo que expresa el paciente y una información personalizada. En las fases de acción y mantenimiento, la persona necesita ánimo, apoyo e instrucciones, sobre todo.

La intervención más efectiva es el consejo breve, firme y claro sobre la necesidad de dejar de fumar, repetido de diferentes maneras, en todas las ocasiones posibles, y reforzado por los diversos profesionales que atienden al paciente.

Para valorar la dependencia suele utilizarse el test de Fagerström para la dependencia a la nicotina (tabla 43-1). Una pregunta que proporciona información relacionada con la dependencia es el momento en que se producen las recaídas en los intentos previos. Si éstas se producen en las primeras 2-3 semanas, seguramente están muy relacionadas con el síndrome de abstinencia físico.

Es conveniente advertir de la posibilidad de presentar síndrome de abstinencia, y de informar sobre algunas medidas paliativas que se pueden usar para afrontarlo (tabla 43-2). Este síndrome, que es la causa de la mayor parte de las recaídas, empieza a las pocas horas después de haber dejado de fumar, es máximo 2-3 días después, y desaparece, por regla general, a las 4 semanas.

TRATAMIENTO FARMACOLÓGICO

Entre los tratamientos farmacológicos que se han probado para ayudar a las personas a dejar de fumar, los sustitutos de la nicotina y los antidepresivos como el bupropión y la nortriptilina han demostrado su eficacia.

SEGUIMIENTO

Es importante considerar que la mayoría de las personas que dejan de fumar recaen dentro del primer año, sobre todo en las dos primeras semanas. Una actividad de seguimiento (visita, llamada o carta) en esas dos semanas puede ser muy efectiva para lograr que el paciente se mantenga sin fumar.

Tabla 43-1. Test de Fagerström para la dependencia a la nicotina (1991)

Preguntas	Respuestas	Puntos
1. ¿Cuánto tiempo pasa desde que se levanta y fuma su primer cigarrillo?	Hasta 5 minutos	3
	Entre 6 y 30 minutos	2
	Entre 31 y 60 minutos	1
	Más de 60 minutos	0
2. ¿Encuentra difícil no fumar en lugares donde no está permitido, como el cine o una biblioteca?	Sí	1
	No	0
3. ¿Qué cigarrillo le desagrada más dejar de fumar?	El primero de la mañana	1
	Cualquier otro	0
4. ¿Cuántos cigarrillos fuma cada día?	10 o menos	0
	11-20	1
	21-30	2
	31 o más	3
5. ¿Fuma con más frecuencia durante las primeras horas después de levantarse que durante el resto del día?	Sí	1
	No	0
6. ¿Fuma aunque esté tan enfermo que tenga que guardar cama la mayor parte del día?	Sí	1
	No	0

Adaptado de Lee EW, D'Alonzo GE. Cigarette smoking, nicotine addiction and its pharmacologic treatment. Arch Intern Med 1993; 153: 34-48.
La puntuación máxima de esta versión es 10; los fumadores que obtienen 8 o más puntos son los más dependientes, y los de 4 a 7 puntos tendrían una dependencia media. Dos de las preguntas incluidas (la número 1 y la 4) constituyen una versión más breve de este test cuya valoración es: 5-6 dependencia alta, 3-4 dependencia moderada, 0-2 dependencia baja.

ALCOHOLISMO

CONCEPTO DE TRASTORNO RELACIONADO CON EL ALCOHOL

La OMS define el trastorno relacionado con el alcohol o *alcohol-related disabilities* como «cualquier deterioro en el funcionamiento físico, mental o social de un individuo, cuya naturaleza permita inferir razonablemente que el alcohol

Tabla 43-2. Recomendaciones para paliar el síndrome de dependencia de la nicotina

Síntomas	Recomendaciones
Deseo muy fuerte de fumar	– Respirar profundamente 3 veces seguidas, intentar otras técnicas de relajación. Beber agua o zumos. Masticar chicles sin azúcar o comer algo bajo en calorías. Pensar que este deseo será cada vez menos intenso y frecuente
Insomnio	– Evitar café o bebidas con cafeína. Tomar infusiones. Hacer más ejercicio. Intentar técnicas de relajación
Cefalea	– Ducha o baño templado. Intentar técnicas de relajación
Estreñimiento	– Dieta rica en fibras. Beber mucha agua
Dificultad de concentración	– No exigir un alto rendimiento durante una o 2 semanas. Evitar las bebidas alcohólicas
Nerviosismo	– Caminar, tomar un baño, intentar técnicas de relajación. Evitar café o bebidas con cafeína
Hambre	– Beber mucha agua y zumos que no engorden. Vigilar la ingesta de azúcares refinados y de alimentos ricos en calorías
Astenia	– Aumentar las horas de sueño

es una parte del nexo causal que provoca dicho trastorno». El alcohol está relacionado con el 40-50% de accidentes de tráfico, el 15-20% de accidentes laborales, el 50% de homicidios y el 30% de casos de violencia doméstica.

BEBEDOR DE RIESGO

Se entiende por bebedor de riesgo aquella persona cuyo consumo semanal de alcohol supera los 280 g en el hombre y los 168 g en la mujer. En este tipo de pacientes se ha demostrado que la utilización de técnicas de consejo breve para la moderación de consumos o la abstinencia tiene una eficacia elevada, tanto si se realiza de forma oportunista como si se enmarca en una labor de cribado sistemático.

SÍNDROME DE DEPENDENCIA ALCOHÓLICA

El síndrome de dependencia alcohólica (SDA) constituye tan sólo una mínima expresión de los trastornos relacionados con el alcohol, y se refiere exclusivamente a los individuos que tienen establecida una vinculación conductual y/o psicobiológica con las bebidas alcohólicas.

CLASIFICACIONES CUANTITATIVAS

Es imprescindible no valorar los consumos por días sino por semanas, puesto que la mayor parte de la población, y muy especialmente los jóvenes, tienen patrones de consumo distintos los fines de semana y los días laborables. Asimismo, el registro de consumos tiende a realizarse en unidades de bebida estándar (UBE). Los estudios realizados han establecido el valor de la UBE en 10 g de alcohol puro, y se corresponde con una consumición de vino o de cerveza, y con media consumición de destilados. El concepto de UBE se basa en aceptar un margen de error en los cálculos, a cambio de simplificar el interrogatorio y hacer viable el registro sistemático de los consumos alcohólicos.

Las clasificaciones cuantitativas son un valioso instrumento para cribar con facilidad los bebedores de riesgo. En cambio, por sí mismas no suelen ser suficientes para establecer un diagnóstico de dependencia alcohólica.

CLASIFICACIONES CUALITATIVAS

En la tabla 43-3 se resumen, comparándolas, las clasificaciones de Jellinek, Fouquet y Alonso Fernández.

INSTRUMENTOS DE CRIBADO Y DETECCIÓN PRECOZ

Es importante diferenciar si lo que se quiere es diagnosticar con precocidad pacientes alcohólicos o si lo que se desea es poder detectar bebedores de riesgo, padezcan o no algún trastorno relacionado con el alcohol. En este sentido, en Atención Primaria puede ser de utilidad el algoritmo presentado en la figura 43-1 (*Guía de intervención en problemas derivados del consumo de alcohol en Atención Primaria*).

Exploración clínica

Los datos clínicos de mayor interés y más específicos suelen ser la ingestión de alcohol en ayunas, la existencia de temblor o náuseas matutinos y los antecedentes de *blackouts* o palimpsestos (lagunas mnésicas que coinciden con ingestiones importantes de alcohol). Otros datos menos específicos, pero igualmente sugestivos de patología alcohólica, son anorexia, irritabilidad, sudoración nocturna profusa, insomnio, conflictividad familiar, absentismo laboral, etc.

Cuestionarios de cribado

Entre los test de cribado existentes, los más interesantes son el CBA y el CAGE (tabla 43-4) para el cribado del síndrome de dependencia alcohólica en la población general. El AUDIT es un cuestionario diseñado para detectar bebedores de riesgo (tabla 43-5). Recientemente, se ha publicado una versión más reducida, el AUDIT-C, que consigue con sólo las tres primeras preguntas del AUDIT una sensibilidad y especificidad parecidas.

Tabla 43-3. Tipología del alcoholismo. Clasificaciones de Jellinek, Fouquet y Fernández

Jellinek	**Alfa**	**Beta**	**Gamma**	**Delta**	**Épsilon**
Fouquet			**Alcoholismo**	**Alcoholitis**	**Somalcoholosis**
Fernández	**Enfermo psíquico**	**Alcoholizado**	**Alcoholómano**	**Excesivo regular**	**Dipsomanía**
Etiología	– Psicopatológica	– Sociocultural	– Psicológica	– Sociocultural	
Modo de beber	– Irregular	– Irregular	– Irregular	– Continuo	– Ingestas episódicas
Dependencia	– Psíquica	– No	– Psíquica y física	– Psíquica y química	– Crisis alcoholépticas
Pérdida de control	– No	– No	– Sí	– No	– Aparición periódica de una crisis epiléptica o ciclotímica
Capacidad de abstinencia	– Sí	– Sí	– Sí	– No	
Síndrome de abstinencia	– No	– No	– Sí	– Sí	
Tolerancia		– Progresiva	– Progresiva	– Progresiva	
Metabolismo adaptado al alcohol	– No	– Sí	– Sí	– Sí	
Características	– Conflicto, indisciplinado. Se puede convertir en gamma	– Complicaciones físicas: polineuropatías, etc. Se puede convertir en delta	– Tendencia a la progresión. Alteraciones físicas y socioeconómicas	– Tendencia a la progresión	

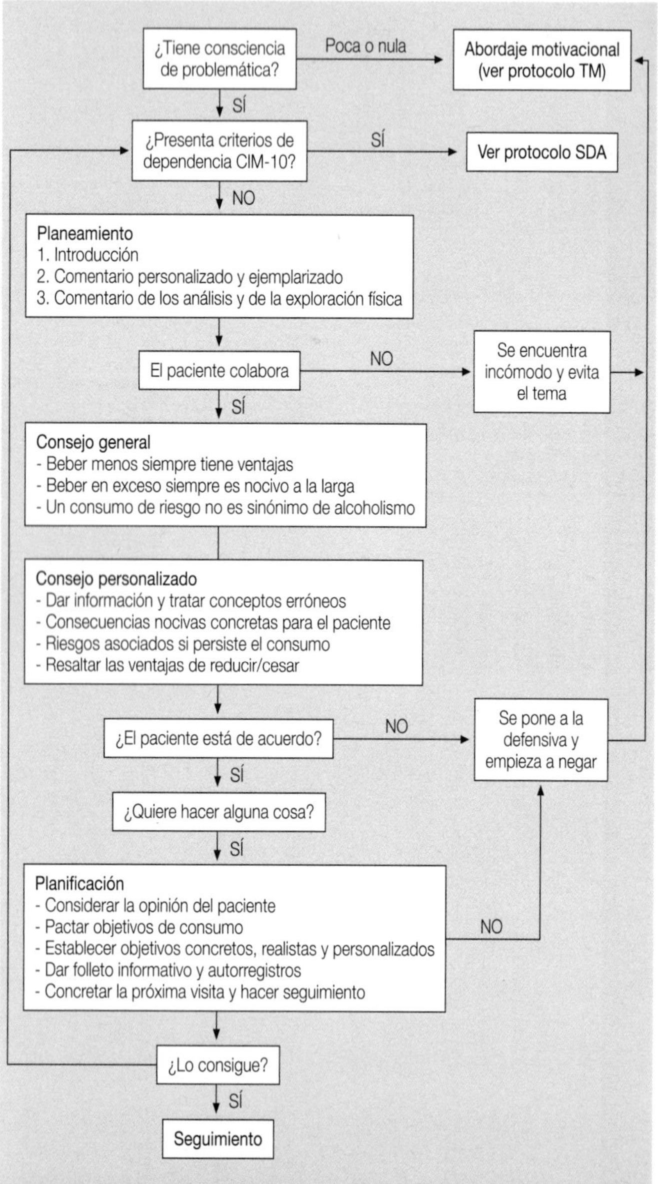

Figura 43-1. Guía de intervención en problemas derivados del consumo de alcohol en Atención Primaria.

Tabla 43-4. Test de Cage

1. ¿Alguna vez ha tenido que beber a primera hora de la mañana para sentirse en forma?
2. ¿Ha pensado en alguna ocasión que tenía que dejar la bebida?
3. ¿Se ha sentido en alguna ocasión a disgusto por la bebida?
4. ¿Le han molestado las observaciones que la gente haya efectuado acerca de su hábito enólico?

Pruebas biológicas

La analítica cumple habitualmente un papel complementario. Los valores considerados tradicionalmente como más interesantes son el volumen corpuscular medio (VCM), la t-GT y, en menor medida, las transaminasas. A estos marcadores se ha sumado uno de nuevo: la desialotransferrina sérica, con una sensibilidad y una especificidad similares a las del VCM, si bien su coste no justifica que sustituya a los marcadores tradicionales.

Diagnóstico del síndrome de dependencia alcohólica

Al valorar a un paciente alcohólico se deben considerar los dos grandes grupos de patologías citados anteriormente: el síndrome de dependencia alcohólica y los trastornos relacionados con el alcohol (TRA).

La definición del síndrome de dependencia alcohólica se realiza habitualmente mediante los criterios diagnósticos establecidos por la American Psychiatric Association en el DSM-IV, o mediante los criterios de la CIE-10. La evaluación de los TRA puede realizarse a través de una correcta anamnesis.

Ante un bebedor de riesgo que no cumpla los criterios de dependencia y tampoco presente ningún TRA, el primer objetivo debe ser identificar el grado de conciencia de consumo abusivo, y el grado de motivación para modificar los patrones de ingestión. En función del grado de motivación del paciente, el profesional de Atención Primaria orientará su estrategia de intervención, tal como se describe, más adelante, en el apartado «Enfoque terapéutico de los bebedores de riesgo».

En el caso de bebedores con TRA que no reúnan criterios de dependencia, deberá intentarse una intervención más enérgica, poniendo especial énfasis en el seguimiento del paciente y en el control de sus consumos alcohólicos. Cuando se trate de pacientes que cumplan criterios de SDA, deberá plantearse la posibilidad de iniciar un tratamiento desde la Atención Primaria o derivar al paciente a un centro especializado.

Valoración biológica/orgánica

Tiene por objetivo la detección de aquellos trastornos con probada relación con el consumo de alcohol. En la anamnesis se deben investigar los antecedentes de hepatopatía crónica, hepatitis alcohólica, pancreatitis aguda o crónica, gastritis de repetición, *ulcus* péptico, diarreas recurrentes, sangrado digestivo, polineuropatía, síndrome de abstinencia/delírium trémens, miocardiopatía o arritmias no etiquetadas.

Tabla 43-5. AUDIT (*Alcohol Use Disorders Inventory Test*)

Consumiciones estándar
Un botellín de cerveza (200 ml) = una copa de vino = media copa de coñac = medio whisky = 1 consumición estándar
Dos tercios de cerveza (330 ml) = 3 consumiciones estándar
Un whisky = 2 consumiciones estándar

1. ¿Con qué frecuencia consume alguna bebida alcohólica?
   (0) Nunca (1) Una o menos veces al mes (2) De 2 a 4 veces al mes (3) 2 o 3 veces a la semana
   (4) 4 o más veces a la semana

2. ¿Cuántas consumiciones de bebidas alcohólicas suele realizar en un día de consumo normal?
   (0) 1 o 2 (1) 3 o 4 (2) 5 o 6 (3) De 7 a 9 (4) 10 o más

3. ¿Con qué frecuencia toma 6 o más bebidas alcohólicas en un solo día?
   (0) Nunca (1) Menos de una vez al mes (2) Mensualmente (3) Semanalmente
   (4) A diario o casi a diario

4. ¿Con qué frecuencia en el curso del último año ha sido incapaz de parar de beber una vez había empezado?
   (0) Nunca (1) Menos de una vez al mes (2) Mensualmente (3) Semanalmente
   (4) A diario o casi a diario

5. ¿Con qué frecuencia en el curso del último año ha necesitado beber en ayunas para recuperarse después de haber bebido mucho el día anterior?
   (0) Nunca (1) Menos de una vez al mes (2) Mensualmente (3) Semanalmente
   (4) A diario o casi a diario

6. ¿Con qué frecuencia en el curso del último año no pudo hacer lo que se esperaba de usted porque había bebido?
   (0) Nunca (1) Menos de una vez al mes (2) Mensualmente (3) Semanalmente
   (4) A diario o casi a diario

7. ¿Con qué frecuencia en el curso del último año ha tenido remordimientos o sentimientos de culpa después de haber bebido mucho el día anterior?
   (0) Nunca (1) Menos de una vez al mes (2) Mensualmente (3) Semanalmente
   (4) A diario o casi a diario

8. ¿Con qué frecuencia en el curso del último año no ha podido recordar lo que sucedió la noche anterior porque había estado bebiendo?
   (0) Nunca (1) Menos de una vez al mes (2) Mensualmente (3) Semanalmente
   (4) A diario o casi a diario

9. ¿Usted o alguna otra persona han resultado heridos porque usted había bebido?
   (0) No (2) Sí, pero no en el curso del último año (4) Sí, el último año

10. ¿Algún familiar, amigo, médico o profesional sanitario han mostrado preocupación por su consumo de bebidas alcohólicas o le han sugerido que deje de beber?
    (0) No (2) Sí, pero no en el curso del último año (4) Sí, el último año

Mujeres ≥ 6 pero < 13 y hombres ≥ 7 pero < 13: consumo de riesgo o problemas previos con la bebida.
Mujeres y hombres ≥ 13: probable dependencia física del alcohol.

La exploración física irá dirigida a la localización de signos relacionados con los cuadros antes expuestos.

Valoración psicológica

Interesa especialmente hacer una aproximación a la historia alcohólica del paciente, a su patrón de bebida y a las repercusiones sobre la conducta, edad de comienzo y evolución del consumo.

Valoración social

Incluye la valoración de la familia y del entorno en el que se mueve el paciente. En la valoración de la familia es importante averiguar la actitud de sus miembros frente al paciente alcohólico, la repercusión sobre las relaciones afectivas y el interés por conseguir su rehabilitación.

La valoración del entorno vendrá dada sobre todo por los aspectos laborales y de relación con las amistades. Se debe interrogar sobre la pérdida de aficiones, el deterioro de amistades, el aumento de tiempo libre pasado en el bar, la disminución del rendimiento laboral, los accidentes de trabajo y las conductas agresivas y/o problemas legales relacionados con el alcohol.

PATOLOGÍA PSIQUIÁTRICA ASOCIADA

En ocasiones, estas enfermedades anteceden al alcoholismo y actúan como factor desencadenante. Con mayor frecuencia, el consumo continuado de dosis elevadas de alcohol acaba provocando graves problemas psicopatológicos.

Los síndromes depresivos y/o ansiosos, aunque sean leves y reactivos a situaciones ambientales estresantes (muerte de un familiar, paro laboral, etc.) pueden constituir la puerta de entrada en el síndrome de dependencia alcohólica en pacientes que ya anteriormente presentaban consumos alcohólicos de riesgo. Es frecuente que, incluso habiendo desaparecido el factor desencadenante, el síndrome de dependencia progrese y perpetúe un cuadro depresivo. El consumo continuado de bebidas alcohólicas puede comportar la aparición de trastornos psiquiátricos graves. Entre ellos, se citará las psicosis y las celotipias alcohólicas, las alucinosis alcohólicas y los síndromes depresivos, entre los más frecuentes.

La acción tóxica continuada del alcohol sobre el sistema nervioso central (SNC) puede comportar la aparición de una progresiva atrofia cortical. En sus formas más graves, la acción tóxica del alcohol da lugar a los conocidos síndromes de Wernicke-Korsakoff y a la demencia alcohólica de moderada a grave.

CONDUCTA TERAPÉUTICA

En primer lugar, debe valorarse si existen criterios que aconsejen la derivación del paciente a un centro especializado. Los criterios de derivación corresponden a aquellos pacientes que presentan un hábito enólico de larga evolución y/o enfermedades psiquiátricas asociadas. La falta de apoyo familiar y la existencia de intentos previos fallidos de desintoxicación también aconsejan la derivación a un centro especializado, ya que muchos de estos pacientes deberán seguir una terapia de grupo.

Antes de iniciar una pauta de desintoxicación alcohólica, el paciente debe conocer los efectos actuales y futuros del alcohol si sigue con el hábito; hay que informarle sobre el tratamiento que deberá seguir, indicándole los síntomas principales de la abstinencia y las medidas que se deben tomar en caso de que se produzcan. No hay que mencionar el diagnóstico de *alcoholismo* o *alcohólico*, por lo menos en una primera fase, ni que el paciente asocie fármacos con curación. El fármaco sólo es una ayuda secundaria para dejar la bebida. Decirle al paciente que «debe tener voluntad» es indicarle que hasta ahora bebía porque «no tenía voluntad».

Es importante en este punto establecer un «contrato terapéutico», en el que el paciente tenga claro qué es lo que puede esperar del médico, así como todos los pasos que deberá seguir a partir de entonces. Es imprescindible el libre consentimiento y la participación del paciente, aparte de las presiones familiares, sociales o incluso médicas.

Desintoxicación

Si el paciente cumple criterios de SDA y acepta que el alcohol le está perjudicando, se puede plantear la deshabituación alcohólica, cuyo primer paso será la desintoxicación.

Frente a la posibilidad, aunque sea mínima, de que el paciente presente un síndrome de abstinencia, se indicará preventivamente una pauta farmacológica de sedantes.

Se prescindirá del tratamiento farmacológico si el paciente refiere fases de abstinencia sin síntomas clínicos.

Los fármacos a utilizar son el clormetiazol y el diazepam.

Controles

En la fase de desintoxicación, el paciente debe permanecer de baja laboral durante cinco días (período en el cual puede producirse el síndrome de abstinencia). Es suficiente el control por un familiar debidamente informado y en contacto con el equipo de Atención Primaria.

Tratamiento del síndrome de abstinencia

La abstinencia alcohólica no complicada es la que presenta la mayoría de los pacientes alcohólicos. Suele aparecer a las 6-12 horas de la interrupción de la ingestión, es autolimitada y suele desaparecer a los cinco o seis días. El cuadro clínico corresponde a una hiperreactividad adrenérgica, con ansiedad, temblor, hiperreflexia, insomnio, taquicardia, sudoración, náuseas, vómitos y diarrea. Si la exploración física no presenta una patología asociada que pueda ser responsable de la interrupción de la ingestión, el tratamiento puede realizarse en el domicilio siempre que un familiar se haga responsable de su seguimiento y de la vigilancia del enfermo. El tratamiento consistirá, como en la desintoxicación, en pautas decrecientes de clormetiazol o diazepam, en dosis elevadas, que se suspenderán a los 7-9 días.

El delírium trémens alcanza su máxima intensidad a las 48-72 horas de suprimir la ingestión. Tiene una mortalidad sin tratamiento del 5-15%. También puede ser desencadenado por una ingestión excesiva. Además del cuadro descrito en la abstinencia alcohólica común, estos pacientes presentan obnubilación, desorientación, agitación psicomotriz, insomnio total, ilusiones, alucinaciones con zoopsias, midriasis y febrícula. Es muy frecuente la deshidratación, con trastornos electrolíticos muy graves. El tratamiento es hospitalario.

Tratamiento de la intoxicación etílica aguda

Cuando la alcoholemia oscila entre 0,8 y 2 g/l, el paciente suele presentar fetor alcohólico, labilidad emocional, discurso incoherente, pérdida de autocontrol, ataxia y disartria. Es frecuente también la agitación psicomotriz. Con valores de alcoholemia superiores a 2 g/l aparece depresión progresiva del SNC, y puede llegar al coma. Los valores de alcoholemia superiores a 3,5 g/l pueden ser mortales. Los pacientes que presenten alteración del estado de conciencia deben ser derivados al hospital, ya que debe hacerse un diagnóstico diferencial con otros procesos (hematoma subdural, meningitis/encefalitis, encefalopatías metabólicas, intoxicación por sedantes, etc.). Es importante colocar al paciente en una posición que prevenga la aspiración en caso de vómito.

En los pacientes que no presenten alteración del estado de conciencia debe realizarse una exploración física completa, con valoración especial del estado neurológico, así como una determinación de glucemia. El tratamiento de la intoxicación aguda es sintomático. Si el paciente es un alcohólico crónico, se le administrarán 100 mg de tiamina intramuscular; no será necesario si la embriaguez es ocasional. En el caso de que no haya síntomas de agitación y la glucemia sea superior a 70 mg/dl, puede ser derivado a su domicilio siempre que un acompañante se haga cargo de él.

Si la glucemia es inferior a 70 mg/dl, y dado que estos pacientes pueden presentar cetoacidosis alcohólica, es recomendable su derivación al hospital. Si el paciente presenta agitación psicomotriz (una vez se haya descartado la hipoglucemia como causa) se puede administrar tiaprida en dosis de 100-200 mg i.m., ya que no produce sedación. En caso de no haber respuesta al tratamiento, deben utilizarse neurolépticos mayores. Dado que en estos pacientes los neurolépticos pueden desencadenar convulsiones y producir hipotensión arterial, es poco recomendable su uso en Atención Primaria.

Seguimiento del paciente alcohólico

La relación terapéutica establecida en este tipo de seguimientos es muy importante, por lo que la intervención de otros profesionales del equipo deberá ser valorada en cada caso.

La utilización de sustancias aversivas al alcohol no se hará de forma sistemática. Se debe informar al paciente de que la utilización del fármaco será temporal y que, posteriormente, no lo precisará. Asimismo, deberá conocer los efectos que se pueden producir con la ingestión de alcohol durante el tratamiento con estos fármacos. Orientativamente, se mantendrá el tratamiento durante 6 meses. Si existiera ingestión alcohólica concomitante, deberá ser interrumpida su administración, por los riesgos de alta toxicidad hepática y neurológica.

Los fármacos utilizados por su acción aversiva del alcohol son el disulfiram y la cianamida cálcica. Se recomienda el uso de disulfiram (1-2 comp./día) por ser su vida media más larga. Está contraindicado en los siguientes casos: cirrosis hepática (hepatotoxicidad), insuficiencia respiratoria, depresión respiratoria, cardiopatías (arritmias e hipotensión), epilepsia (convulsiones), insuficiencia renal y embarazo. Se han introducido nuevos fármacos dirigidos específicamente a disminuir el deseo de consumir bebidas alcohólicas. El acamprosato parece actuar específicamente en el sistema glutamato/NMDA. La instauración del tratamiento se recomienda a partir del inicio de la desintoxicación. La medicación debe mantenerse por un período de 6 meses en dosis de 2 g distribuidos en 3 tomas diarias. Es un fármaco con buena tolerancia y pocos efectos secundarios, a excepción de algunas diarreas banales en las fases iniciales del tratamiento, que suelen ceder con una disminución momentánea de las dosis administradas; sólo se halla contraindicado en la insuficiencia renal.

En el caso de la naltrexona, su acción no mejora las tasas de abstinencia de los pacientes en tratamiento, aunque en los pacientes que vuelven a beber actúa ralentizando el proceso de recaída y aumentando, por tanto, las posibilidades de intervenir terapéuticamente. La cantidad aconsejada es de 50 mg diarios en dosis única. Entre los efectos secundarios leves cabe señalar cefaleas, ansiedad y epigastralgias. Debido al riesgo de hepatotoxicidad, debe administrarse con prudencia en alcohólicos con daño hepático, y realizar periódicamente controles analíticos.

Rehabilitación psicosocial. Asociaciones de alcohólicos

Estos tipos de asociaciones tienen importancia en aquellos pacientes que han seguido un proceso de terapia grupal durante su desintoxicación. Si se ha realizado la deshabituación sin el seguimiento de técnicas de terapia de grupo, habitualmente no será preciso recomendárselas.

Enfoque terapéutico de los bebedores de riesgo

El consejo breve para la moderación en el consumo de bebidas alcohólicas es una técnica de asesoramiento claramente definida y estructurada. Debe durar entre 5 y 10 minutos, facilitarse después de haber atendido la demanda que motivó la consulta, y administrarse una vez se haya identificado el grado de disposición para el cambio que tiene el paciente.

Suele ser útil empezar diciéndole al paciente que, a través de los datos obtenidos mediante la anamnesis o las pruebas complementarias, se cree detectar en él unos hábitos de consumo de bebidas alcohólicas que podrían resultar perjudiciales para su salud, y que, por dicho motivo, sería conveniente suministrarle información al respecto. Si el paciente se muestra reacio o se niega a hablar del tema, es preferible no continuar (protocolo motivacional). En muchas ocasiones, no obstante, el paciente aceptará de buen grado la información. En ese caso, se empezará ofreciendo información genérica, explicando cuáles son los límites de consumo aconsejados por la OMS, y procurando enfatizar las diferencias entre bebedor de riesgo y alcohólico. A continuación, se intentará concretar cuáles son los posibles perjuicios y beneficios que dicho paciente en concreto puede experimentar si persiste en los consumos o si los reduce por debajo de los percentiles de riesgo (protocolo de bebedores de riesgo). Finalmente, se intentará pactar con el paciente una reducción de consumos y una fecha para una nueva cita. Esta última parte es la más crítica del consejo breve, y en ella es esencial dar más importancia a la continuidad en el seguimiento que a conseguir resultados rápidamente.

DROGODEPENDENCIAS NO INSTITUCIONALIZADAS

Heroína

Los opiáceos tienen una potente acción toxicomanígena (reforzadora de la autoadministración), según se ha demostrado experimentalmente. Por regla general, se trata de individuos jóvenes, con una mayor prevalencia en el sexo masculino. Suelen ser pacientes que previamente han consumido otros tipos de drogas.

Físicamente, suelen ser pacientes caquécticos, y es prácticamente patognomónica la existencia de venas esclerosadas y señales de inyecciones recientes en las extremidades superiores e inferiores. La irrupción del sida ha hecho aparecer un nuevo tipo de consumidor: el usuario de drogas por vía inhalatoria. Estos consumidores pertenecen a una nueva generación que, aunque no presentan complicaciones orgánicas comparables a las que presentan los consumidores por vía parenteral, deben tenerse en cuenta para que no queden fuera del sistema sanitario.

El paciente intoxicado se caracteriza por su habla lenta, a veces farfullante, con un enlentecimiento generalizado de los movimientos, marcada miosis, déficit en la coordinación psicomotriz y disminución sensible de la capacidad de atención. En cambio, el paciente que inicia un síndrome de abstinencia se caracteriza por la existencia de una marcada irritabilidad, comportamientos a veces marcadamente agresivos, ansiedad manifiesta y los típicos síntomas de abstinencia: piel de gallina, midriasis, bostezos, insomnio, etc.

El consumo de heroína conlleva casi necesariamente la aparición de una progresiva marginación social que, en muchas ocasiones, va acompañada de conductas delictivas para obtener el dinero necesario para adquirir la droga.

Enfoque terapéutico

La aparición del sida, y el hecho de que en España los adictos a drogas por vía parenteral sean el grupo más numeroso de los afectados por la enfermedad, ha hecho replantear las estrategias en el enfoque del tratamiento, y que, además de los programas libres de drogas, hayan recibido un gran impulso los programas de reducción de daños (*harm reduction*). La abstinencia pasa de ser el único objetivo a ser un objetivo más y no siempre el primero. El objetivo primero sería, por tanto, mantener al heroinómano con vida, evitar que continúe con conductas de riesgo (sida, hepatitis B, endocarditis, etc.), y al final, conseguir la abstinencia. Los programas de reducción de daños tienen tanto una vertiente sanitaria como otra más social. Los más habituales son programas de calle, servicios de contactos en comisarías, programas de intercambio de jeringuillas y de promoción del sexo seguro y programas de mantenimiento con metadona.

Programas de tratamiento con metadona

Se basan en la sustitución de la heroína por otro fármaco opiáceo. El objetivo primordial de estos programas no es tanto conseguir la abstinencia total como mejorar la calidad de vida de los pacientes y evitar la expansión de las patologías asociadas al uso de drogas por vía parenteral. Los programas a dosis altas (más de 80 mg de metadona al día) tienen como objetivo evitar el deseo de consumir (*craving*). Son programas de baja exigencia y dirigidos a aquellos pacientes más desestructurados, y corresponderían a lo que se conoce como programas de mantenimiento con metadona, en los que la desintoxicación no es un objetivo a corto plazo en general. Los programas de dosis bajas (hasta 80 mg de metadona al día) tienen como objetivo conseguir la mejora del síndrome de abstinencia, requieren un paciente más estructurado y colaborador, y suelen ser de menor duración que los de dosis altas. Sin embargo, las recurrencias y la existencia del sida hacen que la mayoría de pacientes se mantengan de forma indefinida en estos programas.

Hay experiencias de tratamiento con otras sustancias derivadas de la metadona, de vida media mucho más larga, como el LAAM (forma levo del alfa-acetil-metadol), que presenta una vida media de 72 horas frente a las 24 horas de la metadona, lo que permitiría una mayor autonomía por parte del paciente, aunque según parece, hay una menor retención de los pacientes que con la metadona.

En algunos países se están experimentando programas de tratamiento con heroína dirigidos a grupos de pacientes muy seleccionados y en los que han fracasado los otros tipos de tratamiento.

Tratamiento sintomático o no sustitutivo

El modelo sintomático se basa en la evitación del síndrome de abstinencia por bloqueo de los receptores catecolaminérgicos responsables. Actualmente, se utilizan con regularidad la clonidina y la guanfacina, a las que suelen asociarse dosis bajas de benzodiacepinas. Desde hace algunos años se han ido desarrollando las llamadas desintoxicaciones ultracortas, que consisten en la administración, durante períodos muy cortos, de fármacos para la desintoxicación y fármacos para la inducción (lo que conlleva, según los protocolos, a la utilización simultánea de un número importante de fármacos).

Deshabituación y reinserción social

En los pacientes en los que se ha conseguido realizar la desintoxicación, en la fase de deshabituación el tratamiento adquiere un carácter eminentemente psicosocial, donde los elementos más importantes son la relación con el terapeuta, la ocupación del tiempo libre, la higienización de los hábitos de vida y el control de la abstinencia. En relación con este último aspecto hay dos técnicas muy útiles: los controles periódicos de orina y la administración de naltrexona.

Mediante análisis de orina, que se realizan dos o tres veces por semana, se puede controlar la abstinencia del paciente. Esta medida tiene un fuerte efecto contenedor en los heroinómanos que aceptan tratamiento (también se utiliza en los programas de tratamiento con metadona). Del mismo modo, la naltrexona es muy útil, al tratarse de un fármaco «disuasor» del consumo de heroína, puesto que su administración comporta el bloqueo de los receptores opiáceos endógenos y, por tanto, la no aparición de los efectos deseados en el caso de que se produzca una autoadministración de heroína, con lo que se evita el efecto reforzador de la droga.

La naltrexona es efectiva por vía oral durante 24 horas en una única dosis de 50 mg. En algunos casos, se pueden utilizar dosis inferiores.

COCA, COCAÍNA Y CRACK

En la actualidad, existen cuatro formas básicas de consumo de derivados de la coca:

1. Las hojas de coca mascadas.
2. La inhalación («esnifado») de clorhidrato de cocaína.
3. La administración intravenosa de clorhidrato de cocaína.
4. El consumo fumado de cocaína base, el popular *crack* o *free base.*

El clorhidrato de cocaína es termolábil, y al administrarse por vía intranasal la superficie de absorción no es superior al tamaño de una moneda corriente. Si a ello se le suma el efecto vasoconstrictor local de la cocaína, se observará cómo la velocidad de absorción y las concentraciones plasmáticas no pueden ser muy elevadas.

La cocaína base, en cambio, se caracteriza por ser termoestable. Su termoestabilidad permite que se consuma fumada. El *crack* permite unas concentraciones altísimas de cocaína en plasma, con unos efectos psíquicos muy intensos (lo que en argot se denomina el *high*) que provocan una rápida aparición de dependencia y, en otro orden de cosas, presentan también una importante toxicidad aguda, muy especialmente cardiovascular y del SNC.

Perfil clínico del cocainómano

Estos pacientes se caracterizan por su marcada inestabilidad emocional. Las consecuencias psíquicas del uso continuado de cocaína son graves, habiéndose descrito básicamente dos tipos de patologías: por una parte, la aparición de cuadros psicóticos, de características muy paranoides, y por otra parte, la progresiva instauración de un deterioro psíquico considerable, que suele ir parejo con un grave deterioro somático.

Tratamiento del cocainismo

No es necesaria la realización de una desintoxicación; el principal problema que presentan estos pacientes son la depresión y la ansiedad que acompañan a la abstinencia en los meses iniciales. Sólo existe acuerdo generalizado en relación con la utilidad de los antidepresivos tricíclicos, especialmente la imipramina. Se considera fundamental un enfoque psicológico intensivo que incluya tratamiento individual y de grupo. Los programas de tratamiento suelen durar alrededor de un año, y los resultados no son, por el momento, demasiado halagüeños. Actualmente, se están desarrollando anticuerpos contra las proteínas transportadoras, lo que llevaría a desarrollar una especie de «vacunas» que bloquearían los efectos de la cocaína.

CANNABIS

Actualmente, el consumo de cannabis se da en todos los estratos sociales, sin que los consumidores reciban un rechazo social significativo. Entre los 14 y los 18 años de edad, la tendencia del consumo es claramente de aumento.

Aspectos farmacológicos

La principal característica diferencial de los derivados cannábicos es su liposolubilidad. El cannabis posee una gran cantidad de principios activos, de los cuales el 9-delta-tetra-hidro-cannabinol es el más potente. Su forma de presentación habitual ha dado lugar a su denominación como «chocolate», aunque existen muchos otros nombres: costo, kif, maría, etc. La OMS tiene registrados hasta un total de más de 350 nombres para las distintas preparaciones de cannabis. Su liposolubilidad comporta una vida media muy larga.

Perfil clínico del consumidor de derivados cannábicos

Pueden diferenciarse dos tipos de consumidores de cannabis: los jóvenes, que suelen utilizarlo como una droga más y en un marco de politoxicomanía, y los adultos con una situación familiar y profesional estables, que realizan un consumo más «recreativo» de la droga.

Síndromes

El fenómeno más típico descrito en relación con el cannabis es el del síndrome amotivacional. Se trata de cuadros subdepresivos caracterizados por la apatía, la inhibición y un cierto embotamiento afectivo en el que la indiferencia predomina sobre la tristeza.

Los trastornos psíquicos más graves descritos son las psicosis cannábicas. Se trata de un síndrome casi superponible a la esquizofrenia paranoide, pero de curso más breve y, habitualmente, de mejor respuesta al tratamiento y mejor pronóstico, si cesa el consumo de cannabis.

Enfoque terapéutico

El tratamiento de la dependencia cannábica tiene una base indudablemente psicológica. Puede utilizarse la psicoterapia individual y grupal, y este tipo de pacientes es adaptable tanto a grupos de adultos alcohólicos como de jóvenes toxicómanos, según la edad y el tipo de consumo que presenten.

Los análisis de orina de frecuencia semanal son también un instrumento útil, ya que cumplen una doble función de control exterior y de contención interna. Los psicofármacos no son, por regla general, utilizables, y las benzodiacepinas están habitualmente contraindicadas, por el riesgo adictivo que comportan. En ocasiones, pueden utilizarse antidepresivos tricíclicos y también neurolépticos sedativos en dosis muy bajas.

DROGAS «DE DISEÑO»

Las llamadas drogas «de síntesis», o «de diseño», entre las que destaca actualmente el «éxtasis», son derivados metanfetamínicos con una acción estimulante y psicodisléptica. Como efecto subjetivo destaca el aumento de empatía y de la capacidad de relacionarse con los demás, y el aumento de la energía física y emocional, por lo que se han denominado como «entactógenas».

Perfil del consumidor de drogas «de diseño»

El consumidor de drogas de diseño suele ser joven (entre 18 y 25 años), sólo la mitad de los que las han probado alguna vez las ha vuelto a tomar, y únicamente el 5,5% de los que refieren consumirlas lo hacen casi todas las semanas. Las circunstancias del consumo se asocian a motivos lúdicos y festivos. Su consumo es casi exclusivamente en grupo. En un gran porcentaje, se asocia al consumo de alcohol (60-70%) y en menor medida al de cannabis y cocaína. Los estudios realizados indican que el consumo se distribuye por igual en todas las capas sociales.

Efectos adversos del consumo

Los efectos percibidos como desagradables por los consumidores son de tipo físico (taquicardia, boca seca, disminución del apetito, sudoración, dolores musculares, fatiga, náuseas, vómitos, etc.).

Los efectos psíquicos principales son: dificultad para concentrarse, ansiedad, desorientación, insomnio y agitación. Con el incremento de las dosis aumentan los efectos negativos, mientras que para los positivos se produce tolerancia, lo que dificulta su empleo abusivo.

Complicaciones somáticas

Los efectos somáticos graves documentados son de diferente tipo (arritmias graves, insuficiencia renal aguda, hemorragia intracerebral, trombosis de los senos cavernosos, etc.), pero el más grave y con desenlaces fatales documentados es el golpe de calor. En este cuadro se produce hipertermia, convulsiones, rabdomiólisis, coagulación intravascular diseminada (CID) e insuficiencia renal aguda. En estos casos, parece ser que las condiciones ambientales (calor, sitios cerrados, deshidratación y consumo de alcohol concomitante) desempeñan un papel importante.

Tratamiento

La intoxicación corresponde a un cuadro de intoxicación anfetamínica con agitación, alteración del estado de conciencia, taquicardia, hipertensión, midriasis, sudoración y trismo. El tratamiento es sintomático. En los casos de hipertermia, se recomienda un rápido enfriamiento por métodos físicos, hidratación correcta y diuresis forzada; requieren tratamiento hospitalario.

Capítulo 44

RIESGOS MEDIOAMBIENTALES Y LABORALES

ACCIDENTES DE TRÁFICO

En España el 40% de las minusvalías tiene su origen en los accidentes de tráfico e, igualmente, son la primera causa de lesión medular en la población joven. Aproximadamente, se producen en el país 500 nuevos casos de paraplejía de este origen, y el 75% se observa en jóvenes. Estos accidentes también son la primera causa de mortalidad en el grupo comprendido entre 5 y 29 años. Por ello la lucha contra los accidentes de tráfico debe constituir un pilar de las estrategias preventivas. Si bien las medidas coercitivas parecen ser las de mayor efectividad, a quienes se dedican a la Atención Primaria les corresponde insistir con el consejo educativo para el uso de casco protector, cinturón de seguridad y sillas para los niños y, en todos los casos, la abstención alcohólica de quien conduce el vehículo.

IMPACTO DE LAS CONDICIONES DE TRABAJO EN LA SALUD

ACCIDENTES Y ENFERMEDADES DEL TRABAJO

En España la siniestralidad por accidentes de trabajo aumenta año a año. Así, los accidentes con baja laboral aumentaron el 7% en el año 2000, respecto al año anterior. El sector servicios implica más del 40% del total de accidentes, seguido de la industria y la construcción. Si se observa desde el índice de incidencia (cada 100.000 trabajadores), el valor más elevado corresponde a la construcción. Por ramo de actividad, el índice más elevado se registra en «extracción y aglomeración de carbón». La incidencia de accidentes mortales se cifró en 9,2 por cada 100.000 trabajadores. Se constata de manera general un importante riesgo de accidente asociado a la contratación temporal. La probabilidad de que un trabajador temporal sufra un accidente es más del doble que la de uno fijo.

Con el concepto de enfermedades laborales se encuadran dos tipos de afecciones: las *enfermedades profesionales* y las *enfermedades vinculadas al trabajo.* Las primeras son aquellas que reconocen sólo un agente, que es propio del medio ambiente laboral, sin el cual la afección no puede producirse (no hay silicosis sin exposición a la sílice, no hay bisinosis sin exposición al polvo de algodón). En su concepción se incluye una visión indemnizadora, es decir, el concepto de enfermedad profesional nace de la mano del de Seguridad Social (en sus versiones más antiguas y/o restrictivas), y designa un proceso morboso que, en caso de determinar incapacidad definitiva, prevé una reparación económica al trabajador afectado.

Sin embargo, considerar, desde la medicina, que la patología del trabajador se reduce a las enfermedades profesionales sería una actitud poco realista. Así, con el segundo concepto de *enfermedad vinculada al trabajo* se está haciendo referencia a los hallazgos de la epidemiología, cuando se detecta que algunas enfermedades se distribuyen más específicamente en ciertos grupos de trabajadores. Estos procesos, inespecíficos, no reconocen un sólo agente causal; entre ellos se incluyen padecimientos osteoarticulares, cáncer, alteraciones de la reproducción, trastornos cardiovasculares, etc.

ENVEJECIMIENTO PRECOZ Y DESGASTE OBRERO

Distintos estudios han demostrado que la salud se deteriora con el avance de la edad mucho más entre los trabajadores de turnos nocturnos que en los que trabajan en horario diurno. Resultados similares se han obtenido respecto a los trabajadores de cadenas de montaje. Si se consideran trabajadores relativamente homogéneos en el plano socioeconómico, en la industria gráfica, se advierte rápidamente que los individuos que trabajan en las rotativas son los más afectados, además de ser los que presentan durante su vida laboral una polipatología más acentuada y una tasa de mortalidad más elevada. La influencia de las condiciones de trabajo, unida a las condiciones de vida, han hecho acuñar la expresión *desgaste obrero.*

ESTRÉS LABORAL

Contrariamente a lo difundido entre la población, los grados de estrés más elevados no se observan entre los dirigentes y los individuos que toman grandes decisiones sino entre trabajadores adscritos a líneas de montaje, a quienes la máquina impone el ritmo de trabajo.

Existen también factores cualitativos que hacen referencia a los trabajos aburridos, de escaso contenido, repetitivos, con falta de variantes estimulantes, sin demandas de creatividad o de solución de problemas y con bajas posibilidades de interacción social. Éste es el tipo de problema que se está viendo con la automatización y el creciente uso de ordenadores en las oficinas y en la industria. La teoría más reciente respecto al estrés reconoce como factores determinantes, además de los descritos, el bajo control sobre el propio trabajo y la falta de soporte social.

SALUD LABORAL Y ATENCIÓN PRIMARIA DE SALUD

SISTEMA DE NOTIFICACIÓN DE SUCESOS CENTINELA

La noción de *sucesos centinela* parte del principio de que estudios científicos controlados cuidadosamente sobre alteraciones de la salud innecesarias pueden proporcionar información acerca de las modificaciones personales, sociales y médicas que pueden conducir a mejores estados de salud.

El sistema consiste en la selección de una serie de sucesos centinela y en el montaje de una organización caracterizada por: *a*) un sistema de comunicadores de sucesos centinela, y *b*) un centro de recepción de la información, que la analiza, interactúa con el comunicador y dirige actividades de intervención hacia el trabajador afectado, sus compañeros y el puesto de trabajo. El centro mantiene la confidencialidad, evacua consultas y determina los procedimientos efectivos y apropiados de intervención.

HISTORIA LABORAL

Existen dos elementos que pueden orientar hacia la etiología laboral de los síntomas y que deben tenerse en cuenta en las exposiciones a noxas en el trabajo: cronología y epidemiología. Preguntas como ¿aparecieron los síntomas al poco tiempo de iniciar el trabajo?, ¿hubo algún cambio en el ciclo productivo?, ¿los síntomas remiten durante el fin de semana o en vacaciones?, ¿otros trabajadores presentan el mismo problema?, pueden sugerir ideas. No obstante, aunque las respuestas positivas a estos interrogantes inclinarán a valorar la etiología laboral, la respuesta negativa no permite eliminarla.

Una historia laboral consta, básicamente, de dos partes: la historia de los trabajos que realizó el individuo, y la de las exposiciones laborales. No es suficiente conocer el nombre de la empresa, la actividad desarrollada y el oficio desempeñado; es indispensable saber cuáles son los factores de riesgo a los que ha estado expuesto el paciente. Se debe insistir en que hay que incluir la descripción de todas las tareas realizadas desde que comenzó su vida laboral, además de las que haya desempeñado a tiempo parcial o por cuenta propia. Otro procedimiento consiste en la utilización de formularios estandarizados en los cuales el trabajador contesta «sí» o «no» a distintas posibilidades de exposición a riesgos que se ofrecen como opción.

Uno de los problemas que, pese a las normas, subsistirá por algún tiempo, especialmente en la pequeña y mediana empresa, es el de las sustancias químicas. Si bien el trabajador tiene posibilidad de solicitar a su empleador información complementaria, algunos textos y centros oficiales de documentación pueden ayudar a esclarecer los probables componentes del producto.

APROXIMACIÓN A LAS ENFERMEDADES LABORALES

PATOLOGÍA CARDIOVASCULAR

Se han descrito vinculaciones entre determinadas exposiciones y una serie de afecciones cardiovasculares; así, se han conocido asociaciones de determinadas condiciones de trabajo con los cuadros isquémicos cardíacos, las alteraciones del ritmo, la hipertensión, las miocardiopatías y la enfermedad vascular periférica. Con estos conocimientos se concentrará la atención en algunos factores de riesgo cardiovascular de origen laboral (tabla 44-1). Antes, cabe señalar que distintos estudios epidemiológicos han explorado las relaciones entre ocupación y morbimortalidad por infarto agudo de miocardio o enfermedad isquémica. La asociación más evidente, con elevado riesgo, se da entre los conductores profesionales, particularmente entre aquellos ocupados del transporte urbano de pasajeros. Además, se ha encontrado que están sometidos a riesgo los controladores aéreos, los bomberos, los trabajadores de la fundición y los conductores de taxi, entre otros. Muchas de las ocupaciones implicadas tienen exposición a los factores de riesgo que se considerarán a continuación.

Monóxido de carbono

Las relaciones entre el hábito de fumar y la cardiopatía coronaria están bien documentadas, pero aún no se ha logrado identificar con la misma claridad

Tabla 44-1. Agentes de riesgo laboral vinculados a enfermedad cardiovascular

Agentes	Enfermedad cardiovascular
Monóxido de carbono	– Enfermedad isquémica coronaria ante exposiciones graves – ¿Intervención del proceso arteriosclerótico?
Solventes orgánicos	– Arritmia cardíaca, muertes súbitas
Anestésicos hidrocarburos halogenados	– Arritmia cardíaca
Fluorocarbonados	– Arritmia cardíaca
Nitroglicerina y nitroglicol	– Muerte súbita
Plomo	– Hipertensión
Cadmio	– Hipertensión
Ruido	– Hipertensión
Vibraciones	– Síndrome de Raynaud
Estrés, trabajo en turnos nocturnos	– Enfermedad isquémica, hipertensión

cuál es el agente del humo del tabaco responsable de esta acción. El monóxido de carbono (CO), la nicotina, el cadmio, los óxidos nitrosos y otros contaminantes han sido involucrados como agentes causales.

Dado que la exposición al CO es común en numerosos ámbitos laborales, diversos estudios indagan su posible papel en las afecciones cardiovasculares; la mayoría de ellos se han concentrado en policías, trabajadores de garajes, mecánicos, obreros que permanecen en túneles urbanos con gran densidad de tráfico y trabajadores de la fundición.

Diferentes investigaciones han demostrado también la relación entre la exposición intensa al CO y la enfermedad isquémica coronaria y la mortalidad por dicha causa. Este exceso de mortalidad desaparece, sin embargo, a los pocos años de que cese la exposición, remedando la situación que se conoce respecto al abandono del hábito de fumar. Se ha postulado que el CO podría intervenir en el desarrollo de arteriosclerosis. La agregación plaquetaria posterior a la inhalación de CO constituye el mecanismo patogénico que determina la agravación de las alteraciones cardiovasculares en el oxicarbonismo. No se trataría, entonces, de un mero proceso funcional.

Disolventes orgánicos

Los estudios sobre muerte súbita y exposición aguda a disolventes concluyen que aquélla se debe a fibrilación ventricular por sensibilización del miocardio a la adrenalina. Los disolventes que parecen más activos son el benceno, el heptano, el cloroformo y el tricloroetileno. Las muertes de trabajadores expuestos a solventes ocurrieron en individuos que gozaban de buena salud previa.

El uso de los fluorocarbonados como propelentes en medicaciones para asmáticos, con aparición de muertes súbitas en distintos países, alertó sobre su riesgo. También se comprobaron alteraciones en el ritmo cardíaco en médicos que se hallaban expuestos a esta gama de tóxicos, en laboratorios de anatomía patológica.

En particular, por su difusión en el ambiente laboral, pueden encontrarse relatos respecto a arritmias y muertes súbitas entre trabajadores expuestos al tricloroetileno, utilizado como desengrasante. Estas muertes se han producido en varias situaciones, poco después de haber concluido el trabajo.

El disulfuro de carbono favorece la arteriosclerosis, al aumentar la adhesividad plaquetaria, alterar el metabolismo de los lípidos y mediante acciones antifibrinolíticas. Diferentes estudios han demostrado que aumenta el riesgo relativo de muerte por enfermedad coronaria.

Nitroglicerina y nitroglicol

Gran parte de las muertes súbitas en trabajadores de fábricas de explosivos se producen los lunes; por ello, suele hablarse de la «angina de los lunes» o «muerte de los lunes». El cuadro tiene su origen en la exposición a la nitroglicerina y/o nitroglicol, ante cuya presencia suelen presentarse importantes cefaleas, con enrojecimiento facial que traduce los efectos de la vasodilatación. Cuando cesa la exposición, y en general, dentro de las 72 horas siguientes, suelen presentarse episodios de angina, espasmo coronario, infarto de miocardio, trastornos en el ritmo y muerte súbita. Hay evidencias experimentales que señalan que la exposición crónica a nitratos provocaría una disminución de la oxigenación de los tejidos (hipoxia tisular), acelerando el desarrollo de la arteriosclerosis.

Metales

Desde hace muchos años, se han documentado relaciones entre la exposición al *plomo, cadmio* o *arsénico* y la hipertensión, y también se ha descrito un incremento en el riesgo de muerte por enfermedad vascular cerebral. El *cobalto* se consideró un agente de riesgo cardiovascular a partir de una alta prevalencia de hipertensión y alteraciones electrocardiográficas. Éstas, parecen remitir una vez que cesa la exposición. La exposición al *arsénico* y a sus compuestos también se ha asociado a mayor riesgo cardiovascular.

Otras sustancias químicas

Hay evidencias experimentales de la cardiotoxicidad de los *organofosforados,* con una prevalencia elevada de cambios electrocardiográficos con patrón isquémico.

También el *berilio*, el *mercurio* y el *antimonio* se han asociado a la enfermedad cardiovascular.

RUIDO Y VIBRACIONES

Estudios realizados en trabajadores de acerías y de otros ambientes ruidosos han demostrado una alta prevalencia de hipertensión, aunque no siempre se han logrado aislar posibles variables de confusión.

Las *vibraciones de alta frecuencia*, por ejemplo, las producidas por herramientas neumáticas, determinan constricción de las arteriolas de los dedos (síndrome de Raynaud). El mismo cuadro, aun en los dedos de los pies, se ha descrito en trabajadores expuestos al monómero de cloruro de vinilo o disulfuro de carbono.

RIESGOS PSICOSOCIALES

Estudios efectuados en trabajadores de la construcción mostraron que el riesgo más alto de infarto de miocardio lo sufrían los trabajadores que desempeñaban tareas más pesadas. El exceso de demanda laboral, en combinación con estímulos inadecuados y poco margen para la decisión, es importante para el desarrollo de enfermedad cardíaca.

Se ha sugerido que el trabajo por turnos podría estar asociado causalmente a los padecimientos cardiovasculares. La ambigüedad en la función laboral, la monotonía, los altos ritmos de producción, la frustración, la alta competitividad, el exceso en la carga mental de trabajo y las tareas sin contenido son factores de estrés y, consiguientemente, de incremento del riesgo cardiovascular. El estrés laboral como propiciador del hábito tabáquico y/o alcohólico es otra vía para aumentar el riesgo.

Inactividad física

Muchas actividades laborales implican sedentarismo. Los últimos estudios muestran un riesgo relativo de valor 2 para la enfermedad cardiovascular entre la población inactiva, respecto a la físicamente activa.

TRASTORNOS MUSCULOSQUELÉTICOS

El panorama europeo de las enfermedades profesionales se caracteriza justamente por las lesiones musculosqueléticas, entre las cuales se suelen reconocer: alteraciones tendinosas (tendinitis, tenosinovitis, dedo en resorte, epitrocleítis, tendinitis del bicipital, manguito de los rotadores, enfermedad de Quervain, enfermedad de Dupuytren); alteraciones nerviosas (síndrome del túnel carpiano, síndrome del túnel de Guyon, síndrome del radial, síndrome interóseo posterior); alteraciones musculares (mialgias, contracturas, etc.), y alteraciones articulares y periarticulares, como las osteartrosis y las bursitis. También se incluyen, dentro de las patologías por movimientos repetitivos, las afecciones vasculares (síndrome de vibración mano-brazo, trombosis cubital, síndrome del canal torácico).

Alteraciones de la columna y las extremidades

Entre los cuadros causados por el trabajo, los más frecuentes son las *lumbalgias*, que constituyen la afección más común y que, en su mayor parte, son inespecíficas y, por lo general, no puede determinarse su causa última. Entre ellas, cabe citar: fibrositis, miositis, degeneración y rotura de ligamentos, enfermedad degenerativa articular, hipertrofia del ligamento amarillo, etc. La falta de irrigación adecuada y, por tanto, de nutrición del disco podría desempeñar un papel subyacente en estas alteraciones. Últimamente, estudios experimentales en los que se han sometido segmentos vertebrales lumbares humanos frescos (obtenidos de necropsias), a compresiones cíclicas han demostrado que puede producirse fatiga y fallos óseos en la columna lumbar, en las inmediaciones del núcleo pulposo.

Los movimientos repetitivos de las extremidades superiores, en especial cuando implican esfuerzo, también pueden exceder la capacidad de recuperación. Ello causa inflamación que, en un principio, atañe a los tendones y sus vainas, aunque puede extenderse a las inserciones óseas, las sinoviales y las articulaciones. Cuando el proceso inflamatorio persiste a través del tiempo, puede determinar la compresión de un nervio, reacciones fibrosas en el tendón, rotura del tendón, aparición de calcificaciones o formación de nódulos fibrosos. Debe tenerse en cuenta que, si bien el músculo responde a la solicitud reiterada con la hipertrofia, el tendón, aun hipertrofiándose, no alcanza a aumentar adecuadamente su lecho vascular, lo que conduce a una alteración de sus características biofísicas, que lo vuelven más vulnerable a la actividad traumática.

Entre las afecciones de etiología laboral de las extremidades superiores ocupa un lugar importante el *síndrome del túnel carpiano*. El cuadro está determinado por la compresión del nervio mediano a través del túnel carpiano, y se inicia con trastornos sensitivos en la mano, que siguen la distribución del nervio mediano. Orientan su etiología laboral la repetición de movimientos similares en la mano o la muñeca afectadas, tareas regulares que implican el ejercicio de fuerza importante en la mano afectada, flexión o extensión extremas de la muñeca, uso de los dedos con la muñeca flexional o uso de herramientas vibrátiles.

Con el nombre de *síndrome del hombro doloroso* se incluye una serie de procesos, entre ellos la periartritis de hombro, la tendinitis y/o calcificación y/o la rotura del supraspinoso, etc. Su génesis en el ámbito laboral puede encontrarse en traumatismos únicos, por ejemplo, el arrancamiento del tendón de su inserción o, más comúnmente, por traumatismos repetidos. Desde hace mucho tiempo estos cuadros se relacionan con actividades que requieren mantener prolongadamente el brazo en ligera abducción, en aquellas en que hay una gran actividad de las extremidades superiores y en los individuos que llevan carga sobre los hombros.

Las *artrosis* han sido también motivo de estudio en su relación con el trabajo. La *exposición a vibraciones* es causa de alteraciones osteomusculares. Las vibraciones que presentan una frecuencia baja (entre 2 y 20 Hz), generadas en autobuses, tractores, helicópteros, maquinaria pesada de la construcción, puentes grúa, etc., se caracterizan por la determinación de las alteraciones en la columna dorsal y lumbar. En una población de 371 conductores de tractores agrícolas se encontraron estas anomalías en el 71% de los casos; la edad media era de 26 años. Las anomalías a las que se hace referencia son imágenes radiológicas de artrosis, discopatías y síndromes lumbociáticos.

Entre los trabajadores que utilizan herramientas vibrátiles (martillo neumático, desbarbadora, sierra eléctrica, etc.), cuyas frecuencias dominantes son superiores a 20 Hz e inferiores a 40 Hz, las lesiones más frecuentes afectan huesos, articulaciones y tendones. Bajo su efecto, pueden aparecer la epicondilitis, la tendosinovitis (estas dos alteraciones se pueden observar también en trabajadores que realizan tareas con esfuerzo reiterado de los músculos de la extremidad superior), la artrosis y las necrosis de huesos de la mano (semilunar y escafoides). Cuando las herramientas presentan una frecuencia dominante entre 40 y 300 Hz, aparecen los fenómenos vasculares que se conocen con los nombres de *síndrome de Raynaud*, «del dedo blanco» o «del dedo muerto», a los cuales ya se ha hecho referencia.

Las microembolias gaseosas en *trabajos con hiperpresión* (enfermedad de los cajonistas) pueden originar imágenes óseas osteoporóticas o necrosis focales (necrosis aséptica).

Finalmente, ciertas sustancias químicas pueden provocar osteoporosis y seudofracturas (cadmio), exostosis o áreas de hipomineralización (flúor), acrosteólisis (cloruro de vinilo), e incluso se ha descrito el saturnismo gotoso, aunque hoy día es poco frecuente. Son también conocidos los osteosarcomas producidos por sustancias radiactivas.

CÁNCER OCUPACIONAL

La Agencia Internacional de Investigación sobre el Cáncer (IARC) de la OMS cuya acción principal es la evaluación de las evidencias de carcinogenicidad existentes respecto a sustancias químicas y procesos industriales, ha encontrado que, sin lugar a duda, son carcinógenas para los seres humanos las siguientes sustancias: 4-aminobifenilo, asbesto (amianto), arsénico, clorometiléter, benceno, bencidina, berilio y sus compuestos, monómero de cloruro de vinilo, cadmio, cromo hexavalente y sus sales, óxido de etileno, gas mostaza (iperita), 2-naftilamina, compuestos del níquel, hidrocarburos aromáticos policíclicos, radón y sus compuestos, radiación solar y sílice o talco, que contenga fibras asbestiformes. También son cancerígenas para el hombre las siguientes mezclas: aceites minerales no tratados y medianamente tratados, alquitranes, hollín, asfalto y polvo de madera. En ciertos casos, el exceso de mortalidad por cáncer se ha demostrado en determinadas actividades laborales sin que se pudiera precisar cuál era el agente responsable.

Existen actualmente pruebas suficientes de que los cánceres de pulmón, pleura, laringe, faringe, cavidad y senos nasales, vejiga urinaria, sangre, huesos, hígado, estómago, peritoneo y piel pueden estar asociados causalmente a factores ocupacionales. Varios de estos tumores se incluyen en la lista de sucesos centinela de origen laboral, comentada anteriormente. Ante los cánceres de pulmón, por ejemplo, es indispensable investigar la exposición a asbesto, arsénico, clorometiléter y bis clorometiléter, cromo, gas mostaza, níquel, radón e hidrocarburos aromáticos policíclicos. Algunos tumores son más o menos específicos de ciertas ocupaciones, como el tumor de senos nasales y la fabricación de muebles, el mesotelioma y la exposición a amianto o el angiosarcoma hepático y la síntesis del policloruro de vinilo (PVC).

Prevención del cáncer ocupacional

La relación entre cáncer y ocupación da cuenta del 20 al 25% de los fallecidos por cáncer. Sin embargo son muchos los estudios que no tienen en cuenta las interacciones que pueden existir entre el hábito de fumar y la exposición a sustancias carcinógenas.

Es conveniente tener en consideración que los cánceres ocupacionales son evitables con el sólo recaudo de mejorar la higiene ambiental en los ámbitos de trabajo. Éste es un hecho técnicamente posible y éticamente necesario, puesto que en épocas de paro es muy difícil que los trabajadores puedan escoger dónde trabajar. Cuando se hace referencia a la prevención debe saberse que, según la OMS, no hay dosis segura frente a un cancerígeno; es decir, que la única concentración ambiental admisible es cero, lo que configura un desafío técnico posible de ser asumido.

Capítulo 45

PATOLOGÍA CARDIOVASCULAR

CARDIOPATÍA ISQUÉMICA

Angina estable

Es aquella que no ha cambiado sus características en el último mes. Las características del dolor anginoso son las siguientes:

Tipo de dolor: suele ser de tipo opresivo, como «un peso», o de tipo constrictivo, como «una garra» que el paciente señala en el centro del pecho.

Localización e irradiación: precordial, retroesternal. Puede irradiar a hombros y brazos especialmente al izquierdo, por la región cubital, muñeca, cuello, maxilar inferior (simulando una odontalgia) y más raramente a escápula y epigastrio («indigestión»).

Duración: suele ser de unos minutos (5-10). Si dura más de 20 a 30 minutos, hay que pensar en un IAM o en un ángor prolongado.

Factores desencadenantes: el esfuerzo, las emociones, las comidas copiosas y, en general, cualquier situación que aumente el consumo miocárdico de oxígeno. El frío y, especialmente, subir una cuesta con viento de cara son desencadentes habituales de la angina de esfuerzo. En la tabla 45-1 se relacionan las características diferenciales entre el dolor anginoso y el dolor torácico de origen psicógeno.

Según la Canadian Cardiovascular Society, la clasificación de la gravedad de la angina es la siguiente:

Grado I: la actividad física ordinaria, andar o subir escaleras, no produce angina. Ésta se desencadena con ejercicios intensos, rápidos o mantenidos.

Grado II: limitación ligera de la actividad física habitual. En circunstancias normales, el paciente es capaz de andar por terreno llano y subir más de un piso de escaleras sin angina. El dolor aparece al andar o subir escaleras de forma rápida, subiendo cuestas, paseando o subiendo escaleras después de las comidas, con frío o viento, bajo estrés emocional o sólo durante las primeras horas del día.

Grado III: importante limitación de la actividad física ordinaria. La angina puede aparecer al andar por llano o al subir un piso de escaleras.

Grado IV: el paciente es incapaz de llevar a cabo, sin angina, cualquier tipo de actividad física. De forma ocasional, puede presentar angina de reposo.

Diagnóstico

Una historia clínica detallada permite, en la mayoría de los casos, hacer el diagnóstico de angina de pecho.

Exploración física

Suele aportar pocos datos. Se prestará especial atención a descartar situaciones o factores de riesgo precipitantes o agravantes de la angina: HTA,

Tabla 45-1. Características diferenciales del dolor anginoso con el dolor de tipo psicógeno

	Ángor	Dolor psicógeno
Localización	– Retroesternal, transfixiante	– Lateralizado, hacia la izquierda
Irradiación	– Brazos, mandíbula, dorso, epigastrio	– Brazo izquierdo
El paciente lo señala	– Mano abierta, o «garra»	– Punta de dedo
Tipo	– Opresivo, constrictivo	– Agudo, punzante
Duración	– Unos minutos (2-5')	– Segundos, horas
Desencadenantes	– Esfuerzos, emociones	– En reposo, en la cama
Cede con	– Reposo	– Suele ceder con el esfuerzo o con un sorbo de agua
Coronariografía	– Generalmente anormal	– Normal

palidez conjuntival, estenosis aórtica, hipertiroidismo, insuficiencia cardíaca y otros.

Electrocardiograma

Cuando se practica en ausencia de dolor, su sensibilidad es del orden del 50%, mientras que si se practica durante la crisis anginosa la sensibilidad es superior al 90%. Las manifestaciones electrocardiográficas que se pueden encontrar son:

1. Ondas T negativas y simétricas, o aplanadas, correspondientes a isquemia subepicárdica (figura 45-1).
2. Descenso del segmento ST durante los episodios de dolor, que indica lesión subendocárdica o negativización de la onda T correspondiente a isquemia subepicárdica (figura 45-2).
3. Onda T positiva, alta y simétrica correspondiente a isquemia subendocárdica. Puede observarse en las fases iniciales del infarto agudo de miocardio (IAM).

Radiografía de tórax

Suele ser normal. Puede aportar datos de insuficiencia cardíaca.

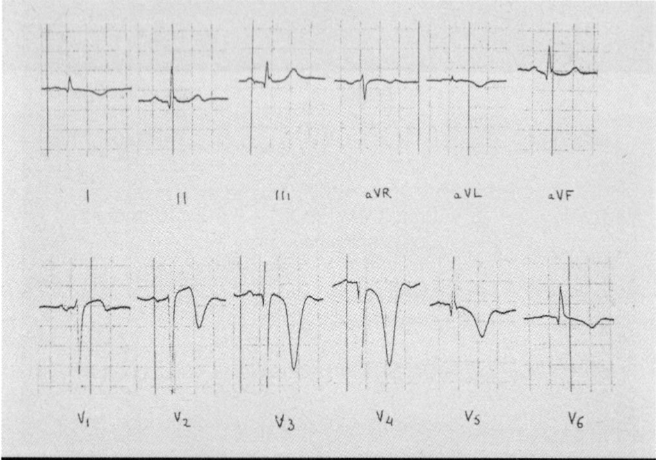

Figura 45-1. Ondas T fuertemente negativas correspondientes a isquemia subepicárdica.

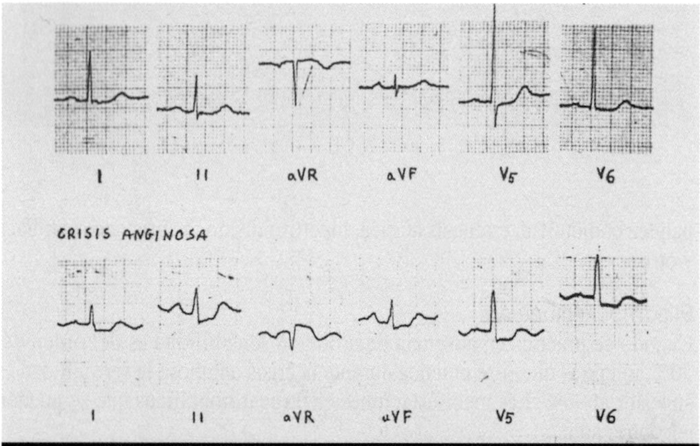

Figura 45-2. Descenso del ST durante la crisis anginosa.

Prueba de esfuerzo

Es, tal vez, la principal prueba que debe realizar en el paciente con sospecha clínica de angina. El descenso reversible del segmento ST de al menos 1 mm, medido a 80 mseg del punto J (punto de unión del complejo QRS y el segmento ST), constituye el principal criterio de positividad eléctrica.

Gammagrafía isotópica

Está indicada en pacientes con alteraciones del segmento ST, bloqueo de rama, hipertrofia ventricular izquierda o preexcitación en el ECG de base.

Ecocardiograma
Permite la valoración funcional y estructural del corazón. La función sistólica es, probablemente, el mejor predictor pronóstico en pacientes con cardiopatía isquémica.

Coronariografía
Permite una valoración bastante precisa de la gravedad de las lesiones estenóticas del árbol coronario.

Tratamiento
El objetivo del tratamiento de la angina estable es evitar la progresión de la enfermedad coronaria, controlar los síntomas y reducir el riesgo de que se presenten episodios coronarios agudos: angina inestable, IAM o fallecimiento.

Las medidas generales consisten en la supresión total del tabaco, el control de la presión arterial, que tendrá como objetivo mantener las cifras tensionales por debajo de 140/90 mmHg y, en algunos subgrupos, como los pacientes diabéticos, por debajo de 130/85 mmHg, el control del perfil lipídico, cuyo objetivo es mantener los valores de cLDL por debajo de 100 mg/dl, y los triglicéridos por debajo de 150 mg/dl, el control óptimo de la glucemia, del peso y de los restantes factores de riesgo coronario. Debe fomentarse la dieta mediterránea y el ejercicio físico.

Tratamiento farmacológico
Tratamiento de la crisis anginosa
Su objetivo es interrumpir la actividad que la desencadena. Se administra cafinitrina sublingual, que debe tomarse preferiblemente en sedestación, por el riesgo de hipotensión. Hay que romper el comprimido con los dientes y dejarlo disolver debajo de la lengua sin tragarlo. Si el dolor no cede en unos minutos, se toma otro comprimido, hasta un máximo de tres, y si el dolor persiste más de 15 minutos o no cede, hay que acudir al hospital.

Tratamiento preventivo de la angina
Pueden administrarse los siguientes fármacos:

- *Ácido acetilsalicílico*. Todos los pacientes deben tomar este fármaco en dosis de 80-325 mg/24 h. Los pacientes con antecedentes de hemorragia gastrointestinal, úlcera péptica activa o alergia al ácido acetilsalicílico pueden tratarse con clopidogrel.
- *Nitratos*. Su mecanismo de acción es vasodilatador, fundamentalmente del territorio venoso, con lo cual disminuyen la precarga y la tensión mecánica del ventrículo y, por consiguiente, el volumen ventricular y la demanda miocárdica de oxígeno. Con frecuencia, producen cefalea, especialmente con las primeras dosis. La posología habitual es:

  – Nitroglicerina transdérmica: 10-20 mg/24 h.
  – Dinitrato de isosorbida: 10-40 mg/6 h.
  – Mononitrato de isosorbida: 20 mg/12 h.

- *Betabloqueadores.* Actúan disminuyendo la demanda miocárdica de oxígeno y reduciendo la frecuencia cardíaca, la contractilidad y la presión arterial. Además, prolongan la diástole, permitiendo así un mayor tiempo de perfusión miocárdica a través del *ostium* coronario. La traducción clínica de estos efectos es una disminución del número de episodios de angina y del consumo de nitroglicerina sublingual, y el aumento de tiempo de ejercicio. Las contraindicaciones absolutas son el asma bronquial, el bloqueo auriculoventricular de segundo o tercer grado, la bradicardia sintomática y la arteriopatía obliterante grave. La posología es:

  – Atenolol: 50-100 mg/24 h.
  – Bisoprolol: 5-10 mg/24 h.
  – Metroprolol: 100-200 mg/24 h.

- *Antagonistas del calcio.* Los del grupo dihidropiridínico no suelen utilizarse en monoterapia (especialmente, las formas no retardadas, que están contraindicadas por el efecto taquicardizante); en cambio, son efectivos asociados a betabloqueadores. Diltiacem y verapamilo son buenos antianginosos, utilizados en monoterapia por su efecto bradicardizante y de enlentecimiento de la unión auriculoventricular. La mayoría de los efectos secundarios, como edemas maleolares, sofocos o cefalea, son poco importantes pero sí frecuentes, y son consecuencia del potente efecto vasodilatador. El verapamilo puede producir constipación intestinal. La posología es la siguiente:

  – Verapamilo: 80-120 mg/8 h.
  – Diltiacem: 60-120 mg/8 h.
  – Amlodipino: 5-10 mg/24 h.

Revascularización miocárdica

Su objetivo es restaurar el aporte normal de oxígeno al miocardio isquémico, para mejorar la clínica del paciente y, en algunos casos, incrementar la esperanza de vida previniendo el IAM o la muerte súbita.

Síndrome coronario agudo

Los síndromes coronarios agudos (SCA) se producen por la erosión o rotura de una placa arteriosclerótica, que determina la formación de un trombo intracoronario, provocando así la aparición de angina inestable, IAM o muerte súbita. El ECG permite agrupar a los pacientes en dos grandes bloques: con y sin elevación del segmento ST. Los primeros desarrollarán habitualmente un IAM con onda Q, mientras que los segundos presentarán, con alta probabilidad, una angina inestable o un IAM sin onda Q (IAM no-Q).

Síndromes coronarios sin elevación constante del segmento ST

Angina inestable

La angina inestable es un síndrome de riesgo intermedio entre el IAM y la angina estable.

Su clasificación, según la Sociedad Española de Cardiología, es la siguiente:

1. *Ángor inicial o de reciente comienzo*: es la que ha aparecido en el último mes.
2. *Angina progresiva*: en ella disminuye el umbral del dolor; es decir, con menos esfuerzo se presentan los síntomas.
3. *Angina de reposo*: el dolor se produce en reposo.
4. *Angina postinfarto*: aparece entre las 24 horas y durante el primer mes después de un IAM.

Manifestaciones clínicas

El dolor es semejante al de la angina estable, pero suele ser más intenso y prolongado. Los cambios electrocardiográficos que pueden producirse tienen diferente valor:

1. La elevación del segmento ST indica una isquemia miocárdica transmural, y el riesgo de infarto es muy elevado. Se correlaciona con una estenosis arterial crítica, y estos pacientes son los que tienen peor pronóstico.
2. Los pacientes que presentan depresión del ST también tienen una isquemia miocárdica significativa. Si desarrollan un IAM, éste invariablemente es IAM no-Q.
3. También pueden aparecer cambios temporales o permanentes en la onda T, con o sin alteraciones del segmento ST.
4. Por último, algunos pacientes consultan por dolor torácico con un ECG normal. Si éste es normal durante el episodio de dolor, la probabilidad de que el paciente presente isquemia es baja y, además, si se tratara de una isquemia, el paciente tiene buen pronóstico: si el valor de las troponinas es negativo, puede ser dado de alta del hospital.

Marcadores bioquímicos

La determinación de enzimas miocárdicas clásicas, CK y CK-mb es obligada en todos los pacientes con un síndrome coronario agudo. Los valores de troponina T e I son marcadores muy precoces de un pronóstico desfavorable en pacientes con angina inestable, incluso en ausencia de elevación de las enzimas miocárdicas.

Tratamiento extrahospitalario

1. Remitir al paciente al hospital en ambulancia si el último episodio de dolor ha sido en las últimas 24 horas.
2. Ácido acetilsalicílico: 500 mg/v.o.
3. Nitroglicerina sublingual. Si no remite el dolor en 5 segundos, administrar otro comprimido hasta un máximo de 3.
4. Si se dispone de ello, monitorización ECG y cercanía con el desfibrilador.

IAM NO-Q

Es aquel IAM que tiene las mismas características clínicas que el IAM con onda Q y las mismas alteraciones enzimáticas, pero sin la aparición de nuevas ondas Q en el ECG. El tratamiento de estos pacientes es el mismo que en el caso de angina inestable de alto riesgo. En estos pacientes no está indicada la trombólisis.

Síndromes coronarios agudos con elevación del segmento ST

Angina de Prinzmetal

La angina de Prinzmetal se conoce también como angina vasoespástica o angina variante, y se caracteriza por presentarse en reposo, sin relación con el esfuerzo físico. En el ECG se observa elevación del ST durante el episodio de dolor, y pueden aparecer arritmias ventriculares o bloqueo auriculoventricular. Se debe a un espasmo prolongado y grave de una arteria. En el 30% de los pacientes, las arterias coronarias son normales. El diagnóstico se basa en la clínica y el ECG. Se recomienda tratar con nitratos, antagonistas del calcio y ácido acetilsalicílico. Los betabloqueadores están contraindicados en este caso, porque pueden inducir vasoespasmo.

IAM con onda Q

El IAM es la necrosis por isquemia del miocardio, debida a la obstrucción aguda y persistente de una arteria coronaria, generalmente inducida por la rotura de una placa de ateroma. A diferencia del IAM no-Q, en este caso la oclusión es completa, sin reperfusión espontánea ni circulación colateral que pueda paliar la isquemia.

Diagnóstico

Se basa en las manifestaciones clínicas, el ECG y el estudio de enzimas:

- *Manifestaciones clínicas.* El dolor suele ser más intenso y prolongado (> 30 segundos) que en la angina, y va acompañado muy frecuentemente de sintomatología vegetativa. En el 20% de los casos puede ser silente, especialmente en pacientes ancianos o diabéticos.
- *Exploración física.* En un IAM no complicado, la exploración física suele ser anodina. El paciente acostumbra a estar ansioso por el dolor. Las constantes pueden ser normales, o puede aparecer hipotensión y/o bradicardia en los IAM de cara inferior, o afectación del ventrículo derecho.
- *ECG.* La primera manifestación electrocardiográfica es la elevación del segmento ST (lesión subepicárdica); a las 6-12 horas, aparece la onda Q de necrosis, caracterizada por una anchura superior a 0,04 segundos, con muescas o empastamientos. A las 24-48 horas, se produce la negativización de las ondas T, que se hacen simétricas, correspondiendo a una isquemia subepicárdica.
- *Enzimas.* La determinación de las enzimas miocárdicas CK y CK-mb no es útil para establecer el diagnóstico inicial, ya que su elevación a las 6 horas del inicio, cuando ya está establecida la necrosis, impide el tratamiento precoz del IAM. Su utilidad reside en confirmar el diagnóstico y el tamaño del IAM. Las enzimas se determinan cada 6 horas durante las primeras 24 horas.

  La determinación de troponinas T e I son marcadores más sensibles de necrosis miocárdica.

Control clínico en la fase extrahospitalaria

Desde la Atención Primaria, la medida más importante que se debe tomar con el paciente que presenta un IAM es el traslado lo más rápido posible al hospital, en reposo absoluto y, si es posible, en ambulancia medicalizada.

Pronóstico

El 20% de los pacientes con IAM fallece antes de llegar al hospital. La mayor mortalidad se produce en la primera hora, y está provocada por la aparición de arritmias y, frecuentemente, fibrilación ventricular. La mortalidad intrahospitalaria es del 10%. Las causas más frecuentes son el shock cardiogénico y las arritmias ventriculares. Una vez superada la fase aguda del infarto, se establecerá el pronóstico prealta basado en dos factores: el más importante es la función ventricular residual que ha quedado después de sufrir necrosis miocárdica. El segundo factor es la existencia de isquemia residual.

Prevención secundaria

Una vez se haya dado de alta al paciente, se deben diseñar estrategias de seguimiento y control para evitar que la enfermedad progrese y se produzcan nuevos episodios coronarios.

- *Dieta saludable*:

  1. Reducir la ingesta de las grasas saturadas, sustituyéndolas en parte por grasas monoinsaturadas y poliinsaturadas, tanto de origen vegetal como marino, y en parte por hidratos de carbono complejos.
  2. Aumentar el consumo de fruta fresca, cereales y vegetales.
  3. Ajustar las calorías para alcanzar y mantener el normopeso.
  4. Reducir el uso de sal y alcohol.

- *Actividad física*. Se recomienda ejercicio aeróbico (andar, nadar, bicicleta) 20-30 minutos 3-5 veces por semana, e incrementar las actividades diarias (caminar, subir andando las escaleras). Es importante disponer de una prueba de esfuerzo para adecuar el ejercicio a cada paciente.

Factores de riesgo

Se ha de actuar de forma contundente en el abandono total del hábito tabáquico, ya que es el factor de riesgo cardiovascular individual más importante en el paciente con cardiopatía isquémica. En prevención secundaria, los valores deseables de cLDL están por debajo de 100 mg/dl, y con respecto a los triglicéridos, el objetivo es mantenerlos por debajo de 150 mg/dl. El control de las cifras tensionales es importante, ya que la HTA favorece la hipertrofia ventricular izquierda e incrementa el riesgo de reinfarto y de mortalidad cardiovascular. La cifras tensionales recomendadas en estos pacientes están por debajo de 140/90 mmHg, y en algún subgrupo, como en los pacientes diabéticos, por debajo de 130/85.

Fármacos

- *Ácido acetilsalicílico* (AAS). Diversos estudios han demostrado que la administración de AAS en dosis bajas reduce la mortalidad total por

IAM, reIAM y accidente vascular cerebral (AVC). Las dosis oscilan entre 75 y 325 mg/24 h. En caso de contraindicación al AAS se puede utilizar clopidogrel.

- *Betabloqueadores*. Disminuyen la mortalidad global cardíaca y la incidencia de reinfarto. El beneficio es mayor en los pacientes de más riesgo. Se recomienda el uso sistemático de betabloqueadores en todos los pacientes que han sufrido un IAM.
- *Inhibidores de la enzima conversora de la angiotensina* (IECA). En los pacientes que han presentado un IAM, los IECA han demostrado globalmente un efecto beneficioso, reduciendo el riesgo de muerte y de evolución hacia insuficiencia cardíaca.
- *Estatinas*. Los beneficios de las estatinas en prevención secundaria están ampliamente demostrados, incluso cuando los valores de colesterol se aproximan a la normalidad.
- *Antiarrítmicos*. Ante un paciente con arritmias ventriculares, los betabloqueadores y la amiodarona pueden ser buenas opciones, aunque si las arritmias son complejas o sintomáticas debe plantearse la realización de estudios electrofisiológicos que indicarán la conducta terapéutica más adecuada.
- *Terapia hormonal sustitutoria*. Los estudios hasta la actualidad no hacen aconsejable la indicación de esta terapia de forma sistemática.

INSUFICIENCIA CARDÍACA

ETIOLOGÍA Y FISIOPATOLOGÍA

La IC es un síndrome clínico que cursa con alteración de la función sistólica y/o diastólica y cuyo origen es multifactorial. La cardiopatía isquémica secundaria a aterosclerosis coronaria constituye la causa más frecuente de IC, seguida por la HTA (cardiopatía hipertensiva) y las enfermedades valvulares.

CLASIFICACIÓN Y MANIFESTACIONES CLÍNICAS

A menudo, el cuadro se instaura de una forma insidiosa, a veces con brotes de leves descompensaciones, situación conocida como IC crónica. Por el contrario, en la IC aguda el cuadro se presenta de forma brusca, sin dar tiempo a la puesta en marcha de los mecanismos de compensación. Según el ventrículo afectado, la IC puede ser izquierda, derecha o biventricular. Con frecuencia, la IC comienza con una disfunción ventricular izquierda; en este caso, las manifestaciones clínicas son las propias de la congestión pulmonar, principalmente la disnea. La IC derecha es a menudo secundaria a la IC izquierda, y en ella predominan los signos de congestión venosa periférica, es decir, los edemas. Cuando coexisten insuficiencias de ambos ventrículos y aparecen signos de congestión venosa pulmonar y sistémica se denomina IC congestiva.

Frecuentemente, los pacientes con IC presentan una disfunción ventricular sistólica con dilatación ventricular, disminución de la capacidad contráctil y de la fracción de eyección. Sin embargo, aproximadamente un tercio de los pacientes con manifestaciones clínicas de IC tiene una fracción de eyección dentro de los límites de la normalidad. En este grupo de pacientes existe un trastorno del llenado ventricular (disfunción ventricular diastólica).

Las manifestaciones clínicas de la IC se dividen en dos categorías: síntomas de congestión y síntomas de bajo gasto o hipoperfusión. Los síntomas de congestión, a su vez, pueden ser pulmonares o sistémicos.

Entre las manifestaciones de congestión pulmonar, la disnea, definida como la sensación subjetiva de falta de aire, es el síntoma principal de la IC izquierda. La ortopnea es un tipo de disnea que se desencadena al adoptar la posición de decúbito. A diferencia de la disnea paroxística nocturna, aparece a los pocos minutos de acostarse, cuando el paciente está aún despierto. Esta sensación desaparece a los pocos minutos de incorporar el tórax, por lo que la mayoría de los pacientes duerme con varias almohadas o en una silla, para evitarla. La presencia de estertores húmedos y diaforesis en la IC ayudan al diagnóstico diferencial con el asma bronquial. La disnea paroxística nocturna puede desembocar en un cuadro de edema agudo de pulmón, que es la forma más grave de IC. Entre las manifestaciones relacionadas con la congestión sistémica, el edema constituye un signo fundamental. El edema es simétrico, con fóvea, y predomina claramente en las partes declives. La retención de líquidos comporta un aumento de peso corporal, por lo que las modificaciones de este parámetro son de gran valor en el seguimiento de los pacientes. Cuando la congestión es intensa se produce distensión de las venas del cuello, hepatomegalia dolorosa y ascitis.

Entre los síntomas de bajo gasto e hipoperfusión destacan la fatigabilidad, la frialdad de las extremidades y la diaforesis.

En todos los pacientes con sospecha de IC debe realizarse una exploración física general. En la auscultación cardíaca, la presencia de un tercer ruido en adultos de más de 40 años es un signo muy valioso, sugestivo de IC. También puede observarse un cuarto ruido que, aunque es menos específico de IC, sugiere disfunción diastólica. El incremento de la presión venosa sistémica produce una distensión de las venas yugulares del cuello, que debe valorarse con el paciente en decúbito a 45°. La auscultación respiratoria pone de manifiesto la presencia de estertores húmedos que no desaparecen con la tos y, a veces, sibilancias. La hepatomegalia indica la presencia de congestión hepática.

DIAGNÓSTICO

Diagnóstico sindrómico

Su finalidad es confirmar el diagnóstico de IC o de disfunción ventricular. Se basa en la historia clínica, la exploración física y las exploraciones complementarias (tabla 45-2). En todo paciente con sospecha inicial de IC deben realizarse las siguientes exploraciones complementarias: electrocardiograma (ECG), radiografia simple de tórax, analítica de sangre y orina, y un estudio ecocardiográfico. Un ECG normal debe poner en duda el diagnóstico de IC. Entre las alteraciones radiológicas destacan la cardiomegalia (puede estar ausente en la IC diastólica), la redistribución vascular con congestión de las venas en la región apical del pulmón, los signos de edema intersticial (líneas de Kerley, edema cisural, disminución de la nitidez de los hilios, derrame

Tabla 45-2. Criterios diagnósticos de la insuficiencia cardíaca
Criterios mayores
– Disnea paroxística nocturna
– Distensión de las venas del cuello
– Estertores húmedos
– Cardiomegalia
– Edema agudo de pulmón
– Galope por tercer ruido
– Reflujo hepatoyugular
– Aumento de la presión venosa central superior a 16 cmH_2O
Criterios menores
– Edema en extremidades inferiores
– Tos nocturna
– Disnea de esfuerzo
– Hepatomegalia
– Derrame pleural
– Taquicardia (frecuencia cardíaca > 120 l/min)

Nota: el diagnóstico definitivo requiere dos criterios mayores o un criterio mayor más dos menores.
Tomado del Estudio de Framingham.

pleural bilateral), y edema alveolar, con la imagen característica en «alas de mariposa». El derrame pleural suele ser bilateral o unilateral en el lado derecho. Los parámetros analíticos son: hemograma completo, ionograma, urea y creatinina, pruebas hepáticas y examen de orina.

El estudio ecocardiográfico se considera actualmente una exploración imprescindible en la valoración inicial de la IC. Éste permite objetivar la disfunción ventricular, da información sobre las causas etiológicas y ayuda en el diagnóstico fisiopatológico (disfunción sistólica frente a diastólica). Además, mediante el ecocardiograma se puede calcular la fracción de eyección, un importante parámetro de valor pronóstico.

Diagnóstico fisiopatológico

Consiste en determinar el tipo de disfunción ventricular, o sea, si es sistólica o diastólica. Cuando la fracción de eyección medida por ecocardiografía es inferior al 45-50%, se acepta el diagnóstico de disfunción sistólica. El diagnóstico de disfunción diastólica conlleva mayores dificultades. Debe sospecharse en mujeres, ancianos y pacientes con antecedentes de HTA, enfermedad coronaria, diabetes o valvulopatía, que presentan IC y con fracción de eyección normal. La ecocardiografía bidimensional con Doppler contribuye al diagnóstico definitivo.

Diagnóstico etiológico

Entre las causas etiológicas destacan la cardiopatía isquémica y la HTA. En fase de descompensación deben averiguarse los factores desencadenantes. Una anamnesis detallada permite identificar alguno de estos factores en más del 90% de los pacientes. La falta de cumplimiento de la dieta pobre en sal y/o de la medicación son los factores presentes con mayor frecuencia. Un control deficiente de la HTA también puede precipitar un episodio de IC. El riesgo de enfermedad tromboembólica se halla incrementado, a la vez que la embolia pulmonar puede precipitar la IC. También son susceptibles a las infecciones respiratorias, de forma que, por banales que parezcan, pueden ser el factor de descompensación. La cardiopatía isquémica, especialmente el IAM, que puede ser silente en el anciano, puede precipitar una IC aguda. Finalmente, en todos los pacientes debe recogerse una historia detallada sobre tóxicos, especialmente el alcohol, y fármacos que pueden alterar la función cardíaca.

TRATAMIENTO

Medidas generales

La restricción del consumo de sal es una de las medidas fundamentales del tratamiento de la IC. Cuando la IC es ligera se recomienda una ingestión inferior a 4 g/día, lo cual se consigue suprimiendo el salero de la mesa, evitando alimentos ricos en sal y no añadiendo sal al cocinar. En pacientes con sobrepeso se recomienda una dieta hipocalórica. Se aconseja un control de peso diario o, como mínimo, 2-3 veces por semana según el grado de estabilidad de la enfermedad; un incremento súbito superior a 2 kg en 1-3 días debe alertar al paciente y solicitar consulta médica. Se debe moderar el consumo de alcohol.

Con referencia a la actividad física, sólo se recomienda el reposo durante las descompensaciones, medida que deberá mantenerse hasta que los edemas y los estertores desaparezcan. En los demás casos, se aconseja el ejercicio físico regular (3-5 veces por semana). Algunos fármacos están contraindicados o deben utilizarse con precaución en la IC. Entre ellos, destacan los antiinflamatorios no esteroideos (AINE), los corticoides, los antagonistas de los canales del calcio (excepto amlodipino y felodipino), los antiarrítmicos de clase I, los antidepresivos tricíclicos y el litio. En todos los pacientes con IC se recomienda la vacunación contra la gripe y el neumococo. Es fundamental el control de los factores de riesgo de aterosclerosis, especialmente la HTA, las alteraciones del metabolismo lipídico, la diabetes y el tabaquismo. La hospitalización del paciente con IC está indicada en los siguientes casos:

1. Durante el primer episodio de IC.
2. IC inestable o resistente al tratamiento.
3. Cuando la descompensación de la IC es secundaria a una enfermedad grave (neumonía, anemia importante, embolismo pulmonar, etc.).
4. Cuando hay una indicación de tratamiento quirúrgico.

Tratamiento farmacológico

- *Inhibidores de la enzima conversora de la angiotensina.* Estos fármacos son, en estos momentos, los de primera elección tanto en el paciente con IC asintomática como en la disfunción ventricular sintomática. Su uso mejora la supervivencia y la situación funcional, y disminuyen los reingresos hospitalarios y los reinfartos. Los IECA están totalmente contraindicados en pacientes con estenosis bilateral de la arteria renal y con antecedentes de angioedema relacionado con estos fármacos. En los pacientes que no toleran los IECA o que éstos están contraindicados, se pueden utilizar como alternativa los antagonistas del receptor de la angiotensina II (ARA-II), como el losartán y el valsartán. Otra alternativa a los IECA son los nitratos y la hidralacina.

- *Diuréticos*. Constituyen el tratamiento esencial en pacientes con síntomas de congestión pulmonar y periférica. Siempre que sea posible, deben utilizarse en asociación con IECA para evitar la activación de los mecanismos neurohormonales. Además, es aconsejable iniciar el tratamiento con dosis bajas, ya que la disminución brusca de la precarga, aunque mejora los síntomas de congestión, puede acentuar los de hipoperfusión, como la fatiga. Los diuréticos de asa, como la furosemida y la torasemida, son los de primera elección. La espironolactona, un antagonista del receptor de la aldosterona, demostró en el estudio Rales una mejoría de la supervivencia y disminución de la morbilidad en pacientes con IC en clase funcional III y IV.
- *Betabloqueadores*. Deben utilizarse como tratamiento coadyuvante en pacientes con IC en clase funcional II-IV, que reciben tratamiento con IECA y diuréticos, independientemente de si la disfunción ventricular es o no de origen isquémico. Al principio del tratamiento puede observarse un empeoramiento de la IC, por lo que se recomienda iniciarlo en pacientes en situación estable y con dosis bajas: carvedilol 3,125 mg/12 h, bisoprolol 1,25 mg/día, metoprolol 12,5 mg/día. Están contraindicados en caso de hipotensión, bradicardia, enfermedad del seno, bloqueo auriculoventricular avanzado de grado II y III (si no es portador de marcapasos), asma bronquial y enfermedad pulmonar obstructiva crónica (EPOC) moderada o grave.
- *Digoxina*. Aunque la eficacia de la digoxina en pacientes con IC y ritmo sinusal ha sido muy debatida, recientemente se ha demostrado que en la IC de clase funcional II-III, en ritmo sinusal, reduce el número de hospitalizaciones, aunque sin modificar la supervivencia.

Pronóstico y prevención

A pesar de los avances terapéuticos, la IC tiene un mal pronóstico, con una mortalidad superior a la media de todos los cánceres. La mortalidad anual en la clase funcional II y III se sitúa alrededor del 25%, mientras que en la clase IV es superior al 50%. La fracción de eyección también tiene un valor predictivo. Las principales estrategias deben ir dirigidas a la prevención primaria de la IC.

Edema agudo de pulmón

La sintomatología más frecuente consiste en: taquipnea, taquicardia, palidez, sudoración profusa, cianosis y gran ansiedad. Ante la sospecha de un EAP, el paciente debe ser trasladado con urgencia a un hospital. Las medidas generales más importantes son:

1. Colocar al paciente en sedestación.
2. Administrar oxígeno al 100%.
3. Colocar torniquetes rotatorios cada 5 minutos en las extremidades.
4. Controlar las constantes.

ARRITMIAS

ARRITMIAS HIPERACTIVAS

Son las originadas por un ritmo más rápido que el ritmo de base, de manera que se adelanta a éste.

TAQUICARDIA SINUSAL

Es un ritmo sinusal con una frecuencia superior a 100 x'. Se debe, generalmente, a un aumento del automatismo sinusal secundario a ejercicio físico, fiebre, ansiedad, insuficiencia cardíaca, anemia, hipertiroidismo, o tromboembolismo pulmonar.

Características electrocardiográficas

1. Ritmo sinusal definido como:
   - Ondas P positivas en I, II, VF y V_2-V_6 y + o ± en III, V_1.
   - Intervalo PR de 0,12-0,20 seg en ausencia de preexcitación o bloqueo auriculoventricular.
   - RR generalmente regulares en reposo (irregularidades debidas a respiración).
2. Frecuencia superior a 100 x'. No suele sobrepasar 170 x'.
3. Maniobras vagales positivas (enlentecimiento).

El tratamiento consiste en suprimir el café, el alcohol, el tabaco y los excitantes en general. Diagnóstico y tratamiento de la patología subyacente cuando la haya. En ocasiones, puede ser recomendable el tratamiento con betabloqueadores.

EXTRASÍSTOLES

Se trata de latidos prematuros. Según su origen, pueden clasificarse tal como indican los siguientes apartados.

Impulsos supraventriculares prematuros

Los impulsos supraventriculares prematuros (ISVP) se originan generalmente por un mecanismo de extrasistolia (reentrada o foco ectópico) en la aurícula o en la unión auriculoventricular.

Implicaciones clínicas: no representan *per se* un riesgo cardiovascular. Su presencia se ve favorecida por algunos tóxicos (alcohol, café, tabaco), ansiedad, aerofagia, cardiopatías, en especial aquellas que cursan con crecimiento de la aurícula izquierda, por lo que son el «aviso», en ocasiones, de la aparición de una fibrilación auricular. En individuos sanos no suelen requerir tratamiento, excepto en el caso de que ocasionen molestias.

Taquicardia supraventricular

Son todos aquellos ritmos supraventriculares rápidos (tres o más complejos), excluyendo el flúter y la fibrilación auricular. El inicio y final de los episodios es súbito, la frecuencia cardíaca oscila entre 160-200 x', puede acompañarse de poliuria, mareos y particularmente en pacientes de edad o cardiópatas puede haber ángor hemodinámico, síncope o disnea.

Tratamiento: las maniobras vagales suelen ser efectivas. La maniobra de Valsalva (espiración forzada contra resistencia) puede ser realizada por iniciativa del propio paciente. Por otra parte, el masaje del seno carotídeo debe realizarse con control electrocardiográfico. Cuando las maniobras vagales no pueden terminar con la taquicardia, se debe emplear medicación por vía intravenosa que actúe sobre el nodo auriculoventricular. Los fármacos más utilizados en las taquicardias de QRS estrecho son la adenosina y el verapamilo. Los pacientes que presentan crisis frecuentes o que cursan con deterioro hemodinámico deben ser valorados para realizar ablación por radiofrecuencia.

Impulsos ventriculares prematuros

Son impulsos prematuros que nacen en los ventrículos. En el ECG aparecen como complejos prematuros, anchos, con una morfología diferente del ritmo de base. La polaridad de la repolarización es contraria a la del QRS (T de polaridad opuesta y asimétrica). Si los latidos ventriculares prematuros (LVP) se presentan en número de 3 o más, se denominan salvas de taquicardia ventricular. Se considera que una taquicardia ventricular es sostenida cuando dura más de 30 segundos.

Implicaciones clínicas: los LVP se presentan en individuos sanos y en todos los tipos de cardiopatía, especialmente en la isquémica y en las miocardiopatías.

Tratamiento: en individuos sanos no tienen un pronóstico desfavorable y no requieren tratamiento, salvo en el caso de que ocasionen molestias (palpitaciones). Se recomienda eliminar el alcohol, café, tabaco y otros excitantes. En ocasiones, puede ser útil el tratamiento con betabloqueadores.

Los pacientes con cardiopatía de base deben ser valorados por el cardiólogo.

Taquicardia ventricular

El tratamiento depende de la tolerancia. Si hay buena tolerancia, se puede tratar con lidocaína intravenosa (bolo de 50-100 mg seguido de perfusión de 1-5 mg/min) o con amiodarona intravenosa (150 a 300 mg disueltos en 50 ml de suero glucosado en 15-30 min; seguir con 300 mg en 250 ml de suero glucosado en 8 h). En caso de deterioro hemodinámico o de fracaso con fármacos, el tratamiento es la cardioversión eléctrica.

Fibrilación auricular

Se trata de un ritmo auricular rápido, desincronizado, sin capacidad para originar contracciones auriculares efectivas.

Características electrocardiográficas:

1. Ausencia de ondas P, que son sustituidas por ondas f.
2. Frecuencia auricular: 400-700 x'.
3. Respuesta ventricular variable. Suele oscilar entre 120 y 160 x'. Si es muy rápida (> 200 x') se debe pensar en la existencia de una vía anómala.
4. La morfología del QRS suele ser la misma que la del ritmo sinusal previo.

Objetivos

Identificar la causa desencadenante

La ACxFA permanente se observa en la cardiopatía arteriosclerosa, en la enfermedad valvular reumática (especialmente en la estenosis mitral) y en la HTA.

La ACxFA esporádica suele encontrarse en casos de alcoholismo, pericarditis aguda, hipertiroidismo e IAM.

La ACxFA paroxística se presenta en pacientes con síndrome de Wolf-Parkinson-White, desencadenante vagal (nocturno o en reposo) o simpático.

Restablecer el ritmo sinusal

Pacientes con deterioro hemodinámico importante: cardioversión sin dilación.

Los pacientes con ACxFA de más de 48 horas de inicio o de duración imposible de determinar deben ser tratados con anticoagulación oral durante 3 semanas antes de la cardioversión, y una vez en ritmo sinusal, mantener el tratamiento durante un mes. La posibilidad de éxito es inversamente proporcional al tamaño de la aurícula y a la antigüedad de la arritmia.

Mantenimiento del ritmo sinusal

La administración de fármacos antiarrítmicos para prevenir nuevas crisis, por ejemplo, en pacientes con crisis frecuentes y/o mal toleradas. Los más utilizados son la amiodarona (200 mg/24 horas, 5 días/semana, aunque se suele comenzar por dosis más altas) y el sotalol (160-320 mg cada 24 horas). En ausencia de insuficiencia cardíaca, también es útil la propafenona (150 a 300 mg/8 h). Los digitálicos no tienen efecto antiarrítmico estabilizador del ritmo auricular, sino sólo frenador de la conducción auriculoventricular.

Control de la frecuencia ventricular

El objetivo es mantener la frecuencia ventricular en reposo por debajo de 80 x'. Los fármacos de elección son la digital, los betabloqueadores y los antagonistas del calcio (verapamilo o diltiazem), en monoterapia o asociados a la digital. El control óptimo de la frecuencia cardíaca durante el ejercicio no suele obtenerse sólo con digital, y es preciso administrar un segundo inhibidor nodal de entre los citados.

Prevención de las embolias

La Atención Primaria desempeña un importante papel en la prevención de esta grave complicación de la ACxFA. Las recomendaciones del 6.° Consenso en Terapia Antitrombótica en la ACxFA (2001) se resumen así:

1. En pacientes con un factor de riesgo alto (tabla 45-3) o con más de un factor de riesgo medio se recomienda anticoagulación: INR = 2,5 (rango 2-3).

Tabla 45-3. Endocarditis infecciosa. Profilaxis (procedimientos orales, tracto respiratorio o esófago: pacientes de alto riesgo o moderado)

Régimen estándar	Amoxicilina	Adultos 2,0 g; niños 0,50 mg/kg v.o. 1 hora antes de la intervención
Dificultad por vía oral	Ampicilina	Adultos 2,0 g i.m. o i.v., niños 50 mg/kg i.m. o i.v. 30 min antes de la intervención
Alergia a la penicilina	Clindamicina	Adultos 600 mg, niños 20 mg/kg v.o. 1 h antes de la intervención
	o	
	Cefalexina	Adultos 2 g, niños 50 mg/kg v.o. 1 h antes de la intervención
	o	
	Azitromicina o claritromicina	Adultos 500 mg, niños 15 mg/kg v.o. 1 h antes de la intervención
Vía parenteral en alérgicos a penicilina	Clindamicina	Adultos 600 mg, niños 20 mg/kg i.v. 30 min antes de la intervención

2. En pacientes con un factor de riesgo medio: indistintamente anticoagulación oral, INR = 2,5 (rango 2-3) o ácido acetilsalicílico (individualizar).
3. En los pacientes que no presentan ningún factor de alto ni moderado riesgo se recomienda ácido acetilsalicílico 325 mg/24 horas.

FLÚTER (ALETEO)

En el ECG se manifiesta por una actividad auricular de 300 x', con morfología característica en «dientes de sierra». En general, el nodo AV filtra uno de cada dos impulsos (bloqueo 2:1), con lo cual la frecuencia ventricular suele ser de 150 x'. El riesgo embolígeno no está tan estudiado como en la ACxFA; sin embargo, dada la elevada frecuencia con que estos pacientes presentan ACxFA, puede ser razonable utilizar las mismas indicaciones y pautas de anticoagulación.

ARRITMIAS HIPOACTIVAS

El paciente puede acudir a la consulta con manifestaciones clínicas de bajo gasto, episodios sincopales o bien tratarse de un hallazgo electrocardiográfico en pacientes asintomáticos.

BRADICARDIA SINUSAL

Se trata de un ritmo sinusal con una frecuencia inferior a 60 x'. Los casos más acusados suelen observarse en atletas y en ancianos. Pueden verse en individuos sanos y en el contexto de varias patologías (hipotiroidismo, enfermedad del seno, fiebre tifoidea, hipoxia, amiloidosis).

El pronóstico es generalmente bueno. Si es muy acusada, sobre todo en individos de edad avanzada, debe considerarse como sugestiva de disfunción sinusal (síndrome del nódulo sinusal), y está indicada la remisión al cardiólogo para la valoración de marcapasos. En ocasiones, puede ser útil el discreto efecto taquicardizante del salbutamol.

BLOQUEOS AURICULOVENTRICULARES

Bloqueo auriculoventricular de primer grado

Todos los estímulos auriculares atraviesan los ventrículos, pero el intervalo PR está alargado hasta más de 0,20 segundos (0,18 seg en el niño y 0,22 seg en el anciano). Su pronóstico suele ser bueno y, en general, no requiere tratamiento. En presencia de bloqueo bifascicular o bloqueo de rama izquierda es conveniente remitir para estudio.

Bloqueo auriculoventricular de segundo grado

En este caso, una o varias ondas P no conducen a los ventrículos. Puede ser tipo Wenckebach (Mobitz I) con alargamiento progresivo del intervalo PR hasta que una onda P queda bloqueada, o Mobitz II en el que una o varias ondas P no conducen a los ventrículos, sin alargamiento progresivo del intervalo PR. Está indicada la remisión al cardiólogo.

Bloqueo auriculoventricular de tercer grado

En este tipo de bloqueo existe una disociación auriculoventricular completa. La frecuencia del ritmo de escape es generalmente lenta (< 45 x') y menor que la frecuencia auricular. El pronóstico depende del lugar del bloqueo y lo adecuado del ritmo de escape. Debe ser derivado al cardiólogo para estudio y valoración de marcapasos.

ENDOCARDITIS INFECCIOSA. PROFILAXIS

La endocarditis infecciosa (EI) es una infección microbiana del endotelio valvular. La lesión característica consiste en la presencia de vegetaciones que pueden asentarse en los velos valvulares, cuerdas tendinosas o endocardio mural. Sin que se haya podido demostrar de forma concluyente, se acepta que es útil la profilaxis de la EI con antibióticos (tablas 45-3 y 45-4).

Tabla 45-4. Profilaxis en procedimientos gastrointestinales (excluyendo los esofágicos) o genitourinarios
– Ampicilina 2 g i.v. + gentamicina 1,5 mg/kg (máximo 120 mg) 1 hora antes del procedimiento y amoxicilina 1 g, 6 h después del procedimiento
En caso de alergia a la penicilina
– Vancomicina 1 g + gentamicina 1,5 mg/kg i.v. (máximo 120 mg) 1 hora antes del procedimiento

Alto riesgo

1. Válvulas cardíacas protésicas, incluidas las biológicas.
2. Endocarditis infecciosa previa.
3. Cardiopatías congénitas cianóticas (ventrículo único, T de Fallot, etc.).
4. *Shunts* sistémicos-pulmonares (reconstruidos quirúrgicamente).

Riesgo moderado

1. El resto de malformaciones cardíacas (que no están en el grupo anterior: CIA *ostium primum*, coartación de aorta, *ductus*, etc.).
2. Disfunción valvular adquirida (p. ej., valvulopatía reumática, colagenosis).
3. Miocardiopatía hipertrófica.
4. Prolapso mitral con regurgitación mitral.
5. Procedimientos dentales: en general, todos los procedimientos que produzcan sangrado significativo de mucosas: extracciones dentales, cirugía periodontal, limpieza profesional.
6. Tracto respiratorio: amigdalectomía, adenoidectomía, broncoscopia, cirugía.
7. Tracto gastrointestinal: escleroterapia de varices esofágicas, dilataciones de esófago, cirugía.
8. Genitourinario: cirugía de próstata, cistoscopia, dilatación de uretra.

PATOLOGÍA ARTERIAL DE LAS EXTREMIDADES INFERIORES

La enfermedad arterial periférica, que está causada por oclusión arteriosclerótica de las arterias de las extremidades inferiores, es una manifestación importante de arteriosclerosis sistémica. Los pacientes con enfermedad arterial periférica, incluso sin tener antecedentes de IAM o de AVC, tienen aproximadamente el mismo riesgo relativo de fallecer por enfermedad de causa cardiovascular que aquellos que tienen antecedentes de IAM o de AVC.

Los principales factores de riesgo para presentar esta enfermedad son la edad (por encima de los 40 años), el consumo de cigarrillos y la diabetes mellitus. La hiperlipemia, la HTA y la hiperhomocisteinemia son también factores de riesgo.

El índice tobillo/brazo (se obtiene con el cociente de la presión arterial sistólica obtenida por Doppler en la arteria pedia o tibial posterior –la más alta de las dos– y de la presión arterial sistólica en la arteria humeral –la más alta obtenida de los dos brazos–) es un buen indicador de aparición de episodios coronarios. Dado el riesgo alto de estos pacientes, se les considera candidatos para recibir prevención secundaria, que incluye tratamiento enérgico de los factores de riesgo y antiagregantes plaquetarios.

SÍNDROME DE ISQUEMIA CRÓNICA

Manifestaciones clínicas

Las alteraciones clínicas son la claudicación intermitente o dolor con el ejercicio, el dolor de reposo y las alteraciones tróficas. La claudicación es la manifestación más frecuente. El paciente refiere dolor, fatiga o entumecimiento, sobre todo en el territorio de la pantorrilla, que se desencadena típicamente con el ejercicio (aumenta al subir una cuesta) y mejora con el reposo. Es clásico el paciente que se para ante un escaparate hasta que desaparece el dolor.

En la exploración se pueden apreciar palidez y frialdad, así como signos cutáneos de isquemia, desaparición del vello, piel seca, atrófica, uñas engrosadas.

Diagnóstico

El diagnóstico clínico no suele ofrecer grandes dificultades, ya que las manifestaciones clínicas suelen ser bastante típicas. Se diferencia de la claudicación neurogénica (canal lumbar estrecho) porque en esta última el paciente debe sentarse o apoyarse en la pared para que ceda el dolor, mientras que en la de causa arterial es suficiente con detenerse.

Pronóstico y tratamiento

La obstrucción arterial crónica suele tener un curso estable y una evolución lenta; no obstante, la mortalidad en estos pacientes es el doble que en la población general. Ello se debe a la coexistencia de cardiopatía isquémica y de enfermedad vascular cerebral. Por ello, el paciente con arteriopatía periférica debe ser considerado un candidato para prevención secundaria. Comprende las siguientes medidas:

1. Abandono total del tabaco.
2. Ejercicio físico regular durante 30-60 minutos al día, como mínimo.
3. Antiagregantes plaquetarios: todos los pacientes deben ser tratados con ácido acetilsalicílico o con clopidogrel, que probablemente es más efectivo en esta patología.
4. Control estricto de la HTA.
5. Dislipemia: dado que se trata de pacientes en prevención secundaria, el objetivo será descender el cLDL por debajo de 100 mg/dl.
6. Vasodilatadores: su eficacia es dudosa y posiblemente perjudicial por producir efecto robo. No están indicados en la isquemia crónica.
7. Fármacos con efectos homorreológicos: la pentoxifilina puede tener algún beneficio en la claudicación intermitente. No parece mejorar el dolor en reposo.
8. El cilostazol, aprobado en 1999 por la FDA, es un inhibidor de la fosfodiesterasa; mejora la capacidad funcional en estos pacientes. No está comercializado en España.
9. Protección de la piel: zapatos cómodos, cuidado de las uñas, cremas hidratantes, tratamiento precoz de las infecciones (incluida *Tinea pedis*); no se debe utilizar esparadrapo ni vendajes adhesivos.
10. Profilaxis antitetánica de forma sistemática.

SÍNDROME DE ISQUEMIA AGUDA

La obstrucción arterial aguda es una urgencia médica que, a menudo, se diagnostica tarde. Puede ser debida a embolia arterial, trombosis arterial o traumatismos vasculares. La fuente embolígena más frecuente es la aurícula izquierda (p. ej., estenosis mitral) o el ventrículo (trombo mural, miocardiopatía dilatada). El inicio de la clínica es súbito y unilateral. Cursa con dolor intenso, ausencia de pulso, parestesias, parálisis y frialdad de la extremidad. La imposibilidad de realizar la flexión dorsal del pie indica la necesidad de intervención inmediata. La isquemia arterial aguda evoluciona hacia la gangrena en 24-48 horas. El tratamiento ha de instaurarse lo antes posible (durante las tres primeras horas) mediante tratamiento trombolítico o embolectomía.

PATOLOGÍA VENOSA DE LAS EXTREMIDADES INFERIORES

INSUFICIENCIA VENOSA CRÓNICA. VARICES Y SÍNDROME POSFLEBÍTICO

Las varices son dilataciones, alargamientos y flexuosidades de las venas del sistema superficial de las extremidades inferiores, debidos a la pérdida de elasticidad y a la atrofia o desaparición de las válvulas. Cuando son de pequeño tamaño y coloración azulada reciben el nombre de varículas. Las varices afectan al 20% de la población adulta, predominan en el sexo femenino y su incidencia aumenta con la edad. Existen antecedentes familiares en el 50-75% de los casos. Suelen ser esenciales o primarias (95%). Las secundarias son debidas a trombosis venosa profunda (TVP) por compresiones extrínsecas (como en el embarazo, tumores o ascitis).

Inicialmente, presentan poca sintomatología y destacan más por ser un problema estético. A medida que se acentúa la insuficiencia venosa, aparecen el cansancio y la pesadez en la extremidad afectada, que empeoran con el calor y el ortostatismo prolongado, y mejoran al andar y al elevar las piernas. El edema se observa en los maléolos. De forma progresiva, aparecen las alteraciones cutáneas típicas, que consisten en hiperpigmentación, dermatitis eccematosa, induración y atrofia cutánea. Pueden aparecer úlceras varicosas, localizadas generalmente en el maléolo interno, que suelen ser poco dolorosas. Si aparece dolor, hay que descartar una infección. Las complicaciones más importantes son la varicoflebitis y la varicorragia.

El síndrome posflebítico es una complicación frecuente de la TVP. Aproximadamente el 75% de las TVP desarrolla esta complicación en el plazo de meses o años. Las manifestaciones clínicas son: edema rebelde al tratamiento, dermopatía de estasis, etc. El diagnóstico de IVC suele ser evidente por las manifestaciones clínicas.

Tratamiento

Comprende una serie de medidas generales cuyo objetivo es impedir la progresión de la enfermedad:

1. Evitar el exceso ponderal.
2. Evitar el ortostatismo prolongado, la exposición al sol y los baños con agua demasiado caliente.
3. No llevar ropas ajustadas ni prendas que dificulten el retorno venoso.
4. Intervalos de reposo con las piernas elevadas.
5. Realizar deporte.
6. Llevar calzado adecuado (tacones bajos) para facilitar la bomba muscular en la esponja plantar.
7. Dormir con las extremidades inferiores algo elevadas (si no hay contraindicaciones de otro tipo).
8. Proteger la piel y evitar traumatismos.
9. Utilizar contención elástica.

En cuanto al *tratamiento farmacológico,* existe un gran número de preparados que actúan aumentando el tono de la pared venosa, disminuyendo la permeabilidad capilar o favoreciendo el drenaje linfático. Ninguno de ellos ha demostrado una gran eficacia. La escleroterapia está indicada en las varices de pequeño tamaño. El tratamiento quirúrgico se reserva para las varices de gran tamaño.

La dermatitis de estasis puede mejorar con corticoides tópicos de potencia intermedia durante cortos períodos (máximo 7 días). Cuando se añade celulitis, se recomienda reposo en cama, antibioterapia y profilaxis con heparina. El tratamiento de las varicoflebitis consiste en reposo en cama con la extremidad elevada, profilaxis con heparina, antiinflamatorios y fomentos con agua de Burow cada 8 horas. El tratamiento de la varicorragia, si no es de gran magnitud, puede realizarse de forma ambulatoria, con limpieza de la herida, elevacion de la extremidad, compresión local sobre el punto sangrante, vendaje compresivo y reposo en cama durante 3-5 días. Si el cuadro no cede, hay que remitir al paciente a un centro especializado.

TROMBOFLEBITIS SUPERFICIAL

El diagnóstico clínico no suele ofrecer dificultad palpando un cordón venoso con signos inflamatorios. El tratamiento consiste en retirar la causa desencadenante (catéter, fármacos), inmovilización, calor local y antiinflamatorios.

TROMBOSIS VENOSA PROFUNDA

La TVP constituye, junto con la embolia de pulmón, dos entidades que forman parte de una misma dolencia: la enfermedad tromboembólica.

El diagnóstico desde la Atención Primaria, desafortunadamente, es difícil, ya que los síntomas clásicos (dolor, edema, impotencia funcional, etc.) en la mitad de los casos se hallan ausentes. A pesar de ello, todo diagnóstico debe comenzar por la sospecha de la enfermedad. Por ello, en un paciente con factores de riesgo, el menor síntoma clínico sugestivo obliga a realizar las exploraciones diagnósticas que permitan confirmar o descartar el proceso. Ello deberá hacerse por ecografía Doppler en un centro especializado.

Profilaxis

La profilaxis de la TVP constituye una medida fundamental. Tanto en el medio hospitalario como en el domicilio, la movilización activa es el método más importante y debe realizarse siempre. La profilaxis farmacológica se lleva a cabo preferentemente con heparina. Últimamente, se suelen preferir las heparinas de bajo peso molecular (HBPM) sobre las heparinas no fraccionadas (HNF). Para establecer el riesgo, el Consenso ACCP 1998 estratifica a los pacientes en cuatro categorías:

1. *Riesgo muy alto*: cirugía mayor en mayores de 40 años de edad con enfermedad tromboembólica previa, neoplasia o trombofilia. Cirugía ortopédica, fractura de cadera, ictus, o lesión de la médula espinal.
2. *Riesgo alto*: cirugía mayor en mayores de 60 años sin otros factores de riesgo. Cirugía mayor en pacientes de 40 a 60 años de edad, con otros factores de riesgo. IAM y otros pacientes no quirúrgicos con factores de riesgo.
3. *Riesgo moderado*: cirugía mayor o menor en pacientes de 40 a 60 años de edad, sin otros factores de riesgo.
4. *Riesgo bajo*: cirugía menor en menores de 40 años sin factores de riesgo.

El grupo 1 debe tratarse con HBPM en dosis profiláctica alta (3.500-5.000 UI) o bien en dosis profiláctica estándar (2.000-3.500) asociada a medios físicos (compresión neumática intermitente, medias elásticas de compresión decreciente). El grupo 2 se trata con HBPM en dosis profiláctica estándar, y en pacientes de especial riesgo trombótico se recomienda asociar medios físicos. El grupo 3 se trata con HBPM en dosis profiláctica estándar, y el grupo 4, con deambulación precoz sin otras medidas específicas de profilaxis.

Duración de la profilaxis: la duración del tratamiento profiláctico no está claramente definida, pero parece lógico mantenerlo mientras persista el factor de riesgo. En aquellos pacientes intervenidos quirúrgicamente de las extremidades inferiores, de una forma orientativa puede recomendarse una profilaxis con HBPM durante 3 semanas, una vez en su domicilio, a no ser que no exista ningún otro factor de riesgo y el paciente inicie la deambulación correcta de forma inmediata. Tras la cirugía de cadera y rodilla, se recomienda profilaxis durante 3-6 semanas en función de la presencia de otros factores de riesgo.

Capítulo 46

ENFERMEDADES RESPIRATORIAS

EXPLORACIÓN FUNCIONAL RESPIRATORIA

ESPIROMETRÍA FORZADA

Los dos parámetros imprescindibles para valorar la espirometría forzada son la capacidad vital forzada (FVC) y el volumen espiratorio máximo en el primer segundo (VEMS o FEV_1). La FVC mide el aire movilizable al realizar una espiración forzada a partir de una inspiración máxima. El FEV_1 mide el volumen de aire movilizado en el primer segundo de una espiración forzada iniciada en inspiración máxima. Así, el FEV_1 es el porcentaje de la FVC que se moviliza en el primer segundo. Este porcentaje FEV_1/FVC es el índice de Tiffeneau. Se considera que la espirometría forzada es normal si el índice de Tiffeneau es igual al valor teórico y los valores de la FVC y del FEV_1 están entre el 80 y el 120% de los valores de referencia, que varían según el peso, la talla, la edad y el sexo.

A partir de la espirometría forzada es posible definir los patrones espirométricos básicos:

- *Patrón ventilatorio obstructivo*: disminución del FEV_1 con disminución del índice FEV/ FVC.
- *Patrón ventilatorio restrictivo*: disminución del FEV_1 y de la FVC, pero con índice de Tiffeneau normal.
- *Patrón ventilatorio mixto*: disminución del FEV, y de la FVC, con disminución, asimismo, del índice FEV/FVC.
- *Patrón ventilatorio de afectación de las pequeñas vías*: puede detectarse por una disminución de los flujos mesoespiratorios o por una disminución del índice FEV/FVC, con FEV_1 y FVC normales.

FLUJO ESPIRATORIO MÁXIMO

El flujo espiratorio máximo (FEM) es el flujo máximo que alcanza el aire en una espiración forzada. El flujo de aire espirado por unidad de tiempo varía en función del calibre del sistema de conducción (los bronquios). El FEM puede medirse con un aparato de uso sencillo (el *peak flow meter*), por lo que es posible realizar determinaciones a lo largo del tiempo.

La medida de los FEM es útil para: *a*) valorar la evolución de una crisis aguda; *b*) diagnosticar la labilidad bronquial, al permitir la descripción de la variabilidad de la obstrucción a lo largo del tiempo; *c*) diagnosticar la hiperreactividad bronquial mediante pruebas simples (como la prueba de la carrera), y *d*) valorar la respuesta terapéutica.

PRUEBAS DE PROVOCACIÓN: PRUEBA DE LA CARRERA

La hiperreactividad bronquial puede estudiarse en el laboratorio mediante dos tipos de pruebas de provocación:

- *Inespecíficas*: con fármacos como la histamina o la metacolina.
- *Específicas*: provocando el contacto con la sustancia que teóricamente desencadena hiperreactividad bronquial.

Sin embargo, dado que el ejercicio es un desencadenante del asma, especialmente en los niños, es posible realizar una prueba simple de provocación que permite objetivar la existencia de hiperreactividad. Se efectúa una medida del FEM en reposo y, seguidamente, se pide al paciente que inicie una carrera al aire libre, al ritmo más rápido que le sea posible, pero que pueda mantener durante 6 minutos. A los 3 minutos se realiza una nueva medida del FEM y de la frecuencia cardíaca (la ausencia de taquicardia sugiere que el individuo no se ha esforzado en su carrera). A los 6 minutos se toman nuevas medidas, y el individuo permanece en reposo. La recuperación se valora a los 5, 10 y 15 minutos de finalizada la prueba. Una variabilidad del FEM superior al 20% es sugestiva de hiperreactividad bronquial.

PULSIOXIMETRÍA

La pulsioximetría es un método no invasivo que permite medir indirectamente el porcentaje de saturación de la hemoglobina (SaO_2) en los vasos pulsátiles. Es útil para el diagnóstico de pacientes con disnea, para valorar la alteración del intercambio de gases en pacientes con limitación funcional grave, y para valorar la gravedad y la respuesta al tratamiento en la insuficiencia respiratoria aguda (IRA). No puede sustituir a la gasometría arterial, ya que no informa de la hipercapnia, imprescindible para valorar el fracaso de la bomba ventilatoria.

GASOMETRÍA ARTERIAL

Debe indicarse en pacientes con enfermedad pulmonar obstructiva crónica (EPOC) que tienen un FEV_1 inferior al 50% del valor teórico (o inferior a 1.500 ml) o una SaO_2 inferior al 92%.

PRUEBAS DE ESFUERZO

La respuesta al esfuerzo puede hacerse a través de protocolos ergométricos complejos o mediante las pruebas de la marcha (*walking test*). La medida de la distancia recorrida por un paciente durante 6 o 12 minutos, al caminar por un terreno llano, y respetando las paradas, es una prueba comparable y reproducible, que permite valorar de una manera global el estado cardiovascular, la función neuromuscular y respiratoria, la resistencia y la motivación del paciente.

RADIOLOGÍA

La radiografía de tórax es necesaria al hacer el estudio inicial, si presenta agudización de la sintomatología (para descartar neumonía, neumotórax o fractura costal) o para revalorar la situación clínica en casos de deterioro rápido o presencia de esputo hemoptoico (para descartar neoplasia pulmonar). No aporta beneficios la práctica sistemática de la tomografía computarizada (TC).

ENFERMEDAD PULMONAR OBSTRUCTIVA CRÓNICA

La EPOC es un proceso caracterizado por la presencia de obstrucción crónica al flujo aéreo, causada principalmente por la respuesta inflamatoria relacionada con el tabaquismo. El deterioro suele ser lento, pero progresivo y, generalmente, poco reversible. La obstrucción al flujo aéreo se detecta por una reducción del volumen espiratorio forzado en el primer segundo (FEV_1) y de la relación FEV_1/FVC.

La *bronquitis crónica* se define clínicamente como la presencia de tos y expectoración durante 3 meses al año, por lo menos durante 2 años consecutivos, sin que pueda atribuirse a otras causas.

La definición de *enfisema* es anatomopatológica: destrucción de los tabiques alveolares más allá del bronquiolo terminal.

FACTORES DE RIESGO

El factor de riesgo más importante en la etiología de la EPOC es el hábito tabáquico. Hay que tener en cuenta que sólo el 15% de los fumadores desarrollará limitación al flujo aéreo, pero no se dispone de instrumentos para detectar precozmente a estos fumadores «susceptibles». También se debe considerar: tabaquismo pasivo, polución atmosférica, hiperreactividad bronquial, factores ocupacionales y déficit de $alfa_1$-antitripsina.

HISTORIA NATURAL

El primer efecto del tabaco sobre el pulmón es la irritación, que afecta sobre todo a las grandes vías aéreas y se traduce por la presencia de tos y expectoración. Esta manifestación clínica es la hipersecreción, casi universal entre los fumadores. En un porcentaje de fumadores, la inflamación del bronquiolo terminal y la destrucción de las paredes alveolares se traduce por una aceleración en el ritmo de disminución del FEV_1. Son los denominados fumadores susceptibles, en los que se aprecia un declive acelerado en la función pulmonar (pérdidas del FEV_1 entre 50 y 80 ml/año), que suele manifestarse a partir de los 45 a 50 años. El abandono del tabaco detiene el declive acelerado de la función pulmonar, pero lo que se ha perdido no se recupera.

Los factores pronósticos fundamentales en la EPOC son el FEV_1 y la edad, aunque recientemente se ha observado que el estado nutricional (índice de masa corporal [IMC] < 25 kg/m^2) se asocia a una disminución de la supervivencia.

MANIFESTACIONES Y FORMAS CLÍNICAS

Los síntomas graves suelen aparecer a partir de los 50 años. La tos matutina es habitual en la mayoría de los pacientes, y se acentúa con las sobreinfecciones. La disnea puede ser el único síntoma.

Diagnóstico diferencial

Es fundamental diferenciar las dos entidades más frecuentes que cursan con limitación crónica al flujo aéreo: la EPOC y el asma crónica. Esta última puede evolucionar hacia la obstrucción fija con muy poca variabilidad del FEV_1, por lo que es muy difícil diferenciarla de la bronquitis y del enfisema, en particular en los adultos no fumadores. Además, algunos pacientes con EPOC también presentan cierto grado de reactividad bronquial.

Valoración de la gravedad de la EPOC

En la tabla 46-1 se resumen los criterios de gravedad de la American Thoracic Society (ATS) y la European Respiratory Society (ERS). Los pacientes con FEV_1 superiores al 50%, que son la gran mayoría, no suelen presentar hipoxemia, y puede considerarse que su afectación es entre leve y moderada.

Tabla 46-1. Gravedad de la EPOC basada en el FEV_1 (expresado en porcentaje del valor teórico)

	Porcentaje del FEV_1				
Clasificación EPOC	ATS	ERS	BTS 1997	GOLD	SEPAR 2001***
Leve	> 50	> 70	60-80	> 80*	60-80
Moderada	35-49	59-59	40-59	30-80**	40-59
Grave	< 34	< 50	< 40	< 30 o < 50 + IRC	< 40

ATS: American Thoracic Society; ERS: European Respiratory Society;
BTS: British Thoracic Society; GOLD: Global Initiative for Chronic Obstructive Lung Disease; SEPAR: Sociedad Española de Patología Respiratoria.
*Con $FEV_1/FVC < 70\%$.
**Sin insuficiencia respiratoria crónica (IRC).
***Recomendaciones conjuntas de SEPAR y semFYC.

Tratamiento

Deshabituación tabáquica

Dejar de fumar es el único «tratamiento» que cambia positivamente la historia natural de la EPOC.

Broncodilatadores

En los pacientes que presentan crisis aisladas puede ser útil la administración de un agonista-β_2 o anticolinérgicos a demanda (en función de los síntomas). En algunos casos, puede ser útil añadir teofilina de liberación retardada, si no hay mejoría con los broncodilatadores inhalados, especialmente si el paciente presenta síntomas nocturnos.

Corticoides

Los corticoides orales pueden ser útiles durante cortos períodos de tiempo para tratar exacerbaciones, pero siempre que sea posible es preferible evitar su uso continuado, dados los efectos adversos bien descritos (miopatía esteroidea). Los corticoides inhalados, como la budesonida (400 μg/12 h) o la fluticasona (500 μg/12 h), pueden mejorar los síntomas, pero con un impacto funcional escaso.

Mucolíticos y expectorantes

Algunos estudios sugieren una leve disminución en el número de episodios de agudizaciones con el uso de agentes mucolíticos y antioxidantes.

Antibióticos

En la sobreinfección respiratoria de los pacientes con EPOC, los agentes causales más frecuentes suelen ser bacterias (neumococo y *Haemophilus influenzae*). Las reagudizaciones infecciosas clínicamente importantes suelen acompañarse de disnea, incremento de la expectoración (que se hace purulenta), con fiebre, en el curso de un catarro de vías bajas. La elección del antibiótico depende de las resistencias «locales». Así, en España, casi la mitad de las cepas de *Haemophilus* son resistentes a la amoxicilina, mientras que la combinación amoxicilina/ácido clavulánico es una buena opción para cubrir tanto *Haemophilus* como neumococo. Los macrólidos, al ser poco activos frente a *H. influenzae,* son poco útiles. Las cefalosporinas orales de segunda generación, como la cefuroxima (500 mg cada 12 h) o las nuevas quinolonas, como levofloxacino o moxifloxacino, son tan activas como el ciprofloxacino frente a *H. influenzae* y neumococo. No tiene sentido administrar antibióticos periódicamente como profilaxis.

Vacuna antigripal

Proporciona una protección en el 60-80% de los casos. Su prescripción debe ser anual.

Vacuna antineumocócica

Aunque existe cierto debate, se considera indicada, y debería valorarse una segunda dosis transcurridos más de 5 años.

Hábitos dietéticos

La malnutrición energeticoproteica constituye un signo de mal pronóstico. Es recomendable que el paciente realice una ingestión proteica adecuada y evite los alimentos flatulentos.

Fisioterapia respiratoria

No hay datos objetivos que avalen los beneficios de los «ejercicios respiratorios» clásicos. Tampoco está claro el valor del cambio forzado del patrón respiratorio del paciente, insistiendo en las respiraciones profundas y lentas. El drenaje postural sólo está indicado en pacientes hipersecretores (expectoración > 30 ml/día).

Ejercicio físico regular

Desempeña un papel fundamental para mantener la forma física de los pacientes y romper la espiral de la disnea. Los pacientes presentan más disnea ante esfuerzos menores a medida que disminuye la función pulmonar. Este fenómeno favorece el sedentarismo, que es una causa importante de la pérdida de la forma física. En esta situación, la disnea aparecerá ante esfuerzos todavía menores, hasta interferir con las actividades básicas de la vida diaria. Debe insistirse en que el paciente salga a pasear con regularidad.

Programas de rehabilitación

En general, se ofrecen a pacientes relativamente jóvenes, e incluyen: educación para hacer frente a la enfermedad, consejos dietéticos, control de fármacos, atención a las reagudizaciones y programas de ejercicios controlados (p. ej., 20-30 min/día, 3-4 días a la semana). Los beneficios obtenidos desaparecen cuando se abandonan los ejercicios periódicos, por lo que es preciso programar algunos refuerzos periódicos.

ASMA BRONQUIAL

El asma es una enfermedad respiratoria crónica, inflamatoria y de etiología no del todo conocida. Como resultado de la inflamación de la vía aérea, ésta se estrecha fácilmente en respuesta a gran variedad de estímulos (físicos, químicos o biológicos) a la que se entiende como hiperreactividad bronquial. Ello determina episodios recurrentes de obstrucción bronquial, habitualmente reversible espontáneamente o con fármacos, y de intensidad variable.

Etiología y patogenia

En el asma alérgica el agente etiológico es el alergeno, aunque existen asmáticos sin un agente conocido (20%), pero en todos ellos, con una etiología conocida o no, el denominador común es la inflamación. El asma tiene un componente genético claro, pero son los factores ambientales los que pueden explicar la agregación familiar de la enfermedad.

Factores implicados en el desarrollo del asma

Atopia

La asociación entre atopia y asma es evidente y, además, la atopia se relaciona con la gravedad del asma y con la presencia de hiperreactividad bronquial (HB). La sensibilización precoz a los alergenos ambientales es un fuerte marcador de aparición de asma. Se ha observado que la HB y la atopia están determinadas genéticamente, y que existe una relación entre ellas: se ha encontrado HB en el 22,2% de los atópicos y en el 5,8% de los no atópicos.

Neumoalergenos

Un alergeno es un antígeno capaz de desencadenar una reacción alérgica específica de hipersensibilidad bronquial inmediata y mediada por inmunoglobulina E (IgE).

Diagnóstico

Anamnesis

La disnea no guarda una buena relación con la obstrucción bronquial, y no es exclusiva del asma. La tos suele aparecer desde el inicio de las crisis. Puede ser el único síntoma y cursar con flujos espiratorios normales. Los sibilantes guardan una buena relación con la obstrucción, sobre todo si están presentes durante toda la fase espiratoria. En las crisis graves pueden estar ausentes.

Exploración física

El hallazgo más característico son las sibilancias a la auscultación respiratoria, aunque es frecuente no encontrar ningún signo físico. En las crisis, se pueden presentar: taquipnea, taquicardia, tiraje y cianosis.

Pruebas funcionales respiratorias

La espirometría debe realizarse a todo asmático, pues es la prueba más estandarizada, es muy reproducible y sirve para demostrar la obstrucción, así como la reversibilidad, y sirve para obtener un valor de referencia de la función pulmonar del paciente.

La medición del FEM con el medidor del pico flujo (MPF) es útil para objetivar la obstrucción bronquial, y se correlaciona bien con el FEV_1, aunque es dependiente del esfuerzo del paciente y presenta más variabilidad que la espirometría. Es muy útil para estudiar la variabilidad diaria de la obstrucción, a través del registro domiciliario del FEM (RDFEM) y observar de forma precoz las caídas del FEM. Los valores de referencia vienen dados por tablas de normalidad en función de la talla, la edad y el sexo del paciente, aunque la mejor marca personal de éste es la óptima. El registro del FEM es de gran utilidad para el diagnóstico del asma ocupacional.

Estudio de la variabilidad

Una de las características funcionales del asma es la variabilidad diaria. Generalmente, la obstrucción es mayor a primeras horas de la mañana y menor que por la tarde. Los individuos no asmáticos también presentan esta variabilidad, pero en ellos la diferencia nunca supera el 20%. El registro de la variabilidad normal no excluye el diagnóstico de asma. La variabilidad diaria del FEM (normalidad menor del 20%) se calcula con la siguiente fórmula:

$$\text{Variabilidad diaria} = \frac{\begin{array}{c}[\text{FEM vespertino} - \text{FEM matutino}]/\\ [\text{FEM vespertino} + \text{FEM matutino}]\end{array}}{2} \times 100$$

Exploraciones complementarias

El *prick test* es útil para identificar (cualitativa y semicuantitativamente) los posibles alergenos que no queden claramente identificados con la historia clínica.

La eosinofilia y la determinación de la IgE tienen una utilidad limitada, ya que son normales en algunos asmáticos y elevadas en otras patologías (parasitosis, tabaquismo, etc.).

La radiología de tórax es normal.

El estudio de la IgE específica (test radioalergoabsorbente, RAST) puede ser útil cuando no se puede practicar el *prick test* o confirmar los alergenos que resultan dudosos.

CLASIFICACIÓN

La clasificación clínica y funcional es la más práctica para administrar el tratamiento adecuado, y permite plantear un pronóstico (tabla 46-2).

TRATAMIENTO

Broncodilatadores

Lo más importante en el uso de broncodilatadores es la técnica de la inhalación, cuya práctica resulta difícil para algunos pacientes (niños pequeños y ancianos). El 61% de los pacientes no realizan correctamente la técnica de la inhalación con presurizadores, y es necesaria una educación perseverante sobre el control de estos fármacos. Para paliar dicho problema se han comercializado otros sistemas, como los dispositivos incentivadores (Turbohaler, Diskhaler) y las cámaras espaciadoras.

β_2-ADRENÉRGICOS DE VIDA MEDIA CORTA

Empiezan a actuar en pocos minutos, y su acción dura 4-6 horas. Los más utilizados son el salbutamol y la terbutalina. Son los broncodilatadores más potentes y los de elección en las crisis de asma, asma de esfuerzo, para realizar la prueba broncodilatadora y como broncodilatador de «rescate».

β_2-ADRENÉRGICOS DE VIDA MEDIA LARGA

El formoterol tiene un inicio de acción más rápido que el salmeterol, y se administran en dosis de 12,5-25 µg/12 horas y 50 µg/12 horas, respectivamente. Se pueden utilizar junto con los corticoides inhalados, antes de doblar las dosis de estos últimos, en caso de síntomas nocturnos y en prevención del asma de esfuerzo.

ANTICOLINÉRGICOS

El más utilizado es el bromuro de ipratropio. Es un broncodilatador de menor acción que la de los β_2-adrenérgicos para el asma. Su acción dura 6-8 horas, y es de inicio lento. Está indicado como fármaco de rescate en niños menores de 2 años, como broncodilatador en caso de intolerancia a los β_2-adrenérgicos, y junto con los simpaticomiméticos en nebulizador para el tratamiento de las crisis graves de asma.

METILXANTINAS

El efecto broncodilatador de la teofilina es menor que el de los simpaticomiméticos. Está indicada como tercer fármaco broncodilatador, y para controlar los síntomas nocturnos.

Antiinflamatorios

CORTICOIDES INHALADOS

La budesonida, el dipropionato de beclometasona y la fluticasona se administran cada 12 horas, aunque en dosis altas se aconsejan cada 8 horas. En forma de inhalador en cartucho presurizado (ICP) deben administarse mediante cámara espaciadora, para evitar los efectos secundarios locales (candidiasis orofaríngea, voz ronca y aftas). En dosis inferiores a 400-600 µg/día

Tabla 46-2. Clasificación del asma según la gravedad

	Síntomas clínicos antes del tratamiento	Función ventilatoria	Medicación requerida
Intermitente Leve	Síntomas breves de menos de 1 vez por semana Síntomas nocturnos menos de 2 veces al mes Sin síntomas entre crisis	FEM o $FEV_1 \geq 80\%$ del teórico Variabilidad < 20%	β_2-adrenérgicos inhalados a demanda
Persistente Leve	Más de 1 vez a la semana pero no diarios Exacerbaciones que pueden afectar la actividad normal Síntomas nocturnos más de 2 veces al mes y menos de 1 vez por semana	FEM o $FEV_1 \geq 80\%$ del teórico Variabilidad 20-30%	Fármacos antiinflamatorios inhalados diarios Posibilidad de añadir broncodilatadores de larga duración especialmente para síntomas nocturnos
Persistente Moderado	Diarios Exacerbaciones que afectan la actividad normal Síntomas nocturnos más de 1 vez por semana pero no diarios Necesidad diaria de β_2-adrenérgicos inhalados	FEM o FEV_1 60-80% del teórico Variabilidad > 30%	Fármacos antiinflamatorios inhalados diarios + Broncodilatadores de larga duración especialmente para síntomas nocturnos
Persistente Grave	Continuos Exacerbaciones frecuentes Síntomas nocturnos casi diarios Actividad física limitada	FEM o $FEV_1 \leq 60\%$ del teórico Variabilidad > 30%*	Dosis altas de corticoides inhalados + Broncodilatadores de larga duración + corticoides orales durante temporadas prolongadas

La presencia de un solo criterio de gravedad es suficiente para clasificar al asmático en la categoría correspondiente.
En cualquier gravedad pueden aparecer exacerbaciones leves, moderadas o graves.
*Algunos pacientes con asma persistente grave tienen una obstrucción crónica poco reversible y, en estos casos, la variabilidad puede ser mínima.
Modificado de: Grupo de asma de la semFYC. Asma. Manejo del asma en Atención Primaria.

no producen ningún trastorno en el crecimiento en los niños. Los tres fármacos se encuentran en ICP y en sistema de polvo seco multidosis.

Corticoides orales

Los más utilizados son la prednisona y la metilprednisolona. Deben utilizarse en pautas cortas (0,5 mg/kg/día de prednisona o bien 0,4 mg/kg/día de metilprednisolona), generalmente durante 510 días, y si deben utilizarse durante más tiempo, se tendrán que ajustar las dosis a las mínimas necesarias para el control (aunque el paciente se mantenga con cierta sintomatología). Están indicados en el asma persistente grave y en las crisis moderadas y graves.

Antileucotrienos

Reducen los síntomas, mejoran el FEV_1 cerca del 12-13% sobre el basal y reducen las crisis de asma. Están disponibles en el mercado español: montelukast, 10 mg/día en dosis única, y zafirlukast, 40 mg/día en dos dosis. Están indicados en el asma persistente leve y en el asma de esfuerzo; añadidos a los corticoides inhalados reducen la dosis de éstos en los pacientes con asma persistente moderada y grave. Son bien tolerados.

Cromoglicato y nedocromilo sódico

Se utilizan como profilácticos en el asma estacional y en el asma de esfuerzo, y como antiinflamatorios en niños pequeños. El cromoglicato debe administrarse cada 6 horas durante 4-8 semanas para valorar su eficacia. El nedocromilo no tiene ninguna ventaja sobre el cromoglicato, salvo que puede utilizarse cada 8 horas.

Tratamiento escalonado del asma según la gravedad

La clasificación clinicofuncional sirve para orientación de cómo iniciar el tratamiento farmacológico (tabla 46-3) y cómo cambiar de escalón terapéutico.

Inmunoterapia específica

Está indicada cuando la alergia subyacente sea a un solo alergeno, cuando no sea posible evitarlo y si las medidas de evitación y el tratamiento farmacológico adecuado no controlan los síntomas.

Tratamiento de las crisis de asma

Los β_2-adrenérgicos por vía inhalada (en cámara o nebulizados) son los fármacos de elección, por su eficacia y rapidez broncodilatadora. Los esteroides, ya sean parenterales u orales, reducen el edema y las secreciones, potencian la acción de los β_2-adrenérgicos y disminuyen los índices de ingreso y de recaídas a corto plazo. En la tabla 46-4 se muestran los criterios para valorar la gravedad de la crisis. Si existen criterios de derivación hospitalaria (crisis grave, deterioro rápido del paciente, sospecha de complicaciones, falta de experiencia del equipo, etc.), ésta se realizará de forma rápida, con oxigenoterapia, y con tratamiento broncodilatador y esteroideo.

Autocontrol

Algunos pacientes pueden utilizar el medidor pico flujo y, mediante el registro del FEM, modificar y adaptar su pauta terapéutica según los resultado ob-

Tabla 46-3. Tratamiento escalonado del asma según la gravedad

Gravedad	Tratamiento del asma
Intermitente/leve	– β_2 inhalaciones. De corta duración a demanda si hay síntomas. En niños pequeños también se puede utilizar bromuro de ipratropio – β_2 inhalaciones. O cromonas antes del esfuerzo o de la exposición al alergeno
Persistente/leve	– Corticoides, inhalaciones 200-400 mg/día, respectivamente. Si es preciso se pueden aumentar a 800/1.000 mg/día o añadir un β_2-inhalado de larga duración especialmente para síntomas nocturnos – En niños se puede iniciar con nedocromil inhalaciones, 2-4 mg/2-3 veces al día o cromoglicato inhalaciones, 20-40 mg/4 veces al día, pasando a corticoides inhalados si no mejoran – β_2 inhalaciones. De corta duración (y/o bromuro de ipratropio en niños < 2 años) a demanda si hay síntomas, no más de 3-4 veces al día
Persistente/moderada	– Corticoides, inhalaciones 800-1.600 mg/día, respectivamente, en 2-3 veces – Broncodilatadores de larga duración especialmente para síntomas nocturnos (β_2 inhalaciones, de larga duración y/o teofilina) – β_2 inhalaciones de corta duración (y/o bromuro de ipratropio en niños < 2 años) a demanda si hay síntomas, no más de 3-4 veces al día
Persistente/grave	– Corticoides, inhalaciones 800-1.600 mg/día, respectivamente, en 2-3 veces – Broncodilatador de larga duración (β_2 de larga duración, inhalaciones y/o teofilina) – Corticoides orales a largo plazo – β_2 inhalaciones. De corta duración (y/o bromuro de ipratropio en niños < 2 años) a demanda si hay síntomas

En crisis asmáticas pueden ser necesarias pautas cortas de corticoides orales sea cual fuere la gravedad.
Modificado de: Grupo de asma de la semFYC. Asma. Manejo del asma en Atención Primaria.

Tabla 46-4. Gravedad de la crisis

Manifestaciones	Leve	Moderada	Grave
Disnea	Caminando	Hablando	En reposo
Frecuencia respiratoria	Normal o aumentada	Aumentada	> 30/minuto
Uso músculo accesorios	No	Habitual	Habitual
Sibilantes	Moderados	Importantes	Importantes o ausentes
Pulso	< 100/minuto	100-120/minuto	> 120/minuto o bradicardia
FEM*	> 80%	60-80%	< 60% o < 150 l/m

*Respecto al valor teórico o mejor marca personal del paciente.

tenidos. En este sentido, se ha desarrollado el «sistema de zonas» para la adecuación del tratamiento farmacológico. El paciente adopta una actitud o modifica su pauta terapéutica en función del grado o zona en que se encuentre. Dichas zonas, distribuidas por colores, se establecen según la gravedad de la obstrucción bronquial correlacionada con los síntomas.

INSUFICIENCIA RESPIRATORIA CRÓNICA

La insuficiencia respiratoria crónica (IRC) únicamente puede diagnosticarse mediante la obtención de una muestra de sangre arterial (gasometría arterial) cuando el paciente respira aire ambiente, si se confirma la presencia de hipoxemia persistente (PaO_2 < 60 mmHg), con hipercapnia ($PaCO_2$ > 45 mmHg) o sin ella. El fracaso primario del intercambio de gases se traduce inicialmente por la presencia de hipoxemia sin hipercapnia. La mayoría de las enfermedades pulmonares pueden conducir a un fracaso, agudo o crónico, del intercambio de gases, tanto si afectan básicamente el parénquima (neumonía) como la pared alveolar o el intersticio (enfisema o fibrosis) o el árbol bronquial.

Entre las enfermedades que alteran la «bomba» ventilatoria cabe destacar las alteraciones de la caja torácica (cifoescoliosis o toracoplastias), las enfermedades neuromusculares, los trastornos del control de la ventilación y el síndrome de hipoventilación relacionado con la obesidad.

MANIFESTACIONES CLÍNICAS

La cianosis constituye el signo guía de la IRC secundaria a alteraciones primarias del intercambio de gases, pero, a menudo, es difícil de valorar. Las manifestaciones clínicas de la hipercapnia tampoco son características: taquicardia, *flapping*, alteraciones inespecíficas de la conciencia; a veces, los pacientes refieren cefalea matutina, que mejora durante el día, o sueño no reparador.

El *cor pulmonale* traduce la repercusión de las enfermedades pulmonares crónicas sobre la circulación pulmonar (provocando hipertensión arterial pulmonar) y el corazón derecho. Las manifestaciones clínicas iniciales son inespecíficas, pero cuando existe ICD, los pacientes presentan edemas maleolares, ingurgitación yugular y reflujo hepatoyugular, con signos electrocardiográficos inconstantes y tardíos. Una onda R superior a 7 mm en V_1 es patognomónica de hipertrofia ventricular derecha, pero no se observa a menudo.

OXIGENOTERAPIA DOMICILIARIA

La oxigenoterapia domiciliaria (OD) incrementa la supervivencia en los pacientes con EPOC e IRC. La OD está indicada en pacientes con EPOC, plenamente tratados, en situación clínica estable (entre 3 semanas y 3 meses después de la última descompensación), en los cuales se ha demostrado la presencia de hipoxemia crónica persistente (PaO_2 < 55 mmHg) en más de una gasometría arterial, practicada durante 3 meses. La OD también puede indicarse en las mismas circunstancias en pacientes con una PaO_2 entre 55 y 60 mmHg, si presentan manifestaciones sistémicas de la hipoxemia (hipertensión arterial pulmonar, edemas maleolares, *cor pulmonale*, hematocrito superior a 55% o trastornos del ritmo cardíaco).

La OD tiene pocos efectos inmediatos sobre la reducción de la disnea, y el incremento de la supervivencia se ha demostrado a largo plazo (más de 2 años después del inicio del tratamiento) sólo si el paciente recibe el oxígeno durante más de 15 horas cada día.

La administración de oxígeno se realiza a través de gafas nasales (pequeños tubos de plástico que se introducen 1 cm en las fosas nasales). El flujo de oxígeno debe ser suficiente para corregir la hipoxemia (mantener la PaO_2 entre 60-65 mmHg), y en la mayoría de los casos se consigue con un flujo de 2 l/min en reposo. Utilizando flujos de oxígeno de 2-3 l/min no es necesaria la humidificación. El concentrador es la forma básica de suministro de oxígeno, pues de este modo el paciente no depende de redes de distribución (como en el caso de la bombona) y permite la movilidad en el domicilio. Algunos pacientes con IRC pueden beneficiarse del suministro de oxígeno mediante recipientes portátiles que pueden recargarse a partir de un depósito de oxígeno líquido domiciliario.

SÍNDROME DE APNEA OBSTRUCTIVA DEL SUEÑO

El síndrome de apnea obstructiva del sueño (SAOS) es una de las formas más frecuentes de trastornos del sueño. Se caracteriza por la reducción (hipopnea) o cesación (apnea) periódica de la respiración, debida a la disminución del calibre de la vía aérea superior durante el sueño. Estas alteraciones periódicas desestructuran la arquitectura del sueño con innumerables despertares (conscientes o no) durante toda la noche, acompañados de ronquidos en la mayor parte de los casos. El SAOS se asocia a un incremento de la morbimortalidad por cardiopatía isquémica, accidente de tráfico o accidente vascular cerebral.

El síntoma más importante es la somnolencia diurna. No son raros los antecedentes de accidentes de automóvil que se producen al domirse el paciente al volante, o la «cesación» de la respiración durante la noche, que obliga al cónyuge a despertar al paciente. También pueden presentar cefalea matutina (que, de forma característica, mejora durante el día), disminución de la libido e impotencia o cambios en la personalidad y trastornos cognitivos. El estudio del sueño (polisomnografía completa) recoge diversas variables simultáneas (SaO_2, flujo nasal, movimientos toracoabdominales, EEG, EMG, EOG, etc.) que permiten establecer el diagnóstico. La pérdida de peso es el primer eslabón en el tratamiento del SAOS, especialmente en los casos leves o moderados. La aplicación de presión positiva continua sobre la vía aérea a través de la nariz (CPAP nasal) durante la noche es el tratamiento de elección para los casos moderados-graves.

Capítulo 47

TRASTORNOS DE SALUD MENTAL

EL PACIENTE SOMATOFORME

La somatización es el centro del síndrome, entendiendo por somatización la presencia de síntomas físicos que sugieren un padecimiento orgánico sin datos objetivos que lo confirmen. La mayoría de pacientes somatoformes arrastra múltiples diagnósticos e impresionan por el volumen de demandas somáticas. Los síntomas pueden seguir un ciclo acorde a la presencia de estresores. El médico suele aplicar inicialmente medidas expeditivas, para darse cuenta más tarde del carácter crónico de los síntomas, la inutilidad de las remisiones a los equipos de salud mental, y soportar con carácter más o menos estoico (o con franca irritabilidad) las inacabables demandas.

Entidades

- *Trastorno por somatización.* ¿Múltiples somatizaciones que arrancan en la adolescencia? Hay que considerar el trastorno por somatización, presidido por: *a*) alto grado de sugestionabilidad; *b*) sensibilidad ante mínimos cambios somáticos, y *c*) falta de contención familiar a sus síntomas.
- *Trastorno por somatización indiferenciado.* ¿Se trata de un cuadro similar al anterior, pero iniciado en etapas tardías de la vida?
- *Hipocondría.* ¿Tiene el paciente la convicción de «tener algo malo», convicción que persiste aun en ausencia de las pruebas médicas en sentido contrario? Su prevalencia se estima alrededor del 0,1% de la población.
- *Trastorno por dolor.* ¿Se queja de un dolor para el que no existe explicación orgánica, o con trastornos orgánicos menores que no llegan a dilucidarse desde el punto de vista etiológico, sin respuesta a analgésicos y de curso fluctuante? El trastorno por dolor puede preceder a un síndrome depresivo. Se debe analizar la comunicación no verbal, a pesar de que el paciente niegue que sea disfórico, y delimitar la gravedad en función de las actividades vitales que ha dejado de hacer, más que por el dolor que expresa. Otras veces, el paciente declara: «me siento triste por cómo me veo, pero que si encontrara alivio estaría normal»; alivio que no le proporcionan los analgésicos y sí en cambio (a veces) los antidepresivos (con los que es lícito hacer una prueba terapéutica). Finalmente, hay que valorar la posibilidad de que el padecimiento del paciente exprese una disfunción familiar.
- *Trastorno conversivo.* ¿El paciente presenta un síntoma con elevada carga simbólica en su aparición y en las actividades que le impide realizar?

PAUTAS GENERALES DEL ENFOQUE TERAPÉUTICO

Enfoque psicoeducativo y de asesoramiento

PRIMER PASO: ADECUACIÓN A UNA EXPECTATIVA REALISTA

Muchas veces existe una hostilidad hacia el entorno social –y, más concretamente, hacia el médico– sin cuya resolución será imposible actuar terapéuticamente. Una vez superado este obstáculo –o derivado el paciente a otro profesional en caso de que resulte insalvable–, hay que conocer la biografía del paciente, los cambios de humor, de adaptación social, etc., valorando los elementos biográficos que puedan tener importancia.

SEGUNDO PASO: CONTENCIÓN DE LA DEMANDA Y PSICOLOGIZACIÓN DEL CUADRO

Se procederá a la realización de las exploraciones complementarias que exija la «buena praxis», y se escuchará al paciente de manera empática, validando sus síntomas (p. ej., «usted siente dolor, y este síntoma tiene que ver con el sistema nervioso que une el cerebro con el corazón»). Puede ser útil «dar nombre» a estos síntomas, por ejemplo, en el caso anterior: «a eso le llamamos corazón nervioso». En casos más avanzados, se le puede entrenar en detectar síntomas premonitorios («cuando tenga estas palpitaciones piense que tal vez pueda tener grados de estrés excesivos»). Si el paciente acude por molestias banales y se niega de plano a admitir nada psíquico, se renunciará a psicologizar el cuadro y se responderá a cada demanda con una medicación sintomática, evitando diagnósticos que medicalicen, y dejando que el tiempo actúe a favor. No es extraño que con los años aflore un cuadro de abusos sexuales u otro «secreto» similar.

TERCER PASO: NEGOCIACIÓN Y REATRIBUCIÓN DE SIGNIFICADOS

Siguiendo el aforismo de «no tratar lo que no se tiene», se realizarán *entrevistas integradoras* para situar al paciente en su contexto biográfico («observe cuántos años hace que usted arrastra estos síntomas...»), remarcar la influencia de determinados estresores («vea cómo se pone peor cuando tiene más ansiedad») e incluso la aceptación de aspectos orgánicos y su relación con lo psicológico. A este proceso se le llama *psicologizar* los síntomas mediante *reatribuciones* (p. ej., «donde hasta ahora situaba al corazón como origen de sus síntomas, ahora pondrá el estrés»).

CUARTO PASO: DESFOCALIZAR LOS SÍNTOMAS Y MANTENIMIENTO

Dar un tono jovial a las entrevistas, para alabar los progresos («es excelente que haya empezado tal actividad», «¡quién le ha visto y quién le ve! »). La relajación puede ser un buen instrumento. El mensaje es: «No debe esperar a que los síntomas hayan desaparecido para reanudar sus actividades habituales».

Situaciones especiales

- *Paciente somatoforme con depresión.* Debe detectarse y tratarse como en cualquier otro paciente. ¡Peligro de subvalorar!
- *Paciente somatoforme con enfermedad orgánica.* El paciente con trastorno de somatización suele experimentar una primera fase sintomática tor-

mentosa, con difícil alivio. Al hipocondríaco es importante darle instrucciones para que aumente el control sobre el padecimiento: monitorizar algún parámetro, qué debe hacer en caso de..., etc.

EL PACIENTE DEPRIMIDO

En la práctica clínica se encuentran tres tipologías de pacientes deprimidos, según que la depresión sea: *a*) debida a una situación social penosa; *b*) debida a una enfermedad crónica, sobre todo si causa dolor, y *c*) como manifestación de un trastorno primario del estado de ánimo. Dominar la lectura de la expresividad facial es un test eficiente para la detección de la disforia. La irritabilidad excesiva suele ser una conducta compensatoria de la depresión. Hay que desconfiar de un paciente que se declara deprimido, pero acude a la consulta perfectamente arreglado y responde a sus sonrisas de forma simétrica y consistente.

Sólo se pensará en un trastorno del estado de ánimo si la tristeza o la incapacidad para encontrar placer en algún tipo de actividad (anhedonía) es persistente –más de 2 semanas– y protagoniza la vida afectiva del paciente:

- ¿Se trata de un episodio recortado, reactivo a una situación de estrés psicosocial? En caso afirmativo, se debe pensar en un trastorno adaptativo con ánimo deprimido.
- ¿Los síntomas irrumpen en la biografía del paciente como una fractura biográfica? Hay que considerar, entonces sí, que se trata de un trastorno del estado de ánimo.

En la tabla 47-1 se resumen los datos anamnésicos y exploratorios básicos que deben obtenerse.

ENTIDADES

- *Depresión mayor.* ¿Presenta durante más de 2 semanas tristeza, anhedonía o cansancio (al menos dos de estos síntomas) y otros síntomas en el área cognitiva o conductual (hasta sumar cinco)? (figura 47-1). Se considera depresión mayor cuando la pérdida de autoestima y una sensación de culpa inapropiada suelen estar en el núcleo ideativo.
- *Depresión mayor melancólica.* Cumpliendo los criterios anteriores, ¿se trata de un paciente profundamente afectado por la tristeza y/o anhedonía, con inhibición psicomotora, despertar precoz, empeoramiento matutino y pérdida de apetito y peso? Considerar depresión mayor melancólica.
- *Depresión mayor psicótica.* ¿Padece el paciente, en el contexto de una depresión mayor, una ideación delirante congruente con ideas de culpa o de tipo corporal?
- *Distimia.* ¿Se trata de un paciente con estado de ánimo deprimido de forma leve o moderada (sólo 3 de los 9 síntomas de la figura 47-1), la mayor parte del día, durante la mayor parte de los meses, de los últimos 2 años o más (1 para niños y adolescentes), y sin antecedente depresivo mayor en los primeros 2 años de la alteración (1 para niños y adolescentes)? En caso afirmativo, cabe suponer una distimia.

Tabla 47-1. Anamnesis básica del síndrome depresivo

Antecedentes familiares
- Depresiones en familiares de primer grado
- Suicidios. Drogodependencias
- Ingresos o tratamientos psiquiátricos

Antecedentes personales
- Consumo de fármacos, drogas, alcohol
- Personalidad de base
- Otros síntomas o enfermedades relevantes

Exploración psicopatológica
- Síntomas y cronología
- Síntomas de organicidad: cefalea persistente, temblor en reposo, episodios de visión borrosa, nistagmo, paresias y/o parestesias, vértigos
- ¿Períodos de manía o hipomanía? ¿Ciclotimia?
- Contextualizar en la biografía y entorno del paciente: ¿problemas en casa, en el trabajo?

Exploración física. Individualizar, recomendando:
- Exploración física básica, y neurológica, incluyendo: tensión arterial, tono, reflejos osteotendinosos, equilibrio, sensibilidad superficial y profunda, praxia, gnosia, memoria, fondo de ojo
- Analítica general que incluya: hemograma, VSG, pruebas hepáticas, función renal, calcio, iones. Otras como las pruebas tiroideas, VIH, serología luética, según anamnesis y contexto clínico

Pruebas complementarias
- ECG (si la edad es superior a los 40 años y se quiere pautar ADT). Innecesario en el caso de ISRS

- *Depresión recurrente mayor.* Tras un tratamiento correcto de un primer episodio, y encontrándose el paciente bien al menos durante 2 meses, ¿ha repetido el cuadro clínico? Considerar recurrencia.
- *Depresión resistente.* ¿Se han probado dos fármacos durante 3 semanas cada uno de forma consecutiva sin resultado? Considerar depresión resistente.
  - *Implicación terapéutica*: según la experiencia clínica, derivar al psiquiatra, o bien: *a*) optimizar el tratamiento (p. ej., 40 mg de fluoxetina si tomaba 20 mg), o directamente, *b*) sustituir los inhibidores selectivos de la recaptación de serotonina (ISRS) por venlafaxina (dosis ascendente hasta 75 mg/12 h, y esperar 2 semanas); *c*) probar la asociación de venlafaxina (150 *retard*) con mirtazapina u otras asociaciones, y *d*) si no hay resultado, derivar al psiquiatra.
- *Trastorno bipolar.* ¿Existen antecedentes familiares de enfermedad bipolar, o bien episodios de manía o hipomanía?

Criterio impredecible (al menos 2 de los 3)

1. Tristeza
2. Anhedonía
3. Astenia, fatiga

Alteración cognitiva

4. Reproches, culpa, casi a diario
5. Pensamientos/conductas de muerte o suicidio
6. Falta de concentración, atención, o indecisión

Alteración conductual

7. Retraso o agitación psicomotora casi diaria
8. Insomnio o hipersomnia casi a diario
9. Aumento o disminución del apetito con cambio ponderal

NO INCLUIDOS: ansiedad y quejas somáticas

Nota: ICD-10 incluye, además, pérdida de la autoestima y/o confianza en uno mismo.

Figura 47-1. Síntomas fundamentales de la depresión. Modelo DSM-IV e ICD-10.
Obsérvese que el paciente puede clasificarse como deprimido aun negando que esté triste. La astenia o fatiga no constituye un síntoma central para el modelo DSM-IV.
Modificada de Bech P, 2000.

- *Precauciones*: el paciente con hipomanía entiende sus síntomas como deseables, y resulta difícil su diagnóstico.
- *Implicación terapéutica*: siempre debe ser remitido al psiquiatra, y el tratamiento de fondo será un regulador de la timia (siendo el de referencia las sales de litio).

- *Depresión atípica.* ¿Existen hiperfagia o aumento de peso, hipersomnia, sensación de pesadez, hipersensibilidad al rechazo de otros?
  - *Precauciones*: se puede estar frente a un paciente con trastorno de la conducta alimentaria.
- *Depresión estacional.* ¿Comienza en otoño-invierno y remite en primavera, con predominio de anergia, hiperfagia e hipersomnia?
  - *Precauciones*: el duelo puede presentar un ritmo ajustado a las fechas de fallecimiento o Navidades.
  - *Implicación terapéutica:* la exposición lumínica suele tener efectos positivos, pero también los antidepresivos.

- *Síndrome ansioso-depresivo.* ¿Existe insomnio de primera hora, alerta excesiva, inquietud por lo que tiene que suceder, temblores, sudoración, además de los considerados para la depresión mayor o distimia? La comorbididad obliga a tratar también la ansiedad con ansiolíticos.

ENFOQUE TERAPÉUTICO

Primer paso: establecer la gravedad

- *Evolución biográfica.* Antecedentes de otras depresiones, episodios de manía o hipomanía, ingresos psiquiátricos e intentos de suicidio, así como alcoholismo u otras drogodependencias.
- *Síntomas que indican gravedad.* Ideación suicida, inhibición conductual notable, bradipsiquia, pérdida de peso, síntomas psicóticos o alteraciones conductuales alarmantes.

Segundo paso: establecer un diagnóstico preciso

Tercer paso: elección de psicofármacos

Siguiendo a Paikel, se elegirá el antidepresivo que previamente haya demostrado su eficacia en el paciente. Como terapia de primera elección se puede indicar fluoxetina, excepto en caso de depresión mayor grave o melancólica, en que se prefiera la imipramina o la venlafaxina.

Cuarto paso: elección de asesoramiento e intervención psicoeducativa

En la tabla 47-2 se enuncian algunos principios de psicoterapia no sistemática.

Tabla 47-2. Principios de psicoterapia no sistemática en la depresión

En un clima empático ofrecer selectivamente los siguientes consejos:
– No se exija cosas que no sea capaz de hacer. Ahora le toca a usted cuidarse un poco
– No es el momento de tomar decisiones importantes
– Muchas de las cosas que ahora nota, como esta irritación por lo que hacen personas allegadas, se deben a su enfermedad, no a lo que los demás realmente hacen
– Si le apetece hablar con un amigo/a, hágalo
– Evite programas de la televisión o películas que le depriman más. Procúrese estímulos positivos
– No hable de enfermedades y cosas tristes con allegados
– Cuide la alimentación y la higiene personal
– Dése tiempo para mejorar. Usted no es una máquina
– (Este mensaje debe darse cuando sea oportuno): si le apetece, trate de caminar cada día un poco
– (Este mensaje debe darse en el momento oportuno): evite exagerar sus propias penas y dejarse arrastrar por el «cada vez peor»
– (Este mensaje debe darse cuando notamos signos de recuperación): empiece a normalizar algunos de sus hábitos

EL PACIENTE ANSIOSO

La ansiedad se detecta fácilmente cuando es el propio paciente quien la admite o declara. Sin embargo, en la clínica práctica la forma de presentación más frecuente es a través de síntomas como crisis de mareos o palpitaciones, o un estado de aprensividad corporal que puede confundirse con la hipocondría. El clínico capaz de apreciar la comunicación no verbal se percatará de una actividad motora aumentada.

- *Primera cuestión*: ¿se trata de una ansiedad apropiada a una situación conflictiva? La ansiedad es un estado anímico normal en determinadas circunstancias de la vida (tabla 47-3 para orientar esta evaluación).

Tabla 47-3. Datos básicos a obtener en un síndrome ansioso
Datos anamnésicos
– Datos familiares: feocromocitoma, neurofibromatosis, neoplasia endocrina múltiple, padres «ansiosos» o «depresivos» con crisis de angustia y/o fobias, antecedentes familiares de suicidio o enfermedad bipolar
– Antecedentes personales: fármacos, enfermedad tiroidea, historia de diarreas, etc.
– Síntomas: tensión motora, hiperactividad autonómica, expectación aprensiva, vigilancia y alerta. Otros síntomas que orientan a causas secundarias: tolerancia al frío, estacionalidad, estado de ánimo, cefaleas, crisis de sudoración
– Cronología de los síntomas ansiosos, acontecimientos vitales con que los relaciona
Datos exploratorios
– Palpación de tiroides, auscultación cardíaca (descartar prolapso mitral), exploración neurológica (prueba de convergencia ocular, signo de Bell), criterios de hiperlaxitud (Bulbena, 1993)
– En casos seleccionados: analítica general (hemograma, Ca, K, Na, creatinina, cuantificación de xantinas u otras drogas, perfil de glucemia), ECG

- *Segunda cuestión*: ¿se trata de un estado relativamente cotidiano para el paciente?

  Muchos padecimientos mentales van acompañados de ansiedad: la misma depresión, la dependencia alcohólica y otras. En la depresión, el insomnio es de segunda hora, la fatiga es matutina, hay bradipsiquia y enlentecimiento y las preocupaciones son retrospectivas. En la ansiedad, el insomnio es de conciliación, hay activación vegetativa y motora y las preocupaciones son acerca de lo que «tiene que pasar».

ANSIEDADES SECUNDARIAS

Hipertiroidismo, disnea paroxística nocturna por fallo ventricular izquierdo y derivadas de fármacos: teofilinas, simpaticomiméticos, hormonas tiroideas, anorexígenos, así como por abuso de drogas (cafeinismo, anfetaminas, cocaína y, sobre todo, por alcoholismo).

ENTIDADES

- *Trastorno por ansiedad generalizada.* ¿Durante más de 6 meses el sujeto está preocupado la mayor parte del día en dos o más circunstancias vitales, con una aprensividad excesiva en relación al factor vital? Cuando el curso se cronifica, puede llegarse a una situación en la que cualquier cosa produce temor, y aparecen elementos depresivos. El curso de este trastorno es crónico y fluctuante, con alta comorbididad.
- *Trastorno de angustia (crisis de pánico).* ¿La ansiedad evoluciona en forma de crisis repentinas y recidivantes, acompañadas de pánico, además de un cortejo sintomatológico vegetativo, que alcanza su máxima expresión en los primeros 10 minutos?
  Las crisis más típicas son: *a*) predominio de mareos o de palpitaciones, con disnea y sudoración; *b*) predominio de precordalgia, con palpitaciones y otros síntomas; *c*) predominio de náuseas o molestias abdominales, y *d*) sensación de extrañeza o irrealidad, con miedo a morir física o espiritualmente (volverse loco).
  Es necesario acordar con el paciente que el objetivo terapéutico no es sencillamente, hacer desaparecer las crisis sino volver a los grados de actividad previos a las crisis.
- *Agorafobia.* Se debe considerar la entidad cuando el paciente tema salir de casa, sienta temor a las aglomeraciones, a las alturas, a viajar, a los espacios cerrados, etc.
  El curso es muy fluctuante, con remisiones espontáneas. La psicoterapia de exposición resulta apropiada, junto a las estrategias comentadas para el paciente hipocondríaco.
- *Trastorno por estrés postraumático.* ¿Recuerdos intrusivos de un evento pasado (accidente, violación, tortura, presenciar un acto de muerte o violencia, etc.) vivido por el paciente, que le lleva a grados de ansiedad elevados? Debe durar al menos 1 mes; hay que descartar drogodependencias y otros trastornos depresivos o psicóticos.
  - *Implicación terapéutica*: los antidepresivos (fluoxetina) y la psicoterapia son de elección en este proceso. Suelen requerir derivación al equipo de salud mental (tratamiento pluridisciplinario).
- *Trastorno obsesivo-compulsivo* (TOC). ¿Presenta el paciente pensamientos perturbadores y repetitivos, como, por ejemplo, temer obsesivamente por la presencia de una enfermedad grave, ser contaminado, dudas sobre haber hecho bien algo, hacer daño a otros, perder cosas, obligándose a conductas estereotipadas, como lavado y limpieza constantes, comprobaciones repetitivas, atesoramiento o búsqueda de orden exagerado?
  Se debe proceder siempre a su derivación.

Enfoque terapéutico

Trastorno de angustia (crisis de pánico)

Primer paso

Atenuar y suprimir las crisis de pánico mediante psicofármacos y asesoramiento.

El tratamiento consta de dos fases: *a*) vencer la crisis de pánico, con posibilidad de añadir tratamiento farmacológico si el paciente lo precisa, y *b*) evitar las repeticiones de las crisis de pánico (paroxetina, fluvoxamina, citalopram sertralina), en dosis de 10 mg, subiendo a 20 mg si fuera necesario. Si no hay remisión, se recomienda clomipramina o imipramina. En ambos casos, se puede añadir alprazolam o diacepam. Se mantendrá el tratamiento 1 o 2 años aunque el paciente ya no presente crisis, y se retirará con gran lentitud.

Segundo paso

Tratar la aprensividad y la agorafobia residual mediante consejo.

Tercer paso

Seguimiento e insistencia en el objetivo de alcanzar el grado previo de actividades.

Ansiedad generalizada

Primer paso

Atenuar el episodio agudo con psicofármacos y consejo.

Segundo paso

Llegar a un punto de equilibrio con el paciente ansioso crónico con dependencia de benzodiacepinas.

TRASTORNOS ADAPTATIVOS

Ante un problema vital (incluyendo el fallecimiento de un ser querido), la persona puede presentar un período adaptativo «normal» de 3 meses. Pasado este plazo, se puede hablar de trastorno adaptativo si los grados de ansiedad, depresión o trastorno conductual tienen impacto sobre las actividades de la vida cotidiana o la calidad de vida.

Los trastornos adaptativos pueden ser predominantemente con ánimo ansioso, depresivo o mixtos. También se observan con predominio conductual en adolescentes: vagancia, peleas, retraimiento social, inhibición laboral. El trastorno adaptativo puede ser grave y merecer una derivación urgente al equipo de salud mental cuando el sujeto muestra una crisis de valores, desorientación e ideación suicida (crisis vital). No hay que excluir el uso de psicofármacos.

Duelo

Existen tres formas de presentación del duelo: *a*) el duelo normal y reciente; *b*) el duelo complicado con otros trastornos psicopatológicos, y *c*) el duelo congelado y negado, pero que se manifiesta a través de somatizaciones y malestar psíquico.

Las fases *normales* de un duelo se caracterizan por: *a*) choque y desorganización, seguido de una fase en la que las manifestaciones de ansiedad y tristeza son básicamente somáticas (pérdida de apetito, debilidad, disnea suspirosa); *b*) sentimientos de vacío, pérdida de calidez en el trato, distanciamiento emocional; el sujeto puede hacer esfuerzos para minimizar la pérdida o incluso negarla; *c*) preocupaciones por imágenes repentinas del fallecido; *d*) ocasionales sentimientos de culpa; *e*) cambio en el patrón de actividades, falta de energía y motivación, y *f*) aceptación progresiva y planes para recomponer el futuro.

El paciente que reconoce el duelo se beneficia de una psicoterapia de «ventilación». Una pregunta para iniciar el diálogo puede ser: «¿qué tal acepta la pérdida?, ¿cree que lo ha superado?». Para elaborar la vivencia de la pena puede convenir: «¿se quedó usted con ganas de decirle algo al fallecido? Otras serían: «¿pudo expresar todo lo que sentía por el fallecido, cuando murió?», «¿piensa que debía hacer algo en aquellos instantes (o para el fallecido) que no pudo hacer?». El segundo paso, en los casos en los que se juzgue necesario, consiste en transformar la memoria del fallecido: «usted siempre se imagina al fallecido de manera desagradable (p. ej., llamándole desde el cementerio, o en el lecho de muerte); sin embargo, si él/ella viviera, desearía que usted conservara un recuerdo bonito de él/ella; ¿por qué no intentamos recordarlo así? Por ejemplo, ¿«podría usted decirme algún momento que recuerde feliz con él/ella?». En el tercer paso el paciente debe tomar conciencia de las nuevas responsabilidades que ha de asumir.

PACIENTES PROBLEMÁTICOS POR SU PERSONALIDAD

Son pacientes conflictivos, frecuentemente descompensados por acontecimientos vitales. Persisten en conductas claramente perjudiciales para su progreso personal o profesional, y sólo se establecerá diagnóstico de trastorno de la personalidad cuando estas conductas desadaptativas sean de imposible modificación.

Pacientes extraños y/o excéntricos

El paciente *paranoide* es suspicaz hacia los que le envuelven, es rencoroso, celoso, se siente fácilmente ofendido, y se cuestiona la amistad de los demás, reaccionando con ira. El paciente *esquizoide* es indiferente hacia las relaciones sociales, no disfruta de relaciones íntimas (incluso sexuales), y es emocionalmente frío. El paciente *esquizotípico* tiene creencias extrañas, con percepciones inhabituales, manierismos y lenguaje extraño. El *narcisista* es megalómano y carece de empatía hacia los demás; se siente herido frente a las críticas, pide atención constante, y acaricia fantasías de éxito, poder, etc. El paciente *histriónico* explica las historias más asombrosas con total indiferencia, es muy sugestionable y seductor, y busca apoyo o alabanza constantemente. El paciente *antisocial* es irresponsable, incapaz de adaptarse a las normas, cruel, destructivo, irritable, con una vida desordenada y sin remordimientos por los daños que genera. El paciente con *trastorno límite de la personalidad* (*borderline*) se caracteriza por la inestabilidad del ánimo y su autoimagen. El paciente *evitativo* teme quedar en ridículo ante los demás, lo cual le lleva a un retraimiento social importante. El *dependiente* es incapaz de tomar decisiones por su cuenta. El *obsesivo-compulsivo* es perfeccionista e inflexible, se preocupa por detalles, e insiste en que se sigan sus instrucciones al pie de la letra.

PACIENTE VIOLENTO

Se deben sospechar reacciones psicopatológicas cuando la agresividad aparece de manera explosiva, ya sea aislada o intermitente, pero en todo caso sin causa suficiente ni conductas previas que hicieran esperarla.

Hay que tomar muy en serio los indicadores no verbales de violencia, sobre todo una actividad motora irritable ajena a los intentos de otras personas para sosegarle. También el tono y timbre de la voz, amenazante o a gritos.

Si el profesional es víctima de un ataque directo, sin mediar palabra, deberá defenderse sin agredir, y solicitará auxilio. En caso de amenazas en la consulta, resulta legítimo preservar la integridad física sin heroísmos. Cuando un profesional sea llamado para sujetar a un paciente en plena explosión de ira, pedirá la colaboración de agentes de seguridad o celadores, cerciorándose de tener una supremacía abrumadora. No hay que sacar las esposas a un preso cuando éste venga bajo custodia policial, y se debe permitir, en general, a los agentes que permanezcan en la consulta.

No resulta indicado un tratamiento farmacológico a menos que se tenga una orientación diagnóstica fiable, aspecto que puede presentar pocas dudas en el caso de pacientes psicóticos. Un diazepam de 10 mg o 0,50 mg de tioridazina por vía oral suelen bastar.

PACIENTE CON IDEACIÓN Y/O CONDUCTA SUICIDA

Formas iniciales de presentación y sospecha

- Intento de suicidio no consumado.
- En el contexto de un cuadro psicopatológico, sobre todo depresión, a veces a instancias de las preguntas.

Diagnóstico de la ideación suicida

Se debe averiguar la profundidad del propósito: *a*) temor a suicidarse, que puede representarse como miedo a «hacer una locura»; *b*) idea de la muerte como sueño reparador; *c*) el paciente manifiesta que «para vivir así es mejor morirse», y *d*) ideas claras sobre cómo y cuándo proceder al suicidio.

Resulta de mal augurio el hecho de que haya realizado preparativos, como regalar pertenencias o intentar poner cierto orden en sus cosas. Mucho más si cuenta con un plan concreto de «cómo hacerlo». El acercamiento del clínico debe ser cauto, pero incisivo, desde la pregunta inicial: «¿Crees que la vida vale la pena de ser vivida?», pasando por «explícame más en concreto lo que entiendes por acabar con todo», «¿has hecho alguna previsión de cómo quedarían las cosas si tú faltaras?» y, finalmente, «de todas maneras quitarse la vida no es sencillo, ¿has pensado en alguna manera concreta de hacerlo?».

Los hombres consuman más suicidios, y las mujeres, más tentativas de suicidio. El máximo riesgo para los hombres está entre los 40 y los 80 años, y en las mujeres, entre los 16 y los 34 años.

Son factores de mal augurio: estrés psicosocial agudo (deudas, enfermedad invalidante, dolor somático grave, alcoholismo, depresión, psicosis, pérdida afectiva, etc.), así como intentos previos, bisexualidad u homosexualidad, y estado civil soltero, viudo o divorciado. El llamado «triángulo letal» se compone de: *a*) odio contra sí mismo (baja autoestima); *b*) agitación, y *c*) incapacidad para pensar más allá de las circunstancias inmediatas.

Enfoque terapéutico

Se debe tener especial cuidado en tratar a los pacientes deprimidos con antidepresivos desinhibidores de la conducta, pues se puede favorecer la ejecución de ideas suicidas. Para mitigarlo, suelen asociarse benzodiacepinas mientras se espera una respuesta.

TRASTORNOS DEL SUEÑO

Insomnio

La falta de sueño puede cuantificarse como menos de 6 horas dormidas en 24 horas, y que al menos afectan 3 días de la semana durante un mes.

- *Insomnio por causas orgánicas*: insuficiencia respiratoria, mioclonías nocturnas, apnea nocturna, café, tabaco y alcohol.
- *Ansiedad y/o depresión.*
- *Trastorno del ritmo sueño-vigilia.* Se distinguen tres tipos: *a*) avanzado-retrasado, debido a una alteración del ritmo circadiano; *b*) desorganizado, y *c*) cambiante, producido por requerimientos ambientales que obligan al sujeto a cambios de turno laboral.

Hay que tener en cuenta que el insomnio puede ser la manifestación de un trastorno depresivo, en cuyo caso se utilizarán antidepresivos. Se debe advertir al paciente la necesidad de suprimir xantinas y controlar la ingesta etílica. En el insomnio por trastorno del ritmo las normas higiénicas son fundamentales.

ESQUIZOFRENIA Y OTRAS PSICOSIS

La esquizofrenia es una enfermedad –tal vez enfermedades, en plural– orgánica, de origen desconocido, con predisposición genética, y diversas alteraciones, que afecta la morfología cerebral y la activación del lóbulo frontal (DSM-IV). Los episodios agudos se caracterizan por la presencia de síntomas «positivos», a saber: alucinaciones, ideas delirantes, emocionalidad inapropiada, autismo, lenguaje desorganizado y conductas extravagantes. Después, suelen observarse síntomas «negativos», como dejadez, distanciamiento, conducta social extravagante, con pérdida de interés por los estudios o el trabajo, y una progresiva desadaptación. Cada episodio agudo conlleva una peor adaptación sociofamiliar. El tratamiento farmacológico, lamentablemente, no altera el deterioro social, pero ofrece una notable recuperación de los síntomas positivos y evita nuevos brotes.

PSICOFÁRMACOS Y PSICOTERAPIA

TERAPIA ANTIDEPRESIVA

Psicoterapia

Puede resumirse de la siguiente manera: *a*) las intervenciones psicoterapéuticas (cualquiera que sea su orientación) demuestran mayor eficacia que el placebo, y algunas veces igual eficacia que los fármacos antidepresivos; *b*) parece que su efecto es aditivo a los fármacos, pero no hay una coincidencia total, y *c*) la intervención en pacientes melancólicos no está bien probada, aunque la psicoterapia cognitivo-conductual parece prometedora. Las psicoterapias con mayores evidencias a su favor son la terapia cognitivo-conductual y la psicoterapia interpersonal.

Fármacos antidepresivos

Los antidepresivos tricíclicos (ADT) continúan siendo los de referencia ante las depresiones graves, revirtiendo la sintomatología en un plazo de 3 semanas a 3 meses. Los antidepresivos ISRS presentan un perfil de efectos secundarios ventajoso frente a los ADT, fácil dosificación y mayor seguridad en la sobredosis y en pacientes polimedicados, lo cual explica el rápido incremento en su utilización. Por precio, perfil de seguridad, comodidad y efectos indeseables, se considera la fluoxetina de elección en los cuadros no graves. Si ha habido una buena respuesta a una determinada medicación en el pasado, puede volverse a utilizar. En todo caso, sólo se conocerán unos cuantos antidepresivos, evitando dosis infraterapéuticas (tabla 47-4).

CONSEJOS AL UTILIZAR ANTIDEPRESIVOS TRICÍCLICOS

Contraindicaciones absolutas: infarto agudo de miocardio en los últimos 6 meses, ingesta de inhibidores de la monoaminooxidasa (IMAO) y relativas a epilepsia, glaucoma, adenoma de próstata, embarazo, alcoholismo o cardiopatía. Si el paciente es mayor de 45 años, se requiere un ECG previo. Si toma mirtazapina o mianserina, deben realizarse hemogramas de control (leucopenia).

CONSEJOS AL UTILIZAR ANTIDEPRESIVOS INHIBIDORES SELECTIVOS DE LA RECAPTACIÓN DE LA SEROTONINA

Contraindicación absoluta: no serán administrados junto a IMAO, precisando, como en el caso anterior, un período de 15-20 días de *wash-out*. Los efectos secundarios que se pueden encontrar son: cefaleas, temblores, náuseas, dispepsia gástrica (venlafaxina, que también puede subir la presión arterial), diarrea, insomnio, anorexia, agitación y nerviosismo (fluoxetina). La anorgasmia y la eyaculación precoz son más frecuentes que con los tricíclicos. Cualquiera de ellos puede ser responsable del llamado *síndrome serotoninérgico*: náuseas y vómitos con cefalea, insomnio, inquietud e incluso confusión, seudomanía, mioclonías, hiperreflexia, hipertermia y sudoración.

ANTIDEPRESIVOS EN SITUACIONES ESPECIALES

Pacientes geriátricos

a) los ISRS son ventajosos, y la sertralina tiene un buen perfil para pacientes polimedicados, y *b*) hay que ser cautos en la utilización de otros psicofármacos (como benzodiacepinas), sobre todo si existe trastorno cognitivo.

Tabla 47-4. Antidepresivos: clasificación, característica principal y margen de dosis

	mg/día (bajar dosis en la 3.ª edad)
Tricíclicos	
– Imipramina (desinhibidor)	75-300
– Clomipramina (epileptógeno)	75-250
– Amitriptilina (sedante)	75-250
– Nortriptilina (desinhibidor)	50-200
– Maprotilina (sedante)	75-150
– Mianserina (perfil básicamente ansiolítico)	30-120
SARI	
– Trazodona (interacciones, sedante)	200-600
– Nefazodona (sedante, pocos efectos sobre sexualidad) 100-200	
ISRS	
– Fluvoxamina (caídas, mareos)	100-300
– Fluoxetina (de 1.ª elección)	20-40
– Paroxetina (sedante)	20-40
– Sertralina (pocas interacciones)	50-200
– Citalopram (muy selectivo, pocas interacciones)	20-40
ISRNS	
– Venlafaxina (desinhibidor, pocas interacciones)	75-225
– Venlafaxina *retard*	75-225
IMAO	
– Fenelcina (irreversible)	30-90
– RIMA Moclobemida (reversible)	450-600
NARI	
– Reboxetina	4-12
NaSSA	
– Mirtazapina	15-45

Pacientes gestantes

Esta situación justifica derivar al psiquiatra.

Lactancia

Todos los psicofármacos son excretados por la leche materna en mayor o menor grado, y son absorbidos por el lactante.

Por ello, se aconseja, cuando sea preciso tratar a la madre, suspender la lactancia materna. La Academia Americana de Pediatría sólo avala como segura la clomipramina.

Depresión en el contexto de una enfermedad crónica

Paciente polimedicado: se preferirá sertralina, citalopram o venlafaxina, por sus escasas interacciones. La sertralina y el citalopram también son de elección en la insuficiencia renal leve o moderada y en la cirrosis hepática. En la insuficiencia renal grave se prefiere la sertralina. En pacientes que tomen warfarina, los ISRS requieren un ajuste de la dosis. En la enfermedad de Parkinson y en la enfermedad fibroquística de mama, el antidepresivo de elección es la sertralina.

Cesación y cambios de un antidepresivo a otro

a) una vez se abandona un ADT, su efecto dura aún unas 3 semanas, tras las cuales hay riesgo de recaída; *b*) la cesación brusca de un ADT no produce, en general, abstinencia o rebote, pero a veces se han descrito dolor abdominal, diarreas, insomnio y ansiedad, por lo que se recomienda una pauta descendente, y *c*) la sustitución entre varios ADT puede hacerse en dosis equipotentes y en 2 o 3 días.

Combinaciones permitidas

Deben ser usadas con preferencia por el especialista, pero no han de extrañar: *a*) la combinación de imipramina (dosis matinal) con amitriptilina (dosis nocturna), para aprovechar el efecto ansiolítico de este último, y *b*) la fluoxetina (serotoninérgico) con maprotilina (noradrenérgico), para potenciar el efecto antidepresivo. La maprotilina puede combinarse también con la paroxetina, pero se evitará asociarla a la fluvoxamina.

Duración del tratamiento

Se recomienda mantener el tratamiento antidepresivo en dosis terapéutica desde un mínimo de 6 meses para un primer episodio moderado hasta 2 a 5 años para un segundo episodio, y de manera indefinida si se producen más de dos episodios. En el período de mantenimiento se reducirá la dosis a la mínima eficaz, alrededor del 50% de la dosis máxima alcanzada, con mucha atención a las oscilaciones del humor. La retirada del antidepresivo se realizará con gran lentitud, como ejemplo, reduciendo un cuarto de la dosis cada 3 meses.

TERAPIA ANSIOLÍTICA

Psicoterapia

La psicoterapia coadyuva de manera significativa con los psicofármacos, y son de elección las que incorporan la exposición *in vivo,* desensibilización sistemática imaginada, implosión o inundación para el tratamiento de las fobias.

Fármacos ansiolíticos

TRASTORNO DE ANGUSTIA

Durante una *crisis de pánico,* en situación de urgencia, el mejor tratamiento es con benzodiacepinas de acción rápida (diazepam, 5-20 mg por vía oral o sublingual). Como *tratamiento de fondo* para prevenir las crisis están avalados por estudios controlados los siguientes fármacos: benzodiacepinas (alprazolam, 2-9 mg/día o clonacepam, 2-6 mg/día, ambos en dosis crecientes), clomipramina, 10 a 50 mg por día, que pueden aumentarse, imipramina, 50-300 mg/día) y paroxetina.

Ansiedad generalizada

El mejor tratamiento continúan siendo las benzodiacepinas, administradas de manera juiciosa en las temporadas de descompensación o agravamiento, por períodos de 3 a 4 meses y, posteriormente, de forma intermitente, siempre que sea posible (tabla 47-5).

Tabla 47-5. Clasificación de las benzodiacepinas según su vida media

	Dosis diaria (mg)	Usos
Vida media larga > 24 h		
– Diazepam	10-30	I, M, A
– Cloracepato dipotásico	10-50	S
– Clordiacepóxido	12-60	S, M
– Clonacepam	0,5-6	S
– Ketazolam*	15-45	I, S
– Fluracepam*	15-30	S, I
Vida media intermedia 5-12 h (los más adecuados en la tercera edad, y a dosis bajas)		
– Loracepam	1-10	S
– Alprazolam	0,5-6	P
– Bromacepam	3-18	S
– Lormetacepam*	0,5-1	I
– Flunitracepam*	1-2	I, S
– Oxacepam	10-60	S
Vida media corta < 5 h		
– Triazolam*	0,125-0,25	I
– Midazolam*	7,5-15	I
– Bentacepam	25-75	I

*Utilizados como hipnóticos.
A: anticonvulsivante; I: insomnio; M: miorrelajante; P: antipánico; S: sedación.

Ansiolíticos en situaciones especiales

- En caso de *glaucoma de ángulo cerrado*, como alternativas se consideran la buspirona o la hidroxizina.

- *Pacientes ansiosos con cirrosis hepática*: se aconseja oxacepam y loracepam, por su metabolismo.
- *Pacientes ansiosos con insuficiencia respiratoria avanzada*: la buspirona es la primera opción, en dosis de 5 mg cada 8 horas. No hay que olvidar que su efecto se inicia a las 4 semanas.
- *Pacientes ansiosos con insuficiencia renal avanzada*: loracepam.
- *Embarazo*: si el análisis riesgo/beneficio lo aconseja, el loracepam parece seguro.
- *Lactancia*: se recomiendan medidas no farmacológicas.
- *Pacientes geriátricos*: oxacepam o loracepam. En síndromes demenciales o cuadros confusionales, hay que evitar su uso. Es preferible, en pacientes inquietos, el uso de neurolépticos en dosis bajas (p. ej., haloperidol).

Capítulo 48

DISFUNCIÓN SEXUAL

VALORACION DIAGNÓSTICA GENERAL

Un problema sexual se identifica porque el paciente lo relata explícitamente, porque se objetiva en el seno de una evaluación clínica rutinaria o porque surge en la investigación de otro trastorno consultado por el paciente.

El proceso diagnóstico precisa una valoración clínica sistemática en la que la historia clínica y la exploración física permiten la identificación de posibles factores de carácter orgánico, patologías asociadas, y el consumo de fármacos u otros hábitos tóxicos. En la tabla 48-1 se relacionan los ítems que deben ser considerados en la aproximación diagnóstica del paciente.

DISFUNCIONES SEXUALES

No existe un homogéneo sistema de clasificación de los problemas sexuales (tabla 48-2). Las disfunciones sexuales se definen como las diferentes formas de incapacidad para participar en una relación sexual deseada (CIE-10), o bien respondiendo a los trastornos del deseo sexual y los cambios psicofisiológicos que caracterizan al ciclo de la respuesta sexual humana, produciendo un acusado estrés y dificultad interpersonal (DSM-IV).

TRASTORNOS DEL DESEO SEXUAL

Deseo sexual hipoactivo

Se identifica como aquella situación caracterizada por la deficiente presencia (o ausencia) de fantasías/pensamientos y/o deseo para una actividad sexual de forma persistente o recurrente, generando un marcado estrés personal. En general, no se presenta una adecuada pulsión sobre los estímulos sexuales, mostrando un deseo hipoactivo o inhibido, de forma global o parcial, y puede estar matizado por factores que afectan a la función sexual del individuo (edad, sexo y contexto). Los problemas psicológicos suelen ser los más habituales, sobre todo la ansiedad y la depresión.

Aversión sexual

Define una situación fóbica, de rechazo extremo e irracional, persistente o recurrente, hacia el sexo, con la evitación del contacto sexual. Estos casos generan una acusada situación emocional derivada de un conflicto psicológico subyacente, con frecuencia por experiencias sexuales previas muy negativas o traumáticas (abuso sexual, violación), educación extremadamente restrictiva, psicopatología grave, conflictos de la identidad u orientación sexual o conflictos en el núcleo familiar.

Tabla 48-1. Aproximación diagnóstica al paciente

Antecedentes personales
- Anamnesis clínica general (patologías agudas/crónicas, antecedentes de cirugía y secuelas traumáticas, consumo de fármacos y tóxicos, etc.)
- Anamnesis orientada según sospecha clínica
- Antecedentes relevantes del ciclo vital del individuo (matrimonio, hijos, separación, divorcio, fallecimiento, etc.)
- Otros factores de influencia significativos (sociolaborales, legales, económicos, etc.)

Antecedentes familiares
- Actitudes hacia la sexualidad, condicionantes religiosos/morales, influencias parentales, relaciones parentofiliales, valoración de disfunción familiar, valoración del núcleo familiar. Acontecimientos intrafamiliares relevantes (muerte, vínculos, enfermedad, etc.)

Historia conyugal/pareja
- Evolución de la relación actual (desarrollo, estabilidad, expectativas), sentimientos hacia el compañero, presencia/ausencia de conflictos no resueltos, grado de comunicación (complicidad, confianza, fidelidad, etc.)

Historia sexual
- Anamnesis
  - Identidad de género, actitudes hacia la sexualidad, grado de conocimiento, frecuencia/tipo de relaciones, aspectos significativos de la sexualidad durante el ciclo vital (infancia, adolescencia, madurez), experiencias precoces o acontecimientos negativos, valoración de la imagen corporal, orientación sexual
- Relación sexual
  - Tipo de juego sexual, grado y tipos de excitación, presencia/ausencia de orgasmos, preferencias sexuales, juego mental (fantasías), dificultades de la respuesta sexual, enfoque de la planificación familiar, otras alteraciones sexuales (p. ej., parafilias)
- Disfunción actual
  - Fecha y modo de inicio, duración, contexto, brotes y remisiones, sintomatología asociada, tratamientos recibidos, estrategias de evitación

Tabla 48-2. Disfunciones sexuales. Clasificación

DSM-IV-TR	CIE-10
Trastornos del deseo sexual – Deseo sexual hipoactivo – Trastorno por aversión al sexo	*Ausencia o pérdida del deseo sexual* *Rechazo sexual y ausencia del placer sexual*
Trastornos de la excitación sexual – Trastorno de la excitación sexual de la mujer – Trastorno de la erección en el hombre	*Fracaso de la respuesta genital* – Trastorno de la erección – Trastorno del estímulo sexual en la mujer
Trastornos orgásmicos – Trastorno orgásmico femenino – Trastorno orgásmico masculino – Eyaculación precoz	*Disfunción orgásmica* *Eyaculación precoz* *Vaginismo no orgánico* *Dispareunia no orgánica* *Impulso sexual excesivo* *Otras disfunciones sexuales no debidas a enfermedades o trastornos orgánicos*
Trastorno sexual por dolor – Dispareunia – Vaginismo	
Trastorno sexual debido a enfermedad médica *Trastorno sexual inducido por sustancias* *Trastorno sexual no especificado*	

TRASTORNO DE LA EXCITACIÓN SEXUAL EN LA MUJER

De forma clásica (DSM-IV-TR), se ha referido como resultado de la incapacidad persistente o recurrente para la obtención y mantenimiento de las respuestas de lubricación y tumescencia de la fase de excitación hasta la finalización de la actividad sexual. Desde un punto de vista más integral, se considera la incapacidad persistente o recurrente para obtener o mantener la suficiente excitación sexual que genera un estado de malestar (estrés) personal, expresándose como una falta de excitación subjetiva, genital (lubricación) u otras respuestas somáticas (International Consensus Development Conference on Female Sexual Dysfunction, 2000).

Respecto a las causas orgánicas, se encuentran principalmente las alteraciones neurológicas y hormonales. En los aspectos psicológicos se señalan, entre otros, los factores relacionados con trastornos de ansiedad o afectivos, como la depresión, además de circunstancias personales, de la propia relación de pareja, o incluso de circunstancias derivadas de un contexto antierótico.

En el plan de actuación puede considerarse:

- Reforzar la información y consejos básicos.
- Evaluar el contexto sexual individual y de relación de pareja.
- Descartar la presencia de una organicidad subyacente, médica o farmacológica, alteraciones endocrinológicas, cardiovasculares o neurológicas.
- Intervenciones especializadas sexológicas, basadas en la terapia sexual.

TRASTORNOS DE LA EXCITACIÓN EN EL VARÓN

La etiología de la disfunción eréctil (DE) implica factores orgánicos y psicológicos, con un predominio de los primeros, y la etiología orgánica o psíquica aisladas representan el 20-30%. La etiología orgánica es diversa, y consiste principalmente en trastornos de carácter vascular, alteraciones neurológicas, endocrinopatías, alteraciones anatómicas, así como secuelas traumáticas o iatrógenas (cirugía, radiación, fármacos). Son predominantes las alteraciones hemodinámicas por trastorno vascular y la diabetes mellitus se encuentra asociada con frecuencia (un 30-50% de éstos pueden manifestar algún grado de DE y a edad más temprana que la población general). Por otro lado, se ha cifrado el 25% de pacientes con DE como consecuencia de iatrogenia farmacológica, especialmente con antihipertensivos (diuréticos, simpaticolíticos y β-bloqueadores), medicaciones psiquiátricas (antidepresivos, antipsicóticos y benzodiazepinas), preparados hormonales antiandrogénicos y una amplia miscelánea.

Dentro de las causas psicológicas, destacan factores situacionales, bien sean relacionados con trastornos de ansiedad y del humor como la depresión, relacionados con la *performance,* la relación de pareja o con conflictos internos.

Evaluación diagnóstica

Un primer punto de partida, debe intentar aproximarnos a un origen supuestamente orgánico o psicógeno a partir del relato del paciente.

El examen físico debe ser general, atendiendo especialmente a signos cardiovasculares, neurológicos y genitourinarios. Desde el punto de vista cardiovascular, la tensión arterial, pulsos periféricos, posibles signos de enfermedad hipertensiva o isquémica, insuficiencia vascular y posibles cambios tróficos. La evaluación neurológica debe atender a posibles signos de neuropatía, explorando los dermatomas S2-S5, la sensibilidad perineal y los reflejos bulbocavernoso, anobulbares, escrotal y cremastérico. En el área genital deben evaluarse las posibles anormalidades del pene, la glándula prostática, y posibles signos de hipogonadismo y resto de caracteres sexuales secundarios.

Los estudios complementarios dependen de la sospecha clínica y de los hallazgos. En general, se incluye una muestra de sangre y orina elemental, y bioquímica básica (glucemia, colesterol, función hepática y renal). Otras pruebas precisan un diagnóstico diferencial más detenido. Si la anamnesis y el examen físico sugieren un hipogonadismo, deben solicitarse niveles de testosterona y prolactina para descartar un adenoma hipofisario. Los valores reducidos de testosterona implican solicitar valoración de LH y FSH, mientras que una hiperprolactinemia conduce a un estudio hipotálamo hipofisario.

Tratamiento

El plan terapéutico suele incluir recomendaciones higienicopreventivas y farmacoterapia oral no hormonal. El tratamiento hormonal mediante testosterona (androgenoterapia) se limita a situaciones de insuficiencia androgénica con manifestaciones clínicas de hipogonadismo. La hiperprolactinemia requiere evaluar adecuadamente su etiología.

Farmacoterapia oral no hormonal

Inhibidores de las fosfodiesterasas

El sildenafilo es un inhibidor selectivo y potente de la 5-fosfodiesterasa (PDE-5), efectivo en la DE de origen orgánico, psicógeno o mixta, con una buena tolerancia y seguridad global. La respuesta es dependiente de la dosis (25-100 mg), y se obtiene una eficacia superior frente a placebo (69 vs. 22%) (Clinical Evidence, 2001), cifras que varían (43-84%) según el tipo de estudio. Del total de reacciones adversas comunicadas, el 62% se clasificaron como leves y el 7% como graves. Del conjunto de efectos adversos, se han citado, principalmente, alteraciones cardiovasculares (cefalea 16%, rubor 10%, mareo 2%), gastrointestinales (dispepsia 6,5%, diarrea 3%), respiratorias (congestión nasal 4%), alteraciones visuales (percepción anómala del color y visión borrosa, 3%). El sildenafilo produce un efecto vasodilatador intenso que, potencialmente, puede inducir episodios de hipotensión, en especial en pacientes que reciben tratamiento con nitratos o nitritos. Debe evaluarse el estado cardiovascular del paciente antes de indicar una terapia con sildenafilo, y está contraindicada la administración concomitante con nitratos/nitritos ante insuficiencia cardíaca grave o angina inestable, antecedente reciente de infarto miocárdico o isquémico cerebral, insuficiencia hepática grave, hipotensión o trastornos degenerativos de la retina.

Otros inhibidores de las fosfodiesterasas (vardenafilo, taladafilo) aportan una mayor rápidez en el inicio de la acción y en la duración de la acción, aunque se dispone de menor experiencia de uso.

Agonistas dopaminérgicos

La apomorfina es un derivado morfínico, agonista de receptores dopaminérgicos D_1 y D_2 en el sistema nervioso central (SNC).

Antagonistas adrenérgicos

La yohimbina es un antagonista α-2 adrenérgico presináptico, con acción central y periférica. Es clínicamente más efectiva que el placebo (34-73% vs. 9-28%) (Clinical Evidence, 2001), con mejores resultados ante la DE de origen psicógeno, aunque no se dispone de estudios comparativos frente a otras terapias orales o locales.

Antagonistas serotoninérgicos

La trazodona es un inhibidor selectivo de la recaptación de la serotonina (ISRS), con cierto efecto bloqueante α-adrenérgico. Los estudios disponibles muestran una efectividad clínica variable, y no existe una evidencia concluyente sobre una efectividad superior respecto al placebo (Clinical Evidence, 2001).

Precursores del óxido nítrico

No existe una evidencia concluyente que permita afirmar una efectividad superior respecto al placebo (Clinical Evidence, 2001).

Farmacoterapia intracavernosa

Papaverina

Es un inhibidor no selectivo de la fosfodiesterasa que favorece el aumento del monofosfato de guanosina cíclico (GMPc) y el monofosfato de adenosina cíclico (AMPc), relajando el músculo liso trabecular y aumentando el flujo vascular arterial.

Fentolamina

Antagonista de receptores α-adrenérgicos, se ha utilizado habitualmente en combinación con papaverina o prostaglandina E_1 (PGE_1), y presenta efectos sinérgicos.

Alprostadilo

La prostaglandina E_1 (alprostadilo) es un relajante de la fibra muscular lisa del sinusoide cavernoso. Presenta un metabolismo local que evita el paso hepático, con una vida media corta y un índice de complicaciones (fibrosis, erecciones prolongadas, priapismo) notablemente menor que otras sustancias. La inducción de la erección varía con dosis de 2,5-20 µg, y es el fármaco de elección en la terapia intracavernosa. Se ha observado una efectividad hasta en el 80% de los pacientes, aunque la adherencia terapéutica a largo plazo es mucho menor (50% pacientes a los 12-18 meses) (Clinical Evidence, 2001).

Otros tratamientos

- Farmacoterapia intrauretral.
- Dispositivos de vacío: no se ha evaluado adecuadamente su utilidad en ensayos clínicos (Clinical Evidence, 2001).

- Tratamiento quirúrgico.
- Terapia psicosexual.

TRASTORNO ORGÁSMICO FEMENINO

Se caracteriza por la inhibición o ausencia orgásmica, persistente o recurrente, tras una fase de excitación adecuada (DSM-IV-TR). Desde un punto de vista más integral, considerando aspectos subjetivos y fisiológicos (International Consensus Development Conference on Female Sexual Dysfunction, 2000), incluye la incapacidad recurrente o persistente de obtener o mantener una respuesta orgásmica tras una suficiente estimulación y excitación sexual, lo que genera un estado de malestar (*estrés*) personal. En la etiología de carácter orgánico, se citan trastornos genitourinarios locales, disfunción muscular pubococcígea, problemas neurológicos, secuelas traumáticas y posquirúrgicas, y fármacos. No obstante, los factores psicológicos o relacionales suelen ser predominantes.

El plan de actuación puede incluir:

- Reforzar siempre la información y el asesoramiento básico.
- Descartar la presencia de una organicidad subyacente, médica o farmacológica.
- Considerar la terapia sexual especializada.

TRASTORNO ORGÁSMICO MASCULINO

Inhibición o ausencia orgásmica, persistente o recurrente, tras una fase de excitación adecuada considerando la edad del paciente, y la adecuación del orgasmo, intensidad y duración de éste (DSM-IV-TR) que genere un malestar o estrés interpersonal.

EYACULACIÓN PRECOZ

Se considera precoz la eyaculación que se produce inmediatamente antes o durante la penetración, de forma incontrolable y en respuesta a una estimulación sexual, básicamente por una pérdida del reflejo voluntario eyaculador. Constituye uno de los problemas sexuales más frecuentes del varón, citándose porcentajes del 15-40%, aunque sólo una tercera parte suele consultar específicamente. Los factores psicológicos son las causas más habituales.

EYACULACIÓN RETARDADA

Se caracteriza por la ausencia o retraso en la eyaculación, tras una fase de excitación sexual normal, debido a un hipercontrol del reflejo eyaculador.

TRASTORNOS SEXUALES POR DOLOR

Dispareunia

Es el dolor genital recurrente o persistente asociado a la relación sexual, tanto en el hombre como en la mujer, y que produce un malestar o estrés interpersonal (DSM-IV-TR). Aunque puede estar presente en ambos sexos, se da con mayor frecuencia en la mujer. Habitualmente, el dolor se refiere con la actividad coital, pudiendo manifestarse con un carácter superficial (*disconfort* del introito vaginal, dolor vulvar, quemazón o irritación local) o más profundo, en el área genital o abdominal. La dispareunia superficial (más frecuente que la dispareunia profunda) puede estar asociada a vaginismo, atrofia mucosa, alteraciones de la lubricación, vulvodinia, vaginitis infecciosas, uretritis o vestibulitis vulvares. Un dolor más profundo puede ser consecuencia, entre otras, de alteraciones estructurales pélvicas, cirugía, endometriosis, tumoraciones, patología anexal, infecciones genitourinarias o procesos intestinales. No debe olvidarse la iatrogenia farmacológica (especialmente, antibióticos, hormonas, anticonceptivos, medicación intravaginal) y circunstancias locales (duchas, tampones) que generan un cambio del ecosistema vaginal. Los aspectos psicológicos pueden relacionarse con el aprendizaje de la relación de pareja, de la práctica sexual, o con conflictos psicológicos más profundos.

Vaginismo

Es el espasmo involuntario, persistente o recurrente del tercio externo de la vagina que interfiere con la actividad sexual y causa estrés interpersonal (DSM-IV-TR). El vaginismo plantea una respuesta condicionada al dolor o temor a la penetración. Los factores orgánicos potencialmente relacionados son aquellos que estructural o funcionalmente afectan a la penetración/inserción. Los condicionantes psicológicos se centran en conflictos intrapsíquicos (trastornos conversivos, fóbicos o resultantes de experiencias altamente negativas o traumáticas) y problemas de aprendizaje o conductuales.

Capítulo 49

ALTERACIONES GINECOLÓGICAS

AMENORREA

Hoy día se prefiere clasificar las amenorreas desde el punto de vista fisiopatológico, ya que si bien en términos generales las causas de *amenorrea primaria* (mujer mayor de 16 años que nunca tiene menstruaciones) son diferentes de las de *amenorrea secundaria* (cese de éstas durante al menos 3 meses), esto no siempre ocurre así, de forma que entidades que habitualmente cursan con amenorrea primaria (p. ej., las disgenesias gonadales) pueden manifestarse como una amenorrea secundaria, y viceversa.

VALORACIÓN

La valoración de la paciente con amenorrea debe iniciarse con la historia clínica y la exploración física, con especial atención al grado de maduración de las mamas, la distribución del vello, los genitales externos, los signos de deficiencia estrogénica y una exploración abdominal para confirmar la presencia de útero y descartar la existencia de alguna masa.

Asimismo, si la edad de la mujer (48 años) y los síntomas acompañantes (sofocos, sequedad vaginal, disminución de la consistencia de las mamas, etc.) son sugerentes de fallo ovárico menopáusico, tampoco es necesaria la continuación del estudio, y en los casos en que se decida realizarlo, sería suficiente con la determinación de hormonas luteinizantes (LH) y hormonas foliculostimulantes (FSH) plasmáticas.

Prolactina

Ante toda mujer en edad fértil con amenorrea, en la que la historia clínica y la exploración no orienten hacia el diagnóstico etiológico, debe realizarse la determinación de prolactina, ya que hasta el 10% de las pacientes amenorreicas presentan valores elevados de dicha hormona, y si bien es cierto que uno de los síntomas de la hiperprolactinemia es la galactorrea, en muchos casos la única manifestación es la amenorrea.

Prueba de la progesterona

Constituye el siguiente paso diagnóstico en la valoración de la paciente amenorreica. Consiste en la administración de 10 mg de medroxiprogesterona 1-2 veces/día durante 5-10 días; también se puede utilizar una dosis única de 100 mg por vía i.m. Si se produce un sangrado uterino en la semana siguiente a la administración del progestágeno, será indicativo, indirectamente, de la integridad del eje hipotálamo-hipófisis-ovario-endometrio.

No obstante, es importante subrayar que esta prueba puede presentar falsos negativos en aquellos casos en los que se interfiera con la absorción del progestágeno (tanto oral como parenteral) o en aquellos otros en los que la dosis no haya sido la necesaria.

La causa más frecuente de ciclos anovulatorios con presencia de estrógenos es el *síndrome del ovario poliquístico* (SOP), que afecta aproximadamente al 6% de las mujeres en edad reproductiva.

TRATAMIENTO

Para el tratamiento de la paciente amenorreica debe derivarse al ginecólogo.

SÍNDROME PREMENSTRUAL

El síndrome premenstrual (SPM) consiste en una serie de síntomas físicos y/o psíquicos, así como alteraciones del comportamiento, que aparecen durante la fase lútea del ciclo menstrual (tabla 49-1).

Tabla 49-1. Síntomas más frecuentes del síndrome premenstrual

Afectivos – Depresión o tristeza – Irritabilidad – Ansiedad – Tensión – Labilidad emocional – Cansancio – Hipersomnio o insomnio – Alteraciones de la libido – Cambios del apetito – Antojos alimentarios *Cognitivos o del comportamiento* – Cambios de humor, inestabilidad emocional – Dificultad para concentrarse – Alteraciones en la memoria – Tendencia a sufrir o causar accidentes – Insociabilidad – Episodios de cólera – Hiperactividad	*Retención de líquidos* – Tensión y/o aumento mamario – Aumento de peso – Hinchazón abdominal – Edema en las piernas *Generales/somáticos* – Fatiga o cansancio – Mareos, vértigos – Náuseas – Cefaleas, migrañas – Dolor mamario – Disconfort abdominal – Mialgias generalizadas

Modificada de AFP, 1998.

Desde el punto de vista epidemiológico, del 40 al 90% de las mujeres experimentan algún síntoma premenstrual, y éstos son graves en el 5-10% de casos. No se ha encontrado asociación entre este síndrome y la raza, el estado civil, la situación socioeconómica o cultural y, si existen algunos datos a favor de cierta predisposición genética, esto no se ha demostrado de forma concluyente. No es necesaria la existencia de útero para que aparezca el SPM.

DIAGNÓSTICO

Se han descrito hasta 100 síntomas distintos que pueden aparecer durante el SPM, si bien ninguno de ellos es específico de esta entidad; la expresión más grave del cuadro lo constituye el *trastorno disfórico premenstrual* (TDPM), reconocido como tal en el DSM-IV (tabla 49-2).

Asimismo, diversas enfermedades pueden experimentar «cierto empeoramiento» durante la fase lútea.

TRATAMIENTO

Son muy pocas las medidas terapéuticas que han demostrado eficacia superior al placebo. En general, un diagnóstico correcto y precoz puede tranquilizar a la paciente si se le explica la naturaleza e inocuidad de los síntomas.

Existen determinadas normas dietéticas, como la disminución de la ingestión de sal (si domina la hinchazón) y de productos que contengan metilxantinas (café, té, cola), así como la ingestión de 200 mg de magnesio, 6 mg de manganeso y 400 UI de vitamina E.

DISMENORREA

DISMENORREA PRIMARIA

Aparece poco después de la menarquia, y es más grave en mujeres jóvenes y nulíparas; con el paso del tiempo y la paridad tiende a disminuir e, incluso, a desaparecer. Las características del dolor son semejantes en los distintos ciclos, y es imprescindible que se produzca la ovulación. El dolor es «espasmódico» o «cólico», se localiza en el hipograstrio y, con cierta frecuencia, se irradia a la zona lumbar y hacia las piernas; comienza horas antes de iniciarse el flujo menstrual y dura desde unas horas a 1-2 días. Puede ir acompañado de otros síntomas, como náuseas, vómitos, diarreas, cansancio, fiebre y cefalea.

El tratamiento de la dismenorrea primaria puede realizarse con anticonceptivos orales y/o inhibidores de las prostaglandinas, según las preferencias de la mujer.

DISMENORREA SECUNDARIA

La dismenorrea secundaria puede tener diferentes causas: DIU, endometriosis, adenomiosis, enfermedad inflamatoria pélvica, etc. Habitualmente, el dolor aparece días antes del inicio de la menstruación, y puede prolongarse durante gran parte del ciclo.

HEMORRAGIA UTERINA ANORMAL

Es aquella que difiere del patrón menstrual habitual en lo que respecta al momento de aparición, duración y/o cantidad del sangrado. Existen diferentes términos que describen los diversos tipos de hemorragia vaginal anormal:

Tabla 49-2. Criterios diagnósticos del trastorno disfórico premenstrual (DSM-IV)
A. Cinco (o más) de los siguientes síntomas durante la mayor parte del día de la última semana de la fase lútea de la mayoría de los ciclos menstruales del último año, que empiezan a remitir dos días después del inicio de la fase folicular y que desaparecen completamente en la semana siguiente a la menstruación, teniendo en cuenta que al menos uno de estos síntomas debe ser alguno de los cuatro primeros: 1. Estado de ánimo deprimido, sentimientos de desesperanza e ideas de autodesaprobación acusadas 2. Ansiedad, tensión, sensación de agobio o de estar «al límite» 3. Labilidad emocional evidente (p. ej., ataques de tristeza, llanto o hipersensibilidad ante el rechazo) 4. Enfado, irritabilidad o aumento de conflictos interpersonales de forma acusada y persistente 5. Pérdida de interés por las actividades cotidianas (p. ej., trabajo, escuela, amigos, aficiones) 6. Sensación subjetiva de dificultad para concentrarse 7. Letargia, fatigabilidad fácil o falta evidente de energía 8. Cambios significativos del apetito, atracones o antojos por determinadas comidas 9. Hipersomnia o insomnio 10. Sensación subjetiva de estar rebasada o fuera de control 11. Otros síntomas físicos como hipersensibilidad o aumento del tamaño mamario, dolores de cabeza, molestias articulares o musculares, sensación de hinchazón o ganancia de peso
B. Estas alteraciones interfieren acusadamente con el trabajo, la escuela, las actividades sociales habituales o las relaciones interpersonales (p. ej., evitación de actividades sociales, disminución de la productividad y eficiencia en el ámbito laboral o académico)
C. La alteración no representa una simple exacerbación de síntomas de otro trastorno, por ejemplo, trastorno depresivo mayor, trastorno de angustia, trastorno distímico o trastorno de la personalidad (si bien en ocasiones el trastorno disfórico premenstrual se añade también a cualquiera de estos trastornos)
D. Los criterios A, B y C deben ser corroborados por técnicas de valoración diaria y prospectiva de los síntomas en al menos dos ciclos sintomáticos consecutivos (el diagnóstico puede establecerse provisionalmente a la espera de dicha confirmación)

- *Oligomenorrea*: episodios de sangrado a intervalos superiores a 35 días.
- *Polimenorrea*: episodios cíclicos de sangrado, pero con un intervalo igual o menor a 21 días.
- *Menorragia o hipermenorrea*: hemorragia uterina excesiva tanto en cantidad (60-80 ml/día) como en duración (más de 6 días), pero de aparición

cíclica. La mejor forma de medir la cantidad es por el número de compresas o tampones utilizados, a pesar de la distinta capacidad absortiva de éstos. En general, se considera que la hemorragia es intensa si la mujer necesita una compresa o tampón cada hora durante al menos 7 horas.

- *Hemorragia intermenstrual o metrorragia*: hemorragia uterina que se produce entre períodos menstruales.
- *Menometrorragia*: hemorragia uterina excesiva y prolongada, de aparición irregular.
- *Manchas de sangre* o spooting: sangrado de escasa cuantía, insuficiente para requerir una compresa, y que se produce de forma intermitente.

VALORACIÓN

Mujeres adolescentes (menores de 20 años)

En este grupo de edad la causa más frecuente de hemorragia uterina anormal es la presencia de ciclos anovulatorios, y el sangrado se origina por la estimulación continuada y prolongada de los estrógenos en el endometrio, sin la acción contrarrestante de la progesterona.

Desde la menarquia hasta 1-2 años después, los ciclos pueden ser irregulares y la cantidad de sangrado variable; en general, hasta que no se establecen las menstruaciones regularmente, y en ausencia de otros datos clínicos, no está indicada ninguna medida diagnóstica.

Mujeres en edad fértil (20-40 años)

Las causas más frecuentes de hemorragia uterina anormal en esta etapa son la gestación, los tumores benignos del útero y la enfermedad inflamatoria secundaria a DIU, parto o aborto.

Mujeres perimenopáusicas

Las mujeres perimenopáusicas pueden tener ciclos menstruales con duración variable desde 20 a más de 60 días; es frecuente la aparición inicial de ciclos cortos, seguidos posteriormente de ciclos más largos con sangrado menstrual de mayor intensidad y duración.

Mujeres posmenopáusicas

Ante cualquier hemorragia uterina que aparezca en una mujer posmenopáusica (es decir, tras un año de amenorrea), que no esté con tratamiento hormonal sustitutivo, está indicado realizar, además de lo expuesto en los apartados anteriores, biopsia endometrial, debiéndose derivar al sector especializado.

MENOPAUSIA

En general, salvo en las menopausias quirúrgicas, el cese de la función ovárica no se instaura de forma súbita; existe un período previo, de duracion variable, que se denomina *perimenopausia* o *climaterio*. En esta etapa, aparecen las primeras manifestaciones clínicas y hormonales de fallo ovárico, hasta 1-2 años después de la última menstruación (o menopausia). Dado que no todas las mujeres experimentan los mismos síntomas ni en el mismo orden de aparición, y que el término *menopausia* hace referencia especialmente a la última «menstruación» (para lo que deben transcurrir entre 6-12 meses sin menstruaciones posteriores), se considera más oportuno la utilización del término *perimenopausia* para referirse a esta etapa.

VALORACIÓN

Alteraciones menstruales
Véase «Hemorragia uterina anormal».

Síntomas vasomotores
Sensación subjetiva de calor intenso en la parte superior del cuerpo, cuya duración es de 30 segundos a 5 minutos, y suele ir precedida de un pródromo de palpitaciones o sensación de presión en la cabeza, frecuentemente acompañado de debilidad, mareo o vértigo. Estos síntomas a menudo despiertan a las pacientes, causando insomnio y astenia.

Cambios urogenitales
La atrofia urogenital predispone al prolapso uterino y el cistocele, y también es responsable de la disminución del glucógeno vaginal (necesario para el metabolismo del ácido láctico de los lactobacilos que constituyen la flora habitual de la uretra) y de la menor resistencia a la adherencia de las bacterias sobre la mucosa vesical. Todo ello supone un incremento del riesgo de infección urinaria.

Alteraciones psíquicas y de la conducta
DEPRESIÓN
La mayoría de los estudios epidemiológicos no han confirmado un aumento de la depresión sino que indican incluso una disminución de la prevalencia de ésta en las mujeres mayores de 50 años.

SEXUALIDAD
Clásicamente, se ha considerado que el déficit hormonal en la mujer perimenopáusica disminuía drásticamente el interés y la actividad sexual; sin embargo, no existe ninguna evidencia al respecto.

TRASTORNOS DEL SUEÑO
Los trastornos del sueño aumentan durante la perimenopausia, y existe una coincidencia en el tiempo con los síntomas vasomotores.

Alteraciones cognitivas
Actualmente, se dispone de estudios epidemiológicos bien diseñados que apoyan la asociación entre menopausia y pérdida de memoria y otras alteraciones cognitivas, mejorando estos trastornos con el tratamiento estrogénico.

Riesgo de osteoporosis
Una de las consecuencias más importantes de la deprivación estrogénica es el riesgo de osteoporosis, de forma que la pérdida de masa ósea se produce

fundamentalmente durante los primeros 5-10 años tras el cese de la función ovárica, y es en esta época cuando se puede realizar una prevención.

Riesgo cardiovascular

El incremento del riesgo de enfermedad cardiovascular tras la menopausia es un concepto ampliamente admitido entre la profesión médica; sin embargo, hay datos para considerar que dicho incremento está ligado en mucha menor medida a la deprivación estrogénica que al aumento de otros factores de riesgo que aparecen con la edad.

En lo que respecta a los beneficios del tratamiento hormonal sustitutivo frente a las enfermedades cardiovasculares, en contra de los resultados de los estudios observacionales, el estudio HERS no encontró ningún beneficio en la prevención secundaria. Contrariamente, durante los primeros meses de tratamiento hormonal sustitutivo en pacientes con cardiopatía isquémica (CI) se encontró un aumento del riesgo de episodios coronarios. En cuanto al posible efecto beneficioso en la prevención primaria, recientemente, el ensayo clínico WHI, tras un tiempo de seguimiento de 5,2 años, ha constatado un incremento del riesgo de CI y accidente vascular cerebral agudo (ACVA) entre las mujeres tratadas con estrógenos y progestágenos.

TRATAMIENTO

Tratamiento hormonal

El tratamiento hormonal (TH) consiste en la administración de estrógenos con la intención de sustituir los que el ovario ya no produce. Las dosis utilizadas son menores que las del tratamiento hormonal anticonceptivo, ya que no se trata de suprimir el pico ovulador de la FSH sino de reemplazar la producción ovárica.

Según la evidencia científica actual (estudio WHI y HERSII), se puede afirmar que el TH se muestra eficaz a corto plazo (< 1 año) en el tratamiento de los síntomas que acompañan a la menopausia (sofocos, atrofia genitourinaria) y en la reducción del riesgo de osteoporosis. Otros aspectos, como la prevención primaria de la cardiopatía isquémica, la disminución del deterioro cognitivo, la incidencia de cáncer de colon o la diabetes tipo 2, desaconsejan su uso a largo plazo.

En cuanto a los riesgos potenciales, el TH se asocia con un incremento de trombosis venosa profunda y tromboembolismo (RR: 2 a 3,5), así como un incremento del riesgo de cáncer de endometrio y un incremento en la incidencia de cáncer de mama.

Los resultados del Collaborative Group y, recientemente, los del WHI, encuentran un incremento del riesgo a partir del tercer año, y aunque dicho incremento es pequeño en términos absolutos, el impacto a nivel poblacional desaconseja su uso como prevención primaria. También es posible que el TH se asocie a un aumento de riesgo de colelitiasis y colecistectomía. Estudios más recientes aconsejarán o no el uso de estrógenos solos en pacientes histerectomizadas.

Los efectos secundarios, poco frecuentes, pueden aparecer al iniciar el tratamiento, pero no se prolongan durante más de 4-6 semanas; consisten en náuseas, vómitos, tensión mamaria, mareos y aumento de peso.

CONTRAINDICACIONES (tabla 49-3)

Ni las patologías benignas de mama ni la presencia de miomas uterinos son contraindicaciones del TH, si bien es necesario controlar la evolución de estos últimos. Algo similar puede decirse de la presencia de migrañas, hipertrigliceridemia grave, enfermedad hepática, antecedentes de enfermedad tromboembólica y colelitiasis.

Tabla 49-3. Contraindicaciones del tratamiento hormonal
– Cáncer de mama – Cáncer de endometrio – Gestación – Enfermedad tromboembólica activa – Historia de enfermedad tromboembólica en relación con la ingestión de estrógenos – Síndromes protrombóticos – Sangrado genital inexplicado – Melanoma maligno

Otros tratamientos para los síntomas climatéricos

TIBOLONA

Es eficaz para los sofocos, la sequedad vaginal y la disminución de la libido.

PROGESTÁGENOS

Acetato de medroxiprogesterona, 20 mg/día v.o., o bien la forma *depot,* que consiste en 150 mg i.m. cada 25 días.

CLONIDINA

Se utiliza en dosis de 0,1 mg dos veces al día. Su mayor inconveniente es el riesgo de hipotensión ortostática, fatiga, irritabilidad y náuseas.

VERALIPRIDE

Es un compuesto antidopaminérgico que elimina los «sofocos» del 60 al 80% de las pacientes.

FITOESTRÓGENOS

Recientemente, se están revisando los datos disponibles, y se concluye que no hay evidencia suficiente como para indicarlos en el control de los síntomas climatéricos.

TESTOSTERONA

La testosterona mejora la libido y las relaciones sexuales.

En cuanto al tratamiento únicamente de la sequedad vaginal se pueden utilizar, además de los estrógenos en administración tópica con las precauciones que se comentaban anteriormente, cremas hidratantes vaginales (*Replens*®, crema hidratante vaginal *Isdin*®).

Tabla 49-4. Clasificación anatomopatológica de la enfermedad mamaria benigna y riesgo relativo de desarrollar carcinoma invasivo

No aumenta el riesgo de cáncer de mama	Riesgo aumentado ligeramente (1,5 a 2 veces)	Riesgo aumentado moderadamente (2 a 4 veces)	Riesgo muy incrementado (4 a 10 veces)
– Fibrosis – Metaplasia escamosa – Fibroadenoma – Quistes (macro o micro) – Metaplasia apocrina sin atipia – Adenosis – Papiloma solitario – Ectasia ductal – Hiperplasia epitelial media sin atipia – Adenosis esclerosante	– Hiperplasia moderada o florida, sólida o papilar pero sin atipia – Papiloma con centro fibrovascular, pero sin atipia	– Hiperplasia atípica sin antecedentes familiares de cáncer de mama – Enfermedad con grandes quistes (múltiples quistes palpables)	– Carcinoma *in situ* ductal – Carcinoma *in situ* lobular – Hiperplasia atípica con antecedentes familiares de cáncer de mama

ENFERMEDAD MAMARIA BENIGNA

La *enfermedad mamaria benigna* o *enfermedad fibroquística de la mama* reúne un conjunto de patrones histológicos diferentes, pero con un denominador común: la alteración no cancerosa de la arquitectura del tejido mamario. Atendiendo a criterios anatomopatológicos, se distinguen diversas entidades que pueden agruparse atendiendo al riesgo relativo de desarrollar un cáncer de mama (tabla 49-4).

Aparece especialmente entre los 30 y 50 años de edad, y su presentación varía desde la aparición de un «nódulo» simple, bien delimitado, hasta el aumento bilateral de la consistencia del tejido mamario, con bordes mal definidos; la localización más frecuente es el cuadrante superoexterno. Puede asociarse a aumento de la sensibilidad en esa zona, dolor sordo y tensión mamaria, síntomas todos ellos que empeoran los días previos a la menstruación. La valoración clínica depende de la edad y de la forma de aparición.

El tratamiento de la enfermedad mamaria benigna pretende paliar el dolor y la sensibilidad asociados. Se debe recomendar el uso de un sostén firme, como, por ejemplo, el utilizado por las atletas; en ocasiones, incluso es necesario dormir con él. El danazol es un andrógeno sintético que inhibe la producción de estrógenos; se utiliza en dosis de 100-400 mg/día durante 3-6 meses. La bromocriptina, análogo de la dopamina, se utiliza en dosis de 2,5 mg/día durante la primera semana del ciclo menstrual, y 2,5 mg/12 horas el resto, manteniendo el tratamiento durante 2-3 ciclos.

Capítulo 50

CÁNCER EN LA MUJER

CÁNCER DE MAMA

EPIDEMIOLOGÍA

El cáncer de mama es la neoplasia femenina más común, y representa el 25% de todos los cánceres. En España se estima que en el año 2000 se diagnosticaron 14.934 casos nuevos, y que se produjeron 6.381 defunciones por esta enfermedad.

Según estimaciones de la International Agency Research on Cancer (IARC), la tasa bruta de incidencia en España en el año 1997 se situó en 79,18 por 100.000 mujeres. La tasa ajustada por población mundial fue de 51,72 por 100.000, cifra inferior a la del promedio de los países de la Unión Europea (71,25 por 100.000). En el período 1991-1996, tanto en España como en los países desarrollados, se observa un incremento de la incidencia de cáncer de mama. La tasa bruta de mortalidad en España en el año 1998 se situó en 28,63 por 100.000. La tasa ajustada para la población mundial fue de 15,63. En los últimos años se observa una clara disminución de la mortalidad por cáncer de mama.

FACTORES DE RIESGO

Los factores de riesgo establecidos más importantes para el cáncer de mama son de causa reproductiva y genética:

- El 10% de los cánceres de mama son consecuencia de las mutaciones en los genes, sobre todo en el BRCA1 y el BRCA2.
- *Historia familiar de cáncer de mama.*
- *Contraceptivos orales.*
- *Tratamiento hormonal.* Existe un incremento en la incidencia de cáncer de mama en las mujeres tratadas con estrógenos durante más de 5 años (RR: 1,35), según los resultados del metaanálisis.
  Los resultados del ensayo clínico WHI han aconsejado su interrupción a los 5,2 años de su inicio, al detectarse un incremento de riesgo para cáncer de mama invasivo en las mujeres tratadas con estrógenos conjugados y acetato de medroxiprogesterona.
- Nuliparidad o gestación tardía (> 30 años).
- No lactancia materna.
- Menarquia precoz y menopausia tardía.
- Historia personal de cáncer de mama.
- Biopsia previa con diagnóstico de enfermedad mamaria proliferativa sin atipia, hiperplasia moderada o hiperplasia atípica.

- Irradiación previa.
- Otros factores que se han asociado son: el alcohol, la obesidad, especialmente después de la menopausia, y una dieta rica en grasas.

El ejercicio intenso durante la juventud, y el moderado en la vida adulta, proporcionan protección.

PREVENCIÓN

El cribado del cáncer de mama es actualmente la mejor estrategia para su control. Los beneficios de la mamografía de cribado periódica en mujeres de 50 años o más, según los resultados de un metaanálisis, muestran una reducción importante de la mortalidad (RR: 0,73 [0,63-0,84]). Este beneficio no se observa en el grupo de mujeres de 40 a 49 años (RR: 1,02 [0,82-1,27] a los 7-9 años).

La exploración física realizada por un médico, aunque puede añadir del 5 al 10% de diagnósticos de cáncer de mama, ha visto reducido su papel en los programas de cribado poblacional, debido a que presenta una sensibilidad inferior a la de la mamografía. Los resultados de una revisión sistemática reflejan las dudas acerca del beneficio de la autoexploración mamaria como método de cribado del cáncer de mama.

DIAGNÓSTICO

Para explorar el tejido mamario de forma completa se requiere una mamografía de dos proyecciones: la oblicua medio lateral y la craneocaudal. La confirmación diagnóstica del cáncer de mama sólo puede realizarse a partir de la confirmación histológica.

ESTADIFICACIÓN

La estadificación del cáncer de mama de la American Joint Committee on Cancer (AJCC) y recomendada por la FIGO (tabla 50-1) se basa en el sistema TNM (tumor, nódulo, metástasis).

TRATAMIENTO

El tratamiento de los carcinomas *in situ* tiene el objetivo doble de prevenir la ocurrencia de un cáncer invasivo y diagnosticar un posible componente invasivo cuando todavía está localizado en la mama.

El tratamiento del cáncer invasivo incluye el tratamiento local del tumor, ya sea con cirugía y/o radioterapia, y el tratamiento sistémico de la enfermedad con quimioterapia y/o terapia hormonal. Las diferentes estrategias de tratamiento dependen de los factores biológicos (Revisiones Cochrane del Early Breast Cancer Trialists' Collaborative Group, 2002).

PRONÓSTICO

El cáncer de mama es potencialmente curable, y la supervivencia es cada vez más elevada. La supervivencia a los 5 años de las mujeres con cáncer de mama invasivo operable es del 70%.

CÁNCER DE ENDOMETRIO

EPIDEMIOLOGÍA

El cáncer de endometrio es la neoplasia más común del tracto genital femenino. En España en el año 2000 se estima que se diagnosticaron 4.041 casos nuevos y que se produjeron 1.075 defunciones.

Tabla 50-1. Estadificación clínica del carcinoma de mama. FIGO, 2000

Categorías TNM	Cáncer de mama
TX	– No se puede valorar el tumor primario
T0	– No existe evidencia del tumor primario
Tis	– Carcinoma *in situ*: carcinoma intraductal, carcinoma lobulillar *in situ* o enfermedad de Paget del pezón sin tumor
T1	– Se limita estrictamente a la mama. El tumor es de 2 cm o menor en su mayor dimensión
T1a	– Tumor de 0,5 cm o menos en su mayor dimensión
T1b	– Tumor entre 0,5 y 1 cm en su mayor dimensión
T1c	– Tumor entre 1 y 2 cm en su mayor dimensión
T2	– El tumor es de más de 2 cm pero no superior a 5 cm en su mayor dimensión
T3	– El tumor es de más de 5 cm en su mayor dimensión
T4	– Tumor de cualquier tamaño con extensión directa a la pared del tórax o a la piel
T4a	– Extensión a la pared del tórax
T4b	– Edemas (incluyendo piel de naranja) o ulceración de la piel de la mama o nódulos cutáneos satélites limitados a la mama
T4c	– T4a y T4b juntos
T4d	– Carcinoma inflamatorio de la mama
N	– Ganglios linfáticos regionales
NX	– Imposibilidad de valorar los ganglios linfáticos regionales (p. ej., extirpados previamente)
N0	– Ausencia de metástasis en los ganglios linfáticos regionales
N1	– Metástasis móviles de los ganglios linfáticos axilares homolaterales
N2	– Metástasis en ganglios linfáticos axilares homolaterales, fijos entre sí o en otra estructura
N3	– Metástasis en ganglios linfáticos mamarios internos homolaterales
M	– Metástasis a distancia
MX	– La presencia de metástasis a distancia no puede valorarse
M0	– Ausencia de pruebas de metástasis a distancia
M1	– Metástasis a distancia (incluye metástasis en los ganglios linfáticos supraclaviculares homolaterales)

(Continúa)

Tabla 50-1. Estadificación clínica del carcinoma de mama. FIGO, 2000 (*Cont.*)

	Tumor	Nódulo	Metástasis	Estadio
No invasivo	Tis	N0	M0	0
Invasivo precoz	T1-2	N0-1	M0	I, IIA, B
	T3	N0	M0	IIB
Invasivo avanzado	Cualquier T	N2	M0	IIIA
Invasivo localmente avanzado	T3	N1-2	M0	IIIA
	T4	Cualquier N	M0	IIIB
	Cualquier T	N3	M0	IIIB
Estadio IV	Cualquier T	Cualquier N	M1	IV

Fuente: Clinical evidence.

Según estimaciones del IARC, la tasa bruta de incidencia en España en el año 1997 se situó en 17,97 por 100.000 mujeres. La tasa ajustada para la población mundial fue de 10,74 por 100.000, cifra inferior a la del promedio de los países de la Unión Europea (11,15 por 100.000).

La tasa bruta de mortalidad en España en el año 1998 se situó en 3,58 por 100.000. La tasa ajustada para la población mundial fue de 1,55.

Factores de riesgo

Los factores de riesgo establecidos para el cáncer de endometrio (adenocarcinomas) son de causa reproductiva, y están en relación con la exposición a los estrógenos:

- Menarquia precoz.
- Menopausia tardía.
- Mujeres con incremento de sangrado durante la perimenopausia.
- Nulíparas e infertilidad.
- El uso de estrógenos sin asociación de un gestágeno en mujeres con útero.
- Tamoxifeno.
- Obesidad importante.
- La diabetes se asocia con un mayor riesgo de cáncer de endometrio.
- El uso de anticonceptivos orales antes de la menopausia ha demostrado ser un factor protector.

PREVENCIÓN

Respecto a la prevención primaria, la reducción de peso en las mujeres obesas es la intervención potencialmente más importante para reducir el riesgo de este cáncer. Las intervenciones de cribado en mujeres asintomáticas, ya sean de riesgo normal o elevado, no han demostrado ningún beneficio.

SÍNTOMAS

Un sangrado uterino anómalo en la mujer perimenopáusica, así como en la mujer posmenopáusica, debe ser investigado, y nunca debe iniciarse un tratamiento antes de que se haya llegado a un diagnóstico definitivo.

DIAGNÓSTICO

Debe realizarse una historia clínica y un examen clínico completo. La evaluación inicial requiere la confirmación a partir de una biopsia endometrial. Un resultado de biopsia negativo (probabilidad de falsos negativos de hasta el 10%) en una mujer sintomática requiere un estudio completo de la cavidad endometrial mediante legrado bajo anestesia o histeroscopia con biopsia dirigida.

ESTADIFICACIÓN

En 1988 la FIGO estableció la estadificación quirúrgica del cáncer de útero (tabla 50-2).

TRATAMIENTO

El tratamiento con progestágenos después de la intervención quirúrgica se ha utilizado ampliamente para evitar las recurrencias. No obstante, la evidencia científica no da soporte al uso de progestágenos en el tratamiento inicial del cáncer de endometrio.

PRONÓSTICO

El 85-90% de las pacientes con cáncer de endometrio en estadio I, forma en que se diagnostica el 75% de los cánceres, sobreviven a los 5 años. En el estadio IV la supervivencia es menor del 10%.

CÁNCER DE CÉRVIX

EPIDEMIOLOGÍA

Según estimaciones del IARC, la tasa bruta de incidencia en España, en el año 1997, se situó en 8,29 por 100.000 mujeres. La tasa ajustada para la población mundial fue de 5,96 por 100.000, cifra superior a la del promedio de los países de la Unión Europea (2,30 por 100.000).

La tasa bruta de mortalidad en España en el año 1998 se situó en 2,79 por 100.000. La tasa ajustada para la población mundial fue de 2,3.

FACTORES DE RIESGO

Los factores de riesgo establecidos para el cáncer de cérvix guardan relación con las infecciones y las relaciones sexuales de riesgo:

Tabla 50-2. Estadificación quirúrgica del carcinoma de endometrio. FIGO, 2000

Estadios	Grado	Tumor de endometrio	Categoría TNM
		– No se puede valorar el tumor primario	TX
		– No existe evidencia del tumor primario	T0
Estadio 0	G 1 2 3	– Carcinoma *in situ*. Carcinoma preinvasor – Los estadios 0 no se deben incluir en las estadísticas terapéuticas	Tis
Estadio I	G 1 2 3	– El carcinoma se limita estrictamente al cuerpo del útero	T1
IA	G 1 2 3	– Carcinoma invasor limitado al endometrio	T1a
IB	G 1 2 3	– Invasión de menos de la mitad del miometrio	T1b
IC	G 1 2 3	– Invasión de más de la mitad del miometrio	T1c
Estadio II	G 1 2 3	– El tumor invade el cuello del útero, pero no se extiende más allá del útero	T2
IIA	G 1 2 3	– Afecta exclusivamente las glándulas endocervicales	T2a
IIB	G 1 2 3	– Invasión de la estroma cervical	T2b
Estadio III	G 1 2 3	– Extensión local o regional como se especifica en IIIA, B y C. Extensión fuera del útero pero no fuera de la pelvis verdadera	T3 y/o N1
IIIA	G 1 2 3	– El tumor invade la serosa y/o los anexos (extensión directa o metástasis) y/o la citología del lavado peritoneal o del líquido de la ascitis es positiva	T3a
IIIB	G 1 2 3	– El tumor compromete la vagina (extensión directa o metástasis)	T3b
IIIC	G 1 2 3	– Metástasis en ganglios pélvicos y/o paraaórticos	N1

Estadio IV		– Extensión por fuera de los límites del tracto reproductor o evidente compromiso de la vejiga o mucosa rectal	
IVA	G 1 2 3	– El tumor invade la mucosa vesical y/o intestinal. El edema bulloso no autoriza a estadificarlo como estadio IV-T4	T4
IVB		– Metástasis a distancia, incluyendo ganglios linfáticos intraabdominales o inguinales	M1

Anatomopatología: grados de diferenciación histológica

G1: 5% o menos de patrón de crecimiento sólido no escamoso o no morular

G2: 6-50% de patrón de crecimiento sólido no escamoso o no morular

G3: más de un 50% de patrón de crecimiento sólido no escamoso o no morular

- *Infección por el virus del papiloma humano* (VPH). La asociación de este virus y el cáncer de cérvix y sus lesiones precursoras es fuerte, consistente y específica.
- *Relaciones sexuales de riesgo*:
  - *Virus de la inmunodeficiencia humana* (VIH).
  - *Clase social baja.*

La utilización de métodos anticonceptivos de barrera es un factor protector.

Otros factores de riesgo estudiados, aunque con resultados controvertidos, son: *a*) tabaco; *b*) dieta pobre en vegetales y frutas, y *c*) anticonceptivos orales.

PREVENCIÓN

Entre las intervenciones de prevención primaria con la finalidad de reducir las infecciones por el VPH se recomienda el uso de preservativos. Se debe realizar consejo apropiado sobre protección en los contactos sexuales, insistiendo en la negociación de estrategias de sexo seguro en los casos de promiscuidad sexual. El diagnóstico precoz de las lesiones precancerosas con la prueba de Papanicolaou, básicamente, puede prevenir el cáncer de cérvix de células escamosas. Es una prueba sencilla, rápida de realizar, bien aceptada por la población y con una adecuada relación coste/beneficio. La principal evidencia de la efectividad de esta prueba proviene de la observación de la tendencia decreciente de las tasas de incidencia de cáncer invasivo en Suecia, Islandia y Finlandia, después de la introducción de programas organizados de detección precoz con gran cobertura poblacional. En los últimos 40 años, el cribado ha conseguido que la incidencia del cáncer de cérvix invasor descienda en los países desarrollados, mientras que en los países subdesarrollados, donde no se aplica el programa, sigue siendo el cáncer genital más frecuente.

A pesar de la efectividad demostrada, la citología presenta la desventaja de que está sujeta a una importante variabilidad. Se estima una sensibilidad del 60-70%, una especificidad del 60-90% y un valor predictivo positivo del 40%. Para aumentar su validez, es esencial mejorar la calidad de la prueba tanto a la hora de recoger y procesar la muestra como en su lectura. En los últimos años, la necesidad de reducción de los resultados falsos negativos de la citología ha llevado a desarrollar nuevos procedimientos para la lectura de extensiones. Las nuevas técnicas de proceso citológico en medio líquido proponen reducir los falsos negativos optimizando la recogida y preparación de las muestras. También se han propuesto pruebas virológicas de detección del ADN del VPH (p. ej., Hybrid Capture, proteínas Creativas [PCR] como complemento de la citología cervicovaginal).

Las recomendaciones de las diferentes sociedades científicas difieren en el intervalo entre cribados: la Canadian Task Force, el USPSTF y el American College of Physicians recomiendan que se inicie la toma de citologías tras el comienzo de las relaciones sexuales y que, tras dos citologías anuales normales, se realice la citología cada 3 años. El PAPPS recomienda que tras dos citologías normales la prueba se realice cada 5 años en las mujeres sexualmente activas de 35-65 años.

En los últimos años, el VPH ha producido un cambio en la historia natural, acortando la etapa preclínica; actualmente se trabaja en nuevas líneas de prevención, con la investigación de vacunas combinadas frente al VPH.

SÍNTOMAS

El cáncer de cérvix, en su fase precoz, generalmente, se asocia con un flujo rosado acuoso vaginal descrito como «agua de lavar carne» y hemorragia que se presenta tras el coito.

En estadios avanzados puede presentarse dolor en hipogastrio por infiltración neoplásica y síndrome constitucional (astenia, anorexia, adelgazamiento).

DIAGNÓSTICO

La prueba de Papanicolaou es el método más efectivo para identificar a las pacientes con posibles lesiones preinvasivas o neoplásicas.

La colposcopia es una técnica utilizada durante décadas, que permite observar el cérvix magnificado a través de una escopia binocular con una gran intensidad de luz. Ello permite identificar y localizar anomalías del epitelio (densidad) y su vascularización, para su posterior confirmación biópsica.

ESTADIFICACIÓN

La estadificación del cáncer de cérvix es quirúrgica (tabla 50-3). En el caso del cáncer de cérvix, la estadificación es muy importante para su óptimo control, pues en algunos casos evita la radioterapia, que es causa importante de morbilidad.

TRATAMIENTO

En un cáncer con un estadio muy precoz, la biopsia y/o conización puede ser suficiente. El tratamiento primario de un cáncer de cérvix es quirúrgico.

PRONÓSTICO

El 85% de las pacientes con cáncer de cérvix en estadio I sobreviven a los 5 años. En un estadio IV la supervivencia es menor del 5-10%.

CÁNCER DE OVARIO

EPIDEMIOLOGÍA

La tasa bruta de mortalidad en España en el año 1998 se situó en 8,04 por 100.000. La tasa ajustada para la población mundial fue de 4,28.

FACTORES DE RIESGO

Los factores de riesgo establecidos para el cáncer de ovario tipo epitelial son de causa reproductiva y genética:

- Menarquia precoz.
- Mujeres sin hijos o con hijos nacidos a partir de los 30 años.

Tabla 50-3. Estadificación quirúrgica del carcinoma de cérvix. FIGO, 2000

Estadios		Cuello uterino	Categoría TNM
		– No se puede valorar el tumor primario	TX
		– No existe evidencia del tumor primario	T0
0	0	– Carcinoma *in situ*. Carcinoma intraepitelial o carcinoma preinvasor	Tis
I	I	– El carcinoma se limita estrictamente al cuello uterino (debe descartarse extensión al cuerpo uterino)	T1
	IA	– Carcinomas invasores preclínicos del cuello uterino, diagnosticados sólo por microscopia	
		– Las lesiones macroscópicamente visibles son estadios IB, incluso con invasión superficial	T1a
	IA1	– Invasión mínima de la estroma, no mayor de 3 mm de profundidad y no más de 7 mm en extensión	T1a1
	IA2	– Lesiones detectadas por microscopia que pueden medirse. Profundidad de invasión, entre 3 a 5 mm a partir de la base del epitelio ya sea escamoso o glandular que dio origen a la lesión. La extensión horizontal no debe exceder los 7 mm. El compromiso vascular, linfático o venoso no altera la estadificación	T1a2
	IB	– Lesiones microscópicas de mayores dimensiones que las correspondientes al estadio IA2, visibles o no clínicamente. El compromiso vascular debe ser registrado, pero no altera la estadificación	T1b
	IB1	– Lesión clínica no mayor de 4 cm en su mayor dimensión	T1b1
	IB2	– Lesión clínica de tamaño mayor de 4 cm en su mayor dimensión	T1b2
II	II	– El tumor invade más allá del útero, afecta la vagina y excluye el tercio inferior o infiltra los parametrios sin llegar a las paredes pelvianas	T2
	IIA	– Compromiso de los dos tercios proximales de la vagina sin evidencia de afectación parametrial	T2a
	IIB	– Afectación de los parametrios sin afectación de la pared lateral, con o sin compromiso de los dos tercios superiores de la vagina	T2b

III	III	– Afectación del tercio inferior de la vagina o extensión a la pared lateral de la pelvis. Deben incluirse todos los casos con hidronefrosis o riñones mudos, a no ser que dichos trastornos nefrológicos puedan atribuirse a otra causa conocida	T3
	IIIA	– Afectación del tercio inferior de la vagina sin llegar a la pared lateral de la pelvis si están comprometidos los parametrios	T3a
	IIIB	– El tumor se extiende hasta la pared pelviana y/o causa hidronefrosis o riñón no funcionante (la vagina puede o no estar comprometida)	T3b
IV	IV	– Extensión por fuera de los límites del tracto reproductor	
	IVA	– Compromiso clínico de la mucosa vesical o rectal o enfermedad por fuera de los límites de la pelvis verdadera. El edema bulloso con biopsia negativa no autoriza a estadificarlo como IVA	T4
	IVB	– Metástasis a distancia	M1

- Menopausia tardía, a partir de los 50 años.
- Uso prolongado de fármacos para incrementar la fertilidad (p. ej., clomifeno), especialmente cuando no se ha producido un embarazo.
- Historia familiar de cáncer de ovario.
- Las mujeres que han tenido un cáncer de mama también presentan mayor riesgo de cáncer de ovario.
- Tratamiento hormonal en la posmenopausia.

Prevención

Los factores de riesgo para el cáncer de ovario no están lo suficientemente estudiados y, por ello, las intervenciones de prevención primaria no están consideradas.

Diagnóstico

Debe realizarse una historia clínica y un examen pélvico completo, exámenes de laboratorio, bioquímica y recuento hematológico, incluyendo determinaciones de marcadores tumorales CA125, ecografía y tomografía computarizada (TC) abdominal.

Estadificación

La estadificación del cáncer de ovario es quirúrgica (tabla 50-4). Actualmente, las técnicas quirúrgicas por laparoscopia son ampliamente utilizadas en el diagnóstico y el tratamiento.

Tratamiento

El tratamiento del cáncer de ovario epitelial es, generalmente, quirúrgico.

Pronóstico

Es importante tener en cuenta que sobrevive el 80% de las pacientes con cáncer de ovario localizado. Sin embargo, la mayoría de los casos se encuentran en estadio avanzado, y presentan una supervivencia a los 5 años del 30%, y en el estadio IV, por debajo del 10%. El pronóstico del cáncer de ovario guarda relación con el estadio, el grado de diferenciación tumoral y la ausencia de enfermedad residual visible.

Tabla 50-4. Estadificación quirúrgica del carcinoma de ovario. FIGO, 2000

Estadios		Tumor de ovario	Categoría TNM
		– No se puede valorar el tumor primario	TX
		– No existe evidencia del tumor primario	T0
I	I	– El carcinoma se limita estrictamente a los ovarios (uno o dos)	T1
	IA	– El tumor se limita a un ovario, con cápsula intacta, sin tumor en la superficie externa del ovario y con citología negativa de los lavados peritoneales o del líquido de la ascitis	T1a
	IB	– El tumor se limita a ambos ovarios, con cápsulas intactas, sin tumor en las superficies externas de los ovarios y con citología negativa de los lavados peritoneales o del líquido de la ascitis	T1b
	IC	– El tumor se limita a uno o ambos ovarios, con cápsula rota o con tumor en la superficie de uno o ambos ovarios y con citología positiva de los lavados peritoneales o del líquido de la ascitis	T1c
II	II	– El tumor compromete a uno o ambos ovarios con extensión a la pelvis	T2
	IIA	– Extensión y/o metástasis en el útero y/o a las trompas de Falopio con citología negativa de los lavados peritoneales o del líquido de la ascitis	T2a
	IIB	– Extensión a otros tejidos pelvianos con citología negativa de los lavados peritoneales o del líquido de la ascitis	T2b
	IIC	– Tumores en estadio IIA o IIB con citología positiva de los lavados peritoneales o del líquido de la ascitis	T2c

(*Continúa*)

Tabla 50-4. Estadificación quirúrgica del carcinoma de ovario. FIGO, 2000 (*Cont.*)

Estadios		Tumor de ovario	Categoría TNM
III	III	– El tumor invade uno o ambos ovarios con implantes peritoneales por fuera de la pelvis y/o ganglios retroperitoneales o inguinales positivos. La presencia de metástasis hepática superficial corresponde al estadio III. El tumor parece limitado a la pelvis verdadera, pero con extensión maligna histológicamente demostrada al intestino delgado o al epiplón	T3 y/o N1
	IIIA	– Tumor microscópicamente limitado a la pelvis verdadera con ganglios negativos, pero con siembra microscópica de las superficies peritoneales abdominales histológicamente comprobada	T3a
	IIIB	– Tumor microscópicamente limitado a la pelvis verdadera con ganglios negativos, pero con metástasis macroscópicas peritoneales por fuera de la pelvis, que ninguna de ellas supera los 2 cm de diámetro	T3b
	IIIC	– Metástasis peritoneales abdominales mayores de 2 cm y/o ganglios retroperitoneales o inguinales positivos	T3 y/o N1
IV	IV	– El carcinoma compromete uno o ambos ovarios con metástasis a distancia, excluyendo las peritoneales. Si hay derrame pleural, el resultado positivo de la citología lo incluye en el estadio IV. Las metástasis en el parénquima hepático equivalen al estadio IV	M1

Capítulo 51

TRASTORNOS NEFROUROLÓGICOS

HEMATURIA

La hematuria es la causa más frecuente de consulta médica por cambio en el aspecto de la orina, y constituye un signo y síntoma común que puede encontrarse en la mayoría de las especialidades médicas. La *hematuria* y la *proteinuria* son los indicios más importantes de la presencia de enfermedades renales o del tracto urinario. La posibilidad de que la hematuria sea la manifestación inicial de una enfermedad maligna obliga a considerarla un síntoma importante que debe investigarse rápida y profundamente.

Se define la hematuria como la presencia de 5 hematíes o más por campo de gran aumento al examinar al microscopio el sedimento urinario.

Se precisan por lo menos dos determinaciones, con recogida de la orina en condiciones adecuadas: toma de muestra en la mitad de la micción, ausencia previa de ejercicio físico intenso, no haber sido sometido a instrumentación urológica en los días previos y ausencia de menstruación.

EPIDEMIOLOGÍA

Las cifras de prevalencia de hematuria en la población general oscilan del 1 al 14%. La etiología más frecuente es: urolitiasis, infecciones, neoplasias, glomerulonefritis e hipertrofia prostática benigna (HPB) (tabla 51-1).

DIAGNÓSTICO

Para confirmar el diagnóstico de hematuria se recomienda examinar la primera orina de la mañana, ya que conserva mejor los hematíes.

Historia clínica

En los pacientes con hematuria franca, la historia clínica orienta sobre el origen de la pérdida de sangre. La anamnesis se inicia con la descripción de la hematuria, la forma de comienzo y el tiempo de evolución. Hay que preguntar también por los *antecedentes familiares* (poliquistosis familiar, enfermedad de Alport, hematuria familiar benigna) y *personales* (cólicos renoureterales, síntomas de infecciones urinarias o respiratorias, ingesta de fármacos, antecedentes de ejercicio físico intenso, artralgias, pérdida de peso, fiebre, exantemas cutáneos, etc.).

Exploración física

Los signos físicos importantes que hay que buscar son: manifestaciones de glomerulonefritis aguda (hipertensión, edemas), masas abdominales (tumor de Wilms en los niños), crecimiento o nódulos prostáticos y signos de enfermedad multisistémica (fiebre, petequias, púrpuras, artritis, etc.).

Tabla 51-1. Clasificación etiológica de la hematuria

A. Hematurias nefrourológicas
  1. Renales
    Glomerulares
    - Glomerulonefritis primarias (agudas y crónicas)
    - Glomerulonefritis secundarias (lupus eritematoso, vasculitis, Schönlein-Henoch)
    - Hematuria familiar benigna
    - Síndrome de Alport
    - Síndrome de la membrana basal delgada
    Extraglomerulares
    - Hipercalciuria y/o hiperuricosuria
    - Tumores renales
    - Poliquistosis renal
    - Litiasis renal
    - Hipertensión arterial maligna
    - Anomalías vasculares (infartos, embolias, vasculitis, malformaciones arteriovenosas)
    - Hemangioma renal
    - Necrosis papilar (diabetes, drepanocitosis, nefropatía por analgésicos)
    - Nefritis intersticial aguda (pielonefritis; fármacos: penicilinas, cefalosporinas, antiinflamatorios no esteroideos, rifampicina)
  2. Vías urinarias
    Mecánicas
    - Litiasis
    - Traumatismos
    - Cuerpos extraños
    - Ejercicio intenso
    - Sonda de Foley
    Inflamatorias
    - Cistitis
    - Uretritis
    - Endometriosis
    - Tuberculosis
    - Ciclofosfamida
    - Hipertrofia prostática benigna
    Neoplásicas
    - Tumores (pelvis, urotelio, vesicales y prostáticos)
    - Invasión extrínseca del uréter
    - Angiomas uretrales

B. Hematurias hematológicas
  1. Alteraciones de la coagulación
  2. Tratamiento anticoagulante
  3. Drepanocitosis
C. Hematurias idiopáticas

(Continúa)

Tabla 51-1. Clasificación etiológica de la hematuria (*Cont.*)

D. Falsas hematurias (seudohematurias)
1. Sangrado vaginal
2. Prostatorrea
3. Facticia
4. Pigmenturia
Endógena
- Mioglobina
- Hemoglobina
- Porfirinas
- Uratos
- Melanina
Exógena
- Fármacos: sulfamidas, nitrofurantoínas, fenitoína, fenolftaleína, metildopa, metocarbamol
- Alimentos: setas, remolacha, ruibarbo, zarzamora

Datos analíticos

El examen microscópico del sedimento urinario es la piedra angular, y puede por sí solo sugerir el origen de la hematuria. La existencia de proteinuria superior a 1 g/24 horas y/o cilindros hemáticos confirma una enfermedad glomerular como causante de la hematuria.

La presencia de leucocitos requiere la realización de un urocultivo para descartar una infección urinaria. En caso de piuria y hematuria estériles, hay que ordenar varios urocultivos en medio de Löwenstein y tinción de Ziehl-Neelsen para descartar tuberculosis del aparato urinario.

La eosinofiluria puede orientar a la existencia de nefritis intersticial.

En niños y adultos jóvenes es necesario cuantificar la calciuria y la uricosuria de 24 horas, pues la hematuria puede ser la manifestación inicial de una hipercalciuria idiopática, entidad que explica el 25 al 30% de las hematurias idiopáticas infantiles.

Diagnóstico por imagen

- *Radiología simple de abdomen.* Continúa siendo una prueba básica en el estudio de la patología urológica.
- *Ecografía.* Dada su rentabilidad y ausencia de efectos secundarios, ha desplazado a la urografía intravenosa.
- *Urografía o pielografía intravenosa.* Es útil en el diagnóstico de masas renales, como el hipernefroma, las litiasis radiotransparentes y los tumores de urotelio.
- *Citoscopia.* Permite la visión directa de la lesión, con toma de biopsia, e informa del carácter unilateral o bilateral de la hematuria.
- *Arteriografía renal.* Está indicada en el diagnóstico de los angiomas, las fístulas arteriovenosas, las malformaciones vasculares renales y la sospecha de embolia de la arteria renal.

- *Tomografía computarizada.* La TC es útil para definir los contornos de la lesión y la extensión de los tumores.
- *Biopsia renal.* Si no se alcanza un diagnóstico con las pruebas anteriores, habitualmente, puede solicitarse una biopsia.

PROTEINURIA

La proteinuria es un importante marcador, y en ocasiones el único, de enfermedad del parénquima renal. La orina normal contiene muchas proteínas en pequeñas concentraciones.

Se define la *proteinuria* como la excreción urinaria de proteínas en cantidad superior a 150 mg/día en adultos y 300 mg/día en niños, adolescentes y embarazadas. Sin embargo, aunque la cantidad de proteínas en orina sea inferior a 150 mg/24 horas, la excreción de albúmina en cantidades superiores a 30 mg/24 horas es patológica y se denomina *microalbuminuria.* En la población general, la prevalencia de microalbuminuria alcanza el 5-10%, y se encuentra asociada con un mayor riesgo de mortalidad cardiovascular. Las causas de proteinuria se resumen en la tabla 51-2.

INSUFICIENCIA RENAL CRÓNICA LEVE-MODERADA

La insuficiencia renal crónica (IRC) se caracteriza por una disminución progresiva y generalmente irreversible del filtrado glomerular, y clínicamente se manifiesta por una constelación de síntomas que constituyen la uremia: *a*) *generales*: debilidad, fatiga; *b*) *gastrointestinales*: anorexia, náuseas, vómitos, hipo, trastornos del gusto; *c*) *cutáneos*: prurito, palidez, hiperpigmentación; *d*) *genitourinarios*: poliuria, polidipsia, nicturia, pérdida de la libido, impotencia, y *e*) *cardiovasculares*: disnea, edemas, extremidades intranquilas, parestesias, disestesias, calambres, contracciones musculares.

La forma más correcta de medir la función renal consiste en calcular el aclaramiento de creatinina (CCr), lo que obliga a la recolección de orina durante un período de tiempo establecido, habitualmente 24 horas. Para obviar este inconveniente, existen numerosos nomogramas y el más utilizado es la fórmula de Cockroft y Graft.

DIAGNÓSTICO

El enfoque diagnóstico se centra en los siguientes puntos:

- *Historia clínica detallada*: investigación de los síntomas de uremia.
- *Exploración física*: recogida del peso, presión arterial, signos de retinopatía, turgencia de la piel, tamaño cardíaco, edemas, exploración de la próstata, exploración de reflejos y sensibilidad.
- *Pruebas de laboratorio*: medida de la diuresis, hematocrito, iones, equilibrio ácido-base, urea, CrS, calcio, fósforo, ácido úrico, proteínas, fosfatasa alcalina, sedimento urinario y cultivo.
- *Radiología*: de tórax, simple de abdomen y seriada ósea (principalmente, de manos y cráneo) con objeto de valorar la progresión de la osteodistrofia renal.

Tabla 51-2. Clasificación etiopatogénica de la proteinuria

1. Proteinuria transitoria
   - De esfuerzo
   - Fiebre
   - Exposición al frío
   - Insuficiencia cardíaca
   - Estrés

2. Proteinuria ortostática

3. Proteinuria permanente

   Proteinuria leve (< 1 g/día)
   - Nefroangiosclerosis benigna
   - Nefropatía diabética incipiente
   - Enfermedad poliquística renal
   - Enfermedad medular quística
   - Nefritis intersticiales
   - Nefropatía obstructiva
   - Glomerulonefritis (incipiente)

   Proteinuria moderada (1-3,5 g/día)
   - Nefropatías glomerulares primitivas
   - Nefropatías glomerulares secundarias
   - Cualquier enfermedad renal avanzada

   Proteinuria grave o nefrótica (> 3,5 g/día)

   a) Síndrome nefrótico con lesiones mínimas

   b) Enfermedades metabólicas o sistémicas
   - Diabetes
   - Amiloidosis
   - Neoplasia
   - Embarazo con preeclampsia
   - Hipertensión maligna
   - Drepanocitosis

   c) Factores mecánicos
   - Insuficiencia cardíaca congestiva grave
   - Pericarditis constrictiva

   d) Venenos, fármacos y alergenos
   - Venenos: mercurio, bismuto, oro
   - Fármacos: penicilamina, trimetadiona
   - Alergenos: picadura de insectos, hiedra

   e) Glomerulonefritis

MANIFESTACIONES CLÍNICAS

Los signos de alerta que pueden dar ocasión al diagnóstico son: *a*) astenia inhabitual; *b*) palidez cutánea; *c*) trastornos digestivos (naúseas y vómitos); *d*) dolores óseos; *e*) hipertensión; *f*) poliuria; *g*) edemas; *h*) reacción inhabitual a un medicamento de eliminación renal administrado a dosis adecuadas; *i*) antecedentes de enfermedades hereditarias; *j*) abuso de analgésicos, y *k*) trastornos urinarios crónicos, tuberculosis o diabetes.

Clasificación

La IRC se clasifica en varias categorías: *a*) IRC leve (CCr entre 60 y 120 ml/min); *b*) moderada (CCr entre 30-60 ml/min); *c*) avanzada (CCr entre 10 y 30 ml/min), y *d*) terminal (CCr menor de 10 ml/min).

Tratamiento

En la *IRC leve* el tratamiento se corresponde con el de la enfermedad causal. Las limitaciones en la actividad, la dieta y el manejo de medicamentos serán mínimos.

En la *IRC moderada* las líneas principales del tratamiento son las siguientes:

- *Régimen dietético y restricción proteica.* Está indicado iniciar la restricción proteica cuando aparecen los primeros síntomas de uremia.
- *Regulación hidroelectrolítica.* Principalmente, debe vigilarse la ingesta de líquidos y sodio, y corregir el desequilibrio ácido-base. En la IRC leve-moderada, los pacientes, habitualmente, tienen una diuresis conservada o incluso superior a la normal, por lo que no se necesita recomendarles que limiten su ingesta habitual de líquidos.
- *Control del metabolismo fosfocálcico (osteodistrofia renal).* El control del metabolismo fosfocálcico se realiza con hidróxido de aluminio (no magnésico), 1 cucharada/12 horas, aumentando las dosis según las necesidades (1,5 hasta 8 g diarios), para mantener unos niveles plasmáticos de fósforo entre 4-5 mg/dl. La administración de suplementos de calcio se realiza en forma de carbonato cálcico, 1 g/día, v.o., pero no antes de normalizar el fósforo. La dosis de vitamina D depende de la respuesta del paciente, pero aproximadamente es de 3 mg/día de calciferol.
- *Tratamiento de la anemia.* La sintomatología se produce con hematocritos inferiores al 20% o hemoglobina de 6-7 mg%, y es, en general, bien tolerada. La anemia suele aparecer cuando el filtrado glomerular se ha reducido a la mitad. La anemia de la IRC se trata con inyecciones de eritropoyetina tres veces por semana. En los pacientes afectados de cardiopatía coronaria, enfermedad vascular cerebral o insuficiencia cardíaca, interesa mantener hematocritos superiores al 30% para evitar el empeoramiento de la sintomatología cardiovascular. Es preciso corregir los posibles déficit de acido fólico y de vitamina B.
- *Tratamiento de la hiperuricemia.* Suele ser asintomática y no requiere tratamiento.
- *Tratamiento del prurito.* La presencia de prurito obliga a valorar el nivel de fósforo y a corregir la hiperfosforemia. Si a pesar de esto persiste, está indicado administrar antihistamínicos por vía oral.
- *Tratamiento de los síntomas gastrointestinales y neuromusculares.* La presencia de anorexia, náuseas, hipo, alteraciones del gusto, insomnio,

irritabilidad, extremidades intranquilas, etc., puede mejorar con una dieta pobre en proteínas y con un buen control hidroelectrolítico y metabólico. Si no es así, pueden utilizarse tratamientos farmacológicos sintomáticos: lavados bucales, metoclopramida y benzodiacepinas.

Utilización de los fármacos

Existen dos métodos de ajuste:

1. Aumentar el intervalo entre las dosis, manteniendo la dosis habitual.
2. Adaptar la dosis, manteniendo el intervalo normal.

UROLITIASIS

Epidemiología

La litiasis renoureteral del adulto, fundamentalmente de oxalato y fosfato cálcico, es actualmente mucho más frecuente en los países económicamente desarrollados, con tasas de prevalencia que oscilan del 4 al 20% y de hospitalización del 0,03 al 0,1. La urolitiasis es más común en los hombres que en las mujeres, con una tasa de recurrencia a los 5 años que oscila del 35 al 50%. El riesgo estimado, en los hombres de raza blanca, de presentar un cálculo renal a lo largo de su vida es del 12%.

Los estados de excreción excesiva, volumen escaso, pH anómalo y excreción baja de citratos constituyen las causas principales que se pueden reconocer y tratar.

Composición de los cálculos

Hasta el 70-80% de todos los cálculos renales están compuestos, principalmente, de oxalato cálcico. La mayoría de estos cálculos contienen también una pequeña cantidad de hidroxiapatita y hasta el 10-12% de ácido úrico. Otros cálculos están constituidos por fosfato amónico magnésico (estruvita) (10-20%), y son debidos a infección por bacterias productoras de ureasa: *Proteus*, *Klebsiella*, *Pseudomonas* y enterococos. *Escherichia coli* nunca forma estruvita.

Los pacientes con cólico nefrítico deben filtrar de forma rutinaria su orina a través de una malla fina para intentar recuperar el cálculo, pues todos los cálculos renales deben analizarse.

Manifestaciones clínicas

Cólico nefrítico

Es la presentación clínica más frecuente, constituye una de las principales urgencias urológicas y representa el 2-5% de las urgencias hospitalarias. Típicamente, se caracteriza por un dolor abdominal o lumbar de inicio brusco que no está relacionado con ningún evento precipitante y que no se alivia con los cambios posturales. El dolor suele ser unilateral, lancinante, de tipo cólico con exacerbaciones y remisiones, se irradia a los genitales y, generalmente, va acompañado de síntomas vegetativos (agitación e inquietud, náuseas, vómitos, sudoración) y, en ocasiones, de polaquiuria, tenesmo y disuria.

Otras formas de presentación

Existen diversas formas de presentación de la urolitiasis: litiasis asintomática, hematuria microscópica o macroscópica, infección urinaria, anuria, insuficiencia o deterioro de la función renal, arenilla renal y cristales en la orina. Los cristales están presentes a menudo en la orina de individuos sanos, a la que confieren un aspecto turbio.

DIAGNÓSTICO

La *historia clínica* ha de recoger la edad de comienzo de la urolitiasis, número y gravedad de las recurrencias, antecedentes de procesos que originasen inmovilización o deshidratación recientes, existencia de anormalidades anatómicas del aparato genitourinario o cirugía genitourinaria previa, ingesta de fármacos (antiácidos con calcio, vitaminas A, C y D, triamtereno, sulfamidas, acetazolamida, indinavir), enfermedades concurrentes (gota, enfermedad inflamatoria intestinal, hiperparatiroidismo), historia familiar de urolitiasis y tipo de dieta (ingesta de calcio, sodio y proteínas).

La *exploración física* suele ser normal. Las *pruebas de laboratorio* comienzan con el análisis mineralógico del cálculo, si se dispone de éste. Los estudios de laboratorio también incluyen un análisis completo de la primera orina de la mañana, con sedimento y cultivo (en caso de piuria o bacteriuria), determinación del volumen urinario de 24 horas y excreción de calcio, ácido úrico, oxalato, citrato, fosfato, creatinina y sodio. En sangre, han de determinarse niveles de calcio, fosfato, ácido úrico, creatinina y electrólitos. El *estudio radiológico* se limita, en la mayoría de los pacientes, a una radiografía simple de abdomen y una ecografía urológica.

TRATAMIENTO

En la fase de cólico renal hay que administrar dosis adecuadas de analgésicos (metamizol, tramadol), espasmolitos (N-butil-bromuro de hioscina, pitofenona) o antiinflamatorios (diclofenaco, ketorolaco, ketoprofeno, indometacina, ibuprofeno). En ocasiones pueden ser necesarios analgésicos narcóticos, como meperidina o morfina. Conseguir una diuresis superior a 2 litros diarios es la meta para reducir la aparición de nuevos cálculos, y se recomienda especialmente aumentar la ingesta de líquidos después de la cena.

A los pacientes que deben alcalinizar su orina se les puede enseñar a medir su pH urinario con tiras reactivas. Deben evitarse largos períodos de inmovilización y aconsejar una ingesta apropiada de líquidos, si tal situación puede anticiparse.

Se produce un segundo cólico en el 35-50% de los pacientes a los 5 años, y en el 65% a los 10 años.

HIPERTROFIA PROSTÁTICA BENIGNA

La próstata normal tiene la forma y el tamaño aproximados de una castaña, coloración blanquecina, consistencia elástica (parecida a la de una pelota de goma), superficie lisa y un surco medio.

La denominada hipertrofia prostática benigna es, en realidad, una hiperplasia glandular y fibromuscular de la próstata que, histológicamente, corresponde a un fibroadenoma.

Epidemiología

Su prevalencia ha sido claramente establecida desde una perspectiva histológica, con cifras estimativas del 10% a los 40 años y del 90% a los 80 años de edad. Sin embargo, la prevalencia clínica dista mucho de conocerse con exactitud. Se estima que el 60% de los hombres de 80 años presentan síntomas atribuibles a HPB.

La *historia natural* de la HPB no está del todo bien definida, y existen múltiples dudas y preguntas sin contestar. Hasta el 50% de los hombres que la padecen experimentan una mejoría espontánea de su sintomatología, simplemente con una actitud o vigilancia expectante.

Factores de riesgo

La etiología y patogenia de la HPB son desconocidas, aunque se sabe que son necesarios por lo menos dos factores para su desarrollo: la *testosterona* y el *envejecimiento.*

Diagnóstico

La historia clínica y la exploración física (fundamentalmente, el tacto rectal) son los pilares básicos en el diagnóstico de la HPB, aunque también pueden ser necesarias algunas pruebas analíticas y técnicas de imagen.

La *historia clínica* resulta clave para diagnosticar la presencia y gravedad de la HPB. Contempla una *anamnesis* detallada para descartar la presencia de otras patologías (accidente vascular cerebral, diabetes, instrumentación previa del tracto urinario) o la toma de fármacos (p. ej., anticolinérgicos o simpaticomiméticos) que pueden precipitar la aparición de los síntomas. También debe incluir una cuantificación de los síntomas, para lo cual es útil la escala de la Asociación Americana de Urología, que ha sido también adoptada por la OMS.

El *tacto rectal* es la principal técnica diagnóstica, y valora no sólo las diferentes características de la próstata sino también el tono del esfínter anal. Deben valorarse el tamaño, la sensibilidad, la consistencia, la movilidad, la simetría y la presencia de surco medio entre los dos lóbulos. En la HPB se aprecia un aumento no doloroso del tamaño prostático, a expensas de la totalidad de la glándula o de uno de sus lóbulos.

Las *pruebas básicas de laboratorio* son un análisis de orina y otro de sangre que incluya creatinina sérica. Permiten descartar la coexistencia de infecciones, neoplasias, litiasis o disfunciones renales. La determinación del antígeno prostático específico (PSA) sólo estaría indicado en caso de sospecha de malignidad.

La *ecografía* es la técnica de imagen más utilizada, debido a su rentabilidad diagnóstica y a la ausencia de efectos adversos, de manera que en la mayoría de las ocasiones es la única necesaria.

Los *estudios urodinámicos* (uroflujometría) están indicados cuando las anteriores pruebas no concuerdan con el diagnóstico de HPB o para decidir un tratamiento médico o quirúrgico.

La *urografía intravenosa* se reserva para pacientes con hematuria o con alteraciones ecográficas susceptibles de una mejor evaluación.

TRATAMIENTO

La historia natural de la HPB es variable, y es frecuente la fluctuación sintomática en un mismo paciente, con una mejoría espontánea de su sintomatología en el devenir de los años, que alcanza al 50% de los pacientes. De ahí que la *vigilancia expectante* sea una opción terapéutica que se debe tener en cuenta, sobre todo en pacientes con prostatismo leve y moderado.

Tratamiento farmacológico

Los fármacos con eficacia demostrada en el tratamiento de la HPB pueden agruparse en tres grandes grupos: terapia hormonal, bloqueadores alfa-adrenérgicos y agentes fitoterapéuticos.

TERAPIA HORMONAL

Los agentes hormonales producen, en último término, un efecto antiandrogénico que explica su mecanismo de acción, al reducir el componente estático de la HPB y mejorar principalmente los síntomas obstructivos. Para esta opción terapéutica se cuenta con: agonistas de la hormona liberadora de gonadotropina (LHRH) (triptorelina, buserelina, leuprolide, goserelina y nafarelina), progestágenos (acetato de megestrol y medroxiprogesterona), antiandrógenos (acetato de ciproterona, flutamida y bicalutamida), inhibidores de la aromatasa (atamestano) e inhibidores de la 5-α-reductasa (finasterida y epristeride).

El grupo de los inhibidores de la 5-α-reductasa es el más utilizado por su baja toxicidad. La finasterida es un inhibidor de la enzima 5-α-reductasa, enzima que cataliza la conversión periférica de testosterona en dihidrotestosterona, preservando los niveles plasmáticos de testosterona. La dosis habitual es de 5 mg/día, y se requieren 6 meses para alcanzar la máxima mejoría en los síntomas de la HPB. Los niveles de PSA disminuyen a la mitad en los pacientes tratados con finasterida, pero la significación de este hallazgo es incierta.

BLOQUEADORES ALFA-ADRENÉRGICOS

Estos fármacos bloquean los receptores alfa-adrenérgicos que se encuentran en mayor proporción en la base de la vejiga y en la próstata, con lo cual producen una disminución del tono muscular en el cuello vesical y en el músculo liso prostático y facilitan la micción. Por tanto, son efectivos en el tratamiento de la HPB al mejorar el componente dinámico de la obstrucción (síntomas irritativos). Los fármacos empleados en la actualidad (prazosina, doxazosina, terazosina, alfuzosina y tamsulosina) disminuyen la presión arterial en pacientes hipertensos, a excepción de la tamsulosina, que es un inhibidor selectivo de los receptores α_{1A}.

Se desconoce la seguridad y eficacia a largo plazo de los inhibidores de la 5-α-reductasa y de los bloqueantes alfa-adrenérgicos.

FITOTERAPIA

El tratamiento con agentes fitoterapéuticos consiste en el uso de diversos extractos de origen vegetal. La utilidad de estos productos carece de apoyo en ensayos clínicos rigurosos. Entre los extractos comercializados de los que se disponen más datos destacan: *Serenoa repens, Pygeum africanum, Echinacea purpurea,* la cebada (*Secale cereale*), las semillas de calabaza (*Cucurbita pepo*) y *Brauneria angustifolia.*

INFECCIONES DEL TRACTO URINARIO: PROSTATITIS

En este apartado se tratará exclusivamente de las prostatitis, puesto que el resto de las infecciones del tracto urinario (ITU) se estudian en el capítulo de patología infecciosa.

EPIDEMIOLOGÍA

La prostatitis es una enfermedad frecuente, que representa entre el 8 y el 25% de las consultas de pacientes que acuden con síntomas genitourinarios al urólogo. La prevalecía estimada en adultos es del 9%.

MANIFESTACIONES CLÍNICAS

Las prostatitis se clasifican actualmente en cuatro tipos:

1. *Prostatitis aguda bacteriana.* El comienzo es súbito, con fiebre, escalofríos, un cuadro clínico de dolor perineal, lumbar o sacro y síntomas urinarios como disuria, estranguria, polaquiuria, urgencia miccional nocturna, eyaculación dolorosa y hematuria. La próstata se encuentra muy inflamada, y es muy dolorosa al tacto.
2. *Prostatitis crónica.* En sentido estricto, la prostatitis crónica es aquella en la que los síntomas persisten más de seis meses, pero en la práctica el diagnóstico se realiza con una duración más corta de los síntomas. Dentro de las prostatitis crónicas existen tres subtipos:
   a) *Prostatitis crónica bacteriana.* Es relativamente infrecuente. Los síntomas y signos se desarrollan con mayor lentitud, y habitualmente no son tan graves como los de la prostatitis aguda. Se caracteriza por remisiones y exacerbaciones sintomáticas debidas a infecciones recurrentes del tracto urinario (p. ej., un cálculo prostático infectado). Es característico que se produzca en hombres mayores, y se presenta con múltiples síntomas pélvicos y genitourinarios: polaquiuria, urgencia miccional, nicturia, disuria, disminución del flujo urinario, dolor (en las zonas suprapúbica, prostática, inguinal, perineal, peneana o testicular), eyaculación dolorosa, hematospermia, hematuria y febrícula.
   b) *Prostatitis crónica no bacteriana. Síndrome inflamatorio de dolor pélvico crónico.* Es la forma más común (40-65%) y peor compren-

dida de la prostatitis. Se presenta en hombres de cualquier edad, y los síntomas son similares a los de la prostatitis crónica bacteriana, con recidivas y remisiones espontáneas. La principal diferencia con la prostatitis crónica bacteriana radica en que no se identifican microorganismos en la orina, semen, ni en las secreciones prostáticas, pero sí aparecen leucocitos y macrófagos cargados de lípidos. También es más rara la presencia de febrícula.

c) *Prostatitis crónica no bacteriana. Síndrome no inflamatorio de dolor pélvico crónico.* Es la categoría antes conocida como prostatodinia y la segunda en cuanto a frecuencia (20-40%). La etiología, patogenia y sintomatología son similares a las que se encuentran en la forma inflamatoria, pero el dolor pélvico es el síntoma predominante. Los cultivos de las diferentes muestras también son estériles, pero a diferencia de la forma inflamatoria no se detectan leucocitos en ellas.

Etiología y patogenia

Las bacterias que se aíslan con más frecuencia en las prostatitis agudas son: *Escherichia coli* (80%), *Pseudomonas aeruginosa*, *Serratia marcescens*, *Klebsiella pneumoniae* y *Proteus mirabilis*.

La prostatitis crónica puede estar causada por una incompleta erradicación bacteriana por pérdida de los mecanismos protectores locales, por ejemplo, por la existencia de cálculos prostáticos o fibrosis y estasis prolongada en los conductos prostáticos.

La prostatitis crónica no bacteriana puede deberse al reflujo recurrente de orina estéril hacia la próstata, lo que daría lugar a una respuesta inflamatoria mantenida en el tiempo.

Diagnóstico

El paciente, típicamente, sufre una infección del tracto urinario, fiebre, escalofríos, dolor pélvico y síntomas de obstrucción urinaria. El tacto rectal revela una próstata caliente, dura y dolorosa. El masaje prostático resulta extremadamente doloroso, y está contraindicado por la posibilidad de precipitar una bacteriemia.

Las prostatitis crónicas presentan más complejidad diagnóstica. El cortejo sintomático es más heterogéneo y el tacto rectal muestra una próstata grande, pastosa, de consistencia firme y poco dolorosa.

Tratamiento

Los antibióticos más empleados son las fluoroquinolonas. Entre ellas ciprofloxacino (500 mg/12 horas), norfloxacino (400 mg/12 horas) y ofloxacino (400 mg/12 horas). También puede emplearse la trimetoprima/sulfametoxazol en dosis de 160/800 mg/12 horas, en los pacientes alérgicos o con intolerancia a las quinolonas. El tratamiento antibiótico se inicia de manera empírica, a la espera del resultado del cultivo, que indicará si es necesario cambiar de antibiótico.

El tratamiento de la prostatitis crónica bacteriana se realiza con los mismos antibióticos utilizados en la prostatitis aguda bacteriana, aunque se recomienda que la duración del tratamiento se prolongue 6-12 semanas.

En cuanto a la prostatitis crónica no bacteriana, no se dispone de ningún tratamiento etiológico.

CÁNCER DE PRÓSTATA

EPIDEMIOLOGÍA

El cáncer de próstata constituye el segundo cáncer en frecuencia en Europa, después del cáncer de pulmón.

FACTORES DE RIESGO

- *Edad.* Se ha demostrado que existe asociación entre la edad y el cáncer de próstata, con una tasa de incidencia 40 veces superior en los hombres mayores de 65 años frente a los que no alcanzaban esa edad.
- *Factores hormonales.* Existe también una clara relación entre cáncer de próstata y factores hormonales (andrógenos), pues este tumor requiere la presencia de testículos funcionantes, y nunca se produce en eunucos.
- *Antecedentes familiares.* Los hombres con un hermano, padre o abuelo afectado por cáncer de próstata antes de los 63 años tienen un riesgo mayor de morir también por cáncer de próstata.
- *Raza.* Existen notables diferencias en las tasas de incidencia y mortalidad por cáncer de próstata entre diferentes países. Pero es difícil separar los factores raciales de otros como cultura, medio ambiente o dieta.
- *Factores genéticos.* La herencia es responsable del 10% de los cánceres de próstata. Los portadores del gen BRCA-1 tienen un riesgo significativamente más elevado.
- *Otros.* Otros posibles factores de riesgo estudiados, pero mucho más controvertidos son: la *dieta* (consumo elevado de grasas y bajo consumo de vegetales), la *exposición laboral* , el *tabaquismo,* la *historia sexual* y la *historia médica* (presencia de vasectomía e HPB).

ANATOMÍA PATOLÓGICA

El adenocarcinoma es el tipo histológico más frecuente, y aparece en el 95% de los pacientes afectados. Generalmente se localiza en la zona periférica de la próstata (85%).

MANIFESTACIONES CLÍNICAS

El carcinoma localizado de próstata es típicamente asintomático y no interfiere en la calidad y esperanza de vida. Conforme aumenta la extensión del tumor, aparecen síntomas: disuria, hematuria, polaquiuria, dificultad para iniciar la micción, pérdida de peso, anemia y dolor óseo secundario a metástasis.

DIAGNÓSTICO

El diagnóstico definitivo del cáncer de próstata se establece mediante el análisis histológico de una muestra de tejido prostático obtenido mediante biopsia. Los indicios de sospecha que deben inducir a la realización de una biopsia prostática son una anamnesis genitourinaria sugerente y un tacto rectal anormal, con aumento del nivel del PSA, y/o la presencia de lesiones hipoecogénicas en la ecografía transrectal.

Marcadores tumorales prostáticos

La *fosfatasa ácida prostática* es un marcador plasmático útil en la detección del cáncer de próstata, aunque su falta de especificidad prostática limita su valor.

El *antígeno prostático específico* (PSA) se detecta en el plasma a concentraciones muy bajas, que se incrementan en el carcinoma prostático, pero también en la HPB, en las prostatitis, en el infarto prostático, en la retención urinaria aguda, en la instrumentación prostática (biopsia, cirugía y citoscopia), en el masaje prostático y tras la eyaculación. En la actualidad, no existe evidencia científica suficiente que demuestre que el cribado de cáncer de próstata con PSA reduzca la mortalidad. La principal aplicación del PSA radica en el control evolutivo de los pacientes con cáncer de próstata.

Ecografía prostática

La ecografía transrectal es una técnica en constante perfección, que permite obtener imágenes de la estructura anatómica de la próstata, identificando los cambios típicos producidos por las enfermedades que afectan a esta glándula.

Biopsia

La confirmación diagnóstica requiere la realización de biopsia con aguja (transrectal o transperineal) o de punción-aspiración con aguja fina. Habitualmente, se realiza dirigida mediante ecografía transrectal y por sextantes.

Tratamiento

El manejo terapéutico del adenocarcinoma de próstata depende, fundamentalmente, del estadio evolutivo de la enfermedad, del grado histológico y de la esperanza de vida del paciente. Las opciones terapéuticas disponibles son la *prostatectomía radical,* la *radioterapia,* la *orquiectomía bilateral,* y el *tratamiento hormonal.*

CÁNCER DE VEJIGA URINARIA

Eídemiología

El cáncer de vejiga urinaria es un tumor muy frecuente en la población general, y constituye la cuarta causa de cáncer en el varón y la octava en la mujer. Es más frecuente en el sexo masculino (relación 3:1), y su incidencia aumenta a partir de los 40-50 años. En Estados Unidos se estima que representa el 5% de las muertes por cáncer, con más de 50.000 defunciones al año.

Factores de riesgo

Los factores etiológicos más aceptados son el uso del tabaco, la exposición laboral a anilinas y aminas aromáticas (propia de trabajadores del caucho, hules, cuero o textiles), la parasitación por *Schistosoma haematobium*, las infecciones urinarias repetidas y el abuso de fenacetina.

Prevención

No se recomienda el cribado poblacional del cáncer de vejiga, pues se desconoce su historia natural.

Anatomía patológica

Más del 90% de los cánceres de vejiga corresponden a *carcinomas del epitelio transicional* (carcinoma de células transicionales). El resto son carcinomas escamosos, adenocarcinomas o, más raramente, sarcomas, melanomas, coriocarcinomas o metástasis procedentes de otros tumores primarios. La presentación macroscópica es muy heterogénea, con tumores únicos o múltiples, sésiles, polipoideos o ulcerados.

Se han adoptado diversas clasificaciones para el estadiaje del cáncer de vejiga. La más práctica es la que divide la enfermedad en tres tipos: *superficial, invasora* y *metastásica.* La enfermedad *superficial* es la presentación habitual en más del 70% de los pacientes con cáncer de vejiga.

Manifestaciones clínicas

La hematuria indolora es la manifestación inicial en el 75% de los casos. Al comienzo, es muy breve, poco intensa y pasajera. Puede ser el único síntoma o ir acompañado de disuria, polaquiuria y urgencia miccional. La hematuria puede ser franca o microscópica, y su grado y duración no se corresponden con el tamaño del tumor.

Diagnóstico

Ante la sopecha clínica de un cáncer de vejiga las técnicas de imagen (ecografía, urografía) pueden mostrar defectos de relleno u obstrucción que orientan hacia la existencia tumoral. La citología urinaria también puede indicar la presencia de malignidad celular. Pero la confirmación diagnóstica del cáncer de vejiga requiere la realización de una citoscopia y la toma simultánea de biopsia.

Tratamiento

En la enfermedad *superficial* el tratamiento de elección es la resección transuretral (RTU) de todas las lesiones visibles, seguida o no de la administración intracavitaria de quimioterapia o del bacilo de Calmette-Guérin (BCG), según sea la valoración individual del riesgo de progresión del tumor en cada paciente.

En los tumores en estadio invasivo el tratamiento quirúrgico consiste en la cistectomía simple o radical, precedida o no de radioterapia o quimioterapia, y seguida igualmente de quimioterapia o radioterapia.

CARCINOMA RENAL

El carcinoma de células renales, también denominado adenocarcinoma renal o tumor de Grawitz (antiguamente, hipernefroma) es el tumor renal más frecuente del adulto, siendo responsable del 85% de las neoplasias renales primarias. Es más frecuente en los hombres que en las mujeres (3:1), con una edad media de aparición sobre los 65 años.

FACTORES DE RIESGO

Entre los factores de riesgo ambientales se halla la exposición al humo del tabaco y a productos del petróleo, metales pesados y amianto.

MANIFESTACIONES CLÍNICAS

El amplio uso de técnicas diagnósticas, como la ecografía y la TC, ha conllevado un incremento en la detección y diagnóstico temprano de los tumores renales, de manera que actualmente hasta el 45-50% de estos tumores se diagnostican de forma casual. En los tumores sintomáticos la presentación clínica habitual es en forma de hematuria (60-70%), seguida de dolor en flanco (40-50%), pérdida de peso (30%), masa en el flanco (20%) y fiebre (20%), si bien la típica tríada clásica de hematuria franca, dolor en flanco y masa abdominal palpable se encuentra en menos del 10% de los casos.

DIAGNÓSTICO

Antes de realizar el diagnóstico suele transcurrir un período asintomático muy prolongado. En un tercio de los pacientes ya existen metástasis pulmonares, óseas, hepáticas y en el sistema nervioso central (SNC) en el momento del diagnóstico. Éste puede sospecharse ante la presencia de una masa en la urografía intravenosa. Deberá realizarse una TC renal si la ecografía no confirma que la lesión es un quiste simple.

TRATAMIENTO

El tratamiento de elección, si no existe metástasis, es la nefrectomía radical.

PRONÓSTICO

Los tumores renales diagnosticados casualmente se asocian a un mejor pronóstico, debido a su menor estadio evolutivo. El grado de diferenciación es un factor pronóstico importante en todos los estadios. Otros marcadores pronósticos son la velocidad de sedimentación globular (mayor o menor de 50 mm), los niveles de fosfatasa alcalina (correlacionados inversamente con la supervivencia), el diámetro del tumor (mayor o menor de 10 cm) y su vascularización.

Capítulo 52

SIDA Y ENFERMEDADES DE TRANSMISIÓN SEXUAL

INTRODUCCIÓN

En este capítulo se desarrollará conjuntamente la infección por el virus de la inmunodeficiencia humana (VIH) y el sida con el resto de enfermedades de transmisión sexual (ETS) más prevalentes en España.

ANTECEDENTES Y ASPECTOS BIOLÓGICOS DEL VIH

En 1983, Barré-Sinousí (Instituto Pasteur, París) identificó y aisló un retrovirus a partir de linfocitos T periféricos de un paciente con una linfadenopatía generalizada. Desde 1985, este virus, considerado como el agente causal del sida, se denomina *virus de la inmunodeficiencia humana tipo 1* (VIH-1).

INTERACCIÓN ENTRE INFECCIÓN POR VIH Y OTRAS ENFERMEDADES DE TRANSMISIÓN SEXUAL

Las personas con una ETS tienen un riesgo mayor de adquirir la infección por el VIH, no sólo porque son un indicador de haber mantenido relaciones sexuales no protegidas sino porque la presencia de ETS, ya sean ulcerativas o no, aumenta la probabilidad de transmisión del VIH.

EPIDEMIOLOGÍA DEL VIH Y DEL SIDA

En el año 2000, España, con 66,8 casos por millón de habitantes, tenía, después de Portugal, la tasa de incidencia más elevada de Europa. En cualquier caso, el porcentaje de casos que se infectaron mediante una relación heterosexual ha ido creciendo paulatinamente hasta representar en el año 2000 el 21% de los hombres y el 37,27% de las mujeres.

MECANISMOS DE TRANSMISIÓN DEL VIH Y BASES PARA SU PREVENCIÓN

No se consideran vías efectivas de transmisión ni los insectos ni los contactos casuales (darse la mano, compartir vajillas, etc.); por tanto, únicamente la transmisión parenteral, sexual y vertical son las únicas formas de contagio aceptadas.

TRANSMISIÓN PARENTERAL

Los casos descritos entre personal sanitario se deben casi exclusivamente a la manipulación incorrecta de las agujas usadas y a accidentes en actos de cirugía mayor profunda. La transmisión del VIH en el medio laboral sanitario depende de la prevalencia de la infección en la población atendida, del número de accidentes y del tipo de accidente, y es el número de pinchazos el factor de riesgo más común, y también el más fácilmente reducible. Las normas de prevención en el medio sanitario representan la aplicación de las medidas de precaución universal, independientemente del estado serológico de los pacientes. Estas medidas incluyen, entre otras, el uso de guantes siempre que pueda haber contacto con sangre o líquidos orgánicos, no encapuchar las agujas utilizadas y depositar el material reutilizable en contenedores de plástico resistente. En caso de un accidente con evidencia de exposición a material contaminado por VIH, en estos momentos se recomienda la profilaxis postexposición con dos o tres antirretrovíricos.

Aparte del propio hecho de compartir las agujas y jeringuillas para la inyección u otras formas indirectas de compartir material (técnicas de *back* y/o *front loading* para distribuir la droga, material de preparación y filtros), el tiempo de drogadicción y la frecuencia de las inyecciones son los principales factores asociados al riesgo de contagio en esta población. La prevención de la transmisión del VIH, en este caso, se basa en las intervenciones de reducción de daños, que incluyen tanto el consejo individual para facilitar la adquisición de conductas de menor riesgo (vía de uso de la droga, técnicas de inyección, formas de desinfección del material, etc.) como la promoción de programas sustitutivos (mantenimiento con metadona, etc.), los programas de intercambio de agujas y jeringuillas (PIJ) y los programas de acercamiento (*outreach*), facilitando cambios en la forma y frecuencia del uso de la droga, así como el acceso de los usuarios al sistema sanitario.

Transmisión sexual

La tabla 52-1 muestra las conductas relacionadas con la transmisión del VIH, de mayor a menor riesgo.

Tabla 52-1. Riesgo de transmisión según la práctica sexual

Alto riesgo
Coito anal receptivo sin preservativo
Coito vaginal receptivo sin preservativo
Coito anal insertivo sin protección
Coito vaginal insertivo sin protección
Felatio con ingestión de semen
Compartir instrumentos sexuales
Contacto urogenital
Cunnilingus
Penetración anal manual o instrumental
Coito anal o vaginal con preservativo
Felatio sin ingestión de semen
Bajo riesgo
Besos «húmedos» (con intercambio de saliva)

TRANSMISIÓN VERTICAL

La transmisión del VIH de una madre infectada a su hijo (transmisión vertical o perinatal) puede producirse durante el embarazo (transplacentaria), en el momento del parto o durante el período de lactancia a través de la leche materna. Se acepta que la transmisión durante el parto es la más efectiva. En ausencia de tratamiento, el riesgo de transmisión de una madre infectada a su hijo oscila alrededor del 20%.

La prevención de la transmisión vertical se basa en la prevención primaria del VIH en las mujeres jóvenes. La identificación sistemática de posibles conductas de riesgo y la oferta de la prueba de detección de anticuerpos a todas las mujeres que quieren estar o están embarazadas, permite la detección e intervención precoz sobre la infección por VIH. Las mujeres VIH positivas han de ser informadas y aconsejadas respecto a los métodos de anticoncepción, y en el caso de que estén embarazadas, valorar conjuntamente la posibilidad de un aborto terapéutico. En 1994 se demostró que en mujeres infectadas por VIH con un nivel de CD4 mayor de 200/mm^3, el tratamiento con zidovudina (AZT) a partir de las 14 semanas de gestación, más el tratamiento del recién nacido, supone una disminución del 68% en el riesgo de transmisión. Desde entonces se han ensayado distintas pautas antirretrovirales, incluyendo AZT más dos inhibidores nucleósidos, o AZT, un inhibidor nucleósido y un inhibidor de la proteasa.

Quimioprofilaxis postexposición no nosocomial al VIH

La administración de antirretrovirales (ARV) con el objetivo de evitar el contagio después de una exposición al VIH se recomienda en los casos de exposiciones parenterales o de mucosas en accidentes en el medio sanitario. Actualmente, y a pesar de no contar con datos de eficacia ni de efectividad, la posibilidad de ofrecer ARV para evitar el contagio por VIH se considera también en otros contextos de exposición (profilaxis postexposición nosocomial).

En España existe un grupo de trabajo que está elaborando criterios en los que la quimioprofilaxis postexposición (PEP) sólo se recomienda claramente en las siguientes circunstancias:

1. Con evidencia de infección en el caso índice:

   a) Recepción anal sin preservativo o con preservativo y eyaculación, pero con rotura de éste.
   b) Recepción vaginal sin preservativo o con preservativo y eyaculación, pero con rotura del mismo.

2. Sin evidencia de infección en el caso índice:

   a) Compartir una aguja o jeringuilla de forma aislada y excepcional entre UDVP.
   b) Pinchazo profundo con sangrado con una jeringuilla acabada de usar por un UDVP.

ESTADIFICACIÓN CLÍNICA

Las clasificaciones de la estadificación clínica de la infección se han ido adaptando a los nuevos conocimientos y a las herramientas diagnósticas sobre la infección por VIH y su historia natural.

A pesar de la existencia de otras clasificaciones, en el contexto occidental la más utilizada es la propuesta por los CDC en 1986, y revisada posteriormente en 1992, que utiliza tanto criterios clínicos, como de laboratorio. La tabla 52-2 muestra los criterios clínicos e inmunológicos que definen los estadios A, B y C. En Europa, los estadios C1, C2 y C3 se corresponden con los criterios clínicos de sida.

Infección por VIH en edad pediátrica

La infección por VIH en edad pediátrica (definida como niños < 13 años) presenta unas características distintas a las del adulto debido, en parte, a la inmadurez del sistema inmunológico.

TASAS Y MARCADORES DE PROGRESIÓN

La introducción en 1996 y la posterior sistematización de la determinación de la carga viral en pacientes infectados por VIH ha convertido a este marcador en el mejor parámetro de progresión, y su uso combinado con el recuento de los CD4 es una herramienta básica para evaluar y adaptar el tratamiento antirretroviral en estos pacientes. Si bien la carga viral es el mejor indicador sobre el que se pueden basar los posibles cambios terapéuticos, la valoración de la situación del paciente y su posible pronóstico no pueden hacerse sin tener en cuenta la cifra de CD4 (véase «Tratamiento antirretroviral y control del paciente HIV+»).

Infección por VIH en la era HAART

En 1996, con la introducción de pautas antirretrovirales de alta eficacia como la HAART, (triple terapia que incluye un inhibidor de la proteasa o un inhibidor de la transcriptasa no nucleósido), se produjo un importante cambio en la historia natural de la infección.

En la población, la introducción de la HAART se ha traducido en una drástica disminución del número de nuevos casos de sida (que, en el año 1997, en España, disminuyeron en un 40%) y de la tasa de mortalidad específica por sida, de modo que en Cataluña, por ejemplo, el sida ha dejado de ser la primera causa de muerte entre la población joven. En cualquier caso, es importante tener presente que estas cifras no reflejan la incidencia de la infección por VIH.

Las implicaciones que tienen estos datos en Salud Pública refuerzan el importante papel de los profesionales de Atención Primaria en las estrategias de prevención y de cribado, tanto de las conductas de riesgo para adquirir la enfermedad, como de la propia infección por VIH, así como la necesidad de considerar también a las personas VIH positivas como una de las poblaciones diana prioritarias para las intervenciones preventivas.

Tabla 52-2. Definición de las categorías clínicas e inmunológicas, y clasificación revisada de los Center for Disease Control (CDC, 1993) para la infección producida por VIH en adolescentes y adultos

Categorías clínicas

1. Infección por VIH asintomática
   Historia de infección aguda por VIH
   Infección aguda por VIH documentada
   Linfadenopatía generalizada persistente
2. Otras condiciones sintomáticas en una persona infectada por VIH (muguet, síntomas consuntivos, displasia cervical, etc.), que no se encuentran incluidas en la categoría C y que reúnen alguno de los siguientes criterios: *a*) son debidas al VIH, o son indicativas de un defecto de la inmunidad celular, o *b*) la evolución clínica y el tratamiento de estas condiciones se puede complicar debido al VIH
3. Infección sintomática por VIH u otras condiciones clínicas incluidas en la definición de caso de sida de 1993

Categorías inmunológicas

Se establecen según el recuento más bajo de linfocitos CD4/ml obtenido:

1. Más de 500
2. Entre 200 y 499
3. Menos de 200

Definición de sida. Cualquier paciente que se encuentre en la categoría clínica C o en la categoría inmunológica 3 (incluye así los pacientes de las categorías C1 a C3; A3 y B3)

	Categorías clínicas		
Categorías inmunológicas	A Asintomático Linfadenopatía generalizada Primoinfección	B Sintomático no A ni C	C Enfermedad indicativa de sida
1. ≥ 500	A1,	B1,	C1
2. 200-499	A2,	B2,	C2
3. < 200 A3,	A3,	B3	C3

Fuente: MMWR 1992; 41/RR-17: 1-9.

CONSEJO ASISTIDO Y DIAGNÓSTICO DE LA INFECCIÓN POR VIH

LABOR DE CONSEJO (COUNSELING)

El consejo previo al test serológico para el VIH debe aportar al paciente la información necesaria para decidir de forma razonada su consentimiento en la realización de la prueba:

1. ¿En qué consiste la prueba y para qué sirve?
2. ¿Cuál es el significado de los posibles resultados?
3. ¿Qué es el período ventana?
4. ¿Por qué es necesario confirmar un resultado positivo?
5. ¿Por qué conviene cambiar los comportamientos de riesgo, independientemente del resultado del test, y cuáles son los medios para conseguirlo?
6. ¿Qué repercusiones puede tener un resultado positivo en la vida de las personas?
7. ¿Cuáles son las consecuencias del tiempo de espera del resultado, comprobando que el paciente haya comprendido los mensajes y consejos emitidos?

El consejo previo a la realización de la prueba puede ayudar al paciente a prepararse para recibir el resultado, y a tomar decisiones en función de éste.

Las razones por las cuales una persona puede realizar el test serológico frente al VIH son diversas:

1. El paciente manifiesta su deseo de realizar la prueba, aunque el riesgo teórico de exposición expresado por él sea bajo.
2. El paciente ha mantenido relaciones sexuales no protegidas con personas cuyo estado serológico con respecto al VIH es desconocido, o bien las ha tenido con una persona seropositiva.
3. El paciente ha mantenido relaciones sexuales no protegidas con alguna persona UDVP, o bien ella misma es o ha sido UDVP.
4. El paciente es mujer y desea tener hijos o sospecha que está embarazada.
5. El paciente presenta hallazgos clínicos o biológicos que plantean la posible infección por VIH en el diagnóstico diferencial del proceso subyacente que le está afectando, y necesita ser estudiado, o bien presenta alguna patología indicativa (p. ej., tuberculosis [TBC]).

Criterios de actuación

A la hora de realizar e interpretar el test serológico frente al VIH conviene estandarizar los criterios de actuación teniendo en cuenta las denominadas «cuatro C»: consentimiento informado, confidencialidad, *counseling* y cautela:

- El *consentimiento informado* consiste en el hecho de que el paciente manifiesta estar de acuerdo en hacerse la prueba.
- La *confidencialidad* implica no compartir la información que ha proporcionado el paciente, ni el resultado del test.
- La *cautela* ante los resultados del test, considerando las características técnicas de la prueba (posibles falsos positivos, período ventana), asegurándose de que todo resultado positivo esté confirmado.

DIAGNÓSTICO DE LA INFECCIÓN POR VIH

Detección de anticuerpos anti-VIH

Para la detección de anticuerpos frente a diferentes proteínas virales del VIH se emplean, comúnmente, las técnicas de enzimoinmunoanálisis (EIA o

ELISA). Actualmente, se utilizan los métodos de tercera generación, basados en antígenos recombinantes o proteínas sintéticas, capaces de reconocer no sólo la inmunoglobulina (Ig) G sino también la IgM y la IgA, con lo que su sensibilidad suele ser superior al 99%, considerando un período ventana de 3 o 4 meses. No obstante, para fines diagnósticos se requiere una segunda prueba más específica, denominada «prueba de confirmación».

Las pruebas de confirmación y el algoritmo diagnóstico dependen de la finalidad de la prueba y de la prevalencia de la población testada. Con fines diagnósticos, la prueba de confirmación más utilizada es el *western blott* (WB), que permite identificar las proteínas virales contra las que actúan los anticuerpos detectados.

En general, el algoritmo diagnóstico para la infección por VIH consiste en la realización de una primera prueba de anticuerpos (ELISA). Si ésta es reactiva, se vuelve a testar la muestra realizando otra prueba de cribado, y en caso de reactividad, con una prueba de confirmación (WB). Si ésta es reactiva, se puede informar el resultado de detección de anticuerpos como positivo.

Una muestra reactiva a las pruebas de cribado y de confirmación corresponde a una persona infectada, y sólo cuando sea imposible identificar una posible fuente de exposición debe considerarse la posibilidad de un falso positivo debido a un error de laboratorio. Un resultado negativo indica ausencia de infección. En cualquier caso, debe tenerse en cuenta la posibilidad de que el paciente se haya expuesto al VIH recientemente y aún no haya desarrollado anticuerpos; en este caso, se recomienda repetir la prueba a los 6 meses.

Análisis de ácidos nucleicos

Estas técnicas permiten detectar y cuantificar genes o regiones del genoma viral, ya sea ADN viral (provirus) o ARN.

Se recomienda hacer una carga viral cuando se diagnostica la infección, para evaluar si es necesario un tratamiento con ARV, y una determinación de seguimiento cada 4-6 meses para evaluar la respuesta virológica del tratamiento con ARV. En general, los cambios de alrededor del 50% (0,3 log) se consideran significativos.

Mejorar el consejo asistido y la cobertura del test en la población embarazada, debe ser una prioridad de los programas de atención prenatal.

MANIFESTACIONES CLÍNICAS DE LA INFECCIÓN POR VIH

Desde el complejo sintomático de la infección aguda hasta las manifestaciones de enfermedad avanzada (complejo relacionado con el sida, sida terminal) (tabla 52-3), el espectro clínico de la infección por VIH es muy amplio.

TRATAMIENTO ANTIRRETROVIRAL

Las recomendaciones sobre el momento de iniciar el tratamiento ARV han sufrido diversas modificaciones en los últimos años; las recomendaciones más recientes de la Comisión sobre prácticas clínicas para el tratamiento de la infección por VIH se detallan en la tabla 52-4.

Tabla 52-3. Enfermedades indicativas de sida

1. Candidiasis esofágica
2. Candidiasis traqueal, bronquial o pulmonar
3. Criptococosis extrapulmonar
4. Criptosporidiosis con diarrea persistente durante más de un mes
5. Neumonía por *Pneumocystis carinii*
6. Toxoplasmosis cerebral (edad >1 mes)
7. Coccidioidomicosis diseminada (pulmón, ganglios linfáticos cervicales o hiliares)
8. Histoplasmosis diseminada (pulmón, ganglios linfáticos cervicales o hiliares)
9. Isosporiasis con diarrea persistente durante más de un mes
10. CMV de órganos (edad > 1 mes) (hígado, bazo o ganglios linfáticos)
11. Retinitis por CMV con pérdida de visión
12. Herpes simple mucocutáneo que persiste más de un mes. Bronquial, pulmonar o esofágico de cualquier duración (edad > 1 mes)
13. Leucoencefalopatía multifocal progresiva
14. Pneumonitis intersticial linfoide/hiperplasia linfoide pulmonar (edad < 13 años)
15. Dos o más infecciones bacterianas recurrentes (edad < 13 años)
16. *M. avium* o *M. kansasii* diseminada (pulmón, piel o ganglios linfáticos cervicales o hiliares)
17. Micobacteriosis no TBC diseminada (pulmón, piel, ganglios linfáticos cervicales o hiliares)
18. TBC extrapulmonar
19. Septicemia recurrente por salmonela (*S. typhi*)
20. Sarcoma de Kaposi
21. Linfoma primario cerebral
22. Linfoma no hodgkiniano de células B o de fenotipo inmunológico desconocido
23. Linfoma de células pequeñas sin fenedura*
24. Sarcoma inmunoblástico**
25. Encefalopatía por VIH
26. Síndrome caquéctico por VIH
27. TBC pulmonar (edad > 12 años)
28. Neumonías bacterianas recurrentes
29. Cáncer invasivo de cuello de útero

*Burkitt, tipo Burkitt o no tipo Burkitt.
**Linfoma inmunoblástico, linfoma de células grandes, linfoma histocítico difuso, linfoma difuso indiferenciado, linfoma de grado alto.
Fuente basada en la definición de caso de sida de los CDC de 1987 y la revisión del Centro Europeo para la Vigilancia Epidemiológica del Sida (OMS) de 1993 (Informe n.º 37/1993: 23-28).

Factores relacionados con la adherencia al tratamiento

Las directrices actuales de tratamiento suponen que un elevado número de pacientes, muchos de los cuales se hallan asintomáticos, recibirán un tratamiento HAART durante el resto de su vida. La capacidad del paciente para

Tabla 52-4. Indicaciones del inicio del tratamiento antirretroviral en pacientes jóvenes y adultos con infección por VIH

Categoría clínica	Recuento de linfocitos CD4	Valor de carga vírica (CV)	Recomendación
Sintomática (sida, síntomas graves)	Cualquier valor	Cualquier valor	Tratamiento
Asintomática, sida	CD4 < 200/mm^3	Cualquier valor	Tratamiento
Asintomática	CD4 200-350/mm^3	Cualquier valor	Tratamiento
Asintomática	CD4 > 350/mm^3	CV > 30.000/ml (bDNA) o < 55.000/ml (PCR-TI)	Tratamiento (el riesgo de desarrollo de sida a los 3 años es superior al 30%)
Asintomática	CD4 > 350/mm^3	CV < 30.000/ml (bDNA) o < 55.000/ml (PCR-TI)	No inicio de tratamiento (el riesgo de desarrollo de sida a los 3 años es inferior al 15%)

Fuente: Adaptado de CDC, 2001.

adherirse correctamente al tratamiento es fundamental para que éste sea efectivo y evitar la aparición de resistencias.

Se han identificado como factores predictivos de mala adherencia al tratamiento ARV:

1. Inadecuada o mala relación entre el paciente y el terapeuta.
2. Drogadicción activa o consumo de alcohol.
3. Enfermedad mental activa (en especial, depresión).
4. Falta de conocimiento e incapacidad para identificar los fármacos.
5. Escasa accesibilidad a los diferentes sectores asistenciales y al tratamiento.
6. Violencia doméstica.
7. Discriminación social o familiar.
8. Efectos secundarios de los ARV.

Por contra, los factores que predicen la adherencia terapéutica adecuada del paciente son:

1. Disponibilidad de apoyo emocional y práctico.
2. Capacidad para ajustar las pautas a la vida cotidiana.
3. Tener conciencia de que una mala adherencia ocasiona resistencias.
4. Conocimiento de la importancia de tomar todas las dosis.
5. No sentirse incómodo a la hora de tomar la medicación delante de otras personas.

Fármacos antirretrovirales

Habitualmente, en el paciente que no ha recibido tratamiento previo, el régimen ARV inicial puede incluir dos análogos nucleósidos más uno o dos inhibidores de las proteasas, o dos análogos nucleósidos más un análogo no nucleósido; en algunos casos, pueden asociarse tres análogos nucleósidos.

Efectos adversos e interacciones farmacológicas

Todos los fármacos ARV pueden presentar interacciones con otros medicamentos y sustancias de uso común y comportar una menor eficacia del tratamiento ARV o una mayor toxicidad. Debido a la complejidad en la dosificación y las posibles asociaciones y formas de administración de los fármacos ARV, se remite al lector a documentos más específicos (*Guidelines for the use of antirretroviral agents in HIV-infected adults and adolescents*).

PROFILAXIS DE LAS INFECCIONES OPORTUNISTAS

La introducción de la terapia HAART ha supuesto en la actualidad que muchos pacientes que siguen este régimen terapéutico y muestran un restablecimiento del sistema inmunitario no precisen recibir de forma indefinida quimioprofilaxis frente a los gérmenes oportunistas. Sin embargo, para aquellos pacientes que no pueden recibir terapia HAART o bien ésta ha fracasado, la quimioprofilaxis contra infecciones oportunistas sigue siendo fundamental para conseguir mejorar la supervivencia.

NEUMONÍA POR PNEUMOCYSTIS CARINII

- *Profilaxis primaria*: está indicada en pacientes jóvenes y adultos con linfocitos CD4 inferiores a 200/mm^3 o con historia de candidiasis orofaríngea. El fármaco de elección es la trimetoprima y el sulfametoxazol (160 mg y 800 mg, respectivamente), cada 12-24 horas a diario o tres veces por semana.
- *Profilaxis secundaria*: está indicada en todo paciente que haya presentado un episodio de neumonía por *Pneumocystis carinii* (PCP). Las pautas suelen ser las mismas que para la profilaxis primaria.

TOXOPLASMOSIS CEREBRAL

- *Prevención de la exposición a* Toxoplasma gondii: todos los pacientes con infección por VIH y, especialmente, aquellos que son seronegativos frente a *Toxoplasma* deben ser aconsejados sobre las medidas de prevención de la exposición al parásito: evitar el consumo de carnes crudas o poco hechas, lavar correctamente las verduras y los vegetales crudos, evitar la manipulación de excrementos de animales domésticos (gatos) y, en caso de hacerlo, utilizar guantes y lavarse las manos inmediatamente, y evitar que los animales domésticos ingieran alimentos no comerciales.
- *Profilaxis primaria*: está indicada en pacientes con linfocitos CD4 inferiores a 100/mm^3. Trimetoprima y sulfametoxazol en las mismas dosis y regímenes que se utilizan en la profilaxis de la PCP, es la pauta de elección. Como alternativa, puede emplearse la pauta de pirimetamina más dapsona y ácido folínico (igual que en el caso de la PCP).
- *Profilaxis secundaria*: los pacientes que han presentado toxoplasmosis cerebral deben recibir profilaxis secundaria, una vez finalizado el tratamiento del proceso agudo. Como primera elección está indicada la asociación de pirimetamina (25 mg/día o 50 mg tres veces por semana) más sulfadiazina (2 g/día o tres veces por semana) y ácido folínico (15 mg/día o tres veces por semana). Como régimen alternativo, se puede administrar la asociación de clindamicina (600 mg/8 horas) con pirimetamina (25 mg/día) y ácido folínico (15 mg/día).
- *Interrupción de las profilaxis*: la profilaxis primaria puede ser interrumpida en pacientes con terapia HAART con cifras de linfocitos CD4 superiores a 200/mm^3 durante al menos 3 meses, mientras que la profilaxis secundaria sólo se interrumpirá en el caso de que esta misma cifra de CD4 se mantenga durante al menos 6 meses.
- *Reintroducción de las profilaxis*: debe ser considerada en aquellos pacientes cuya cifra de CD4 descienda por debajo de 200/mm^3.

TUBERCULOSIS

Profilaxis primaria: todos los pacientes con infección por VIH deben ser sometidos a la intradermorreacción de Mantoux (PPD); aquellos que presenten una reacción positiva (induración igual o mayor a 5 mm de diámetro, o menor según algunos expertos) independientemente de la edad y estado vacunal previos, deben realizarse una radiografía de tórax, para descartar tuberculosis (TBC) activa; aunque el resultado del estudio radiológico sea negativo, debe seguir descartándose la presencia de TBC activa, mediante estudio bacteriológico de esputo (tinción de Ziehl-Neelsen y cultivo para micobacterias). Una vez descartada la TBC activa, se recomienda iniciar quimioprofilaxis específica: isoniacida (5 mg/kg/día, máximo 300 mg o 15 mg/kg/día dos veces por semana, máximo 900 mg) durante 12 meses. Como alternativa, puede emplearse rifampicina (600 mg/día) durante 9 meses, o rifampicina (600 mg/día) más pirazinamida (20 mg/kg/día, máximo 2 g) durante 2 meses. Si el PPD es negativo (una vez descartada la anergia), y el riesgo de exposición es elevado (contacto con bacilíferos, estancia en prisión, etc.), también se recomienda realizar profilaxis primaria frente a la TBC.

MANEJO DEL PACIENTE INFECTADO POR EL VIH EN ATENCIÓN PRIMARIA

El principal objetivo es lograr un buen nivel de calidad de vida y de salud del paciente infectado por el VIH.

ACCIONES

- Estudio inicial del paciente infectado por el VIH, con el fin de tener una aproximación del momento evolutivo en que se encuentra y conocer su estado clínico e inmunitario, así como sus necesidades terapéuticas y preventivas.
- Seguimiento clínico del paciente infectado por el VIH, tanto para detectar y poder tratar eficazmente algunos de los procesos infecciosos y tumorales intercurrentes que pueden desarrollarse a lo largo de la enfermedad, como para proporcionar la atención de otros procesos que afectan al resto de la población, además del tratamiento sintomático y el cuidado del paciente terminal.
- Administración de las inmunizaciones recomendadas y los tratamientos preventivos frente a las infecciones oportunistas.
- Promoción de hábitos de vida saludables, y provisión de la información necesaria para evitar exposiciones a determinados patógenos en la vida cotidiana (manejo saludable del agua y de los alimentos, convivencia con animales domésticos, medidas de desinfección, etc.).

INMUNIZACIONES

A continuación se describen las recomendaciones sobre las vacunas sistemáticas aconsejadas en el paciente joven y adulto con infección por el VIH; se remite al lector a documentos específicos sobre la infección por VIH en la edad pediátrica para consultar las pautas de inmunización en el niño.

Influenzae (gripe)

En principio, se recomienda la vacunación anual de aquellos pacientes que cumplan criterios de riesgo frente al virus de la gripe, siempre que lo permita su estado clínico e inmunitario.

Neumococo

Se recomienda administrar una dosis de vacuna antineumocócica, si puede ser inmediatamente después del diagnóstico de infección por VIH y si no se ha administrado la vacuna en los 5 años previos. La eficacia de esta vacuna desciende cuando los CD4 son inferiores a 200/mm^3.

Aunque todavía no se dispone de datos suficientes sobre la eficacia de la revacunación en estos pacientes, actualmente se recomienda administrar la vacuna antineumocócica cada 5 años.

Tétanos

Por la relación positiva beneficio/riesgo y los escasos efectos secundarios de la vacuna antitetánica, se recomienda administrar esta vacuna a los pacientes con infección por VIH, siguiendo las mismas pautas que para el resto de la población.

Hepatitis A y B

Los pacientes con hepatitis crónica por virus C deben vacunarse contra las hepatitis A y B.

La pauta vacunal frente a la hepatitis A consiste en la administración de 1.440 unidades, repitiendo esta dosis al cabo de 6-12 meses, en los pacientes seronegativos al VHA, y no es necesario el cribado posvacunal. En cuanto a la vacuna contra la hepatitis B, existen distintas pautas convencionales que pueden aplicarse, y es recomendable la administración de esta vacuna lo más precozmente posible en el paciente con infección por VIH seronegativo a VHB; se aconseja la valoración de la respuesta vacunal mediante la detección de Ac HBs, que debería ser superior a 10 UI. Actualmente, puede emplearse la vacuna combinada contra las hepatitis A y B (tres dosis).

SEGUIMIENTO DEL PACIENTE CON INFECCIÓN POR VIH EN ATENCIÓN PRIMARIA

Debe contemplar aquellas actividades relacionadas con el seguimiento clínico de la infección por VIH, propiamente dicha, así como de otros problemas de salud que puedan afectar al paciente, además de las actividades de consejo y apoyo emocional, prevención y educación sanitaria.

- Determinación de la fecha aproximada de la infección por VIH (serologías previas y resultados, clínica sugestiva previa de infección aguda).
- Mecanismos de contagio (UDVP, contacto sexual), inicio de las prácticas de riesgo, utilización de medidas preventivas.
- Tratamientos previos frente al VIH y/o profilaxis previas contra gérmenes oportunistas.
- Patología previa relacionada con VIH (adenopatías, infecciones oportunistas, hepatitis, neumonías, MTS, etc.) haciendo especial hincapié sobre antecedentes de TBC o pruebas de Mantoux previas y resultado. Serologías previas a hepatitis y resultados; inmunizaciones previas.
- Anamnesis por aparatos.
- Consumo de tóxicos: tabaco, alcohol, otras drogas.

- Sexualidad y reproducción: existencia de relaciones sexuales, embarazos previos, expectativas sobre tener hijos, métodos contraceptivos, uso de métodos de barrera y actitud con respecto a su utilización.
- Estado emocional (depresión, ansiedad, etc.) y necesidad de apoyo.
- Datos biopsicosociales: situación laboral y familiar, existencia de red de apoyo, necesidades económicas, etc.
- Estancias previas en centros penitenciarios; viajes o desplazamientos a zonas con elevada prevalencia de VIH o de determinados patógenos oportunistas.

SEGUIMIENTO DE LA INFECCIÓN POR VIH

En la actualidad, prácticamente la mayoría de pacientes inician precozmente el tratamiento antirretroviral, por lo que el seguimiento clínico del paciente en Atención Primaria ha de complementarse con el seguimiento especializado.

Inicial

- Hemograma completo, con fórmula leucocitaria y plaquetas.
- Subpoblaciones linfocitarias (CD4, CD8, índice).
- Carga vírica.
- Bioquímica:
  - Glucosa.
  - Creatinina, urea, Na y K.
  - GOT, GPT, gamma-GT, bilirrubina, fosfatasa alcalina.
  - Albúmina.
  - Colesterol y triglicéridos.
- Serologías: toxoplasma IgG, lúes (VRDL, FTA), CMV, IgG, Ag, VHB, Ac VHB, Ac VHC.
- Radiografía de tórax.
- Intradermorreacción de Mantoux (bacteriologías de esputo, según resultados).
- Citología cervical en la mujer; citología anal según hallazgos en la exploración física.

Seguimiento

Controles clínicos periódicos cada 3-6 meses:

- Anamnesis.
- Exploración física:
  - Cavidad oral.
  - Piel.
  - Territorios ganglionares.
  - Fondo de ojo.
  - Abdomen.
  - Peso y temperatura.
- Pruebas complementarias: hemograma completo, CD4, carga vírica.

Controles anuales (según resultados previos):

- Bioquímica general.
- Serologías (VHB, VHC, lúes, CMV, toxoplasmosis bianual).
- Mantoux, bacteriología de esputo, si es necesaria.

Controles radiológicos: radiografía de tórax, según clínica.

ENFERMEDADES DE TRANSMISIÓN SEXUAL

Las enfermedades de transmisión sexual (ETS) constituyen un conjunto de procesos infecciosos causados por un grupo heterogéneo de agentes patógenos en que el contacto sexual es el hecho significativo epidemiológico.

VAGINITIS

Etiología

Los gérmenes implicados son: *Trichomonas vaginalis, Candida albicans* y *Gardnerella vaginalis.*

Manejo

Si no es posible realizar un frotis o tinción, se realizará un tratamiento de forma empírica según la sintomatología. En la tabla 52-5 se describen las características diferenciales de las principales vaginitis.

Tratamiento de la vaginitis candidiásica

TRATAMIENTO DE ELECCIÓN

Clotrimazol, 500 mg/vaginal/monodosis, en casos de afectación leve o episodios de vaginitis esporádicos.

Clotrimazol, 200 mg/vaginal/durante 3 noches, si la sintomatología es grave.

TRATAMIENTOS ALTERNATIVOS

Fluconazol, 150 mg/v.o./monodosis, e itraconazol, 400 mg/v.o./monodosis. Sus indicaciones son los casos de vaginitis recurrente y pacientes inmunodeprimidos.

TRATAMIENTO EN EL EMBARAZO

Se aconseja clotrimazol en pauta de 3-7 días, ya que en la pauta monodosis las recurrencias son frecuentes. En el primer trimestre debe tenerse precaución con la posible teratogenicidad de los antifúngicos locales, aunque su absorción sea mínima.

TRATAMIENTO DE LAS RECURRENCIAS

Se define como cuatro o más episodios de vaginitis candidiásica al año. Si las recurrencias son aisladas, existe una tendencia a emplear el tratamiento de elección en cada episodio.

No existe tratamiento definido; se inicia con un régimen estándar durante 10 días, seguido de terapia supresiva.

TRATAMIENTO EN PACIENTES ASINTOMÁTICAS

No se debe tratar a una mujer portadora de *Candida* vaginal que no presente síntomas.

Tabla 52-5. Diagnóstico diferencial de la vaginitis

	Candida	Vaginosis	Trichomonas
Síntomas	Prurito intenso	Olor a pescado	Prurito leve Mal olor
Inicia con menstruación	Segunda mitad ciclo	No	Sí
Vulva y vagina	Eritema	No	Sí
Flujo cantidad	Mínimo	Moderado	Abundante
Color	Blanco	Grisáceo	Amarillo
Densidad	Grumoso	Uniforme	Espumoso
Burbujas	Ausentes	Presentes	Presentes
pH vagina	< 4,5	4,5	5-6
Test aminas	Negativo	Positivo	Negativo
Suero salino microscopio	Seudohifas Levaduras	No leucocitos *Clue cells*	Leucocitos Formas móviles
KOH 10% microscopio	Positivo	Negativo	Negativo
Transmisión sexual	No	Sí	Sí

Tratamiento de la pareja sexual
En el hombre, se efectúa tratamiento sólo si se observan manifestaciones clínicas de balanitis. Se aconseja el tratamiento tópico con clotrimazol crema 1%/2 veces al día/7 días, o miconazol crema 2%/2 veces al día/7 días.

Tratamiento de la vaginitis por tricomonas
Tratamiento de elección
Metronidazol 2 g/oral/monodosis.

Tratamientos alternativos
Metronidazol, 500 mg/v.o./12 horas/7 días. Esta pauta está indicada ante la duda o imposibilidad de tratar a los contactos.

Tratamiento en el embarazo
Se recomienda el tratamiento de elección con metronidazol.

Tratamiento de las recurrencias
Después del tratamiento inicial se efectuará tratamiento con metronidazol 2 g/v.o. una vez al día/5 días, ya que la resistencia de las tricomonas es dosis-dependiente.

Tratamiento en pacientes asintomáticas
Se recomienda *siempre* tratamiento de elección para evitar la progresión hacia una enfermedad sintomática.

Tratamiento de la pareja sexual
El hombre, con o sin síntomas, debe seguir el mismo tratamiento que la mujer.

Tratamiento local
No se aconseja la vía tópica.

Tratamiento de la vaginosis bacteriana
Tratamiento de elección
Metronidazol gel, 0,75%, 5 g intravaginal, dos veces día/5 días, o clindamicina crema, 2%, 5 g/intravaginal/día/7 días.

Tratamientos alternativos
Metronidazol, 500 mg/v.o./12 horas/7 días, o clindamicina, 300 mg por v.o./12 horas/7 días.

Tratamiento en el embarazo
Se recomienda metronidazol, 250 mg/8 horas/7 días.

Tratamiento de las recurrencias
El tratamiento se realiza con la misma pauta de elección.

Tratamiento en pacientes asintomáticas
Los estudios a largo plazo no evidencian la eficacia de tratar a la mujer sin síntomas.

Sólo se recomienda el tratamiento en mujeres asintomáticas si están embarazadas o si deben someterse a instrumentación urogenital.

TRATAMIENTO DE LA PAREJA SEXUAL

Si el hombre presenta sintomatología de balanitis, se tratará igual que la mujer.

ÚLCERA GENITAL

Etiología

Los agentes patógenos genitales son *Treponema pallidum,* Herpes virus y *Haemophilus ducreyi.*

Tratamiento

El tratamiento se especifica en la figura 52-1.

SÍFILIS

Historia natural y manifestaciones clínicas

Clásicamente, se ha dividido en dos grandes estadios: *a*) sífilis precoz, que comprende la sífilis primaria y secundaria, y el período latente precoz, durante los dos primeros años del contagio, y *b*) sífilis tardía, a partir de los 2 años del contagio, que incluye el período latente tardío y la sífilis tardía benigna y maligna.

SÍFILIS PRIMARIA

Se caracteriza por la presencia de una o más lesiones ulcerosas llamadas «chancros». Los chancros suelen ser indoloros (a diferencia de las úlceras del chancroide y del herpes genital, que son dolorosas), y los bordes son indurados.

Las pruebas serológicas no treponémicas son positivas en el 60 al 70% de los pacientes con chancro. Por ello una prueba negativa no descarta la sífilis en estos pacientes.

SÍFILIS SECUNDARIA

Se manifiesta una erupción generalizada, que afecta plantas y palmas, y casi siempre la mucosa oral y los genitales, junto a una afectación del estado general. La erupción es maculopapular, bilateral y simétrica, poco o nada pruriginosa y de color rojizo.

Las lesiones de la sífilis secundaria no son contagiosas. Otros signos de sífilis secundaria son la alopecia areata, las linfadenopatías generalizadas (hasta en el 75% de los pacientes) y los condilomas planos.

Las pruebas serológicas son casi siempre positivas, por lo que una prueba negativa sirve para descartar la sífilis secundaria.

SÍFILIS LATENTE

Es un período asintomático cuyo diagnóstico sólo puede efectuarse por las pruebas serológicas. Durante los dos primeros años después de la infección, se habla de sífilis latente precoz; a este período le sigue la sífilis latente tardía.

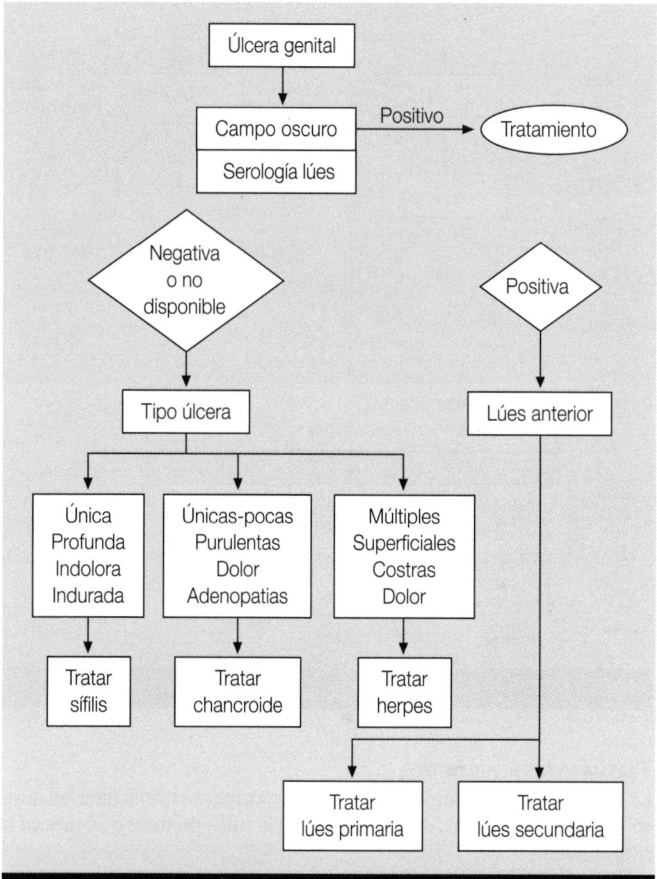

Figura 52-1. Tratamiento de un paciente con lesión ulcerada genital.

Diagnóstico serológico

Los hallazgos serológicos de las pruebas no treponémicas y de las treponémicas orientan sobre la actitud médica que se debe adoptar (figura 52-2).

Tratamiento y seguimiento

Tratamiento de elección

El tratamiento de elección se realiza con penicilina G benzatina 2,4 millones de UI/i.m./monodosis, en los casos de: *a*) contacto precoz; *b*) sífilis primaria; *c*) sífilis secundaria, y *d*) sífilis latente precoz.

Penicilina G benzatina 2,4 millones de UI/i.m./semana/3 semanas en: *a*) sífilis latente tardía > 1 año; *b*) sífilis tardía, y *c*) sífilis de duración desconocida.

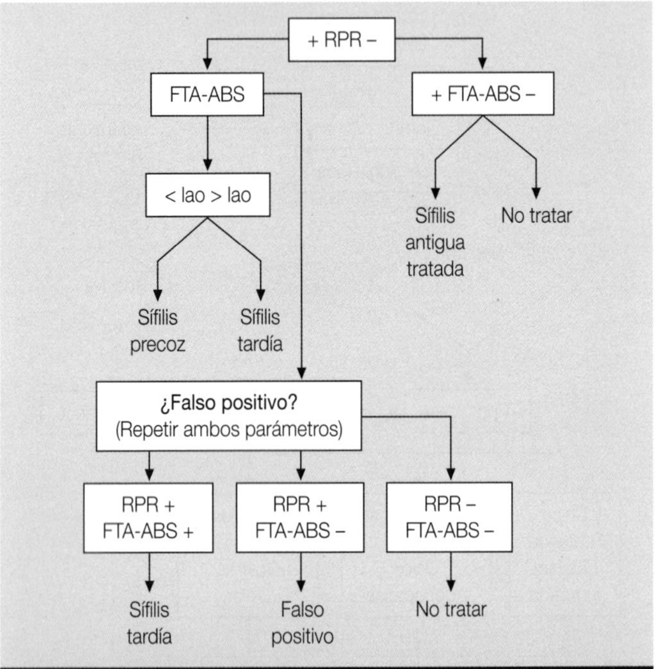

Figura 52-2. Serología de la sífilis y actitud médica.

TRATAMIENTOS ALTERNATIVOS

La doxiciclina se administra en los casos de alergia a la penicilina, en dosis de 100 mg/v.o./12 horas, durante 15 días en la sífilis primaria o 30 días en la sífilis tardía.

La ceftriaxona, 1 g/i.m./24 horas/10 días, puede ser una alternativa adecuada en los pacientes con sífilis precoz.

TRATAMIENTO EN EL EMBARAZO

Durante la gestación, la sífilis debe tratarse con penicilina, según el estadio de la enfermedad.

TRATAMIENTO EN PACIENTES ASINTOMÁTICOS

Los contactos en los últimos 90 días deben recibir tratamiento y se ha de solicitar serología luética.

HERPES GENITAL

Una infección herpética inicialmente asintomática puede convertirse en sintomática. Una persona infectada asintomática puede eliminar virus en cantidad suficiente para provocar en su pareja una infección sintomática.

Manifestaciones clínicas

PRIMOINFECCIÓN HERPÉTICA

Surgen unas vesículas agrupadas que se rompen y dan paso a úlceras superficiales dolorosas no induradas. Curan mediante la formación de costras. La enfermedad primaria se prolonga durante 3 semanas.

INFECCIÓN RECURRENTE

En el 85% de los pacientes con infección por herpesvirus tipo 2, y del 25 al 50% de los infectados por el virus tipo 1. Las manifestaciones clínicas duran de 7 a 10 días y experimentan las mismas etapas que la primoinfección.

Tratamiento

TRATAMIENTO DE ELECCIÓN

En la primoinfección herpética, se recomienda aciclovir, 400 mg/v.o./3 veces al día/7-10 días.

TRATAMIENTOS ALTERNATIVOS

Famciclovir, 250 mg/v.o./3 veces al día/7-10 días, o valaciclovir, 1 g/v.o./ 2 veces al día/7-10 días, son tratamientos eficaces.

TRATAMIENTO EN EL EMBARAZO

No está comprobada la inocuidad del aciclovir sobre el feto.

TRATAMIENTO EN PACIENTES ASINTOMÁTICOS

No existen estudios con aciclovir en contactos de personas enfermas o en portadores.

TRATAMIENTO DE LA PAREJA SEXUAL

Debe aconsejarse el uso de preservativo en toda relación sexual.

TRATAMIENTO LOCAL

El aciclovir tópico posee menor eficacia en comparación con el aciclovir por vía oral. No se recomienda la vía tópica.

CHANCRO BLANDO

Está causado por el bacilo *Haemophilus ducreyi*.

Manifestaciones clínicas

Úlceras irregulares dolorosas en los genitales. Tienen un aspecto necrótico y no están induradas.

Tratamiento

TRATAMIENTO DE ELECCIÓN

Ceftriaxona, 250 mg/i.m./monodosis. Azitromicina, 1 g/v.o./monodosis.

TRATAMIENTO DE LA PAREJA SEXUAL

Siempre debe recibir tratamiento de elección.

Tabla 52-6. Fármacos antirretrovirales empleados en la actualidad

Inhibidores de la transcriptasa inversa
Análogos nucleósidos
Zidovudina (ZDV) (Retrovir®)
Didanosina (ddI) (Videx®)
Zalcitabina (ddC) (Hivit®)
Estavudina (d4T) (Zerit®)
Lamivudina (3TC) (Epivir®)
Avacabir (ABC) (Ziagen®)
ZDV + 3TC (Combivir®)
ZDV + 3TC + ABC (Trizivir®)
Análogos no nucleótidos
Nevirapina (Viramune®)
Delavirdina (Rescriptor®)
Efavirenz (Sustiva®)
Análogos nucleótidos
Tenofovir (Viread®)
Inhibidores de la proteasa
Ritonavir (Norvir®)
Saquinavir (Invirase®)
Saquinavir gel blando (Fortovase®)
Indinavir (Crixivan®)
Nelfinavir (Viracept®)
Lopinavir + ritonavir (Kaletra®)
Amprenavir (Agenerase®)
Inhibidores ribonucleótidos de la reductasa
Hidroxiurea (Hydrea®)

Tratamiento local

En el bubón inguinal se efectúa aspiración, sin desbridamiento, por el riesgo de autoinoculación y formación de úlceras graves.

Uretritis

Los gérmenes aislados en una uretritis aguda son *Neisseria gonorrhoeae*, *Chlamydia trachomatis* y *Ureaplasma urealyticum*. La infección asociada de varios microorganismos, gonococo y clamidia, se produce en el 30-50% de las uretritis.

Manifestaciones clínicas

El solapamiento entre las dos formas clínicas de uretritis, gonocócica y por clamidias, es tan marcado que el diagnóstico diferencial entre ambas es difícil.

Las manifestaciones clínicas son el exudado uretral y el escozor miccional. Se debe solicitar serología luética, por la alta tasa de coinfección de la sífilis con las uretritis.

Tratamiento

Tratamiento de elección

En la tabla 52-7 se resumen los tratamientos asociados frente a gonococo y clamidia.

Tabla 52-7. Tratamiento de la uretritis

Pauta frente a gonococo	Pauta frente a clamidia
Cefixima 400 mg/oral/monodosis	Doxiciclina 100 mg/oral/12 h/7 días
Ceftriaxona 125 mg/i.m./monodosis	Axitromicina 1 g/oral/monodosis
Ciprofloxacino 500 mg/oral/monodosis	Ofloxacino 300 mg/oral/12 h/7 días
Ofloxacino 400 mg/oral/monodosis	

Tratamientos alternativos

La mujer embarazada se trata con la asociación de cefalosporina con macrólido, ya que están contraindicadas las tetraciclinas y las quinolonas.

Tratamiento de la pareja sexual

Debe recibir tratamiento con la asociación frente a gonococo y clamidias.

Capítulo 53

INFECCIONES FRECUENTES EN ATENCIÓN PRIMARIA

ANTIBIÓTICOS DE PRIMERA ELECCIÓN EN ATENCIÓN PRIMARIA

Atendiendo a su indicación y en función de la localización, la gravedad y la sospecha de resistencias al germen que habitualmente las produce, se habla de antibióticos de primera elección y de antibióticos alternativos. En la tabla 53-1 se muestran los antibióticos de primera elección en cada infección, siguiendo las recientes recomendaciones de la Societat Catalana de Medicina Familiar i Comunitària (Societat Catalana de Medicina Familiar i Comunitària, 2001).

TUBERCULOSIS

EPIDEMIOLOGÍA

La tuberculosis es una enfermedad infecciosa crónica producida fundamentalmente por *Mycobacterium tuberculosis,* que puede permanecer en estado latente durante años, ya que la inmunidad celular que genera no impide su

Tabla 53-1. Basado en las «Recomendaciones para el uso de Antimicrobianos» para las infecciones más frecuentes en Atención Primaria

Proceso	Antibiótico recomendado
Faringoamigdalitis estreptocócica	Penicilina V 250 mg/6 h durante 8 días[a]
Flemón dental	Amoxicilina 500 mg/8 h/8 días[b]
Infección respiratoria superior (IRS)	No antibióticos. Tratamiento sintomático
Sinusitis aguda	Amoxicilina 500 mg/8 h/14 días[c]
Otitis externa	Ácido acético al 2% en solución acuosa/8 h/10 días[d]
Otitis circunscrita (forúnculo)	Cloxacilina 500 mg/6 h/10 días
Otitis media aguda	Amoxicilina 500 mg/8 h/10 días[c]
Bronquitis aguda	No antibióticos. Tratamiento sintomático
Bronquitis en EPOC	Amoxicilina-ácido clavulánico 500/125 mg/8 h/10 días[e]
Neumonía (NAC) atípica	Un macrólido[f]
Típica	Amoxicilina 1 g/8 h/14 días[f]

(Continúa)

Tabla 53-1. Basado en las «Recomendaciones para el uso de Antimicrobianos» para las infecciones más frecuentes en Atención Primaria (*Cont.*)

Proceso	Antibiótico recomendado
Cistitis en la mujer	Norfloxacino 400 mg/12 h/3 días[g]
Cistitis en el hombre	Una fluoroquinolona durante 10 días[h]
Pielonefritis subclínica o no complicada	Una fluoroquinolona o amoxicilina-ácido clavulánico 500 mg/8 h/14 días
Orquiepididimitis	Fluoroquinolona
Sífilis primaria y secundaria	Penicilina benzatina 2,4 millones i.m.
Herpes genital	Aciclovir 400 mg/8 h/10 días
Uretritis	Cefixima 400 mg/monodosis + azitromicina 1 g/monodosis
Vaginitis candidiásica	Clotrimazol 500 mg/intravaginal/monodosis o clotrimazol 200 mg intravaginal/3 noches
Vaginitis por *Trichomonas*	Metronidazol 2 g/monodosis
Vaginosis bacteriana	Clindamicina en crema intravaginal al 2%, 5 g/día/7 días

Grup d'estudi i recomanacions de malalties infeccioses (GERMIAP). Societat Catalana de Medicina Familiar i Comunitària, 2001.

[a] También son de elección amoxicilina 500 mg/8 h/8 días o una monodosis de penicilina benzatina 1.200.000 i.m. En casos de alergia un macrólido durante 5-8 días o clindamicina (150 mg/6 h/8 días).

[b] Si alergia: clindamicina 150 mg/6 h/8 días.

[c] Si no hay mejoría en 48-72 horas pasar a amoxicilina-ácido clavulánico 875/125 mg/8 h. En casos de alergia un macrólido.

[d] También son de elección gotas de neomicina y polimixina B: 5-10 gotas cada 8 h/10 días.

[e] Si hay intolerancia digestiva a amoxicilina-ácido clavulánico, pautar cefixima 400 mg/día. Si hay bronquiectasias: ciprofloxacino 500 mg/12 h. Si hay alergia: claritromicina: 500 mg/12 h.

[f] En ancianos (> 60 años): amoxicilina-ácido clavulánico 875/125 mg/8 h o levofloxacino 500 mg/24 h.

[g] En casos de resistencia elevada a quinolonas: amoxicilina-ácido clavulánico 250 mg/8 h/5 días o fosfomicina trometamol 3 g/monodosis.

[h] Si se sospecha compromiso prostático: ciprofloxacino 500 mg/12/h durante 4 semanas.

multiplicación y diseminación. Las formas pulmonares de la enfermedad representan actualmente el 90% de todas las formas de presentación. La tuberculosis es la enfermedad infecciosa más importante de nuestro tiempo.

Patogenia

El enfermo bacilífero constituye la principal fuente de contagio a través de la vía aérea. La posibilidad de contagio a partir de un contacto esporádico es baja; en cambio, es muy elevada entre las personas que han tenido un contacto íntimo y sostenido. Una vez infectado, el bacilo puede producir enfermedad clínica o permanecer en estado latente. Tanto la infección como la enfermedad requieren la respuesta a la prueba de la tuberculina o PPD (derivado proteico purificado). La infección se considera cuando el PPD es positivo sin que exista enfermedad clínica demostrada y en ausencia de vacunación BCG (bacilo de Calmette-Guérin) previa, mientras que para diagnosticar la enfermedad se requiere, además del PPD positivo, la existencia de pruebas clínicas y/o radiología y cultivo positivo. La presencia de un PPD positivo se debe considerar un factor de riesgo de padecer la enfermedad, a pesar de que se haya realizado un tratamiento correcto, ya que la infección no confiere inmunidad y pueden producirse reactivaciones.

TUBERCULOSIS Y SIDA

Con la aparición de la epidemia del virus de la inmunodeficiencia humana (VIH) ha aumentado el número de casos de tuberculosis declarados en todos los países, y se han hecho más frecuentes las formas de presentación extrapulmonares. La enfermedad por *Mycobacterium tuberculosis* constituye uno de los criterios diagnósticos de sida, y es la enfermedad oportunística más frecuente en las personas infectadas por VIH en todo el mundo.

DIAGNÓSTICO DE LA INFECCIÓN TUBERCULOSA

La prueba de la tuberculina mediante la intradermorreacción de Mantoux constituye el único método aceptado para el diagnóstico de la infección tuberculosa. Su lectura (diámetro transversal de la induración en milímetros, sin tener en cuenta el eritema) debe realizarse entre las 48 y las 72 horas.

En España, se considera infección tuberculosa cuando la induración es igual o superior a 5 mm, excepto en los vacunados con BCG, en los que ha de ser igual o superior a 15 mm (Consenso Español, 1992). Actualmente, no se recomienda la realización de cribado en personas o grupos que no hayan sido expuestos al bacilo de la tuberculosis. Por eso, se recomienda realizarla de forma sistemática sólo en grupos de alto riesgo y alta prevalencia de la infección: pacientes con infección por VIH, usuarios de drogas por vía parenteral (UDVP), indigentes, encarcelados e individuos que han mantenido contactos con personas con tuberculosis pulmonar.

La ATS y los CDC en Estados Unidos han diferenciado tres valores de positividad:

1. Cinco milímetros para individuos con riesgo elevado de desarrollar tuberculosis: los contactos con bacilíferos, los pacientes VIH+, las radiografías de tórax anormales, los receptores de órganos trasplantados y otros pacientes inmunodeprimidos (p. ej., tratamiento crónico con corticoides).
2. Diez milímetros para individuos que tienen gran probabilidad de ser infectados: inmigrantes recientes (menos de 5 años) de países endémicos, residentes de prisiones, residencias geriátricas e instituciones, UDVP, trabajadores sanitarios, niños y adolescentes expuestos a adultos de riesgo,

personas con otros factores de alto riesgo (diabetes, silicosis, insuficiencia renal, cáncer, gastrectomía, etc.) y grupos de alto riesgo localmente localizados.
3. Quince milímetros en ausencia de factores de riesgo para la tuberculosis.

DIAGNÓSTICO DE LA ENFERMEDAD TUBERCULOSA

La tuberculosis clínica se observa a lo largo de la vida en alrededor del 10% de los infectados inmunocompetentes, produciéndose el 5% en los dos primeros años (enfermedad precoz) y otro 5% en el curso de la vida (reactivación o enfermedad tardía). En cambio, en los pacientes infectados por VIH el riesgo se sitúa entre el 8 y el 10% anual.

Formas clínicas

Los síntomas generales son los más precoces, pero dado su inicio insidioso pueden pasar inadvertidos. Los más frecuentes son: astenia, anorexia, pérdida de peso, febrícula vespertina y sudoración nocturna.

La tos es el síntoma respiratorio más frecuente. En España, ante una tos que persiste más de 3 semanas debe descartarse siempre la tuberculosis. La hemoptisis también deben alertar. Otros síntomas, como el dolor torácico o la disnea, pueden aparecer si coexiste derrame pleural. Los síntomas extrapulmonares, aunque poco frecuentes, pueden ser muy variados y dependen de la localización. Debe considerarse la tuberculosis en el diagnóstico diferencial de todos los pacientes con fiebre de origen desconocido, sudoración nocturna o pérdida de peso. Alrededor del 10-20% de los pacientes no presentan ningún síntoma y la detección de la enfermedad se realiza en estudios de contactos o de forma casual.

Métodos diagnósticos

Todo caso de tuberculosis debe ser considerado como de probabilidad mientras no se disponga de cultivo positivo para *Mycobacterium tuberculosis*. Dada la demora con que se dispone del cultivo, es suficiente disponer de una baciloscopia (microscopia directa con tinción de Ziehl-Nielsen) si va acompañada de manifestaciones clínicas y/o radiología indicativas.

REACCIÓN TUBERCULÍNICA

El PPD no permite diferenciar la infección de la enfermedad tuberculosa. Las reacciones de gran tamaño o con vesícula o ulceración se asocian a la presencia de enfermedad.

RADIOLOGÍA

La radiografía de tórax es el método más sensible para la detección de la tuberculosis pulmonar, pero dada su inespecificidad, siempre debe complementarse con el examen bacteriológico de esputo.

Existen cinco formas de presentación de la infección primaria:

1. Infiltrado lobar o segmentario, acompañado de adenopatías hiliares (complejo primario o primoinfección en los niños).

2. Linfadenopatía hiliar (en portadores del VIH).
3. Infiltrado parenquimatoso no ulcerado.
4. Derrame pleural (en adultos).
5. Tuberculosis miliar.

La infección secundaria puede dar imágenes radiológicas muy variadas, desde pequeños infiltrados a grandes *cavernas*.

EXAMEN BACTERIOLÓGICO

El cultivo en medio de Löwenstein-Jensen proporciona el diagnóstico de certeza de la enfermedad; sin embargo, tarda entre 2 y 8 semanas, por lo que suele iniciarse el tratamiento sin esperar su resultado.

El estudio debe realizarse en un mínimo de tres muestras de esputo, recogidas por la mañana, en ayunas, e intentando conseguir un esputo de calidad (vahos, *clapping*). El antibiograma es imprescindible.

FÁRMACOS ANTITUBERCULOSOS

En la tabla 53-2 se describen los fármacos antituberculosos de primera línea. Actualmente, se dispone de fármacos de segunda línea (amikacina, capreomicina, kanamicina, cicloserina, etionamida, protionamida, ácido paraaminosalicílico, tioacetazona, etc.), que se reservan para los casos de tuberculosis resistente, y deben ser prescritos en centros especializados.

La *isoniazida* es el bactericida más potente, y es moderadamente esterilizante. Suele administrarse en asociación con 10 mg de piridoxina con el fin de prevenir la polineuritis. En caso de polineuritis franca no se debe suspender el tratamiento con isoniacida sino que se aumentará la dosis de piridoxina hasta 100-200 mg/día. La hepatotoxicidad es más frecuente en los individuos mayores de 35 años o con antecedentes de hepatopatía crónica. El riesgo de hepatitis clínica es del 2%, y es criterio de sustitución del fármaco. En el 20% de los pacientes tratados puede observarse una elevación de enzimas hepáticas, aunque sólo debe suspenderse el tratamiento si ésta supera en 5 veces los valores normales de las transaminasas o en 3 veces los de la fosfatasa alcalina. En estos casos puede suspenderse el tratamiento durante una semana y reintroducir el fármaco progresivamente. Si reaparece la toxicidad, debe derivarse al paciente a un centro especializado para introducir una pauta alternativa.

La *rifampicina* es un potente esterilizante y moderado bactericida. Siempre se debe tener en cuenta que produce inducción enzimática hepática, por lo que puede disminuir los efectos de otros fármacos y de sí misma cuando se administra junto a anticonceptivos orales, anticoagulantes, corticoides, metadona, sulfonilureas, teofilina o fármacos utilizados en el tratamiento de los pacientes con sida (zidovudina, inhibidores de la proteasa, ketoconazol, fluconazol, itraconazol, etc.). Los síntomas gastrointestinales son sus efectos secundarios más frecuentes. La hepatotoxicidad se presenta en el 1% de casos.

La *pirazinamida* es un potente esterilizante. Sólo se utiliza durante los dos primeros meses, por el elevado riesgo de aparición de resistencias. Su principal efecto secundario es la hiperuricemia. También puede alterar el

Tabla 53-2. Fármacos antituberculosos de primera línea, dosis recomendadas y principales reacciones adversas

Fármaco	Pauta diaria	Pauta intermitente (2-3 veces por semana)	Reacciones adversas
Isoniacida	5 mg/kg (máximo 300 mg)	15 mg/kg (máximo 900 mg)	Hepatotoxicidad
Rifampicina	10 mg/kg[a] (máximo 600 mg)	10 mg/kg (máximo 600 mg) Síndrome seudogripal	Hepatitis Reacción inmunológica Interacciones
Pirazinamida	30 mg/kg (máximo 2 g)	50-70 mg/kg (máximo 3 g)	Hepatotoxicidad Hiperuricemia
Etambutol	15-25 mg/kg[b] (máximo 1,5 g)	25-30 mg/kg (máximo 3 g)	Neuritis óptica
Estreptomicina	10-15 mg/kg[c] (máximo 1 g)	25-30 mg/kg (máximo 1,5 g)	Ototoxicidad Nefrotoxicidad

[a] 450 mg en pacientes con menos de 50 kg de peso.
[b] 25 mg/kg los dos primeros meses y en adelante 15 mg/kg.
[c] 750 mg en pacientes con menos de 50 kg de peso o edad superior a 50 años.

control de la glucemia en los pacientes diabéticos. No debe utilizarse durante el embarazo.

El *etambutol* es escasamente bactericida y esterilizante. En caso de insuficiencia renal, debe reducirse la dosis. El riesgo de neuritis óptica debe hacer insistir en que el paciente consulte en caso de disminución de la agudeza visual o de la percepción de los colores.

La *estreptomicina,* a pesar de ser un potente bactericida, se usa poco por la frecuencia de efectos secundarios vestibulares y auditivos, que pueden ser irreversibles, y por la necesidad de administrarla por vía parenteral. Es útil cuando no se puede prescribir pirazinamida ni etambutol.

PAUTAS TERAPÉUTICAS

La pauta recomendada por el Consenso Nacional Español (1992) para los casos iniciales es la de tres fármacos durante 6 meses: isoniacida (H), rifampicina (R) y pirazinamida (Z) diariamente durante los dos primeros meses, seguidos de H + R los 4 meses restantes. La adición de etambutol durante los 2 primeros meses (pauta de cuatro fármacos) es necesaria en los casos en los que cabe esperar resistencias bacterianas (pacientes portadores del VIH, UDVP, indigentes, presos, extranjeros de países con elevadas tasas de resistencia, contacto con pacientes afectados de micobacterias resistentes, etc.). En la tabla 53-3 se describen las diferentes pautas terapéuticas recomendadas en la actualidad.

En los casos en que no puede utilizarse la pirazinamida (embarazo y antecedentes de gota) debe usarse una pauta de 9 meses con tres fármacos (2 HRE + 7 HR o 2 HRS + 7 HR). Los fármacos deben administrarse en ayunas por la mañana, y se recomienda la utilización de asociaciones en dosis fija de isoniacida + rifampicina o isoniacida + rifampicina + pirazinamida, para facilitar el cumplimiento.

CONTROLES CLÍNICOS DURANTE EL TRATAMIENTO

Hoy día se sigue hospitalizando al 80% de los pacientes; sin embargo, si se realiza un correcto aislamiento domiciliario durante los primeros 15 días de tratamiento, sólo es necesario ingresar los casos más graves o con problemática social. El paciente debe permanecer aislado en una habitación que pueda ventilarse varias horas al día, y debe utilizar pañuelos de papel para taparse la nariz y la boca al toser o estornudar.

La valoración inicial debe incluir, además de una anamnesis y una exploración física general, una revisión oftalmológica si va a utilizar etambutol en casos de diabetes, glaucoma o retinopatía de cualquier tipo. Si se va a administrar estreptomicina, se recomienda una revisión otorrinolaringológica (ORL). Mensualmente, debe valorarse el estado clínico del paciente, los posibles efectos secundarios y, sobre todo, el cumplimiento de la medicación. Es aconsejable, aunque no imprescindible, realizar baciloscopias y cultivos bimensuales hasta su negativización o cese de la expectoración, y al finalizar el tratamiento. Habitualmente, la negativización se produce a los 2 o 3 meses. Como mínimo, deben realizarse controles clínicos a los 15 días, al mes y a los 2, 4 y 6 meses. Una vez el paciente se encuentra asintomático, el con-

Tabla 53-3. Principales pautas terapéuticas en el tratamiento de la tuberculosis

Pauta estándar de 6 meses	2 HRZ + 4 HR[a,b]
En caso de no poder utilizar Z	2 HRE + 7 HR[c] 2 HRS + 7 HR[c]
En caso de no poder utilizar H	2 RZE + 10 RE
En caso de no poder utilizar R	2 HZE + 16 HE
Pautas intermitentes[c]	2 HRZ (diario) + 4 HR (2 o 3 veces/semana)[b] 2 HRZE + 4 HR (3 veces/semana desde el inicio) 2 HRZS + 4 HR (3 veces/semana desde el inicio)

[a] Dos meses de isoniacida (H), rifampicina (R) y pirazinamida (Z) seguidos de 4 meses de isoniacida (H) y rifampicina (R). La adición de E debe considerarse siempre que se sospechen resistencias (el caso índice tiene una tuberculosis resistente o el paciente es de riesgo: indigentes, alcohólicos, portadores del VIH, ADVP y emigrantes de zonas con resistencias).
[b] Añadir etambutol o estreptomicina si se sospechan resistencias (fuente de contagio resistente, inmigrantes de países con resistencias, etc.).
[c] Utilizar únicamente en regímenes de observación directa (supervisión directa de la toma por un profesional sanitario o un familiar responsable). No se recomienda en casos con resistencias.

trol puede realizarlo mensualmente el personal de enfermería. En las visitas de control puede ser útil realizar controles de orina por sorpresa; la orina debe tener un color anaranjado por la toma de rifampicina.

Debe realizarse un control analítico inicial (hemograma, glucosa, ácido úrico, funciones hepática y renal) y otro al cabo de un mes, y siempre que haya sintomatología indicativa de alteración hepática. La radiología debe repetirse a los 2 meses y al final del tratamiento, con el fin del obtener una imagen de las lesiones residuales, que puede servir de referencia en el futuro. En los casos con cumplimiento dudoso o si existe resistencia inicial a la isoniacida, se recomienda un seguimiento clínico y bacteriológico semestral postratamiento, hasta obtener tres cultivos negativos consecutivos.

TRATAMIENTO PREVENTIVO DE LA TUBERCULOSIS

Para detener la cadena epidemiológica de la tuberculosis se debe tratar a los sujetos expuestos a contagio, es decir, tratamiento preventivo de la infección tuberculosa (TPIT), y valorar el tratamiento de los ya infectados, o sea, tratamiento de la infección tuberculosa latente (TITL).

Estudio y tratamiento de los contactos del caso índice

El estudio se iniciará siempre con la prueba de la tuberculina. Actualmente se recomienda también realizar la radiografía de tórax en todos los contactos, aunque el Mantoux sea negativo. Si el PPD y la radiografía de tórax son negativos y se trata de un conviviente, se debe instaurar siempre el TPIT (antes, quimioprofilaxis primaria) con el fin de evitar la infección. Ante un PPD positivo siempre debe realizarse una radiografía de tórax. Si ésta es normal, se realizará el TITL (antes quimioprofilaxis secundaria) durante como mínimo 6 meses, con el fin de evitar el desarrollo de la enfermedad. Si el contacto ha sido esporádico y el PPD es negativo, basta con suspender el contacto con el paciente durante 2-4 semanas. En los portadores de VIH con PPD negativo, una vez repetida la prueba para descartar el efecto de refuerzo (*booster*), debe realizarse el PPD anualmente.

Normas generales del tratamiento preventivo de la tuberculosis

Habitualmente, se realiza con una dosis única diaria de 300 mg de isoniacida en los adultos, y de 10 mg/kg en los niños (dosis máxima: 300 mg/kg/día), aunque, como se comentará más adelante, existen otras alternativas terapéuticas. El principal riesgo que presenta es la hepatotoxicidad de la isoniacida, que es más frecuente en los individuos mayores de 35 años, por lo que a partir de esta edad deben valorarse siempre las ventajas e inconvenientes. Se debe administrar concomitantemente vitamina B_6 (piridoxina) en los pacientes con diabetes mellitus, uremia, alcoholismo o desnutrición.

El seguimiento del TPIT y el TITL debería ser realizado por el personal de enfermería mediante contactos mensuales, que pueden ser telefónicos, y en los que se valorarán los posibles efectos secundarios y se reforzará el cumplimiento. Tampoco son necesarias nuevas exploraciones radiológicas.

Antes de prescribir TPIT o TITL se debe conseguir la aceptación y el compromiso de cumplimiento por parte del paciente. En los casos en los que el paciente abandona el TITL antes de los 6 meses, debe tenerse en cuenta que 3 meses confieren una protección del 40-45%; por tanto, carece de sentido continuarla, y mucho menos reiniciarla.

Tratamiento preventivo de la infección tuberculosa (quimioprofilaxis primaria)

El TPIT se establece en los sujetos PPD negativos, convivientes con enfermos bacilíferos. Debe realizarse inexcusablemente, en especial en los niños y jóvenes, ya que el riesgo de contraer la infección es muy elevado. A los 2 o 3 meses se realizará nuevamente el PPD. Si persiste negativo, se suspenderá el tratamiento, mientras que si se positiviza (viraje), en ausencia de lesión radiológica, se mantendrá el tratamiento hasta completar los 6 meses. En los pacientes portadores de VIH con anergia demostrada (PPD y multitest negativos) algunos autores proponen el TPIT continuado, aunque no se ha demostrado adecuadamente su efectividad.

TRATAMIENTO DE LA INFECCIÓN TUBERCULOSA LATENTE (QUIMIOPROFILAXIS SECUNDARIA)

Consiste en el tratamiento de la infección tuberculosa en ausencia de enfermedad demostrada, con el fin de evitar su aparición. Se debe realizar una única vez en la vida, y su duración debe ser de 6 meses, a excepción de los pacientes portadores del VIH, en los que se prolongará hasta los 12 meses. Recientemente, los CDC han modificado en Estados Unidos la recomendación sobre su duración, y proponen 9 meses en todos los casos (VIH+ y VIH–), ya que la efectividad de esta pauta es superior a la de 6 meses mientras que la de 12 meses no aporta beneficios adicionales.

GRIPE

EPIDEMIOLOGÍA

La gripe es una enfermedad endémica que puede producir pequeños brotes localizados en un país o región (brotes epidémicos) o afectar a grandes extensiones (pandemias). Las epidemias suelen producirse anual o polianualmente, durante los meses de diciembre a abril, y alcanzan su máxima incidencia a las 2-3 semanas.

DIAGNÓSTICO

Síndrome gripal

Se caracteriza por la aparición brusca de fiebre, escalofríos y mialgias intensas. La fiebre (38-40 °C) dura entre 3 y 5 días, presenta su valor más elevado el primero y reaparece al cesar el efecto de los antipiréticos. El paciente refiere, además, cefalea, tos seca, dolor de garganta, anorexia, ardor retrosternal y malestar general. En la inspección puede observarse rinorrea acuosa. La auscultación pulmonar es normal, aunque pueden encontrarse algunos roncus y sibilantes pulmonares. Transcurridos 3 o 4 días de la desaparición de la fiebre y de la mejoría de los síntomas, puede persistir una tos improductiva bastante molesta, que suele durar 7-10 días.

TRATAMIENTO

El tratamiento del síndrome gripal no complicado es sintomático; con el fin de eliminar la fiebre y reducir los síntomas acompañantes se administrarán antipiréticos y analgésicos. La prescripción de antibióticos no aporta beneficio alguno y no se ha demostrado eficaz en la prevención de las complicaciones bacterianas.

MONONUCLEOSIS INFECCIOSA

EPIDEMIOLOGÍA

La mononucleosis infecciosa (MI) es una enfermedad producida por el virus de Epstein-Barr (VEB), que pertenece al grupo de los virus herpes.

MANIFESTACIONES CLÍNICAS

El cuadro clínico se sospecha por la tríada: fiebre, faringoamigdalitis con intensa odinofagia y adenopatías laterocervicales. En no raras ocasiones el paciente se ha automedicado con antipiréticos y/o antibióticos y consulta por la persistencia de la fiebre y el cuadro faringoamigdalar. La fiebre oscila entre 38-39 °C, rara vez pasa de 40 °C y dura entre 1-2 semanas, aunque puede llegar a durar 4 semanas. La faringoamigdalitis es intensa, con exudados a la visión directa en un tercio de las ocasiones, resolviéndose en las dos primeras semanas de la enfermedad. Las adenopatías son laterocervicales y submandibulares, tardan semanas en desaparecer y suelen ser dolorosas. En el 75% de los casos hay esplenomegalia, y en el 50%, hepatomegalia. Aparece una hepatitis en el 90% de los pacientes, sin evolución hacia la cronicidad, y es rara la ictericia. En el 5% de los casos aparece un exantema macular, petequial, escarlatiforme, urticarial o un eritema multiforme. La administración de ampicilina o amoxicilina produce un exantema macular y pruriginoso en el 90-100% de los casos.

El curso clínico de la enfermedad es benigno en la mayoría de los casos, pero hay que estar alerta de las dos complicaciones más frecuentes: las neurológicas (síndrome de Guillain-Barré, meningitis, encefalitis y mononeuritis) y la rotura del bazo, que puede aparecer en la segunda o la tercera semana de la enfermedad, aunque muy rara vez (1 caso cada 1.000-2.000 pacientes). La mayoría de los síntomas de la MI desaparece en un mes, aunque en algunos casos la fatiga persiste durante meses.

Diagnóstico y tratamiento

El diagnóstico se establece por la sospecha clínica en presencia de una leucocitosis con más del 50% de linfocitos, de los que el 10% es atípico, y por la positividad de la prueba de anticuerpos heterófilos de Paul-Bunell-Davidson. El diagnóstico diferencial debe establecerse con los procesos que semejan una mononucleosis (síndrome mononucleósico), que deben considerarse cuando la prueba de Paul-Bunell es negativa, como la infección por citomegalovirus, la hepatitis vírica aguda A, B o C, la faringoamigdalitis estreptocócica, la toxoplasmosis, la rubéola y el síndrome inicial del VIH (tabla 53-4).

En la inmensa mayoría de los casos, el tratamiento de la MI es sintomático, con antipiréticos, analgésicos e hidratación. Se han empleado corticoides, aunque su uso es discutido y debería reservarse para las complicaciones graves (obstrucción de la vía aérea por crecimiento amigdalar, anemia hemolítica, trombocitopenia, complicaciones neurológicas, miocarditis y pericarditis).

La actividad física debe quedar limitada, dependiendo del estado general y de la presencia de esplenomegalia. No debe realizarse deporte durante un mes o hasta la ausencia de esplenomegalia. La mayoría de pacientes pueden volver a sus actividades a las 2 o 3 semanas.

NEUMONÍA ADQUIRIDA EN LA COMUNIDAD

Etiología y patogenia

La aspiración de las secreciones orofaríngeas es el mecanismo más importante en la producción de neumonía. Con menor frecuencia, se produce la inhalación de material aerosolizado que contiene virus, *Legionella* u otros agentes causales de neumonía.

Tabla 53-4. Diagnóstico diferencial del síndrome mononucleósico

Variables	VEB	CMV	Toxoplasma	VIH	Faringitis	Rubéola	Hepatitis bacteriana
Fiebre	++	++	+	++	++	+	++
Dolor de garganta	++	+	+	++	++	+/−	−
Exudado faríngeo	+	+/−	−	+/−	+	−	−
Adenopatía cervical-anterior	++	+	++	++	++	+	+/−
Adenopatía cervical-posterior	++	+	++	++	+/−	++	+/−
Exantema	+/−	+	+/−	++	+/−	++	+/−
Hepatitis	++	++	+	+	−	+/−	++
Ictericia	+/−	−	−	−	−	−	++
Esplenomegalia	++	+	+/−	+/−	−	+/−	+
Linfocitos atípicos	++	++	+	+/−	−	+/−	+

VEB: virus de Epstein-Barr; CMV: citomegalovirus; VIH: virus de la inmunodeficiencia humana.
++: presente en más del 50% de casos; +: presente en un 10-50% de los casos; +/−: presente en el 10% de los casos; −: ausente.

Recientes investigaciones en el campo de las neumonías han clarificado los conocimientos y han tenido gran repercusión en la práctica clínica. Resumidos son:

1. Tanto en pacientes normales como inmunodeficientes (incluyendo los que padecen la infección por VIH temprana o moderadamente avanzada), las causas de neumonía adquirida en la comunidad (NAC) son las mismas y siguen la misma distribución, siendo *Streptococcus pneumoniae* el germen que se aísla con mayor frecuencia.
2. Exceptuando la neumonía por aspiración, la NAC siempre es producida por un único microorganismo, y *S. pneumoniae* es el más frecuente.
3. La distribución del agente patógeno de NAC no se relaciona con la gravedad.
4. La intensidad y gravedad de la NAC dependen del huésped y no de factores microbianos.

DIAGNÓSTICO

Los síntomas indicativos de neumonía incluyen la combinación de fiebre con síntomas respiratorios como tos, esputo purulento, dolor pleural y disnea. La fiebre aparece en el 80% de los pacientes. En muchas ocasiones se observa taquipnea superior a 20 respiraciones/minuto. La auscultación pulmonar revela crepitantes en el 80% de los casos, y en el 30% de los pacientes hay signos de consolidación.

La radiografía de tórax permite confirmar la sospecha de condensación neumónica, valorar su extensión y apreciar la existencia de derrame pleural, que puede haber pasado inadvertido por la exploración. No existen patrones radiográficos concretos que permitan identificar el agente etiológico. Los datos que aporta el recuento leucocitario no ayudan a reconocer el agente etiológico, excepto si superan los 15.000 leucocitos/mm^3, dato muy indicativo de neumonía bacteriana. Los valores muy elevados o muy bajos ayudan a determinar el pronóstico. El hemocultivo es positivo en el 15% de pacientes.

La técnica de fijación de complemento se utiliza para identificar neumonías por *Mycoplasma pneumoniae*, *Coxiella burnetii*, *Chlamydia psitacci* y algunos virus; presenta el inconveniente de requerir varias semanas para que aparezca la respuesta inmunitaria y, por tanto, no tiene utilidad en el momento de iniciar el tratamiento.

Criterios de derivación

Para decidir si el paciente requiere ingreso hospitalario es necesario valorar la gravedad de la neumonía, ya que ésta predice el tiempo de hospitalización y las complicaciones. La gravedad de la NAC depende de los factores del huésped, como extensión y gravedad de la enfermedad pulmonar preexistente, gravedad de la alteración cardíaca y grado de deterioro de la función esplénica. En la tabla 53-5 se recogen las variables que determinan la necesidad de ingreso, y que están relacionadas con una evolución más complicada y con un aumento de la mortalidad. La elevación del nitrógeno ureico en sangre, la hipotensión diastólica y la taquipnea superior a 30 respiraciones/minuto son variables relacionadas con la predicción de mayor mortalidad.

Además, existen otros factores que determinan el ingreso hospitalario, como ausencia de cuidador, aislamiento geográfico, falta de transporte y malas condiciones ambientales, la presencia de neumopatía crónica, insuficiencia cardíaca, diabetes mellitus, insuficiencia renal, hepatopatía crónica y la propia gravedad de la neumonía.

Tratamiento

La gravedad predice el tiempo de hospitalización y las complicaciones, pero no parece influir en la elección de la terapéutica antimicrobiana empírica. El tratamiento debe iniciarse de inmediato, y las características que debería poseer el antimicrobiano de elección dependen del espectro de gérmenes que se deben tratar y de la farmacocinética, potencial de resistencias, perfil de seguridad y coste del fármaco.

El levofloxacino en dosis única diaria de 500 mg cumple estos requisitos. En España se aconseja en pacientes jóvenes con sospecha de neumonía atípica, claritromicina 500 mg cada 12 horas por vía oral. En jóvenes mayores de 25 años con mayor probabilidad de neumonía bacteriana, amoxicilina, 1 g cada 8 horas, por vía oral. En pacientes mayores de 60 años con patología subyacente, pero que pueden ser tratados ambulatoriamente, amoxicilina-ácido clavulánico 875/125 mg cada 8 horas, o acetil-cefuroxima 500 mg/12 horas por vía oral, o levofloxacino, 500 mg cada 24 horas. En caso de alergia a la peni-

Tabla 53-5. Factores acompañantes de aumento de morbilidad y mortalidad en pacientes con neumonía adquirida en la comunidad (NAC)

Paciente	Enfermedad coexistente	Datos físicos	Laboratorio
50 años	EPOC	FR > 30 resp/min	Leucocitos < 4.000/mm^3
Aislamiento	Esplenectomía	Fiebre < 35 > 40 °C	Leucocitos > 30.000/mm^3
Sin hogar	Diabetes mellitus	PAD < 60 mmHg	Hto < 30%
Falta de cuidador	Insuficiencia renal	PAS < 90 mmHg	HB < 9 g/dl
Falta de transporte	Insuficiencia hepática	FC > 125 l/min	PaO_2 < 60 mmHg
Malas condiciones	Insuficiencia cardíaca		$PaCO_2$ > 50 mmHg
Alteración mental	Inmunosupresión		Creatinina > 1,2 mg/dl
Neumonía previa			Na < 130 mg/dl
Confusión			Glucosa > 250 mg/dl
Acidosis metabólica			

cilina, parece más adecuada la prescripción de levofloxacino, 500 mg cada 24 horas.

La duración del tratamiento es arbitraria, pero en general se acepta de 7 a 10 días para la neumonía bacteriana, de 10-14 días para la neumonía por *Mycoplasma* y *Chlamydia,* y de 14-21 días para la enfermedad de los legionarios. En el caso de azitromicina son suficientes 5 días de tratamiento, mientras que con el resto de macrólidos deben ser 14 días.

EVOLUCIÓN Y SEGUIMIENTO

Debe seguirse la evolución del paciente durante las primeras 72 horas, con el fin de evaluar la respuesta al tratamiento, aunque no parece justificado cambiar la pauta antes de este tiempo, si no se aprecia un deterioro evidente del paciente o cambios radiográficos de empeoramiento. La mortalidad en pacientes menores de 60 años es inferior al 1%, mientras que en mayores de esta edad es inferior al 5%.

En los pacientes bien tratados, la fiebre suele desaparecer en el plazo de 2 a 4 días, y la leucocitosis se resuelve entre el cuarto y quinto día. Los hallazgos físicos pueden permanecer inalterados hasta en el 40% de los casos al séptimo día, aunque se modifican más rápidamente que la imagen radiográfica. Aunque en general se recomienda realizar una radiografía de tórax a las 6 semanas de terminado el tratamiento, no parece justificado solicitarla en todos los casos, sobre todo si la respuesta al tratamiento y la evolución han sido correctas. Parece más justificado en los pacientes con evolución tórpida (mayores de 50 años, pacientes afectados de enfermedad pulmonar obstructiva crónica [EPOC], alcohólicos o inmunodeprimidos). Si se comprueba la persistencia de los infiltrados a las 12 semanas, debe valorarse la realización de una fibrobroncoscopia y/o tomografía computarizada (TC) pulmonar con el fin de descartar una obstrucción pulmonar neoplásica.

INFECCIONES DEL TRACTO URINARIO

ETIOLOGÍA

Escherichia coli es el agente patógeno causante del 85% de las infecciones del tracto urinario (ITU) en la comunidad, seguido por *Staphylococcus saprophyticus, Proteus mirabilis* y *Klebsiella.* Con mucha menos frecuencia se aísla *Pseudomonas aeruginosa.* Los gérmenes llegan a la vía urinaria por vía ascendente. Las enterobacterias patógenas forman parte integrante de la flora colónica, que colonizan la vulva y la zona periuretral de la mujer, que por masaje, actividad sexual u otros condicionantes, atraviesan la corta uretra femenina e infectan la vejiga. En algunas ocasiones, los gérmenes no se limitan a invadir la vejiga urinaria sino que pueden ascender hasta infectar el riñón.

Al igual que en la mujer, los enteropatógenos son los causantes de la mayoría de las infecciones urinarias en el hombre. Sin embargo, *E. coli* sólo es el agente causal en un 25% de las ocasiones. Otros agentes, como *Proteus, Klebsiella* y *Pseudomonas,* son causantes del resto. Estas características determinan que en el hombre el agente causal sea poco predecible.

Diagnóstico

El mejor predictor de infección urinaria en una mujer con síntomas es la presencia de piuria. La prueba de la leucocitoesterasa tiene una alta sensibilidad para detectar más de 100.000 unidades formadoras de colonias (UFC/ml). La prueba de los nitritos tiene una sensibilidad que oscila entre el 35-80%. La combinación de ambas puede sustituir a la práctica del sedimento urinario para predecir la presencia de infección urinaria. En mujeres con infección urinaria no complicada el criterio diagnóstico tradicional de más de 100.000 UFC/ml tiene una elevada especificidad (99%), pero muy baja sensibilidad (55%). Aproximadamente, un tercio de las mujeres con disuria y polaquiuria, con piuria en el análisis de orina y con buena respuesta a los antibióticos tienen un recuento de 100.000 UFC/ml demostrado por aspiración suprapúbica. De tal forma que el aislamiento de más de 1.000 UFC/ml con una especificidad del 90% y una sensibilidad del 80% parece el criterio diagnóstico más adecuado. En la pielonefritis aguda no complicada el recuento de más de 10.000 UFC/ml de un uropatógeno se considera diagnóstico.

En el hombre se considera infección urinaria la presencia de más de 10.000 UFC/ml. El criterio de bacteriuria asintomática requiere dos cultivos consecutivos con el mismo germen y 100.000 UFC/ml o más. Tiene una especificidad mayor del 95% y una sensibilidad superior al 80%.

Manifestaciones clínicas y tratamiento de la cistitis aguda

La forma más frecuente de presentación de la infección urinaria en la mujer es la presencia de disuria, urgencia y/o polaquiuria. Sin embargo, la ITU no es la única causa del síndrome disuria-polaquiuria. Generalizando, las tres causas más frecuentes del síndrome disuria-polaquiuria son la ITU, la vaginitis por *Candida* o *Trichomonas*, y la uretritis por *Chlamydia* o gonococo. El primer paso que se debe realizar es interrogar por la presencia de flujo vaginal y/o molestias vulvares. La ausencia de ésta refuerza la posibilidad de infección urinaria y una probabilidad de error inferior al 1%. Una vez descartada la infección vaginal, se practica la prueba de la leucocitoesterasa-nitritos: el viraje del color de cualquiera de las dos pruebas se considerará positivo, indicando una elevada probabilidad de ITU. Llegados a este punto, debe descartarse que la paciente tenga riesgo de pielonefritis subclínica, ya que su presencia tiene implicaciones terapéuticas. Si estos criterios están ausentes, se trata de una cistitis simple, que puede medicarse con una pauta corta de las siguientes: norfloxacino, 400 mg/12 horas/3 días, ofloxacino, 200 mg cada 12 horas/3 días, ciprofloxacino, 250 mg/12 horas/3 días, amoxicilina-clavulánico 250/125 mg/8 horas/5 días, o acetil-cefuroxima, 250 mg/12 horas/5 días. Una alternativa, aunque menos eficaz que las pautas antes descritas, es la fosfomicina trometamol, 3 g en monodosis. Si la paciente presenta criterios de pielonefritis subclínica, debe solicitarse urinocultivo previo al tratamiento, y pautarse 14 días de tratamiento con alguno de los antibióticos antes citados.

Si tras el tratamiento no se resuelven los síntomas, es necesario solicitar un urinocultivo con el fin de descartar la presencia de un germen resistente al antibiótico empleado u otras causas de disuria. Si el cultivo fuera negativo, se asume que la paciente sufre una uretritis, generalmente por *Chlamydia*, y se administra una pauta de doxiciclina durante 7 días, o una monodosis de 1 g de azitromicina por vía oral.

INFECCIONES URINARIAS RECURRENTES EN LA MUJER

Después del primer episodio de ITU, cerca del 30% de las mujeres sufren una recurrencia entre los 6 y los 12 meses siguientes. El 75% son sintomáticas y, de éstas, el 95% padecen cistitis, y el 5%, pielonefritis. Cerca del 85% de las recurrencias son debidas a reinfecciones, y éstas rara vez se asocian con anomalías de la vía urinaria.

En todos los episodios de recurrencias debe solicitarse urinocultivo y antibiograma. Dependiendo del patógeno aislado, las recurrencias se dividen en recaídas o reinfecciones. Las primeras suelen aparecer durante las dos semanas siguientes a la terminación correcta del tratamiento, y están producidas por el mismo germen que causó el episodio inicial; suelen indicar afecciones del parénquima renal o alteraciones de la vía urinaria. Por el contrario, las reinfecciones aparecen algunas semanas más tarde, por lo general, en los 6 meses siguientes, y están producidas por gérmenes diferentes. En estas circunstancias, la infección suele estar limitada a las vías urinarias inferiores.

Las recaídas obligan a realizar un tratamiento prolongado (de 2 a 6 semanas) y un estudio rutinario con técnicas de imagen. En las reinfecciones debe interrogarse sobre la utilización de diafragma con espermicida como método anticonceptivo, ya que se ha relacionado su uso con la aparición de éstas. Una vez descartada esta posibilidad, las reinfecciones se diferencian de forma arbitraria por el número de episodios anuales. Si éstos son inferiores o iguales a dos, cada episodio se trata como una cistitis simple, con una pauta corta de 3-5 días. Si la paciente sufre 3 o más episodios anuales, debe interrogarse sobre su posible relación con el coito. En caso afirmativo, se recomienda la administración de un antimicrobiano en dosis bajas después de éste. En caso contrario, se debe iniciar un tratamiento prolongado diario o tres veces por semana, mediante profilaxis en dosis bajas de un antimicrobiano sensible, durante 6-12 meses. Pasado este tiempo, se retira la profilaxis, aunque en el 40% de casos vuelven a reaparecer las reinfecciones, en cuyo caso se restaura la profilaxis durante 2 años.

El estudio de la vía urinaria se realiza mediante ecografía de vías urinarias y radiología simple de abdomen. Está indicado en las mujeres con recurrencias, que presenten antecedentes de ITU en la infancia, en pacientes con recaídas y frente a alteraciones de la función renal.

INFECCIÓN URINARIA EN EL HOMBRE

La infección urinaria (IU) en el hombre es más compleja que en la mujer. Como datos diferenciales se hallan los siguientes: la presencia de disuria no siempre indica IU; la presencia de piuria no es patognomónica de IU; es obligada la práctica de urinocultivo con antibiograma, ya que los microorganismos patógenos y sus sensibilidades no son predecibles como en la mujer; las infecciones urinarias con fiebre indican invariablemente afección de parénquima (prostatitis aguda o pielonefritis aguda); las infecciones urinarias recurrentes indican prostatitis crónica como primera causa, y los tratamientos cortos no se recomiendan en el hombre, por los malos resultados observados (Lipsky, 1989). Deben utilizarse pautas largas de 14 días. El estudio de la vía se realiza mediante ecografía de las vías urinarias y radiografía simple de abdomen en los pacientes jóvenes y en los hombres con infección recurrente o complicada.

Bacteriuria asintomática

En la actualidad, la bacteriuria asintomática se considera un proceso benigno, en ausencia de obstrucción o anomalías de la vía urinaria, ya que no se ha podido relacionar la bacteriuria asintomática con un aumento de la mortalidad ni con el deterioro de la función renal o la aparición de hipertensión arterial. Asimismo, un tercio de las bacteriurias asintomáticas desaparecen espontáneamente al cabo de unos meses. Por estas razones se aconseja no administrar tratamiento, excepto en niños, mujeres embarazadas, previo a manipulación de la vía como cistoscopia (no sondaje) y en caso de un trasplantado renal.

Infección urinaria y sondaje urinario

La bacteriuria se desarrolla en los sistemas semicerrados o abiertos con una tasa de aparición de un 3-10% por día de duración del sondaje. Al cabo de 30 días, el 100% de los pacientes son bacteriúricos. Habitualmente, con recuentos superiores a 100.000 UFC/ml de los mismos agentes que producen IU en la comunidad, pero presentándose de forma polimicrobiana. La presencia de bacteriuria es prácticamente una constante en el paciente sondado a largo plazo. Sin embargo, no parece progresar obligatoriamente hacia la infección sintomática y a la bacteriemia. Con la excepción de los pacientes sintomáticos (con fiebre, sepsis o dolor renal) no existe evidencia de que el tratamiento disminuya la morbilidad o la mortalidad. De hecho, el tratamiento de la bacteriuria asintomática del paciente sondado produce la selección de gérmenes muy resistentes, ya que cuando la infección se convierte en sintomática son más difíciles de tratar. En el paciente sondado que presenta fiebre, la causa de ésta será la infección urinaria en las dos terceras partes de las ocasiones. Debe valorarse la repercusión hemodinámica y la aparición de sepsis. Si el paciente sólo presenta febrícula y síntomas de infección urinaria, se solicitará un urinocultivo con antibiograma. El crecimiento de gérmenes con valores superiores a 100 UFC/ml debe considerarse diagnóstico verdadero de infección urinaria. Para el tratamiento se elegirá un antibiótico de amplio espectro que cubra una infección polimicrobiana, administrado durante 14 días. Se recomienda cambiar la sonda antes de iniciar el tratamiento antibiótico.

INFECCIONES POR *SALMONELLA*

Fiebre tifoidea

Manifestaciones clínicas

El período de incubación es de 3-60 días, dependiendo del inóculo y de la salud del paciente. Posteriormente, se presenta fiebre (38 °C) mantenida, acompañada de malestar general, cefalea, anorexia, mialgias, escalofríos, dolor abdominal, hepatoesplenomegalia y diaforesis de varios días de evolución. El inicio insidioso del proceso va acompañado de una exploración inexpresiva que hace que el proceso se desarrolle durante una segunda semana con mantenimiento de la fiebre y aparición de la roséola tifoidea, en el vientre y el tronco, en un tercio de los casos. El paciente debe ser derivado al hospital para realizar el estudio diagnóstico.

Diagnóstico y tratamiento

El diagnóstico de certeza se establece mediante el aislamiento del germen en cultivo de sangre o de médula ósea. El 90% de los pacientes presentan bacteriemia durante la primera semana de la enfermedad. Este porcentaje decrece a medida que progresa el cuadro clínico. Los coprocultivos son positivos a partir de la segunda semana de la enfermedad. Éstos no establecen el diagnóstico de certeza, pero son fuertemente indicativos si existe un cuadro clínico compatible.

La aparición de cepas multirresistentes y la alta proporción de recaídas ha hecho abandonar el cloranfenicol y ha promovido el uso de amoxicilina y cotrimoxazol. Los pacientes con cepas multirresistentes deben ser tratados con ciprofloxacino o ceftriaxona.

Portador crónico

Se considera portador crónico al paciente que elimina *Salmonella* por las heces durante un año (coprocultivo) y que, por lo demás, se encuentra asintomático. Esto se observa en el 1-4% de los pacientes que han sufrido fiebre tifoidea, y en menos del 1% de los infectados con otros serotipos. El tratamiento de elección es el ciprofloxacino, 500 mg cada 12 horas durante 4 semanas. Otras pautas alternativas son ampicilina (100 mg/kg/día) junto con probenecida (30 mg/kg/día) por vía oral en cuatro dosis y durante 6 semanas, o cotrimoxazol en dosis de 160 mg de trimetoprima, y 800 mg de sulfametoxazol cada 12 horas durante tres o más semanas con rifampicina. Si el paciente presenta colelitiasis, los tratamientos anteriormente descritos pueden fracasar, y se impone la colecistectomía para eliminar el estado de portador (curación del 80%).

Profilaxis de la fiebre tifoidea

La recomendación más importante es la de cuidar la higiene personal (lavado de manos), sobre todo en las personas cuya profesión facilita la diseminación de la enfermedad (manipuladores de alimentos). Debe realizarse la desinfección de ropas contaminadas con orina o heces de los pacientes con lejía (200 ml de lejía de 50 g de cloro/l) por 5 l de agua. También debe realizarse la desinfección de los utensilios (vajilla) de los pacientes infectados.

En los viajes a zonas endémicas debe evitarse el consumo de bebidas no embotelladas, así como las frutas y verduras crudas que no hayan sido tratadas previamente con lejía.

BRUCELOSIS

DIAGNÓSTICO

Existen dos formas clínicas: la brucelosis aguda y la crónica.

Brucelosis aguda o subaguda

Se trata, en general, de un cuadro inespecífico de fiebre alta, astenia, anorexia, cefaleas, sudoración profusa con un olor característico (pajizo) y artromialgias. La anamnesis, fundamentalmente en relación a la actividad profesional del paciente o el antecedente de consumo de queso u otros derivados de la leche, hará pensar en esta enfermedad.

Brucelosis crónica

Se trata de brucelosis crónica cuando la evolución supera los 6 meses, ya sea porque el paciente ha presentado una recaída o varios episodios recurrentes de la enfermedad. El 5% de los casos recidivan, presentando malestar general, astenia y depresión, que pueden acompañarse de manifestaciones focales (más del 30%) que pueden ser muy variables y aparecer en cualquier momento de la evolución de la enfermedad. Las manifestaciones locales más frecuentes son: osteoarticulares (sacroileítis o espondilitis), digestivas (hepatoesplenomegalia, estreñimiento o diarrea), orquiepididimitis, meningoencefalitis y otras (endocarditis, uveítis).

MÉTODOS DIAGNÓSTICOS

Una cuidadosa anamnesis y exploración física suelen orientar el diagnóstico, que será confirmado por el hemocultivo, aunque éste puede tardar hasta 6 semanas en crecer. Los nuevos cultivos radiométricos pueden dar resultados positivos en menos de 10 días. Si los cultivos son negativos, se recurrirá a los métodos serológicos (detección de anticuerpos antibrucela). La prueba de rosa de Bengala es sensible, rápida, sencilla y barata, y permite la instauración rápida del tratamiento, mientras se espera la confirmación mediante los hemocultivos y seroaglutinaciones (aumento de los títulos de anticuerpos en dos determinaciones consecutivas). La combinación de la aglutinación en tubo, el test de Coombs antibrucela y la determinación de IgG por enzimoinmunoanálisis (ELISA) permiten la máxima sensibilidad y especificidad.

TRATAMIENTO

La pauta de elección recomendada en España consiste en la asociación de doxiciclina (100 mg/12 horas v.o. durante 45 días) con estreptomicina (1 g/día i.m.) (D + S) durante los primeros 14 días. En la embarazada se considera de elección la rifampicina (900 mg/día) en monoterapia durante 6 semanas. En los niños menores de 8 años se debe usar la combinación de rifampicina con cotrimoxazol (5 mg/kg cada 12 horas) durante 45 días, ya que la monoterapia se asocia a un elevado riesgo de recidivas en los niños.

PROFILAXIS

La lucha contra la brucelosis se basa en la eliminación del ganado enfermo, la vacunación de los animales sanos y el control sanitario de la leche y sus derivados. La ebullición o pasteurización de la leche protegen contra la infección. Los métodos utilizados para la elaboración del queso fresco no destruyen las brucelas, que pueden persistir hasta 3 meses.

MENINGITIS

DIAGNÓSTICO Y TRATAMIENTO

La enfermedad suele iniciarse con un cuadro sistémico (fiebre, cefalea, «trancazo») indiferenciable de la gripe, al que sigue, de manera brusca, una cefalea intensa, náuseas, vómitos en escopetazo, dolor de espalda y, especialmente, en la nuca, fiebre y postración importante. Pueden aparecer alteraciones de la conciencia e incluso convulsiones. En la exploración son típicos la rigidez de nuca y los signos de Kernig y Brudzinski, aunque pueden estar ausentes en las edades extremas de la vida o si hay disminución del estado de conciencia. Cuando aparecen lesiones cutáneas petequiales, purpúricas o equimóticas, con mucha probabilidad se trata de una meningitis producida por *N. meningitidis*, aunque algunos virus también las pueden producir. A veces, puede aparecer junto a las lesiones cutáneas un cuadro de shock séptico (sepsis meningocócica), aun en ausencia de signos meníngeos, que ensombrece el pronóstico. El cuadro clínico de meningitis, sea cual fuere la etiología que se sospeche, constituye una emergencia. Se procederá a su derivación inmediata. Si aparecen lesiones cutáneas indicativas de *N. meningitidis* y el traslado puede demorar la atención hospitalaria, estaría justificada la administración de penicilina por vía intravenosa (2 millones/2 horas). En caso de alergia a la penicilina se debe administrar una cefalosporina de tercera generación, como la cefotaxima o ceftriaxona, también por vía intravenosa (2 g/6 horas); esta pauta podrá ser modificada en el hospital en función del resultado de la punción lumbar (tinción de Gram).

PROFILAXIS

Quimioprofilaxis de contacto

La quimioprofilaxis se ha mostrado útil en la prevención de la meningitis por *H. influenzae* y por meningococo. A pesar de que el meningococo es un germen habitual en la nasofaringe, y que el número de portadores sanos aumenta en los brotes epidémicos, no se conocen bien los mecanismos por los que se produce la enfermedad. Dado que para que ésta se produzca el meningococo debe estar presente en la nasofaringe y que la quimioprofilaxis es capaz de eliminar el estado de portador, esta última estaría indicada en los contactos de alto riesgo: convivientes en el mismo domicilio o bien en comunidades cerradas (niños de la misma clase o guardería y reclutas del mismo dormitorio), así como en los profesionales sanitarios expuestos a las secreciones del paciente. En los casos producidos por *H. influenzae* debe realizarse quimioprofilaxis para eliminar el estado de portador en los mismos casos que se ha recomendado anteriormente, pero en especial en los niños menores de 5 años (p. ej., todos los niños de una guardería). También es conveniente que la realicen los niños que han padecido la enfermedad, con el fin de eliminar el estado de portador. No está indicada la quimioprofilaxis si el contacto se ha producido con una antelación superior a los 7 días. La rifampicina constituye el antibiótico de elección en ambos casos, ya que es capaz de erradicar de la rinofaringe el 80% de dichos gérmenes. En la meningocócica se administrará durante 2 días una dosis de 10 mg/kg/12 horas (máximo 600 mg cada dosis), excepto en los niños menores de un año (5 mg/kg/12 horas). En la meningitis por *H. influenzae,* durante 4 días una dosis de 20 mg/kg/día (máximo 600 mg/dosis), excepto en los recién nacidos menores de un mes (10 mg/kg/día); se debe advertir al paciente la posible tinción de la orina y las lentillas (irreversible). Utilizando esta pauta, no se produce inducción enzimática, por lo que no disminuye la eficacia de los anticonceptivos orales. En los pocos casos en que exista alguna contraindicación (hipersensibilidad o primer trimestre del embarazo) se puede utilizar ceftriaxona (250 mg en el adulto y 125 mg en el niño, en dosis única i.m.) o ciprofloxacino (500 mg en dosis única v.o., excepto en niños y embarazadas), que se han mostrado igualmente eficaces. También la azitromicina (500 mg en dosis única) se ha mostrado tan eficaz como la rifampicina en la profilaxis meningocócica.

Vacunación

Actualmente, se dispone de una vacuna conjugada que contiene meningococo C y que, a partir del año de edad, debe administrarse en una única dosis de 0,5 ml. En los niños menores de un año se debe proceder a la inmunización a partir de los 2-3 meses de vida, con tres dosis separadas por 2 meses.

Capítulo 54

PATOLOGÍA OSTEOARTICULAR

ARTRITIS REUMATOIDEA

La artritis reumatoidea (AR) es una enfermedad articular inflamatoria que presenta una prevalencia en la población adulta de alrededor del 1%. Tiene predilección por el sexo femenino, con una proporción de 3:1, y puede presentarse a cualquier edad, aunque es más frecuente entre los 40 y los 60 años.

En las primeras semanas suele desarrollar un patrón de distribución simétrica que afecta preferentemente a las articulaciones metacarpofalángicas (MCF), las articulaciones interfalángicas (IF) proximales, las muñecas y las metatarsofalángicas (MTF). Posteriormente, el cuadro se extiende a otras articulaciones. En la AR es característica la afectación de la articulación temporomandibular y de la columna cervical, el único segmento vertebral que resulta afectado. Un síntoma importante es la rigidez matutina, que constituye un criterio diagnóstico si su duración es superior a una hora. En pacientes mayores de 60 años el inicio suele ser de predominio rizomiélico, afectando a hombros y caderas, con escasa repercusión en las articulaciones de manos y pies.

Cuando el cuadro articular está plenamente establecido, los síntomas de dolor, tumefacción y disminución de la movilidad suelen ser de distribución simétrica, con tendencia a provocar deformidades características en las manos, como la desviación cubital de los dedos, hiperextensión de las interfalángicas (IF) proximales y flexión de las IF distales (dedos en cuello de cisne) o flexión de las IF proximales con hiperextensión de las IF distales (dedos en ojal). La atrofia de los músculos interóseos de las manos es frecuente, y en más del 10% de los casos puede existir un eritema palmar indistinguible del que se produce en las hepatopatías crónicas.

Existen unos criterios diagnósticos para la AR ampliamente reconocidos (tabla 54-1).

Tabla 54-1. Criterios para el diagnóstico de la artritis reumatoidea (cuatro o más)
– Rigidez matutina de duración > 1 hora*
– Artritis de tres áreas articulares o más*
– Artritis de las articulaciones de las manos*
– Afección articular simétrica*
– Nódulos reumatoideos
– Factor reumatoideo positivo en suero
– Alteraciones radiológicas características

*Duración superior a 6 semanas.

Tratamiento

El objetivo del tratamiento se orienta a conseguir la remisión completa, disminuir el dolor, mejorar la función y la calidad de vida y reducir al máximo la progresión del daño estructural. La instauración precoz del tratamiento es muy importante con relación al pronóstico de la AR. El *programa básico* incluye las medidas destinadas a disminuir la inflamación, aliviar el dolor y prevenir las deformidades. El reposo, los ejercicios dirigidos, las férulas para el descanso articular y la dieta adecuada constituyen puntos fundamentales. Los antiinflamatorios no esteroideos (AINE) reducen los signos y los síntomas de la inflamación, y son la primera medida farmacológica. La indometacina es el fármaco indicado, aunque sus efectos secundarios (vértigo, cefalea) pueden limitar su uso. Si aparece gastropatía asociada a AINE o existe antecedente de úlcera péptica u otros factores de riesgo, se debe instaurar protección con inhibidores de la bomba de protones (omeprazol).

La administración en dosis bajas de glucocorticoides (menos de 7,5 mg/día de prednisona o equivalentes) mejora la capacidad funcional. La posibilidad de desarrollar osteoporosis se contrarresta con una mayor actividad física del paciente, y puede minimizarse utilizando medidas terapéuticas oportunas.

Fármacos modificadores de la enfermedad

Se incluyen en este apartado los fármacos clásicos de acción lenta que se emplean para frenar la actividad inflamatoria (sales de oro, cloroquina, salazopirina), los agentes inmunosupresores (metotrexato, ciclosporina y leflunomida) y los tratamientos biológicos de reciente introducción que han supuesto una revolución en el tratamiento de la AR.

Fármacos antirreumáticos de acción lenta

Las *sales de oro* por vía intramuscular siguen siendo utilizadas como tratamiento de fondo de la AR. Su eficacia está avalada por múltiples estudios, aunque pueden aparecer efectos secundarios hasta en una tercera parte de los casos. Los más frecuentes son mucocutáneos (prurito, dermatitis, aftas orales y estomatitis). La glomerulonefritis membranosa es la complicación renal más frecuente del tratamiento con sales de oro, y suele manifestarse en forma de proteinuria. Los efectos secundarios hematológicos son los más graves, e incluyen trombocitopenia, leucopenia y aplasia medular, poco frecuente (0,5%). Otros efectos secundarios pueden ser pulmonares, hepáticos o intestinales.

La *cloroquina* se administra por vía oral en dosis de 250 mg/día. Los trastornos gastrointestinales (náuseas, vómitos, anorexia) constituyen la principal causa de abandono. Cada 6 meses es necesaria una revisión oftalmológica para detectar la posibilidad de cúmulos retinianos o corneales que obligarían a la supresión del fármaco.

La *salazopirina* se utiliza como tratamiento de fondo en dosis de 1 g cada 12 horas por vía oral. Los efectos secundarios más frecuentes son los gastrointestinales y los cutáneos. La leucopenia es poco frecuente, pero obliga a un control hematológico cada 2-3 meses. Puede provocar también manifestaciones de lupus eritematoso sistémico (LES) farmacológico.

Fármacos inmunosupresores

El *metotrexato* (MTX) es un inhibidor del metabolismo del ácido fólico que se utiliza con excelentes resultados en el tratamiento de la AR. Se administra inicialmente por vía oral en dosis de 7,5 mg semanales en una sola toma, que puede aumentarse hasta 20 mg o más. Los efectos secundarios más frecuentes son los digestivos (náuseas, vómitos, estomatitis, diarreas), pero raras veces obligan a retirar el tratamiento. La toxicidad hematológica debe ser investigada cada 1-2 meses, especialmente si existe insuficiencia renal. La toxicidad hepática grave por MTX en la AR es excepcional, pero deben realizarse controles analíticos periódicos para su detección precoz. La toxicidad pulmonar (disnea, tos seca, fiebre) es otro posible efecto secundario. La administración concomitante de ácido fólico o folínico junto con MTX puede disminuir de forma importante algunos efectos secundarios.

La *ciclosporina* puede administrarse también en la AR, pero su mayor efectividad ha sido establecida mediante la administración combinada con MTX. La aparición de insuficiencia renal y, sobre todo, de hipertensión arterial, ha supuesto una limitación importante en su utilización.

La *leflunomida* es un fármaco de reciente comercialización. Se administra en una dosis de 20 mg/día por vía oral, tras una primera dosis de carga de 100 mg/día durante tres días consecutivos. Ha demostrado claramente su efectividad clínica y una disminución en la evolución radiológica de la AR. En ocasiones, aparecen efectos secundarios cutáneos, gastrointestinales, hipertensión arterial y elevación de las transaminasas, que suelen ser reversibles al retirar el fármaco. Es potencialmente teratógeno.

Tratamiento biológico

Los tratamientos biológicos consisten en anticuerpos, diseñados mediante biología molecular, que pueden inhibir o modificar la función de células o sustancias implicadas en la patogenia de la AR. Hasta ahora, en la AR los que se utilizan son el infliximab y el etanercept. Ambos son inhibidores del factor de necrosis tumoral a (TNF-α). El infliximab se administra por vía intravenosa cada 2 meses, y es aconsejable el tratamiento asociado con MTX. Los efectos secundarios graves suelen ser poco frecuentes, pero la posibilidad de inducir infecciones importantes, su eficacia real a largo plazo, el riesgo carcinogénico y su coste económico limitan su uso.

SEGUIMIENTO

El paciente con AR debe ser controlado cada 3-6 meses, según la actividad de la enfermedad.

Los controles analíticos son aconsejables cada 1-2 meses, pero dependerán del tratamiento administrado y de los síntomas del paciente. Deben incluir la determinación de reactantes de fase aguda (velocidad de sedimentación globular [VSG], fibrinógeno, proteína C reactiva [PCR]), hemograma completo con recuento de plaquetas, función renal y hepática y un análisis de orina con sedimento y proteinuria.

ESPONDILITIS ANQUILOSANTE

Es una enfermedad caracterizada por la inflamación del esqueleto axial, fundamentalmente de las zonas de inserción (entesitis); la sacroilíaca es la localización más frecuente. Puede afectar también las articulaciones periféricas, sobre todo de las extremidades inferiores, y desarrollar manifestaciones extraarticulares (uveítis, insuficiencia aórtica, etc.). En la raza blanca, más del 95% de los pacientes posee el antígeno de histocompatibilidad HLA-B27.

En las fases iniciales, a la lumbalgia le sigue un importante dolor nocturno que obliga al paciente a levantarse de la cama. Suele existir rigidez matutina y astenia. En el 30-40% de los casos puede haber artritis periférica que puede ser una forma de comienzo, sobre todo en menores de 16 años. Durante su evolución, la enfermedad, que inicialmente afecta al segmento lumbosacro, muestra una tendencia de afección vertebral ascendente.

La lesión radiológica más característica es la sacroileítis, con presencia de ensanchamiento del espacio en sus fases más precoces y con la aparición posterior de erosiones, esclerosis y fusión, en fases más avanzadas. En la columna vertebral, la lesión inicial es la aparición de erosiones en los extremos anteriores de las vértebras, con esclerosis reactiva. La reacción ósea producida puede invadir las fibras del anillo fibroso discal y formar un puente óseo o sindesmófito.

Analíticamente, puede cursar con elevaciones de la PCR y de la VSG.

Los AINE suelen ser el tratamiento de elección, junto con la aplicación de fisioterapia y ejercicios dirigidos de rehabilitación. La salazopirina ha demostrado su eficacia en las manifestaciones periféricas, pero está controvertida su utilidad en las formas axiales puras. Puede ser de utilidad también en las uveítis de repetición. La utilización de anticuerpos anti-TNF-α (infliximab o etanercept) puede constituir una alternativa valiosa en los casos graves.

POLIMIALGIA REUMÁTICA Y ARTERITIS DE CÉLULAS GIGANTES

La arteritis de células gigantes (ACG) y la polimialgia reumática (PMR) se consideran enfermedades estrechamente relacionadas.

La PMR es un síndrome que afecta a pacientes de más de 50 años, caracterizado por dolor y rigidez en las cinturas escapular y pelviana, y en la columna cervical. Puede existir artritis periférica. Es frecuente la aparición de febrícula, astenia y pérdida de peso. La VSG está elevada por encima de 50 mm, así como la PCR. La respuesta inmediata a los corticoides (entre 10 y 20 mg de prednisona al día) es un dato característico. Entre el 15 y el 50% de los casos presentan ACG.

La ACG aparece también a partir de los 50 años. El cuadro clínico suele manifestarse con fatiga, febrícula y cefalea localizada en la zona temporal u occipital. La arteria temporal está engrosada y sensible al tacto, con pulso ausente o reducido. La afección de las arterias ciliares de la retina puede comprometer la visión con síntomas que van desde la amaurosis fugaz, la diplopía o la pérdida de visión parcial o completa.

La sospecha clínica obliga a la práctica de una biopsia de la arteria temporal.

El tratamiento se realiza con corticoides, en dosis iniciales que oscilan entre 0,5 y 1 mg/kg/día de prednisona. El tratamiento en dosis descendiente debe mantenerse durante 2-4 años, y es frecuente que deban mantenerse dosis bajas de corticoides de forma continuada.

GOTA

La gota es una enfermedad metabólica cuyas manifestaciones clínicas son debidas a la precipitación de cristales de urato monosódico en las articulaciones o zonas periarticulares, así como en otras estructuras. Además de las manifestaciones articulares, puede causar nefropatía crónica y litiasis úrica. Generalmente, va acompañada de hiperuricemia, aunque durante el ataque agudo no es raro que la uricemia sea normal. Más del 95% de los casos de gota son primarios.

MANIFESTACIONES CLÍNICAS

La gota aguda se produce después de años de hiperuricemia asintomática sostenida. En la artritis aguda se ha definido una serie de factores desencadenantes, como traumatismos importantes o microtraumatismos repetidos, ingestión excesiva de alcohol, transgresiones alimentarias, ayuno, estrés psíquico e intervenciones quirúrgicas (el 30% de los gotosos puede sufrir una artritis después de una intervención quirúrgica).

La *artritis gotosa aguda* se caracteriza por la aparición brusca de dolor monoarticular, frecuentemente de inicio nocturno. La duración es variable, pero suele remitir entre unos días y pocas semanas sin dejar secuelas. En el 50% de los pacientes, la articulación inicialmente afectada es la primera metatarsofalángica del pie (podagra). Le siguen en frecuencia la rodilla y el tarso. La afección periarticular es común, y los signos inflamatorios suelen sobrepasar los límites articulares, con existencia de tumefacción y enrojecimiento de las partes blandas, que obligan a realizar el diagnóstico diferencial con una celulitis. En ocasiones, puede ir acompañada de fiebre (alrededor de 38 °C). Después del ataque inicial, puede haber un período variable asintomático que dure semanas, meses o años.

La *artritis crónica gotosa* o gota tofácea produce un cuadro de dolor continuado, con marcada impotencia funcional. Los tofos son cúmulos de urato monosódico rodeados de un tejido de granulación. La localización más frecuente es el pabellón auricular, codo, manos, muñecas, pies, rodillas y tendón de Aquiles.

Las manifestaciones renales más importantes son la litiasis renal y la nefropatía urática.

CONTROL Y TRATAMIENTO

Artritis gotosa aguda

Los AINE constituyen un tratamiento eficaz. En general, se recomienda la indometacina en dosis altas (75 mg inicialmente, y seguir con 50 mg cada

6 horas, con disminución gradual cuando empieza la mejoría). La colchicina se utiliza actualmente en dosis inferiores a las empleadas clásicamente. La pauta actual es de 0,5-1 mg cada 6 horas, con lo que se evitan los efectos secundarios gastrointestinales. La mejoría clínica tras su administración constituye un criterio diagnóstico.

Tratamiento de fondo. Prevención de nuevos ataques

Debe administrarse colchicina en dosis de 1 mg/día durante 6 a 12 meses después del último ataque. Si el paciente no la tolera, se prescribirá un AINE en dosis bajas. El objetivo de este tratamiento es evitar que aparezcan nuevos ataques mientras se reducen los depósitos de uratos con el tratamiento hipouricemiante.

Tratamiento de la hiperuricemia

Se intentará mantener la hiperuricemia por debajo de 6 mg/dl. El alopurinol es el fármaco de elección en casos de artritis gotosa aguda, en la gota tofácea y en la mayor parte de gota secundaria. El tratamiento se inicia con 100 mg diarios, y se puede aumentar hasta 300 a 400 mg/día. Los uricosúricos aumentan la excreción renal de ácido úrico, y están indicados cuando la excreción es inferior a 600 mg/día. Están contraindicados en casos de insuficiencia renal y de litiasis úrica. El más utilizado actualmente es la benzbromarona en dosis de 100 a 300 mg/día. Es posible su asociación con alopurinol.

El tratamiento hipouricemiante no debe instaurarse hasta pasadas unas 2 semanas desde el ataque agudo, y se debe administrar asociado a colchicina. Es recomendable moderar la ingestión de alcohol, así como de algunos alimentos (caza, marisco, vísceras). La hiperuricemia asintomática aislada no precisa ningún tipo de tratamiento.

CONDROCALCINOSIS

Se debe a la presencia articular de cristales de pirofosfato cálcico dihidratado. La forma clínica más frecuente es una artritis aguda o subaguda. La duración del cuadro clínico es variable (unos 10 días) y suele remitir sin secuelas.

Las articulaciones más afectadas son: rodillas, tobillos, muñecas y codos. En la radiología se observan calcificaciones en forma de banda estrecha, que corresponden a la capa más superficial del cartílago hialino. Cuando se sospecha condrocalcinosis, se recomienda practicar también radiografía de rodillas, pelvis y muñecas, que es donde con mayor frecuencia se objetivarán las calcificaciones.

El tratamiento es, generalmente, sintomático. Están indicados los AINE y, en algún caso, los corticoides intraarticulares.

ARTROSIS

La artrosis se define como la degeneración del cartílago articular y de las demás alteraciones que se derivan de ella. Se considera que la artrosis es el resultado de las alteraciones biomecánicas, metabólicas y anatomopatológicas del cartílago hialino, del hueso subcondral y del hueso yuxtaarticular.

El diagnóstico de artrosis debe basarse en una valoración conjunta y ponderada de los síntomas clínicos y los signos radiológicos. La presencia de síntomas y de signos clínicos (tabla 54-2) y de imágenes radiológicas sugestivas lleva al diagnóstico de artrosis, cuando se han descartado previamente otras enfermedades reumatológicas.

Tabla 54-2. Características clínicas de la artrosis

Síntomas
- Ausencia de manifestaciones sistémicas
- Dolor con el uso (dolor en reposo en formas graves y evolucionadas)
- Rigidez localizada por las mañanas y después de la movilización no superior a los 30 minutos
- Contractura muscular
- Limitación de la movilidad con la progresión de la enfermedad

Signos
- Engrosamiento articular
- Dolor local
- Crepitación, crujidos articulares
- Calor sin rubefacción
- Osteofitos palpables
- Derrame articular de viscosidad normal o alta
- Deformidad con conservación de la función (excepto cadera y primera carpometacarpiana)
- Raramente proliferación sinovial débil
- *Genu varum* y *genu valgum*
- *Hallux valgus*
- Nódulos de Heberden y Bouchard

De las manifestaciones clínicas, el dolor es el síntoma más importante de la artrosis. El grado de la lesión articular suele tener relación con la existencia y la intensidad del dolor, aunque no es rara la posibilidad de una disociación clinicorradiológica. Generalmente, en la artrosis el dolor aparece sólo cuando se sobrecarga la articulación, pero a medida que progresa la intensidad de la lesión puede aparecer en reposo e incluso despertar al paciente por la noche, como ocurre en la artrosis de cadera.

VALORACIÓN INICIAL

Debe interrogarse sobre antecedentes familiares de enfermedades reumatológicas. Los antecedentes personales han de recoger la historia previa de síntomas del aparato locomotor, así como las características y forma de presentación. Se debe interrogar de forma sistemática sobre las diferentes particularidades del dolor.

La exploración física no se ha de limitar a las articulaciones afectadas sino que deben valorarse todas las articulaciones, para poder realizar un correcto diagnóstico diferencial y valorar la extensión de la enfermedad. Los signos clínicos que se deben valorar son: el dolor a la palpación o a la movilización, la limitación de movimientos, signos inflamatorios, deformidades, acortamientos, posiciones viciosas, crepitación y presencia de derrames articulares.

Radiología

Debe realizarse siempre una radiografía de la articulación afectada y de la contralateral. Los principales signos radiológicos son la formación de osteofitos marginales o en las inserciones de los ligamentos, el estrechamiento del espacio articular asociado a esclerosis subcondral y las áreas quísticas con bordes esclerosados en el hueso subcondral.

Pruebas de laboratorio

Si se plantea el diagnóstico diferencial con otras enfermedades, puede ser de utilidad practicar una analítica que incluya VSG, ácido úrico y factor reumatoideo. En la artrosis, todos estos parámetros son normales.

TRATAMIENTO

Medidas higiénicas y reposo

El reposo debe indicarse en los episodios de dolor como la primera medida. La disminución de peso en los obesos es muy aconsejable, ya que mejora los síntomas. En la artrosis de rodilla puede ser muy útil la utilización de un bastón para descargar la articulación; se debe llevar en el lado contralateral al dolor.

Fisioterapia

El objetivo es mejorar el dolor y la capacidad funcional articular. Se remite al lector al capítulo sobre rehabilitación.

Tratamiento farmacológico

Las medicaciones protectoras de la degradación del cartílago no han demostrado todavía de forma inequívoca su eficacia. Los dos fármacos postulados son el sulfato de glucosamina y el sulfato de condroitín.

Otro fármaco que se halla en estudio es el ácido hialurónico en inyección intraarticular, especialmente en el caso de la artrosis de rodilla. En el tratamiento con analgésicos, el más utilizado es el paracetamol, en dosis máximas de 4 g/día. Si el dolor no cede con el reposo y los analgésicos puede añadirse un AINE. Debe procurarse que el tratamiento se realice por períodos limitados (15-30 días). Estos fármacos presentan como efectos secundarios más frecuentes complicaciones gastrointestinales. En pacientes con antecedentes de ulcus péptico, se puede hacer uso de inhibidores de la bomba de protones o misoprostol.

CORTICOTERAPIA

Los corticoides no deben utilizarse por vía sistémica. La administración intraarticular de corticoides es útil en caso de brotes agudos. Se recomienda no sobrepasar las tres infiltraciones al año.

OSTEOPOROSIS

CONCEPTO Y CLASIFICACIÓN

La osteoporosis (OP) se define como la disminución de masa ósea por unidad de volumen, con relación a la normalidad para una determinada edad, sexo y raza, cuando se mantienen normales la estructura orgánica y el contenido mineral del hueso. Se caracteriza clínicamente por una susceptibilidad aumentada a sufrir fracturas periféricas y aplastamientos vertebrales con relación a movimientos habituales y/o traumatismos mínimos o inaparentes.

La osteoporosis se considera como un fenómeno patológico en el que se halla acelerada la pérdida de masa ósea en relación con lo que sería la pérdida normal por envejecimiento.

Se considera osteoporosis si la densidad mineral ósea (DMO) es inferior a –2,5 desviaciones estándar (DE) respecto a la población sana entre 20 y 40 años (T-*score*), que es cuando se alcanza el mayor pico de masa ósea. Si además de existir osteoporosis densitométrica se observan fracturas, se considera una osteoporosis establecida. Si la cifra de DMO está entre –1 y –2,5 DE de la T-*score,* se establece el diagnóstico de *osteopenia*. Las cifras de DMO por encima de –1 DE se consideran normales. Estas definiciones son bastante controvertidas, pero al menos sirven para homogeneizar los conceptos de osteoporosis y osteopenia.

FACTORES DE RIESGO

La multiplicidad etiopatogénica de la OP se refleja en los diferentes factores de riesgo que se han asociado a la mayor incidencia de la enfermedad (tabla 54-3).

Tabla 54-3. Factores de riesgo de osteoporosis

– Menopausia	*Enfermedades que producen osteoporosis*
– Amenorreas prolongadas	– Hipercorticismo
– Edad avanzada	– Hipertiroidismo
– Inmovilizaciones prolongadas	– Diabetes mellitus
– Dietas deficitarias en calcio	– Alcoholismo
– Abuso de tabaco y/o alcohol	– Síndromes malabsortivos
– Inactividad física	– Hepatopatía crónica
– Corticoterapia	– Gastrectomía

Déficit de estrógenos

Está demostrado que el déficit de estrógenos produce una aceleración de la pérdida de hueso (cortical y trabecular), tanto en el caso de la menopausia natural como en el de la menopausia artificial. La principal acción de los estrógenos con relación al remodelamiento óseo sería la protección del hueso frente a la acción resortiva de la parathormona (PTH).

Déficit de aporte de calcio

Actualmente, parece dudoso que únicamente el déficit de calcio en el adulto y en el anciano sea causa de osteoporosis, pero el organismo requiere un aporte mínimo de calcio en todas las edades. Un aporte bajo antes de los 20 años ocasiona una disminución del contenido mineral óseo, y sería condicionante de la presencia de OP en la menopausia y la vejez.

Actividad física disminuida

La inmovilización por períodos prolongados acelera la pérdida de masa ósea. También se ha comprobado que hay una buena correlación entre la actividad física y la masa ósea (la actividad física aumentaría, sobre todo, el contenido mineral del hueso trabecular).

Hábitos de vida

a) tabaco; *b*) alcohol; *c*) fármacos, como los glucocorticoides, y *d*) trastornos metabólicos.

DETECCIÓN Y DIAGNÓSTICO

La sospecha de OP en Atención Primaria puede partir de tres situaciones diferentes: *a*) ante una fractura sintomática después de un traumatismo mínimo; *b*) hallazgo radiológico, y *c*) individuo de alto riesgo para la presentación de OP (tabla 54-3).

El diagnóstico se basa en la determinación del contenido mineral óseo. La densitometría de energía dual de rayos X (DEXA) es el método más utilizado actualmente. Esta técnica permite medir la DMO en cualquier zona del esqueleto, con bajas dosis de irradiación.

Las aplicaciones que se proponen son las siguientes:

1. Valoración de las mujeres posmenopáusicas para indicar una terapia estrogénica sustitutiva. Se propone la utilización de criterios clínicos para hacer un cribado previo a la densitometría en estos casos.
2. Establecimiento de un diagnóstico de certeza de osteoporosis cuando se sospeche por las manifestaciones clínicas y/o por radiología.
3. Monitorización de la DMO en el curso de un tratamiento.
4. En el seguimiento de pacientes en tratamiento prolongado con glucocorticoides.
5. En el hiperparatiroidismo asintomático.

La anamnesis ha de referirse a tres aspectos principales:

1. Interrogar sobre el dolor y traumatismos previos. La forma más característica de presentación es el dolor dorsal o lumbar, agudo e incapacitante, producido por un aplastamiento vertebral.
2. Fracturas previas.
3. Detección de las principales causas de OP secundarias.

La exploración física debe incluir la estática vertebral (en especial, constatar si hay cifosis), los puntos dolorosos, el peso y la talla (actual y, si es posible, antigua). En los ancianos, se considera fisiológica la reducción de la altura en 1,5-2 cm.

En la OP primaria la analítica es normal, aunque se pueden encontrar fosfatasas alcalinas discretamente elevadas hasta 2-3 meses después de una fractura. En el 20% de las OP posmenopáusicas y en el hombre joven se puede encontrar hipercalciuria.

Radiología

El diagnóstico diferencial debe establecerse primordialmente con osteomalacia, metástasis ósea, mieloma, hiperparatiroidismo primario e hipertiroidismo. En estas entidades es muy importante la información que se obtiene a través de los datos bioquímicos (tabla 54-4).

Tabla 54-4. Patrón bioquímico de diagnóstico diferencial de la osteoporosis con otros procesos

Proceso	Calcemia	Fosforemia	Fosfatasas alcalinas
Osteoporosis	N	N	N
Metástasis óseas	↑ o N	N	N o ↑
Hiperparatiroidismo primario*	↑	↓ o N	N o ↑
Osteomalacia	↓ o N	↓	↑ o N
Mieloma**	↑ o N	N	↑ o N

*Además, PTH-i elevada.
**Además, VSG elevada, banda monoclonal y anemia.

Tratamiento y prevención

1. *Tratamiento del episodio agudo por aplastamiento vertebral.* Casi siempre es necesario el reposo en cama durante 2-3 semanas. Se ha de intentar que el paciente adopte la postura más cómoda (p. ej., con un cojín debajo de las rodillas para relajar la musculatura lumbar). Se pueden administrar analgésicos, relajantes musculares o calor en la musculatura paravertebral. Puede evaluarse la colocación de un corsé. La calcitonina suele ser de utilidad en estas situaciones.
2. *Prevención de la osteoporosis.* La prevención primaria preventiva requeriría: *a*) fomento de hábitos positivos con respecto a la OP; *b*) detección y control de las patologías susceptibles de producir OP; *c*) detección de riesgos de OP, especialmente detección de las personas que puedan ser de alto riesgo, y *d*) educación sanitaria de los pacientes con OP o riesgos detectados.

En prevención secundaria el objetivo sería aumentar la masa ósea, lo que es dudoso de lograr, o como mínimo reducir su disminución, con el fin de reducir el riesgo de fracturas.

Medidas no farmacológicas

1. Ejercicios moderados.
2. Alimentación equilibrada, con un aporte adecuado de calcio. Se pueden utilizar suplementos cuando no es posible conseguir la ingestión adecuada a través de los alimentos. La administración de vitamina D sólo ha mostrado su efectividad en casos de déficit.
3. Abandono del tabaco y el alcohol.
4. Evitar situaciones de riesgo de caídas.

Tratamiento farmacológico específico

Estrógenos

Tienen indicación si la OP aparece dentro de los 10 años después de la menopausia natural o artificial. El tratamiento debe mantenerse durante bastante tiempo, ya que su cese comporta que a los 5 años la masa ósea sea similar a la esperada sin tratamiento. Los recientes resultados publicados del estudio HERS II (prevención secundaria) y del estudio WHI (prevención primaria) han mostrado un mayor riesgo cardiovascular en las mujeres tratadas con terapia hormonal sustitutiva, por lo que se desaconseja su utilización.

Moduladores selectivos de los receptores estrogénicos

El raloxifeno es el fármaco con mejor perfil de este grupo. No es útil, pues, para tratar la sintomatología menopáusica. No se conoce su efecto sobre la morbilidad y mortalidad cardiovascular.

Bifosfonatos

En las dosis usadas no se incorporan a la estructura ósea sino que se adsorben sobre los cristales de hidroxiapatita, y allí inhiben la acción de los osteoclastos. El etidronato es el más conocido, y ha demostrado su eficacia en el aumento de la densidad mineral y el descenso del número de fracturas. Se administra en pauta discontinuada para obviar su interferencia en la mineralización. La dosis usual es de 400 mg/día, durante 2 semanas, que se repite cada 3 meses, manteniendo en el intervalo el aporte de calcio (500-1.000 mg/día) y 400 U/día de vitamina D. Para favorecer su absorción debe administrarse en ayunas, una hora antes o dos después de las comidas. Los efectos secundarios son poco frecuentes, y su coste-efectividad es bueno.

El alendronato también ha demostrado su eficacia en la disminución de fracturas en estudios de hasta 3 años de duración. Además parece influir menos en la mineralización, por lo que se administra de forma continuada. La dosis recomendada es de 10 mg/día, junto a la utilización de calcio. Como efecto secundario más importante se incluye la esofagitis, por lo que se recomienda su administración con 250-300 ml de agua y evitar el decúbito durante 30 minutos. Su coste es muy superior.

El risendronato también ha demostrado que disminuye el riesgo de fracturas, con una buena tolerancia por parte de los pacientes, aunque la experiencia clínica es aún limitada. Se administra en dosis de 5 mg/día, en ayunas, con un vaso de agua, y se recomienda evitar el decúbito durante 30 minutos. El coste es similar al alendronato.

CALCITONINA

Es un inhibidor fisiológico de la resorción ósea, y actúa a través de sus receptores en los osteoclastos. En varios estudios se ha demostrado su efectividad para aumentar la masa ósea y en la prevención de fracturas vertebrales. Falta precisar todavía el tiempo que ha de durar el tratamiento. La dosis recomendada por vía nasal es de 200 U diarias en el caso de la calcitonina de salmón. El coste es muy elevado.

Otras terapéuticas como la utilización de anabolizantes, flúor, ipriflavona, extractos de parathormona y tiazidas siguen siendo objeto de controversia e investigación.

Capítulo 55

TRAUMATOLOGÍA EN ATENCIÓN PRIMARIA

PRINCIPIOS BÁSICOS DE LAS DIFERENTES OPCIONES TERAPÉUTICAS EN TRAUMATOLOGÍA

Tan importante como un diagnóstico correcto es aplicar el tratamiento adecuado para reducir el dolor y la impotencia funcional, y acortar al máximo el tiempo de recuperación de las lesiones producidas. Para ello, se recurre a una serie de medidas tan importantes, o más si cabe, como el posible tratamiento farmacológico que se instaure.

CRIOTERMOTERAPIA

La *crioterapia* consiste en la aplicación de frío, con el fin de producir efectos antiinflamatorios por la vasoconstricción que produce, y analgésicos, por la capacidad de disminuir la conducción nerviosa.

Sus indicaciones son, básicamente, cualquier traumatismo reciente o trastornos agudos por sobreesfuerzo. Es más eficaz si se aplica precozmente, durante las primeras 48 horas. También resulta eficaz en procesos articulares o musculares cronificados.

Entre las contraindicaciones, figuran aquellas en las que puede haber trastornos de sensibilidad por el riesgo de producir quemaduras en mucosas o en heridas abiertas.

Existen diferentes sistemas de aplicación, de mayor a menor capacidad de penetración:

- *Cataplasma*: hielo picado en una toalla o en una bolsa. Es el más efectivo, y penetra hasta 2-3 cm.
- *Compresas* comercializadas reutilizables de frío.
- *Bolsas instantáneas de frío*: es el método más útil para tratamientos «a pie de cancha», ya que no precisa sistema de congelación.
- *Aerosol de frío*: tiene poca capacidad de penetración de movimiento. Tiene poca utilidad para las articulaciones. Se debe tener precaución para no aplicar sobre heridas ni mucosas, ya que puede producir irritaciones o quemaduras.

La técnica correcta de aplicación es «poco tiempo, muchas veces», para evitar quemaduras y un efecto crioterapéutico constante; por ejemplo, 5-10 minutos cada 3-4 horas durante el primer día.

La *termoterapia* se define como la aplicación de calor con fines terapéuticos. Posee un efecto analgésico por la vasodilatación que produce. Tradicionalmente, se recomienda en los procesos crónicos.

SISTEMAS DE INMOVILIZACIÓN

Quizás el tratamiento más efectivo y rápido para reducir el dolor de un traumatismo es una inmovilización adecuada. No es aconsejable aplicar sistemáticamente el mismo tipo de vendaje para cada articulación sin tener en cuenta el grado de lesión, la gravedad de los síntomas, la actividad del paciente o las características anatómicas de la articulación, el estado de la piel y el retorno venoso.

Inmovilización total (anatómica)

- *Yesos inmovilizadores o fijadores.*
- *«Yesos» de resinas y otros materiales sintéticos.*

Inmovilización parcial (biomecánica)

Se utiliza para controlar los movimientos perjudiciales o indeseables, permitiendo una «función controlada».

Los *vendajes funcionales* o *taping*: utilizados en la inmovilización funcional tienen dos objetivos: preventivo y terapéutico. Preventivo, con la finalidad de proteger estructuras que se lesionan con frecuencia; y terapéutico, reduciendo las manifestaciones dolorosas al disminuir la tensión de los tejidos afectados. Las indicaciones del vendaje funcional comprenden: *a*) lesiones cápsulo-ligamentosas; *b*) lesiones tendinosas, y *c*) lesiones musculares.

El vendaje funcional es más efectivo cuanto más distal sea la articulación, por lo que en el tobillo, el pie, la muñeca y la mano es donde se obtienen los mejores resultados.

Este tipo de inmovilizaciones tiene una serie de contraindicaciones que se deben tener en cuenta antes de aplicarlo (tabla 55-1).

Tabla 55-1. Contraindicaciones de los vendajes funcionales
– Fracturas. Solamente en algunos casos pueden utilizarse
– Lesiones graves ligamentosas o musculotendinosas que precisen una inmovilización total estricta, al menos en su fase aguda
– Fragilidad cutánea, presencia de heridas o erosiones
– Alteraciones vasculares, tróficas o sensitivas
– Edema o signos inflamatorios importantes
– Alergia a los productos adhesivos

TÉCNICAS DE INFILTRACIÓN ARTICULAR Y DE PARTES BLANDAS

El objetivo de la infiltración radica en intentar aplicar el principio activo allí donde se están produciendo los mecanismos patogénicos de la enfermedad. Los efectos que producen las infiltraciones se pueden resumir en: *a*) disminuyen el dolor; *b*) disminuyen la inflamación; *c*) favorecen una recuperación funcional más rápida, y *d*) evitan la demora en atención especializada.

No obstante, no se debe olvidar que:

- Existe cierto riesgo de iatrogenia.
- Es un tratamiento sintomático, no etiológico, de la enfermedad.

- Nunca se debe olvidar que hay que preguntar al paciente sobre posibles alergias o reacciones adversas, previas a los anestésicos.

Las contraindicaciones de las infiltraciones, especialmente en Atención Primaria, se reflejan en la tabla 55-2.

Tabla 55-2. Contraindicaciones y precauciones de las infiltraciones

Contraindicaciones	Precauciones
– Sospecha de artritis infecciosa – Infiltraciones repetidas en la misma articulación sin clara mejoría – Infección cutánea en la zona a infiltrar o próxima a ella – Pacientes en tratamiento con anticoagulantes orales – Otras alteraciones o enfermedades de la coagulación – Presencia de osteonecrosis – Hemartros – Diabetes mal controlada – Cuando estén contraindicados los corticoides y/o los anestésicos	– No infiltrar más de 3 o 4 veces la misma articulación al año – Espaciar las infiltraciones, al menos 2 o 3 semanas, en la misma articulación, para evaluar los resultados – No realizar artrocentesis diagnóstica si es necesario estudiar el líquido y no se dispone de medios para hacerlo – No infiltrar aquellas articulaciones que por su tamaño, localización o complejidad haya que derivar, como puede ser la cadera o facetas cervicales

Dentro de las posibles complicaciones, hay que destacar:

- Dolor postinyección (5%).
- Infección articular (0,001%).
- Atrofia cutánea e hipopigmentación.
- Artritis microcristalina (1-10%).
- Hemartros y hematomas.
- Rotura tendinosa.
- Lesión nerviosa por inyección intraneural.
- Reacción alérgica a corticoides o anestésicos.

A la hora de practicar infiltraciones, deben tomarse una serie de precauciones que se indican en la tabla 55-2.

TRAUMATOLOGÍA REGIONAL: ASPECTOS GENERALES

TRAUMATOLOGÍA DEL MIEMBRO SUPERIOR

Actitud ante un traumatismo de hombro

LESIONES ÓSEAS

Fracturas de clavícula

Se localizan más frecuentemente en el tercio medio y son más frecuentes en la infancia. Su diagnóstico clínico es fácil debido a la posición subcutánea de la clavícula, que permite observar la deformidad y palpar la crepitación. El tratamiento se efectúa con un cabestrillo o vendaje en ocho durante 21 días en las poco desplazadas y del tercio medio.

Fracturas de húmero

Las fracturas de *cuello de húmero* son muy frecuentes en las caídas casuales de los ancianos. Solamente en aquellos casos en los que exista escaso desplazamiento en la zona del cuello quirúrgico pueden ser tratadas mediante un cabestrillo o vendaje tipo Velpeau durante 21 días.

En las fracturas de la *diáfisis del húmero* la complicación más frecuente es la lesión del nervio radial. Dada la inestabilidad y dificultad para la inmovilización, deben derivarse a atención especializada.

Lesiones ligamentosas

Esguince-luxación acromioclavicular

Se producen por traumatismos indirectos al caer sobre el hombro. En esta situación, el borde externo de la clavícula será prominente, apreciándose a la palpación el «signo de la tecla». El tratamiento debe ser valorado por el traumatólogo.

Luxación de hombro

Es la luxación más frecuente de todas las articulaciones. Habitualmente, se produce un desplazamiento anteroinferior y medial de la cabeza humeral, que provoca el signo de la «charretera» o del «hachazo», y la ocupación del triángulo deltopectoral. Puede intentarse la reducción por el método de Kocher y, una vez lograda la reducción, se inmovilizará con un vendaje de Velpeau o cabestrillo durante 21 días.

Lesiones musculotendinosas

Tendinitis del manguito de los rotadores

El manguito rotador está constituido por los músculos supraespinoso, infraespinoso, subescapular y redondo menor. La tendinitis del manguito es la causa más frecuente de hombro doloroso. La exploración de la movilidad activa es dolorosa y limitada. La movilidad pasiva es normal, lo que descarta alteraciones intraarticulares, y la exploración de la movilidad contrarresistida ayuda al diagnóstico específico del músculo del manguito afectado.

La radiografía es negativa o puede presentar una calcificación del manguito y/o esclerosis del troquíter. Pueden ser muy útiles la ecografía y la resonancia magnética (RM). El tratamiento consiste en la inmovilización y la administración de antiinflamatorios en la fase aguda, y rehabilitación precoz para evitar la rigidez del hombro. Las infiltraciones locales con corticoides y anestésicos pueden ser muy útiles.

Tendinitis bicipital

Puede producirse por afectación secundaria de una tendinitis del manguito o por afectación primaria por sobreesfuerzo.

Es típico el dolor en la cara anterior del hombro, que irradia por el surco bicipital. Su tratamiento consiste en identificar aquellos movimientos o actividades que provocan dolor al paciente, y aplicar el resto de medidas habituales, como crioterapia, antiinflamatorios no esteroideos (AINE), etc. Con la infiltración existe riesgo de rotura tendinosa.

Actitud ante un traumatismo de codo

Lesiones óseas

Fracturas de codo

Las fracturas de *olécranon* son las más frecuentes del codo. Suelen estar desplazadas y requieren, por ello, tratamiento quirúrgico.

Las fracturas de la *cabeza del radio* se producen por aplastamiento contra el epicóndilo en una caída sobre la mano. Son fracturas intraarticulares, y potencialmente limitantes de la movilidad del codo y de la pronosupinación, por lo que deben ser diferidas para valoración.

Las fracturas de la *diáfisis del cúbito y el radio* se localizan con más frecuencia en la unión del tercio medio y distal. Cuando se fractura uno solo de los huesos, siempre se produce una luxación proximal o distal del otro hueso. La fractura diafisaria del radio se asocia a luxación radiocubital distal o *fractura-luxación de Galeazzi*. La fractura diafisaria del cúbito puede asociarse a luxación anterior de la cabeza radial o *fractura-luxación de Monteggia.*

Lesiones ligamentosas

Luxación de codo

Son las más frecuentes, después de las de hombro. La forma más habitual es la posterior. Se producen por una caída sobre la mano con el codo en semiflexión.

Lesiones musculotendinosas

Epicondilitis

Se debe a una tendinitis de los músculos que se insertan en el epicóndilo, fundamentalmente el segundo radial y el extensor común de los dedos. El diagnóstico se establece por dolor a la palpación local y a la extensión contrarresistencia del codo.

El tratamiento se basa en la corrección de los movimientos que producen dolor, ejercicios de elasticidad y estiramientos. Se recomienda crioterapia y, a veces, da buenos resultados la utilización de ortosis específicas. Los AINE son a menudo ineficaces. Con la infiltración se obtienen buenos resultados.

Epitrocleítis

Es la inflamación en la zona de inserción en la epitróclea de los músculos flexores de la muñeca. Se caracteriza por dolor a la palpación en la epitróclea y con la flexión contrarresistida de la muñeca. El tratamiento es similar a la epicondilitis.

Actitud ante un traumatismo de muñeca y mano

Lesiones óseas

Fractura de Colles

Es la fractura más frecuente de la muñeca. El trazo se localiza en el tercio distal del radio, a menos de 2,5 cm de la articulación radiocarpiana. Presenta una deformidad característica en *dorso de tenedor*. Se trata con escayola durante 6 semanas.

Fracturas de escafoides

Es la fractura más frecuente de los huesos del carpo. Se produce por traumatismo con la mano en hiperextensión. Dada la precaria vascularización del escafoides, son frecuentes las secuelas por seudoartrosis y necrosis avascular. La radiología puede ser negativa inicialmente, y debe repetirse si persisten los síntomas a los 10-15 días.

Fracturas del primer metacarpiano

De gran importancia por la repercusión funcional sobre el pulgar. Las más frecuentes son las de la base del metacarpiano. La *fractura-luxación de Bennet* es una fractura intraarticular de la porción cubital de la base. La *fractura de Rolando* es similar a la de Bennet, salvo que el trazo de la fractura es en Y o en T intraarticular. El tratamiento es quirúrgico.

Fracturas del quinto metacarpiano

Son muy frecuentes y se producen por un traumatismo directo sobre el borde cubital de la mano. Se ocasionan típicamente por un puñetazo, por lo que se las conoce como *fracturas del boxeador*.

Fracturas de las falanges de los dedos de las manos

Si se produce una avulsión de la inserción del tendón extensor, tendrá lugar un dedo en martillo y deberá inmovilizarse en hiperextensión con una férula especial o repararse quirúrgicamente. Las fracturas intraarticulares de las falanges media y distal deben remitirse por su riesgo de rigidez articular. Las fracturas diafisarias de estas falanges suelen poder tratarse de manera conservadora.

Lesiones ligamentosas

Esguince de muñeca

Se produce por traumatismos sobre la mano que, muy frecuentemente, han pasado inadvertidos. El dolor se localiza sobre la interlínea articular en las posiciones extremas y al apoyo de la mano. El tratamiento debe efectuarse lo más precozmente posible para evitar la cronificación del esguince, y consiste en inmovilizar la muñeca durante 3-4 semanas.

Esguince de la articulación metacarpofalángica del pulgar

Es una lesión frecuente que se produce al forzar la abducción del pulgar, lesionándose el ligamento colateral cubital. El tratamiento en las lesiones leves es un guantelete de yeso que inmovilice el pulgar durante 4 semanas. En las roturas completas el tratamiento es quirúrgico.

Esguince de articulaciones interfalángicas

Habitualmente se trata de formas leves, que producen dolor a la presión articular y tumefacción fusiforme característica.

Lesiones musculotendinosas

Tendinitis de De Quervain

Afecta al abductor largo del pulgar y al extensor corto del pulgar.

Existe una maniobra exploratoria que ayuda al diagnóstico, la prueba de Finklestein: después de una aducción pasiva del pulgar hacia la palma de la mano, la desviación cubital de la muñeca provoca un dolor agudo que reproduce los síntomas del paciente. También desencadena dolor la extensión del pulgar contrarresistida con la muñeca en desviación radial máxima.

El tratamiento inicial se basa en el reposo y la administración de antiinflamatorios. Existe la opción de utilizar un vendaje funcional, seguido de un tratamiento fisioterapéutico. La inyección de corticoides en la vaina del tendón es una opción terapéutica en los pacientes que no responden al tratamiento oral.

Traumatología del miembro inferior

Actitud ante un traumatismo de cadera

Lesiones óseas

Fracturas de pelvis

Este tipo de lesiones, si no tienen un desplazamiento importante, pueden tratarse con reposo en cama durante 2-3 semanas, con medidas profilácticas de las complicaciones por encamamientos prolongados, especialmente en los pacientes ancianos.

Fracturas de cadera

Las más frecuentes son las que se producen en el cuello del fémur o fracturas subcapitales, y las que afectan al macizo trocantéreo o fracturas pertrocantéreas. Se producen por caídas, muy frecuentemente domésticas. Su tratamiento es quirúrgico, siempre que el estado clínico del paciente lo permita.

Fracturas de la diáfisis del fémur

Clínicamente, se aprecia una importante deformidad en el muslo con movilidad anormal y un gran hematoma que puede llegar a producir inestabilidad hemodinámica por la gran cantidad de sangre extravasada.

Otras lesiones

Bursitis trocantérea

El dolor se localiza en la región trocantérea, y puede irradiar a la nalga, al muslo o a la región inguinal ipsilateral. La exploración revela dolor a la presión sobre el trocánter mayor y abducción resistida dolorosa.

Una opción terapéutica de especial utilidad, tras la administración de analgésicos o antiinflamatorios, es la infiltración.

Actitud ante un traumatismo de rodilla

Lesiones óseas

Fracturas de rodilla

Todas tienen en común la producción de un hemartros a tensión. Todas estas fracturas, por ser intraarticulares, deben ser valoradas por el traumatólogo y, en la mayoría de los casos, requerirán tratamiento quirúrgico.

Lesiones ligamentosas y meniscales

Esguince de ligamentos laterales

Son lesiones frecuentes, sobre todo en la práctica deportiva. La exploración inicial, antes de que se produzca el espasmo muscular antiálgico, tiene una gran importancia para orientar el diagnóstico y el tratamiento adecuados.

Después de la primera exploración y de haber realizado las pruebas complementarias necesarias, se debe inmovilizar la rodilla en ligera flexión (10-15°) mediante una férula posterior inguinomaleolar o un vendaje elástico almohadillado.

Lesión de ligamentos cruzados

La lesión del *ligamento cruzado anterior* (LCA) puede producirse por hiperextensión brusca, rotación forzada o por traumatismos en semiflexión en los accidentes de tráfico. Se caracteriza por la aparición brusca de dolor, acompañado de chasquido y sensación de desplazamiento anómalo de la rodilla, hemartros precoz con distensión de la rodilla y aumento de la temperatura. Las pruebas diagnósticas para explorar la integridad de dicho ligamento son: maniobra de Lachman y cajón anterior. El tratamiento suele hacerse por cirugía artroscópica. La lesión del *ligamento cruzado posterior* es más rara. Se sospecha con la maniobra de cajón posterior.

Meniscopatías de la rodilla

El menisco que resulta afectado con mayor frecuencia es el interno. Se produce tras la rotación con la rodilla flexionada y en carga. Existe una limitación de movimiento en flexoextensión y bloqueos articulares por interposición del fragmento entre las superficies articulares.

Lesiones musculotendinosas

Tendinitis rotuliana

Es el padecimiento más frecuente del aparato extensor. Cursa con dolor en el polo inferior de la rótula. El tratamiento consiste en reposo y AINE.

Otras lesiones

Síndrome rotuliano

Se caracteriza por dolor en la cara anterior de la rodilla, que se reproduce al bajar escaleras o con posturas prolongadas en flexión («signo de la butaca») y episodios de seudobloqueo. Presenta el signo del cepillo positivo. Puede ir acompañado de inestabilidad rotuliana, debido a luxación o subluxación recidivante. También puede ser debido a artrosis femororrotuliana.

El tratamiento, a excepción de las luxaciones permanentes, se basa inicialmente en la rehabilitación dirigida a mejorar la dinámica rotuliana.

Luxación traumática de rótula

Se debe a traumatismo con desplazamiento lateral de la rótula mientras la rodilla se encuentra flexionada. El tratamiento consiste en reducción mediante extensión de la rodilla.

Condromalacia rotuliana

Es la afectación del cartílago articular de la rótula, y es más frecuente en las mujeres. Clínicamente, se manifiesta como un síndrome rotuliano doloroso. La tomografía computarizada (TC) y la RM pueden revelar el grado de evolución de la lesión.

El tratamiento consiste en la rehabilitación mediante ejercicios de fortalecimiento.

Bursitis anserina

La *bursa* de la pata de ganso se localiza entre los tendones de los músculos sartorio, recto interno y semitendinoso. El tratamiento consiste en reposo y AINE. En caso de que no presente mejoría, puede realizarse infiltración.

Actitud ante un traumatismo de tobillo y pie

Lesiones óseas

Fracturas de la diáfisis de la tibia y el peroné

La tercera parte de las fracturas en esta región son abiertas y precisan tratamiento quirúrgico.

Fracturas de maléolo tibial y peroneo

Las fracturas maleolares suelen producirse por traumatismos indirectos. La actuación en Atención Primaria consistirá en inmovilizar el tobillo con una férula, para trasladar al paciente al hospital.

Fracturas de astrágalo

Susceptible de padecer una necrosis avascular en determinado tipo de fracturas, especialmente las que afectan al cuello del astrágalo.

Estas fracturas se producen por un mecanismo de hiperflexión dorsal.

Fracturas del calcáneo

Se producen por una caída desde cierta altura. El tratamiento depende de si el trazo de fractura afecta a las zonas articulares o si existe mucho aplastamiento. En estos casos, se valorará conveniencia de una intervención quirúrgica.

Fractura de metatarsianos

La fractura de la base del quinto metatarsiano es la más frecuente entre las fracturas del pie. Se produce por el mismo mecanismo del frecuentísimo esguince externo del tobillo, es decir, por inversión forzada del pie. En esta fractura existe un dolor muy intenso a la palpación de la base del quinto metatarsiano. El tratamiento consiste en inmovilizar el pie, en descarga. Otra fractura muy característica es la denominada *fractura de Jones*, que se produce en la unión de la metáfisis y la diáfisis del quinto metatarsiano. No debe confundirse, y es muy frecuente que así ocurra, con la fractura por avulsión descrita anteriormente; puede considerarse como una fractura por fatiga.

Fracturas de falanges

Son muy frecuentes por traumatismo directo o caída de algún objeto pesado. Si no hay desplazamiento importante, se inmovilizará el dedo mediante una sindactilización.

Lesiones ligamentosas

Esguince de tobillo

Es la patología traumática más frecuente. Del 30 al 40% de estas lesiones evolucionan a la cronicidad y a lesiones recidivantes. Se producen por una torcedura del pie que provoca su inversión forzada, lesionando los ligamentos externos y, con mucha mayor frecuencia, el ligamento peroneoastragalino anterior. La radiología sólo se debería hacer si, tras la exploración y anamnesis, hubiera dudas de lesión ósea asociada (Reglas de Ottawa, Stiell, 1993). El tratamiento depende del grado del esguince, de los antecedentes (esguinces recidivantes o crónicos) y de las características del paciente (deportista, sedentario, etc.). En los esguinces de grado I, bastará con un vendaje funcional, u ortosis, que se utilizará durante 2-3 semanas tras una fase aguda de uno o dos días en la que se hará reposo relativo con el pie elevado, y se aplicará hielo local. Los esguinces de grado II pueden requerir una inmovilización total durante 48-72 horas, con las medidas antiinflamatorias habituales y en descarga total para, una vez superada la fase aguda, colocar un vendaje con material sintético semirrígido o funcional que permita la deambulación durante las 2-3 semanas que tarde la curación de la lesión. En pacientes poco colaboradores o muy sintomáticos se puede utilizar un botín de marcha. En el esguince de grado III el tratamiento debe ser valorado por el traumatólogo, ya que algunos casos deben ser operados. Si se decide el tratamiento conservador, se utilizará un botín de marcha durante 4 semanas, realizando reposo durante la fase aguda.

Lesiones musculotendinosas

Tendinitis aquílea

Produce dolor en la masa gemelar y, más concretamente, en la zona aquílea. El tratamiento con vendaje funcional es útil para estos casos, siempre que se descarte la rotura tendinosa, donde estaría contraindicado y habría que valorar el tratamiento quirúrgico.

Otras lesiones

Fascitis plantar

Se caracteriza por dolor, básicamente, en la zona de inserción en el calcáneo. De aparición gradual a lo largo de semanas en la parte inferior del talón, que puede ser unilateral o bilateral, y que, de forma característica, es más intenso al comenzar a caminar, y empeora al caminar de puntillas y con la estancia de pie prolongada.

El estudio radiológico puede mostrar un espolón óseo calcáneo (hasta el 30% de las personas sin manifestaciones clínicas puede mostrar la imagen radiológica) o ser normal. El tratamiento es prioritariamente conservador.

Capítulo 56

PATOLOGÍA NEUROLÓGICA

CEFALEAS

La cefalea es el dolor experimentado con mayor frecuencia por la población general y es el motivo neurológico más frecuente de consulta médica.

La exploración neurológica debe ser completa y bajo ninguna circunstancia se obviará el fondo de ojo y la palpación de las arterias temporales.

El primer paso ante un paciente con cefalea es establecer si se trata de un proceso primario o bien si tiene un posible origen secundario. El inicio de cefalea en personas mayores de 50 años debe sugerir una arteritis de la temporal, procesos expansivos o alteraciones de tipo depresivo. Las cefaleas que despiertan por la noche son sugestivas de *cluster*, tumor cerebral o migraña. La instauración súbita orienta hacia una hemorragia subaracnoidea, en especial si va seguida de pérdida de conciencia, confusión y síndrome meníngeo (que puede tardar 6 horas en hacerse evidente), y también se observa en las meningoencefalitis y en la migraña. La aparición con las maniobras de Valsalva sugiere una malformación de Chiari o un tumor de fosa posterior. La oftalmoplejía y la diplopía se observan en las migrañas, procesos expansivos, aneurismas cerebrales y en la neuropatía diabética. La cefalea de aspecto migrañoso acompañada de un «aura» o una focalidad de localización constante en el mismo lado obliga a descartar un origen secundario. El edema de papila aparece en los tumores cerebrales, en el seudotumor y en la hidrocefalia maligna. Un síndrome de Horner orienta hacia un *cluster*, una hemicránea paroxística, un síndrome de Tolosa-Hunt o una disección de carótida. Los cambios de conducta o de carácter, la confusión, las convulsiones o la focalidad neurológica sugieren un proceso expansivo cerebral. Si no existe sospecha de cefalea secundaria, la anamnesis debe ir dirigida a etiquetar de forma correcta el tipo de cefalea, ya que de ello depende la aplicación del tratamiento más adecuado.

Migraña

La migraña es una cefalea recurrente, generalmente pulsátil, hemicraneal, que va acompañada de fotofobia y, a menudo, de fenómenos vegetativos. Los episodios pueden desencadenarse por factores alimentarios, psicofísicos, tóxicos, ambientales u hormonales. Las crisis oscilan entre 1-8 al mes.

Los criterios diagnósticos de la *migraña sin aura* (migraña común) comprenden un mínimo de cinco episodios de cefalea que cumpla una duración, sin tratamiento, entre 4-72 horas y dos de las siguientes características: *a*) localización hemicraneal; *b*) carácter pulsátil; *c*) intensidad moderada-grave, y *d*) empeoramiento con el ejercicio físico. También debe presentar por lo menos uno de los siguientes signos durante la cefalea: *a*) náuseas, vómitos, o *b*) fotofobia o sonofobia. Un dato característico es la postración, que obliga al paciente a permanecer encamado y con poca luz.

La *migraña con aura* debe cumplir, como mínimo, dos episodios de cefalea con característica de migraña, y tres de las cuatro características siguientes: *a*) uno o más síntomas completamente reversibles que indiquen una disfunción cortical o de tronco (escotomas centelleantes, fenómenos de empalizada, fotopsias y, más raramente, hemiparesia, hemiparestesias, hemianopsia o afasia); *b*) por lo menos, uno de los síntomas del aura se desarrolla gradualmente en más de 4 minutos, o dos o más síntomas se desarrollan sucesivamente; *c*) ninguno de los síntomas del aura dura más de 60 minutos, y *d*) la cefalea sigue al aura con un intervalo libre de menos de 60 minutos (puede empezar antes o a la vez que el aura).

Tratamiento

Existe consenso en recomendar un tratamiento preventivo en las siguientes situaciones:

- Más de dos crisis al mes de carácter suficientemente incapacitante.
- En pacientes que no toleran o responden mal al tratamiento sintomático.
- En la migraña complicada.

Los fármacos más usados son el propranolol en dosis de 40 a 240 mg/día, el nalodol (40-80 mg/día), la flunarizina (2,5-5 mg/día), el verapamilo (240-360 mg cada día), la amitriptilina (20-75 mg/día) y el ácido valproico (400-1.000 mg/día). En general, la duración del tratamiento oscila entre 3 y 6 meses.

El tratamiento sintomático debe ser muy precoz, y ha de conseguir la desaparición total o casi total antes de las 2 horas. Se recomienda iniciarlo con ácido acetilsalicílico (500-1.000 mg) o con otros antiinflamatorios no esteroideos (AINE), como el naproxeno sódico (500-1.100 mg) o el ibuprofeno (600-1.200 mg). Si estos fármacos no son suficientemente eficaces o si la cefalea es moderada-grave se ha establecido, por consenso, aconsejar tratamiento con triptanes. El tratamiento con triptanes debe evitarse en pacientes con hipertensión arterial (HTA) mal controlada o con cardiopatía.

CEFALEA EN ACÚMULOS (CLUSTER HEADACHE)

Se caracteriza por episodios recurrentes de dolor unilateral periorbitario, siempre en el mismo lado, dolor muy intenso de inicio paroxístico y en general no pulsátil, duración entre15 minutos y 4 horas, presencia de alteraciones autonómicas unilaterales, signo de Horner incompleto, hiperalgesia facial y vómitos. Además, se presenta en «acúmulos o racimos», es decir, con una frecuencia de 1-4 crisis/día, generalmente a la misma hora y durante un período que suele durar de una semana a varios meses.

El tratamiento debe ser preventivo: verapamilo (80 mg/8 horas), propranolol (20-60 mg/8 horas) o flunarizina (5-10 mg/día). Si no hay respuesta, debe plantearse el tratamiento con prednisona (30 a 60 mg/día). Con respecto al tratamiento sintomático, una alternativa son los triptanes, preferentemente por vía sublingual o subcutánea, o administrar oxígeno al 100% durante 10 minutos (7 litros/minuto).

CEFALEA DE TENSIÓN

El dolor es mal definido, descrito como una sensación opresiva «en casco» o «en banda» alrededor de la cabeza, que aparece por la mañana y se incrementa durante el día, con una intensidad ondulante que no impide la actividad cotidiana, pero que dificulta el sueño y puede despertar al paciente. El dolor es bilateral en el 90% de los casos, de localización frontal, temporal u occipitocervical y, con frecuencia, holocraneal. Puede ir acompañado de mareo, que se describe como «flotación de la cabeza, borrachera o cabeza vacía». La cefalea de tensión se clasifica en varios subgrupos, según la frecuencia de presentación (episódica o crónica), y también según vaya acompañada o no de alteraciones de los músculos pericraneales (cefalea por contracción muscular y la no acompañada de alteración muscular o cefalea psicógena). La cefalea por contracción muscular es sensible al tratamiento con miorrelajantes y antiinflamatorios, y la psicógena, a antidepresivos.

NEURALGIA ESENCIAL DEL TRIGÉMINO

Se caracteriza por dolores paroxísticos y lancinantes muy intensos, de segundos de duración, que se localizan en una o varias ramas del trigémino. La frecuencia de descargas es muy variable, y oscila desde una hasta centenares al día. Es típica una «zona gatillo» que ocasiona el acceso doloroso y que suele ser un roce de la mejilla, afeitarse, comer, lavarse la cara, etc. La exploración neurológica debe ser normal. El inicio en menores de 40 años sugiere un origen sintomático. El tratamiento debe iniciarse con carbamazepina (hasta un máximo de 400 mg/8 horas), gabapentina (400-800 mg/8 horas), topiramato (50-100 mg/12 h) o baclofeno (10-25 mg/8 horas).

CEFALEA INDUCIDA POR ANALGÉSICOS

Es una cefalea de rebote que aparece en pacientes que ingieren de forma crónica fármacos con ergotamina o con cafeína, pero también con ácido acetilsalicílico o paracetamol. Debe sospecharse en pacientes con dolor de cabeza continuo y diario, que ingieren estos fármacos en dosis elevadas (4-6 comp./día) instaurándose un círculo vicioso. El tratamiento implica la supresión del medicamento y el inicio de un tratamiento diferente.

VÉRTIGOS DE ORIGEN PERIFÉRICO

Vértigo posicional benigno

El vértigo posicional benigno (VPB) es la causa más frecuente de vértigo. Episodios de segundos de duración, que se desencadenan con los cambios de posición de la cabeza. Típicamente, aparecen al acostarse, al girarse o al mirar hacia arriba o abajo, y ceden con el reposo. Son crónicos y recurrentes. El tratamiento postural suele ser más efectivo que el farmacológico.

Neuronitis vestibular

Es la segunda causa de síndrome vertiginoso agudo y la primera en personas jóvenes. Es un vértigo intenso, de inicio brusco, con vegetatismo importante, sin acufenos ni pérdida de audición.

Enfermedad de Ménière

Constituye el 12% del total de vértigos y afecta predominantemente a personas entre 30 y 50 años. Se caracteriza por la repetición de episodios vertiginosos periféricos, intensos, con acusado vegetatismo, acufenos, distorsión de la percepción de los ruidos y pérdida de audición.

Neurinoma del acústico

Puede cursar como un síndrome vertiginoso periférico, con acufenos e hipoacusia progresiva. La exploración muestra signos de disfunción vestibular y de las estructuras vecinas.

Vértigo vestibulotóxico

Ocasionado por fármacos (aminoglucósidos, furosemida, etc.).

Vértigos de origen central

Son menos frecuentes que los periféricos.

Isquemia vertebrobasilar

Como norma general hay que señalar que el vértigo aislado no puede considerarse como un signo de isquemia vertebrobasilar (IVB), ya que para sustentar dicho diagnóstico es preciso que vaya acompañado de otros síntomas o signos característicos de este proceso (diplopía, ataxia, cefalea occipital, disartria, etc.).

Otras causas

Numerosas entidades pueden provocar un síndrome vertiginoso central, como parte de un cuadro sintomatológico más extenso. La migraña, ciertos tumores cerebrales (parietales), procesos del tronco cerebral (infartos, hemorragias, gliomas, metástasis), esclerosis múltiple, malformaciones de fosa posterior (Chiari, siringobulbia).

Valoración

El vértigo siempre es un síntoma y nunca una enfermedad, y debe ser valorado mediante una anamnesis y una exploración neurológica que permitan detallar los siguientes aspectos:

- Si existe una ilusión de movimiento o rotación de uno mismo o del entorno, o bien una sensación de pérdida inminente de conciencia (permite diferenciar el auténtico vértigo de la sensación prelipotímica).
- Si las crisis son episódicas o existe una sensación de mareo constante.
- Si los cambios posturales cefálicos modifican o desencadenan el vértigo.
- Si existen síntomas o signos que sugieran una afectación del sistema nervioso (parestesias, diplopía, dismetría, etc.).

El síndrome vestibular se determina en la exploración por los cuatro signos siguientes: nistagmo, signo de Romberg, desviación de índices y marcha en estrella. Cuando únicamente están presentes estos signos, lo más probable es que se trate de un vértigo de origen periférico. La presencia de otras anomalías pone de manifiesto la afectación de estructuras distintas del sistema vestibular, y sugiere un origen central.

TEMBLOR

TEMBLOR ESENCIAL

Es una entidad benigna, monosintomática, en la que el temblor aparece o se incrementa al mantener una actitud, y cede parcial o totalmente con el reposo o al realizar un movimiento. Se incrementa con el nerviosismo, la fatiga o los intentos de control voluntario y, en algunos pacientes, al levantarse o al intentar escribir. Disminuye con el reposo, el sueño y el alcohol. En un 10% se asocia a temblor de reposo. El tratamiento está indicado en los casos en los que el temblor interfiera la actividad del individuo. Puede utilizarse el propranolol en dosis crecientes hasta un máximo de 20-100 mg cada 8 horas, la primidona en dosis de 15-150 mg/8 horas o el diazepam en dosis de 2-10 mg/8 horas.

ENFERMEDAD DE PARKINSON

Los síntomas principales de la enfermedad de Parkinson (EP) son temblor, bradicinesia, rigidez y, en fases más avanzadas, pérdida de reflejos posturales. El diagnóstico se establecerá cuando se cumplan los siguientes requisitos:

- Presencia durante más de un año de al menos dos de los tres signos principales (temblor de reposo, bradicinesia y rigidez).
- Respuesta al tratamiento con levodopa (con dosis de hasta 1.000 mg al día durante 1 mes) con una mejoría de moderada a marcada y una duración del efecto superior a 1 año.

La falta de respuesta a la levodopa obliga a poner en duda el diagnóstico de EP.

El *temblor* es la manifestación más conocida, y constituye el primer síntoma en el 70% de los casos. Es un temblor de reposo en prono-supinación, lento, con una frecuencia de 4-6 c/seg, que disminuye con el movimiento y durante el sueño, y se incrementa con la concentración mental. La *bradicinesia* se manifiesta por la lentificación de los movimientos voluntarios y provoca la facies amímica, las reacciones lentas, la voz monótona, el trastorno deambulatorio con pérdida del balanceo, la dificultad para vestirse, afeitarse, etc. La bradicinesia es el síntoma más invalidante de la EP.

La *rigidez* afecta en especial a los músculos flexores, ocasionando la típica postura en flexión del cuello, manos, brazos y rodillas. Produce una hipertonía en rueda dentada.

La *pérdida de reflejos posturales* ocasiona la inestabilidad de la marcha, la dificultad para mantener el equilibrio frente a pequeños obstáculos y la marcha festinante (aceleración incontrolable del paso).

Tratamiento

El *tratamiento* es complejo. La levodopa (*Sinemet®*, *Madopar®*) produce una mejoría notable en el 80% de pacientes, pero presenta dos inconvenientes: su eficacia disminuye, de forma que a los 5 años de tratamiento sólo el 25-50% mantienen la mejoría inicial, y en el 40-80% de pacientes ocasiona problemas discinéticos. Por ello, es importante retrasar el inicio de esta terapia, en especial cuando la esperanza de vida es larga. Como alternativa, en la fase inicial de la enfermedad son de utilidad los agonistas dopaminérgicos o la selegilina.

OTRAS CAUSAS DE TEMBLOR

Véase la tabla 56-1.

Tabla 56-1. Clasificación del temblor

Temblor de reposo
- Enfermedad de Parkinson
- Síndromes parkinsonianos
- Enfermedad de Wilson
- Toxicomedicamentoso

Temblor de actitud o postural
- Temblor esencial/temblor senil
- Temblor fisiológico acentuado
  - *Causas físicas*: ansiedad, fatiga
  - *Causas endocrinológicas*: hipertiroidismo, feocromocitoma
  - *Causas metabólicas*: hipoglucemia, uremia, insuficiencia hepática, hipercapnia, alteraciones iónicas, hipo/hipercalcemia
- Temblor de actitud del parkinsoniano
- Causas toxicomedicamentosas
- Secundario a otras enfermedades neurológicas

Temblor intencional
- Toxicomedicamentoso
- Esclerosis múltiple
- Enfermedad de Wilson
- Atrofias y degeneraciones cerebelosas y espinocerebelosas
- Lesiones de cerebelo/tronco cerebral
- Secundario a otras enfermedades neurológicas

VALORACIÓN

Ante un paciente con temblor debe establecerse qué tipo presenta (actitud, reposo o acción), el tiempo de evolución, el inicio unilateral o bilateral, la existencia de antecedentes familiares, y definir si constituye la única manifestación o si forma parte de un cuadro neurológico más extenso.

ENFERMEDAD VASCULAR CEREBRAL

La *enfermedad vascular cerebral* (EVC) es la entidad neurológica que mayor número de ingresos hospitalarios genera, y la tercera causa de mortalidad (10%) en los países industrializados.

FACTORES DE RIESGO CEREBROVASCULAR

La identificación y el control de los factores de riesgo vascular son los pilares básicos preventivos de la EVC. Se calcula que el 50% de las EVC acontecen sobre el 10% de la población, que debería beneficiarse del adecuado tratamiento de sus factores de riesgo.

Factores de riesgo no modificables

- *Edad.* El riesgo de ictus se dobla en cada década a partir de los 55 años.
- *Sexo*. Los varones están algo más expuestos, con una relación 1,3/1.

Factores de riesgo modificables

- *Hipertensión arterial* (HTA): es el principal factor de riesgo, tanto para la EVC isquémica como para la hemorragia cerebral. En los pacientes con HTA, el riesgo relativo es de 3,1 para los hombres y de 2,9 para las mujeres. Se considera que cada aumento de 10 mm de presión incrementa en dos el riesgo de EVC.
- *Tabaquismo*: es un factor de riesgo independiente que aumenta en 2 el riesgo de EVC isquémica.
- *Diabetes mellitus*: los pacientes diabéticos son especialmente susceptibles a padecer aterosclerosis y presentan un incremento de factores de riesgo vascular (HTA, dislipemia y obesidad). La diabetes mellitus incrementa la posibilidad de EVC, en especial el aterotrombótico, en 1,8-6 veces el de la población normal.
- *Estenosis carotídea asintomática*: en los pacientes con estenosis asintomática, en el 60-99% el riesgo anual de ictus tras 5 años es del 3,2%.
- *Fibrilación auricular* (FA): el riesgo anual de ictus en pacientes con FA es del 3-5% (2/3 de los cuales son cardioembólicos). La FA aislada incrementa en 7 la posibilidad de una EVC. Los pacientes de mayor edad son los que presentan un riesgo más elevado de ictus (23,5% anual en los pacientes entre 80-89 años, por 1,5% en los pacientes entre 50-59 años).
- *Dislipemia*: los niveles de lipoproteínas de baja densidad (LDL) y los triglicéridos son factores de riesgo independientes para las EVC de tipo arteriosclerótico.
- *Obesidad*: la obesidad (IMC > 30 kg/m^2) y, más concretamente, la obesidad abdominal, definida por el índice cintura/cadera, predispone a las enfermedades cardiovasculares y, en particular, al ictus, sobre todo en las mujeres.
- *Alcoholismo*: la ingesta crónica y la intoxicación aguda se relacionan con un aumento del riesgo de ictus isquémico y de hemorragia cerebral.

Accidente isquémico transitorio

Se define el *accidente isquémico transitorio* (AIT) como una disfunción cerebral focal, de inicio brusco, duración inferior a 24 horas, con recuperación clínica total y ausencia de lesión cerebral residual. El reconocimiento y el tratamiento de los AIT son fundamentales, ya que el 40% de los pacientes con AIT sufrirán una EVC establecida, y la mitad de ellos la experimentarán durante los tres primeros meses después del AIT.

- *AIT de territorio carotídeo.* Se manifiestan por: *a*) afectación motora en forma de monoparesia o hemiparesia; *b*) afectación sensitiva (hipoestesias o parestesias) de todo un hemicuerpo o extremidad, que afecta en ocasiones a hemicara y hemilengua; *c*) alteración de la visión en forma de pérdida brusca de visión monocular que puede ir acompañada de hemianopsia homónima o de hemiparesia contralateral, y *d*) trastornos del lenguaje de tipo disártrico o afásico. Cuando la amaurosis fugaz se asocia a episodios de hemiparesia contralateral (síndrome óptico-piramidal), la posibilidad de patología oclusiva carotídea es muy alta.
- *AIT vertebrobasilares.* Merecen un comentario, dada la confusión que existe con ciertos síntomas que, sin ser específicos, suelen relacionarse con alteraciones vertebrobasilares, como el vértigo, la inestabilidad, la diplopía y la pérdida brusca del tono muscular (*drop attack*), que pueden ser manifestaciones isquémicas vertebrobasilares aunque su presencia aislada no es diagnóstica. Se manifiesta por: *a*) alteraciones motoras o sensitivas de distribución monopléjica o hemipléjica, de carácter alternante, incluyendo episodios de tetraparesia; *b*) alteraciones oculares en forma de hemianopsia homónima, a veces bilateral, y *c*) presentación conjunta de dos o más de los siguientes síntomas: vértigo, ataxia, diplopía, disartria, *drop attack* o disfagia.

Como se ha dicho, el paciente que sufre un AIT tiene alto riesgo de presentar una EVC establecida en los tres primeros meses. El papel del médico de Atención Primaria es fundamental para una valoración adecuada de estos pacientes. Es fundamental que todo AIT sea estudiado de forma urgente.

Infarto cerebral

El *infarto cerebral* (IC) se define como el conjunto de manifestaciones clínicas de instauración aguda o subaguda, consecuencia de la alteración del aporte circulatorio a un determinado territorio encefálico y que comporta un déficit neurológico de más de 24 horas de duración. Constituye el 80% de las EVC establecidas.

IC aterotrombótico

Son infartos de tamaño medio o grande, de topografía cortical o subcortical, debidos a la oclusión o estenosis de arterias de mediano o gran calibre, por trombosis o embolia de material trombótico en otra porción arterial. Es preciso demostrar la existencia de arteriosclerosis en la arteria correspondiente a la clínica (estenosis > 50%) mediante exploraciones complementarias. Son los infartos isquémicos más frecuentes, y suelen ir precedidos de AIT.

IC cardioembólico

Es un ictus secundario a la oclusión de una arteria por un émbolo de origen cardíaco. Para establecer este diagnóstico debe existir una causa cardíaca de embolia, y ausencia de otra etiología (fundamentalmente, aterosclerosis asociada).

IC lacunar

Es un infarto de pequeño tamaño, localizado en el territorio de una arteria penetrante (zonas profundas del cerebro y del tronco cerebral), y debe cumplir los siguientes requisitos: clínicamente, hemiparesia motora pura, síndrome sensitivo puro, disartria, mano torpe, ataxia-hemiparesia, etc.; la TC o la resonancia magnética (RM) deben mostrar un infarto lacunar o ser normales, y no debe existir otra causa (fundamentalmente, aterosclerosis de grandes vasos o cardiopatía embolígena).

Prevención secundaria de la enfermedad vascular cerebral

En primer lugar, es importante conseguir un buen control de los factores de riesgo, en especial de HTA, diabetes, dislipemia, tabaquismo y alcoholismo. La etiología de la EVC marcará el tratamiento: la EVC embólica es tributaria de anticoagulación (un INR entre 2-3 es altamente eficaz en la prevención de la EVC de origen cardioembólico). Una placa de ateroma, en especial si se localiza en la porción proximal del origen de la carótida interna y se halla ulcerada, indica una endarterectomía, siempre y cuando los episodios sean de este territorio y no exista otra etiología. La ausencia de estenosis carotídea grave o la ateromatosis generalizada indicará tratamiento antiagregante, cuya administración en prevención secundaria permite evitar 38 nuevos eventos por cada 1.000 pacientes tratados al año. El fármaco de elección es el ácido acetilsalicílico (AAS) en dosis medias, entre 75-325 mg/día (Gubitz, 2000). El clopidrogrel es el fármaco que ha sustituido a la ticlopidina, ya que presenta un perfil de efectos secundarios más seguro y, en la actualidad, está considerado como el tratamiento cuando el AAS está contraindicado o cuando el paciente repite un ictus estando en tratamiento con AAS.

Actitud frente al ictus agudo

En la actualidad, se considera que el ictus es una emergencia médica, y que el paciente con ictus debe ser tratado preferentemente en una unidad de ictus. La fibrinólisis con RT-PA durante las primeras 3 horas tras un ictus mejora las posibilidades de recuperación de los pacientes. Es importante insistir en la necesidad de alertar a la población de cuáles son los síntomas precoces de un ictus y de la necesidad, ante síntomas sugestivos, de acudir de forma urgente a un centro hospitalario y a una unidad de ictus.

Hemorragia cerebral

Es una colección hemática intracerebral ocasionada por la rotura de un vaso sanguíneo; es responsable del 10-15% de las EVC establecidas. La hemorragia cerebral debe sospecharse ante un cuadro de focalidad neurológica de inicio brusco acompañada de pérdida de conciencia súbita con o sin rigidez de nuca, cefalea y vómitos. La hemorragia cerebral tiene una mortalidad superior a la del IC (del 30-50% durante el primer mes).

Hemorragia subaracnoidea y hematoma subdural

Una hemorragia subaracnoidea debe sospecharse ante un paciente con dolor de cabeza súbito y explosivo, seguido de confusión o pérdida de conciencia, con o sin focalidad neurológica. La rigidez de nuca es característica, pero puede tardar incluso 6 horas en aparecer. Debe ser ingresado de forma urgente en un servicio neuroquirúrgico. El hematoma subdural debe sospecharse ante toda persona que presente un déficit neurológico progresivo, en especial en ancianos, alcohólicos o en pacientes con traumatismo craneal previo, aunque sea aparentemente banal o bien hubiera sucedido hace meses.

CONVULSIONES

Las crisis epilépticas son la etiología principal de los pacientes que presentan convulsiones. Se definen como una predisposición a descargas de actividad eléctrica neuronal, periódicas y excesivas, que producen pérdida de conocimiento, movimientos involuntarios, fenómenos sensitivos o sensoriales anormales, hiperactividad autonómica y/o alteraciones conductuales.

Clasificación de las crisis epilépticas

Las *crisis parciales* se caracterizan por una sintomatología clínica y/o electroencefalográfica (EEG) sugestiva de una disfunción focal del córtex cerebral, y se subdividen en *crisis parciales simples*, si no van acompañadas de alteración de la conciencia, *crisis parciales complejas*, si se acompañan de alteración de la conciencia, y *crisis parciales con generalización secundaria*, si la crisis parcial se sigue de crisis tonicoclónicas, clónicas o tónicas.

En las *crisis generalizadas* las manifestaciones clínicas y el EEG dependen de una descarga excesiva e hipersíncrona de neuronas corticales y subcorticales de ambos hemisferios, traducida en una pérdida de conciencia que puede ir acompañada de fenómenos motores bilaterales y simétricos. Se distinguen varios tipos: *crisis de ausencias*, que se dividen en dos subtipos: *ausencias típicas* (*petit mal*), que son breves pérdidas de conocimiento, de 5-10 segundos de duración, con conservación del tono muscular, recuperación instantánea de la conciencia y que pueden acompañarse de clonías palpebrales; *ausencias atípicas*, en las que, en general, hay una alteración más pronunciada del tono muscular, y el inicio y final de las crisis no son tan abruptos.

Crisis mioclónicas: contracciones bruscas y breves que afectan a una parte o a la totalidad de la musculatura y que no suelen acompañarse de pérdida de conciencia.

Actitud ante un paciente con crisis convulsivas

Ante un paciente que consulta tras haber sufrido una crisis convulsiva, el médico debe intentar establecer cuál ha sido el origen del cuadro clínico, lo que en la práctica significa discernir entre crisis epiléptica o crisis no epiléptica. Las dudas diagnósticas más frecuentes son con el síncope, que suele acompañarse de componente vegetativo y su instauración no es tan brusca (a excepción de los síncopes de origen cardiovascular). Algunos datos en favor del origen comicial son la mayor duración de las convulsiones, la ausencia de palidez y sudoración, en el caso de que exista mordedura de lengua que ésta sea lateral y, especialmente, la existencia de estupor poscrítico. En los niños la epilepsia suele ser de origen indeterminado o asociarse a problemas perinatales, traumatismos o infecciones; en los adolescentes suele ser de origen idiopático o postraumático; en el adulto debe sospecharse un proceso tumoral, en especial si la crisis es focal, por alcoholismo o por sustancias tóxicas, mientras que en el anciano la causa más frecuente es la vascular cerebral, los tumores o los procesos degenerativos. Ante la sospecha de una crisis epiléptica, es aconsejable que el paciente sea remitido al neurólogo para que confirme el diagnóstico y decida si debe iniciarse tratamiento. Únicamente debe prohibirse la ingesta de alcohol, incluso en pacientes libres de crisis por períodos largos de tiempo, e insistir en la necesidad de unas horas de sueño suficientes y regulares (entre 7-9 horas). Hay que prestar especial atención a la posibilidad de efectos adversos de los anticomiciales, que deben identificarse de forma precoz.

Actitud frente a una crisis epiléptica

Durante la crisis es preciso evitar que el paciente se dañe al caerse o durante las convulsiones (retirar objetos, sillas, etc.) o al morderse la lengua (con objetos blandos). Hay que evitar aspiraciones (retirar cuerpos extraños o prótesis dentales). Si es una crisis única, no es preciso administrar fármacos, pero si aparece una nueva crisis y se sospecha un estatus epiléptico, el tratamiento de elección será con 10 mg de diazepam o 2 mg de clonazepam por vía intravenosa, administrados lentamente (1 minuto). También es útil la administración por vía rectal (*Stesolid*®). Hay que derivar urgentemente el paciente al hospital.

Exploraciones complementarias

El estudio etiológico de un paciente con epilepsia debe realizarlo el neurólogo. Las exploraciones complementarias incluyen una analítica estándar, un EEG y una TC cerebral.

Situaciones especiales: concepción y embarazo

Los anticomiciales pueden disminuir la efectividad de los anticonceptivos orales. La posibilidad de malformaciones de los fetos expuestos a tratamiento con monoterapia con carbamazepina, fenitoína o fenobarbital es del 4,5 y del 8% si se administran dos o más fármacos conjuntamente, mientras que en mujeres no epilépticas el riesgo es del 2-4%. Es aconsejable administrar ácido fólico en las mujeres epilépticas embarazadas (1-4 mg/día). Con respecto a los fármacos recientes, y a pesar de que existe poca información, parece ser que la lamotrigina es aceptablemente segura.

DEMENCIAS

Se define la demencia como un síndrome adquirido y persistente de deterioro de varias funciones mentales superiores, fundamentalmente memoria, pensamiento abstracto y razonamiento, producido por una patología orgánica en un paciente sin alteraciones del nivel de conciencia, y que le produce incapacidad en la actividad social y laboral. La clasifición etiologica se resume en la tabla 56-2.

Tabla 56-2. Clasificación de las demencias

Enfermedades degenerativas
- Enfermedad de Alzheimer
- Demencia por cuerpos de Lewy
- Enfermedad de Pick
- Demencia frontotemporal
- Enfermedad de Parkinson
- Degeneración corticobasal
- Enfermedad de Huntington
- Gliosis subcortical progresiva
- Parálisis supranuclear progresiva
- Enfermedad de Hallervorden-Spatz
- Degeneración estrionigral
- Enfermedad de Shy-Drager
- Enfermedad de Fhar
- Atrofias cerebelosas
- Síndrome de Down
- Degeneración talámica bilateral
- Degeneraciones espinocerebelosas
- Esclerosis lateral amiotrófica
- Enfermedad de Steinert
- Otras

Demencias infecciosas
- Neurolúes
- Complejo demencia-sida
- Leucoencefalopatía multifocal progresiva
- Enfermedades priónicas:
  - Enfermedad de Creutzfeldt-Jakob
  - Enfermedad de Gerstmann-Sträussler
  - Kuru
- Panencefalitis esclerosante subaguda
- Cisticercosis cerebral
- Encefalitis herpética
- Abscesos cerebrales
- Enfermedad de Whipple
- Meningoencefalitis por *Borrelia*
- Meningoencefalitis brucelar
- Meningoencefalitis tuberculosa
- Otras meningoencefalitis (virus, bacterias, parásitos, hongos)

Demencias metabólicas
- Degeneración hepatocerebral adquirida
- Hipo/hipertiroidismo
- Hipo/hiperparatiroidismo
- Enfermedades de depósito
- Hipoglucemia crónica
- Porfirias
- Insuficiencia respiratoria crónica
- Enfermedad de Wilson

Demencias carenciales
- Déficit de ácido fólico
- Déficit de vitamina B_{12}
- Déficit de ácido nicotínico (pelagra)

Demencias tóxicas
- Alcohol
- Metales pesados
- Compuestos/disolventes orgánicos

Demencias vasculares
- Multiinfarto
- Enfermedad de Binswanger
- Vasculitis
- Angiopatía amiloide
- CADASIL
- Demencia por infarto estratégico
- Otras (hematomas múltiples, hipoperfusión hiperviscosidad, etc.)

Hidrocefalias
- Obstructiva
- Normotensiva
- Enfermedad de Pick

Neoplasias cerebrales
- Tumores cerebrales primarios
- Tumores metastásicos
- Carcinomatosis meníngea
- Linfomatosis meníngea
- Síndromes paraneoplásicos (encefalitis límbica)

Demencias traumáticas
- Hematoma subdural crónico
- Traumatismos craneales
- Postraumática

Enfermedades desmielinizantes
- Esclerosis múltiple
- Otras

Enfermedades mitocondriales

Enfermedades psiquiátricas

Modificada de DECLAMED.

DEMENCIAS DEGENERATIVAS PRIMARIAS

Enfermedad de Alzheimer

La enfermedad de Alzheimer (EA) es la responsable del 50-75% de las demencias. Se caracteriza por un inicio insidioso y un curso invariablemente progresivo, con pérdida de memoria reciente, desorientación temporoespacial, alteraciones afásicas y apráxicas y desestructuración de la personalidad, contrastando con la preservación de las funciones motoras hasta estadios avanzados de la enfermedad. Se pueden distinguir tres fases evolutivas: *fase inicial*, en la que predomina el déficit de memoria reciente, fallos ocasionales en la orientación temporal, alteraciones de la iniciativa y cambios conductuales; *fase intermedia*, en la que la alteración cognitiva se generaliza, aparecen las alteraciones del lenguaje, existe una mayor desorientación y dificultad para realizar las actividades de la vida diaria; *fase avanzada*, con una afectación global grave, incapacidad para reconocer a los familiares, alteración esfinteriana y aparición progresiva de un estado vegetativo.

DEMENCIAS VASCULARES

Demencia multiinfarto

Representa el segundo grupo en importancia, con el 10-30% del total de casos, y con una prevalencia del 1,8% en mayores de 65 años. El patrón clásico es un trastorno de inicio agudo, generalmente durante los tres primeros meses tras un ictus, curso fluctuante y escalonado, disfagia, disartria, alteraciones precoces de la marcha, caídas frecuentes e inexplicables, síntomas urinarios, cambios de personalidad y de ánimo, depresión, alteración de las funciones ejecutivas y retraso psicomotor.

OTRAS DEMENCIAS

Hidrocefalia normotensiva

Representa el prototipo de demencia potencialmente curable. Se caracteriza por la tríada demencia, incontinencia urinaria y alteración de la deambulación. Los trastornos de la esfera intelectual suelen ser los más precoces. Los trastornos de la deambulación son la manifestación más característica: la marcha es lenta, con pasos cortos hacia una astasia-abasia. La incontinencia urinaria aparece en estadios más avanzados. El tratamiento es quirúrgico (colocación de una válvula de derivación) e incluso en fases avanzadas de la enfermedad pueden obtenerse resultados satisfactorios. El pronóstico es mejor en los casos con la tríada clásica y en aquellos que han mejorado tras una punción lumbar evacuadora.

Enfermedades priónicas

La *enfermedad de Creutzfeldt-Jakob* (encefalopatía subaguda espongiforme) es un proceso que cursa con una demencia rápidamente progresiva, asociada a mioclonías y ataxia cerebelosa, y que lleva a la muerte en menos de un año. La enfermedad evoluciona muy rápidamente, con cambios que se notan día a día. Con posterioridad, aparecen mioclonías, disartria, mayor afectación cerebelosa, gran deterioro cognitivo y coma. No existe tratamiento eficaz. Esta enfermedad se parece a la forma humana de la encefalopatía espongiforme bovina («enfermedad de las vacas locas»).

VALORACIÓN

Una tarea importante del médico de Atención Primaria es identificar de forma precoz a los pacientes con deterioro orgánico de las funciones superiores, por lo cual debe familiarizarse con los test de valoración cognitiva más sencillos (Mini-mental test de Folstein, etc.). Si se comprueba un probable deterioro cognitivo (Mini-mental < 24 puntos), se debe profundizar en su estudio, realizando anamnesis y exploración neurológica completas, anamnesis farmacológica con retirada de todo fármaco que no sea necesario, y evaluar la dosificación de los que se consideren imprescindibles. Deben practicarse: analítica general con determinaciones de ácido fólico, vitamina B_{12}, hormonas tiroideas y una TC cerebral. En los jóvenes debe solicitarse una serología VIH.

El diagnóstico diferencial se establecerá con varios procesos: *a*) cuadro confusional agudo; *b*) amnesia benigna de la senectud, y *c*) déficit cognitivo mínimo (*mild cognitive impairment*).

ACTITUD TERAPÉUTICA

Medidas generales

Como norma para los familiares, es aconsejable insistir en la necesidad de que el paciente sea estimulado desde el punto de vista intelectual (hablar con él, intentar que lea o que mire la televisión, etc.), preservar su entorno intentando no introducir cambios bruscos en sus costumbres (no cambiarlo de casa, de habitación, no presentarle gente nueva y desconocida, evitar al máximo los ingresos hospitalarios, etc.), conseguir que realice actividades rutinarias sencillas en la medida de sus posibilidades, etc. Es importante insistir en la higiene personal y en la obligatoriedad de una ingesta regular de líquidos, ya que suelen olvidarse de beber.

Exploraciones complementarias

- En la evaluación inicial de los pacientes con demencias debe realizarse una TC o RM craneal, sin evidencias que recomienden el uso de otras exploraciones de neuroimagen.
- Hay que descartar un cuadro de depresión, el déficit de vitamina B_{12} y el hipotiroidismo, pero el estudio de sífilis únicamente está indicado si existe sospecha clínica de neurosífilis.

ESCLEROSIS MÚLTIPLE

La esclerosis múltiple (EM) es una enfermedad inflamatoria y desmielinizante del sistema nervioso central (SNC), característica de las personas jóvenes, y tiene un probable origen autoinmune. Las manifestaciones más características son la neuritis óptica, la afectación piramidal, alteraciones sensitivas, alteraciones de pares craneales (diplopía, nistagmo, vértigo) y las alteraciones esfinterianas.

El curso clínico de la EM es muy variable; sin embargo, pueden establecerse varias formas más o menos homogéneas: la *forma remitente/recu-*

rrente se caracteriza por brotes o recidivas de la enfermedad con posterior recuperación (completa o incompleta). La forma *crónica progresiva* se caracteriza por una evolución progresiva del déficit neurológico, sin períodos de mejoría ni empeoramientos bruscos. Se denomina *EM secundaria progresiva* a la que, tras un período variable de recidivas y remisiones, evoluciona hacia un deterioro progresivo de los síntomas.

TRATAMIENTO

En la actualidad, varios fármacos han demostrado que modifican el curso natural de la EM. Se trata de los interferones beta (1a y 1b) y del copolímero 1, que pueden administrarse a pacientes seleccionados con EM remitente-recurrente, o a pacientes con formas secundarias progresivas con enfermedad activa.

PATOLOGÍA NEUROMUSCULAR

NEUROPATÍAS

Mononeuritis

SÍNDROME DEL TÚNEL CARPIANO

El síndrome del túnel carpiano (STC) es la neuropatía por atrapamiento más frecuente, y está provocada por la compresión del nervio mediano a nivel del carpo. El cuadro clínico es muy característico, con una primera fase con acroparestesias nocturnas que afectan preferentemente a la mano dominante y que despiertan al paciente a medianoche. Con posterioridad, aparecen de día en relación con diferentes actividades o durante el reposo.

EXTREMIDADES INFERIORES

En las extremidades inferiores el nervio que se lesiona con mayor facilidad es el *ciático poplíteo externo* (CPE). Cursa con parálisis de la flexión dorsal del pie, provocando una caída del mismo. El mecanismo más común es el compresivo. Se observa en especial en pacientes amiotróficos, diabéticos, alcohólicos y en las personas que tienen como costumbre cruzar las piernas. En general la recuperación es completa en pocos meses.

PARÁLISIS FACIAL PERIFÉRICA IDIOPÁTICA

Proceso frecuente, de origen presumiblemente inflamatorio-viral, y que puede aparecer a cualquier edad. Suele ir precedida de dolor retroauricular ipsilateral, para, con posterioridad, desarrollarse la parálisis facial, que afecta tanto a la musculatura facial superior (no pueden cerrar el ojo, borramiento de las arrugas frontales) como a la inferior (desviación de la comisura bucal hacia el lado sano, imposibilidad de soplar, etc.).

Polineuritis

Se caracteriza por una alteración simétrica sensitivomotora, con parestesias, disestesias, pérdida de sensibilidad, de fuerza y de reflejos distales. Existen también formas sensitivas puras, motoras puras o disautonómicas. En el 30-40% de los casos, no puede llegarse a un diagnóstico etiológico. Las polineuritis más frecuentes son las siguientes:

Neuropatías y polineuritis diabética

Desde el punto de vista clínico, los diabéticos desarrollan los siguientes tipos de neuropatía:

- *Neuropatía craneal*: afecta en especial a los oculomotores, ocasionando diplopía y parálisis oculomotora, preservando la musculatura intrínseca.
- *Neuropatía por atrapamiento*: el síndrome del túnel carpiano se observa en el 12% de los diabéticos.
- *Polineuritis distal simétrica*: se caracteriza por una disminución de la sensibilidad profunda y de los reflejos aquíleos. Existen distintos tipos de polineuropatía diabética y diferentes clasificaciones de los mismos; la forma más frecuente es la *mixta sensitivomotora-autonómica*, caracterizada por síntomas sensitivos (parestesias, disestesias distales), motores (pérdida de fuerza y amiotrofia que, en general, son poco prominentes) y alteraciones disautonómicas.
- *Neuropatía proximal diabética*: es poco frecuente y, en general, se desarrolla en diabéticos tipo 2 mal controlados, aunque en algunos casos puede ser el primer síntoma. Aparece en las extremidades inferiores, de forma generalmente unilateral, en especial en pacientes entre los 60-70 años.

Polineuritis enólica

Es el segundo tipo más frecuente de polineuritis; se observa en el 10 al 30% de los alcohólicos. Se caracteriza por un déficit simétrico sensitivo o sensitivomotor distal en las extremidades inferiores, que puede ser muy doloroso y de curso progresivo, acompañado de hipoparestesia, pérdida de reflejos y de fuerza y amiotrofia.

Radiculopatías y mielopatía cervical

Radiculopatía cervical

Cuadro de dolor cervical agudo, que aumenta con los movimientos del cuello y con las maniobras de Valsalva, irradiado a la extremidad superior y que va acompañado de alteración funcional de la cintura escapular y del brazo. El diagnóstico diferencial es complejo. Es interesante recordar las características comunes de las radiculopatías cervicales: *a*) el dolor irradia siguiendo el trayecto dermatómico correspondiente a la raíz afectada; *b*) la alteración sensitiva compromete en especial la sensibilidad dolorosa; *c*) la atrofia muscular suele ser poco importante en las lesiones de una sola raíz; *d*) no hay disfunción vegetativa, y *e*) el *músculo centinela*, diferente para cada raíz, es el que se afecta de forma más precoz y grave, lo que constituye un dato de gran utilidad para localizar la raíz dañada. La sintomatología clínica dependerá de la raíz afectada.

Tratamiento

Inmovilizar el cuello mediante un collarín cervical, administrar relajantes musculares, antiinflamatorios no esteroideos y aplicar calor húmedo.

Mielopatía cervical

La causa más frecuente es la cervicoartrósica. Se caracteriza por un trastorno de la marcha, y cursa con hiperreflexia, espasticidad en las extremidades inferiores y Babinski bilateral. Las alteraciones sensitivas son menos aparentes en las extremidades inferiores, y pueden observarse en las superiores. En general, no existen trastornos esfinterianos.

ENFERMEDAD DE LA MOTONEURONA

Esclerosis lateral amiotrófica

Es una enfermedad degenerativa de origen desconocido, que afecta a la vía motora tanto a nivel de primera como de segunda motoneurona.

La sintomatología es la debilidad y la atrofia muscular progresiva, con hiperreflexia, fasciculaciones y ausencia de síntomas sensitivos. Se distinguen tres formas clínicas: la *común*, que suele iniciarse de forma asimétrica en una extremidad superior, la *seudopolineurítica*, que se inicia en los miembros inferiores, también de forma asimétrica, y va progresando de forma ascendente lentamente, y la forma *bulbar,* cuya evolución es más rápida. La evolución tiende a un empeoramiento progresivo, y el fallecimiento del paciente suele producirse a los 2-3 años del diagnóstico.

ENFERMEDADES DE LA UNIÓN NEUROMUSCULAR

Miastenia *gravis*

La miastenia *gravis* (MG) es la más frecuente de las enfermedades de la unión neuromuscular.

La etiología y la patogenia están bastante perfiladas, ya que en la mayoría de pacientes se detectan anticuerpos antirreceptor de acetilcolina, que se cree que desempeñan un papel patogenético. La MG se clasifica en los siguientes estadios:

- *-I* (*forma ocular*): afectación exclusivamente ocular.
- *-II-a* (*forma generalizada leve*): cuadro insidioso, con afectación de la musculatura estriada, incluyendo la bulbo-protuberancial, de forma difusa, pero leve y sin afectación respiratoria.
- *-II-b* (*forma generalizada moderada-grave*): similar a la II-a pero con síntomas más intensos, aunque con nula o mínima afectación respiratoria.
- *-III* (*forma aguda fulminante o crisis miasténica*): forma de inicio fulminante y con afectación generalizada, incluyendo musculatura respiratoria.
- *-IV* (*forma grave tardía*): afectación generalizada grave que aparece al cabo de 1-2 años de sufrir una forma tipo I o II de MG.

Desde el punto de vista clínico, los pacientes presentan alguno de los siguientes síntomas: ptosis, diplopía, disfagia, disartria o fatigabilidad acusada.

Otro dato característico es la claudicación mandibular en la masticación. La disfagia con regurgitación nasal de líquidos, la disartria, que empeora de forma progresiva, y la fatigabilidad en forma de claudicación progresiva al realizar actos repetitivos completan las manifestaciones clínicas.

Capítulo 57

REHABILITACIÓN EN ATENCIÓN PRIMARIA

PATOLOGÍAS SUSCEPTIBLES DE REHABILITACIÓN

Enfermedad reumática

Las dos patologías más frecuentes y susceptibles de rehabilitación en Atención Primaria son la artritis reumatoidea y la artrosis.

La rehabilitación comienza determinando qué articulaciones están afectadas y en qué fase inflamatoria se encuentran: aguda, subaguda o crónica. La artritis reumatoidea puede presentarse en cualquiera de estas tres fases. La artrosis suele observarse en una forma estática, asimilable a la fase crónica de la artritis reumatoidea.

Fase aguda

El tratamiento se limita a reposo, férulas y ejercicios terapéuticos.

Reposo

Es esencial en la fase aguda de la artritis, y el reposo completo en cama es necesario, salvo cuando sólo estén afectadas las articulaciones de la extremidad superior.

Férulas

Sirven para reducir la inflamación y aliviar el dolor, protegiendo e inmovilizando los tejidos agudamente inflamados con el fin último de preservar una articulación movible y funcionalmente útil. Deben utilizarse dispositivos ligeros y confortables que se puedan quitar fácilmente para el tratamiento físico y después se puedan volver a colocar, ya que se recomienda retirar las férulas al menos una vez al día para realizar los ejercicios.

Ejercicios terapéuticos

Las articulaciones agudamente inflamadas requieren ejercicios de movilidad articular pasiva una vez al día para mejorar su movimiento. Inicialmente, se sumerge la articulación en agua caliente para reducir el dolor.

Mientras el miembro está en la férula, el paciente puede realizar contracciones estáticas o isométricas de los músculos que rodean la articulación afectada.

Fase subaguda

Se pasa del reposo al apoyo gradualmente progresivo del peso del cuerpo y a los ejercicios activos.

Reposo y férulas

El reposo local de la articulación se va reduciendo, retirando las férulas por períodos cada vez más prolongados, hasta usarse solamente por la noche.

El primer escalón es aumentar la movilidad general, progresando gradualmente desde el reposo en cama a la deambulación, con períodos de sedestación, bipedestación y deambulación con ayuda.

Ejercicios terapéuticos

Se van intercalando paulatinamente ejercicios de movilidad articular activa entre los de movilidad articular pasiva. En principio, los movimientos se harán a favor de la gravedad, y después, poco a poco, en contra.

Los ejercicios isométricos se mantienen durante esta fase, pasando a realizarlos fuera de la férula y repitiendo las contracciones con la articulación completamente extendida, en semiflexión y en la máxima flexión que permita su estado.

Fase crónica

Ejercicios terapéuticos

El desarrollo de la movilidad y el de la fuerza deben trabajarse conjuntamente. La sesión de ejercicios terapéuticos debe ir precedida de termoterapia.

Aumento de la movilidad articular

Los ejercicios de movilidad articular deben ser activos, y también se pueden incluir ejercicios de estiramiento pasivo. Se puede comenzar manteniendo el estiramiento unos 5 segundos, para ir aumentando paulatinamente este tiempo hasta llegar a 10-15 segundos en 2 a 3 semanas.

Aumento de la potencia muscular

Se debe comenzar con cargas o resistencias suaves y pocas repeticiones, e ir aumentando ambas progresivamente cada semana.

Los ejercicios isométricos de la fase subaguda se mantienen al comienzo de esta fase. Cuando el paciente ya ha ganado algo de fuerza (3-4 semanas), se pueden incluir en las sesiones ejercicios de fuerza isotónica.

Algias vertebrales

Se refieren a los dolores de origen mecánico que asientan en músculos, ligamentos, discos o raíces nerviosas de los tres segmentos de la columna vertebral: cervical, dorsal y lumbar.

Cervicalgias

Dolor agudo

El tratamiento inicial consiste en la administración de antiinflamatorios no esteroideos (AINE), aplicación frecuente de hielo sobre el área dolorosa y evitar aquellas actividades que agraven los síntomas.

El paciente puede utilizar también un collarín blando durante un máximo de 10 días, que puede quitarse para realizar ejercicios de movilidad articular.

A medida que disminuyen el dolor y el espasmo muscular, se empiezan a realizar ejercicios de movilidad articular pasiva. Si se mantiene la posición alcanzada, durante 10-15 segundos, se estarán realizando estiramientos pasivos que también pueden ser muy útiles en esta fase. Después, se puede pasar a realizar ejercicios de movilidad articular activa, con el paciente en decúbito y con la cabeza apoyada en una superficie. Cuando note mejoría, puede pasar a realizar los ejercicios sentado.

También puede realizar ejercicios isométricos. Los ejercicios isotónicos pueden incluirse cuando el dolor y la contractura hayan desaparecido.

Dolor crónico

Al pricipio puede administrarse algún AINE para reducir el dolor y permitir el inicio de los ejercicios terapéuticos. Se puede comenzar con ejercicios de movilidad articular activa, aplicando calor seco antes y hielo después, así como con estiramientos pasivos.

Al cabo de 2-3 semanas, se pueden iniciar los ejercicios de fuerza y resistencia muscular, comenzando con los isométricos, para pasar después a realizar los isotónicos.

Dorsalgias

Dolor agudo

Puede manejarse como el dolor de las cervicalgias, pero sin collarín y utilizando calor seco en lugar de frío. Los ejercicios de movilidad articular y estiramiento serán activos.

Dolor crónico

Puede manejarse también como el dolor de las cervicalgias, pero tras hacer los anteriores ejercicios durante 2-3 semanas se pasará a realizar ejercicios isotónicos.

Lumbalgias

Fase aguda

El tratamiento se compone de alivio del espasmo muscular, que puede requerir reposo en cama, calor local, masaje, analgésicos y relajantes musculares.

Una vez calmado el espasmo muscular inicial, el paciente puede utilizar una faja lumbosacra cuando camine, y realizar contracciones isométricas de la musculatura paravertebral, También debería realizar ejercicios isométricos de la musculatura abdominal para mantener el equilibrio agonistas/antagonistas.

Fase subaguda

Se pueden iniciar ya los ejercicios de movilidad articular en decúbito supino. Después, se repetirán estas maniobras de pie, con la espalda pegada a una pared, sentado y en posición de cuadrupedia.

Fase crónica

Algunos pacientes con musculatura distendida pueden mejorar con el uso de una faja lumbosacra hasta que hayan recuperado su fuerza con los ejercicios terapéuticos. Desde el principio, pueden realizarse los ejercicios de movilidad articular y estiramientos de la fase subaguda, y después hay que pasar a realizar ejercicios de fuerza y resistencia.

Higiene postural

Postura erecta

Es aconsejable aumentar la base de sustentación manteniendo los pies separados, y repartir el soporte del peso del cuerpo alternando el adelantamiento periódico de una de las extremidades inferiores. De vez en cuando, se puede interrumpir la bipedestación estática dando algunos pasos o apoyándose en la pared o en un mueble. Si esto no es posible, se pueden realizar contracciones isométricas de abdominales, glúteos, cuádriceps y bíceps femoral.

Manipulación y elevación de pesos

La manipulación de objetos poco pesados se hace levantándolos a la altura de la cintura o del pecho, y la de los pesados o fijos, adaptando el cuerpo a su altura mediante la flexión de las rodillas.

Levantar un objeto del suelo y descenderlo se hace protegiendo al máximo la columna, adoptando una posición erguida, vertical, sin rotaciones, con lordosis fisiológica y con la musculatura abdominal contraída. El objeto debe mantenerse lo más cerca posible del cuerpo al cogerlo, y se eleva y desciende con movimientos de rodillas y caderas, o de extremidades superiores, con la menor participación posible de la columna (figura 57-1a). Los objetos con forma de cubo se colocan sobre una arista y se agarran por las aristas laterales. Los objetos con otras formas se pueden levantar según indica la figura 57-1 (b, c y d).

Traslado de pesos

Los objetos se trasladan sujetos con tirantes o monturas y lo más cerca posible del tronco; cuando esto no es posible, se colocan sobre la cabeza, se apoyan sobre la cresta ilíaca o se sujetan con los brazos en la parte media del tórax.

Los objetos demasiado pesados para cargarlos se arrastran o empujan deslizándolos por el suelo con ruedas, si es posible. Los carritos de la compra y los cochecitos de niño se deben empujar por delante, y los muebles, cajas pesadas o coches, con la espalda contra el objeto (figura 57-1f).

Postura sentada

Para trabajar sentado, es preferible un taburete alto, sin respaldo y giratorio para permitir torsiones controladas por las piernas en un soporte, con la mínima intervención de la columna. Las rodillas deben caber holgadamente debajo de la mesa.

Conducción de vehículos

Cuando se conduce un automóvil, el asiento debe permitir que la columna lumbar quede en lordosis fisiológica y aplicada contra un respaldo con forma anatómica, o corregirlo con un suplemento especial o una almohadilla en caso contrario. Las rodillas deben quedar más elevadas que las caderas, y los pedales, a la distancia adecuada para poderlos manejar con simples movi-

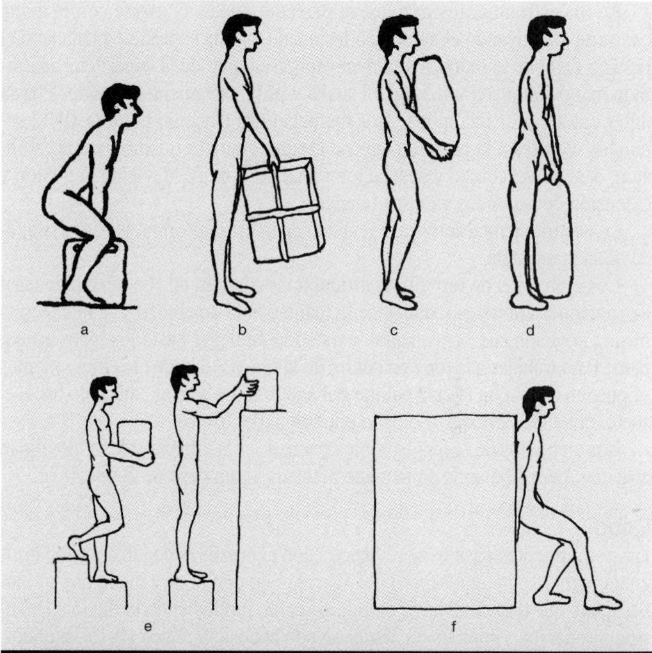

Figura 57-1. Higiene postural, posición correcta para: *a*) levantar un peso del suelo; *b*, *c* y *d*) levantar algunos objetos; *e*) alcanzar un objeto elevado, y *f*) empujar un objeto muy pesado.

mientos de tobillo con el talón apoyado. El volante debe mantenerse con los codos ligeramente flexionados.

LESIONES DEL APARATO LOCOMOTOR

ÓSEAS

Mientras la articulación permanece inmovilizada se pueden realizar ejercicios isométricos de los músculos.

El programa de ejercicios terapéuticos debe comenzar con estiramientos pasivos, continuar con estiramientos activos, añadir después ejercicios de movilidad articular, y acabar con ejercicios de fuerza y resistencia muscular.

Esta pauta sirve para todas las articulaciones que se mencionan a continuación.

Muñeca y mano

Hay que comenzar flexibilizando las partes blandas empleando sucesivamente ejercicios de estiramiento pasivo, estiramiento activo y movilidad articular a favor y en contra de la gravedad.

En los estiramientos pasivos, el paciente puede ayudarse con la mano contraria y, apoyando el antebrazo lesionado en una superficie plana, con el borde a nivel de la muñeca y la mano sobresaliendo de la superficie, agarrará la mano lesionada y flexionará suave y progresivamente la muñeca hasta notar una tirantez incómoda. Tras mantener esa posición durante 10-15 segundos, volverá a la posición neutra. Después hará lo mismo para la extensión, desviación cubital y desviación radial de la muñeca, y para la flexión y extensión de los dedos y de sus falanges.

Los estiramientos activos se realizan de la misma forma, pero sin la ayuda de la mano sana.

Los ejercicios de movilidad articular consistirán en flexoextensiones y desviaciones cubitales-radiales de la mano con el antebrazo y la mano en la misma posición sucesivas, lentas y tratando de llegar hasta los topes articulares. Para trabajar a favor y en contra de la gravedad, todos los movimientos se pueden hacer con la cara palmar del antebrazo y la mano mirando hacia el suelo, el techo, el tronco y el lado opuesto al del tronco.

Los ejercicios de fuerza isotónica pueden ser los mismos de la movilidad articular, pero sujetando en la mano afectada algún peso de 200 a 500 g.

Codo

Los estiramientos pasivos se realizarán con el brazo lesionado apoyado horizontalmente sobre una superficie; agarrándolo con la otra mano por su muñeca, hay que tirar de él hasta el tope articular, produciendo la flexión, extensión, pronación y supinación, manteniendo la posición unos 10-15 segundos.

Los estiramientos activos se realizan de la misma forma, pero sin la ayuda del brazo sano.

Los ejercicios de movilidad articular consisten en flexoextensiones y pronosupinaciones del antebrazo con el brazo en la misma posición, sucesivas, lentas y tratando de llegar hasta los topes articulares. Los ejercicios de fuerza isotónica se hacen igual que los de movilidad articular, pero sujetando en la mano los mismos pesos que para la muñeca.

Tobillo y pie

Los estiramientos activos debe realizarlos el paciente en posición de decúbito supino, tratando de alcanzar de forma activa el mayor grado de flexión dorsal posible y manteniendo esa posición unos 10 a 15 segundos, haciendo después lo mismo con la flexión plantar, la inversión y la eversión.

Los ejercicios de movilidad articular consistirán en flexiones dorsales-plantares e inversiones-eversiones del pie con el paciente en decúbito supino, sucesivas, lentas y tratando de llegar hasta los topes articulares. Los ejercicios de fuerza isotónica pueden consistir en lo siguiente: la flexión dorsal se puede trabajar sentado, con los pies juntos y un peso colocado sobre su dorso, elevando y descendiendo la punta del pie y manteniendo el talón en el suelo como punto de apoyo; la flexión plantar se puede trabajar de pie haciendo elevaciones y descensos de tobillos sobre la punta de los dedos. Otra forma de trabajo isométrico consiste en hacer que el paciente camine cierta distancia (5 a 10 m), apoyando primero sólo los dedos y luego sólo los talones.

Rodilla

Los estiramientos pasivos se hacen con la ayuda de otra persona, por lo que es necesario que en las primeras fases la rehabilitación sea supervisada en el Centro de Salud. En la segunda semana se puede utilizar el método de la facilitación neuromuscular propioceptiva, para mejorar más la flexibilidad y aumentar así el grado de flexión de la rodilla. A partir de la segunda semana, además de los estiramientos activos, el paciente también puede practicar en su casa ejercicios de movilidad articular. Los ejercicios de fuerza y resistencia muscular se pueden iniciar en el Centro de Salud, cuando el paciente posea ya un grado de flexión aceptable. La potenciación del cuádriceps puede conseguirse de la siguiente forma: con el paciente sentado en la mesa de exploración, con las piernas colgando y el borde de la mesa a nivel de la región poplítea, el terapeuta pone su mano sobre la cara anterior del tobillo de la pierna afectada y pide al paciente que extienda la rodilla al mismo tiempo que le opone una resistencia para obstaculizar el movimiento sin impedirlo. La potenciación de bíceps femoral e isquiotibiales se puede hacer de esta forma: con el paciente en decúbito prono sobre la mesa de exploración, el terapeuta coloca su mano sobre la cara posterior del tobillo de la pierna afectada y pide al paciente que flexione la rodilla al mismo tiempo que le opone resistencia para obstaculizar el movimiento sin impedirlo.

Pasados unos días, se puede indicar al paciente que haga estos mismos ejercicios en su casa unas tres veces al día, pero con un peso de unos 500 g atado al tobillo.

Articulares

Esguince de tobillo

Los esguinces de tobillo de grados I y II se tratan con rehabilitación funcional agresiva. En las primeras 24-72 horas hay que indicar reposo (el paciente no debe apoyar el pie), aplicación de hielo en una bolsa de plástico sobre la zona lesionada, compresión mediante un vendaje elástico y elevación del tobillo por encima del nivel del corazón.

A las 48-72 horas, cuando la inflamación se haya estabilizado, se puede aplicar un vendaje funcional que estabilice el tobillo.

Una vez estabilizada la inflamación, se llevan a cabo baños de contraste. Al mismo tiempo, se realizan ejercicios de movilidad articular consistentes en flexiones dorsales y plantares suaves del tobillo, pero tratando de llegar hasta el tope articular. También se pueden iniciar estiramientos pasivos suaves. En esta fase, en vez de vendaje se puede utilizar una tobillera que se pueda retirar para hacer los ejercicios, e iniciar el apoyo del tobillo.

Al cabo de 7-14 días, si no hay dolor en la inversión del tobillo, los estiramientos pasivos se sustituirán por estiramientos activos, seguidos por ejercicios de fuerza y resistencia muscular consistentes en: *a*) andar de punteras y de talones, alternativamente, cada 5 m a lo largo de 20-30 m; *b*) hacer elevaciones y descensos de tobillos con las rodillas extendidas, con la parte anterior de ambos pies apoyada en un escalón, la parte posterior suspendida en el aire y agarrado a la barandilla, y repitiéndolo con los pies juntos, después con los talones separados y las puntas de los pies juntas y, por último, con las puntas de los pies separadas y los talones juntos.

Para la reeducación propioceptiva se puede hacer rodar una botella, hacia atrás y hacia adelante, con el pie colocado perpendicular a su eje longitudinal, y hacia izquierda y derecha, con el pie colocado sobre el eje longitudinal de la botella.

Esguince de columna cervical

Se siguen las mismas líneas marcadas para las algias cervicales agudas, en las que el reposo se hace con el collarín cervical, y se aplica hielo.

Partes blandas

Epicondilitis y epitrocleítis

Además del reposo y la medicación, es necesario realizar ejercicios que devuelvan la fuerza y la flexibilidad a los músculos del antebrazo.

Estos ejercicios son los siguientes:

- Los mismos ejercicios de estiramiento pasivo que para las fracturas de muñeca y mano.
- Con el antebrazo del codo doloroso descansando sobre una mesa y la mano sobresaliendo por el borde de ella, recta y con la palma mirando hacia arriba, empujar con la otra mano sobre la palma tratando de doblar la muñeca del brazo doloroso al mismo tiempo que ésta hace fuerza para impedirlo. Mantenerse haciendo fuerza con las dos manos y en sentidos opuestos durante 6 segundos, y después relajar. Hacer lo mismo con la palma de la mano del codo doloroso mirando hacia abajo.
- Sentado en una silla, con el codo doloroso flexionado unos 90°, el antebrazo apoyado sobre el muslo, con un peso de 1 kg en la mano y su palma mirando hacia arriba, doblar la muñeca hacia arriba y hacia abajo, continua y lentamente, hasta las posiciones más extremas posibles. Repetir después con la palma de la mano dirigida hacia abajo.
- Con el antebrazo del codo doloroso descansando sobre una mesa y la mano sobresaliendo por el borde de ella agarrando un martillo, y con la otra sujetando el codo doloroso para que no se mueva, girar el martillo hacia uno y otro lado, continua y lentamente, alcanzando las posiciones más extremas posibles.

Fascitis plantar

Hay que evitar las actividades que aumentan el dolor; aplicar crioterapia sobre la zona dolorosa durante 15-20 minutos; insertar en el zapato una talonera que eleve el talón; aplicar una férula nocturna que mantenga el tobillo en posición neutra para dormir con ella, y eliminar o atenuar el dolor matutino y realizar ejercicios terapéuticos, con crioterapia antes y después de los ejercicios.

Estos ejercicios son los siguientes:

- De pie, frente a una pared y con las manos apoyadas en ella, adelantar la pierna sana y dejar retrasada la pierna del talón doloroso. Luego, con esta pierna recta y el talón pegado al suelo, sin separarlo, echar el tronco poco a poco hacia adelante hasta que se note una tirantez soportable en la parte posterior de la pierna durante 15 segundos.

- Sentado en una silla o taburete, con los pies separados, empujar con la parte anterior del pie lesionado contra el suelo, para intentar hundirlo, durante 6 segundos, y después relajarlo.
- El mismo ejercicio anterior, pero tratando de doblar sólo los dedos de los pies contra el suelo.

Patología respiratoria. Enfermedad pulmonar obstructiva crónica

Fisioterapia torácica

La postura que adopta el paciente con enfermedad pulmonar obstructiva crónica (EPOC) (hombros encorvados, mayor cifosis torácica y lordosis compensatoria por debajo de ella) puede influir también negativamente en los movimientos respiratorios. Por ello, deben mostrársele los defectos mediante un espejo, y luego observarle en reposo y en diversas actividades hasta que aprenda a mantener una postura más correcta en su rutina diaria.

Se le pueden enseñar también ejercicios para el control de la disnea, como adoptar posturas en las que la fuerza de la gravedad ayude a la inspiración: *a*) sentado e inclinado hacia delante, con la cabeza sobre los brazos y los brazos descansando sobre una mesa o una almohada, y *b*) en decúbito semiprono, con los brazos y las piernas ligeramente flexionadas y relajadas, con el cuerpo y las extremidades bien apoyadas en almohadas.

Para momentos de disnea aguda puede aprender a realizar respiraciones rápidas y cortas, en las que la espiración y la inspiración se consiguen por la contracción y relajación abdominal, respectivamente.

Reentrenamiento respiratorio

Se empieza prestando atención a los movimientos respiratorios, enseñando al paciente a aumentar la «expansión lateral de las bases», inspirando contra la presión ejercida sobre ellas: el paciente, sentado, coloca sus manos confortablemente sobre sus costillas inferiores, presiona con una mano solamente sobre una base pulmonar para ayudar a una espiración más profunda y luego mantiene un cierto grado de esa presión como resistencia a la inspiración; repite el ejercicio en el otro lado y sigue así hasta conseguir un control unilateral adecuado al aplicar presión bilateral. Esto mismo se puede hacer mejor con un cinturón ancho colocado alrededor de las costillas inferiores, los extremos cruzados en la parte anterior del tórax y agarrados con las manos opuestas para hacer presión tirando de uno o de los dos extremos.

Cuando la respiración costal baja es satisfactoria, se integra con la respiración diafragmática o abdominal.

Se le enseña cómo cambia la circunferencia de su abdomen desnudo durante la respiración debido a la mecánica anormal de sus movimientos, mientras el movimiento torácico superior se encuentra acentuado.

Tabla 57-1. Programa de ejercicio para el paciente de bajo riesgo

Etapa	Semana	Duración (minutos)	Descanso activo (minutos)	Sesiones supervisadas	Sesiones no supervisadas	Intensidad (% FC reserva)
Inicio	1	12 (4 × 3)	3	3	0	40-50
	2	16 (4 × 4)	3	3	0	40-50
	3	18 (3 × 6)	3	3	0	45-55
	4	21 (3 × 7)	2	4	0	45-55
	5	24 (2 × 12)	2	4	0	50-60
	6	30 (2 × 15)	2	4	0	50-60
Mejora	7-8	20	0	5	0	55-65
	9-10	25	0	5	0	55-65
	11-12	30	0	5	0	60-70
	13-14	30	0	5	1	60-70
	15-16	35	0	5	1	60-75
	17-18	35	0	4	2	60-75
	19-20	40	0	4	2	60-80
	21-22	40	0	3	3	60-80
	23-24	45	0	3	3	60-85
Mantenimiento	25 o más	45 o más	0	3 o menos	4 o más	80-85

Este patrón de respiración anormal se corrige con ejercicios en decúbito supino, con las rodillas flexionadas y apoyadas en una almohada y las manos descansando sobre la parte anterior de las costillas inferiores. Primero, el paciente debe prestar atención al movimiento de sus costillas superiores, practicando la supresión hasta que en respiración tranquila decrece hacia un nivel normal. Después, se concentra en los movimientos abdominales, hasta que su abdomen se relaja y distiende en inspiración y se tensa y retrae en espiración, que debe durar hasta dos veces más que la inspiración. El paciente practica prolongando la espiración hasta que pueda exhalar durante 10-15 segundos sin perder el control de su siguiente inspiración, y sin jadeo ni movimiento del tórax superior.

Ahora el paciente ya debería demostrar que controla la respiración en posiciones relajadas, con un movimiento abdominal mucho más normal y menor movimiento de la parte superior del tórax. Después se le enseña a mantener este patrón respiratorio mientras se sienta o permanece de pie y durante los ejercicios de relajación.

El ejercicio apropiado para los pacientes con EPOC consiste en: bicicleta estática, caminar o correr en cinta rodante, remar o subir escalones en las máquinas correspondientes. Se debe recomendar con insistencia caminar, por ser la base de la locomoción y formar parte de muchas actividades cotidianas.

REHABILITACIÓN CARDÍACA

Comprende la intervención psicológica, física y sobre aspectos sociolaborales y el control de los factores de riesgo. La intervención psicológica consiste en enseñar al paciente una técnica de relajación convencerle de la necesidad del cambio completo de su estilo de vida. La intervención sociolaboral consiste en el asesoramiento sobre reincorporación a la vida social y al puesto de trabajo o profesión, actividad sexual y manejo de las situaciones estresantes. La intervención física consiste en un plan de ejercicios como el de la tabla 57-1.

Capítulo 58

PATOLOGÍA DIGESTIVA

INTRODUCCIÓN

Los problemas de salud relacionados con el tubo digestivo presentan una elevada prevalencia en la población, y suponen un motivo frecuente por el que los ciudadanos acuden a la consulta del médico de familia. Una parte importante de dichos trastornos tiene un origen funcional, por lo que es necesario tratar al paciente con síntomas digestivos desde una perspectiva amplia en la que los factores psicológicos y sociales deben ser tenidos en cuenta.

DISFAGIA

La disfagia se define como la sensación de dificultad en la progresión del alimento durante la deglución. Su prevalencia oscila del 7 al 10% en mayores de 50 años, y es más frecuente en los ancianos. Puede ser síntoma de numerosas enfermedades, sistémicas o locales, o provocar secundariamente otros estados patológicos (deshidratación, desnutrición, aspiración, etc.).

Anamnesis

Antecedentes personales de enolismo, tabaquismo, uso de fármacos o enfermedades subyacentes que puedan producir disfagia. Se investigará el inicio frente a sólidos o líquidos, la forma de evolución y los síntomas acompañantes. Cabe sospechar una enfermedad tumoral en caso de progresión rápida de los síntomas e intensa pérdida de peso.

Exploración

Se deben buscar lesiones estructurales locales y signos de posibles enfermedades sistémicas asociadas, realizar una valoración neurológica, así como determinar las posibles secuelas nutricionales o respiratorias de la disfagia.

Pruebas complementarias

La analítica puede ayudar tanto a establecer la etiología como la repercusión de la disfagia. Debe incluir: hemograma, glucemia, pruebas hepáticas, renales, iones y lípidos. Se pueden incluir hormona tirotropa (TSH) y otros estudios, según la sospecha clínica (enzimas musculares, autoanticuerpos, etc.). La radiología convencional de tórax o de cuello puede mostrar edema, cuerpos extraños o compresión extrínseca. Ante la sospecha de un trastorno motor, son preferibles los estudios baritados, que sirven también para descartar lesiones obstructivas previamente a la endoscopia. La endoscopia permite la visión directa de las lesiones y la toma de biopsias, por lo que es la técnica de elección si se sospecha una lesión orgánica.

TRATAMIENTO

Debe comenzar con el establecimiento de unas medidas generales para disminuir el riesgo de aspiración, y mejorar la capacidad deglutoria y el estado nutricional. Se aconsejarán alimentos semisólidos, que ofrecen menos problemas para su deglución, así como evitar el alcohol, el tabaco, el café o la toma de fármacos sin líquido. En cualquier caso, el tratamiento siempre incluirá el de la patología subyacente.

La acalasia puede mejorar con tratamiento farmacológico (dinitrato de isosorbida, 5 mg oral o sublingual, previo a las comidas, o 20 mg cada 12 horas en forma de liberación sostenida; nifedipino, 10 mg oral o sublingual antes de las comidas). En el espasmo esofágico difuso la respuesta farmacológica es menos predecible. Se pueden usar inhibidores de la bomba de protones en dosis altas (20 mg de omeprazol, 30 de lansoprazol o 40 de pantoprazol, cada 12 horas), ya que se puede asociar a reflujo gastroesofágico.

PIROSIS

La pirosis, definida como la sensación de ardor o quemazón epigástrica que asciende hacia el cuello, es el síntoma típico y que con mayor frecuencia manifiestan los pacientes que padecen la enfermedad por reflujo gastroesofágico (ERGE).

Se entiende por reflujo gastroesofágico el paso del contenido ácido del estómago al esófago. Se considera ERGE cuando por su intensidad o duración el reflujo produce sintomatología y/o lesiones esofágicas.

La hernia de hiato es una alteración anatómica que favorece la aparición del reflujo; sin embargo, no está presente en muchos pacientes con ERGE y, además, la mitad de los pacientes con hernia de hiato no tienen reflujo.

La esofagitis por reflujo se define como la presencia de lesiones en la mucosa esofágica secundarias al reflujo gastroesofágico. No todos los pacientes con ERGE presentan esofagitis, y no se ha demostrado una buena correlación entre la sintomatología y las lesiones histológicas.

MANIFESTACIONES CLÍNICAS

Los síntomas más frecuentes de ERGE son la pirosis y la regurgitación, cuyo valor predictivo cuando se presentan conjuntamente es muy alto. Un porcentaje pequeño de pacientes con ERGE presenta sintomatología atípica: tos crónica, dolor torácico, asma, disfonía, hipo o sensación de globo faríngeo.

DIAGNÓSTICO

Se basa fundamentalmente en la historia clínica, dado que la mayoría de los pacientes con ERGE no van a requerir, en principio, la realización de pruebas complementarias. En los pacientes con síntomas típicos en los que el control terapéutico inicial (medidas generales y antiácidos) no consiga su remisión, es de gran utilidad diagnóstica la realización de un análisis empírico con inhibidores de la bomba de protones (IBP) en dosis estándar durante 4 semanas, con una sensibilidad del 75% y una especificidad del 55%.

La primera prueba que se debe realizar es la endoscopia digestiva alta, que ha demostrado ser la más rentable. Su sensibilidad para detectar lesiones sugestivas de ERGE (esofagitis), a pesar de todo, no supera el 60%, mientras que la especificidad es muy elevada. Cuando hay esofagitis, la endoscopia tiene valor pronóstico, ya que valora su gravedad y la presencia de complicaciones. Permite, además, la toma de biopsias y descartar una patología tumoral.

La utilidad de las pruebas radiológicas baritadas para el estudio del reflujo gastroesofágico es, en la actualidad, muy escasa; presenta una sensibilidad del 26% y una especificidad del 77%. En los pacientes que presentan manifestaciones clínicas persistentes a pesar del tratamiento empírico y endoscopia negativa, está indicada la derivación al sector especializado para realizar una medición del pH que permitirá demostrar si los síntomas están relacionados con el reflujo gastroesofágico.

Complicaciones

Se desarrolla estenosis esofágica en el 2%, aproximadamente, de los pacientes con ERGE. El esófago de Barret, consistente en una metaplasia columnar esofágica, presenta una prevalencia del 3 al 4% en pacientes con ERGE no seleccionados, y se ha evidenciado su asociación con un incremento en el riesgo de desarrollo de cáncer de esófago.

Tratamiento

Modificaciones del estilo de vida y medidas higiénico-dietéticas. El tratamiento farmacológico de la ERGE persigue, en primera instancia, la remisión de la sintomatología y la curación de la esofagitis, y en segundo término, la prevención tanto de las recurrencias como la aparición de complicaciones; existen actualmente diversos grupos de fármacos que han demostrado, en mayor o menor medida, su utilidad.

DISPEPSIA

En la actualidad, según el consenso alcanzado en Roma en 1999 por expertos internacionales, se define la dispepsia como *cualquier dolor o malestar localizado en la parte central del abdomen superior*.

Clasificación

- *Dispepsia orgánica*: el síndrome dispéptico se debe a la presencia de un trastorno somático; la causa más frecuente es la úlcera gastroduodenal (15-25%), seguida de la esofagitis por reflujo (5-15%). El cáncer gástrico supone únicamente el 1-2% de todos los casos.
- *Dispepsia funcional*: es un diagnóstico de exclusión al que se llega cuando, tras la realización de las pruebas complementarias pertinentes, no es posible poner de manifiesto ninguna alteración estructural.

Diagnóstico

La valoración del paciente con dispepsia debe ir encaminada a descartar la presencia de una enfermedad orgánica. La anamnesis debe recoger los antecedentes familiares y personales de enfermedades digestivas, la presencia de hábitos tóxicos y la ingestión de fármacos gastrolesivos, así como una descripción detallada de todos los síntomas actuales, tanto de la esfera digestiva como extradigestiva (pérdida de peso, anorexia, etc.). Su utilidad radica, por una parte, en diferenciar la dispepsia de otros trastornos, como la ERGE, el síndrome del intestino irritable o el cólico biliar y, por otra parte, en determinar la presencia de síntomas o signos de alarma que orienten al padecimiento de una enfermedad grave (tabla 58-1).

Tabla 58-1. Características clínicas, síntomas y signos que sugieren la presencia de una enfermedad orgánica grave

- Edad mayor de 45-50 años
- Anorexia o pérdida de peso
- Vómitos reiterados
- Disfagia u odinofagia
- Hemorragia digestiva
- Ictericia
- Masa palpable
- Anemia
- Uso prolongado de AINE
- Antecedentes de cirugía gástrica
- Fracasos terapéuticos previos
- Historia familiar de cáncer digestivo

El patrón de referencia en el diagnóstico del paciente con dispepsia es la endoscopia digestiva alta, al lado de la cual, el resto de las pruebas disponibles posee un valor casi marginal.

Para el diagnóstico de la infección por *Helicobacter pylori* (HP) se dispone de pruebas invasivas (histología, cultivo, test de la ureasa rápida), que requieren la realización de una gastroscopia, y no invasivas (serología, test del aliento con urea-^{13}C, antígeno en heces). Aunque los test invasivos superan a los no invasivos tanto en sensibilidad como en especificidad, estos últimos tienen utilidad en los pacientes que no precisan la realización de una endoscopia. En el caso de los test histológicos, el tratamiento con fármacos antisecretores IBP o antagonistas H_2 de la histamina en los días previos puede producir falsos negativos, por lo que se recomienda realizarlos con un intervalo mínimo de una semana tras la suspensión del tratamiento.

Tratamiento de la úlcera gastroduodenal

Dado que en la etiopatogenia de la mayor parte de las úlceras gastroduodenales está implicado el HP (por encima del 90 y el 80%, en las úlceras duodenales y gástricas, respectivamente), la erradicación de éste ocupa un lugar fundamental en el tratamiento, consiguiéndose en la mayoría de los pacientes la desaparición de la sintomatología, la cicatrización de la úlcera, la eliminación casi completa de las recidivas ulcerosas y una disminución muy notable de las complicaciones. En la mayoría de los pacientes ulcerosos no infectados por HP, la úlcera está relacionada con la ingestión de antiinflamatorios no esteroideos (AINE) y los muy escasos casos restantes parecen estar ligados a estados de hipersecreción ácida.

El régimen de vida recomendado en los pacientes ulcerosos contempla solamente la supresión de los alimentos y bebidas que provoquen síntomas, y evitar el tabaco y el consumo de AINE.

TRATAMIENTO ERRADICADOR DE HELICOBACTER PYLORI

Deben ser sometidos a tratamiento erradicador todos los pacientes ulcerosos con infección por HP confirmada, tanto en las úlceras activas, complicadas o no, como en los pacientes previamente diagnosticados de úlcera (endoscópica o radiológicamente) tengan o no síntomas. También deben recibir tratamiento los pacientes con infección por HP que presenten endoscópicamente duodenitis erosiva, puesto que esta lesión se considera equivalente a la úlcera. Por el contrario, no hay actualmente suficiente evidencia que justifique el tratamiento erradicador en la gastritis erosiva y en los pacientes ulcerosos consumidores de AINE que no puedan suspender esta terapia.

Las recomendaciones de la Conferencia Española de Consenso sobre el tratamiento de la infección por HP se muestran en la tabla 58-2.

Tabla 58-2. Tratamiento erradicador de la infección por *H. pylori*

Pautas de primera elección

1. IBP (omeprazol 20 mg, lansoprazol 30 mg, pantoprazol 40 mg)/12 h
   Amoxicilina 1 g/12 h
   Claritromicina 500 mg/12 h
2. Ranitidina-citrato de bismuto 400 mg/12 h
   Amoxicilina 1 g/12 h
   Claritromicina 500 mg/12 h
   (en caso de alergia a la penicilina, la amoxicilina será sustituida por metronidazol, 500 mg/12 h)

Tratamiento de rescate

- IBP (omeprazol 20 mg, lansoprazol 30 mg, pantoprazol 40 mg)/12 h
- Subcitrato de bismuto 120 mg/6 h
- Tetraciclina 500 mg/6 h
- Metronidazol 500 mg/8 h

La duración de todos estos tratamientos es de 7 días.
IBP: inhibidores de la bomba de protones.

TRATAMIENTO DE LA DISPEPSIA FUNCIONAL

Su control terapéutico debe ser individualizado, ya que desempeña un papel fundamental la adecuada relación médico-paciente. El primer paso consistirá en una explicación detallada del proceso, y en convencer al paciente de que se comprende que se trata de un problema real a pesar de no evidenciar una patología orgánica. Otros aspectos generales del tratamiento serán delimitar posibles factores desencadenantes, valorar la posibilidad de realizar tratamiento psicológico y evitar el exceso de pruebas diagnósticas. Aunque no hay evidencia que lo apoye, es sensato insistir en el cumplimiento de las medidas higiénico-dietéticas: evitar los alimentos que desencadenen el cuadro, el tabaco, el alcohol y los fármacos que no sean estrictamente necesarios.

Los fármacos utilizados son procinéticos (metoclopramida, cleboprida, domperidona, cisaprida y cinitaprida), antisecretores (IBP y anti-H_2) y psicofármacos. Todos ellos han demostrado ser ligeramente superiores al placebo, si bien éste aisladamente es capaz de producir mejoría clínica hasta en la mitad de los pacientes. Inicialmente, la elección de uno u otro está determinada por el perfil clínico del paciente, aunque esta aproximación no está avalada bibliográficamente. De este modo, los pacientes encuadrados en el tipo ulceroso recibirán de entrada fármacos antisecretores, mientras que los de tipo dismotilidad serán tratados con procinéticos. Si a las 6-8 semanas no se obtiene respuesta, se probará con el grupo contrario. Si tampoco se logra mejoría, debe intentarse el tratamiento con antidepresivos en dosis bajas.

A pesar de que el 30-60% de los pacientes con dispepsia funcional están infectados por HP, actualmente no está indicado el tratamiento erradicador.

GASTROPATÍA POR ANTIINFLAMATORIOS NO ESTEROIDEOS

Los AINE constituyen uno de los grupos farmacológicos más utilizados en la actualidad. Estos fármacos son responsables de una amplia variedad de efectos secundarios entre los cuales destacan, por su frecuencia y gravedad, los que afectan al tubo digestivo y, en especial, al estómago y al duodeno.

Hasta en el 30% de los pacientes que toman AINE durante 6 meses aparecen síntomas dispépticos, y el 15-20% desarrollarán en este período una úlcera gastroduodenal. No existe, sin embargo, una buena correlación entre los síntomas dispépticos y la presencia de lesiones endoscópicas, de forma que sólo se evidencia úlcera en el 25% de los pacientes con síntomas, mientras que más del 50% de los pacientes con hemorragia digestiva secundaria a la toma de AINE no presentan previamente síntomas dispépticos. No todos los pacientes que toman AINE presentan el mismo riesgo de padecer lesiones gastrointestinales. Diversos estudios epidemiológicos han definido los factores que se asocian a una mayor frecuencia de gastropatía: *a*) edad mayor de 65 años; *b*) antecedentes de úlcera gastroduodenal y/o hemorragia digestiva; *c*) uso concomitante de corticoides o altas dosis de AINE; *d*) toma simultánea de más de un AINE (incluso aspirina en bajas dosis); *e*) uso de anticoagulantes orales, y *f*) enfermedades graves asociadas.

El riesgo es acumulativo, y aumentan la posibilidad de lesión ante la presencia concomitante de más de un factor.

La profilaxis farmacológica está indicada en todos los pacientes que presenten al menos un factor de riesgo. Los fármacos que hasta el momento han demostrado su efectividad son el misoprostol (200 mg/6-8 horas) y el omeprazol (20 mg/día).

DIARREA

La diarrea consiste en un aumento del número de deposiciones (3 o más por día), una disminución en la consistencia de éstas o un aumento del peso total de las heces. Se considera, generalmente, que la diarrea es aguda si su duración es inferior a 2 o 3 semanas, y crónica, si dura más.

La mayor parte de las diarreas agudas tienen un origen infeccioso, con transmisión fecal-oral sobre todo, y es poco habitual llegar a un diagnóstico etiológico al ser, generalmente, autolimitadas. La diarrea crónica puede presentarse como aguda en un inicio. Entre las múltiples causas de diarrea crónica, las más frecuentemente encontradas en Atención Primaria son el síndrome del intestino irritable, la enfermedad inflamatoria intestinal, los tumores, las infecciones y la malabsorción.

En caso de diarrea crónica, el estudio analítico inicial comprende la realización de un hemograma, velocidad de sedimentación globular (VSG), iones, determinación de la función hepática y renal, y estudio en heces de coprocultivo, huevos y parásitos, y test de sangre oculta en heces si hay sospecha de organicidad o si es una diarrea originada en el colon.

DIARREA DEL VIAJERO

Consiste en un aumento al doble del número de deposiciones/día de heces no formadas, en el transcurso de un viaje o hasta 7-10 días tras el retorno. Su prevalencia entre turistas occidentales en viajes a zonas en vías de desarrollo oscila en un 30-40%. La mayoría son originadas por *Escherichia coli* enterotoxigénico, aunque también pueden estar implicadas otras variedades de *E. coli, Salmonella, Campylobacter, Vibrio, Shigella* o *Giardia*. En caso de precisar un antibiótico, los más usados son ciprofloxacino 500 mg/12 horas, norfloxacino 400 mg/12 horas o cotrimoxazol 160-800 mg/12 horas. Se recomiendan tratamientos de 3 a 5 días, aunque parece que 2 días o incluso una dosis única podrían ser suficientes. El subsalicilato de bismuto administrado cada 6 horas es eficaz para el tratamiento y la profilaxis.

DIARREA EN PACIENTES INMUNOCOMPROMETIDOS

La diarrea crónica es el síntoma gastrointestinal más frecuente en pacientes con infección por VIH, con mayor riesgo a menor recuento de CD4 y entre hombres homosexuales. Del 30 al 70% de pacientes con sida desarrollan diarrea, y su origen es mayoritariamente infeccioso (30-80%).

HEMORRAGIA DIGESTIVA AGUDA

La hemorragia digestiva aguda alta, manifestada por hematemesis o melenas, casi siempre constituye una urgencia médica, y su enfoque es principalmente hospitalario. Por ello, la aparición en la consulta de un paciente con hematemesis o melenas confirmadas es indicativo de derivación hospitalaria urgente. Por el contrario, la hemorragia digestiva baja es un motivo relativamente frecuente de consulta en Atención Primaria. Aunque en determinadas condiciones (disminución de la motilidad colónica) puede también dar lugar a melenas, las manifestaciones clínicas más frecuentes del sangrado digestivo bajo agudo son rectorragia o hematoquecia, en función de que la sangre salga sola o mezclada con la deposición.

Diagnóstico

Es prioritario realizar una valoración de la gravedad de la hemorragia, lo que determinará la conducta que se debe seguir.

El segundo paso en el diagnóstico de la hemorragia digestiva baja es intentar determinar su origen. Para ello, cobra especial importancia una adecuada anamnesis (antecedentes de patología anorrectal, enfermedad subyacente, pérdida de peso, etc.) y el tacto rectal con el que pueden detectarse hemorroides o pólipos. En este caso, algunos expertos recomiendan realizar una rectosigmoidoscopia. Si, por el contrario, no se detecta la causa del sangrado, o en todos los casos según otros autores, está indicada la realización de colonoscopia tras una preparación adecuada. Esta técnica no sólo logra localizar en la mayoría de los pacientes el lugar exacto del sangrado, sino que, además, permite realizar un diagnóstico específico de la lesión, posibilita la obtención de biopsias y en un buen número de casos tiene utilidad terapéutica.

La realización de otras pruebas complementarias (angiografía o estudios con radioisótopos) estaría indicada en los pacientes sin diagnóstico tras la colonoscopia, y es competencia del sector especializado. Si tras el estudio en profundidad del colon no se llega a filiar el origen de la hemorragia, debe estudiarse el intestino delgado mediante enteroscopia o tránsito intestinal.

ALTERACIÓN DE LA BIOQUÍMICA HEPÁTICA

Elevación de las transaminasas

La aspartato aminotransferasa (AST) y la alanino aminotransferasa (ALT) son marcadores muy sensibles de lesión hepatocelular, con independencia de su etiología. No sucede lo mismo en cuanto a su especificidad ya que si bien la elevación de la ALT refleja casi siempre una lesión hepática, se puede observar un aumento de AST en patología muscular, renal o pancreática.

Las causas de elevación crónica de las transaminasas son variadas (tabla 58-3).

Elevación de la fosfatasa alcalina

Es mucho menos frecuente que las hepatopatías se manifiesten por un aumento aislado y persistente de la fosfatasa alcalina, la cual puede aumentar en otras muchas situaciones tanto fisiológicas (crecimiento, gestación) como patológicas (neoplasias malignas, enfermedades óseas, endocrinas, etc.). El punto clave del control de la elevación de la fosfatasa alcalina es la valoración de la gammaglutamiltranspeptidasa (GGT), que es el método más coste-efectivo para determinar el origen hepatobiliar de aquella.

Elevación de la gammaglutamiltranspeptidasa

La GGT es un indicador muy sensible de hepatopatía, pero muy poco específico, de ahí que su elevación aislada en pacientes asintomáticos, sin ante-

Tabla 58-3. Causas de elevación crónica de las transaminasas

– Esteatosis hepática
– Alcohol
– Hepatitis viral crónica
– Hepatitis autoinmune
– Hemocromatosis
– Cirrosis biliar primaria
– Enfermedad de Wilson
– Déficit de α_1-antitripsina
– Colangitis esclerosante primaria
– Hiper/hipotiroidismo
– Porfiria cutánea tarda
– Miopatías
– Enfermedad celíaca

cedentes patológicos de interés, en los que se ha descartado el consumo excesivo de alcohol o la ingestión de fármacos como barbitúricos o fenitoína, no precise seguimiento. Es útil para confirmar el origen hepatobiliar de una elevación de fosfatasa alcalina o en el seguimiento del paciente con consumo excesivo de alcohol.

HIPERBILIRRUBINEMIA

La causa más frecuente de aumento aislado de bilirrubina es el síndrome de Gilbert. Se trata de una hiperbilirrubinemia no conjugada (indirecta), de carácter hereditario, debida al déficit leve de glucuroniltransferasa hepática, cuya prevalencia en la población se estima en el 3-10%. Es un trastorno crónico, pero benigno, y los pacientes se encuentran asintomáticos, siendo generalmente la hiperbilirrubinemia un hallazgo fortuito en un análisis realizado por cualquier otro motivo. Para su diagnóstico puede ser de utilidad la realización del test del ayuno consistente en la restricción calórica a 300 kcal/día durante 48 horas, produciéndose una elevación en 2-3 veces las cifras de bilirrubina.

HEPATITIS VIRAL CRÓNICA

HEPATITIS CRÓNICA B

Se estima que el 2% de la población española es portadora del virus de la hepatitis B (VHB). La tasa de cronificación tras la infección aguda es, en la edad adulta, del 5-10%, muy inferior a la que se contrae en el parto (90%) o en la infancia (20-50%). Las vías de transmisión más importantes son en la actualidad la parenteral y la sexual, y están claramente establecidas las situaciones de riesgo elevado para contraer la infección: uso de drogas por vía parenteral, promiscuidad heterosexual u homosexual, convivencia con portadores crónicos, hemodiálisis, hemofilia, personal sanitario e internamiento en instituciones cerradas.

La historia natural de la hepatitis crónica B comienza con una primera fase, denominada *replicativa*, con alta infectividad, en la que se detecta en sangre el antígeno de superficie (HBsAg) y los marcadores de replicación viral (HBeAg y ADN viral), y que puede tener una duración muy variable. Con una frecuencia del 10-15% al año, se produce la seroconversión, desapareciendo el HBeAg y apareciendo el anti-HBe. Así comienza la fase *no replicativa,* tras la que el paciente, generalmente, se convierte en portador asintomático. No obstante, en el 20-30% de los casos, se produce una reactivación, reapareciendo el HBeAg. Esto sucede más frecuentemente en el primer año tras la seroconversión, y sobre todo en niños, pacientes inmunodeprimidos y en los que seroconvirtieron tras el tratamiento con interferón. Es posible también, aunque mucho más infrecuente, que desaparezca el HBsAg, momento en el que se puede hablar de curación. En los últimos años se han descrito virus mutantes, entre los que destaca por su frecuencia en España el denominado *precore* o *e-negativo*, caracterizado por la aparición en sangre del anti-HBe a pesar de continuar la replicación viral. En España representa actualmente más del 80% de los casos de hepatitis crónica por virus B, los cuales presentan un mayor grado de afectación histológica, responden peor a la terapia con interferón y no seroconvierten de forma espontánea.

En el 20% de los pacientes con hepatitis crónica por virus B se produce la evolución a cirrosis hepática, y es más probable que esto suceda en los pacientes jóvenes, en los que sufren una reactivación tras seroconversión previa, cuando se produce una sobreinfección por otro virus hepatotropo o si la infección está provocada por un virus mutante.

El VHB puede dar lugar al desarrollo de un hepatocarcinoma en cualquier estadio evolutivo, desde cirrosis avanzadas a portadores asintomáticos, por lo que todos ellos deben ser objetivo de seguimiento periódico para descartar su aparición, mediante la determinación de α-fetoproteína semestral y la realización de una ecografía anual.

Hepatitis crónica C

Representa casi el 80% de las hepatitis crónicas en los países desarrollados, lo que la convierte en un problema sanitario de enorme magnitud, estimándose que en España el 2-3% de la población presenta anticuerpos frente al VHC, aunque la mayoría lo desconoce por encontrarse asintomáticos.

En casi la mitad de los casos, según diversos estudios, no es posible establecer con claridad cuál es la vía de transmisión, aunque una investigación epidemiológica exhaustiva es capaz de identificar un factor potencial de riesgo hasta en el 90% de los pacientes: los dos más frecuentes son el uso (presente o pasado) de drogas intravenosas y las relaciones sexuales de riesgo (con personas infectadas o con múltiples parejas sexuales).

El hecho más destacable de la infección por el VHC es su gran variabilidad genética. Se conocen en la actualidad seis genotipos diferentes del VHC (numerados del 1 al 6) y varias decenas de subtipos, además de otras variantes sin entidad para constituir un subtipo denominadas *cuasiespecies*. En España, al igual que en todo el mundo occidental, predomina el tipo 1b, que destaca por su mala respuesta al interferón.

La tasa de cronificación tras la infección aguda es del 85%, de los que dos terceras partes de los casos presentan un aumento de transaminasas, mientras que en el tercio restante éstas permanecen en valores normales. El 10-20% de los pacientes con hepatitis crónica desarrollará cirrosis hepática en un plazo de 20-30 años, y hepatocarcinoma en el 1-5%. La ingestión de alcohol, el sexo masculino y la edad superior a 40 años han sido identificados como factores asociados a un riesgo mayor de evolución desfavorable de la hepatopatía.

El diagnóstico de hepatitis crónica por virus C queda establecido tras la detección de anticuerpos frente al mismo o del ARN viral. Para el cribado de la infección se utilizan técnicas inmunoenzimáticas (ELISA) que, en caso positivo, precisan confirmación mediante test de inmunotransferencia recombinante (RIBA) o ELISA de tercera generación, quedando reservada la detección del ARN viral para el diagnóstico de casos dudosos o para la cuantificación de la carga viral previamente al tratamiento.

Hepatitis crónica D

La principal característica del virus de la hepatitis D (VHD) es que se trata de un virus defectivo que precisa el VHB para poder producir infección. En España, afecta casi exclusivamente a usuarios de drogas por vía parenteral y su prevalencia, ya de por sí baja, está disminuyendo paulatinamente, afectando al 5% de los portadores crónicos de VHB. El VHD puede *coinfectar* a la vez que el VHB o *sobreinfectar* a un individuo previamente portador del VHB. El hecho de que la infección se produzca en uno u otro momento tiene una gran importancia para el pronóstico, ya que si en la coinfección únicamente el 10% de los pacientes evoluciona hacia la cronificación, la sobreinfección de un portador de VHB cronifica la hepatitis en el 50% de los casos.

La detección de anticuerpos frente al VHD de clase IgM en el suero del paciente proporciona el diagnóstico. El tipo de infección está determinado por la presencia de IgM-anti-HBc en la coinfección, y de IgG-anti-HBc en la sobreinfección.

La implantación de la vacunación obligatoria frente al VHB conducirá, a medio plazo, a la erradicación de esta enfermedad.

Tratamiento

Hasta fechas recientes, el interferón ha constituido el único tratamiento que ha demostrado ser efectivo para tratar las hepatitis crónicas de origen viral. Existen diversos tipos de interferón entre los cuales el más utilizado es el interferón-α (INF-α) recombinante. Se han encontrado pequeñas diferencias entre ellos, pero son escasamente significativas. Respecto a los efectos secundarios, casi la totalidad de los pacientes presentan, desde el inicio del tratamiento, un síndrome seudogripal que va disminuyendo paulatinamente en intensidad. Entre los efectos tardíos destaca la astenia (dos tercios de los pacientes), la supresión de la médula ósea (25%) sobre todo a expensas de la serie blanca y las plaquetas, y los efectos psiquiátricos (ansiedad, depresión e incluso suicidio) en una cuarta parte de los casos.

Con las pautas recomendadas, se obtiene una remisión a largo plazo en el 25-40% de los pacientes, si bien los pacientes con la mutante *precore* precisan regímenes más largos para conseguir resultados similares, pues, de lo contrario, la recidiva es la regla. Diversos estudios han permitido identificar factores asociados con una buena respuesta al interferón: altos valores de transaminasas, corta evolución de la enfermedad antes del tratamiento, bajos valores séricos de ADN-VHB, alto grado de afectación histológica, adquisición de la enfermedad en la edad adulta, sexo femenino, ausencia de enfermedades concomitantes que provoquen inmunodepresión, ausencia de infección por el virus D y ausencia de cepas mutantes. Para los pacientes con contraindicaciones al interferón (hepatopatía avanzada, inmunodeprimidos, pacientes con neoplasias) se están ensayando otros fármacos, entre los que destaca la lamivudina, aunque su utilidad aún no está firmemente establecida.

Actualmente, se recomienda iniciar el tratamiento de los pacientes con hepatitis crónica C con interferón (3MU tres veces a la semana) más ribavirina (1.000-1.200 mg/día, según peso) durante 6 meses, al término de los cuales debe determinarse el ARN-VHC. Si es positivo, se suspenderá el tratamiento, mientras que si es negativo, dado que la mayoría de los pacientes presenta el genotipo 1, se mantendrá hasta completar 1 año, si bien cada caso debe valorarse de forma individualizada. Los pacientes que respondieron inicialmente al interferón, pero luego recidivaron tras la suspensión, también se benefician de la terapia de combinación, aunque aún no está bien establecida su duración. En los pacientes que no respondieron a la terapia previa con interferón, los estudios realizados muestran una tasa de respuesta sostenida con la terapia combinada del 7-16%, por lo que debe sopesarse cuidadosamente su utilización.

No deben ser tratados los pacientes con hepatitis crónica C y transaminasas normales, ya que en ellos la terapia induce frecuentemente su aumento.

Los factores que se han identificado como predictores de respuesta sostenida son: sexo femenino, ausencia de fibrosis, genotipos 2 y 3, edad inferior a 40 años, viremia baja y bajos valores intrahepáticos de hierro previos al tratamiento.

Vacunaciones

Los pacientes portadores de una hepatitis crónica por virus B o C deben ser vacunados contra la hepatitis A, previa determinación de anticuerpos frente al virus A, debido a la alta prevalencia de ellos que se halla en los estudios de seroprevalencia. Los pacientes con hepatitis crónica C y anti-HBc negativo también deben recibir la vacuna frente al VHB.

CIRROSIS HEPÁTICA

La clínica de la cirrosis presenta dos fases: una inicial, compensada, en la que el paciente se encuentra asintomático, y una segunda, descompensada, en la que el paciente puede referir determinados síntomas y se pueden encontrar signos en la exploración:

- *Síntomas generales*: astenia, anorexia, prurito, fiebre y dolor en hipocondrio derecho.
- *Signos cutáneos*: eritema palmar, telangiectasias, arañas vasculares, hipertrofia parotídea y retracción palmar de Dupuytren.
- *Alteraciones endocrinas*: ausencia de vello axilar y pubiano, atrofia testicular y ginecomastia.
- *Hepatomegalia*: con o sin esplenomegalia y hematomas.

Durante esta fase aparecen las complicaciones, y se considera que la probabilidad de presentarlas es del 40% a los 5 años del diagnóstico y del 60% a los 10 años; éstas se relacionan con la insuficiencia hepática y/o con el desarrollo de hipertensión portal. La aparición de una complicación en un paciente con una cirrosis hasta ese momento compensada ensombrece notablemente el pronóstico: la supervivencia al cabo de un año de haber presentado una complicación es del 60%, y disminuye al 20% a los 5 años. La complicación más frecuente en el paciente cirrótico es la ascitis, seguida, en orden decreciente, por la ictericia, la encefalopatía y la hemorragia digestiva, si bien esta última es la de mayor relevancia clínica, por ser la causa más frecuente de mortalidad en estos pacientes.

Diagnóstico

El diagnóstico de cirrosis se basa en la demostración de los datos anatomopatológicos que la definen, de ahí que la biopsia hepática desempeñe un papel fundamental. No obstante, en ocasiones la realización de la biopsia supone un riesgo excesivo para el paciente, y hay que conformarse con un diagnóstico de sospecha basado en datos clinicoanalíticos y de imagen. Los datos analíticos sugestivos (hipoalbuminemia, hipergammaglobulinemia, leucopenia y trombopenia, aumento de bilirrubina y alargamiento del tiempo de protrombina) en un paciente con estigmas cutáneos y datos ecográficos compatibles (estructura hepática alterada, esplenomegalia, etc.) permiten realizar el diagnóstico con muy escaso margen de error.

Tratamiento

En la fase compensada el paciente cirrótico puede realizar una vida completamente normal, con la única recomendación de abstenerse de beber alcohol, medida ésta que en el caso de la cirrosis alcohólica será perentoria, y con su cumplimiento se consigue una reducción muy importante de la mortalidad.

El seguimiento del paciente en esta fase evolutiva puede ser asumido por el médico de familia, y debe incluir la realización semestral de análisis sanguíneos (hemograma, bioquímica con α-fetoproteína y estudio de coagulación), así como una ecografía abdominal con periodicidad anual.

Complicaciones

Ascitis

 Los pacientes suelen referir un aumento, generalmente lento (de semanas o meses), del perímetro abdominal, y en la exploración física el hallazgo más característico es la matidez cambiante al percutir el abdomen primero en decúbito supino y después en decúbito lateral. Éste es un signo muy específico, pero que sólo se aprecia ante cantidades de líquido superiores a 500-1.000 ml. Cuando existen dudas diagnósticas, la ecografía permite la detección de muy pequeñas cantidades de líquido. La evaluación diagnóstica del primer episodio de ascitis debe complementarse con una paracentesis exploradora mediante la que se obtendrán muestras para estudio bioquímico (proteínas totales, albúmina, LDH, etc.), recuentos celulares (leucocitos) y cultivo; por ello, el paciente previamente asintomático que comienza con ascitis debe ser derivado al hospital.

Tratamiento de la ascitis

El pilar fundamental es conseguir un equilibrio negativo de sodio. Para ello, debe recomendarse una dieta pobre en sal, reposo en decúbito y restricción de líquidos, monitorizándose el peso y la diuresis. Puede saberse si un paciente cumple o no las recomendaciones dietéticas midiendo la natriuresis: si a los 4-5 días de realizar la dieta, un paciente pierde más sodio por orina del que en teoría está ingiriendo (40-60 mEq/día), lo más probable es que no esté cumpliendo la dieta hiposódica. Con el tratamiento dietético-postural se consigue al cabo de una semana un equilibrio negativo de sodio únicamente en el 20% de los pacientes, cuyo pronóstico es relativamente bueno, mientras que en el 80% restante es necesaria la adición de diuréticos.

Los pacientes que presentan una ascitis tensa o que tras recibir tratamiento médico intensivo (160 mg de furosemida y 400 mg de espironolactona al día) presentan una ascitis refractaria (que no puede ser eliminada o que recurre precozmente) deben ser sometidos a paracentesis evacuadora, seguida de la infusión de seroalbúmina para evitar el deterioro de la función renal.

Dado el mal pronóstico de los pacientes cirróticos con ascitis, el trasplante hepático es la única alternativa posible, con una supervivencia del 70-80% a los 5 años si se realiza antes de que se produzca el deterioro de la función renal.

Hemorragia digestiva

Se han identificado como factores asociados a un mayor riesgo de hemorragia: la gravedad de la hepatopatía, el tamaño de las varices, la existencia de marcas rojas en las paredes de las varices y el alcoholismo activo.

En la prevención del primer episodio de sangrado han demostrado ser efectivos los betabloqueadores (propranolol y nadolol, en dosis de 20-40 mg cada 12 horas y 40 mg/día, respectivamente). El ajuste de la dosis debe hacerse mediante el control de la frecuencia cardíaca (55-60 lpm) y la presión arterial (> 90 mmHg). Cuando los betabloqueadores están contraindicados, la alternativa es el mononitrato de isosorbida, tan efectivo como aquellos, pero con una mayor mortalidad a largo plazo. La escleroterapia de varices no es efectiva para prevenir el primer episodio de sangrado, aunque otra técnica endoscópica, la ligadura de varices, sí parece ser efectiva, incluso más que los betabloqueadores, ante varices con un alto riesgo de sangrado (las que presentan un diámetro superior a 5 mm).

En la prevención del resangrado tras un episodio hemorrágico previo deben utilizarse de forma complementaria las técnicas endoscópicas (escleroterapia de varices o ligadura, según los casos), junto con la administración de betabloqueadores asociados o no a nitratos.

Los pacientes cirróticos en los que la gastroscopia inicial no demuestra la existencia de varices, deben ser sometidos a gastroscopias de control con periodicidad bianual.

Encefalopatía hepática

Se caracteriza por la aparición de síntomas neuropsiquiátricos, y traduce la existencia de una hepatopatía avanzada, con insuficiencia hepática grave y la formación de una circulación colateral portosistémica que deriva la sangre desde la porta hasta la circulación general sin pasar por el hígado. Generalmente, es posible identificar un factor desencadenante: hemorragia digestiva, infección, estreñimiento, dieta rica en proteínas, uso de sedantes o exceso de diuréticos. El tratamiento consiste en la corrección de los factores precipitantes, la restricción proteica y la administración de laxantes como lactulosa (5 ml/8 horas) o lactitiol (200 mg/8 horas) para prevenir el estreñimiento, y paromomicina (4-6 g/día).

Peritonitis bacteriana espontánea

La infección espontánea del líquido ascítico es la complicación infecciosa más frecuente del paciente cirrótico. Requiere siempre derivación al medio hospitalario. A pesar de que en la actualidad el 90% de los casos se controlan adecuadamente con antibioticoterapia, conlleva una mortalidad de al menos el 30% de los pacientes debido a los trastornos que desencadena en la función hepatorrenal. Suele manifestarse con fiebre y dolor abdominal, pero el 30% de los pacientes se hallan asintomáticos, por lo que debe sospecharse ante cualquier deterioro clínico inexplicado en un paciente cirrótico. El dato que confirma el diagnóstico es la presencia de más de 250 polimorfonucleares/mm^3 en el líquido ascítico. Ante la sospecha, debe instaurarse tratamiento empírico con cefalosporinas de tercera generación. Para la profilaxis de las recidivas se han utilizado con buenos resultados norfloxacino y trimetoprima-sulfametoxazol.

Síndrome hepatorrenal

Se trata de una insuficiencia renal funcional que tiene lugar en los pacientes con una hepatopatía crónica avanzada y ascitis. Se caracteriza por una disminución importante del filtrado glomerular (creatinina > 1,5 mg/dl o aclaramiento de creatinina en 24 horas < 40 ml/min) en ausencia de shock, infección bacteriana activa, uropatía obstructiva, tratamiento con fármacos nefrotóxicos o insuficiencia renal crónica. Actualmente, se considera la existencia de dos tipos de síndrome hepatorrenal. El tipo I se caracteriza por un deterioro rápidamente progresivo de la función renal, y el paciente fallece en un plazo medio de 2 semanas. El tipo II es una variante menos agresiva, con una reducción moderada y estable del filtrado glomerular y un mejor pronóstico.

Hepatocarcinoma

Más del 80% de los hepatocarcinomas se desarrollan sobre un hígado cirrótico. El 10-25% de los pacientes con cirrosis presentará durante su evolución un hepatocarcinoma. En la actualidad, tres cuartas partes de los casos están relacionados con la infección crónica por el VHC. Dado que la única posibilidad terapéutica curativa es la cirugía de los tumores de pequeño tamaño (< 3 cm), es muy importante conseguir la detección precoz del hepatocarcinoma, que se realiza mediante la determinación seriada de α-fetoproteína (sensibilidad del 50-64% y especificidad del 90% para un valor de 20 ng/ml) y ecografía (sensibilidad del 78% y especificidad del 93%).

Capítulo 59

CONCEPTOS BÁSICOS EN INMUNOPATOLOGÍA Y GENÉTICA HUMANA

EL SISTEMA INMUNITARIO EN EL HOMBRE SANO

LINFOCITOS

Son las células que *inician*, *controlan* y *desarrollan* diversas funciones inmunológicas. La reacción inmune en el hombre se inicia al entrar en contacto una sustancia inmunógena con el sistema linfocitario, que inicia la activación y proliferación de linfocitos T y B.

Las *células B* maduras sintetizan inmunoglobulinas (Ig), que pueden actuar como antígenos (receptores antigénicos de superficie celular) y como anticuerpos. Al entrar en contacto con el antígeno, pueden diferenciarse en células plasmáticas secretoras de anticuerpos o bien proliferar para constituir poblaciones de linfocitos B de memoria, capaces de interaccionar al enfrentarse de nuevo al mismo antígeno.

Los *linfocitos T* maduros son los efectores primarios de la inmunidad mediada por células.

Tienen en su membrana numerosos antígenos que se denominan *antígenos de diferenciación*. La determinación de estos antígenos se realiza mediante anticuerpos monoclonales antilinfocitos T humanos, identificándose por las letras CD (*cluster of differentiation*) y un número.

Los linfocitos T maduros se subdividen en los CD4 (T4), los denominados linfocitos T colaboradores, y CD8 (T8), que incluyen los linfocitos T citotóxicos y los T supresores. La funcion de los linfocitos T es la destrucción de células diana que contienen antígenos, y la producción de mediadores que intervienen en diversos fenómenos inflamatorios.

Los macrófagos cumplen determinadas misiones en la respuesta inmune, aunque carecen de especificidad de antígeno.

INMUNOGLOBULINAS

Las inmunoglobulinas son proteínas que proporcionan protección inmune específica. Existen un total de nueve isotipos de inmunoglobulinas: IgG (cuatro subclases), IgA (dos subclases), IgM, IgD e IgE. Todas las inmunoglobulinas están formadas por dos cadenas de polipéptidos pesadas y dos ligeras. En ambos tipos de cadenas, existen regiones variables, que determinan el reconocimiento del antígeno, y regiones constantes, presentes sólo en las cadenas pesadas, que determinan las funciones efectoras de cada una de las inmunoglobulinas. La diversidad de anticuerpos, o capacidad del organismo para generar moléculas de inmunoglobulina con especificidad para reconocer antígenos distintos, se debe al gran número de secuencias de ADN diferentes que se producen en múltiples combinaciones de los genes V, J y D.

SISTEMA DEL COMPLEMENTO

Está constituido por una serie de proteínas circulantes que son precursores enzimáticos inactivos.

La activación del sistema del complemento consiste en una serie de reacciones secuenciales (en cascada), que se inician en fenómenos de proteólisis limitada y dan lugar a la fragmentación de cada componente en dos subunidades, una de las cuales se comporta como enzima del siguiente componente inactivo. El acontecimiento central del sistema es la activación de C3. Existen dos formas o vías por las que el sistema puede activarse:

1. *Vía clásica.* La activación de C3 en esta vía se produce por activación de C1 por complejos antígeno-anticuerpo (Ag-Ac), formación del complejo C4b2a o C3-convertasa y activación de C3.
2. *Vía alternativa.* La C3-convertasa de esta vía se genera por interacción directa de polisacáridos bacterianos.

La secuencia final a partir de la activación de C3 es común a ambas vías. El resultado es la formación del complejo de ataque a la membrana o unidad lítica, y determinan una reacción inflamatoria defensiva, que puede también lesionar al propio huésped.

SISTEMA HLA (SISTEMA CPH)

Los antígenos de histocompatibilidad son esenciales en las reacciones de reconocimiento inmunitario (reconocimiento y discriminación de lo «propio» y «no propio»).

Los receptores de las células T sólo reconocen al antígeno si éste se presenta asociado a proteínas del sistema CPH «propio». Así, por ejemplo, las células infectadas por virus o bacterias y las células malignas se expresan como asociación del CPH propio más el antígeno, y son reconocidas como «no propio», lo que induce la activación de linfocitos T citotóxicos que destruirán estas células.

INTERLEUCINAS (CITOCINAS)

La mayoría de los efectos activadores y reguladores de los linfocitos y monocitos se realizan a través de unos mediadores solubles de tipo polipeptídico, denominados *interleucinas* o *citocinas*, para los que existen unos receptores específicos en las membranas celulares.

CIRCUNSTANCIAS QUE AFECTAN AL SISTEMA INMUNITARIO

INMUNIDAD Y VEJEZ

La edad avanzada afecta a la inmunocompetencia y provoca una mayor susceptibilidad a las infecciones, menor índice de éxitos con la vacunación en personas mayores, y mayor incidencia de tumores, entre otros.

La razón por la cual se producen estos cambios no está suficientemente aclarada.

Inmunidad e infección

Infección vírica aguda e infección vírica crónica

Algunos virus, fundamentalmente los pertenecientes a las familias de herpesvirus y retrovirus, tienen en las células del sistema inmunitario a las células diana, mientras que las células de otros tejidos (hígado, pulmón, SNC) se afectan de forma esporádica. La célula diana varía según el tipo de virus: Epstein-Barr (célula B); herpesvirus-6 (CD4); virus de la inmunodeficiencia humana (CD4 y macrófagos). Los virus tienen una multiplicación exclusivamente intracelular, y la inmunidad celular desempeña un papel primordial en la defensa contra la agresión. Inducen la aparición de anticuerpos; no obstante, la mayoría de las veces estos anticuerpos aparecen demasiado tarde para impedir la primoinfección. En algunos casos (*Coxsackie,* virus de la poliomielitis) pueden desempeñar un papel curativo. En otros casos, los anticuerpos pueden desempeñar un papel nocivo al provocar un efecto citotóxico sobre las células que expresan los antígenos, como ocurre en el caso de las hepatitis crónicas víricas.

Infecciones bacterianas

Las bacterias pueden ser rápidamente eliminadas, ya sea por inmunidad no específica (en general, por la acción de los polinucleares y macrófagos) o por una inmunidad específica preexistente. En otros casos, la bacteria puede multiplicarse y desarrollar una infección clínica o, finalmente, puede ser eliminada por la acción de la inmunidad específica. En ocasiones, persiste en el seno de ciertas células por resistencia parcial a los mecanismos inmunológicos. Los anticuerpos antibacterianos tienen funciones variadas, pero destacan fundamentalmente, la neutralización de toxinas (tétanos, difteria, botulismo) y la potenciación de la fagocitosis mediante la opsonización de las bacterias.

Injertos

La inmunidad mediada por células (linfocitos T) es la principal responsable del rechazo (rechazo agudo y crónico). Intervienen también reacciones Ag-Ac, y son destacables los fenómenos de citotoxicidad celular dependientes de anticuerpos (CCDA) (rechazo sobreagudo y crónico).

Tipos de rechazo

- *Rechazo hiperagudo*: sucede pocos minutos después de la implantación del injerto, y obedece a la presencia de anticuerpos en el receptor, por inmunización previa (p. ej., rechazo hiperagudo de trasplante renal entre individuos con grupo sanguíneo diferente). No responde a terapia esteroidea.
- *Rechazo agudo*: pocos días después del injerto, habitualmente al final de la primera semana; se debe a reacciones inmunes mediadas por células. El tratamiento con corticoides puede conseguir la remisión.

- *Rechazo crónico*: varios meses después del injerto. Se hallan involucrados mecanismos inmunológicos mediados por células y también por anticuerpos. Se asocia al deterioro progresivo de la función del injerto.
- *Reacciones injerto contra huésped*: cuando el receptor es un individuo inmunoincompetente. Es uno de los problemas que pueden acaecer en el trasplante de médula ósea.

TUMORES

Las células tumorales desarrollan antígenos, pero suscitan poco o nulo rechazo en el individuo.

Antígenos oncofetales

- *Alfafetoproteína* (AFP): se encuentra aumentada sobre todo en el hepatocarcinoma y en los tumores de células germinales de testículo y ovario.
- *Antígeno carcinoembrionario* (CEA): se encuentra aumentado sobre todo en el cáncer de colon.

La AFP y el CEA no sirven como elementos diagnósticos; sólo son elementos de sospecha. Se utilizan para el control evolutivo tras resección tumoral y/o tratamiento.

REACCIONES ALÉRGICAS A LOS FÁRMACOS Y A LOS AGENTES BIOLÓGICOS

MECANISMOS DE LAS REACCIONES ALÉRGICAS A FÁRMACOS

- Tipo I: hipersensibilidad mediada por IgE (inmediata). Corresponde a una reacción anafiláctica.
- Tipo II: destrucción tisular por fenómenos citotóxicos.
- Tipo III: reacciones por inmunocomplejos circulantes. Clínicamente, aparece fiebre y erupción cutánea (púrpura palpable y/o urticaria) y, más tarde, a menudo, linfoadenopatía y artralgias. Estas manifestaciones caracterizan a la enfermedad del suero.
- Tipo IV: activación de macrófagos y polimorfonucleares inducida por linfocitos T que puede dar lugar a varias manifestaciones:
  - *Hipersensibilidad por contacto*: son manifestaciones de este tipo las dermatitis de contacto que se observan por la administración de algunos antibióticos tópicos.
  - *Hipersensibilidad tuberculínica*: infiltrados mononucleares que pueden acabar desarrollando lesiones granulomatosas.
  - *Hipersensibilidad granulomatosa*: cuando el sistema de defensa es incapaz de destruir al antígeno o el complejo Ag-Ac origina la formación de granulomas.

DIAGNÓSTICO Y TRATAMIENTO DE LAS REACCIONES POR MEDICAMENTOS

Sólo se han demostrado útiles un número limitado de pruebas: *in vivo* las pruebas cutáneas, *in vitro* las determinaciones de RAST e IgE-ELISA.

El tratamiento de elección consiste en evitar el fármaco responsable. Cuando esto no sea posible, la alternativa es la desensibilización.

ENFERMEDADES AUTOINMUNES

ENFERMEDADES SISTÉMICAS (CONECTIVOPATÍAS)

Artritis reumatoidea

Véase el capítulo 54.

Lupus eritematoso sistémico

El lupus eritematoso sistémico (LES) es una enfermedad crónica autoinmune caracterizada por sus manifestaciones plurifocales, que afecta a piel, articulaciones, riñón y sistema nervioso, y se asocia a numerosos signos biológicos de autoinmunidad. Suele observarse en mujeres entre los 15 y 50 años, si bien es posible también su diagnóstico en hombres y en edades extremas. La incidencia es de 10/100.000 habitantes/año, y la prevalencia estimada es de 15-50 por 100.000 habitantes.

Son frecuentes las complicaciones infecciosas, que deben detectarse precozmente.

Esclerodermia

Es una enfermedad generalizada del tejido conectivo, caracterizada por alteraciones inflamatorias, fibrosas y degenerativas de la piel, sinoviales, del riñón, corazón, pulmón y tubo digestivo.

Su incidencia real no se conoce. Afecta más a las mujeres que a los hombres (3:1). Los casos excepcionales de afectación renal grave con hipertensión arterial pueden responder bien a ECA.

Síndrome de Sjögren

Afecta a todo el sistema glandular exocrino provocando xerostomía y queratitis seca. Puede ser primario o asociado a cualquier otra enfermedad autoinmune (síndrome de Sjögren secundario). No existen criterios diagnósticos uniformemente aceptados, y éstos se basan en el estudio ocular (test de Schirmer y coloración con rosa de Bengala) y en el estudio bucal (gammagrafía salival y biopsia labial).

Polimiositis y dermatomiositis

Es una miopatía inflamatoria de causa desconocida y patogenia autoinmune. Se caracteriza por debilidad asociada o no a dolor espontáneo o provocado, disfagia y alteraciones pulmonares. Presenta como lesión cutánea patognomónica la coloracion violácea de los párpados. Estos pacientes deben seguir un control para la detección precoz de neoplasias de órgano.

Vasculitis

Es la inflamación y necrosis de las paredes de los vasos. Se han relacionado dos tipos de autoanticuerpos con las vasculitis:

1. Los anticuerpos anticitoplasma de neutrófilos (ANCA): el patrón granular (c-ANCA), presente en la granulomatosis de Wegener, y el patrón pe-

rinuclear (p-ANCA), presente en las glomerulonefritis necrosantes idiopáticas y en el síndrome de Goodpasture.

2. Los anticuerpos contra las células endoteliales, que parecen ser heterogéneos, y en los que no se han identificado con precisión los antígenos a los que reconocen. Se han descrito en varios tipos de vasculitis.

VASCULITIS POR DEPÓSITOS DE INMUNOCOMPLEJOS. VASCULITIS NECROSANTES SISTÉMICAS

Panarteritis nudosa (PAN)

Afecta a arterias de mediano y pequeño calibre, con especial predilección por las bifurcaciones de los vasos. Las manifestaciones clínicas más frecuentes se producen en el riñón, el corazón, los músculos, la piel y el sistema nervioso, con escasa o nula afectación de los vasos del territorio pulmonar. El 30% de los pacientes presentan antígeno de superficie de la hepatitis B positivo, tanto en suero como en las paredes de los vasos y en la membrana basal glomerular.

Enfermedad de Churg-Strauss o granulomatosis alérgica

Predomina en los vasos de pequeño calibre, con especial predilección por los del tejido pulmonar.

VASCULITIS POR HIPERSENSIBILIDAD O LEUCOCITOCLÁSTICAS

Se produce en los vasos de pequeño calibre (arteriolas y vénulas), y la manifestación clínica es fundamentalmente cutánea, en forma de púrpura palpable, con distribución simétrica y en zonas declives. Es consecuencia de hipersensibilidad a múltiples agentes, como fármacos (penicilina, estreptomicina, alopurinol, barbitúricos) y agentes infecciosos (estreptococos, estafilococos, virus de la hepatitis B).

En la tabla 59-1 se relacionan los anticuerpos más útiles para el diagnóstico de algunas enfermedades autoinmunes.

APARATO RESPIRATORIO

Rinitis alérgica

Enfermedad inflamatoria de las membranas de las mucosas nasales, mediada por IgE, caracterizada por estornudos paroxísticos, picor en nariz, ojos, paladar, faringe y conjuntivas, y congestión nasal. Puede ser estacional (fiebre del heno: pólenes y hongos) o perenne (polvo doméstico, ácaros).

Asma bronquial

Causada por una respuesta IgE controlada por linfocitos T y B, y activada por la interacción del antígeno con moléculas de IgE unidas a las células cebadas.

Neumonitis por hipersensibilidad

La neumonitis por hipersensibilidad o alveolitis alérgica extrínseca es una inflamación del parénquima pulmonar, de base inmunológica, secundaria a la inhalación repetida de diversos tipos de polvos o agentes orgánicos. Se puede demostrar la existencia de anticuerpos precipitantes contra extractos del alergeno.

Tabla 59-1. Anticuerpos más específicos y de mayor utilidad en el diagnóstico clínico

Enfermedad	Anticuerpos
Lupus eritematoso sistémico	ADN ds, Sm
Esclerodermia	Anticentrómetro, Scl-70
Síndrome de Sjögren	SSA (Ro), SSB (La)
Conectivitis mixta	RNPn
Polimiositis	Jo-1
Granulomatosis de Wegener, síndrome Goodpasture	Anticitoplasma de neutrófilo (C-AACN)
y glomerulonefritis	Anticitoplasma de neutrófilo (P-AACN)
Artritis reumatoidea	Factor reumatoide (anticuerpos anti-IgG)
Síndrome antifosfolípido primario	Anticoagulante lúpico (AL)
	Anticardiolipina (IgG-ACA, IgM-ACA)
Gastritis crónica	Antifactor intrínseco
Hepatitis crónica autoinmune	Antimúsculo liso
	Antimicrosomas de células hepáticas y renales (anti-LKM)
	Antiantígeno soluble hepático (anti-SLA)
Cirrosis biliar primaria	Antimitocondriales
Anemia hemolítica autoinmune	Antieritrocitarios
Plaquetopenia autoinmune	Antiplaquetas
Miastenia	Antirreceptor nicotínico de la acetilcolina (anti-RACh)
Polineuritis asociada a cáncer de pulmón	Anti-Hu

Síndromes neurológicos paraneoplásicos, cáncer de mama y aparato genital femenino	Anti-Yo, anti-Ri
Tiroiditis de Hashimoto e hipotiroidismo del adulto	Antitiroglobulina, antimicrosomales (antiperoxidasa)
Diabetes tipo 1	Antiislote pancreático (ICA, ICA-CF)
	Anticuerpos de superficie antiislote pancreático (ICSA)
	Anticuerpos antiproteína 64 KA
Enfermedad de Addison	Anticuerpos antiglándula suprarrenal

Aparato digestivo

Gastritis crónica

La gastritis crónica atrófica tipo A (afectación del cuerpo y del *fundus* gástrico) puede asociarse a anemia perniciosa. El 90% de los pacientes con anemia perniciosa y el 50% de pacientes con gastritis crónica tipo A presentan anticuerpos anticélulas parietales. Los anticuerpos antifactor intrínseco son más específicos de la anemia perniciosa, y se presentan en el 40% de los pacientes.

Enfermedad inflamatoria intestinal

Se han descrito anticuerpos frente a células del colon y antígenos bacterianos, así como inmunocomplejos, sin que se haya podido establecer una relación clara causa-efecto. Existen anomalías asociadas de la inmunidad celular, con anergia cutánea y disminución de linfocitos T. También se ha descrito asociada a agammaglobulinemia y a déficit de IgA.

Hepatitis crónica autoinmune

Supone el 10% de las hepatitis crónicas. Predomina en las mujeres jóvenes, y se han descrito tres tipos de hepatitis crónica autoinmune, en relación al tipo de autoanticuerpo presente:

- *Tipo I*: presencia de anticuerpos antinucleares y antimúsculo liso.
- *Tipo II*: presencia de anticuerpos antimicrosomas de células hepáticas y renales (anti-LKM).
- *Tipo III*: presencia de anticuerpos frente al antígeno soluble hepático (anti-SLA).

Cirrosis biliar primaria

La cirrosis biliar primaria (CBP) se caracteriza por una lesión de los conductos biliares intrahepáticos, aumento de las fosfatasas alcalinas, anticuerpos antimitocondriales y concentraciones elevadas de IgM. Su diagnóstico se debe sospechar ante un patrón de colostasis intrahepática y prurito persistente.

Más del 95% de los pacientes presentan anticuerpos antimitocondriales de tipo IgG. Los pacientes con CBP pueden tener una deficiencia de linfocitos T supresores. A menudo se asocia a otras enfermedades autoinmunes.

La vigilancia se debe centrar en la búsqueda de otras enfermedades asociadas, y en la detección y control de la osteoporosis y/o osteomalacia, frecuente en este tipo de pacientes (déficit de vitamina D).

Enfermedades cardíacas

Miocardiopatía y miocarditis

Las miocardiopatías se asocian generalmente a otras enfermedades autoinmunes, sobre todo conectivopatías. Las miocarditis suelen ser infecciosas.

Pericarditis

Se puede detectar una pericarditis aguda en pacientes con LES y, con menor frecuencia, asociada a artritis reumatoide, esclerodermia y panarteritis nudosa. Existen pericarditis asociadas a reacciones de hipersensibilidad como la que aparece tras el infarto de miocardio (síndrome de Dressler).

ENFERMEDADES NEUROLÓGICAS

Miastenia

Se caracteriza por fatigabilidad generalizada de los músculos esqueléticos. Se ha demostrado la presencia de anticuerpos dirigidos contra el receptor nicotínico de la acetilcolina (RACh).

Esclerosis múltiple

Es una enfermedad desmielinizante que evoluciona en forma de brotes recurrentes de afectación neurológica focal o multifocal. Los pacientes con esclerosis múltiple pueden presentar anticuerpos frente a estructuras del tejido nervioso (oligodendrocitos, mielina), no específicos. Se han descrito asociaciones con otras enfermedades autoinmunes, en especial del tiroides.

Encefalomielitis diseminada aguda

Es la lesión aguda de la sustancia blanca del encéfalo y la médula espinal, con un pronóstico grave, incluso mortal, o leve y transitorio. Se ha descrito tras la administración de vacuna antirrábica y antiviruela. Corresponde a una hipersensibilidad frente a antígenos del sistema nervioso (proteína básica de la mielina). De forma excepcional (1 de 1.000 casos), este cuadro clínico puede observarse en el curso de la infección por virus del sarampión.

ENFERMEDADES INMUNOHEMATOLÓGICAS

- *Reacción hemolítica postransfusional*: la incompatibilidad ABO causa las reacciones más graves.
- *Enfermedad hemolítica del recién nacido*: se produce por incompatibilidad de grupo sanguíneo maternofetal. Las incompatibilidades ABO suelen ser leves; sin embargo, la incompatibilidad Rh causa una anemia hemolítica del recién nacido muy grave.
- *Hemólisis inducida por fármacos*: del 15 al 20% de anemias hemolíticas son secundarias a reacciones medicamentosas.

Trombocitopenias inmunes

- *Trombocitopenia neonatal*: es secundaria a incompatibilidad maternofetal de antígenos plaquetarios.
- *Púrpura trombocitopénica idiopática*: está mediada por anticuerpos IgG. Produce trombocitopenia, púrpura y hemorragias.
- *Trombocitopenia inducida por fármacos*.

ENFERMEDADES ENDOCRINAS

Tiroides

Los autoanticuerpos dirigidos contra autoantígenos tiroideos son:

- *Anticuerpos antitiroglobulina*. Se pueden detectar en la mayoría de las enfermedades tiroideas.

- *Anticuerpos frente a antígenos microsomales*. El principal antígeno microsomal reconocido por estos autoanticuerpos es una peroxidasa. Son más específicos que los anticuerpos antitiroglobulina.
- Anticuerpos contra el segundo antígeno del coloide.
- Anticuerpos dirigidos contra receptores de la TSH (TSI y TGI).
- Autoanticuerpos dirigidos contra las hormonas tiroideas y, en particular, la tiroxina y la triyodotironina. Probablemente no tengan efecto patogénico y sean debidos a la propia enfermedad.

Enfermedad de Graves

Es característica, pero no exclusiva, la presencia de inmunoglobulinas tiroestimulantes circulantes (LATS o TSI), antitiroglobulina, antisegundo factor coloide y antimicrosomales.

Tiroiditis de Hashimoto

La intensidad de la alteración inmunológica guarda relación con la forma anatomopatológica; así, como en las formas con predominio de fibrosis, el 90% presenta anticuerpos antitiroglobulina a títulos altos, en las hipercelulares, los antitiroglobulina son negativos o débilmente positivos, y los antimicrosomales son positivos.

Diabetes mellitus

Se han descrito los siguientes anticuerpos:

- *Anticuerpos antiislotes pancreáticos* (ICA, ICACF). Los ICA son inmunoglobulinas IgG que reaccionan contra el citoplasma de las células del islote pancreático. Pueden detectarse en el 55-85% de las diabetes tipo 1 al inicio, disminuyendo su prevalencia con el tiempo de evolución de la enfermedad.
- *Anticuerpos de superficie antiislote pancreático* (ICSA). Estos anticuerpos reaccionan contra los antígenos de superficie de la membrana de células β. Se hallan en el 27-32% de los pacientes con diabetes tipo 1, asociados o no a los ICA.

Enfermedades renales

- *Glomerulonefritis.*
- *Síndrome de Goodpasture.* Está causado por anticuerpos antimembrana basal glomerular. Suele presentarse asociado a una neumopatía hemoptoica. La afectación renal se manifiesta por una insuficiencia renal rápidamente progresiva.
- *Nefritis por inmunocomplejos.* Es el mecanismo responsable más frecuente de las nefropatías inmunes. La afectación glomerular suele asociarse a enfermedades inmunes como el LES, a infecciones, tumores, etc.

Capítulo 60

HEMATOLOGÍA

ANEMIA

Se considera que existe anemia cuando la concentración de hemoglobina (Hb) es inferior a las cifras de referencia de la OMS, que dependen de la edad, el sexo y los estados fisiológicos, como la gestación (tabla 60-1).

Tabla 60-1. Criterios diagnósticos de anemia (OMS)

	Unidades internacionales (g/l)	Unidades convencionales (g/dl)
Niños < 6 años	110	11
Niños 6-14 años	120	12
Hombres	130	13
Mujeres	120	12
Mujeres embarazadas	110	11

Tomada y modificada de OMS. Servicio de Información Técnica. Anemias nutricionales. Ginebra: OMS, 1968.

El cuadro clínico es vago, y no específico, de afectación de un órgano o sistema determinado. Los síntomas pueden ser: generales (cansancio, disminución de la libido); cardiovasculares (palpitaciones, disnea); neurológicos (cefalea, vértigos, acufenos, somnolencia, irritabilidad), y ginecológicos (alteraciones del ritmo y/o cantidad de pérdida menstrual). Pueden observarse signos: dermatológicos (palidez de la piel, conjuntiva y lecho ungueal, fragilidad de cabello y uñas); cardiovasculares (hipotensión ortostática, taquicardia, soplo funcional, edemas), y en los casos agudos e intensos, piel fría y húmeda, hipotensión arterial, oliguria, ángor e incluso coma.

Por la valoración del volumen corpuscular medio (VCM) de los hematíes, las anemias se subdividen en tres grandes grupos: *a*) microcíticas (VCM < 80 fl); *b*) normocíticas (VCM 80-100 fl), y *c*) macrocíticas (VCM > 100 fl).

La clasificación morfológica facilita el análisis de sus posibles etiologías.

ANEMIAS MICROCÍTICAS

Anemia ferropénica (AF)

Es la anemia más frecuente. Puede deberse a diferentes mecanismos y patologías:

- *Pérdidas*: *a*) menstruales (hipermenorreas, polimenorreas); *b*) digestivas (ulcus, esofagitis, hernia de hiato, gastritis erosiva por antiinflamatorios, neoplasias, diverticulosis, enfermedad inflamatoria intestinal, angiodisplasias, pólipos, hemorroides), y *c*) otras (hematuria, parásitos intestinales, deportistas, hemoglobinuria paroxística nocturna).
- *Aumento de las necesidades* (embarazo, lactancia, fases de crecimiento).
- *Disminución de la absorción* (gastrectomía, aclorhidria, esprue, diarrea crónica).
- *Escaso aporte dietético* (leche sin suplementar en lactantes, dieta hipoproteica en niños, adolescentes, indigentes y ancianos).

Las manifestaciones clínicas son las del síndrome anémico, las de la enfermedad desencadenante y las propias de la ferropenia, en la que puede observarse afectación de piel y faneras (sequedad de piel, fragilidad ungueal, coiloniquia, caída y/o fragilidad del cabello); mucosas (queilitis, glositis, afectación de la mucosa esofágica, disfagia, raramente síndrome de Plummer-Vinson, gastritis y síntomas dispépticos, anomalías de la mucosa intestinal, estreñimiento, diarrea, malabsorción, en casos muy graves pueden presentar «pica»); alteraciones del estado anímico (irritabilidad, tristeza, apatía) y del rendimiento físico e intelectual; depresión inmunitaria (mayor susceptibilidad a las infecciones); trastornos del crecimiento y desarrollo en los niños.

Diagnóstico de laboratorio

- *Hemograma*: Hb baja; VCM bajo (microcitosis proporcional al grado de anemia); hemoglobina corpuscular media (HCM) baja (hipocromía); concentración corpuscular media de hemoglobina (CHCM) baja; amplitud de distribución eritrocitaria (ADE) aumentada.
- *Ferritina*: valores bajos, pero al tratarse de un reactante de fase aguda, puede estar elevada en los procesos inflamatorios crónicos y en las hepatopatías, pudiéndose enmascarar una ferropenia coexistente (vn: 30-300 [µg/l], mujeres en edad fértil; 10-160; niños: 15-120).
- *Sideremia*: baja o normal (gran variabilidad interindividual e intraindividual) (vn: varones 80-180 g/dl, 14-32 µmol/l; mujeres: 50-150 g/dl, 9-27 µmol/l).
- *Transferrina*: se eleva en situaciones de deficiencia (vn: 170 a 370 mg/dl).
- *Índice de saturación de transferrina* (IST): (vn: 25-35%). Un valor inferior al 16% es patognomónico de ferropenia; los valores del 16-20% son sugestivos.
- *Capacidad total de fijación del Fe*: alta (vn: 250-400: µg/dl, 45 a 72 µmol/l).

Estudio etiológico

Véase la figura 60-1.

Talasemias

La talasemia más prevalente en España (0,5%) es la betatalasemia *minor* (rasgo talasémico). Se trata de una forma heterozigota que cursa con nula o mínima expresividad clínica; suele ser un hallazgo casual de laboratorio por

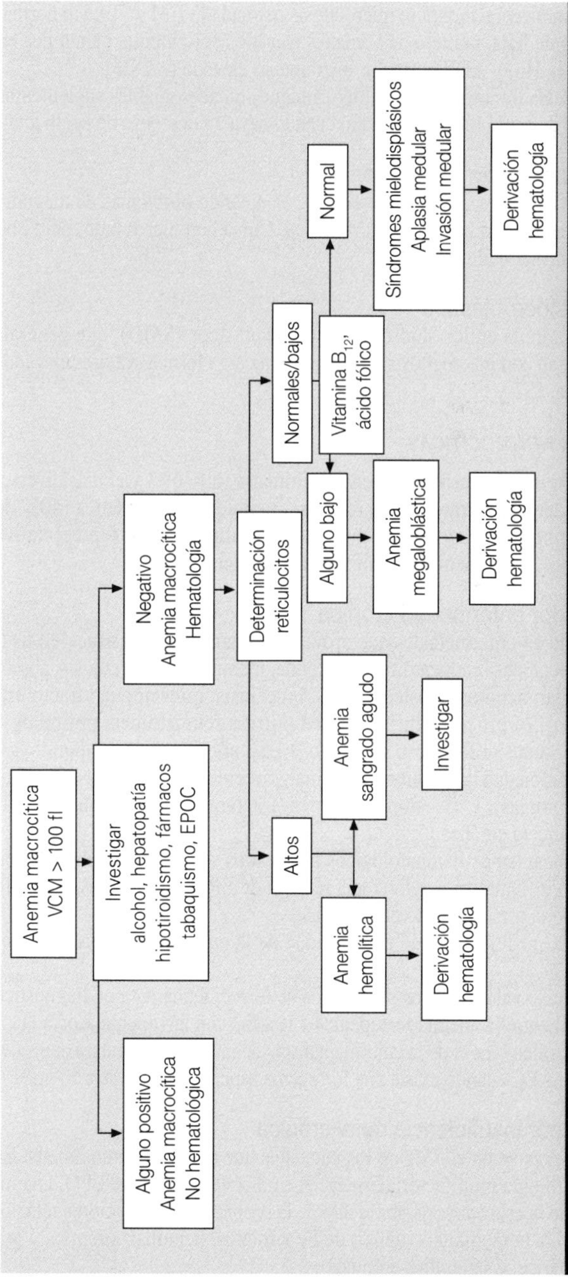

Figura 60-1. Enfoque diagnóstico de una anemia macrocítica.
Tomada y modificada de Casals J, Matamoros J, Pla I. Curs Autoformatiu en l'Atenció Primària de Salut (CAAPS): Anèmia (2.ª ed.). Barcelona: Institut d'Estudis de la Salut (IES), Societat Catalana de Medicina Familiar i Comunitària (SCMFiC), 1995.

su hemograma característico: microcitosis marcada (VCM < 70), Hb normal o ligeramente baja, número de hematíes elevado (poliglobulia paradójica en relación a la Hb) y ADE normal o ligeramente elevado (< 18%).

No precisa tratamiento específico, aunque son aconsejables suplementos periódicos de ácido fólico (5 mg/día) cuando haya un descenso de la Hb total.

Anemia por enfermedad crónica

En ocasiones, aparece como microcítica, planteando problemas de diagnóstico diferencial con la anemia ferropénica. Cursa con hierro bajo, pero con ferritina normal o alta.

Anemia sideroblástica

Está encuadrada en los síndromes mielodisplásicos (SMD), que generalmente cursan con macrocitosis. Presenta sobrecarga férrica (valores elevados de ferritina, IST y Fe).

ANEMIAS NORMOCÍTICAS

Es el grupo más frecuente en Atención Primaria (60-76%) y el más diverso. En él pueden encontrarse todos los tipos, incluida la ferropénica (40% de éstas son normocíticas) y la anemia megaloblástica. La más representativa de este grupo es la anemia por enfermedad crónica.

Anemia por enfermedad crónica

Se presenta en enfermedades que provocan inflamación y destrucción tisular: *a*) infecciones (endocarditis, septicemia, meningitis, tuberculosis, absceso pulmonar, neumonía, osteomielitis, brucelosis, infección del tracto urinario, sida); *b*) procesos inflamatorios (artritis reumatoidea, polimialgia reumática, lupus eritematoso sistémico [LES], arteritis de la temporal, vasculitis, enfermedad inflamatoria intestinal, sarcoidosis); *c*) neoplasias (linfomas, carcinomas), y *d*) lesiones tisulares (fracturas múltiples, quemaduras extensas, úlcera cutánea tórpida).

Los mecanismos fisiopatológicos implicados son citocinas liberadas en el proceso inflamatorio, deficiencia relativa de EPO, macrófagos, aumento de la ferritina y cierto grado de hemólisis.

La AEC refleja el grado de actividad de la enfermedad causante subyacente.

Es preciso valorar varios parámetros de ferrocinética para el diagnóstico diferencial entre la anemia ferropénica y la AEC con ferropenia asociada.

El tratamiento es el de la enfermedad subyacente. Sólo se tratará con sales ferrosas la AEC cuando exista una ferropenia asociada (ferritina < 50 µg/l).

Anemia por insuficiencia renal crónica

Suele observarse en el 75% de los pacientes que precisan hemodiálisis. En su fisiopatología multifactorial, intervienen una deficiencia de EPO, una inhibición de la eritropoyesis por efecto de la propia uremia y factores relacionados con la hemodiálisis (déficit de Fe y folatos, hemólisis urémica y microangiopática, y sangrados crónicos).

La anemia es bien tolerada a pesar de su intensidad (Hb: 7-8 g/dl) y está directamente relacionada con el deterioro de la función renal.

El tratamiento suele corresponder al especialista (hemodiálisis y rhEPO).

Anemia por hemorragia aguda

La anemia por hemorragia puede ser de tipo normocítico o macrocítico (por reticulocitosis inmediata, observable hasta los 7-10 días). Debe realizarse anamnesis y exploración dirigidas a localizar el origen del sangrado, y valoración sobre la necesidad de ingreso (casos agudos con alteraciones hemodinámicas, o aquellos en los que no haya certeza de cese de hemorragia o precisen transfusión).

La terapia transfusional está indicada en los sangrados con Hto < 25% y/o Hb < 8 g/dl.

Anemia aplásica

Insuficiencia medular que cursa con pancitopenia y desaparición de las células precursoras hematopoyéticas, que son sustituidas por células grasas, linfocitos y células plasmáticas.

De escasa incidencia ($2/10^6$ habitantes/año), puede ser congénita (anemia de Fanconi) o adquirida, idiopática o secundaria: radiaciones, benzeno, pesticidas, arsenicales, citostáticos, cloranfenicol, sulfamidas, sales de oro, etc.; infecciones víricas (hepatitis víricas A, B y C, virus Epstein-Barr, VIH); inmunológicas (timoma, hipogammaglobulinemia y LES).

De evolución larvada, en ocasiones puede aparecer rápidamente (1-3 meses). Presenta clínica de síndrome anémico, hemorragias cutaneomucosas (por trombocitopenia asociada) y agranulocitosis (con menor frecuencia). El diagnóstico de sospecha (hemograma con ANN, arregenerativa con bicitopenia o pancitopenia) debe confirmarse con el estudio de médula ósea, hematíes y de plaquetas, inmunosupresión con gammaglobulinas antilinfocítica/antitimocítica y ciclosporina A, trasplante de médula ósea o de precursores hematopoyéticos.

Anemia por invasión medular

Las causas de anemia por invasión medular, que también provocan insuficiencia medular y se diagnostican igualmente mediante el aspirado o biopsia de médula ósea, son: hemopatías, metástasis tumorales, enfermedades por depósito, mielofibrosis y/o osteopetrosis. Puede observarse bicitopenia o pancitopenia, y síndrome leucoeritroblástico por desplazamiento del contenido medular.

ANEMIAS MACROCÍTICAS

Véase la figura 60-1.

ANEMIAS MEGALOBLÁSTICAS

Son debidas al déficit de folatos y/o de vitamina B_{12}. Su deficiencia altera la síntesis del ADN celular y afecta a las células precursoras hematológicas y a otras de rápida proliferación (células epiteliales de mucosa intestinal y urológica). Las manifestaciones digestivas (glositis, queilitis y diarrea) son más marcadas en el déficit de folatos y la alteración cerebral (depresión, psicosis, demencia); puede aparecer en ambas deficiencias. En el déficit de vitamina B_{12} (pero no en el de folatos) es característica la afectación de la médula espinal (degeneración combinada subaguda) y la neuropatía periférica.

El hemograma muestra macrocitosis marcada (VCM > 110 fl), anemia hiporregenerativa, asociada o no a leucopenia y trombopenia, hipersegmentación de neutrófilos, megalocitos, anisocitosis y poiquilocitosis; la analítica puede mostrar rasgos de hemólisis. El valor normal de vitamina B_{12} es de 200-900 pg/ml; el del ácido fólico es de 4-2 ng/ml. Otras determinaciones especiales son de indicación por el hematólogo, al igual que el test de Schilling, que indica la localización de la alteración en la absorción de la vitamina B_{12}, y permite diferenciar las anemias megaloblásticas por anemia perniciosa del resto de anemias megaloblásticas por deficiencia de vitamina B_{12}.

El déficit de folato se trata con ácido fólico (5 mg/día) y, excepcionalmente, con ácido folínico (sólo en tratamientos de rescate de dosis altas de metrotexato y 5-fluorouracilo) y tras haber excluido la deficiencia de vitamina B_{12}.

Durante la gestación, desde un mes antes del inicio de la misma, se deben administrar dosis de 0,4 mg/día, hasta completar el primer trimestre como mínimo (prevención de defectos del tubo neural).

Anemia perniciosa

Es más frecuente en las mujeres mayores de 60 años. Suele asociarse a otras enfermedades de naturaleza autoinmune (vitíligo, tiroiditis de Hashimoto, diabetes mellitus insulinodependiente, enfermedad de Addison, enfermedad de Graves-Basedow, miastenia gravis).

Se debe a una gastritis crónica atrófica autoinmune por anticuerpos antifactor intrínseco y anticélulas parietales de la mucosa gástrica, que lesionan el *fundus*, provocando el déficit de factor intrínseco, necesario para la posterior absorción de vitamina B_{12} en el íleon terminal. La mayor incidencia de cáncer gástrico en estos pacientes (1 a 3%), consecuencia de la hipergastrinemia secundaria, obliga a realizar fibrogastroscopias periódicas.

Tratamiento

- Con cianocobalamina o hidroxicobalamina (1.000 µg i.m.).
- Con vitamina B_{12} en prevención primaria: en vegetarianos estrictos, vitamina B_{12} 0,5 mg/día v.o. (requerimiento diario). En gastrectomizados y en sometidos a resección ileal (igual que en la anemia perniciosa).

SÍNDROMES MIELODISPLÁSICOS

Consisten en la proliferación de una clona de células anómalas en las células primitivas hematopoyéticas pluripotenciales o en sus inmediatas posteriores mieloides, que desplazan y sustituyen a las células hematopoyéticas normales de la médula ósea. Presentan defectos en la maduración y diferenciación celular de las tres series hematológicas, alteraciones morfológicas (displasia) y funcionales, existiendo hematopoyesis ineficaz responsable de las citopenias que se observan (mono, bi o pancitopenia).

Presentan el riesgo de transformación leucémica (leucemia mieloblástica aguda), causa de muerte junto con las complicaciones hemorrágicas e infecciosas.

Para su diagnóstico y clasificación es imprescindible el estudio de médula ósea.

El tratamiento y control corresponde al hematólogo.

ERITROCITOSIS

Es el incremento en el número de hematíes, hematócrito (hombres > 54%, mujeres > 51%) y de la Hb (hombres > 18 g/dl, mujeres > 17 g/dl), cuyas causas principales son:

- Policitemias secundarias (poliglobulias por mayor síntesis de EPO), neumopatías crónicas, cardiopatías cianógenas, poliquistosis renal (hipernefroma, hepatocarcinoma), hemangioma cerebeloso, feocromocitoma, aclimatación a las alturas, tabaquismo y metahemoglobinemia.
- Policitemia *vera*: síndrome mieloproliferativo crónico, que provoca eritrocitosis, trombocitosis y leucocitosis. Cursa con esplenomegalia, diátesis trombótica, hiperuricemia, rubicundez facial y prurito; es característica la disminución de EPO. El tratamiento es especializado, con sangrías periódicas y agentes quimioterápicos (hidroxiurea o busulfano).
- Otros síndromes mieloproliferativos crónicos: leucemia mieloide crónica (LMC), mielofibrosis y trombocitemia esencial.

HEMOPATÍAS MALIGNAS: LEUCEMIAS

Leucemia mieloide aguda

Las manifestaciones clínicas de la leucemia mieloide aguda (LAM) son el síndrome anémico, hemorragias (cutáneas, retinianas, ACV), coagulación intravascular diseminada, fiebre, dolores óseos, leucémides, infiltración meníngea, testicular y gingival, adenopatías y hepatoesplenomegalia. En la analítica se puede hallar leucocitosis o leucopenia con desviación izquierda persistente, blastos, anomalías morfológicas (bastones de Auer, etc.), hiperuricemia y aumento de LDH.

El tratamiento es hospitalario, y se basa en quimioterapia, intratecal en ocasiones; en los trasplantes medulares, medidas de soporte general y hematológico.

Leucemia mieloide crónica

Proliferación clonal originada a partir de una célula primitiva hematopoyética (célula madre pluripotencial). Cursa con anemia, esplenomegalia, leucocitosis intensa persistente (con representación de todos los elementos madurativos de la granulopoyesis), basofilia y trombocitosis, hiperuricemia y aumento de LDH. En el mielograma se observa un aumento de la relación mieloeritroide. También es característica de esta entidad una anomalía cromosómica, el cromosoma Philadelphia [Ph, t(9;22) (q34;q11], que comporta la activación del oncogén resultante BCR/ABL, con actividad tirosincinasa, responsable de la proliferación celular maligna.

El tratamiento especializado se realiza con hidroxiurea (como en todos los síndromes mieloproliferativos crónicos) o busulfano, interferón-α (IFN-α), trasplantes medulares e inhibidores de la tirosincinasa.

ALTERACIONES DEL SISTEMA LINFÁTICO

La patología del sistema linfático puede detectarse casualmente en una analítica habitual, en forma de linfocitosis aislada, linfomonocitosis con linfocitos reactivos en síndromes mononucleósicos o linfocitopenia aislada o que acompaña a pancitopenias.

Clínicamente, se manifiesta con adenomegalias, visceromegalias (esplenomegalia, hepatoesplenomegalia, etc.) y afectación de otros órganos ricos en tejido linfático (médula ósea, timo, tejido linfático asociado a mucosas [MALT], anillo de Waldeyer, placas de Peyer intestinales, etc.). Con respecto a las adenomegalias, cabe considerar: *a*) las manifestaciones clínicas acompañantes (síndrome tóxico, fiebre, exantema, dolor abdominal, visceromegalias, dolor óseo); *b*) las características (consistencia, dolor, adherencia); *c*) el tamaño (son valorables todas las > 1 cm, y *d*) la localización.

Se realizará una biopsia en las adenopatías persistentes (> 8 semanas), las adenopatías supraclaviculares y las adenopatías de características tumorales (duras, adheridas, no dolorosas).

El patrón de infiltración (en ganglios y en médula ósea) puede ser nodular (el de mejor pronóstico), intersticial, mixto o difuso (el de peor pronóstico).

LEUCEMIA LINFÁTICA CRÓNICA

En la leucemia linfática crónica (LLC) se produce una proliferación clonal de linfocitos, de aspecto maduro, con fenotipo B. En sangre periférica se observa una linfocitosis homogénea persistente. La supervivencia media es de 8 años, el pronóstico dependerá más de la incidencia de complicaciones (hemorragias, infecciones, anemia, etc.) que de su bajo riesgo de transformación (15%). El tratamiento es especializado, con quimioterapia (prednisona y clorambucil/ciclofosfamida).

LINFOMAS

Son neoplasias del sistema linfático, formadas por linfocitos B, T, *natural killer* o «células naturales asesinas» (NK) o por sus células precursoras. El linfoma de Hodgkin (LH) se caracteriza por presentar células de Reed-Sternberg (se cree que derivan de linfocitos activados).

La incidencia es de 6/100.000 habitantes/año, y tiende a aumentar por los casos asociados a la infección por VIH.

Los linfomas tipo B predominan sobre los T en los adultos; los de tipo T, en la infancia. La incidencia del LH es inferior a la de los *linfomas no hodgkinianos* (LNH), presentándose mayoritariamente en adultos jóvenes.

La etiología, diversa en los LNH (radiaciones, pesticidas, VIH, HTLV-1, inmunodeficiencias, etc.) se reduce fundamentalmente al virus de Epstein-Barr (VEB) en el LH.

Clínicamente, pueden presentar adenomegalias persistentes elásticas e indoloras, esplenomegalia, hepatomegalia, anemia, dolores óseos, dolor abdominal síndrome de compresión de la vena cava superior, meningismo, infiltración cutánea (micosis fungoide, síndrome de Sézary), prurito intenso y dolor ganglionar al ingerir alcohol, y fiebre recurrente de Pel-Ebstein.

En la analítica puede apreciarse VSG alta, ANN, linfocitosis, eosinofilia (LH), reacción leucemoide, elevación de LDH, β_2-microglobulina, calcemia y fosfatasas alcalinas.

Gammapatías monoclonales

El mieloma múltiple (MM) o plasmocitoma es la proliferación neoplásica de una clona de células plasmáticas que produce un exceso de una inmunoglobulina monoclonal. La incidencia es de 4/100.000 habitantes/año, con mayor predominio en la raza negra y en los mayores de 65 años. Se cree que el MM, al igual que el resto de gammapatías monoclonales (macroglobulinemia de Waldenström [MW], gammapatía monoclonal de significado indeterminado [GMSI], amiloidosis primaria, enfermedad de las cadenas pesadas, etc.) se debe a alteraciones del sistema inmunitario relacionadas con la edad. Las GMSI precisan control periódico, ya que el 20% evolucionan a MM en 10 años. La infiltración medular por las células plasmáticas provoca anemia, acompañada en ocasiones de leucopenia o trombocitopenia y destrucción ósea con osteólisis e hipercalcemia e insuficiencia renal (nefropatía tubulointersticial por depósito de cadenas ligeras y amiloidosis secundaria). Puede provocar un síndrome de hiperviscosidad (más característico de la MW), VSG elevada, hematíes en «pilas de monedas» en sangre periférica (SP), banda homogénea en el proteinograma, β_2-microglobulina y LDH elevadas. En la inmunoelectroforesis se halla elevación de IgG > 3,5 g/dl (en el 60% de casos), IgA > 2 g/dl (25%) y otras menos frecuentes (IgE, IgD, IgM). Detección de cadenas ligeras en orina > 1 g/24 h (proteinuria de Bence-Jones, el 15%, no detectables con las tiras reactivas de orina). En la radiografía se observan imágenes osteolíticas (vértebras, cráneo, costillas, pelvis, húmero, fémur, etc.).

Los casos asintomáticos o estables no se tratan; el resto precisa quimioterapia (melfalán y prednisona) complementada con trasplantes medulares e INF-α (se deben evitar las tiazidas y la vitamina D).

ALTERACIONES DEL SISTEMA HEMOSTÁSICO

Se ha de sospechar una posible alteración del sistema hemostásico ante las siguientes situaciones:

- Diátesis hemorrágica: propensión a hemorragias espontáneas o ante un mínimo traumatismo.
- Diátesis tromboembólica (trombofilia). La sospecha diagnóstica debe establecerse ante un paciente con un primer episodio tromboembólico antes de los 45 años o episodios de repetición o localizaciones atípicas (senos venosos cerebrales, mesentéricos, esplenoportales, renales, supra-

hepáticas) y, por ultimo, con historia familiar de episodios tromboembólicos en edades precoces.

PÚRPURAS

Vasculares

Pueden estar originadas por una anomalía o malformación vascular. El cuadro hemorrágico es leve, con equimosis limitadas a la piel, que son de aparición espontánea, o tras un mínimo traumatismo y se localizan preferentemente en las extremidades inferiores (EEII) y el tiempo de sangría es normal o levemente prolongado. No se dispone de una prueba diagnóstica específica.

Plaquetarias

La trombocitopenia es la causa más frecuente de diátesis hemorrágica adquirida, y la intensidad y gravedad de la hemorragia está en relación a las cifras del recuento plaquetario. Con recuentos superiores a 50×10^9/l no suelen presentarse signos hemorrágicos. Se afecta la piel, con aparición de equimosis espontáneas o tras mínimos traumatismos, de localización preferente en EEII, presentando además afectación de mucosas: epistaxis, gingivorragias y menorragias.

En las trombopenias, se encuentra un recuento plaquetario bajo; es normal en las trombocitopatías, en las que se halla alteración en las pruebas funcionales. En ambas, el tiempo de hemorragia se encuentra ostensiblemente prolongado.

COAGULOPATÍAS

Enfermedad de Von Willebrand

Es un déficit cuantitativo o cualitativo del factor de Von Willebrand (FvW), una de las principales proteínas de puente en la adhesión de las plaquetas al endotelio y subendotelio lesionado.

En las pruebas de laboratorio, el tiempo de hemorragia está característicamente prolongado, el TTPA puede ser normal o alargado (lo cual depende del valor circulante de factor VIII) y las determinaciones específicas siempre están alteradas (FvW).

Hemofilia A

Es una deficiencia congénita de factor VIII, con herencia recesiva ligada al sexo; su incidencia es de 6-10/100.000. Las manifestaciones hemorrágicas, espontáneas o tras mínimos traumatismos, afectan sobre todo a músculos y articulaciones. Pueden presentarse hemorragias del aparato urinario, retroperitoneales, abdominales y del sistema nervioso central (SNC). Una cefalea súbita obliga a considerar una posible hemorragia cerebral. El estudio de laboratorio muestra un tiempo de sangría normal y un tiempo de protrombina normal, pero se encuentra característicamente prolongado el TTPA, confirmándose con la determinación específica del factor VIII.

El tratamiento en caso de hemorragia es de derivación urgente para transfusión de concentrados de factor VIII humano o recombinante; en las formas leves se administra desmopresina (DDAVP) s.c. o i.v. Todos los pacientes deben estar vacunados de hepatitis B.

Hemofilia B

Coagulopatía congénita, de herencia recesiva ligada al sexo, con una incidencia de 1-2/10^5, producida por la deficiencia cuantitativa o cualitativa del factor IX; es más infrecuente que la A, de la que es clínicamente indistinguible. Se trata con concentrados plasmáticos, concentrados específicos de factor IX humano o recombinante, complejo protrombínico (II, VII, IX y X).

TRATAMIENTO ANTITROMBÓTICO

Los fenómenos tromboembólicos pueden ser arteriales o venosos. En su etiopatogenia intervienen: *a*) lesión del endotelio vascular (adhesión y agregación plaquetaria, activación de la coagulación), en complicaciones de las placas ateromatosas (fisura, rotura), que es el principal mecanismo responsable de las trombosis arteriales; *b*) estasis del flujo sanguíneo (facilitación del depósito de plaquetas, aumento y activación local de factores coagulantes), es el principal mecanismo responsable de la trombosis venosa, y *c*) alteración de los componentes hemostásicos plasmáticos.

Los factores de riesgo de trombosis arterial son los propios del riesgo cardiovascular, las policitemias y la hiperfibrinogenemia. En los tromboembolismos arteriales: las valvulopatías cardíacas, miocardiopatías dilatadas y la fibrilación auricular, principalmente.

Los factores de riesgo de trombosis venosa son: *a*) primarios (déficit de antitrombina III, déficit de proteínas C y S, displasminogenemias, disfibrinogenemias, anticuerpos antifosfolípidos, etc.), y *b*) secundarios: cirugía, inmovilización, infarto agudo de miocardio (IAM), accidente vascular cerebral (ACV), anticonceptivos, embarazo y puerperio, neoplasias, quimioterapia, obesidad, insuficiencia venosa, edad, síndromes de hiperviscosidad, síndromes mieloproliferativos crónicos, etc.

Los tratamientos antitrombóticos son:

- Antiagregantes (modifican el funcionalismo plaquetario): trombosis arterial.
- Anticoagulantes (inhiben el proceso de coagulación plasmático): trombosis venosa y embolias cardiogénicas.
- Fibrinolíticos (lisis del trombo recién formado): tratamiento urgente del IAM.

TRATAMIENTO ANTIAGREGANTE

Existen diferentes fármacos antiagregantes según su mecanismo de acción: *a*) inhibidores de la vía del ácido araquidónico (ácido acetilsalicílico [AAS], trifunisal); *b*) fármacos que actúan en la membrana plaquetaria (ticlopidina, clopidrogrel); *c*) antagonistas del complejo GP IIb-IIa (abciximab, eptifibatida, tirofibán), y *d*) fármacos que aumentan el AMP-cíclico (dipiridamol, iloprost, ciprosteno).

Entre los efectos secundarios cabe mencionar: AAS (hemorragia digestiva; debe interrumpirse su administración 5 días antes de intervenciones quirúrgicas); ticlopidina (neutropenia y trombocitopenia; requiere control hematológico), y clopidrogrel (no precisa controles hematológicos, tiene mejor tolerancia digestiva, pero es de elevado coste).

AAS sigue siendo el fármaco antiagregante de elección. En caso de contraindicación, el clopidrogrel sería el de elección.

No está justificado el uso de AAS en prevención primaria en personas asintomáticas sin factores de riesgo cardiovascular. Con factores de riesgo, se empleará en dosis de 100 mg/día en prevención primaria de AVC y en cardiopatía isquémica asintomática; 150 mg/día en prevención secundaria de IAM; 300 mg/día en prevención secundaria de AVC trombótico, isquemia arterial periférica y fibrilación auricular crónica (con contraindicación de anticoagulación).

TRATAMIENTO ANTICOAGULANTE

- *Heparina*: potencia la antitrombina III (AT-III).
- *Anticoagulantes orales*: inhiben la síntesis de factores procoagulantes vitamina K dependientes.
- *Hirudina*: bloqueo directo de la trombina.

Heparina

- Heparina no fraccionada (HNF). Es un polisacárido constituido por 10-15 cadenas, formadas cada una por 200 o 300 monosacáridos; éstos son el ácido glucurónico y la glucosamina (glucosaminoglucano). Hay dos tipos: heparina sódica, con administración intravenosa, y heparina cálcica, con administración subcutánea que permite espaciar las dosis (12 horas).
- Heparinas de bajo peso molecular (HBPM). Se obtienen a partir de la despolimerización de la HNF. Administración en períodos de 24 horas (profilaxis) y cada 12 o incluso 24 horas cuando se utiliza en dosis terapéuticas. Escasa variabilidad individual en la respuesta, sin necesidad de control analítico, salvo en caso de IRC o pacientes con un peso muy desviado de la mediana poblacional.

El tratamiento con heparina como profilaxis de la enfermedad tromboembólica venosa (ETEV) es el de elección ante una intervención quirúrgica, inmovilización en cama, especialmente en ancianos y obesos, insuficiencia venosa y episodios previos de ETEV.

Los efectos secundarios son: hemorragias, trombocitopenia (tromboembolismos venosos), trombosis arteriales y osteoporosis.

Sus contraindicaciones son: *a*) absolutas (hemorragia digestiva activa, hipertensión arterial grave no controlada, ACV hemorrágico reciente, aneurisma cerebral, aneurisma aórtico disecante, amenaza de aborto), y *b*) relativas (historia previa hemorragípara, sin actividad actual, pericarditis o derrame pericárdico, cirugía oftálmica o neurológica recientes, puerperio, traumatismo importante).

En el embarazo, la HNF es el anticoagulante de elección, ya que no traspasa la barrera placentaria; las HBPM tampoco traspasan la placenta y parecen seguras.

Tabla 60-2. Indicaciones para el tratamiento anticoagulante oral

Proceso patológico	Rango INR	Duración
– Prevención recidiva TVP	2,0-3,0	– En TVP secundaria mínimo de 3 meses – En TVP esencial mínimo de 6 meses
– Prevención recidiva TEP	2,0-3,0	– 6-12 meses
– Valvulopatía mitral con AC × FA	2,0-3,0	– De por vida
– Embolismo arterial previo		
– Dilatación AI > 55 mm		
– AC × FA	2,0-3,0	– De por vida
– Paciente > 60 años		
– Miocardiopatía dilatada	2,0-3,0	– De por vida
– Bioprótesis valvulares cardíacas	2,0-3,0	– 3 meses (si previamente hay embolia, de por vida)
– Prótesis valvulares mecánicas	2,5-3,5	– De por vida
– Tromboembolismos recurrentes	2,5-3,5	– De por vida

TEP: tromboembolismo pulmonar; TVP: trombosis venosa profunda.
Tomada y modificada de Marugan I. Enfermedad trombótica y tratamiento anticoagulante. En: Guardia J, Grau JM, Net À, eds. Medicina Interna fundamental. Barcelona: Springer, 1998; 825.

Anticoagulantes orales

Los factores vitamina K dependientes (II, VII, IX, X) se unen a los receptores fosfolipídicos de las plaquetas a través de residuos de carboxiglutámico; para la carboxilación del ácido glutámico es imprescindible la actuación como coenzima de la vitamina K en forma activa (hidroquinona), que se degrada y es reactivada en el hepatocito, que es donde actúan los anticoagulantes orales acenocumarol, y warfarina. En España se utiliza más el acenocumarol; su acción anticoagulante no se alcanza hasta las 48-72 horas de administración, y su efecto desaparece a las 48 horas tras la suspensión del tratamiento. La warfarina tiene un tiempo de latencia de acción más prolongado e, igualmente, tarda más en desaparecer el efecto tras la supresión.

Las indicaciones y rango terapéutico se describen en la tabla 60-2. En la actualidad es posible la medición del INR en sangre capilar, con coagulómetros de uso ambulatorio, incluso domiciliario. Sin embargo, el control del tratamiento anticoagulante requiere unos conocimientos y una experiencia básica previa, por lo que es imprescindible una individualización posológica y el conocimiento de las múltiples interacciones potenciadoras e inhibidoras con otros muchos fármacos.

Hirudina y derivados

De acción directa neutralizadora de la trombina, constituyen una eficaz prevención de la ETEV tras cirugía ortopédica.

Capítulo 61

PATOLOGÍA TIROIDEA. ALTERACIONES DEL CALCIO

SÍNDROME HIPERTIROIDEO

El *síndrome hipertiroideo* o *tirotoxicosis*, en denominación anglosajona, engloba un conjunto de manifestaciones clínicas y biológicas debidas al exceso de hormonas tiroideas, causado por un grupo heterogéneo de enfermedades tiroideas y extratiroideas.

EPIDEMIOLOGÍA

La prevalencia del hipertiroidismo clínico en el estudio de Whickham (Inglaterra) fue del 2,8% en mujeres y del 0,2% en varones, con una tasa de casos no conocidos del 0,6% (Vanderpump, 1995).

La incidencia anual es de 0,4 a 0,8 casos/1.000 mujeres, y de 0,09 a 0,1/1.000 varones. Afecta cinco veces más al sexo femenino, excepto en la infancia, en que la frecuencia es similar. La mayor incidencia del síndrome hipertiroideo se sitúa en la cuarta década de la vida. En los ancianos es, además, una importante causa de morbilidad, fundalmentalmente por fibrilación auricular y osteoporosis.

ETIOLOGÍA

La causa más frecuente, en áreas no bociógenas, es el bocio difuso tóxico de origen autoinmune, que ocasiona hasta el 85% de los hipertiroidismos y que, en su forma más clásica con afectación ocular (oftalmopatía), es la enfermedad de Graves-Basedow. La segunda causa de hipertiroidismo, y la más importante en las zonas de endemia bociógena, es el bocio nodular tóxico (enfermedad de Plummer), más frecuente en la población mayor de 60 años.

MANIFESTACIONES CLÍNICAS

Las manifestaciones clínicas varían en función de la etiología y la gravedad de la tirotoxicosis. Algunos pacientes presentan un cuadro clínico obvio; sin embargo, en otros la presentación es sutil y atípica, en especial en los ancianos.

En la tabla 61-1 se relacionan los signos y síntomas que pueden aparecer en el hipertiroidismo, y su frecuencia.

DIAGNÓSTICO

El estudio ante la sospecha clínica será la determinación de TSH, que evidenciará valores indetectables. La T_4 libre elevada confirma el diagnóstico. Sólo si la TSH se halla suprimida y la T_4 es normal, y existe una clínica

Tabla 61-1. Frecuencia, síntomas y signos de hipertiroidismo

Síntomas	%	Signos	%
Habituales		*Habituales*	
– Nerviosismo/Intranquilidad	95-99	– Taquicardia (≥ 90 l/m) en reposo*	98
– Hiperhidrosis	70-80	– Bocio*	85-90
– Preferencia por el frío*	80-90	– Piel fina, caliente y húmeda*	95
– Palpitaciones	90	– Signos oculares (vegetativos)	90
– Pérdida de peso*	80-85	– Temblor distal	70-80
– Polidipsia	70-82	– Movimientos hipercinéticos*	60-90
– Poliuria	50-75		
– Disnea de esfuerzo	75		
– Debilidad muscular	60-70		
Frecuentes		*Frecuentes*	
– Aumento de apetito	65	– Soplo tiroideo	
– Molestias oculares	64	– Oftalmopatía infiltrativa*	70
– Caída del cabello	50	– Miopatía proximal	50-71
– Edema de piernas	35		30
– Hiperdefecación (sin diarrea)	33		

Otros		*Otros*	
– Diarrea	23	– Fibrilación auricular	10-28
– Anorexia (más en ancianos)	7-9	– Esplenomegalia	10
– Prurito	5	– Ginecomastia	10
– Oligomenorrea	18	– Eritema palmar	8
		– Atrofia muscular	7
		– Mixedema pretibial	8
		– Hepatomegalia, linfoadenopatías	—
		– Fiebre prolongada	—

*Con síntomas y signos más específicos para la valoración clínica global. (Tomados de una escala validada prospectivamente y utilizada en ensayos clínicos [Crooks J. Quart J Med 1959; 28: 211].)

clara, se solicitará la determinación de T_3. Si la TSH no está suprimida y la T_4 libre está elevada, se sospechará un hipertiroidismo hipofisario.

En el caso de un bocio difuso, indoloro, las causas más probables son la enfermedad de Graves y las tiroiditis linfocitarias; ambas presentan anticuerpos anti-TPO positivos a títulos elevados (> 1.400). Un aumento de las inmunoglobulinas tiroestimulantes apunta a una enfermedad de Graves, pero también pueden encontrarse elevadas en otras entidades tiroideas autoinmunes. Un bocio liso y doloroso es diagnóstico de tiroiditis subaguda de De Quervain. Un tiroides nodular con anticuerpos anti-TPO negativos o con títulos bajos son diagnósticos de la enfermedad de Plummer. Si la palpación es irregular (seudonodular) y los anticuerpos intensamente positivos, el diagnóstico será de tiroiditis linfocitaria crónica (Hashimoto).

Enfermedad de Graves-Basedow

Los pacientes con enfermedad de Graves-Basedow presentan la tríada clásica de: hipertiroidismo, bocio difuso tóxico y oftalmopatía infiltrativa. Estas manifestaciones pueden aparecer y evolucionar de manera independiente entre sí. En ocasiones, se asocian a una dermopatía específica. Es característica la presencia de inmunoglobulinas tiroestimulantes (TSI) pero hasta en el 20% de los casos de enfermedad de Graves son negativas (Weetman, 2000); pueden hallarse también en las tiroiditis autoinmunes.

El *bocio* es difuso, blando, liso e indoloro, pero puede ser asimétrico o lobulado (no nodular), va acompañado de un soplo sobre la glándula o fosa esternal, y pueden existir adenopatías cervicales pequeñas. En el 3% de los casos, el tiroides puede ser de tamaño normal o pequeño.

La *oftalmopatía de Graves* se presenta en el 71% de los pacientes. En el 40%, aparece simultáneamente con el hipertiroidismo; en otro 40%, después del diagnóstico, y en el 20% de los casos, le precede. Puede ser unilateral, aunque durante la evolución suele hacerse bilateral, aun persistiendo cierta asimetría. El exoftalmos es independiente de los valores hormonales, y puede progresar tras controlar la disfunción tiroidea. Como complicaciones graves pueden aparecer úlceras corneales, debido a la mala oclusión palpebral y, en fases avanzadas, panoftalmitis, neuritis, atrofia óptica y ceguera.

La *dermopatía* (*mixedema pretibial*) es poco frecuente (5-8%) y siempre va acompañada de oftalmopatía; las lesiones son extensas, elevadas, en placas o nodulares, con piel gruesa y apariencia de piel de naranja, pruriginosas e hiperpigmentadas, en las espinillas y dorso de los pies. Debido a la tinción positiva para mucina, se denomina *mixedema localizado* o *pretibial*. (No se produce en el hipotiroidismo.)

Tratamiento

Tratamiento médico

Los bloqueadores beta (propranolol) antagonizan los efectos adrenérgicos periféricos de las hormonas tiroideas y bloquean la conversión periférica de T_4 a T_3 (hormona mucho más potente), con lo que mejoran muchas de las manifestaciones del hipertiroidismo. La medicación es eficaz, pero sintomática, y no corrige el trastorno hormonal subyacente. Se prescribirá siempre, salvo contraindicación absoluta, en todos los casos de hipertiroidismo y mientras la frecuencia cardíaca en reposo sea superior a 80/minuto. Si la sospecha clínica es clara, pueden pautarse precozmente, en espera de los resultados hormonales, pues no los interfiere. Se suele utilizar propranolol (20-40 mg/6-8 h), con el que existe mayor experiencia, y facilita el ajuste de las dosis.

También es eficaz el atenolol (50-100 mg/día); en caso de que el hipertiroidismo sea debido a tiroiditis, éste será el único tratamiento. En caso de una contraindicación absoluta de los bloqueadores beta, puede utilizarse el verapamilo (40-80 mg/h).

Los *antitiroideos de síntesis* (ATS), grupo que incluye el *propiltiouracilo* (PTU) y el *metizamol/carbimazol*, inhiben la síntesis y la liberación de hormonas tiroideas. Pueden utilizarse como tratamiento para lograr el estado eutiroideo previo a cirugía o radioyodo; o bien como tratamiento único hasta conseguir su remisión (en el 40-50% de los casos).

La dosis inicial de metimazol/carbimazol es de 30 mg/día (6 comprimidos), dividida en tres tomas, que se mantiene durante 4-6 semanas, reduciéndose a 20 mg/día si el paciente está asintomático. Posteriormente, se ajustará cada 4-6 semanas según el valor de la T_4 libre. La dosis de mantenimiento se sitúa ente 5-15 mg/día (1-3 comprimidos/día), que se prescribirá durante 12-24 meses, con control analítico cada 2 meses.

Efectos adversos

Pueden causar exantema, fiebre, artralgias, diarrea, hepatotoxicidad y agranulocitosis. El más grave es la agranulocitosis (0,3-0,5% de los tratamientos), y suele ocurrir en los tres primeros meses. Es de instauración brusca, y no puede detectarse precozmente con recuentos seriados de leucocitos. Debe recomendarse al paciente que se ponga en contacto con un servicio de urgencia ante la aparición de fiebre, dolor de garganta u otro signo de infección.

Cirugía

El tratamiento quirúrgico es de elección en caso de bocios grandes (II-III), en pacientes jóvenes, en el bocio nodular tóxico y durante el embarazo, en caso de rechazar el yodo radiactivo. Para evitar el riesgo de crisis tirotóxica, disminuir la vascularización y aumentar la consistencia de la glándula, se prescribirá una semana antes de la intervención una solución saturada de yodo.

El hipotiroidismo se presenta en el 10-30% de los pacientes en el primer año, en función de la amplitud de la resección, y un 1-2% adicional por año. Si el remanente de tejido tiroideo es amplio, puede producirse una recidiva del hipertiroidismo (10%).

Yodo radiactivo

El yodo radiactivo, administrado por vía oral, destruye funcionalmente el tejido tiroideo de forma relativamente segura, efectiva y barata. Suele indicarse sobre todo en ancianos, en casos de alto riesgo quirúrgico o en recidivas del hipertiroidismo después de un tratamiento quirúrgico. Está contraindicado durante el embarazo y la lactancia, y puede empeorar la oftalmopatía en el 15% de los pacientes, en especial si son fumadores.

SÍNDROME HIPOTIROIDEO

El *síndrome hipotiroideo* o *mixedema* engloba un conjunto de manifestaciones clínicas y biológicas debidas a la incapacidad de la glándula tiroidea para mantener una secreción adecuada de hormona tiroidea. La instauración del cuadro clínico es gradual, y los síntomas iniciales, inespecíficos, lo que obliga al médico de Atención Primaria a mantener un alto índice de sospecha, en especial, en la población mayor de 60 años.

EPIDEMIOLOGÍA

La incidencia de hipotiroidismo sintomático en el estudio de Whickham fue de 3,5 casos/1.000 mujeres, y 0,6 casos/1.000 varones/año. La probabilidad de desarrollar un hipotiroidismo aumentaba con la edad, y en el grupo de mujeres de 75-80 años la incidencia anual fue de 14 casos/1.000 personas (Vanderpump, 1995). Entre los factores predictivos para presentar un hipotiroidismo manifiesto, destacó la combinación de una TSH elevada y anticuerpos anti-TPO positivos; la *odds ratio* fue de 38 para las mujeres y de 173 en los varones.

Por otra parte, cabe recordar que el hipotiroidismo congénito tiene una incidencia de 1/4.000-5.000 en los recién nacidos vivos.

ETIOLOGÍA

En las zonas de bocio endémico, la causa más frecuente de hipotiroidismo es el déficit de yodo, cuyo exceso, paradójicamente, también puede producirlo. En áreas sin déficit de yodo, las principales causas son la tiroiditis crónica autoinmune y los tratamientos destructivos (yodo radiactivo o cirugía) previos de la glándula tiroidea (1/3 de todos los casos).

El hipotiroidismo permanente postiroiditis subaguda De Quervain o linfocítica (silente o posparto) es menos frecuente. El hipotiroidismo secundario suele aparecer en el contexto de un cuadro de déficit global hipotálamo-hipofisario, aunque es posible el déficit selectivo de TSH.

MANIFESTACIONES CLÍNICAS

Los síntomas y signos más comunes y su frecuencia en las grandes series de casos clínicos se exponen en la tabla 61-2.

TRATAMIENTO

Antes de iniciar el tratamiento hormonal se debe tener en cuenta la posibilidad de que exista una insuficiencia suprarrenal.

La dosis diaria de sustitución de levotiroxina es de 1,7-2 μg/kg en una sola toma matinal. Esto corresponde a una dosis de 100-200 μg/día, pero en las personas de más de 70 años los requerimientos diarios son un 20% menores.

Tabla 61-2. Signos y síntomas de hipotiroidismo

Síntomas	%	Signos	%
Habituales		*Habituales*	
– Letargia, fatiga	85-90	– Bradipsiquia	91
– Sudoración disminuida*	70-89	– Hablar lento	91
– Intolerancia al frío*	80-90	– Piel áspera y fría*	75-90
– Piel seca	80-95	– Movimientos lentos*	80-90
– Somnolencia	70	– Cabello seco y quebradizo	76
– Hinchazón de cara y piernas	78	– Aquíleo enlentecido*	75
– Pérdida de memoria	66	– *Facies* abotargada	75
		– Edema palpebral	80
		– Macroglosia	60-80
Frecuentes		*Frecuentes*	
– Caída de cabello y vello	50-57	– Voz grave, ronquera*	52-70
– Anorexia	45	– Depilación en «cola» ceja	60
– Aumento de peso	59	– Bradicardia	62
– Disnea de esfuerzo	55	– Tinte amarillento (palmas, cara)	65
– Estreñimiento	50-61	– Túnel carpiano	55
– Parestesias*	60	– Debilidad muscular	60
		– Cardiomegalia (radiografía)	68

(Continúa)

Tabla 61-2. Signos y síntomas de hipotiroidismo (*Cont.*)

Síntomas	%	Signos	%
Otros		*Otros*	
– Hipoacusia reciente	30-40	– Derrame pleural	—
– Menorragia	32	– Derrame pericárdico	—
– Mialgias con el frío	36	– Ascitis	—

*Con síntomas y signos más específicos para la valoración clínica global. (Tomados de una escala validada prospectivamente y utilizada en ensayos clínicos [Billewicz WZ. Quart J Med 1969; 28: 255-260].)

El objetivo del tratamiento es mantener la TSH dentro de los valores de la normalidad (entre 0,5 y 2,5), pero no suprimida (frenada).

DISFUNCIÓN TIROIDEA SUBCLÍNICA

HIPOTIROIDISMO SUBCLÍNICO

El *hipotiroidismo subclínico* se define como la presencia de una TSH basal elevada (> 5 mU/l) con concentraciones normales de T_4 y T_3, total o libres.

La causa más frecuente es el hipotiroidismo insuficientemente tratado (hipotiroidismo subclínico exógeno). Los casos endógenos están causados por las mismas entidades que producen el hipotiroidismo clínico, destacando la tiroiditis autoinmune crónica (50%), los fármacos (amiodarona, IFN-α, yodo y litio) y, con menos frecuencia, las tiroiditis subagudas y la irradiación cervical.

Las implicaciones del hipotiroidismo subclínico contemplan dos grandes áreas: el riesgo de presentar un hipotiroidismo clínico y las posibles consecuencias del déficit hormonal periférico en la enfermedad cardiovascular y en la sintomatología subjetiva de los pacientes.

Los estudios de seguimiento de más de 10 años comprueban que, hasta en el 4-7% de las personas, la TSH se normaliza totalmente, y en el 30-60% se mantienen estables los valores de TSH.

Tratamiento

Existe consenso sobre su beneficio en las personas que presentan TSH superior a 10 mU/l (sólo el 25-30% de los casos) y anticuerpos anti-TPO positivos, basado en que la tasa de progresión a hipotiroidismo clínico es muy alta, y que es en estos pacientes en los que se obtiene una reducción de los valores de LDL del 8%.

Cuando la TSH se sitúa entre 5 y 10 mU/l, aun cuando los anticuerpos sean positivos, la revisión de los ensayos clínicos publicados no apoyan el tratamiento sistemático con T_4. Probablemente, en este intervalo se deban tratar las mujeres gestantes. En el resto de situaciones, lo adecuado parece ser el seguimiento con determinación anual de valores de TSH.

El tratamiento se realizará con tiroxina en dosis bajas (50-75 µg/día) con el objetivo de mantener los valores de la TSH dentro de los límites de la normalidad (0,5-2 mU/l).

HIPERTIROIDISMO SUBCLÍNICO

El *hipertiroidismo subclínico* se define como la existencia de una TSH suprimida o indetectable (< 0,1 mU/l), con una T_4 libre y una T_3 normales. Los valores de TSH entre 0,3 y 0,1 mU/l son valores bajos, pero no se consideran como una TSH suprimida (Hanna, 1999).

Las causas más frecuentes de hipertiroidismo subclínico endógeno son el bocio nodular, las fases iniciales de la enfermedad de Graves, las tiroiditis subagudas, la ingesta de dosis elevadas de yodo y el tratamiento con amiodarona.

Tratamiento

Para el *hipertiroidismo subclínico endógeno* no existe consenso. Si la causa es un *bocio nodular,* raramente remitirá de forma espontánea, por lo que es aconsejable el tratamiento definitivo, en especial en los pacientes ancianos (^{131}I) o cuando el bocio es grande o con sintomatología compresiva. En el *hipertiroidismo subclínico con bocio difuso* se debe confirmar la alteración hormonal. La recomendación sería la observación y controles cada 6 meses, ya que hasta el 50% vuelven espontáneamente a la normalidad.

DISFUNCIÓN TIROIDEA POR AMIODARONA

Este antiarrítmico de amplio espectro y uso habitual contiene un 37% de yodo, lo que aporta entre 50 y 100 veces más la cantidad necesaria diaria. Los pacientes en tratamiento crónico con amiodarona presentan con frecuencia alteraciones en el perfil hormonal, sin disfunción tiroidea, pero en el 14-18% de los casos se produce una disfunción clínica (hipertiroidismo o hipotiroidismo).

HIPOTIROIDISMO POR AMIODARONA

El diagnóstico precisa valores disminuidos, por debajo de la normalidad, de T_4 y T_3, pues la elevación aislada de TSH no es suficiente, ya que es una alteración frecuente, sin trascendencia, en los 3-6 primeros meses de tratamiento con amiodarona.

Actitud terapéutica

Si la amiodarona no puede retirarse, se pautará un tratamiento con T_4 en dosis plena, de forma progresiva. Si puede suspenderse, y los anticuerpos son negativos, la decisión de prescribir T_4 vendrá condicionada por la intensidad de las manifestaciones clínicas, pues el hipotiroidismo se recupera espontáneamente.

HIPERTIROIDISMO POR AMIODARONA

No suele existir una clínica concreta de hipertiroidismo, como consecuencia del efecto de bloqueo adrenérgico de la amiodarona, por lo que el diagnóstico se basa en las determinaciones hormonales. Se requiere una TSH frenada, con T_3 y T_4 altas (ambas hormonas). Distinguir entre los tipos I y II es complejo, pero importante para el tratamiento; parece ser que una ecografía Doppler negativa sugiere un tipo II.

Actitud terapéutica

Se debe retirar la amiodarona, pero ello no tiene un efecto inmediato (8 semanas). El tipo II se trata con dosis elevadas de esteroides, y el tipo I, con antitiroideos, para frenar la síntesis hormonal. Puede ser necesaria la tiroidectomía.

TIROIDITIS

El término *tiroiditis* engloba un grupo heterogéneo de enfermedades cuya característica común es la infiltración de la glándula por células inflamatorias y la destrucción de la arquitectura normal tiroidea. La etiología, manifestaciones clínicas y pronóstico son muy distintos de unas a otras, y pueden cursar con grados variables de disfunción tiroidea. Son más frecuentes en las mujeres (tabla 61-3).

TIROIDITIS GRANULOMATOSA (DE QUERVAIN)

La etiología es probablemente vírica, ya que se presenta en brotes, con pródromos de tipo vírico, y tiene una distribución estacional (verano y otoño). Es más frecuente en las mujeres, con una relación 3-6:1. Tras un cuadro de mialgias, febrícula, malestar y dolor de garganta, aparece disfagia y dolor en la cara anterior del cuello, con irradiación al oído, a la mandíbula e incluso al tórax. El tiroides suele estar aumentado de tamaño, de forma simétrica, y es doloroso a la palpación. Es constante una moderada leucocitosis y velocidad de sedimentación globular (VSG) elevada (superior a 50). En la fase aguda, los valores de T_4 y T_3 suelen estar aumentados. La gammagrafía no es necesaria, pero puede precisarse, ocasionalmente, para el diagnóstico diferencial con otros procesos dolorosos tiroideos (hemorragias intraquísticas, carcinoma anaplásico, algunas formas de Hashimoto). La captación isotópica se halla suprimida, por lo que no se obtiene imagen gammagráfica.

El ácido acetilsalicílico (AAS) en dosis elevadas (3-4 g/día, en 4-6 tomas) es la terapéutica de elección. Si el dolor es muy intenso o rebelde al AAS, se utilizará prednisona (40-60 mg/día) durante 4-8 semanas. Si son necesarios se administrarán bloqueadores beta, pero nunca antitiroideos, ya que no se produce un aumento de la síntesis hormonal, sino, simplemente, una liberación masiva a la circulación por destrucción del tejido tiroideo.

TIROIDITIS AUTOINMUNES

Las *tiroiditis autoinmunes* son enfermedades autoinmunes organospecíficas de etiología desconocida. Se caracterizan por la infiltración linfomonocitaria de la glándula tiroidea, con destrucción de la arquitectura folicular.

Tiroiditis crónica linfocitaria (Hashimoto)

Es más frecuente en las mujeres entre la tercera y la quinta décadas, con una relación mujer/varón de 5-7/1. Alrededor del 10% de los casos presenta un hipotiroidismo franco en el momento del diagnóstico, y en el 25-50%, un patrón biológico de hipotiroidismo subclínico y, excepcionalmente, un síndrome hipertiroideo. El bocio tiene un crecimiento lento, y la palpación, como criterio diagnóstico mayor, es característica. El tiroides es de tamaño moderado (bocio I-II), en ocasiones asimétrico, no doloroso, de consistencia firme y superficie irregular («abollonado») pero que se lleguen a delimitar nódulos claros. Los anticuerpos anti-TPO son positivos a títulos elevados (> 1.400) y en caso de practicarse una PAAF se observa un patrón compatible.

Tratamiento

Se prescribirá levotiroxina si existe hipotiroidismo; en la mayoría de los casos será un tratamiento de por vida, ya que sólo el 20% de los pacientes hipotiroideos regresan al eutiroidismo.

Tabla 61-3. Tiroiditis más frecuentes: características clínicas

	Subaguda granulomatosa (De Quervain)	Linfocítica subaguda (silente)	Linfocítica posparto	Crónica linfocítica (Hashimoto)
Frecuencia	Desconocida	Desconocida	Frecuente (4%) (38-85% si TPO+)	Frecuente
Clínica	Pródromos víricos Fiebre, dolor local	Asintomática	Asintomática Hiper o hipo leves	Asintomática
Palpación tiroidea	Bocio difuso doloroso	Bocio difuso indoloro	Bocio difuso indoloro	Bocio firme, irregular (seudonodular)
Disfunción tiroidea	Hipertiroidismo leve	Hiper o hipo leves	Hiper o hipo leves	Hipo subclínico (50%) Hipo franco (10%)
Analítica general	↑ VSG Leucocitosis	Normal	Normal	Discreto ↑ VSG ↑ Gammaglobulinas

Anticuerpos anti-TPO	Negativos (inicio títulos bajos < 400)	Positivos	Positivos	Muy positivos ≥ 1.600
Curso clínico	Recuperación Sin recidivas	Recuperación (75%)	Recuperación (75%) Recidiva en cada embarazo	Fluctuante
Riesgo	< 10%	30-25%		3 a 25% por año
Hipotiroidismo				Varones: mayor riesgo > 60% a 10 años

BOCIO ENDÉMICO Y ESPORÁDICO

Se denomina *bocio simple* al aumento de tamaño de la glándula tiroidea que no va acompañado de alteraciones hormonales. El tamaño de la glándula se define según la clasificación de la OMS basada en la combinación de la palpación y la inspección del área tiroidea.

BOCIO ENDÉMICO

Es la patología tiroidea de mayor prevalencia mundial. Se define como *zona endémica* aquella en la que el 10% o más de los niños entre 6 y 12 años presenta un bocio de grado I o mayor, y la gravedad de la endemia se valora por la excreción urinaria de yodo.

Afecta al 7% de la población mundial: unos 300 millones de personas. La prevalencia es mayor en el sexo femenino y en la edad puberal, pero a partir de los 30 años se reduce, en especial en los varones. El patrón mundial de distribución se extiende por todos los continentes, y las zonas más afectadas son las montañosas (Alpes, Pirineos, Himalaya y Andes), aunque también hay zonas llanas con endemia bociógena (regiones de los lagos de Noruega, Canadá y África central).

En España, hay una gran diversidad de situaciones. Existe bocio endémico en toda la vertiente norte de la península (Pirineos y cordillera Cantábrica), en la Alpujarra, Ávila, Teruel, Segovia, Albacete, Serranía de Ronda e isla de La Palma. Las Hurdes, en Extremadura, es una de las zonas bociosas más notables del mundo.

La gravedad de la endemia viene definida por la excreción urinaria media de yodo (EUMI). Se distinguen tres tipos de zonas: *a*) *endemia ligera*: la concentración de yodo urinario está entre 5,9 y 9,9 µg/dl, las tasas de bocio suelen ser del 10 al 20%; *b*) *endemia moderada*: concentración media entre 2 y 4,9 µg/dl; el riesgo de hipotiroidismo es elevado, pero no el de cretinismo, y *c*) *endemia grave*: la concentración media de yodo urinario es inferior a 2 µg/dl, la frecuencia del bocio supera al 30% y el cretinismo, al 1%. En las zonas sin endemia la EUMI es superior a 10 µg/dl.

Patogenia del bocio

El déficit crónico de yodo ocasiona una producción de hormonas tiroideas subóptima, lo que provoca pequeños aumentos de la secreción de TSH, que, además de retornar a la normalidad los valores hormonales, ocasiona un crecimiento difuso (hiperplasia) del tiroides.

Riesgos del bocio endémico

El bocio nodular tiene una prevalencia superior en las áreas endémicas: el 2,5% frente al 1,5% de las no endémicas. El *hipotiroidismo* se presenta en el 1,4% de la población, frente al 0,8% de las zonas no bociógenas; por el contrario, la tasa de hipertiroidismo no parece tener diferencias valorables.

El *carcinoma tiroideo folicular anaplásico* y el infrecuente *sarcoma de tiroides* son más frecuentes en las áreas de endemia.

Cretinismo endémico

El riesgo de cretinismo depende de la gravedad de la endemia. Así, en las zonas de endemia grave puede alcanzar una prevalencia del 5-8%. El cretinismo puede presentarse en dos formas clínicas: neurológica y mixedematosa. La *neurológica* cursa con retraso mental, sordomudez, síndrome piramidal en extremidades inferiores, ataxia extrapiramidal y estrabismo. Los pacientes están eutiroideos y no está indicado, por tanto, el tratamiento sustitutivo con hormona tiroidea. En el tipo *mixedematoso* existe un hipotiroidismo grave, enanismo, mixedema cutáneo y retraso mental.

Profilaxis del bocio endémico

La profilaxis con yodo ha demostrado prevenir el bocio endémico y el cretinismo. Existen dos tipos de intervención para la suplementación con yodo: la dirigida a toda la población y la que va dirigida a la población de riesgo, como embarazadas, mujeres en edad fértil y niños. Puede administrarse *sal yodada,* de eficacia ampliamente demostrada. Se utiliza el yodo en forma de yodato potásico. La proporción de yodo que debe existir por gramo de sal debe variar en función de la gravedad de la endemia y del consumo de sal en la dieta por parte de la población diana. El *aceite yodado* se utiliza cuando la prevalencia de cretinismo es igual o superior al 1% o la de bocio visible superior al 20%, en áreas geográficas en las que no se puede garantizar una correcta distribución e ingesta de sal yodada. *Agua yodada.* Se puede yodar la red pública o los pequeños depósitos de agua particulares (*agua yodada*); su principal inconveniente es el desigual consumo de agua que existe entre los individuos.

Complicaciones del tratamiento profiláctico

Reacciones por hipersensibilidad, agudas o crónicas; yodismo (náuseas, vómitos y síncope); disfunción tiroidea (el problema que se detecta con mayor frecuencia es el de un aumento de incidencia de hipertiroidismo), y se ha descrito también un aumento de incidencia de tiroiditis crónicas linfocitarias.

Bocio simple esporádico

Es el bocio difuso, no nodular, detectado en zonas sin endemia bociógena. No ocasiona cambios en los valores hormonales ni alteraciones inmunológicas. En la mayoría de los casos, no se puede determinar su etiología. Los bocios pequeños no producen clínica local, pero los grandes bocios, en especial si son intratorácicos, pueden producir molestias por compresión. No comporta otros riesgos.

BOCIO NODULAR

Se define como *bocio nodular* cualquier masa detectada por palpación que produce la asimetría de la glándula tiroidea. Es causa de hipertiroidismo, compresión a nivel local y/o mediastínico y de carcinoma tiroideo. Puede tratarse de un único nódulo (nódulo solitario) o de varios (bocio multinodular).

La frecuencia aumenta en individuos que viven en zonas con déficit de yodo, que han recibido radiación terapéutica en la cabeza y el cuello, o han estado sometidos a una irradiación accidental (Chernobil) o ambiental (zonas volcánicas).

Valoración del bocio nodular

La *palpación tiroidea* es el punto fundamental en el diagnóstico del bocio nodular, y es la exploración recomendada para el cribado del cáncer de tiroides. La sensibilidad de la palpación tiroidea, en la población asintomática adulta, es baja (15%), pero la especificidad es del 100% comparada con la ecografía.

NÓDULO ÚNICO TIROIDEO

Se considera un nódulo solitario o único cuando la *palpación minuciosa* no pone de manifiesto la existencia de otros nódulos tiroideos. Su trascendencia clínica reside en la posible existencia de un cáncer; sin embargo, la mayoría de nódulos solitarios son benignos, y únicamente el 5% son malignos.

Exploraciones complementarias

En el caso que existan síntomas de hipertiroidismo, se debe solicitar una TSH y T_4 libre. No existen pruebas de laboratorio que ayuden en el diagnóstico del nódulo maligno. La hiperfunción tiroidea no excluye totalmente el cáncer de tiroides, pero lo hace menos probable. La tiroglobulina carece de utilidad; la calcitonina sólo se encuentra elevada en el carcinoma medular y, dada su baja incidencia, no está justificada su determinación rutinaria.

Por tanto, la *PAAF* será el primer paso a seguir en el estudio del nódulo tiroideo único (figura 61-1), aunque tiene limitaciones, dependientes de la experiencia del patólogo y del tipo de patología que origine el nódulo. Los patrones histológicos y el porcentaje de cada uno de ellos en una amplia serie sobre 15.210 PAAF no ecodirigidas (Gharib, 1993) son los siguientes:

- *Benigna* (64%): el coloide es abundante y existe escasa/moderada celularidad de tipo epitelial normal.
- *Sospechosa* (11%): hipercelularidad, escaso coloide, alguna atipia y patrones microfoliculares.
- *Maligna* (4%): escaso coloide, celularidad abundante con núcleos grandes, abundantes atipias y otros rasgos malignos. En el 80% de los carcinomas papilares la citología puede darnos el diagnóstico.
- *No diagnóstica* (5-25%): por mala técnica, material insuficiente, etc.

Tratamiento

Los pacientes hipertiroideos (adenoma tóxico) se tratarán con antitiroideos y, posteriormente, se indicará cirugía, o puede plantearse el yodo radiactivo.

Si el diagnóstico de la PAAF es de malignidad sospechosa, estará indicada la intervención quirúrgica. Las *lesiones quísticas* puras son raras, y pueden desaparecer tras PAAF y vaciado de su contenido; pero si son grandes (> 4 cm), está indicada la cirugía.

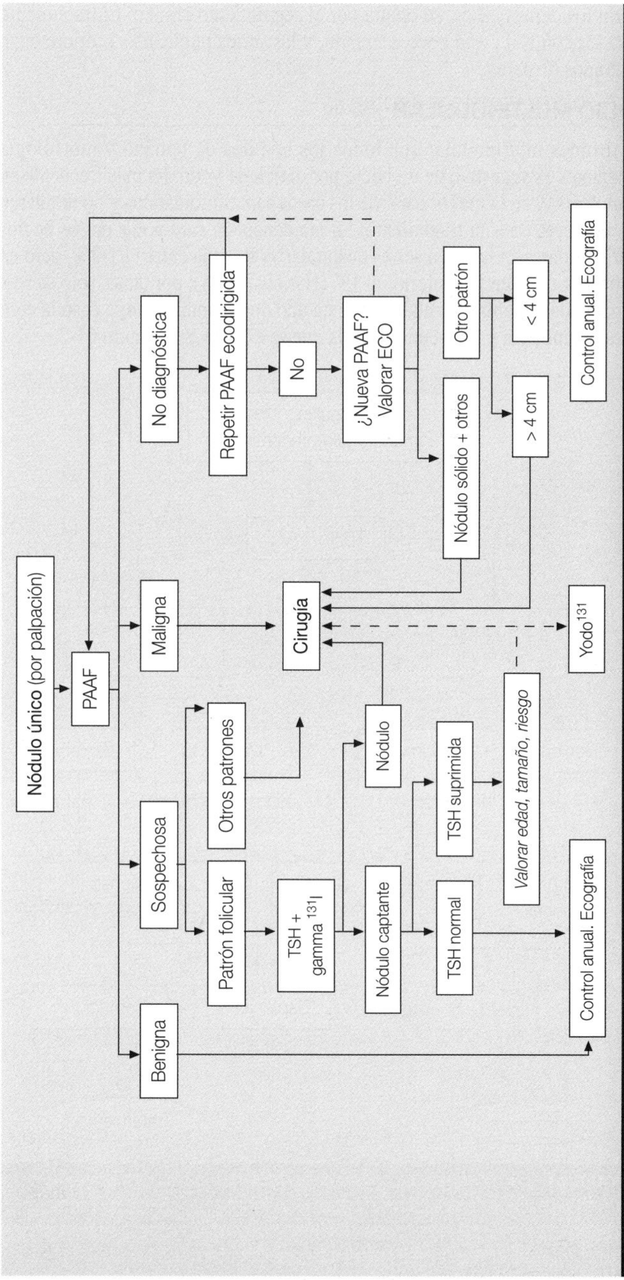

Figura 61-1. Protocolo de actuación en un nódulo tiroideo solitario.

En los demás casos, se optará por el seguimiento clínico. El tratamiento supresor con L-T_4 está poco aceptado, y las series publicadas proporcionan resultados dispares.

BOCIO MULTINODULAR

Un tiroides multinodular con todos los nódulos de tamaño y morfología semejantes es sugestivo de un bocio por déficit de yodo. Es más frecuente en las mujeres, y en la mayor parte de los casos son asintomáticos y no requieren más exploraciones ni tratamiento. La incidencia de carcinoma en los bocios multinodulares es baja: en series hospitalarias se sitúa entre el 1-3%, pero en la población general es inferior al 1% (Hermus, 1998); por tanto, sólo se sospechará cuando entre los nódulos exista uno dominante, en cuyo caso la conducta diagnóstica y terapéutica será la que se expone en la figura 61-2.

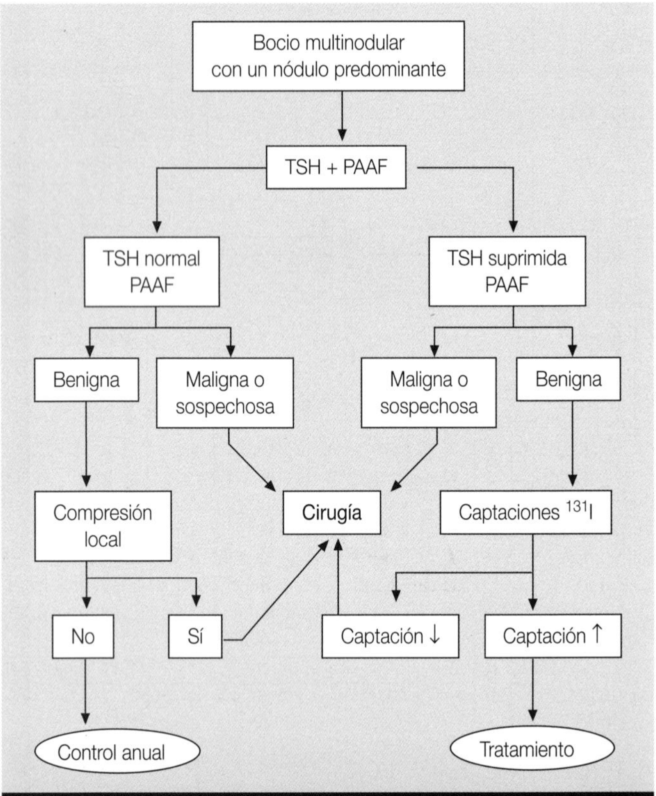

Figura 61-2. Protocolo del bocio multinodular, con un nódulo dominante. Se considera un nódulo dominante si > 3 cm, o bien, si tiene crecimiento rápido, es doloroso, más duro o está adherido a planos profundos, independientemente del tamaño.

Tratamiento

En la mayoría de los casos se hará un seguimiento clínico y funcional cada año. Es importante evitar la amiodarona para no desencadenar un hipertiroidismo.

En caso de *hipertiroidismo* clínico se iniciará el tratamiento con antitiroideos de síntesis, cuyo uso será temporal hasta controlar el cuadro. El tratamiento definitivo puede ser quirúrgico o con yodo radiactivo. En casos de *bocios multinodulares* de tamaño medio con hipertiroidismo o con captaciones de ^{131}I aumentadas, el tratamiento de elección es el yodo radiactivo. El ^{131}I reduce el tamaño del bocio y controla el hipertiroidismo. El tratamiento quirúrgico será el indicado en grandes bocios, síntomas intensos de compresión local cuando presenten una PAAF sospechosa de malignidad, o si el paciente rechaza el yodo radiactivo.

Riesgo de malignidad en el bocio nodular

La neoplasia de tiroides suele ser más frecuente en personas menores de 20 años y mayores de 60, y en el niño la presencia de un nódulo tiene el doble de posibilidades de que sea debida a un carcinoma. Es más probable que un nódulo sea maligno en un varón que en una mujer. El antecedente de irradiación en la infancia, en especial si se ha realizado en la zona del cráneo, cuello o área supraesternal, aumenta el riesgo de 5 a 16 veces de que el nódulo sea maligno. El nódulo único hipertiroideo raramente es maligno.

Carcinoma tiroideo

El *carcinoma tiroideo* es una neoplasia poco frecuente. La edad inferior a 30 años aumenta la probabilidad de que existan metástasis en el momento del diagnóstico. Cuando la edad es superior a 60 años, existe una mayor agresividad del tumor.

El *carcinoma medular* puede ser esporádico o familiar. Se asocia a feocromocitoma, por lo que antes de realizar una intervención quirúrgica debe descartarse mediante determinación de metanefrinas urinarias. Suele existir un fuerte aumento de los valores de antígeno carcinoembrionario y de calcitonina. Es obligado el cribado de familiares, mediante estudio genético.

En todos los casos de carcinoma tiroideo debe practicarse una tiroidectomía total quirúrgica completa, con la administración de ^{131}I, seguida de tratamiento sustitutivo con levotiroxina de por vida.

La dosis de levotiroxina ha de ser suficiente para mantener al paciente con una TSH indetectable (< 0,001), ya que su efecto trófico favorecería el crecimiento de posibles células oncogénicas residuales.

ALTERACIONES DEL CALCIO

Hipercalcemia

El diagnóstico de hipercalcemia se realiza al detectarse, en dos o más ocasiones, una calcemia superior a 10,5 mg/dl. Sólo será necesaria una determinación cuando vaya acompañada de manifestaciones clínicas intensas.

Manifestaciones clínicas

Las concentraciones poco elevadas (10,5-11,5 mg/dl) no suelen producir síntomas típicos, aunque puede existir discreta astenia, depresión y fatiga muscular de predominio proximal. Los niveles de 11,5 a 15 mg/dl pueden cursar con anorexia, náuseas, vómitos y estreñimiento. Otras manifestaciones son acortamiento del intervalo QT a expensas de un segmento ST corto, poliuria intensa, por disminución de la capacidad del túbulo renal para concentrar la orina, y síntomas neurológicos, como apatía, irritabilidad, cefalea, síndrome confusional, pérdida de memoria y demencia.

La *crisis hipercalcémica* constituye una emergencia médica. La hipercalcemia es superior a 15 mg/dl, con síntomas neuromusculares y psiquiátricos graves.

Etiología

Hiperparatiroidismo primario

El adenoma único de paratiroides es la causa en el 80-85% de los casos, la hiperplasia de las cuatro glándulas se produce en el 15-20%, y el carcinoma, en un 1%. La hiperplasia puede asociarse a otras endocrinopatías (MEN I o MEN II) de carácter hereditario.

La manifestación más precoz es la afectación ósea; el *turnover* óseo está aumentado, con incremento de la resorción de hueso, que se traduce en un rápida alteración de la densidad mineral ósea y aparición de osteoporosis. A medida que progresa la enfermedad, se produce la sustitución del hueso laminar por hueso reticular, lo que predispone a las fracturas patológicas. La historia de litiasis renal suele encontrarse en el 33-50% de casos.

Diagnóstico

En la mayoría de los casos existe un aumento de la calcemia, pero puede ser mínima cuando exista un déficit asociado de vitamina D. Las concentraciones de fosfatos suelen ser bajas (< 3 mg/dl). Las cifras de PTH intacta (PTHi) están elevadas. La ecografía cervical permite localizar el aumento de tamaño de las paratiroides en el 50 a 60% de los casos. La gammagrafía debería reservarse como exploración posterior.

Tratamiento

La cirugía es el tratamiento de elección, y actualmente empieza a practicarse en régimen de cirugía mayor ambulatoria. Los criterios para la intervención quirúrgica son: calcemias superiores a 12, masa ósea inferior a 2 DE, nefrolitiasis o edad inferior a 50 años.

Neoplasias

Es la segunda causa en la población ambulatoria. El fósforo en suero está elevado o normal, y las concentraciones de PTH suelen ser bajas o normales.

La hipercalcemia puede producirse por dos mecanismos: *a*) por efecto osteolítico local del tumor (carcinoma de mama, próstata, mieloma), y suele aparecer cuando la enfermedad metastásica es extensa, y *b*) por producción de un péptido con acción PTH, no detectable por radioinmunoanálisis, que estimula los receptores para la PTH e incrementa la resorción ósea. Suele observarse en las neoplasias de pulmón, esófago, piel, riñón, páncreas, ovario y vesicales.

OTRAS CAUSAS

Sarcoidosis y otras granulomatosis. Tirotoxicosis. Inmovilización (ACV, fracturas, etc.). Intoxicación por vitamina D. Tiazidas. Hipercalcemia e hipocalciuria familiar.

HIPOCALCEMIA

Es mucho menos frecuente que la hipercalcemia. Las manifestaciones clínicas aparecen si las concentraciones de Ca^{++} iónico son inferiores a 4 mg/dl, lo que se corresponde a calcemias totales inferiores a 8 mg/dl, si las proteínas son normales. La calcemia puede ser normal y aparecer una clínica de tetania por redistribución de las fracciones libre y ligada, lo que ocurre en la hiperventilación (crisis de ansiedad), después de transfusiones y en la rabdomiólisis intensa.

Manifestaciones clínicas

La clínica de tetania aparece con calcemia inferior a 7 mg/dl. La *tetania latente* puede ponerse de manifiesto estimulando la zona preauricular del nervio facial que produce una contracción de los músculos faciales (signo de Chvostek) o con el signo más específico de Trousseau (se sitúa el manguito de presión en la mitad del brazo, se infla por encima de la tensión sistólica y se mantiene); si el signo es positivo, a los 3-4 minutos se produce el espasmo del carpo.

Etiología

La causa más habitual de hipocalcemia es la hipoalbuminemia. La *hipomagnesemia intensa* (< 1 mg/dl) es otra causa frecuente de hipocalcemia sintomática, y se produce en los alcohólicos.

Tratamiento

La hipocalcemia con clínica aguda de tetania debe tratarse con 2 ml de gluconato cálcico al 10%, intravenoso, lento (5-10 minutos), seguido de perfusión continuada, lenta (15 mg/kg), y ajuste según la calcemia. La hipocalcemia crónica requiere la administración de suplementos de calcio oral (0,5-1 g/3 veces/día) y vitamina D o calcitriol (1,25 $[OH]_2$-D_3).

Capítulo 62

DERMATOLOGÍA BÁSICA

PRURITO

Ante todo enfermo que consulta por prurito, lo primero que se debe comprobar es si se asocia a dermatosis. En caso afirmativo, las dermatosis que con mayor frecuencia causan prurito son la sarna, las picaduras, el eccema atópico y el de contacto, la xerosis (sequedad cutánea), la urticaria, la neurodermatitis, la psoriasis y el liquen plano.

Se incluye en este apartado la sarna porque los pacientes que la padecen consultan por prurito, sin que se aprecien a primera vista lesiones cutáneas significativas.

ESCABIOSIS (SARNA)

Es la infestación cutánea causada por el ácaro *Sarcoptes scabiei*. Es muy contagiosa, y las lesiones cutáneas están producidas por el propio ácaro (lesiones «habitadas») y por la respuesta inmunitaria del huésped. Las lesiones se localizan en los pliegues interdigitales, el lado cubital de las muñecas, los codos, las axilas, las nalgas, las mamas y el pene. En caso de persistir la infestación, las lesiones llegan a generalizarse, aunque respetan la cara.

Aparece una erupción polimorfa compuesta por lesiones específicas, habitadas por el parásito, e inespecíficas o reactivas. Las primeras son las vesículas y los surcos acarinos, que siguen un trayecto lineal, son ligeramente ondulados, tienen forma de «S» itálica, y miden 4-10 mm. Las lesiones inespecíficas son las pápulas persistentes, las excoriaciones y las de aspecto eccematoso. La erupción es intensamente pruriginosa, especialmente por la noche, y es fácil que varios de los convivientes presenten la misma sintomatología, por contagio directo o, más raramente, a través de objetos.

El diagnóstico diferencial debe establecerse con otras enfermedades pruriginosas, como los eccemas, las excoriaciones neuróticas y el prurito *sine materiae*. La confirmación diagnóstica se obtiene al hallar el parásito por alguno de los procedimientos anteriores, aunque si la sospecha es elevada se puede indicar el tratamiento.

El tratamiento consiste en administrar una loción de lindano al 1% al paciente y, simultáneamente, a todos los convivientes y a la pareja sexual. Suele aplicarse antes de ir a dormir, precedido de una ducha. Hay que cambiar las toallas, la ropa de la cama y la que haya estado en contacto directo con el paciente, que deben lavarse con agua caliente o en seco. La loción se aplica por todo el tegumento, excepto la cara, y se deja actuar durante 12 horas, tras las que el paciente se ducha de nuevo. Se aconseja repetir el tratamiento al cabo de una semana, siguiendo las mismas instrucciones. Dado que el lindano es neurotóxico, en las pacientes embarazadas y en los niños pequeños debe usarse la permetrina en crema al 5%, de efectividad similar, aunque sin apenas toxicidad.

GRUPOS DIAGNÓSTICOS

A continuación se exponen los principales grupos diagnósticos y la conducta que se debe seguir en las dermatosis más frecuentes.

LESIONES DE CONTENIDO LÍQUIDO

Lesiones vesiculosas

VESÍCULAS AGRUPADAS

Herpes simple

Erupción mucocutánea causada por *Herpesvirus hominis* tipos I y II. Las principales claves para el diagnóstico son la distribución perioral, intraoral y perigenital, la presencia de vesículas agrupadas en racimo y la recurrencia en la misma localización. Produce escozor, a veces prodrómico, y dolorimiento. En caso de localizarse cerca de los ojos, se debe consultar con un oftalmólogo, puesto que puede producir queratitis. En la piel se aplicará un antiséptico para evitar sobreinfecciones (alcohol, povidona yodada). En el caso de herpes genital, se debe recomendar al paciente la abstención sexual en la fase activa de la enfermedad, y practicar pruebas reargínicas de serología luteica (VDRL) y anticuerpos reargínicos (RPR) o examen en campo oscuro, en caso de duda con lúes. Está indicado el tratamiento con aciclovir oral en la primoinfección herpética oral y genital (200 mg/4 h durante 10 días) o bien en caso de más de cuatro recidivas al año (200 mg, tres veces al día durante períodos de uno o más años). De forma alternativa, puede utilizarse el valaciclovir o el famciclovir.

Herpes zóster

Infección producida por la reactivación del virus de la varicela zóster (VZV). Tras la varicela (infección primaria) el virus queda en estado latente, acantonado en un ganglio sensitivo de los pares craneales (trigémino) o de un nervio raquídeo posterior. En el 5% de los casos, se asocia a neoplasias internas, en especial linfoma, y en un porcentaje similar al sida. Ambas patologías deben tenerse en cuenta en el interrogatorio, sobre todo si se trata de un paciente menor de 50 años. Las claves para el diagnóstico son la presencia de una erupción compuesta por placas eritematosas cubiertas de vesículas agrupadas, la distribución unilateral y metamérica asociadas a parestesias o dolor. La enfermedad se autorresuelve en unas 3 semanas. Tópicamente, se aplicarán fomentos antisépticos (permanganato o agua de Burow cada 4-6 h) y se administrarán analgésicos, según las necesidades del paciente, para el tratamiento de la neuralgia aguda. El aciclovir oral en dosis de 800 mg/4 h durante una semana está indicado en pacientes mayores de 65 años, o en caso de afectación oftalmológica, siempre dentro de las primeras 24-48 horas del inicio de la erupción. De forma alternativa, pueden utilizarse otros antivíricos orales: valaciclovir o famciclovir. Los enfermos inmunodeprimidos deben remitirse al dermatólogo. La neuralgia postherpética es una complicación que se produce en el 20% de los pacientes mayores de 55 años, aunque es rara en los más jóvenes.

Dishidrosis (eccema dishidrótico)

Erupción pruriginosa de causa desconocida, aunque probablemente mediada por un mecanismo de hipersensibilidad. Se afectan las caras laterales y la punta de los dedos, y se forman pequeñas vesículas no inflamatorias, muy pruriginosas, que aparecen sobre la piel normal. Al cabo de unos días, las lesiones se secan dejando placas circunscritas descamativas, que a veces forman un collarete en la periferia de las lesiones. Suele seguir un curso intermitente, a brotes, aunque existen casos muy crónicos, intensamente pruriginosos, en los que aparecen vesículas y pústulas sobre una placa eritematosa, con exudación y costras amarillentas. Esta forma clínica es más evidente en las plantas de los pies. Si las lesiones son muy exudativas, se aplicarán fomentos cada 4-6 horas, seguido de cremas de corticoides de potencia media-alta. Los casos crónicos son de difícil control y requieren la intervención del dermatólogo.

Tiña vesiculosa

En algunos casos, las tiñas producen lesiones vesiculosas, especialmente cuando afectan a las palmas y las plantas. Suelen agruparse en racimo y son pruriginosas. El diagnóstico es evidente a los pocos días, ya que crecen en superficie, formando figuras anulares, lo que permite diferenciarlas con facilidad. El tratamiento consiste en aplicar fomentos con permanganato cada 4-6 horas mientras la lesión es exudativa. Posteriormente, puede aplicarse un antifúngico tópico cada 12 horas, durante 3-4 semanas. En casos extensos o recidivantes, es preferible el empleo de antimicóticos orales. El de elección es la griseofulvina, que se administra por vía oral en dosis de 500 mg al día durante 4 semanas. De forma alternativa, puede utilizarse itraconazol, fluconazol o terbinafina.

Eritema exudativo multiforme o polimorfo y síndrome de Stevens-Johnson

Es una dermatosis reactiva producida por un mecanismo de hipersensibilidad frente a infecciones víricas. Consiste en una erupción polimorfa, cuya lesión característica es la lesión «en diana» (3 anillos concéntricos con centro vesiculoso, de tonalidad violácea). Afecta a las zonas distales de las extremidades, especialmente las manos y los pies. También es frecuente la afectación oral. Suele remitir espontáneamente al cabo de 2-3 semanas. Si existe afectación de las mucosas y la erupción cutánea es muy extensa, se trata del síndrome de Stevens-Johnson o del síndrome de Lyell (véase «Lesiones ampollares»). El tratamiento del eritema exudativo multiforme (EEM) consiste en aplicar localmente compresas húmedas con permanganato o agua de Burow.

Vesículas aisladas y dispersas

Varicela

Primoinfección por el virus de la varicela zóster (VZV). Las lesiones predominan en el tronco, se extienden centrífugamente y aparecen en brotes sucesivos, lo que hace que la erupción tenga lesiones en diferentes estadios evolutivos (imagen en «cielo estrellado»: máculas, pápulas, vesículas, pústulas y costras). Los pacientes inmunodeprimidos deben ser remitidos al hospital para tratamiento con antiherpéticos sistémicos (aciclovir, famciclovir o valaciclovir). En los pacientes sin enfermedad de base no es preciso el uso de estos fármacos.

Lesiones ampollares

Dermatosis ampollares de curso agudo

Ampollas por picaduras (culicosis)

Son ampollas a tensión que aparecen, por lo general, en el tercio distal de los miembros inferiores. Suelen aparecer de forma aislada o en número reducido en primavera-verano (ritmo estacional), pudiendo recidivar en años sucesivos. Con frecuencia, se asocian a picaduras típicas (papulovesículas excoriadas de agrupación irregular). Deben pincharse las lesiones con una aguja estéril y aplicar un antiséptico como la povidona yodada.

Quemaduras

Las ampollas se producen en las quemaduras de segundo grado. Si afectan a menos del 10% de la superficie corporal, pueden tratarse de forma ambulatoria. En la mayor parte de los casos, se observa eritema intenso, ampollas flácidas y erosiones. Si la quemadura se ha producido poco antes (menos de 1 hora), se debe recomendar al paciente que, después de lavarla con agua jabonosa, sin friccionar en exceso, sumerja la zona quemada en agua fría no corriente hasta que desaparezca el dolor tanto dentro como fuera del agua (unos 45 minutos). Siempre se debe aplicar la inmunización antitetánica. Si existen ampollas a tensión y están localizadas en zonas de presión, se recomienda puncionarlas por varios puntos hasta vaciarlas, dejando la piel suprayacente, lo que permite mantener cierta función barrera. Si existen ampollas de contenido purulento, es preferible recortarlas para eliminar el foco de infección. Posteriormente, se cubre la herida con apósito oclusivo y se inmoviliza. Si la erosión es exudativa, se aplican gasas con pomada antiséptica (p. ej., sulfadiacina argéntica) y se cubren con una venda elástica. Los apósitos se dejan unos 3 días, a menos que haya mucha secreción, en cuyo caso se cambian con más frecuencia. Si se pegan, deben humedecerse antes de quitarlos.

Eccema de contacto ampollar

En algunos casos, el eccema alérgico de contacto produce lesiones ampollares.

Eritema exudativo multiforme, síndrome de Stevens-Johnson y síndrome de Lyell

En ocasiones, el EEM (véase «Lesiones vesiculosas») es ampollar. En los casos extremos, puede haber despegamiento de gran parte de la epidermis, con formación de ampollas flácidas y erosiones, lo que se conoce con el nombre de *síndrome de Lyell*. Los pacientes con un síndrome de Stevens-

Johnson o de Lyell deben ser remitidos a un servicio de dermatología o a urgencias.

Dermatosis ampollares de curso crónico

Pénfigo vulgar. Dermatosis ampollosa autoinmune, causada por autoanticuerpos contra caderinas, moléculas de adhesión que unen entre sí los queratinocitos. Recomendamos remitir el paciente al dermatólogo.

Penfigoide ampolloso. Enfermedad ampollosa autoinmune, por autoanticuerpos frente a moléculas de adhesión que fijan los queratinocitos basales a la membrana basal. Puede ser una dermatosis grave, por lo que recomendamos remitir el paciente al dermatólogo.

Lesiones pustulosas

Acné vulgar

Es una alteración de la queratinización de los folículos pilosebáceos que favorece el acúmulo de sebo y la colonización de los mismos por un difteroide anaerobio: *Propionibacterium acnes*. Se localiza en zonas seborreicas de la cara (frente, mejillas y mentón) y en la parte superior del tórax. Por lo general, cede a los 18-20 años, aunque no es infrecuente que se prolongue más allá de los 25, lo cual debe ser comentado con el paciente. Para el tratamiento, es preferible clasificar el acné en leve (comedones y menos de 10-15 lesiones papulopustulosas), moderada (más de 10-15 lesiones papulopustulosas) y grave, cuando existen más de 30 lesiones papulopustulosas o noduloquísticas. El acné leve se trata tópicamente con antibióticos (clindamicina o eritromicina), peróxido de benzoílo, ácido retinoico o sus derivados (isotretinoína o adapaleno), azufre o ácido azelaico, durante varios meses, que pueden utilizarse solos o combinados entre sí. El acné moderado precisa antibióticos por vía oral (tetraciclinas o sus derivados, eritromicina o macrólidos); deben tomarse 2 comprimidos al día durante 15-20 días, y pasar posteriormente a una dosis de mantenimiento de un comprimido al día o a días alternos durante varios meses, además del tratamiento tópico antes mencionado. El acné grave o moderado-grave requiere, en la mayoría de los casos, la colaboración del dermatólogo, ya que el tratamiento de elección es un retinoide oral, el ácido 13-cis-retinoico.

Rosácea

Erupción de causa desconocida que afecta a las zonas seborreicas de la cara (frente y zona central de las mejillas y el mentón), con presencia de pápulas y pústulas sobre una base de eritema, y telangiectasias. No se aprecian comedones. Suele aparecer en mujeres de 30-40 años. Se recomienda, como tratamiento, evitar bebidas y comidas muy calientes o picantes, estimulantes (té, café), alcohol y los cambios bruscos de temperatura. El tratatamiento se realiza con antibióticos tópicos (clindamicina o eritromicina) o sistémicos (tetraciclinas y derivados), según la intensidad de la erupción. También es muy efectivo el metronidazol tópico al 1% en gel acuoso o bien oral. Los corticoides tópicos están contraindicados, ya que empeoran la rosácea.

Foliculitis

Infección superficial del folículo pilosebáceo causada, por lo general, por *Staphylococcus aureus* o más raramente por *Pseudomonas*. Se caracteriza por pústulas de asiento folicular (algunas se ven atravesadas por un pelo). El tratamiento consiste en evitar las ropas ajustadas y oclusivas, y usar jabones antisépticos, como la clorhexidina, para el baño diario. Deben aplicarse medidas higiénicas para evitar el contagio. Los casos crónicos deben remitirse al dermatólogo, ya que son de difícil tratamiento.

Dermatofitosis

En la fase inicial de las infecciones cutáneas por dermatófitos pueden observarse vesiculopústulas agrupadas en racimo, que también están presentes en el borde de avance de las lesiones en progresión. (Véase «Lesiones eritematosas».)

Intertrigo candidiásico

Es típico del intertrigo candidiásico la presencia de papulopústulas satélites, por fuera de la lesión, por donde crece. (Véase «Lesiones eritematosas».)

Lesiones eritematosas

Dermatosis eritematoscamosas (descamación)

Predominio de pápulas

Psoriasis en gotas

La psoriasis es una enfermedad de base genética, hereditaria, y de probable patogenia autoinmune. La psoriasis en gotas se presenta en forma de pápulas eritematoscamosas que afectan al tronco, las extremidades y el cuero cabelludo. Puede haber lesiones típicas de psoriasis en placas en otras localizaciones y lesiones ungueales (piqueteado, leuconiquia distal, hiperqueratosis subungueal). Las lesiones están bien delimitadas, y el rascado de las mismas produce descamación blanco-nacarada. Es una forma clínica de psoriasis eruptiva que cursa a brotes y aparece con frecuencia a los 15-20 días de una amigdalitis estreptocócica. Es típica de pacientes jóvenes, y suele tener mejor evolución que la psoriasis en placas, ya que suele responder al tratamiento e incluso, en algunos casos, puede autoinvolucionar. En ocasiones, al cabo de los años, se transforma en una psoriasis en placas.

Hay que evitar los traumatismos y el rascado, mantener la piel bien hidratada y tomar baños de sol. Las pomadas de corticoides potentes se aplican 1-2 veces al día. Son muy cómodas, pero tienen el inconveniente del efecto rebrote, la taquifilaxia y los efectos secundarios, por lo que deben alternarse con otros fármacos. Pasados unos meses deben cambiarse por pomadas de alquitranes o derivados, que se aplican por la noche, advirtiendo al paciente de que huelen mal, manchan la ropa y son fototóxicas, por lo que debe evitarse la exposición solar durante las 24 horas siguientes a la aplicación de la pomada.

Pitiriasis rosada

Se caracteriza por máculas o pápulas rosadas, ovales, cuyo diámetro mayor sigue el trayecto de las líneas de la piel. Son asintomáticas o ligeramente pruriginosas, y afectan al tronco y a la parte proximal de las extremidades. Las lesiones producen descamación en la parte interna del borde («collarete epidérmico»). Con frecuencia, la erupción va precedida de una lesión de mayor tamaño denominada «medallón heráldico». La enfermedad no precisa tratamiento. En caso de duda con roséola sifilítica, se debe practicar un VDRL.

Liquen plano

Enfermedad inducida probablemente por un mecanismo autoinmune mediado por la inmunidad celular. Se caracteriza por una erupción en forma de pápulas eritematoviolâceas, de superficie plana, brillantes, surcadas por estrías blanquecinas, que son más evidentes tras frotar las lesiones con alcohol (estrías de Wickham). Las lesiones suelen ser muy pruriginosas y se localizan preferentemente en la cara ventral de las muñecas. En la mucosa oral y en los genitales se pueden observar placas blancas, con estrías, que pueden erosionarse. Las lesiones orales son muy crónicas y, en ocasiones, evolucionan a carcinoma espinocelular. Se debe explicar al paciente que la enfermedad dura como promedio uno o dos años. Si la erupción es extensa, hay que remitir el paciente al dermatólogo.

Secundarismo luético (sífilis secundaria)

Erupción cutánea que aparece entre 3 semanas y 3 meses después del chancro de inoculación. Se manifiesta por máculas y pápulas rojo-parduscas que afectan al tronco, las extremidades y la cara, con predilección por palmas y plantas, donde las lesiones son dolorosas. Es típica la afectación de la mucosa oral y genital (condilomas planos). Suele haber febrícula y adenopatías generalizadas. El diagnóstico se confirma mediante la serología luética (VDRL y FTA-Abs). El seguimiento de la respuesta al tratamiento se hace mediante el VDRL cuantitativo, que debe reducirse a menos de una cuarta parte o negativizarse en unos meses. La curación se consigue con una dosis de penicilina benzatina de 2,4 millones de U, en caso de secundarismo de menos de un año de evolución, o bien 3 dosis de 2,4 millones a intervalos semanales, en caso de secundarismo de más de un año o indeterminado. Se deben localizar y tratar los contactos sexuales de los últimos 6 meses.

Dermatitis seborreica

Erupción probablemente causada por la proliferación de un hongo saprofito de la piel, *Pytiriosporum ovale*, y la reacción inflamatoria que origina. Se caracteriza por máculas, pápulas y placas rosadas, «untuosas» al tacto, con descamación fina y amarillenta, que aparecen en las zonas «seborreicas» (cuero cabelludo, borde de implantación del pelo, zona central de la cara, pliegue nasogeniano, región centrotorácica, conducto auditivo externo).

Las lesiones del cuero cabelludo pueden tratarse con lavados frecuentes con champús de piritiona de cinc al 2%, sulfuro de selenio, alquitranes o con champús antifúngicos. Si son muy queratósicas, puede aplicarse una loción queratolítica o de corticoides. Las lesiones de la piel lampiña pueden tratarse con uno de los champús anteriores, que se combinan con una crema de ketoconazol al 2%, o corticoides tópicos de baja potencia. No deben usarse de forma continuada, por el riesgo de efectos secundarios.

EN FORMA DE PLACAS

Psoriasis en placas

Se caracteriza por placas eritematodescamativas, de color rojo intenso, con descamación de color blanco nacarado muy abundante (más evidente al rascado) y bordes bien definidos. Afecta al cuero cabelludo, los codos, las rodillas, la superficie de extensión de las extremidades, la región sacra y la región genital y perianal. Con frecuencia produce hiperqueratosis palmoplantar y afectación ungular en forma de piqueteado y coloración blanquecina distal.

Dermatofitosis o tiñas

Infecciones cutáneas causadas por hongos dermatófitos. Suelen afectar zonas expuestas (cara, manos, brazos, piernas y cuero cabelludo) o zonas húmedas (pliegue inguinal, axilas, espacios interdigitales). Se presentan como una o pocas lesiones, redondeadas u ovales, eritematosas, con descamación superficial, que van curando por el centro, al tiempo que crecen periféricamente (lesiones circinadas).

El tratamiento de las tiñas consiste, en la mayoría de ocasiones, en la aplicación de un antifúngico tópico dos veces al día durante 3-4 semanas (se escogerá vehículo según la localización).

Intertrigo candidiásico

Se denomina así la infección por *Candida albicans* de los grandes pliegues cutáneos. Es más frecuente en pacientes diabéticos, encamados, obesos y en los tratados con antibióticos de amplio espectro, o con alguna inmunodeficiencia congénita o adquirida. Predomina en la zona inguinal en el varón y en la submamaria en las mujeres con mamas.

El tratamiento consiste en reducir el factor desencadenante (corregir la diabetes, la obesidad, la humedad), oclusión de la zona y retirar los antibióticos e inmunodepresores, si es posible. Aplicar fomentos con permanganato o agua de Burow en las lesiones exudativas, y un imidazólico tópico en polvo o en crema, tres veces al día durante 3-4 semanas.

Parapsoriasis en placas

Representa, en muchos casos, la fase inicial de una micosis fungoide. Se caracteriza clínicamente por placas eritematovioláceas, de 10-15 cm de diámetro, poco descamativas, no muy bien definidas, localizadas por lo general en la parte inferior del abdomen y las nalgas. Clínicamente, recuerdan a los eccemas y producen intenso prurito. Un paciente con lesiones eccematosas crónicas en las localizaciones referidas, que responden mal a los corticoides tópicos, debe remitirse al dermatólogo.

Dermatosis eritematoexudativas y escamocostrosas (eccemas subagudos y crónicos)

DERMATITIS ATÓPICA

Enfermedad de causa desconocida, probablemente inmunoalérgica. Afecta especialmente a los niños, en los que predominan las lesiones de eccema subagudo o crónico: pápulas y placas eritematosas, erosiones, escamocostras amarillentas, excoriaciones y liquenificación. En el adulto, las lesiones son de eccema crónico, y se localizan en los párpados, el hueco antecubital o poplíteo, las manos y los pies. Dado que la erupción es muy pruriginosa, se establece un círculo vicioso prurito-rascado que la perpetúa. Con frecuencia, hay antecedentes familiares y personales de rinitis-conjuntivitis-asma.

Como tratamiento, se recomienda un ambiente húmedo y fresco para el paciente, romper el círculo vicioso prurito-rascado con el uso de antihistamínicos y sedantes, evitar el uso de jabones astringentes y aplicar cremas hidratantes varias veces al día.

Dermatitis de estasis (eccema varicoso, eccema por insuficiencia venosa)

Se caracteriza por la aparición de placas eritematosas con exudación y costras en el tercio distal de los miembros inferiores, en pacientes con historia de edema e insuficiencia venosa.

Eccemas de contacto

Las lesiones son placas eritematosas con vesiculación superficial, en caso de eccema agudo, o bien con eritema y descamación, en caso de lesiones crónicas. Pueden estar causados por alergenos (eccema alérgico) o bien por irritantes primarios (jabones, disolventes, etc.) Las lesiones mejoran o incluso desaparecen al suspender el contacto con el alergeno (las dermatitis profesionales mejoran los fines de semana y durante las vacaciones).

Dermatosis eritematoedematosas

Urticaria

Reacción cutánea que traduce un edema dérmico producido por aumento de la permeabilidad capilar, a su vez secundaria a la acción de la histamina y otros péptidos vasoactivos, liberados por la degranulación de los mastocitos.

La urticaria se presenta como pápulas o placas eritematoedematosas pruriginosas, de 0,5-20 cm de diámetro, que tienden a palidecer por el centro. Se denominan *habones*, y se caracterizan por ser evanescentes (duran menos de 24 horas) y cambiantes. En el 50% de los casos, se asocian a angioedema, localizado preferentemente en los párpados, los labios y los genitales. Además del prurito, la urticaria puede ir acompañada de síntomas gastrointestinales o respiratorios, entre los que destaca la disnea y la disfonía, que podrían ser debidos a edema de laringe, que pueden comprometer la vida del paciente.

El tratamiento consiste en eliminar la causa y administrar antihistamínicos. Las causas comunes de urticaria se detallan en la tabla 62-1. Es muy importante la anamnesis, en la que se interrogará al paciente sobre la ingesta de fármacos, alimentos o infecciones recientes. En caso de angioedema, hay que preguntar siempre por la sintomatología respiratoria. Respecto a los antihistamínicos, se encomienda comenzar el tratamiento con un anti-H_1 clásico, excepto en los casos en los que el enfermo requiera concentración en su trabajo; se mantendrán hasta pasados 4 o 5 días de la remisión de los síntomas

Tabla 62-1. Factores etiológicos implicados en la urticaria

Medicamentos: penicilina, codeína, curare, dextrano, morfina y polimixina, aspirina, indometacina y benzoatos
Alimentos: huevos, nueces, chocolate, pescado, marisco, tomates, fresas, leche, especias, levadura
Aditivos: benzoato y colorantes alimentarios o farmacológicos (E102 tartracina, E120 amarillo naranja, E127 eritrosina)
Alergenos aereotransportados: pólenes, esporas, caspa de animales, polvo de la casa, humos, etc.
Picaduras de insectos y artrópodos: avispas, abejas
Infecciones: hepatitis vírica, mononucleosis infecciosa, otras viriasis, helmintiasis, hidatidosis
Factores físicos: calor, frío, radiación ultravioleta, presión, vibración, rascamiento, agua
Enfermedades sistémicas: lupus eritematoso, policitemia, macroglobulinemia, hipertiroidismo, embarazo, menstruación, prótesis metálicas óseas y dentarias
Neoplasias: colon, recto, pulmón y linfomas
Factores psicológicos

(de una a varias semanas) y, posteriormente, se reducirán de forma progresiva. Excepto en los casos complejos o crónicos, no es preciso efectuar pruebas complementarias. En caso de no apreciar respuesta al cabo de un mes, o bien si se trata de un caso crónico, se debe remitir el paciente al dermatólogo. La urticaria crónica puede llegar a ser incapacitante, aunque aproximadamente el 50% de los pacientes están libres de síntomas al cabo de un año.

TOXICODERMIAS (EXANTEMA MORBILIFORME POR FÁRMACOS)

Erupción cutánea de causa medicamentosa que aparece normalmente a las pocas horas de la ingesta del fármaco, en forma de maculopápulas eritematosas confluyentes, morbiliformes, que se inician en el tronco y tienen una extensión centrífuga. Los fármacos que con más frecuencia causan reacciones de este tipo son la penicilina y derivados, las cefalosporinas, los antiinflamatorios, las hidantoínas, la carbamazepina y las fenotiazinas.

Eritema multiforme o polimorfo

Véase el apartado «Lesiones vesiculosas».

Pápulas inflamatorias

GRANULOMA ANULAR

Enfermedad de causa desconocida caracterizada morfológicamente por pápulas de superficie lisa, del color normal de la piel o discretamente eritematosas, que se extienden periféricamente formando figuras anulares. Se localizan en el dorso de manos y pies. Puede haber una o varias lesiones. El curso es crónico, con exacerbaciones y remisiones, y el tratamiento más habitual se realiza con corticoides tópicos o intralesionales. La biopsia es característica. El diagnóstico diferencial de las lesiones anulares es muy amplio, por lo que en caso de duda diagnóstica se recomienda remitir el paciente al dermatólogo.

Nódulos inflamatorios

Furúnculos

Infecciones profundas del folículo piloso, causadas por *Staphylococcus aureus*. El tratamiento consiste en calor húmedo local y, en caso de fiebre, múltiples lesiones, celulitis o pacientes inmunodeprimidos, antibióticos antiestafilocócicos (cloxacilina, amoxicilina y ácido clavulánico, cefuroxima axetilo, cefadroxilo, clindamicina). En ocasiones, debe practicarse incisión y drenaje.

Acné noduloquístico

Forma grave de acné con lesiones nodulares inflamatorias y quistes. El tratamiento de elección es el ácido 13-cis-retinoico, por lo que el paciente debe ser remitido al dermatólogo.

Hidradenitis supurativa

Enfermedad de curso crónico, con exacerbaciones y remisiones, que parece causada por la infección polimicrobiana de las glándulas apocrinas de axilas e ingles. Si las lesiones se hallan en actividad, debe añadirse un antibiótico (tetraciclinas y derivados, amoxicilina y ácido clavulánico, cefalosporinas) durante tiempo prolongado. Si no hay respuesta, debe realizarse cultivo y antibiograma, con el fin de evitar las resistencias. Los casos graves mejoran en ocasiones con retinoides orales, aunque es preferible el tratamiento quirúrgico mediante desbridamiento amplio.

Eritema nodoso

Erupción cutánea por hipersensibilidad, caracterizada por nódulos subcutáneos (se detectan mejor por palpación), eritematosos y dolorosos, de aparición brusca, que se localizan en la cara anterior de las extremidades inferiores. Los desencadenantes más frecuentes en nuestro medio son la amigdalitis estreptocócica y la primoinfección tuberculosa. También pueden actuar como agentes causantes la sarcoidosis, la enfermedad inflamatoria intestinal, el embarazo, neoplasias subyacentes y algunos fármacos. El tratamiento consiste en reposo absoluto y antiinflamatorios como el ácido acetilsalicílico (1 g cada 8 h), prednisona (0,5-1 mg/kg durante 10-15 días [tras descartar tuberculosis] o yoduro potásico). Siempre debe realizarse un estudio para intentar determinar la causa.

Lesiones purpúricas

Vasculitis (púrpura palpable)

Erupción cutánea causada por la extravasación hemática que se produce por lesión vascular secundaria al depósito de inmunocomplejos circulantes. Debe realizarse una historia y un examen físico completos, con el fin de determinar si el paciente tiene una vasculitis que afecta únicamente la piel, o bien hay afectación sistémica.

Púrpura no palpable

Puede producirse por alteración de la coagulación (plaquetas o factores de la coagulación) o por alteración de la pared vascular (esteroides, púrpura senil, enfermedad de Ehlers-Danlos).

Lesiones no eritematosas

Lesiones del color de la piel

Verrugas

Son lesiones cutáneas causadas por papovavirus humanos (PVH). El raspado con bisturí pone de manifiesto puntos negros, sangrado puntiforme y pérdida de los pliegues papilares. Las verrugas plantares suelen ser dolorosas a la compresión tanto lateral como vertical. Deben diferenciarse de los callos y los clavos plantares. Las verrugas planas son una variedad de verruga que se presenta en forma de pequeñas pápulas de color marrón claro y de superficie aplanada. Suelen localizarse en la cara y en el dorso de las manos. Son más frecuentes en niños y jóvenes, y la superficie es un poco papilomatosa, pero no es rasposa al tacto.

Los *condilomas acuminados* son otra variedad de verruga, que se manifiesta en forma de pápulas aplanadas o en cresta de gallo, localizadas en genitales y región perianal. Es la enfermedad de transmisión sexual más frecuente hoy día en nuestro medio, y su importancia radica, además de su contagiosidad, en que existe una clara relación con el carcinoma de cérvix. El diagnóstico diferencial debe establecerse con los condilomas planos (sifilíticos) y la corona perlada del glande.

Se ha de tener en cuenta que se trata de lesiones benignas y que, en muchas ocasiones, desaparecen de forma espontánea, aunque ello puede tardar varios años (el 50% autoinvolucionan a los 2 años).

No se debe realizar extirpación quirúrgica con bisturí ni radioterapia.

El tratamiento de primera elección de las verrugas vulgares, periungueales y palmoplantares son los queratolíticos. Con éstos se consigue eliminar el 60-70% de las verrugas. La fórmula más utilizada es la del ácido salicílico al 5-20%, ácido láctico al 5-20%, en colodión elástico, de la que existen varios preparados comerciales. Se aplica en cura oclusiva bajo esparadrapo durante varias horas. Luego se hace un baño con agua tibia, se raspa con lima de uñas o con piedra pómez, y se aplica de nuevo el líquido. El tratamiento de las verrugas planas se realiza con queratolíticos a concentraciones bajas (ácido salicílico al 3-5%), ácido retinoico al 0,025% aplicado durante 10-60 minutos o bien crioterapia muy superficial. Los condilomas acuminados se tratan mediante la aplicación de resina de podofilino al 15-25% en tintura de benjuí, protegiendo previamente la piel sana con vaselina o espolvoreando con polvos de talco.

Molusco contagioso

Infección cutánea contagiosa y autoinoculable por un poxvirus conocido como virus de *Molluscum*. Se manifiesta en forma de pequeñas pápulas del color de la piel o algo nacaradas, en ocasiones con umbilicación central. El tratamiento consiste normalmente en el legrado (raspado con cucharilla) de las lesiones.

TUMORES CUTÁNEOS

LESIONES PREMALIGNAS Y MALIGNAS

Queratosis actínicas

Neoformaciones precancerosas que pueden dar lugar a un carcinoma espinocelular en el 10% de los casos. Aparecen en personas mayores que han trabajado al aire libre (agricultores, marinos, etc.), de piel y ojos claros, en zonas fotoexpuestas (dorso de manos, cara, cuero cabelludo en pacientes calvos, etc.). Se presentan como pápulas queratósicas blanquecinas o amarillentas rasposas al tacto, adheridas a una base eritematosa, atrófica, con telangiectasias.

Carcinoma basocelular

Tumoración cutánea maligna con agresividad local pero que casi nunca metastatiza. Típicamente, aparece sobre la piel fotoexpuesta, sin que haya lesión previa, en forma de pápula indurada, traslúcida, brillante (perlada), que crece periféricamente. Con frecuencia, se ulcera centralmente adoptando la forma de un neumático (*ulcus rodens*) y sangra con facilidad. El crecimiento es lento, y alcanza el tamaño de 1 cm en 2 años. Existe una carcinoma basocelular *pigmentado* que debe diferenciarse del melanoma y de las queratosis seborreicas. El carcinoma basocelular *superficial* se localiza en el tronco y se presenta como una placa eritematosa cicatricial, con atrofia central y costras, de crecimiento muy lento, que semeja un eccema crónico. La última variante es el carcinoma basocelular *esclerodermiforme*, que parece una cicatriz que va creciendo progresivamente y tiene una gran capacidad de invasión local. Suele localizarse en la cara y al fijarse con detalle se observa que el borde suele ser indurado, con alguna perla o costras hemorrágicas. El tratamiento de elección es la cirugía. Hay que remitir el paciente al dermatólogo.

Carcinoma espinocelular

Tumoración cutánea maligna derivada de las células espinosas epidérmicas, que, con frecuencia, se desarrolla sobre una lesión premaligna: queratosis o queilitis actínicas, eritroplasias, leucoplasias o bien sobre cicatrices crónicas. Suele afectar a zonas fotoexpuestas, y se presenta en forma de nódulo queratósico crateriforme o de úlcera tórpida de borde indurado, de progresión lenta. Además de la cara y las manos, las zonas de elección son el labio inferior, la cavidad oral y el glande. El tratamiento de elección es la cirugía, aunque tambien puede practicarse, en casos seleccionados, legrado y electrocoagulación o radioterapia. Tiene capacidad metastásica, en especial los que aparecen sobre las mucosas.

TUMORES PIGMENTADOS (tabla 62-2)

Lentigos solares

Lesiones benignas causadas por la hiperproliferación de melanocitos y queratinocitos, que se presentan como múltiples máculas de color marrón claro uniforme, de superficie mate y algo rasposa. No precisan tratamiento, aunque por motivos estéticos puede practicarse crioterapia superficial o laserterapia.

Tabla 62-2. El «ABCDE» de las lesiones pigmentadas

A	Asimetría
B	Borde irregular
C	Color policromo
D	Diámetro de más de 0,6 cm
E	Aumento en superficie o volumen (del inglés *enlargment*)

Recomendamos remitir al dermatólogo a todo paciente con nevus que cumpla dos de estas características para su control

Queratosis seborreicas

Tumor benigno originado en los queratinocitos, de crecimiento lento, que aparece con frecuencia en la cara o en el tronco. Suelen ser lesiones múltiples de borde bien delimitado y superficie rasposa, fisurada y mate. No precisan tratamiento. En caso de duda con melanoma, debe remitirse el paciente al dermatólogo para practicar una biopsia.

Nevus melanocíticos comunes y nevus atípicos

El nevus es un tumor benigno derivado de los melanocitos. Se presentan como máculas o pápulas redondeadas, de superficie lisa o papilomatosa y distribución uniforme del pigmento. Suelen aparecer en la infancia, aunque pueden seguir saliendo hasta los 30-40 años. Permanecen estacionarios durante años, o crecen muy lentamente, al tiempo que pierden parte de su coloración. No precisan tratamiento.

Hay que examinar toda la piel en búsqueda de lesiones polícromas, con diferentes tonos de marrón y/o zonas rosadas, asimétricas, de borde geográfico o mal definido y de tamaño mayor de 0,6 cm. Si un nevus tiene varias de estas características se denomina displásico o atípico y, si un paciente es portador de varias lesiones de este tipo, tiene un mayor riesgo de desarrollar un melanoma, en especial los casos familiares. En este caso, se recomienda que eviten los baños de sol, que visiten una o dos veces al año al médico y se le extirparán los que presenten cambios morfológicos significativos respecto a anteriores controles (tabla 62-3).

Melanoma

Tumor maligno derivado de los melanocitos. Se describen cuatro formas clínicas: el melanoma sobre lentigo maligno, el melanoma de extensión superficial, el melanoma nodular y el melanoma lentiginoso acral. Es el tumor que está sufriendo un mayor incremento porcentual en los últimos años y, como el único tratamiento efectivo es la extirpación de la lesión antes de que haya producido metástasis, el diagnóstico precoz es fundamental.

Lentigo maligno y lentigo maligno con melanoma

Mácula pigmentada que se localiza preferentemente en las mejillas, de crecimiento muy lento, con zonas de color marrón claro junto con otras más oscuras, incluso negras, y un borde muy irregular, con «escotaduras». Aparece en

Tabla 62-3. Conducta a seguir ante una lesión pigmentada

- Realizar biopsia de las lesiones con borde irregular y diferentes gradaciones de marrón, negro-gris-azulado y áreas eritematosas
- Intentar extirpar todos los nevus melanocíticos congénitos
- Extirpar todas las lesiones pigmentadas papulosas de más de 1 cm de superficie no verrugosa y sin pelo
- Extirpar los nevus localizados en zonas «ocultas», región anogenital, cuero cabelludo y mucosas
- Examinar toda la superficie cutánea y las mucosas de los pacientes con melanoma y sus familiares directos para descartar la presencia de nevus melanocíticos atípicos (borde irregular y policromía)
- Recomendar a los pacientes con nevus atípicos, control cada 6-12 meses por el médico y autocontrol cada 3 meses para detectar precozmente modificaciones en los nevus
- Explicar a los pacientes con nevus atípicos (displásicos) cuáles son sus características diagnósticas (dos criterios entre asimetría, bordes irregulares, policromía, tamaño mayor de 6 mm) y cuáles son los signos de alarma de un nevo (cambio de tamaño, ulceración, sangrado)
- Recomendar a los pacientes con nevus displásico o con múltiples nevus que tomen baños de sol, que usen de forma regular fotoprotectores y que acudan al médico en caso de notar algún cambio en los nevus

pacientes ancianos. Al cabo de los años puede desarrollar un nódulo en su interior (lentigo maligno con melanoma). El diagnóstico diferencial debe establecerse con el lentigo solar y el melanoma de extensión superficial. El paciente debe ser remitido al dermatólogo.

Melanoma de extensión superficial

Tiene al inicio una fase de crecimiento radial en la que se observa una mácula o pápula pigmentada que se extiende en superficie y posee un borde irregular, con «escotaduras», y una distribución desigual del pigmento con zonas de color marrón claro y oscuro, alternando con otras de tinte azulado y otras eritematosas. Al cabo de unos meses, se desarrolla la fase de crecimiento vertical, en la que aparece un nódulo sobre la superficie de la lesión. Afecta preferentemente al tronco en el varón, y a los miembros inferiores en la mujer. Puede aparecer sobre nevus previo. Debe remitirse al dermatólogo. Un diagnóstico precoz puede salvar la vida del enfermo.

Melanoma nodular

Se presenta en forma de nódulo negro-azulado, por lo general uniforme y de crecimiento rápido. Puede aparecer sobre un nevus previo. En ocasiones, es rosado (melanoma amelanótico), con zonas ligeramente pigmentadas. Su diagnóstico es más difícil, ya que no cumple las características de borde irregular que se observa en el resto de melanomas. El pronóstico suele ser malo, dado que carece de fase de crecimiento horizontal, por lo que en el momento del diagnóstico suele medir más de 1,5 mm de grosor (Breslow).

MELANOMA LENTIGINOSO ACRAL

Se presenta como una mácula polícroma, con diferentes tonalidades de marrón o negroazulado, que se localiza por lo general en la planta del pie o bajo una uña, habitualmente la del primer dedo del pie. En este caso suele afectarse el borde proximal de la uña (signo de Hutchinson). Debe diferenciarse de los hematomas subungueales.

Capítulo 63

PROBLEMAS OTORRINOLARINGOLÓGICOS

ACTITUD ANTE UNA HIPOACUSIA

En los pacientes con una hipoacusia persistente es obligada la práctica de una audiometría.

El examen audiométrico permite cuantificar la pérdida auditiva y localizar el sitio de la lesión de la vía auditiva. En otros casos, el seguimiento auditivo permite observar fluctuaciones auditivas, acentuación de la hipoacusia o evolución hacia la bilateralidad, aspectos básicos en el diagnóstico de la enfermedad causal.

Siempre que se diagnostique un déficit auditivo en un paciente, éste debe ser remitido al otorrinolaringólogo. Nunca debe adaptarse una prótesis auditiva a un paciente con hipoacusia que no haya sido evaluado previamente por el otólogo; un colesteatoma, un tumor de oído medio o interno, la otosclerosis o un neurinoma del acústico son ejemplos de entidades clínicas diversas que pueden manifestarse únicamente con una pérdida auditiva durante largos períodos de tiempo.

Una vez efectuado el diagnóstico, como norma general, la corrección del déficit auditivo cuando es de transmisión tiene una solución quirúrgica, mientras que los déficit neurosensoriales requieren una adaptación protésica.

Los tapones de cerumen, la otitis media secretora, la otoesclerosis y un amplio abanico de hipoacusias de percepción son las entidades clínicas en las que el síntoma principal es la hipoacusia.

Toda hipoacusia debe ser estudiada para conocer su etiología.

OTITIS MEDIA SECRETORA

Es la consecuencia de la presencia en el oído medio de un contenido seromucoso de viscosidad variable, que origina una pérdida auditiva al incrementarse la resistencia del paso de la energía acústica en el oído medio. Clínicamente, se manifiesta en el contexto de un proceso congestivo de las vías aéreas superiores, por la presencia de una pérdida auditiva, fluctuante, con autofonía, destacando la inexistencia de dolor, lo que hace que pueda pasar inadvertida durante un largo período de tiempo.

Se debe prestar especial atención en los casos de otitis serosa unilateral del adulto, ya que puede ser la forma de presentación clínica de un carcinoma de *cavum*.

El diagnóstico es otoscópico, y variable en función del volumen y la viscosidad del contenido de la caja timpánica. Un tímpano mate con una coloración amarillenta constituye el hallazgo más frecuente. Hay una gran controversia con relación al tratamiento de la otitis secretora. En la mayoría de los casos cursan hacia la resolución espontánea del proceso; el tratamiento antibiótico y antihistamínico no altera su evolución. Lo más importante es efectuar un seguimiento otoscópico periódico, y en aquellos casos en los que puedan aparecer secuelas (especialmente retracciones timpánicas) o que la otitis serosa se perpetúe (más de 4 meses) hay que valorar la colocación de drenajes transtimpánicos.

ACTITUD ANTE UNA OTALGIA

La otalgia puede estar presente en múltiples procesos otológicos, pero también puede estar originada lejos del oído (otalgia no otógena).

El 50% de las otalgias presentes en la clínica tienen un origen externo al oído.

Las causas más frecuentes de dolor referido al oído son las originadas por impactación del molar inferior y por las faringoamigdalitis. Cualitativamente, tiene una gran importancia clínica la otalgia refleja que acompaña a los procesos cancerígenos de la faringe y la laringe, y que puede ser un síntoma precoz de la enfermedad, mientras que en otros casos será la primera manifestación de una recidiva tumoral vehiculizada por el nervio glosofaríngeo o por el nervio laríngeo superior (rama del vago).

La otalgia de las otitis externas se caracteriza por ser de gran intensidad, y por exacerbarse al comprimir el trago o movilizar el pabellón y la articulación temporomandibular. Es específico de las otitis externas de origen micótico la existencia de una discreta otalgia basal, interrumpida por crisis de dolor muy intenso de corta duración.

OTITIS EXTERNAS

La *forma circunscrita* corresponde al furúnculo localizado en esta zona, responsable de intensa otalgia que, como en todas las otitis externas, se acentúa con la movilización del pabellón auricular. El tratamiento de elección es la cloxacilina, con soporte de medicación analgésica.

La *forma difusa* más frecuente corresponde a la proliferación de gérmenes saprofitos por variaciones de las condiciones del epitelio del conducto auditivo. Los gérmenes que habitualmente son responsables de estas infecciones son *Pseudomonas aeruginosa* y *Staphylococcus* y, con menor frecuencia, *Streptococcus* y *Proteus vulgaris*. Los factores causales más comunes son la manipulación por rascado y la sobreinfección de un eccema de la zona.

En la fase inicial con otalgia muy acusada hay que evitar la administración de gotas, que aumentarían la presión de la zona y por tanto, el dolor. El tratamiento debe consistir en la administración de antiinflamatorios no esteroideos (AINE) y analgésicos.

Cuando la otalgia disminuye, aparece otorrea, a menudo verdosa por la presencia de *Pseudomonas*; en este momento, la administración de gotas tiene como finalidad restablecer la acidez del CAE (ácido acético al 1,5% en niños, o al 2% en adultos, cada 8 horas). En los casos en que sea necesaria la antibioterapia, el ciprofloxacino sistémico o administrado tópicamente es el fármaco de elección.

OTITIS MEDIA

Desde el punto de vista clínico, se pueden agrupar en las siguientes entidades: miringitis, otitis media aguda, otitis media secretora y otitis media supurada crónica; esta última puede cursar con colesteatoma o sin esta entidad.

Miringitis

Corresponde a la inflamación de la membrana timpánica, de forma aislada o asociada con una otitis media o una otitis externa. Cuando la inflamación se localiza en la capa más lateral de la membrana timpánica (capa epitelial) y se extiende hacia el epitelio adyacente, se trata de una otitis externa que alcanza la membrana timpánica y que, en ocasiones, puede originar unas vesículas hemáticas características: miringitis ampollar; su etiología es vírica y el tratamiento sintomático tiene como finalidad paliar el dolor derivado de la distensión del epitelio.

Otitis media aguda

La aparición de una otalgia intensa durante una infección del tracto respiratorio después de ésta es la forma de presentación habitual de esta enfermedad. La otoscopia muestra un tímpano hiperémico, abombado, con presencia de contenido en el oído medio. La otorrea no es obligada y, cuando aparece, la otalgia cede espectacularmente. Los microorganismos responsables de la enfermedad son habitualmente *Streptococcus pneumoniae, Haemophilus influenzae, Streptococcus* del grupo A, *Moraxella catarrhalis, Staphylococcus aureus* y *Staphylococcus epidermidis.* El antibiótico de elección sigue siendo la amoxicilina, aunque la asociación de amoxicilina y ácido clavulánico está indicada en los casos en que la respuesta al tratamiento inicial no sea eficaz.

PERFORACIÓN TIMPÁNICA

Desde el punto de vista topográfico, las perforaciones timpánicas se dividen en centrales y marginales. Las perforaciones marginales afectan la parte superior de la membrana timpánica (parte flácida o membrana de Shrapnell) y/o el *annulus*, marco fibroso que rodea la parte tensa del tímpano. De forma prácticamente constante, estas perforaciones se asocian al desarrollo de un colesteatoma.

Las perforaciones se denominan centrales cuando afectan de forma exclusiva la parte inferior del tímpano (parte tensa), siempre que no alcancen el marco timpánico o *annulus*. Las perforaciones centrales originan una hipoacusia de intensidad variable. La presencia de perforación ocasiona la aparición de otorreas en el curso de infecciones de las vías respiratorias superiores o tras la entrada de agua a través de la perforación de la caja timpánica, con retención de aquella y la posterior aparición de infección. En estos casos, la otorrea debe tratarse con gotas de aplicación local que, al ser aplicadas, han de mantener una temperatura próxima a la corporal para evitar la aparición de dolor y el rechazo de la medicación por parte del paciente. Cuando una perforación central persiste durante un período superior a 3 meses, el paciente debe ser derivado al otólogo.

CRITERIOS DE DERIVACIÓN AL ORL EN PATOLOGÍA ÓTICA

1. Sospecha de presencia de un colesteatoma.
2. Persistencia de una perforación timpánica.
3. Persistencia de una hipoacusia.
4. Acufenos con otoscopia normal.
5. Otitis secretora persistente (más de 4 meses).
6. Sospecha de otitis externa maligna.
7. Parálisis facial.
8. Crisis de vértigo.

ACTITUD ANTE UNA HIPERTROFIA ADENOIDEA

La valoración de la hipertrofia adenoidea se realiza con la radiografía de partes blandas en una proyección lateral de cráneo. El tratamiento quirúrgico (adenoidectomía) está indicado cuando existe una clara obstrucción de la vía aérea a nivel del *cavum* nasofaríngeo y/o cuando el niño presenta procesos óticos de repetición.

En el adulto, la patología cualitativamente más importante de la nasofaringe (*cavum*) es el carcinoma, que puede presentarse con una otitis secretora unilateral.

INDICACIONES DE LA AMIGDALECTOMÍA

Las indicaciones de la amigdalectomía se recogen en la tabla 63-1. El niño con episodios recurrentes plantea problemas derivados de la pérdida de horas de escolarización, y de la alteración de la vida laboral del adulto que está al cuidado del niño. Por ello, es más prudente considerar las circunstancias individuales en el momento de decidir la amigdalectomía, en vez de seguir de forma absoluta criterios de frecuencia de aparición de la enfermedad.

Tabla 63-1. Indicaciones de la amigdalectomía
– Amigdalitis recurrente
– Amigdalitis causante de convulsiones febriles
– Absceso periamigdalar
– Hipertrofia amigdalar obstructiva
– Biopsia (sospecha de proceso neoplásico)
– Portador de difteria

IMPORTANCIA DEL TRATAMIENTO DE LA DISFONÍA EN EL DIAGNÓSTICO PRECOZ DEL CÁNCER LARÍNGEO

Las alteraciones del tono de la voz son aquellas que se originan en la estructura responsable de la formación de los sonidos, es decir, la laringe. Estos cambios de la frecuencia de la voz se denominan disfonías.

Las *disfonías* agudas son, habitualmente, debidas a laringitis bacterianas o víricas que aparecen en el curso de infecciones del tracto respiratorio superior, o a procesos inflamatorios originados por una mala utilización de la voz; su tratamiento se basa en el reposo de la voz, la humidificación local con la aplicación de inhalaciones, y la administración de AINE.

Las disfonías que persisten más de 10 días deben tener un seguimiento específico. En estos casos, es absolutamente indispensable efectuar una exploración laríngea, ya que normalmente son debidas a lesiones que asientan en las cuerdas vocales o en las falsas cuerdas (bandas ventriculares). La misma actitud hay que seguir con la denominada voz gangosa (*hot potato*). El diagnóstico diferencial de las disfonías persistentes crónicas debe realizarse con las entidades clínicas especificadas en la tabla 63-2.

Tabla 63-2. Diagnóstico diferencial de las disfonías crónicas

- Nódulos
- Pólipos
- Papilomas
- Granulomas
- Hemangiomas
- Anomalías congénitas
- Lesiones malignas
- Alteraciones de las cuerdas vocales falsas

Carcinoma de laringe

Las lesiones malignas de la laringe son mayoritariamente epidermoides, y representan el 2% de todos los carcinomas. Afectan con mayor frecuencia al hombre, con una relación superior a 10:1, y la incidencia es muy elevada en fumadores y pacientes con hábitos enólicos.

INSUFICIENCIA RESPIRATORIA NASAL: UNA SUMA DE FACTORES (tabla 63-3)

La causa más frecuente en el adulto de insuficiencia respiratoria nasal persistente es la *desviación del tabique nasal*. Por lo general, la obstrucción mecánica producida se agrava por una hipertrofia secundaria de los cornetes, y la combinación de ambos factores causa la obstrucción real. El tratamiento de elección es la septoplastia.

Los *pólipos nasales* son formaciones quísticas arracimadas que normalmente tienen presentación bilateral, apareciendo en la región del meato medio y celdas etmoidales. Los pólipos originan una obstrucción del complejo *ostium*-meatal (lugar de drenaje de los senos paranasales hacia la fosa nasal) originando infecciones sinusales. El tratamiento es mixto; de un lado, la exéresis quirúrgica de los pólipos mediante técnicas de tratamiento intranasal, ya sean endoscópicas o microquirúrgicas; además, la aplicación intranasal de corticoides como el dipropionato de beclometasona o la budesonida. La poliposis nasal recidiva con gran frecuencia.

Tabla 63-3. Diagnóstico diferencial de la insuficiencia respiratoria nasal crónica

– Desviación septal
– Hipertrofia de cornetes
– Pólipos nasales
– Pólipos coanales
– Atresia coanal
– Quiste de Tornwaldt
– Papilomas, hemangiomas y fibromas
– Papiloma invertido
– Angiofibroma nasofaríngeo
– Hipertrofia adenoidea
– Granulomatosis de Wegener
– Carcinoma nasofaríngeo
– Rinolitos
– Rinitis atrófica

DISFUNCIONALIDAD DEL COMPLEJO *OSTIUM*-MEATAL. SINUSITIS AGUDA Y CRÓNICA

Cuando se produce una obstrucción del *ostium* debido a una congestión de la mucosa o a una obstruccion anatómica, queda bloqueado el drenaje, se altera el intercambio gaseoso, se produce una retención de secreciones, un cambio del pH del medio, y una alteración del epitelio y de su actividad ciliar; como consecuencia de todo ello, se crea un medio de cultivo adecuado para que aparezca la infección. La sinusitis es la manifestación clínica del fracaso del funcionamiento del complejo *ostium*-meatal. Los síntomas clásicos de la enfermedad son la cefalea de predominio matutino, la congestión nasal y la rinorrea purulenta. Los gérmenes que de forma habitual están presentes en las sinusitis agudas son: *S. pneumoniae, H. influenzae, Moraxella catarrhalis* y gérmenes anaerobios.

Como síntoma principal destaca el dolor, que se localiza en la región afectada cuando se trata de sinusitis de las cavidades anteriores (senos frontal, maxilar y celdas etmoidales anteriores); en los senos más posteriores (seno esfenoidal y celdas etmoidales posteriores) el dolor es más vago, menos circunscrito y puede estar localizado de forma variable en regiones superficiales o profundas del cráneo.

En general, la cefalea de origen sinusal se acentúa con la flexión de la cabeza y presenta un ritmo diario, siendo más intenso por las mañanas. La congestión nasal acompañante provoca trastornos de la olfacción, con presencia de hiposmia y anosmia.

En el diagnóstico de la enfermedad, la radiología sigue desempeñando un papel fundamental; la presencia de un grado hidroaéreo o la opacificación completa de las cavidades sinusales son los signos que confirman la presencia de la enfermedad.

El tratamiento médico de la sinusitis aguda incluye la administración de antibióticos, descongestionantes por vía general y mucolíticos; la presencia de cepas productoras de betalactamasa ha reducido la efectividad de la ampicilina y de la amoxicilina cuando son administradas de forma aislada; asimismo, la presencia de *neumococos* con resistencia a múltiples antibióticos es un hecho que debe valorarse. La amoxicilina asociada al ácido clavulánico, la cefuroxima y el trimetroprim-sulfametoxazol son los antimicrobianos recomendados para el tratamiento de la sinusitis aguda. Es importante que el tratamiento antibiótico de la sinusitis aguda tenga una duración de dos semanas, ya que el 25% de los pacientes sometidos al tratamiento correcto durante 7 días siguen presentando cultivos positivos, alcanzándose la esterilidad del seno a las dos semanas de tratamiento.

Capítulo 64

PATOLOGÍA OFTALMOLÓGICA

PRUEBAS EXPLORATORIAS DE UTILIDAD EN ATENCIÓN PRIMARIA

EXAMEN DE LA AGUDEZA VISUAL

Ante cualquier paciente que refiera un problema oftalmológico se hace necesaria la valoración de su agudeza visual.

En muchos casos, será suficiente preguntar al paciente, pero muchas veces no es suficiente obtener una idea aproximada de la pérdida de agudeza visual.

La agudeza visual puede valorarse tanto de lejos como de cerca, pero la prueba más utilizada para su cuantificación es la exploración con los *caracteres de Snellen*. El paciente se sitúa frente al optotipo a la distancia indicada en el mismo, generalmente 5 o 6 m. Si usa gafas correctoras o lentes de contacto debe realizar la prueba con ellas puestas. Se le tapa primero un ojo y luego el otro, evitando que el oclusor o su mano toquen el ojo cubierto y comprobando que no pueda ver por él. Se le pide que lea en voz alta las letras y se anota el número correspondiente a la fila de letras más pequeñas de la que ha leído correctamente al menos la mitad de los caracteres. A continuación, se repiten los mismos pasos con el otro ojo y se anotan los resultados.

Cuando algún paciente es incapaz de reconocer los caracteres mayores a la distancia indicada se le invita a que se acerque. Si tampoco así puede identificarlos, se comprueba a qué distancia es capaz de *contar los dedos* extendidos de una mano. Si no puede hacerlo pero consigue ver los *movimientos de la mano* se anota dicha circunstancia. Cuando la visión es tan pobre que ni siquiera puede *ver bultos*, se comprueba si ve la luz de una linterna cuando se enfoca con ella el ojo explorado a 25 cm. Si es así, se anota que *percibe luz* y se comprueba si puede verla en los cuatro cuadrantes de su campo visual anotándose, en este caso, que *proyecta la luz*. Sólo en el caso de que no sea capaz de ver la luz se dirá que un ojo es amaurótico.

EXPLORACIÓN DE LA MOTILIDAD PUPILAR

La pupila es un indicador del estado en que se encuentran las estructuras que integran las vías pupilomotoras, desde la retina hasta las fibras parasimpáticas eferentes que viajan unidas al III par craneal.

Evaluación de la motilidad pupilar

El explorador se sitúa al lado del paciente en una habitación ligeramente oscurecida. Le pide que mire a un punto distante y observa la forma y el tamaño de las pupilas en reposo. A continuación, enfoca una fuente de luz brillante en uno de los ojos del paciente y comprueba que se contrae la pupila de ese ojo por efecto del reflejo directo, y la pupila del ojo contralateral por efecto del reflejo consensual. Retira la luz y, tras unos instantes, la dirige al otro ojo, comprobando su respuesta directa y la consensual del otro ojo.

Al explorar la respuesta pupilar a la luz se pueden encontrar dos alteraciones fundamentales: el *defecto pupilar aferente,* producido por el deterioro funcional de la retina o del nervio óptico, y el *defecto pupilar eferente,* debido a la alteración de las fibras eferentes de la vía pupilar, con el consiguiente bloqueo de la transmisión parasimpática.

Valoración de la musculatura extraocular y diagnóstico de estrabismo

Cuando un paciente se queja de *visión doble* de aparición repentina, la falta de alineamiento de sus ojos puede ser evidente o, por el contrario, puede precisar la exploración de las *posiciones diagnósticas de la mirada.* Para ello, el explorador debe comenzar observando los ojos del paciente en posición primaria de la mirada, es decir, haciéndole mirar al frente, fijando su vista en un punto distante de la habitación donde se encuentran. Se le indicará que siga un punto de fijación, y éste se colocará en cada una de las seis posiciones diagnósticas principales. En cada una se comprueba la alineación correcta de ambos ojos, para lo que resulta de especial ayuda la localización del reflejo de la luz de la linterna en las córneas del paciente que, advertido con anterioridad, indicará si ve dos luces en algún momento de la exploración.

Cuando se sospecha *estrabismo* se recurre a la prueba del *cover test* para confirmar el diagnóstico. En las personas normales cada ojo se mantiene alineado con el objeto al que miran. Por tanto, la oclusión de uno u otro ojo no produce movimiento en el ojo contralateral. En los estrábicos, la disposición anómala de los ojos hace que no se dirijan a la vez a un mismo sitio. Con frecuencia, uno de ellos es con el que el paciente fija (ojo dominante), y el otro es el que se encuentra desviado. Si se ocluye el ojo dominante cuando el paciente mira a un punto de fijación, el ojo desviado se mueve con rapidez dirigiéndose hacia dicho punto. El reflejo corneal de la luz utilizada como punto de fijación resulta ideal para cuantificar estos cambios, y su empleo se conoce como *test de Hirschberg.*

EXPLORACIÓN DEL POLO ANTERIOR Y DE LOS ANEJOS OCULARES

Para realizar una exploración adecuada del segmento anterior del ojo y de los anejos oculares conviene disponer de una buena *fuente de luz* y de un *sistema de aumento* que permita observar detalles finos con claridad.

Para realizar una valoración inicial no es imprescindible un sistema de aumento. Sin embargo, en determinados momentos es aconsejable disponer de una lupa o de unas telelupas, con cuyo manejo conviene estar habituado.

Los pacientes con patología urgente del segmento anterior del ojo suelen presentar, como manifestaciones clínicas, fotofobia y blefarospasmo, lo que dificulta su exploración. Para evitarlo, se instilan varias gotas de un *colirio anestésico* compuesto de tetracaína + nafazolina (*Colircusí Anestésico®*) o de tetracaína + oxibuprocaína (*Colircusí Anestésico Doble®*). No se deben prescribir nunca colirios ni pomadas que contengan algún componente anestésico para que se los administre el paciente en su domicilio.

Una gota de *colirio de fluoresceína* sódica (*Colircusí Fluoresceína®*), instilada en el fondo de saco conjuntival, es suficiente para poner de manifiesto los defectos epiteliales que aparecen tanto en la córnea como en la conjuntiva. Facilita la identificación de las lesiones el uso de un filtro de color azul cobalto en la luz de la linterna, o el filtro azul del oftalmoscopio.

Cuando una persona refiere que le ha entrado un cuerpo extraño en un ojo y no existe la sospecha de perforación ocular, debe descartarse que se encuentre enclavado en la conjuntiva tarsal del párpado superior. Para ello se realiza la *eversión del párpado superior*.

Valoración de la profundidad de la cámara anterior

Antes de dilatar la pupila, se debe comprobar la profundidad de la cámara anterior. Cuando está disminuida, el ángulo de drenaje del humor acuoso suele ser más estrecho de lo normal, y existe mayor riesgo de que se produzca su cierre o bloqueo con la dilatación pupilar. Esto dificulta la salida del humor acuoso y puede desencadenar el consiguiente ataque agudo de glaucoma.

Para realizar una estimación de la profundidad de la cámara anterior se enfoca el ojo del paciente con una linterna situada enfrente del mismo. Tras comprobar que el iris se ilumina uniformemente, se desplaza la luz hacia el lado temporal del sujeto y se observa cómo se modifica la iluminación que recibe el iris con el cambio. Si sigue siendo uniforme tanto en el sector nasal como en el temporal, a medida que la linterna avanza, se puede considerar que la cámara anterior tiene una profundidad normal.

DETERMINACIÓN DE LA PRESIÓN INTRAOCULAR

La medida de la presión intraocular se denomina *tonometría*. Existen varios tipos de tonómetros en el mercado, pero los más utilizados son el tonómetro de aplanación de Goldmann y el de indentación de Schiötz.

EXPLORACIÓN DEL FONDO DE OJO

Tradicionalmente, la oftalmoscopia ha sido una técnica apreciada y rentable. En la actualidad, en una época llena de avances tecnológicos, mantiene su vigencia, y el médico de familia debe familiarizarse tanto con la técnica y los instrumentos necesarios para realizarla como con las estructuras que puede observar en un fondo de ojo normal.

Técnica exploratoria

La oftalmoscopia puede realizarse sin dilatar la pupila, pero la midriasis farmacológica facilita su práctica y aumenta la rentabilidad de la prueba. El colirio más apropiado para este fin es la tropicamida. El paciente se encuentra sentado en una habitación ligeramente oscurecida. El médico se sitúa de pie a su lado utilizando su mano y su ojo derechos para explorar el ojo derecho del paciente, y viceversa. Coloca el disco de las dioptrías del oftalmoscopio en 0. Con su mano libre sobre la cabeza del enfermo, comprueba el fulgor pupilar de ambos ojos desde la distancia de su brazo extendido. Se centra en el ojo que va a explorar y, sin dejar de ver el fulgor pupilar, se va acercando al paciente manteniendo un ángulo aproximado de 15-20° con respecto a su plano sagital. Cuanto más se acerque, más fácil le resultará identificar alguna estructura, generalmente un vaso, que debe enfocar si está borrosa, moviendo el disco de las dioptrías. La papila es la parte visible del nervio óptico, y constituye el elemento de referencia para orientarse en la exploración de fondo de ojo. Partiendo de ella se recorren los cuatro troncos vasculares y se observa el parénquima retiniano, enfocando el área macular en último lugar para evitar deslumbrar al paciente.

DISMINUCIÓN DE LA AGUDEZA VISUAL (fig. 64-1)

PAPILEDEMA

Es el edema de papila bilateral que aparece como consecuencia de hipertensión intracraneal. Aunque al principio puede ir acompañado de episodios de visión borrosa de breves segundos de duración en relación con los cambios posturales, sólo produce una disminución marcada de la agudeza visual cuando se cronifica.

En la exploración del fondo de ojo se aprecian las papilas sobreelevadas, con borrosidad del borde papilar, hemorragias en llama y pérdida del pulso venoso, presente en el 80% de la población normal.

AMAUROSIS FUGAX

Es un episodio transitorio de pérdida de agudeza visual monocular, de varios minutos de duración, con recuperación total en 1-2 horas.

La causa más frecuente es la liberación de émbolos procedentes de la carótida cuando existe arteriosclerosis, o desde el corazón en casos de arritmia cardíaca. En la arteritis de células gigantes se puede producir amaurosis *fugax* como consecuencia de una isquemia retiniana transitoria.

El tratamiento consiste en el control de los factores de riesgo cardiovascular, tratamiento quirúrgico de la causa si procede, y administración de antiagregantes plaquetarios, habitualmente ácido acetilsalicílico (300 mg/24 h).

OCLUSIONES VASCULARES RETINIANAS

Tanto la oclusión de la arteria como la de la vena central de la retina originan una importante disminución de agudeza visual, indolora, de aparición brusca y, habitualmente, de mal pronóstico visual.

NEUROPATÍA ÓPTICA ISQUÉMICA

Neuropatía óptica isquémica no arterítica (tabla 64-1)

El paciente suele ser más joven (40-60 años) y se presenta con una disminución de agudeza visual menos intensa que en el caso anterior, de aparición brusca, unilateral e indolora. No refiere otra sintomatología acompañante, aunque suele haber antecedentes de arteriosclerosis, diabetes mellitus o hipertensión arterial.

Lo más importante en este caso es descartar la existencia de una arteritis de células gigantes.

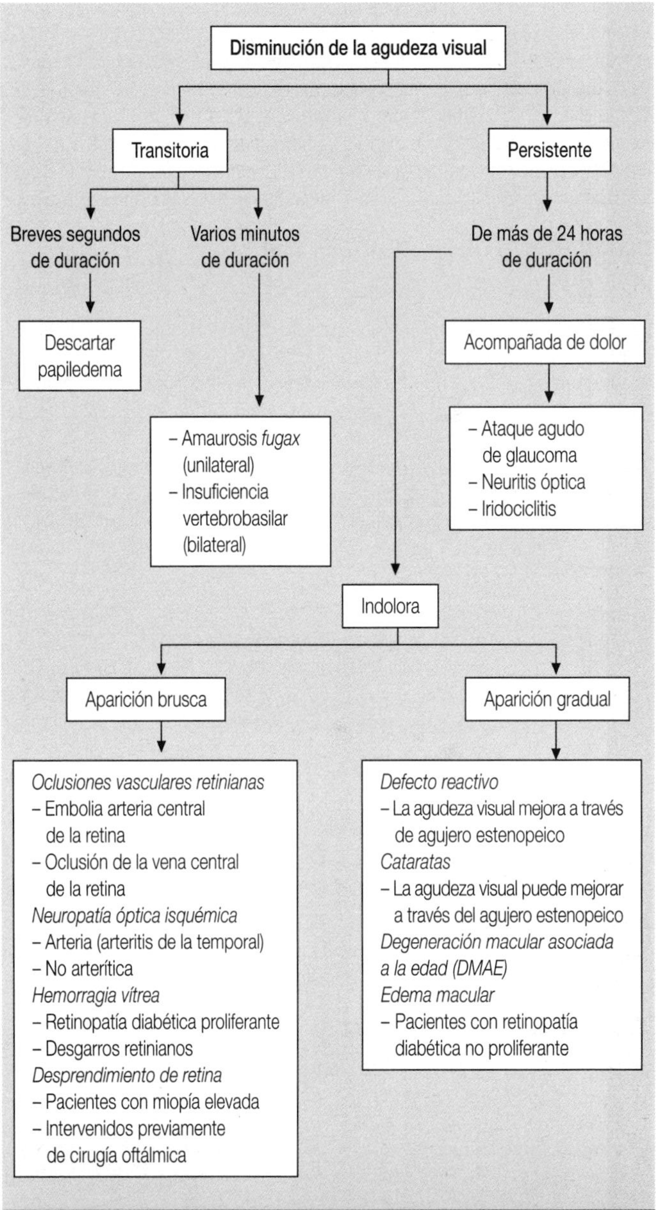

Figura 64-1. Valoración de un paciente con disminución de la agudeza visual.

Tabla 64-1. Diagnóstico diferencial entre la neuropatía óptica isquémica arterítica y no arterítica

	Neuropatía óptica isquémica arterítica	Neuropatía óptica isquémica no arterítica
Sexo y edad	Mujeres (> 60 años)	Mujeres (40-60 años)
Etiología	Arteritis de células gigantes	– Idiopática – Arteriosclerosis, diabetes mellitus e hipertensión arterial
Agudeza visual	– Muy disminuida, puede llegar a contar dedos – Brusca e indolora – Inicialmente unilateral	– Disminución no tan acusada – Brusca e indolora – Inicialmente unilateral
Síntomas generales acompañantes	– Cefalea – Claudicación mandibular – Hipersensibilidad en el cuero cabelludo – Dolores musculares en cintura pélvica y escapular – Síndrome constitucional	– Ninguno
VSG	– Elevada	– Normal
Fondo de ojo	– Papila edematosa y pálida, con hemorragias en astilla – Atrofia papilar cuando el edema desaparece	– Aspecto similar al de la forma arterítica – Puede afectar solamente a un sector de la papila
Campos visuales	– Defectos altitudinales de los campos visuales	
Motilidad pupilar	– Defecto pupilar aferente	– Defecto pupilar aferente
Confirmación diagnóstica	– Biopsia de la arteria temporal	– Es un diagnóstico de exclusión
Tratamiento	– Es urgente – Ante la sospecha iniciar tratamiento esteroideo: metilprednisolona (250 mg/6 h) durante 3 días, seguido de prednisona (1 mg/kg/24 h) – Esta pauta se interrumpe si no se confirma el diagnóstico	– Una vez descartada la arteritis de células gigantes, el tratamiento se limita a las enfermedades generales – En la forma progresiva se puede plantear la descompresión quirúrgica de la vaina del nervio óptico

NEURITIS ÓPTICA

Es la inflamación del nervio óptico que se produce de forma idiopática o como consecuencia de un proceso infeccioso, tóxico, metabólico o autoinmune.

En ocasiones, se presenta una neuritis óptica retrobulbar en el contexto de una esclerosis múltiple o como primera manifestación de dicha enfermedad. Suele tratarse de una paciente joven que refiere disminución de agudeza visual; se constata el defecto pupilar aferente y en el fondo de ojo no se observa patología.

HEMORRAGIA VÍTREA

La causa más frecuente de sangrado intravítreo es la retinopatía diabética proliferativa. La segunda causa más frecuente es el desgarro retiniano, cuya existencia siempre hay que descartar en los pacientes no diabéticos.

El diagnóstico de confirmación se establece observando el fulgor pupilar a través del oftalmoscopio y comparándolo con el del otro ojo. Hay que indicar reposo a estos pacientes, y derivarlos en un plazo máximo de 24 horas.

DESPRENDIMIENTO DE RETINA

El desprendimiento de retina se produce cuando se separa la retina neurosensorial del epitelio pigmentario retiniano, acumulándose líquido en el espacio subretiniano que queda entre ambos.

Como síntomas premonitorios, el paciente suele referir la visión de destellos luminosos y puntos negros móviles en el campo visual (fotopsias y miodesopsias) que acompañan al desprendimiento de vítreo posterior y al desgarro retiniano.

El diagnóstico se confirma mediante oftalmoscopia. La retina pierde su coloración rosada y adopta un aspecto grisáceo y móvil. El tratamiento definitivo es quirúrgico.

RETINOPATÍA DIABÉTICA

La retinopatía diabética es la causa más frecuente de ceguera legal en personas en edad laboral (entre 20 y 60 años) en los países industrializados.

La retinopatía diabética se clasifica en *no proliferante* (de fondo) o *proliferante* dependiendo de la existencia o no de neovasos oculares. La forma proliferante es más frecuente en los pacientes diabéticos tipo 1, y la hemorragia vítrea que se produce por el sangrado de los neovasos es lo que produce habitualmente la disminución de agudeza visual en estos pacientes.

La retinopatía diabética no proliferante afecta con mayor frecuencia a los enfermos diabéticos tipo 2. Las lesiones son intrarretinianas, y el edema macular es la causa más frecuente de disminución de agudeza visual.

No existen lesiones patognomónicas de la retinopatía diabética. Suelen presentar microaneurismas, hemorragias intrarretinianas (redondeadas o en astilla) y exudados duros (manchas *algodonosas*).

El arrosariamiento venoso y las anomalías microvasculares intrarretinianas (AMIR) se consideran anormalidades vasculares que incrementan la gravedad de la retinopatía diabética de fondo.

Detección precoz

Los programas de cribado deben ir dirigidos a la detección precoz de los pacientes susceptibles de presentar las complicaciones que producen disminución de agudeza visual y que tienen tratamiento eficaz.

Es recomendable realizar un examen oftalmológico que incluya fondo de ojo en los siguientes casos:

- Pacientes entre 10 y 30 años de edad, con diagnóstico de diabetes mellitus en los últimos 5 años.
- Pacientes mayores de 30 años en el momento del diagnóstico.
- Anualmente, a todos los pacientes diabéticos que no lo precisen con más frecuencia.
- Mujeres con diabetes tipo 1 que tengan previsto quedarse embarazadas.
- Embarazadas diabéticas en el primer trimestre del embarazo.

Tratamiento

El control estricto de los factores de riesgo ha demostrado ser eficaz para disminuir la incidencia y frenar la evolución de la retinopatía diabética. El tratamiento fotocoagulador con láser y la vitrectomía son las opciones terapéuticas más útiles en el tratamiento del edema macular clínicamente significativo, y de la retinopatía diabética proliferante y sus complicaciones.

MANIFESTACIONES OFTALMOSCÓPICAS DE LA HIPERTENSIÓN ARTERIAL Y DE LA ARTERIOSCLEROSIS

Las alteraciones propias de la *arteriosclerosis* son:

- Signos de cruce patológicos.
- Alteraciones de la transparencia y del reflejo parietal.
- Alteraciones del curso y del calibre.

Ateraciones de los vasos retinianos debidas a la *hipertensión arterial*:

- El estrechamiento arterial generalizado y los estrechamientos focales.
- La rectificación del curso de las arterias.

Retinopatía hipertensiva:

- Manchas algodonosas.
- Hemorragias retinianas en llama.
- Edema retiniano.
- Edema de papila.

Ante la presencia de alguno de los tres primeros signos, la retinopatía hipertensiva se clasifica de grado 3, y cuando se suma la aparición del edema de papila se alcanza el grado 4.

DIAGNÓSTICO DIFERENCIAL DEL OJO ROJO

Ante un ojo rojo debe precisarse si existe dolor, disminución de la agudeza visual, secreciones, posibilidad de cuerpo extraño, episodios similares anteriores, afectación unilateral o bilateral y si hay una sintomatología general.

Se debe comenzar la exploración valorando el aspecto general del ojo y los anejos (párpados, pestañas), distribución del enrojecimiento (conjuntival, ciliar o mixto), aspecto y motilidad de las pupilas, afectación corneal, agudeza visual y, si es posible, tensión ocular.

La *inyección ciliar* es más profunda y está distribuida de forma regular y radial alrededor del limbo corneal. En la *inyección conjuntival* la arborización es irregular y afecta a toda la extensión de la conjuntiva, incluyendo la zona interior de los párpados.

Las causas más frecuentes de ojo rojo son: conjuntivitis, queratitis, uveítis y glaucoma agudo (figura 64-2).

Las *afecciones de los anejos oculares* son: blefaritis, orzuelos y dacriocistitis.

Las *blefaritis* son de dos tipos: eccematosas y ulcerocostrosas.

El *orzuelo* es la inflamación de una de las glándulas palpebrales encargadas de la secreción lagrimal, debido a la infección de la misma, habitualmente por estafilococos. Si se encapsulan, se denomina *chalazión*.

La *dacriocistitis* es la inflamación del saco lagrimal. Precisa tratamiento antibiótico y antiinflamatorio por vía oral. Se derivará al oftalmólogo para valorar cirugía.

Como medida prioritaria del tratamiento de cualquier tipo de *conjuntivitis infecciosa* hay que advertir al paciente que extreme la higiene. Las conjuntivitis *bacterianas* se tratan con colirio y pomada antibiótica (cada 2 horas durante los dos primeros días, respetando el descanso nocturno) durante una semana. La conjuntivitis *vírica* es un proceso autolimitado que puede requerir la aplicación de colirios antiinflamatorios durante los primeros días para mitigar la sensación de cuerpo extraño. Habitualmente, se trata con lágrimas artificiales. Las conjuntivitis *alérgicas* suelen precisar la utilización de colirios antiinflamatorios durante el período de aparición de los síntomas.

Se denomina *queratitis* a la inflamación de la córnea. Las queratitis *infecciosas* pueden ser de origen bacteriano o micótico, pero las más comunes son las queratitis *herpéticas*, producidas por el virus del herpes simple (VHS), caracterizadas por las típicas úlceras serpinginosas, cuyo diagnóstico se confirma tras la tinción con fluoresceína; se tratan con pomada oftálmica de aciclovir cinco veces al día durante los días que sea necesario, según la evolución. El paciente debe acudir al oftalmólogo para prevenir la aparición de complicaciones. En una queratitis herpética con infección activa no se deben aplicar nunca corticoides.

Las *uveítis* anteriores se sospechan ante un paciente que refiere enrojecimiento ocular de tipo ciliar, dolor, fotofobia, lagrimeo, disminución de la agudeza visual y miosis. En la valoración de un paciente con ojo rojo son *signos de alarma* que aconsejan la derivación del enfermo al oftalmólogo:

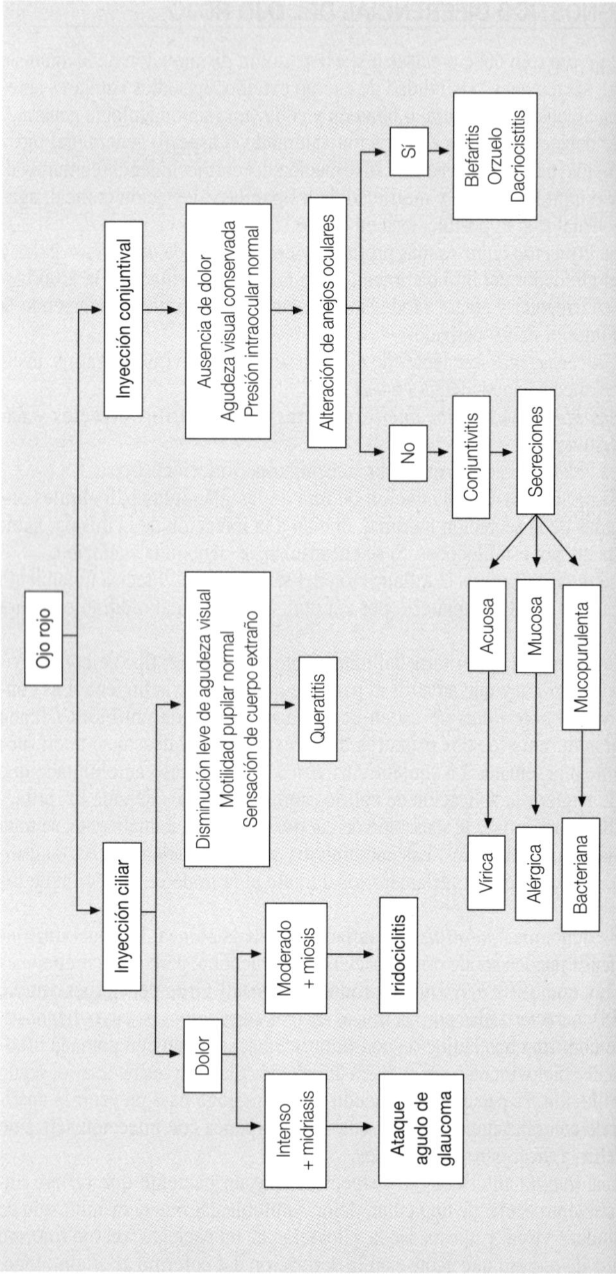

Figura 64-2. Valoración del ojo rojo.

disminución de la agudeza visual, dolor, alteraciones pupilares, hiperemia ciliar, alteración de la transparencia de la cámara anterior o de la córnea, visión de halos de colores y falta de respuesta al tratamiento.

EL GLAUCOMA EN ATENCIÓN PRIMARIA

El término *glaucoma* hace referencia a un grupo de enfermedades, habitualmente asociadas con una presión intraocular elevada, en las que se produce una lesión en el nervio óptico que lleva consigo la pérdida irreversible de visión.

El *ataque agudo de glaucoma* se debe al cierre angular que se produce en ojos con una predisposición anatómica. Al bloquearse la salida natural del humor acuoso, éste se acumula dentro de la cámara anterior y provoca el aumento de la presión intraocular. Estos pacientes se presentan con dolor ocular intenso, enrojecimiento ocular (inyección ciliar o central) y disminución de la agudeza visual, pero en otras ocasiones refieren cefalea con náuseas y vómitos. La tensión ocular está muy elevada.

El tratamiento inicialmente es médico:

- Inhibidor de la anhidrasa carbónica: acetazolamida, 250-500 mg i.v. o 2 comprimidos de 250 mg v.o. en una dosis.
- Agentes osmóticos: manitol, 500 ml al 20% (100 ml de manitol) a pasar en 45 minutos.
- Bloqueador beta tópico: timolol al 0,5% (1 gota).
- Corticoides tópicos: dexametasona (1 gota) cada 15 minutos durante una hora.
- En el paciente en el que el cristalino desempeña un papel importante, se puede administrar colirio de pilocarpina al 1-2%, 1 gota/15 minutos durante la primera media hora (dos dosis).

GLAUCOMA PRIMARIO DE ÁNGULO ABIERTO

Es una afección crónica de elevada prevalencia; es asintomático, y evoluciona indefectiblemente a la ceguera si transcurre el tiempo suficiente y no se trata de forma adecuada.

Definición

El glaucoma primario de ángulo abierto es una atrofia lentamente progresiva del nervio óptico bilateral, de causa desconocida, que se caracteriza por la pérdida de la función visual periférica.

Manifestaciones clínicas

El paciente suele estar asintomático hasta los últimos estadios de la enfermedad. En la exploración, el ojo está blanco, la agudeza visual, conservada, la córnea, transparente, y en el *fondo de ojo* se aprecia una relación *excavación papilar/área papilar sana* aumentada y con frecuencia asimétrica entre los dos ojos; la *tensión ocular* suele ser superior a 22 mmHg. Mediante la *campimetría* se detectan defectos visuales característicos.

Métodos de cribado

Los factores de riesgo reconocidos por la mayor parte de los estudios realizados son:

- La *edad.*
- Los *antecedentes familiares de glaucoma.*
- La *diabetes mellitus.*
- Existencia de *miopía.*
- La *hipertensión arterial* y el excesivo *consumo de alcohol y tabaco.*

El médico de familia debe valorar los antecedentes, explorar el fondo de ojo y, si observa una excavación papilar anormal o cierta asimetría entre ambos ojos, derivar el paciente al oftalmólogo.

TRATAMIENTO

El objetivo del tratamiento consiste en la disminución y el control de la presión intraocular. El primer escalón terapéutico es *médico* y consiste en el tratamiento tópico con hipotensores oculares.

En el segundo escalón terapéutico se encuentra la *trabeculoplastia con láser de argón.* La cirugía filtrante, *trabeculectomía*, está indicada en los estadios avanzados de la enfermedad, en pacientes menores de 50 años, y en mayores de 50 años en los que han fracasado otras medidas terapéuticas.

DIAGNÓSTICO Y TRATAMIENTO DE LA CATARATA SENIL

MANIFESTACIONES CLÍNICAS

El paciente con cataratas suele referir la aparición progresiva de visión borrosa, que no mejora con sus gafas correctoras. Algunos ancianos con cataratas nucleares recuperan la capacidad de leer sin gafas, debido a la miopía inducida por la catarata. La visión de los colores se va perdiendo de forma paulatina, sin que el paciente lo note.

Los enfermos suelen quejarse del deslumbramiento que produce la dispersión de la luz en las opacidades. Puede haber visión doble monocular. La diplopía de origen neurológico desaparece al ocluir uno de los ojos, mientras que en este caso se mantiene. En ocasiones, la falta de transparencia del cristalino se observa con la luz de una linterna. Si no es así, se puede comprobar el fulgor pupilar a través del oftalmoscopio.

TRATAMIENTO

El único tratamiento que permite recuperar la visión perdida y rehabilitar al paciente es la intervención quirúrgica.

La intervención consiste en la sustitución del cristalino que ha perdido su transparencia por una lente intraocular que permite la recuperación visual del paciente.

Capítulo 65

PATOLOGÍA DE LA CAVIDAD ORAL

ENFERMEDADES PERIODONTALES

La acumulación de bacterias en el margen gingival produce una reacción inflamatoria gingival, a los pocos días, denominada *gingivitis*. El término *placa bacteriana* se utiliza para describir las poblaciones bacterianas que colonizan las superficies. La placa la componen bacterias aerobias y anaerobias, rodeadas por una matriz acelular de polímeros de origen microbiano y salival.

Se altera el color de la encía que, en condiciones normales, es «rosa coral», en función del aporte vascular. La mayoría de las gingivitis cursan clínicamente asintomáticas, pudiendo notar el paciente sangrado gingival espontáneo o con el cepillado, además de una coloración más rojiza de las encías debido al aumento de la hiperemia vascular inflamatoria.

PERIODONTITIS O ENFERMEDAD PERIODONTAL

En ocasiones, la gingivitis no tratada puede evolucionar a periodontitis, en donde ya existe una migración del epitelio de inserción con pérdida del soporte óseo que condiciona el inicio de movilidades dentarias, que pueden evolucionar hasta la pérdida total o parcial de la dentición.

La inspección puede permitir objetivar cambios de coloración o hipertrofia gingival, que indican inflamación gingival, así como sangrado espontáneo. La exploración manual puede evidenciar un aumento de la movilidad de las piezas dentales.

Para la determinación de la gravedad del cuadro se realiza un sondaje periodontal. La sonda periodontal, con una parte activa alargada, fina y generalmente de punta distal redonda (atraumática), está calibrada en milímetros y permite identificar la presencia de inflamación periodontal, así como el nivel aproximado de pérdida de inserción, si es que existe.

GINGIVITIS RELACIONADAS CON LA PLACA BACTERIANA

- *Simple*. Es la más frecuente. Hay acumulación de sarro (tártaro) y sangrado espontáneo o al sondaje. Remite al eliminar la placa mediante una tartrectomía (profilaxis, higiene, limpieza de boca).
- *Fármacos*: hidantoínas, ciclosporinas y nifedipino. Provocan una hipertrofia gingival dosis-dependiente, siendo necesaria la existencia previa de placa bacteriana.
- *Enfermedades sistémicas*: leucemia, déficit de vitamina C.

GINGIVITIS NO RELACIONADAS CON LA PLACA BACTERIANA

Se caracterizan por no resolverse con el control mecánico o químico de la placa bacteriana.

Entre éstas se hallan las gingivitis asociadas con enfermedades cutáneas como el pénfigo, las gingivitis alérgicas y las víricas.

Periodontitis del adulto

- *Simple*. Es la forma más prevalente. Clínicamente significativa hacia los 30 años de edad. Requiere gingivitis previa.
- *Agravada por factores sistémicos,* como diabetes mellitus, enfermedad de Addison, pénfigo, histiocitosis, enfermedad de Crohn, discrasias leucocitarias y sida, que conllevan una progresión más rápida de la periodontitis.
- La *periodontitis asociada al VIH* se caracteriza por una destrucción generalizada de los tejidos blandos, acompañada de dolor intenso, halitosis y gingivorragias; puede cursar sin presentar grandes acúmulos de placa, hecho característico que hace sospechar el diagnóstico.

Prevención y control

Como el paso de gingivitis a periodontitis depende de la susceptibilidad del huésped, de los factores ambientales y de la agresividad de los componentes de la placa bacteriana, es preciso controlar y prevenir todas las gingivitis para minimizar la incidencia de periodontitis.

Tratamiento

El tratamiento de la mayoría de gingivitis consiste en la eliminación mecánica de la placa bacteriana mediante tartrectomía (profilaxis o higiene o limpieza de boca) y una mejora de las medidas de higiene bucal diarias (cepillado), aumentando la motivación del paciente. La clorhexidina (digluconato) ha demostrado ser efectiva en la inhibición bacteriana y con cierta capacidad para reducir la inflamación gingival, pero tiene ciertos inconvenientes, como la tinción dentaria, que contraindican su uso diario prolongado. Normalmente, se prescribe en colutorios al 0,12% con dos enjuagues diarios: uno cada 12 horas durante 10-15 días. También puede usarse en gel al 1%. Normalmente, se utilizan durante dos semanas para disminuir el número de bacterias.

Como orientación se puede decir que los antibióticos se utilizan en el control de la placa subgingival (tratamiento de la enfermedad existente), mientras que los quimioterápicos de uso tópico sirven para controlar la placa supragingival (prevención de la enfermedad). Los que han resultado ser más efectivos frente a las enfermedades periodontales son el metronidazol, las tetraciclinas (minociclina y doxiciclina), la amoxicilina con o sin clavulánico, la espiramicina y los macrólidos.

En las periodontitis, es preciso llevar a cabo una planificación del tratamiento en función de la gravedad del cuadro, y realizar, además de la tartrectomía convencional, un tratamiento periodontal específico (raspado y alisado radicular); en ciertas ocasiones se requiere efectuar cirugía periodontal.

PATOLOGÍA DE LA ARTICULACIÓN TEMPOROMANDIBULAR

SÍNDROME DE DOLOR-DISFUNCIÓN

Es la patología más común que se encuentra en la consulta diaria (tabla 65-1). Es más frecuente en las mujeres jóvenes, con cierto componente de estrés, y en muchas ocasiones con interferencias y/o parafunciones oclusales, como el bruxismo (acto de apretar los dientes), reflejo de la ansiedad del paciente que se identifica por los desgastes manifiestos en las piezas dentales. También puede aparecer con frecuencia en el caso de maloclusiones dentales muy ma-

Tabla 65-1. Patología de la articulación temporomandibular, síndrome dolor-disfunción

Factores desencadenantes
Estrés, ansiedad
Interferencias oclusales, parafunciones (bruxismo)
Maloclusiones

Clínica
Dolor
Limitación de la abertura bucal
Clics o ruidos articulares

Diagnóstico complementario
Resonancia magnética (es la de elección)
Ortopantomografía
TC

Tratamiento
En casos leves
- Tratamiento analgésico-antiinflamatorio más miorrelajante y, si no cede, colocar una férula de descarga
- Metocarbamol (380 mg + paracetamol 300 mg, 2 comprimidos/tres veces día/7 días) o diclofenaco (50 mg/tres veces día/5 días)

En casos moderados
- Analgésicos-antiinflamatorios, más miorrelajantes (tetrazepam 25 mg/día aumentando 25 mg/día hasta llegar a 75-100 mg/día repartidos en 3 tomas/día), más férula de descarga
- Otras opciones serían: fisioterapia o terapéuticas alternativas como acupuntura, *biofeedback*, TENS, etc.

En casos graves
- Artroscopia y/o cirugía abierta
- En casos de gran componente psíquico debería realizarse tratamiento específico farmacológico con amitriptilina, alprazolam, paroxetina, ciclobenzaprina, etc.

nifiestas, como sucede en las sobremordidas que bloquean la movilidad del cóndilo articular. Normalmente, relatan dolor que puede confundirse con cefaleas o con otalgias, pero en este caso la otoscopia es negativa. Pueden existir también clics o ruidos articulares al abrir y cerrar la boca, así como una limitación a la apertura bucal y, ocasionalmente, luxación mandibular.

El estudio radiográfico es básico para la confirmación diagnóstica. En primer lugar, se debe solicitar una ortopantomografía, que proporciona una visión ósea general de los maxilares y de la articulación del paciente, para descartar lesiones óseas en la región. Pero, en la actualidad, la exploración principal para el diagnóstico es la resonancia magnética (RM) que facilita una visión dinámica de la articulación (en apertura y cierre) y permite valorar los tejidos blandos y el menisco articular.

Los dos aspectos más importantes para el tratamiento son eliminar el estrés y relajar y estabilizar la articulación con la colocación de una férula de descarga. El tratamiento farmacológico se basa en el uso combinado de analgésicos o antiinflamatorios, dependiendo del cuadro, con miorrelajantes o ansiolíticos (metocarbamol o tetrazepam) para mejorar el espasmo y la ansiedad del paciente.

Las férulas oclusales (férulas de descarga) se utilizan para conseguir la relajación muscular, al permitir llevar la mandíbula a su posición de reposo; posteriormente, si es necesario, se realiza una rehabilitación oclusal para reubicar el menisco (adelantado) en su posición correcta articular.

En los casos refractarios al tratamiento debe efectuarse artroscopia y/o cirugía.

PATOLOGÍA DE LA MUCOSA BUCAL

LEUCOPLASIA

Actualmente, la OMS define clínicamente la leucoplasia como una lesión blanca que no puede ser caracterizada como otra lesión definible. Se considera una lesión precancerosa. Cabe distinguir tres grados de leucoplasia:

1. *Grado I o leucoplasia maculosa*. Es una mancha blanca (blancoamarillenta), homogénea, no delimitada, y rodeada de un rodete rojo de Schwimmer, no indurada pero con ligera pérdida de flexibilidad del epitelio.
2. *Grado II o leucoplasia queratósica*. La placa blanca es perlada, indurada, áspera y rugosa. Puede tener un aspecto moteado. Existe una ligera elevación sobre la superficie mucosa.
3. *Grado III o leucoplasia verrugosa*. La superficie es irregular, elevada y áspera, y puede estar fisurada o no (aspecto de coliflor).

El diagnóstico inicial siempre se realiza mediante biopsia. Es característico que no se desprenda con el raspado. El porcentaje de malignización de las leucoplasias se sitúa entre el 2 y el 17,5% en nuestro país; el condicionante más importante es la existencia de displasia epitelial, en cuyo caso se malignizan entre el 9 y el 36%. Con relación a la localización, las que asientan en la superficie ventral de la lengua y en el suelo de la boca (ambas poco frecuentes) son las que sufren mayores índices de malignización.

Tratamiento

En primer lugar, se deben eliminar todos los factores etiológicos implicados en su génesis. Así, hay que explicar al paciente la necesidad de no fumar y evitar el alcohol. A continuación, se deben descartar y eliminar los posibles factores irritativos locales de tipo protésico o dental. Si a la semana no mejora, se debe proceder a retirar la prótesis y, si se considera necesario, exodonciar las piezas dentales causales. Si transcurridos 15 días después de eliminar los factores irritativos y realizar tratamiento antifúngico tópico, la lesión no mejora y persiste, se debe realizar una toma biópsica, de cuyo resultado dependerá la actitud terapéutica posterior. Así, si no se hallan signos de displasia epitelial (leucoplasias benignas) y la lesión por ser amplia no se ha eliminado en su totalidad al realizar la biopsia, puede realizarse tratamiento con vitamina A o ácido retinoico (parenteral o tópico al 0,1-0,3% en orabase), aunque, dada su toxicidad por vía parenteral, se puede seguir una conducta expectante con controles de la lesión cada 4-6 meses, sin tratamiento farmacológico.

Si, por el contrario, el resultado de la biopsia es demostrativo de displasia, se debe realizar una extirpación quirúrgica amplia de la lesión. Otras técnicas son la electrocoagulación y la criocirugía (con una tasa de recidiva del 20%).

LIQUEN PLANO ORAL

Es una dermatosis crónica de piel, faneras y mucosas, de probable base inmunológica.

Es una de las lesiones más prevalentes de la mucosa oral (0,2-2%), con la que necesariamente se debe establecer el diagnóstico diferencial en caso de leucoqueratosis (manchas blancas). Es más frecuente entre los 30-50 años, y en el 80% de casos afecta a las mujeres.

Los factores psicosomáticos son, quizá, los que desempeñan un papel más importante en la etiología de esta enfermedad.

La localización oral por excelencia es la mucosa yugal (80-90%), lengua y encías (gingivitis descamativas crónicas). La lesión oral característica es la de una lesión blanca leucoqueratósica, poco brillante y de disposición fundamentalmente lineal estriada (estrías de Wickham).

Formas clínicas orales

Son las reticulares (blancas) y las atrófico-erosivas (rojas).

La OMS considera el liquen oral como una lesión premaligna, que se canceriza en el 2,5% de los casos y puede evolucionar a un carcinoma de células escamosas.

Deben eliminarse todos los irritantes locales como café, tabaco, alcohol, especias, etc.

En los líquenes atroficoerosivos localizados se aplicarán pomadas de triamcinolona o ácido retinoico con orabase. En los líquenes atroficoerosivos generalizados están indicados los corticoides por vía oral y, en ciertos casos, y dependiendo de la tolerancia del paciente, ácido retinoico.

Estomatitis aftosa recidivante

Es una enfermedad inflamatoria crónica caracterizada por la aparición de brotes de lesiones aftosas en la mucosa bucal. Afecta a individuos jóvenes, y suele ser crónica y recidivante. La lesión es vesiculoulcerosa sobre una base eritematosa. El fondo es inicialmente amarillento, y toma después un tono grisáceo.

La etiología y patogenia no están claramente definidas, y sólo puede hablarse de la existencia de un gran número de factores predisponentes o desencadenantes.

El tratamiento no suele producir resultados muy brillantes. Hay que descartar los procesos sistémicos y eliminar posibles factores predisponentes. El tratamiento farmacológico local se realiza con antisépticos (gluconato de clorhexidina al 0,12% en enjuagues), antibióticos (tetraciclinas tópicas), corticoides (triamcinolona, fluocinolona, propionato de clobetasol, betametasona valerato en aerosol, etc.).

Infecciones de la cavidad oral por el virus del herpes simple

Cuadro clínico oral

Se describen tres formas clínicas principales:

1. *Gingivostomatitis herpética primaria*. Se presenta entre los 7 meses y los 5 años de edad.
2. *Herpes recurrente con inmunidad normal*. Puede ser de dos tipos:
   a) *Herpes labial*. Es muy frecuente y aparece siempre en el mismo lugar con intervalos regulares y ante ciertos factores desencadenantes, como menstruales, fiebre, luz solar o ultravioleta, emociones, estrés, traumatismos mecánicos locales, alergias y trastornos gastrointestinales. La localización de esta lesión suele emplazarse en la mucosa labial externa, junto a las comisuras, y cursa con un período prodrómico con escozor y tensión en la zona donde aparecerá la lesión. Después de 2-3 días, brotan vesículas, entre 8 y 10, de 1 a 10 mm de diámetro, en forma de ramillete, que luego confluyen y que tienen un contenido claro. Evolucionan hasta desecarse y originar costra, produciéndose la resolución a los 7-10 días.
   b) *Herpes intraoral*. Es también bastante frecuente, pero menos que el herpes labial. Se localiza en la mucosa masticatoria intraoral, siendo casi asintomático o produciendo solamente muy ligeras molestias. Cursa con vesículas de bordes irregulares. El tratamiento se efectúa con aciclovir oral (1.000 mg/día) mientras persistan las lesiones; o aciclovir en crema al 5%, cinco veces al día hasta que desaparezcan las lesiones.
3. *Herpes recurrente en pacientes inmunodeprimidos*. Aparece en el 15-40% de estos pacientes, con localización variada en paladar, rebordes alveolares, lengua, etc. Cursa con la presencia de 3-8 vesículas que ocasionan úlceras crateriformes, con márgenes blanquecinos muy grandes.

Son muy dolorosas al comer, al deglutir y al hablar. Su curso es lento y tardan en curar. Suelen aparecer con neutropenias de 100/ml o menos, siendo muy frecuentes en los casos de leucemia y sida.

Diagnóstico

El diagnóstico en la mayoría de los casos es clínico, ya que la distribución perioral, e intraoral, la presencia de vesículas agrupadas en racimo y la recurrencia en la misma localización permiten establecerlo con cierta facilidad, aunque en ciertos casos se puedan utilizar otros métodos, como citología exfoliativa e histopatología, cultivo y aislamiento del virus, detección de antígenos víricos, microscopia electrónica y serología.

Candidiasis orales

Entre los factores que favorecen la colonización por *Candida* destacan los siguientes:

- *Generales*
  - Infección por VIH.
  - Diabetes.
  - Tratamientos con antibióticos o corticoides.
  - Leucemias y/o tratamiento con quimioterápicos.
  - Carencias vitamínicas.
- *Locales*
  - Portadores de prótesis dentales.
  - Utilización de chupetes.
  - Hábitos de mordisqueo de la mucosa yugal.
  - Pérdida de la dimensión vertical (en desdentados).
  - Falta de higiene.

Candidiasis agudas primarias

Candidiasis seudomembranosa aguda (muguet)

Se presenta como placas blancas en forma de copos, que se desprenden, y que pueden ubicarse en cualquier localización oral. Se observa escasa sintomatología. En los últimos años se han descrito bastantes cuadros en la infección por VIH.

Candidiasis eritematosas agudas

Pueden ser el resultado de la evolución de un muguet persistente, o iniciarse como eritematosas. En lugar de placas blancas, hay áreas eritematosas y erosivas que pueden localizarse en cualquier parte de la boca, pero sobre todo en el dorso lingual. Son frecuentes después de la toma prolongada de antibióticos o corticoides.

Candidiasis crónicas primarias

Candidiasis eritematosas crónicas

Normalmente, se localizan en la lengua, en donde desaparecen las papilas filiformes y la superficie adquiere un aspecto liso y rojo. Cursan con escozor y ardor. Son frecuentes en edades avanzadas y en portadores de prótesis dentales con higiene insuficiente.

Candidiasis hiperplásica crónica

Se trata de placas blancas que no se desprenden con el raspado, persistentes en el tiempo, que se localizan fundamentalmente en lengua, labios y mucosas yugales. Son casi idénticas a las leucoplasias producidas por otros factores etiológicos, por lo que es muy difícil el diagnóstico por las manifestaciones clínicas. Se deben efectuar tinciones especiales (PAS) y estudios de los anticuerpos anti-*Candida*, que suelen dar titulaciones elevadas.

Candidiasis mucocutánea crónica

Suele deberse a un defecto en el sistema inmunitario, y se manifiesta por formas seudomembranosas, granulomas localizados o formas hiperplásicas. Es muy resistente al tratamiento convencional. Existen cuatro variedades. Su diagnóstico puede realizarse por frotis citológico, cultivo de *Candida*, estudio serológico y biopsia.

Tratamiento de las candidiasis orales

El tratamiento de elección continúa siendo la nistatina en aplicación tópica, mediante enjuagues con 5-10 ml, 3-4 veces al día, o 1-2 grageas de 500.000 U, disueltas en la boca, tres veces al día.

La administración correcta de la nistatina en enjuagues debe seguir la «regla de los cuatros» que consiste en hacer que el paciente se enjuague 4 veces al día, durante 4 minutos cada vez, durante 4 semanas.

PATOLOGÍA DE LAS GLÁNDULAS SALIVALES

Sialolitiasis

Cursa con tumefacción de la propia glándula y de su conducto excretor, más evidente después de las comidas por la estasis producida por la obstrucción en el momento de mayor producción de saliva.

La radiografía simple sin contraste pone de manifiesto la imagen radiopaca del cálculo en el suelo de la boca. La sialografía (con contraste) indica la localización del cálculo, aunque la ecografía debe sustituirla en los procesos inflamatorios y obstructivos. El tratamiento de la sialolitiasis consiste, en la fase aguda, en la prescripción de antibióticos y antiinflamatorios, para proceder luego a la extracción del cálculo si es grande y no se expulsa espontáneamente.

Sialoadenitis

Se clasifican en: bacterianas (parotiditis agudas y recidivantes), víricas (parotiditis epidémicas víricas, paperas, parotiditis por citomegalovirus), alérgicas (contrastes yodados), postirradiación, tóxicas (mercurio, cobre, yodo, etc.) y específicas (tuberculosis, sífilis, lepra, actinomicosis). La submaxilitis se presenta con relativa frecuencia, y su etiología más habitual es la litiásica. También se diagnostica con relativa frecuencia en personas de edad avanzada y en diabéticos. El diagnóstico inicial es clínico, y el de confirmación debe realizarse con sialografía (prueba clásica), con tomografía computarizada (TC), o con resonancia magnética (RM), dependiendo de los criterios de cada centro. El tratamiento inicial debe consistir en la prescripción de antibióticos (para evitar la sobreinfección bacteriana) y de antiinflamatorios, hasta conocer el resultado de las pruebas de confirmación.

TUMORES DE LA MUCOSA ORAL. CÁNCER ORAL

LESIONES PRECANCEROSAS

Las principales son: leucoplasia, liquen plano oral y eritroplasia (carcinoma *in situ*). Los estados precancerosos más habituales son: disfagia sideropénica, sífilis, déficit de vitaminas A y E, radiaciones ultravioletas e ionizantes y lupus eritematoso discoide.

Es evidente que la medida más efectiva para disminuir la morbimortalidad del cáncer oral es la prevención primaria, reduciendo la aparición de nuevos casos, disminuyendo el consumo de tabaco y alcohol y manteniendo un buen nivel de higiene bucal, además de evitar todos los factores irritativos locales (caries, prótesis mal elaboradas o mal ajustadas, etc.).

No obstante, en la consulta diaria sería muy importante descartar la presencia de lesiones intraorales que indujeran a dudar de la presencia de una lesión maligna o premaligna, dado que el porcentaje de mortalidad se reduce, tal como se ha indicado antes, en función del diagnóstico precoz del caso.

URGENCIAS ODONTOLÓGICAS

DOLOR

Es la principal causa de demanda de los servicios de urgencia, adonde el paciente acude aquejado de dolor intenso que, en la mayoría de los casos, es de origen dentario (local) y que suele precisar tratamiento farmacológico combinado: amoxicilina sola o con clavulánico (500-875 mg cada 8 horas durante 7 días) o clindamicina (300 mg cada 8 horas durante 7 días), junto con analgésicos y antiinflamatorios si existe tumefacción. Si el dolor cede con el frío, indica la existencia de pulpitis purulenta, que precisará trepanación de la pieza causal. Para el dolor postexodoncia deben prescribirse antibiótico y analgésico ante la probable existencia de infección. En el dolor neurálgico (trigémino) la carbamazepina es el fármaco de elección en la mayoría de los casos.

INFECCIONES ODONTOLÓGICAS

Absceso dentario

También denominado *osteoflemón*. El diagnóstico es clínico, y el tratamiento farmacológico consiste en la prescripción de antibióticos más antiinflamatorios. El tratamiento quirúrgico, cuando es preciso, requiere el desbridamiento del absceso y la colocación de drenaje. En el caso de la celulitis maxilar, aunque puede ser tratada de forma correcta a nivel ambulatorio, hay que recordar que si la evolución no es la esperada debe derivarse al medio hospitalario.

Como máximo exponente de la celulitis maxilar destaca la *angina de Ludwig*, que, aunque de incidencia baja, afecta bilateralmente los espacios submaxilar, sublingual y mentoniano, y produce problemas respiratorios por elevación del suelo de la boca, y edema lingual, que puede complicarse con edema de glotis. Es de vital importancia el tratamiento urgente hospitalario, por el riesgo de muerte del paciente.

URGENCIAS POSTEXODONCIA

Hemorragia

El 99% de las hemorragias postextracción se deben exclusivamente a causas locales y cesan con la compresión de una gasa o la colocación de coagulantes (celulosa oxidada, esponjas de fibrina, fibras de colágeno, etc.) en el alveolo dentario, a la vez que se debe evitar que el paciente realice enjuagues. Si no cede de esta forma, se puede practicar una sutura o alveoloplastia. Si aun así persiste, habrá que sospechar que se trata de una coagulopatía de base preexistente.

Trismo

Consiste en la imposibilidad de abrir la boca en mayor o menor grado, normalmente en relación con el espasmo muscular debido a la inflamación relacionada con el traumatismo operatorio, o por el dolor postoperatorio por vía refleja, que acentúa aún más el espasmo, o por la presencia de infección en los espacios vecinos (maseterino, temporal, pterigomandibular, etc.) o por la punción accidental del músculo pterigoideo interno o por la lesión de la articulación temporomandibular (ATM) al forzar la apertura bucal durante la operación. Es frecuente también la aparición de trismos en casos de patología de cordales semiincluidos, en donde, al producirse movimientos eruptivos periódicos, condicionan la aparición de procesos inflamatorios locales que pueden conllevar la presencia de trismos.

El tratamiento consiste en la administración de antiinflamatorios, o incluso corticoides si fuera preciso, a la vez que el paciente debe iniciar ejercicios de apertura bucal para evitar que aumente el trismo. Si la causa es infecciosa, requiere el oportuno tratamiento antibiótico.

LUXACIÓN DE LA ARTICULACIÓN TEMPOROMANDIBULAR

La luxación unilateral o bilateral de la ATM puede aparecer tras extracciones laboriosas que requieran forzar la apertura bucal en pacientes predispuestos, por laxitud ligamentosa o por patología previa de ATM. Si se trata de una luxación completa, se debe proceder a su reducción mediante la maniobra de Nelaton, que consiste en el descenso, retroceso y elevación mandibular con los dedos pulgares del explorador dentro de la boca del paciente, lo que requiere una protección, ya que al producirse la reducción se tiende al cierre bucal por el espasmo muscular.

Capítulo 66

CIRUGÍA EN ATENCIÓN PRIMARIA

CIRUGÍA MENOR EN ATENCIÓN PRIMARIA

PROCEDIMIENTOS QUIRÚRGICOS ASUMIBLES

Existe cierto consenso en delimitar la cirugía menor practicable en Atención Primaria a una serie de procedimientos quirúrgicos realizados sobre tejidos superficiales accesibles (piel, mucosa, tejido subcutáneo y anejos cutáneos), técnicamente sencillos y para los que no se requiere un instrumental quirúrgico sofisticado. Estas intervenciones suelen ejecutarse en poco tiempo (15-30 minutos) y bajo anestesia local. En general, requieren unos cuidados posquirúrgicos poco especializados, que pueden ser asumidos por el propio paciente o por su familia y no deparan complicaciones intraoperatorias o postoperatorias importantes.

La obtención de un consentimiento informado expreso del paciente, o de un allegado para la cirugía en menores o incapaces mentales, resulta inexcusable en cualquier intervención, para preservar el derecho a la información al paciente, según prevé la Ley General de Sanidad. Los requisitos legales exigen su obtención expresa y por escrito, después de ofrecer al enfermo una información detallada de todos los aspectos que puedan condicionar su decisión.

INTERVENCIONES QUIRÚRGICAS URGENTES

INCISIÓN Y DRENAJE DE ABSCESOS

Los abscesos son colecciones de pus en cavidades preexistentes (quistes, sinus pilonidal, etc.) o producidas por la propia destrucción infecciosa de los tejidos, con frecuencia secundarios a la falta de higiene en la venopunción de adictos a drogas por vía venosa.

Provistos de una buena cantidad de gasa estéril absorbente, tras pincelar ampliamente la zona con povidona yodada y aislarla con paños estériles, se puede aplicar anestesia tópica sobre la zona de la incisión prevista (crema EMLA o agentes refrigerantes). La infiltración perilesional de anestésicos locales no suele aportar gran beneficio porque aumentan las molestias por distensión de los tejidos y resultan en gran medida desactivados los anestésicos por el pH del tejido infectado. Tras ello, se realiza una punción rápida con un bisturí del n.º 11, cortando la piel que cubre el área de fluctuación durante la salida de la hoja (el bisturí se introduce pinchando y se retira cortando). La incisión debe ser suficientemente amplia pero no continuar en la zona de induración no fluctuante. En pacientes con alto riesgo infeccioso (diabéticos, inmunodeprimidos, etc.) conviene recoger una muestra de pus para su cultivo. Tras la salida espontánea del material acumulado, se explora la cavidad para desbridar cualquier resto necrótico con ayuda de un mosquito, el mango de un bisturí o el dedo índice forrado con una gasa. Se realiza un lavado abundante de la cavidad con suero salino (o una mezcla 1:1 de agua estéril y peróxido de hidrógeno). Cuando se obtiene un líquido claro, se realiza un lavado final con una dilución de povidona yodada en suero salino (1:10), se rellena la cavidad con una tira de gasa estéril y se aísla la zona con un apósito voluminoso y absorbente. Las curas, lavando la cavidad y reponiendo el drenaje, deben ser frecuentes para impedir el cierre de la incisión cutánea antes de la curación del absceso y lograr que la zona cicatrice de dentro hacia fuera sin nuevos acúmulos cerrados de pus.

Si el paciente toma antibióticos prescritos en la fase precoz del absceso, debe terminar la pauta recomendada tras la intervención. Asimismo, se prescribirán antibióticos junto al tratamiento quirúrgico a todos aquellos con predisposición infecciosa por inmunodepresión (por enfermedades inmunitarias, por consumo de tratamientos inmunodepresores y en los diabéticos insulinodependientes con mal control metabólico) y cuando los abscesos se encuentren en zonas de riesgo local de diseminación infecciosa grave (triángulo nasogeniano y periné). El resto de pacientes y localizaciones no precisan cobertura antibiótica.

URGENCIAS QUIRÚRGICAS EN PROBLEMAS ANORRECTALES

Absceso perianal

Por su situación, exigen una valoración cuidadosa de su localización anatómica exacta para diferenciarlos de otros abscesos más altos de la zona, que no deben tratarse quirúrgicamente en Atención Primaria. Si el absceso se encuentra por debajo del esfínter, es estrictamente perianal y puede drenarse en el Centro de Salud. Igualmente, se derivarán para valoración hospitalaria, con independencia de su localización, los abscesos de gran tamaño y aquellos presentes en portadores de leucemias o procesos linfoproliferativos.

La maniobra de incisión y drenaje, muy molesta, exige una premedicación con un analgésico potente y una benzodiacepina de acción rápida antes de la intervención. Tras ello, y con el paciente en posición ginecológica, se realiza una incisión en un eje radial a la circunferencia del margen anal, completando el resto de maniobras comentadas antes para cualquier absceso.

REPARACIÓN DE LACERACIONES TRAUMÁTICAS

Se derivan para tratamiento especializado las heridas con pérdida considerable de tejidos (para minimizar la posible secuela estética o funcional), con lesión de estructuras nobles (nervios, tendones o vasos importantes), con fractura subyacente o amputación. Para transportar al paciente, se cubre la hemorragia con un vendaje compresivo y se eleva la zona, o se aplica un torniquete si existe un sangrado arterial importante. Los miembros amputados (p. ej., dedos) se derivan refrigerados junto al enfermo, para intentar su reimplante. Se lavan con suero fisiológico, se envuelven en paños o gasas estériles y se rodean de hielo, sin contacto directo con él (se aíslan en un recipiente o bolsa impermeable).

Las heridas son simples si son pequeñas, limpias, de bordes netos y de poca profundidad. Si se atienden después de 6 horas de evolución, se consideran contaminadas, y tras 12 horas, infectadas. Las heridas complejas son de forma irregular, de bordes contusos, contaminadas con suciedad o cuerpos extraños en su interior y/o que afectan a estructuras bajo el tejido subcutáneo. Tienen alto riesgo de infección por su contaminación externa y por el compromiso vascular de los bordes lesionados.

Las incisiones punzantes (arma blanca, cristales, etc.) pueden producir lesiones profundas importantes con heridas superficiales menores. Las mordeduras (humanas o de animales) se consideran sistemáticamente infectadas y son candidatas a cierre secundario.

La preparación de heridas simples se realiza irrigando copiosamente con una solución salina e infiltrando anestésico local en todo su contorno a través de los labios abiertos (antes se habrá descartado de forma exploratoria una lesión nerviosa).

En la tabla 66-1 se recuerda la actitud profiláctica antitetánica adecuada en cada tipo de paciente herido, según el riesgo tetanígeno de la herida y el estado vacunal previo del paciente.

Tabla 66-1. Pauta de vacunación antitetánica en heridas cutáneas

	Herida limpia		Herida sucia, tejido desvitalizado	
	Vacuna	Inmunoglobulina	Vacuna	Inmunoglobulina
Vacuna desconocida, incompleta o no vacunado	Sí[a]	No	Sí[a]	Sí
Vacunación correcta	No[b]	No	No[c]	No[d]

[a] Comenzar o completar. Si tiene 2 dosis, completar. Si tiene una dosis y han pasado más de 5 años, comenzar pauta de vacunación.
[b] Dosis de recuerdo si hace más de 10 años.
[c] Dosis de recuerdo si hace más de 5 años.
[d] En agammaglobulinémicos e inmunodeprimidos, dosis de refuerzo de toxoide e inmunoglobulina.

Las heridas serán exploradas por personal sanitario a las 24 horas de su tratamiento, y dos o tres veces más durante la primera semana, en busca de signos de infección (enrojecimiento más extenso que 0,5 cm en torno a la cicatriz o evacuación de pus) u otra complicación. En caso de infección declarada, se pueden retirar algunos puntos para evacuar el exudado, tomando muestra para cultivo, y se prescribe un antibiótico sistémico con buena cobertura antiestafilocócica como amoxicilina-clavulánico (875/125 mg cada 12 horas), cefadroxilo (1-2 g/día repartidos en 1-2 dosis) o josamicina (0,5-1 g cada 8-12 horas) en los alérgicos a betalactámicos. Los diabéticos deben añadir a la pauta anterior ciprofloxacino (500 mg cada 12 horas) para cubrir la posible participación de *Pseudomonas* en la infección. Si no se produce mejoría, se realiza una nueva limpieza quirúrgica de la herida, permitiendo un cierre por segunda intención bajo cobertura antibiótica. Este proceso, más lento y de peor resultado estético, consiste en desbridar la zona y realizar curas húmedas sucesivas con aplicación de cremas antisépticas (povidona, sulfadiazina argéntica, etc.) y apósitos estériles, hasta su granulación y reepitelización completa.

INTERVENCIONES UNGUEALES

AVULSIÓN UNGUEAL

La separación de la uña de su lecho y su extirpación completa es un procedimiento de dominio imprescindible para el médico de Atención Primaria. Sus indicaciones más frecuentes son las onicomicosis extensas sin respuesta a la terapia antifúngica, la onicocriptosis (uña encarnada) bilateral resistente al tratamiento conservador, las deformidades ungueales excesivas (onicogrifosis u otras distrofias) y los arrancamientos traumáticos incompletos.

El procedimiento se realiza tras una preparación previa que incluye: limpieza y pincelación antiséptica amplia, anestesia digital (figura 66-1) y aplicación de un torniquete (con gasa o banda elástica) en la articulación metacarpofalángica del dedo. Durante 15 minutos, esta isquemia digital es segura y permite un procedimiento exangüe. La uña se despega de su lecho introduciendo un mosquito cerrado entre ambos y abriendo sus ramas en el interior (o introduciendo una pinza recta o un despegador ungueal en ese espacio). Después, se sujeta con una pinza gruesa (Kocher) por uno de sus márgenes laterales y se elimina por tracción hacia el lado contralateral. El lecho ungueal sangrante se tapona con un apósito vaselinado y se cierra con un vendaje compresivo. Es aconsejable reposar el miembro elevado durante las primeras horas del postoperatorio y disponer de una pauta de analgésicos según las necesidades. Si no se produce complicacion en una primera cura a las 48 horas, el paciente puede asumir los cuidados posteriores, lavando diaria-

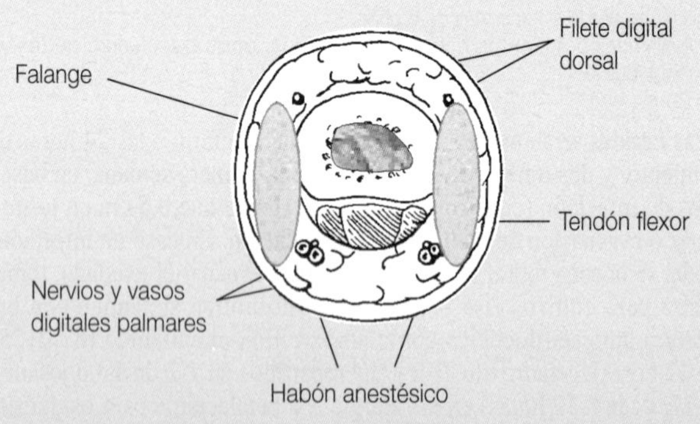

Figura 66-1. Sección transversa de un dedo mostrando los nervios anestesiados durante el bloqueo digital.

mente la zona con una dilución antiséptica en agua caliente y realizando curas húmedas de la zona (aplicación de una crema antibiótica y reposición de un apósito de gasa). Durante la primera semana se evitará el calzado cerrado. La curación definitiva se logra en 4-6 semanas.

Matricectomía

Si la indicación de la avulsión fue una uña encarnada recidivante, tras la eliminación de la uña debe destruirse su matriz (matricectomía) para evitar el crecimiento ungueal y la recidiva del cuadro.

Es más frecuente que el problema sea unilateral, en cuyo caso se puede eliminar sólo la porción marginal de la uña, cortando con tijera un fragmento longitudinal de la misma desde el borde libre a la zona proximal de la uña y extrayendo este fragmento con una pinza (figura 66-2). Tras ello, se accede a la matriz a través de una incisión del pliegue ungueal, extirpándola por raspado (curetaje) o cauterizándola con fenol al 80% aplicado en la zona durante 5-8 minutos con una torunda de algodón. Si existe mucho tejido de granulación en el reborde ungueal, se extirpa de la zona un huso de piel «en cuarto

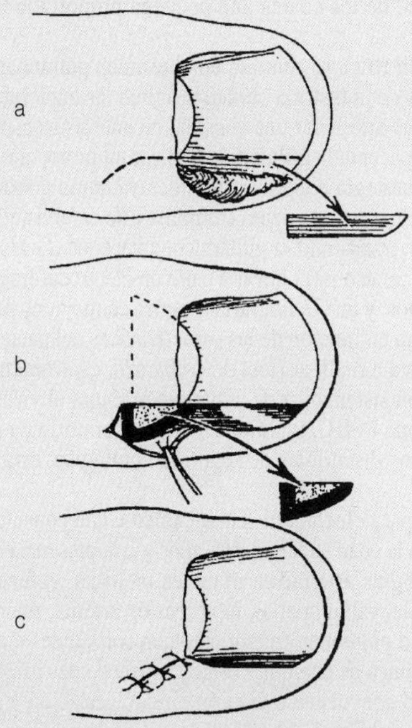

Figura 66-2. Avulsión parcial de la uña y matricectomía lateral.

de naranja». La curación suele hacerse por segunda intención, reparando la incisión del pliegue con puntos sueltos.

Si la zona encarnada tiene una infección activa, se trata con antibiótico oral y antisépticos tópicos hasta controlar la supuración antes de intervenir. En cualquier caso, antes de indicar la intervención quirúrgica deben intentarse medidas conservadoras, como la separación manual repetida del borde ungueal, la realización de un corte recto de las uñas y el uso de calzado ancho y transpirable. Se contraindica especialmente la cirugía ungueal en Atención Primaria en los pacientes diabéticos o con enfermedades vasculares periféricas.

CIRUGÍA MAYOR Y ATENCIÓN PRIMARIA

RIESGO QUIRÚRGICO Y CONTENIDOS DE LA EVALUACIÓN PREOPERATORIA

El médico que se plantea valorar el estado de salud de los pacientes frente a la cirugía debe conocer que aproximadamente la mitad de los pacientes evaluados presentarán un buen estado general (variable según la edad de la población considerada) frente a otros con problemas de salud de distinto grado. El examen preoperatorio sólo identifica nuevos problemas en el 5-10% de los casos, de los cuales una pequeña proporción tiene relevancia quirúrgica.

La exploración física se centrará en el examen pulmonar y cardiovascular. Los hallazgos de la historia clínica dirigirán las exploraciones analíticas y complementarias a solicitar una consulta preanestésica especializada.

En general, se acepta la utilidad de realizar un protocolo analítico básico a pacientes sin patología conocida, que incluya hemoglobina, hematócrito, leucocitos, plaquetas, tiempo de protrombina y de cefalina, glucosa, creatinina, sodio, potasio, transaminasa glutamicooxalacética (GOT), albúmina y un examen urinario. Se aconseja llevar a cabo un electrocardiograma (ECG) en mayores de 45 años, y una radiografía torácica en mayores de 65 años. Otros estudios se indican en función de las características del paciente o del procedimiento que se va a realizar (test de embarazo, espirometría, gasometría, etc.). La detección sistemática de anticuerpos contra el virus de la inmunodeficiencia humana (VIH), incluida en el preoperatorio de muchas instituciones por motivos discutibles de seguridad biológica, está sujeta a debate ético y legal.

Los criterios para efectuar sistemáticamente una consulta preanestésica especializada son la edad superior a 65 años y/o la presencia de alguna de las siguientes patologías asociadas: diabetes mellitus, enfermedad cardíaca (isquemia, arritmia, valvulopatía), hipertensión arterial, malnutrición u obesidad, enfermedad pulmonar, tratamiento con corticoides o anticoagulantes, insuficiencia orgánica de cualquier origen, antecedentes psiquiátricos o adictivos, enfermedad convulsiva o extrapiramidal, gestación y antecedente conocido de hipersensibilidad.

Existen estudios sobre series de pacientes con patologías concretas (cardiópatas, hipertensos, diabéticos, etc.) que identifican los factores determinantes del riesgo quirúrgico específico de cada patología y evalúan su valor predictivo sobre las distintas complicaciones quirúrgicas. Para algunas patologías y procedimientos comunes, se han elaborado *scores* que permiten cuantificar el riesgo quirúrgico específico ante un paciente concreto. Esta determinación del riesgo quirúrgico asociado a patologías específicas debe realizarse por el cirujano y/o el anestesista responsable de la intervención, tomando en consideración, además, la experiencia y los resultados previos de su centro quirúrgico.

De forma general, la mayoría de problemas médicos de relevancia derivados de la cirugía son complicaciones cardiopulmonares, duplicándose el riesgo en la cirugía de emergencia respecto a las intervenciones programadas. En grado variable, todos los anestésicos deprimen la contractilidad miocárdica. Los actos quirúrgicos de duración superior a 3 horas aumentan específicamente las complicaciones pulmonares y la posibilidad de trombosis venosas profundas. La cirugía próxima al área diafragmática (cirugía torácica y abdominal alta) causa disfunción respiratoria y dolor, con mayor riesgo de complicación pulmonar (atelectasia, neumonía e insuficiencia respiratoria). Toda cirugía sobre pacientes infartados recientemente supone un riesgo de reinfarto y muerte (el 30% de reinfartos en intervenciones antes de 3 meses de un infarto previo, el 11-16% entre 4 y 6 meses, y el 4-6% después de los 6 meses).

Manejo de la medicación habitual previa

Como apartado de responsabilidad específica del médico de Atención Primaria, en la interconsulta quirúrgica debe identificarse expresamente toda medicación que el paciente consuma, y cualquier alergia o intolerancia medicamentosa conocida o sospechada. De forma específica, debe investigarse la automedicación con ácido acetilsalicílico (aumenta el tiempo de hemorragia) o sedantes (interaccionan con los anestésicos), así como el consumo de corticosteroides durante el año previo (pacientes con obstrucción de las vías aéreas) y el uso habitual de alcohol, tabaco u otras drogas.

ORIENTACIÓN DIAGNÓSTICA Y TERAPÉUTICA DE LAS HERNIAS ABDOMINALES

Las hernias abdominales poco evolucionadas suelen ser asintomáticas y resultan con frecuencia un hallazgo exploratorio ocasional. Según progresan, pueden producirse dolores abdominales localizados en la región de la hernia, de presentación intermitente, en general desencadenados por cambios posturales o esfuerzos. En las hernias de cierto tamaño, éstos pueden ser moderados o intensos.

Con el crecimiento del saco herniario, además de las molestias locales y el inestético aumento de tamaño, aumentan también las posibilidades de que el contenido de la hernia se haga irreductible. Cuando la hernia se incarcera, va acompañada de un dolor más intenso, continuo y difuso.

Una hernia incarcerada puede desencadenar complicaciones graves, como una obstrucción intestinal, si existen asas intestinales en el saco herniario, o una estrangulación de la hernia, si se produce compromiso circulatorio de su contenido.

En la mayoría de los casos, el paciente consulta al percibir un abultamiento asintomático en la pared abdominal. El diagnóstico se confirma por la inspección de la zona cuando la hernia es suficientemente grande, o mediante la palpación del saco herniario y del defecto de la pared abdominal, en fases más precoces de su evolución. La exploración debe repetirse en decúbito y en bipedestación, y es de gran ayuda, en el caso de hernias pequeñas, que el paciente realice alguna maniobra de Valsalva (p. ej., toser), para provocar la protrusión del saco herniario.

La filiación del tipo de hernia por su localización no plantea dudas en las hernias epigástricas, umbilicales e incisionales. La clasificación de las hernias de la región inguinal es algo más difícil de determinar, y precisa la localización del defecto de pared causante del cuadro. Si el saco herniario protruye por un defecto del anillo inguinal profundo, palpable con un dedo introducido desde el escroto a través del conducto inguinal, el diagnóstico es de *hernia inguinal indirecta*. Si la hernia es tan grande que se palpa su contenido en el escroto, se denomina *inguinoscrotal*. Si se palpa el anillo herniario sobre el ligamento inguinal, será una *hernia inguinal directa*, mientras que los defectos localizados por debajo del ligamento inguinal producen *hernias femorales*.

La presencia de una masa escrotal también exige la consideración de diagnósticos alternativos a la patología herniaria. Así, una hernia inguinoscrotal incarcerada puede ser indistinguible por palpación de un hidrocele a tensión, y será necesaria la transiluminación de la zona con una luz intensa para confimar el contenido líquido del hidrocele. En caso de duda, la confirmación diagnóstica se obtiene por ecografía, técnica útil para descartar otros procesos agudos del escroto (epididimitis, espermatocele, varicocele, torsión testicular, tumor testicular, etc.).

VALORACIÓN DE LA INDICACIÓN QUIRÚRGICA

Desde el momento en que se diagnostica una hernia de pared abdominal, se debe informar al paciente de que el único tratamiento eficaz es quirúrgico. En los casos de incarceración no reductible manualmente, la intervención es inevitable, por lo que se derivará al paciente con prontitud a un servicio quirúrgico, evitando maniobras bruscas de intento de reducción de la hernia. La hernia estrangulada debe ser intervenida con la mayor brevedad para minimizar el daño intestinal. Si esta última circunstancia persiste más de 6 horas, en general, se produce una gangrena de las asas intestinales comprometidas, que exige una resección intestinal de extensión variable durante la intervención.

Capítulo 67

PROBLEMAS DE SALUD EN LA INFANCIA Y LA ADOLESCENCIA

EL RECIÉN NACIDO

LA PRIMERA SEMANA DE VIDA

Aproximadamente el 50% de la mortalidad infantil se produce durante el primer mes de vida (período neonatal). De este período, la primera semana de vida (período neonatal precoz) es la que presenta una más alta incidencia de patología.

EL RECIÉN NACIDO NORMAL

La pérdida fisiológica de peso que presentan los recién nacidos puede ser de hasta el 10% de su peso de nacimiento, y debe recuperarse alrededor del décimo día de vida.

La piel

La *ictericia* se presenta hasta en el 75% de recién nacidos; se observa cuando la cifra de bilirrubina es superior a 5 mg/dl (85 µmol/l). La gran mayoría de casos corresponde a la ictericia fisiológica del recién nacido. En niños alimentados con leche materna, en ocasiones la ictericia es más prolongada. En el caso de ictericia neonatal que no cumpla las características, ha de ser remitido a un servicio pediátrico para su evaluación y estudio.

Aparato genital y endocrino

La *fimosis* es fisiológica en el recién nacido, a no ser que obstruya la emisión de orina.

La *intumescencia mamaria* y, ocasionalmente, la secreción láctea en las mamas, es debida al paso de estrógenos maternos. Se ha de insistir en que la manipulación o presión de estas mamas comporta un grave riesgo de infección.

Un exudado vaginal blanquecino, en ocasiones hemorrágico, debido también al paso de estrógenos maternos, carece de significado patológico.

Anoxia neonatal

La mayor parte de los recién nacidos afectados provienen de embarazos de riesgo o de partos distócicos. Dado que la anoxia neonatal, generalmente, es la continuación de una anoxia del feto durante el trabajo del parto, es imprescindible controlar el parto para detectarla precozmente y actuar en consecuencia. Para evaluar el grado de anoxia neonatal el método más utilizado es la valoración del test de Apgar, que se realizará como mínimo al minuto de vida y a los 5 minutos. Un test de Apgar inferior a 6 señala la presencia de asfixia; un niño con un Apgar inferior a 3 a los 5 minutos, cuya puntuación a los 10-20 minutos aumenta más de 4 puntos a raíz de una correcta reanimación tiene el 99% de posibilidades de no sufrir parálisis cerebral en su infancia.

Traumatismos del parto

De entre los traumatismos patológicos, uno de los más frecuentes es la *fractura de clavícula*, que no requiere tratamiento con excepción de reposo, sin que sea necesario colocar al niño en ninguna posición especial.

La *parálisis del facial* suele producirse por la compresión sobre la apófisis mastoides. La *parálisis braquial* se manifiesta por la posición del brazo caído, en aproximación, rotación interna y pronación, sin movimiento. Las formas leves se recuperarán espontáneamente en 15-30 días. Si no se produce la curación después de este período, debe instaurarse un tratamiento rehabilitador.

Malformaciones congénitas

Se debe realizar una exploración minuciosa para detectar malformaciones menores. Su importancia radica en que algunas pueden asociarse a malformaciones mayores ocultas, que se deben descartar.

Trastornos de la glucemia

Son frecuentes entre los recién nacidos de riesgo. Debe sospecharse hipoglucemia ante todo recién nacido que presente temblores, convulsiones, cianosis, hipotonía, apatía, anorexia, llanto anormal, hipotermia o movimientos oculógiros.

Infecciones

Las características inmunológicas del recién nacido son las causantes de que, con frecuencia, las infecciones se generalicen y revistan gravedad. Debe sospecharse ante todo recién nacido que presente rechazo del alimento, ictericia que no sigue el patrón de la fisiológica, temblores, hipotonía, fiebre o hipotermia, diarrea, distensión abdominal, pérdida de peso, hepatosplenomegalia, trastornos respiratorios, palidez o, simplemente, ante un niño que no evoluciona bien.

El recién nacido raramente presenta fiebre como respuesta a la infección, y si la tiene y no es debida a causas externas (niño muy abrigado o fiebre «de sed», que se resuelve rápidamente desabrigando al niño o suministrándole líquidos) constituye siempre una urgencia médica. Las causas más frecuentes de fiebre en el recién nacido son las infecciones urinarias y las meningitis (que pueden también cursar sin fiebre).

El muguet o estomatitis por *Candida albicans* se manifiesta por unas placas blancas en la lengua y/o la mucosa bucal. Cura fácilmente con toques de solución de nistatina o de gel oral de miconazol.

PROBLEMAS RELACIONADOS CON LA LACTANCIA

Las únicas contraindicaciones de la lactancia materna son, por parte de la madre: la adicción a drogas ilegales y alcohol, la psicosis muy grave, la quimioterapia oncológica y, posiblemente, en nuestro medio, el sida. Y por parte del niño, la galactosemia.

Son indicaciones para una vigilancia especial, en la madre: tuberculosis activa y depresiones maternas. Y en el niño: fenilcetonuria y enfermedad de jarabe de arce.

Algunas medicaciones de la madre pueden obligar a suspender la lactancia materna, como los isótopos radiactivos, los antimetabolitos y los agentes quimioterápicos.

Los signos de alarma en la alimentación materna se resumen en la tabla 67-1.

Tabla 67-1. Signos de alarma en la alimentación materna
– Recién nacido con poco interés para alimentarse
– Recién nacido somnoliento las primeras 24-48 horas
– Recién nacido inquieto y hambriento todo el tiempo las primeras 48 horas
– Alta temprana de la maternidad (< 48 h)
– Pezones agrietados y dolorosos
– Endurecimiento y congestión mamaria
– Menos de 6 pañales mojados por día después del tercer día
– Deposiciones meconiales después del tercer día
– Ictericia > 19,5 mg/dl (después del tercer día), sin hemólisis
– Pérdida de peso (> 10%) por lactogénesis tardía (quinto día)
– Recién nacido desconsoladamente hambriento y sin recuperar peso al décimo día
– Galactoforitis
– Mastitis
– Crisis transitorias de la lactancia materna

OTROS PROBLEMAS

Hipogalactia

Para prevenir la hipogalactia se recomienda amamantar durante los primeros días sin limite en la frecuencia y duración de la toma. A partir del mes de vida, la leche materna ya es madura, y es fácil conseguir intervalos cómodos entre tomas e incluso un descanso nocturno.

Ingurgitación mamaria

Es frecuente notarla a los 3-4 días, coincidiendo con la «subida de la leche». Se puede prevenir ofreciendo más a menudo el pecho. Se puede solucionar con calor local sobre las mamas y mediante el vaciado manual frecuente.

Dolor al amamantar

La causa más frecuente es una malposición de la boca del niño al mamar. Deberá acercarse el pezón y la areola a la boca del bebé, sin que la madre haga pinza con sus dedos. Otras causas son las grietas y la micosis del pezón.

Grietas en el pezón

Se corrigen untando el pezón con leche materna y dejando secar las mamas al sol o con calor seco. Si el amamantamiento resulta muy doloroso, puede extraerse la leche manualmente cada 3-4 horas.

Micosis mamaria

Es una infección por *Candida albicans* localizada en el pezón y la areola, que presenta una lesión de color eritematoso, a veces con grietas, con dolor muy intenso durante y después de la toma. El tratamiento consiste en la administración de nistatina tópica, que también se administra al niño.

Retención de leche

Se presenta como un nódulo mamario, doloroso, debido al mal vaciamiento del conducto galactóforo. Se recomienda calor local, compresión manual externa y adoptar distintas posiciones para amamantar.

Mastitis

Es la infección por *Staphylococcus aureus* a partir de una grieta del pezón. Aparece una zona eritematosa, edematosa, muy dolorosa, localizada en un lóbulo mamario. La madre presenta fiebre, escalofríos y malestar general.

El tratamiento incluye reposo, antiinflamatorios no esteroideos (AINE), líquidos abundantes, vaciados frecuentes de las mamas (¡está contraindicado suprimir la lactancia materna!) y antibióticos antiestafilocócicos durante 10 días. Si el tratamiento es tardío o incorrecto, puede evolucionar a un absceso mamario, que precisará drenaje quirúrgico.

Ganancia de peso escasa

Si la técnica de amamantamiento es normal, deberá descartarse la presencia de infección urinaria u otras infecciones, cardiopatía congénita, enfermedad metabólica o neurológica, etc.

Crisis transitorias de la lactancia

A los 2-3 meses de edad, el niño pide más a menudo, y a la madre le parece que se queda con hambre. También por infecciones leves de la madre, puede estancarse el peso y el bebé pide más a menudo. Se recomienda en todos los casos aumentar la frecuencia de las tomas cuantas veces el bebé lo pida, para incrementar así la producción de leche.

LACTANTE SOSPECHOSO DE CARDIOPATÍA

Se debe sospechar cardiopatía congénita ante:

- Cianosis (continua o intermitente) o subcianosis.
- Presencia de soplo de características orgánicas.
- Disminución o ausencia de pulsos femorales (coartación de aorta).
- Crisis de cianosis (tetralogía de Fallot).
- Edemas de pies en recién nacido (coartación de aorta).
- Poca ganancia de peso.
- Dificultad en la toma de alimento, con fatiga al mínimo esfuerzo.
- Sudoración excesiva posprandial.
- Taquicardia.
- Taquipnea sin disnea.
- Quejido.

Todo lactante con sospecha de cardiopatía congénita debe ser remitido para estudio sin dilación. Si presenta insuficiencia cardíaca aguda (tabla 67-2) deberá digitalizarse y remitirlo al hospital.

Tabla 67-2. Clínica de insuficiencia cardíaca
– Taquicardia > 160 latidos/minuto – Taquipnea > 60 respiraciones/minuto – Ritmo de galope – Hepatomegalia – Oliguria

HALLAZGO DE UN SOPLO CARDÍACO EN NIÑOS

En el 90% de los niños se ausculta un soplo sistólico, llamado inocente, benigno o funcional, que es debido al ruido de la sangre al salir del ventrículo derecho. Es vibratorio, breve, localizado en ápex o borde esternal izquierdo, que no irradia, de intensidad 2/6, se ausculta mejor en decúbito supino, disminuye la intensidad sentado y aumenta la intensidad en caso de fiebre, ejercicio o anemia. Se puede informar a los padres del hallazgo del soplo y de su benignidad, y de que aumenta la intensidad en caso de fiebre y ejercicio.

Ante un soplo de características distintas se derivará al cardiólogo infantil para ecocardiograma y estudio.

PROBLEMAS DIGESTIVOS EN LA INFANCIA

VÓMITO AGUDO

Es la expulsión brusca del contenido del estómago efectuada con esfuerzo.

En el recién nacido y en el lactante es importante distinguir entre vómito y regurgitación. La regurgitación, muy frecuente en los primeros meses, es la expulsión de leche sin apenas esfuerzo. Nunca producen afectación ponderal y van desapareciendo a lo largo del primer año de vida. No deben realizarse pruebas complementarias ni añadir espesantes en la dieta: sólo hay que tranquilizar a los padres, informándoles de la benignidad y transitoriedad, y anunciándoles que mejorará cuando coma más sólido y empiece a mantenerse en bipedestación.

En ocasiones, las regurgitaciones pueden ser patológicas, con afectación ponderal. Puede producirse a cualquier edad (enfermedad por reflujo gastroesofágico) y causa lesiones locales en esófago con llanto excesivo por dolor, hematemesis, anemia ferropénica, alteraciones posturales, o patología extradigestiva, como broncoespasmo (neumonías por aspiración, tos crónica, asma). Se preconiza el decúbito prono cuando el lactante esté despierto: colocar al niño en una silla no es efectivo para disminuir el reflujo gastroesofágico. Se debe remitir al gastroenterólogo infantil para pH-metría esofágica y eventual tratamiento farmacológico.

Causas de vómito agudo

En recién nacidos

En un recién nacido de 3-4 semanas de vida que después de todas las tomas de leche inicia vómitos con fuerza y con afectación de la curva ponderal, hay que sospechar una *estenosis hipertrófica del píloro,* y debe remitirse con urgencia a un hospital.

En lactantes y preescolares

1. La causa más frecuente de vómitos es la *infección banal* de las vías respiratorias altas (rinofaringitis y otitis), enteritis agudas o infección urinaria. No se debe olvidar que un lactante febril con vómitos a chorro y fontanela llena sugiere meningitis.
2. Ante un lactante sano que inicia de forma brusca una crisis de llanto, con las extremidades inferiores flexionadas sobre el abdomen, que dura unos minutos y cede quedando el niño normal hasta la próxima crisis, con vómitos frecuentes, palidez cutánea, irritabilidad y estado apático, debe sospecharse una *invaginación intestinal* o un *vólvulo,* y remitirlo urgentemente al hospital.

Tratamiento del vómito

Si persisten los vómitos, se ofrecen pequeñas cantidades de solución de mantenimiento, y si hay signos de deshidratación, la solución de rehidratación oral con cucharilla, hasta que la tolerancia sea buena y se pueda reponer rápidamente su alimentación habitual fraccionada, en pequeñas tomas y frecuencia según demanda. Remitir al hospital ante el fracaso de la tolerancia oral.

Diarrea aguda

En los lactantes es frecuente la diarrea parenteral, es decir, diarrea reactiva ante un foco infeccioso no enteral (ótico, urinario, etc.).

En el 90% de casos, la causa de la diarrea aguda es una infección enteral. En el 70% de casos, se puede aislar el agente causal. En los menores de 2 años predomina el *Rotavirus* en invierno. En verano y primavera predominan enterovirus y adenovirus, pero hay mayor incidencia de *Salmonella* y *Campylobacter* que en otras estaciones. El diagnóstico clínico es sencillo con malestar, vómitos seguidos de diarrea, fiebre y marcada anorexia.

Tratamiento

El tratamiento de una diarrea aguda tiene como objetivos la hidratación correcta y el mantenimiento de la nutrición.

Si el lactante está bien hidratado, tiene que seguir su alimentación habitual (materna o artificial), siempre respetando su apetito y estimulándolo a beber más de lo habitual. Si hay deshidratación se le administrará una solución de rehidratación oral. Si la diarrea persiste más de 7 días, con heces muy ácidas, se debe sustituir la leche por un preparado sin lactosa.

En los niños mayores también debe asegurarse una buena hidratación, y ofrecer su alimentación habitual fraccionada, evitando la prolongación más de 3-4 días de las «dietas astringentes».

Para el tratamiento de la diarrea aguda en la infancia no están indicados los preparados antidiarreicos ni los antibióticos (excepto en los casos indicados en la tabla 67-3).

Tabla 67-3. Indicaciones del tratamiento antimicrobiano en la diarrea

- Lactantes < 3 meses con coprocultivos bacterianos positivos
- Niños inmunodeprimidos
- Infección por *Shigella* que permanece sintomática
- *Giardia lamblia* sintomática
- *Clostridium difficile*
- Cólera

Criterios de derivación hospitalaria

1. Presencia de signos de deshidratación (sequedad de mucosas, signo del pliegue, etc.).
2. Intolerancia de líquidos por vía oral (vómitos incoercibles).
3. Sospecha de bacteriemia.

Estreñimiento

El *estreñimiento agudo* es benigno y pasajero, y puede ser causado por una menor ingesta de alimentos (en caso de vómitos, fiebre o anorexia) o por dolor al defecar (fisura rectal).

Causas según la edad

En el recién nacido

En el recién nacido, el estreñimiento es infrecuente y puede deberse a íleo meconial (debe descartar mucoviscidosis), enfermedad de Hirschprung (estreñimiento precoz, vómitos y distensión abdominal) o hipotiroidismo.

En lactantes pequeños

Las deposiciones en los niños alimentados al pecho pueden tener una gran variabilidad en el ritmo: desde 7-10 al día hasta una cada 5-6 días. Las deposiciones de los alimentados con leche de fórmula son más duras, amarillas-verdosas y casi siempre diarias.

Las causas más frecuentes de estreñimiento en el lactante son: fisuras rectales (rectorragia y disquecia) y cambios dietéticos.

En preescolares

Puede aparecer estreñimiento crónico si el adiestramiento del control de esfínteres es demasiado precoz.

En escolares y adolescentes

La causa funcional o psicológica, junto con la alimentación pobre en residuos, son las causas más frecuentes. Debe sospecharse una causa orgánica en caso de repercusión en el crecimiento.

Tratamiento

Abstenerse de estimular el esfínter anal con supositorios de glicerina, termómetro o medidas caseras.

En caso de fisura rectal se recomendará tratamiento tópico.

Favorecer un hábito intestinal regular. Evitar la administración de laxantes y enemas, salvo en casos crónicos con fecalomas palpables. Si hay estreñimiento de larga duración (semanas), realizar enema de limpieza y, si la respuesta al tratamiento es mala, valorar derivación al psicólogo o psiquiatra.

Remitir al gastroenterólogo infantil para manometría anorrectal y biopsia rectal en caso de sospecha de organicidad.

DOLOR ABDOMINAL AGUDO

- *En el lactante*. La *invaginación intestinal* se presenta generalmente en niños menores de 2 años. El dolor es intenso, intermitente, acompañado de postración y apatía, y a veces vómitos, así como de una rectorragia tardía. Ante la sospecha diagnóstica, debe remitirse para ecografía y valoración terapéutica.
- *En el preescolar y escolar*. Es frecuente el *estreñimiento* como causa de dolor abdominal agudo. A la exploración se pueden palpar fecalomas. El tratamiento consiste en beber abundante agua e ingerir fibra. El uso de laxantes en niños debe ser excepcional.
- *En el preadolescente y adolescente*. Es conveniente descartar una *apendicitis aguda*, el dolor al inicio es periumbilical y, posteriormente, se localiza en la fosa ilíaca derecha; va seguido de vómitos, febrícula y anorexia. En la exploración física el signo de Blumberg positivo y la ayuda de la ecografía orientarán el diagnóstico.

PARASITOSIS INTESTINALES

Oxiurasis

Las hembras grávidas emigran por la noche hacia el ano, a cuya pared se fijan, mordiéndola, produciendo el típico prurito que hace que el niño se rasque.

Manifestaciones clínicas: prurito anal, y en las niñas, también prurito vaginal.

Tratamiento: pamoato de pirantel o de pirvinio en menores de 2 años. En mayores de 2 años, tratar con mebendazol en dosis única, y repetir a los 7-15 días. Lavar con agua caliente la ropa interior y el pijama.

Giardiasis

Giardia intestinalis o *Giardia lamblia* es un protozoo flagelado, endémico en nuestro medio, de mayor incidencia en niños de 1-5 años que conviven en guarderías y colegios. Se produce la liberación de trofozoítos en el duodeno, que dificulta la absorción de hidratos de carbono y de lípidos.

Manifestaciones clínicas: generalmente, son asintomáticos. Los casos con clínica van desde una simple abdominalgia y sensación dispéptica hasta una diarrea acuosa, maloliente, que puede hacerse crónica con síndrome malabsortivo.

Diagnóstico: identificación de quistes en muestras fecales.
Tratamiento: metronidazol.

FIEBRE EN LA INFANCIA

La temperatura media del organismo es de 36,8 ± 0,4 °C, con ritmo circadiano, con un máximo por la tarde y un mínimo por la madrugada. Hay un gradiente térmico axilar-rectal de 0,5 °C, a favor del rectal.

TIPOS DE FIEBRE EN LOS NIÑOS

- *Fiebre sin foco aparente y de breve duración*: es una fiebre de menos de 1 semana de evolución en la que la historia clínica y la exploración no revelan su posible etiología. Entre el 5-22% de los niños febriles de 2 años en el momento de la visita están en la fase prodrómica de una enfermedad infecciosa.
- *Fiebre de origen desconocido*: fiebre documentada superior a 38,5 °C rectal, de más de 2-3 semanas de duración, sin signos de localización. El paciente debe remitirse al hospital para estudio.

MANEJO DE LA FIEBRE EN LOS NIÑOS Y SU EVALUACIÓN

Fiebre en neonatos

Por su inmadurez inmunitaria, una sepsis puede evolucionar en pocas horas a un shock irreversible. Es obligatoria la derivación urgente a un hospital infantil para estudio y tratamiento.

Fiebre en menores de 3 meses

En menores de 3 meses, la fiebre es poco frecuente, y por su inmadurez inmunológica es difícil sospechar la etiología de la infección.

En lactantes de 1-3 meses, algunas infecciones graves pueden cursar sólo con febrícula. El riesgo de padecer infecciones graves está aumentado si la temperatura es mayor de 40 °C (el 4% puede padecer bacteriemia oculta). Deben derivarse siempre.

NIÑOS DE 3 MESES A 3 AÑOS

En los menores de 2 años que presentan fiebre alta aguda, buen estado general y ausencia aparente de focalidad existe el riesgo de bacteriemia oculta. Es correcto un control clínico ambulatorio a las 12 a 24 horas del inicio de la fiebre, y que los padres tengan conocimiento de los signos de gravedad. Es obligatorio derivar al hospital en caso de mal estado general.

Niños mayores de 3 años

A partir de los 3 años los niños pueden expresar mejor sus síntomas y signos.

En el niño y adolescente una *fiebre de inicio agudo* debe orientar, por orden de frecuencia, hacia la presencia de infecciones de las vías respiratorias altas, seguidas de gastroenteritis, neumonías e infecciones de vías urinarias. Se recomienda una conducta expectante y control evolutivo en caso de no encontrar focalidad, siempre que el niño tenga un buen estado general.

TRATAMIENTO SINTOMÁTICO

- Disminuir el exceso de ropa de abrigo y de cama.
- Ofrecer líquidos fríos por vía oral.
- El tratamiento antipirético sólo debe iniciarse ante el malestar, asociado a temperaturas superiores a 38,5 °C axilar. El *paracetamol* por vía oral es el antitérmico de elección en pediatría. Si hay vómitos utilizar la vía rectal.

El *ibuprofeno* es antipirético y antiinflamatorio; por su buen sabor, es bien aceptado por los niños. Puede producir intolerancias gastrointestinales. No se han descrito ventajas en utilizar paracetamol e ibuprofeno de forma alternante.

- *Medidas físicas*: ofrecer un baño de 20 minutos a temperatura agradable si la fiebre es superior a 38,5 °C.

DERIVACIÓN HOSPITALARIA

Es muy importante reconocer las siguientes entidades y hacer su derivación urgente al hospital por la gravedad de la enfermedad y la urgencia en el tratamiento:

Meningitis bacteriana: suelen evidenciar sensación de gravedad.

Sepsis meningocócica: cursa con aspecto de enfermedad grave, alteración rápida del sensorio y petequias.

Sospecha de bacteriemia: aspecto tóxico sin foco infeccioso claro (meningococo, *Haemophilus influenzae* tipo B, neumococo).

CONVULSIONES INFANTILES

Las convulsiones en la infancia se clasifican en: crisis epilépticas, convulsiones febriles y trastornos paroxísticos no epilépticos. Es muy importante poder determinar la causa de la convulsión, el pronóstico para el niño y la perspectiva a largo plazo.

CRISIS EPILÉPTICAS

Se pueden presentar como:

- *Convulsiones generalizadas*:
  - *Crisis de ausencia simple (petit mal)*: aparecen a los 5-6 años de edad, y se caracterizan por pérdidas breves (5-20 seg) de la conciencia, el habla o la actividad motora, a veces asociadas a parpadeo. Nunca hay áurea ni estado poscrítico de somnolencia.
  - *Convulsiones mioclónicas*: son contracciones musculares simétricas breves, a menudo reiteradas, con pérdida del tono corporal normal.
  - *Convulsiones atónicas*: son similares a las anteriores, pero provocan la caída del niño por la pérdida súbita del tono postural.
  - *Convulsiones tónico-clónicas generalizadas*: hay pérdida súbita del sensorio y contracciones tónico-clónicas, tónicas o clónicas, con cia-

nosis perioral, incontinencia vesical y período poscrítico de 30-60 minutos de sueño profundo y cefalea posterior.
  - *Convulsiones tónicas*: se asocian a contracción muscular intensa.
- *Convulsiones parciales (de comienzo focal)*:
  - *Convulsiones parciales simples*: se presentan con movimientos como desviación forzada de la cabeza y de los ojos hacia un lado. La duración es breve (< 10-20 seg) y el niño está consciente y puede hablar en todo momento.
  - *Convulsiones parciales complejas*: pueden ser de más larga duración (1-2 min), seguidas de deterioro del sensorio, o con automatismos de conducta (chasquear los labios, masticar, deglutir, salivación excesiva).

Síndromes epilépticos

- *Espasmos infantiles*: inicio entre los 4 y 8 meses de vida. Contracciones breves en flexión o extensión del cuello, tronco y extremidades, que duran de 10 a 30 segundos por descarga. Frecuentemente, hay pérdida de las adquisiciones madurativas. El pronóstico es reservado.
- *Epilepsia benigna de la infancia con espigas centrotemporales (rolándicas)*: inicio entre los 9-10 años de edad; la mayoría ocurren durante el sueño. El niño se despierta por las contracciones tónico-clónicas unilaterales de la cara, parestesias de la lengua y la mejilla, y ocasionalmente contracciones clónicas de la extremidad inferior ipsilateral. El niño está consciente, pero afásico, durante varios minutos. El pronóstico es excelente, con remisión espontánea hacia la adolescencia.

CONVULSIONES FEBRILES

El 20-30% de estos niños tienen antecedentes familiares (padres o hermanos) de convulsiones febriles en edad infantil. La edad más frecuente de inicio es entre los 6 meses y los 3 años. Suelen producirse al inicio de procesos febriles, generalmente infecciones víricas de las vías respiratorias altas. El 80-90% de las convulsiones son tónico-clónicas generalizadas y de breve duración. El pronóstico es benigno, y tienden a desaparecer con la edad.

Convulsión febril compleja o atípica: son crisis focales o de duración mayor de 15 minutos, o que se repiten en las 24 horas siguientes, o que van seguidas de un estado poscrítico largo, o bien son crisis focales con inicio localizado y lateralizado. También pueden presentar paresia (mono o hemiparesia) paroxística.

Tratamiento y actitud ante una convulsión febril

- Poner el niño sobre una superficie blanda, en decúbito lateral.
- Asegurar una vía aérea eficaz (evitar la obstrucción por la lengua).
- Controlar el tiempo que dura la convulsión.
- Observar si es de una o más partes de su cuerpo (focal) o generalizada.
- Quitarle la ropa.
- Administrar antitérmicos.
- Si la convulsión dura menos de 5-10 minutos no es una emergencia, pero el niño debe ser derivado.

- Si la convulsión dura más de 10 minutos, llamar a una ambulancia y, mientras, administrar por vía rectal 0,2-0,5 mg/kg de diazepam.

En las convulsiones febriles simples es necesario informar a los padres de que el episodio es benigno y que el niño no corre peligro, así como asegurarse de que conozcan el manejo del tratamiento antitérmico y que tengan en reserva un microenema de diazepam para el caso de prolongarse la convulsión más de 10 minutos.

El pronóstico de las convulsiones febriles es bueno y no dejan secuelas, pero en algunos niños pueden repetirse.

En casos de convulsión febril compleja o atípica se indicará control por neuropediatra.

INFECCIONES AGUDAS Y ENFERMEDADES EXANTEMÁTICAS

VARICELA

Es la enfermedad exantemática más frecuente desde la generalización del uso de la vacuna triple vírica.

- *Etiología*: la varicela es causada por el virus de la varicela-zóster (VZV).
- *Epidemiología*: el enfermo es contagioso desde 2 días antes del inicio del exantema hasta que todos los elementos están en fase costrosa (5-7 días después del inicio de la erupción); el contagio se produce fundamentalmente por las gotitas de Pflügge. La inmunidad dura toda la vida, pero hay posibilidad de que el virus, que queda latente en el organismo, se reactive en forma de un herpes zóster.
- *Período de incubación*: 10-21 días.
- *Período prodrómico*: 1-2 días, con frecuencia leve, en ocasiones fiebre y malestar general (en el 10-20% de los enfermos).
- *Período exantemático*: exantema pruriginoso de predominio centrípeto (cabeza y tronco), que evoluciona de mácula a pápula, vesícula, pústula y costra, con elementos que se encuentran en distinto estadio evolutivo. Generalmente, aparecen tres brotes sucesivos en un período de 3 días. No suele ser confluente. Puede afectar la mucosa bucal, conjuntival y vulvar. La fiebre suele ser moderada, pero en algunos casos no aparece y en otros hay importante hipertermia.
- *Posibles complicaciones*: se han descrito numerosas complicaciones (neumonía varicelosa, cerebelitis, encefalitis, hepatitis, artritis, síndrome de Reye, etc.), pero globalmente su frecuencia es escasa. La más frecuente es la sobreinfección bacteriana de las vesículas.
- *Diagnóstico diferencial*: el prurigo-estrófulo o urticaria papulosa por hipersensibilidad a picaduras de insectos puede confundirse inicialmente con la varicela.
- *Pronóstico*: el pronóstico es benigno en los niños sanos. En los adultos, la afección suele ser más intensa. Pueden presentar síntomas generales graves y ocasionalmente complicarse con neumonía, que puede ser causa

de muerte. Son de especial riesgo: los recién nacidos cuyas madres han sufrido varicela en los 5 días que preceden o en los 2 días que siguen al parto, los prematuros, los que tienen cáncer, y los inmunodeficientes en general.

- *Profilaxis*: la vacunación con virus atenuado es la profilaxis más eficaz, y su introducción dentro del calendario vacunal en adultos sanos susceptibles parece próxima en España.
- *Tratamiento*: en los niños sanos el tratamiento es sintomático: antihistamínicos para aliviar el prurito, paracetamol para tratar la fiebre (evitar ibuprofeno por haberse relacionado con evolución grave de la varicela). En individuos de riesgo se utilizará aciclovir.

EXANTEMAS MACULOPAPULOSOS

Exantema súbito

- *Etiología*: *Herpesvirus hominis* tipo 6.
- *Pródromos*: 3-4 días de fiebre elevada, acompañada de anorexia e irritabilidad; es relativamente frecuente la aparición de convulsiones febriles.
- *Exantema*: coincide con el final de la fiebre, suele durar uno o 2 días, es de color rojo, se inicia en el tronco y no es confluente.
- *Tratamiento*: sintomático.

Megaloeritema epidémico

- *Etiología*: parvovirus B19.
- *Exantema*: dura aproximadamente de 4 a 8 días, pero en ocasiones en las 2 o 4 semanas siguientes puede reavivarse por efecto del calor, el sol, la frotación de la piel, etc.; se inicia en la cara, con una erupción de color rojo intenso localizada sobre todo en ambas mejillas; es confluente y da un aspecto de cara abofeteada; posteriormente, aparece en las nalgas y en las extremidades, con un aspecto cartográfico. No va acompañado de fiebre o ésta es leve. En adultos, especialmente en mujeres, la enfermedad puede cursar con artralgias e incluso artritis. En inmunodeficientes el virus puede dar lugar a una anemia crónica, y en individuos con anemia hemolítica crónica puede producir crisis aplásicas. La infección durante la gestación puede causar hidropesía o muerte fetal.
- *Contagiosidad*: los enfermos ya no son contagiosos durante el período exantemático.
- *Tratamiento*: sintomático, si lo precisan.

Escarlatina

- *Etiología*: estreptococo del grupo B.
- *Pródromos*: 12-48 horas de fiebre, malestar y amigdalitis; en ocasiones, dolor abdominal.
- *Exantema*: de 3 a 6 días de duración; se inicia en el cuello y en las superficies de flexión; es de color rojo, micropapuloso, la piel se presenta rasposa al tacto, predomina en pliegues en donde se puede encontrar el signo de Pastia (pequeños elementos purpúricos, de distribución lineal), la frente y las mejillas están enrojecidas, lisas, con palidez peribucal, la lengua

es aframbuesada y puede haber un enantema flameante. Va acompañado de fiebre, y causa descamación. Después de 1 a 3 semanas de la desaparición del exantema puede aparecer glomerulonefritis y fiebre reumática.

- *Contagiosidad*: desde 2 días antes del inicio del exantema hasta 24 horas después del inicio del tratamiento antibiótico.
- *Tratamiento*: penicilina o, en caso de alergia, eritromicina.

INFECCIÓN URINARIA EN LA INFANCIA

La infección urinaria en los niños menores de 3 años suele manifestarse por síntomas inespecíficos, y el más frecuente de ellos es una fiebre sin foco claro. En el recién nacido y en el lactante pequeño puede incluso cursar sin fiebre manifestándose únicamente por ictericia prolongada (en el recién nacido), estancamiento ponderal e irritabilidad.

El porcentaje de falsos positivos de los urinocultivos obtenidos por bolsa es muy elevado (se puede estimar en un 85%). La utilización de la bolsa sólo está justificada para descartar la infección, ya que presenta muy pocos falsos negativos.

El diagnóstico precoz es muy importante, sobre todo cuanto menor sea el niño, ya que la infección urinaria, dada la inmadurez renal, puede dejar lesiones que evolucionen a pielonefritis crónica. En casos de sospecha fundada, se ha de iniciar un tratamiento empírico antes de la confirmación mediante el urinocultivo.

El diagnóstico de infección urinaria en la infancia obliga siempre a un estudio radiológico de las vías urinarias, con excepción quizá del primer episodio de cistitis en niñas mayores de 3 años. El estudio radiológico tiene como finalidad poder descartar malformaciones.

Se ha de realizar profilaxis antibiótica hasta que se practique el estudio de las vías urinarias en niños con reflujo vesicoureteral y en pacientes con 3 o más infecciones urinarias en un año, aunque no presenten alteraciones urorradiológicas. Se puede utilizar para la profilaxis: en menores de 2 meses, el cefadroxilo (10 mg/kg/día); en mayores de 2 meses, trimetoprima-sulfametoxazol (2 mg/kg/día de trimetropima); y en niños mayores, la nitrofurantoína (1 a 2 mg/kg/día). Todos, en dosis única nocturna. Se recomienda realizar urinocultivo cada 2-3 meses aunque el niño esté asintomático, y de inmediato en caso de fiebre sin foco.

El tratamiento de los niños menores de 3 años puede realizarse con cefixima. El paciente ha de ser revaluado a las 48 horas del inicio del tratamiento, y si no presenta la mejoría esperada, realizar urinocultivo y reconsiderar el tratamiento.

El tratamiento de los mayores de 3 años se puede realizar, en el caso de sospecha de pielonefritis, con cefixima o amoxicilina-clavulánico durante 14 días. En caso de cistitis, con amoxicilina-clavulánico (7 días). Es imprescindible un urocultivo negativo a los 2-3 días de finalizar el tratamiento.

Las indicaciones del tratamiento hospitalario son: menores de 3 meses, y pacientes de cualquier edad que tengan aspecto tóxico, deshidratación, que no toleren alimentación o medicación por boca, o que pertenezcan a un ambiente social que no asegure el correcto tratamiento.

INFECCIONES AGUDAS DE LA ESFERA ORL

RINOFARINGITIS O CATARRO COMÚN

Es el motivo de consulta más frecuente en pediatría. Es muy frecuente en la infancia (de 3 a 10 episodios anuales en menores de 4 años), y constituye la principal expresión de las primoinfecciones víricas.

Etiología

Existen unos 20 tipos de virus que pueden producir el resfriado común; los más frecuentes son los rinovirus (35%), parainfluenza y virus respiratorio sincitial (causante de la mayoría de bronquiolitis y «resfriados que bajan al pecho» y de los que se prolongan hasta 2 semanas).

Epidemiología

Ciertos factores aumentan su incidencia: *a*) *por aumentar la exposición al virus*: la primera época de asistencia a la guardería aumenta hasta en el 50% el número de episodios, llegándose pues hasta una frecuencia de unos 10-12 anuales, y *b*) *por modificar la disposición del huésped*: la exposición mantenida a factores irritantes (fumadores pasivos).

Manifestaciones clínicas

Se manifiesta por congestión nasal con rinorrea, estornudos, tos y leve dolor de garganta. Puede asociarse a síntomas generales moderados, como anorexia, elevación febril y malestar durante unos 5 a 7 días, y en la primera infancia también puede asociarse a gastroenteritis leve.

La rinorrea suele evolucionar hacia purulenta aun sin mediar sobreinfección bacteriana, y la tos suele tener un claro predominio nocturno debido a la acumulación de secreciones. Las principales complicaciones son: otitis media aguda bacteriana, claramente sintomática, sinusitis y crisis asmática.

La faringitis estreptocócica raramente se asocia a rinorrea, y la fiebre, las adenopatías submandibulares, el dolor de garganta y la voz gangosa priman sobre la tos.

Tratamiento

Se debe informar sobre la enfermedad:

1. La invulnerabilidad del cuadro a la medicación; ningún medicamento puede acortar la duración de un catarro. Los consejos se dirigen a paliar las molestias, no a acortarlas. El resfriado se cuida, no se cura.
2. Los criterios de indicación de una consulta pediátrica (límites del autocuidado):

   - Fiebre alta que dure más de 4 días.
   - Afectación del estado general, incluidos los momentos de apirexia.
   - Dolor ótico.
   - Dificultad respiratoria mantenida tras desobstrucción nasal.
   - Siempre que lo juzguen conveniente los padres por sus temores.

FARINGOAMIGDALITIS

Etiología

Es predominantemente vírica, aunque puede sobreinfectarse con bacterias.

Manifestaciones clínicas

Siempre existe un característico dolor de garganta u odinofagia, enrojecimiento faringoamigdalar y fiebre.

La faringitis estreptocócica suele caracterizarse por:

1. Presentarse en niños mayores de 4 años (muy raramente antes de los 3 años).
2. Inicio súbito, con dolor de garganta muy acusado y ausencia de afectación nasal significativa.
3. Congestión uvular, a veces con petequias (este enantema es muy indicativo de estreptococo).
4. Adenopatías cervicales dolorosas.
5. Afectación del estado general.

Los cuadros víricos suelen caracterizarse por un predominio del cuadro local, con intensa tos y escaso dolor faríngeo, afectación de otras mucosas vecinas (conjuntivitis, rinitis, otitis y bronquitis). Un cuadro vírico específico es la herpangina, producida por *Coxsackie* A, con fiebre, odinofagia y vesículas en paladar blando y pilares anteriores.

La presencia de exantema puede orientar: exantemas inespecíficos de aspecto viral, exantema escarlatiniforme, *rash* o exantema urticariforme posterior a la administración de amoxicilina en la mononucleosis.

La diferenciación clínica de los cuadros víricos o bacterianos puede errar en el 15-20% de los casos. Se trata de un tema aún abierto, dada la gran cantidad de consultas, que genera un retraso de hasta 8 días en el inicio de antibioterapia, no encierra peligro de sensibilización reumática.

Tratamiento

Ante la presencia de cuadros virales se pueden paliar las molestias con antitérmicos y analgésicos, principalmente paracetamol.

1. El tratamiento antiestreptocócico suele realizarse con amoxicilina en dosis de 50 mg/kg/día en 3 dosis, 10 días.
2. Sigue considerándose, a pesar de lo antedicho, como tratamiento de elección la penicilina V oral, por ser específica y barata, en la siguiente dosis:
   - En menores de 12 años: 250 mg cada 6 horas el primer día, y luego seguir con 250 mg cada 12 horas, 9 días más.
   - En mayores de 12 años: 250 mg cada 6 horas el primer día, y luego 500 mg cada 12 horas, 9 días más.
3. O bien la penicilina benzatina en dosis única, pero intramuscular y muy dolorosa:
   - Niños con menos de 30 kg: 600.000 UI.
   - Niños con más de 30 kg: 1.200.000 UI.

4. En casos de alergia a la penicilina, y también como antibióticos de primera elección, se incluyen los macrólidos.

El tratamiento antibiótico disminuye la duración de los síntomas y el riesgo de contagio, y si está correctamente realizado (10 días completos), disminuye también el riesgo de sensibilización reumática.

LARINGITIS

Etiología

Vírica.

Manifestaciones clínicas

Los pacientes presentan tos perruna con gran predominio vespertino, disnea inspiratoria y estridor laríngeo también de inicio vespertino o nocturno. Suele ir acompañada de febrícula.

Diagnóstico

Se realiza por el estridor inspiratorio y la tos perruna. Los indicadores de gravedad son la disnea y el tiraje, junto con cianosis en los casos graves.

Tratamiento

Es poco agradecido y se basa en:

1. Respirar aire húmedo y frío. Pueden entreabrir la ventana de la habitación.
2. En casos moderados o graves está indicada la administración de corticoides por vía oral (en pauta corta de 3 días) o parenteral (dosis única); a nivel hospitalario, administración de adrenalina racémica o budesonida nebulizada.
3. Tratamiento postural en hiperextensión cervical (poniendo una almohadilla en el cuello).
4. Relajación del laringospasmo mediante sulfato de magnesio con papaverina. Parece estar más indicado en el laringospasmo recurrente.

SINUSITIS

En el lactante y en el preescolar también pueden observarse sinusitis agudas, de localización etmoidal o esfenoidal, aunque con menor frecuencia y mayor gravedad. Los senos frontales y los maxilares se neumatizan a partir del cuarto al séptimo año de vida: antes no contienen secreciones.

Etiología

Los agentes causales son *Streptococcus pneumoniae* (35-40% de casos), *Haemophilus influenzae* no encapsulado (20%) y, a distancia, *Moraxella catarrhalis* (más frecuente en Estados Unidos que en Europa), anaerobios y, muy raramente, *S. viridans* y betahemolíticos del grupo A.

Manifestaciones clínicas

Debe sospecharse cuando:

1. Una rinorrea persiste inmodificada más de 10 días, asociada a rinolalia (*voz de pato*) y tos con reagudizaciones nocturnas.
2. Un resfriado en fase de resolución se agrava y aparece fiebre elevada, intensa rinorrea purulenta, tos continua, otitis (en el 40% de casos se asocian sinusitis y otitis) y, en pocos casos, cefalea.

La radiografía puede confirmar una ocupación del seno afectado, un nivel hidroaéreo o bien un grosor aumentado de la mucosa (superior a 4 mm).

Tratamiento

Consiste en la administración de amoxicilina o amoxicilina-ácido clavulánico en dosis altas (80-100 mg/kg/día, en tres dosis) durante 12 días, y lavados nasales con suero fisiológico. Puede asociarse fenilefrina en gotas nasales durante los primeros 3-5 días en los niños mayores de 2 años. Los antihistamínicos y mucolíticos no se han demostrado eficaces en el tratamiento, a pesar de su amplio uso.

OTITIS MEDIA AGUDA

Es la inflamación de la mucosa de la caja timpánica, habitualmente asociada a la infección de exudados procedente de las fosas nasales. La congestión se inicia en el centro del tímpano, y luego se extiende hasta abombarse toda la membrana (aspecto de tomate maduro). En una fase posterior puede observarse exudado purulento.

Etiología

La causa de otitis media aguda (OMA) se considera vírica en el 20% de casos en menores de 3 años: principalmente VRS, influenza, parainfluenza y adenovirus. El 80% restante se consideran bacterianas: principalmente, neumococo y *Haemophilus, Branhamella,* estreptococo y estafilococo.

Manifestaciones clínicas

El cuadro local incluye otalgia o, en el lactante, llanto intenso de predominio nocturno y durante las tomas. Según va evolucionando, la presión del exudado sobre la membrana timpánica puede producir su ulceración por decúbito, con aparición de otorrea y desaparición del dolor. En el lactante y en el niño pequeño puede asociarse con fiebre, incluso alta, malestar general y diarrea («diarrea parenteral»).

Deberá consultarse con el especialista ORL siempre que fracase el tratamiento antibiótico. Debe diferenciarse la otorrea por otitis media, con tímpano perforado, de la otorrea de una otitis externa, con tímpano indemne y mucosa del conducto auditivo externo muy congestiva y dolorosa al contacto con el espéculo del otoscopio. La otitis externa es frecuente en nadadores y niños con excesiva higiene del conducto auditivo, debida a estafilococos y *Escherichia coli. Pseudomonas* es saprofita.

El resultado de cultivos bacterianos por escobillado o aspiración no es orientativo de cuál es el germen causante, por lo que no están indicados.

Tratamiento

En los episodios de *riesgo menor* (niños mayores de 3 años, sin historia de otitis recidivantes o complicadas) se aconseja el uso inicial de antiinflamatorios durante 3 a 5 días (p. ej., ibuprofeno en dosis de 7 mg/kg cada 6-8 horas), con revaluación si persiste la otalgia, para eventual tratamiento antibiótico.

En los episodios de *riesgo mayor* se aconseja iniciar tratamiento con amoxicilina en dosis de 80-100 mg/kg/día en 3 tomas durante 10 días, siempre con control otoscópico a los 30 días si desaparecen los síntomas. Si persistiese la otalgia, se aconseja control a los 3 días para valorar sustitución antibiótica por amoxicilina-clavulánico, cefalosporina o macrólido.

OTITIS SEROSA

Es la disfunción en el peristaltismo de la trompa de Eustaquio que permite el aflujo de las mucosidades presentes en el *cavum.* La hiperplasia adenoidea produce un aumento de exudados rinofaríngeos, así como una mayor dificultad para su vaciado gravitatorio. Una vez obturada por exudados la trompa de Eustaquio, la reabsorción del aire prolonga el cuadro, y se produce una retracción timpánica con mayor hipoacusia.

Epidemiología

Son factores favorecedores: la atopia, la fisura palatina, el hábito esnifador y el síndrome de Down.

Manifestaciones clínicas

Se trata de la presencia de líquido no purulento en el interior del oído medio, sin signos de inflamación timpánica aguda, con moderada hipoacusia de transmisión, debida a la «inmersión» y retracción timpánicas. Aparte de la hipoacusia, que es oscilante y a menudo pasa inadvertida por la familia, no presenta dolor ni otros síntomas.

Diagnóstico

La sospecha se basa en la detección de hipoacusia a los tonos graves, de hasta 30 dB, aparte de la imagen otoscópica de tímpano deslustrado o inflamatorio, con imagen de serosidad transtimpánica, con frecuentes imágenes en burbujas.

La timpanometría o la impedanciometría deberá confirmar las sospechas.

La otitis serosa se califica de persistente cuando se comprueba una duración superior a 3 meses. Su influencia en la adquisición del lenguaje es negativa.

Las secuelas más temibles de una otitis serosa persistente son la otitis fibroadhesiva y el colesteatoma.

Tratamiento

Solamente un tratamiento médico agresivo puede evitar a muchos niños el paso por el quirófano: la amoxicilina en dosis terapéuticas durante 15-20 días, asociando los últimos 7 días prednisona en dosis de 2 mg/kg/día (sin sobrepasar los 30 mg). Si no hay mejora, deberá remitirse a cirugía. El tratamiento quirúrgico consistente en la miringotomía aspirativa, con inserción de aireadores transtimpánicos, produce una inmediata normalización auditiva, aunque no mejora la función tubárica, que es el origen del problema.

La eficacia de la adenoidectomía no está bien demostrada, a pesar de su amplio uso.

NEUMONÍA

Los *agentes etiológicos* más frecuentes de neumonías en la infancia son:

- En primer lugar, los virus (más del 75% de casos): VRS, influenza, parainfluenza y adenovirus.
- En segundo lugar, las bacterias: neumococos, *Haemophilus influenzae* y *Micoplasma pneumoniae.*
- En inmunodeprimidos, la causa principal es *Pneumocistis carinii*, sin olvidar nunca un posible, aunque no frecuente, origen tuberculoso.

El *diagnóstico* se basa en las manifestaciones clínicas, la auscultación y la radiología.

En el lactante, la forma de presentación más típica es la bronconeumónica o difusa, mientras en el niño mayor suele ser más localizada o lobar.

La *clínica* de la neumonía bacteriana suele ser aguda, mientras que la vírica suele tener un inicio más insidioso; a veces se inicia con un cuadro catarral de vías altas o bajas. La neumonía bacteriana puede ser una complicación evolutiva de bronquitis víricas.

La neumonía suele manifestarse con fiebre, tos, vómitos, disnea, polipnea, quejido y cianosis. En los niños es relativamente frecuente el meningismo (sobre todo en neumonías paravertebrales), y en ocasiones puede presentarse en forma de abdomen agudo (sobre todo en neumonías basales).

El *tratamiento* empírico depende de la edad del paciente.

En menores de 5 años, la etiología bacteriana más frecuente es el neumococo y el *Haemophilus influenzae* B, y el tratamiento de elección amoxicilina-clavulánico en dosis de 80-100/12,5 mg/kg/día, respectivamente; otras alternativas son la cefuroxima axetil y, en caso de usar la vía parenteral, la ceftriaxona. El tratamiento debe prolongarse hasta 10 días.

En los niños mayores de 5 años las etiologías bacterianas más frecuentes son neumococo y *Mycoplasma pneumoniae*. Cuando se sospeche neumococo (clásicamente, las formas agudas y lobares) el tratamiento de elección será amoxicilina a 80-100 mg/kg/día (máximo 3 g al día) durante 8-10 días. Si se sospecha *Mycoplasma pneumoniae* (clásicamente, se describían como más insidiosas, difusas y con posible exantema asociado) se administrará un macrólido, preferentemente azitromicina, durante 3-5 días, o claritromicina durante 10-14 días.

Si en 24-48 horas la mejora no es ostensible se debe replantear el caso. Los criterios de derivación hospitalaria son: mal estado general con sospecha de bacteriemia, repercusión grave de la función pulmonar o cardíaca, patología de base o inmunosupresión, dificultades para el tratamiento ambulatorio por razones médicas (p. ej., vómitos importantes) o sociales.

La vacunación sistemática contra *Haemophilus influenzae* B y la vacunación con vacuna conjugada antineumocócica variará la epidemiología de la enfermedad neumónica, reduciéndose significativamente su morbilidad y, sobre todo, su mortalidad.

ENURESIS

Se considera enurético aquel niño o adolescente que se orina inconscientemente, al menos una vez al mes, después de los 5-6 años de edad. Sólo en el 3% de casos se encuentra una causa orgánica.

Ante todo niño enurético debe realizarse una cuidadosa historia clínica, una exploración física completa y una analítica de orina (practicable mediante tira reactiva) para poder descartar una infección, diabetes insípida o diabetes mellitus.

ENURESIS NOCTURNA PRIMARIA

Es la más frecuente y afecta más a los niños que a las niñas. Si uno de los padres estuvo afectado, el riesgo de tener un hijo o hija con enuresis es del 25 al 40%, y puede considerarse una variante de la normalidad en cuanto al control de la vejiga. No se han demostrado problemas emocionales o de conducta como factores causales: éstos son un efecto de la enuresis más que su causa. La tendencia a la curación espontánea es la regla, remitiendo sin tratamiento del 10 al 20% de los casos cada año.

ENURESIS DIURNA

Es un problema más complejo, y más frecuente en las niñas. Deben descartarse alteraciones orgánicas como vejiga neurógena, malformaciones genitourinarias o alteraciones del esfínter. Se produce también en los retrasos mentales. Puede ser también un problema de conducta.

ENURESIS NOCTURNA SECUNDARIA

Puede ser debida a una causa orgánica, pero lo más frecuente es que sea de origen psíquico, reactivo a vivencias de rechazo (nacimiento de un hermano, inicio de la escolarización, etc.).

TRATAMIENTO

Se desaconseja el uso de pañales y se debe insistir sobre la nula eficacia de obligar a que el niño orine a media noche. Sólo se planteará realizar tratamiento en caso de que el niño y su familia estén motivados, ya que lo único que lo justifica es evitar el trastorno psíquico secundario a la propia enuresis. Como tratamiento, pueden ser de utilidad normas higiénico-dietéticas (restricción de líquidos 2 horas antes de acostarse, cena seca y pobre en sal, orinar antes de acostarse, etc.), ejercicios esfinterianos diurnos y gratificaciones reforzadoras. En los niños mayores de 8 años y muy motivados, el uso de alarmas nocturnas se ha demostrado muy eficaz.

El tratamiento con desmopresina es útil por su efecto casi inmediato, por lo que puede considerarse como tratamiento temporal en situaciones especiales (estancias fuera del hogar, colonias escolares). Presenta un alto índice de recaídas tras interrumpir su administración, aunque su efectividad es mayor en los tratamientos prolongados.

TRASTORNOS DE LA CONDUCTA O RELACIÓN ALIMENTARIAS

FORMAS CLÍNICAS DE ANOREXIA INFANTIL

Fisiológica

Es la más frecuente a partir de los 15-18 meses, es monosintomática, asociada al período oposicionista y genera ansiedad en los padres. Se trata de una conducta normal, interpretada por los familiares como una pérdida anormal del apetito. La realidad es que come menos porque crece menos, pero la familia suele interpretarlo al revés.

Secundaria

- *A situaciones de estrés.* El apetito es una actitud y cualquier situación de estrés puede alterarla (p. ej., inicio en guardería, pérdidas afectivas).
- *A talla baja.* A los niños menudos-inapetentes, cuyo padres suelen ser también de talla límite-baja, al temer que su hijo quede bajo como ellos, los fuerzan a comer.
- *Anorexia del destete.* Al introducir los alimentos sólidos el bebé puede rechazarlos. Si la madre es tranquila y tolerante, el niño no tardará en normalizar la respuesta.
- *Anorexia reactiva o electiva.* Desencadenada sólo ante determinadas personas o alimentos. Se trata de niños que han sido presionados a comer y la familia no ha sabido luego variar este antagonismo, por lo que se refuerza el rechazo defensivo.

TRASTORNOS ALIMENTARIOS PROPIOS DE LA EDAD JUVENIL

Anorexia mental o nerviosa

Se considera un equivalente autolítico, sin sustrato orgánico bien conocido. Se trata típicamente de una adolescente o preadolescente (el 95% de casos) que se niega a comer alimentos «que engordan», aduciendo autoimagen de obesidad, a pesar de estar desnutrida. Quizá después presentará amenorrea secundaria.

Esta alteración de la autoimagen (ciertamente, se «ven» gordas) se asocia a un cuadro obsesivo o depresivo, con apatía, perfeccionismo, inexpresividad facial y rechazo del desarrollo sexual. Se consideran incapaces de convertirse en personas adultas, o bien rechazan poder llegar a serlo, repudiando la identidad de sus madres. A menudo se asocian claros trastornos psicopáticos de carácter compulsivo.

Vacían su cuerpo a escondidas mediante la provocación del vómito, diuréticos o laxantes. Alternan con fases bulímicas.

Los cuadros rebeldes (con pérdida de peso en un período de 3 meses a pesar de nuestra intervención) o graves (cuadros psiquiátricos patentes o con un déficit de peso superior al 15-20% en relación a la talla) deben derivarse al psiquiatra sin dilaciones. El 5% de casos evoluciona hacia la muerte o bien con recaídas periódicas. La evolución más común es la recuperación total a partir de un único episodio anoréxico. La presencia de antecedentes familiares es significativa.

Bulimia

Es una voracidad desmedida o compulsiva, en personas inseguras, inmaduras y ambivalentes. A menudo son obesos. Se presenta en crisis o brotes de «hartarse hasta reventar». Pueden incluso provocarse el vómito para vaciar y poder seguir comiendo. Acostumbran a hacerlo medio a escondidas.

El tratamiento es familiar, y se basa en la contención alimentaria mediante la limitación de la compra, el establecimiento de una dieta familiar muy reglada, con gran volumen de vegetales fibrosos, y la prohibición de la comida entre tomas.

ABORDAJE ASISTENCIAL DE UNA ANOREXIA

Diagnóstico

Ante una presunta anorexia se debe descartar:

- Problema pondostatural (evolución de peso y talla en curvas de crecimiento).
- Transgresión dietética (encuesta alimentaria básica).
- Patología que pueda asociarse a anorexia (infección aguda o anemia: el criterio clínico suele bastar).
- Rasgos psicopáticos.
- Problemas del entorno psicosocial: retorno de la madre al trabajo, nacimiento de un hermano, problemas de relación familiar, madre con trastorno alimentario activo, dietas obsesivas de repetición, rechazo escolar, etc.

Tratamiento

El objetivo del tratamiento de una anorexia infantil es la reeducación de la relación alimentaria para que la familia pueda, sin excesiva ansiedad, limitar su función alimentaria a dos aspectos:

1. La confección de la dieta y la preparación de los alimentos.
2. El marco educativo-normativo de la alimentación (higiene, dieta, posición, horario, utillaje, etc.).

El niño debe ser respetado, en cuanto a la cantidad que come de cada plato.

Los placebos están contraindicados, dado que focalizan la problemática en el niño y ayudan a desorientar el problema.

Capítulo 68

CRECIMIENTO Y DESARROLLO

VALORACIÓN DEL CRECIMIENTO: ANTROPOMETRÍA AUXOLÓGICA

TALLA

La *edad estatural* o *edad para la talla* (ET) es un concepto que valora la coherencia entre la edad cronológica del niño y la edad que representa su estatura. Resulta un parámetro muy útil para relacionar el crecimiento estatural con otros patrones de crecimiento (edad ósea, desarrollo puberal, edad dental, etc.) y para la aproximación al diagnóstico etiológico de los hipocrecimientos. La edad estatural se obtiene a partir de la gráfica de crecimiento y es la edad en la que la talla observada del niño corresponde a la talla media o percentil 50.

VELOCIDAD DE CRECIMIENTO

El seguimiento y la valoración de la velocidad de crecimiento (VC) tienen más importancia que el valor puntual de una talla, y permiten detectar precozmente una posible patología del desarrollo antes de que haya causado una merma ostensible de la talla.

PESO

La utilidad del peso como indicador del estado de nutrición aumenta si se relaciona con la talla y no con la edad cronológica, lo que permite diferenciar los cuadros de malnutrición aguda que afectan al peso, pero sin modificar la talla, de las carencias nutritivas crónicas, en las que disminuyen simultáneamente talla y peso sin alterar, por tanto, la relación entre ambos.

BRAZA Y SEGMENTOS

La *braza* o *envergadura* es la distancia comprendida entre los extremos distales de los dedos medios de ambas manos, medida por la espalda, estando el niño con los brazos extendidos en cruz. Normalmente, la braza es igual a la talla. Se considera que existe una desproporción patológica cuando su valor supera en 4 cm al de la talla.

GRÁFICAS DE CRECIMIENTO

La valoración del patrón de crecimiento exige comparar los datos del individuo con estándares obtenidos de una muestra representativa de la población: las gráficas de crecimiento y las que expresan la velocidad de crecimiento (cm/año).

Gráficas de talla

En el eje de abscisas se representa la edad cronológica, y en el de ordenadas, la talla del niño. La mediana constituye el percentil 50 (valor de la talla que tiene el 50% de la población), y se representan también las curvas correspondientes a las variaciones, por encima de este valor central (percentiles 75, 90, 97) y por debajo (percentiles 25, 10, 3). Habitualmente, se considera que el patrón de crecimiento es normal si la talla evoluciona de manera paralela a las curvas de referencia y entre los percentiles 97 y 3.

El concepto de *talla baja* debe reservarse exclusivamente a estaturas inferiores al percentil 3. Las tallas situadas entre los percentiles 25 y 3 pueden ser consideradas como bajas por los padres, pero no suelen tener carácter patológico.

Hasta el inicio del desarrollo puberal, el niño crece siempre por el mismo percentil («carril»), y un cambio en éste permite detectar precozmente la existencia de un proceso patológico.

Gráficas de velocidad de crecimiento

En estas gráficas, en ordenadas figuran los incrementos de talla valorados en cm/año, y en abscisas, la edad cronológica. La curva es multimodal debido a las variaciones que se producen en el crecimiento del niño durante las distintas etapas de su infancia. Al igual que en las gráficas de talla, existen distintos percentiles que delimitan las variaciones respecto a la mediana.

La *velocidad de crecimiento anual* es la diferencia de los valores de la talla obtenidos entre dos aniversarios, anotándose la cifra en la edad de la segunda medida. Es útil controlar a un niño en fechas próximas a su aniversario, lo que facilita el cálculo de la velocidad del crecimiento.

Detectar una desaceleración de la velocidad de crecimiento indica siempre la existencia de una patología que empieza a frenar el crecimiento, y este hecho es más precoz que apreciar una reducción importante en la talla. Una aceleración de la velocidad de crecimiento con cambio a un «carril» superior sugiere siempre el inicio de la pubertad, normal o patológica, con independencia de la edad cronológica del niño.

MADURACIÓN ÓSEA

La *edad ósea* (EO) refleja la «edad biológica» del niño. Su correlación con otros fenómenos madurativos, como los cambios de la pubertad, es mucho más estrecha que cualquier medida antropométrica, de tal forma que el inicio de la pubertad no se produce hasta que el niño alcanza una edad ósea aproximada de 13 años, y la niña, de 11 años.

Se valora como sugestivo de hipocrecimiento patológico una diferencia de 2 años o más respecto a la edad cronológica. Su limitación principal es que constituye un parámetro auxológico tardío, ya que la repercusión de los procesos orgánicos sobre la edad ósea requiere un intervalo de tiempo prolongado.

Existen regiones del esqueleto características para cada edad, en función de la aparición de núcleos de osificación o de aumentos de volumen de los huesos. Sin embargo, para conocer la edad ósea sólo se utiliza, habitualmente, una *radiografía de la mano y muñeca izquierdas*, que se compara con la morfología y tamaño de los huesos de los estándares de un atlas. El atlas de Greulich y Pyle, de fácil utilización, es el método más empleado.

RETRASO DEL CRECIMIENTO

VALORACIÓN

Véase la figura 68-1.

CAUSAS FRECUENTES DE RETRASO DEL CRECIMIENTO

Talla baja familiar y talla baja idiopática

Suelen ser las causas más frecuentes de talla baja (85% de los niños). El patrón de crecimiento es inferior al normal, pero uniforme; el niño crece siempre por el mismo «carril» o percentil, y paralelo a la mediana. La velocidad de crecimiento es normal, y la edad cronológica es igual a la edad ósea y a la edad estatural, o incluso algo superior, pudiendo igualar a la edad cronológica. En la historia clínica del niño con talla baja familiar (TBF) no hay antecedentes obstétricos o perinatales, ni de enfermedades crónicas, pero sí una TBF (madre < 150 cm y padre < 160 cm). La morfología corporal es normal, y presenta un desarrollo genital adecuado a su edad cronológica.

El concepto de *talla baja idiopática* (TBI) se aplica al grupo de niños en los que no existe talla baja en los padres, los datos antropométricos neonatales son normales, no hay déficit nutricionales o deprivación psicoafectiva, ni evidencias de enfermedad crónica (Ranke, 1996).

En ambos grupos, sólo se realizarán estudios especializados para descartar un déficit de GH cuando la VC del niño sea inferior a 4 cm/año o cuando exista un retraso en la edad ósea de más de 2 años.

Retraso constitucional del crecimiento y desarrollo

Constituye la segunda causa, por frecuencia, de talla baja. La curva de crecimiento es cercana a la media durante los primeros años de vida. A partir de los 8-10 años, se produce un enlentecimiento de la velocidad de crecimiento (inferior a 4,5 cm/año), y la curva de crecimiento se sitúa progresivamente entre el P10 y el P3. Existe, pues, un freno del crecimiento estatural, pero también de la maduración ósea.

La edad cronológica es superior a la edad estatural, y se van separando progresivamente, aunque nunca intensamente. En la adolescencia, se retrasan el desarrollo de los caracteres sexuales secundarios y el brote de crecimiento. No obstante, el desarrollo puberal será totalmente normal, aunque tardío, y en general se produce después de los 14 años.

Deprivación psicoafectiva

El retraso del crecimiento de estos niños suele detectarse en la edad preescolar. El patrón de crecimiento es similar al retraso constitucional o a la celiaquía, pero se produce a edad más precoz, y su peso es bajo e inadecuado para la talla. Presentan una edad ósea algo retrasada, pero nunca tanto como en el hipotiroidismo y en los déficit hipofisarios. Deben descartarse los malos

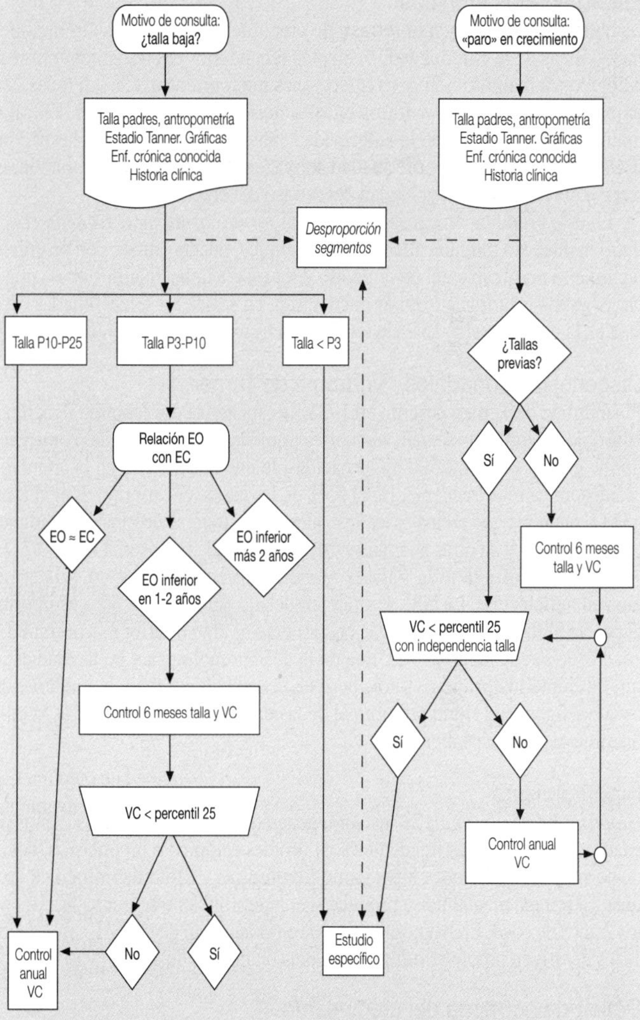

Figura 68-1. Actitud ante una consulta en relación a la talla de un niño. (EO: edad ósea; EC: edad cronológica; VC: velocidad de crecimiento.)

tratos, y siempre se requerirá la intervención de los servicios de asistencia social.

Enfermedades crónicas

La causas que producen el retraso de crecimiento son: *a*) las alteraciones metabólicas de la enfermedad; *b*) efectos secundarios del tratamiento farmacológico; *c*) malnutrición, y *d*) infecciones intercurrentes. Cursan todas con bajos valores de IGF-1 y títulos basales normales o altos de GH. El tratamiento es el específico de la enfermedad subyacente. La talla final está condicionada por la propia enfermedad subyacente, el tiempo de evolución, el retraso diagnóstico y la gravedad del retraso del crecimiento.

En este grupo merece resaltarse que las *formas asintomáticas de la celiaquía*, incluso sin ninguna alteracion bioquímica, pueden cursar con un enlentecimiento progresivo del crecimiento y ser ésta la única manifestación clínica. Algunos estudios europeos encuentran, en series no seleccionadas, que ésta es la causa en el 5-15% de todos los retrasos del crecimiento.

Disgenesias gonadales. Síndrome de Turner

El síndrome de Turner, descrito en 1938, se caracteriza por fenotipo femenino, talla baja, infantilismo sexual, amenorrea primaria y otras anomalías somáticas. Su incidencia es de 1/2.500 niñas nacidas, lo que la convierte en la anomalía cromosómica más frecuente. En el 55% de los casos, el cariotipo es el clásico 45XO, mientras que en los casos restantes puede tratarse de mosaicos simples (45XO/46XX) y de otras anomalías estructurales del cromosoma X.

Clínicamente, la talla baja es el elemento constante, y no existe minusvalía intelectual. La talla se sitúa por debajo del P3 (en el 50% es inferior al percentil 0,4) y la velocidad de crecimiento es algo inferior a la normal. La edad ósea puede mantenerse cerca de la edad cronológica y de la edad estatural durante los primeros años, pero en la segunda infancia la maduración ósea prosigue a un ritmo próximo al de la edad cronológica, mientras la talla disminuye progresivamente.

Hipotiroidismo

Hipotiroidismo posnatal. Se instaura, generalmente, a partir de los 2 años de edad, y las causas más frecuentes son: tiroides ectópico o hipoplásico, bocio dishormogénico, lesiones hipotálamo-hipofisarias y tiroiditis linfocítica crónica. El retraso mental no se produce si el hipotiroidismo se inicia después de los 2 años de edad. El diagnóstico se basa en el aumento de la TSH, salvo en los casos de origen hipofisario-hipotalámico, con niveles de T_4 y T_3 variables.

Déficit de hormona del crecimiento

El déficit de GH es una causa poco frecuente de talla baja, responsable únicamente del 2% de todos los retrasos del crecimiento (Vimpami, 1975). Su frecuencia se calcula en 1 caso por cada 4.000-6.000 nacidos vivos, y afecta más a hombres (Hintz, 1991; Brooks, 2001). La deficiencia de GH se manifiesta por un intenso retraso del crecimiento y de la maduración ósea, sin minusvalía intelectual.

PUBERTAD

El desarrollo puberal sigue un curso progresivo, y está determinado por factores genéticos que aseguran el control y la modulación de las secreciones hipotálamo-hipofisarias (FSH-LH), suprarrenales y gonadales (esteroides sexuales) y la acción de éstos sobre los tejidos y órganos periféricos.

PUBERTAD NORMAL

Los signos que marcan el inicio de la pubertad son los cambios en las mamas, en la mujer, y el aumento del volumen testicular, en el hombre.

Estadios puberales en la mujer

DESARROLLO MAMARIO

El primer signo de inicio de la pubertad femenina es la aparición del botón mamario y la elevación de los pezones (M2), aproximadamente a los 11 años, seguido de un aumento progresivo del tamaño de los senos. Durante los primeros meses, el desarrollo puede ser asimétrico. Habitualmente, el desarrollo mamario se completa al cabo de 2-3 años, aunque algunas mujeres pueden no sobrepasar el estadio 4 (M4), siendo una variante normal.

VELLO PUBIANO

Aparece a los 6 meses del inicio del desarrollo mamario, pero puede precederlo. La aparición del vello depende de la secreción adrenal de andrógenos y de las características raciales. Se localiza en los labios mayores y, posteriormente, cubre el pubis, y alcanza en 2-3 años la distribución adulta. El vello axilar hace su aparición más tardíamente (1 o 1,5 años).

GENITALES

Las modificaciones vulvares empiezan con el cambio de aspecto de la mucosa, que se hace más húmeda y rojiza. Posteriormente, se hipertrofian los labios mayores, y los menores se hacen prominentes. Es frecuente una ligera leucorrea. El aumento de volumen del útero durante el período puberal es escaso. En toda niña con alteración del desarrollo puberal nunca se debe obviar la práctica de un examen visual de los genitales externos, y derivar al ginecólogo para valoración del tamaño del útero y anejos.

MENARQUIA

Se presenta como promedio a los 2 años de iniciado el desarrollo mamario (estadio M2), pero puede posponerse hasta 3-5 años. Es también característica la irregularidad menstrual durante los primeros 3 años.

VELOCIDAD DE CRECIMIENTO

La aceleración del crecimiento es un elemento constante en la pubertad normal, y representa un auténtico carácter sexual secundario. En la niña, la máxima velocidad de crecimiento (VC) se produce durante el primer año (7,5 cm) del desarrollo puberal, que se corresponde al estadio 2 del desarrollo mamario (M2). Durante el segundo año es de 5,5 cm, para iniciarse una etapa de franca desaceleración cuando se presenta la menarquia unos 2 años después. El crecimiento finaliza aproximadamente 4 años después del inicio de la pubertad.

Estadios puberales en el hombre

Genitales

El primer signo clínico de la pubertad es el aumento del volumen testicular, que se produce por término medio a los 12 años. En el período prepuberal su volumen es inferior a los 3 ml, al inicio de la pubertad es de 4 ml, y alcanza los 20-25 ml en la edad adulta.

El desarrollo del pene y del escroto comienza de 12 a 18 meses después, y en menos de 2 años puede alcanzar el tamaño definitivo. Al mismo tiempo que aumentan en volumen, los órganos genitales externos se pigmentan. La espermatogénesis se completa hacia los 15-16 años, y para ello es necesaria la presencia de valores normales de testosterona y de FSH.

Vello pubiano

Su aparición se produce generalmente unos 6 meses después del inicio del desarrollo genital; es de forma triangular durante los primeros años, progresando más tardíamente por la línea media umbilical y cara interna de los muslos.

Vello axilar y facial

La pilosidad axilar suele aparecer un año después de la pubiana. En la cara, el tronco y las extremidades no alcanza su máximo desarrollo hasta 5 años después del inicio de la pubertad.

Velocidad de crecimiento

En el hombre, a diferencia de la mujer, la aceleración del crecimiento se produce en un estadio más avanzado de su pubertad, entre 2 y 2,5 años después de comenzar el desarrollo testicular. El incremento medio de talla durante el primer año es de 8,7 cm, y de 6,5 cm en el segundo. Cerca de 3 años después de alcanzar su punto máximo, la velocidad de crecimiento (VC) es inferior a 1 cm por año, pero aún proseguirá muy lentamente en el tronco.

Otros caracteres sexuales secundarios

El cambio de voz, la seborrea, el acné, el aumento de masa muscular, etc., se presentan sobre los 14 años. Las areolas mamarias se agrandan en el curso de la pubertad y en un tercio de los casos aparece en los dos primeros años un aumento de volumen de la mama (ginecomastia) unilateral o bilateral y, en ocasiones, dolorosa.

Variantes normales de la pubertad

Pubertad adelantada

Se considera pubertad adelantada la que se inicia antes de la edad media de comienzo habitual. En la niña, el desarrollo mamario (M2) puede empezar a los 9 años, y la aparición del vello pubiano (P2), a los 9 años y medio. En el niño, el aumento testicular (G2) puede iniciarse a los 10 años, y el aumento de longitud del pene y el desarrollo del vello pubiano (P2), hacia los 11 años y medio.

Esta pubertad adelantada, o avance simple, es más frecuente en las niñas, y va acompañada generalmente de una aceleración de la edad ósea (EO) que determina una discreta reducción de la talla final. Suele ser familiar, de carácter hereditario, y no debe tratarse.

Telarquía prematura

Es bastante frecuente y consiste en un desarrollo prematuro y aislado de las mamas, que suele ocurrir entre los 2-4 años de edad. El crecimiento de la mama no suele pasar del estadio M2-M3, y no va acompañada de pubarquía, ni de aceleración del crecimiento, ni de avance de la edad ósea. No es preciso ningún tratamiento.

Adrenarquía prematura (pubarquía)

Consiste en la aparición precoz y aislada del vello pubiano, con o sin aparición de vello axilar, pero sin ninguna modificación de los genitales. Puede producirse a partir de los 6 años, es tres veces más frecuente en la niña y puede ocasionar un ligero adelanto del crecimiento y de la edad ósea, lo que puede disminuir algo la talla adulta final.

Se debe a un adelanto en la capacidad de producción de androgénos por las suprarrenales y/o a un cambio de la sensibilidad de los receptores pilosos a dichas hormonas. Los valores de FSH y LH son indetectables (prepuberales). La evolución es benigna, persistiendo el vello en general en estadios P2-P3, y la verdadera pubertad se desarrolla posteriormente de forma normal.

Pubertad disociada

Es la alteración, sin carácter patológico, en la secuencia de aparición de los signos puberales, pero a la edad adecuada: *a*) la pilosidad pubiana, e incluso la axilar, pueden preceder al desarrollo de la mama o al crecimiento testicular; *b*) aunque no sea frecuente, las reglas pueden preceder a todos los cambios corporales característicos de la pubertad femenina, y *c*) el crecimiento mamario puede ser aislado, sin que aparezcan otros signos durante varios meses.

Retraso constitucional del crecimiento y desarrollo

Es la causa más frecuente, hasta el 50% de los casos, de retraso en la presentación de la pubertad. Es transitorio y no tiene un carácter lesional. En general, no precisa tratamiento, excepto cuando dicho retraso puberal lleva asociadas importantes alteraciones psicológicas (véase anteriormente).

Patología de la pubertad

Se considera que existe una *pubertad retrasada* cuando una niña no ha presentado desarrollo mamario a la edad de 13 años cumplidos, o si no ha aparecido la menarquia pasados más de 5 años del inicio de la telarquía. En el niño, se aplica el término en el caso de ausencia de crecimiento testicular a los 14 años, o cuando no se ha producido la maduración puberal completa transcurridos 5 años desde su inicio. En ambos sexos va acompañada de un enlentecimiento de la velocidad de crecimiento y de la maduración ósea.

La *pubertad precoz* se define por la aparición de los primeros caracteres sexuales antes de los 8 años en las niñas y de los 9 en los niños. A su vez, la pubertad precoz puede ser isosexual o heterosexual, según que su desarrollo sea congruente o no con el genotipo sexual del niño.

Causas de pubertad retrasada

Hipogonadismo hipergonadotropo

La alteración o lesión primaria de las gónadas hace que éstas no respondan al aumento de gonadotropinas hipofisarias que ocurre al llegar la pubertad, y se produce un déficit de esteroides sexuales. Biológicamente, los niveles de LH y FSH están clara y persistentemente elevados, mientras que los de testosterona o estrógenos son, por lo general, bajos, pero ocasionalmente pueden estar en el límite inferior de la normalidad.

Los niños tienen una edad ósea algo retrasada y proporciones eunucoides, pero pueden existir distintos grados de pilosidad sexual debida al mantenimiento de la secreción de andrógenos suprarrenales. Sistemáticamente, deben buscarse estigmas corporales dismórficos y solicitar el cariotipo.

Síndrome de Klinefelter (disgenesia de los túbulos seminíferos)

Es la causa más frecuente de insuficiencia testicular primaria. Su incidencia es de 1/500-1.000 recién nacidos del sexo masculino, y es más frecuente en hijos de madres de edad avanzada. El cariotipo más común es la trisomía sexual 47XXY, con cromatina bucal positiva, pero en el 15% de los casos se observan mosaicismos. En general, se detecta y diagnostica tardíamente a raíz de consultar por infertilidad o ginecomastia.

Antes de la pubertad, los síntomas son muy discretos y puede observarse un aumento de la longitud de las extremidades inferiores, con aumento de la relación segmento superior/segmento inferior. El único signo de sospecha suele ser unos genitales externos más pequeños que los de los niños normales, y con cierta frecuencia criptorquidia bilateral.

En la *adolescencia* y *edad adulta*, lo más característico es la presencia de testículos pequeños (diámetro mayor < 3,5 cm) con una consistencia firme, aunque en algunos casos puede no estar aumentada. El desarrollo del vello es variable, y puede llegar a tener la distribución del varón adulto.

Hipogonadismo hipogonadotropo

Se debe al déficit de gonadotropinas hipofisarias, cuya secrección no aumenta al alcanzar la edad ósea adecuada (EO > 13 años en el niño, y 11 años en la niña) y como consecuencia, no se produce el desarrollo gonadal y no se inicia la pubertad. Biológicamente, los niveles de LH/FSH y estrógenos/testosterona son indetectables o en el límite inferior de la normalidad.

En la niña se producirá una amenorrea primaria y los genitales serán infantiles. El niño presentará un hábito eunucoide, micropene y testículos pequeños, de consistencia normal.

Si la secreción de ACTH se mantiene normal, la producción de andrógenos por las suprarrenales continúa, y puede aparecer vello pubiano y axilar, generalmente escaso; si la producción de GH es también normal, prosigue el crecimiento, por lo que a pesar de la ausencia del estirón puberal la talla final será normal o superior, al retrasarse el cierre de las epífisis.

PANHIPOPITUITARISMO

Las lesiones hipotálamo-hipofisarias con afectación del eje gonadal se asocian a una pubertad retrasada por ausencia de gonadotropinas. Entre las causas de panhipopituitarismo se incluyen los tumores hipofisarios, las enfermedades granulomatosas y los antecedentes traumáticos o de irradiación cerebral.

Causas de pubertad precoz

PUBERTAD PRECOZ VERDADERA (O PUBERTAD PRECOZ CENTRAL)

Este tipo de adelanto de la pubertad se debe a la activación precoz del eje hipotálamo-hipofisario-gonadal, lo que ocasiona una aceleración en la maduración de las gónadas, con secreción de andrógenos/estrógenos de forma más temprana de lo normal.

El desarrollo puberal siempre corresponde al sexo genético del paciente (isosexual). Es más frecuente en las niñas, en las que en el 90% de los casos es funcional y benigna; en los niños, por el contrario, suele ser debida a tumores del sistema nervioso central (SNC) que provocan un aumento de gonadotropinas hipofisarias. Siempre debe descartarse la causa tumoral, pues el inicio de los signos puberales pueden preceder a las manifestaciones tumorales.

Clínicamente, se produce un desarrollo sexual completo y prematuro, aceleración precoz del crecimiento estatural y de la maduración ósea, y cierre de las epífisis, lo que condiciona una talla baja en la edad adulta.

En los casos no tumorales, el tratamiento consiste en la administración parenteral, mensual, de análogos de LHRH.

SEUDOPUBERTAD PRECOZ (PUBERTAD PRECOZ PERIFÉRICA)

Es menos frecuente, y se debe a un aumento primario en la producción autónoma de hormonas sexuales por las gónadas o las suprarrenales, no secundaria a una activación hipofisaria.

Debe descartarse siempre la posibilidad de la toma de fármacos (anovulatorios, estrógenos, anabolizantes).

Capítulo 69

ATENCIÓN DE LA SALUD EN EL ANCIANO

ASPECTOS EPIDEMIOLÓGICOS DEL ENVEJECIMIENTO

Definir la vejez en función del momento cronológico de su aparición no es fácil. Habitualmente, se toma como referencia los 65 años porque determina la edad de jubilación laboral y, por tanto, la dependencia del sistema de pensiones.

No obstante, son los mayores de 80 años los que presentan una prevalencia importante de incapacidad funcional, por lo que algunos autores aproximan a esa edad el punto de corte de la vejez, y consideran ancianos a las personas de edad igual o mayor de 75 años.

Dentro de los ancianos, el subgrupo de los muy viejos (los mayores de 80 años), según el criterio de la OMS (1984), constituyen un sector especial de la población para la planificación y la organización sociosanitaria. Este grupo de edad presenta una alta prevalencia de enfermedades y de dependencia funcional, lo que condiciona una sobrecarga económica importante para los sistemas social y sanitario de un país.

La población mundial está experimentando una transición demográfica de poblaciones jóvenes a otras envejecidas. Este cambio demográfico es producto del descenso de la natalidad y del aumento de la esperanza de vida por disminución de la mortalidad en edades tempranas. El aumento de la esperanza de vida también conlleva un incremento del porcentaje de personas mayores de 80 años, de forma que aumenta la población anciana, y los ancianos son cada vez más viejos. Este fenómeno, conocido como el «envejecimiento del envejecimiento» o «sobreenvejecimiento», afecta más a las mujeres que a los hombres, con la consecuente «feminización» de la vejez.

La crisis del cuidado informal que está aconteciendo, producto del fenómeno conocido como *pérdida del potencial de cuidados familiares*, conduce a un incremento de la dependencia de la población anciana de los soportes sociales.

EL ENVEJECIMIENTO COMO PROCESO VITAL: NOCIONES BÁSICAS DE GERONTOLOGÍA

Se entiende por envejecimiento del ser humano los cambios morfológicos, bioquímicos, fisiológicos y psicológicos que acontecen como consecuencia de su funcionamiento en el tiempo. Es producto de una relación compleja y dinámica entre la persona que envejece y los factores externos ambientales y ecológicos.

Existe una gran diversidad en la forma de envejecer en lo físico y en lo mental, y es común que los cambios que acontecen con el envejecimiento determinen una disminución de la capacidad de respuesta o adaptación a las situaciones estresantes biopsicosociales: «el anciano es más susceptible a los problemas de salud que las personas jóvenes, pero el envejecimiento por sí mismo no es causa de enfermedad; la presencia de síntomas corresponde a la presencia de enfermedades y no a los cambios fisiológicos del envejecimiento».

El envejecimiento adecuado debe acontecer en las tres áreas vitales: la física, la intelectual y la interpersonal.

MEDICINA DE FAMILIA Y COMUNITARIA. GERIATRÍA Y ATENCIÓN PRIMARIA

La Atención Primaria es, dentro de la organización sanitaria, el nivel responsable de: *a*) la promoción del autocuidado y del cuidado informal en los ancianos de ahora y del futuro; *b*) la detección precoz de los problemas de salud; *c*) la intervención sobre múltiples problemas de salud; *d*) la detección precoz de la incapacidad; *e*) la detección de los ancianos de riesgo, y *f*) la reinserción a cuidados en la comunidad de los ancianos enfermos e incapacitados. Es responsable de ofertar, además, sus otras características: ser la puerta de entrada al sistema sanitario y el suministro de medicación.

Los objetivos primordiales del cuidado a los ancianos en Atención Primaria son dos: aportar una ayuda que predisponga a una larga vida de bienestar, y favorecer que acontezca una muerte digna en el domicilio. Estos objetivos se traducen en actividades de promoción de la salud que prevengan el deterioro funcional, en la detección precoz de la incapacidad, para favorecer la recuperación temprana de la función, y en el ejercicio de los cuidados paliativos. Las actividades que se deben desarrollar se dividen en dos grandes grupos, según el sujeto sea menor o mayor de 75 años, o pertenezca a uno de los siguientes subgrupos, independientemente de su edad: anciano sano, anciano enfermo o anciano de riesgo.

El *anciano sano* es aquel que no padece una enfermedad crónica ni ningún grado de problemática funcional ni social. Se incluyen dentro de esta categoría a los que presentan factores de riesgo cardiovascular, por los que pueden estar o no en tratamiento.

El *anciano enfermo* es aquel que se encuentra afectado de una patología crónica, sin ser anciano de riesgo. De forma transitoria, se incluyen en este grupo los sujetos que están afectados por enfermedades agudas.

El *anciano en situación de riesgo* es aquel que presenta uno o más de los siguientes factores: padecer una patología crónica invalidante, haber sido dado de alta recientemente del hospital, estar confinado en su domicilio, vivir solo, tener más de 80 años (aunque para algunos autores es tener más de 85 años), padecer una situación de pobreza, tener una nutrición deficiente, estar aislado socialmente o carecer de apoyo familiar cercano, haber perdido recientemente a su pareja (situación de duelo inferior a un año) o tener una enfermedad en fase terminal.

La situación de estar en riesgo debe considerarse en relación a un alto grado de vulnerabilidad biopsicosocial, que puede determinar la pérdida de la independencia, la institucionalización o la muerte del anciano.

EVALUACIÓN GERIÁTRICA EN ATENCIÓN PRIMARIA

La valoración geriátrica consiste en la realización de una valoración profunda de las siguientes áreas:

- *Biológica*: valora el estado de cada sistema del organismo, sus déficit y capacidades potenciales. Recoge, además, los medicamentos que consume habitualmente el paciente. De forma específica valora, para algunos autores, la capacidad de movilidad del sujeto para la marcha y para sentarse y levantarse de la silla.
- *Mental*: valora la situación cognitiva mediante una entrevista estructurada con el paciente y sus familiares, y el uso de test de detección de deterioro cognitivo.
- *Psicoafectiva*: evalúa la presencia de psicopatología mediante la entrevista y la utilización de cuestionarios o escalas específicas. Esta área incluye, además, la valoración del impacto de los problemas de salud en la vida del anciano y las preferencias sobre los tratamientos.
- *Sociofamiliar*: valora la presencia del apoyo familiar estructural y percibido por el anciano, la presencia de apoyo social no familiar (situaciones de relaciones sociales o aislamiento) y de apoyo social formal (ayudas económicas, ayudas domiciliarias, utilización de recursos gerontológicos comunitarios). La valoración considera, además, la utilización del tiempo de ocio y la valoración personal de la situación del domicilio. Para algunos autores, la valoración geriátrica debe incluir la evaluación llevada a cabo por el profesional de las condiciones del domicilio (Ham y Marcy, 1990).
- *Funcional*: evalúa la situación funcional del anciano a través de instrumentos específicos. Se considera que la utilización de escalas de valoración funcional mejoran el diagnóstico de la capacidad funcional respecto al uso exclusivo de la historia clínica y la exploración. Las escalas valoran el grado de dependencia en la realización de las actividades instrumentales y básicas habituales de la vida diaria.

Las actividades que se deben realizar, sobre las que existe cierto consenso, son: *a*) las generales de prevención según la edad, y *b*) el cribado de problemas ocultos, como la disminución de la agudeza visual y auditiva, la incontinencia urinaria, el estado cognitivo, la situación social y la situación funcional. La periodicidad del cribado de estos problemas debería ser anual en las personas mayores de 75 años, y su realización tendría que realizarse a través de cuestionarios o preguntas directas sobre la presencia o no del problema (excepto para el deterioro cognitivo).

VALORACIÓN FUNCIONAL DEL ANCIANO. AUTONOMÍA E INCAPACIDAD

La *autonomía* es aquella condición de la persona que le permite desarrollar las diversas funciones de la vida sin depender de nadie. El nivel más alto de autonomía hace referencia a la capacidad del sujeto para automantenerse en la vida social, lo que recoge el aspecto de ser independiente para las *actividades avanzadas de la vida diaria* (AAVD), como son el trabajo, los ingresos económicos, las relaciones sociales y las modificaciones de los estilos de vida, entre otros. En un segundo nivel de autonomía se encuentra ser independiente para la realización de las tareas cotidianas de la vida diaria, conocidas como las *actividades instrumentales* (AIVD). En el nivel más bajo se encuentra la autonomía para la realización de las *actividades básicas de la vidad diaria* (ABVD) (tabla 69-1).

Tabla 69-1. Actividades de la vida diaria

Actividades básicas	*Actividades instrumentales*
– Alimentarse	– Limpiar
– Bañarse	– Cocinar
– Vestirse	– Usar el teléfono
– Deambulación	– Ir de compras
– Comunicación	– Lavar la ropa
– Control de esfínteres	– Usar el transporte público
– Movilización de extremidades	– Control del dinero
– Agudeza visual	– Control de la medicación
	– Subir escaleras
	– Trabajo casero (jardinería, bricolaje)

Los instrumentos combinan distintas valoraciones de las actividades reseñadas en la tabla.

RELACIÓN ENFERMEDAD-INCAPACIDAD

Con el envejecimiento se produce un declive de las funciones, que da lugar a distintos grados de limitación funcional, sin que aparezca la incapacidad. La intensidad de la limitación funcional guarda relación con la forma de envejecer, y en ella influye el desuso. Están reconocidas como conductas específicas de riesgo para la incapacidad en la ancianidad el no realizar actividad física regularmente, el tabaquismo y el sobrepeso.

El impacto de la enfermedad sobre la incapacidad puede ser modificado por la influencia de factores como la situación cognitiva y psicológica, la edad, el sexo, el nivel de educación, el nivel de actividad, el soporte social y los factores del entorno.

RAZONES PARA LA VALORACIÓN FUNCIONAL DEL ANCIANO

La valoración del anciano en términos de función es la mejor forma de aproximarse a su estado de salud. Con la valoración funcional puede determinarse la capacidad de las personas mayores para vivir de forma autónoma en la comunidad, y fomentar su independencia mediante la instauración de aquellas medidas que prevengan la incapacidad y recuperen la funcionalidad. Por otro lado, que un anciano vulnerable se mantenga o no en su domicilio depende del grado de incapacidad y de la presencia del soporte de un cuidador; no depende de la condición de la enfermedad.

El grado de incapacidad detectado mediante los instrumentos específicos tiene valor pronóstico del grado de dependencia futura, de la institucionalización, del consumo de servicios sanitarios y de la mortalidad.

INSTRUMENTOS PARA LA VALORACIÓN FUNCIONAL

Escalas que valoran las actividades básicas del autocuidado personal

Destacan, por su extendido uso, el Índice de Katz y la Escala de Barthel. Su validez interna y externa es muy alta, y se utilizan como patrón en el estudio de la validez de otras escalas. Su uso en Atención Primaria debe estar centrado en los pacientes subsidiarios de atención domiciliaria, y como segunda valoración en una evaluación jerarquizada de la función en los ancianos que pueden desplazarse al Centro de Salud.

Instrumentos que valoran las actividades instrumentales de la vida diaria

La escala de Lawton y Brodie (o del Philadelphia Geriatric Center) es la escala de valoración de las AIVD más clásica y de gran uso. La valoración funcional física debe realizarse de forma conjunta y jerarquizada, entendiendo que los sujetos que tienen deterioro de las ABVD deben presentar deterioro de las AIVD, pues estas últimas precisan de una integración neurosensorial más compleja que las ABVD. La valoración de las ABVD y AIVD como situaciones independientes en el mismo sujeto no tiene sentido.

Escalas de valoración global de la dependencia psíquica y la dependencia física

Éstas valoran el grado de dependencia funcional por deterioro cognitivo. Suelen incluir valoraciones de las actividades físicas y del comportamiento. El Dementia Ratting Scale de Blessed es una de las escalas de deterioro mental de mayor difusión, y puede ser útil en Atención Primaria para valorar a los pacientes con demencia. La escala de incapacidades de la Cruz Roja tiene un apartado que valora la dependencia psíquica, y su utilidad ha sido demostrada en hospitales españoles.

Instrumentos multidimensionales

Destacan el OARS, con valoraciones de la incapacidad física, cognitiva y social, y, con menor número de ítems, el SMAF, que incluye valoraciones de las ABVD, AIVD, movilidad y conducta.

PROBLEMAS DE SALUD EN EL ANCIANO

Un elevado porcentaje de los problemas de salud se manifiesta en el anciano de forma distinta a su presentación habitual en el adulto. Esto es así porque el anciano interpreta los síntomas de forma banal y secundaria al envejecimiento, porque la presencia de deterioro cognitivo dificulta la interpretación y comunicación de los síntomas, y porque los cambios orgánicos presentes en la vejez modifican la manifestación de las enfermedades. En las personas mayores son frecuentes las situaciones de morbilidad oculta producidas porque no consultan determinados problemas de salud al considerarlos manifestaciones normales de la vejez y que, además, no son interrogados por los profesionales. La situación de morbilidad oculta afecta, especialmente, a problemas como el deterioro cognitivo, los trastornos afectivos, los trastornos de los órganos de los sentidos, la anemia, la malnutrición, la incontinencia urinaria, las disfunciones sexuales, los problemas dentales, los problemas podológicos, la incapacidad funcional y los problemas sociofamiliares. Un factor que contribuye a la presencia de problemas no diagnosticados, no detectados, es el fenómeno del anciano itinerante: el domicilio de la persona mayor varía a lo largo del año en función del familiar al que le toca cuidarlo. La presentación atípica de las enfermedades en el anciano se basa en la aparición de éstas de forma silente u oligosintomáticas, o mediante síntomas inhabituales, producto de la repercusión secundaria de la enfermedad en otros órganos. En este fenómeno es importante considerar que, con mucha frecuencia, las manifestaciones de afectación del sistema nervioso central (SNC) pueden ser la primera expresión de alteraciones en otros componentes del organismo.

Otro aspecto que se debe considerar en la presentación atípica de las enfermedades es el *fenómeno de la cascada.* Se considera como tal a aquel que acontece por la concatenación de efectos y respuestas ante síntomas mal diagnosticados y mal tratados, en el contexto de un organismo que tiene disminuidas sus reservas funcionales.

Los problemas de salud en la vejez afectan a todas las esferas de la persona, con una interrelación causal circular intensa: lo biológico influye en lo psicológico y en lo social, y lo social y psicológico influyen en lo biológico.

ACTUACIÓN ANTE LOS PROBLEMAS DE SALUD EN EL ANCIANO

Los síndromes geriátricos son procesos complejos que, con elevada frecuencia, tienen un origen multicausal, y cuyas consecuencias pueden ser potencialmente graves si no se corrigen los factores determinantes.

EDEMAS EN LOS MIEMBROS INFERIORES

La causa más frecuente es el edema unilateral por estasis secundaria a insuficiencia venosa, cuyo tratamiento requiere la instauración de medidas no farmacológicas, como el ejercicio (incluyendo andar 5 a 10 minutos al día de puntillas), la elevación del miembro afectado durante los períodos de descanso, la utilización de medias de compresión externa y la protección de la piel mediante hidratación. La utilización de diuréticos no está indicada, por su ineficacia y por el riesgo de efectos adversos.

PÉRDIDA DE APETITO Y ESTREÑIMIENTO

Antes de iniciar un tratamiento sintomático ha de descartarse que estos síntomas sean la expresión de otros problemas de salud (orales, digestivos, neoplásicos, mentales) cuya corrección controla el síntoma. Su diagnóstico y tratamiento se realiza según las recomendaciones utilizadas para la población adulta.

ACUFENOS

Ante la presencia de acufenos unilaterales de inicio reciente, con cierto grado de focalidad neurológica, debería descartarse la presencia de neurinomas del acústico o tumores pontinos. La coexistencia de acufenos, vértigos y pérdida de audición son indicativos de enfermedad de Ménière. Los acufenos inespecíficos y sin etiología objetivable son difíciles de tratar. Se recomienda el uso de sedantes óticos, como la betahistina, en tratamientos cortos y a la mínima dosis eficaz. El uso de otros fármacos, como la cinarizina, los antiepilépticos, el baclofeno, la nicotinamida, las benzodiacepinas, los extractos de *Ginkgo biloba* y la acupuntura no han demostrado ser eficaces. El tratamiento consiste en una adecuada educación del paciente sobre lo que acontece, conteniendo su demanda o ansiedad sobre la necesidad de medicación, y el uso de sonidos externos cuando son acufenos intensos y nocturnos (música o conversaciones emitidas por la radio, para disminuir la percepción exacerbada cuando existe silencio ambiental).

MAREOS O INESTABILIDAD

La atención a la demanda por mareos o inestabilidad requiere la realización de un diagnóstico diferencial amplio sobre diversos problemas de salud que pueden expresarse a través de estos síntomas. Debe descartarse, especialmente, que los síntomas sean producto de cuadros de hipotensión postural, sedación o parkinsonismo, secundarios al consumo de fármacos, depresiones enmascaradas del anciano, enfermedad de Ménière o vértigos posicionales benignos. Los mareos no deberían considerarse síntomas banales e inespecíficos. El tratamiento sintomático con antagonistas del calcio o antihistamínicos (como cinarizina o flunarizina) no se recomienda, dado el elevado riesgo de desarrollo de hipotensión postural de los primeros, o de parkinsonismo por los segundos.

PRURITO

El prurito puede ser la expresión de la presencia de una piel seca, infecciones cutáneas o la manifestación de enfermedades sistémicas, como los linfomas u otras neoplasias, o alteraciones hepáticas y de la vía biliar. La causa más frecuente en el anciano es la piel seca. Su tratamiento consiste en conseguir una adecuada hidratación de la piel, utilizando jabones y cremas cosméticas grasas o emolientes, según la sequedad de la piel, y siguiendo las recomendaciones generales para el cuidado de la piel en las personas adultas. Cuando la intensidad del prurito es elevada y con desarrollo de lesiones de rascado, puede precisarse utilizar antihistamínicos anti-H1 (con baja actividad sedante) y/o corticoides tópicos durante 3-5 días, para evitar el círculo vicioso de prurito-rascado-liquenificación-prurito.

DOLOR OSTEOMUSCULAR Y ARTRALGIAS

El dolor es un factor importante que limita la movilidad y dificulta el cumplimiento de los programas de recuperación.

El tratamiento farmacológico del dolor en las personas mayores consiste en la utilización de paracetamol (en dosis de 0,5-1 g/6-8 h) o metamizol (0,5-1 g/8 h) durante períodos determinados, especialmente en fases muy dolorosas. El uso de antiinflamatorios no esteroideos (AINE) debe estar restringido, por sus efectos adversos, a situaciones de patología articular inflamatoria, cuando no haya sido efectivo el paracetamol, pues no tienen una eficacia analgésica superior. Los AINE deben usarse en tratamientos cortos, con la dosis mínima efectiva, y con protección gástrica. Los opiáceos menores, como la codeína, la dihidrocodeína o el tramadol, pueden ensayarse en situaciones de dolor intenso que no responde a los analgésicos, a la mínima dosis eficaz. Una vez controlado el dolor, se suspenderán o sustituirán por un tratamiento de pocos días con paracetamol o metamizol. El tratamiento farmacológico debe ser complementario del tratamiento físico, que es el primordial. El tratamiento físico contempla la utilización de calor o frío local, el reposo físico en fases agudas y la rehabilitación. La estimulación nerviosa transcutánea (TENS) debe incorporarse al tratamiento del dolor en Atención Primaria como coanalgésico, aunque su eficacia analgésica es variable. En fases no dolorosas debería instaurarse un programa de ejercicio para evitar la patología por desuso, y dar las recomendaciones oportunas para reducir la obesidad. Los programas de ejercicio físico deben incluir actividades dirigidas a mejorar la flexibilidad y la fuerza muscular, junto con ejercicio aeróbico (taichí, andar, natación o bicicleta), según las condiciones y enfermedades del paciente.

Cuando no se obtiene respuesta o cuando la limitación funcional está presente, se considerará la necesidad de corrección ortopédica de la lesión causante del dolor, de programas específicos de rehabilitación o la intervención de las clínicas del dolor.

DELIRIUM

Muchos problemas de salud se expresan en el anciano como deterioro de la función cognitiva y de la situación de alerta. Dentro de los trastornos neurológicos del anciano, el *delirium* (también denominado *estado confusional agudo* o *síndrome orgánico-cerebral*) es el más frecuente y espectacular. Es una expresión inespecífica de las enfermedades cerebrales primarias, de las interacciones y/o sobredosificaciones farmacológicas y de las enfermedades sistémicas. Debe considerarse una urgencia médica por su carácter reversible, pues si no se corrigen sus causas puede dar lugar a situaciones de deterioro cognitivo establecido, de incapacidad y de muerte.

El *delirium* es un cuadro caracterizado por la instauración aguda de un deterioro cognitivo global de origen orgánico, al que se le añaden trastornos de la atención, del nivel de conciencia, de la actividad psicomotora y del ciclo sueño-vigilia. El deterioro cognitivo global se expresa como deterioro de la orientación, de la memoria inmediata y tardía, trastornos del pensamiento (que se encuentra desorganizado, con lenguaje incoherente) y de la percepción (con la aparición de ilusiones y/o alucinaciones visuales y auditivas). La actividad psicomotora puede estar alterada como hiperactividad o hipoactividad. La evolución clínica del *delirium* es fluctuante a lo largo del día, con episodios de mejoría que impresionan, aunque el deterioro cognitivo persiste.

El diagnóstico se basa en la presencia de una información concordante suministrada por el familiar sobre la situación del anciano y los ítems recogidos en el Cuestionario para la Valoración de Delirium (Confussed Assessment Method); en la literatura anglosajona, se recomienda la objetivación de un trastorno de atención y de deterioro cognitivo mediante la entrevista y el uso de los test neuropsicológicos pertinentes (p. ej., el Mini Mental Test).

Una vez establecido el diagnóstico de sospecha, el paciente debe ser derivado a atención especializada con carácter urgente para el estudio etiológico y la instauración de tratamiento específico. En la derivación del paciente se ha de actuar sobre la agitación psicomotora. Si ésta fuera intensa, hay que sedarlo con 2,5-5 mg de haloperidol administrado por vía intramuscular o subcutánea.

Caídas

Las caídas y los traumatismos son frecuentes en la vejez, y están asociados al deterioro del estado de salud, aumento del consumo de servicios hospitalarios, institucionalización y mortalidad. La caída es todo incidente en el que la persona termina en el suelo de forma involuntaria. Puede ser el primer síntoma de una enfermedad no diagnosticada, o la expresión inespecífica de diversos problemas de salud. Las principales consecuencias de las caídas son las fracturas de cadera y de muñeca y, de forma secundaria, por el fenómeno de cascada, otros problemas médicos, psicológicos (temor a nuevas caídas y otros trastornos afectivos), sociales (por el coste de las ayudas a la incapacidad y por la carga familiar) y funcionales (riesgo de incapacidad).

Causas de las caídas

Las causas de las caídas se dividen en factores intrínsecos (dependen de la situación del anciano) y extrínsecos (relacionados con las situaciones del entorno).

De los múltiples factores que influyen en las caídas los que más influyen son los trastornos del equilibrio y de la marcha, la disminución de la agudeza visual, la polifarmacia, el uso de sedantes e hipnóticos y los obstáculos del entorno. Los trastornos del equilibrio y de la marcha implicados son, especialmente, los derivados de la hipotensión postural, las dificultades para levantarse y sentarse, de la marcha, cuando afecta al caminar en tándem, y para desplazarse en espacios cortos.

Actuaciones ante las caídas

La actuación de los Equipos de Atención Primaria debe dirigirse a detectar los factores de riesgo de caídas, y a intervenir sobre los mismos. Las intervenciones preventivas sobre las caídas son más efectivas en los sujetos de alto riesgo, que son aquellos que presentan más de tres factores de los comentados como de riesgo especial, o que presentan caídas repetidas.

La intervención consistirá en: *a*) valorar el impacto específico que ha provocado la caída en la salud del anciano y actuar en consecuencia; *b*) evaluar la situación de riesgo para la repetición de las caídas, y *c*) instaurar las actividades de corrección de los factores implicados. La valoración de la situación de riesgo debe hacer hincapié, especialmente, en la detección de hipotensión postural, incapacidad para dar cuatro pasos seguidos en la marcha en tándem, dificultad para sentarse y levantarse de la silla y andar tres metros (test «levántate y anda» o del *time up and go* en la literatura anglosajona), la disminución de la agudeza visual valorada con optotipo, el uso de más de cuatro fármacos, el consumo de sedantes e hipnóticos u otros fármacos potencialmente causantes, y la presencia de deterioro cognitivo. La valoración incluirá, además, una evaluación de las condiciones del domicilio, realizada por el personal de enfermería o del trabajo social, en las personas mayores de 75 años que han sufrido una caída y presentan otros factores de riesgo, o en todos los ancianos que han sufrido varias caídas. Como intervenciones generales de prevención de las caídas se encuentra la promoción de la actividad física acorde a la situación de cada individuo.

IATROGENIA MEDICAMENTOSA

Los ancianos constituyen el sector de la población en el que la «paradoja terapéutica» cobra mayor significación. Se considera como tal aquella en la que el consumo correcto de los fármacos, utilizados en circunstancias ideales, ocasiona efectos secundarios y reacciones adversas que aumentan la morbilidad y la mortalidad de las personas. Las circunstancias que favorecen el daño de los medicamentos en las personas mayores son diversas; destacan los cambios farmacocinéticos y farmacodinámicos que modifican los efectos farmacológicos, la pluripatología que modifica la respuesta del organismo, la polimedicación que favorece las interacciones farmacológicas, y los errores de prescripción. De las modificaciones farmacocinéticas, las de mayor trascendencia son la disminución del aclaramiento renal y las modificaciones del volumen de distribución. Más importantes son los cambios farmacodinámicos que afectan a la sensibilidad de los receptores a la acción de los medicamentos. De forma general, debe considerarse que los cambios farmacodinámicos favorecen la aparición de efectos adversos. De éstos, son especialmente importantes los que afectan al SNC (tabla 69-2).

De los distintos efectos secundarios, merecen especial consideración las caídas, la incontinencia urinaria y el delirium, pues son situaciones en las que en numerosas ocasiones el factor desencadenante es un medicamento o la interacción entre varios.

Recomendaciones para el uso de fármacos en el anciano

Los principios generales de la prescripción de fármacos en el anciano son: *a*) considerar los tratamientos no farmacológicos como elementos fundamentales de los esquemas terapéuticos; *b*) revisión periódica del tratamiento; *c*) suspensión de los tratamientos que ya no se precisen; *d*) antes de introducir un nuevo fármaco, valorar si pueden ser retirados otros medicamentos;

Tabla 69-2. Fármacos como causa directa o indirecta de enfermedad en el anciano
Desencadenamiento de neurotoxicidad (delirium)
– Alcohol, hipnóticos, ansiolíticos, neurolépticos, antidepresivos, opiáceos, AINE, diuréticos
– Digoxina, cimetidina, ranitidina, antihipertensivos, antiarrítmicos, antidiabéticos orales, antiepilépticos, antiparkinsonianos
Desencadenantes de mareos-inestabilidad-caídas
– Diuréticos, antihipertensivos, ansiolíticos, neurolépticos, antidepresivos, hipnóticos, antiarrítmicos, opiáceos, antidiabéticos orales, AINE, antiparkinsonianos, antiepilépticos
Desencadenantes de incontinencia o retención urinaria
– Diuréticos, neurolépticos, hipnóticos, ansiolíticos, opiáceos, antagonistas alfaadrenérgicos, antidepresivos, antagonistas del calcio, agonistas adrenérgicos, anticolinérgicos

e) iniciar los tratamientos con dosis bajas, e incrementar lentamente la dosis hasta conseguir la mínima eficaz; *f*) ajustar las dosis de los fármacos en función del aclaramiento renal; *g*) encuestar sobre la polimedicación; *h*) evitar la utilización de fármacos de vida media larga o que se acumulen; *i*) ante la aparición de síntomas inespecíficos, considerar la posibilidad de que se trate de efectos adversos, y *j*) considerar que la edad avanzada no es un factor que contraindique la utilización de un fármaco potencialmente beneficioso.

INMOVILIDAD

La movilidad es un indicador de la situación funcional del anciano y, por tanto, de su estado de salud y de su calidad de vida. La inmovilidad puede ser relativa o absoluta. En el primer caso, la persona lleva una vida sedentaria pero puede moverse con menor o mayor independencia. En el segundo, existe una imposibilidad para el desplazamiento autónomo, con una situación de encamamiento crónico.

Las causas de la inmovilidad son múltiples. Las principales de la inmovilidad relativa son los problemas osteomusculares (degenerativos e inflamatorios) y los neurológicos (paresias secundarias a ictus y síndrome demencial, trastornos sensitivos, enfermedad de Parkinson y parkinsonismo, entre otros). Otras enfermedades que influyen son las cardiovasculares, respiratorias, sistémicas y la iatrogenia medicamentosa, que limitan la capacidad funcional de la persona mayor. La esfera psicológica y la sociofamiliar también desempeñan un papel importante, de forma que se presentan situaciones de inmovilidad relativa por trastornos psiquiátricos, por situaciones de baja autoestima con pérdida de la motivación o por limitaciones del entorno.

La inmovilidad absoluta es el punto final del círculo vicioso que perpetúa las situaciones de inmovilidad relativa.

Las consecuencias del encamamiento en las personas mayores aparecen desde las primeras 48-72 horas, y si no se previenen o corrigen adecuadamente, terminan constituyendo una cascada de fenómenos que se retroalimentan continuamente hasta determinar una situación irreversible que conduce a la muerte. Ello es debido a que las consecuencias de la inmovilidad absoluta trascienden del aparato osteomuscular a todos los sistemas del organismo.

Actuaciones sobre la inmovilidad relativa

Las intervenciones sobre la inmovilidad relativa se dirigen a evitar la evolución al encamamiento. La actuación consistirá en tratar los factores que dificultan la recuperación, atender la incapacidad y recuperar-mantener la función restante. El primer aspecto hace referencia al tratamiento del dolor, a la racionalidad de la terapéutica farmacológica, a la educación sanitaria necesaria para la adherencia al programa de ejercicios domiciliarios de rehabilitación, así como al adecuado uso de los sistemas de ayuda. El segundo aspecto hace referencia a la promoción del ejercicio físico en la población anciana general, acorde a su capacidad funcional, y a la detección temprana de la limitación de la movilidad para la inclusión de los ancianos en los programas de rehabilitación de los servicios específicos o geriátricos de referencia.

Actuaciones sobre la inmovilidad absoluta

En los pacientes con alto grado de inmovilidad deben prevenirse las complicaciones del encamamiento prolongado. En este sentido, debe favorecerse la movilización activa y pasiva en la cama de las zonas corporales no inmovilizadas, la sedestación fuera de la cama y el uso de sistemas de ayuda:

- Para las movilizaciones activas en la cama son útiles los sistemas que ofertan soporte para la tracción, como las barandillas en la cabecera de la cama o en los laterales y los triángulos de sujeción (comerciales o de diseño casero). Las articulaciones de los miembros paralizados deben ser movilizadas pasivamente por el propio paciente y por la familia para evitar las contracturas.
- La sedestación debe realizarse en una silla con respaldo vertical y apoyabrazos laterales. El paciente no debe estar apoyado exclusivamente sobre el lado no inmóvil, sino que se distribuirá el centro de gravedad a la zona corporal central. Si fuera preciso, se colocarán almohadas para mantener la verticalidad de la espalda. Según las condiciones del sujeto, se recomendará el uso de silla de ruedas para favorecer cierto grado de independencia.

La prevención de las úlceras de decúbito es un aspecto crucial en la atención de las personas encamadas. Las condiciones higiénicas del paciente y de la cama, junto con la movilización, son aspectos fundamentales de esta prevención. La piel debe estar hidratada y limpia, sobre todo en las zonas de apoyo y en los pliegues cutáneos. Las sábanas de la cama deben estar secas y sin arrugas. Son útiles para evitar la maceración cutánea las pieles de cordero y sus análogos sintéticos, colocados debajo del paciente. Otros sistemas útiles son los colchones antiescaras, pero su alto coste limita su uso en los domicilios. La valoración del riesgo de ulceración, mediante el Índice de Norton o la Escala de Braden, debería ser el punto de partida para establecer un plan de cuidados individualizado. El estreñimiento y las complicaciones cardiopulmonares también deben prevenirse mediante la movilización e intervenciones específicas. En el primer caso, es adecuado el uso de dietas ricas en fibra y favorecer la intimidad para la defecación. Para las complicaciones cardiopulmonares se practicarán técnicas de fisioterapia respiratoria, movilizaciones pasivas de los miembros inferiores, y se realizarán vendajes compresivos de los miembros afectados por estasis venosa.

Capítulo 70

EL ENFERMO TERMINAL

OBJETIVOS Y BASES DE LA TERAPÉUTICA

PRINCIPIOS GENERALES DEL CONTROL DE SÍNTOMAS

De forma característica, los síntomas en estos enfermos son los siguientes:

- *Múltiples*. En las diferentes series, la media de síntomas por paciente es de 8 o 9 (3-20). Su detección y registro es importante, así como su seguimiento posterior a través del «interrogatorio del bienestar».
- *Intensos*. A medida que avanza la enfermedad, aumenta la intensidad de los síntomas, requiriéndose un alto grado de efectividad para controlarlos y, además, en períodos limitados.
- *Multifactoriales*. Los síntomas se relacionan con causas distintas. Un mismo síntoma, como por ejemplo, el vómito, puede ser debido a múltiples causas, como obstrucción intestinal, metabólicas (urea, hipercalcemia), iatrogénicas (gastritis, morfina), metástasis hepática, etc.
- *Cambiantes*. Aparecen nuevos síntomas cuyo impacto predomina sobre los anteriores o reaparecen aquellos que ya se habían controlado. Es necesario revisar con frecuencia la situación y adaptar rápidamente la estrategia a los cambios.

DOLOR

El dolor se considera una respuesta neurofisiológica muy compleja y para adentrarse en su comprensión es útil recordar algunos conceptos (Portenoy, 1992):

- La nocicepción puede definirse como la actividad producida en el sistema nervioso por estímulos potenciales lesivos para los tejidos (nociceptores).
- El dolor es la percepción de la nocicepción y sólo se experimenta cuando la nocicepción se integra con otros factores, orgánicos y psicológicos, en estructuras del sistema nervioso central (SNC). La intensidad del dolor puede no ser proporcional al grado de lesión hística.
- El sufrimiento es el «dolor total» de los enfermos neoplásicos. Integra componentes físicos, psicológicos, sociales e, incluso, espirituales. El significado del dolor es a menudo negativo, por cuanto recuerda la progresión de la enfermedad y el fracaso terapéutico.

Tipos de dolor

El análisis cuidadoso de enfermos con cáncer y dolor ha hecho posible la descripción de una serie de *síndromes dolorosos comunes* cuyo diagnóstico clínico es posible en la mayoría de los casos. Estos síndromes dolorosos pueden clasificarse en tres categorías principales que se exponen en la tabla 70-1.

Tabla 70-1. Síndromes dolorosos en pacientes con cáncer

Dolor por invasión tumoral directa
– Infiltración ósea tumoral
– Infiltración tumoral de nervios, plexos y meninges
– Infiltración de tejidos blandos
– Hipertensión intracraneal
– Espasmo muscular
– Invasión de vísceras
– Linfedema
Dolor relacionado con la terapéutica o diagnóstico del cáncer
– Dolor posquirúrgico
– Posquimioterapia
– Posradioterapia
– Dolor relacionado con procedimientos diagnósticos: aspirado medular, biopsias
Dolor no relacionado con el cáncer o su terapéutica
– Debilidad
– Estreñimiento
– Capsulitis
– Úlcera de decúbito
– Espasmo muscular
– Alteraciones concurrentes
– Alteraciones musculoesqueléticas (artrosis)
– Migraña

Modificada de Foley, 1987.

Tratamiento farmacológico

La mayoría (70-90%) de los casos de dolor en pacientes con cáncer pueden controlarse mediante tratamiento farmacológico, es decir, con la administración oral de analgésicos, solos o asociados a coadyuvantes, si es necesario.

La OMS publicó en 1986 unas normas para el uso efectivo de los analgésicos en el control del dolor. En síntesis, se basan en una «escalera analgésica» de tres peldaños, que se corresponden con tres grupos de analgésicos, y el conocimiento de un número limitado de fármacos que los médicos y demás profesionales de la salud tienen que saber utilizar correctamente.

Primer escalón: analgésicos no opioides

Son el ácido acetilsalicílico (AAS), los salicilatos, el paracetamol, el metamizol y los restantes antiinflamatorios no esteroides (AINE). Están indicados en casos de *dolor leve a moderado*. La dosis usual es de 10-15 mg/kg/día y una duración de acción de 3 a 4 horas. La dosis media en los adultos se sitúa en 600-900 mg cada 4-6 horas. Sus efectos adversos sobre el tracto gastrointestinal, la función plaquetaria y la hipersensibilidad son ya muy conocidos. Se recomienda administrarlos después de las comidas o con un vaso de leche.

El paracetamol es una buena alternativa, y es mejor tolerado. La dosis habitual es de 500-1.000 mg cada 4 a 6 horas. En la práctica no se observan casos de hepatotoxicidad en estos pacientes.

El metamizol es menos gastrolesivo que el AAS y otros AINE, y las dosis recomendadas son de 2 g cada 8 horas por vía oral. Actualmente, sólo se halla disponible en ampollas bebibles.

Los AINE tienen un potencial analgésico igual o superior al AAS, y comparten con éste su mecanismo de acción, indicaciones y efectos adversos. No es correcta la asociación de dos fármacos no opioides diferentes, ya que compiten entre sí por la unión a proteínas y pueden disminuir la eficacia analgésica, incrementando el riesgo de efectos secundarios.

Segundo escalón: analgésicos opioides débiles

El *dolor moderado* que no responde a los analgésicos no opioides requiere progresar a un escalón superior de analgesia, por lo que se asociará su administración a la de un analgésico opioide débil. Los más característicos de este grupo son el tramadol, la codeína y la dihidrocodeína.

El tramadol es un analgésico con un mecanismo de acción particular, ya que consigue su efecto analgésico no sólo como agonista, sino que incrementa los valores de serotonina en el asta posterior de la médula. Las dosis recomendadas son de 50-100 mg cada 6-8 horas por vía oral, disponiéndose de preparaciones para administración parenteral y rectal. La dosis oral recomendada de *codeína* es de 30 mg, asociada a 500 mg de paracetamol o AAS cada 4-6 horas. Administrada regularmente cada 4 horas, la dosis equianalgésica de morfina es de 1/12; así, 120 mg de codeína equivalen a 10 mg de morfina (en potencia analgésica). La dihidrocodeína es un poco más potente que la codeína (× 4/3). Los principales efectos adversos de la codeína son estreñimiento (el más frecuente), náuseas y vómitos. En las personas mayores puede producir, además, somnolencia o confusión.

Tercer escalón: analgésicos opioides potentes

Los analgésicos opioides potentes, y en concreto la morfina, son los analgésicos de elección en el *dolor grave* por cáncer, y son los más utilizados (70%). Son fáciles de administrar y, usados correctamente, proporcionan un alivio eficaz del dolor en la mayoría de los casos. Su empleo seguro y racional requiere un buen conocimiento de su farmacología clínica. La morfina es un excelente analgésico, y su uso viene condicionado por la gravedad del dolor y nunca por la brevedad del pronóstico. La *administración crónica de opioides* en el tratamiento de los pacientes cancerosos con dolor es un concepto desarrollado en los últimos años y ampliamente aceptado. Su empleo se asocia a la aparición de *dependencia física* y *tolerancia* (más dudosa), pero en cambio no se ha descrito *dependencia psicológica* o «adicción», siendo uno de los mitos que se deben superar en relación con la morfina.

La administración de opioides potentes puede suspenderse si disminuye la intensidad del dolor por cualquier causa; la dosis debe reducirse gradualmente, a ser posible en un plazo de 2 o 3 semanas, con lo que se evitarán los síntomas de abstinencia.

La morfina es el opioide de elección frente a otros fármacos del mismo grupo.

El fentanilo transdérmico es una alternativa a la morfina oral, y constituye una buena opción en los casos de dolor estable, ya que se aplica cada tres días (72 horas) en forma de parche de liberación controlada. Su ventaja más notable frente a la morfina, además de la comodidad de su aplicación, es que produce menos estreñimiento, y los inconvenientes, su elevado coste y su menor flexibilidad para ajustar la dosis en caso de dolor inestable. La correspondencia entre las dosis de morfina y fentanilo no son aún definitivas, y en la práctica se divide por dos la dosis de morfina y se ajusta a la baja (p. ej., 130 mg/día de morfina oral corresponden a un parche de 50 μg/h de fentanilo cada 3 días). A veces se precisará usar dos tipos de parche de diferente dosificación, simultáneamente, y los incrementos de dosis han de ser de 25 μg/h respecto a la dosis previa.

Se dispone de fentanilo transmucosa, en forma de *sticks* que el paciente aplica sobre la mucosa oral, obteniendo un rápido alivio del dolor. Esta preparación galénica se ha pensado especialmente en el tratamiento del dolor irruptivo (incidental, intermitente).

Adyuvantes

Los medicamentos adyuvantes son aquellos cuya primera indicación no es la terapia del dolor, pero que han demostrado efecto analgésico en determinados tipos de dolor, por lo que habitualmente se asocian a los analgésicos propiamente dichos y, a veces, permiten reducir la dosis de éstos y mejorar su tolerancia.

Uso clínico de morfina oral en enfermos con dolor

La morfina es el opioide de elección, y la vía óptima de administración es la oral. Puede administrarse en forma de *liberación inmediata* en solución acuosa o comprimidos, o en forma de *liberación controlada,* de la cual existen preparaciones que se administran cada 12 horas y otras cada 24 horas.

Los comprimidos o la solución de *morfina de liberación inmediata* hay que administrarlos cada 4 horas. Los comprimidos son de 10 o 20 mg y la solución acuosa de sulfato o clorhidrato de morfina puede ser más o menos concentrada (desde 1 mg hasta 40 mg/ml). Hay algunas excepciones a la regla de cada 4 horas, como en pacientes muy ancianos (> 85 años), enfermos caquécticos o deshidratados o pacientes con insuficiencia renal, en los que se disminuye la dosis y/o se administra cada 6 horas o más. El horario habitual de toma es una dosis normal a las 8.00, 12.00, 16.00 y 20.00 horas, y una dosis doble a las 24 horas. En los pacientes que requieren 90 mg o más es aconsejable, por prudencia, no doblar la dosis nocturna y dar otra dosis normal a las 4 horas.

La *morfina de liberación controlada* se administra cada 12 horas y está dosificada en 5, 10, 15, 30, 60, 100 y 200 mg; presenta la ventaja de que sólo requiere 2 tomas al día, por lo que es muy útil en el tratamiento de mantenimiento, a la misma dosis diaria que la morfina de liberación inmediata. El uso de la formulación de morfina de liberación controlada de cada 24 horas es igual que la de cada 12 horas, pero con una sola administración diaria, preferentemente por la noche.

Ajuste inicial de la dosis

El método más simple es mediante el uso de morfina de liberación inmediata administrada cada 4 horas y dosis extras o de rescate tan a menudo como se precisen, equivalentes al 100% de la dosis de cada 4 horas. El enfermo debe revaluarse a las 2 y 4 horas del inicio del tratamiento, y la dosis total/día de morfina debe revisarse diariamente, ajustando la dosis regular, según el número de dosis extras requeridas (Hanks, 2001). El ajuste inicial puede hacerse también con morfina de liberación controlada, aunque es más difícil.

En pacientes que cambian desde un opioide débil, habitualmente se empieza con 10 mg de morfina de liberación inmediata cada 4 horas. Se aconseja disminuir la dosis a la mitad si se ha omitido el segundo escalón o en las excepciones antes comentadas.

En un plazo de 24 horas es el momento más adecuado para volver a evaluar al paciente y ajustar la dosis diaria con el fin de reducir la necesidad de una analgesia de rescate adicional. No existe una dosis máxima concreta, por lo que la dosis diaria puede variar ampliamente, aunque pocos pacientes llegan a precisar dosis superiores a 200 a 300 mg/día.

Si el dolor no se controla después de dos incrementos de dosis, o si precisa muchas dosis extras, con aparición de efectos secundarios, será necesario revisar el tipo de dolor y la estrategia terapéutica (adyuvantes, apoyo emocional, etc.).

Mantenimiento

Una vez controlado el dolor, con dosis estables al menos durante 48 horas, se cambiará a morfina de liberación controlada cada 12 o 24 horas, manteniendo naturalmente la misma dosis diaria. El cambio se hará pasadas 4 horas de la última dosis. Si el dolor reaparece de forma constante antes de la siguiente dosis regular, debe aumentarse esta última. Los pacientes con dosis estables pueden requerir ocasionalmente dosis extras de morfina de liberación inmediata por dolor irruptivo.

Las *vías alternativas* a la administración oral son las siguientes:

- La *vía subcutánea* es la vía alternativa preferida, mediante administración discontinua o continua (perfusión subcutánea continua). Como norma general, la dosis subcutánea de morfina es entre 1:2 y 1:3 de la dosis oral que hasta entonces había resultado satisfactoria. La perfusión subcutánea continuada con bombas de infusión portátiles facilita valores plasmáticos estables de los medicamentos y permite la asociación de determinados fármacos. En caso de no disponer de sistemas de infusión continuada, es útil colocar una palomita subcutánea, por donde se podrá administrar la morfina cada 4 horas sin necesidad de heparinizar la vía.

- La *vía rectal* también puede ser utilizada, administrándose la solución de morfina en las mismas dosis e intervalos que en la vía oral.

Los *efectos adversos* más comunes al iniciar el tratamiento son la somnolencia (20-60%) y las náuseas y vómitos (50-60%), con tendencia a desaparecer al cabo de 3-7 días; otros más persistentes son la boca seca y el estreñimiento, este último prácticamente universal y sin relación con la dosis. Entre los factores asociados a la aparición de efectos adversos cabe destacar la edad, la disfunción renal o hepática y determinados síntomas secundarios a la extensión de la enfermedad o alteraciones metabólicas; las interacciones con otros fármacos con efectos adversos parecidos, como los anticolinérgicos y, por último, los relacionados con la dosis de morfina como la neurotoxicidad en general.

Para las *náuseas y vómitos* se administra haloperidol en dosis única nocturna de 1 a 3 mg (puede darse dos veces al día) y, en ocasiones, es preciso administrarlo por vía subcutánea los dos primeros días, si hay vómitos persistentes. La metoclopramida en dosis de 10 mg cada 4-6 horas también puede ser útil. No suelen prescribirse antieméticos de forma sistemática.

Para el *estreñimiento* se impone un tratamiento profiláctico al iniciar la morfina; puede ser de difícil control, y la mayoría de las veces se precisa la asociación de dos laxantes e instaurar además medidas rectales esporádicas.

En casos de neurotoxicidad grave con sedación persistente, delirium, mioclonías y otros es conveniente buscar apoyo en un equipo de referencia.

SÍNTOMAS GASTROINTESTINALES

Náuseas y vómitos

Las náuseas y los vómitos son frecuentes en el cáncer avanzado y terminal (40 y 30%, respectivamente) y pueden ser debidos a varias causas.

ESTRATEGIA TERAPÉUTICA

Los principales antieméticos recomendados son haloperidol (por vía oral o subcutánea, 1,5-3 mg noche, hasta 15 mg/día), metoclopramida (por vía oral o subcutánea, 10-20 mg cada 6-8 horas), domperidona (por vía oral, 10-20 mg cada 6-8 horas, o rectal 30-60 mg cada 8 horas) y escopolamina (por vía subcutánea o sublingual, 0,30-1,2 mg/día, en perfusión subcutánea o repartido cada 8 horas). En el caso de náuseas o vómitos de difícil control han mostrado su utilidad los antagonistas de la serotonina, como el ondasetrón, que puede administrarse por vía oral, subcutánea o intravenosa (Currow, 1997). A veces, es necesario administrar la primera dosis del antiemético por vía parenteral (subcutánea) para romper el círculo vicioso, prolongando su administración 24-48 horas más si el vómito se produce justo después de tomar la medicación o si hay vómitos frecuentes durante el día.

En los enfermos que presentan *suboclusiones* u *oclusiones intestinales bajas*, una vez descartado el fecaloma como causa tratable, la asociación de una ingestión muy fraccionada de líquidos (agua azucarada, infusiones) con antieméticos (antihistamínicos o haloperidol), espasmolíticos (escopolamina sublingual o subcutánea) y analgésicos parenterales permite con frecuencia un control de síntomas correcto con medidas sencillas practicables en el domicilio.

Estreñimiento

Normalmente, se inicia el tratamiento con un *laxante estimulante* (que aumenta el peristaltismo), habitualmente sennósidos (12-72 mg/día) y/o lactulosa (20-90 ml/día), que pueden asociarse según la respuesta observada, como ocurre, con frecuencia, en aquellos enfermos que siguen tratamiento con opioides. Si no hay respuesta, se puede asociar además un *lubricante,* como la parafina líquida (15-45 mg/día). Pueden añadirse *medidas rectales,* como supositorios (glicerina, bisacodilo), enemas y microenemas o movilización manual, que se realizará inicialmente si la ampolla rectal está llena o mientras se espera el efecto de los laxantes orales (1 a 4 días). Casi el 40% de los enfermos continuarán necesitando medidas rectales.

Una situación especial es la *impactación fecal,* por lo común en el recto o el sigma, aunque a veces es más alta, pudiendo ocasionar obstrucción parcial. Hay que valorar la posible sedación o analgesia previa a la extracción manual, aplicar compresas calientes para favorecer la dilatación anal, lubricar mediante un lubricante anestésico, movilizar el bolo impacto, fraccionándolo y extrayéndolo, y a continuación, proseguir con enemas fosfatados hasta su total eliminación.

Cuidados de la boca

Para la limpieza se utilizará un cepillo infantil suave, tanto para los dientes como para la lengua; es el utensilio más eficaz, incluso en enfermos inconscientes. Una torunda o el dedo índice protegido con el guante o gasa son menos efectivos para eliminar la placa, pero pueden ser más cómodos y de ayuda para la humidificación y ante signos de sangrado. Para la higiene de después de las comidas, se efectúa cepillado y enjuague normales.

La humidificación de la boca mejora al masticar chicle sin azúcar o piña y/o beber pequeños sorbos de agua, zumos de fruta con cubitos de hielo, manzanilla con limón y/o salivas artificiales a base de metilcelulosa, esencia de limón y agua (fácil de preparar por cualquier farmacéutico). Cabe utilizarlos con frecuencia, cada 2-4 horas. Una solución de vaselina líquida, limón, manzanilla y hielo es útil y eficaz en los estadios preagónicos o agónicos (Cooke, 1996). La pilocarpina por vía oral se ha mostrado tanto o más eficaz que las medidas locales, aunque la causa de la xerostomía sea la radioterapia.

SÍNTOMAS RESPIRATORIOS

Disnea

La disnea se presenta en el 30-40% de todos los cánceres avanzados y terminales, y en el 65-70% de los broncogénicos, en los que es el síntoma principal en la fase de enfermedad avanzada. Puede aparecer en los últimos días o semanas de la evolución de diferentes enfermedades, en el contexto de un fracaso multiórgano, comportándose entonces como factor de mal pronóstico a muy corto plazo.

ESTRATEGIA TERAPÉUTICA

- *Modificar el proceso patólogico subyacente*, con quimioterapia, hormonoterapia, radioterapia, toracocentesis, pleurodesis, antibióticos, transfusión, etc.
- El *tratamiento sintomático* comprende:
  - *Medidas farmacológicas*: el tratamiento básico es la *morfina oral*, 5-15 mg cada 4 horas, que no altera los parámetros gasométricos ni la función pulmonar. En ausencia de dolor, las dosis superiores a 15 mg cada 4 horas no aportan beneficios. En pacientes que ya tomaban previamente morfina para el tratamiento del dolor, se aconseja aumentar la dosis del 25 al 50% de la dosis de cada 4 horas.
  - Se ha propuesto el uso de morfina o fentanilo inhalado en el control de la disnea, con buenos resultados iniciales. El uso de *benzodiazepinas* en dosis bajas (alprazolam, diazepam) ayuda a controlar la ansiedad asociada a la disnea. Los *corticoides,* como la dexametasona (2 mg/día a 4 mg/6-8 horas) o la prednisona (10-40 mg/día), mejoran la sensación de disnea en caso de obstrucción de la vía aérea, linfangitis carcinomatosa, SCVCS (síndrome de compresión de vena cava superior) y bronquitis crónica.
- En *la crisis de disnea*, se debe procurar una compañía tranquilizadora, efectuar técnicas de relajación y ejercicios para el control de las respiraciones, y administrar diazepam o alprazolam oral o sublingual.
- En la *hemoptisis masiva,* además de compañía permanente, se administrará diazepam intravenoso o rectal hasta la sedación (5-20 mg). Otros fármacos alternativos son el midazolam (15-45 mg) subcutáneo y la escopolamina (0,5-1,5 mg) subcutánea, si se asocia a estertores agónicos.

Tos

La tos persistente en un enfermo terminal ocasiona un gran malestar y dolor adicional.

En la *tos productiva* en pacientes muy deteriorados se deben administrar antitusígenos: codeína 30-60 mg cada 4 horas, o morfina 5-20 mg cada 4 horas; escopolamina, 0,3-0,6 mg cada 4-8 horas por vía subcutánea. Hay que explicar a la familia el significado de los estertores agónicos. No está indicada la aspiración, ya que sólo aumentaría el malestar.

En la *tos seca* se utilizarán antitusígenos: codeína o morfina, en las mismas dosis descritas, anestésicos locales nebulizados (bupivacaína al 0,25%, 25 mg/10 ml), y la dosis máxima es de 30 ml/día. Dado que produce anestesia transitoria de la cavidad oral, no debe coincidir con la ingesta.

La asociación de morfina y dextrometorfano por vía oral (30 mg cada 6 horas) se ha demostrado eficaz cuando la morfina no es suficiente por sí sola, al obtenerse un efecto sinérgico. Todos los opioides presentan una acción antitusígena, excepto la meperidina.

SÍNTOMAS SISTÉMICOS

Debilidad

La estrategia terapéutica ante la debilidad suele consistir en facilitar la adaptación del estilo de vida del paciente a sus limitaciones, potenciando todas las actividades que aún pueda hacer, aunque sea de manera diferente a la habitual (adaptación de los cubiertos, andadores, etc.). No hay que olvidar las movilizaciones en el enfermo débil encamado, para evitar contracturas y úlceras, y para facilitar el vaciado vesical y rectal.

Anorexia y alimentación

Los enfermos y/o familiares refieren habitualmente problemas relacionados con la nutrición, especialmente de pérdida de peso y anorexia. A menudo, son los familiares los que hacen más hincapié o están más preocupados al respecto, con un alto nivel de impacto emocional, e identificando este síntoma como el culpable del deterioro y la debilidad del enfermo. En primer lugar, según opinión de los autores, la nutrición y la hidratación no son objetivos en sí mismos en la atención de enfermos terminales de cáncer y otras patologías, sobre todo cuando la desnutrición está relacionada con la progresión de una enfermedad sistémica no susceptible de respuesta al tratamiento específico. Además, no hay que olvidar el principio del bienestar como objetivo. El *uso de fármacos estimulantes del apetito* puede ser eficaz. Los corticoides orales, en dosis moderadas (prednisolona, 15 a 30 mg/día, o dexametasona 2-4 mg/día), mejoran la anorexia en el 40% de los casos, aunque no mejoran el estado nutricional; pero pueden contribuir al control de otros síntomas y del estado de ánimo. Sus efectos son transitorios, aconsejándose una prueba terapéutica de 10 días y la posterior evaluación de la respuesta.

Como ya se ha señalado, *la hidratación no es un objetivo* en sí mismo en la atención de enfermos terminales. Según la experiencia de los autores, el uso fraccionado de líquidos (agua, infusiones, etc.), unido a unos cuidados de la boca frecuentes, resulta muy eficaz. La sensación de sed asociada a la sequedad de boca responde mejor a este tipo de cuidados que a la hidratación oral o parenteral.

LOS ÚLTIMOS DÍAS: ATENCIÓN DE LA AGONÍA (tabla 70-2)

Una buena comunicación es imprescindible para la creación de un clima relacional, que se pretende que sea terapéutico, entre el equipo y el enfermo-familia. La facilitación de la expresión emocional, con una escucha activa, mostrando disponibilidad y empatía, constituye el marco donde el familiar podrá canalizar su dolor emocional y donde construirá la confianza necesaria para comunicar y aliviar cualquier aspecto de su sufrimiento emocional.

Educación de la familia para cuidar. La familia también necesita educación en el «qué decir» y en el «cómo estar» con el enfermo. La expresión de la tristeza y angustia pueden dar lugar a momentos difíciles para ambos, pero, si consiguen comunicarse, el acercamiento emocional es inmediato, y constituye una fuente importante de apoyo mutuo.

Por último, la educación familiar debe completarse con dos importantes aspectos: *a*) «adelantarse» a las situaciones, en el sentido de prever las posibles eventualidades en la evolución de la enfermedad, y *b*) dar instrucciones claras y precisas sobre cómo actuar en situaciones de «crisis».

Tabla 70-2. Fármacos útiles en la situación de agonía

Fármacos	Indicaciones preferentes	Vías preferentes	Dosis habitual
Morfina	Dolor Disnea Tos	Oral Subcutánea Rectal	Depende de la dosis previa Puede reducirse Recordar conversión oral/subcutánea
Diazepam	Ansiedad Agitación Disnea	Oral Rectal	5-10 mg cada 6, 8, 12 y 24 h
Midazolam	Ansiedad Agitación Disnea	Subcutánea	5-15 mg cada 6-8 h
Escopolamina (hioscina)	Estertores Vómitos Agitación	Subcutánea	0,5-1 mg cada 6-8 h
Butilbromuro de hioscina	Estertores	Subcutánea	10-40 mg cada 6-8 h
Haloperidol	Vómitos Agitación Delirium	Oral Subcutánea	1-5 mg cada 6, 8, 12 o 24 h

Capítulo 71

INTOXICACIONES Y OTRAS SITUACIONES CRÍTICAS

ACTUACIÓN ANTE LA SOSPECHA DE INTOXICACIÓN AGUDA

Inicialmente, se debe valorar el estado general, independientemente del tóxico. A continuación, se procede a:

- Identificar el agente causante. En caso de desconocer las características del producto, se puede obtener información del Servicio de Información Toxicológica del Instituto Nacional de Toxicología (Madrid: 915620420; Barcelona: 933174400; Sevilla: 954371233; y www.mju.es/toxicologia.
- Identificar la vía de administración y la dosis ingerida.
- Determinar el tiempo de evolución.
- Averiguar si ha sido accidental o voluntaria.
- Investigar los antecedentes patológicos y la medicación que toma el paciente.
- Realizar una exploración física.

PRINCIPIOS GENERALES EN EL TRATAMIENTO DE LA INTOXICACIÓN AGUDA

VALORACIÓN DEL ESTADO GENERAL

Se debe valorar el estado de la vía aérea y del sistema cardiocirculatorio.

MEDIDAS PARA EVITAR LA ABSORCIÓN DEL TÓXICO

La *exposición ocular* debe ser tratada de forma inmediata con lavados de agua o de suero fisiológico durante 20 minutos.

Las *exposiciones dérmicas* se tratan mediante enjuagues suaves durante al menos 30 minutos.

Hay que bloquear la absorción digestiva del producto, aunque está contraindicado en la ingesta de álcalis, ácidos, derivados del petróleo, detergentes, raticidas, pacientes en coma, si existen convulsiones y en lactantes menores de 6 meses. Existen varios métodos para realizar el bloqueo:

- *Emesis* mediante estimulación orofaríngea digital o mediante jarabe de ipecacuana. Es útil hasta transcurridas 3 horas de la ingesta.
- *Lavado gástrico.* En Atención Primaria sólo debe realizarse en el caso de que se demore el traslado a un centro hospitalario. Se coloca al paciente en decúbito lateral izquierdo y Trendelenburg, y mediante una sonda gruesa (Folley 30) se le administra agua o suero fisiológico.

- *Carbón vegetal activado.* Puede administrarse hasta 4 horas después de la ingesta y repetirse a las 4 horas. Está contraindicado en las intoxicaciones por cáusticos, ácido bórico, cianuro, etanol, metanol y derivados del petróleo. No debe administrarse junto a jarabe de ipecacuana ni antídotos orales.

Antídotos

Existen pocos antídotos específicos.

INTOXICACIONES AGUDAS POR ALCOHOL Y OTRAS DROGAS

Alcohol

Es la intoxicación aguda más frecuente en adultos en nuestro medio. Las manifestaciones clínicas pueden variar desde rubicundez facial y fetor enólico hasta trastornos de conducta, crisis convulsivas, encefalopatía y coma.

El tratamiento consiste en medidas de carácter general y en la administración de 100 mg de tiamina endovenosa, seguidos de una perfusión de suero glucosado. Si existen convulsiones, benzodiacepinas (10 mg de diazepam i.v. lento a pasar en 1 hora).

El delirium tremens requiere dosis de benzodiacepinas hasta la sedación y el traslado a un centro hospitalario.

Opiáceos

Se produce un cuadro de euforia, posterior sedación, letargia, depresión respiratoria y paro cardiorrespiratorio. Se debe sospechar ante todo paciente con miosis, depresión respiratoria y coma. El tratamiento consiste en la administración de naloxona (0,01 mg/kg i.m. o i.v.), y se puede repetir la dosis a los 3 y 10 minutos (un total de dos o tres veces). Siempre debe derivarse a un centro hospitalario.

Cocaína y drogas de diseño

Presentan alucinaciones, delirio, convulsiones, hipertensión, ángor e infarto, arritmias ventriculares e hipertermia. La intoxicación por 3-4-metilenedioximetanfetamina (MDMA) y sus análogos, conocidos como «éxtasis», puede dar lugar a arritmias graves, hipertermia, rabdomiólisis, convulsiones e insuficiencia respiratoria aguda. El tratamiento consiste en medidas generales de mantenimiento de la vía aérea y del sistema circulatorio. Si existen convulsiones, se administran benzodiacepinas. Siempre debe remitirse el paciente a un centro hospitalario.

INTOXICACIONES POR FÁRMACOS

Sedantes e hipnóticos

Provocan depresión respiratoria y del sistema nervioso central (SNC).

Benzodiazepinas

Se considera tóxica la ingesta de más de 10-20 dosis terapéuticas. El tratamiento se realiza con medidas de carácter general, mantenimiento de la vía aérea, vaciado gástrico y carbón activado. Administrar flumazenil (Anexate®) 0,25 mg/min i.v., pudiendo repetir la dosis si no se obtiene respuesta.

Barbitúricos

El tratamiento consiste en el vaciado gástrico y la administración de carbón activado, además de las medidas de apoyo de carácter general.

Antidepresivos

La intoxicación por antidepresivos cíclicos provoca un cuadro dominado por síntomas anticolinérgicos (midriasis, taquicardia, temblores, depresión respiratoria y coma), arritmias ventriculares y alteraciones electrocardiográficas. El tratamiento consiste en medidas de soporte general, vaciado gástrico y administración de carbón activado. Los inhibidores de la recaptación de serotonina provocan síntomas como agitación, somnolencia, taquicardia y, excepcionalmente, convulsiones. El tratamiento es el lavado gástrico y el carbón activado.

ANALGÉSICOS

Salicilatos

Menos de 300 mg/kg producen síntomas moderados: vómitos, taquipnea, acufenos, náuseas, hiperpirexia y somnolencia. Más de 500 mg/kg pueden llegar a producir convulsiones y coma. El tratamiento consiste en provocar el vómito y administrar carbón activado.

Paracetamol

Aparece toxicidad a partir de 140 mg/kg. Las manifestaciones clínicas son fundamentalmente digestivas. El tratamiento se inicia con vaciado gástrico y carbón activado. Se administrará N-acetilcisteína (140 mg/kg por v.o. o por sonda nasogástrica, o 300 mg/kg i.v. en 20 horas) si 4 horas después de la ingesta la concentración plasmática es superior a 300 mg/l. Si no se conoce cuánto tiempo ha transcurrido desde la ingesta ni la dosis, debe administrarse de inmediato.

Digoxina

Los niveles superiores a 3 µg/ml se consideran tóxicos. La sintomatología es digestiva y puede aparecer cualquier tipo de arritmias. El tratamiento será provocar el vaciado gástrico, administrar carbón activado y tratar las arritmias.

Teofilinas

Son tóxicos los niveles superiores a 20 µg/ml. Los síntomas son digestivos, taquicardia, temblor y agitación. La intoxicación grave provoca alucinaciones, convulsiones y arritmias. El tratamiento consiste en el lavado gástrico y la administración de carbón activado.

INTOXICACIÓN POR PRODUCTOS DOMÉSTICOS E INDUSTRIALES

PRODUCTOS DOMÉSTICOS

Las intoxicaciones son, generalmente, leves, con síntomas de predominio digestivo y cutáneo. Es muy difícil conocer la composición del agente tóxico, por lo que hay que asesorarse en los teléfonos de información toxicológica. En general, hay tres tipos de productos:

1. Lavavajillas a mano, detergentes para ropa y suavizantes, que provocan únicamente síntomas digestivos.
2. Quitamanchas, suavizantes para lavadora, pastillas para la desinfección del inodoro y enceradores para suelos; pueden provocar, además, síntomas generales con afectación del SNC y manifestaciones respiratorias.
3. Productos cáusticos: lejía, salfumán, limpiahornos, productos para lavavajillas y amoníaco.

En todos los casos el tratamiento se realiza mediante la dilución con agua o leche, además de las medidas de carácter general. No se debe intentar nunca el vaciado gástrico ni se administrará carbón activado.

MONÓXIDO DE CARBONO

La intoxicación aguda varía desde un cuadro leve de molestias digestivas y cefalea, hasta el coma. El tratamiento básico debe ser el mantenimiento de las constantes vitales y la administración de oxígeno al 100%.

PRODUCTOS INDUSTRIALES Y AGRÍCOLAS

Metanol

Se utiliza como anticongelante. Puede producir desde un cuadro de cansancio, cefalea, alteraciones visuales y síntomas digestivos, hasta manifestaciones graves, como crisis convulsivas y coma. El tratamiento consiste en el vaciado y lavado gástrico, y la administración de carbón activado y etanol.

Hidrocarburos

Provocan síntomas gastrointestinales y alteraciones del SNC. Únicamente será necesario el tratamiento en caso de que aparezcan síntomas evidentes. En casos graves, provocar el vómito y lavar la piel para evitar la absorción percutánea.

Anilinas

Se utilizan en la industria de la pintura. Pueden producir metahemoglobinemia. El antídoto específico es el azul de metileno (1-2 mg/kg en 50 ml de dextrosa al 5%).

Organofosforados y organoclorados

Son los insecticidas que con mayor frecuencia provocan intoxicación. Los primeros producen síntomas muscarínicos (miosis, broncoespasmo, bradicardia, salivación) y nicotínicos (debilidad muscular, hipotensión y parálisis respiratoria), afectación del SNC, neumonitis y distrés respiratorio. Los organoclorados provocan cefalea, síntomas digestivos y parestesias, vértigos y convulsiones. El tratamiento se realiza con medidas generales, vaciado gástrico y carbón activado. Para los organofosforados existe un antídoto específico, la atropina en dosis de 2 mg i.v., que puede repetirse a los 15 minutos.

LESIONES PRODUCIDAS POR MORDEDURAS O PICADURAS

Son lesiones generalmente leves producidas por animales domésticos, himenópteros, arañas, serpientes y escorpiones.

Pueden producir:

- Síntomas locales y/o generales de la toxina.
- Lesiones locales secundarias al traumatismo.
- Síntomas por hipersensibilidad.

MANEJO DE LAS LESIONES POR MORDEDURA O PICADURA

- Retirar anillos y otros elementos que puedan comprimir.
- Limpiar y desinfectar la herida. No se debe suturar. Profilaxis antibiótica.
- Profilaxis antitetánica.
- Profilaxis antirrábica, si se precisa.

Mordeduras de serpientes

Aplicar torniquete sólo cuando el paciente esté lejos de un centro hospitalario, mediante banda ancha, aflojando 30 segundos cada 15 minutos. Aplicar las medidas generales en el tratamiento de heridas.

Picaduras de arañas y otros artrópodos

El tratamiento será sintomático, con analgésicos, antihistamínicos por vía oral o parenteral, y corticoides.

Picaduras de himenópteros

Se debe extraer el aguijón. Se administrarán antihistamínicos y/o corticoides, si se precisa, y se tratará el dolor con analgésicos.

ANAFILAXIA

Es una reacción sistémica, potencialmente mortal, debida a la liberación masiva de mediadores inflamatorios que provoca manifestaciones respiratorias, cardiovasculares, cutáneas y digestivas. Los principales responsables de las reacciones de anafilaxia son los fármacos.

MANIFESTACIONES CLÍNICAS

Prurito, rinorrea, malestar general, vómitos y diarrea, manifestaciones en piel y mucosas (urticaria y angioedema). Pueden aparecer de forma inmediata o hasta 20-30 minutos después de la exposición.

Los síntomas cutáneos y digestivos son los más frecuentes. Los síntomas respiratorios son edema laríngeo y broncoespasmo; los síntomas cardiovasculares, hipotensión, taquicardia y shock.

Tratamiento

Siempre se debe interrogar al paciente antes de administrar un tratamiento sobre reacciones debidas a fármacos o medios de contraste, y utilizar siempre que sea posible la vía oral. En caso de administrar un fármaco por vía parenteral, hay que controlar al paciente durante los 15-20 minutos siguientes.

Una vez se ha producido la reacción anafiláctica:

- Asegurar el mantenimiento de la vía aérea.
- Colocar una vía rápida con suero fisiológico.
- *Si no aparecen signos de shock,* administrar adrenalina al 1:1.000 subcutánea, 0,01 ml/kg hasta un total de 0,5 ml como máximo en adultos. Puede repetirse la dosis a los 15-20 minutos. *Si existen signos de shock,* adrenalina al 1:10.000, 5-10 ml en bolo intravenoso lento.
- Frenar la absorción del alergeno con 0,3 ml de adrenalina al 1:1.000 en la puerta de entrada. Puede repetirse a los 10 minutos.
- Si aparece broncoespasmo y el paciente no está hipotenso, se administrará aminofilina por vía i.v. en dosis de 5 mg/kg en 20 minutos.
- Administrar corticoides para evitar las recurrencias: 80-120 mg de metilprednisolona por vía i.v.
- Mantener al paciente en observación durante 24 horas.
- Ante reacciones cutáneas leves, aplicar antihistamínicos.

LESIONES POR QUEMADURAS

Son lesiones en la piel y otros tejidos producidas por agentes físicos, químicos o biológicos.

Los objetivos del tratamiento deben ser:

- Evitar la sobreinfección.
- Preservar la funcionalidad de la zona.
- Minimizar las deformaciones cosméticas.

Valoración de las quemaduras

El pronóstico se establece en función de la edad del paciente y la extensión y profundidad de la lesión. Existen ciertas zonas (manos, pies, cara y periné) que por ellas mismas pueden producir incapacidades graves.

El cálculo de la extensión afectada se realiza mediante la «regla de los nueves».

En relación a la profundidad, las quemaduras pueden ser:

- *Superficiales*: afectan a la epidermis, con eritema y edema sin flictenas.
- *Superficiales de grosor parcial*: afectan a la dermis; son rojas, exudativas y con ampollas.

- *Profundas de grosor parcial*: afectan a la dermis profunda; son de color blanquecino y no dolorosas.
- *Profundas de grosor total*: afectan a la totalidad de la dermis; no son dolorosas.

Otros factores que se deben tener en cuenta para establecer el diagnóstico son la edad, los antecedentes patológicos y la posible inhalación de sustancias tóxicas.

Clasificación de las quemaduras

Las quemaduras graves y moderadas precisan ingreso hospitalario; casi todas las menores y algunas moderadas pueden tratarse en Atención Primaria.

Graves

- Superficiales de grosor parcial con más del 30% de extensión.
- Profundas de grosor parcial y grosor total superior al 10% de extensión.
- Con lesiones respiratorias importantes.
- Todas las eléctricas profundas.

Moderadas

- Superficiales de grosor parcial entre el 15 y el 30% de extensión.
- Profundas de grosor parcial, y grosor total con menos del 10% de extensión.
- Todas las químicas y eléctricas.

Menores

- Superficiales de grosor parcial con menos del 15% de extensión.
- Profundas de grosor parcial, y grosor total con menos del 1% de extensión, y que no afecten a cara, manos, pies o periné.

Tratamiento del paciente quemado

Medidas generales

- Mantenimiento de la vía aérea.
- Control de las constantes vitales.
- Hidratación.
- Profilaxis antibiótica y antitetánica.
- Analgesia.

Medidas locales

- Enfriar la quemadura con suero fisiológico.
- Limpiar la zona con agua y jabón.
- Descubrir las ampollas para valorar mejor la profundidad de la quemadura y facilitar la curación.
- Aplicar tratamientos tópicos: pomadas antibióticas, apósitos no adherentes y vendaje manteniendo la posición funcional. Los dedos deben vendarse dedo a dedo.

Las quemaduras superficiales con epidermis intacta no requieren tratamiento tópico, a excepción de una crema de corticoides de baja potencia. Si no epiteliza en 15 días, la quemadura debe ser atendida en un Servicio de Cirugía Plástica o en una Unidad de Quemados.

LESIONES PRODUCIDAS POR LA ELECTRICIDAD

El efecto de la corriente eléctrica depende del tipo de circuito, voltaje, resistencia de los tejidos, intensidad de la corriente y duración del contacto. Producen más lesión en profundidad que en superficie.

MANIFESTACIONES CLÍNICAS

- Síndrome local:
  - Necrosis en los puntos de entrada y salida.
  - Fracturas y luxaciones.
- Síndrome general:
  - Alteraciones cardíacas y respiratorias.
  - Afectación del SNC.
  - Afectación ocular.

TRATAMIENTO DE LAS LESIONES POR ELECTRICIDAD

En los síntomas locales se aplica el tratamiento de cualquier quemadura. En todos los casos debe remitirse el paciente a un centro hospitalario.

Los síntomas que deben preocupar en el primer momento son los cardíacos. Si el enfermo se halla en parada cardiorrespiratoria, deben iniciarse las maniobras de reanimación cardiopulmonar, que deben prolongarse más tiempo que en condiciones normales, ya que si el paciente llega vivo a un hospital, la mortalidad se sitúa en el 5-10%.

AHOGAMIENTO

Se denomina ahogamiento a la asfixia secundaria a la inmersión. La extensión de la lesión en el SNC se relaciona con la duración de la hipoxia. El paciente que ha sufrido ahogamiento puede presentarse de tres formas, que determinan la actitud que se deberá seguir:

- *Paciente aparentemente muerto.* Tras extraer al accidentado del agua, deben retirarse los posibles cuerpos extraños de las vías respiratorias superiores. Se coloca al paciente en decúbito prono, con la cabeza lateralizada y ejerciendo presión sobre la parrilla costal; de esta forma se movilizarán posibles cuerpos extraños y se evacuará el agua de la tráquea. Seguidamente, se coloca al paciente en decúbito supino, manteniendo la cabeza lateralizada para evitar posibles aspiraciones tras el vómito, y se realizan las maniobras propias de la reanimación. Debe realizarse el traslado urgente a un centro hospitalario.
- *Paciente con alteración más o menos importante, pero que mantiene la respiración espontánea.* Debe asegurarse el mantenimiento de las vías aéreas, y administrar, si es posible, oxigenoterapia hasta su traslado al hospital.

- *Paciente con aparente buen estado general.* Deberá remitirse al hospital para poder realizar una observación como mínimo de 24 horas y efectuar un control radiológico.

OBSTRUCCIÓN RESPIRATORIA POR CUERPO EXTRAÑO

La *maniobra de Heimlich* es una práctica sencilla, al alcance de cualquier persona, que puede resolver el cuadro de forma espectacular. Consiste en efectuar una compresión rápida en el abdomen inmediatamente por debajo del diafragma.

En último extremo, estaría indicada una *cricotiroidotomía.* El espacio cricotiroideo se identifica fácilmente por palpación, y se puede perforar directamente con un trócar, una aguja gruesa o un bisturí, inmovilizando la laringe con la otra mano. Una vez conseguida la permeabilidad de las vías aéreas, se traslada el paciente a un centro hospitalario.

REANIMACIÓN CARDIOPULMONAR BÁSICA

La reanimación cardiopulmonar (RCP) básica consiste en mantener la vía aérea permeable, la ventilación y la circulación, sin que intervenga ningún equipo o medicación especial. En la figura 71-1 se presenta el plan de actuación consensuado internacionalmente para valorar e iniciar el tratamiento de una víctima aparentemente sin vida.

COMA

1. Asegurar la buena función cardiorrespiratoria.
2. Interrogar a los acompañantes sobre la forma de comienzo, antecedentes patológicos, uso habitual de fármacos, hábitos tóxicos, etc.
3. Realizar un análisis de glucemia capilar mediante tira reactiva, para descartar hipoglucemia.
4. En caso de hipoglucemia o si la causa del coma no está clara, administrar 50 ml de solución intravenosa de dextrosa al 50% o, en su defecto, suero glucosado. En el resto de los casos, perfusión de suero fisiológico.
5. Si se sospecha enolismo o desnutrición, administrar 100 mg de vitamina B o tiamina intravenosa, previamente al suero glucosado.
6. Si se sospecha intoxicación por opiáceos o por benzodiacepinas, administrar naloxona o flumazenil, respectivamente.

CUADROS DE AGITACIÓN

En primer lugar, se deben aplicar las medidas de seguridad adecuadas para evitar situaciones de peligro para el enfermo, el resto de pacientes y el personal sanitario. Para facilitar la orientación diagnóstica, es útil interrogar a los acompañantes del paciente sobre: forma de inicio del cuadro y posibles circunstancias desencadenantes. Si esto no es posible o si la orientación diagnóstica no está clara, se deben descartar en primera instancia las causas médicas que requieran una actuación inmediata (hipoglucemia, hipoxia o intoxicación).

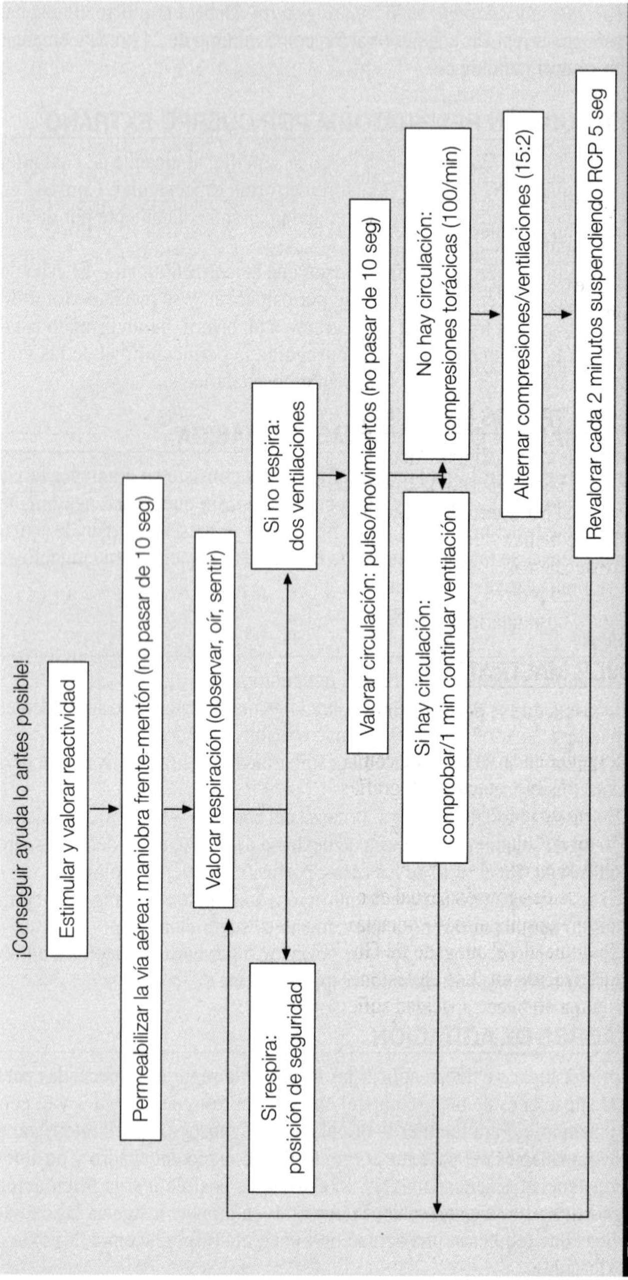

Figura 71-1. Algoritmo de reanimación cardiopulmonar básica.

Tratamiento farmacológico

Siempre que sea posible, ha de realizarse tratamiento etiológico. La sedación farmacológica dificultará el diagnóstico, por lo que si éste no está claro, es preferible la contención física inicial.

En la agitación leve-moderada se utilizan benzodiacepinas: 10 mg de diazepam, preferiblemente por vía oral o sublingual. En los pacientes alcohólicos o con hepatopatía, es preferible utilizar lorazepam en dosis de 1-2 mg. Ante un cuadro de agitación intensa en un paciente psiquiátrico, puede administrarse un neuroléptico y remitir el paciente al hospital. El neuroléptico recomendado es el haloperidol (2-10 mg i.m.). Con el fin de evitar posibles efectos extrapiramidales, cuando se utilice una dosis superior a 5 mg es recomendable asociar un anticolinérgico, como el biperideno (2 mg i.m.). Otros neurolépticos que pueden utilizarse son las fenotiacinas: clorpromazina o levoclorpromazina en dosis de 25 a 50 mg por vía i.m.

MALOS TRATOS EN LA INFANCIA

En caso de que el diagnóstico sea *dudoso,* se notificará el caso a los Servicios Sociales. En caso de *sospecha* de malos tratos, se ha de comunicar la situación al Ministerio Fiscal y a la autoridad competente en materia de protección de menores de la zona, y a los Servicios Sociales. En caso de *certeza,* existe además, la obligación legal de denunciar los hechos al Juzgado de Guardia. En todos los casos se debe valorar la conveniencia de derivación a un centro hospitalario.

MUJER MALTRATADA

La conducta que se debe seguir es la siguiente:

- Cumplimentar un informe con la descripción detallada de las lesiones.
- Si es posible, obtener fotografías de las lesiones, previa autorización por escrito de la paciente.
- Aconsejar e informar a la víctima de los recursos sociales disponibles, y ponerla en contacto con los Servicios Sociales.
- En caso de agresión sexual es obligada la derivación al Servicio de Ginecología hospitalario, y contactar con el médico forense.
- Comunicado al Juzgado de Guardia, si lo autoriza la paciente, o sin su autorización en caso de lesiones graves o si el médico considera que la víctima no tiene capacidad suficiente para decidir.

ANEXO 1

Valores normales en el adulto de los datos de laboratorio de uso más frecuente

Hematíes, hematócrito, hemoglobina e índices hemoglobínicos, VSG

	Mujeres	Hombres
Hematíes (millones/µL)	4,8 ± 0,6	5,4 ± 0,9
Hemoglobina (g/100 mL)	14 ± 2	16 ± 2
Hematócrito (mL/mL)	42 ± 5	47 ± 5
HCM (pg)	29 ± 2	29 ± 2
VCM (fL)	90 ± 7	90 ± 7
CCMH (g/100 mL)	34 ± 2	34 ± 2
Reticulocitos	0,5-2% de los hematíes	
VSG (Westergren)	< 15 mm en 1 h	
VSG (Wintrobe) (1.ª h)	0-20 mm	0-9 mm

Leucocitos

	Porcentaje	Valor medio	Valor mínimo	Valor máximo
Totales/µL		7.000	4.300	10.000
Neutrófilos				
Juveniles	0-21	520	100	2.100
Segmentados	25-62	3.000	1.100	6.050
Eosinófilos	0,3-8	150	0	700
Basófilos	0,6-1,8	30	0	150
Linfocitos	20-53	2.500	1.500	4.000
Monocitos	2,4-11,8	430	200	950

Plaquetas y coagulación

Plaquetas	150.000-400.000/µL
Tiempo de sangría	
Ivy	1-9 min
Duke	1-4 min
Tiempo de coagulación (Lee-White)	5-11 min
Tiempo de protrombina (Quick)	11-16 min
Tiempo parcial de tromboplastina	
Sin activar	68-82 seg
Tras activar	32-46 seg
Tiempo de trombina	15-20 seg

(Continúa)

Valores normales en el adulto de los datos de laboratorio de uso más frecuente (*Cont.*)

Componentes químicos sanguíneos

	Valor normal (UC)	Factor de conversión	SI
Ácido úrico			
Hombres	2,5-8 mg/100 mL	59,48	0,15-0,48 mmol/L
Mujeres	1,5-6 mg/100 mL		0,09-0,36 mmol/L
Albúmina	3,5-5,5 g/ 100 mL	0,001	35-55 g/L
Amilasa	4-25 U/L	1	4-25 U. arb.
Bilirrubina total	0,3-1 mg/100 mL	17,10	5,13-17 µmol/L
Bilirrubina directa	0,1-0,3 mg/100 mL	17,10	1,71-5,13 µmol/L
Calcio	8,5-10,5 mg/100 mL	0,2495	2,1-2,6 mmol/L
Capacidad de saturación de la transferrina	250-410 µg/100 mL	0,1791	44,8-73,4 µmol/L
Cloro	98-106 mEq/L	1	98-106 mmol/L
CO_2	21-30 mEq/L	1	21-30 mmol/L
Colesterol	150-220 mg/100 mL	0,02586	3-5,7 mmol/L
Creatinina	0,6-1,5 mg/100 mL	88,4	53-130 µmol/L
Fosfatasa ácida	0,10-0,63 U. sigma	278,63	28-175 nmol/seg/L
Fosfatasa alcalina	13-40 U/L	16,67	217-650 nmol/seg/L
Fósforo	3-4,5 mg/100 mL	0,3229	1-1,5 mmol/L
Glucosa	70-110 mg/100 mL	0,05551	3,9-5,6 mmol/L
Hierro	50-150 µg/100 mL	0,1791	9-26,9 µmol/L
Láctico-deshidrogenasa	45-90 U/L	16,67	750-1.500 nmol/seg/L
Lipasa	< 40 U/mL	1	< 40 U. arb.
Osmolaridad	280-295 mOsm/kg	1	280-295 mmol/kg
Potasio	3,5-5 mEq/L	1	3,5-5 mmol/L
Proteínas totales	6-8 g/100 mL	10	60-80 g/L
Albúmina	3,5-5,5 g/100 mL	10	35-55 g/L
α_1-Globulina	0,2-0,4 g/100 mL	10	2-4 g/L
α_2-Globulina	0,5-0,9 g/100 mL	10	5-9 g/L
β-Globulina	0,6-1,1 g/100 mL	10	6-11 g/L
γ-Globulina	0,7-1,7 g/100 mL	10	7-17 g/L
Sodio	135-145 mEq/L	1	135-145 mmol/L
Transaminasas (AST)	10-30 U/L	16,67	117-450 mmol/seg/L
Transaminasas (ALT)	10-30 U/L	16,67	117-450 mmol/seg/L
Triglicéridos	40-150 mg/100 mL	0,01	0,4-1,5 g/L
Urea (BUN)	8,24 mg/100 mL	0,1665	1,3-4 mmol/L

(*Continúa*)

Valores normales en el adulto de los datos de laboratorio de uso más frecuente *(Cont.)*

Componentes químicos de la orina

	Valor normal (UC)	Factor de conversión	SI
Amilasa	25-80 U/mL	1	25,80 U. arb.
Calcio	< 300 mg/día	0,02495	< 7,5 mmol/día
Catecolaminas	< 100 µg/día	–	–
Creatinina	1-1,6 g/día	0,008840	8,8-14 mmol/día
Fósforo	< 1 g/día	32,29	< 32,29 mmol/día
Proteínas	< 150 mg/día	0,001	< 0,15 g/día
Potasio	25-100 mEq/día	1	25-100 mmol/día
Sodio	100-260 mEq/día	1	100-260 mmol/día

*Sangre, plasma o suero. UC: unidades convencionales; SI: unidades internacionales; U. arb.: unidades arbitrarias.

ANEXO 2

Dosificaciones pediátricas de los fármacos más utilizados en Atención Primaria

Nombre genérico	Dosis	Intervalo	Vía	Observaciones
Antibióticos				
Amoxicilina	50-100 mg/kg/día	8 h	Oral	
Amoxicilina-ácido clavulánico	20-40 mg/kg/día	8 h	Oral	
Penicilina G benzatina	Menos de 25/kg-600.000 UI	Dosis única	i.m.	
	Más de 25 kg-1.200.000 UI	Dosis única	i.m.	
Penicilina G procaína	25.000-50.000 U/kg/día	12-24 h	i.m.	
Penicilina V	25-50 mg/kg/día	6-8 h	Oral	
Cloxacilina sódica	50-100 mg/kg/día	6 h	Oral	
Doxiciclina	2-5 mg/kg/día	12-24 h	Oral	
Cefaclor	40 mg/kg/día	8 h	Oral	
Cefadroxilo monohidrato	50 mg/kg/día	12 h	Oral	
Cefalexina monohidrato	50-100 mg/kg/día	6 h	Oral	
Cefixima	8 mg/kg/día	12-24 h	Oral	
Cefonicid	20-40 mg/kg/día	24 h	i.m.	
Cefradina	50-100 mg/kg/día	6-8 h	Oral	
Eritromicina estolato	20-40 mg/kg/día	6-12 h	Oral	
Eritromicina etilsuccinato	30-75 mg/kg/día	6-12 h	Oral	
Josamicina	50 mg/kg/día	8-12 h	Oral	
Gentamicina	3-7 mg/kg/día	8-12 h	i.m.	
Fosfomicina	50-200 mg/kg/día	8 h	Oral	
Nitrofurantoína	5 mg/kg/día	6 h	Oral	No usar en recién nacidos
Trimetoprim (TMP)/sulfametoxazol (SNX)	6-8 mg/kg/día de TMP	12 h	Oral	
Tuberculostáticos				
Isoniacida	5-15 mg/kg/día	24 h	Oral	Máximo, 300 mg
Rifampicina	10 mg/kg/día	24 h	Oral	Máximo, 600 mg
Piracinamida	30 mg/kg/día	24 h	Oral	Máximo, 1,5 g
Estreptomicina	15-20 mg/kg/día	24 h	i.m.	Máximo, 1 g
Antiparasitarios				
Etambutol	15-20 mg/kg/día	24 h	Oral	Máximo, 800 mg
Mebendazol	100 mg dosis	Dosis única	Oral	Para oxiuros
		12 h (3 días)	Oral	Otros
Metronidazol	15-35 mg/kg/día	8 h	Oral	
Tinidazol	50 mg/kg	Dosis única	Oral	Máximo, 1,5 g
Pirantel, pamoato	10 mg/kg	Dosis única	Oral	

(Continúa)

Dosificaciones pediátricas de los fármacos más utilizados en Atención Primaria *(Cont.)*

Nombre genérico	Dosis	Intervalo	Vía	Observaciones
Antimicóticos				
Griseofulvina	10-20 mg/kg/día	6-12 h	Oral	
Nistatina	200.000-600.000 U/día	6 h	Oral	
Ketoconazol	2-4 mg/kg/día	12-24 h	Oral	
Antivíricos				
Aciclovir	80 mg/kg/día	6 h	Oral	Máximo, 800 mg/dosis
Anticonvulsionantes				
Fenobarbital	3-5 mg/kg/día	12-24 h	Oral	
Primidona	15-20 mg/kg/día	6-12 h	Oral	
Ácido valproico	15-60 mg/kg/día	12-24 h	Oral	
Carbamacepina	10-20 mg/kg/día	8-12 h	Oral	
Diazepam	0,2-0,5 mg/kg/día	Dosis única	Rectal	Máximo, 10 mg
			i.v.	Máximo, 10 mg
Clobazam	0,5-2 mg/kg/día	8 h	Oral	
Antihistamínicos				
Astemizol	0,2 mg/kg/día	12 h	Oral	No usar en < 2 años
Ciproheptadina	0,25 mg/kg/día	6-8 h	Oral	
Clemastina	> 3 años 0,25 mg	12 h	Oral	
	3-11 años 0,5 mg	12 h	Oral	Se puede triplicar dosis
Difenhidramina	5 mg/kg/día	8 h	Oral	
Hidroxicina	1-2 mg/kg/día	6 h	Oral	
Ketotifeno	6 meses-3 años 1 mg/día	12 h	Oral	
	> 3 años, 2 mg/día	12 h	Oral	
Maleato de dexclorfenhidramina	0,15 mg/kg/día	6 h	Oral	
Mequitacina	0,25 mg/kg/día			
Terfenadina	2 mg/kg/día	12 h	Oral	No usar en
		12 h	Oral	< 3 años
Analgésicos y antiinflamatorios				
Paracetamol	10-15 mg/kg/dosis	4-6 h	Oral o rectal	
Ácido acetilsalicílico	10-15 mg/kg/dosis	4-6 h	Oral	Antiálgico
	65-100 mg/kg/día	6-8 h	Oral	Antirreumático
Meclofenamato	4-7,5 mg/kg/día	6-8 h	Rectal	
Dipirona	5-10 mg/kg/día	8 h	Oral	
Ibuprofeno	20 mg/kg/día	6-8 h	Oral o rectal	
Naproxeno	10-15 mg/kg/día	12 h	Oral o rectal	
Diclofenaco	0,5-3 mg/kg/día	12-24 h	Oral o rectal	
Codeína	0,5-1 mg/kg/dosis	4 h	Oral o rectal	
Morfina	0,1 mg/kg/dosis		i.m.	

(Continúa)

Dosificaciones pediátricas de los fármacos más utilizados en Atención Primaria (*Cont.*)

Nombre genérico	Dosis	Intervalo	Vía	Observaciones
Antianémicos				
Sulfato ferroso	4-6 mg/kg/día	8 h	Oral	
Antitusígenos				
Codeína	1-1,5 mg/kg/día	4 h	Oral	No usar en < 2 años
		8-12 h	Rectal	
Dextrometorfano	1 mg/kg/día	6-8 h	Oral	
Broncodilatadores				
Teofilina	1-9 años 5-6 mg/kg/dosis	6 h	Oral	
	9-12 años 4 mg/kg/dosis	6 h	Oral	
Salbutamol	0,2-0,4 mg/kg/día	6-8 h	Oral	
Terbutalina	0,2 mg/kg/día	6-8 h	Oral	
Clerbuterol	0,0008-0,0015 mg/kg/día	12 h	Oral	
Gammaglobulinas específicas				
Hepatitis B	Niños 0,05 mg/kg		i.m.	
	Recién nacido, 0,5 ml		i.m.	
Varicela	0,125 ml/kg		i.m.	
Gammaglobulinas inespecíficas				
Hepatitis A	0,02-0,06 mL/kg		i.m.	
Sarampión	Prevención 0,25 ml/kg		i.m.	
	Atenuación 0,06 ml/kg		i.m.	
Antienuréticos				
Imipramina	> 8 años 20-50 mg/dosis		Oral	
Desmopresina	> 8 años 10-40 µg/dosis		Nasal	
Otros				
Digoxina	< 2 años 0,04-0,06 mg/kg	8 h	Oral	
	> 2 años 0,03-0,05 mg/kg	8 h	Oral	
	Mantenimiento 1/3-1/5 de la dosis/día		Oral	Máximo, 0,5
Adrenalina	0,01 mg/kg/dosis		s.c.	
Jarabe de ipecacuana	6-9 meses 5 ml		Oral	
	9-12 meses 10 ml		Oral	
	1-12 años 15 ml		Oral	
	> 12 años 20 ml		Oral	
6-Metil-prednisolona	1-2 mg/kg/día	8 h	Oral, i.m.	
Hormona gonadotropina coriónica humana	< 2 años 500 U/2 veces sem	(6 sem)		
	> 2 años 1.000 U/2 veces sem	(6 sem)		

(*Continúa*)

Dosificaciones pediátricas de los fármacos más utilizados en Atención Primaria *(Cont.)*

Nombre genérico	Dosis	Intervalo	Vía	Observaciones
Tratamientos tópicos				
Sarna				
Crotamitón al 10%	Aplicación 2 veces/día	(3 días)	Elección en < 1 año no poner en dermatitis	
Precipitado de azufre en vaselina o parafina al 6-10 %	Aplicación 1 vez/día	(3 días)		
Lindano	Aplicación en dosis única (repetir en 1 sem)			No en < 1 año y embarazadas
Pediculosis de la cabeza				
Lindano	Aplicación en dosis única			No en < 1 año
Costra láctea				
Vaselina salicílica al 2%				
Dermatitis del área del pañal				
Vaselina, lanolina, óxido de cinc y talco a partes iguales con ictiol al 5%				
Muguet				
Nistatina, solución	2,5 cm^3/dosis	6-8 h	Oral	
Miconazol, gel oral	1 aplicación	6 h	Tópico oral	
Impétigo				
Aureomicina, pomada	1 aplicación	8 h	Tópico	

Las dosis de AINE no están bien establecidas en los niños pequeños.

ANEXO 3

Equivalencia de capacidades	
Vaso grande	250 ml
Vaso pequeño	125 ml
Quinto o caña	200 ml
Mediana	330 ml
Trago de porrón	30 ml
1-2 dedos	25 ml
Copa de licor	50 ml
Carajillo	25 ml (licor)
Whisky	70 ml
1/2 whisky	40 ml
Combinado (cuba-libre, gin-tonic)	50 ml
Vermut	100 ml

Tipos de bebidas alcohólicas, equivalencia en ml alcohol puro/litro

Tipo	Bebida	Grados	Mililitros de alcohol por litro
A-1	Cerveza-sidra	4°	40 (graduación baja)
A-2	Vino-cava	12°	120
	Quinas	16°	160 (graduación media)
	Vermut	18°	180
	Vinos generosos	15°-20°	175
A-3	Anís, ron	45°	450
	Whisky, coñac vodka, ginebra Agua del Carmen		(graduación alta)
	Alcohol Melisana	50°	500

ÍNDICE ALFABÉTICO